U0223626

国家出版基金资助项目
俄罗斯数学经典著作译丛

矩阵论

JUZHEN LUN

[苏] Φ.P.甘特马赫尔 著
柯召 郑元禄 译

HITP
哈尔滨工業大學出版社
HARBIN INSTITUTE OF TECHNOLOGY PRESS

黑版贸审字 08－2012－003 号

内容简介

本书介绍了矩阵及其相关内容，共有 17 章，主要介绍了矩阵及其运算、高斯算法及其一些应用、n 维向量空间中的线性算子、矩阵的特征多项式与最小多项式、矩阵函数、多项式矩阵的等价变换（初等因子的解析理论）、n 维空间中线性算子的结构（初等因子的几何理论）、矩阵方程、U－空间中的线性算子、二次型与埃尔米特型等内容. 书中配有相关的例题及解答，可供读者更好地了解相应的内容.

本书适合高等院校师生和数学爱好者参考阅读.

图书在版编目(CIP)数据

矩阵论/(苏)Φ. P. 甘特马赫尔著；柯召，郑元禄译. —哈尔滨：哈尔滨工业大学出版社，2024.5

(俄罗斯数学经典著作译丛)

ISBN 978-7-5767-1216-2

Ⅰ.①矩… Ⅱ.①Φ… ②柯… ③郑… Ⅲ.①矩阵论 Ⅳ.①O151.21

中国国家版本馆 CIP 数据核字(2024)第 030541 号

策划编辑 刘培杰 张永芹
责任编辑 刘家琳
封面设计 孙茵艾
出版发行 哈尔滨工业大学出版社
社　　址 哈尔滨市南岗区复华四道街 10 号 邮编 150006
传　　真 0451-86414749
网　　址 http://hitpress.hit.edu.cn
印　　刷 辽宁新华印务有限公司
开　　本 787 mm×1 092 mm 1/16 印张 36.25 字数 690 千字
版　　次 2024 年 5 月第 1 版 2024 年 5 月第 1 次印刷
书　　号 ISBN 978-7-5767-1216-2
定　　价 168.00 元

◎ 目录

第1章 矩阵及其运算

§1 矩阵，主要的符号记法

设给定某一数域 K[1].

定义 1 域 K 中的数的长方阵列

$$\begin{pmatrix} a_{11} & a_{12} & \cdots & a_{1n} \\ a_{21} & a_{22} & \cdots & a_{2n} \\ \vdots & \vdots & & \vdots \\ a_{m1} & a_{m2} & \cdots & a_{mn} \end{pmatrix} \tag{1}$$

称为矩阵. 如果 $m=n$，那么称之为方阵，而相等的两数 m 与 n 称为它的阶. 在一般的情形，矩阵称为 $m\times n$ 维长方矩阵. 在矩阵中的那些数称为它的元素.

符号记法 元素的两个下标记法是这样的，它的第一个下标是指行的序数，而其第二个下标是指列的序数，这个元素就位于这组行列相交的地方.

同时我们亦用以下简便记法来记矩阵(1)

$$(a_{ik}) \quad (i=1,2,\cdots,m;k=1,2,\cdots,n)$$

有时亦用一个符号，例如矩阵 $\boldsymbol{A}$，来记矩阵(1). 如果 $\boldsymbol{A}$ 是一个 n 阶方阵，那么写为 $\boldsymbol{A}=(a_{ik})_1^n$. 方阵 $\boldsymbol{A}=(a_{ik})_1^n$ 的行列式将记为 $|a_{ik}|_1^n$ 或 $|\boldsymbol{A}|$.

引进由所给矩阵中元素组成的行列式的一种简便记法

---

① 数域是指数的任何一个集合，在它里面常可运用四个运算：加法、减法、乘法与以不为零的数来除的除法，而且所得出结果是唯一确定的.

可用所有有理数的集合、所有实数的集合或所有复数的集合作为数域的例子.

我们假设以后所有遇到的数都是属于事先所给予的数域里面的.

$$\mathbf{A}\begin{pmatrix} i_1 & i_2 & \cdots & i_p \\ k_1 & k_2 & \cdots & k_p \end{pmatrix} = \begin{vmatrix} a_{i_1k_1} & a_{i_1k_2} & \cdots & a_{i_1k_p} \\ a_{i_2k_1} & a_{i_2k_2} & \cdots & a_{i_2k_p} \\ \vdots & \vdots & & \vdots \\ a_{i_pk_1} & a_{i_pk_2} & \cdots & a_{i_pk_p} \end{vmatrix} \tag{2}$$

如果$1 \leqslant i_1 < i_2 < \cdots < i_p \leqslant m, 1 \leqslant k_1 < k_2 < \cdots < k_p \leqslant n$，那么行列式(2) 称为矩阵 $\mathbf{A}$ 的 p 阶子式.

长方矩阵 $\mathbf{A}=(a_{ik})(i=1,2,\cdots,m;k=1,2,\cdots,n)$ 有 $\mathrm{C}_m^p \cdot \mathrm{C}_n^p$ 个 p 阶子式

$$\mathbf{A}\begin{pmatrix} i_1 & i_2 & \cdots & i_p \\ k_1 & k_2 & \cdots & k_p \end{pmatrix}$$

$$(1 \leqslant i_1 < i_2 < \cdots < i_p \leqslant m, 1 \leqslant k_1 < k_2 < \cdots < k_p \leqslant n; p \leqslant m,n) \tag{2'}$$

当 $i_1=k_1, i_2=k_2, \cdots, i_p=k_p$ 时，称子式(2′) 为主子式.

用(2) 的记法，可将方阵 $\mathbf{A}=(a_{ik})_1^n$ 的行列式写为

$$|\mathbf{A}| = \mathbf{A}\begin{pmatrix} 1 & 2 & \cdots & n \\ 1 & 2 & \cdots & n \end{pmatrix}$$

矩阵中不为零的诸子式的最大阶，称为这个矩阵的秩. 如果 r 是 $m \times n$ 维长方矩阵 $\mathbf{A}$ 的秩，那么显然有 $r \leqslant m,n$.

由一个列所组成的长方矩阵

$$\begin{pmatrix} x_1 \\ x_2 \\ \vdots \\ x_n \end{pmatrix}$$

称为单列(或列) 矩阵且记为$(x_1, x_2, \cdots, x_n)$.

由一个行所组成的长方矩阵

$$(z_1, z_2, \cdots, z_n)$$

称为单行(或行) 矩阵且记为$[z_1, z_2, \cdots, z_n]$.

除主对角线以外的所有元素都等于零的方阵

$$\begin{pmatrix} d_1 & 0 & \cdots & 0 \\ 0 & d_2 & \cdots & 0 \\ \vdots & \vdots & & \vdots \\ 0 & 0 & \cdots & d_n \end{pmatrix}$$

称为对角方阵且记为$(d_i \delta_{ik})_1^n$① 或

---

① 此处的 δ_{ik} 是克罗内克符号：$\delta_{ik} = \begin{cases} 1 & (i = k) \\ 0 & (i \neq k) \end{cases}$.

$$\{d_1, d_2, \cdots, d_n\}$$

再引入 $m\times n$ 矩阵 $\boldsymbol{A}=(a_{ik})$ 的行与列的专门记号，以 $\boldsymbol{a}_{i\cdot}$ 记矩阵 $\boldsymbol{A}$ 的第 i 行，以 $\boldsymbol{a}_{\cdot j}$ 记矩阵 $\boldsymbol{A}$ 的第 j 列

$$\boldsymbol{a}_{i\cdot}=[a_{i1}, a_{i2}, \cdots, a_{in}], \boldsymbol{a}_{\cdot j}=(a_{1j}, a_{2j}, \cdots, a_{mj}) \quad (i=1,2,\cdots,m; j=1,2,\cdots,n) \tag{3}$$

设 m 个量 $y_1, y_2, \cdots, y_m$ 经另外 n 个量 $x_1, x_2, \cdots, x_n$ 齐次线性表示出

$$\begin{cases} y_1 = a_{11}x_1 + a_{12}x_2 + \cdots + a_{1n}x_n \\ y_2 = a_{21}x_1 + a_{22}x_2 + \cdots + a_{2n}x_n \\ \qquad \vdots \\ y_m = a_{m1}x_1 + a_{m2}x_2 + \cdots + a_{mn}x_n \end{cases} \tag{4}$$

或简写为

$$y_i = \sum_{k=1}^{n} a_{ik}x_k \quad (i=1,2,\cdots,m) \tag{4'}$$

用式(4) 来变诸值 $x_1, x_2, \cdots, x_n$ 为值 $y_1, y_2, \cdots, y_m$ 的变换称为线性变换.

这个变换的系数构成一个 $m\times n$ 维长方矩阵(1).

已知的线性变换(4) 唯一地确定矩阵(1)，反之亦然.

在下节中，从线性变换(4) 的性质来定义长方矩阵的基本运算.

§2　长方矩阵的加法与乘法

我们来定义矩阵的基本运算：矩阵的加法、数与矩阵的乘法及矩阵的乘法.

1. 设诸量 $y_1, y_2, \cdots, y_m$，由量 $x_1, x_2, \cdots, x_n$ 用线性变换

$$y_i = \sum_{k=1}^{n} a_{ik}x_k \quad (i=1,2,\cdots,m) \tag{5}$$

来表示，而量 $z_1, z_2, \cdots, z_m$ 由同一组量 $x_1, x_2, \cdots, x_n$ 用线性变换

$$z_i = \sum_{k=1}^{n} b_{ik}x_k \quad (i=1,2,\cdots,m) \tag{6}$$

来表示，则

$$y_i + z_i = \sum_{k=1}^{n} (a_{ik}+b_{ik})x_k \quad (i=1,2,\cdots,m) \tag{7}$$

与之相对应的我们建立：

定义 2　两个有相同维数 $m\times n$ 的矩阵 $\boldsymbol{A}=(a_{ik})$ 与 $\boldsymbol{B}=(b_{ik})$ 的和是指一个同维数的矩阵 $\boldsymbol{C}=(c_{ik})$，它的元素等于所给两个矩阵的对应元素的和

$$\boldsymbol{C}=\boldsymbol{A}+\boldsymbol{B}$$

如其

$$c_{ik} = a_{ik} + b_{ik} \quad (i=1,2,\cdots,m; k=1,2,\cdots,n)$$

得出两个矩阵的和的运算称为矩阵的加法.

例 1　有如下等式

$$\begin{pmatrix} a_1 & a_2 & a_3 \\ b_1 & b_2 & b_3 \end{pmatrix} + \begin{pmatrix} c_1 & c_2 & c_3 \\ d_1 & d_2 & d_3 \end{pmatrix} = \begin{pmatrix} a_1 + c_1 & a_2 + c_2 & a_3 + c_3 \\ b_1 + d_1 & b_2 + d_2 & b_3 + d_3 \end{pmatrix}$$

按照定义 2,只有同维数的长方矩阵才能相加.

由这一定义知变换(7) 的系数矩阵为变换(5) 与(6) 的两个系数矩阵的和.

由矩阵的加法定义直接推知,这一运算有可交换与可结合的性质：

1° $\boldsymbol{A}+\boldsymbol{B}=\boldsymbol{B}+\boldsymbol{A}$.

2° $(\boldsymbol{A}+\boldsymbol{B})+\boldsymbol{C}=\boldsymbol{A}+(\boldsymbol{B}+\boldsymbol{C})$.

此处 $\boldsymbol{A},\boldsymbol{B},\boldsymbol{C}$ 是任意三个同维数的长方矩阵.

矩阵的加法运算很自然地可以推广到任意多个矩阵相加的情形.

2. 在变换(5) 中,将诸量 $y_1,y_2,\cdots,y_m$ 乘以 K 中某一数 α,则得

$$\alpha y_i = \sum_{k=1}^{n} (\alpha a_{ik}) x_k \quad (i=1,2,\cdots,m)$$

与之相对应地我们有：

定义 3　K 中数 α 与矩阵 $\boldsymbol{A}=(a_{ik})(i=1,2,\cdots,m;k=1,2,\cdots,n)$ 的乘积是指矩阵 $\boldsymbol{C}=(c_{ik})(i=1,2,\cdots,m;k=1,2,\cdots,n)$,它的元素都是矩阵 $\boldsymbol{A}$ 中的对应元素与数 α 的乘积

$$\boldsymbol{C}=\alpha\boldsymbol{A}$$

如其

$$c_{ik}=\alpha a_{ik} \quad (i=1,2,\cdots,m;k=1,2,\cdots,n)$$

得出数与矩阵的乘积的运算称为数与矩阵的乘法.

例 2　有如下等式

$$\alpha \begin{pmatrix} a_1 & a_2 & a_3 \\ b_1 & b_2 & b_3 \end{pmatrix} = \begin{pmatrix} \alpha a_1 & \alpha a_2 & \alpha a_3 \\ \alpha b_1 & \alpha b_2 & \alpha b_3 \end{pmatrix}$$

易知：

1° $\alpha(\boldsymbol{A}+\boldsymbol{B})=\alpha\boldsymbol{A}+\alpha\boldsymbol{B}$.

2° $(\alpha+\beta)\boldsymbol{A}=\alpha\boldsymbol{A}+\beta\boldsymbol{A}$.

3° $(\alpha\beta)\boldsymbol{A}=\alpha(\beta\boldsymbol{A})$.

此处 $\boldsymbol{A},\boldsymbol{B}$ 为同维数的长方矩阵,α,β 为域 K 中的数.

两个同维数长方矩阵的差 $\boldsymbol{A}-\boldsymbol{B}$ 是由等式

$$\boldsymbol{A}-\boldsymbol{B}=\boldsymbol{A}+(-1)\boldsymbol{B}$$

来得出的.

如果 $\boldsymbol{A}$ 是一个 n 阶方阵,而 α 为 K 中的数,那么

$$|\alpha \boldsymbol{A}| = \alpha^n |\boldsymbol{A}|$$ ①

3. 设诸量 $z_1, z_2, \cdots, z_m$ 由量 $y_1, y_2, \cdots, y_n$ 用线性变换

$$z_i = \sum_{k=1}^{n} a_{ik} y_k \quad (i = 1, 2, \cdots, m) \tag{8}$$

表示,而量 $y_1, y_2, \cdots, y_n$ 由量 $x_1, x_2, \cdots, x_q$ 用线性变换

$$y_k = \sum_{j=1}^{q} b_{kj} x_j \quad (k = 1, 2, \cdots, n) \tag{9}$$

表示. 把 $y_k (k = 1, 2, \cdots, n)$ 的这些表示式代入式(8)中,我们就可以把 $z_1, z_2, \cdots, z_m$ 由 $x_1, x_2, \cdots, x_q$ 用“复合的”变换

$$z_i = \sum_{k=1}^{n} a_{ik} \sum_{j=1}^{q} b_{kj} x_j = \sum_{j=1}^{q} \left(\sum_{k=1}^{n} a_{ik} b_{kj} \right) x_j \quad (i = 1, 2, \cdots, m) \tag{10}$$

表示. 与之相对应地得出:

定义 4 两个长方矩阵

$$\boldsymbol{A} = \begin{pmatrix} a_{11} & a_{12} & \cdots & a_{1n} \\ a_{21} & a_{22} & \cdots & a_{2n} \\ \vdots & \vdots & & \vdots \\ a_{m1} & a_{m2} & \cdots & a_{mn} \end{pmatrix}, \boldsymbol{B} = \begin{pmatrix} b_{11} & b_{12} & \cdots & b_{1q} \\ b_{21} & b_{22} & \cdots & b_{2q} \\ \vdots & \vdots & & \vdots \\ b_{n1} & b_{n2} & \cdots & b_{nq} \end{pmatrix}$$

的乘积是指矩阵

$$\boldsymbol{C} = \begin{pmatrix} c_{11} & c_{12} & \cdots & c_{1q} \\ c_{21} & c_{22} & \cdots & c_{2q} \\ \vdots & \vdots & & \vdots \\ c_{m1} & c_{m2} & \cdots & c_{mq} \end{pmatrix}$$

其中,位于第 i 行与第 j 列相交地方的元素 c_{ij} 等于第一个矩阵 $\boldsymbol{A}$ 的第 i 行中元素与第二个矩阵 $\boldsymbol{B}$ 的第 j 列中元素的“乘积”②

$$c_{ij} = \sum_{k=1}^{n} a_{ik} b_{kj} \quad (i = 1, 2, \cdots, m; j = 1, 2, \cdots, q) \tag{11}$$

得出两个矩阵的乘积的运算称为矩阵的乘法.

例 3 有如下等式

$$\begin{pmatrix} a_1 & a_2 & a_3 \\ b_1 & b_2 & b_3 \end{pmatrix} \begin{pmatrix} c_1 & d_1 & e_1 & f_1 \\ c_2 & d_2 & e_2 & f_2 \\ c_3 & d_3 & e_3 & f_3 \end{pmatrix} =$$

---

① 这里的符号 $|\boldsymbol{A}|$ 与 $|\alpha\boldsymbol{A}|$ 各指矩阵 $\boldsymbol{A}$ 与 $\alpha\boldsymbol{A}$ 的行列式(参考 §1).

② 对于两个数列 $a_1, a_2, \cdots, a_n$ 与 $b_1, b_2, \cdots, b_n$ 的乘积,是指它们的对应数的乘积的和:$\sum_{i=1}^{n} a_i b_i$.

$$\begin{pmatrix} a_1c_1+a_2c_2+a_3c_3 & a_1d_1+a_2d_2+a_3d_3 & a_1e_1+a_2e_2+a_3e_3 & a_1f_1+a_2f_2+a_3f_3 \\ b_1c_1+b_2c_2+b_3c_3 & b_1d_1+b_2d_2+b_3d_3 & b_1e_1+b_2e_2+b_3e_3 & b_1f_1+b_2f_2+b_3f_3 \end{pmatrix}$$

由定义4,知变换(10)的系数矩阵等于变换(8)的系数矩阵与变换(9)的系数矩阵的乘积.

我们注意:两个长方矩阵的相乘,只有在第一个因子的列数等于第二个因子的行数时,才可以施行.特别地,如果两个因子都是同阶的方阵,乘法常可施行.但是我们还要注意,即使对于这种特殊的情形,矩阵的乘法都不一定是可交换的.例如

$$\begin{pmatrix} 1 & 2 \\ 3 & 4 \end{pmatrix} \times \begin{pmatrix} 2 & 0 \\ 3 & -1 \end{pmatrix} = \begin{pmatrix} 8 & -2 \\ 18 & -4 \end{pmatrix}$$

$$\begin{pmatrix} 2 & 0 \\ 3 & -1 \end{pmatrix} \times \begin{pmatrix} 1 & 2 \\ 3 & 4 \end{pmatrix} = \begin{pmatrix} 2 & 4 \\ 0 & 2 \end{pmatrix}$$

如果 $\boldsymbol{AB}=\boldsymbol{BA}$,那么称矩阵 $\boldsymbol{A}$ 与 $\boldsymbol{B}$ 是彼此可交换的.

例 4 矩阵

$$\boldsymbol{A}=\begin{pmatrix} 1 & 2 \\ -2 & 0 \end{pmatrix} \quad 与 \quad \boldsymbol{B}=\begin{pmatrix} -3 & 2 \\ -2 & -4 \end{pmatrix}$$

彼此可交换,因为

$$\boldsymbol{AB}=\begin{pmatrix} -7 & -6 \\ 6 & -4 \end{pmatrix}, \boldsymbol{BA}=\begin{pmatrix} -7 & -6 \\ 6 & -4 \end{pmatrix}$$

容易检验,矩阵的乘法是可结合的,同时亦有结合乘法与加法的分配律存在:

1° $(\boldsymbol{AB})\boldsymbol{C}=\boldsymbol{A}(\boldsymbol{BC})$.

2° $(\boldsymbol{A}+\boldsymbol{B})\boldsymbol{C}=\boldsymbol{AC}+\boldsymbol{BC}$.

3° $\boldsymbol{A}(\boldsymbol{B}+\boldsymbol{C})=\boldsymbol{AB}+\boldsymbol{AC}$.

很自然地可以推广矩阵的乘法运算到许多个矩阵相乘的情形.

4. 如果利用长方矩阵的乘法,那么线性变换

$$\begin{cases} y_1=a_{11}x_1+a_{12}x_2+\cdots+a_{1n}x_n \\ y_2=a_{21}x_1+a_{22}x_2+\cdots+a_{2n}x_n \\ \quad\vdots \\ y_m=a_{m1}x_1+a_{m2}x_2+\cdots+a_{mn}x_n \end{cases} \tag{12}$$

可以写为一个矩阵的等式

$$\begin{pmatrix} y_1 \\ y_2 \\ \vdots \\ y_m \end{pmatrix} = \begin{pmatrix} a_{11} & a_{12} & \cdots & a_{1n} \\ a_{21} & a_{22} & \cdots & a_{2n} \\ \vdots & \vdots & & \vdots \\ a_{m1} & a_{m2} & \cdots & a_{mn} \end{pmatrix} \begin{pmatrix} x_1 \\ x_2 \\ \vdots \\ x_n \end{pmatrix} \tag{13}$$

或者简写为

$$\boldsymbol{y}=\boldsymbol{A}\boldsymbol{x} \tag{13'}$$

这里 $\boldsymbol{x}=(x_1,x_2,\cdots,x_n)$，$\boldsymbol{y}=(y_1,y_2,\cdots,y_m)$ 为单列矩阵，而 $\boldsymbol{A}=(a_{ik})$ 为一个 $m\times n$ 维长方矩阵.

等式(13)表示一个事实，即 $\boldsymbol{y}$ 是含系数 $x_1,x_2,\cdots,x_n$ 的矩阵 $\boldsymbol{A}$ 诸列的线性组合

$$\boldsymbol{y}=x_1\boldsymbol{a}_{\cdot 1}+x_2\boldsymbol{a}_{\cdot 2}+\cdots+x_n\boldsymbol{a}_{\cdot n}=\sum_{k=1}^{n}x_k\boldsymbol{a}_{\cdot k} \tag{13''}$$

现在回到等式(11)，它等价于一个矩阵等式

$$\boldsymbol{C}=\boldsymbol{A}\boldsymbol{B} \tag{14}$$

这些等式可以写成形式

$$\boldsymbol{c}_{\cdot j}=\sum_{k=1}^{n}b_{kj}\boldsymbol{a}_{\cdot k}\quad(j=1,2,\cdots,q) \tag{14'}$$

或形式

$$\boldsymbol{c}_{i\cdot}=\sum_{k=1}^{n}a_{ik}\boldsymbol{b}_{k\cdot}\quad(i=1,2,\cdots,m) \tag{14''}$$

这样，矩阵乘积 $\boldsymbol{C}=\boldsymbol{A}\boldsymbol{B}$ 的任一第 j 列是第一个余因子诸列的线性组合，即矩阵 $\boldsymbol{A}$，并且这个线性相关性的系数构成第二个余因子的第 j 列. 同理，矩阵 $\boldsymbol{C}$ 的任一第 i 行是矩阵 $\boldsymbol{B}$ 诸行的线性组合，这个线性相关性的系数是矩阵 $\boldsymbol{A}$ 第 i 行的元素[①].

还要提到一种特殊情形，就是在乘积 $\boldsymbol{C}=\boldsymbol{A}\boldsymbol{B}$ 中，其第二个因子是一个对角方阵 $\boldsymbol{B}=\{d_1,d_2,\cdots,d_n\}$，那么从式(11)得出

$$c_{ij}=a_{ij}d_j\quad(i=1,2,\cdots,m;j=1,2,\cdots,n)$$

亦即

$$\begin{pmatrix}a_{11}&a_{12}&\cdots&a_{1n}\\a_{21}&a_{22}&\cdots&a_{2n}\\\vdots&\vdots&&\vdots\\a_{m1}&a_{m2}&\cdots&a_{mn}\end{pmatrix}\begin{pmatrix}d_1&0&\cdots&0\\0&d_2&\cdots&0\\\vdots&\vdots&&\vdots\\0&0&\cdots&d_n\end{pmatrix}=\begin{pmatrix}a_{11}d_1&a_{12}d_2&\cdots&a_{1n}d_n\\a_{21}d_1&a_{22}d_2&\cdots&a_{2n}d_n\\\vdots&\vdots&&\vdots\\a_{m1}d_1&a_{m2}d_2&\cdots&a_{mn}d_n\end{pmatrix}$$

同理

$$\begin{pmatrix}d_1&0&\cdots&0\\0&d_2&\cdots&0\\\vdots&\vdots&&\vdots\\0&0&\cdots&d_m\end{pmatrix}=\begin{pmatrix}a_{11}&a_{12}&\cdots&a_{1n}\\a_{21}&a_{22}&\cdots&a_{2n}\\\vdots&\vdots&&\vdots\\a_{m1}&a_{m2}&\cdots&a_{mn}\end{pmatrix}\begin{pmatrix}d_1a_{11}&d_1a_{12}&\cdots&d_1a_{1n}\\d_2a_{21}&d_2a_{22}&\cdots&d_2a_{2n}\\\vdots&\vdots&&\vdots\\d_ma_{m1}&d_ma_{m2}&\cdots&d_ma_{mn}\end{pmatrix}$$

---

① 因此，如果 $\boldsymbol{A}$ 与 $\boldsymbol{C}$ 分别是已知的 $m\times n$ 矩阵与 $m\times q$ 矩阵，而 $\boldsymbol{X}$ 是要求的 $n\times q$ 矩阵，那么矩阵方程 $\boldsymbol{A}\boldsymbol{X}=\boldsymbol{C}$ 有解的充分必要条件为矩阵 $\boldsymbol{C}$ 的诸列是矩阵 $\boldsymbol{A}$ 诸列的线性组合. 矩阵方程 $\boldsymbol{X}\boldsymbol{B}=\boldsymbol{C}$ 有解的充分必要条件为矩阵 $\boldsymbol{C}$ 的诸行是矩阵 $\boldsymbol{B}$ 诸行的线性组合.

这样一来,当右(左) 长方矩阵 $\boldsymbol{A}$ 乘以对角矩阵 $\{d_1, d_2, \cdots, d_n\}$ 时,就是在矩阵 $\boldsymbol{A}$ 的所有的列(行) 上顺次地乘上数 $d_1, d_2, \cdots, d_n$.

5. 设方阵 $\boldsymbol{C}=(c_{ij})_1^m$ 是各为 $m\times n$ 与 $n\times m$ 维的两个长方矩阵 $\boldsymbol{A}=(a_{ik})$ 与 $\boldsymbol{B}=(b_{kj})$ 的乘积

$$\begin{pmatrix} c_{11} & \cdots & c_{1m} \\ \vdots & & \vdots \\ c_{m1} & \cdots & c_{mm} \end{pmatrix} = \begin{pmatrix} a_{11} & a_{12} & \cdots & a_{1n} \\ \vdots & \vdots & & \vdots \\ a_{m1} & a_{m2} & \cdots & a_{mn} \end{pmatrix} \begin{pmatrix} b_{11} & \cdots & b_{1m} \\ b_{21} & \cdots & b_{2m} \\ \vdots & & \vdots \\ b_{n1} & \cdots & b_{nm} \end{pmatrix} \tag{15}$$

亦即

$$c_{ij} = \sum_{\alpha=1}^{n} a_{i\alpha} b_{\alpha j} \quad (i, j = 1, 2, \cdots, m) \tag{15'}$$

我们来建立重要的比内—柯西公式,这个公式用矩阵 $\boldsymbol{A}$ 与 $\boldsymbol{B}$ 的子式来表示行列式 $|\boldsymbol{C}|$

$$\begin{vmatrix} c_{11} & \cdots & c_{1m} \\ \vdots & & \vdots \\ c_{m1} & \cdots & c_{mm} \end{vmatrix} = \sum_{1\leqslant k_1 < k_2 < \cdots < k_m \leqslant n} \begin{vmatrix} a_{1k_1} & \cdots & a_{1k_m} \\ \vdots & & \vdots \\ a_{mk_1} & \cdots & a_{mk_m} \end{vmatrix} \begin{vmatrix} b_{k_1 1} & \cdots & b_{k_1 m} \\ \vdots & & \vdots \\ b_{k_m 1} & \cdots & b_{k_m m} \end{vmatrix} \tag{16}$$

或写为简便的记法(参考 §1)

$$\boldsymbol{C}\begin{pmatrix} 1 & 2 & \cdots & m \\ 1 & 2 & \cdots & m \end{pmatrix} = \sum_{1\leqslant k_1 < k_2 < \cdots < k_m \leqslant n} \boldsymbol{A}\begin{pmatrix} 1 & 2 & \cdots & m \\ k_1 & k_2 & \cdots & k_m \end{pmatrix} \boldsymbol{B}\begin{pmatrix} k_1 & k_2 & \cdots & k_m \\ 1 & 2 & \cdots & m \end{pmatrix} \text{①} \tag{16'}$$

按照这个公式,矩阵 $\boldsymbol{C}$ 的行列式等于矩阵 $\boldsymbol{A}$ 中所有可能的最大阶(m 阶)② 子式与矩阵 $\boldsymbol{B}$ 中对应的同阶子式的乘积的和.

比内—柯西公式的推论,从公式(13) 知矩阵 $\boldsymbol{C}$ 的行列式可以写为以下形式

$$\begin{vmatrix} c_{11} & \cdots & c_{1m} \\ \vdots & & \vdots \\ c_{m1} & \cdots & c_{mm} \end{vmatrix} = \begin{vmatrix} \sum_{\alpha_1=1}^{n} a_{1\alpha_1} b_{\alpha_1 1} & \cdots & \sum_{\alpha_m=1}^{n} a_{1\alpha_m} b_{\alpha_m m} \\ \vdots & & \vdots \\ \sum_{\alpha_1=1}^{n} a_{m\alpha_1} b_{\alpha_1 1} & \cdots & \sum_{\alpha_m=1}^{n} a_{m\alpha_m} b_{\alpha_m m} \end{vmatrix} =$$

---

① 如果 $m > n$,那么矩阵 $\boldsymbol{A}$ 与 $\boldsymbol{B}$ 不能有 m 阶子式. 此时公式(14) 与(14′) 的右边为零.

② 参考上面的足注.

$$\sum_{\alpha_1,\cdots,\alpha_m=1}^{n}\begin{vmatrix} a_{1\alpha_1}b_{\alpha_1 1} & \cdots & a_{1\alpha_m}b_{\alpha_m m} \\ \vdots & & \vdots \\ a_{m\alpha_1}b_{\alpha_1 1} & \cdots & a_{m\alpha_m}b_{\alpha_m m}\end{vmatrix}=$$

$$\sum_{\alpha_1,\cdots,\alpha_m=1}^{n}\boldsymbol{A}\begin{pmatrix}1 & 2 & \cdots & m \\ \alpha_1 & \alpha_2 & \cdots & \alpha_m\end{pmatrix}b_{\alpha_1 1}b_{\alpha_2 2}\cdots b_{\alpha_m m} \tag{16''}$$

如果 $m > n$，那么在数 $\alpha_1,\alpha_2,\cdots,\alpha_m$ 中间，总可找到两个相等的数，故等式(16″)的右边的每一项都等于零. 这就是说，此时 $|\boldsymbol{C}|=0$.

现在假设 $m \leqslant n$，那么位于等式(16″)右边的和中，只要在下标 $\alpha_1,\alpha_2,\cdots,\alpha_m$ 中有两个或两个以上的数彼此相等，这一项就等于零. 这个和里面所有其余的项可以分为各含 $m!$ 个项的许多类，每一类都是合并那些下标组 $\alpha_1,\alpha_2,\cdots,\alpha_m$ 彼此仅有次序不同的项所得的(每一类中各项的下标 $\alpha_1,\alpha_2,\cdots,\alpha_m$ 按照它的全部数值来说，都是相同的). 那么在一个类里面所有诸项的和将等于

$$\sum\varepsilon(\alpha_1,\alpha_2,\cdots,\alpha_m)\boldsymbol{A}\begin{pmatrix}1 & 2 & \cdots & m \\ k_1 & k_2 & \cdots & k_m\end{pmatrix}b_{\alpha_1 1}b_{\alpha_2 2}\cdots b_{\alpha_m m}=$$

$$\boldsymbol{A}\begin{pmatrix}1 & 2 & \cdots & m \\ k_1 & k_2 & \cdots & k_m\end{pmatrix}\sum\varepsilon(\alpha_1,\alpha_2,\cdots,\alpha_m)b_{\alpha_1 1}b_{\alpha_2 2}\cdots b_{\alpha_m m}=$$

$$\boldsymbol{A}\begin{pmatrix}1 & 2 & \cdots & m \\ k_1 & k_2 & \cdots & k_m\end{pmatrix}\boldsymbol{B}\begin{pmatrix}k_1 & k_2 & \cdots & k_m \\ 1 & 2 & \cdots & m\end{pmatrix}$$ ①

因此从式(16″)得出式(16′).

例 5 有如下等式

$$\begin{pmatrix}a_1c_1+a_2c_2+\cdots+a_nc_n & a_1d_1+a_2d_2+\cdots+a_nd_n \\ b_1c_1+b_2c_2+\cdots+b_nc_n & b_1d_1+b_2d_2+\cdots+b_nd_n\end{pmatrix}=$$

$$\begin{pmatrix}a_1 & a_2 & \cdots & a_n \\ b_1 & b_2 & \cdots & b_n\end{pmatrix}\begin{pmatrix}c_1 & d_1 \\ c_2 & d_2 \\ \vdots & \vdots \\ c_n & d_n\end{pmatrix}$$

故公式(16)给予所谓柯西恒等式

$$\begin{vmatrix}a_1c_1+a_2c_2+\cdots+a_nc_n & a_1d_1+a_2d_2+\cdots+a_nd_n \\ b_1c_1+b_2c_2+\cdots+b_nc_n & b_1d_1+b_2d_2+\cdots+b_nd_n\end{vmatrix}=$$

$$\sum_{1\leqslant i<k\leqslant n}\begin{vmatrix}a_i & a_k \\ b_i & b_k\end{vmatrix}\begin{vmatrix}c_i & d_i \\ c_k & d_k\end{vmatrix} \tag{17}$$

---

① 此处 $k_1<k_2<\cdots<k_m$ 是下标 $\alpha_1,\alpha_2,\cdots,\alpha_m$ 的标准位置，而 $\varepsilon(\alpha_1,\alpha_2,\cdots,\alpha_m)=(-1)^N$，其中 N 是变排列 $\alpha_1,\alpha_2,\cdots,\alpha_m$ 为标准位置 $k_1<k_2<\cdots<k_m$ 所必需的对换的次数.

在这一恒等式中取 $a_i=c_i, b_i=d_i(i=1,2,\cdots,n)$，我们得出

$$\begin{vmatrix} a_1^2+a_2^2+\cdots+a_n^2 & a_1b_1+a_2b_2+\cdots+a_nb_n \\ a_1b_1+a_2b_2+\cdots+a_nb_n & b_1^2+b_2^2+\cdots+b_n^2 \end{vmatrix}=\sum_{1\leqslant i<k\leqslant n}\begin{vmatrix} a_i & a_k \\ b_i & b_k \end{vmatrix}^2$$

故在 a_i 与 $b_i(i=1,2,\cdots,n)$ 都是实数的情形，得出著名的不等式

$$(a_1b_1+a_2b_2+\cdots+a_nb_n)^2\leqslant(a_1^2+a_2^2+\cdots+a_n^2)(b_1^2+b_2^2+\cdots+b_n^2) \tag{18}$$

当且仅当所有的数 a_i 都同其对应数 $b_i(i=1,2,\cdots,n)$ 成比例时，这个式子才能取等号.

例 6　有如下等式

$$\begin{pmatrix} a_1c_1+b_1d_1 & \cdots & a_1c_n+b_1d_n \\ \vdots & & \vdots \\ a_nc_1+b_nd_1 & \cdots & a_nc_n+b_nd_n \end{pmatrix}=\begin{pmatrix} a_1 & b_1 \\ \vdots & \vdots \\ a_n & b_n \end{pmatrix}\begin{pmatrix} c_1 & \cdots & c_n \\ d_1 & \cdots & d_n \end{pmatrix}$$

故当 $n>2$ 时

$$\begin{vmatrix} a_1c_1+b_1d_1 & \cdots & a_1c_n+b_1d_n \\ \vdots & & \vdots \\ a_nc_1+b_nd_1 & \cdots & a_nc_n+b_nd_n \end{vmatrix}=\mathbf{0}$$

讨论一种特殊的情形，就是 $\boldsymbol{A},\boldsymbol{B}$ 同为 n 阶方阵且在式(16′)中设 $m=n$，那么就得到熟悉的行列式的乘法

$$\boldsymbol{C}\begin{pmatrix} 1 & 2 & \cdots & n \\ 1 & 2 & \cdots & n \end{pmatrix}=\boldsymbol{A}\begin{pmatrix} 1 & 2 & \cdots & n \\ 1 & 2 & \cdots & n \end{pmatrix}\boldsymbol{B}\begin{pmatrix} 1 & 2 & \cdots & n \\ 1 & 2 & \cdots & n \end{pmatrix}$$

或者用另一种记法

$$|\boldsymbol{C}|=|\boldsymbol{AB}|=|\boldsymbol{A}|\cdot|\boldsymbol{B}| \tag{19}$$

这样一来，两个方阵的乘积的行列式等于这两个方阵的行列式的乘积.

6. 比内－柯西公式给予了这样的可能性，在一般的情形，可以把两个长方矩阵的乘积的子式经其因子的子式来表示，设

$$\boldsymbol{A}=(a_{ik}),\boldsymbol{B}=(b_{kj}),\boldsymbol{C}=(c_{ij})$$

$$(i=1,2,\cdots,m;k=1,2,\cdots,n;j=1,2,\cdots,q)$$

且有

$$\boldsymbol{C}=\boldsymbol{AB}$$

讨论矩阵 $\boldsymbol{C}$ 的任何一个子式

$$\boldsymbol{C}\begin{pmatrix} i_1 & i_2 & \cdots & i_p \\ j_1 & j_2 & \cdots & j_p \end{pmatrix}$$

$$(1\leqslant i_1<i_2<\cdots<i_p\leqslant m, 1\leqslant j_1<j_2<\cdots<j_p\leqslant q; p\leqslant m,q)$$

用这个子式的元素所组成的矩阵可以表示为以下两个长方矩阵的乘积

$$\begin{pmatrix} a_{i_1 1} & a_{i_1 2} & \cdots & a_{i_1 n} \\ \vdots & \vdots & & \vdots \\ a_{i_p 1} & a_{i_p 2} & \cdots & a_{i_p n} \end{pmatrix} \begin{pmatrix} b_{1j_1} & \cdots & b_{1j_p} \\ b_{2j_1} & \cdots & b_{2j_p} \\ \vdots & & \vdots \\ b_{nj_1} & \cdots & b_{nj_p} \end{pmatrix}$$

因此,应用比内－柯西公式,我们得出

$$\boldsymbol{C}\begin{pmatrix} i_1 & i_2 & \cdots & i_p \\ \vdots & \vdots & & \vdots \\ j_1 & j_2 & \cdots & j_p \end{pmatrix} = \sum_{1 \leqslant k_1 < k_2 < \cdots < k_p \leqslant n} \boldsymbol{A}\begin{pmatrix} i_1 & i_2 & \cdots & i_p \\ k_1 & k_2 & \cdots & k_p \end{pmatrix} \boldsymbol{B}\begin{pmatrix} k_1 & k_2 & \cdots & k_p \\ j_1 & j_2 & \cdots & j_p \end{pmatrix} \quad (20)$$ ①

当 $p=1$ 时,公式(20)变为公式(11).当 $p>1$ 时,公式(20)是公式(11)的自然推广.

还要注意公式(20)的一个推论:

两个长方矩阵的乘积的秩不能超过其任一因子的秩.

如果 $\boldsymbol{C}=\boldsymbol{AB}$ 且矩阵 $\boldsymbol{A},\boldsymbol{B},\boldsymbol{C}$ 的秩各为 $r_{\boldsymbol{A}},r_{\boldsymbol{B}},r_{\boldsymbol{C}}$,那么

$$r_{\boldsymbol{C}} \leqslant r_{\boldsymbol{A}}, r_{\boldsymbol{B}}$$

7. 如果 $\boldsymbol{X}$ 是矩阵方程 $\boldsymbol{AX}=\boldsymbol{C}$ 的解(矩阵 $\boldsymbol{A},\boldsymbol{X}$ 与 $\boldsymbol{C}$ 的维数分别为 $m\times n$, $n\times q$ 与 $m\times q$),那么 $r_{\boldsymbol{X}}\leqslant r_{\boldsymbol{C}}$.我们来证明,在矩阵方程 $\boldsymbol{AX}=\boldsymbol{C}$ 的解中,存在一个最小秩的解,对此解有 $r_{\boldsymbol{X}_0}=r_{\boldsymbol{C}}$.

事实上,设 $r=r_{\boldsymbol{C}}$,那么在矩阵 $\boldsymbol{C}$ 的诸列中有 r 个线性无关列②.为具体起见,设前 r 个列 $\boldsymbol{c}_{\cdot 1},\cdots,\boldsymbol{c}_{\cdot r}$ 线性无关,其余的诸列是前 r 个列的线性组合

$$\boldsymbol{c}_{\cdot j}=\sum_{k=1}^{r} a_{jk}\boldsymbol{c}_{\cdot k} \quad (j=r+1,\cdots,q) \tag{21}$$

设 $\boldsymbol{X}$ 是方程 $\boldsymbol{AX}=\boldsymbol{C}$ 的任一解,那么(参考§2)

$$\boldsymbol{Ax}_{\cdot k}=\boldsymbol{c}_{\cdot k} \quad (k=1,\cdots,r) \tag{22}$$

用以下等式来确定诸列 $\tilde{\boldsymbol{x}}_{\cdot r+1},\cdots,\tilde{\boldsymbol{x}}_{\cdot q}$

$$\tilde{\boldsymbol{x}}_{\cdot j}=\sum_{k=1}^{r} a_{jk}\boldsymbol{x}_{\cdot k} \quad (j=r+1,\cdots,q)$$

对这些等式左乘以 $\boldsymbol{A}$,由等式(21)与(22)求出

$$\boldsymbol{A}\tilde{\boldsymbol{x}}_{\cdot j}=\boldsymbol{c}_{\cdot j} \quad (j=r+1,\cdots,q) \tag{22'}$$

---

① 由比内－柯西公式,知矩阵 $\boldsymbol{C}$ 的 p 阶子式,当 $p>n$ 时(如果有这种阶数的子式存在),常等于零.此时,公式(19)的右边须换为零,参考本节4的第一个足注.

② 我们引证一个众所周知的结论:矩阵的秩等于矩阵线性无关列(行)的个数.第3章§1援引了这个结论.

由式(22) 与(22′) 的 q 个等式构成的等式组等价于一个矩阵等式

$$\boldsymbol{A}\boldsymbol{X}_0=\boldsymbol{C}$$

其中 $\boldsymbol{X}_0=(\boldsymbol{x}_{\cdot 1},\cdots,\boldsymbol{x}_{\cdot r},\tilde{\boldsymbol{x}}_{\cdot r+1},\cdots,\tilde{\boldsymbol{x}}_{\cdot q})$ 是秩为 r 的矩阵[①].

矩阵方程 $\boldsymbol{A}\boldsymbol{X}=\boldsymbol{C}$ 的最小秩 r_C 的解 $\boldsymbol{X}_0$ 常可表示为

$$\boldsymbol{X}_0=\boldsymbol{V}\boldsymbol{C}$$

其中 $\boldsymbol{V}$ 是某一 $n\times m$ 矩阵.

事实上,从等式 $\boldsymbol{A}\boldsymbol{X}_0=\boldsymbol{C}$ 推出,矩阵 $\boldsymbol{C}$ 的诸行是矩阵 $\boldsymbol{X}_0$ 的行的线性组合.因为无论在矩阵 $\boldsymbol{C}$ 的诸行中,还是矩阵 $\boldsymbol{X}_0$ 的诸行中,都有同一个线性无关的个数 r_C[②],所以相反,矩阵 $\boldsymbol{X}_0$ 的诸行是矩阵 $\boldsymbol{C}$ 的诸行的线性组合,从而得出 $\boldsymbol{X}_0=\boldsymbol{V}\boldsymbol{C}$.

现在证明以下命题.

设 $\boldsymbol{A},\boldsymbol{B}$ 是已知矩阵,$\boldsymbol{X}$ 是未知长方矩阵[③],那么矩阵方程

$$\boldsymbol{A}\boldsymbol{X}\boldsymbol{B}=\boldsymbol{C}\tag{23}$$

有解的充分必要条件是矩阵方程

$$\boldsymbol{A}\boldsymbol{Y}=\boldsymbol{C},\boldsymbol{Z}\boldsymbol{B}=\boldsymbol{C}\tag{24}$$

同时有解,即矩阵 $\boldsymbol{C}$ 的列是矩阵 $\boldsymbol{A}$ 的列的线性组合,矩阵 $\boldsymbol{C}$ 的行是矩阵 $\boldsymbol{B}$ 的行的线性组合.

事实上,如果矩阵 $\boldsymbol{X}$ 是方程(21) 的解,那么矩阵 $\boldsymbol{Y}=\boldsymbol{X}\boldsymbol{B}$ 与 $\boldsymbol{Z}=\boldsymbol{A}\boldsymbol{X}$ 是方程(24) 的解.

反之,设方程(24) 的解 $\boldsymbol{Y},\boldsymbol{Z}$ 存在,那么这些方程中的第一个有最小秩为 r_C 的解 $\boldsymbol{Y}_0$,由所证明得知这个解可表示为

$$\boldsymbol{Y}_0=\boldsymbol{V}\boldsymbol{C}$$

因此

$$\boldsymbol{C}=\boldsymbol{A}\boldsymbol{Y}_0=\boldsymbol{A}\boldsymbol{V}\boldsymbol{C}=\boldsymbol{A}\boldsymbol{V}\boldsymbol{Z}\boldsymbol{B}$$

那么矩阵 $\boldsymbol{X}=\boldsymbol{V}\boldsymbol{Z}$ 是方程(23) 的解.

§3 方　　阵

1. 一个 n 阶方阵,位于其主对角线上的元素全为1,而所有其余元素均为零者,称为单位矩阵且记为 $\boldsymbol{E}^{(q)}$ 或简单地记为 $\boldsymbol{E}$."单位矩阵"这一名称是与矩阵 $\boldsymbol{E}$ 的以下性质相联系的,对于任一长方矩阵

$$\boldsymbol{A}=(a_{ik})\quad(i=1,2,\cdots,m;k=1,2,\cdots,n)$$

---

① 在矩阵 $\boldsymbol{X}_0$ 中最后 $n-r$ 个列是前 r 个列的线性组合;前 r 个列 $\boldsymbol{x}_{\cdot 1},\cdots,\boldsymbol{x}_{\cdot r}$ 线性无关,因为由等式(22),这些列之间的线性相关性引起了诸列 $\boldsymbol{c}_{\cdot 1},\cdots,\boldsymbol{c}_{\cdot r}$ 之间的线性相关性.

② 参考 §2.

③ 假设矩阵 $\boldsymbol{A},\boldsymbol{X},\boldsymbol{B},\boldsymbol{C}$ 的维数使乘积 $\boldsymbol{A}\boldsymbol{X}\boldsymbol{B}$ 有意义,且知矩阵 $\boldsymbol{C}$ 的维数.

都有等式

$$\boldsymbol{E}^{(m)}\boldsymbol{A}=\boldsymbol{A}\boldsymbol{E}^{(n)}=\boldsymbol{A}$$

显然

$$\boldsymbol{E}^{(n)}=(\delta_{ik})_1^n$$

设 $\boldsymbol{A}=(a_{ik})_1^n$ 为一个方阵，则以通常的方式来定义矩阵的幂

$$\boldsymbol{A}^p=\underbrace{\boldsymbol{A}\boldsymbol{A}\cdots\boldsymbol{A}}_{p\text{个}}\quad(p=1,2,\cdots),\quad \boldsymbol{A}^0=\boldsymbol{E}$$

由矩阵乘法的可结合性得出

$$\boldsymbol{A}^p\boldsymbol{A}^q=\boldsymbol{A}^{p+q}\tag{25}$$

此处 p,q 是任意的非负整数.

讨论系数在域 K 中的多项式(整有理函数)

$$f(t)=\alpha_0t^m+\alpha_1t^{m-1}+\cdots+\alpha_m$$

我们将 $f(\boldsymbol{A})$ 写为矩阵

$$f(\boldsymbol{A})=\alpha_0\boldsymbol{A}^m+\alpha_1\boldsymbol{A}^{m-1}+\cdots+\alpha_m\boldsymbol{E}$$

这就定义了矩阵的多项式.

设多项式 $f(t)$ 等于多项式 $h(t)$ 与 $g(t)$ 的乘积

$$f(t)=h(t)g(t)\tag{26}$$

多项式 $f(t)$ 是由 $h(t)$ 与 $g(t)$ 中的项逐项相乘且合并同类项后所得出的. 此时所用的是指数定律：$t^pt^q=t^{p+q}$，因为所有这些运算，在换标量 t 为矩阵 $\boldsymbol{A}$ 时，都是合理的，所以由式(26)得出

$$f(\boldsymbol{A})=h(\boldsymbol{A})g(\boldsymbol{A})$$

因此，特别地有

$$h(\boldsymbol{A})g(\boldsymbol{A})=g(\boldsymbol{A})h(\boldsymbol{A})^{①}\tag{27}$$

即同一矩阵的两个多项式是彼此可交换的.

例 7 约定在长方矩阵 $\boldsymbol{A}=(\alpha_{ik})$ 中的第 p 个上对角线(下对角线)是指元素列 α_{ik}，其中 $k-i=p$(对应的 $i-k=p$)，以 $\boldsymbol{H}^{(n)}$ 记一个 n 阶方阵，其中第一个上对角线的元素都等于 1，而所有其余元素都等于零. 矩阵 $\boldsymbol{H}^{(n)}$ 亦将简记为 $\boldsymbol{H}$，那么

$$\boldsymbol{H}=\boldsymbol{H}^{(n)}=\begin{pmatrix}0&1&0&\cdots&0\\0&0&1&\cdots&0\\\vdots&\vdots&\vdots&&\vdots\\0&0&0&\cdots&1\\0&0&0&\cdots&0\end{pmatrix},\boldsymbol{H}^2=\begin{pmatrix}0&0&1&&\mathbf{0}\\&&&\ddots&\\&&\ddots&\ddots&1\\&&&&0\\\mathbf{0}&&&&0\end{pmatrix}$$

---

① 因为 $g(t)h(t)=f(t)$，所以在这些乘积中，每一个都等于同一 $f(\boldsymbol{A})$. 但须注意，在多个变数的代数恒等式中不许用矩阵来代换. 不过，如所代入的矩阵都是两两可交换的时候，这种代换是允许的.

诸如此类

$$\boldsymbol{H}^p=\mathbf{0}\quad(p\geqslant n)$$

如果

$$f(t)=a_0+a_1t+a_2t^2+\cdots+a_{n-1}t^{n-1}+\cdots$$

为 t 的多项式,那么由上面这些等式得出

$$f(\boldsymbol{H})=a_0\boldsymbol{E}+a_1\boldsymbol{H}+a_2\boldsymbol{H}^2+\cdots=\begin{pmatrix}a_0 & a_1 & a_2 & \cdots & a_{n-1}\\ & & & \ddots & \vdots\\ & & \ddots & \ddots & a_2\\ & & & & a_1\\ \mathbf{0} & & & & a_0\end{pmatrix}$$

同样地,如果 $\boldsymbol{F}$ 是一个 n 阶方阵,其中第一个下对角线的元素都等于 1,而其余的元素都等于零,那么

$$f(\boldsymbol{F})=a_0\boldsymbol{E}+a_1\boldsymbol{F}+a_2\boldsymbol{F}^2+\cdots=\begin{pmatrix}a_0 & & & \mathbf{0}\\ a_1 & a_0 & & \\ \vdots & & \ddots & \\ a_{n-1} & \cdots & a_1 & a_0\end{pmatrix}$$

读者自己验证矩阵 $\boldsymbol{H}$ 与 $\boldsymbol{F}$ 的以下诸性质:

1° 在任一 $m\times n$ 维长方矩阵 $\boldsymbol{A}$ 左乘以 m 阶矩阵 $\boldsymbol{H}$(矩阵 $\boldsymbol{F}$) 所得出的结果中,矩阵 $\boldsymbol{A}$ 中所有的行都上升(下降) 了一位,矩阵 $\boldsymbol{A}$ 的最前(最后) 一行不再出现,而结果中最后(最前) 一行中都是零元素,例如

$$\begin{pmatrix}0 & 1 & 0\\0 & 0 & 1\\0 & 0 & 0\end{pmatrix}\begin{pmatrix}a_1 & a_2 & a_3 & a_4\\b_1 & b_2 & b_3 & b_4\\c_1 & c_2 & c_3 & c_4\end{pmatrix}=\begin{pmatrix}b_1 & b_2 & b_3 & b_4\\c_1 & c_2 & c_3 & c_4\\0 & 0 & 0 & 0\end{pmatrix}$$

$$\begin{pmatrix}0 & 0 & 0\\1 & 0 & 0\\0 & 1 & 0\end{pmatrix}\begin{pmatrix}a_1 & a_2 & a_3 & a_4\\b_1 & b_2 & b_3 & b_4\\c_1 & c_2 & c_3 & c_4\end{pmatrix}=\begin{pmatrix}0 & 0 & 0 & 0\\a_1 & a_2 & a_3 & a_4\\b_1 & b_2 & b_3 & b_4\end{pmatrix}$$

2° 在任一 $m\times n$ 维长方矩阵 $\boldsymbol{A}$ 右乘以 n 阶矩阵 $\boldsymbol{H}$(矩阵 $\boldsymbol{F}$) 所得出的结果中,矩阵 $\boldsymbol{A}$ 中所有的列都右(左) 移了一位,矩阵 $\boldsymbol{A}$ 的最后(最前) 一列不再出现,而结果中最前(最后) 一列中都是零元素.例如

$$\begin{pmatrix}a_1 & a_2 & a_3 & a_4\\b_1 & b_2 & b_3 & b_4\\c_1 & c_2 & c_3 & c_4\end{pmatrix}\begin{pmatrix}0 & 1 & 0 & 0\\0 & 0 & 1 & 0\\0 & 0 & 0 & 1\\0 & 0 & 0 & 0\end{pmatrix}=\begin{pmatrix}0 & a_1 & a_2 & a_3\\0 & b_1 & b_2 & b_3\\0 & c_1 & c_2 & c_3\end{pmatrix}$$

$$\begin{pmatrix} a_1 & a_2 & a_3 & a_4 \\ b_1 & b_2 & b_3 & b_4 \\ c_1 & c_2 & c_3 & c_4 \end{pmatrix} \begin{pmatrix} 0 & 0 & 0 & 0 \\ 1 & 0 & 0 & 0 \\ 0 & 1 & 0 & 0 \\ 0 & 0 & 1 & 0 \end{pmatrix} = \begin{pmatrix} a_2 & a_3 & a_4 & 0 \\ b_2 & b_3 & b_4 & 0 \\ c_2 & c_3 & c_4 & 0 \end{pmatrix}$$

2. 如果 $|\boldsymbol{A}|=0$,那么方阵 $\boldsymbol{A}$ 称为降秩的. 在相反的情形,称方阵 $\boldsymbol{A}$ 为满秩的.

设 $\boldsymbol{A}=(a_{ik})_1^n$ 为一个满秩方阵($|\boldsymbol{A}|\neq 0$). 讨论以 $\boldsymbol{A}$ 为其系数矩阵的线性变换

$$y_i=\sum_{k=1}^{n} a_{ik}x_k \quad (i=1,2,\cdots,n) \tag{28}$$

视等式(28) 为关于 $x_1,x_2,\cdots,x_n$ 的方程组,且注意由已给条件方程组(28) 的行列式不为零,我们可以用已知的公式把 $x_1,x_2,\cdots,x_n$ 用 $y_1,y_2,\cdots,y_n$ 单值地表示

$$x_i=\frac{1}{|\boldsymbol{A}|}\begin{vmatrix} a_{11} & \cdots & a_{1,i-1} & y_1 & a_{1,i+1} & \cdots & a_{1n} \\ a_{21} & \cdots & a_{2,i-1} & y_2 & a_{2,i+1} & \cdots & a_{2n} \\ \vdots & & & \vdots & \vdots & & \vdots \\ a_{n1} & \cdots & a_{n,i-1} & y_n & a_{n,i+1} & \cdots & a_{nn} \end{vmatrix} \equiv \sum_{k=1}^{n} a_{ik}^{(-1)} y_k \quad (i=1,2,\cdots,n) \tag{29}$$

我们得出了式(28) 的逆变换,称这一变换的系数矩阵

$$\boldsymbol{A}^{-1}=(a_{ik}^{(-1)})_1^n$$

为矩阵 $\boldsymbol{A}$ 的逆矩阵,由(29) 易知

$$a_{ik}^{(-1)}=\frac{A_{ki}}{|\boldsymbol{A}|} \quad (i,k=1,2,\cdots,n) \tag{30}$$

其中 A_{ki} 为行列式 $|\boldsymbol{A}|$ 中元素 $a_{ki}(i,k=1,2,\cdots,n)$ 的代数余子式(余因子).

例如,如果

$$\boldsymbol{A}=\begin{pmatrix} a_1 & a_2 & a_3 \\ b_1 & b_2 & b_3 \\ c_1 & c_2 & c_3 \end{pmatrix} \quad 而且 \quad |\boldsymbol{A}|\neq 0$$

那么

$$\boldsymbol{A}^{-1}=\frac{1}{|\boldsymbol{A}|}\begin{pmatrix} b_2c_3-b_3c_2 & a_3c_2-a_2c_3 & a_2b_3-a_3b_2 \\ b_3c_1-b_1c_3 & a_1c_3-a_3c_1 & a_3b_1-a_1b_3 \\ b_1c_2-b_2c_1 & a_2c_1-a_1c_2 & a_1b_2-a_2b_1 \end{pmatrix}$$

从已给变换(28) 与其逆变换(29) 按某一次序或其相反的次序继续施行,所得出的变换都是恒等变换(其系数矩阵为单位矩阵),故有

$$\boldsymbol{A}\boldsymbol{A}^{-1}=\boldsymbol{A}^{-1}\boldsymbol{A}=\boldsymbol{E} \tag{31}$$

直接把矩阵 $\boldsymbol{A}$ 与 $\boldsymbol{A}^{-1}$ 相乘，亦可以验证等式(31). 事实上，由(30)[①]

$$(\boldsymbol{A}\boldsymbol{A}^{-1})_{ij}=\sum_{k=1}^{n}a_{ik}a_{kj}^{(-1)}=\frac{1}{|\boldsymbol{A}|}\sum_{k=1}^{n}a_{ik}A_{jk}=\delta_{ij}\quad(i,j=1,2,\cdots,n)$$

同理

$$(\boldsymbol{A}^{-1}\boldsymbol{A})_{ij}=\sum_{k=1}^{n}a_{ik}^{(-1)}a_{kj}=\frac{1}{|\boldsymbol{A}|}\sum_{k=1}^{n}A_{ki}a_{kj}=\delta_{ij}\quad(i,j=1,2,\cdots,n)$$

不难看出，矩阵方程

$$\boldsymbol{AX}=\boldsymbol{E}\quad 与\quad \boldsymbol{XA}=\boldsymbol{E}\quad(|\boldsymbol{A}|\neq 0)\tag{32}$$

除解 $\boldsymbol{X}=\boldsymbol{A}^{-1}$ 外，没有别的解. 事实上，左乘第一个方程的两边以 $\boldsymbol{A}^{-1}$，右乘第二个方程的两边以 $\boldsymbol{A}^{-1}$，且用矩阵乘法的可结合性质与等式(31)，我们在这两种情形都得出[②]

$$\boldsymbol{X}=\boldsymbol{A}^{-1}$$

同样的方法可以证明，每一个矩阵方程

$$\boldsymbol{AX}=\boldsymbol{B},\boldsymbol{XA}=\boldsymbol{B}\quad(|\boldsymbol{A}|\neq 0)\tag{33}$$

其中 $\boldsymbol{X}$ 与 $\boldsymbol{B}$ 是同维数的长方矩阵，$\boldsymbol{A}$ 为有对应阶数的方阵，有且仅有一个解，分别为

$$\boldsymbol{X}=\boldsymbol{A}^{-1}\boldsymbol{B}\quad 与\quad \boldsymbol{X}=\boldsymbol{B}\boldsymbol{A}^{-1}\tag{34}$$

矩阵(34) 分别为以矩阵 $\boldsymbol{A}$“除”矩阵 $\boldsymbol{B}$ 的“左”与“右”的商. 由(33) 与(34) 对应地得出(参考 §2 的末尾)$r_{\boldsymbol{B}}\leqslant r_{\boldsymbol{X}}$ 与 $r_{\boldsymbol{X}}\leqslant r_{\boldsymbol{B}}$，亦即 $r_{\boldsymbol{X}}=r_{\boldsymbol{B}}$. 比较(33) 我们有：

当一个长方矩阵左或右乘以满秩方阵时，原矩阵的秩不变.

还须注意，由(31) 推知 $|\boldsymbol{A}||\boldsymbol{A}^{-1}|=1$，亦即

$$|\boldsymbol{A}^{-1}|=\frac{1}{|\boldsymbol{A}|}$$

对于两个满秩矩阵的乘积有

$$(\boldsymbol{AB})^{-1}=\boldsymbol{B}^{-1}\boldsymbol{A}^{-1}\tag{35}$$

3. 所有 n 阶矩阵构成一个有单位元素 $\boldsymbol{E}$ 的环[③]. 因为在这个环中定义了域 K 中的数与矩阵的乘法，而且有由 n^2 个线性无关矩阵所构成的基底存在，使所

---

① 此处我们用到已知的行列式的性质. 按照它的性质，任一列的元素与其代数余子式的乘积之和等于行列式的值，而任一列的元素与其他一列的对应元素的代数余子式的乘积之和等于零.

② 如果 $\boldsymbol{A}$ 是一个降秩矩阵，那么方程(32) 就没有解. 事实上，如果在这些方程中任何一个有解 $\boldsymbol{X}=(x_{ik})_1^n$，那么由关于行列式相乘的定理[参考公式(19)]，$|\boldsymbol{A}||\boldsymbol{X}|=|\boldsymbol{E}|=1$，但在 $|\boldsymbol{A}|=0$ 时是不可能的.

③ 环是元素的一个集合，在它里面确定有常可唯一施行的两个运算：两个元素的“加法”(适合交换律与结合律) 与两个元素的“乘法”(适合结合律与关于加法的分配律)，而且对加法有逆运算存在. 参考，例如《Курс высшей алгебры》(1952) 的第 6,19 与 115 页(柯召译本的第 7,19 与 109 页) 或《Высшая алгебра》(1938) 的第 333 页.

有的 n 阶矩阵都可以经它们线性表示出[①],所以 n 阶矩阵环是一个代数[②].

所有的 n 阶方阵对于加法运算构成一个交换群[③]. 所有的满秩 n 阶矩阵对于乘法构成一个(非交换) 群.

如果在这一个矩阵中所有位于主对角线的下方(主对角线的上方) 的元素都等于零,即

$$\boldsymbol{A}=\begin{pmatrix} a_{11} & a_{12} & \cdots & a_{1n} \\ 0 & a_{22} & \cdots & a_{2n} \\ \vdots & \vdots & & \vdots \\ 0 & 0 & \cdots & a_{nn} \end{pmatrix}$$

$$\boldsymbol{A}=\begin{pmatrix} a_{11} & 0 & \cdots & 0 \\ a_{21} & a_{22} & \cdots & 0 \\ \vdots & \vdots & & \vdots \\ a_{n1} & a_{n2} & \cdots & a_{nn} \end{pmatrix}$$

那么方阵 $\boldsymbol{A}=(a_{ik})_1^n$ 称为上三角形的(下三角形的).

对角矩阵是上(下) 三角矩阵的特例.

因为三角矩阵的行列式等于其对角线上诸元素的乘积,所以三角(特别是对角) 矩阵是满秩的充分必要条件为其对角线上元素都不等于零.

容易验证,任何两个对角(上三角、下三角) 矩阵的和是一个对角(上三角、下三角) 矩阵,而且对于满秩对角(上三角、下三角) 矩阵的逆矩阵仍然是同一类型的矩阵. 所以:

1° 所有 n 阶对角矩阵、n 阶上三角矩阵、n 阶下三角矩阵关于加法运算构成三个交换群.

2° 所有满秩对角矩阵关于乘法运算构成一个交换群.

3° 所有满秩上(下) 三角矩阵关于乘法运算构成群(非交换的).

4° 在结束本节前,我们指出对于矩阵的一个重要运算 —— 矩阵的转置与转化到共轭矩阵.

如果 $\boldsymbol{A}=(a_{ik})(i=1,2,\cdots,m;k=1,2,\cdots,n)$,那么转置矩阵 $\boldsymbol{A}'$ 为等式 $\boldsymbol{A}'=$

---

① 事实上,由在 K 中的元素组成的任一矩阵 $\boldsymbol{A}=(a_{ik})_1^n$ 都可以表示为 $\boldsymbol{A}=\sum\limits_{i,k=1}^{n}a_{ik}\boldsymbol{E}_{ik}$ 的形式,其中 $\boldsymbol{E}_{ik}$ 是一个 n 阶矩阵,只有在第 i 行与第 k 列相交的地方有元素 1,而所有其余的元素都是 0.

② 参考,例如《Курс высшей алгебры》(1952) 的第 116 页(柯召译本的第 111 页).

③ 群是某些元素的一个集合,在它里面建立了一个运算,对于集合中任意两元素 a 与 b 都在这一集合中唯一地确定第三个元素 $a*b$,而且:(1) 这个运算是可结合的$[(a*b)*c=a*(b*c)]$,(2) 在集合中有一个单位元素 e 存在$(a*e=e*a=a)$,(3) 对集合中任一元素 a 都有逆元素 a^{-1} 存在$(a*a^{-1}=a^{-1}*a=e)$. 它的运算适合可交换律者称为交换群或阿贝尔群,关于群的概念可参考,例如,《Курс высшей алгебры》(1952),见柯召译本的第 351 页与以后诸页.

(a'_{ki}) 所确定，其中 $a'_{ki}=a_{ik}\,(i=1,2,\cdots,m;k=1,2,\cdots,n)$. 如果矩阵 $\boldsymbol{A}$ 的维数为 $m\times n$，那么矩阵 $\boldsymbol{A}'$ 的维数为 $n\times m$.

容易验证以下诸性质[①]：

1° $(\boldsymbol{A}+\boldsymbol{B})'=\boldsymbol{A}'+\boldsymbol{B}',(\boldsymbol{A}+\boldsymbol{B})^*=\boldsymbol{A}^*+\boldsymbol{B}^*$.

2° $(\alpha\boldsymbol{A})'=\alpha\boldsymbol{A}',(\alpha\boldsymbol{A})^*=\alpha\boldsymbol{A}^*$.

3° $(\boldsymbol{AB})'=\boldsymbol{B}'\boldsymbol{A}',(\boldsymbol{AB})^*=\boldsymbol{B}^*\boldsymbol{A}^*$.

4° $(\boldsymbol{A}^{-1})'=(\boldsymbol{A}')^{-1},(\boldsymbol{A}^{-1})^*=(\boldsymbol{A}^*)^{-1}$.

5° $(\boldsymbol{A}')'=\boldsymbol{A},(\boldsymbol{A}^*)^*=\boldsymbol{A}$.

如果方阵 $\boldsymbol{S}=(s_{ij})_1^n$ 同它自身的转置矩阵重合($\boldsymbol{S}'=\boldsymbol{S}$)，那么称这样的矩阵为对称的. 如果方阵 $\boldsymbol{H}=(h_{ik})$ 与其共轭矩阵相同($\boldsymbol{H}^*=\boldsymbol{H}$)，那么称它为埃尔米特矩阵. 在对称矩阵中，位于关于主对角线相对称的位置上的元素彼此相等. 注意，两个对称矩阵(埃尔米特矩阵)的乘积，一般地说，不一定是对称矩阵(埃尔米特矩阵). 由 3°，知其乘积仍为对称矩阵或埃尔米特矩阵的充分必要条件是所给的两个对称矩阵或埃尔米特矩阵是彼此可交换的.

如果 $\boldsymbol{A}$ 是一个实矩阵，即含实元素的矩阵，那么 $\boldsymbol{A}^*=\boldsymbol{A}'$. 埃尔米特实矩阵总是对称矩阵.

两个维数分别为 $m\times m$ 与 $n\times n$ 的埃尔米特矩阵 $\boldsymbol{AA}^*$ 与 $\boldsymbol{A}^*\boldsymbol{A}$ 和每个 $m\times n$ 维长方矩阵 $\boldsymbol{A}=(a_{ik})$ 有关. 等式 $\boldsymbol{AA}^*=\boldsymbol{0}$ 或 $\boldsymbol{A}^*\boldsymbol{A}=\boldsymbol{0}$ 中任一个可导出等式 $\boldsymbol{A}=\boldsymbol{0}$[②].

如果方阵 $\boldsymbol{K}=(k_{ij})_1^n$ 同它的转置矩阵只差一个因子 -1($\boldsymbol{K}'=-\boldsymbol{K}$)，那么称这样的矩阵为反对称的. 在反对称矩阵中，位于关于主对角线相对称的位置上的元素，彼此之间只有一个因子 -1 的差别，而主对角线上面的所有元素都等于零. 由 3°，知两个彼此可交换的反对称矩阵的乘积是一个对称矩阵[③].

§4　相伴矩阵，逆矩阵的子式

1. 设给一矩阵 $\boldsymbol{A}=(a_{ik})_1^n$. 讨论矩阵 $\boldsymbol{A}$ 的所有可能的 $p(1\leqslant p\leqslant n)$ 阶子式

$$\boldsymbol{A}\begin{pmatrix} i_1 & i_2 & \cdots & i_p \\ k_1 & k_2 & \cdots & k_p \end{pmatrix}$$

$$(1\leqslant i_1<i_2<\cdots<i_p\leqslant n,1\leqslant k_1<k_2<\cdots<k_p\leqslant n) \tag{36}$$

---

① 在性质 1°，2°，3° 中，$\boldsymbol{A},\boldsymbol{B}$ 为其对应运算可以施行的任何长方矩阵. 在性质 4° 中，$\boldsymbol{A}$ 为任何一个满秩方阵.

② 这由 $\boldsymbol{AA}^*$ 与 $\boldsymbol{A}^*\boldsymbol{A}$ 中每个矩阵的对角线元素之和等于 $\sum\limits_{i=1}^{m}\sum\limits_{k=1}^{n}|a_{ik}|^2$ 得出.

③ 关于方阵 $\boldsymbol{A}$ 为两个对称矩阵的乘积($\boldsymbol{A}=\boldsymbol{S}_1\boldsymbol{S}_2$)或为两个反对称矩阵的乘积($\boldsymbol{A}=\boldsymbol{K}_1\boldsymbol{K}_2$)的问题，可参考 *Ueber die Darstellbarkeit einer Matrix als Produkt von zwei symmetrischen Matrizen*(1922).

这些子式的个数等于 N^2，其中 $N=C_n^p$ 为从 n 个元素中取出 p 个元素的组合数. 为了把(36) 诸子式布置成一个方形阵列，我们要给出所有从 n 个下标 $1,2,\cdots,n$ 中取出的 p 个数的组合以确定的(例如，字汇排列的) 次序记数.

如果对于这种记数法，下标的组合 $i_1<i_2<\cdots<i_p$ 与 $k_1<k_2<\cdots<k_p$ 有序数 α 与 β，那么子式(36) 将记为

$$\mathfrak{a}_{\alpha\beta}=\boldsymbol{A}\begin{pmatrix} i_1 & i_2 & \cdots & i_p \\ k_1 & k_2 & \cdots & k_p \end{pmatrix}$$

给出 α 与 β 以彼此无关的所有从 1 到 N 的值，我们就得到矩阵 $\boldsymbol{A}=(a_{ik})_1^n$ 的所有的 p 阶子式.

N 阶方阵

$$\mathfrak{A}_p=(\mathfrak{a}_{\alpha\beta})_1^N$$

称为矩阵 $\boldsymbol{A}=(a_{ik})_1^n$ 的 p 阶相伴矩阵；p 可取数值 $1,2,\cdots,n$. 此处 $\mathfrak{A}_1=\boldsymbol{A}$，而矩阵 $\mathfrak{A}_n$ 是由一个元素所组成的，等于 $|\boldsymbol{A}|$.

注 要首先确定下标的组合的记数次序，它同矩阵 $\boldsymbol{A}$ 的选择无关.

例 8 设

$$\boldsymbol{A}=\begin{pmatrix} a_{11} & a_{12} & a_{13} & a_{14} \\ a_{21} & a_{22} & a_{23} & a_{24} \\ a_{31} & a_{32} & a_{33} & a_{34} \\ a_{41} & a_{42} & a_{43} & a_{44} \end{pmatrix}$$

把从四个下标 1,2,3,4 中取出两个的组合的记数，排列成以下次序

$$(1\quad 2)\quad (1\quad 3)\quad (1\quad 4)\quad (2\quad 3)\quad (2\quad 4)\quad (3\quad 4)$$

那么

$$\mathfrak{A}_2=\begin{pmatrix}
\boldsymbol{A}\begin{pmatrix}1&2\\1&2\end{pmatrix} & \boldsymbol{A}\begin{pmatrix}1&2\\1&3\end{pmatrix} & \boldsymbol{A}\begin{pmatrix}1&2\\1&4\end{pmatrix} & \boldsymbol{A}\begin{pmatrix}1&2\\2&3\end{pmatrix} & \boldsymbol{A}\begin{pmatrix}1&2\\2&4\end{pmatrix} & \boldsymbol{A}\begin{pmatrix}1&2\\3&4\end{pmatrix} \\
\boldsymbol{A}\begin{pmatrix}1&3\\1&2\end{pmatrix} & \boldsymbol{A}\begin{pmatrix}1&3\\1&3\end{pmatrix} & \boldsymbol{A}\begin{pmatrix}1&3\\1&4\end{pmatrix} & \boldsymbol{A}\begin{pmatrix}1&3\\2&3\end{pmatrix} & \boldsymbol{A}\begin{pmatrix}1&3\\2&4\end{pmatrix} & \boldsymbol{A}\begin{pmatrix}1&3\\3&4\end{pmatrix} \\
\boldsymbol{A}\begin{pmatrix}1&4\\1&2\end{pmatrix} & \boldsymbol{A}\begin{pmatrix}1&4\\1&3\end{pmatrix} & \boldsymbol{A}\begin{pmatrix}1&4\\1&4\end{pmatrix} & \boldsymbol{A}\begin{pmatrix}1&4\\2&3\end{pmatrix} & \boldsymbol{A}\begin{pmatrix}1&4\\2&4\end{pmatrix} & \boldsymbol{A}\begin{pmatrix}1&4\\3&4\end{pmatrix} \\
\boldsymbol{A}\begin{pmatrix}2&3\\1&2\end{pmatrix} & \boldsymbol{A}\begin{pmatrix}2&3\\1&3\end{pmatrix} & \boldsymbol{A}\begin{pmatrix}2&3\\1&4\end{pmatrix} & \boldsymbol{A}\begin{pmatrix}2&3\\2&3\end{pmatrix} & \boldsymbol{A}\begin{pmatrix}2&3\\2&4\end{pmatrix} & \boldsymbol{A}\begin{pmatrix}2&3\\3&4\end{pmatrix} \\
\boldsymbol{A}\begin{pmatrix}2&4\\1&2\end{pmatrix} & \boldsymbol{A}\begin{pmatrix}2&4\\1&3\end{pmatrix} & \boldsymbol{A}\begin{pmatrix}2&4\\1&4\end{pmatrix} & \boldsymbol{A}\begin{pmatrix}2&4\\2&3\end{pmatrix} & \boldsymbol{A}\begin{pmatrix}2&4\\2&4\end{pmatrix} & \boldsymbol{A}\begin{pmatrix}2&4\\3&4\end{pmatrix} \\
\boldsymbol{A}\begin{pmatrix}3&4\\1&2\end{pmatrix} & \boldsymbol{A}\begin{pmatrix}3&4\\1&3\end{pmatrix} & \boldsymbol{A}\begin{pmatrix}3&4\\1&4\end{pmatrix} & \boldsymbol{A}\begin{pmatrix}3&4\\2&3\end{pmatrix} & \boldsymbol{A}\begin{pmatrix}3&4\\2&4\end{pmatrix} & \boldsymbol{A}\begin{pmatrix}3&4\\3&4\end{pmatrix}
\end{pmatrix}$$

我们来提出相伴矩阵的某些性质：

1° 由 $\boldsymbol{C}=\boldsymbol{AB}$ 可得 $\mathfrak{C}_p=\mathfrak{A}_p\mathfrak{B}_p(p=1,2,\cdots,n)$.

事实上,由公式(19)把矩阵乘积$\boldsymbol{C}$的$p(1\leqslant p\leqslant n)$阶子式用矩阵因子的同阶子式来表示,我们有

$$\boldsymbol{C}\begin{pmatrix}i_1 & i_2 & \cdots & i_p\\ k_1 & k_2 & \cdots & k_p\end{pmatrix}=\sum_{1\leqslant l_1<l_2<\cdots<l_p\leqslant n}\boldsymbol{A}\begin{pmatrix}i_1 & i_2 & \cdots & i_p\\ l_1 & l_2 & \cdots & l_p\end{pmatrix}\boldsymbol{B}\begin{pmatrix}l_1 & l_2 & \cdots & l_p\\ k_1 & k_2 & \cdots & k_p\end{pmatrix}$$

$$(1\leqslant i_1<i_2<\cdots<i_p\leqslant n,1\leqslant k_1<k_2<\cdots<k_p\leqslant n)\tag{37}$$

显然,用这一节的记法,等式(37) 可以写为

$$\mathfrak{c}_{\alpha\beta}=\sum_{\lambda=1}^{N}\mathfrak{a}_{\alpha\lambda}\mathfrak{b}_{\lambda\beta}\quad(\alpha,\beta=1,2,\cdots,N)$$

(此处 α,β,λ 各为下标组合 $i_1<i_2<\cdots<i_p,k_1<k_2<\cdots<k_p,l_1<l_2<\cdots<l_p$ 的记数),故得

$$\mathfrak{C}_p=\mathfrak{A}_p\mathfrak{B}_p\quad(p=1,2,\cdots,n)$$

2° 由 $\boldsymbol{B}=\boldsymbol{A}^{-1}$ 可得 $\mathfrak{B}_p=\mathfrak{A}_p^{-1}(p=1,2,\cdots,n)$.

如果我们取 $\boldsymbol{C}=\boldsymbol{E}$ 且注意此时 $\mathfrak{C}_p$ 为一个 $N=\mathrm{C}_n^p$ 阶的单位矩阵,那么这个论断可以直接从上一结果推得.

从性质 2° 可以推得把逆矩阵的子式用已知矩阵的子式来表示的一个重要公式.

如果 $\boldsymbol{B}=\boldsymbol{A}^{-1}$,那么

$$\boldsymbol{B}\begin{pmatrix}i_1 & i_2 & \cdots & i_p\\ k_1 & k_2 & \cdots & k_p\end{pmatrix}=\frac{(-1)^{\sum\limits_{v=1}^{p}i_v+\sum\limits_{v=1}^{p}k_v}\boldsymbol{A}\begin{pmatrix}k_1' & k_2' & \cdots & k_{n-p}'\\ i_1' & i_2' & \cdots & i_{n-p}'\end{pmatrix}}{\boldsymbol{A}\begin{pmatrix}1 & 2 & \cdots & n\\ 1 & 2 & \cdots & n\end{pmatrix}}\tag{38}$$

其中 $i_1<i_2<\cdots<i_p$ 连同 $i_1'<i_2'<\cdots<i_{n-p}'$,$k_1<k_2<\cdots<k_p$ 连同$k_1'<k_2'<\cdots<k_{n-p}'$ 都构成完全下标组 $1,2,\cdots,n$.

事实上,由 $\boldsymbol{AB}=\boldsymbol{E}$ 可得

$$\mathfrak{A}_p\mathfrak{B}_p=\mathfrak{C}_p$$

或者较详细地写为

$$\sum_{\alpha=1}^{N}\mathfrak{a}_{\gamma\alpha}\mathfrak{b}_{\alpha\beta}=\delta_{\gamma\beta}=\begin{cases}1 & (\gamma=\beta)\\ 0 & (\gamma\neq\beta)\end{cases}\tag{39}$$

等式(39) 还可以写为

$$\sum_{1\leqslant i_1<i_2<\cdots<i_p\leqslant n}\boldsymbol{A}\begin{pmatrix}j_1 & j_2 & \cdots & j_p\\ i_1 & i_2 & \cdots & i_p\end{pmatrix}\boldsymbol{B}\begin{pmatrix}i_1 & i_2 & \cdots & i_p\\ k_1 & k_2 & \cdots & k_p\end{pmatrix}=$$

$$\begin{cases} 1 & 如果 \sum_{v=1}^{p}(j_v - k_v)^2 = 0 \\ 0 & 如果 \sum_{v=1}^{p}(j_v - k_v)^2 > 0 \end{cases}$$

$$(1 \leqslant j_1 < j_2 < \cdots < j_p \leqslant n, 1 \leqslant k_1 < k_2 < \cdots < k_p \leqslant n) \tag{39'}$$

另外,应用已知的行列式 $|\boldsymbol{A}|$ 的拉普拉斯展开式,我们得出

$$\sum_{1 \leqslant i_1 < i_2 < \cdots < i_p \leqslant n} \boldsymbol{A}\begin{pmatrix} j_1 & j_2 & \cdots & j_p \\ i_1 & i_2 & \cdots & i_p \end{pmatrix} \cdot (-1)^{\sum_{v=1}^{p} i_v + \sum_{v=1}^{p} k_v} \boldsymbol{A}\begin{pmatrix} k'_1 & k'_2 & \cdots & k'_{n-p} \\ i'_1 & i'_2 & \cdots & i'_{n-p} \end{pmatrix} =$$

$$\begin{cases} |\boldsymbol{A}| & 如果 \sum_{v=1}^{p}(j_v - k_v)^2 = 0 \\ 0 & 如果 \sum_{v=1}^{p}(j_v - k_v)^2 > 0 \end{cases} \tag{40}$$

其中 $i'_1 < i'_2 < \cdots < i'_{n-p}$ 连同 $i_1 < i_2 < \cdots < i_p$, $k'_1 < k'_2 < \cdots < k'_{n-p}$ 连同 $k_1 < k_2 < \cdots < k_p$ 都构成完全下标组 $1, 2, \cdots, n$. 如果不取 $\boldsymbol{B}\begin{pmatrix} i_1 & i_2 & \cdots & i_p \\ k_1 & k_2 & \cdots & k_p \end{pmatrix}$ 为 $\mathfrak{b}_{\alpha\beta}$,而取以下式子

$$\frac{(-1)^{\sum_{v=1}^{p} i_v + \sum_{v=1}^{p} k_v} \boldsymbol{A}\begin{pmatrix} k'_1 & k'_2 & \cdots & k'_{n-p} \\ i'_1 & i'_2 & \cdots & i'_{n-p} \end{pmatrix}}{\boldsymbol{A}\begin{pmatrix} 1 & 2 & \cdots & n \\ 1 & 2 & \cdots & n \end{pmatrix}}$$

那么比较式(40)与(39′),等式(39)是适合的.

因为在等式组(39)中,$\mathfrak{A}_p$ 的逆矩阵的元素 $\mathfrak{b}_{\alpha\beta}$ 是唯一单值确定的,所以我们有等式(38).

§5 长方矩阵的求逆,伪逆矩阵

如果 $\boldsymbol{A}$ 是一个满秩方阵,那么它存在一个逆矩阵 $\boldsymbol{A}^{-1}$. 如果 $\boldsymbol{A}$ 不是方阵,而是 $m \times n$ 维长方矩阵($m \neq n$),或者是降秩方阵,那么矩阵 $\boldsymbol{A}$ 没有逆矩阵,符号 $\boldsymbol{A}^{-1}$ 没有意义. 但是正如后面将证明,任何长方矩阵 $\boldsymbol{A}$ 都有一个"伪逆"矩阵 $\boldsymbol{A}^{+}$,它具有逆矩阵的一些性质,并且对解线性方程组有重要的应用. 在 $\boldsymbol{A}$ 是一个满秩方阵的情形,伪逆矩阵与逆矩阵 $\boldsymbol{A}^{-1}$ 相同①.

1. 矩阵的骨架展开式. 今后我们将利用秩 r 的任意 $m \times n$ 维长方矩阵 $\boldsymbol{A} =$

① 本节引用的伪逆矩阵的定义是莫尔 1920 年在 *Amer. Math. Soc* 中给出的,他指出了这个概念的重要应用. 后来与莫尔提出的定义不同,毕叶尔哈马尔与潘洛乌兹等人的工作中定义并研究了一些另外形式的伪逆矩阵.

(a_{ik}) 表示两个矩阵 $\boldsymbol{B}$ 与 $\boldsymbol{C}$ 的乘积的形式,它们分别有维数 $m\times r$ 与 $r\times n$

$$\boldsymbol{A}=\boldsymbol{B}\,\boldsymbol{C}=\begin{pmatrix} b_{11} & \cdots & b_{1r} \\ b_{21} & \cdots & b_{2r} \\ \vdots & & \vdots \\ b_{m1} & \cdots & b_{mr} \end{pmatrix}\begin{pmatrix} c_{11} & c_{12} & \cdots & c_{1n} \\ \vdots & \vdots & & \vdots \\ c_{r1} & c_{r2} & \cdots & c_{rn} \end{pmatrix}\quad (r=r_{\boldsymbol{A}}) \tag{41}$$

此处余因子 $\boldsymbol{B}$ 与 $\boldsymbol{C}$ 的秩一定等于乘积 $\boldsymbol{A}$ 的秩:$r_{\boldsymbol{B}}=r_{\boldsymbol{C}}=r$. 事实上(参考 §2),$r\leqslant r_{\boldsymbol{B}},r_{\boldsymbol{C}}$. 但是秩 $r_{\boldsymbol{B}}$ 与 $r_{\boldsymbol{C}}$ 不能超过 r,因为 r 是矩阵 $\boldsymbol{B}$ 与 $\boldsymbol{C}$ 的一个维数. 因此$r_{\boldsymbol{B}}=r_{\boldsymbol{C}}=r$.

为了得出展开式(41),只要取矩阵 $\boldsymbol{A}$ 的任何 r 个线性无关列或任何能线性表示矩阵$\boldsymbol{A}$[①] 的诸列的 r 个线性无关列,作为矩阵 $\boldsymbol{B}$ 的诸列即可. 于是矩阵 $\boldsymbol{A}$ 的任何第 j 列将是含系数 $c_{1j},c_{2j},\cdots,c_{rj}$ 的矩阵 $\boldsymbol{B}$ 的诸列的线性组合,这些系数也构成矩阵 $\boldsymbol{C}$ 的第 j 列($j=1,2,\cdots,n$,参考 §2,4)[②].

因为矩阵 $\boldsymbol{B}$ 与 $\boldsymbol{C}$ 有最大可能的秩 r,所以方阵 $\boldsymbol{B}^*\boldsymbol{B}$ 与 $\boldsymbol{CC}^*$ 是满秩的

$$|\boldsymbol{B}^*\boldsymbol{B}|\neq 0,\ |\boldsymbol{CC}^*|\neq 0 \tag{42}$$

事实上,设列 $\boldsymbol{x}$ 是方程

$$\boldsymbol{B}^*\boldsymbol{Bx}=\boldsymbol{0} \tag{43}$$

的任一解. 对这个方程左乘以行 $\boldsymbol{x}^*$. 于是 $\boldsymbol{x}^*\boldsymbol{B}^*\boldsymbol{Bx}=(\boldsymbol{Bx})^*\boldsymbol{Bx}=\boldsymbol{0}$. 由此[③]得出 $\boldsymbol{Bx}=\boldsymbol{0}$,并且 $\boldsymbol{x}=\boldsymbol{0}$[因为 $\boldsymbol{Bx}$ 是矩阵 $\boldsymbol{B}$ 的线性无关列的线性组合;参考公式(13″)]. 由方程(43) 只有零解 $\boldsymbol{x}=\boldsymbol{0}$ 得出 $|\boldsymbol{B}^*\boldsymbol{B}|\neq 0$. 类似地建立(42) 的第二个不等式[④].

展开式(41) 将称为矩阵 $\boldsymbol{A}$ 的骨架展开式.

2. 伪逆矩阵的存在性与唯一性. 讨论矩阵方程

$$\boldsymbol{AXA}=\boldsymbol{A} \tag{44}$$

如果 $\boldsymbol{A}$ 是满秩方阵,那么这个方程有唯一解 $\boldsymbol{X}=\boldsymbol{A}^{-1}$. 如果 $\boldsymbol{A}$ 是任一 $m\times n$ 维长方矩阵,那么所求的解 $\boldsymbol{X}$ 为 $n\times m$ 维,但不是唯一确定的. 在一般情形下方程(44) 有无限解集. 下面将证明,在这些解中只有一个具有以下性质:它的行与列是共轭矩阵 $\boldsymbol{A}^*$ 相应的行与列的线性组合. 正是这个解我们称为 $\boldsymbol{A}$ 的伪逆矩

---

① 我们根据熟知的命题:秩为 r 的矩阵 $\boldsymbol{A}$ 有 r 个线性无关列来线性表示所有其余的列(即表示为这个域中数值系数的线性组合形式). 类似命题对行也成立,更详细的可参考第 3 章 §1.

② 同样,任何 r 行可以是矩阵 $\boldsymbol{C}$ 的诸行,这 r 行可表示矩阵 $\boldsymbol{A}$ 的一切行的线性组合. 于是这些线性组合的系数构成矩阵 $\boldsymbol{B}$ 的诸行.

③ 参考 §3 末尾.

④ 不等式(42) 也可从比内—柯西公式直接推出. 根据这个公式,行列式 $|\boldsymbol{B}^*\boldsymbol{B}|$($|\boldsymbol{CC}^*|$) 等于矩阵 $\boldsymbol{B}$(相应 $\boldsymbol{C}$) 的一切 r 阶子式模的平方和.

阵,并记为 $\boldsymbol{A}^{+}$.

定义 5 如果 $n\times m$ 维矩阵 $\boldsymbol{A}^{+}$ 满足等式[①]

$$\boldsymbol{A}\boldsymbol{A}^{+}\boldsymbol{A}=\boldsymbol{A} \tag{45}$$

$$\boldsymbol{A}^{+}=\boldsymbol{U}\boldsymbol{A}^{*}=\boldsymbol{A}^{*}\boldsymbol{U} \tag{46}$$

其中 $\boldsymbol{U}$ 与 $\boldsymbol{V}$ 是某些矩阵,那么称为 $m\times n$ 维矩阵 $\boldsymbol{A}$ 的伪逆矩阵.

首先证明,对于已知矩阵 A 不能存在两个不同的伪逆矩阵 A_1^{+} 与 $\boldsymbol{A}_2^{+}$. 事实上,由等式

$$\boldsymbol{A}\boldsymbol{A}_1^{+}\boldsymbol{A}=\boldsymbol{A}\boldsymbol{A}_2^{+}\boldsymbol{A}=\boldsymbol{A},\boldsymbol{A}_1^{+}=\boldsymbol{U}_1\boldsymbol{A}^{*}=\boldsymbol{A}^{*}\boldsymbol{V}_1,\boldsymbol{A}_2^{+}=\boldsymbol{U}_2\boldsymbol{A}^{*}=\boldsymbol{A}^{*}\boldsymbol{V}_2$$

令 $\boldsymbol{D}=\boldsymbol{A}_2^{+}-\boldsymbol{A}_1^{+},\boldsymbol{U}=\boldsymbol{U}_2-\boldsymbol{U}_1,\boldsymbol{V}=\boldsymbol{V}_2-\boldsymbol{V}_1$,求出

$$\boldsymbol{A}\boldsymbol{D}\boldsymbol{A}=\boldsymbol{0},\boldsymbol{D}=\boldsymbol{U}\boldsymbol{A}^{*}=\boldsymbol{A}^{*}\boldsymbol{V}$$

从而得

$$(\boldsymbol{D}\boldsymbol{A})^{*}\boldsymbol{D}\boldsymbol{A}=\boldsymbol{A}^{*}\boldsymbol{D}^{*}\boldsymbol{D}\boldsymbol{A}=\boldsymbol{A}^{*}\boldsymbol{V}^{*}\boldsymbol{A}\boldsymbol{D}\boldsymbol{A}=\boldsymbol{0}$$

因此(参考 §3 末尾)

$$\boldsymbol{D}\boldsymbol{A}=\boldsymbol{0}$$

但是这时 $\boldsymbol{D}\boldsymbol{D}^{*}=\boldsymbol{D}\boldsymbol{A}\boldsymbol{U}^{*}=\boldsymbol{0}$,即 $\boldsymbol{D}=\boldsymbol{A}_2^{+}-\boldsymbol{A}_1^{+}=\boldsymbol{0}$.

为了证明矩阵 $\boldsymbol{A}^{+}$ 的存在,我们要利用骨架展开式(41),并首先寻找伪逆矩阵 $\boldsymbol{B}^{+}$ 与 $\boldsymbol{C}^{+}$[②]. 因为由定义以下等式应成立

$$\boldsymbol{B}\boldsymbol{B}^{+}\boldsymbol{B}=\boldsymbol{B},\boldsymbol{B}^{+}=\hat{\boldsymbol{U}}\boldsymbol{B}^{*} \tag{47}$$

其中 $\hat{\boldsymbol{U}}$ 是某一矩阵,所以

$$\boldsymbol{B}\hat{\boldsymbol{U}}\boldsymbol{B}^{*}\boldsymbol{B}=\boldsymbol{B}$$

左乘以 $\boldsymbol{B}^{*}$,并注意到 $\boldsymbol{B}^{*}\boldsymbol{B}$ 是一满秩方阵,我们求出

$$\hat{\boldsymbol{U}}=(\boldsymbol{B}^{*}\boldsymbol{B})^{-1}$$

但此时等式(47)中的第二个式子给出 $\boldsymbol{B}^{+}$ 所求的表示式

$$\boldsymbol{B}^{+}=(\boldsymbol{B}^{*}\boldsymbol{B})^{-1}\boldsymbol{B}^{*} \tag{48}$$

完全类似地求出

$$\boldsymbol{C}^{+}=\boldsymbol{C}^{*}(\boldsymbol{C}\boldsymbol{C}^{*})^{-1} \tag{49}$$

现在来证明,矩阵

$$\boldsymbol{A}^{+}=\boldsymbol{C}^{+}\boldsymbol{B}^{+}=\boldsymbol{C}^{*}(\boldsymbol{C}\boldsymbol{C}^{*})^{-1}(\boldsymbol{B}^{*}\boldsymbol{B})^{-1}\boldsymbol{B}^{*} \tag{50}$$

满足条件(45)(46),因此是 $\boldsymbol{A}$ 的伪逆矩阵.

事实上

$$\boldsymbol{A}\boldsymbol{A}^{+}\boldsymbol{A}=\boldsymbol{B}\boldsymbol{C}\boldsymbol{C}^{*}(\boldsymbol{C}\boldsymbol{C}^{*})^{-1}(\boldsymbol{B}^{*}\boldsymbol{B})^{-1}\boldsymbol{B}^{*}\boldsymbol{B}\boldsymbol{C}=\boldsymbol{B}\boldsymbol{C}=\boldsymbol{A}$$

---

① 条件(46)表示,矩阵 $\boldsymbol{A}^{+}$ 的行(列)是矩阵 $\boldsymbol{A}^{*}$ 的行(列)的线性组合(参考 §2 的下标). 条件(46)换为一个条件 $\boldsymbol{A}^{+}=\boldsymbol{A}^{*}\boldsymbol{W}\boldsymbol{A}^{*}$,其中 $\boldsymbol{W}$ 是某一矩阵(参考 §2 末尾).

② 从定义 5 立即推出,如果 $\boldsymbol{A}=\boldsymbol{0}$,那么有 $\boldsymbol{A}^{+}=\boldsymbol{0}$. 因此,以后假设 $\boldsymbol{A}\neq\boldsymbol{0}$,就会有 $r=r_{\boldsymbol{A}}>0$.

另外，从等式(48) ～ (50) 并考虑到等式 $\boldsymbol{A}^* = \boldsymbol{C}^*\boldsymbol{B}^*$，令 $\boldsymbol{K} = (\boldsymbol{C}\boldsymbol{C}^*)^{-1}(\boldsymbol{B}^*\boldsymbol{B})^{-1}$，求出

$$\boldsymbol{A}^+ = \boldsymbol{C}^*\boldsymbol{K}\boldsymbol{B}^* = \boldsymbol{C}^*\boldsymbol{K}(\boldsymbol{C}\boldsymbol{C}^*)^{-1}\boldsymbol{C}\boldsymbol{C}^*\boldsymbol{B}^* = \boldsymbol{U}\boldsymbol{C}^*\boldsymbol{B}^* = \boldsymbol{U}\boldsymbol{A}^*$$

$$\boldsymbol{A}^+ = \boldsymbol{C}^*\boldsymbol{K}\boldsymbol{B}^* = \boldsymbol{C}^*\boldsymbol{B}^*\boldsymbol{B}(\boldsymbol{B}^*\boldsymbol{B})^{-1}\boldsymbol{K}\boldsymbol{B}^* = \boldsymbol{C}^*\boldsymbol{B}^*\boldsymbol{V} = \boldsymbol{A}^*\boldsymbol{V}$$

其中

$$\boldsymbol{U} = \boldsymbol{C}^*\boldsymbol{K}(\boldsymbol{C}\boldsymbol{C}^*)^{-1}\boldsymbol{C}, \boldsymbol{V} = \boldsymbol{B}(\boldsymbol{B}^*\boldsymbol{V})^{-1}\boldsymbol{K}\boldsymbol{B}^*$$

这样就证明了，任何长方矩阵 $\boldsymbol{A}$ 都存在一个且只有一个伪逆矩阵 $\boldsymbol{A}^+$，它由公式(50) 确定，其中 $\boldsymbol{B}$ 与 $\boldsymbol{C}$ 是矩阵 $\boldsymbol{A}$[①] 的骨架展开式 $\boldsymbol{A} = \boldsymbol{B}\boldsymbol{C}$ 中的余因子. 从伪逆矩阵定义本身直接推出，在满秩方阵 $\boldsymbol{A}$ 的情形，伪逆矩阵 $\boldsymbol{A}^+$ 与逆矩阵相同.

例 9 令

$$\boldsymbol{A} = \begin{pmatrix} 1 & -1 & 2 & 0 \\ -1 & 2 & -3 & 1 \\ 0 & 1 & -1 & 1 \end{pmatrix}$$

此处 $r = 2$. 取矩阵 $\boldsymbol{A}$ 的前两列作为矩阵 $\boldsymbol{B}$ 的列. 于是

$$\boldsymbol{A} = \boldsymbol{B}\boldsymbol{C} = \begin{pmatrix} 1 & -1 \\ -1 & 2 \\ 0 & 1 \end{pmatrix} \begin{pmatrix} 1 & 0 & 1 & 1 \\ 0 & 1 & -1 & 1 \end{pmatrix}$$

与

$$\boldsymbol{B}^*\boldsymbol{B} = \begin{pmatrix} 2 & -3 \\ -3 & 6 \end{pmatrix}, (\boldsymbol{B}^*\boldsymbol{B})^{-1} = \begin{pmatrix} 2 & 1 \\ 1 & \frac{2}{3} \end{pmatrix}$$

$$\boldsymbol{C}\boldsymbol{C}^* = \begin{pmatrix} 3 & 0 \\ 0 & 3 \end{pmatrix}, (\boldsymbol{C}\boldsymbol{C}^*)^{-1} = \begin{pmatrix} \frac{1}{3} & 0 \\ 0 & \frac{1}{3} \end{pmatrix} = \frac{1}{3}\boldsymbol{E}$$

因此根据公式(50)

$$\boldsymbol{A}^+ = \frac{1}{3}\begin{pmatrix} 1 & 0 \\ 0 & 1 \\ 1 & -1 \\ 1 & 1 \end{pmatrix} \begin{pmatrix} 2 & 1 \\ 1 & \frac{2}{3} \end{pmatrix} \begin{pmatrix} 1 & -1 & 0 \\ -1 & 2 & 1 \end{pmatrix} = \begin{pmatrix} \frac{1}{3} & 0 & \frac{1}{3} \\ \frac{1}{9} & \frac{1}{9} & \frac{2}{9} \\ \frac{2}{9} & -\frac{1}{9} & \frac{1}{9} \\ \frac{4}{9} & \frac{1}{9} & \frac{5}{9} \end{pmatrix}$$

---

① 展开式(41) 不唯一地确定 $\boldsymbol{B}\boldsymbol{C}$ 的余因子. 但是正如所证明的结果，因为只存在一个伪逆矩阵 $\boldsymbol{A}^+$，所以公式(50) 在矩阵 $\boldsymbol{A}$ 的一切骨架展开式中，给 $\boldsymbol{A}^+$ 相同值. 第 2 章 §5 将叙述计算伪逆矩阵的另一方法，该方法将原始矩阵分块.

3. 伪逆矩阵的性质. 我们指出伪逆矩阵的以下性质：

1° $(\boldsymbol{A}^*)^+=(\boldsymbol{A}^+)^*$.

2° $(\boldsymbol{A}^+)^+=\boldsymbol{A}$.

3° $(\boldsymbol{A}\boldsymbol{A}^+)^*=\boldsymbol{A}\boldsymbol{A}^+,(\boldsymbol{A}\boldsymbol{A}^+)^2=\boldsymbol{A}\boldsymbol{A}^+$.

4° $(\boldsymbol{A}^+\boldsymbol{A})^*=\boldsymbol{A}^+\boldsymbol{A},(\boldsymbol{A}^+\boldsymbol{A})^2=\boldsymbol{A}^+\boldsymbol{A}$.

第一个性质表示，化成共轭矩阵与伪逆矩阵的运算是彼此可交换的. 因为由 2° 知 $\boldsymbol{A}^+$ 的伪逆矩阵是原始矩阵 $\boldsymbol{A}$，所以等式 2° 表示伪逆矩阵概念的互反性. 由等式 3° 与 4° 知，矩阵 $\boldsymbol{A}\boldsymbol{A}^+$ 与 $\boldsymbol{A}^+\boldsymbol{A}$ 是埃尔米特矩阵与对合矩阵(这些矩阵每一个的平方等于矩阵本身).

为推导等式 1°，利用骨架展开式(41)：$\boldsymbol{A}=\boldsymbol{B}\boldsymbol{C}$. 于是等式 $\boldsymbol{A}^*=\boldsymbol{C}^*\boldsymbol{B}^*$ 给出矩阵 $\boldsymbol{A}^*$ 的骨架展开式. 因此在公式(50)中把矩阵 $\boldsymbol{B}$ 替换为 $\boldsymbol{C}^*$，把矩阵 $\boldsymbol{C}$ 替换为 $\boldsymbol{B}^*$，得出

$$(\boldsymbol{A}^*)^+=\boldsymbol{B}(\boldsymbol{B}^*\boldsymbol{B})^{-1}(\boldsymbol{C}\boldsymbol{C}^*)^{-1}\boldsymbol{C}=[\boldsymbol{C}^*(\boldsymbol{C}\boldsymbol{C}^*)^{-1}(\boldsymbol{B}^*\boldsymbol{B})^{-1}\boldsymbol{B}^*]^*=(\boldsymbol{A}^+)^*$$

等式 $\boldsymbol{A}^+=\boldsymbol{C}^+\boldsymbol{B}^+,\boldsymbol{B}^+=(\boldsymbol{B}^*\boldsymbol{B})^{-1}\boldsymbol{B}^*,\boldsymbol{C}^+=\boldsymbol{C}^*(\boldsymbol{C}\boldsymbol{C}^*)^{-1}$ 是骨架展开式. 因此

$$(\boldsymbol{A}^+)^+=(\boldsymbol{B}^+)^+(\boldsymbol{C}^+)^+=(\boldsymbol{B}^*)^+\boldsymbol{B}^*\boldsymbol{B}\boldsymbol{C}\boldsymbol{C}^*(\boldsymbol{C}^*)^+$$

利用性质 1° 以及 $\boldsymbol{B}^+$ 与 $\boldsymbol{C}^+$ 的表示式，求出

$$(\boldsymbol{A}^+)^+=\boldsymbol{B}(\boldsymbol{B}^*\boldsymbol{B})^{-1}\boldsymbol{B}^*\boldsymbol{B}\boldsymbol{C}\boldsymbol{C}^*(\boldsymbol{C}\boldsymbol{C}^*)^{-1}\boldsymbol{C}=\boldsymbol{B}\boldsymbol{C}=\boldsymbol{A}$$

等式 3° 与 4° 的正确性，可直接在这些等式中用公式(50)中相应的表示式代替 $\boldsymbol{A}^+$ 来验证.

注意，在展开式 $\boldsymbol{A}=\boldsymbol{B}\boldsymbol{C}$ 不是骨架展开式的一般情形，等式 $\boldsymbol{A}^+=\boldsymbol{C}^+\boldsymbol{B}^+$ 不总成立. 例如

$$\boldsymbol{A}=(1)=(0\quad 1)\begin{pmatrix}1\\1\end{pmatrix}=\boldsymbol{B}\boldsymbol{C}$$

此处

$$\boldsymbol{A}^+=\boldsymbol{A}^{-1}=(1),\boldsymbol{B}^+=(0\quad 1)^+=[(1)\times(0\quad 1)]^+=\begin{pmatrix}0\\1\end{pmatrix}(1)=\begin{pmatrix}0\\1\end{pmatrix}$$

$$\boldsymbol{C}^+=\begin{pmatrix}1\\1\end{pmatrix}^+=\left[\begin{pmatrix}1\\1\end{pmatrix}\times(1)\right]^+=(1)\times(2)^{-1}(1\quad 1)=\begin{pmatrix}\frac{1}{2} & \frac{1}{2}\end{pmatrix}$$

因此

$$\boldsymbol{C}^+\boldsymbol{B}^+=\begin{pmatrix}\frac{1}{2} & \frac{1}{2}\end{pmatrix}\begin{pmatrix}0\\1\end{pmatrix}=\begin{pmatrix}\frac{1}{2}\end{pmatrix}\neq\boldsymbol{A}^+$$

4. 最佳近似解(根据最小二乘法). 讨论任一线性方程组

$$\begin{cases}a_{11}x_1+a_{12}x_2+\cdots+a_{1n}x_n=y_1\\a_{21}x_1+a_{22}x_2+\cdots+a_{2n}x_n=y_2\\\quad\vdots\\a_{m1}x_1+a_{m2}x_2+\cdots+a_{mn}x_n=y_m\end{cases}\tag{51}$$

或者用矩阵写法

$$\boldsymbol{A x}=\boldsymbol{y} \tag{51'}$$

此外 $y_1, y_2, \cdots, y_m$ 是已知数，$x_1, x_2, \cdots, x_n$ 是未知数. 在一般情形下方程组(46) 可能是不相容的.

列

$$\boldsymbol{x}^0=(x_1^0, x_2^0, \cdots, x_n^0) \tag{52}$$

称为方程组(51) 的最佳近似解，如果在数值 $x_1=x_1^0, x_2=x_2^0, \cdots, x_n=x_n^0$ 时"方差"

$$|\boldsymbol{y}-\boldsymbol{A x}|^2=\sum_{i=1}^m |y_i-\sum_{k=1}^n a_{ik} x_k|^2 \tag{53}$$

达到最小值，当这个方差有最小值时的一切列 $\boldsymbol{x}$ 中，列 $\boldsymbol{x}^0$ 有最小"长度"，即对这一列，值

$$|\boldsymbol{x}|^2=\boldsymbol{x}^* \boldsymbol{x}=\sum_{i=1}^n |x_i|^2 \tag{54}$$

有最小值.

我们来证明，方程组(51) 总有且仅有一个最佳近似解，这个近似解由以下公式确定

$$\boldsymbol{x}^0=\boldsymbol{A}^+ \boldsymbol{y} \tag{55}$$

其中 $\boldsymbol{A}^+$ 是矩阵的伪逆矩阵.

为此我们讨论任一列 $\boldsymbol{x}$，并令

$$\boldsymbol{y}-\boldsymbol{A x}=\boldsymbol{u}+\boldsymbol{v}$$

其中

$$\boldsymbol{u}=\boldsymbol{y}-\boldsymbol{A x}^0=\boldsymbol{y}-\boldsymbol{A A}^+ \boldsymbol{y}, \boldsymbol{v}=\boldsymbol{A}(\boldsymbol{x}^0-\boldsymbol{x}) \tag{56}$$

那么

$$|\boldsymbol{y}-\boldsymbol{A x}|^2=(\boldsymbol{y}-\boldsymbol{A x})^*(\boldsymbol{y}-\boldsymbol{A x})=(\boldsymbol{u}+\boldsymbol{v})^*(\boldsymbol{u}+\boldsymbol{v})= \\ \boldsymbol{u}^* \boldsymbol{u}+\boldsymbol{v}^* \boldsymbol{u}+\boldsymbol{u}^* \boldsymbol{v}+\boldsymbol{v}^* \boldsymbol{v} \tag{57}$$

但是

$$\boldsymbol{v}^* \boldsymbol{u}=(\boldsymbol{x}^0-\boldsymbol{x})^* \boldsymbol{A}^*(\boldsymbol{y}-\boldsymbol{A A}^+ \boldsymbol{y})=(\boldsymbol{x}^0-\boldsymbol{x})^*(\boldsymbol{A}^*-\boldsymbol{A}^* \boldsymbol{A A}^+) \boldsymbol{y}_0 \tag{58}$$

由展开式(41) 与公式(50) 求出

$$\boldsymbol{A}^* \boldsymbol{A A}^+=\boldsymbol{C}^* \boldsymbol{B}^* \boldsymbol{B C C}^*(\boldsymbol{C C}^*)^{-1}(\boldsymbol{B}^* \boldsymbol{B})^{-1} \boldsymbol{B}^*=\boldsymbol{C}^* \boldsymbol{B}^*=\boldsymbol{A}^*$$

因此从等式(58) 推出

$$\boldsymbol{v}^* \boldsymbol{u}=\boldsymbol{0} \tag{59}$$

但是此时也有

$$\boldsymbol{u}^* \boldsymbol{v}=(\boldsymbol{v}^* \boldsymbol{u})^*=\boldsymbol{0} \tag{59'}$$

因此从等式(57) 求出

$$|\boldsymbol{y}-\boldsymbol{A}\boldsymbol{x}|^2=|\boldsymbol{u}|^2+|\boldsymbol{v}|^2=|\boldsymbol{y}-\boldsymbol{A}\boldsymbol{x}^0|^2+|\boldsymbol{A}(\boldsymbol{x}^0-\boldsymbol{x})|^2 \tag{60}$$

所以对于任一列 $\boldsymbol{x}$

$$|\boldsymbol{y}-\boldsymbol{A}\boldsymbol{x}|\geqslant|\boldsymbol{y}-\boldsymbol{A}\boldsymbol{x}^0| \tag{61}$$

现在令

$$|\boldsymbol{y}-\boldsymbol{A}\boldsymbol{x}|=|\boldsymbol{y}-\boldsymbol{A}\boldsymbol{x}^0|$$

那么由等式(60)有

$$\boldsymbol{A}\boldsymbol{z}=\boldsymbol{0} \tag{62}$$

其中

$$\boldsymbol{z}=\boldsymbol{x}-\boldsymbol{x}^0$$

另外

$$|\boldsymbol{x}|^2=(\boldsymbol{x}^0+\boldsymbol{z})^*(\boldsymbol{x}^0+\boldsymbol{z})=|\boldsymbol{x}^0|^2+|\boldsymbol{z}|^2+(\boldsymbol{x}^0)^*\boldsymbol{z}+\boldsymbol{z}^*\boldsymbol{x}^0 \tag{63}$$

回忆起 $\boldsymbol{A}^+=\boldsymbol{A}^*\boldsymbol{V}$(参考定义 5),由式(62)得

$$(\boldsymbol{x}^0)^*\boldsymbol{z}=(\boldsymbol{A}^+\boldsymbol{y})^*\boldsymbol{z}=(\boldsymbol{A}^*\boldsymbol{v}\boldsymbol{y})^*\boldsymbol{z}=\boldsymbol{y}^*\boldsymbol{v}^*\boldsymbol{A}\boldsymbol{z}=\boldsymbol{0} \tag{64}$$

但是此时又有

$$\boldsymbol{z}^*\boldsymbol{x}^0=((\boldsymbol{x}^0)^*\boldsymbol{z})^*=\boldsymbol{0}$$

因此从等式(63)求出

$$|\boldsymbol{x}|^2=|\boldsymbol{x}^0|^2+|\boldsymbol{z}|^2$$

所以

$$|\boldsymbol{x}|^2\geqslant|\boldsymbol{x}^0|^2$$

并且等号只有在 $\boldsymbol{z}=\boldsymbol{0}$ 时,即在 $\boldsymbol{x}=\boldsymbol{x}^0$ 时才成立,其中 $\boldsymbol{x}^0=\boldsymbol{A}^+\boldsymbol{y}$.

例 10 根据最小二乘法求以下线性方程组的最佳近似解

$$\begin{cases}x_1-x_2+2x_3=3\\-x_1+2x_2-3x_3+x_4=6\\x_2-x_3+x_4=0\end{cases} \tag{65}$$

此处

$$\boldsymbol{A}=\begin{pmatrix}1&-1&2&0\\-1&2&-3&1\\0&1&-1&1\end{pmatrix}$$

但是此时(参考本节中的例 9)

$$\boldsymbol{A}^+=\begin{pmatrix}\frac{1}{3}&0&\frac{1}{3}\\\frac{1}{9}&\frac{1}{9}&\frac{2}{9}\\\frac{2}{9}&-\frac{1}{9}&\frac{1}{9}\\\frac{4}{9}&\frac{1}{9}&\frac{5}{9}\end{pmatrix}$$

因此

$$\boldsymbol{x}^0=\begin{pmatrix}x_1^0\\x_2^0\\x_3^0\\x_4^0\end{pmatrix}=\begin{pmatrix}\frac{1}{3} & 0 & \frac{1}{3}\\ \frac{1}{9} & \frac{1}{9} & \frac{2}{9}\\ \frac{2}{9} & -\frac{1}{9} & \frac{1}{9}\\ \frac{4}{9} & \frac{1}{9} & \frac{5}{9}\end{pmatrix}\begin{pmatrix}3\\6\\0\end{pmatrix}$$

所以

$$x_1^0=1,x_2^0=1,x_3^0=0,x_4^0=2$$

我们把 $m\times n$ 矩阵 $\boldsymbol{A}=(a_{ij})$ 的范数 $\|\boldsymbol{A}\|$ 定义为一个由以下公式给出的非负数

$$\|\boldsymbol{A}\|^2=\sum_{i,j}|a_{ij}|^2 \tag{66}$$

此时显然有

$$\|\boldsymbol{A}\|^2=\sum_{k=1}^{n}|\boldsymbol{A}_k|^2=\sum_{i=1}^{n}|a_{i\cdot}|^2 \tag{66'}$$

讨论矩阵方程

$$\boldsymbol{AX}=\boldsymbol{Y} \tag{67}$$

其中 $\boldsymbol{A}$ 与 $\boldsymbol{Y}$ 分别是已知的 $m\times n$ 与 $m\times p$ 矩阵，而 $\boldsymbol{X}$ 是未知的 $n\times p$ 矩阵.

从条件 $\|\boldsymbol{Y}-\boldsymbol{AX}^0\|=\min\|\boldsymbol{Y}-\boldsymbol{AX}\|$，并在 $\|\boldsymbol{Y}-\boldsymbol{AX}\|=\|\boldsymbol{Y}-\boldsymbol{AX}^0\|$ 的情形下，要求使 $\|\boldsymbol{X}^0\|\leqslant\|\boldsymbol{X}\|$，我们来确定方程(67) 的最佳近似解. 从关系式

$$\|\boldsymbol{Y}-\boldsymbol{AX}\|^2=\sum_{k=1}^{p}|\boldsymbol{Y}_{\cdot k}-\boldsymbol{AX}_{\cdot k}|^2 \tag{68}$$

$$\|\boldsymbol{X}\|^2=\sum_{k=1}^{p}|\boldsymbol{X}_{\cdot k}|^2 \tag{69}$$

推出未知矩阵第 k 列应该是以下线性方程组的最佳近似解

$$\boldsymbol{AX}_{\cdot k}=\boldsymbol{Y}_{\cdot k}$$

因此

$$\boldsymbol{X}_{\cdot k}^0=\boldsymbol{A}^+\boldsymbol{Y}_{\cdot k}$$

因为这个等式对任何 $k=1,2,\cdots,p$ 都是正确的，所以

$$\boldsymbol{X}^0=\boldsymbol{A}^+\boldsymbol{Y} \tag{70}$$

这样，方程(67) 恒有且仅有一个由公式(70) 确定的最佳近似解.

在 $\boldsymbol{Y}=\boldsymbol{E}$ 是 m 阶单位矩阵的特殊情形，有 $\boldsymbol{X}^0=\boldsymbol{A}^+$. 因此，伪逆矩阵 $\boldsymbol{A}^+$ 是以下矩阵方程的最佳近似解(根据最小二乘法)

$$\boldsymbol{AX}=\boldsymbol{E}$$

伪逆矩阵 $\boldsymbol{A}^{+}$ 的这个性质可以取作它的定义.

5. 逐步求伪逆矩阵的格列维尔方法如下. 令 $\boldsymbol{a}_k$ 是 $m\times n$ 矩阵 $\boldsymbol{A}$ 的第 k 列, $\boldsymbol{A}_k=(\boldsymbol{a}_1,\boldsymbol{a}_2,\cdots,\boldsymbol{a}_k)$ 是矩阵 $\boldsymbol{A}$ 前 k 列构成的矩阵, $\boldsymbol{b}_k$ 是矩阵 $\boldsymbol{A}_k^{+}$ 的最后一行 ($k=1,2,\cdots,n,\boldsymbol{A}_1=\boldsymbol{a}_1,\boldsymbol{A}_n=\boldsymbol{A}$). 那么[①]

$$\boldsymbol{A}_1^{+}=\boldsymbol{a}_1^{+}=\frac{\boldsymbol{a}_1^{*}}{\boldsymbol{a}_1^{*}\boldsymbol{a}_1} \tag{71}$$

并且对于 $k>1$, 以下递推公式成立

$$\boldsymbol{A}_k^{+}=\begin{pmatrix}\boldsymbol{B}_k\\ \boldsymbol{b}_k\end{pmatrix},\boldsymbol{B}_k=\boldsymbol{A}_{k-1}^{+}-\boldsymbol{d}_k\boldsymbol{b}_k,\boldsymbol{d}_k=\boldsymbol{A}_{k-1}^{+}\boldsymbol{a}_k \tag{72}$$

同时, 如果 $\boldsymbol{c}_k=\boldsymbol{a}_k-\boldsymbol{A}_{k-1}\boldsymbol{d}_k\neq\boldsymbol{0}$, 那么

$$\boldsymbol{b}_k=\boldsymbol{c}_k^{+}=(\boldsymbol{a}_k-\boldsymbol{A}_{k-1}\boldsymbol{d}_k)^{+} \tag{73}$$

如果 $\boldsymbol{c}_k=\boldsymbol{0}$, 即 $\boldsymbol{a}_k=\boldsymbol{A}_{k-1}\boldsymbol{d}_k$, 那么

$$\boldsymbol{b}_k=(1+\boldsymbol{d}_k^{*}\boldsymbol{d}_k)^{-1}\boldsymbol{d}_k^{*}\boldsymbol{A}_{k-1}^{+} \tag{74}$$

建议读者检验, 如果矩阵 $\boldsymbol{B}_k$ 与行 $\boldsymbol{b}_k$ 由公式(66) ~ (69) 确定, 那么矩阵 $\begin{pmatrix}\boldsymbol{B}_k\\ \boldsymbol{b}_k\end{pmatrix}$ 是 $\boldsymbol{A}_k^{+}$ 的伪逆矩阵. 这个方法不要求计算行列式, 可以用来计算逆矩阵.

例 11 令

$$\boldsymbol{A}=\begin{pmatrix}1 & -1 & 0\\ -1 & 2 & 1\\ 2 & -3 & -1\\ 0 & 1 & 1\end{pmatrix}$$

注意, 对每个实矩阵 $\boldsymbol{M}$, 我们可以写 $\boldsymbol{M}'$ 代替 $\boldsymbol{M}^{*}$. 那么首先

$$\boldsymbol{A}_1^{+}=(\boldsymbol{A}_1'\boldsymbol{A}_1)^{-1}\boldsymbol{A}_1'=\frac{1}{6}\boldsymbol{A}_1'=\begin{pmatrix}\frac{1}{6} & \frac{1}{6} & \frac{1}{3} & 0\end{pmatrix}$$

$$\boldsymbol{d}_2=\boldsymbol{A}_1^{+}\boldsymbol{a}_2=-\frac{3}{2},\boldsymbol{c}_2-\boldsymbol{a}_2-\boldsymbol{A}_1\boldsymbol{d}_2=\begin{pmatrix}\frac{1}{2}\\ \frac{1}{2}\\ 0\\ 1\end{pmatrix}$$

$$\boldsymbol{b}_2=\boldsymbol{C}_2^{+}=(\boldsymbol{c}_2'\boldsymbol{c}_2)^{-1},\boldsymbol{c}_2'=\frac{2}{3}\boldsymbol{c}_2=\begin{pmatrix}\frac{1}{3} & \frac{1}{3} & 0 & \frac{2}{3}\end{pmatrix}$$

① 如果 $\boldsymbol{A}_1=\boldsymbol{a}_1=\boldsymbol{0}$, 那么也有 $\boldsymbol{A}_1^{+}=\boldsymbol{0}$.

$$\boldsymbol{B}_2=\boldsymbol{A}_1^+-\boldsymbol{d}_2\boldsymbol{b}_2=\begin{pmatrix}\frac{2}{3} & \frac{1}{3} & \frac{1}{3} & 1\end{pmatrix}$$

这样

$$\boldsymbol{A}_2^+=\begin{bmatrix}\frac{2}{3} & \frac{1}{3} & \frac{1}{3} & 1\\ \frac{1}{3} & \frac{1}{3} & 0 & \frac{2}{3}\end{bmatrix}$$

其次

$$\boldsymbol{d}_3=\boldsymbol{A}_2^+\boldsymbol{a}_3=\begin{pmatrix}1\\1\end{pmatrix},\boldsymbol{c}_3=\boldsymbol{a}_3-\boldsymbol{A}_3\boldsymbol{d}_3=\boldsymbol{0}$$

因此

$$\boldsymbol{b}_3=(\boldsymbol{1}+\boldsymbol{d}'_3\boldsymbol{d}_3)^{-1}\boldsymbol{d}'_3\boldsymbol{A}^+=\begin{pmatrix}\frac{1}{3} & \frac{1}{3}\end{pmatrix}\boldsymbol{A}_2^+=\begin{pmatrix}\frac{1}{3} & \frac{2}{9} & \frac{1}{9} & \frac{5}{9}\end{pmatrix}$$

与

$$\boldsymbol{B}_3=\boldsymbol{A}_2^+-\boldsymbol{d}_3\boldsymbol{b}_3=$$

$$\begin{bmatrix}\frac{2}{3} & \frac{1}{3} & \frac{1}{3} & 1\\ \frac{1}{3} & \frac{1}{3} & 0 & \frac{2}{3}\end{bmatrix}-\begin{bmatrix}\frac{1}{3} & \frac{2}{9} & \frac{1}{9} & \frac{5}{9}\\ \frac{1}{3} & \frac{2}{9} & \frac{1}{9} & \frac{5}{9}\end{bmatrix}=\begin{bmatrix}\frac{1}{3} & \frac{1}{9} & \frac{2}{9} & \frac{4}{9}\\ 0 & \frac{1}{9} & -\frac{1}{9} & \frac{1}{9}\end{bmatrix}$$

$$\boldsymbol{A}^+=\boldsymbol{A}_3^+=\begin{bmatrix}\frac{1}{3} & \frac{1}{9} & \frac{2}{9} & \frac{4}{9}\\ 0 & \frac{1}{9} & -\frac{1}{9} & \frac{1}{9}\\ \frac{1}{3} & \frac{2}{9} & \frac{1}{9} & \frac{5}{9}\end{bmatrix}$$

第2章 高斯算法及其一些应用

§1 高斯消去法

1. 设给一含有 n 个未知量 $x_1, x_2, \cdots, x_n$，n 个方程的线性方程组，且其右边为 $y_1, y_2, \cdots, y_n$

$$\begin{cases} a_{11}x_1 + a_{12}x_2 + \cdots + a_{1n}x_n = y_1 \\ a_{21}x_1 + a_{22}x_2 + \cdots + a_{2n}x_n = y_2 \\ \qquad\vdots \\ a_{n1}x_1 + a_{n2}x_2 + \cdots + a_{nn}x_n = y_n \end{cases} \tag{1}$$

这一方程组可以写为矩阵的形式

$$\boldsymbol{A}\boldsymbol{x} = \boldsymbol{y} \tag{1'}$$

此处 $\boldsymbol{x} = (x_1, x_2, \cdots, x_n)$，$\boldsymbol{y} = (y_1, y_2, \cdots, y_n)$ 都是单列矩阵，而 $\boldsymbol{A} = (a_{ik})_1^n$ 为系数方阵.

如果 $\boldsymbol{A}$ 是一个满秩矩阵，那么可以写为

$$\boldsymbol{x} = \boldsymbol{A}^{-1}\boldsymbol{y} \tag{2}$$

或者写为展开式

$$x_i = \sum_{k=1}^{n} a_{ik}^{(-1)} y_k \quad (i = 1, 2, \cdots, n) \tag{2'}$$

这样一来，计算逆矩阵 $\boldsymbol{A}^{-1} = (a_{ik}^{(-1)})_1^n$ 的元素问题相当于对任何右边 $y_1, y_2, \cdots, y_n$ 来解方程组(1) 的问题. 逆矩阵的元素为第1章的式(30) 所确定. 但当 n 很大时，用这个公式来实际计算矩阵 $\boldsymbol{A}^{-1}$ 的元素是非常困难的. 所以用有效的方法来计算逆矩阵的元素而解出线性方程组是有其实际价值的[①].

---

① 对于这些方法的详细知识，我们推荐法捷耶娃的书《Вычислительные методы линейной алгебры》(1950)，还有载于《数学的成就》(俄文)5卷3期(1950) 论文栏中的文章.

在本章中我们将叙述这些方法中的某一些方法的理论基础，所说的方法是可以表示为高斯消去法的各种形式，关于这方面的知识，是读者在中学的代数课程中知道的.

2. 设在方程组(1) 中 $a_{11}\neq 0$. 从第二个方程开始，我们来消去以后的所有方程中的 x_1. 为了这个目的，我们把第一个方程的 $-\frac{a_{21}}{a_{11}}$ 倍逐项加到第二个方程上去，把第一个方程的 $-\frac{a_{31}}{a_{11}}$ 倍逐项加到第三个方程上去，依此类推. 此后方程(1) 就换为等价方程组

$$\begin{cases}a_{11}x_1+a_{12}x_2+\cdots+a_{1n}x_n=y_1\\ a_{22}^{(1)}x_2+\cdots+a_{2n}^{(1)}x_n=y_2^{(1)}\\ \qquad\vdots\\ a_{n2}^{(1)}x_2+\cdots+a_{nn}^{(1)}x_n=y_n^{(1)}\end{cases}\tag{3}$$

在后 $n-1$ 个方程中，未知量的系数与右边诸项为以下诸等式所确定

$$a_{ij}^{(1)}=a_{ij}-\frac{a_{i1}}{a_{11}}a_{1j},\ y_i^{(1)}=y_i-\frac{a_{i1}}{a_{11}}y_1\quad(i,j=2,3,\cdots,n)\tag{3′}$$

设 $a_{22}^{(1)}\neq 0$，那么同样的我们可在方程组(3) 后 $n-2$ 个方程中消去 x_2，得出方程组

$$\begin{cases}a_{11}x_1+a_{12}x_2+a_{13}x_3+\cdots+a_{1n}x_n=y_1\\ a_{22}^{(1)}x_2+a_{23}^{(1)}x_3+\cdots+a_{2n}^{(1)}x_n=y_2^{(1)}\\ a_{33}^{(2)}x_3+\cdots+a_{3n}^{(2)}x_n=y_3^{(2)}\\ \qquad\vdots\\ a_{n3}^{(2)}x_3+\cdots+a_{nn}^{(2)}x_n=y_n^{(2)}\end{cases}\tag{4}$$

此处的新系数与新的右边各项同上面一样有等式关系

$$a_{ij}^{(2)}=a_{ij}^{(1)}-\frac{a_{i2}^{(1)}}{a_{22}^{(1)}}a_{2j}^{(1)},\ y_i^{(2)}=y_i^{(1)}-\frac{a_{i2}^{(1)}}{a_{22}^{(1)}}y_2^{(1)}\quad(i,j=3,4,\cdots,n)\tag{5}$$

继续这个算法，我们在进行 $n-1$ 次之后，化原方程组(1) 为一个三角形的递推方程组

$$\begin{cases}a_{11}x_1+a_{12}x_2+a_{13}x_3+\cdots+a_{1n}x_n=y_1\\ a_{22}^{(1)}x_2+a_{23}^{(1)}x_3+\cdots+a_{2n}^{(1)}x_n=y_2^{(1)}\\ a_{33}^{(2)}x_3+\cdots+a_{3n}^{(2)}x_n=y_3^{(2)}\\ \qquad\vdots\\ a_{nn}^{(n-1)}x_n=y_n^{(n-1)}\end{cases}\tag{6}$$

这种简化可以施行的充分必要条件是在简化过程中所有出现的数 a_{11}，$a_{22}^{(1)}$，$a_{33}^{(2)}$，$\cdots$，$a_{n-1,n-1}^{(n-2)}$ 都不等于零.

高斯算法的过程是由同一类型的运算来完成的，用近代的计算机容易计算.

3. 把简化出来的方程组的系数与其右边经原方程组(1) 的系数与其右边来表示. 此时我们并不预先假定，在简化过程中所有出现的数 $a_{11}, a_{22}^{(1)}, \cdots, a_{n-1,n-1}^{(n-2)}$ 都不是零，而来讨论一般的情形，设其前 p 个数不为零

$$a_{11} \neq 0, a_{22}^{(1)} \neq 0, \cdots, a_{pp}^{(p-1)} \neq 0 \quad (p \leqslant n-1) \tag{7}$$

这就可以(经 p 次简化后) 简化原方程组为以下形式

$$\begin{cases} a_{11}x_1 + a_{12}x_2 + \cdots + a_{1n}x_n = y_1 \\ a_{22}^{(1)}x_2 + \cdots + a_{2n}^{(1)}x_n = y_2^{(1)} \\ \qquad\vdots \\ a_{pp}^{(p-1)}x_p + \cdots + a_{pn}^{(p-1)}x_n = y_p^{(p-1)} \\ a_{p+1,p+1}^{(p)}x_{p+1} + \cdots + a_{p+1,n}^{(p)}x_n = y_{p+1}^{(p)} \\ \qquad\vdots \\ a_{n,p+1}^{(p)}x_{p+1} + \cdots + a_{nn}^{(p)}x_n = y_n^{(p)} \end{cases} \tag{8}$$

以 $\boldsymbol{G}_p$ 记这个方程组的系数矩阵

$$\boldsymbol{G}_p = \begin{pmatrix} a_{11} & a_{12} & \cdots & a_{1p} & a_{1,p+1} & \cdots & a_{1n} \\ 0 & a_{22}^{(1)} & \cdots & a_{2p}^{(1)} & a_{2,p+1}^{(1)} & \cdots & a_{2n}^{(1)} \\ \vdots & \vdots & & \vdots & \vdots & & \vdots \\ 0 & 0 & \cdots & a_{pp}^{(p-1)} & a_{p,p+1}^{(p-1)} & \cdots & a_{pn}^{(p-1)} \\ 0 & 0 & \cdots & 0 & a_{p+1,p+1}^{(p)} & \cdots & a_{p+1,n}^{(p)} \\ \vdots & \vdots & & \vdots & \vdots & & \vdots \\ 0 & 0 & \cdots & 0 & a_{n,p+1}^{(p)} & \cdots & a_{nn}^{(p)} \end{pmatrix} \tag{9}$$

从矩阵 $\boldsymbol{A}$ 变到矩阵 $\boldsymbol{G}_p$ 是用以下方式来完成的：在矩阵 $\boldsymbol{A}$ 中，从第二行起到第 n 行止，顺次对每一行加上它前面诸行(前 p 行) 与某些数的乘积. 因此，对于矩阵 $\boldsymbol{A}$ 与 $\boldsymbol{G}_p$，包含在前 p 行里的所有 p 阶子式是相同的，以及包含在行数为 $1, 2, \cdots, p, i(i > p)$ 的诸行里的所有($p+1$) 阶子式也是相同的

$$\boldsymbol{A}\begin{pmatrix} 1 & 2 & \cdots & h \\ k_1 & k_2 & \cdots & k_h \end{pmatrix} = \boldsymbol{G}_p\begin{pmatrix} 1 & 2 & \cdots & h \\ k_1 & k_2 & \cdots & k_h \end{pmatrix}$$

$$(1 \leqslant k_1 < k_2 < \cdots < k_h \leqslant n; h = 1, 2, \cdots, n) \tag{10}$$

从这些式子，再看一下矩阵 $\boldsymbol{G}_p$ 的构造(9)，求得

$$\boldsymbol{A}\begin{pmatrix} 1 & 2 & \cdots & p \\ 1 & 2 & \cdots & p \end{pmatrix} = a_{11}a_{22}^{(1)}\cdots a_{pp}^{(p-1)} \tag{11}$$

$$\boldsymbol{A}\begin{pmatrix} 1 & 2 & \cdots & p & i \\ 1 & 2 & \cdots & p & k \end{pmatrix} = a_{11}a_{22}^{(1)}\cdots a_{pp}^{(p-1)}a_{ik}^{(p)} \quad (i, k = p+1, p+2, \cdots, n) \tag{12}$$

以前一等式除后一等式，得出基本公式①

$$a_{ik}^{(p)}=\frac{\boldsymbol{A}\begin{pmatrix}1 & 2 & \cdots & p & i\\1 & 2 & \cdots & p & k\end{pmatrix}}{\boldsymbol{A}\begin{pmatrix}1 & 2 & \cdots & p\\1 & 2 & \cdots & p\end{pmatrix}}\quad(i,k=p+1,p+2,\cdots,n)\tag{13}$$

如果条件(7) 对于任一已知值 p 是适合的，那么这个条件对于任何一个小于 p 的值也是适合的. 因此公式(13) 不仅对于所给的值 p 成立，即对于所有比 p 小的值也成立. 对于公式(11) 也有同样的说法. 故可换写这些公式为以下诸等式

$$\boldsymbol{A}\begin{pmatrix}1\\1\end{pmatrix}=a_{11},\boldsymbol{A}\begin{pmatrix}1 & 2\\1 & 2\end{pmatrix}=a_{11}a_{22}^{(1)},\boldsymbol{A}\begin{pmatrix}1 & 2 & 3\\1 & 2 & 3\end{pmatrix}=a_{11}a_{22}^{(1)}a_{33}^{(2)},\cdots\tag{14}$$

这样一来，条件(7)，即可以施行高斯算法的前 p 个步骤的充分必要条件，可以写为以下诸不等式的形式

$$\boldsymbol{A}\begin{pmatrix}1\\1\end{pmatrix}\neq 0,\boldsymbol{A}\begin{pmatrix}1 & 2\\1 & 2\end{pmatrix}\neq 0,\cdots,\boldsymbol{A}\begin{pmatrix}1 & 2 & \cdots & p\\1 & 2 & \cdots & p\end{pmatrix}\neq 0\tag{15}$$

则由(14) 得出

$$a_{11}=\boldsymbol{A}\begin{pmatrix}1\\1\end{pmatrix},a_{22}^{(1)}=\frac{\boldsymbol{A}\begin{pmatrix}1 & 2\\1 & 2\end{pmatrix}}{\boldsymbol{A}\begin{pmatrix}1\\1\end{pmatrix}}$$

$$a_{33}^{(2)}=\frac{\boldsymbol{A}\begin{pmatrix}1 & 2 & 3\\1 & 2 & 3\end{pmatrix}}{\boldsymbol{A}\begin{pmatrix}1 & 2\\1 & 2\end{pmatrix}},\cdots,a_{pp}^{(p-1)}=\frac{\boldsymbol{A}\begin{pmatrix}1 & 2 & \cdots & p\\1 & 2 & \cdots & p\end{pmatrix}}{\boldsymbol{A}\begin{pmatrix}1 & 2 & \cdots & p-1\\1 & 2 & \cdots & p-1\end{pmatrix}}\tag{16}$$

为了在高斯消去法中可以顺次消去 $x_1,x_2,\cdots,x_p$，必须所有的值(16) 都不等于零，亦即不等式(15) 完全成立. 如果在条件(15) 中，只要最后一个不等式能够成立，那么对于 $a_{ik}^{(p)}$ 的公式是有意义的.

4. 设方程组(1) 的系数矩阵有秩 r，那么可以调动方程的次序以及变更未知量的序数，使得以下诸不等式都能成立

$$\boldsymbol{A}\begin{pmatrix}1 & 2 & \cdots & j\\1 & 2 & \cdots & j\end{pmatrix}\neq 0\quad(j=1,2,\cdots,r)\tag{17}$$

这就使我们能够顺次消去 $x_1,x_2,\cdots,x_r$ 来得出方程组

---

① 参考《К задаче численного решения систем совместных линейных алгебраических уравнений》(1950) 中第 101 页.

$$\begin{cases} a_{11}x_1+a_{12}x_2+\cdots+a_{1n}x_n=y_1 \\ a_{22}^{(1)}x_2+\cdots+a_{2n}^{(1)}x_n=y_2^{(1)} \\ \qquad\vdots \\ a_{rr}^{(r-1)}x_r+\cdots+a_{rn}^{(r-1)}x_n=y_r^{(r-1)} \\ a_{r+1,r+1}^{(r)}x_{r+1}+\cdots+a_{r+1,n}^{(r)}x_n=y_{r+1}^{(r)} \\ \qquad\vdots \\ a_{n,r+1}^{(r)}x_{r+1}+\cdots+a_{nn}^{(r)}x_n=y_n^{(r)} \end{cases} \tag{18}$$

此处的系数为(13) 所确定. 从这些式子,因为矩阵 $\boldsymbol{A}=(a_{ik})_1^n$ 的秩等于 r,知有

$$a_{ik}^{(r)}=0 \quad (i,k=r+1,r+2,\cdots,n) \tag{19}$$

与矩阵 $\boldsymbol{A}=(a_{ik})_1^n$ 在应用高斯消去法第 r 步后所得的矩阵 $\boldsymbol{G}_r$ 有形式

$$\boldsymbol{G}_r=\begin{pmatrix} a_{11} & a_{12} & \cdots & a_{1r} & a_{1,r+1} & \cdots & a_{1n} \\ 0 & a_{22}^{(1)} & \cdots & a_{2r}^{(1)} & a_{2,r+1}^{(1)} & \cdots & a_{2n}^{(1)} \\ \vdots & \vdots & & \vdots & \vdots & & \vdots \\ 0 & 0 & \cdots & a_{rr}^{(r-1)} & a_{r,r+1}^{(r-1)} & \cdots & a_{rn}^{(r-1)} \\ 0 & 0 & \cdots & 0 & 0 & \cdots & 0 \\ \vdots & \vdots & & \vdots & \vdots & & \vdots \\ 0 & 0 & \cdots & 0 & 0 & \cdots & 0 \end{pmatrix} \tag{20}$$

所以(18) 的后 $n-r$ 个方程化为相容性条件

$$y_i^{(r)}=0 \quad (i=r+1,r+2,\cdots,n) \tag{21}$$

注意,在高斯消去法中,自由项的单列矩阵经过与任一系数列一样的变换. 所以在矩阵 $\boldsymbol{A}=(a_{ik})_1^n$ 中,添加自由项的列为其第 $n+1$ 个列,我们得出

$$y_i^{(p)}=\frac{\boldsymbol{A}\begin{pmatrix}1 & \cdots & p & i \\ 1 & \cdots & p & n+1\end{pmatrix}}{\boldsymbol{A}\begin{pmatrix}1 & \cdots & p \\ 1 & \cdots & p\end{pmatrix}} \quad (i=1,2,\cdots,n;p=1,2,\cdots,r) \tag{22}$$

特别地,相容性条件(21) 变为熟悉的条件

$$\boldsymbol{A}\begin{pmatrix}1 & \cdots & r & r+j \\ 1 & \cdots & r & n+1\end{pmatrix}=0 \quad (j=1,2,\cdots,n-r) \tag{23}$$

如果 $r=n$,亦即矩阵 $\boldsymbol{A}=(a_{ik})_1^n$ 是满秩的,且有

$$\boldsymbol{A}\begin{pmatrix}1 & 2 & \cdots & j \\ 1 & 2 & \cdots & j\end{pmatrix}\neq 0 \quad (j=1,2,\cdots,n)$$

那么应用高斯消去法,可以顺次消去 $x_1,x_2,\cdots,x_{n-1}$ 后,得出形如(6) 的方程组.

§2 高斯算法的力学解释

1. 讨论任何弹性静力系统 S,固定它的边缘(例如:弦线、轴、多跨距轴、隔膜、金属板或不连续的系统),且在它的上面取 n 个点(1),(2),$\cdots$,(n).

在系统 S 的点(1),(2),…,(n) 上受到作用于这些点的力 $F_1,F_2,\cdots,F_n$ 时,我们来研究这些点的位移(垂度)$y_1,y_2,\cdots,y_n$. 我们假设这些力和位移都平行于同一方向,因而它们就由代数值来确定(图 1).

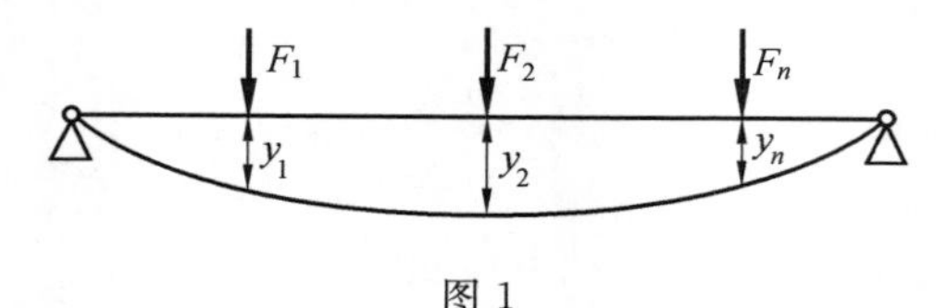

图 1

此外,我们还假定力的线性叠加原则是成立的:

1° 两组力叠加时,其对应的垂度要相加.

2° 所有的力都乘以同一实数时,所有的垂度都要乘上这个相同的数.

以 a_{ik} 表示点(k) 在点(i) 上的影响系数,亦即在点(k) 作用一个单位力时在点(i) 所得出的垂度($i,k=1,2,\cdots,n$)(图 2),则对于力 $F_1,F_2,\cdots,F_n$ 的联合作用,垂度 $y_1,y_2,\cdots,y_n$ 为以下诸公式所决定

$$\sum_{k=1}^{n} a_{ik}F_k = y_i \quad (i=1,2,\cdots,n) \tag{24}$$

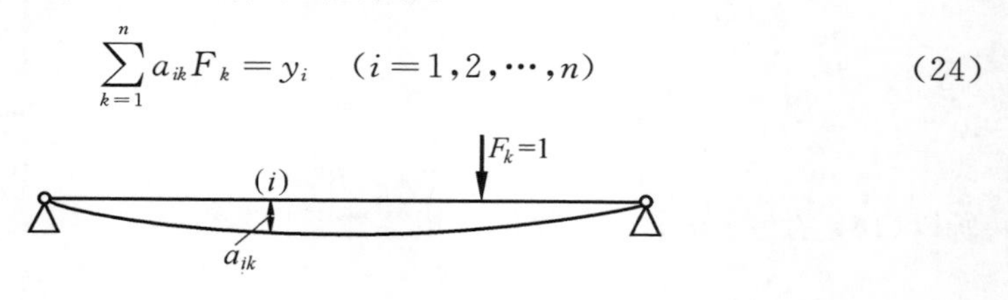

图 2

比较(24) 与方程组(1),我们来找出方程组(1) 的解这个问题可做以下解释:

给予了垂度 $y_1,y_2,\cdots,y_n$,求出对应的力 $F_1,F_2,\cdots,F_n$.

以 S_p 记由 S 在点(1),(2),…,(p)($p\leqslant n$) 上加进 p 个固定的枢轴支承所得出的静止系统. 对于系统 S_p 的其余诸活动点($p+1$),…,(n) 的影响系数记为

$$a_{ik}^{(p)} \quad (i,k=p+1,p+2,\cdots,n)$$

(对应 $p=1$ 时参考图 3).

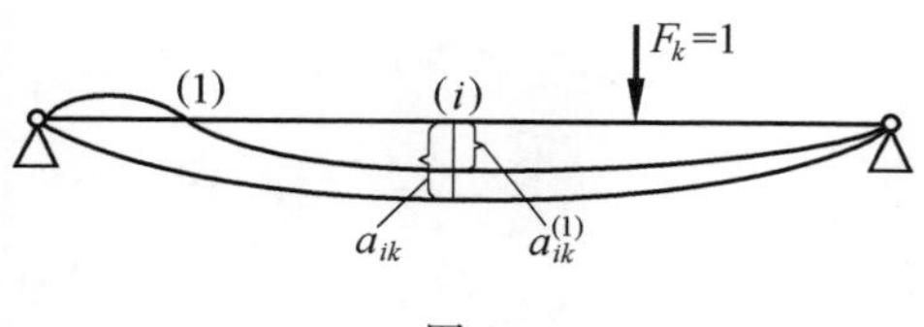

图 3

影响系数 $a_{ik}^{(p)}$ 可以视为一个垂度,即在系统 S 上将单位力作用于点(k),而加反作用力 $R_1,R_2,\cdots,R_p$ 于固定点(1),(2),…,(p) 时,系统 S 上点(i) 的垂度. 因此

$$a_{ik}^{(p)}=R_1a_{i1}+\cdots+R_pa_{ip}+a_{ik} \tag{25}$$

另外，对于这一组力，系统 S 在点(1)，(2)，…，(p) 的垂度等于零

$$\begin{cases}R_1a_{11}+\cdots+R_pa_{1p}+a_{1k}=0\\ \quad\quad\quad\quad\vdots\\ R_1a_{p1}+\cdots+R_pa_{pp}+a_{pk}=0\end{cases} \tag{26}$$

如果

$$\boldsymbol{A}\begin{pmatrix}1 & 2 & \cdots & p\\ 1 & 2 & \cdots & p\end{pmatrix}\neq 0$$

那么我们可以从(26) 定出 $R_1,R_2,\cdots,R_p$ 的表示式来代入(25)，可以这样来消去 $R_1,R_2,\cdots,R_p$. 在方程组(26) 中加入等式(25)，且将(25) 写为以下形式

$$R_1a_{i1}+\cdots+R_pa_{ip}+a_{ik}-a_{ik}^{(p)}=0 \tag{25$'$}$$

视(26) 与(25′) 为有 $p+1$ 个方程的齐次方程组. 因为它有非零解 $R_1,R_2,\cdots,R_p,R_{p+1}=1$，所以其行列式必须等于零

$$\begin{vmatrix}a_{11} & \cdots & a_{1p} & a_{1k}\\ \vdots & & \vdots & \vdots\\ a_{p1} & \cdots & a_{pp} & a_{pk}\\ a_{i1} & \cdots & a_{ip} & a_{ik}-a_{ik}^{(p)}\end{vmatrix}=0$$

因此

$$a_{ik}^{(p)}=\frac{\boldsymbol{A}\begin{pmatrix}1 & 2 & \cdots & p & i\\ 1 & 2 & \cdots & p & k\end{pmatrix}}{\boldsymbol{A}\begin{pmatrix}1 & 2 & \cdots & p\\ 1 & 2 & \cdots & p\end{pmatrix}}\quad (i,k=p+1,p+2,\cdots,n) \tag{27}$$

用这些式子可以把“支承的”系统 S_p 的影响系数用原来的系统S 的影响系数来表示.

但式(27) 与上节的式(13) 相同. 故对任意一个 $p(\leqslant n-1)$，高斯算法中的系数 $a_{ik}^{(p)}(i,k=p+1,p+2,\cdots,n)$ 就是支承系统 S_p 的影响系数.

我们可以不用代数的知识推出公式(13)，纯粹从力学的推理来证明这一基本论断的正确性. 对此，我们首先讨论有一个支承的特殊情形：$p=1$(图 3). 此时，系统 S_1 的影响系数由以下诸式所确定[在(27) 中设 $p=1$]

$$a_{ik}^{(1)}=\frac{\boldsymbol{A}\begin{pmatrix}1 & i\\ 1 & k\end{pmatrix}}{\boldsymbol{A}\begin{pmatrix}1\\ 1\end{pmatrix}}=a_{ik}-\frac{a_{i1}}{a_{11}}a_{1k}\quad (i,k=1,2,\cdots,n)$$

这些式子与式(3′) 相同.

这样一来，如果在方程组(1) 中的系数 $a_{ik}(i,k=1,2,\cdots,n)$ 是静止系统 S 的影响系数，那么高斯算法中的系数 $a_{ik}^{(1)}(i,k=2,3,\cdots,n)$ 就是系统 S_1 的影响系数. 应用同样的推理于系统 S_1，在它的点(2) 加上第二个支承，我们就得出，方程组(4) 中的系数 $a_{ik}^{(2)}(i,k=3,4,\cdots,n)$ 就是支承系统 S_2 的影响系数，一般地，对于任何 $p(\leqslant n-1)$，高斯算法中的系数 $a_{ik}^{(p)}(i,k=p+1,p+2,\cdots,n)$ 就是支承系统 S_p 的影响系数.

显然从力学可推理，顺次加上 p 个支承相当于同时加上这些支承.

注 我们注意，对于消去法的力学的解释，并没有必要首先假定讨论其垂度的诸点与作用力 $F_1,F_2,\cdots,F_n$ 的诸点彼此重合，可以取 $y_1,y_2,\cdots,y_n$ 为点(1)，(2)，…，(n) 的垂度，而力 $F_1,F_2,\cdots,F_n$ 作用于点$(1')$，$(2')$，…，(n') 上面. 此时 a_{ik} 为点(k') 在点(i) 上的影响系数. 对于这种情形，我们代替在(j) 的支承而讨论在点(j)，(j') 的广义支承，就是说在点(j') 选取一个适当的辅助力 R_j 使得点(j) 的垂度常等于零. 可能在点(1)，$(1')$；(2)，$(2')$；…；(p)，(p') 加上 p 个广义的支承，这个可能性的条件就是说对于任何力 $F_{p+1},\cdots,F_n$，都有适当的力 $R_1=F_1,\cdots,R_p=F_p$ 使得 $y_1=0,y_2=0,\cdots,y_p=0$ 能够适合的条件，可表示为不等式

$$\boldsymbol{A}\begin{pmatrix}1 & 2 & \cdots & p\\ 1 & 2 & \cdots & p\end{pmatrix}\neq 0$$

§3 行列式的西尔维斯特恒等式

1. 在 §1 中应用比较矩阵 $\boldsymbol{A}$ 与 $\boldsymbol{G}_p$ 的方法我们得到等式(10) 与(11).

从这些等式可以直接推出重要的行列式的西尔维斯特恒等式. 事实上，从(10) 与(11) 求得

$$|\boldsymbol{A}|=\boldsymbol{A}\begin{pmatrix}1 & 2 & \cdots & n\\ 1 & 2 & \cdots & n\end{pmatrix}=\boldsymbol{A}\begin{pmatrix}1 & 2 & \cdots & p\\ 1 & 2 & \cdots & p\end{pmatrix}\begin{vmatrix}a_{p+1,p+1}^{(p)} & \cdots & a_{p+1,n}^{(p)}\\ \vdots & & \vdots\\ a_{n,p+1}^{(p)} & \cdots & a_{nn}^{(p)}\end{vmatrix}\tag{28}$$

引进子式 $\boldsymbol{A}\begin{pmatrix}1 & 2 & \cdots & p\\ 1 & 2 & \cdots & p\end{pmatrix}$ 的加边行列式

$$b_{ik}=\boldsymbol{A}\begin{pmatrix}1 & 2 & \cdots & p & i\\ 1 & 2 & \cdots & p & k\end{pmatrix}\quad(i,k=p+1,p+2,\cdots,n)$$

把由这些行列式组成的矩阵记为

$$\boldsymbol{B}=(b_{ik})_{p+1}^{n}$$

则由式(13) 知

$$\begin{vmatrix} a_{p+1,p+1}^{(p)} & \cdots & a_{p+1,n}^{(p)} \\ \vdots & & \vdots \\ a_{n,p+1}^{(p)} & \cdots & a_{nn}^{(p)} \end{vmatrix} = \frac{\begin{vmatrix} b_{p+1,p+1} & \cdots & b_{p+1,n} \\ \vdots & & \vdots \\ b_{n,p+1} & \cdots & b_{nn} \end{vmatrix}}{\left[\boldsymbol{A}\begin{pmatrix} 1 & 2 & \cdots & p \\ 1 & 2 & \cdots & p \end{pmatrix}\right]^{n-p}} = \frac{|\boldsymbol{B}|}{\left[\boldsymbol{A}\begin{pmatrix} 1 & 2 & \cdots & p \\ 1 & 2 & \cdots & p \end{pmatrix}\right]^{n-p}}$$

所以等式(27) 可以写为

$$|\boldsymbol{B}| = \left[\boldsymbol{A}\begin{pmatrix} 1 & 2 & \cdots & p \\ 1 & 2 & \cdots & p \end{pmatrix}\right]^{n-p-1} |\boldsymbol{A}| \tag{29}$$

这就是行列式的西尔维斯特恒等式. 它把由加边行列式所组成的行列式 $|\boldsymbol{B}|$ 利用原行列式与被加边的子式来表示.

等式(29) 是建立于矩阵 $\boldsymbol{A} = (a_{ik})_1^n$ 上的,它的元素适合不等式

$$\boldsymbol{A}\begin{pmatrix} 1 & 2 & \cdots & j \\ 1 & 2 & \cdots & j \end{pmatrix} \neq 0 \quad (j = 1, 2, \cdots, p) \tag{30}$$

但从“连续性的推究”知道这个限制可以除去,使得行列式的西尔维斯特恒等式对于任何矩阵都能成立. 事实上,设矩阵 $\boldsymbol{A}$ 的元素不能适合不等式(30). 引进矩阵

$$\boldsymbol{A}_\varepsilon = \boldsymbol{A} + \varepsilon \boldsymbol{E}$$

显然,$\lim\limits_{\varepsilon \to 0} \boldsymbol{A}_\varepsilon = \boldsymbol{A}$. 另外,子式

$$\boldsymbol{A}_\varepsilon\begin{pmatrix} 1 & 2 & \cdots & j \\ 1 & 2 & \cdots & j \end{pmatrix} = \varepsilon^j + \cdots \quad (j = 1, 2, \cdots, p)$$

表示 p 个关于 ε 的不恒等于零的多项式. 故可选取这样的序列 $\varepsilon_m \to 0$,使得

$$\boldsymbol{A}_{\varepsilon_m}\begin{pmatrix} 1 & 2 & \cdots & j \\ 1 & 2 & \cdots & j \end{pmatrix} \neq 0 \quad (j = 1, 2, \cdots, p; m = 1, 2, \cdots)$$

对于矩阵 $\boldsymbol{A}_{\varepsilon_m}$ 我们可以写出恒等式(29). 当 $m \to \infty$ 时,在这个恒等式的两边取极限,我们得出对于矩阵的极限 $\boldsymbol{A} = \lim\limits_{m \to \infty} \boldsymbol{A}_{\varepsilon_m}$ 的西尔维斯特恒等式[①].

如果我们应用恒等式(29) 于行列式

$$\boldsymbol{A}\begin{pmatrix} 1 & 2 & \cdots & p & i_1 & i_2 & \cdots & i_q \\ 1 & 2 & \cdots & p & k_1 & k_2 & \cdots & k_q \end{pmatrix}$$

$$(p < i_1 < i_2 < \cdots < i_q \leqslant n, p < k_1 < k_2 < \cdots < k_q \leqslant n)$$

那么我们就得出对于应用更方便的西尔维斯特恒等式的形式

$$\boldsymbol{B}\begin{pmatrix} i_1 & i_2 & \cdots & i_q \\ k_1 & k_2 & \cdots & k_q \end{pmatrix} =$$

---

① 矩阵序列 $\boldsymbol{B}_m = (b_{ik}^{(m)})_1^n$(当 $m \to \infty$ 时)的极限指的是矩阵 $\boldsymbol{B} = (b_{ik})_1^n$,其中 $b_{ik} = \lim\limits_{m \to \infty} b_{ik}^{(m)}$ $(i, k = 1, 2, \cdots, n)$.

$$\left[\boldsymbol{A}\begin{pmatrix}1 & 2 & \cdots & p\\ 1 & 2 & \cdots & p\end{pmatrix}\right]^{q-1}\boldsymbol{A}\begin{pmatrix}1 & 2 & \cdots & p & i_1 & i_2 & \cdots & i_q\\ 1 & 2 & \cdots & p & k_1 & k_2 & \cdots & k_q\end{pmatrix} \tag{31}$$

§4　方阵化为三角形因子的分解式

1. 设给定秩为 r 的矩阵 $\boldsymbol{A}=(a_{ik})_1^n$. 对于这个矩阵的顺序主子式引入以下记法

$$D_k=\boldsymbol{A}\begin{pmatrix}1 & 2 & \cdots & k\\ 1 & 2 & \cdots & k\end{pmatrix}\quad(k=1,2,\cdots,n)$$

我们假设高斯算法的条件是适合的

$$D_k\neq 0\quad(k=1,2,\cdots,r)$$

以 $\boldsymbol{G}$ 记由方程组

$$\sum_{k=1}^{n}a_{ik}x_k=y_i\quad(i=1,2,\cdots,n)$$

用高斯消去法所得出的方程组(18) 的系数矩阵. 矩阵 $\boldsymbol{G}$ 有上三角形的形式，而且它的前 r 行的元素都为式(13) 所确定，后 $n-r$ 行的元素全等于零①

$$\boldsymbol{G}=\begin{pmatrix}a_{11} & a_{12} & \cdots & a_{1r} & a_{1,r+1} & \cdots & a_{1n}\\ 0 & a_{22}^{(1)} & \cdots & a_{2r}^{(1)} & a_{2,r+1}^{(1)} & \cdots & a_{2n}^{(1)}\\ \vdots & \vdots & & \vdots & \vdots & & \vdots\\ 0 & 0 & \cdots & a_{rr}^{(r-1)} & a_{r,r+1}^{(r-1)} & \cdots & a_{rn}^{(r-1)}\\ 0 & 0 & \cdots & 0 & 0 & \cdots & 0\\ \vdots & \vdots & & \vdots & \vdots & & \vdots\\ 0 & 0 & \cdots & 0 & 0 & \cdots & 0\end{pmatrix}$$

化矩阵 $\boldsymbol{A}$ 到矩阵 $\boldsymbol{G}$ 是用以下类型的运算若干次(例如 N 次) 后所完成的：把矩阵的第 j 行($j<i$) 与某一个数 α 的乘积加到第 i 行上去. 这个运算相当于把所要变换的矩阵左乘以矩阵

$$\begin{array}{c}\begin{matrix}\quad\quad\quad(j) & \quad\quad(i)\quad\quad\quad\\ \quad\quad\quad\vdots & \quad\quad\vdots\quad\quad\quad\end{matrix}\\ \begin{pmatrix}1 & \cdots & 0 & \cdots & 0 & \cdots & 0\\ \vdots & \ddots & \vdots & & \vdots & & \vdots\\ \vdots & & 1 & & \vdots & & \vdots\\ \vdots & & \vdots & \ddots & \vdots & & \vdots\\ 0 & & \alpha & & 1 & & 0\\ \vdots & & \vdots & & \vdots & \ddots & \vdots\\ 0 & \cdots & 0 & \cdots & 0 & \cdots & 1\end{pmatrix}\end{array} \tag{32}$$

---

① 参考式(19)，矩阵 $\boldsymbol{G}$ 与当 $p=r$ 时的矩阵 $\boldsymbol{G}_p$ 相同[参考(8)(9) 两式].

在这个矩阵中，位于主对角线上的元素全为 1，其他元素除元素 α 外全等于零.

这样一来

$$G=W_N\cdots W_2W_1A$$

其中每一个矩阵 $W_1,W_2,\cdots,W_N$ 都是(32) 型的矩阵，所以是位于主对角线上的元素全等于 1 的下三角矩阵.

设

$$W=W_N\cdots W_2W_1 \tag{33}$$

则有

$$G=WA \tag{34}$$

矩阵 W 称为在高斯消去法中对于矩阵 A 的变换矩阵. 矩阵 G 与 W 同时为所给定的矩阵 A 唯一确定的. 由(33) 知 W 为一个位于主对角线上的元素全等于 1 的下三角矩阵.

因为 W 是满秩矩阵，所以由(34) 得出

$$A=W^{-1}G \tag{34'}$$

我们已经把矩阵 A 表示为下三角矩阵 W^{-1} 与上三角矩阵 G 的乘积. 关于分解矩阵 A 为这种类型因子的问题由以下定理所全部说明：

定理 1 每一个秩为 r 的矩阵 $A=(a_{ik})_1^n$，其前 r 个顺序主子式都不为零时

$$D_k=A\begin{pmatrix}1 & 2 & \cdots & k\\ 1 & 2 & \cdots & k\end{pmatrix}\neq 0\quad (k=1,2,\cdots,r) \tag{35}$$

可以表示为下三角矩阵 B 与上三角矩阵 C 的乘积的形式

$$A=BC=\begin{pmatrix}b_{11} & 0 & \cdots & 0\\ b_{21} & b_{22} & \cdots & 0\\ \vdots & \vdots & & \vdots\\ b_{n1} & b_{n2} & \cdots & b_{nn}\end{pmatrix}\begin{pmatrix}c_{11} & c_{12} & \cdots & c_{1n}\\ 0 & c_{22} & \cdots & c_{2n}\\ \vdots & \vdots & & \vdots\\ 0 & 0 & \cdots & c_{nn}\end{pmatrix} \tag{36}$$

此处

$$b_{11}c_{11}=D_1,b_{22}c_{22}=\frac{D_2}{D_1},\cdots,b_{rr}c_{rr}=\frac{D_r}{D_{r-1}} \tag{37}$$

矩阵 B 与 C 的前 r 个主对角线上的元素可以给予适合条件(37) 的任何值.

矩阵 B 与 C 的前 r 个主对角线上的元素有这样的功能，它们唯一地确定了矩阵 B 的前 r 列或矩阵 C 的前 r 行. 对于这些元素有以下诸公式

$$b_{gk}=b_{kk}\frac{A\begin{pmatrix}1 & 2 & \cdots & k-1 & g\\ 1 & 2 & \cdots & k-1 & k\end{pmatrix}}{A\begin{pmatrix}1 & 2 & \cdots & k\\ 1 & 2 & \cdots & k\end{pmatrix}},c_{kg}=c_{kk}\frac{A\begin{pmatrix}1 & 2 & \cdots & k-1 & k\\ 1 & 2 & \cdots & k-1 & g\end{pmatrix}}{A\begin{pmatrix}1 & 2 & \cdots & k\\ 1 & 2 & \cdots & k\end{pmatrix}} \tag{38}$$

$$(g=k,k+1,2,\cdots,n;k=1,2,\cdots,r)$$

对于$r<n$的情形($|\boldsymbol{A}|=0$),矩阵$\boldsymbol{B}$的后$n-r$列中诸元素可以全为零,而对矩阵$\boldsymbol{C}$的后$n-r$行中诸元素给予任何值,或者相反地,给矩阵$\boldsymbol{C}$的后$n-r$行全为零而在矩阵$\boldsymbol{B}$的后$n-r$列中取任何元素.

证明 把适合条件(35)的矩阵表示为乘积(36)的形式的可能性已经在前面证明[参考(34′)].

现在设$\boldsymbol{B}$与$\boldsymbol{C}$为乘积等于$\boldsymbol{A}$的下三角矩阵与上三角形矩阵,应用关于两个矩阵的乘积的子式公式,求得

$$\boldsymbol{A}\begin{pmatrix}1 & 2 & \cdots & k-1 & g\\ 1 & 2 & \cdots & k-1 & k\end{pmatrix}=$$

$$\sum_{\alpha_1<\alpha_2<\cdots<\alpha_k}\boldsymbol{B}\begin{pmatrix}1 & 2 & \cdots & k-1 & g\\ \alpha_1 & \alpha_2 & \cdots & \alpha_{k-1} & \alpha_k\end{pmatrix}\boldsymbol{C}\begin{pmatrix}\alpha_1 & \alpha_2 & \cdots & \alpha_k\\ 1 & 2 & \cdots & k\end{pmatrix}$$

$$(g=k,k+1,2,\cdots,n;k=1,2,\cdots,r) \tag{39}$$

因为$\boldsymbol{C}$是上三角矩阵,所以矩阵$\boldsymbol{C}$的前k列只含有一个不为零的k阶子式$\boldsymbol{C}\begin{pmatrix}1 & 2 & \cdots & k\\ 1 & 2 & \cdots & k\end{pmatrix}$. 因此等式(39)可以写为

$$\boldsymbol{A}\begin{pmatrix}1 & 2 & \cdots & k-1 & g\\ 1 & 2 & \cdots & k-1 & k\end{pmatrix}=\boldsymbol{B}\begin{pmatrix}1 & 2 & \cdots & k-1 & g\\ 1 & 2 & \cdots & k-1 & k\end{pmatrix}\boldsymbol{C}\begin{pmatrix}1 & 2 & \cdots & k\\ 1 & 2 & \cdots & k\end{pmatrix}=$$

$$b_{11}b_{22}\cdots b_{k-1,k-1}b_{gk}c_{11}c_{22}\cdots c_{kk} \tag{40}$$

$$(g=k,k+1,2,\cdots,n;k=1,2,\cdots,r)$$

首先假设$g=k$,那么就得出

$$b_{11}b_{22}\cdots b_{kk}c_{11}c_{22}\cdots c_{kk}=D_k\quad(k=1,2,\cdots,r) \tag{41}$$

这就已经推得关系式(37).

对于等式(36),我们可以对矩阵$\boldsymbol{B}$右乘任一满秩对角矩阵$\boldsymbol{M}=(\mu_i\delta_{ik})_1^n$,而同时对矩阵$\boldsymbol{C}$左乘$\boldsymbol{M}^{-1}=(\mu_i\delta_{ik})_1^n$. 这相当于各乘矩阵$\boldsymbol{B}$的诸列以$\mu_1,\mu_2,\cdots,\mu_n$,而各乘矩阵$\boldsymbol{C}$的诸行以$\mu_1^{-1},\mu_2^{-1},\cdots,\mu_n^{-1}$. 所以对角线上的元素$b_{11},\cdots,b_{rr},c_{11},\cdots,c_{rr}$可以给予适合条件(37)的任何值.

再者,由(40)与(41)得出

$$b_{gk}=b_{kk}\frac{\boldsymbol{A}\begin{pmatrix}1 & 2 & \cdots & k-1 & g\\ 1 & 2 & \cdots & k-1 & k\end{pmatrix}}{\boldsymbol{A}\begin{pmatrix}1 & 2 & \cdots & k\\ 1 & 2 & \cdots & k\end{pmatrix}}\quad(g=k,k+1,2,\cdots,n;k=1,2,\cdots,r)$$

即(38)的第一个式子. 完全相类似地可以建立式(38)中关于矩阵$\boldsymbol{C}$的元素的第二个式子.

注意在乘出矩阵 $\boldsymbol{B}$ 与 $\boldsymbol{C}$ 时，矩阵 $\boldsymbol{B}$ 的后 $n-r$ 列元素只与矩阵 $\boldsymbol{C}$ 的后 $n-r$ 行的元素彼此相乘. 我们已经看到，矩阵 $\boldsymbol{C}$ 的后 $n-r$ 行的元素可以全取为零①. 所以矩阵 $\boldsymbol{B}$ 的后 $n-r$ 列的元素可以取任意值. 显然，如果我们取矩阵 $\boldsymbol{B}$ 的后 $n-r$ 列中元素全为零，而对于矩阵 $\boldsymbol{C}$ 的后 $n-r$ 行中元素取任意值，那么矩阵 $\boldsymbol{B}$ 与 $\boldsymbol{C}$ 的乘积并无变更.

定理已经证明.

从已经证明的定理推得一些有趣的推论.

推论 1 矩阵 $\boldsymbol{B}$ 中前 r 列元素与 $\boldsymbol{C}$ 中前 r 行元素连同矩阵 $\boldsymbol{A}$ 的元素有递推关系

$$\begin{cases} b_{ik}=\dfrac{a_{ik}-\sum\limits_{j=1}^{k-1}b_{ij}c_{jk}}{c_{kk}} & (i\geqslant k;i=1,2,\cdots,n;k=1,2,\cdots,r) \\ c_{ik}=\dfrac{a_{ik}-\sum\limits_{j=1}^{i-1}b_{ij}c_{jk}}{b_{ii}} & (i\leqslant k;i=1,2,\cdots,r;k=1,2,\cdots,n) \end{cases} \tag{42}$$

关系式(42) 可以直接从矩阵的等式(35) 得出；可以适当地利用它们来实际计算矩阵 $\boldsymbol{B}$ 与 $\boldsymbol{C}$ 的元素.

推论 2 如果矩阵 $\boldsymbol{A}=(a_{ik})_1^n$ 是一个适合条件(34) 的满秩矩阵($r=n$)，那么只是在选取 $\boldsymbol{B},\boldsymbol{C}$ 的对角元素适合条件(37) 以后，表示式(36) 中的矩阵 $\boldsymbol{B}$ 与 $\boldsymbol{C}$ 是唯一确定的.

推论 3 如果 $\boldsymbol{S}=(s_{ik})_1^n$ 是一个 r 秩对称矩阵，而且

$$D_k=\boldsymbol{S}\begin{pmatrix}1 & 2 & \cdots & k\\ 1 & 2 & \cdots & k\end{pmatrix}\neq 0\quad (k=1,2,\cdots,r)$$

那么

$$\boldsymbol{S}=\boldsymbol{B}\boldsymbol{B}'$$

其中 $\boldsymbol{B}=(b_{ik})_1^n$ 为一下三角矩阵，而且

$$b_{gk}=\begin{cases}\dfrac{1}{\sqrt{D_kD_{k-1}}}\boldsymbol{A}\begin{pmatrix}1 & 2 & \cdots & k-1 & g\\ 1 & 2 & \cdots & k-1 & k\end{pmatrix} & (g=k,k+1,2,\cdots,n;k=1,2,\cdots,r)\\ 0 & (g=k,k+1,2,\cdots,n;k=r+1,2,\cdots,n)\end{cases} \tag{43}$$

① 这可从表示式(34′) 得出. 此处对角线上的元素 $b_{11},\cdots,b_{rr},c_{11},\cdots,c_{rr}$ 已经证明，只要给予适当的因子 $\mu_1,\mu_2,\cdots,\mu_r$，就可以取适合条件(37) 的任意值.

2. 设在表示式(36)中,矩阵 $\boldsymbol{C}$ 的后 $n-r$ 个列全等于零,则可令

$$\boldsymbol{B}=\boldsymbol{F}\cdot\begin{pmatrix} b_{11} & & & & & \boldsymbol{0} \\ & \ddots & & & & \\ & & b_{rr} & & & \\ & & & 0 & & \\ & & & & \ddots & \\ \boldsymbol{0} & & & & & 0 \end{pmatrix},\boldsymbol{C}=\begin{pmatrix} c_{11} & & & & & \boldsymbol{0} \\ & \ddots & & & & \\ & & c_{rr} & & & \\ & & & 0 & & \\ & & & & \ddots & \\ \boldsymbol{0} & & & & & 0 \end{pmatrix}\cdot\boldsymbol{L} \tag{44}$$

其中 $\boldsymbol{F}$ 为下三角矩阵,$\boldsymbol{L}$ 为上三角矩阵,而且矩阵 $\boldsymbol{F}$ 与 $\boldsymbol{L}$ 的前 r 个主对角线上元素都等于1,矩阵 $\boldsymbol{F}$ 的后 $n-r$ 个列上与矩阵 $\boldsymbol{L}$ 的后 $n-r$ 个行上的元素可以任意选取. 以表示式(44)中的 $\boldsymbol{B},\boldsymbol{C}$ 代入(36)且应用等式(37),得到以下定理:

定理 2 每一个秩为 r 且有

$$D_k=\boldsymbol{A}\begin{pmatrix}1 & 2 & \cdots & k \\ 1 & 2 & \cdots & k\end{pmatrix}\neq 0 \quad (k=1,2,\cdots,r)$$

的矩阵 $\boldsymbol{A}=(a_{ik})_1^n$,都可以表示成形为下三角矩阵 $\boldsymbol{F}$、对角矩阵 $\boldsymbol{D}$ 与上三角矩阵 $\boldsymbol{L}$ 的乘积

$$\boldsymbol{A}=\boldsymbol{FDL}=\begin{pmatrix}1 & 0 & \cdots & 0 \\ f_{21} & 1 & \cdots & 0 \\ \vdots & \vdots & & \vdots \\ f_{n1} & f_{n2} & \cdots & 1\end{pmatrix}\begin{pmatrix} D_1 & & & & & \\ & \dfrac{D_2}{D_1} & & & & \\ & & \ddots & & & \\ & & & \dfrac{D_r}{D_{r-1}} & & \\ & & & & 0 & \\ & & & & & \ddots & \\ & & & & & & 0 \end{pmatrix}\begin{pmatrix}1 & l_{12} & \cdots & l_{1n} \\ 0 & 1 & \cdots & l_{2n} \\ \vdots & \vdots & & \vdots \\ 0 & 0 & \cdots & 1\end{pmatrix} \tag{45}$$

其中

$$f_{gk}=\frac{\boldsymbol{A}\begin{pmatrix}1 & 2 & \cdots & k-1 & g \\ 1 & 2 & \cdots & k-1 & k\end{pmatrix}}{\boldsymbol{A}\begin{pmatrix}1 & 2 & \cdots & k \\ 1 & 2 & \cdots & k\end{pmatrix}},\ l_{kg}=\frac{\boldsymbol{A}\begin{pmatrix}1 & 2 & \cdots & k-1 & k \\ 1 & 2 & \cdots & k-1 & g\end{pmatrix}}{\boldsymbol{A}\begin{pmatrix}1 & 2 & \cdots & k \\ 1 & 2 & \cdots & k\end{pmatrix}} \tag{46}$$

$$(g=k+1,2,\cdots,n;k=1,2,\cdots,r)$$

而当 $g=k+1,2,\cdots,n;k=r+1,2,\cdots,n$ 时,f_{gk},l_{kg} 为任意数.

3. 应用高斯消去法得到 $D_k\neq 0(k=1,2,\cdots,r)$ 的 r 秩矩阵 $\boldsymbol{A}=(a_{ik})_1^n$,给予

我们两个矩阵：主对角线上元素全等于 1 的下三角矩阵 $\boldsymbol{W}$ 与前 r 个主对角线上元素为 $D_1,\frac{D_2}{D_1},\cdots,\frac{D_r}{D_{r-1}}$，而后 $n-r$ 行的元素全为零的上三角矩阵 $\boldsymbol{G}$. $\boldsymbol{G}$ 为矩阵 $\boldsymbol{A}$ 的高斯型，而 $\boldsymbol{W}$ 为其变换矩阵.

为了具体计算矩阵 $\boldsymbol{W}$ 的元素，我们将给予以下方法.

如果对单位矩阵 $\boldsymbol{E}$ 应用对于矩阵 $\boldsymbol{A}$ 所做的高斯算法中所有的变换(定出了矩阵 $\boldsymbol{W}_1,\cdots,\boldsymbol{W}_N$)，那么我们就得出矩阵 $\boldsymbol{W}$(此处把等于 $\boldsymbol{G}$ 的乘积 $\boldsymbol{WA}$ 换为等于 $\boldsymbol{W}$ 的乘积 $\boldsymbol{WE}$). 因此在矩阵 $\boldsymbol{A}$ 的右边加上一个单位矩阵 $\boldsymbol{E}$

$$\begin{pmatrix} a_{11} & \cdots & a_{1n} & 1 & \cdots & 0 \\ \vdots & & \vdots & \vdots & & \vdots \\ a_{n1} & \cdots & a_{nn} & 0 & \cdots & 1 \end{pmatrix} \tag{47}$$

对这个长方矩阵，应用高斯算法中的所有变换，我们得出一个由方阵 $\boldsymbol{G}$ 与 $\boldsymbol{W}$ 所组成的长方矩阵

$$(\boldsymbol{G},\boldsymbol{W})$$

这样一来，对矩阵(47) 应用高斯算法可同时得出矩阵 $\boldsymbol{G}$ 与矩阵 $\boldsymbol{W}$.

如果 $\boldsymbol{A}$ 是一个满秩矩阵，亦即 $|\boldsymbol{A}|\neq 0$，那么，$|\boldsymbol{G}|\neq 0$. 此时由(34′) 得出 $\boldsymbol{A}^{-1}=\boldsymbol{G}^{-1}\boldsymbol{W}$. 因为矩阵 $\boldsymbol{G}$ 与 $\boldsymbol{W}$ 为高斯算法所完全确定，所以求出逆矩阵 $\boldsymbol{A}^{-1}$ 的方法就化为决定 $\boldsymbol{G}^{-1}$，而后以 $\boldsymbol{G}^{-1}$ 来乘 $\boldsymbol{W}$.

虽然在确定矩阵 $\boldsymbol{G}$ 以后，不难求出逆矩阵 $\boldsymbol{G}^{-1}$，而 $\boldsymbol{G}$ 是一个三角矩阵，但是我们可以避免这一运算. 为此，同矩阵 $\boldsymbol{G}$ 与 $\boldsymbol{W}$ 一样，对于转置矩阵 $\boldsymbol{A}'$ 引进类似的矩阵 $\boldsymbol{G}_1$ 与 $\boldsymbol{W}_1$，则有 $\boldsymbol{A}'=\boldsymbol{W}_1^{-1}\boldsymbol{G}_1$，亦即

$$\boldsymbol{A}=\boldsymbol{G}_1'\boldsymbol{W}_1'^{-1} \tag{48}$$

比较等式(34′) 与(45)

$$\boldsymbol{A}=\boldsymbol{W}^{-1}\boldsymbol{G},\boldsymbol{A}=\boldsymbol{FDL}$$

这些等式可视为形如(36) 的两种不同的分解式. 此处我们视乘积 $\boldsymbol{DL}$ 为第二个因子 $\boldsymbol{C}$. 因为在第一个因子中对角线上前 r 个元素与 $\boldsymbol{W}^{-1}$ 中的对应元素相同(都等于 1)，所以它们的前 r 个列是完全相同的. 因为矩阵 $\boldsymbol{F}$ 的后 $n-r$ 个列可以任意选取，所以就可以这样来选取，使得

$$\boldsymbol{F}=\boldsymbol{W}^{-1} \tag{49}$$

另外，比较等式(48) 与(45)

$$\boldsymbol{A}=\boldsymbol{G}_1'\boldsymbol{W}_1'^{-1},\boldsymbol{A}=\boldsymbol{FDL}$$

证明我们可以这样来选取 $\boldsymbol{L}$ 中允许任意选取的元素，使得

$$\boldsymbol{L}=\boldsymbol{W}_1'^{-1} \tag{50}$$

把式(49) 与(50) 分别代入(45) 中的 $\boldsymbol{F}$ 与 $\boldsymbol{L}$，我们得出

$$\boldsymbol{A} = \boldsymbol{W}^{-1}\boldsymbol{D}\boldsymbol{W'}_1^{-1} \tag{51}$$

比较这个等式与等式(34′) 及(48),我们得到

$$\boldsymbol{G} = \boldsymbol{D}\boldsymbol{W'}_1^{-1}, \boldsymbol{G}'_1 = \boldsymbol{W}^{-1}\boldsymbol{D} \tag{52}$$

引入对角矩阵

$$\hat{\boldsymbol{D}} = \left\{\frac{1}{D_1}, \frac{D_1}{D_2}, \cdots, \frac{D_{r-1}}{D_r}, 0, \cdots, 0\right\} \tag{53}$$

因为

$$\boldsymbol{D} = \boldsymbol{D}\hat{\boldsymbol{D}}\boldsymbol{D}$$

所以从(51) 与(52) 得出

$$\boldsymbol{A} = \boldsymbol{G}'_1\hat{\boldsymbol{D}}\boldsymbol{G} \tag{54}$$

公式(54) 证明了,矩阵 $\boldsymbol{A}$ 对于三角因子的分解式,可以应用高斯算法在矩阵 $\boldsymbol{A}$ 与 $\boldsymbol{A}'$ 上得出.

现在设 $\boldsymbol{A}$ 为一个满秩矩阵($r = n$),那么 $|\boldsymbol{D}| \neq 0, \hat{\boldsymbol{D}} = \boldsymbol{D}^{-1}$. 故由(51) 得出

$$\boldsymbol{A}^{-1} = \boldsymbol{W}'_1\hat{\boldsymbol{D}}\boldsymbol{W} \tag{55}$$

这个公式给出了应用高斯算法到长方矩阵

$$(\boldsymbol{A}, \boldsymbol{E})(\boldsymbol{A}', \boldsymbol{E})$$

上有效的计算逆矩阵 $\boldsymbol{A}^{-1}$ 的可能性.

在特殊的情形,取对称矩阵 $\boldsymbol{S}$ 来替代矩阵 $\boldsymbol{A}$,则矩阵 $\boldsymbol{G}_1$ 与 $\boldsymbol{G}$ 重合,而且矩阵 $\boldsymbol{W}_1$ 亦与矩阵 $\boldsymbol{W}$ 重合,因此式(54) 与(55) 取以下形式

$$\boldsymbol{S} = \boldsymbol{G}'\hat{\boldsymbol{D}}\boldsymbol{G} \tag{56}$$

$$\boldsymbol{S}^{-1} = \boldsymbol{W}'\hat{\boldsymbol{D}}\boldsymbol{G}\boldsymbol{W} \tag{57}$$

§5 矩阵的分块,分块矩阵的运算方法,广义高斯算法

常常要利用这样的矩阵,把它裂分为长方部分 ——“子块”或“块”. 在本节中我们将对这种“分块” 矩阵进行研究.

1. 假设给定长方矩阵

$$\boldsymbol{A} = (a_{ik}) \quad (i = 1, 2, \cdots, m; k = 1, 2, \cdots, n) \tag{58}$$

利用水平的与垂直的直线我们把矩阵 $\boldsymbol{A}$ 分成许多长方形的块

$$\boldsymbol{A} = \begin{array}{c} \begin{matrix} \overbrace{\phantom{A_{11}}}^{n_1} & \overbrace{\phantom{A_{12}}}^{n_2} & \cdots & \overbrace{\phantom{A_{1t}}}^{n_t} \end{matrix} \\ \begin{pmatrix} \boldsymbol{A}_{11} & \boldsymbol{A}_{12} & \cdots & \boldsymbol{A}_{1t} \\ \boldsymbol{A}_{21} & \boldsymbol{A}_{22} & \cdots & \boldsymbol{A}_{2t} \\ \vdots & \vdots & & \vdots \\ \boldsymbol{A}_{s1} & \boldsymbol{A}_{s2} & \cdots & \boldsymbol{A}_{st} \end{pmatrix} \begin{matrix} \}m_1 \\ \}m_2 \\ \vdots \\ \}m_s \end{matrix} \end{array} \tag{59}$$

关于矩阵(59),是说把它分成 st 个 $m_\alpha \times n_\beta$ 维块($\alpha=1,2,\cdots,s;\beta=1,2,\cdots,t$),或者说把它表示成分块矩阵的形式.(59)亦可缩写为

$$\boldsymbol{A}=(\boldsymbol{A}_{\alpha\beta})\quad(\alpha=1,2,\cdots,s;\beta=1,2,\cdots,t)\tag{60}$$

在 $s=t$ 的情形,可以应用这样的写法

$$\boldsymbol{A}=(\boldsymbol{A}_{\alpha\beta})_1^s\tag{61}$$

对分块矩阵来施行运算,关于把诸块换为数值元素的那些公式同样能够成立.例如,设给定两个同维数的长方矩阵且分为对应的同维子块

$$\boldsymbol{A}=(\boldsymbol{A}_{\alpha\beta}),\boldsymbol{B}=(\boldsymbol{B}_{\alpha\beta})\quad(\alpha=1,2,\cdots,s;\beta=1,2,\cdots,t)\tag{62}$$

易知

$$\boldsymbol{A}+\boldsymbol{B}=(\boldsymbol{A}_{\alpha\beta}+\boldsymbol{B}_{\alpha\beta})\quad(\alpha=1,2,\cdots,s;\beta=1,2,\cdots,t)\tag{63}$$

详细地来建立分块矩阵的乘法.已知(参考第1章定义4下面的注)当两个长方矩阵 $\boldsymbol{A}$ 与 $\boldsymbol{B}$ 相乘时,第一个因子 $\boldsymbol{A}$ 的行的长度必须等于第二个因子 $\boldsymbol{B}$ 的列的长度.为了这些分块矩阵的相乘可以施行,我们要补充这样的条件,就是使第一个因子的块中所有横线上的维数与第二个因子的块中所有纵线上的维数彼此一致

$$\boldsymbol{A}=\begin{pmatrix}\overbrace{\boldsymbol{A}_{11}}^{n_1} & \overbrace{\boldsymbol{A}_{12}}^{n_2} & \cdots & \overbrace{\boldsymbol{A}_{1t}}^{n_t}\\ \boldsymbol{A}_{21} & \boldsymbol{A}_{22} & \cdots & \boldsymbol{A}_{2t}\\ \vdots & \vdots & & \vdots\\ \boldsymbol{A}_{s1} & \boldsymbol{A}_{s2} & \cdots & \boldsymbol{A}_{st}\end{pmatrix}\begin{matrix}\}m_1\\ \}m_2\\ \vdots\\ \}m_s\end{matrix},\boldsymbol{B}=\begin{pmatrix}\overbrace{\boldsymbol{B}_{11}}^{p_1} & \overbrace{\boldsymbol{B}_{12}}^{p_2} & \cdots & \overbrace{\boldsymbol{B}_{1u}}^{p_u}\\ \boldsymbol{B}_{21} & \boldsymbol{B}_{22} & \cdots & \boldsymbol{B}_{2u}\\ \vdots & \vdots & & \vdots\\ \boldsymbol{B}_{t1} & \boldsymbol{B}_{t2} & \cdots & \boldsymbol{B}_{tu}\end{pmatrix}\begin{matrix}\}n_1\\ \}n_2\\ \vdots\\ \}n_t\end{matrix}\tag{64}$$

那么容易验证

$$\boldsymbol{AB}=\boldsymbol{C}=(\boldsymbol{C}_{\alpha\beta}),\text{其中 }\boldsymbol{C}_{\alpha\beta}=\sum_{\delta=1}^{t}\boldsymbol{A}_{\alpha\delta}\boldsymbol{B}_{\delta\beta}\quad(\alpha=1,2,\cdots,s;\beta=1,2,\cdots,u)\tag{65}$$

我们要特别注意这样的特殊情形,就是有一个因子是拟对角矩阵.设 $\boldsymbol{A}$ 是一个拟对角矩阵,即 $s=t$ 且当 $\alpha\neq\beta$ 时 $\boldsymbol{A}_{\alpha\beta}=\mathbf{0}$.在这种情形式(65)给出

$$\boldsymbol{C}_{\alpha\beta}=\boldsymbol{A}_{\alpha\alpha}\boldsymbol{B}_{\alpha\beta}\quad(\alpha=1,2,\cdots,s;\beta=1,2,\cdots,u)\tag{66}$$

在左乘一个分块矩阵以拟对角矩阵时,分块矩阵的诸行各左乘以拟对角矩阵中对角线上的对应子块.

现在设 $\boldsymbol{B}$ 是一个拟对角矩阵,亦即 $t=u$ 且当 $\alpha\neq\beta$ 时 $\boldsymbol{B}_{\alpha\beta}=\mathbf{0}$.那么由(65)我们得出

$$\boldsymbol{C}_{\alpha\beta}=\boldsymbol{A}_{\alpha\beta}\boldsymbol{B}_{\beta\beta}\quad(\alpha=1,2,\cdots,s;\beta=1,2,\cdots,u)\tag{67}$$

在左乘一个分块矩阵以拟对角矩阵时,分块矩阵的诸列各左乘以拟对角矩阵中对角线上的对应子块.

我们注意,两个同阶的分块方阵常可施行乘法,只要把每一个因子都分解为子块的相同的方阵列且在每一因子的对角线上都是一些方阵.

如果$s=t$且当$\alpha>\beta$时所有$\boldsymbol{A}_{\alpha\beta}=\boldsymbol{0}$(对应的当$\alpha<\beta$时所有的$\boldsymbol{A}_{\alpha\beta}=\boldsymbol{0}$),那么分块矩阵(59)称为上(下)拟三角矩阵.拟对角矩阵是拟三角矩阵的一种特殊情形.

从公式(65)容易看出:

两个上(下)拟三角矩阵的乘积仍然是一个上(下)拟三角矩阵[1],此时乘积的对角线上的子块是由因子的对角线上对应子块相乘所得出的.

事实上,在(65)中设$s=t$且有

$$\boldsymbol{A}_{\alpha\beta}=\boldsymbol{0},\boldsymbol{B}_{\alpha\beta}=\boldsymbol{0}\quad(\alpha<\beta)$$

我们得出

$$\begin{cases}\boldsymbol{C}_{\alpha\beta}=\boldsymbol{0}\\ \boldsymbol{C}_{\alpha\alpha}=\boldsymbol{A}_{\alpha\alpha}\boldsymbol{B}_{\alpha\alpha}\end{cases}\quad(\alpha<\beta;\alpha,\beta=1,2,\cdots,s)$$

对于下拟三角矩阵的情形可以同样得出.

注意拟三角矩阵的行列式的计算规则.这个规则可以从拉普拉斯展开式得出.

如果$\boldsymbol{A}$是一个拟三角(特别是拟对角)矩阵,那么这个矩阵的行列式等于其对角线上诸子块的行列式的乘积

$$|\boldsymbol{A}|=|\boldsymbol{A}_{11}||\boldsymbol{A}_{22}|\cdots|\boldsymbol{A}_{ss}|\text{[2]}\tag{68}$$

2. 设已给定分块矩阵

$$\boldsymbol{A}=\begin{pmatrix}\overbrace{\boldsymbol{A}_{11}}^{n_1} & \overbrace{\boldsymbol{A}_{12}}^{n_2} & \cdots & \overbrace{\boldsymbol{A}_{1t}}^{n_t}\\ \boldsymbol{A}_{21} & \boldsymbol{A}_{22} & \cdots & \boldsymbol{A}_{2t}\\ \vdots & \vdots & & \vdots\\ \boldsymbol{A}_{s1} & \boldsymbol{A}_{s2} & \cdots & \boldsymbol{A}_{st}\end{pmatrix}\begin{matrix}\}m_1\\ \}m_2\\ \vdots\\ \}m_s\end{matrix}\tag{69}$$

把第β行左乘以$m_\alpha\times n_\beta$维长方矩阵$\boldsymbol{X}$的结果加到第α行诸子块上,我们得出分块矩阵

$$\boldsymbol{B}=\begin{pmatrix}\boldsymbol{A}_{11} & \cdots & \boldsymbol{A}_{1t}\\ \vdots & & \vdots\\ \boldsymbol{A}_{\alpha1}+\boldsymbol{X}\boldsymbol{A}_{\beta1} & \cdots & \boldsymbol{A}_{\alpha t}+\boldsymbol{X}\boldsymbol{A}_{\beta t}\\ \vdots & & \vdots\\ \boldsymbol{A}_{\beta1} & \cdots & \boldsymbol{A}_{\beta t}\\ \vdots & & \vdots\\ \boldsymbol{A}_{s1} & \cdots & \boldsymbol{A}_{st}\end{pmatrix}\tag{70}$$

引入辅助方阵$\boldsymbol{V}$,表示为以下子块的方阵的形式

① 此处假定分块矩阵的相乘是可以施行的.

② 此处假定$|\boldsymbol{A}_{11}|,\cdots,|\boldsymbol{A}_{ss}|$这些行列式都是有意义的——译者注.

$$
V=\begin{pmatrix}
\overbrace{E}^{m_1} & \cdots & \overbrace{0}^{m_\alpha} & \cdots & \overbrace{0}^{m_\beta} & \cdots & \overbrace{E}^{m_s} \\
\vdots & & \vdots & & \vdots & & \vdots \\
0 & \cdots & E & \cdots & X & \cdots & 0 \\
\vdots & & \vdots & & \vdots & & \vdots \\
0 & \cdots & 0 & \cdots & E & \cdots & 0 \\
\vdots & & \vdots & & \vdots & & \vdots \\
0 & \cdots & 0 & \cdots & 0 & \cdots & E
\end{pmatrix}
\begin{matrix} \}m_1 \\ \vdots \\ \}m_\alpha \\ \vdots \\ \}m_\beta \\ \vdots \\ \}m_s \end{matrix}
\tag{71}
$$

矩阵 $\boldsymbol{V}$ 的对角线上诸子块都是单位矩阵,其阶数顺次为 $m_1, m_2, \cdots, m_s$;除位于第 α 子块行与第 β 子块列相交处的子块为 $\boldsymbol{X}$ 外,分块矩阵 $\boldsymbol{V}$ 的所有对角线以外的子块都等于零.

不难看出

$$\boldsymbol{VA}=\boldsymbol{B} \tag{72}$$

因为 $\boldsymbol{V}$ 是一个满秩矩阵,所以对于矩阵 $\boldsymbol{A}$ 与 $\boldsymbol{B}$ 的秩有以下关系[①]

$$r_{\boldsymbol{A}}=r_{\boldsymbol{B}} \tag{73}$$

在特别的情形,当 $\boldsymbol{A}$ 是一个方阵时,由(72)有

$$|\boldsymbol{V}||\boldsymbol{A}|=|\boldsymbol{B}| \tag{74}$$

但是

$$|\boldsymbol{V}|=1 \tag{75}$$

故有

$$|\boldsymbol{A}|=|\boldsymbol{B}| \tag{76}$$

如果把矩阵(68)中某一列加上右乘适当维数的长方矩阵 $\boldsymbol{X}$ 的另一列,可得同样结论.

上面所得出的结果可以总结为以下定理:

定理 3 如果在分块矩阵 $\boldsymbol{A}$ 中,把左(右)乘第 β 个子块行(列)以 $m_\alpha \times m_\beta$ 维($m_\beta \times m_\alpha$ 维)的长方矩阵 $\boldsymbol{X}$ 后的结果加到第 α 个子块行(列)上,那么这一变换并不改变矩阵 $\boldsymbol{A}$ 的秩. 又若 $\boldsymbol{A}$ 是一个方阵,则矩阵 $\boldsymbol{A}$ 的行列式亦无改变.

3. 现在来讨论这样的特殊情形,就是在矩阵 $\boldsymbol{A}$ 的对角线上,子块 $\boldsymbol{A}_{11}$ 是一个方阵而且是满秩的($|\boldsymbol{A}_{11}|\neq 0$).

在矩阵 $\boldsymbol{A}$ 的第 α 行加上第一行左乘 $\boldsymbol{A}_{\alpha 1}\boldsymbol{A}_{11}^{-1}$ ($\alpha=2,\cdots,s$) 的结果,我们就得出矩阵

① 参考第 1 章 §3 中式(34)后面的结果.

$$\boldsymbol{B}_1 = \begin{pmatrix} \boldsymbol{A}_{11} & \boldsymbol{A}_{12} & \cdots & \boldsymbol{A}_{1t} \\ \boldsymbol{0} & \boldsymbol{A}_{22}^{(1)} & \cdots & \boldsymbol{A}_{2t}^{(1)} \\ \vdots & \vdots & & \vdots \\ \boldsymbol{0} & \boldsymbol{A}_{s2}^{(1)} & \cdots & \boldsymbol{A}_{st}^{(1)} \end{pmatrix} \tag{77}$$

其中

$$\boldsymbol{A}_{\alpha\beta}^{(1)} = -\boldsymbol{A}_{\alpha 1}\boldsymbol{A}_{11}^{-1}\boldsymbol{A}_{1\beta} + \boldsymbol{A}_{\alpha\beta} \quad (\alpha = 2,3,\cdots,s;\beta = 2,3,\cdots,t) \tag{78}$$

如果 $\boldsymbol{A}_{22}^{(1)}$ 是一个满秩方阵，那么这一步骤可以继续进行. 这样一来，我们得出广义的高斯算法.

设 $\boldsymbol{A}$ 为方阵，则有

$$|\boldsymbol{A}| = |\boldsymbol{B}_1| = |\boldsymbol{A}_{11}| \begin{vmatrix} \boldsymbol{A}_{22}^{(1)} & \cdots & \boldsymbol{A}_{2t}^{(1)} \\ \vdots & & \vdots \\ \boldsymbol{A}_{s2}^{(1)} & \cdots & \boldsymbol{A}_{st}^{(1)} \end{vmatrix} \tag{79}$$

公式(79)把含有 st 个块的行列式 $|\boldsymbol{A}|$ 的计算化为只含 $(s-1)(t-1)$ 个子块的有较小阶数行列式的计算①.

讨论分为四块的行列式 Δ

$$\Delta = \begin{vmatrix} \boldsymbol{A} & \boldsymbol{B} \\ \boldsymbol{C} & \boldsymbol{D} \end{vmatrix} \tag{80}$$

其中 $\boldsymbol{A}$ 与 $\boldsymbol{D}$ 都是方阵.

设 $\boldsymbol{A} \neq \boldsymbol{0}$，那么从第二行减去第一行左乘 $\boldsymbol{CA}^{-1}$ 的积，我们得出

$$\Delta = \begin{vmatrix} \boldsymbol{A} & \boldsymbol{B} \\ \boldsymbol{0} & \boldsymbol{D} - \boldsymbol{CA}^{-1}\boldsymbol{B} \end{vmatrix} = |\boldsymbol{A}|\,|\boldsymbol{D} - \boldsymbol{CA}^{-1}\boldsymbol{B}| \tag{Ⅰ}$$

同样地，如果 $|\boldsymbol{D}| \neq 0$，那么在 Δ 中从第一行减去第二行右乘 $\boldsymbol{BD}^{-1}$ 的积，我们得出

$$\Delta = \begin{vmatrix} \boldsymbol{A} - \boldsymbol{BD}^{-1}\boldsymbol{C} & \boldsymbol{0} \\ \boldsymbol{C} & \boldsymbol{D} \end{vmatrix} = |\boldsymbol{A} - \boldsymbol{BD}^{-1}\boldsymbol{C}|\,|\boldsymbol{D}| \tag{Ⅱ}$$

在特殊的情形，四个矩阵 $\boldsymbol{A},\boldsymbol{B},\boldsymbol{C},\boldsymbol{D}$ 都是同为 n 阶的方阵时，由(Ⅰ)与(Ⅱ)得出舒尔公式，化 $2n$ 阶行列式的计算为 n 阶行列式的计算

$$\Delta = |\boldsymbol{AD} - \boldsymbol{ACA}^{-1}\boldsymbol{B}| \quad (|\boldsymbol{A}| \neq 0) \tag{Ⅰa}$$

$$\Delta = |\boldsymbol{AD} - \boldsymbol{BD}^{-1}\boldsymbol{CD}| \quad (|\boldsymbol{D}| \neq 0) \tag{Ⅱa}$$

如果矩阵 $\boldsymbol{A}$ 与 $\boldsymbol{C}$ 彼此可交换，那么由(Ⅰa)得出

$$\Delta = |\boldsymbol{AD} - \boldsymbol{CB}| \quad (\text{如其有条件 } \boldsymbol{AC} = \boldsymbol{CA}) \tag{Ⅰb}$$

同样地，如果 $\boldsymbol{C}$ 与 $\boldsymbol{D}$ 彼此可交换，那么

① 如果 $\boldsymbol{A}_{22}^{(1)}$ 是一个方阵且有 $|\boldsymbol{A}_{22}^{(1)}| \neq 0$，那么对于所得出的有 $(s-1)(t-1)$ 个子块的行列式，我们可以再来应用同样的变换，诸如此类.

$$\Delta = |AD - BC| \quad (\text{如其有条件 } CD = DC) \tag{Ⅱb}$$

公式(Ⅰb)是在假设$|A| \neq 0$时所得出的,而公式(Ⅱb)是当$|D| \neq 0$时得出的.但是从连续性上推究,这些限制是可以取消的.

从公式(Ⅰ)～(Ⅱb),交换其右边的A与D且同时交换B与C,我们还可以得出六个公式.

例 1 有如下式子

$$\Delta = \begin{vmatrix} 1 & 0 & b_1 & b_2 \\ 0 & 1 & b_3 & b_4 \\ c_1 & c_2 & d_1 & d_2 \\ c_3 & c_4 & d_3 & d_4 \end{vmatrix}$$

由公式(Ⅰb)得

$$\Delta = \begin{vmatrix} d_1 - c_1 b_1 - c_2 b_3 & d_2 - c_1 b_2 - c_2 b_4 \\ d_3 - c_3 b_1 - c_4 b_3 & d_4 - c_3 b_2 - c_4 b_4 \end{vmatrix}$$

4. 从定理 3 推得:

定理 4 如果长方矩阵R表示为分块型

$$R = \begin{pmatrix} A & B \\ C & D \end{pmatrix} \tag{81}$$

其中A为n阶满秩方阵($|A| \neq 0$),那么矩阵R的秩等于n的充分必要条件是

$$D = CA^{-1}B \tag{82}$$

证明 从矩阵R的第二个块行减去左乘第一行以CA^{-1}的乘积,我们得出矩阵

$$T = \begin{pmatrix} A & B \\ 0 & D - CA^{-1}B \end{pmatrix} \tag{83}$$

由定理 3,矩阵R与T有相同的秩.矩阵T与A有相同的秩(亦即都等于n)的充分必要条件是$D - CA^{-1}B = 0$,亦即(82)能够成立.定理即已证明.

从定理 4 可推得逆矩阵A^{-1}与一般乘积$CA^{-1}B$所构成的算法,其中B,C各为$n \times p$,$q \times n$维长方矩阵.

用高斯算法[①]来把矩阵

$$\begin{pmatrix} A & B \\ -C & 0 \end{pmatrix} \quad (|A| \neq 0) \tag{84}$$

---

① 此处我们对矩阵(84)并没有完全用高斯算法,而只是用到它的前n个步骤,其中n为这个矩阵的秩.如果当$p = n$时,条件(15)成立,那么是可以这样做的.如果这个条件不成立,那么因为$|A| \neq 0$,我们可以调动矩阵(84)的前n个行(或前n个列),使得前n次高斯算法可以施行.当条件(15)对于$p = n$成立时,我们有时要用到这种有些变动的高斯算法.

变为以下形式

$$\begin{pmatrix} \boldsymbol{G} & \boldsymbol{B}_1 \\ \boldsymbol{0} & \boldsymbol{X} \end{pmatrix} \tag{85}$$

我们来证明

$$\boldsymbol{X} = \boldsymbol{C}\boldsymbol{A}^{-1}\boldsymbol{B} \tag{86}$$

事实上,应用于矩阵(84) 的那个变换,使矩阵

$$\begin{pmatrix} \boldsymbol{A} & \boldsymbol{B} \\ -\boldsymbol{C} & -\boldsymbol{C}\boldsymbol{A}^{-1}\boldsymbol{B} \end{pmatrix} \tag{87}$$

变为以下矩阵

$$\begin{bmatrix} \boldsymbol{G} & \boldsymbol{B}_1 \\ \boldsymbol{0} & \boldsymbol{X} - \boldsymbol{C}\boldsymbol{A}^{-1}\boldsymbol{B} \end{bmatrix} \tag{88}$$

由定理 4,知矩阵(87) 有秩 n(n 为矩阵 $\boldsymbol{A}$ 的阶数). 但此时矩阵(88) 的秩亦必等于 n. 故有 $\boldsymbol{X} - \boldsymbol{C}\boldsymbol{A}^{-1}\boldsymbol{B} = \boldsymbol{0}$,亦即得出式(86).

特别地,如果 $\boldsymbol{B} = \boldsymbol{y}$,其中 $\boldsymbol{y}$ 为单列矩阵且有 $\boldsymbol{C} = \boldsymbol{E}$,那么

$$\boldsymbol{X} = \boldsymbol{A}^{-1}\boldsymbol{y}$$

因此,对矩阵

$$\begin{pmatrix} \boldsymbol{A} & \boldsymbol{y} \\ -\boldsymbol{E} & \boldsymbol{0} \end{pmatrix}$$

应用高斯算法,我们得出以下方程组的解

$$\boldsymbol{A}\boldsymbol{x} = \boldsymbol{y}$$

再者,如果在(84) 中取 $\boldsymbol{B} = \boldsymbol{C} = \boldsymbol{E}$,那么对矩阵

$$\begin{pmatrix} \boldsymbol{A} & \boldsymbol{E} \\ -\boldsymbol{E} & \boldsymbol{0} \end{pmatrix}$$

应用高斯算法后,我们可以得出

$$\begin{pmatrix} \boldsymbol{G} & \boldsymbol{W} \\ \boldsymbol{0} & \boldsymbol{X} \end{pmatrix}$$

其中

$$\boldsymbol{X} = \boldsymbol{A}^{-1}$$

求出 $\boldsymbol{A}^{-1}$ 的这种方法可以用下例来说明.

例 2 设

$$\boldsymbol{A} = \begin{bmatrix} 2 & 1 & 1 \\ 1 & 0 & 2 \\ 3 & 1 & 2 \end{bmatrix}$$

要算出 $\boldsymbol{A}^{-1}$.

应用经过变动的消去法①于以下矩阵

$$\begin{pmatrix} 2 & 1 & 1 & 1 & 0 & 0 \\ 1 & 0 & 2 & 0 & 1 & 0 \\ 3 & 1 & 2 & 0 & 0 & 1 \\ -1 & 0 & 0 & 0 & 0 & 0 \\ 0 & -1 & 0 & 0 & 0 & 0 \\ 0 & 0 & -1 & 0 & 0 & 0 \end{pmatrix}$$

对所有的行(除第二行外)都加上第二行的适当的倍数,使得除第二个元素外,第一列上所有的元素都等于零. 此后除第二、第三行外,所有的行都加上第三行的适当倍数,使得除第二、第三个元素外,第二列上所有的元素都等于零. 最后,在后三行上,加上第一行的适当倍数,使得我们得出以下矩阵

$$\begin{pmatrix} * & * & * & * & * & * \\ * & * & * & * & * & * \\ * & * & * & * & * & * \\ 0 & 0 & 0 & -2 & -1 & 2 \\ 0 & 0 & 0 & 4 & 1 & -3 \\ 0 & 0 & 0 & 1 & 1 & -1 \end{pmatrix}$$

因此

$$\boldsymbol{A}^{-1} = \begin{pmatrix} -2 & -1 & 2 \\ 4 & 1 & -3 \\ 1 & 1 & -1 \end{pmatrix}$$

① 同51页的足注.

第3章 n 维向量空间中的线性算子

矩阵是研究 n 维向量空间中线性算子的基本分析工具.对于这些运算的研究,本章给出了把所有矩阵分类的可能性,且得出所有同类矩阵的重要性质.

在本章中将叙述 n 维空间中线性算子的最简单性质. n 维空间中线性算子的进一步研究将在第 7 章与第 9 章中继续予以讨论.

§1 向量空间

1. 假设已经给定任意元素 $\boldsymbol{x},\boldsymbol{y},\boldsymbol{z},\cdots$ 的某一个集合 R,且在它里面确定了两个运算:"加法"运算与"对域 K 中的数的乘法"运算[①].我们假设这些运算对于 R 中任意元素 $\boldsymbol{x},\boldsymbol{y},\boldsymbol{z}$ 与 K 中任意元素 α,β,都可以在 R 中唯一地施行,且有:

1° $\boldsymbol{x}+\boldsymbol{y}=\boldsymbol{y}+\boldsymbol{x}$.

2° $(\boldsymbol{x}+\boldsymbol{y})+\boldsymbol{z}=\boldsymbol{x}+(\boldsymbol{y}+\boldsymbol{z})$.

3° R 中有这样的元素 $\mathbf{0}$ 存在,使数 0 与 R 中任何元素 $\boldsymbol{x}$ 的乘积都等于元素 $\mathbf{0}$,即

$$0\cdot\boldsymbol{x}=\mathbf{0}$$

4° $1\cdot\boldsymbol{x}=\boldsymbol{x}$.

5° $\alpha(\beta\boldsymbol{x})=(\alpha\beta)\boldsymbol{x}$.

6° $(\alpha+\beta)\boldsymbol{x}=\alpha\boldsymbol{x}+\beta\boldsymbol{x}$.

7° $\alpha(\boldsymbol{x}+\boldsymbol{y})=\alpha\boldsymbol{x}+\alpha\boldsymbol{y}$.

① 这些运算将用通常的符号"+"与"·"来标出,而后一个符号常常省去.

定义 1 元素的集合 R,在它里面常可唯一地施行两个运算:元素的"加法"与"R 中元素对 K 中数的乘法",而且这两个运算适合性质 $1^\circ \sim 7^\circ$ 时,我们称之为(域 K 上)向量空间,而称其元素为向量①.

定义 2 如果在 K 中有这样的数 $\alpha,\beta,\cdots,\delta$ 存在,不全等于零,使得

$$\alpha\boldsymbol{x}+\beta\boldsymbol{y}+\cdots+\delta\boldsymbol{u}=\boldsymbol{0} \tag{1}$$

那么,R 中向量 $\boldsymbol{x},\boldsymbol{y},\cdots,\boldsymbol{u}$ 称为线性相关.

如果没有这样的线性相关性存在,那么向量 $\boldsymbol{x},\boldsymbol{y},\cdots,\boldsymbol{u}$ 称为线性无关.

如果向量 $\boldsymbol{x},\boldsymbol{y},\cdots,\boldsymbol{u}$ 线性相关,那么在它们里面至少有一个可以表示为系数在域 K 中的其余诸向量的线性组合.例如,如果在(1)中 $\alpha\neq 0$,那么

$$\boldsymbol{x}=-\frac{\beta}{\alpha}\boldsymbol{y}-\cdots-\frac{\delta}{\alpha}\boldsymbol{u}$$

定义 3 如果在 R 中有 n 个线性无关的向量存在,同时 R 中任何 $n+1$ 个向量都是线性相关的,那么空间 R 称为有限维空间,而数 n 为这个空间的维数.如果在空间中可以找出任意多个向量线性无关,那么称这个空间为无限维空间.

在本书中,主要研究有限维空间.

定义 4 在 n 维空间中,给定了有一定次序的线性无关向量组 $\boldsymbol{e}_1,\boldsymbol{e}_2,\cdots,\boldsymbol{e}_n$,称为这个空间的基底.

2. 例 1 平常的向量集合(有向的几何线段)是一个三维向量空间.这个空间中所有与某一个平面平行的向量构成一个二维空间,而与某一条直线平行的全部向量构成一个一维向量空间.

例 2 称域 K 中 n 个数的列 $\boldsymbol{x}=(x_1,x_2,\cdots,x_n)$ 为向量(n 为一个固定的数),以单列矩阵的运算为其基本运算

$$(x_1,x_2,\cdots,x_n)+(y_1,y_2,\cdots,y_n)=(x_1+y_1,x_2+y_2,\cdots,x_n+y_n)$$

$$\alpha(x_1,x_2,\cdots,x_n)=(\alpha x_1,\alpha x_2,\cdots,\alpha x_n)$$

列 $(0,0,\cdots,0)$ 为其零元素,容易验证,所有的性质 $1^\circ \sim 7^\circ$ 都能适合,这些向量构成一个 n 维空间.作为这个空间的基底,例如,可以取 n 阶单位矩阵的诸列

$$(1,0,\cdots,0),(0,1,\cdots,0),\cdots,(0,0,\cdots,1)$$

在这个例子中所讨论的空间,常称为 n 维数序空间.

例 3 无限序列 $(x_1,x_2,\cdots,x_n,\cdots)$ 的集合,其中很自然地定出运算

$$(x_1,x_2,\cdots,x_n,\cdots)+(y_1,y_2,\cdots,y_n,\cdots)=(x_1+y_1,x_2+y_2,\cdots,x_n+y_n,\cdots)$$

$$\alpha(x_1,x_2,\cdots,x_n,\cdots)=(\alpha x_1,\alpha x_2,\cdots,\alpha x_n,\cdots)$$

---

① 不难看出,由性质 $1^\circ \sim 7^\circ$ 可以得出所有平常数的相加与相乘的性质.例如,对于 R 中的元素 $\boldsymbol{x}$:$\boldsymbol{x}+\boldsymbol{0}=\boldsymbol{x}[\boldsymbol{x}+\boldsymbol{0}=1\cdot\boldsymbol{x}+0\cdot\boldsymbol{x}=(1+0)\boldsymbol{x}=1\cdot\boldsymbol{x}=\boldsymbol{x}]$,$\boldsymbol{x}+(-\boldsymbol{x})=\boldsymbol{0}$,其中 $-\boldsymbol{x}=(-1)\cdot\boldsymbol{x}$,诸如此类.

表示一个无限维空间.

例 4 系数在域 K 中,次数小于 n 的多项式 $\alpha_0+\alpha_1 t+\cdots+\alpha_{n-1}t^{n-1}$ 的集合可以表示为一个 n 维向量空间①. 作为这个空间的基底,例如,可以取幂序列 t^0, $t^1, t^2, \cdots, t^{n-1}$.

所有的多项式(不加次数的限制)构成一个无限维空间.

例 5 所有定义在闭区间$[a,b]$上的函数构成一个无限维空间.

3. 设向量 $\boldsymbol{e}_1, \boldsymbol{e}_2, \cdots, \boldsymbol{e}_n$ 构成 n 维向量空间 R 的基底,而 $\boldsymbol{x}$ 为这个空间的任一向量,那么向量 $\boldsymbol{x}, \boldsymbol{e}_1, \boldsymbol{e}_2, \cdots, \boldsymbol{e}_n$ 是线性相关的(因为它的个数等于 $n+1$)

$$\alpha_0\boldsymbol{x}+\alpha_1\boldsymbol{e}_1+\alpha_2\boldsymbol{e}_2+\cdots+\alpha_n\boldsymbol{e}_n=\boldsymbol{0}$$

且在数 $\alpha_0, \alpha_1, \cdots, \alpha_n$ 中至少有一个不等于零. 但由向量 $\boldsymbol{e}_1, \boldsymbol{e}_2, \cdots, \boldsymbol{e}_n$ 的线性无关性,此时必须有 $\alpha_0 \neq 0$. 因此

$$\boldsymbol{x}=x_1\boldsymbol{e}_1+x_2\boldsymbol{e}_2+\cdots+x_n\boldsymbol{e}_n \tag{2}$$

其中 $x_i=-\dfrac{\alpha_i}{\alpha_0}(i=1,2,\cdots,n)$.

注意,数 $x_1, x_2, \cdots, x_n$ 是由所给向量 $\boldsymbol{x}$ 与基底 $\boldsymbol{e}_1, \boldsymbol{e}_2, \cdots, \boldsymbol{e}_n$ 唯一确定的. 事实上,如果同(2)并列的对于向量 $\boldsymbol{x}$ 有另一种表示式

$$\boldsymbol{x}=x'_1\boldsymbol{e}_1+x'_2\boldsymbol{e}_2+\cdots+x'_n\boldsymbol{e}_n \tag{2'}$$

那么,从(2′)减去(2),我们得出

$$(x'_1-x_1)\boldsymbol{e}_1+(x'_2-x_2)\boldsymbol{e}_2+\cdots+(x'_n-x_n)\boldsymbol{e}_n=\boldsymbol{0}$$

故由基底向量的线性无关性推知

$$x'_1-x_1=x'_2-x_2=\cdots=x'_n-x_n=0$$

亦即

$$x'_1=x_1, x'_2=x_2, \cdots, x'_n=x_n \tag{3}$$

数 $x_1, x_2, \cdots, x_n$ 称为在基底 $\boldsymbol{e}_1, \boldsymbol{e}_2, \cdots, \boldsymbol{e}_n$ 中向量 $\boldsymbol{x}$ 的坐标.

如果

$$\boldsymbol{x}=\sum_{i=1}^{n}x_i\boldsymbol{e}_i, \boldsymbol{y}=\sum_{i=1}^{n}y_i\boldsymbol{e}_i$$

那么

$$\boldsymbol{x}+\boldsymbol{y}=\sum_{i=1}^{n}(x_i+y_i)\boldsymbol{e}_i, \alpha\boldsymbol{x}=\sum_{i=1}^{n}\alpha x_i\boldsymbol{e}_i$$

亦即向量和的坐标可由诸向量的对应坐标的相加来得出,在一个向量乘以数 α 时,所有的坐标都要乘上这个数.

4. 设向量

$$\boldsymbol{x}_k=\sum_{i=1}^{n}x_{ik}\boldsymbol{e}_i \quad (k=1,2,\cdots,n)$$

---

① 可以取通常的多项式加法与多项式对数的乘法作为它的基本运算.

线性相关,亦即

$$\sum_{k=1}^{m} c_k \boldsymbol{x}_k = \boldsymbol{0} \tag{4}$$

且在数 $c_1, c_2, \cdots, c_m$ 中至少有一个不等于零.

如果一个向量等于零,那么它的坐标全等于零. 故向量等式(4) 相当于以下标量等式组

$$\begin{cases} c_1 x_{11} + c_2 x_{12} + \cdots + c_m x_{1m} = 0 \\ c_1 x_{21} + c_2 x_{22} + \cdots + c_m x_{2m} = 0 \\ \qquad\qquad \vdots \\ c_1 x_{n1} + c_2 x_{n2} + \cdots + c_m x_{nm} = 0 \end{cases} \tag{4'}$$

已知这个关于 $c_1, c_2, \cdots, c_m$ 的齐次线性方程组有非零解的充分必要条件,是它的系数矩阵的秩小于未知量的个数,亦即小于 m. 因此,它的秩等于数 m 是向量 $\boldsymbol{x}_1, \boldsymbol{x}_2, \cdots, \boldsymbol{x}_m$ 线性无关的充分必要条件. 这样一来,就有以下定理.

定理 1 使向量 $\boldsymbol{x}_1, \boldsymbol{x}_2, \cdots, \boldsymbol{x}_m$ 线性无关的充分必要条件,是在任何基底中由这些向量的坐标所组成的矩阵

$$\boldsymbol{X} = \begin{pmatrix} x_{11} & x_{12} & \cdots & x_{1m} \\ x_{21} & x_{22} & \cdots & x_{2m} \\ \vdots & \vdots & & \vdots \\ x_{n1} & x_{n2} & \cdots & x_{nm} \end{pmatrix}$$

的秩等于 m,亦即等于向量的个数.

注 向量 $\boldsymbol{x}_1, \boldsymbol{x}_2, \cdots, \boldsymbol{x}_m$ 的线性无关性说明了矩阵 $\boldsymbol{X}$ 中诸列的线性无关性,因为位于第 k 列的是向量 $\boldsymbol{x}_k (k=1,2,\cdots,m)$ 的坐标. 因此根据定理,如果在长方矩阵中诸列线性无关,那么这个矩阵的秩等于它的列的个数. 故知在任一长方矩阵中,线性无关列的最大的数目等于这个矩阵的秩. 再者,如果我们对矩阵进行转置,亦即以行为列、以列为行,那么显然此时矩阵的秩并无改变. 因此,在长方矩阵中,线性无关列的列数,永远等于线性无关行的行数,亦等于这个矩阵的秩[①].

5. 如果在 n 维空间中已经取定基底 $\boldsymbol{e}_1, \boldsymbol{e}_2, \cdots, \boldsymbol{e}_n$,那么每个向量 $\boldsymbol{x}$ 都唯一地对应于列 $\boldsymbol{x} = (x_1, x_2, \cdots, x_n)$,其中 $x_1, x_2, \cdots, x_n$ 为向量 $\boldsymbol{x}$ 在这个给定基底中的坐标. 这样一来,给定的基底就在任何一个 n 维向量空间 R 中的向量与例 2 中所说的 n 维数序空间 R' 中的向量之间构成了一个一一对应关系. 而且 R 中向量的和对应于在 R' 中的向量的和. 对于向量与域 K 中的数 α 的乘积亦有类似的情

---

① 这个论断是从定理 1 得出的,我们用到齐次线性方程组的已知性质(只有在系数矩阵的秩小于未知量的个数时有非零解存在). 我们亦可不用这个性质来证明定理 1(参考 §5).

形. 换句话说,任何 n 维向量空间都与 n 维数序空间同构,因此,所有在同一个数域 K 上的维数为 n 的向量空间都是彼此同构的. 这就说明了,如果把同构的空间当作一个来看待,那么对于给定的数域只有一个 n 维向量空间存在.

可能发生这样的问题,如果把同构的空间当作一个来看待,那么“抽象的”n 维空间就与 n 维数序空间重合. 为什么又引进“抽象的”n 维空间? 事实上,我们可以把向量定义为一定次序的 n 个数所成的组,且如例 2 一样建立对应这些向量的运算关系. 但此时会把与基底的选取无关的向量性质同对于特殊基底所发生的情况混在一起. 例如,向量的坐标全等于零是这个向量的性质,它与基底的选取无关. 向量的所有坐标彼此相等不是这个向量的性质,因为变动基底后,这个性质就会消失. 向量空间的公理、定义直接推出与基底的选取无关的向量性质.

6. 如果向量的某一集合 R' 是 R 的一部分,具有以下性质:R' 中任意两个向量之和与 R' 中任意一个向量与数 $\alpha \in K$ 的乘积恒属于 R',那么这样的簇 R' 本身是某一向量空间,即 R 中的子空间.

如果给出 R 中两个子空间 R' 与 R'',且已知:

1° R' 与 R'' 没有零以外的公共向量.

2° R 中任一向量 $\boldsymbol{X}$ 可以表示和的形式

$$\boldsymbol{X} = \boldsymbol{X}' + \boldsymbol{X}'' \quad (\boldsymbol{X}' \in R', \boldsymbol{X}'' \in R'') \tag{5}$$

那么我们就说空间 R 可分为两个子空间 R' 与 R'',写作

$$R = R' + R'' \tag{6}$$

注意,条件 1° 表示了式(5) 的唯一性. 事实上,如果某一向量 $\boldsymbol{X}$ 有用 R' 与 R'' 中的项和的形式表示的两个不同的式子,即式(5) 与式

$$\boldsymbol{X} = \widetilde{\boldsymbol{X}}' + \widetilde{\boldsymbol{X}}'' \quad (\widetilde{\boldsymbol{X}}' \in R', \widetilde{\boldsymbol{X}}'' \in R'') \tag{7}$$

那么从式(5) 逐项减去式(7),得出

$$\boldsymbol{X}' - \widetilde{\boldsymbol{X}}' = \widetilde{\boldsymbol{X}}'' - \boldsymbol{X}''$$

即非零向量 $\boldsymbol{X}' - \widetilde{\boldsymbol{X}}' \in R'$ 与 $\widetilde{\boldsymbol{X}}'' - \boldsymbol{X}'' \in R''$ 之间的等式,由 1° 知这是不可能的.

分解定义可以这样直接地推广到子空间的任意项数.

令

$$R = R' + R''$$

而 $\boldsymbol{e}_1', \boldsymbol{e}_2', \cdots, \boldsymbol{e}_{n'}'$ 与 $\boldsymbol{e}_1'', \boldsymbol{e}_2'', \cdots, \boldsymbol{e}_{n''}''$ 分别是 R' 与 R'' 中的基底. 那么读者不难证明,所有这 $n' + n''$ 个向量线性无关,构成 R 中一组基底,即由子空间各项的基底组成整个空间的基底. 特别由此推出 $n = n' + n''$.

例 6 在三维空间中给出三个不平行于同一平面的方向. 因为空间中任一向量可以按这三个方向分解为分量,并且是唯一的,所以

$$R = R' + R'' + R'''$$

其中 R 是我们这一空间所有向量的集合,R' 是平行于第一方向的所有向量的集合,R'' 是平行于第二方向的所有向量的集合,R''' 是平行于第三方向的所有向量的集合. 在这种情形下,$n=3,n'=n''=n'''=1$.

例 7　在三维空间中给出一个平面与同它相交的一条直线,那么

$$R=R'+R''$$

其中 R 是我们这一空间的所有向量的集合,R' 是平行于已知平面的所有向量的集合,R'' 是平行于已知直线的所有向量的集合. 在本例中 $n=3,n'=2,n''=1$.

给出空间 R 中的基底在实际上表示把整个空间 R 分成 n 个一维子空间的一种分解.

§2　将 n 维空间映入 m 维空间的线性算子

1. 讨论线性变换

$$\begin{cases} y_1=a_{11}x_1+a_{12}x_2+\cdots+a_{1n}x_n \\ y_2=a_{21}x_1+a_{22}x_2+\cdots+a_{2n}x_n \\ \quad\vdots \\ y_m=a_{m1}x_1+a_{m2}x_2+\cdots+a_{mn}x_n \end{cases} \tag{8}$$

其系数在域 K 中,同时讨论此域上的两个向量空间:n 维空间 R 与 m 维空间 S. 我们在 R 中选取某一组基底 $\boldsymbol{e}_1,\boldsymbol{e}_2,\cdots,\boldsymbol{e}_n$ 且在 S 中选取某一组基底 $\boldsymbol{g}_1,\boldsymbol{g}_2,\cdots,\boldsymbol{g}_m$. 那么变换(8) 将 R 中每一个向量 $\boldsymbol{x}=\sum_{i=1}^{n}x_i\boldsymbol{e}_i$ 变为 S 中某一个向量 $\boldsymbol{y}=\sum_{k=1}^{n}y_k\boldsymbol{g}_k$,亦即变换(8) 确定了一个算子 A,将向量 $\boldsymbol{x}$ 变为向量 $\boldsymbol{y}$:$\boldsymbol{y}=A\boldsymbol{x}$. 不难看出,这个算子 A 有线性的性质,我们将其叙述为:

定义 5　将 R 映入 S 中的算子 A,亦即将 R 中每一个向量 $\boldsymbol{x}$ 变为 S 中某一个向量 $\boldsymbol{y}=A\boldsymbol{x}$ 的算子,称为线性的,如果对于 R 中任意向量 $\boldsymbol{x},\boldsymbol{x}_1$ 与 K 中任一数 α,都有

$$A(\boldsymbol{x}+\boldsymbol{x}_1)=A\boldsymbol{x}+A\boldsymbol{x}_1,A(\alpha\boldsymbol{x})=\alpha A\boldsymbol{x} \tag{9}$$

这样一来,对于 R 与 S 中已给的基底,变换(8) 确定一个线性算子,R 映入 S 中.

现在我们来证明逆命题,即对于任何将 R 映入 S 中的线性算子 A 与 R 中任意一组基底 $\boldsymbol{e}_1,\boldsymbol{e}_2,\cdots,\boldsymbol{e}_n$,$S$ 中任意一组基底 $\boldsymbol{g}_1,\boldsymbol{g}_2,\cdots,\boldsymbol{g}_m$,都有元素在域 K 中的这样的长方矩阵

$$\begin{pmatrix} a_{11} & a_{12} & \cdots & a_{1n} \\ a_{21} & a_{22} & \cdots & a_{2n} \\ \vdots & \vdots & & \vdots \\ a_{m1} & a_{m2} & \cdots & a_{mn} \end{pmatrix} \tag{10}$$

存在,利用这一矩阵的线性变换(8)把变换后的向量 $\boldsymbol{y}=A\boldsymbol{x}$ 的坐标用向量 $\boldsymbol{x}$ 的坐标表示.

事实上,应用算子 A 于基底的向量 $\boldsymbol{e}_k$ 来得出在基底 $\boldsymbol{g}_1,\boldsymbol{g}_2,\cdots,\boldsymbol{g}_m$ 中向量 $A\boldsymbol{e}_k$ 的坐标且记为 $a_{1k},a_{2k},\cdots,a_{mk}$

$$A\boldsymbol{e}_k=\sum_{i=1}^{m}a_{ik}\boldsymbol{g}_i \quad (k=1,2,\cdots,n) \tag{11}$$

以 x_k 同乘等式(11)的两边后对 k 从 1 至 n 将其全部加起,我们得出

$$\sum_{k=1}^{n}x_kA\boldsymbol{e}_k=\sum_{i=1}^{m}\Big(\sum_{k=1}^{n}a_{ik}x_k\Big)\boldsymbol{g}_i$$

故

$$\boldsymbol{y}=A\boldsymbol{x}=A\Big(\sum_{k=1}^{n}x_k\boldsymbol{e}_k\Big)=\sum_{k=1}^{n}x_kA\boldsymbol{e}_k=\sum_{i=1}^{m}y_i\boldsymbol{g}_i$$

其中

$$y_i=\sum_{k=1}^{n}a_{ik}x_k \quad (i=1,2,\cdots,m)$$

这就是所要证明的结果.

这样一来,对于 R 与 S 中已给的基底,每一个将 R 映入 S 中的线性算子 A 对应于一个维数为 $m\times n$ 的长方矩阵(10),反之,每一个这样的矩阵对应于某一个将 R 映入 S 中的线性算子.

此时在对应于算子 A 的矩阵 $\boldsymbol{A}$ 中,其第 k 列是向量 $A\boldsymbol{e}_k(k=1,2,\cdots,n)$ 的坐标所顺次组成的.

以 $\boldsymbol{x}=(x_1,x_2,\cdots,x_n)$ 与 $\boldsymbol{y}=(y_1,y_2,\cdots,y_m)$ 记向量 $\boldsymbol{x}$ 与 $\boldsymbol{y}$ 的坐标列,那么向量等式

$$\boldsymbol{y}=A\boldsymbol{x}$$

对应于矩阵等式

$$\boldsymbol{y}=\boldsymbol{A}\boldsymbol{x}$$

这就是变换(8)的矩阵写法.

例 8 讨论所有的系数在数域 K 中,次数小于或等于 $n-1$ 的 t 的多项式集合. 这个集合可以表示 n 维向量空间 R_n(参考本章 §1 的 1 中的例 4). 同样地,系数在域 K 中,次数小于或等于 $n-2$ 的 t 的全部多项式构成空间 R_{n-1}. 微分算子 $\frac{\mathrm{d}}{\mathrm{d}t}$ 将 R_n 中每一个多项式变为 R_{n-1} 中某一个多项式. 这样一来,这个算子映象 R_n 于 R_{n-1} 中. 微分算子是一个线性算子,因为

$$\frac{\mathrm{d}}{\mathrm{d}t}[\varphi(t)+\psi(t)]=\frac{\mathrm{d}\varphi(t)}{\mathrm{d}t}+\frac{\mathrm{d}\psi(t)}{\mathrm{d}t},\frac{\mathrm{d}}{\mathrm{d}t}[\alpha\varphi(t)]=\alpha\frac{\mathrm{d}\varphi(t)}{\mathrm{d}t}$$

在空间 R_n 与 R_{n-1} 中,选取 t 的幂分别为基底

$$t^0=1,t,\cdots,t^{n-1} \quad 与 \quad t^0=1,t,\cdots,t^{n-2}$$

应用公式(11),组成在这些基底中对应于微分算子的$(n-1)\times n$维长方矩阵

$$\begin{pmatrix} 0 & 1 & 0 & \cdots & 0 \\ 0 & 0 & 2 & \cdots & 0 \\ \vdots & \vdots & \vdots & & \vdots \\ 0 & 0 & 0 & \cdots & n-1 \end{pmatrix}$$

§3 线性算子的加法与乘法

1. 设给定将R映入S中的两个线性算子A与B,且设其各对应于矩阵

$$\boldsymbol{A}=(a_{ik}),\boldsymbol{B}=(b_{ik}) \quad (i=1,2,\cdots,m;k=1,2,\cdots,n)$$

定义 6 算子A与B的和是指由以下等式所确定的算子C

$$C\boldsymbol{x}=A\boldsymbol{x}+B\boldsymbol{x} \quad (\boldsymbol{x}\in R)^{①} \tag{12}$$

基于这个定义,容易验证,线性算子A与B的和$C=A+B$亦是一个线性算子.

再者,$C\boldsymbol{e}_k=A\boldsymbol{e}_k+B\boldsymbol{e}_k=\sum\limits_{k=1}^{n}(a_{ik}+b_{ik})\boldsymbol{e}_k$.

故知运算子C对应于矩阵$\boldsymbol{C}=(c_{ik})$,其中$c_{ik}=a_{ik}+b_{ik}(i=1,2,\cdots,m;k=1,2,\cdots,n)$,亦即算子$C$对应于矩阵

$$\boldsymbol{C}=\boldsymbol{A}+\boldsymbol{B} \tag{13}$$

从对应于向量等式(12)的矩阵等式

$$\boldsymbol{Cx}=\boldsymbol{Ax}+\boldsymbol{Bx} \tag{14}$$

可以得出同样的结果.因为$\boldsymbol{x}$是任意的列,所以由(14)可以推得(13).

2. 设给定三个向量空间R,S与T,各有维数q,n与m,且给定两个线性算子A与B,其中B将R映入S中,而A将S映入T中,用符号的写法为

$$T\xleftarrow{A}S\xleftarrow{B}R$$

定义 7 算子A与B的乘积是指这样的算子C,对应R中任意$\boldsymbol{x}$都有

$$C\boldsymbol{x}=A(B\boldsymbol{x}) \quad (\boldsymbol{x}\in R) \tag{15}$$

算子C将R映入T中

$$T\xrightarrow{C=AB}R$$

由算子A与B的线性性质可推得算子C的线性性质.在空间R,S,T中选取任意基底,且以$\boldsymbol{A},\boldsymbol{B},\boldsymbol{C}$记算子$A,B,C$在所选定的基底中的矩阵,那么向量

① $\boldsymbol{x}\in R$的意义是说元素$\boldsymbol{x}$属于集合R.我们假设等式(12)对于R中任意$\boldsymbol{x}$都成立.

等式

$$z = Ay, y = Bx, z = Cx \tag{16}$$

对应于矩阵等式

$$\boldsymbol{z} = \boldsymbol{A}\boldsymbol{y}, \boldsymbol{y} = \boldsymbol{B}\boldsymbol{x}, \boldsymbol{z} = \boldsymbol{C}\boldsymbol{x}$$

故得

$$\boldsymbol{C}\boldsymbol{x} = \boldsymbol{A}(\boldsymbol{B}\boldsymbol{x}) = (\boldsymbol{A}\boldsymbol{B})\boldsymbol{x}$$

再由列 $\boldsymbol{x}$ 的任意性,知有

$$\boldsymbol{C} = \boldsymbol{A}\boldsymbol{B} \tag{17}$$

这样一来,算子 A 与 B 的乘积 $C = AB$ 对应于矩阵 $\boldsymbol{C} = (c_{ij})$ $(i = 1, 2, \cdots, m; j = 1, 2, \cdots, q)$,它等于矩阵 $\boldsymbol{A}$ 与 $\boldsymbol{B}$ 的乘积.

读者可以自己去证明,算子

$$C = \alpha A \quad (\alpha \in K)^{①}$$

对应于矩阵

$$\boldsymbol{C} = \alpha \boldsymbol{A}$$

这样一来,我们看到在第 1 章中所说的矩阵的运算可以定义为线性算子的和 $A + B$,积 AB 与 αA 所对应的矩阵为 $\boldsymbol{A} + \boldsymbol{B}$,$\boldsymbol{A}\boldsymbol{B}$ 与 $\alpha\boldsymbol{A}$,其中 $\boldsymbol{A}$ 与 $\boldsymbol{B}$ 为对应于算子 A 与 B 的矩阵,而 α 为 K 中的数.

§4　坐标的变换

讨论在 n 维向量空间中的两组基底:$\boldsymbol{e}_1, \boldsymbol{e}_2, \cdots, \boldsymbol{e}_n$(“旧”基底)与 $\boldsymbol{e}_1^*, \boldsymbol{e}_2^*, \cdots, \boldsymbol{e}_n^*$(“新”基底).

如果给定了其中一组基底的向量关于另一组基底的坐标,那么基底中向量的相互关系就完全确定.

我们假设

$$\begin{cases} \boldsymbol{e}_1^* = t_{11}\boldsymbol{e}_1 + t_{21}\boldsymbol{e}_2 + \cdots + t_{n1}\boldsymbol{e}_n \\ \boldsymbol{e}_2^* = t_{12}\boldsymbol{e}_1 + t_{22}\boldsymbol{e}_2 + \cdots + t_{n2}\boldsymbol{e}_n \\ \qquad \vdots \\ \boldsymbol{e}_n^* = t_{1n}\boldsymbol{e}_1 + t_{2n}\boldsymbol{e}_2 + \cdots + t_{nn}\boldsymbol{e}_n \end{cases} \tag{18}$$

或者缩写为

$$\boldsymbol{e}_k^* = \sum_{i=1}^{n} t_{ik}\boldsymbol{e}_i \quad (k = 1, 2, \cdots, n) \tag{18'}$$

找出同一向量在不同基底中的坐标间的关系.

设 $x_1, x_2, \cdots, x_n$ 与 $x_1^*, x_2^*, \cdots, x_n^*$ 为向量 $\boldsymbol{x}$ 各在“旧”基底与“新”基底中

① 这就是说对于这个算子有 $C\boldsymbol{x} = \alpha A\boldsymbol{x}$ $(\boldsymbol{x} \in R)$.

的坐标

$$\boldsymbol{x}=\sum_{i=1}^{n}x_i\boldsymbol{e}_i=\sum_{k=1}^{n}x_k^*\boldsymbol{e}_k^* \tag{19}$$

以式(18)中向量 $\boldsymbol{e}_k^*$ 的表示式代入式(19)中,我们得出

$$\boldsymbol{x}=\sum_{k=1}^{n}x_k^*\sum_{i=1}^{n}t_{ik}\boldsymbol{e}_i=\sum_{i=1}^{n}\Big(\sum_{k=1}^{n}t_{ik}x_k^*\Big)\boldsymbol{e}_i$$

比较这个等式与式(19)且注意向量的坐标为所给向量与所在基底所唯一确定的,我们得出

$$x_i=\sum_{k=1}^{n}t_{ik}x_k^* \quad (i=1,2,\cdots,k) \tag{20}$$

或者详细地写为

$$\begin{cases}x_1=t_{11}x_1^*+t_{12}x_2^*+\cdots+t_{1n}x_n^*\\ x_2=t_{21}x_1^*+t_{22}x_2^*+\cdots+t_{2n}x_n^*\\ \qquad\vdots\\ x_n=t_{n1}x_1^*+t_{n2}x_2^*+\cdots+t_{nn}x_n^*\end{cases} \tag{21}$$

式(21)确定了从某一组基底变到另一组基底时向量坐标间的变换. 它们把“旧”坐标用“新”坐标来表示. 矩阵

$$\boldsymbol{T}=(t_{ik})_1^n \tag{22}$$

称为坐标的变换矩阵或演化矩阵. 在它里面的第 k 列是由“新”基底中第 k 个向量在“旧”基底中的坐标所组成的. 这可以从式(18)来看出或者直接在式(21)中取 $x_k^*=1$,而当 $i\neq k$ 时取 $x_i^*=0$ 来得出.

注意,矩阵 $\boldsymbol{T}$ 是满秩的,亦即

$$|\boldsymbol{T}|\neq 0 \tag{23}$$

事实上,在(21)中取 $x_1=x_2=\cdots=x_n=0$,我们得出行列式为 $|\boldsymbol{T}|$ 的 n 个未知量 $x_1^*,x_2^*,\cdots,x_n^*$ 的 n 个齐次方程的线性方程组. 这个方程组只有零解 $x_1^*=0,x_2^*=0,\cdots,x_n^*=0$,因为由(19)将得出向量 $\boldsymbol{e}_1^*,\boldsymbol{e}_2^*,\cdots,\boldsymbol{e}_n^*$ 间的线性相关性,所以有 $|\boldsymbol{T}|\neq 0$[①].

引进单列矩阵 $\boldsymbol{x}=(x_1,x_2,\cdots,x_n)$ 与 $\boldsymbol{x}^*=(x_1^*,x_2^*,\cdots,x_n^*)$ 的讨论,那么坐标的变换公式(21)可以写为以下矩阵等式

$$\boldsymbol{x}=\boldsymbol{T}\boldsymbol{x}^* \tag{24}$$

再将这个等式的两边乘以 $\boldsymbol{T}^{-1}$,我们得出逆变换的表示式

$$\boldsymbol{x}^*=\boldsymbol{T}^{-1}\boldsymbol{x} \tag{25}$$

---

① 不等式(23)亦可从定理1(本章 §1,4)推出,因为矩阵 $\boldsymbol{T}$ 的元素是线性无关向量组 $\boldsymbol{e}_1^*,\boldsymbol{e}_2^*,\cdots,\boldsymbol{e}_n^*$ 的“旧”坐标.

§5　等价矩阵，算子的秩，西尔维斯特不等式

1. 假设给定数域 K 上维数各为 n 与 m 的两个向量空间 R 与 S，和将 R 映入 S 中的线性算子 A. 在本节中，我们来说明，当 R 与 S 中的基底变更后，对应于所给线性算子 A 的矩阵是怎样变动的.

在 R 与 S 中各取基底 $\boldsymbol{e}_1,\boldsymbol{e}_2,\cdots,\boldsymbol{e}_n$ 与 $\boldsymbol{g}_1,\boldsymbol{g}_2,\cdots,\boldsymbol{g}_m$. 在这些基底中，设算子 A 对应于矩阵 $\boldsymbol{A}=(a_{ik})(i=1,2,\cdots,m;k=1,2,\cdots,n)$. 向量等式

$$\boldsymbol{y}=A\boldsymbol{x} \tag{26}$$

对应于矩阵等式

$$\boldsymbol{y}=\boldsymbol{A}\boldsymbol{x} \tag{27}$$

其中 $\boldsymbol{x}$ 与 $\boldsymbol{y}$ 为向量 $\boldsymbol{x}$ 与 $\boldsymbol{y}$ 各在基底 $\boldsymbol{e}_1,\boldsymbol{e}_2,\cdots,\boldsymbol{e}_n$ 与 $\boldsymbol{g}_1,\boldsymbol{g}_2,\cdots,\boldsymbol{g}_m$ 中的坐标列.

现在在 R 与 S 中取另外的基底 $\boldsymbol{e}_1^*,\boldsymbol{e}_2^*,\cdots,\boldsymbol{e}_n^*$ 与 $\boldsymbol{g}_1^*,\boldsymbol{g}_2^*,\cdots,\boldsymbol{g}_m^*$. 在新基底中，$\boldsymbol{x},\boldsymbol{y},\boldsymbol{A}$ 各替换为 $\boldsymbol{x}^*,\boldsymbol{y}^*,\boldsymbol{A}^*$. 此处

$$\boldsymbol{y}^*=\boldsymbol{A}^*\boldsymbol{x}^* \tag{28}$$

以 $\boldsymbol{Q}$ 与 $\boldsymbol{N}$ 各记阶数为 n 与 m 的满秩方阵，它们为空间 R 与 S 中当旧基底变换为新基底时坐标的变换矩阵(参考 §4)

$$\boldsymbol{x}=\boldsymbol{Q}\boldsymbol{x}^*,\boldsymbol{y}=\boldsymbol{N}\boldsymbol{y}^* \tag{29}$$

那么从(27)与(29)，我们得出

$$\boldsymbol{y}^*=\boldsymbol{N}^{-1}\boldsymbol{y}=\boldsymbol{N}^{-1}\boldsymbol{A}\boldsymbol{x}=\boldsymbol{N}^{-1}\boldsymbol{A}\boldsymbol{Q}\boldsymbol{x}^* \tag{30}$$

设 $\boldsymbol{P}=\boldsymbol{N}^{-1}$，由(28)与(30)得出

$$\boldsymbol{A}^*=\boldsymbol{P}\boldsymbol{A}\boldsymbol{Q} \tag{31}$$

定义 8　两个维数相同的长方矩阵 $\boldsymbol{A}$ 与 $\boldsymbol{B}$ 称为等价的，如果有两个满秩方阵 $\boldsymbol{P}$ 与 $\boldsymbol{Q}$ 存在，[①]使得

$$\boldsymbol{B}=\boldsymbol{P}\boldsymbol{A}\boldsymbol{Q} \tag{32}$$

由(31)得知，在 R 与 S 中选取不同的基底时，对应于同一线性算子 A 的两个矩阵是永远彼此等价的. 不难看出，相反地，如果在 R 与 S 中对于某一基底来说矩阵 $\boldsymbol{A}$ 对应于算子 A，而矩阵 $\boldsymbol{B}$ 与矩阵 $\boldsymbol{A}$ 等价，那么在 R 与 S 中一定可以对于某一个另外的基底来说，$\boldsymbol{B}$ 是对应于同一算子 A 的.

这样一来，每一个将 R 映入 S 中的线性算子，对应于元素在域 K 中的由彼此等价的矩阵所组成的矩阵类.

2. 以下定理给出两个矩阵的等价性的判定：

---

① 如果矩阵 $\boldsymbol{A}$ 与 $\boldsymbol{B}$ 有维数 $m\times n$，那么在(32)中方阵 $\boldsymbol{P}$ 的阶数等于 m，而方阵 $\boldsymbol{Q}$ 的阶数等于 n. 如果等价矩阵 $\boldsymbol{A}$ 与 $\boldsymbol{B}$ 的元素属于某一个数域，那么矩阵 $\boldsymbol{P}$ 与 $\boldsymbol{Q}$ 亦可以这样选取，使得它们的元素都属于同一数域.

定理 2 两个同维数的长方矩阵彼此等价的充分必要条件是这两个矩阵有相同的秩.

证明 条件的必要性. 在长方矩阵(左或右)乘以任一满秩方阵时,长方矩阵的秩不变(参考第 1 章式(34) 下面的结论). 故由(32) 得出

$$r_{\boldsymbol{A}}=r_{\boldsymbol{B}}$$

条件的充分性. 设 $\boldsymbol{A}$ 为一个 $m\times n$ 维的长方矩阵. 它表示一个将空间 R(基底为 $\boldsymbol{e}_1,\boldsymbol{e}_2,\cdots,\boldsymbol{e}_n$ 时) 映入 S(基底为 $\boldsymbol{g}_1,\boldsymbol{g}_2,\cdots,\boldsymbol{g}_m$ 时) 中的线性算子 A. 以 r 记向量 $A\boldsymbol{e}_1,A\boldsymbol{e}_2,\cdots,A\boldsymbol{e}_n$ 中线性无关向量的个数. 不失其普遍性,可以假设向量 $A\boldsymbol{e}_1,A\boldsymbol{e}_2,\cdots,A\boldsymbol{e}_r$ 是线性无关的[①],而其余的向量 $A\boldsymbol{e}_{r+1},\cdots,A\boldsymbol{e}_n$ 可以由它们来线性表示

$$A\boldsymbol{e}_k=\sum_{j=1}^{r}c_{kj}A\boldsymbol{e}_j\quad(k=r+1,2,\cdots,n)\tag{33}$$

在 R 中定义出以下形式的新基底

$$\boldsymbol{e}_i^*=\begin{cases}\boldsymbol{e}_i & (i=1,2,\cdots,r)\\ \boldsymbol{e}_i-\sum\limits_{j=1}^{r}c_{ij}\boldsymbol{e}_j & (i=r+1,2,\cdots,n)\end{cases}\tag{34}$$

那么由(33),得

$$A\boldsymbol{e}_k^*=\boldsymbol{0}\quad(k=r+1,2,\cdots,n)\tag{35}$$

我们假设

$$A\boldsymbol{e}_j^*=\boldsymbol{g}_j^*\quad(j=1,2,\cdots,r)\tag{36}$$

向量 $\boldsymbol{g}_1^*,\boldsymbol{g}_2^*,\cdots,\boldsymbol{g}_r^*$ 线性无关. 补充某些向量 $\boldsymbol{g}_{r+1}^*,\cdots,\boldsymbol{g}_m^*$,使 $\boldsymbol{g}_1^*,\boldsymbol{g}_2^*,\cdots,\boldsymbol{g}_m^*$ 成为 S 的基底.

那么在新基底 $\boldsymbol{e}_1^*,\cdots,\boldsymbol{e}_n^*;\boldsymbol{g}_1^*,\cdots,\boldsymbol{g}_m^*$ 中对应于同一算子 A 的矩阵,由(35) 与(36) 将有以下形式

$$\boldsymbol{I}_r=\begin{pmatrix}1 & \overbrace{0 & \cdots & 0}^{r} & 0 & \cdots & 0\\ 0 & 1 & \cdots & 0 & 0 & \cdots & 0\\ \vdots & \vdots & & \vdots & \vdots & & \vdots\\ 0 & 0 & \cdots & 1 & 0 & \cdots & 0\\ 0 & 0 & \cdots & 0 & 0 & \cdots & 0\\ \vdots & \vdots & & \vdots & \vdots & & \vdots\\ 0 & 0 & \cdots & 0 & 0 & \cdots & 0\end{pmatrix}\tag{37}$$

在矩阵 $\boldsymbol{I}_r$ 中,沿主对角线由上向下有 r 个 1;矩阵 $\boldsymbol{I}_r$ 的其他元素全等于零.

---

① 这可以由调动基底中向量 $\boldsymbol{e}_1,\boldsymbol{e}_2,\cdots,\boldsymbol{e}_n$ 的序数来得出.

因为矩阵 $\mathbf{A}$ 与 $\boldsymbol{I}_r$ 都对应于同一算子 A，所以它们是彼此等价的. 因为已经证明了等价矩阵有相同的秩，所以原矩阵 $\mathbf{A}$ 的秩等于 r.

我们已经证明了任何 r 秩长方矩阵都与"标准"矩阵 $\boldsymbol{I}_r$ 等价. 但矩阵 $\boldsymbol{I}_r$ 完全被维数 $m \times n$ 与数 r 确定. 故所有 $m \times n$ 维的 r 秩长方矩阵都与同一矩阵 $\boldsymbol{I}_r$ 等价，因而彼此等价. 定理即已证明.

3. 假设已经给定了将 n 维空间 R 映入 m 维空间 S 中的线性算子 A. $A\boldsymbol{x}$ 形的向量集合，其中 $\boldsymbol{x} \in R$ 者，构成一个向量空间[①]. 我们以 AR 来记这个空间；它是空间 S 的一部分，或者说它是空间 S 的子空间.

与 S 中子空间 AR 相伴的，我们考虑适合方程

$$A\boldsymbol{x} = \boldsymbol{0} \tag{38}$$

的所有向量 $\boldsymbol{x}(\boldsymbol{x} \in R)$ 的集合，这些向量同样地构成 R 中子空间，我们以 N_A 来记这个子空间.

定义 9 如果线性算子 A 将 R 映入 S 中，那么空间 AR 的维数 r 称为算子 A 的秩[②]，而由所有适合条件(38) 的向量 $\boldsymbol{x}(\boldsymbol{x} \in R)$ 构成的空间 N_A 的维数 d 称为算子 A 的亏数.

对于一个已给定的算子 A，在不同的基底中所对应的全部等价长方矩阵里面，有一个标准矩阵 $\boldsymbol{I}_r$[参考(37)]. 以 $\boldsymbol{e}_1^*, \boldsymbol{e}_2^*, \cdots, \boldsymbol{e}_n^*$ 与 $\boldsymbol{g}_1^*, \boldsymbol{g}_2^*, \cdots, \boldsymbol{g}_m^*$ 各记其在 R 与 S 中的对应基底，那么

$$A\boldsymbol{e}_1^* = \boldsymbol{g}_1^*, \cdots, A\boldsymbol{e}_r^* = \boldsymbol{g}_r^*, A\boldsymbol{e}_{r+1}^* = \cdots = A\boldsymbol{e}_n^* = \boldsymbol{0}$$

由 AR 与 N_A 的定义，知向量 $\boldsymbol{g}_1^*, \cdots, \boldsymbol{g}_r^*$ 构成 AR 的基底，而向量 $\boldsymbol{e}_{r+1}^*, \cdots, \boldsymbol{e}_n^*$ 构成 N_A 的基底. 因此推得 r 为算子 A 的秩，而

$$d = n - r \tag{39}$$

如果 $\mathbf{A}$ 是任何一个对应于算子 A 的矩阵，那么它与 $\boldsymbol{I}_r$ 等价，因而有相同的秩 r. 这样一来，算子 A 的秩与长方矩阵 $\mathbf{A}$ 的秩相同

$$\mathbf{A} = \begin{pmatrix} a_{11} & a_{12} & \cdots & a_{1n} \\ a_{21} & a_{22} & \cdots & a_{2n} \\ \vdots & \vdots & & \vdots \\ a_{m1} & a_{m2} & \cdots & a_{mn} \end{pmatrix}$$

为算子 A 在某两个基底 $\boldsymbol{e}_1, \boldsymbol{e}_2, \cdots, \boldsymbol{e}_n \in R$ 与 $\boldsymbol{g}_1, \boldsymbol{g}_2, \cdots, \boldsymbol{g}_m \in S$ 中所确定的.

---

① $A\boldsymbol{x}(\boldsymbol{x} \in R)$ 形的向量集合适合 §1 的性质 $1° \sim 7°$，因为两个 $A\boldsymbol{x}(\boldsymbol{x} \in R)$ 形的向量的和与这种向量对数的乘积仍然给出这种形式的向量.

② AR 的维数永远小于或等于空间 R 的维数，亦即 $r \leqslant n$. 这个可以由等式 $\boldsymbol{x} = \sum_{i=1}^{n} x_i \boldsymbol{e}_i$（$\boldsymbol{e}_1, \boldsymbol{e}_2, \cdots, \boldsymbol{e}_n$ 为 R 的基底）推出等式 $A\boldsymbol{x} = \sum_{i=1}^{n} x_i A\boldsymbol{e}_i$ 来得出.

矩阵 $\boldsymbol{A}$ 的诸列为向量 $A\boldsymbol{e}_1, A\boldsymbol{e}_2, \cdots, A\boldsymbol{e}_n$ 的坐标所组成. 因为由 $\boldsymbol{x} = \sum_{i=1}^{n} x_i \boldsymbol{e}_i$ 得出 $A\boldsymbol{x} = \sum_{i=1}^{n} x_i A\boldsymbol{e}_i$，所以算子 A 的秩，亦即 AR 的维数，等于 $A\boldsymbol{e}_1, A\boldsymbol{e}_2, \cdots, A\boldsymbol{e}_n$ 中线性无关向量的个数的最大数. 这样一来，矩阵的秩等于这个矩阵中线性无关列的列数. 因为在转置矩阵后，换行为列而不改变其秩，所以矩阵的线性无关行的个数等于这个矩阵的秩[①].

4. 假设已经给出两个线性算子 A, B 与其乘积 $C=AB$. 设算子 B 将 R 映入 S 中，而算子 A 将 S 映入 T 中，那么算子 C 将 R 映入 T 中

$$T \xleftarrow{A} S \xleftarrow{B} R, T \xleftarrow{C} R$$

对于 R, S 与 T 中某一选定基底，引入算子 A, B 与 C 的对应矩阵 $\boldsymbol{A}, \boldsymbol{B}$ 与 $\boldsymbol{C}$，那么算子的等式 $C = AB$ 将对应于矩阵等式 $\boldsymbol{C} = \boldsymbol{AB}$.

以 $r_{\boldsymbol{A}}, r_{\boldsymbol{B}}, r_{\boldsymbol{C}}$ 记算子 A, B, C 的秩，亦即分别为矩阵 $\boldsymbol{A}, \boldsymbol{B}, \boldsymbol{C}$ 的秩. 这些数由子空间 $AS, BR, A(BR)$ 的维数所确定. 因为 $BR \subset S$，所以 $A(BR) \subset AS$[②]. 再者，$A(BR)$ 的维数不能超过 BR 的维数[③]. 故有

$$r_{\boldsymbol{C}} \leqslant r_{\boldsymbol{A}}, r_{\boldsymbol{C}} \leqslant r_{\boldsymbol{B}}$$

对于这些不等式，我们曾经在第 1 章 §2 中，由关于两个矩阵的乘积中子式的公式求出来过.

视算子 A 为将 BR 映入 T 中的算子，那么这个算子的秩将等于空间 $A(BR)$ 的维数，亦即 $r_{\boldsymbol{C}}$. 故由式(39)，我们得出

$$r_{\boldsymbol{C}} = r_{\boldsymbol{B}} - d_1 \tag{40}$$

其中 d_1 为适合方程

$$A\boldsymbol{x} = \boldsymbol{0} \tag{41}$$

的所有 BR 中诸向量的线性无关向量数的极大数. 但这一方程的属于 S 的所有解构成一个 d 维子空间，其中

$$d = n - r_{\boldsymbol{A}} \tag{42}$$

为将 S 映入 T 中的算子 A 的亏数. 因为 $BR \subset S$，所以

$$d_1 \leqslant d \tag{43}$$

由(40)(42) 与(43) 我们得出

$$r_{\boldsymbol{A}} + r_{\boldsymbol{B}} - n \leqslant r_{\boldsymbol{C}}$$

这样一来，我们得出了关于 $m \times n$ 维与 $n \times q$ 维两个长方矩阵 $\boldsymbol{A}$ 与 $\boldsymbol{B}$ 的乘积

---

① 对于这个结果，我们已经在 §1 中用另一种推理方法得出(参考 §1,4 的结尾).

② $R \subset S$ 的意义是集合 R 为 S 的部分集合.

③ 参考前面定义 9 的足注.

的秩的西尔维斯特不等式

$$r_A + r_B - n \leqslant r_{AB} \leqslant r_A, r_B \tag{44}$$

如果矩阵方程 $\boldsymbol{AXB}=\boldsymbol{C}$ 有解 $\boldsymbol{X}$，其中长方矩阵 $\boldsymbol{A},\boldsymbol{X},\boldsymbol{B}$ 的维数分别为 $m\times n$，$n\times p$，$p\times q$（参考 §2），那么从西尔维斯特不等式容易推出

$$r_C \leqslant r_X \leqslant r_C + n + p - r_A - r_B$$

可以证明，如果方程 $\boldsymbol{AXB}=\boldsymbol{C}$ 有任意解，那么它有任意秩为 r 的解，其中 r 在数 r_C 与 $r_C+n+p-r_A-r_B$ 之间.

§6　将 n 维空间映入其自身中的线性算子

将 n 维向量空间 R 映入其自身中（在这一情形中 $R\equiv S, n=m$）的线性算子，我们将简称为 R 中线性算子.

R 中的两个线性算子的和与这种算子对数的乘积，都仍然是 R 中的线性算子. 两个这种线性算子常可施行乘法，而且它们的乘积仍然是 R 中的线性算子. 这样一来，R 中的线性算子构成一个环①. 在这个环里面有单位算子，即算子 E，对于它有

$$E\boldsymbol{x}=\boldsymbol{x} \quad (\boldsymbol{x}\in R) \tag{45}$$

再者，对于 R 中任意一个算子 A 都有

$$EA=AE=A$$

如果 A 是 R 中的线性算子，那么 $A^2=AA$，$A^3=AAA$，…，一般的 $A^m=AA\cdots A$ 都有意义. 此外，我们设 $A^0=E$，那么容易看出，对于任意非负整数 p 与 q 都有

$$A^pA^q=A^{p+q}$$

设 $f(t)=\alpha_0t^m+\alpha_1t^{m-1}+\cdots+\alpha_{m-1}t+\alpha_m$ 为一个系数在域 K 中的标量 t 的多项式. 我们假设

$$f(A)=\alpha_0A^m+\alpha_1A^{m-1}+\cdots+\alpha_{m-1}A+\alpha_mE \tag{46}$$

此时对于任意两个多项式 $f(t)$ 与 $g(t)$ 都有 $f(A)g(A)=g(A)f(A)$.

设
$$\boldsymbol{y}=A\boldsymbol{x} \quad (\boldsymbol{x},\boldsymbol{y}\in R)$$

以 $x_1,x_2,\cdots,x_n$ 记向量 $\boldsymbol{x}$ 在任一组基底 $\boldsymbol{e}_1,\boldsymbol{e}_2,\cdots,\boldsymbol{e}_n$ 中的坐标，而以 $y_1,y_2,\cdots,y_n$ 记向量 $\boldsymbol{y}$ 在同一基底中的坐标，那么

$$y_i=\sum_{k=1}^{n}a_{ik}x_k \quad (i=1,2,\cdots,n) \tag{47}$$

① 这个环是一个代数，参考第 1 章，§3,3.

在基底 $\boldsymbol{e}_1,\boldsymbol{e}_2,\cdots,\boldsymbol{e}_n$ 中，线性算子 A 对应于方阵 $\boldsymbol{A}=(a_{ik})_1^n$[①]. 读者注意(参考 §2) 在这个矩阵中，位于第 k 列的是向量 $A\boldsymbol{e}_k (k=1,2,\cdots,n)$ 的坐标，即

$$A\boldsymbol{e}_k=\sum_{i=1}^{n}a_{ik}\boldsymbol{e}_i \quad (k=1,2,\cdots,n) \tag{47'}$$

引进坐标列 $\boldsymbol{x}=(x_1,x_2,\cdots,x_n)$ 与 $\boldsymbol{y}=(y_1,y_2,\cdots,y_n)$，变换(46) 可以写为矩阵的形式

$$\boldsymbol{y}=\boldsymbol{A}\boldsymbol{x} \tag{48}$$

两个算子 A 与 B 的和与乘积分别对应于其方阵 $\boldsymbol{A}=(a_{ik})_1^n$ 与 $\boldsymbol{B}=(b_{ik})_1^n$ 的和与乘积. 乘积 αA 对应于矩阵 $\alpha\boldsymbol{A}$. 单位算子 E 对应于单位矩阵 $\boldsymbol{E}=(\delta_{ik})_1^n$. 这样一来，选定基底后就在 R 中线性算子环与 K 中元素的 n 阶方阵环之间，建立了一个同构对应关系. 此时多项式 $f(A)$ 对应于矩阵 $f(\boldsymbol{A})$.

考虑与基底 $\boldsymbol{e}_1,\boldsymbol{e}_2,\cdots,\boldsymbol{e}_n$ 对应的 R 中另一组基底 $\boldsymbol{e}_1^*,\boldsymbol{e}_2^*,\cdots,\boldsymbol{e}_n^*$，那么同(48) 一样，有

$$\boldsymbol{y}^*=\boldsymbol{A}^*\boldsymbol{x}^* \tag{49}$$

其中 $\boldsymbol{x}^*,\boldsymbol{y}^*$ 为向量 $\boldsymbol{x},\boldsymbol{y}$ 在基底 $\boldsymbol{e}_1^*,\boldsymbol{e}_2^*,\cdots,\boldsymbol{e}_n^*$ 中的坐标所组成的单列矩阵，而 $\boldsymbol{A}^*=(a_{ik}^*)_1^n$ 为算子 A 在这组基底中的对应方阵. 把坐标的变换式写为矩阵形式

$$\boldsymbol{x}=\boldsymbol{T}\boldsymbol{x}^*,\boldsymbol{y}=\boldsymbol{T}\boldsymbol{y}^* \tag{50}$$

那么由(48) 与(50) 我们得出

$$\boldsymbol{y}^*=\boldsymbol{T}^{-1}\boldsymbol{A}\boldsymbol{T}\boldsymbol{x}^*$$

即知

$$\boldsymbol{A}^*=\boldsymbol{T}^{-1}\boldsymbol{A}\boldsymbol{T} \tag{51}$$

公式(51) 为本章 §5 中的式(31) 的一个特例(此时 $\boldsymbol{P}=\boldsymbol{T}^{-1},\boldsymbol{Q}=\boldsymbol{T}$).

定义 10 两个矩阵 $\boldsymbol{A}$ 与 $\boldsymbol{B}$ 满足关系式

$$\boldsymbol{B}=\boldsymbol{T}^{-1}\boldsymbol{A}\boldsymbol{T} \tag{51'}$$

其中 $\boldsymbol{T}$ 为某一个满秩矩阵，这两个矩阵称为相似的[②].

这样一来，我们证明了，对于不同的基底，对应于 R 中同一线性算子的两个矩阵彼此相似，而且联系这些矩阵的矩阵 $\boldsymbol{T}$，与从第一基底变到第二基底的坐标变换矩阵相同[参考(50)].

换句话说，R 中的线性算子对应于彼此相似的全部矩阵所构成的矩阵类，这些矩阵是在不同的基底中这个算子相对应的矩阵.

研究 R 中线性算子的性质，就是研究相似矩阵类中诸矩阵所共有的性质，

---

① 参考本章 §2. 此时空间 $R\equiv S$，在这些空间中基底 $\boldsymbol{e}_1,\boldsymbol{e}_2,\cdots,\boldsymbol{e}_n$ 与 $\boldsymbol{g}_1,\boldsymbol{g}_2,\cdots,\boldsymbol{g}_m$ 是相同的.

② 矩阵 $\boldsymbol{T}$ 常可这样选取，使得它的元素属于矩阵 $\boldsymbol{A}$ 与 $\boldsymbol{B}$ 的元素所属的基础数域 K. 容易验证相似矩阵的以下三个性质：反身性(矩阵 $\boldsymbol{A}$ 常同它自己相似)、对称性(如果 $\boldsymbol{A}$ 与 $\boldsymbol{B}$ 相似，那么 $\boldsymbol{B}$ 亦与 $\boldsymbol{A}$ 相似) 与传递性(如果 $\boldsymbol{A}$ 与 $\boldsymbol{B}$ 相似，$\boldsymbol{B}$ 与 $\boldsymbol{C}$ 相似，那么 $\boldsymbol{A}$ 亦与 $\boldsymbol{C}$ 相似).

亦即研究矩阵的这种性质，当已知矩阵变为它的相似矩阵后所不变的性质.

还要注意，两个相似矩阵的行列式相等. 事实上，由(51′) 知

$$|\boldsymbol{B}|=|\boldsymbol{T}|^{-1}\boldsymbol{A}|\boldsymbol{T}|=|\boldsymbol{A}| \tag{52}$$

等式 $|\boldsymbol{B}|=|\boldsymbol{A}|$ 是 $\boldsymbol{A}$ 与 $\boldsymbol{B}$ 相似的必要条件而不是充分条件.

在第 6 章中，我们将建立起两个矩阵相似的判定，即给出两个 n 阶矩阵彼此相似的充分必要条件.

按照等式(52) 我们可以将 R 中线性算子的行列式($|A|$)，理解为对应于这个算子的任何一个矩阵的行列式.

如果 $|A|=0(\neq 0)$，那么算子 A 称为降秩的(满秩的). 按照这个定义，在任一基底中降秩(满秩) 算子对应于降秩(满秩) 矩阵. 对于降秩算子有：

1° 常有向量 $\boldsymbol{x}\neq\boldsymbol{0}$ 存在使得 $A\boldsymbol{x}=\boldsymbol{0}$.

2° AR 是 R 的真子空间.

对于满秩算子有：

1° 从 $A\boldsymbol{x}=\boldsymbol{0}$，得出 $\boldsymbol{x}=\boldsymbol{0}$.

2° $AR\equiv R$，亦即空间 R 中所有的向量都可以写成 $A\boldsymbol{x}(\boldsymbol{x}\in R)$ 的形式.

换句说话，R 中线性算子是降秩的或满秩的，要视其亏数大于或等于零而定.

如果 A 是一个满秩算子，那么在等式 $\boldsymbol{y}=A\boldsymbol{x}$ 中，向量 $\boldsymbol{y}\in R$ 的表达式就唯一地确定了向量 $\boldsymbol{x}\in R$. 事实上，向量 $\boldsymbol{x}$ 的存在可由 $A\boldsymbol{x}(\boldsymbol{x}\in R)$ 形向量填满整个空间 R 而推出. 另外，从等式 $\boldsymbol{y}=A\boldsymbol{x}'$ 与 $\boldsymbol{y}=A\boldsymbol{x}''(\boldsymbol{x}',\boldsymbol{x}''\in R)$ 推出 $A(\boldsymbol{x}'-\boldsymbol{x}'')=A\boldsymbol{x}'-A\boldsymbol{x}''=\boldsymbol{0}$，从而 $\boldsymbol{x}'-\boldsymbol{x}''=\boldsymbol{0}$，即 $\boldsymbol{x}'=\boldsymbol{x}''$. 因此由等式 $\boldsymbol{y}=A\boldsymbol{x}$ 知可以用等式 $\boldsymbol{x}=A^{-1}\boldsymbol{y}$ 确定逆算子 A^{-1}. 容易看出，R 中线性算子 A 的逆算子 A^{-1} 也是 R 中线性算子，这时

$$AA^{-1}=A^{-1}A=E$$

其中 E 是单位算子. 如果在某一基底中，满秩矩阵 $\boldsymbol{A}$ 对应满秩算子 A，那么在这一基底中，矩阵 $\boldsymbol{A}^{-1}$ 对应逆算子 A^{-1}.

我们讨论 R 中一些特殊类型的线性算子.

1° 如果 $J^2=E$，那么 R 中算子 J 称为对合的. 对合算子是满秩的，且对它有 $J^{-1}=J$. 在任何基底中，对合算子对应对合矩阵 $\boldsymbol{J}$，即矩阵 $\boldsymbol{J}$，对于它有 $\boldsymbol{J}^2=\boldsymbol{E}$.

2° 如果 $P^2=P$，那么 R 中算子 P 称为射影的. 设把空间 R 任意分解为两个子空间 S 与 T：$R=S+T$，那么对于任一向量 $\boldsymbol{x}\in R$，分解式 $\boldsymbol{x}=\boldsymbol{x}_S+\boldsymbol{x}_T$ 成立，其中 $\boldsymbol{x}_S\in S$，$\boldsymbol{x}_T\in T$. 向量 $\boldsymbol{x}_S$ 称为向量 $\boldsymbol{x}$ 在平行于子空间 T 的子空间 S 上的射影.①讨论算子 P，它把空间 R 投影到平行于子空间 T 的子空间 S 上，P 就是 R

① 同理，向量 $\boldsymbol{x}_T$ 是向量 $\boldsymbol{x}$ 在平行于子空间 S 的子空间 T 上的射影.

中对任一向量 $\boldsymbol{x} \in R$ 用等式 $P\boldsymbol{x} = \boldsymbol{x}_S$ 确定的一个算子. 显然,这个算子是线性的,但也是射影的,因为 $P\boldsymbol{x} = \boldsymbol{x}_S, P^2\boldsymbol{x} = P\boldsymbol{x}_S$,所以 $(P^2 - P)\boldsymbol{x} = \boldsymbol{x}_S - \boldsymbol{x}_S = \boldsymbol{0}$,即 $P^2 = P$.

容易验证逆命题. R 中任一射影算子 P 将整个空间 R 投影到平行于子空间 $T = (E - P)R$ 的子空间 $S = PR$ 上.

射影算子的任何自然数次方是射影算子. 如果 P 是一个射影算子,那么 $E - P$ 也是一个射影算子,因为 $(E - P)^2 = E - 2P + P^2 = E - P$.

如果 $\boldsymbol{P}^2 = \boldsymbol{P}$,那么方阵 $\boldsymbol{P}$ 称为射影的. 显然,在任一基底下,射影矩阵对应射影算子.

§7 线性算子的特征数与特征向量

在研究 R 中线性算子 A 的构造时,满足下式的向量 $\boldsymbol{x}$ 有重要的作用

$$A\boldsymbol{x} = \lambda\boldsymbol{x} \quad (\lambda \in K, \boldsymbol{x} \neq \boldsymbol{0}) \tag{53}$$

这样的向量称为算子 A(矩阵 $\boldsymbol{A}$) 的特征向量,而其对应数 λ 称为算子 A(矩阵 $\boldsymbol{A}$) 的特征数.

为了求出算子 A 的特征数与特征向量,我们选定 R 中任一组基底 $\boldsymbol{e}_1, \boldsymbol{e}_2, \cdots, \boldsymbol{e}_n$. 设 $\boldsymbol{x} = \sum_{i=1}^{n} x_i \boldsymbol{e}_i$,而 $\boldsymbol{A} = (a_{ik})_1^n$ 为在基底 $\boldsymbol{e}_1, \boldsymbol{e}_2, \cdots, \boldsymbol{e}_n$ 中算子 A 所对应的矩阵. 比较等式(53) 中左右两边对应的向量坐标,得出一组标量方程组

$$\begin{cases} a_{11}x_1 + a_{12}x_2 + \cdots + a_{1n}x_n = \lambda x_1 \\ a_{21}x_1 + a_{22}x_2 + \cdots + a_{2n}x_n = \lambda x_2 \\ \qquad \vdots \\ a_{n1}x_1 + a_{n2}x_2 + \cdots + a_{nn}x_n = \lambda x_n \end{cases} \tag{54}$$

这个方程组亦可以写为

$$\begin{cases} (a_{11} - \lambda)x_1 + a_{12}x_2 + \cdots + a_{1n}x_n = 0 \\ a_{21}x_1 + (a_{22} - \lambda)x_2 + \cdots + a_{2n}x_n = 0 \\ \qquad \vdots \\ a_{n1}x_1 + a_{n2}x_2 + \cdots + (a_{nn} - \lambda)x_n = 0 \end{cases} \tag{55}$$

因为所要找出的向量不能等于零,所以在它的坐标 $x_1, x_2, \cdots, x_n$ 中,至少有一个坐标必须不等于零.

齐次方程组(55) 有非零解的充分必要条件是这个方程组的行列式等于零,即

$$\begin{vmatrix} a_{11} - \lambda & a_{12} & \cdots & a_{1n} \\ a_{21} & a_{22} - \lambda & \cdots & a_{2n} \\ \vdots & \vdots & & \vdots \\ a_{n1} & a_{n2} & \cdots & a_{nn} - \lambda \end{vmatrix} = 0 \tag{56}$$

方程(56)是关于λ的一个n次代数方程.这个方程的系数在矩阵$\boldsymbol{A}=(a_{ik})_1^n$的元素所在的同一数域里面,亦即在域$K$里面.

方程(56)常在几何学、力学、天文学、物理学的各种问题中遇到,称为矩阵$\boldsymbol{A}=(a_{ik})_1^n$的特征方程或长期方程[①](这个方程的左边称为矩阵的特征多项式).

这样一来,线性算子A的每一个特征数λ都是特征方程(56)的根.反之,如果某个数λ是方程(56)的根,那么对于这个值λ,方程组(55)(54)有非零解x_1,$x_2,\cdots,x_n$,亦即这个数λ对应于算子A的特征向量$\boldsymbol{x}=\sum x_i\boldsymbol{e}_i$.

由上述结果,知R中任一线性算子A不能有多于n个不同的特征数.

如果K是所有复数的域,那么R中任一线性算子都至少在R中有一个特征向量与对应于这个特征向量的特征数λ[②].这可以从复数的基本定理得出,因为代数方程(56)在复数域中至少有一个根.

写方程(56)为展开式

$$|\boldsymbol{A}-\lambda\boldsymbol{E}|\equiv(-\lambda)^n+S_1(-\lambda)^{n-1}+S_2(-\lambda)^{n-2}+\cdots+S_{n-1}(-\lambda)+S_n=0 \tag{57}$$

不难看出,此处有

$$S_1=\sum_{i=1}^n a_{ii},S_2=\sum_{1\leqslant i<k\leqslant n}\boldsymbol{A}\begin{pmatrix}i & k\\ i & k\end{pmatrix},\cdots \tag{58}$$

一般地,S_p等于矩阵$\boldsymbol{A}=(a_{ik})_1^n$的所有$p$阶主子式的和$(p=1,2,\cdots,n)$[③].特别地,$S_n=|\boldsymbol{A}|$.

以$\widetilde{\boldsymbol{A}}$记在另一组基底中对应于同一算子$A$的矩阵.矩阵$\widetilde{\boldsymbol{A}}$与矩阵$\boldsymbol{A}$相似

$$\widetilde{\boldsymbol{A}}=\boldsymbol{T}^{-1}\boldsymbol{A}\boldsymbol{T}$$

故有

---

① 这一名称是这样来的,因为在长期的行星摄动的研究中遇到过这个方程.

② 如果K是任何一个代数闭合域,亦即系数在这个域中的所有代数方程都有根在这个域的里面,那么这个论断对于这种更普遍的情形仍然正确.

③ 幂$(-\lambda)^{n-p}$只有在特征行列式(56)中含有任意$n-p$个对角线上元素

$$a_{j_1j_1}-\lambda,a_{j_2j_2}-\lambda,\cdots,a_{j_{n-p}j_{n-p}}-\lambda$$

的项中才能出现.这些对角线上元素的乘积在行列式(56)中有因子等于主子式

$$\boldsymbol{A}\begin{pmatrix}i_1 & i_2 & \cdots & i_p\\ i_1 & i_2 & \cdots & i_p\end{pmatrix}$$

其中下标$i_1,i_2,\cdots,i_p$与下标$j_1,j_2,\cdots,j_{n-p}$一同构成全部下标$1,2,\cdots,n$.

$|\boldsymbol{A}-\lambda\boldsymbol{E}|=(a_{j_1j_1}-\lambda)(a_{j_2j_2}-\lambda)\cdots(a_{j_{n-p}j_{n-p}}-\lambda)\boldsymbol{A}\begin{pmatrix}i_1 & i_2 & \cdots & i_p\\ i_1 & i_2 & \cdots & i_p\end{pmatrix}+\cdots$,此式须乘$(-\lambda)^{n-p}$.找出由下标$1,2,\cdots,n$中取$n-p$个$j_1,j_2,\cdots,j_{n-p}$的所有可能的组合,我们就得出$(-\lambda)^{n-p}$的系数$S_p$,就是矩阵$\boldsymbol{A}$的所有$p$阶主子式的和.

$$\widetilde{\boldsymbol{A}}-\lambda \boldsymbol{E}=\boldsymbol{T}^{-1}(\boldsymbol{A}-\lambda \boldsymbol{E})\boldsymbol{T}$$

因而

$$|\widetilde{\boldsymbol{A}}-\lambda \boldsymbol{E}|=|\boldsymbol{A}-\lambda \boldsymbol{E}| \tag{59}$$

这样一来,相似矩阵 $\boldsymbol{A}$ 与 $\widetilde{\boldsymbol{A}}$ 有相同的特征多项式. 这个多项式有时称为算子 A 的特征多项式且记为 $|A-\lambda E|$.

如果 $\boldsymbol{x},\boldsymbol{y},\boldsymbol{z},\cdots$ 是算子 A 的特征向量,都对应于同一特征数 λ,而 $\alpha,\beta,\gamma,\cdots$ 为 K 中任何数,那么向量 $\alpha\boldsymbol{x}+\beta\boldsymbol{y}+\gamma\boldsymbol{z}+\cdots$ 或等于零,或者是算子 A 的对应于同一数 λ 的特征向量. 事实上,由

$$A\boldsymbol{x}=\lambda\boldsymbol{x},A\boldsymbol{y}=\lambda\boldsymbol{y},A\boldsymbol{z}=\lambda\boldsymbol{z},\cdots$$

有

$$A(\alpha\boldsymbol{x}+\beta\boldsymbol{y}+\gamma\boldsymbol{z}+\cdots)=\lambda(\alpha\boldsymbol{x}+\beta\boldsymbol{y}+\gamma\boldsymbol{z}+\cdots)$$

因此,对应于同一特征数 λ 的线性无关的特征向量构成一个"特征"子空间的基底,这个子空间中每一个向量都是对应于同一数 λ 的特征向量. 特别地,每一个特征向量生成一个一维特征子空间.

但是如果算子 A 的一些特征向量对应于不同的特征数,那么这些特征向量的线性组合,一般地说,不是算子 A 的特征向量.

特征向量与特征数对于线性算子的研究价值,将在下节中以单构线性算子为例来予以说明.

§8　单构线性算子

首先有以下引理.

引理　对应于两两不相等的特征数的诸特征向量常线性无关.

证明　设

$$A\boldsymbol{x}_i=\lambda_i\boldsymbol{x}_i \quad (\boldsymbol{x}_i\neq\boldsymbol{0};\text{当 } i\neq k,i,k=1,2,\cdots,m \text{ 时},\lambda_i\neq\lambda_k) \tag{60}$$

且设

$$\sum_{i=1}^{m}c_i\boldsymbol{x}_i=\boldsymbol{0} \tag{61}$$

对这个等式的两边施行算子 A,我们得出

$$\sum_{i=1}^{m}c_i\lambda_i\boldsymbol{x}_i=\boldsymbol{0} \tag{62}$$

等式(61) 的两边乘以 λ_1,然后从(62) 中减去它,我们得出

$$\sum_{i=2}^{m}c_i(\lambda_i-\lambda_1)\boldsymbol{x}_i=\boldsymbol{0} \tag{63}$$

我们亦可以说,等式(63) 是从式(61) 逐项施行算子 $A-\lambda_1E$ 来得出的. 对(63) 逐项施行算子 $A-\lambda_2E,A-\lambda_3E,\cdots,A-\lambda_{m-1}E$,我们得出以下等式

$$c_m(\lambda_m-\lambda_{m-1})(\lambda_m-\lambda_{m-2})\cdots(\lambda_m-\lambda_1)\boldsymbol{x}_m=\mathbf{0}$$

故 $c_m=0$. 因为在式(61) 中,任何一项都可以放在最后一项的位置,所以在(61) 中

$$c_1=c_2=\cdots=c_m=0$$

亦即在向量 $\boldsymbol{x}_1,\boldsymbol{x}_2,\cdots,\boldsymbol{x}_m$ 间不能有线性相关性. 我们的引理已经证明.

如果算子的特征方程有 n 个不同的根,而且这些根都在域 K 里面,那么由以上引理知对应于这些根的特征向量线性无关.

定义 11 如果 A 在 R 中有 n 个线性无关的特征向量,其中 n 为 R 的维数,那么 R 中线性算子 A 称为简单结构算子(以下简记"单构算子").

如果它的特征多项式的根都在域 K 里面,而且彼此都不相等,那么 R 中线性算子是单构的. 但这个条件并不是必要的. 有这样的单构线性算子存在,它的特征多项式含有重根.

讨论任一单构线性算子 A. 以 $\boldsymbol{g}_1,\boldsymbol{g}_2,\cdots,\boldsymbol{g}_n$ 记 R 中由这个算子的特征向量所组成的基底,亦即

$$A\boldsymbol{g}_k=\lambda_k\boldsymbol{g}_k \quad (k=1,2,\cdots,n)$$

如果

$$\boldsymbol{x}=\sum_{k=1}^{n}x_k\boldsymbol{g}_k$$

那么

$$A\boldsymbol{x}=\sum_{k=1}^{n}x_kA\boldsymbol{g}_k=\sum_{k=1}^{n}\lambda_kx_k\boldsymbol{g}_k$$

换句说话,单构算子 A 对向量 $\boldsymbol{x}=\sum\limits_{k=1}^{n}x_k\boldsymbol{g}_k$ 的影响可叙述如下:

在 n 维向量空间 R 中,有 n 个线性无关的"方向"存在,单构算子 A 沿此方向得出系数为 $\lambda_1,\lambda_2,\cdots,\lambda_n$ 的"引申". 任一向量 $\boldsymbol{x}$ 都可以沿这些特征方向来分解分量. 对这些分量取对应的"引申"后相加就得出向量 $A\boldsymbol{x}$.

不难看出,算子 A 在"特征"基底 $\boldsymbol{g}_1,\boldsymbol{g}_2,\cdots,\boldsymbol{g}_n$ 中对应于对角矩阵

$$\widetilde{\boldsymbol{A}}=(\lambda_i\delta_{ik})_1^n$$

如果我们以 $\boldsymbol{A}$ 记在任一组基底 $\boldsymbol{e}_1,\boldsymbol{e}_2,\cdots,\boldsymbol{e}_n$ 中对应于算子 A 的矩阵,那么

$$\boldsymbol{A}=\boldsymbol{T}(\lambda_i\delta_{ik})_1^n\boldsymbol{T}^{-1} \tag{64}$$

与对角矩阵相似的矩阵称为单构矩阵. 这样一来,在任一组基底中,单构算子都对应于单构矩阵,反之亦然.

在等式(64) 中的矩阵 $\boldsymbol{T}$ 将基底 $\boldsymbol{e}_1,\boldsymbol{e}_2,\cdots,\boldsymbol{e}_n$ 变为基底 $\boldsymbol{g}_1,\boldsymbol{g}_2,\cdots,\boldsymbol{g}_n$. 矩阵 $\boldsymbol{T}$ 的第 k 列是对应于矩阵 $\boldsymbol{A}$ 的特征数 λ_k 的特征向量 $\boldsymbol{g}_k$(在基底 $\boldsymbol{e}_1,\boldsymbol{e}_2,\cdots,\boldsymbol{e}_k$ 中)的坐标($k=1,2,\cdots,n$). 矩阵 $\boldsymbol{T}$ 称为关于矩阵 $\boldsymbol{A}$ 的基本矩阵.

等式(64) 可以写为

$$\boldsymbol{A}=\boldsymbol{T}\boldsymbol{L}\boldsymbol{T}^{-1}\quad (\boldsymbol{L}=\{\lambda_1,\lambda_2,\cdots,\lambda_n\}) \tag{64'}$$

化到第 p 层相伴矩阵($1\leqslant p\leqslant n$),我们得出(参考第 1 章的 §4)

$$\mathfrak{A}_p=\mathfrak{T}_p\mathfrak{L}_p\mathfrak{T}_p^{-1} \tag{65}$$

$\mathfrak{L}_p$ 为 N 阶对角矩阵($N=C_n^p$),在其对角线上是从 $\lambda_1,\lambda_2,\cdots,\lambda_n$ 中取 p 个的所有可能的乘积. 比较(65) 与(64′),得到:

定理 3 如果矩阵 $\boldsymbol{A}=(a_{ik})_1^n$ 是单构的,那么对于任何 $p\leqslant n$,其 p 层相伴矩阵 $\mathfrak{A}_p$ 亦是单构的;此时矩阵 $\mathfrak{A}_p$ 的特征数是从矩阵 $\boldsymbol{A}$ 的特征数 $\lambda_1,\lambda_2,\cdots,\lambda_n$ 中取 p 个的所有可能的乘积 $\lambda_{i_1}\lambda_{i_2}\cdots\lambda_{i_p}$ ($1\leqslant i_1<i_2<\cdots<i_p\leqslant n$),而矩阵 $\mathfrak{A}_p$ 的基本矩阵为矩阵 $\boldsymbol{A}$ 的基本矩阵 $\boldsymbol{T}$ 的 p 层相伴矩阵 $\mathfrak{T}_p$.

推论 如果单构矩阵 $\boldsymbol{A}=(a_{ik})_1^n$ 的特征数对应于有坐标 $t_{1k},t_{2k},\cdots,t_{nk}$ ($k=1,2,\cdots,n$) 的特征向量,而且 $\boldsymbol{T}=(t_{ik})_1^n$,那么矩阵 $\mathfrak{A}_p$ 的特征数 $\lambda_{k_1},\lambda_{k_2},\cdots,\lambda_{k_p}$ ($1\leqslant k_1<k_2<\cdots<k_p\leqslant n$) 对应于有坐标

$$\boldsymbol{T}\begin{pmatrix} i_1 & i_2 & \cdots & i_p \\ k_1 & k_2 & \cdots & k_p \end{pmatrix}\quad (1\leqslant i_1<i_2<\cdots<i_p\leqslant n) \tag{66}$$

的特征向量.

任一矩阵 $\boldsymbol{A}=(a_{ik})_1^n$ 都可以表示为矩阵序列 $\boldsymbol{A}_m$ ($m\to\infty$) 的极限,其中每一个都没有多重特征数,因而是单构的. 当 $m\to\infty$ 时,矩阵 $\boldsymbol{A}_m$ 的特征数 $\lambda_1^{(m)}$, $\lambda_2^{(m)},\cdots,\lambda_n^{(m)}$ 的极限为矩阵 $\boldsymbol{A}$ 的特征数 $\lambda_1,\lambda_2,\cdots,\lambda_n$,亦即

$$\lim_{m\to\infty}\lambda_k^{(m)}=\lambda_k\quad (k=1,2,\cdots,n)$$

故有

$$\lim_{m\to\infty}\lambda_{k_1}^{(m)}\lambda_{k_2}^{(m)}\cdots\lambda_{k_p}^{(m)}=\lambda_{k_1}\lambda_{k_2}\cdots\lambda_{k_p}\quad (1\leqslant k_1<k_2<\cdots<k_p\leqslant n)$$

因为还有 $\lim\limits_{m\to\infty}\mathfrak{A}_{(m)p}=\mathfrak{A}_p$,所以从定理 3 推得:

定理 4(克罗内克) 如果 $\lambda_1,\lambda_2,\cdots,\lambda_n$ 是任一矩阵 $\boldsymbol{A}$ 的全部特征数,那么由数 $\lambda_1,\lambda_2,\cdots,\lambda_n$ 中取出 p 个的所有可能的乘积为相伴矩阵 $\mathfrak{A}_p$ 的全部特征数 ($p=1,2,\cdots,n$).

在这一节中,我们只研究单构算子与单构矩阵. 至于算子与矩阵的一般类型的结构的研究将在第 6 章与第 7 章中叙述.

矩阵的特征多项式与最小多项式

第4章

与每一个矩阵相联系的有两个多项式：特征多项式与最小多项式. 这些多项式在矩阵论的各种问题中有重要的作用. 例如，将在下一章中引进的关于矩阵的函数概念就完全基于矩阵的最小多项式的概念. 在这一章中我们来讨论特征多项式与最小多项式的性质. 这些探讨开始于关于有矩阵系数的多项式与它们间的运算的基本性质.

§1 矩阵多项式的加法与乘法

讨论多项式的方阵 $\boldsymbol{A}(\lambda)$，亦即元素为 λ 的多项式（系数在已给数域 K 中）的方阵

$$\boldsymbol{A}(\lambda)=(a_{ik}(\lambda))_1^n=(a_{ik}^{(0)}\lambda^m+a_{ik}^{(1)}\lambda^{m-1}+\cdots+a_{ik}^{(m)})_1^n \quad (1)$$

矩阵 $\boldsymbol{A}(\lambda)$ 可以表示为对 λ 来展开的以矩阵为系数的多项式

$$\boldsymbol{A}(\lambda)=\boldsymbol{A}_0\lambda^m+\boldsymbol{A}_1\lambda^{m-1}+\cdots+\boldsymbol{A}_m \quad (2)$$

其中

$$\boldsymbol{A}_j=(a_{ik}^{(j)})_1^n \quad (j=0,1,\cdots,m) \quad (3)$$

如果 $\boldsymbol{A}_0\neq\boldsymbol{0}$，那么数 m 称为多项式的次数，数 n 称为多项式的阶. 如果 $|\boldsymbol{A}_0|\neq 0$，那么多项式(1) 称为正则的.

以矩阵为系数的多项式，我们常称为矩阵多项式. 为了与矩阵多项式有所区别，通常以标量为系数的多项式称为标量多项式.

讨论矩阵多项式的基本运算. 设给定两个同阶的矩阵多项式 $\boldsymbol{A}(\lambda)$ 与 $\boldsymbol{B}(\lambda)$. 以 m 记这些多项式的较大次数. 这些多项式可以写为

$$\boldsymbol{A}(\lambda)=\boldsymbol{A}_0\lambda^m+\boldsymbol{A}_1\lambda^{m-1}+\cdots+\boldsymbol{A}_m$$
$$\boldsymbol{B}(\lambda)=\boldsymbol{B}_0\lambda^m+\boldsymbol{B}_1\lambda^{m-1}+\cdots+\boldsymbol{B}_m$$

那么

$$\boldsymbol{A}(\lambda)\pm\boldsymbol{B}(\lambda)=(\boldsymbol{A}_0\pm\boldsymbol{B}_0)\lambda^m+(\boldsymbol{A}_1\pm\boldsymbol{B}_1)\lambda^{m-1}+\cdots+(\boldsymbol{A}_m\pm\boldsymbol{B}_m)$$

亦即两个同阶的矩阵多项式的和(差)可以表示为次数不超过所给多项式的较大次数的矩阵多项式.

设给定阶数同为 n,而次数各为 m 与 p 的两个矩阵多项式

$$\boldsymbol{A}(\lambda)=\boldsymbol{A}_0\lambda^m+\boldsymbol{A}_1\lambda^{m-1}+\cdots+\boldsymbol{A}_m\quad(\boldsymbol{A}_0\neq\boldsymbol{0})$$
$$\boldsymbol{B}(\lambda)=\boldsymbol{B}_0\lambda^p+\boldsymbol{B}_1\lambda^{p-1}+\cdots+\boldsymbol{B}_p\quad(\boldsymbol{B}_0\neq\boldsymbol{0})$$

那么

$$\boldsymbol{A}(\lambda)\boldsymbol{B}(\lambda)=\boldsymbol{A}_0\boldsymbol{B}_0\lambda^{m+p}+(\boldsymbol{A}_0\boldsymbol{B}_1+\boldsymbol{A}_1\boldsymbol{B}_0)\lambda^{m+p-1}+\cdots+\boldsymbol{A}_m\boldsymbol{B}_p\tag{4}$$

如果我们以 $\boldsymbol{B}(\lambda)$ 乘 $\boldsymbol{A}(\lambda)$(亦即改变因子的次序),那么一般地得出另一多项式.

矩阵多项式的相乘还有一个特殊的性质.与标量多项式不同,矩阵多项式的乘积(4)可能小于 $m+p$ 的次数,亦即小于其因子的次数的和.事实上,在(4)中矩阵的乘积 $\boldsymbol{A}_0\boldsymbol{B}_0$,当 $\boldsymbol{A}_0\neq\boldsymbol{0}$,$\boldsymbol{B}_0\neq\boldsymbol{0}$ 时,可能等于零.但如果当矩阵 $\boldsymbol{A}_0$ 与 $\boldsymbol{B}_0$ 中有一个是满秩矩阵时,那么由 $\boldsymbol{A}_0\neq\boldsymbol{0}$ 与 $\boldsymbol{B}_0\neq\boldsymbol{0}$ 得出 $\boldsymbol{A}_0\boldsymbol{B}_0\neq\boldsymbol{0}$.这样一来,两个矩阵多项式的乘积等于一个矩阵多项式,它的次数小于或等于因式的次数的和.如果在两个因式中,至少有一个是正则多项式,那么在这种情形中乘积的次数常等于因式的次数的和.

n 阶矩阵多项式 $\boldsymbol{A}(\lambda)$ 可以写成以下两种形式

$$\boldsymbol{A}(\lambda)=\boldsymbol{A}_0\lambda^m+\boldsymbol{A}_1\lambda^{m-1}+\cdots+\boldsymbol{A}_m\tag{5}$$

与

$$\boldsymbol{A}(\lambda)=\boldsymbol{A}^m\boldsymbol{A}_0+\boldsymbol{A}^{m-1}\boldsymbol{A}_1+\cdots+\boldsymbol{A}_m\tag{5'}$$

这两种写法对标量 λ 给出同一结果.但是如果用 n 阶方程 $\boldsymbol{\Lambda}$ 代替标量变数 λ,那么代入(5)与(5′)的结果一般来说是不同的,因为矩阵 $\boldsymbol{\Lambda}$ 的幂对矩阵系数 $\boldsymbol{A}_0$,$\boldsymbol{A}_1$,…,$\boldsymbol{A}_m$ 是不可交换的.

令

$$\boldsymbol{A}(\boldsymbol{\Lambda})=\boldsymbol{A}_0\boldsymbol{\Lambda}^m+\boldsymbol{A}_1\boldsymbol{\Lambda}^{m-1}+\cdots+\boldsymbol{A}_m\tag{6}$$

与

$$\hat{\boldsymbol{A}}(\boldsymbol{\Lambda})=\boldsymbol{\Lambda}^m\boldsymbol{A}_0+\boldsymbol{\Lambda}^{m-1}\boldsymbol{A}_1+\cdots+\boldsymbol{A}_m\tag{6'}$$

分别称为当矩阵 $\boldsymbol{\Lambda}$ 代入 λ 时矩阵多项式的右值与左值①.

再讨论两个矩阵多项式

① 在 $\boldsymbol{A}(\lambda)$ 的"右(左)"值中,矩阵 $\boldsymbol{\Lambda}$ 的幂在系数的右(左)边.

$$\boldsymbol{A}(\lambda)=\sum_{i=0}^{m}\boldsymbol{A}_{m-i}\lambda^{i},\boldsymbol{B}(\lambda)=\sum_{k=0}^{p}\boldsymbol{B}_{p-k}\lambda^{k} \tag{7}$$

和它们的乘积

$$\boldsymbol{P}(\lambda)=\sum_{i=0}^{m}\sum_{k=0}^{p}\boldsymbol{A}_{m-i}\lambda^{i}\boldsymbol{B}_{p-k}\lambda^{k}=\sum_{i=0}^{m}\sum_{k=0}^{p}\boldsymbol{A}_{m-i}\boldsymbol{B}_{p-k}\lambda^{i+k}=\sum_{j=0}^{m+p}\Big(\sum_{i+k=j}\boldsymbol{A}_{m-i}\boldsymbol{B}_{p-k}\Big)\lambda^{j} \tag{7'}$$

与

$$\boldsymbol{P}(\lambda)=\sum_{i=0}^{m}\sum_{k=0}^{p}\lambda^{i}\boldsymbol{A}_{m-i}\lambda^{k}\boldsymbol{B}_{p-k}=\sum_{i=0}^{m}\sum_{k=0}^{p}\lambda^{i+k}\boldsymbol{A}_{m-i}\boldsymbol{B}_{p-k}=\sum_{j=0}^{m+p}\lambda^{j}\sum_{i+k=j}\boldsymbol{A}_{m-i}\boldsymbol{B}_{p-k} \tag{7''}$$

如果只有矩阵 $\boldsymbol{\Lambda}$ 与所有矩阵系数 $\boldsymbol{B}_{p-k}$ 可交换①，那么恒等式(7′)中的变换在 λ 换为 n 阶矩阵 $\boldsymbol{\Lambda}$ 时仍然成立.类似地，如果矩阵 $\boldsymbol{\Lambda}$ 与所有系数 $\boldsymbol{A}_{m-i}$ 可交换，那么在恒等式(7″)中可以把标量 λ 换为矩阵 $\boldsymbol{\Lambda}$. 在第一种情形下

$$\boldsymbol{P}(\boldsymbol{\Lambda})=\boldsymbol{A}(\boldsymbol{\Lambda})\boldsymbol{B}(\boldsymbol{\Lambda}) \tag{8'}$$

在第二种情形下

$$\hat{\boldsymbol{P}}(\boldsymbol{\Lambda})=\hat{\boldsymbol{A}}(\boldsymbol{\Lambda})\hat{\boldsymbol{B}}(\boldsymbol{\Lambda}) \tag{8''}$$

这样，如果矩阵变量 $\boldsymbol{\Lambda}$ 与右(左)余因子的所有系数可交换，那么两个矩阵多项式乘积的右(左)值等于余因子的右(左)值.

如果 $\boldsymbol{S}(\lambda)$ 是两个 n 阶矩阵多项式 $\boldsymbol{A}(\lambda)$ 与 $\boldsymbol{B}(\lambda)$ 的和，那么在标量 λ 换为任一 n 阶矩阵 $\boldsymbol{\Lambda}$ 时，以下等式恒成立

$$\boldsymbol{S}(\boldsymbol{\Lambda})=\boldsymbol{A}(\boldsymbol{\Lambda})+\boldsymbol{B}(\boldsymbol{\Lambda}),\hat{\boldsymbol{S}}(\boldsymbol{\Lambda})=\hat{\boldsymbol{A}}(\boldsymbol{\Lambda})+\hat{\boldsymbol{B}}(\boldsymbol{\Lambda}) \tag{9}$$

§2 矩阵多项式的右除与左除，广义贝祖定理

设给定阶数同为 n 的两个矩阵多项式 $\boldsymbol{A}(\lambda)$ 与 $\boldsymbol{B}(\lambda)$，且设 $\boldsymbol{B}(\lambda)$ 是正则的

$$\boldsymbol{A}(\lambda)=\boldsymbol{A}_0\lambda^{m}+\boldsymbol{A}_1\lambda^{m-1}+\cdots+\boldsymbol{A}_m \quad (\boldsymbol{A}_0\neq\boldsymbol{0})$$

$$\boldsymbol{B}(\lambda)=\boldsymbol{B}_0\lambda^{p}+\boldsymbol{B}_1\lambda^{p-1}+\cdots+\boldsymbol{B}_p \quad (|\boldsymbol{B}_0|\neq 0)$$

如果

$$\boldsymbol{A}(\lambda)=\boldsymbol{Q}(\lambda)\boldsymbol{B}(\lambda)+\boldsymbol{R}(\lambda) \tag{10}$$

而且 $\boldsymbol{R}(\lambda)$ 的次数小于 $\boldsymbol{B}(\lambda)$ 的次数，那么我们说，在以 $\boldsymbol{B}(\lambda)$ 除 $\boldsymbol{A}(\lambda)$ 时，矩阵多项式 $\boldsymbol{Q}(\lambda)$ 与 $\boldsymbol{R}(\lambda)$ 各为其右商与右余.

同样地，如果

$$\boldsymbol{A}(\lambda)=\boldsymbol{B}(\lambda)\hat{\boldsymbol{Q}}(\lambda)+\hat{\boldsymbol{R}}(\lambda) \tag{11}$$

而且 $\hat{\boldsymbol{R}}(\lambda)$ 的次数小于 $\boldsymbol{B}(\lambda)$ 的次数，那么在以 $\boldsymbol{B}(\lambda)$ 除 $\boldsymbol{A}(\lambda)$ 时，称矩阵多项式 $\hat{\boldsymbol{Q}}(\lambda)$ 与 $\hat{\boldsymbol{R}}(\lambda)$ 各为其左商与左余.

---

① 在这种情形下，矩阵 $\boldsymbol{\Lambda}$ 的任何幂可与所有系数 $\boldsymbol{B}_{p-k}$ 交换.

读者要注意，在(5)中以“除式”$\boldsymbol{B}(\lambda)$来“右”除时(亦即求出其右商与右余)，$\boldsymbol{B}(\lambda)$乘在商式$\boldsymbol{Q}(\lambda)$的右边，而在(6)中，以除式$\boldsymbol{B}(\lambda)$来“左”除时，$\boldsymbol{B}(\lambda)$乘在商式$\hat{\boldsymbol{Q}}(\lambda)$的左边. 在一般的情形，多项式$\boldsymbol{Q}(\lambda)$与$\boldsymbol{R}(\lambda)$并不与$\hat{\boldsymbol{Q}}(\lambda)$及$\hat{\boldsymbol{R}}(\lambda)$重合.

我们来证明，如果除式是正则多项式，那么两个同阶矩阵多项式，无论右除或左除，常可唯一地施行.

讨论$\boldsymbol{B}(\lambda)$右除$\boldsymbol{A}(\lambda)$的情形. 如果$m < p$，那么可以取$\boldsymbol{Q}(\lambda) = \boldsymbol{0}, \boldsymbol{R}(\lambda) = \boldsymbol{A}(\lambda)$. 在$m \geqslant p$时可以用常见的以多项式除多项式的方法来求出商式$\boldsymbol{Q}(\lambda)$与余式$\boldsymbol{R}(\lambda)$. 被除式的首项$\boldsymbol{A}_0\lambda^m$“除”以除式的首项$\boldsymbol{B}_0\lambda^p$，得出所求的商式的首项$\boldsymbol{A}_0\boldsymbol{B}_0^{-1}\lambda^{m-p}$. 右乘这一项以$\boldsymbol{B}(\lambda)$且在$\boldsymbol{A}(\lambda)$中减去这个乘积. 我们求出“第一个余式”

$$\boldsymbol{A}(\lambda) = \boldsymbol{A}_0\boldsymbol{B}_0^{-1}\lambda^{m-p}\boldsymbol{B}(\lambda) + \boldsymbol{A}^{(1)}(\lambda) \tag{12}$$

多项式$\boldsymbol{A}^{(1)}(\lambda)$的次数$m^{(1)}$小于$m$

$$\boldsymbol{A}^{(1)}(\lambda) = \boldsymbol{A}_0^{(1)}\lambda^{m^{(1)}} + \cdots \quad (\boldsymbol{A}_0^{(1)}(\lambda) \neq \boldsymbol{0}, m^{(1)} < m) \tag{13}$$

如果$m^{(1)} \geqslant p$，那么重复这一做法，我们得出

$$\begin{cases} \boldsymbol{A}^{(1)}(\lambda) = \boldsymbol{A}_0^{(1)}\boldsymbol{B}_0^{-1}\lambda^{m^{(1)}-p}\boldsymbol{B}(\lambda) + \boldsymbol{A}^{(2)}(\lambda) \\ \boldsymbol{A}^{(2)}(\lambda) = \boldsymbol{0} \text{ 或 } \boldsymbol{A}^{(2)}(\lambda) = \boldsymbol{A}_0^{(2)}\lambda^{m^{(2)}} + \cdots \quad (m^{(2)} < m^{(1)}) \end{cases} \tag{14}$$

诸如此类.

因为多项式$\boldsymbol{A}(\lambda), \boldsymbol{A}^{(1)}(\lambda), \boldsymbol{A}^{(2)}(\lambda), \cdots$的次数逐一下降，所以在某一步骤后，我们得出余式$\boldsymbol{R}(\lambda)$的次数小于$p$. 那么由(12)～(14)，我们得出

$$\boldsymbol{A}(\lambda) = \boldsymbol{Q}(\lambda)\boldsymbol{B}(\lambda) + \boldsymbol{R}(\lambda)$$

其中

$$\boldsymbol{Q}(\lambda) = \boldsymbol{A}_0\boldsymbol{B}_0^{-1}\lambda^{m-p} + \boldsymbol{A}_0^{(1)}\boldsymbol{B}_0^{-1}\lambda^{m^{(1)}-p} + \cdots$$

现在来证明右除的唯一性，设同时有

$$\boldsymbol{A}(\lambda) = \boldsymbol{Q}(\lambda)\boldsymbol{B}(\lambda) + \boldsymbol{R}(\lambda) \tag{15}$$

与

$$\boldsymbol{A}(\lambda) = \boldsymbol{Q}^*(\lambda)\boldsymbol{B}(\lambda) + \boldsymbol{R}^*(\lambda) \tag{15$'$}$$

其中多项式$\boldsymbol{R}(\lambda)$与$\boldsymbol{R}^*(\lambda)$的次数小于$\boldsymbol{B}(\lambda)$的次数，亦即小于$p$. 由(15)减去(15′)，我们得出

$$[\boldsymbol{Q}(\lambda) - \boldsymbol{Q}^*(\lambda)]\boldsymbol{B}(\lambda) = \boldsymbol{R}^*(\lambda) - \boldsymbol{R}(\lambda) \tag{16}$$

如果$\boldsymbol{Q}(\lambda) - \boldsymbol{Q}^*(\lambda) \not\equiv \boldsymbol{0}$，那么因为$|\boldsymbol{B}_0| \neq 0$，等式(16)的左边的次数等于$\boldsymbol{B}(\lambda)$与$\boldsymbol{Q}(\lambda) - \boldsymbol{Q}^*(\lambda)$的次数的和，所以大于或等于$p$. 这是不可能的，因为等式(16)的右边的多项式不能有大于或等于p的次数. 这样一来，$\boldsymbol{Q}(\lambda) - \boldsymbol{Q}^*(\lambda) \equiv \boldsymbol{0}$，因而由(16)得$\boldsymbol{R}^*(\lambda) - \boldsymbol{R}(\lambda) = \boldsymbol{0}$，亦即

$$Q(\lambda)=Q^*(\lambda),R(\lambda)=R^*(\lambda)$$

同理,可以证明左商与左余的存在与唯一性[①].

例 1 有如下式子

$$A(\lambda)=\begin{bmatrix}\lambda^3+\lambda & 2\lambda^3+\lambda^2\\ -\lambda^3-2\lambda^2+1 & 3\lambda^3+\lambda\end{bmatrix}=$$

$$\overbrace{\begin{pmatrix}1 & 2\\ -1 & 3\end{pmatrix}}^{A_0}\lambda^3+\begin{pmatrix}0 & 1\\ -2 & 0\end{pmatrix}\lambda^2+\begin{pmatrix}1 & 0\\ 0 & 1\end{pmatrix}\lambda+\begin{pmatrix}0 & 0\\ 1 & 0\end{pmatrix}$$

$$B(\lambda)=\begin{bmatrix}2\lambda^2+3 & -\lambda^2+1\\ -\lambda^2-1 & \lambda^2+2\end{bmatrix}=\overbrace{\begin{pmatrix}2 & -1\\ -1 & 1\end{pmatrix}}^{B_0}\lambda^2+\begin{pmatrix}3 & 1\\ -1 & 2\end{pmatrix}$$

$$|B_0|=1,B_0^{-1}=\begin{pmatrix}1 & 1\\ 1 & 2\end{pmatrix},A_0B_0^{-1}=\begin{pmatrix}3 & 5\\ 2 & 5\end{pmatrix}$$

$$A_0B_0^{-1}B(\lambda)=\begin{bmatrix}\lambda^2+4 & 2\lambda^2+13\\ -\lambda^2+1 & 3\lambda^2+12\end{bmatrix}$$

$$A^{(1)}(\lambda)=\begin{bmatrix}\lambda^3+\lambda & 2\lambda^3+\lambda^2\\ -\lambda^3-2\lambda^2+1 & 3\lambda^3+\lambda\end{bmatrix}-\begin{bmatrix}\lambda^3+4\lambda & 2\lambda^3+13\lambda\\ -\lambda^3+\lambda & 3\lambda^3+12\lambda\end{bmatrix}=$$

$$\begin{bmatrix}-3\lambda & \lambda^2-13\lambda\\ -2\lambda^2-\lambda+1 & -11\lambda\end{bmatrix}$$

$$A^{(1)}(\lambda)=\begin{pmatrix}0 & 1\\ -2 & 0\end{pmatrix}\lambda^2+\begin{pmatrix}-3 & -13\\ -1 & -11\end{pmatrix}\lambda+\begin{pmatrix}0 & 0\\ 1 & 0\end{pmatrix}$$

$$A_0^{(1)}B_0^{-1}=\begin{pmatrix}0 & 1\\ -2 & 0\end{pmatrix}\times\begin{pmatrix}1 & 1\\ 1 & 2\end{pmatrix}=\begin{pmatrix}1 & 2\\ -2 & -2\end{pmatrix}$$

$$A_0^{(1)}B_0^{-1}B(\lambda)=\begin{pmatrix}1 & 2\\ -2 & -2\end{pmatrix}\times\begin{bmatrix}2\lambda^2+3 & -\lambda^2+1\\ -\lambda^2-1 & \lambda^2+2\end{bmatrix}=\begin{bmatrix}1 & \lambda^2+5\\ -2\lambda^2-4 & -6\end{bmatrix}$$

$$R(\lambda)=A^{(1)}(\lambda)-A_0^{(1)}B_0^{(-1)}B(\lambda)=$$

---

① 注意,以 $B(\lambda)$ 左除 $A(\lambda)$ 的可能性与唯一性可以从转置矩阵 $A'(\lambda)$ 与 $B'(\lambda)$ 的右除的可能性与唯一性来得出.(由 $B(\lambda)$ 的正则性可推出 $B'(\lambda)$ 的正则性.)事实上,由

$$A'(\lambda)=Q_1(\lambda)B'(\lambda)+R_1(\lambda) \tag{A}$$

得出(参考第 1 章,§ 3,3,4°)

$$A(\lambda)=B(\lambda)Q'_1(\lambda)+R'_1(\lambda) \tag{B}$$

由同样的推理我们可得出 $A(\lambda)$ 左除以 $B(\lambda)$ 的唯一性,因为由 $A(\lambda)$ 左除以 $B(\lambda)$ 的非唯一性将推得 $A'(\lambda)$ 右除以 $B'(\lambda)$ 的非唯一性.

比较(A)与(B),我们得出

$$\hat{Q}(\lambda)=Q'_1(\lambda),\hat{R}(\lambda)=R'_1(\lambda)$$

$$\begin{pmatrix} -3\lambda & \lambda^2-13\lambda \\ -2\lambda^2-\lambda+1 & -11\lambda \end{pmatrix} - \begin{pmatrix} 1 & \lambda^2+5 \\ -2\lambda^2-4 & -6 \end{pmatrix} =$$

$$\begin{pmatrix} -3\lambda-1 & -13\lambda-5 \\ -\lambda+5 & -11\lambda+6 \end{pmatrix}$$

$$\boldsymbol{Q}(\lambda)=\boldsymbol{A}_0\boldsymbol{B}_0^{-1}\lambda+\boldsymbol{A}_0^{(1)}\boldsymbol{B}_0^{-1}=\begin{pmatrix} 3 & 5 \\ 2 & 5 \end{pmatrix}\lambda+\begin{pmatrix} 1 & 2 \\ -2 & -2 \end{pmatrix}=\begin{pmatrix} 3\lambda+1 & 5\lambda+2 \\ 2\lambda-2 & 5\lambda-2 \end{pmatrix}$$

读者自己去验证下式来作为练习

$$\boldsymbol{A}(\lambda)=\boldsymbol{Q}(\lambda)\boldsymbol{B}(\lambda)+\boldsymbol{R}(\lambda)$$

讨论任一 n 阶矩阵多项式

$$\boldsymbol{F}(\lambda)=\boldsymbol{F}_0\lambda^m+\boldsymbol{F}_1\lambda^{m-1}+\cdots+\boldsymbol{F}_m \quad (\boldsymbol{F}_0=\boldsymbol{0}) \tag{17}$$

将它右除以与左除以二项式 $\lambda\boldsymbol{E}-\boldsymbol{A}$，有

$$\boldsymbol{F}(\lambda)=\boldsymbol{Q}(\lambda)(\lambda\boldsymbol{E}-\boldsymbol{A})+\boldsymbol{R},\boldsymbol{F}(\lambda)=(\lambda\boldsymbol{E}-\boldsymbol{A})\hat{\boldsymbol{Q}}(\lambda)+\hat{\boldsymbol{R}} \tag{18}$$

在这种情形下右余式 $\boldsymbol{R}$ 与左余式 $\hat{\boldsymbol{R}}$ 将与 λ 无关. 为了确定右值 $\boldsymbol{F}(\boldsymbol{A})$ 与左值 $\hat{\boldsymbol{F}}(\boldsymbol{A})$，可以分别在恒等式(18) 中将标量 λ 换为矩阵 $\boldsymbol{A}$，因为矩阵 $\boldsymbol{A}$ 与二项式 $\lambda\boldsymbol{E}-\boldsymbol{A}$ 的矩阵系数是可交换的(参考 §1)，即

$$\boldsymbol{F}(\boldsymbol{A})=\boldsymbol{Q}(\boldsymbol{A})(\boldsymbol{A}-\boldsymbol{A})+\boldsymbol{R}=\boldsymbol{R},\hat{\boldsymbol{F}}(\boldsymbol{A})=(\boldsymbol{A}-\boldsymbol{A})\hat{\boldsymbol{Q}}(\boldsymbol{A})+\hat{\boldsymbol{R}}=\hat{\boldsymbol{R}} \tag{19}$$

我们证明了：

定理 1(广义贝祖定理)　当矩阵多项式 $\boldsymbol{F}(\lambda)$ 右(左) 除以二项式 $\lambda\boldsymbol{E}-\boldsymbol{A}$ 时，除得的余式为 $\boldsymbol{F}(\boldsymbol{A})[\hat{\boldsymbol{F}}(\boldsymbol{A})]$.

由所证明的定理推知，右(左) 除多项式 $\boldsymbol{F}(\lambda)$ 以二项式 $\lambda\boldsymbol{E}-\boldsymbol{A}$ 能够整除的充分必要条件是 $\boldsymbol{F}(\boldsymbol{A})=\boldsymbol{0}[\hat{\boldsymbol{F}}(\boldsymbol{A})=\boldsymbol{0}]$.

例 2　设 $\boldsymbol{A}=(a_{ik})_1^n$，而 $f(\lambda)$ 为 λ 的多项式，那么

$$\boldsymbol{F}(\lambda)=f(\lambda)\boldsymbol{E}-f(\boldsymbol{A})$$

可以被 $\lambda\boldsymbol{E}-\boldsymbol{A}$ 整除(左或右)，这可以直接从广义贝祖定理得出，因为此时

$$\boldsymbol{F}(\boldsymbol{A})=\hat{\boldsymbol{F}}(\boldsymbol{A})=\boldsymbol{0}$$

§3　矩阵的特征多项式，伴随矩阵

1. 讨论矩阵 $\boldsymbol{A}=(a_{ik})_1^n$. 称矩阵 $\lambda\boldsymbol{E}-\boldsymbol{A}$ 为矩阵 $\boldsymbol{A}$ 的特征矩阵. 特征矩阵的行列式

$$\Delta(\lambda)=|\lambda\boldsymbol{E}-\boldsymbol{A}|=|\lambda\delta_{ik}-a_{ik}|_1^n$$

是一个 λ 的标量多项式且称为矩阵 $\boldsymbol{A}$ 的特征多项式(参考第 3 章 §7)[①].

矩阵 $\boldsymbol{B}(\lambda)=(b_{ik}(\lambda))_1^n$，其中 $b_{ik}(\lambda)$ 为元素 $\lambda\delta_{ki}-a_{ki}$ 在行列式 $\Delta(\lambda)$ 中的代数余子式，称为关于矩阵 $\boldsymbol{A}$ 的伴随矩阵.

① 第 3 章 §7 中所引进的多项式与多项式 $\Delta(\lambda)$ 只差一个因子 $(-1)^n$.

例如，对于矩阵

$$\boldsymbol{A}=\begin{pmatrix}a_{11} & a_{12} & a_{13}\\ a_{21} & a_{22} & a_{23}\\ a_{31} & a_{32} & a_{33}\end{pmatrix}$$

我们有

$$\lambda\boldsymbol{E}-\boldsymbol{A}=\begin{pmatrix}\lambda-a_{11} & -a_{12} & -a_{13}\\ -a_{21} & \lambda-a_{22} & -a_{23}\\ -a_{31} & -a_{32} & \lambda-a_{33}\end{pmatrix}$$

$$\Delta(\lambda)=|\lambda\boldsymbol{E}-\boldsymbol{A}|=\lambda^3-(a_{11}+a_{22}+a_{33})\lambda^2+\cdots$$

$$\boldsymbol{B}(\lambda)=\begin{pmatrix}\lambda^2-(a_{22}+a_{33})\lambda+a_{22}a_{33}-a_{23}a_{32} & * & *\\ a_{21}\lambda+a_{23}a_{31}-a_{21}a_{33} & * & *\\ a_{31}\lambda+a_{21}a_{32}-a_{22}a_{31} & * & *\end{pmatrix}$$

由上述定义，我们得出关于 λ 的恒等式

$$(\lambda\boldsymbol{E}-\boldsymbol{A})\boldsymbol{B}(\lambda)=\Delta(\lambda)\boldsymbol{E} \tag{20}$$

$$\boldsymbol{B}(\lambda)(\lambda\boldsymbol{E}-\boldsymbol{A})=\Delta(\lambda)\boldsymbol{E} \tag{20'}$$

这些等式的右边可以视为有矩阵系数的多项式(每一系数都等于一个标量与单位矩阵 $\boldsymbol{E}$ 的乘积). 多项式矩阵 $\boldsymbol{B}(\lambda)$ 可以对 λ 的幂展开，表示为多项式的形式. 等式(20) 与(20′) 证明了以 $\lambda\boldsymbol{E}-\boldsymbol{A}$ 左或右除 $\Delta(\lambda)\boldsymbol{E}$ 都能除尽. 由广义贝祖定理，这只有在余式 $\Delta(\boldsymbol{A})\boldsymbol{E}=\Delta(\boldsymbol{A})$ 等于零时才能成立. 我们证明了：

定理 2(哈密尔顿－凯莱)　每一个方阵 $\boldsymbol{A}$ 都适合它的特征方程，亦即

$$\Delta(\boldsymbol{A})=\boldsymbol{0} \tag{21}$$

例 3　有如下式子

$$\boldsymbol{A}=\begin{pmatrix}2 & 1\\ -1 & 3\end{pmatrix}$$

$$\Delta(\lambda)=\begin{vmatrix}\lambda-2 & -1\\ 1 & \lambda-3\end{vmatrix}=\lambda^2-5\lambda+7$$

$$\Delta(\boldsymbol{A})=\boldsymbol{A}^2-5\boldsymbol{A}+7\boldsymbol{E}=\begin{pmatrix}3 & 5\\ -5 & 8\end{pmatrix}-5\begin{pmatrix}2 & 1\\ -1 & 3\end{pmatrix}+7\begin{pmatrix}1 & 0\\ 0 & 1\end{pmatrix}=\begin{pmatrix}0 & 0\\ 0 & 0\end{pmatrix}=\boldsymbol{0}$$

2. 以 $\lambda_1,\lambda_2,\cdots,\lambda_n$ 记矩阵$\boldsymbol{A}$ 的所有特征数，亦即特征多项式$\Delta(\lambda)$ 的所有的根(每一个数 λ_i 在这一序列中所重复出现的次数等于其作为多项式$\Delta(\lambda)$ 的根的重数). 那么

$$\Delta(\lambda)=|\lambda\boldsymbol{E}-\boldsymbol{A}|=(\lambda-\lambda_1)(\lambda-\lambda_2)\cdots(\lambda-\lambda_n) \tag{22}$$

设给定任一标量多项式 $g(\mu)$，求出矩阵 $g(\boldsymbol{A})$ 的特征数. 为此可分解 $g(\mu)$ 为线性因子的乘积

$$g(\mu)=a_0(\mu-\mu_1)(\mu-\mu_2)\cdots(\mu-\mu_l) \tag{23}$$

在这个恒等式的两边,以矩阵 $\boldsymbol{A}$ 代替 μ

$$g(\boldsymbol{A})=a_0(\boldsymbol{A}-\mu_1\boldsymbol{E})(\boldsymbol{A}-\mu_2\boldsymbol{E})\cdots(\boldsymbol{A}-\mu_l\boldsymbol{E}) \tag{24}$$

在等式(24)的两边取行列式且应用等式(22)与(23),我们得出

$$\begin{aligned}|g(\boldsymbol{A})|=a_0^n|\boldsymbol{A}-\mu_1\boldsymbol{E}||\boldsymbol{A}-\mu_2\boldsymbol{E}|\cdots|\boldsymbol{A}-\mu_l\boldsymbol{E}|=\\ (-1)^{nl}a_0^n\Delta(\mu_1)\Delta(\mu_2)\cdots\Delta(\mu_l)=\\ (-1)^{nl}a_0^n\prod_{i=1}^{l}\prod_{k=1}^{n}(\mu_i-\lambda_k)=g(\lambda_1)g(\lambda_2)\cdots g(\lambda_n)\end{aligned}$$

在等式

$$[g(\boldsymbol{A})]=g(\lambda_1)g(\lambda_2)\cdots g(\lambda_n) \tag{25}$$

中把多项式 $g(\mu)$ 换为 $\lambda-g(\mu)$,其中 λ 为一个参变数,我们得出

$$|\lambda\boldsymbol{E}-g(\boldsymbol{A})|=[\lambda-g(\lambda_1)][\lambda-g(\lambda_2)]\cdots[\lambda-g(\lambda_n)] \tag{26}$$

由这个等式推得:

定理 3 如果 $\lambda_1,\lambda_2,\cdots,\lambda_n$ 为矩阵 $\boldsymbol{A}$ 所有的特征数(多重根重复计入),而 $g(\mu)$ 为某一标量多项式,那么 $g(\lambda_1),g(\lambda_2),\cdots,g(\lambda_n)$ 为矩阵 $g(\boldsymbol{A})$ 所有的特征数.

特别地,如果矩阵 $\boldsymbol{A}$ 有特征数 $\lambda_1,\lambda_2,\cdots,\lambda_n$,那么矩阵 $\boldsymbol{A}^k$ 有特征数 $\lambda_1^k,\lambda_2^k,\cdots,\lambda_n^k(k=0,1,2,3,\cdots)$.

3. 我们来指出伴随矩阵 $\boldsymbol{B}(\lambda)$ 由特征多项式 $\Delta(\lambda)$ 表示的有效公式.

设

$$\Delta(\lambda)=\lambda^n-p_1\lambda^{n-1}-p_2\lambda^{n-2}-\cdots-p_n \tag{27}$$

由于差 $\Delta(\lambda)-\Delta(\mu)$ 可以被 $\lambda-\mu$ 所整除,因此

$$\begin{aligned}\delta(\lambda,\mu)=\frac{\Delta(\lambda)-\Delta(\mu)}{\lambda-\mu}=\lambda^{n-1}+(\mu-p_1)\lambda^{n-2}+\\ (\mu^2-p_1\mu-p_2)\lambda^{n-3}+\cdots\end{aligned} \tag{28}$$

是 λ 与 μ 的多项式.

恒等式

$$\Delta(\lambda)-\Delta(\mu)=\delta(\lambda,\mu)(\lambda-\mu) \tag{29}$$

仍然成立,如果我们在等式中以彼此可交换的矩阵 $\lambda\boldsymbol{E}$ 与 $\boldsymbol{A}$ 代替 λ 与 μ.那么,由哈密尔顿-凯莱定理 $\Delta(\boldsymbol{A})=\boldsymbol{0}$,有

$$\Delta(\lambda)\boldsymbol{E}=\delta(\lambda\boldsymbol{E},\boldsymbol{A})(\lambda\boldsymbol{E}-\boldsymbol{A}) \tag{30}$$

比较等式(20′)与(30),由于商式的唯一性,我们得出所求的公式

$$\boldsymbol{B}(\lambda)=\delta(\lambda\boldsymbol{E},\boldsymbol{A}) \tag{31}$$

故由(28),有

$$\boldsymbol{B}(\lambda)=\lambda^{n-1}+\boldsymbol{B}_1\lambda^{n-2}+\boldsymbol{B}_2\lambda^{n-3}+\cdots+\boldsymbol{B}_{n-1} \tag{32}$$

其中

$$\boldsymbol{B}_1=\boldsymbol{A}-p_1\boldsymbol{E},\boldsymbol{B}_2=\boldsymbol{A}^2-p_1\boldsymbol{A}-p_2\boldsymbol{E},\cdots$$

而一般地有

$$\boldsymbol{B}_k=\boldsymbol{A}^k-p_1\boldsymbol{A}^{k-1}-p_2\boldsymbol{A}^{k-2}-\cdots-p_k\boldsymbol{E}\quad(k=1,2,\cdots,n-1)\tag{33}$$

矩阵 $\boldsymbol{B}_1,\boldsymbol{B}_2,\cdots,\boldsymbol{B}_{n-1}$ 可以从以下递推关系式中顺次计算出来

$$\boldsymbol{B}_k=\boldsymbol{A}\boldsymbol{B}_{k-1}-p_k\boldsymbol{E}\quad(k=1,2,\cdots,n-1;\boldsymbol{B}_0=\boldsymbol{E})\tag{34}$$

此时有

$$\boldsymbol{A}\boldsymbol{B}_{n-1}-p_n\boldsymbol{E}=\boldsymbol{0}^{①}\tag{35}$$

关系式(34)与(35)可以直接从恒等式(20)得出，只要我们在这个恒等式中使两边 λ 的同幂的系数相等.

如果 $\boldsymbol{A}$ 是满秩矩阵，那么

$$p_n=(-1)^{n-1}\mid\boldsymbol{A}\mid\neq0$$

且由(35)得出

$$\boldsymbol{A}^{-1}=\frac{1}{p_n}\boldsymbol{B}_{n-1}\tag{36}$$

设 λ_0 为矩阵 $\boldsymbol{A}$ 的特征数，亦即 $\Delta(\lambda_0)=0$. 在(20)中代入 λ_0，我们得出

$$(\lambda_0\boldsymbol{E}-\boldsymbol{A})\boldsymbol{B}(\lambda_0)=\boldsymbol{0}\tag{37}$$

我们设矩阵 $\boldsymbol{B}(\lambda_0)\neq\boldsymbol{0}$，且以 $\boldsymbol{b}$ 记这个矩阵的任何一个非零列. 那么由(37)有 $(\lambda_0\boldsymbol{E}-\boldsymbol{A})\boldsymbol{b}=\boldsymbol{0}$ 或

$$\boldsymbol{A}\boldsymbol{b}=\lambda_0\boldsymbol{b}\tag{38}$$

故知矩阵 $\boldsymbol{B}(\lambda_0)$ 的任何一个非零列定出一个对应于特征数 λ_0 的特征向量[②].

这样一来，如果已经知道特征多项式的系数，那么可以由式(31)求出附加矩阵. 如果给予了满秩矩阵 $\boldsymbol{A}$，那么由式(36)可以求出逆矩阵 $\boldsymbol{A}^{-1}$. 如果 λ_0 是矩阵 $\boldsymbol{A}$ 的特征数，那么矩阵 $\boldsymbol{B}(\lambda_0)$ 的非零列都是矩阵 $\boldsymbol{A}$ 的对应于 $\lambda=\lambda_0$ 的特征向量.

例 4　有如下式子

$$\boldsymbol{A}=\begin{pmatrix}2&-1&1\\0&1&1\\-1&1&1\end{pmatrix}$$

$$\Delta(\lambda)=\mid\lambda\boldsymbol{E}-\boldsymbol{A}\mid=\begin{vmatrix}\lambda-2&1&-1\\0&\lambda-1&-1\\1&-1&\lambda-1\end{vmatrix}=\lambda^3-4\lambda^2+5\lambda-2$$

---

① 从(34)可以得出等式(33). 如果把(33)中的 $\boldsymbol{B}_{n-1}$ 表示式代入(35)，那么我们就得出 $\Delta(\boldsymbol{A})=\boldsymbol{0}$. 这个哈密尔顿－凯莱定理的结果并没有明显地用到广义贝祖定理，但是是含有这一定理的.

② 参考第 3 章 §7，如果特征数 λ_0 对应于 d_0 个线性无关的特征向量($n-d_0$ 为矩阵 $\lambda_0\boldsymbol{E}-\boldsymbol{A}$ 的秩)，那么单位矩阵 $\boldsymbol{B}(\lambda_0)$ 的秩不能超过 d_0. 特别地，如果 λ_0 只对应于一个特征向量，那么在矩阵 $\boldsymbol{B}(\lambda_0)$ 中任何两列的元素都是成比例的.

$$\delta(\lambda,\mu)=\frac{\Delta(\lambda)-\Delta(\mu)}{\lambda-\mu}=\lambda^2+\lambda(\mu-4)+\mu^2-4\mu+5$$

$$\boldsymbol{B}(\lambda)=\delta(\lambda\boldsymbol{E},\boldsymbol{A})=\lambda^2\boldsymbol{E}+\lambda\underbrace{(\boldsymbol{A}-4\boldsymbol{E})}_{\boldsymbol{B}_1}+\underbrace{\boldsymbol{A}^2-4\boldsymbol{A}+5\boldsymbol{E}}_{\boldsymbol{B}_2}$$

但

$$\boldsymbol{B}_1=\boldsymbol{A}-4\boldsymbol{E}=\begin{pmatrix}-2 & -1 & 1\\ 0 & -3 & 1\\ -1 & 1 & -3\end{pmatrix}$$

$$\boldsymbol{B}_2=\boldsymbol{A}\boldsymbol{B}_1+5\boldsymbol{E}=\begin{pmatrix}0 & 2 & -2\\ -1 & 3 & -2\\ 1 & -1 & 2\end{pmatrix}$$

$$\boldsymbol{B}(\lambda)=\begin{pmatrix}\lambda^2-2\lambda & -\lambda+2 & \lambda-2\\ -1 & \lambda^2-3\lambda+3 & \lambda-2\\ -\lambda+1 & \lambda-1 & \lambda^2-3\lambda+2\end{pmatrix}$$

$$|\boldsymbol{A}|=2,\boldsymbol{A}^{-1}=\frac{1}{2}\boldsymbol{B}_2=\begin{pmatrix}0 & 1 & -1\\ -\frac{1}{2} & \frac{3}{2} & -1\\ \frac{1}{2} & -\frac{1}{2} & 1\end{pmatrix}$$

再者
$$\Delta(\lambda)=(\lambda-1)^2(\lambda-2)$$

矩阵 $\boldsymbol{B}(1)$ 的第一列给予了对应于特征数 $\lambda=1$ 的特征向量 $(1,1,0)$.

矩阵 $\boldsymbol{B}(2)$ 的第一列给予了对应于特征数 $\lambda=2$ 的特征向量 $(0,1,1)$.

§4　同时计算伴随矩阵与特征多项式的系数的德·克·法捷耶夫方法

德·克·法捷耶夫[①]提供了同时定出特征多项式

$$\Delta(\lambda)=\lambda^n-p_1\lambda^{n-1}-p_2\lambda^{n-2}-\cdots-p_n \tag{39}$$

的纯系数 $p_1,p_2,\cdots,p_n$ 与附加矩阵 $\boldsymbol{B}(\lambda)$ 的矩阵系数 $\boldsymbol{B}_1,\boldsymbol{B}_2,\cdots,\boldsymbol{B}_{n-1}$ 的方法.

为了叙述德·克·法捷耶夫[②]的方法,首先引进关于矩阵的迹的概念.

矩阵 $\boldsymbol{A}=(a_{ik})_1^n$ 的迹(记为:Sp $\boldsymbol{A}$)是这个矩阵的对角线上诸元素的和

$$\mathrm{Sp}\,\boldsymbol{A}=\sum_{i=1}^n a_{ii} \tag{40}$$

---

① 参考《Сборник задач по высшей алгебре》(1949).

② 另一个计算特征多项式系数的有效方法是克雷洛夫的方法,我们将在第 7 章 §7 中告知读者.

不难看出

$$\mathrm{Sp}\ \boldsymbol{A} = p_1 = \sum_{i=1}^{n} \lambda_i \tag{41}$$

如果 $\lambda_1, \lambda_2, \cdots, \lambda_n$ 是矩阵 $\boldsymbol{A}$ 的特征数,亦即

$$\Delta(\lambda) = (\lambda - \lambda_1)(\lambda - \lambda_2)\cdots(\lambda - \lambda_n) \tag{42}$$

因为由定理 3,知矩阵幂 $\boldsymbol{A}^k$ 的特征数为幂 $\lambda_1^k, \lambda_2^k, \cdots, \lambda_n^k (k = 0, 1, 2, \cdots)$,所以

$$\mathrm{Sp}\ \boldsymbol{A}^k = s_k = \sum_{i=1}^{n} \lambda_i^k \quad (k = 0, 1, 2, \cdots) \tag{43}$$

多项式(39) 诸根的幂之和 $s_k(k = 1, 2, \cdots, n)$ 与这一多项式的系数之间有牛顿公式

$$kp_k = s_k - p_1 s_{k-1} - \cdots - p_{k-1} s_1 \quad (k = 1, 2, \cdots, n) \tag{44}$$

如果计算出矩阵 $\boldsymbol{A}, \boldsymbol{A}^2, \cdots, \boldsymbol{A}^n$ 的迹 $s_1, s_2, \cdots, s_n$,那么可以由方程(44) 依次定出系数 $p_1, p_2, \cdots, p_n$. 对此由矩阵幂的迹来求出特征多项式的系数.

德・克・法捷耶夫代替幂 $\boldsymbol{A}, \boldsymbol{A}^2, \cdots, \boldsymbol{A}^n$ 的迹来顺次计算另一些矩阵 $\boldsymbol{A}_1, \boldsymbol{A}_2, \cdots, \boldsymbol{A}_n$ 的迹,且利用它们来定出 $p_1, p_2, \cdots, p_n$ 与 $\boldsymbol{B}_1, \boldsymbol{B}_2, \cdots, \boldsymbol{B}_n$,他提供了以下诸式

$$\left\{\begin{array}{lll}
\boldsymbol{A}_1 = \boldsymbol{A} & p_1 = \mathrm{Sp}\ \boldsymbol{A}_1 & \boldsymbol{B}_1 = \boldsymbol{A}_1 - p_1 \boldsymbol{E} \\
\boldsymbol{A}_2 = \boldsymbol{A}\boldsymbol{B}_1 & p_2 = \dfrac{1}{2}\mathrm{Sp}\ \boldsymbol{A}_2 & \boldsymbol{B}_2 = \boldsymbol{A}_2 - p_2 \boldsymbol{E} \\
\vdots & \vdots & \vdots \\
\boldsymbol{A}_{n-1} = \boldsymbol{A}\boldsymbol{B}_{n-2} & p_{n-1} = \dfrac{1}{n-1}\mathrm{Sp}\ \boldsymbol{A}_{n-1} & \boldsymbol{B}_{n-1} = \boldsymbol{A}_{n-1} - p_{n-1} \boldsymbol{E} \\
\boldsymbol{A}_n = \boldsymbol{A}\boldsymbol{B}_{n-1} & p_n = \dfrac{1}{n}\mathrm{Sp}\ \boldsymbol{A}_n & \boldsymbol{B}_n = \boldsymbol{A}_n - p_n \boldsymbol{E} = \boldsymbol{0}
\end{array}\right. \tag{45}$$

最后的等式 $\boldsymbol{B}_n = \boldsymbol{A}_n - p_n \boldsymbol{E} = \boldsymbol{0}$ 可以作为验算之用.

为了证明由式(45) 所顺次定出的数 $p_1, p_2, \cdots, p_n$ 与矩阵 $\boldsymbol{B}_1, \boldsymbol{B}_2, \cdots, \boldsymbol{B}_{n-1}$ 分别是 $\Delta(\lambda)$ 与 $\boldsymbol{B}(\lambda)$ 的系数,我们注意由(45) 可推得关于 $\boldsymbol{A}_k$ 与 $\boldsymbol{B}_k (k=1, 2, \cdots, n)$ 的以下诸式

$$\begin{gathered}
\boldsymbol{A}_k = \boldsymbol{A}^k - p_1 \boldsymbol{A}^{k-1} - \cdots - p_{k-1} \boldsymbol{A} \\
\boldsymbol{B}_k = \boldsymbol{A}^k - p_1 \boldsymbol{A}^{k-1} - \cdots - p_{k-1} \boldsymbol{A} - p_k \boldsymbol{E}
\end{gathered} \tag{46}$$

在其第一式中比较左右两边的迹,我们得出

$$kp_k = s_k - p_1 s_{k-1} - \cdots - p_{k-1} s_1$$

但是这些式子与牛顿公式(44) 相同,从它们可以顺次定出特征多项式 $\Delta(\lambda)$ 的系数. 因此,由式(45) 所定出的数 $p_1, p_2, \cdots, p_n$ 是 $\Delta(\lambda)$ 的系数. 又因(46) 的第二式与式(33) 一致,从它们可以顺次定出附加矩阵 $\boldsymbol{B}(\lambda)$ 的矩阵系数 $\boldsymbol{B}_1, \boldsymbol{B}_2, \cdots, \boldsymbol{B}_{n-1}$,故式(45) 确定了矩阵多项式 $\boldsymbol{B}(\lambda)$ 的系数 $\boldsymbol{B}_1, \boldsymbol{B}_2, \cdots, \boldsymbol{B}_{n-1}$.

例 5[①] 有如下式子

$$A=\begin{pmatrix}2 & -1 & 1 & 2\\ 0 & 1 & 1 & 0\\ -1 & 1 & 1 & 1\\ 1 & 1 & 1 & 0\end{pmatrix},p_1=\mathrm{Sp}\,A=4,B_1=A-4E=\begin{pmatrix}-2 & -1 & 1 & 2\\ 0 & -3 & 1 & 0\\ -1 & 1 & -3 & 1\\ 1 & 1 & 1 & -4\end{pmatrix}$$

$$\begin{matrix}2 & 2 & 4 & 3\end{matrix}$$

$$A_2=AB_1=\begin{pmatrix}-3 & 4 & 0 & -3\\ -1 & -2 & -2 & 1\\ 2 & 0 & -2 & -5\\ -3 & -3 & -1 & 3\end{pmatrix},p_2=\frac{1}{2}\mathrm{Sp}\,A_2=-2$$

$$\begin{matrix}-5 & -1 & -5 & -4\end{matrix}$$

$$B_2=A_2+2E=\begin{pmatrix}-1 & 4 & 0 & -3\\ -1 & 0 & -2 & 1\\ 2 & 0 & 0 & -5\\ -3 & -3 & -1 & 3\end{pmatrix}$$

$$A_3=AB_2=\begin{pmatrix}-5 & 2 & 0 & -2\\ 1 & 0 & -2 & -4\\ -1 & -7 & -3 & 4\\ 0 & 4 & -2 & -7\end{pmatrix},p_3=\frac{1}{3}\mathrm{Sp}\,A_3=-5$$

$$\begin{matrix}-5 & -1 & -7 & -9\end{matrix}$$

$$B_3=A_3+5E=\begin{pmatrix}0 & 2 & 0 & -2\\ 1 & 5 & -2 & 4\\ -1 & -7 & 2 & 4\\ 0 & 4 & -2 & -2\end{pmatrix}$$

$$A_4=AB_3=\begin{pmatrix}-2 & 0 & 0 & 0\\ 0 & -2 & 0 & 0\\ 0 & 0 & -2 & 0\\ 0 & 0 & 0 & -2\end{pmatrix},p_4=-2$$

$$\Delta(\lambda)=\lambda^4-4\lambda^3+2\lambda^2+5\lambda+2$$

① 为了验算起见,我们在每一个矩阵 A_1,A_2,A_3 的下面都注上它们的诸行的和数.以乘积中第一个因子的诸行总和顺次乘第二个因子的某一个列上元素后相加,必须得出乘积的同一列上诸行的和数.

$$|\boldsymbol{A}|=2,\boldsymbol{A}^{-1}=\frac{1}{p_4}\boldsymbol{B}_3=\begin{pmatrix}0 & -1 & 0 & 1\\ -\frac{1}{2} & -\frac{5}{2} & 1 & -2\\ \frac{1}{2} & \frac{7}{2} & -1 & -2\\ 0 & -2 & 1 & 1\end{pmatrix}$$

注 如果我们要定出 p_1,p_2,p_3,p_4 且只要得出 $\boldsymbol{B}_1,\boldsymbol{B}_2,\boldsymbol{B}_3$ 的第一列,那么只需要在 $\boldsymbol{A}_2$ 中算出其第一列的元素与其余诸列在对角线上的元素,在 $\boldsymbol{A}_3$ 中第一列的元素与在 $\boldsymbol{A}_4$ 中第一列的第一个与第三个元素.

§5 矩阵的最小多项式

定义 1 如果

$$f(\mathbf{A})=\mathbf{0}$$

那么标量多项式 $f(\lambda)$ 称为方阵 $\mathbf{A}$ 的零化多项式.

首项系数等于 1 且其次数最小的零化多项式 $\psi(\lambda)$ 称为矩阵 $\mathbf{A}$ 的最小多项式.

由哈密尔顿—凯莱定理知矩阵 $\mathbf{A}$ 的特征多项式 $\Delta(\lambda)$ 是这一矩阵的零化多项式.但是,有如后面的叙述,在一般的情形它不一定是最小的.

任一零化多项式 $f(\lambda)$ 除以其最小多项式

$$f(\lambda)=\psi(\lambda)q(\lambda)+r(\lambda)$$

其中 $r(\lambda)$ 如不为零,则其次数小于 $\psi(\lambda)$ 的次数.故有

$$f(\mathbf{A})=\psi(\mathbf{A})q(\mathbf{A})+r(\mathbf{A})$$

因为 $f(\mathbf{A})=\mathbf{0}$ 与 $\psi(\mathbf{A})=\mathbf{0}$,所以得出 $r(\mathbf{A})=\mathbf{0}$.但如 $r(\lambda)$ 有次数时,其次数将小于最小多项式 $\psi(\lambda)$ 的次数.故 $r(\lambda)\equiv 0$①.这样一来,矩阵的任何零化多项式都被其最小多项式所整除.

设两个多项式 $\psi(\lambda)$ 与 $\psi'(\lambda)$ 都是同一矩阵的最小多项式,那么每一个都可以被另一个整除,亦即这两个多项式只能有常数因子的差别.因为 $\psi(\lambda)$ 与 $\psi'(\lambda)$ 的首项系数都等于 1,所以这个常数因子必须等于 1.我们就证明了一个已知矩阵的最小多项式的唯一性.

求出最小多项式与特征多项式间的关系式.

以 $D_{n-1}(\lambda)$ 记特征矩阵 $\lambda\boldsymbol{E}-\mathbf{A}$ 中所有 $n-1$ 阶子式的最大公因式,亦即伴随矩阵 $\boldsymbol{B}(\lambda)=(b_{ik}(\lambda))_1^n$ 中所有元素的最大公因式(参考上节),那么

$$\boldsymbol{B}(\lambda)=D_{n-1}(\lambda)\boldsymbol{C}(\lambda) \tag{47}$$

① 否则将有一个零化多项式存在,其次数小于最小多项式的次数.

其中 $\boldsymbol{C}(\lambda)$ 为一个多项式矩阵，它是对于矩阵 $\lambda\boldsymbol{E}-\boldsymbol{A}$ 的“约化”伴随矩阵. 由(20) 与(47) 我们得出

$$\Delta(\lambda)\boldsymbol{E}=(\lambda\boldsymbol{E}-\boldsymbol{A})\boldsymbol{C}(\lambda)D_{n-1}(\lambda) \tag{48}$$

故知 $\Delta(\lambda)$ 为 $D_{n-1}(\lambda)$ 所整除[①]

$$\frac{\Delta(\lambda)}{D_{n-1}(\lambda)}=\psi(\lambda) \tag{49}$$

其中 $\psi(\lambda)$ 为 λ 的一个多项式. 在恒等式(48) 的两边约去 $D_{n-1}(\lambda)$[②]

$$\psi(\lambda)\boldsymbol{E}=(\lambda\boldsymbol{E}-\boldsymbol{A})\boldsymbol{C}(\lambda) \tag{50}$$

因为 $\psi(\lambda)\boldsymbol{E}$ 被 $\lambda\boldsymbol{E}-\boldsymbol{A}$ 所左整除，所以由广义贝祖定理

$$\psi(\boldsymbol{A})=\boldsymbol{0}$$

这样一来，为式(49) 所确定的多项式 $\psi(\lambda)$ 是矩阵 $\boldsymbol{A}$ 的零化多项式. 我们来证明，它就是 $\boldsymbol{A}$ 的最小多项式.

以 $\psi^*(\lambda)$ 记最小多项式，那么 $\psi(\lambda)$ 可被 $\psi^*(\lambda)$ 整除

$$\psi(\lambda)=\psi^*(\lambda)\chi(\lambda) \tag{51}$$

因为 $\psi^*(\boldsymbol{A})=\boldsymbol{0}$，所以由广义贝祖定理，矩阵多项式 $\psi^*(\lambda)\boldsymbol{E}$ 被 $\lambda\boldsymbol{E}-\boldsymbol{A}$ 所左整除

$$\psi^*(\lambda)\boldsymbol{E}=(\lambda\boldsymbol{E}-\boldsymbol{A})\boldsymbol{C}^*(\lambda) \tag{52}$$

由(51) 与(52) 得出

$$\psi(\lambda)\boldsymbol{E}=(\lambda\boldsymbol{E}-\boldsymbol{A})\boldsymbol{C}^*(\lambda)\chi(\lambda) \tag{53}$$

恒等式(50) 与(53) 说明 $\boldsymbol{C}(\lambda)$ 与 $\boldsymbol{C}^*(\lambda)\chi(\lambda)$ 都是以 $\lambda\boldsymbol{E}-\boldsymbol{A}$ 除 $\psi(\lambda)\boldsymbol{E}$ 所得出的左商. 由除法唯一性知

$$\boldsymbol{C}(\lambda)=\boldsymbol{C}^*(\lambda)\chi(\lambda)$$

故知 $\chi(\lambda)$ 为多项式矩阵 $\boldsymbol{C}(\lambda)$ 的所有元素的公因式. 但是，导出伴随矩阵 $\boldsymbol{C}(\lambda)$ 的所有元素的最大公因式等于 1，因为这个矩阵是从 $\boldsymbol{B}(\lambda)$ 除以 $D_{n-1}(\lambda)$ 得出来的，所以有 $\chi(\lambda)=C$(C 为常数). 因为在 $\psi(\lambda)$ 与 $\psi^*(\lambda)$ 中，首项系数都等于 1，所以在式(51) 中 $\chi(\lambda)=1$，亦即 $\psi(\lambda)=\psi^*(\lambda)$，这就是所要证明的结果.

我们对于最小多项式已经建立了以下公式

$$\psi(\lambda)=\frac{\Delta(\lambda)}{D_{n-1}(\lambda)} \tag{54}$$

类似于公式(31)(在 §4,3)，对于约化伴随矩阵 $\boldsymbol{C}(\lambda)$，我们有公式

---

① 这可以直接从特征行列式 $\Delta(\lambda)$ 按照它的任一行展开来证明.

② 在所给的情形，与(50) 并列的有恒等式[参考(20′)]

$$\psi(\lambda)\boldsymbol{E}=\boldsymbol{C}(\lambda)(\lambda\boldsymbol{E}-\boldsymbol{A})$$

亦即 $\boldsymbol{C}(\lambda)$ 同时为以 $\lambda\boldsymbol{E}-\boldsymbol{A}$ 除 $\psi(\lambda)\boldsymbol{E}$ 所得出的左商与右商.

$$\boldsymbol{C}(\lambda)=\boldsymbol{\Psi}(\lambda\boldsymbol{E},\boldsymbol{A}) \tag{55}$$

其中 $\Psi(\lambda,\mu)$ 为以下等式所确定的多项式

$$\Psi(\lambda,\mu)=\frac{\psi(\lambda)-\psi(\mu)}{\lambda-\mu}\text{①} \tag{56}$$

再者

$$(\lambda\boldsymbol{E}-\boldsymbol{A})\boldsymbol{C}(\lambda)=\psi(\lambda)\boldsymbol{E} \tag{57}$$

在等式(57)的两边取行列式,我们得出

$$\Delta(\lambda)\mid\boldsymbol{C}(\lambda)\mid=[\psi(\lambda)]^n \tag{58}$$

这样一来,$\Delta(\lambda)$ 可以被 $\psi(\lambda)$ 所整除,而 $\psi(\lambda)$ 的某一个幂又被 $\Delta(\lambda)$ 所整除,亦即在多项式 $\Delta(\lambda)$ 与 $\psi(\lambda)$ 中所有不相等的根是彼此一致的.换句话说,$\psi(\lambda)$ 的根是矩阵 $\boldsymbol{A}$ 的所有不相等的特征数.

如果

$$\Delta(\lambda)=(\lambda-\lambda_1)^{n_1}(\lambda-\lambda_2)^{n_2}\cdots(\lambda-\lambda_s)^{n_s} \tag{59}$$

$$(i\neq j\text{ 时 }\lambda_i\neq\lambda_j;n_i>0,i,j=1,2,\cdots,s)$$

那么

$$\psi(\lambda)=(\lambda-\lambda_1)^{m_1}(\lambda-\lambda_2)^{m_2}\cdots(\lambda-\lambda_s)^{m_s} \tag{60}$$

其中

$$0<m_k\leqslant n_k\quad(k=1,2,\cdots,s) \tag{61}$$

还要注意矩阵 $\boldsymbol{C}(\lambda)$ 的一个性质.设 λ_0 为矩阵 $\boldsymbol{A}=(a_{ik})_1^n$ 的任一特征数,那么 $\psi(\lambda_0)=0$,故由(57),有

$$(\lambda_0\boldsymbol{E}-\boldsymbol{A})\boldsymbol{C}(\lambda_0)=\boldsymbol{0} \tag{62}$$

我们注意,常有 $\boldsymbol{C}(\lambda_0)\neq\boldsymbol{0}$.事实上,在相反的情形,导出伴随矩阵 $\boldsymbol{C}(\lambda)$ 的所有元素都将被 $\lambda-\lambda_0$ 所整除,这是不可能的.

以 $\boldsymbol{c}$ 记矩阵 $\boldsymbol{C}(\lambda_0)$ 的任一非零列.那么由(62),有

$$(\lambda_0\boldsymbol{E}-\boldsymbol{A})\boldsymbol{c}=\boldsymbol{0}$$

亦即

$$\boldsymbol{A}\boldsymbol{c}=\lambda_0\boldsymbol{c} \tag{63}$$

换句话说,矩阵 $\boldsymbol{C}(\lambda_0)$ 的任一非零列(这种列常能存在)确定了 $\lambda=\lambda_0$ 的一个特征向量.

例 6 有如下式子

$$\boldsymbol{A}=\begin{pmatrix}3&-3&2\\-1&5&-2\\-1&3&0\end{pmatrix}$$

---

① 式(55)可以完全与式(31)相类似地得出.在恒等式 $\psi(\lambda)-\psi(\mu)=(\lambda-\mu)\Psi(\lambda,\mu)$ 的两边以矩阵 $\lambda\boldsymbol{E}$ 与 $\boldsymbol{A}$ 代替 λ 与 μ,我们得出与(50)相同的矩阵等式.

$$\Delta(\lambda)=\begin{vmatrix}\lambda-3 & 3 & -2\\ 1 & \lambda-5 & 2\\ 1 & -3 & \lambda\end{vmatrix}=\lambda^3-8\lambda^2+20\lambda-16=(\lambda-2)^2(\lambda-4)$$

$$\delta(\lambda,\mu)=\frac{\Delta(\mu)-\Delta(\lambda)}{\mu-\lambda}=\mu^2+\mu(\lambda-8)+\lambda^2-8\lambda+20$$

$$\boldsymbol{B}(\lambda)=\boldsymbol{A}^2+(\lambda-8)\boldsymbol{A}+(\lambda^2-8\lambda+20)\boldsymbol{E}=\begin{pmatrix}10 & -18 & 12\\ -6 & 22 & -12\\ -6 & 18 & -8\end{pmatrix}+$$

$$(\lambda-8)\begin{pmatrix}3 & -3 & 2\\ -1 & 5 & -2\\ -1 & 3 & 0\end{pmatrix}+(\lambda^2-8\lambda+20)\begin{pmatrix}1 & 0 & 0\\ 0 & 1 & 0\\ 0 & 0 & 1\end{pmatrix}=$$

$$\begin{pmatrix}\lambda^2-5\lambda+6 & -3\lambda+6 & 2\lambda-4\\ -\lambda+2 & \lambda^2-3\lambda+2 & -2\lambda+4\\ -\lambda+2 & 3\lambda-6 & \lambda^2-8\lambda+12\end{pmatrix}$$

矩阵 $\boldsymbol{B}(\lambda)$ 中所有元素都被 $D_2(\lambda)=\lambda-2$ 所除尽.约去这个因子,我们得出

$$\boldsymbol{C}(\lambda)=\begin{pmatrix}\lambda-3 & -3 & 2\\ -1 & \lambda-1 & -2\\ -1 & 3 & \lambda-6\end{pmatrix}$$

与

$$\psi(\lambda)=\frac{\Delta(\lambda)}{\lambda-2}=(\lambda-2)(\lambda-4)$$

在 $\boldsymbol{C}(\lambda)$ 中代 λ 以值 $\lambda_0=2$

$$\boldsymbol{C}(2)=\begin{pmatrix}-1 & -3 & 2\\ -1 & 1 & -2\\ -1 & 3 & -4\end{pmatrix}$$

第一列给出对于 $\lambda_0=2$ 的特征向量 $(1,1,1)$.第二列给出对于同一特征数 $\lambda_0=2$ 的特征向量 $(-3,1,3)$.第三列是前两列的线性组合.

同样地,取 $\lambda=4$,由矩阵 $\boldsymbol{C}(4)$ 的第一列得出对应于特征数 $\lambda_0=4$ 的特征向量 $(1,-1,-1)$.

我们还要提醒读者,$\psi(\lambda)$ 与 $\boldsymbol{C}(\lambda)$ 可以用另一种方法来得出.

首先求出 $D_2(\lambda)$. $D_2(\lambda)$ 的根只能是 2 与 4.在 $\lambda=4$ 时,$\Delta(\lambda)$ 的二阶子式 $\begin{vmatrix}1 & \lambda-5\\ 1 & -3\end{vmatrix}=-\lambda+2$ 不能化为零.所以有 $D_2(4)\neq 0$.当 $\lambda=2$ 时,矩阵 $\boldsymbol{A}$ 的诸列彼此成比例.故在 $\Delta(\lambda)$ 中,所有二阶子式当 $\lambda=2$ 时都等于零:$D_2(2)=0$.因为所计算出来的子式有一次幂的存在,所以 $D_2(\lambda)$ 不能被 $(\lambda-2)^2$ 所除尽.故

$$D_2(\lambda)=\lambda-2$$

因此

$$\psi(\lambda)=\frac{\Delta(\lambda)}{\lambda-2}=(\lambda-2)(\lambda-4)=\lambda^2-6\lambda+8$$

$$\psi(\lambda,\mu)=\frac{\psi(\mu)-\psi(\lambda)}{\mu-\lambda}=\mu+\lambda-6$$

$$\boldsymbol{C}(\lambda)=\psi(\lambda\boldsymbol{E},\boldsymbol{A})=\boldsymbol{A}+(\lambda-6)\boldsymbol{E}=\begin{pmatrix}\lambda-3 & -3 & 2\\ -1 & \lambda-1 & -2\\ -1 & 3 & \lambda-6\end{pmatrix}$$

矩阵函数

第5章

§1 矩阵函数的定义

1. 设给定方阵 $\boldsymbol{A}=(a_{ik})_1^n$ 与标量变数 λ 的函数 $f(\lambda)$，需要定出 $f(\boldsymbol{A})$ 的意义，亦即要推广函数 $f(\lambda)$ 到以矩阵值为变数的意义.

对于最简单的特殊情形，即 $f(\lambda)=\gamma_0\lambda^l+\gamma_1\lambda^{l-1}+\cdots+\gamma_l$ 为 λ 的多项式时，我们已经知道这个问题的解答. 此时 $f(\boldsymbol{A})=\gamma_0\boldsymbol{A}^l+\gamma_1\boldsymbol{A}^{l-1}+\cdots+\gamma_l\boldsymbol{E}$. 从这一特殊情形试图得出一般情形的 $f(\boldsymbol{A})$.

以

$$\psi(\lambda)=(\lambda-\lambda_1)^{m_1}(\lambda-\lambda_2)^{m_2}\cdots(\lambda-\lambda_s)^{m_s} \tag{1}$$

记矩阵 $\boldsymbol{A}$ 的最小多项式[①]（此处 $\lambda_1,\lambda_2,\cdots,\lambda_s$ 为矩阵 $\boldsymbol{A}$ 的所有不同的特征数）. 这个多项式的次数 $m=\sum_{k=1}^{s}m_k$.

这两个多项式 $g(\lambda)$ 与 $h(\lambda)$ 有

$$g(\boldsymbol{A})=h(\boldsymbol{A}) \tag{2}$$

那么差 $d(\lambda)=g(\lambda)-h(\lambda)$ 是矩阵 $\boldsymbol{A}$ 的零化多项式，可被 $\psi(\lambda)$ 所整除，我们写为

$$g(\lambda)\equiv h(\lambda)(\operatorname{mod}\psi(\lambda)) \tag{3}$$

故由(1)，有

$$d(\lambda_k)=0,d'(\lambda_k)=0,\cdots,d^{(m_k-1)}(\lambda_k)=0\quad(k=1,2,\cdots,s)$$

① 参考第4章，§5.

亦即

$$g(\lambda_k)=h(\lambda_k),g'(\lambda_k)=h'(\lambda_k),\cdots,$$
$$g^{(m_k-1)}(\lambda_k)=h^{(m_k-1)}(\lambda_k)\quad(k=1,2,\cdots,s)\tag{4}$$

m 个数

$$f(\lambda_k),f'(\lambda_k),\cdots,f^{(m_k-1)}(\lambda_k)\quad(k=1,2,\cdots,s)\tag{5}$$

我们约定称为函数 $f(\lambda)$ 在矩阵 $\mathbf{A}$ 的影谱上的值且以符号写法 $f(\Lambda_{\mathbf{A}})$ 记这些值的全部集合. 如果对于函数 $f(\lambda)$,诸值(5) 存在(亦即有意义),那么我们说,函数 $f(\lambda)$ 确定于矩阵 $\mathbf{A}$ 的影谱上.

等式(4) 说明多项式 $g(\lambda)$ 与 $h(\lambda)$ 在矩阵 $\mathbf{A}$ 的影谱上有相同的值,符号写法为

$$g(\Lambda_{\mathbf{A}})=h(\Lambda_{\mathbf{A}})$$

我们的讨论是可逆的:由(4) 推出(3),因而得出(2).

这样一来,如果给定了矩阵 $\mathbf{A}$,那么多项式 $g(\lambda)$ 在矩阵 $\mathbf{A}$ 的影谱上的值完全确定矩阵 $g(\mathbf{A})$,亦即所有多项式 $g(\lambda)$,如在矩阵 $\mathbf{A}$ 的影谱上有相同的值,那么就有相同的矩阵值 $g(\mathbf{A})$.

我们要使得在一般情形时 $f(\mathbf{A})$ 的定义服从这样的原则:函数 $f(\lambda)$ 在矩阵 $\mathbf{A}$ 的影谱上的值必须完全确定 $f(\mathbf{A})$,亦即所有的函数 $f(\lambda)$,如果在矩阵 $\mathbf{A}$ 的影谱上有相同的值,那么就必须有相同的矩阵值 $f(\mathbf{A})$.

但是显然,对于一般情形中 $f(\mathbf{A})$ 的定义只要选取这样的多项式 $g(\lambda)$,使其在矩阵 $\mathbf{A}$ 的影谱上与 $f(\lambda)$ 取相同的值①,且令

$$f(\mathbf{A})=g(\mathbf{A})$$

即已足够.

这样一来,我们得到以下定义:

定义 1 如果函数 $f(\lambda)$ 定义于矩阵 $\mathbf{A}$ 的影谱上,那么

$$f(\mathbf{A})=g(\mathbf{A})$$

其中 $g(\lambda)$ 为任一多项式,在矩阵 $\mathbf{A}$ 的影谱上与 $f(\lambda)$ 取相同的值

$$f(\Lambda_{\mathbf{A}})=g(\Lambda_{\mathbf{A}})$$

在系数为复数的所有多项式中,在影谱上与 $f(\lambda)$ 取相同值的只有一个多项式 $r(\lambda)$,其次数小于 m②. 这一多项式 $r(\lambda)$ 为以下诸内插条件所唯一确定

$$r(\lambda_k)=f(\lambda_k),r'(\lambda_k)=f'(\lambda_k),\cdots,r^{(m_k-1)}(\lambda_k)=f^{(m_k-1)}(\lambda_k)\tag{6}$$

---

① 在 §2 中我们将证明,这样的内插多项式常能存在,且给予计算最小次数内插多项式的系数的算法.

② 这个多项式可从任何另一有相同影谱值的多项式,除以 $\psi(\lambda)$ 的余式来得出.

$$(k=1,2,\cdots,s)$$

多项式 $r(\lambda)$ 称为在矩阵 $\boldsymbol{A}$ 的影谱上函数 $f(\lambda)$ 的拉格朗日－西尔维斯特内插多项式. 定义 1 还可以叙述为：

定义 1′ 设 $f(\lambda)$ 为确定于矩阵 $\boldsymbol{A}$ 的影谱上的函数，而 $r(\lambda)$ 为其对应的拉格朗日－西尔维斯特内插多项式，那么

$$f(\boldsymbol{A})=r(\boldsymbol{A})$$

注 如果矩阵 $\boldsymbol{A}$ 的最小多项式 $\psi(\lambda)$ 没有重根[①][在等式(1) 中 $m_1=m_2=\cdots=m_s=1; s=m$]，那么为了使得 $f(\boldsymbol{A})$ 有意义，只要函数 $f(\lambda)$ 定义于特征点 $\lambda_1,\lambda_2,\cdots,\lambda_m$ 上就已足够. 如果 $\psi(\lambda)$ 有多重根存在，那么在某些特征点上，必须定出 $f(\lambda)$ 至已知阶导数的值[参考(6)].

例 1 讨论矩阵[②]

$$\boldsymbol{H}=\overbrace{\begin{pmatrix}0&1&0&\cdots&0\\0&0&1&\cdots&0\\\vdots&\vdots&\vdots&&\vdots\\0&0&0&\cdots&1\\0&0&0&\cdots&0\end{pmatrix}}^{n}$$

它的最小多项式为 λ^n. 所以 $f(\lambda)$ 在 $\boldsymbol{H}$ 的影谱上的值为数 $f(0),f'(0),\cdots,f^{(n-1)}(0)$，而且多项式 $r(\lambda)$ 有以下形式

$$r(\lambda)=f(0)+\frac{f'(0)}{1!}\lambda+\cdots+\frac{f^{(n-1)}(0)}{(n-1)!}\lambda^{n-1}$$

这样一来

$$f(\boldsymbol{H})=f(0)\boldsymbol{E}+\frac{f'(0)}{1!}\boldsymbol{H}+\cdots+\frac{f^{(n-1)}(0)}{(n-1)!}\boldsymbol{H}^{n-1}=$$

$$\begin{pmatrix}f(0)&\dfrac{f'(0)}{1!}&\cdots&\dfrac{f^{(n-1)}(0)}{(n-1)!}\\&f(0)&\ddots&\vdots\\&&\ddots&\dfrac{f'(0)}{1!}\\\boldsymbol{0}&&&f(0)\end{pmatrix}$$

例 2 讨论矩阵

① 在第 6 章中就会明白，此时亦只有在这一情形，矩阵 $\boldsymbol{A}$ 才是单构矩阵(参考第 3 章，§ 8).

② 关于矩阵 $\boldsymbol{H}$ 的性质，见第 1 章，§ 3,1 的例子.

$$\boldsymbol{J}=\overbrace{\begin{pmatrix}\lambda_0 & 1 & & & \boldsymbol{0}\\ & \lambda_0 & 1 & & \\ & & \ddots & \ddots & \\ & & & & 1\\ \boldsymbol{0} & & & & \lambda_0\end{pmatrix}}^{n}$$

注意，$\boldsymbol{J}=\lambda_0\boldsymbol{E}+\boldsymbol{H}$，故有 $\boldsymbol{J}-\lambda_0\boldsymbol{E}=\boldsymbol{H}$. 矩阵 $\boldsymbol{J}$ 的最小多项式显然是 $(\lambda-\lambda_0)^n$. 对于函数 $f(\lambda)$ 的内插多项式 $r(\lambda)$ 为以下等式

$$r(\lambda)=f(\lambda_0)+\frac{f'(\lambda_0)}{1!}(\lambda-\lambda_0)+\cdots+\frac{f^{(n-1)}(\lambda_0)}{(n-1)!}(\lambda-\lambda_0)^{n-1}$$

故有

$$f(\boldsymbol{J})=r(\boldsymbol{J})=f(\lambda_0)\boldsymbol{E}+\frac{f'(\lambda_0)}{1!}\boldsymbol{H}+\cdots+\frac{f^{(n-1)}(\lambda_0)}{(n-1)!}\boldsymbol{H}^{n-1}=$$

$$\begin{pmatrix}f(\lambda_0) & \dfrac{f'(\lambda_0)}{1!} & \cdots & \dfrac{f^{(n-1)}(\lambda_0)}{(n-1)!}\\ & f(\lambda_0) & \ddots & \vdots\\ & & \ddots & \dfrac{f'(\lambda_0)}{1!}\\ \boldsymbol{0} & & & f(\lambda_0)\end{pmatrix}$$

我们指出矩阵函数的三个性质.

1° 如果 $\lambda_1,\lambda_2,\cdots,\lambda_n$ 是 n 阶矩阵 $\boldsymbol{A}$ 的特征数，那么 $f(\lambda_1),f(\lambda_2),\cdots,f(\lambda_n)$ 是矩阵 $f(\boldsymbol{A})$ 的特征数完备组.

在 $f(\lambda)$ 是多项式的特殊情形，这个命题已在第 4 章中证明了. 因为(由定义 1′) $f(\boldsymbol{A})=r(\boldsymbol{A})$ 与 $f(\lambda_i)=r(\lambda_i)(i=1,2,\cdots,n)$，其中 $r(\lambda)$ 是函数 $f(\lambda)$ 的拉格朗日 － 西尔维斯特内插多项式，所以一般情形的证明可化为这一特殊情形.

2° 如果两个矩阵 $\boldsymbol{A}$ 与 $\boldsymbol{B}$ 相似，矩阵 $\boldsymbol{T}$ 将 $\boldsymbol{A}$ 变换为 $\boldsymbol{B}$

$$\boldsymbol{B}=\boldsymbol{T}^{-1}\boldsymbol{A}\boldsymbol{T}$$

那么矩阵 $f(\boldsymbol{A})$ 与 $f(\boldsymbol{B})$ 相似而且同一矩阵 $\boldsymbol{T}$ 将 $f(\boldsymbol{A})$ 变换为 $f(\boldsymbol{B})$

$$f(\boldsymbol{B})=\boldsymbol{T}^{-1}f(\boldsymbol{A})\boldsymbol{T}$$

事实上，两个相似矩阵有相同的最小多项式①，故知函数 $f(\lambda)$ 在矩阵 $\boldsymbol{B}$ 的影谱上与在矩阵 $\boldsymbol{A}$ 的影谱上都取相同的值. 因此有内插多项式 $r(\lambda)$ 存在，使得

$$f(\boldsymbol{A})=r(\boldsymbol{A}),f(\boldsymbol{B})=r(\boldsymbol{B})$$

但是由等式 $r(\boldsymbol{B})=\boldsymbol{T}^{-1}r(\boldsymbol{A})\boldsymbol{T}$，得知

---

① 从 $\boldsymbol{B}=\boldsymbol{T}^{-1}\boldsymbol{A}\boldsymbol{T}$ 得出 $\boldsymbol{B}^k=\boldsymbol{T}^{-1}\boldsymbol{A}^k\boldsymbol{T}(k=0,1,2,\cdots)$. 故对于任一多项式 $g(\lambda)$ 都有 $g(\boldsymbol{B})=-\boldsymbol{T}^{-1}g(\boldsymbol{A})\boldsymbol{T}$. 因此，由 $g(\boldsymbol{A})=\boldsymbol{0}$ 推知 $g(\boldsymbol{B})=\boldsymbol{0}$，反之亦然.

$$f(\boldsymbol{B}) = \boldsymbol{T}^{-1} f(\boldsymbol{A}) \boldsymbol{T}$$

3° 如果 $\boldsymbol{A}$ 为拟对角矩阵

$$\boldsymbol{A} = \{\boldsymbol{A}_1, \boldsymbol{A}_2, \cdots, \boldsymbol{A}_u\}$$

那么

$$f(\boldsymbol{A}) = \{f(\boldsymbol{A}_1), f(\boldsymbol{A}_2), \cdots, f(\boldsymbol{A}_u)\}$$

以 $r(\lambda)$ 记对于在矩阵 $\boldsymbol{A}$ 的影谱上的函数 $f(\lambda)$ 的拉格朗日－西尔维斯特内插多项式.那么易知

$$f(\boldsymbol{A}) = r(\boldsymbol{A}) = \{r(\boldsymbol{A}_1), r(\boldsymbol{A}_2), \cdots, r(\boldsymbol{A}_u)\} \tag{7}$$

另外,$\boldsymbol{A}$ 的最小多项式是每一个矩阵 $\boldsymbol{A}_1, \boldsymbol{A}_2, \cdots, \boldsymbol{A}_u$ 的化零多项式. 故由等式

$$f(\Lambda_{\boldsymbol{A}}) = r(\Lambda_{\boldsymbol{A}})$$

得出

$$f(\Lambda_{\boldsymbol{A}_1}) = r(\Lambda_{\boldsymbol{A}_1}), \cdots, f(\Lambda_{\boldsymbol{A}_u}) = r(\Lambda_{\boldsymbol{A}_u})$$

因此

$$f(\boldsymbol{A}_1) = r(\boldsymbol{A}_1), \cdots, f(\boldsymbol{A}_u) = r(\boldsymbol{A}_u)$$

且等式(7) 可以写为

$$f(\boldsymbol{A}) = \{f(\boldsymbol{A}_1), f(\boldsymbol{A}_2), \cdots, f(\boldsymbol{A}_u)\} \tag{8}$$

例 3 如果单构矩阵为

$$\boldsymbol{A} = \boldsymbol{T}[\lambda_1, \lambda_2, \cdots, \lambda_n]\boldsymbol{T}^{-1}$$

那么

$$f(\boldsymbol{A}) = \boldsymbol{T}\{f(\lambda_1), f(\lambda_2), \cdots, f(\lambda_n)\}\boldsymbol{T}^{-1}$$

$f(\boldsymbol{A})$ 是有意义的,如果函数 $f(\lambda)$ 在点 $\lambda_1, \lambda_2, \cdots, \lambda_n$ 上是确定的.

2. 矩阵 $\boldsymbol{J}$ 有以下拟对角形

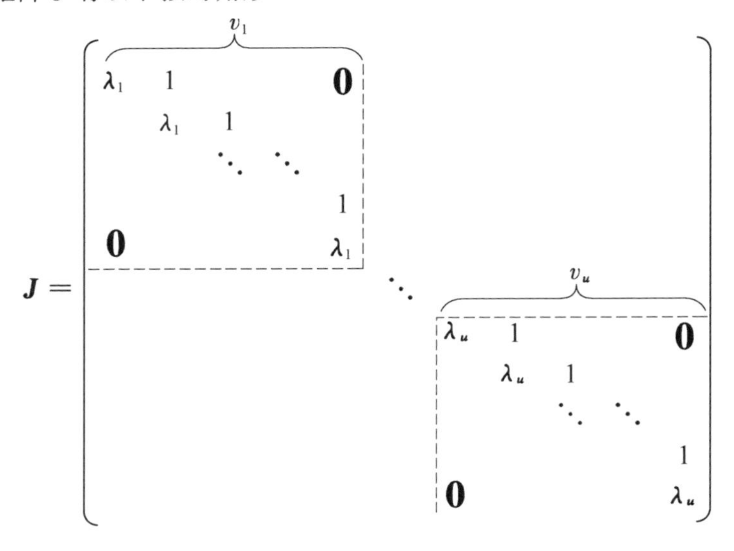

不在对角线上的诸子块中所有元素都等于零.由公式(8)(参考第1章,§3,1的例子)

$$
f(\boldsymbol{J})=\begin{pmatrix}
\begin{matrix}
f(\lambda_1) & \frac{f'(\lambda_1)}{1!} & \cdots & \frac{f^{v_1-1}(\lambda_1)}{(v_1-1)!} \\
 & f(\lambda_1) & \ddots & \vdots \\
 & & \ddots & \frac{f'(\lambda_1)}{1!} \\
\boldsymbol{0} & & & f(\lambda_1)
\end{matrix} & & \\
 & \ddots & \\
 & & \begin{matrix}
f(\lambda_u) & \frac{f'(\lambda_u)}{1!} & \cdots & \frac{f^{v_u-1}(\lambda_u)}{(v_u-1)!} \\
 & f(\lambda_u) & \ddots & \vdots \\
 & & \ddots & \frac{f'(\lambda_u)}{1!} \\
\boldsymbol{0} & & & f(\lambda_u)
\end{matrix}
\end{pmatrix}
$$

此处,与在矩阵 $\boldsymbol{J}$ 中一样,不在对角线上诸子块中的元素都等于零①.

§2　拉格朗日—西尔维斯特内插多项式

1. 首先讨论特征方程 $|\lambda\boldsymbol{E}-\boldsymbol{A}|=0$ 没有多重根的情形.记这个方程的根——矩阵 $\boldsymbol{A}$ 的特征数——为 $\lambda_1,\lambda_2,\cdots,\lambda_n$,那么

$$\psi(\lambda)=|\lambda\boldsymbol{E}-\boldsymbol{A}|=(\lambda-\lambda_1)(\lambda-\lambda_2)\cdots(\lambda-\lambda_n)$$

且条件(6)可写为

$$r(\lambda_k)=f(\lambda_k)\quad(k=1,2,\cdots,n)$$

在这个情形,$r(\lambda)$ 是函数 $f(\lambda)$ 在点 $\lambda_1,\lambda_2,\cdots,\lambda_n$ 上常见的拉格朗日内插多项式

$$r(\lambda)=\sum_{k=1}^{n}\frac{(\lambda-\lambda_1)\cdots(\lambda-\lambda_{k-1})(\lambda-\lambda_{k+1})\cdots(\lambda-\lambda_n)}{(\lambda_k-\lambda_1)\cdots(\lambda_k-\lambda_{k-1})(\lambda_k-\lambda_{k+1})\cdots(\lambda_k-\lambda_n)}f(\lambda_k)$$

由定义 $1'$

$$f(\boldsymbol{A})=r(\boldsymbol{A})=\sum_{k=1}^{n}\frac{(\boldsymbol{A}-\lambda_1\boldsymbol{E})\cdots(\boldsymbol{A}-\lambda_{k-1}\boldsymbol{E})(\boldsymbol{A}-\lambda_{k+1}\boldsymbol{E})\cdots(\boldsymbol{A}-\lambda_n\boldsymbol{E})}{(\lambda_k-\lambda_1)\cdots(\lambda_k-\lambda_{k-1})(\lambda_k-\lambda_{k+1})\cdots(\lambda_k-\lambda_n)}f(\lambda_k)$$

2. 现在假设,特征多项式有多重根,但是作为特征多项式因式的最小多项式,则只有单重根存在

---

① 以后(在第6章的§6或第7章的§7)将证明,任一矩阵 $\boldsymbol{A}=(a_{ik})_1^n$ 都常能与某一个 $\boldsymbol{J}$ 形矩阵相似:$\boldsymbol{A}=\boldsymbol{T}\boldsymbol{J}\boldsymbol{T}^{-1}$.故常有 $f(\boldsymbol{A})=\boldsymbol{T}f(\boldsymbol{J})\boldsymbol{T}^{-1}$.

$$\psi(\lambda)=(\lambda-\lambda_1)(\lambda-\lambda_2)\cdots(\lambda-\lambda_m)$$

在这一情形(同上面的一样),式(1) 中所有的指数 m_k 都等于 1,且等式(6) 化为

$$r(\lambda_k)=f(\lambda_k)\quad(k=1,2,\cdots,m)$$

$r(\lambda)$ 仍然是常见的拉格朗日内插多项式且有

$$f(\boldsymbol{A})=\sum_{k=1}^{m}\frac{(\boldsymbol{A}-\lambda_1\boldsymbol{E})\cdots(\boldsymbol{A}-\lambda_{k-1}\boldsymbol{E})(\boldsymbol{A}-\lambda_{k+1}\boldsymbol{E})\cdots(\boldsymbol{A}-\lambda_m\boldsymbol{E})}{(\lambda_k-\lambda_1)\cdots(\lambda_k-\lambda_{k-1})(\lambda_k-\lambda_{k+1})\cdots(\lambda_k-\lambda_m)}f(\lambda_k)$$

3. 讨论一般的情形

$$\psi(\lambda)=(\lambda-\lambda_1)^{m_1}(\lambda-\lambda_2)^{m_2}\cdots(\lambda-\lambda_s)^{m_s}\quad(m_1+m_2+\cdots+m_s=m)$$

表示真分式函数 $\frac{r(\lambda)}{\psi(\lambda)}$ 为简分式的和

$$\frac{r(\lambda)}{\psi(\lambda)}=\sum_{k=1}^{s}\left[\frac{\alpha_{k1}}{(\lambda-\lambda_k)^{m_k}}+\frac{\alpha_{k2}}{(\lambda-\lambda_k)^{m_k-1}}+\cdots+\frac{\alpha_{k,m_k}}{\lambda-\lambda_k}\right]\tag{9}$$

其中 $\alpha_{kj}\,(j=1,2,\cdots,m_k;k=1,2,\cdots,s)$ 为某一些数.

为了定出简分式的分子 α_{kj},乘这一等式的两边以 $(\lambda-\lambda_k)^{m_k}$ 且以 $\psi^k(\lambda)$ 记多项式 $\frac{\psi(\lambda)}{(\lambda-\lambda_k)^{m_k}}$. 我们得出

$$\frac{r(\lambda)}{\psi^k(\lambda)}=\alpha_{k1}+\alpha_{k2}(\lambda-\lambda_k)+\cdots+\alpha_{k,m_k}(\lambda-\lambda_k)^{m_k-1}+(\lambda-\lambda_k)^{m_k}\rho(\lambda)\tag{10}$$

$$(k=1,2,\cdots,s)$$

其中 $\rho(\lambda)$ 是一个有理函数,当 $\lambda=\lambda_k$ 时是正则的①. 故

$$\begin{cases}\alpha_{k1}=\left[\dfrac{r(\lambda)}{\psi^k(\lambda)}\right]_{\lambda=\lambda_k}\\ \alpha_{k2}=\left[\dfrac{r(\lambda)}{\psi^k(\lambda)}\right]'_{\lambda=\lambda_k}=r(\lambda_k)=\left[\dfrac{1}{\psi^k(\lambda)}\right]'_{\lambda=\lambda_k}+r'(\lambda_k)\dfrac{1}{\psi^k(\lambda_k)},\cdots\end{cases}\tag{11}$$

$$(k=1,2,\cdots,s)$$

式(11) 证明了,在等式(9) 的右边诸分子 α_{kj} 可以由多项式 $r(\lambda)$ 在矩阵 $\boldsymbol{A}$ 的影谱上诸值来表示,而这些值都是已知的,它们等于函数 $f(\lambda)$ 与其导数的对应值. 所以

$$\alpha_{k1}=\frac{f(\lambda_k)}{\psi^k(\lambda_k)},\alpha_{k2}=f(\lambda_k)\left[\frac{1}{\psi^k(\lambda)}\right]'_{\lambda=\lambda_k}+f'(\lambda_k)\frac{1}{\psi^k(\lambda_k)},\cdots\quad(k=1,2,\cdots,s)\tag{12}$$

式(12) 还可以缩写为

$$\alpha_{kj}=\frac{1}{(j-1)!}\left[\frac{f(\lambda)}{\psi^k(\lambda)}\right]^{(j-1)}_{\lambda=\lambda_k}\quad(j=1,2,\cdots,m_k;k=1,2,\cdots,s)\tag{13}$$

---

① 即当 $\lambda=\lambda_k$ 时不会变为 ∞.

在求出所有的 α_{kj} 以后,我们可以由下列公式来定出 $r(\lambda)$,这是用 $\psi(\lambda)$ 来乘等式(9) 的两边所得出的

$$r(\lambda)=\sum_{k=1}^{s}[\alpha_{k1}+\alpha_{k2}(\lambda-\lambda_k)+\cdots+\alpha_{k,m_k}(\lambda-\lambda_k)^{m_k-1}]\psi^k(\lambda) \tag{14}$$

在这个公式中,位于 $\psi^k(\lambda)$ 前面的因式,即在方括号中的表示式,由(13) 知其等于函数$\dfrac{f(\lambda)}{\psi^k(\lambda)}$ 按$(\lambda-\lambda_k)$ 的幂展开的戴劳展开式中前 m_k 个项的和.

例 4 已知有

$$\psi(\lambda)=(\lambda-\lambda_1)^2(\lambda-\lambda_2)^3 \quad (m=5)$$

那么

$$\frac{r(\lambda)}{\psi(\lambda)}=\frac{\alpha}{(\lambda-\lambda_1)^2}+\frac{\beta}{\lambda-\lambda_1}+\frac{\gamma}{(\lambda-\lambda_2)^3}+\frac{\delta}{(\lambda-\lambda_2)^2}+\frac{\varepsilon}{\lambda-\lambda_2}$$

故

$$\begin{aligned}r(\lambda)=&[\alpha+\beta(\lambda-\lambda_1)](\lambda-\lambda_2)^3+\\&[\gamma+\delta(\lambda-\lambda_2)+\varepsilon(\lambda-\lambda_2)^2](\lambda-\lambda_1)^2\end{aligned}$$

因而

$$\begin{aligned}r(\boldsymbol{A})=&[\alpha\boldsymbol{E}+\beta(\boldsymbol{A}-\lambda_1\boldsymbol{E})](\boldsymbol{A}-\lambda_2\boldsymbol{E})^3+\\&[\gamma\boldsymbol{E}+\delta(\boldsymbol{A}-\lambda_2\boldsymbol{E})+\varepsilon(\boldsymbol{A}-\lambda_2\boldsymbol{E})^2](\boldsymbol{A}-\lambda_1\boldsymbol{E})^2\end{aligned}$$

$\alpha,\beta,\gamma,\delta,\varepsilon$ 可由以下诸式来求出

$$\alpha=\frac{f(\lambda_1)}{(\lambda_1-\lambda_2)^3},\beta=-\frac{3}{(\lambda_1-\lambda_2)^4}f(\lambda_1)+\frac{1}{(\lambda_1-\lambda_2)^3}f'(\lambda_1)$$

$$\gamma=\frac{f(\lambda_2)}{(\lambda_2-\lambda_1)^2},\delta=-\frac{2}{(\lambda_2-\lambda_1)^3}f(\lambda_2)+\frac{1}{(\lambda_2-\lambda_1)^2}f'(\lambda_2)$$

$$\varepsilon=\frac{3}{(\lambda_2-\lambda_1)^4}f(\lambda_2)-\frac{2}{(\lambda_2-\lambda_1)^3}f'(\lambda_2)+\frac{1}{2}\,\frac{1}{(\lambda_2-\lambda_1)^2}f''(\lambda_2)$$

注 1 拉格朗日 — 西尔维斯特内插多项式亦可以由拉格朗日内插多项式取极限来得出.

设 $\psi(\lambda)=(\lambda-\lambda_1)^{m_1}(\lambda-\lambda_2)^{m_2}\cdots(\lambda-\lambda_s)^{m_s} \quad (m=\sum_{k=1}^{s}m_k)$

记由 m 个点

$$\lambda_1^{(1)},\lambda_1^{(2)},\cdots,\lambda_1^{(m_1)};\lambda_2^{(1)},\lambda_2^{(2)},\cdots,\lambda_2^{(m_2)};\cdots;\lambda_s^{(1)},\lambda_s^{(2)},\cdots,\lambda_s^{(m_s)}$$

所构成的拉格朗日内插多项式为

$$L(\lambda)=L\begin{pmatrix}\lambda_1^{(1)},\cdots,\lambda_1^{(m_1)};\cdots;\lambda_s^{(1)},\cdots,\lambda_s^{(m_s)}; \\ f(\lambda_1^{(1)}),\cdots,f(\lambda_1^{(m_1)});\cdots;f(\lambda_s^{(1)}),\cdots,f(\lambda_s^{(m_s)})\end{pmatrix}\lambda$$

那么不难证明,所要求出的拉格朗日 — 西尔维斯特内插多项式为以下内容所确定

$$r(\lambda)=\lim L(\lambda)$$
$$\lambda_1^{(1)},\cdots,\lambda_1^{(m_1)}\rightarrow\lambda_1$$
$$\vdots$$
$$\lambda_s^{(1)},\cdots,\lambda_s^{(m_s)}\rightarrow\lambda_s$$

注 2　令 $\boldsymbol{A}=(a_{ik})$ 是实矩阵,即含实元素的矩阵,则最小多项式 $\psi(\lambda)$ 有实系数[①],且它的根,即特征数 λ_i 或是实数,或是两两复共轭的,并且如果 $\lambda_g=\bar{\lambda}_h$,那么相应的重根相等:$m_g=m_h$. 我们约定说,函数 $f(\lambda)$ 在矩阵 $\boldsymbol{A}$ 的影谱上是实的,如果对于实数 λ_i,它在影谱上所有的值 $f(\lambda_i)$,$f'(\lambda_i)$,$\cdots$,是实数,而对于两个复共轭特征数 h_h 与 h_g,它在影谱上相应的值是复共轭的:$f(\lambda_g)=\overline{f(\lambda_h)}$,$f'(\lambda_g)=\overline{f'(\lambda_h)}$,$\cdots$[②]. 在这种情形下,$f(\boldsymbol{A})$ 是实矩阵. 实际上,在这种情形下,由公式(12) 知 α_{i1},α_{i2},$\cdots$ 是实数,$\alpha_{g1}=\overline{\alpha_{h1}}$,$\alpha_{g2}=\overline{\alpha_{h2}}$,$\cdots$. 此时对于实数 λ_i,多项式 $\psi^i(\lambda)=\dfrac{\psi(\lambda)}{(\lambda-\lambda_i)^{m_i}}$ 有实系数,当 $\lambda_g=\overline{\lambda_h}$ 时,多项式 $\psi^h(\lambda)$ 与 $\psi^g(\lambda)$ 的系数是复共轭的. 因此由公式(14),知内插多项式 $r(\lambda)$ 有实系数. 但是此时 $r(\boldsymbol{A})$,也就是说,$f(\boldsymbol{A})=r(\boldsymbol{A})$ 是实矩阵.

§3　$f(\boldsymbol{A})$ 的定义的其他形式,矩阵 $\boldsymbol{A}$ 的分量

我们回到 $r(\lambda)$ 的公式(14). 把诸系数 α 的表示式(12) 代到这一公式中,且将含有相同的 $f(\lambda)$ 的函数值或其导数值的诸项合并在一起,我们把 $r(\lambda)$ 表示为以下形式

$$r(\lambda)=\sum_{k=1}^{s}[f(\lambda_k)\varphi_{k1}(\lambda)+f'(\lambda_k)\varphi_{k2}(\lambda)+\cdots+f^{(m_k-1)}(\lambda_k)\varphi_{k,m_k}(\lambda)]\tag{15}$$

此处的 $\varphi_{kj}(\lambda)(j=1,2,\cdots,m_k;k=1,2,\cdots,s)$ 是容易计算出来的次数小于 m 的 λ 的多项式. 这些多项式完全为所给的 $\psi(\lambda)$ 所确定,而与所选取的函数 $f(\lambda)$ 无关. 这些多项式的个数等于函数 $f(\lambda)$ 在矩阵 $\boldsymbol{A}$ 的影谱上诸值的个数,亦即等于 m[m 为最小多项式 $\psi(\lambda)$ 的次数]. 函数 $\varphi_{kj}(\lambda)$ 表示对于这样的一种函数的拉格朗日－西尔维斯特内插多项式,这种函数在矩阵 $\boldsymbol{A}$ 的影谱上除有一个 $f^{(j-1)}(\lambda_k)$ 等于 1 外,其余诸值都等于零.

从公式(15) 得出 $f(\boldsymbol{A})$ 的基本公式

$$f(\boldsymbol{A})=\sum_{k=1}^{s}[f(\lambda_k)\boldsymbol{Z}_{k1}+f'(\lambda_k)\boldsymbol{Z}_{k2}+\cdots+f^{(m_k-1)}(\lambda_k)\boldsymbol{Z}_{k,m_k}]\tag{16}$$

---

① 这直接由最小多项式的定义或由第 4 章 §5 公式(54) 推出.

② 被表示为含实系数的幂级数之和的函数在任一矩阵的影谱上是实的,其特征数在这个级数的收敛圆内部.

其中

$$\boldsymbol{Z}_{kj}=\varphi_{kj}(\boldsymbol{A})\quad(j=1,2,\cdots,m_k;k=1,2,\cdots,s)\tag{17}$$

矩阵 $\boldsymbol{Z}_{kj}$ 完全为所给的矩阵 $\boldsymbol{A}$ 所确定，而与函数 $f(\lambda)$ 的选取无关. 在式(16) 的右边函数 $f(\lambda)$ 只是表示其在矩阵 $\boldsymbol{A}$ 的影谱上的诸值.

矩阵 $\boldsymbol{Z}_{kj}(j=1,2,\cdots,m_k;k=1,2,\cdots,s)$ 称为所给矩阵 $\boldsymbol{A}$ 的分量矩阵.

分量 $\boldsymbol{Z}_{kj}(j=1,2,\cdots,m_k;k=1,2,\cdots,s)$ 总是线性无关.

事实上，设

$$\sum_{k=1}^{s}\sum_{j=1}^{m_k}c_{kj}\boldsymbol{Z}_{kj}=\sum_{k=1}^{s}\sum_{j=1}^{m_k}c_{kj}\varphi_{kj}(\boldsymbol{A})=\boldsymbol{0}\tag{18}$$

由以下 m 个条件确定内插多项式 $r(\lambda)$

$$r^{(j-1)}(\lambda_k)=c_{kj}\quad(j=1,2,\cdots,m_k;k=1,2,\cdots,n)\tag{19}$$

则由公式(15)，得

$$r(\lambda)=\sum_{k=1}^{s}\sum_{j=1}^{m_k}c_{kj}\varphi_{kj}(\lambda)\tag{20}$$

比较公式(18) 与(19) 得出

$$r(\lambda)=0\tag{21}$$

但是给出的内插多项式 $r(\lambda)$ 的次数小于 m，即小于最小多项式 $\psi(\lambda)$ 的次数. 因此从等式(2) 推出恒等式 $r(\lambda)=0$.

但由式(19)，得

$$c_{kj}=0\quad(j=1,2,\cdots,m_k;k=1,2,\cdots,s)$$

这就是所要证明的结果.

由矩阵分量 $\boldsymbol{Z}_{kj}$ 的线性无关性可知在这些矩阵中没有一个能等于零. 还要注意，分量 $\boldsymbol{Z}_{kj}$ 中任何两个都是可交换的且都与矩阵 $\boldsymbol{A}$ 可交换，因为它们都是 $\boldsymbol{A}$ 的标量多项式.

对于 $f(\boldsymbol{A})$ 的公式(16) 特别便于用来处理同一矩阵 $\boldsymbol{A}$ 的若干函数，或者用来处理函数 $f(\lambda)$，它不仅与 λ 有关且与某一参数 t 有关. 在后一情形公式(16) 的右边诸分量 $\boldsymbol{Z}_{kj}$ 与 t 无关，而参数 t 只是在这些矩阵的标量系数中出现.

在上节末尾的例中，$\psi(\lambda)=(\lambda-\lambda_1)^2(\lambda-\lambda_2)^3$，我们可以建立 $r(\lambda)$ 的以下形式

$$\begin{aligned}r(\lambda)=&f(\lambda_1)\varphi_{11}(\lambda)+f'(\lambda_1)\varphi_{12}(\lambda)+f(\lambda_2)\varphi_{21}(\lambda)+\\&f'(\lambda_2)\varphi_{22}(\lambda)+f''(\lambda_2)\varphi_{23}(\lambda)\end{aligned}$$

其中

$$\varphi_{11}(\lambda)=\left(\frac{\lambda-\lambda_2}{\lambda_1-\lambda_2}\right)^3\left[1-\frac{3(\lambda-\lambda_1)}{\lambda_1-\lambda_2}\right]$$

$$\varphi_{12}(\lambda)=\frac{(\lambda-\lambda_1)(\lambda-\lambda_2)^3}{(\lambda_1-\lambda_2)^3}$$

$$\varphi_{21}(\lambda)=\left(\frac{\lambda-\lambda_1}{\lambda_2-\lambda_1}\right)^2\left[1-\frac{2(\lambda-\lambda_2)}{\lambda_2-\lambda_1}+\frac{3(\lambda-\lambda_2)^2}{(\lambda_2-\lambda_1)^2}\right]$$

$$\varphi_{22}(\lambda)=\frac{(\lambda-\lambda_1)^2(\lambda-\lambda_2)}{(\lambda_2-\lambda_1)^2}\left[1-\frac{2(\lambda-\lambda_2)}{\lambda_2-\lambda_1}\right]$$

$$\varphi_{23}(\lambda)=\frac{(\lambda-\lambda_1)^2(\lambda-\lambda_2)^2}{2(\lambda_2-\lambda_1)^2}$$

故有

$$f(\boldsymbol{A})=f(\lambda_1)\boldsymbol{Z}_{11}+f'(\lambda_1)\boldsymbol{Z}_{12}+f(\lambda_2)\boldsymbol{Z}_{21}+f'(\lambda_2)\boldsymbol{Z}_{22}+f''(\lambda_2)\boldsymbol{Z}_{23}$$

其中

$$\boldsymbol{Z}_{11}=\varphi_{11}(\boldsymbol{A})=\frac{1}{(\lambda_1-\lambda_2)^3}(\boldsymbol{A}-\lambda_2\boldsymbol{E})^3\left[\boldsymbol{E}-\frac{3}{\lambda_1-\lambda_2}(\boldsymbol{A}-\lambda_1\boldsymbol{E})\right]$$

$$\boldsymbol{Z}_{12}=\varphi_{12}(\boldsymbol{A})=\frac{1}{(\lambda_1-\lambda_2)^3}(\boldsymbol{A}-\lambda_1\boldsymbol{E})(\boldsymbol{A}-\lambda_2\boldsymbol{E})^3$$

诸如此类.

如果给定了矩阵 $\boldsymbol{A}$,那么为了具体地找出这个矩阵的分量,可以在基本公式(16) 中取 $f(\mu)=\dfrac{1}{\lambda-\mu}$,其中 λ 为某一参数. 这样我们得出

$$(\lambda\boldsymbol{E}-\boldsymbol{A})^{-1}=\frac{\boldsymbol{C}(\lambda)}{\psi(\lambda)}=\sum_{k=1}^{s}\left[\frac{\boldsymbol{Z}_{k1}}{\lambda-\lambda_k}+\frac{1!\ \boldsymbol{Z}_{k2}}{(\lambda-\lambda_k)^2}+\cdots+\frac{(m_k-1)!\ \boldsymbol{Z}_{k,m_k}}{(\lambda-\lambda_k)^{m_k}}\right] \tag{22}$$

其中 $\boldsymbol{C}(\lambda)$ 为 $\lambda\boldsymbol{E}-\boldsymbol{A}$ 的约化伴随矩阵(第 4 章, § 6)[①].

矩阵 $(j-1)!\ \boldsymbol{Z}_{kj}$ 是展开式(22) 中最简分式的分子,故与展开式(9) 一样,这些分子可以由 $\boldsymbol{C}(\lambda)$ 在矩阵 $\boldsymbol{A}$ 的影谱上诸值用与式(11) 相似的公式来表示

$$(m_k-1)!\ \boldsymbol{Z}_{k,m_k}=\frac{\boldsymbol{C}(\lambda_k)}{\psi^k(\lambda_k)},(m_k-2)!\ \boldsymbol{Z}_{k,m_k-1}=\left[\frac{\boldsymbol{C}(\lambda)}{\psi^k(\lambda)}\right]'_{\lambda=\lambda_k},\cdots$$

因此

$$\boldsymbol{Z}_{kj}=\frac{1}{(j-1)!\ (m_k-j)!}\left[\frac{\boldsymbol{C}(\lambda_k)}{\psi^k(\lambda)}\right]^{(m_k-j)}_{\lambda=\lambda_k} \tag{23}$$

$$(j=1,2,\cdots,mk;k=1,2,\cdots,s)$$

以这些分量矩阵的表示式(22) 代入式(16),我们可以把基本公式(17) 表示为以下形式

---

① 当 $f(\mu)=\dfrac{1}{\lambda-\mu}$ 时有 $f(\boldsymbol{A})=(\lambda\boldsymbol{E}-\boldsymbol{A})^{-1}$. 事实上,$f(\boldsymbol{A})=r(\boldsymbol{A})$,其中 $r(\mu)$ 为拉格朗日－西尔维斯特内插多项式. 由 $f(\mu)$ 与 $r(\mu)$ 在矩阵 $\boldsymbol{A}$ 的影谱上重合推出,在这一影谱上 $(\lambda-\mu)r(\mu)$ 与 $(\lambda-\mu)\cdot f(\mu)=1$ 一致. 所以 $(\lambda\boldsymbol{E}-\boldsymbol{A})r(\boldsymbol{A})=(\lambda\boldsymbol{E}-\boldsymbol{A})f(\boldsymbol{A})=\boldsymbol{E}$.

$$f(\boldsymbol{A})=\sum_{k=1}^{s}\frac{1}{(m_k-1)!}\left[\frac{\boldsymbol{C}(\lambda)}{\psi^k(\lambda)}f(\lambda)\right]_{\lambda=\lambda_k}^{(m_k-1)} \tag{24}$$

例 5 有如下式子

$$\boldsymbol{A}=\begin{pmatrix}2 & -1 & 1\\ 0 & 1 & 1\\ -1 & 1 & 1\end{pmatrix}\begin{matrix}2\\2\\1\end{matrix}\text{①},\lambda\boldsymbol{E}-\boldsymbol{A}=\begin{pmatrix}\lambda-2 & 1 & -1\\ 0 & \lambda-1 & -1\\ 1 & 1 & \lambda-1\end{pmatrix}$$

在所给的情形,$\Delta(\lambda)=|\lambda\boldsymbol{E}-\boldsymbol{A}|=(\lambda-1)^2(\lambda-2)$. 因为元素[1,2]在$\lambda\boldsymbol{E}-\boldsymbol{A}$中的子式等于1,所以$D_2(\lambda)=1$,故有

$$\psi(\lambda)=\Delta(\lambda)=(\lambda-1)^2(\lambda-2)=\lambda^3-4\lambda^2+5\lambda-2$$

$$\Psi(\lambda,\mu)=\frac{\psi(\mu)-\psi(\lambda)}{\mu-\lambda}=\mu^2+(\lambda-4)\mu+\lambda^2-4\lambda+5$$

且有

$$\boldsymbol{C}(\lambda)=\Psi(\lambda\boldsymbol{E},\boldsymbol{A})=\boldsymbol{A}^2+(\lambda-4)\boldsymbol{A}+(\lambda^2-4\lambda+5)\boldsymbol{E}=$$
$$\begin{pmatrix}3 & -2 & 2\\ -1 & 2 & 2\\ -3 & 3 & 1\end{pmatrix}\begin{matrix}3\\3\\1\end{matrix}+(\lambda-4)\begin{pmatrix}2 & -1 & 1\\ 0 & 1 & 1\\ -1 & 1 & 1\end{pmatrix}+$$
$$(\lambda^2-4\lambda+5)\begin{pmatrix}1 & 0 & 0\\ 0 & 1 & 0\\ 0 & 0 & 1\end{pmatrix}$$

此时基本公式有以下形式

$$f(\boldsymbol{A})=f(1)\boldsymbol{Z}_1+f'(1)\boldsymbol{Z}_2+f(2)\boldsymbol{Z}_3 \tag{25}$$

现在取$f(\mu)=\dfrac{1}{\lambda-\mu}$,求得

$$(\lambda\boldsymbol{E}-\boldsymbol{A})^{-1}=\frac{\boldsymbol{C}(\lambda)}{\psi(\lambda)}=\frac{\boldsymbol{Z}_1}{\lambda-1}+\frac{\boldsymbol{Z}_2}{(\lambda-1)^2}+\frac{\boldsymbol{Z}_3}{\lambda-2}$$

故有

$$\boldsymbol{Z}_1=-\boldsymbol{C}(1)-\boldsymbol{C}'(1),\boldsymbol{Z}_2=-\boldsymbol{C}(1),\boldsymbol{Z}_3=\boldsymbol{C}(2)$$

应用上面所得出的$\boldsymbol{C}(\lambda)$的表示式来计算$\boldsymbol{Z}_1,\boldsymbol{Z}_2,\boldsymbol{Z}_3$,且将其结果代入式(25)

$$f(\boldsymbol{A})=f(1)\begin{pmatrix}1 & 0 & 0\\ 1 & 0 & 0\\ 1 & -1 & 1\end{pmatrix}+f'(1)\begin{pmatrix}1 & -1 & 1\\ 1 & -1 & 1\\ 0 & 0 & 0\end{pmatrix}+f(2)\begin{pmatrix}0 & 0 & 0\\ -1 & 1 & 0\\ -1 & 1 & 0\end{pmatrix}=$$
$$\begin{pmatrix}f(1)+f'(1) & -f'(1) & f'(1)\\ f(1)+f'(1)-f(2) & -f'(1)+f(2) & f'(1)\\ f(1)-f(2) & -f(1)+f(2) & f(1)\end{pmatrix} \tag{25'}$$

---

① 旁边的数字表示行的元素总和. 由矩阵$\boldsymbol{A}$的行乘以矩阵$\boldsymbol{B}$的列的总和,我们得乘积$\boldsymbol{AB}$的列的元素总和.

例 6 我们指出可以仅由基本公式来确定 $f(\boldsymbol{A})$,仍设

$$\boldsymbol{A}=\begin{pmatrix}2&-1&1\\0&1&1\\-1&1&1\end{pmatrix},\psi(\lambda)=(\lambda-1)^2(\lambda-2)$$

那么

$$f(\boldsymbol{A})=f(1)\boldsymbol{Z}_1+f'(1)\boldsymbol{Z}_2+f(2)\boldsymbol{Z}_3 \tag{25''}$$

在公式(25″)中依次把 $1,\lambda-1,(\lambda-1)^2$ 代入 $f(\lambda)$ 中,得

$$\boldsymbol{Z}_1+\boldsymbol{Z}_3=\boldsymbol{E}=\begin{pmatrix}1&0&0\\0&1&0\\0&0&1\end{pmatrix}$$

$$\boldsymbol{Z}_2+\boldsymbol{Z}_3=\boldsymbol{A}-\boldsymbol{E}=\begin{pmatrix}1&-1&1\\0&0&1\\-1&1&0\end{pmatrix}\begin{matrix}1\\1\\0\end{matrix}$$

$$\boldsymbol{Z}_3=(\boldsymbol{A}-\boldsymbol{E})^2=\begin{pmatrix}0&0&0\\-1&1&0\\-1&1&0\end{pmatrix}\begin{matrix}0\\0\\0\end{matrix}$$

从前两个等式减去第三个等式,我们把所有 $\boldsymbol{Z}_k$ 代入式(25″),就得出 $f(\boldsymbol{A})$ 的表示式.

上述例子说明有三种方法可以实际地求出 $f(\boldsymbol{A})$,在第一种方法中,我们求出内插多项式 $r(\lambda)$,而取 $f(\boldsymbol{A})=r(\boldsymbol{A})$. 在第二种方法中,我们应用展开式(22),把公式(16)中的分量 $\boldsymbol{Z}_{kj}$ 用约化伴随矩阵 $\boldsymbol{C}(\lambda)$ 在矩阵 $\boldsymbol{A}$ 的影谱上诸导数值来表示. 在第三种方法中,我们从基本公式(16)出发,以某些简单的多项式顺次代入 $f(\lambda)$,由所得出的线性方程组来决定矩阵分量 $\boldsymbol{Z}_{kj}$.

第三种方法可能是实际上最方便的. 它的一般形式可叙述如下:

在公式(16)中顺次以某些多项式 $g_1(\lambda),g_2(\lambda),\cdots,g_m(\lambda)$ 代入 $f(\lambda)$,得

$$g_i(\boldsymbol{A})=\sum_{k=1}^{s}[g_i(\lambda_k)\boldsymbol{Z}_{k1}+g_i'(\lambda_k)\boldsymbol{Z}_{k2}+\cdots+g_i^{(m_k-1)}(\lambda_k)\boldsymbol{Z}_{k,m_k}] \tag{26}$$

$$(i=1,2,\cdots,m)$$

从 m 个方程(26)确定 m 个矩阵 $\boldsymbol{Z}_{kj}$ 且以所得出的表示式代入式(16)中.

从 $m+1$ 个等式(26)与(16)消去 $\boldsymbol{Z}_{kj}$ 的结果可以写成下式

$$\begin{vmatrix}f(\boldsymbol{A})&f(\lambda_1)&\cdots&f^{(m_1-1)}(\lambda_1)&\cdots&f(\lambda_s)&\cdots&f^{(m_s-1)}(\lambda_s)\\g_1(\boldsymbol{A})&g_1(\lambda_1)&\cdots&g_1^{(m_1-1)}(\lambda_1)&\cdots&g_1(\lambda_s)&\cdots&g_1^{(m_s-1)}(\lambda_s)\\\vdots&\vdots&&\vdots&&\vdots&&\vdots\\g_m(\boldsymbol{A})&g_m(\lambda_1)&\cdots&g_m^{(m_1-1)}(\lambda_1)&\cdots&g_m(\lambda_s)&\cdots&g_m^{(m_s-1)}(\lambda_s)\end{vmatrix}=0$$

按照第一列的元素展开这个行列式,我们得出所需要的 $f(\lambda)$ 的表示式. 令

$\lambda=\boldsymbol{A}$，则求出 $f(\boldsymbol{A})$. 此时与 $f(\boldsymbol{A})$ 相乘的因子为行列式 $\Delta=|g_i^{(j)}(\lambda_k)|$（位于行列式 Δ 的第 i 行的是多项式 $g_i(\lambda)$ 在矩阵 $\boldsymbol{A}$ 的影谱上诸值；$i=1,2,\cdots,m$）. 为了可以确定 $f(\boldsymbol{A})$，必须有 $\Delta\neq 0$. 这是成立的，如果没有一个多项式 $g_1(\lambda)$，$g_2(\lambda)$，$\cdots$，$g_m(\lambda)$ 的线性组合[①]在矩阵 $\boldsymbol{A}$ 的影谱上全变为零，亦即不能被 $\psi(\lambda)$ 所整除.

条件 $\Delta\neq 0$ 常能适合，如果多项式 $g_1(\lambda),g_2(\lambda),\cdots,g_m(\lambda)$ 的次数分别等于 $0,1,2,\cdots,m-1$[②].

在结束时，我们注意对于高次矩阵 $\boldsymbol{A}^n$，用基本公式(16) 将 $f(\lambda)$ 换为 λ^n 来计算比较方便[③].

例 7 给定矩阵 $\boldsymbol{A}=\begin{pmatrix}5 & -4\\ 4 & -3\end{pmatrix}$，要计算幂 $\boldsymbol{A}^{100}$ 的元素，所给矩阵的最小多项式为 $\psi(\lambda)=(\lambda-1)^2$.

基本公式为

$$f(\boldsymbol{A})=f(1)\boldsymbol{Z}_1+f'(1)\boldsymbol{Z}_2$$

顺次以 1 与 $\lambda-1$ 代替 $f(\lambda)$，我们得出

$$\boldsymbol{Z}_1=\boldsymbol{E},\boldsymbol{Z}_2=\boldsymbol{A}-\boldsymbol{E}$$

故有

$$f(\boldsymbol{A})=f(1)\boldsymbol{E}+f'(1)(\boldsymbol{A}-\boldsymbol{E})$$

取 $f(\lambda)=\lambda^{100}$，我们求得

$$\boldsymbol{A}^{100}=\boldsymbol{E}+100(\boldsymbol{A}-\boldsymbol{E})=\begin{pmatrix}1 & 0\\ 0 & 1\end{pmatrix}+100\begin{pmatrix}4 & -4\\ 4 & -4\end{pmatrix}=\begin{pmatrix}401 & -400\\ 400 & -399\end{pmatrix}$$

§4 矩阵函数的级数表示

设给定有最小多项式 $\psi(\lambda)=(\lambda-\lambda_1)^{m_1}(\lambda-\lambda_2)^{m_2}\cdots(\lambda-\lambda_s)^{m_s}$ $(m=\sum_{k=1}^{s}m_k)$ 的矩阵 $\boldsymbol{A}=(a_{ik})_1^n$. 再设函数 $f(\lambda)$ 与函数序列 $f_1(\lambda),f_2(\lambda),\cdots,f_p(\lambda),\cdots$ 确定于矩阵 $\boldsymbol{A}$ 的影谱上.

我们说，当 $p\to\infty$ 时，函数序列 $f_p(\lambda)$ 在矩阵 $\boldsymbol{A}$ 的影谱上趋于某一极限，如果有以下诸极限存在

$$\lim_{p\to\infty}f_p(\lambda_k),\lim_{p\to\infty}f'_p(\lambda_k),\cdots,\lim_{p\to\infty}f_p^{(m_k-1)}(\lambda_k)\quad(k=1,2,\cdots,s)$$

---

① 系数不全等于零.

② 在上面最后一例中，$m=3,g_1(\lambda)=1,g_2(\lambda)=\lambda-1,g_3(\lambda)=(\lambda-1)^2$.

③ 如果我们取 $f(\lambda)=\dfrac{1}{\lambda}$，又在式(22) 中取 $\lambda=0$，那么公式(16) 可以用来计算逆矩阵 $\boldsymbol{A}^{-1}$.

我们说,当 $p\to\infty$ 时,函数序列 $f_p(\lambda)$ 在矩阵 $\mathbf{A}$ 的影谱上趋于函数 $f(\lambda)$,且写为

$$\lim_{p\to\infty} f_p(\Lambda_{\mathbf{A}})=f(\Lambda_{\mathbf{A}})$$

如果

$$\lim_{p\to\infty} f_p(\lambda_k)=f(\lambda_k),\lim_{p\to\infty} f'_p(\lambda_k)=f'(\lambda_k),\cdots,$$
$$\lim_{p\to\infty} f_p^{(m_k-1)}(\lambda_k)=f^{(m_k-1)}(\lambda_k)\quad(k=1,2,\cdots,s)$$

基本公式

$$f(\mathbf{A})=\sum_{k=1}^{s}[f(\lambda_k)\mathbf{Z}_{k1}+f'(\lambda_k)\mathbf{Z}_{k2}+\cdots+f^{(m_k-1)}(\lambda_k)\mathbf{Z}_{k,m_k}]$$

用 $f(\lambda)$ 在矩阵 $\mathbf{A}$ 的影谱上诸值表示 $f(\mathbf{A})$. 如果视矩阵为 n^2 维空间 R^{n^2} 中的向量,那么由基本公式与矩阵 $\mathbf{Z}_{kj}$ 的线性无关性,可知(对于给定的 $\mathbf{A}$) 所有 $f(\mathbf{A})$ 构成 R^{n^2} 中的 m 维子空间,有一组基底为 $\mathbf{Z}_{kj}$ $(j=1,2,\cdots,m_k;k=1,2,\cdots,s)$. 在这一组基底中向量 $f(\mathbf{A})$ 的坐标就是函数 $f(\lambda)$ 在矩阵 $\mathbf{A}$ 的影谱上的 m 个值.

这些探究给出了以下非常明显的定理:

定理1 为了使矩阵 $f_p(\mathbf{A})$ 当 $p\to\infty$ 时趋于某一极限的充分必要条件是:当 $p\to\infty$ 时序列 $f_p(\lambda)$ 在矩阵 $\mathbf{A}$ 的影谱上趋于某一极限,即

$$\lim_{p\to\infty} f_p(\mathbf{A}),\lim_{p\to\infty} f_p(\Lambda_{\mathbf{A}})$$

常能同时存在. 这样,等式

$$\lim_{p\to\infty} f_p(\Lambda_{\mathbf{A}})=f(\Lambda_{\mathbf{A}})\tag{27}$$

推出等式

$$\lim_{p\to\infty} f_p(\mathbf{A})=f(\mathbf{A})\tag{28}$$

反之亦然.

证明 (1) 如果 $f_p(\lambda)$ 在矩阵 $\mathbf{A}$ 的影谱上的诸值当 $p\to\infty$ 时有极限,那么由公式

$$f_p(\mathbf{A})=\sum_{k=1}^{s}[f_p(\lambda_k)\mathbf{Z}_{k1}+f'_p(\lambda_k)\mathbf{Z}_{k2}+\cdots+f_p^{(m_k-1)}(\lambda_k)\mathbf{Z}_{k,m_k}]\tag{29}$$

知有极限 $\lim\limits_{p\to\infty} f_p(\mathbf{A})$ 存在. 从这个式子与公式(16) 由(27) 推得式(28).

(2) 反之,设 $\lim\limits_{p\to\infty} f_p(\mathbf{A})$ 存在. 因为 m 个矩阵 $\mathbf{Z}$ 的分量线性无关,所以我们可以由式(29) 把 $f_p(\lambda)$ 在矩阵 $\mathbf{A}$ 的影谱上的 m 个值用矩阵 $f_p(\mathbf{A})$ 的 m 个元素来表示(为线性型). 故知极限 $\lim\limits_{p\to\infty} f_p(\Lambda_{\mathbf{A}})$ 存在,且由等式(28) 的成立得出等式(27).

按照所建立的定理,如果多项式序列 $g_p(\lambda)$ $(p=1,2,\cdots)$ 在矩阵 $\mathbf{A}$ 的影谱

上趋于函数 $f(\lambda)$，那么

$$\lim_{p\to\infty} g_p(\mathbf{A}) = f(\mathbf{A})$$

这一公式强调了我们给出的 $f(\mathbf{A})$ 的定义的自然性与普遍性. 如果多项式序列 $g_p(\lambda)$ 在矩阵 $\mathbf{A}$ 的影谱上收敛于 $f(\lambda)$，$f(\mathbf{A})$ 常可从 $g_p(\mathbf{A})$ 当 $p\to\infty$ 时的极限来得出. 最后这个条件是当 $p\to\infty$ 时极限 $\lim\limits_{p\to\infty} g_p(\mathbf{A})$ 存在的必要条件.

我们约定说，级数 $\sum\limits_{p=0}^{\infty} u_p(\lambda)$ 在矩阵 $\mathbf{A}$ 的影谱上收敛于函数 $f(\lambda)$，且写为

$$f(\Lambda_{\mathbf{A}}) = \sum_{p=0}^{\infty} u_p(\Lambda_{\mathbf{A}}) \tag{30}$$

如果所有在此处出现的函数都定义于矩阵 $\mathbf{A}$ 的影谱上，且有等式

$$f(\lambda_k) = \sum_{p=0}^{\infty} u_p(\lambda_k),\ f'(\lambda_k) = \sum_{p=0}^{\infty} u'_p(\lambda_k),\ \cdots,$$

$$f^{m_k-1}(\lambda_k) = \sum_{p=0}^{\infty} u_p^{(m_k-1)}(\lambda_k) \quad (k=1,2,\cdots,s)$$

而且位于这些等式右边的都是收敛级数. 换句话说，如果令

$$s_p(\lambda) = \sum_{q=0}^{p} u_q(\lambda) \quad (p=0,1,2,\cdots)$$

那么等式(30) 等价于等式

$$f(\Lambda_{\mathbf{A}}) = \lim_{p\to\infty} s_p(\Lambda_{\mathbf{A}}) \tag{31}$$

显然，对于上面所证明的定理可以给出以下等价的说法：

定理 1′ 为了使级数 $\sum\limits_{p=0}^{\infty} u_p(\mathbf{A})$ 收敛于某一矩阵的充分必要条件为级数 $\sum\limits_{p=0}^{\infty} u_p(\lambda)$ 在矩阵 $\mathbf{A}$ 的影谱上是收敛的. 此时由等式

$$f(\Lambda_{\mathbf{A}}) = \sum_{p=0}^{\infty} u_p(\Lambda_{\mathbf{A}})$$

得出等式

$$f(\mathbf{A}) = \sum_{p=0}^{\infty} u_p(\mathbf{A})$$

反之亦然.

设给定一个有收敛圆 $|\lambda-\lambda_0|<R$ 的幂级数且其和为

$$f(\lambda) = \sum_{p=0}^{\infty} \alpha_p(\lambda-\lambda_0)^p \quad (|\lambda-\lambda_0|<R) \tag{32}$$

因为幂级数可以在其收敛圆内逐项微分到任何多次，所以级数(32) 在任一矩阵的影谱上都是收敛的，只要这个矩阵的特征数都在收敛圆中.

这样一来，就得出：

定理 2 如果函数 $f(\lambda)$ 在收敛圆 $|\lambda-\lambda_0|<r$ 中展开为幂级数

$$f(\lambda)=\sum_{p=0}^{\infty}\alpha_p(\lambda-\lambda_0)^p \tag{33}$$

那么这一展开式是成立的，以任一矩阵 $\boldsymbol{A}$ 代替标量 λ，只要这个矩阵的特征数都位于收敛圆中.

注 在这一定理中可以假设矩阵 $\boldsymbol{A}$ 的特征数 λ_k 都在收敛圆的圆周上，但此时要补充一个条件，就是级数(33) 的 m_k-1 次逐项微分出来的级数在点 $\lambda=\lambda_k$ 处收敛. 因而，如所熟知，级数(33) 的 j 次微分出来的级数在点 λ_k 收敛于 $f^{(j)}(\lambda_k)$, $j=0,1,2,\cdots,m_k-1$.

由所证明的定理可以推得，例如，以下诸展开式①

$$\mathrm{e}^{\boldsymbol{A}}=\sum_{p=0}^{\infty}\frac{\boldsymbol{A}^p}{p!},\cos\boldsymbol{A}=\sum_{p=0}^{\infty}\frac{(-1)^p}{(2p)!}\boldsymbol{A}^{2p}$$

$$\sin\boldsymbol{A}=\sum_{p=0}^{\infty}(-1)^p\frac{\boldsymbol{A}^{2p+1}}{(2p+1)!}$$

$$\cosh\boldsymbol{A}=\sum_{p=0}^{\infty}\frac{\boldsymbol{A}^{2p}}{(2p)!},\sinh\boldsymbol{A}=\sum_{p=0}^{\infty}\frac{\boldsymbol{A}^{2p+1}}{(2p+1)!}$$

$$(\boldsymbol{E}-\boldsymbol{A})^{-1}=\sum_{p=0}^{\infty}\boldsymbol{A}^p\quad(|\lambda_k|<1;k=1,2,\cdots,s)$$

$$\ln\boldsymbol{A}=\sum_{p=1}^{\infty}\frac{(-1)^{p-1}}{p}(\boldsymbol{A}-\boldsymbol{E})^p\quad(|\lambda_k-1|<1;k=1,2,\cdots,s)$$

(此处 $\ln\lambda$ 是指多值函数 $\mathrm{Ln}\,\lambda$ 的主值，亦即对于 $\mathrm{Ln}\,1=0$ 的这一支).

§3 中的公式(22) 允许容易地把解析函数的柯西积分公式推广到矩阵函数. 在复变数 λ 平面上讨论一个正则区域，它以闭回路 Γ 为界并在其内部包含矩阵 $\boldsymbol{A}$ 的特征数 $\lambda_1,\lambda_2,\cdots,\lambda_n$. 我们取一个在这个区域内(包括边界 Γ) 正则的解析函数 $f(\lambda)$，那么由熟知的柯西公式②得

$$f(\lambda_k)=\frac{1}{2\pi\mathrm{i}}\int_\Gamma\frac{f(\lambda)}{\lambda-\lambda_k}\mathrm{d}\lambda,f'(\lambda_k)=\frac{1}{2\pi\mathrm{i}}\int_\Gamma\frac{f(\lambda)}{(\lambda-\lambda_k)^2}\mathrm{d}\lambda,\cdots,$$

$$f^{(m_k-1)}(\lambda_k)=\frac{(m_k-1)!}{2\pi\mathrm{i}}\int_\Gamma\frac{f(\lambda)}{(\lambda-\lambda_k)^{m_k}}\mathrm{d}\lambda\quad(k=1,\cdots,s)$$

---

① 前两行的展开式对于任何矩阵 $\boldsymbol{A}$ 都成立.

② 例如参考：И. И. 普利瓦洛夫著《复变函数论引论》，莫斯科，科学出版社，1984，第 166 页.(有中译本)

矩阵等式(22) 的两边乘以$\frac{f(\lambda)}{2\pi \mathrm{i}}$,并沿$\Gamma$[①] 积分,得

$$\frac{1}{2\pi \mathrm{i}}\int_{\Gamma}(\lambda\boldsymbol{E}-\boldsymbol{A})^{-1}f(\lambda)\mathrm{d}\lambda=$$

$$\sum_{k=1}^{s}[f(\lambda_k)\boldsymbol{Z}_{k1}+f'(\lambda_k)\boldsymbol{Z}_{k2}+\cdots+f^{(m_k-1)}(\lambda_k)\boldsymbol{Z}_{k,m_k}]$$

这由基本公式(16) 又给出

$$f(\boldsymbol{A})=\frac{1}{2\pi \mathrm{i}}\int_{\Gamma}(\lambda\boldsymbol{E}-\boldsymbol{A})^{-1}f(\lambda)\mathrm{d}\lambda \tag{34}$$

这些推理表明,如果矩阵$\boldsymbol{A}$的所有特征数在闭路Γ外,那么等式(34) 右边的积分等于$\boldsymbol{0}$(当$f(\boldsymbol{A})\neq\boldsymbol{0}$时);如果特征数$\lambda_1,\cdots,\lambda_q$在闭路内,而$\lambda_{q+1},\cdots,\lambda_n$在$\Gamma$外,那么这个积分等于

$$\sum_{k=1}^{q}[f(\lambda_k)\boldsymbol{Z}_{k1}+f'(\lambda_k)\boldsymbol{Z}_{k2}+\cdots+f^{(m_k-1)}(\lambda_k)\boldsymbol{Z}_{km_k}]\quad(q<s)$$

公式(34) 可以作为解析矩阵函数的定义.

§5　矩阵函数的某些性质

在本节中,我们证明一些命题,允许把对标量变数的函数正确的恒等式推广到矩阵的变量值.

1° 设$\boldsymbol{G}(u_1,u_2,\cdots,u_l)$为$u_1,u_2,\cdots,u_l$的多项式;$f_1(\lambda),f_2(\lambda),\cdots,f_l(\lambda)$为$\lambda$的函数,定义于矩阵$\boldsymbol{A}$的影谱上,且有

$$g(\lambda)\equiv\boldsymbol{G}[f_1(\lambda),f_2(\lambda),\cdots,f_l(\lambda)] \tag{35}$$

那么由

$$g(\Lambda_{\boldsymbol{A}})=\boldsymbol{0}$$

得出

$$\boldsymbol{G}[f_1(\boldsymbol{A}),f_2(\boldsymbol{A}),\cdots,f_l(\boldsymbol{A})]=\boldsymbol{0}$$

事实上,以$r_1(\lambda),r_2(\lambda),\cdots,r_l(\lambda)$记$f_1(\lambda),f_2(\lambda),\cdots,f_l(\lambda)$的拉格朗日—西尔维斯特内插多项式且设

$$h(\lambda)=\boldsymbol{G}[r_1(\lambda),r_2(\lambda),\cdots,r_l(\lambda)]$$

那么由(35) 推得

$$h(\Lambda_{\boldsymbol{A}})=\boldsymbol{0} \tag{35'}$$

---

① 矩阵的积分定义为"按元素"求积分的结果.因此

$$\int_{\Gamma}(\lambda\boldsymbol{E}-\boldsymbol{A})^{-1}f(\lambda)\mathrm{d}\lambda=\left(\int_{\Gamma}(\lambda\boldsymbol{E}-\boldsymbol{A})_{ik}^{-1}f(\lambda)\mathrm{d}\lambda\right)_{i,k=1}^{n}$$

其中$(\lambda\boldsymbol{E}-\boldsymbol{A})_{ik}^{-1}=\frac{b_{ik}}{\Delta(\lambda)}(i,k=1,2,\cdots,n)$是矩阵$(\lambda\boldsymbol{E}-\boldsymbol{A})^{-1}$的元素(参考第 4 章 §3).

故知

$$\boldsymbol{G}[f_1(\boldsymbol{A}),f_2(\boldsymbol{A}),\cdots,f_l(\boldsymbol{A})]=\boldsymbol{G}[r_1(\boldsymbol{A}),r_2(\boldsymbol{A}),\cdots,r_l(\boldsymbol{A})]=h(\boldsymbol{A})=\boldsymbol{0}$$

这就是所要证明的结果.

根据命题 1°,由恒等式

$$\cos^2\lambda+\sin^2\lambda=1$$

得出对于任何矩阵 $\boldsymbol{A}$ 都有

$$\cos^2\boldsymbol{A}+\sin^2\boldsymbol{A}=\boldsymbol{E}$$

(此时:$\boldsymbol{G}(u_1,u_2)=u_1^2+u_2^2-1, f_1(\lambda)=\cos\lambda, f_2(\lambda)=\sin\lambda$).

同样地对于任何矩阵 $\boldsymbol{A}$ 都有

$$\mathrm{e}^{\boldsymbol{A}}\mathrm{e}^{-\boldsymbol{A}}=\boldsymbol{E}$$

亦即

$$\mathrm{e}^{-\boldsymbol{A}}=(\mathrm{e}^{\boldsymbol{A}})^{-1}$$

再者,对于任何矩阵 $\boldsymbol{A}$ 都有

$$\mathrm{e}^{\mathrm{i}\boldsymbol{A}}=\cos\boldsymbol{A}+\mathrm{i}\sin\boldsymbol{A}$$

设给定满秩矩阵 $\boldsymbol{A}(|\boldsymbol{A}|\neq 0)$,那么 $\sqrt{\boldsymbol{A}}$ 是有意义的. 此时由 $(\sqrt{\lambda})^2-\lambda=0$ 得出[①]

$$(\sqrt{\boldsymbol{A}})^2=\boldsymbol{A}$$

设 $f(\lambda)=\dfrac{1}{\lambda}$,而 $\boldsymbol{A}=(a_{ik})_1^n$ 为一满秩矩阵,那么函数 $f(\lambda)$ 定义于矩阵 $\boldsymbol{A}$ 的影谱上,故在等式

$$\lambda f(\lambda)=1$$

中可以 $\boldsymbol{A}$ 代替 λ

$$\boldsymbol{A}f(\boldsymbol{A})=\boldsymbol{E}$$

亦即

$$f(\boldsymbol{A})=\boldsymbol{A}^{-1}$$[②]

以 $r(\lambda)$ 记函数 $\dfrac{1}{\lambda}$ 的内插多项式,我们可以把逆矩阵 $\boldsymbol{A}^{-1}$ 表示为矩阵 $\boldsymbol{A}$ 的多项式

$$\boldsymbol{A}^{-1}=r(\boldsymbol{A})$$

讨论有理函数 $\rho(\lambda)=\dfrac{g(\lambda)}{h(\lambda)}$,其中 $g(\lambda)$ 与 $h(\lambda)$ 为 λ 的互质多项式. 这一函数定义于矩阵 $\boldsymbol{A}$ 的影谱上的充分必要条件为:矩阵 $\boldsymbol{A}$ 的特征数不是多项式 $h(\lambda)$

---

① 在第 8 章 §6 与 §7 中,将给出 $\sqrt{\boldsymbol{A}}$ 的更一般的定义,即它是矩阵方程 $\boldsymbol{X}^2=\boldsymbol{A}$ 的任一解.

② 这一情形我们已经在本章 §3 中用到. 参考该节的第一个足注.

的根，亦即[①] $|h(\boldsymbol{A})|\neq 0$. 在这一条件适合时，我们可以在恒等式

$$\rho(\lambda)h(\lambda)=g(\lambda)$$

中以 $\boldsymbol{A}$ 代替 λ

$$\rho(\boldsymbol{A})h(\boldsymbol{A})=g(\boldsymbol{A})$$

故有

$$\rho(\boldsymbol{A})=g(\boldsymbol{A})[h(\boldsymbol{A})]^{-1}=[h(\boldsymbol{A})]^{-1}g(\boldsymbol{A})$$

2° 如果复合函数

$$g(\lambda)\equiv h[f(\lambda)]$$

定义在矩阵 $\boldsymbol{A}$ 的影谱上，那么

$$g(\boldsymbol{A})=g[f(\boldsymbol{A})]$$

即 $g(\boldsymbol{A})=h(\boldsymbol{B})$，其中 $\boldsymbol{B}=f(\boldsymbol{A})$.

在证明这一命题时，同前设

$$\psi(\lambda)=(\lambda-\lambda_1)^{m_1}(\lambda-\lambda_2)^{m_2}\cdots(\lambda-\lambda_s)^{m_s}$$

是矩阵 $\boldsymbol{A}$ 的最小多项式，那么 $g(\lambda)$ 在矩阵 $\boldsymbol{A}$ 的影谱上的函数值由以下公式确定[②]

$$\begin{gathered}g(\lambda_k)=h(\mu_k),g'(\lambda_k)=h'(\mu_k)f'(\lambda_k),\cdots,\\ g^{(m_k-1)}(\lambda_k)=h^{(m_k-1)}(\mu_k)[f'(\lambda_k)]^{(m_k-1)}+\cdots+h'(\mu_k)f^{(m_k-1)}(\lambda_k)\end{gathered}\tag{36}$$

其中 $\mu_k=f(\lambda_k)(k=1,2,\cdots,s)$. 多项式

$$x(\mu)=(\mu-\mu_1)^{m_1}(\mu-\mu_2)^{m_2}\cdots(\mu-\mu_s)^{m_s}$$

将是矩阵 $\boldsymbol{B}$ 的零化多项式. 事实上，每个数 λ_k 至少是函数

$$q(\lambda)\equiv x[f(\lambda)]=\prod_{k=1}^{s}[f(\lambda)-f(\lambda_k)]^{m_k}$$

的 m_k 重根. 因此

$$q(\Lambda_{\boldsymbol{A}})=\mathbf{0}$$

且由 1° 知

$$q(\boldsymbol{A})=x[f(\boldsymbol{A})]=x(\boldsymbol{B})=\mathbf{0}$$

所以在值

$$h(\mu_1),h'(\mu_1),\cdots,h^{(m_k-1)}(\mu_k)\quad(k=1,2,\cdots,s)\tag{37}$$

中包含 $h(\mu)$ 在矩阵 $\boldsymbol{B}$ 的影谱上的所有函数值. 根据(37) 的值，作函数 $h(\lambda)$ 的插值多项式 $r(\lambda)$. 那么，一方面

$$h(\boldsymbol{B})=r(\boldsymbol{B})$$

另一方面，正如公式(36) 所指出，函数 $g(\lambda)$ 与 $g_1(\lambda)=r[f(\lambda)]$ 在矩阵 $\boldsymbol{A}$ 的影

---

① 参考第 4 章 §3,2.

② 从 $\boldsymbol{B}=\boldsymbol{T}^{-1}\boldsymbol{A}\boldsymbol{T}$ 推出 $\boldsymbol{B}^k=\boldsymbol{T}^{-1}\boldsymbol{A}^k\boldsymbol{T}(k=0,1,2,\cdots)$，从而对任一多项式 $g(\lambda)$ 有 $g(\boldsymbol{B})=\boldsymbol{T}^{-1}g(\boldsymbol{A})\boldsymbol{T}$. 因此从 $g(\boldsymbol{A})=\mathbf{0}$ 推出 $g(\boldsymbol{B})=\mathbf{0}$，反之亦然.

谱上相等. 因此将命题 1° 用到差 $g(\lambda)-r[f(\lambda)]$,得

$$g(\boldsymbol{A})-r[f(\boldsymbol{A})]=\boldsymbol{0}$$

但是此时

$$g(\boldsymbol{A})=r[f(\boldsymbol{A})]=r(\boldsymbol{B})=h(\boldsymbol{B})=h[f(\boldsymbol{A})]$$

这就是所要证明的.

结合命题 1° 与 2°,得出命题 1° 的以下推广.

3° 令

$$g(\lambda)\equiv \boldsymbol{G}[f_1(\lambda),f_2(\lambda),\cdots,f_l(\lambda)]$$

其中函数 $f_1(\lambda),f_2(\lambda),\cdots,f_l(\lambda)$ 在矩阵 $\boldsymbol{A}$ 的影谱上确定,而函数 $G(u_1,u_2,\cdots,u_l)$ 是逐次将加、减、乘以数的运算应用到量 $u_1,u_2,\cdots,u_l$ 上并代入它的任意函数值而得出的,那么从

$$g(\Lambda_{\boldsymbol{A}})=\boldsymbol{0}$$

推出

$$\boldsymbol{G}[f_1(\boldsymbol{A}),f_2(\boldsymbol{A}),\cdots,f_l(\boldsymbol{A})]=\boldsymbol{0}$$

这样,例如令 $\boldsymbol{A}$ 是满秩矩阵($|\boldsymbol{A}|\neq 0$). 记 $\ln\lambda$ 为多值函数 $\operatorname{Ln}\lambda$ 的一个单值分支,此分支确定在某一区域上,这个区域不含数 0,而含矩阵 $\boldsymbol{A}$ 的所有特征数,那么在标量恒等式

$$e^{\ln\lambda}-\lambda=0$$

中可把标量变数 λ 换为矩阵 $\boldsymbol{A}$,得

$$e^{\ln\boldsymbol{A}}-\boldsymbol{A}=\boldsymbol{0}$$

即 $e^{\ln\boldsymbol{A}}=\boldsymbol{A}$. 换言之,矩阵 $\boldsymbol{X}=\ln\boldsymbol{A}$ 满足矩阵方程 $e^{\boldsymbol{X}}=\boldsymbol{A}$,即是矩阵 $\boldsymbol{A}$ 的"自然对数".

取多值函数 $\operatorname{Ln}\lambda$ 的另一个单值分支作为 $\ln\lambda$,我们得出矩阵 $\boldsymbol{A}$ 的其他对数[①]. 令 $\boldsymbol{A}=(a_{ik})_1^n$ 是实满秩矩阵. 在第 8 章 §8 中将确定使实矩阵有实自然对数的充分必要条件. 我们这里讨论两种特殊情形.

(1) 矩阵 $\boldsymbol{A}$ 没有实的负特征数. 记 $\ln_0\lambda$ 为函数 $\ln\lambda$ 在复 λ 平面上的一个单值分支,此平面沿负实轴有一截口,$\ln_0\lambda$ 由以下等式确定

$$\ln_0\lambda=+i\varphi,\ -\pi<\varphi<\pi\quad(\lambda=re^{i\varphi})$$

函数 $\ln_0\lambda$ 在 λ 为正实数时取实数值,在 λ 为复共轭值时取复共轭值. 因此函数 $\ln_0\lambda$ 在矩阵 $\boldsymbol{A}$ 的影谱上是实函数(参考第 5 章 §2),$\ln_0\boldsymbol{A}$ 是实矩阵.

(2) $\boldsymbol{A}=\boldsymbol{B}^2$,其中 $\boldsymbol{B}$ 是实矩阵[②]. 与函数 $\ln_0\lambda$ 并列,在讨论中引入复 λ 平面上

---

① 但是用这种方法不能得出矩阵的所有对数,包括矩阵 $\boldsymbol{A}$ 的所有对数的一般公式将在第 8 章 §8 中给出.

② 在这种情形下,如果矩阵 $\boldsymbol{B}$ 有纯虚数的特征数,那么矩阵 $\boldsymbol{A}$ 有负特征数.

函数 $\ln\lambda$ 的以下两个单值分支(该平面沿正实轴有一截口)

$$\ln_1\lambda=\ln r+\mathrm{i}\varphi,0\leqslant\varphi<2\pi\quad(\lambda=r\mathrm{e}^{\mathrm{i}\varphi})$$
$$\ln_2\lambda=\ln r+\mathrm{i}\varphi,-2\pi<\varphi\leqslant 0\quad(\lambda=r\mathrm{e}^{\mathrm{i}\varphi})$$

令矩阵 $\boldsymbol{B}$ 有不同的特征数 $\lambda_k(k=1,2,\cdots,s)$. 取点 $\lambda_k(k=1,2,\cdots,s)$ 的圆形邻域,使它们不相交,且不含原点 $\lambda=0$. 在由这些邻域组成的区域中,用以下等式来规定函数 $f(\lambda)$:

$f(\lambda)=\ln_0\lambda^2$,如果 $\lambda\in G_k$ 与 $\mathrm{Re}\,\lambda_k\neq 0$;

$f(\lambda)=\ln_1\lambda^2$,如果 $\lambda\in G_k$ 与 $\mathrm{Re}\,\lambda_k=0,\mathrm{Im}\,\lambda_k>0$;

$f(\lambda)=\ln_2\lambda^2$,如果 $\lambda\in G_k$ 与 $\mathrm{Re}\,\lambda_k=0,\mathrm{Im}\,\lambda_k<0$,

那么函数 $f(\lambda)$ 是函数 $\ln\lambda^2$ 的单值分支,在矩阵 $\boldsymbol{B}$ 的影谱上是确定的实函数. 因此 $f(\boldsymbol{B})$ 是实矩阵,且

$$\mathrm{e}^{f(\boldsymbol{B})}=\boldsymbol{B}^2=\boldsymbol{A}$$

即矩阵 $f(\boldsymbol{B})$ 是矩阵 $\boldsymbol{A}$ 的实自然对数.

注 1 如果 A 是 n 维空间 R 中的线性算子,那么有

$$f(A)=r(A)$$

其中 $r(\lambda)$ 是 $f(\lambda)$ 在算子 A 的影谱上的拉格朗日-西尔维斯特插值多项式(算子 A 的影谱由它的最小零化多项式 $\psi(\lambda)$ 确定).

按照这一定义,如果在空间某一基底下,矩阵 $\mathbf{A}=(a_{ik})_1^n$ 对应于算子 A,那么在这一基底下,矩阵 $f(\mathbf{A})$ 对应算子 $f(A)$. 在本章中包含矩阵 $\mathbf{A}$ 的所有结论与表述,在把矩阵 $\mathbf{A}$ 换为算子后仍然成立.

注 2 根据特征多项式

$$\Delta(\lambda)=\prod_{k=1}^{s}(\lambda-\lambda_k)^{n_k}$$

并把它们换为最小多项式 $\psi(\lambda)=\prod_{k=1}^{s}(\lambda-\lambda_k)^{m_k}$,可以定义矩阵 $f(\mathbf{A})$[①]. 同时令 $f(\mathbf{A})=g(\mathbf{A})$,其中 $g(\lambda)$ 是函数 $f(\lambda)$ 按 $\mathrm{mod}\,\Delta(\lambda)$ 且次数小于 n 的插值多项式[②]. 公式(16)(22)与(24)换为公式

$$f(\mathbf{A})=\sum_{k=1}^{s}[f(\lambda_k)\hat{\boldsymbol{Z}}_{k1}+f'(\lambda_k)\hat{\boldsymbol{Z}}_{k2}+\cdots+f^{(n_k-1)}(\lambda_k)\hat{\boldsymbol{Z}}_{kn_k}]\tag{16'}$$

$$(\lambda\boldsymbol{E}-\mathbf{A})^{-1}=\frac{\boldsymbol{B}(\lambda)}{\Delta(\lambda)}=\sum_{k=1}^{s}\left[\frac{\hat{\boldsymbol{Z}}_{k1}}{\lambda-\lambda_k}+\frac{1!\ \hat{\boldsymbol{Z}}_{k2}}{(\lambda-\lambda_k)^2}+\cdots+\frac{(n_k-1)!\ \hat{\boldsymbol{Z}}_{kn_k}}{(\lambda-\lambda_k)^{n_k-1}}\right]\tag{22'}$$

---

① 例如参考:В. Д. Мак-Миллан,《固体动力学》,莫斯科,ИЛ 出版,1951,第 403 页及其后.

② 多项式 $g(\lambda)$ 不能由等式 $f(\mathbf{A})=g(\mathbf{A})$ 与条件"次数小于 n"唯一确定.

$$f(\boldsymbol{A})=\sum_{k=1}^{s}\frac{1}{(n_k-1)!}\left[\frac{\boldsymbol{B}(\lambda)}{\Delta_k(\lambda)}f(\lambda)\right]_{\lambda=\lambda_k}^{(n_k-1)} \text{①} \tag{24'}$$

其中

$$\Delta_k(\lambda)=\frac{\Delta(\lambda)}{(\lambda-\lambda_k)^{n_k}} \quad (k=1,2,\cdots,s)$$

但是在公式(16′)中包含的值 $f^{(m_k)}(\lambda_k),f^{(m_k+1)}(\lambda_k),\cdots,f^{(n_k-1)}(\lambda_k)$ 只是假设的，因为从比较(22)与(22′)可推出

$$\hat{\boldsymbol{Z}}_{k1}=\boldsymbol{Z}_{k1},\cdots,\hat{\boldsymbol{Z}}_{km_k}=\boldsymbol{Z}_{km_k},\hat{\boldsymbol{Z}}_{k,m_k+1}=\cdots=\hat{\boldsymbol{Z}}_{kn_k}=\boldsymbol{0}$$

§6　矩阵函数对于常系数线性微分方程组的积分的应用

1. 首先讨论一阶常系数齐次线性微分方程组

$$\begin{cases}\dfrac{\mathrm{d}x_1}{\mathrm{d}t}=a_{11}x_1+a_{12}x_2+\cdots+a_{1n}x_n\\ \dfrac{\mathrm{d}x_2}{\mathrm{d}t}=a_{21}x_1+a_{22}x_2+\cdots+a_{2n}x_n\\ \qquad\vdots\\ \dfrac{\mathrm{d}x_n}{\mathrm{d}t}=a_{n1}x_1+a_{n2}x_2+\cdots+a_{nn}x_n\end{cases} \tag{38}$$

此处 t 为独立变数，$x_1,x_2,\cdots,x_n$ 为 t 的未知函数，而 $a_{ik}(i,k=1,2,\cdots,n)$ 为复数.

研究由其系数所构成的方阵 $\boldsymbol{A}=(a_{ik})_1^n$ 与单列矩阵 $\boldsymbol{x}=(x_1,x_2,\cdots,x_n)$，那么方程组(38)可以写为一个矩阵微分方程

$$\frac{\mathrm{d}\boldsymbol{x}}{\mathrm{d}t}=\boldsymbol{A}\boldsymbol{x} \tag{39}$$

此处及以后，所谓矩阵的导数是指把所有元素用已知方法换为其导数所得出的矩阵，故 $\dfrac{\mathrm{d}\boldsymbol{x}}{\mathrm{d}t}$ 是元素为 $\dfrac{\mathrm{d}x_1}{\mathrm{d}t},\dfrac{\mathrm{d}x_2}{\mathrm{d}t},\cdots,\dfrac{\mathrm{d}x_n}{\mathrm{d}t}$ 的单列矩阵.

我们要找出适合原始条件

$$x_1\,|_{t=0}=x_{10},x_2\,|_{t=0}=x_{20},\cdots,x_n\,|_{t=0}=x_{n0}$$

或缩写为

$$\boldsymbol{x}\,|_{t=0}=x_0 \tag{40}$$

的微分方程组的解.

依照 t 的幂把列 $\boldsymbol{x}$ 展开成麦克劳林级数

$$\boldsymbol{x}=x_0+\dot{x}_0t+\ddot{x}_0\frac{t^2}{2!}+\cdots \quad \left(\dot{x}_0=\frac{\mathrm{d}\boldsymbol{x}}{\mathrm{d}t}\bigg|_{t=0},\ddot{x}_0=\frac{\mathrm{d}^2\boldsymbol{x}}{\mathrm{d}t^2}\bigg|_{t=0},\cdots\right) \tag{41}$$

---

① 公式(24′)在 $f(\lambda)=\lambda^h$ 时的特殊情形有时称为佩龙公式.

但由逐项微分(39)我们得出

$$\frac{\mathrm{d}^2\boldsymbol{x}}{\mathrm{d}t^2}=\boldsymbol{A}\frac{\mathrm{d}\boldsymbol{x}}{\mathrm{d}t}=\boldsymbol{A}^2\boldsymbol{x},\frac{\mathrm{d}^3\boldsymbol{x}}{\mathrm{d}t^3}=\boldsymbol{A}\frac{\mathrm{d}^2\boldsymbol{x}}{\mathrm{d}t^2}=\boldsymbol{A}^3\boldsymbol{x},\cdots \tag{42}$$

以值 $t=0$ 代入式(39)与式(42),我们得出

$$\dot{x}_0=\boldsymbol{A}x_0,\ddot{x}_0=\boldsymbol{A}^2x_0,\cdots$$

现在级数式(41)可以写为

$$\boldsymbol{x}=x_0+t\boldsymbol{A}x_0+\frac{t^2}{2!}\boldsymbol{A}^2x_0+\cdots=\mathrm{e}^{\boldsymbol{A}t}x_0 \tag{43}$$

直接代入式(39),可以证明式(43)是微分方程式(39)的解①. 在式(43)中,取 $t=0$,我们得出:$\boldsymbol{x}\mid_{t=0}=x_0$.

这样一来,公式(43)给出微分方程组的解,适合初始条件(40).

在式(16)中取 $f(\lambda)=\mathrm{e}^{\lambda t}$,那么

$$\mathrm{e}^{\boldsymbol{A}t}=(q_{ik}(t))_1^n=\sum_{k=1}^{s}(\boldsymbol{Z}_{k1}+\boldsymbol{Z}_{k2}t+\cdots+\boldsymbol{Z}_{km_k}t^{m_k-1})\mathrm{e}^{\lambda_k t} \tag{44}$$

现在我们的解(43)可以写为以下形式

$$\begin{cases}x_1=q_{11}(t)x_{10}+q_{12}(t)x_{20}+\cdots+q_{1n}(t)x_{n0}\\x_2=q_{21}(t)x_{10}+q_{22}(t)x_{20}+\cdots+q_{2n}(t)x_{n0}\\\qquad\vdots\\x_n=q_{n1}(t)x_{10}+q_{n2}(t)x_{20}+\cdots+q_{nn}(t)x_{n0}\end{cases} \tag{45}$$

其中 $x_{10},x_{20},\cdots,x_{n0}$ 为等于未知函数 $x_1,x_2,\cdots,x_n$ 的初始值的任意常数.

这样一来,所给微分方程组的积分化为矩阵 $\mathrm{e}^{\boldsymbol{A}t}$ 的元素的计算.

如果取值 $t=t_0$ 来作为自变数的初始值,那么式(43)须换为公式

$$\boldsymbol{x}=\mathrm{e}^{\boldsymbol{A}(t-t_0)}x_0 \tag{46}$$

例 8 有如下式子

$$\frac{\mathrm{d}x_1}{\mathrm{d}t}=3x_1-x_2+x_3$$

$$\frac{\mathrm{d}x_2}{\mathrm{d}t}=2x_1-x_3$$

$$\frac{\mathrm{d}x_3}{\mathrm{d}t}=x_1-x_2+2x_3$$

系数矩阵为

$$\boldsymbol{A}=\begin{pmatrix}3&-1&1\\2&0&1\\1&-1&2\end{pmatrix}$$

---

① $\frac{\mathrm{d}}{\mathrm{d}t}(\mathrm{e}^{\boldsymbol{A}t})=\frac{\mathrm{d}}{\mathrm{d}t}\left(\boldsymbol{E}+\boldsymbol{A}t+\frac{\boldsymbol{A}^2t^2}{2!}+\cdots\right)=\boldsymbol{A}+\boldsymbol{A}^2t+\frac{\boldsymbol{A}^3t^2}{2!}+\cdots=\boldsymbol{A}\mathrm{e}^{\boldsymbol{A}t}$

建立特征行列式

$$\Delta(\lambda)=-\begin{pmatrix}3-\lambda & 1 & 1\\ 2 & -\lambda & 1\\ 1 & 1 & 2-\lambda\end{pmatrix}=(\lambda-1)(\lambda-2)^2$$

这一行列式的二阶子式的最大公因式 $D_2(\lambda)=1$. 故有

$$\psi(\lambda)=\Delta(\lambda)=(\lambda-1)(\lambda-2)^2$$

基本公式此时为

$$f(\boldsymbol{A})=f(1)\boldsymbol{Z}_1+f(2)\boldsymbol{Z}_2+f'(2)\boldsymbol{Z}_3$$

顺次取 $f(\lambda)$ 为 $1,\lambda-2,(\lambda-2)^2$,我们得出

$$\boldsymbol{Z}_1+\boldsymbol{Z}_2=\boldsymbol{E}=\begin{pmatrix}1 & 0 & 0\\ 0 & 1 & 0\\ 0 & 0 & 1\end{pmatrix}$$

$$-\boldsymbol{Z}_1+\boldsymbol{Z}_3=\boldsymbol{A}-2\boldsymbol{E}=\begin{pmatrix}1 & -1 & 1\\ 2 & -2 & 1\\ 1 & -1 & 0\end{pmatrix}\begin{matrix}1\\ 1\\ 0\end{matrix}$$

$$\boldsymbol{Z}_1=(\boldsymbol{A}-2\boldsymbol{E})^2=\begin{pmatrix}0 & 0 & 0\\ -1 & 1 & 0\\ -1 & 1 & 0\end{pmatrix}\begin{matrix}0\\ 0\\ 0\end{matrix}$$

求出 $\boldsymbol{Z}_1,\boldsymbol{Z}_2$ 与 $\boldsymbol{Z}_3$ 且代入基本公式,得

$$f(\boldsymbol{A})=f(1)\begin{pmatrix}0 & 0 & 0\\ -1 & 1 & 0\\ -1 & 1 & 0\end{pmatrix}+f(2)\begin{pmatrix}1 & 0 & 0\\ 1 & 0 & 0\\ 1 & -1 & 1\end{pmatrix}+f'(2)\begin{pmatrix}1 & -1 & 1\\ 1 & -1 & 1\\ 0 & 0 & 0\end{pmatrix}$$

把 $f(\lambda)$ 替换为 $\mathrm{e}^{\lambda t}$,即有

$$\mathrm{e}^{\boldsymbol{A}t}=\mathrm{e}^t\begin{pmatrix}0 & 0 & 0\\ -1 & 1 & 0\\ -1 & 1 & 0\end{pmatrix}+\mathrm{e}^{2t}\begin{pmatrix}1 & 0 & 0\\ 1 & 0 & 0\\ 1 & -1 & 1\end{pmatrix}+t\mathrm{e}^{2t}\begin{pmatrix}1 & -1 & 1\\ 1 & -1 & 1\\ 0 & 0 & 0\end{pmatrix}=$$

$$\begin{pmatrix}(1+t)\mathrm{e}^{2t} & -t\mathrm{e}^{2t} & t\mathrm{e}^{2t}\\ -\mathrm{e}^t+(1+t)\mathrm{e}^{2t} & \mathrm{e}^t-t\mathrm{e}^{2t} & t\mathrm{e}^{2t}\\ -\mathrm{e}^t+\mathrm{e}^{2t} & \mathrm{e}^t-\mathrm{e}^{2t} & \mathrm{e}^{2t}\end{pmatrix}$$

这样一来

$$x_1=\boldsymbol{C}_1(1+t)\mathrm{e}^{2t}-\boldsymbol{C}_2t\mathrm{e}^{2t}+\boldsymbol{C}_3t\mathrm{e}^{2t}$$

$$x_2=\boldsymbol{C}_1[-\mathrm{e}^t+(1+t)\mathrm{e}^{2t}]+\boldsymbol{C}_2(\mathrm{e}^t-t\mathrm{e}^{2t})+\boldsymbol{C}_3t\mathrm{e}^{2t}$$

$$x_3=\boldsymbol{C}_1(-\mathrm{e}^t+\mathrm{e}^{2t})+\boldsymbol{C}_2(\mathrm{e}^t-\mathrm{e}^{2t})+\boldsymbol{C}_3\mathrm{e}^{2t}$$

其中

$$\boldsymbol{C}_1=x_{10},\boldsymbol{C}_2=x_{20},\boldsymbol{C}_3=x_{30}$$

2. 现在来讨论常系数非齐次线性微分方程组

$$\begin{cases}\dfrac{\mathrm{d}x_1}{\mathrm{d}t}=a_{11}x_1+a_{12}x_2+\cdots+a_{1n}x_n+f_1(t)\\ \dfrac{\mathrm{d}x_2}{\mathrm{d}t}=a_{21}x_1+a_{22}x_2+\cdots+a_{2n}x_n+f_2(t)\\ \qquad\vdots\\ \dfrac{\mathrm{d}x_n}{\mathrm{d}t}=a_{n1}x_1+a_{n2}x_2+\cdots+a_{nn}x_n+f_n(t)\end{cases}\tag{47}$$

其中 $f_i(t)(i=1,2,\cdots,n)$ 为在区间 $t_0\leqslant t\leqslant t_1$ 中的连续函数. 以 $\boldsymbol{f}(t)$ 记元素为 $f_1(t),f_2(t),\cdots,f_n(t)$ 的单列矩阵,且仍设 $\boldsymbol{A}=(a_{ik})_1^n$,方程组(47) 写为

$$\frac{\mathrm{d}\boldsymbol{x}}{\mathrm{d}t}=\boldsymbol{A}\boldsymbol{x}+\boldsymbol{f}(t)\tag{48}$$

引进新的单列未知函数 $\boldsymbol{z}$ 来代替 $\boldsymbol{x}$,$\boldsymbol{z}$ 与 $\boldsymbol{x}$ 之间有关系式

$$\boldsymbol{x}=\mathrm{e}^{\boldsymbol{A}t}\boldsymbol{z}\tag{49}$$

逐项微分(49) 且把所得出的$\dfrac{\mathrm{d}\boldsymbol{x}}{\mathrm{d}t}$ 的表示式代入(48),我们得出①

$$\mathrm{e}^{\boldsymbol{A}t}\ \frac{\mathrm{d}\boldsymbol{z}}{\mathrm{d}t}=\boldsymbol{f}(t)\tag{50}$$

故

$$\boldsymbol{z}(t)=\boldsymbol{c}+\int_{t_0}^{t}\mathrm{e}^{-\boldsymbol{A}\tau}\boldsymbol{f}(\tau)\mathrm{d}\tau\text{②}\tag{51}$$

且因而由式(49) 得

$$\boldsymbol{x}=\mathrm{e}^{\boldsymbol{A}t}\left[\boldsymbol{c}+\int_{t_0}^{t}\mathrm{e}^{-\boldsymbol{A}\tau}\boldsymbol{f}(\tau)\mathrm{d}\tau\right]=\mathrm{e}^{\boldsymbol{A}t}\boldsymbol{c}+\int_{t_0}^{t}\mathrm{e}^{(\boldsymbol{A}t-\tau)}\boldsymbol{f}(\tau)\mathrm{d}\tau\tag{52}$$

此处 $\boldsymbol{c}$ 为任一有常数元素的单列矩阵.

在式(52) 中给出变数 t 以值 t_0,我们求得

$$\boldsymbol{c}=\mathrm{e}^{-\boldsymbol{A}t_0}x_0$$

因而解式(52) 可以写为

$$\boldsymbol{x}=\mathrm{e}^{\boldsymbol{A}(t-t_0)}x_0+\int_{t_0}^{t}\mathrm{e}^{\boldsymbol{A}(t-\tau)}\boldsymbol{f}(\tau)\mathrm{d}\tau\tag{53}$$

设 $\mathrm{e}^{\boldsymbol{A}t}=(q_{ij}(t))_1^n$,我们可以写解(53) 为展开式

① 参考本节 1 的足注.

② 正如对特殊情形已经证明那样,如果给予标量自变数的矩阵函数 $\boldsymbol{B}(\tau)=(b_{ik}(\tau))$ $(i=1,2,\cdots,m;k=1,2,\cdots,n;t_1\leqslant\tau\leqslant t_2)$,那么积分$\int_{t_1}^{t_2}\boldsymbol{B}(\tau)\mathrm{d}\tau$ 自然地由下式定义

$$\int_{t_1}^{t_2}\boldsymbol{B}(\tau)\mathrm{d}\tau=\left(\int_{t_1}^{t_2}b_{ik}(\tau)\mathrm{d}\tau\right)\quad(i=1,2,\cdots,m;k=1,2,\cdots,n)$$

$$\begin{cases} x_1 = q_{11}(t-t_0)x_{10} + \cdots + q_{1n}(t-t_0)x_{n0} + \\ \qquad \int_{t_0}^{t} [q_{11}(t-\tau)f_1(\tau) + \cdots + q_{1n}(t-\tau)f_n(\tau)]\mathrm{d}\tau \\ \qquad \vdots \\ x_n = q_{n1}(t-t_0)x_{10} + \cdots + q_{nn}(t-t_0)x_{n0} + \\ \qquad \int_{t_0}^{t} [q_{n1}(t-\tau)f_1(\tau) + \cdots + q_{nn}(t-\tau)f_n(\tau)]\mathrm{d}\tau \end{cases} \tag{54}$$

3. 作为一个例子,我们来考虑地球运动时在地球表面邻近的真空里面有质量质点的运动. 在这一情形,如所熟知,质点对于地球的加速度为重力常数 $m\boldsymbol{g}$ 与科里奥利惯性力 $-2m\boldsymbol{\omega}\times\boldsymbol{v}$①所确定($\boldsymbol{v}$ 是质点对于地球的速度,$\boldsymbol{\omega}$ 是地球的角速度常量),故质点运动的微分方程有以下形式

$$\frac{\mathrm{d}\boldsymbol{v}}{\mathrm{d}t} = \boldsymbol{g} - 2\boldsymbol{\omega}\times\boldsymbol{v}^{②} \tag{55}$$

以等式

$$A\boldsymbol{x} = -2\boldsymbol{\omega}\times\boldsymbol{x} \tag{56}$$

来确定一个三维欧几里得空间中线性算子 A 且写(55) 为

$$\frac{\mathrm{d}\boldsymbol{v}}{\mathrm{d}t} = A\boldsymbol{v} + \boldsymbol{g} \tag{57}$$

比较式(57) 与式(48)(53) 易知

$$\boldsymbol{v} = \mathrm{e}^{At}\boldsymbol{v}_0 + \int_0^t \mathrm{e}^{At}\,\mathrm{d}t\cdot\boldsymbol{g} \quad (\boldsymbol{v}_0 = \boldsymbol{v}\,|_{t=0})$$

逐项积分,得出动点的向量径

$$\boldsymbol{r} = \boldsymbol{r}_0 + \int_0^t \mathrm{e}^{At}\,\mathrm{d}t\cdot\boldsymbol{v}_0 + \int_0^t \mathrm{d}t\int_0^t \mathrm{e}^{At}\,\mathrm{d}t\cdot\boldsymbol{g} \tag{58}$$

其中

$$\boldsymbol{r}_0 = \boldsymbol{r}_{t=0},\ \boldsymbol{v}_0 = \boldsymbol{v}_{t=0}$$

将 e^{At} 换为级数

$$E + A\frac{t}{1!} + A^2\frac{t^2}{2!} + \cdots$$

且将算子 A 换为其表示式(56),我们有

$$\boldsymbol{r} = \boldsymbol{r}_0 + \boldsymbol{v}_0 t + \frac{1}{2}\boldsymbol{g}t^2 - \boldsymbol{\omega}\times\left(\boldsymbol{v}_0 t^2 + \frac{1}{3}\boldsymbol{g}t^3\right) +$$

$$\boldsymbol{\omega}\times\left[\boldsymbol{\omega}\times\left(\frac{2}{3}\boldsymbol{v}_0 t^3 + \frac{1}{6}\boldsymbol{g}t^4\right)\right] + \cdots$$

---

① 例如,参考格·克·苏斯洛夫,《理论力学》,第 141 节(俄文,1944 年版).

② 此处的符号"×"表示向量乘积.

对于数值很小的角速度 $\boldsymbol{\omega}$（对于地球 $\boldsymbol{\omega}\approx 7.3\times 10^{-5}$ rad/s）可以不计含有 $\boldsymbol{\omega}$ 的二次与高次幂，关于补足由地球转动所引起的点的偏差，我们得出近似公式

$$\boldsymbol{d}=-\boldsymbol{\omega}\times\left(\boldsymbol{v}_0 t^2+\frac{1}{3}\boldsymbol{g}t^3\right)$$

回到式(58)的正确解，我们要计算 e^{At}. 首先确定算子 A 的最小多项式有以下形式

$$\psi(\lambda)=\lambda(\lambda^2+4\boldsymbol{\omega}^2)$$

事实上，由式(56)求得

$$A^2\boldsymbol{x}=4\boldsymbol{\omega}\times(\boldsymbol{\omega}\times\boldsymbol{x})=4(\boldsymbol{\omega}\boldsymbol{x})\boldsymbol{\omega}-4\boldsymbol{\omega}^2\boldsymbol{x}$$

$$A^3\boldsymbol{x}=-2\boldsymbol{\omega}\times A^2\boldsymbol{x}=8\boldsymbol{\omega}^2(\boldsymbol{\omega}\times\boldsymbol{x})$$

故由式(56)知算子 E,A,A^2 线性无关，而

$$A^3+4\boldsymbol{\omega}^2 A=0$$

最小多项式 $\psi(\lambda)$ 只有单根 $0,2\boldsymbol{\omega}\mathrm{i},-2\boldsymbol{\omega}\mathrm{i}$. 对于 e^{At} 的拉格朗日内插多项式有以下形式

$$1+\frac{\sin 2\boldsymbol{\omega}t}{2\boldsymbol{\omega}}\lambda+\frac{1-\cos 2\boldsymbol{\omega}t}{4\boldsymbol{\omega}^2}\lambda^2$$

故有

$$e^{At}=E+\frac{\sin 2\boldsymbol{\omega}t}{2\boldsymbol{\omega}}A+\frac{1-\cos 2\boldsymbol{\omega}t}{4\boldsymbol{\omega}^2}A^2$$

在式(58)中代入 e^{At} 的这个表示式且换算子 A 为其表示式(56)，我们得出

$$\boldsymbol{r}=\boldsymbol{r}_0+\boldsymbol{v}_0 t+\boldsymbol{g}\frac{t^2}{2}-\boldsymbol{\omega}\times\left(\frac{1-\cos 2\boldsymbol{\omega}t}{2\boldsymbol{\omega}^2}\boldsymbol{v}_0+\frac{2\boldsymbol{\omega}t-\sin 2\boldsymbol{\omega}t}{4\boldsymbol{\omega}^3}\boldsymbol{g}\right)+$$
$$\boldsymbol{\omega}\times\left[\boldsymbol{\omega}\times\left(\frac{2\boldsymbol{\omega}t-\sin 2\boldsymbol{\omega}t}{2\boldsymbol{\omega}^3}\boldsymbol{v}_0+\frac{-1+2\boldsymbol{\omega}^2t^2+\cos 2\boldsymbol{\omega}t}{4\boldsymbol{\omega}^4}\boldsymbol{g}\right)\right] \tag{59}$$

讨论特殊情形 $\boldsymbol{v}_0=\mathbf{0}$. 此时，展开三重向量乘积，我们得出

$$\boldsymbol{r}=\boldsymbol{r}_0+\boldsymbol{g}\frac{t^2}{2}+\frac{2\boldsymbol{\omega}t-\sin 2\boldsymbol{\omega}t}{4\boldsymbol{\omega}^3}(\boldsymbol{g}\times\boldsymbol{\omega})+$$
$$\frac{\cos 2\boldsymbol{\omega}t-1+2\boldsymbol{\omega}^2t^2}{4\boldsymbol{\omega}^3}(\boldsymbol{g}\sin\varphi\boldsymbol{\omega}+\boldsymbol{\omega}\boldsymbol{g})$$

其中 φ 为地球上给定点的纬度. 式子

$$\frac{2\boldsymbol{\omega}t-\sin 2\boldsymbol{\omega}t}{4\boldsymbol{\omega}^3}(\boldsymbol{g}\times\boldsymbol{\omega})$$

表示向东垂直于子午线平面方向的偏差，而上式右边的最后一项给出在子午线平面上离开地轴方向（垂直于地轴）的偏差.

4. 现在设给定以下二阶线性微分方程组

$$\begin{cases}\dfrac{d^2 x_1}{dt^2}+a_{11}x_1+a_{12}x_2+\cdots+a_{1n}x_n=0\\ \dfrac{d^2 x_2}{dt^2}+a_{21}x_1+a_{22}x_2+\cdots+a_{2n}x_n=0\\ \qquad\vdots\\ \dfrac{d^2 x_n}{dt^2}+a_{n1}x_1+a_{n2}x_2+\cdots+a_{nn}x_n=0\end{cases} \tag{60}$$

其中 $a_{ik}(i,k=1,2,\cdots,n)$ 为常系数. 仍然引入列 $\boldsymbol{x}=(x_1,x_2,\cdots,x_n)$ 与方阵 $\boldsymbol{A}=(a_{ik})_1^n$,我们化方程组(60) 为矩阵形式

$$\frac{d^2\boldsymbol{x}}{dt^2}+\boldsymbol{Ax}=\boldsymbol{0} \tag{60'}$$

首先讨论 $|\boldsymbol{A}|\neq 0$ 的情形. 如果 $n=1$,而 $\boldsymbol{A}\neq\boldsymbol{0}$,那么方程(60) 的一般解可以写为

$$\boldsymbol{x}=\cos(\sqrt{\boldsymbol{A}}t)\boldsymbol{x}_0+(\sqrt{\boldsymbol{A}})^{-1}\sin(\sqrt{\boldsymbol{A}}t)\dot{\boldsymbol{x}}_0 \tag{61}$$

其中 $\boldsymbol{x}_0=\boldsymbol{x}_{t=0}$,$\dot{\boldsymbol{x}}_0=\left(\dfrac{d\boldsymbol{x}}{dt}\right)\bigg|_{t=0}$.

直接验算,证明(61) 是对于任何 n,$\boldsymbol{x}$ 为单列矩阵而 $\boldsymbol{A}$ 为满秩方阵[①]时,方程(60) 的解. 此处我们用到公式

$$\begin{cases}\cos(\sqrt{\boldsymbol{A}}t)=\boldsymbol{E}-\dfrac{1}{2!}\boldsymbol{A}t^2+\dfrac{1}{4!}\boldsymbol{A}^2t^4-\cdots\\ (\sqrt{\boldsymbol{A}})^{-1}\sin(\sqrt{\boldsymbol{A}}t)=\boldsymbol{E}t-\dfrac{1}{3!}\boldsymbol{A}t^3+\dfrac{1}{5!}\boldsymbol{A}^2t^5-\cdots\end{cases} \tag{62}$$

因为初始值 x_0 与 $\dot{x}_0$ 是可以任意选取的,所以公式(61) 包含了方程组(60) 或(60′) 的全部解.

公式(62) 的右边在 $|\boldsymbol{A}|=0$ 时也有意义. 如果函数 $\cos(\sqrt{\boldsymbol{A}}t)$ 与函数 $(\sqrt{\boldsymbol{A}})^{-1}\sin(\sqrt{\boldsymbol{A}}t)$ 只是指(62) 右边的表示式,那么 $|\boldsymbol{A}|=0$ 时式(61) 是所给微分方程组的一般解.

让读者验证,适合初始条件 $\boldsymbol{x}_{t=0}=\boldsymbol{x}_0$ 与 $\left(\dfrac{d\boldsymbol{x}}{dt}\right)\bigg|_{t=0}=\dot{\boldsymbol{x}}_0$ 的非齐次方程组

$$\frac{d^2\boldsymbol{x}}{dt^2}+\boldsymbol{Ax}=f(t) \tag{63}$$

的一般解可以写为

$$\boldsymbol{x}=\cos(\sqrt{\boldsymbol{A}}t)\boldsymbol{x}_0+(\sqrt{\boldsymbol{A}})^{-1}\sin(\sqrt{\boldsymbol{A}}t)\dot{\boldsymbol{x}}_0+$$

---

① 这里 $\sqrt{\boldsymbol{A}}$ 是指一个矩阵的平方等于 $\boldsymbol{A}$. 当 $|\boldsymbol{A}|\neq 0$ 时,$\sqrt{\boldsymbol{A}}$ 显然存在(参考本章 §4).

$$(\sqrt{\mathbf{A}})^{-1}\int_0^t \sin[\sqrt{\mathbf{A}}(t-\tau)]f(\tau)\mathrm{d}\tau \tag{64}$$

如果取 $t=t_0$ 作为开始时间,那么在公式(61) 与式(64) 中要替换 $\cos(\sqrt{\mathbf{A}}t)$ 与 $\sin(\sqrt{\mathbf{A}}t)$ 为 $\cos\sqrt{\mathbf{A}}(t-t_0)$ 与 $\sin\sqrt{\mathbf{A}}(t-t_0)$,而且要替换 $\int_0^t$ 为 $\int_{t_0}^t$.

§7 在线性系统情形中运动的稳定性

设 $x_1,x_2,\cdots,x_n$ 为参数,刻画所研究的运动与给定的力学系统中"扰动"运动的偏差①,且设这些参数适合一阶微分方程组

$$\frac{\mathrm{d}x_i}{\mathrm{d}t}=f_i(x_1,x_2,\cdots,x_n,t) \quad (i=1,2,\cdots,n) \tag{65}$$

此处的独立变数 t 表示时间,而右边 $f_i(x_1,x_2,\cdots,x_n,t)$ 为量 $x_1,x_2,\cdots,x_n$ 在某一区域(含有点 $x_1=0,x_2=0,\cdots,x_n=0$) 内对于所有 $t>t_0$(t_0 为开始时刻) 的连续函数.

引进李雅普诺夫的运动稳定性的定义②.

所研究的运动称为稳定的,如果对于任何数 $\varepsilon>0$,可以找出这样的数 $\delta>0$,使得对于任何参数的初始值($t=t_0$)$x_{10},x_{20},\cdots,x_{n0}$ 的模都小于数 δ 时,参数 $x_1,x_2,\cdots,x_n$ 在所有运动时间($t\geqslant t_0$) 内,其模都小于数 ε,亦即对于任何 $\varepsilon>0$,都可以得出这样的 $\delta>0$,使得在

$$|x_{i0}|<\delta \quad (i=1,2,\cdots,n) \tag{66}$$

时得出

$$|x_i(t)|<\varepsilon \quad (t\geqslant t_0) \tag{67}$$

如果我们增加条件,说对于某一个 $\delta>0$,常有 $\lim\limits_{t\to+\infty}x_i(t)=0(i=1,2,\cdots,n)$,只要 $|x_{i0}|<\delta(i=1,2,\cdots,n)$,那么所研究的运动称为渐近稳定的.

现在来讨论线性组,亦即这样的特殊情形,方程组(65) 是一个齐次线性微分方程组

$$\frac{\mathrm{d}x_i}{\mathrm{d}t}=\sum_{k=1}^n p_{ik}(t)x_k \quad (i,k=1,2,\cdots,n) \tag{68}$$

其中 $p_{ik}(t)$ 为 $t\geqslant t_0$ 时的连续函数.

用矩阵的写法,式(68) 可以写为

---

① 在这些参数中,所研究的运动的性质为常数零值 $x_1=0,x_2=0,\cdots,x_n=0$ 所给出,故在这一问题的数学处理时,涉及微分方程组(65) 的零解的稳定性.

② 参考《Общая задача об устойчивости движения》(1950) 中第 4 页;《Устойчивость движения》(1946) 中第 1 页或《Теория устойчивости движения》(1952) 中第 1 ~ 3 页.

$$\frac{\mathrm{d}\boldsymbol{x}}{\mathrm{d}t}=\boldsymbol{P}(t)\boldsymbol{x} \tag{68'}$$

此处 $\boldsymbol{x}$ 是元素为 $x_1, x_2, \cdots, x_n$ 的单列矩阵，而 $\boldsymbol{P}(t)=(p_{ik}(t))_1^n$ 为系数矩阵.

记

$$q_{1j}(t), q_{2j}(t), \cdots, q_{nj}(t) \quad (j=1,2,\cdots,n) \tag{69}$$

为方程组(68) 的 n 个线性无关解①. 以此诸解为列的矩阵 $\boldsymbol{Q}(t)=(q_{ij})_1^n$ 称为方程组(68) 的积分矩阵.

齐次线性微分方程组的任何解都可以从以下 n 个线性无关解的常系数的线性组合来得出

$$x_i=\sum_{j=1}^{n} c_j q_{ij}(t) \quad (i=1,2,\cdots,n)$$

或用矩阵的写法

$$\boldsymbol{x}=\boldsymbol{Q}(t)\boldsymbol{c} \tag{70}$$

其中 $\boldsymbol{c}$ 为元素是任意常数 $c_1, c_2, \cdots, c_n$ 的单列矩阵.

现在选取特殊的积分矩阵，对于它有

$$\boldsymbol{Q}(t_0)=\boldsymbol{E} \tag{71}$$

换句话说，在选取 n 个线性无关解(69) 时，由以下特殊的初始条件出发②

$$q_{ij}(t_0)=\delta_{ij}=\begin{cases}0 & (i \neq j) \\ 1 & (i=j)\end{cases} \quad (i, j=1,2,\cdots,n)$$

那么在式(70) 中取 $t=t_0$，由式(71) 求得

$$\boldsymbol{x}_0=\boldsymbol{c}$$

所以式(70) 有形式

$$\boldsymbol{x}=\boldsymbol{Q}(t)\boldsymbol{x}_0 \tag{72}$$

或者写为展开式

$$x_i=\sum_{j=1}^{n} q_{ij}(t) x_{j0} \quad (i=1,2,\cdots,n) \tag{72'}$$

讨论三种情形：

1° $\boldsymbol{Q}(t)$ 是在区间$(t_0,+\infty)$ 内有界的矩阵，亦即有这样的数 M 存在，使得

$$|q_{ij}(t)| \leqslant M \quad (t \geqslant t_0; i, j=1,2,\cdots,n)$$

在这一情形，由式(72′) 得出

$$|x_i(t)| \leqslant nM \max |x_{j0}|$$

① 此处第二个下标是指解的序数.

② 任何初始条件确定了而且唯一地确定了所给方程组的某一个解.

稳定性条件能够适合(只要在式(66)(67)中取 $\delta < \frac{\varepsilon}{nM}$),零解 $x_1 = 0$, $x_2 = 0, \cdots, x_n = 0$ 所描述的运动是稳定的.

$2°$ $\lim\limits_{t \to +\infty} \boldsymbol{Q}(t) = \boldsymbol{0}$. 在这一情形,矩阵 $\boldsymbol{Q}(t)$ 在区间 $(t_0, +\infty)$ 内是有界的,故由上述,知此运动是稳定的.再者,由式(72)得出

$$\lim_{t \to +\infty} \boldsymbol{x}(t) = \boldsymbol{0}$$

对于任何 x_0 都成立,运动是渐近稳定的.

$3°$ $\boldsymbol{Q}(t)$ 在区间 $(t_0, +\infty)$ 内是无界的矩阵.这就是说,在函数 $q_{ij}(t)$ 中至少有一个,例如 $q_{hk}(t)$,在区间 $(t_0, +\infty)$ 内无界.取初始条件 $x_{10} = 0, \cdots, x_{k0} \neq 0, \cdots, x_{n0} = 0$,那么

$$x_h(t) = q_{hk}(t) x_{k0}$$

不管 x_{k0} 的模如何小,函数 $x_h(t)$ 是无界的.条件(67)对于任何 δ 都不能适合.运动不是稳定的.

现在来讨论,在方程组(68)中系数全为常数的特殊情形

$$\boldsymbol{P}(t) = \boldsymbol{P}(\boldsymbol{P}\text{ 为常数矩阵}) \tag{73}$$

在这一情形(参考 §5)

$$\boldsymbol{x} = \mathrm{e}^{\boldsymbol{P}(t-t_0)} \boldsymbol{x}_0 \tag{74}$$

比较式(72)与式(74),我们在所给情形得出

$$\boldsymbol{Q}(t) = \mathrm{e}^{\boldsymbol{P}(t-t_0)} \tag{75}$$

以
$$\psi(\lambda) = (\lambda - \lambda_1)^{m_1} (\lambda - \lambda_2)^{m_2} \cdots (\lambda - \lambda_s)^{m_s}$$
记系数矩阵 $\boldsymbol{P}$ 的最小多项式.

为了研究积分矩阵(75),我们应用本章 §3 的公式(16).在这一情形,$f(\lambda) = \mathrm{e}^{\lambda(t-t_0)}$(视 t 为参数),$f^{(j)}(\lambda_k) = (t - t_0)^j \mathrm{e}^{\lambda_k(t-t_0)}$.公式(16)给出

$$\mathrm{e}^{\boldsymbol{P}(t-t_0)} = \sum_{k=1}^{s} [\boldsymbol{Z}_{k1} + \boldsymbol{Z}_{k2}(t - t_0) + \cdots + \boldsymbol{Z}_{km_k}(t - t_0)^{m_k - 1}] \mathrm{e}^{\lambda_k(t-t_0)} \tag{76}$$

讨论三种情形:

$1°$ $\operatorname{Re} \lambda_k \leqslant 0 (k=1,2,\cdots,s)$,而且对于 $\operatorname{Re} \lambda_k = 0$ 的 λ_k 都对应 $m_k = 1$(亦即纯虚数的特征数是最小多项式的单根).

$2°$ $\operatorname{Re} \lambda_k < 0 (k = 1,2,\cdots,s)$.

$3°$ 对于某些 k 有 $\operatorname{Re} \lambda_k > 0$ 或 $\operatorname{Re} \lambda_k = 0$,但是 $m_k > 1$.

由公式(76)知,在第一种情形,矩阵 $\boldsymbol{Q}(t) = \mathrm{e}^{\boldsymbol{P}(t-t_0)}$ 在区间 $(t_0, +\infty)$ 内是有界的;在第二种情形,当 $t \to +\infty$ 时,$\mathrm{e}^{\boldsymbol{P}(t-t_0)} \to 0$;而在第三种情形,矩阵 $\mathrm{e}^{\boldsymbol{P}(t-t_0)}$ 在

区间$(t_0,+\infty)$内是无界的①.

这里只需要特别讨论以下情形:在$e^{P(t-t_0)}$的表示式(76)中有一些最大增长量的项(当$t\to+\infty$时),即具有最大$\mathrm{Re}\,\lambda_k=\alpha_0\geqslant 0$与(当已知$\mathrm{Re}\,\lambda_k=\alpha_0$时)具有最大值$m_k=m_0$的项,那么表示式(76)可以写为

$$e^{P(t-t_0)}=e^{\alpha_0(t-t_0)}(t-t_0)^{m_0-1}\left[\sum_{j=1}^{r}Z_{k_jm_0}e^{i\beta_j(t-t_0)}+(*)\right] \tag{77}$$

其中$\beta_1,\beta_2,\cdots,\beta_r$是不同的实数,而$(*)$表示$t\to+\infty$时趋于0的矩阵.从这个表示式推出,当$\alpha_0+m_0-1>0$②时矩阵$e^{P(t-t_0)}$是无界的,因为矩阵

$$\sum_{j=1}^{r}Z_{k_jm_0}e^{i\beta_j(t-t_0)}$$

当$t\to+\infty$时不能趋于0.以后我们将相信,如果证明函数

$$f(t)=\sum_{j=1}^{r}c_je^{i\beta_jt} \tag{78}$$

只有在$f(t)\equiv 0$的情形,当$t\to+\infty$时能趋于0,其中c_j是复数,β_j是彼此不同的实数.但是事实上

$$\overline{f(t)}=\sum_{j=1}^{r}\bar{c}_je^{-i\beta_jt} \tag{78'}$$

等式(78)与(78')逐项相乘,并在范围从0到T对t求积分,得

$$\lim_{T\to+\infty}\frac{1}{T}\int_0^T|f(t)|^2dt=\sum_{j=1}^{r}|c_j|^2 \tag{79}$$

---

① 此处的特殊讨论只需要讨论以下情形:在$e^{P(t-t_0)}$的表示式(76)中有某些极大增长项(当$t\to+\infty$时),亦即有极大的$\mathrm{Re}\,\lambda_k=\alpha$与(对于已给的$\mathrm{Re}\,\lambda_k=\alpha$)有极大值$m_k=m_0$.那么表示式(76)可以写成形式

$$e^{P(t-t_0)}=e^{\alpha_0(t-t_0)}(t-t_0)^{m_0-1}\left[\sum_{j=1}^{r}Z_{k_jm_0}e^{i\beta_j(t-t_0)}+(*)\right]$$

其中$\beta_1,\beta_2,\cdots,\beta_r$为不同的实数,而$(*)$记当$t\to+\infty$时趋于零的矩阵.由这一表示式推知矩阵$e^{P(t-t_0)}$当$\alpha_0+m_0>0$时是无界的,因为当$t\to+\infty$时矩阵$\sum_{j=1}^{r}Z_{k_j}m_0e^{i\beta_j(t-t_0)}$不能趋于零.我们证明了后一论断,如果我们能够证明函数

$$f(t)=\sum_{j=1}^{r}c_je^{i\beta_jt}$$

其中c_j为复数,而β_j为彼此不同的实数时,只有在$f(t)\equiv 0$的情形才能当$t\to+\infty$时趋于零.但是,事实上,由$\lim_{t\to+\infty}f(t)=0$,推知

$$\sum_{j=1}^{r}|c_j|^2=\lim_{T\to+\infty}\frac{1}{T}\int_0^T|f(t)|^2dt=0$$

故有

$$c_1=c_2=\cdots=c_n=0$$

② 换个说法,当$\alpha_0>0$或$\alpha_0=0$时,$m_0>1$.——编者注

但是从 $\lim\limits_{t\to+\infty} f(t)=0$ 推出

$$\lim_{T\to+\infty}\frac{1}{T}\int_0^T |f(t)|^2\mathrm{d}t=0$$

因此从等式(79) 求出 $c_1=c_2=\cdots=c_r=0$,即 $f(t)\equiv 0$.

所以在情形 1° 中运动($x_1=0,x_2=0,\cdots,x_n=0$) 是稳定的,在情形 2° 中运动是渐近稳定的,在情形 3° 中运动是不稳定的.

所研究的结果可以总结为以下定理[①]:

定理 3 按照李雅普诺夫的定义,当 $\boldsymbol{P}$ 为常数时,线性方程组(68) 的零解是稳定的,如果:(1) 矩阵 $\boldsymbol{P}$ 的所有特征数有负或零实数部分,(2) 所有实数部分为零的特征数,亦即为纯虚数的特征数,都是矩阵 $\boldsymbol{P}$ 的最小多项式的单根. 如果对于条件(1)(2) 至少有一个不能适合,那么线性方程组(68) 的零解是不稳定的.

线性方程组(68) 的零解是渐近稳定的充分必要条件是矩阵 $\boldsymbol{P}$ 的所有特征数都有负实数部分.

在常数矩阵 $\boldsymbol{P}$ 的特征数为任何值的一般情形,上述推理可以推得关于积分矩阵 $\mathrm{e}^{\boldsymbol{P}(t-t_0)}$ 的性质的判断.

定理 4 当 $\boldsymbol{P}$ 为常数时,线性方程组(68) 的积分矩阵 $\mathrm{e}^{\boldsymbol{P}(t-t_0)}$ 常可表示成以下形式

$$\mathrm{e}^{\boldsymbol{P}(t-t_0)}=\boldsymbol{Z}_-(t)+\boldsymbol{Z}_0+\boldsymbol{Z}_+(t)$$

其中,(1) $\lim\limits_{t\to+\infty}\boldsymbol{Z}_-(t)=\boldsymbol{0}$,(2)$\boldsymbol{Z}_0$ 等于常量或为区间$(t_0,+\infty)$ 内的有界矩阵,而当 $t\to+\infty$ 时,没有极限存在,(3)$\boldsymbol{Z}_+(t)\equiv\boldsymbol{0}$ 或为区间$(t_0,+\infty)$ 内的无界矩阵.

证明 把等式(76) 的右边分为三部分. 以 $\boldsymbol{Z}_-(t)$ 记含有因子 $\mathrm{e}^{\lambda_k(t-t_0)}$ 且其 $\operatorname{Re}\lambda_k<0$ 的所有诸项的和. 以 $\boldsymbol{Z}_+(t)$ 记含有因子$(t-t_0)^{\gamma}$ 且其中 $v>0$ 时,$\operatorname{Re}\lambda_k>0$ 或 $\operatorname{Re}\lambda_k=0$ 的所有诸项的和. 以 $\boldsymbol{Z}_0(t)$ 记所有其余诸项的和. 以上的推理证明了 $\lim\limits_{t\to+\infty}\boldsymbol{Z}_-(t)=\boldsymbol{0}$,而函数 $\boldsymbol{Z}_+(t)$ 不恒等 **0** 时,$\boldsymbol{Z}_+(t)$ 是无界的. 函数 $\boldsymbol{Z}_0(t)$ 有界. 我们来证明,由极限 $\lim\limits_{t\to+\infty}\boldsymbol{Z}_0(t)=\boldsymbol{B}$ 的存在推出 $\boldsymbol{Z}_0(t)$ 为常数矩阵. 实际上,由等式(77) 可将差 $\boldsymbol{Z}_0(t)-\boldsymbol{B}$ 表示为和 $\sum\limits_{j=1}^{r}\boldsymbol{Z}_{k_jm_0}\mathrm{e}^{\mathrm{i}\beta_j(t-t_0)}$. 关于这种形式的和,上面已证明了,只有当它恒等于 **0** 时,它在 $t\to+\infty$ 时才能有极限 **0**.

定理 4 得证.

---

① 更细致的关于近似线性方程组(亦即非线性方程组在其中略去非线性项来化为线性方程组) 的稳定性与不稳定性的判定,参考第 14 章, § 3.

多项式矩阵的等价变换(初等因子的解析理论)

第6章

本章前三节从事于多项式矩阵等价性的研究.根据这个研究在此后三节中建立初等因子的解析理论,亦即化常数(非多项式)方阵$\boldsymbol{A}$为法式$\widetilde{\boldsymbol{A}}$($\boldsymbol{A}=\boldsymbol{T}\widetilde{\boldsymbol{A}}\boldsymbol{T}$)的理论.在本章的最后两节中给出变换矩阵$\boldsymbol{T}$的两个构成方法.

§1 多项式矩阵的初等变换

定义1 多项式矩阵或λ-矩阵是指一个长方矩阵,其元素为λ的多项式

$$\boldsymbol{A}(\lambda)=(a_{ik}(\lambda))=(a_{ik}^{(0)}\lambda^{l}+a_{ik}^{(1)}\lambda^{l-1}+\cdots+a_{ik}^{(l)})$$

$$(i=1,2,\cdots,m;k=1,2,\cdots,n)$$

此处l为多项式$a_{ik}(\lambda)$的最大次数.

设

$$\boldsymbol{A}_{j}=(a_{ik}^{(j)})\quad(i=1,2,\cdots,m;k=1,2,\cdots,n;j=0,1,\cdots,l)$$

我们可以把多项式矩阵表示为关于λ的矩阵多项式的形式,亦即有矩阵系数的多项式

$$\boldsymbol{A}(\lambda)=\boldsymbol{A}_{0}\lambda^{l}+\boldsymbol{A}_{1}\lambda^{l-1}+\cdots+\boldsymbol{A}_{l-1}\lambda+\boldsymbol{A}_{l}$$

在讨论中引进多项式矩阵$\boldsymbol{A}(\lambda)$的以下诸初等运算:

1°任何一行(例如第i行),乘以数$c\neq0$.

2°任何一行(例如第i行),加另一行(例如第j行)与任何多项式$b(\lambda)$的乘积.

3°交换任何两行,例如第i行与第j行.

让读者验证,运算 $1^\circ,2^\circ,3^\circ$ 分别相当于多项式矩阵 $\boldsymbol{A}(\lambda)$ 左乘以下 m 阶方阵[①]

$$
\left\{
\begin{aligned}
&\boldsymbol{S}' = \begin{pmatrix} 1 & \cdots & \cdots & \cdots & 0 \\ \vdots & \ddots & \vdots & & \vdots \\ \vdots & & c & & \vdots \\ \vdots & & & \ddots & \vdots \\ 0 & \cdots & \cdots & \cdots & 1 \end{pmatrix} \quad (\text{第 } i \text{ 列}) \\
&\boldsymbol{S}'' = \begin{pmatrix} 1 & \cdots & \cdots & \cdots & \cdots & 0 \\ \vdots & \ddots & & & \vdots & \vdots \\ \vdots & & 1 & \cdots & b(\lambda) & \vdots \\ \vdots & & & \ddots & & \vdots \\ \vdots & & & & \ddots & \vdots \\ 0 & \cdots & \cdots & \cdots & \cdots & 1 \end{pmatrix} \cdots (i) \quad (b(\lambda) \text{ 在第 } j \text{ 列}) \\
&\boldsymbol{S}''' = \begin{pmatrix} 1 & \cdots & \cdots & \cdots & \cdots & \cdots & 0 \\ \vdots & \ddots & & & & & \vdots \\ \vdots & & 0 & \cdots & 1 & & \vdots \\ \vdots & & \vdots & \ddots & \vdots & & \vdots \\ \vdots & & 1 & \cdots & 0 & & \vdots \\ \vdots & & & & & \ddots & \vdots \\ 0 & \cdots & \cdots & \cdots & \cdots & \cdots & 1 \end{pmatrix} \quad (\text{第 } i, j \text{ 列})
\end{aligned}
\right. \tag{1}
$$

亦即应用运算 $1^\circ,2^\circ,3^\circ$ 于矩阵 $\boldsymbol{A}(\lambda)$ 的结果各变为矩阵 $\boldsymbol{S}' \cdot \boldsymbol{A}(\lambda)$,$\boldsymbol{S}'' \cdot \boldsymbol{A}(\lambda)$,$\boldsymbol{S}''' \cdot \boldsymbol{A}(\lambda)$. 故 $1^\circ,2^\circ,3^\circ$ 型运算称为左初等运算.

完全相类似地定义矩阵多项式的右初等运算(这些运算不是施行于多项式矩阵的行上而是施行于其列上)与其对应的(n 阶)矩阵[②]

$$
\boldsymbol{T}' = \begin{pmatrix} 1 & \cdots & \cdots & \cdots & 0 \\ \vdots & \ddots & & & \vdots \\ \vdots & & c & \cdots & \vdots \\ \vdots & & & \ddots & \vdots \\ 0 & \cdots & \cdots & \cdots & 1 \end{pmatrix} \cdots (i)
$$

① 在矩阵(1)中,所有没有注明的元素,在主对角线上的都等于 1,而在其余地方的都等于零.

② 同上注.

$$
T'' = \begin{pmatrix}
1 & \cdots & \cdots & \cdots & \cdots & \cdots & 0 \\
\vdots & \ddots & & & & & \vdots \\
\vdots & & 1 & \cdots & \cdots & \cdots & \vdots \\
\vdots & & \vdots & & & & \vdots \\
\vdots & & b(\lambda) & \cdots & \cdots & \cdots & \vdots \\
\vdots & & & & & \ddots & \vdots \\
0 & \cdots & \cdots & \cdots & \cdots & \cdots & 1
\end{pmatrix}
\begin{matrix} \\ \\ \cdots(i) \\ \\ \cdots(j) \\ \\ \\ \end{matrix}
$$

$$
T''' = \begin{pmatrix}
1 & \cdots & \cdots & \cdots & \cdots & \cdots & 0 \\
\vdots & \ddots & & & & & \vdots \\
\vdots & & 0 & \cdots & 1 & \cdots & \vdots \\
\vdots & & \vdots & \ddots & \vdots & & \vdots \\
\vdots & & 1 & \cdots & 0 & \cdots & \vdots \\
\vdots & & & & & \ddots & \vdots \\
0 & \cdots & \cdots & \cdots & \cdots & \cdots & 1
\end{pmatrix}
\begin{matrix} \\ \\ \cdots(i) \\ \\ \cdots(j) \\ \\ \\ \end{matrix}
$$

应用右初等运算于矩阵 $\boldsymbol{A}(\lambda)$ 的结果是右乘以对应矩阵 $\boldsymbol{T}$.

我们将 $\boldsymbol{S}',\boldsymbol{S}'',\boldsymbol{S}'''$ 型矩阵(或者同样的,$\boldsymbol{T}',\boldsymbol{T}'',\boldsymbol{T}'''$ 型矩阵)称为初等矩阵.

任何初等矩阵的行列式与 λ 无关且不等于零.故对每一个左(右)初等运算都有逆运算存在,它们亦是左(右)初等运算[①].

定义 2 两个多项式矩阵 $\boldsymbol{A}(\lambda)$ 与 $\boldsymbol{B}(\lambda)$ 称为左等价的、右等价的、等价的,如果其中的某一个可以从另一个分别应用左初等运算、右初等运算、左与右初等运算来得出[②].

设矩阵 $\boldsymbol{B}(\lambda)$ 是由 $\boldsymbol{A}(\lambda)$ 应用左初等运算,对应矩阵为 $\boldsymbol{S}_1,\boldsymbol{S}_2,\cdots,\boldsymbol{S}_p$ 所得出的,那么

$$\boldsymbol{B}(\lambda)=\boldsymbol{S}_p\boldsymbol{S}_{p-1}\cdots\boldsymbol{S}_1\boldsymbol{A}(\lambda) \tag{2}$$

以 $\boldsymbol{P}(\lambda)$ 记乘积 $\boldsymbol{S}_0\boldsymbol{S}_{p-1}\cdots\boldsymbol{S}_1$,我们写等式(2)为

$$\boldsymbol{B}(\lambda)=\boldsymbol{P}(\lambda)\boldsymbol{A}(\lambda) \tag{3}$$

其中 $\boldsymbol{P}(\lambda)$ 与矩阵 $\boldsymbol{S}_1,\boldsymbol{S}_2,\cdots,\boldsymbol{S}_p$ 中的每一个一样,有不为零的常数行列式[③].

在下节中将证明,每一个有不为零的常数行列式的 λ - 方阵都可以表示为初等矩阵的乘积的形式.所以等式(3)与等式(2)等价,因而它说明了矩阵 $\boldsymbol{A}(\lambda)$ 与 $\boldsymbol{B}(\lambda)$ 的左等价性.

---

① 故知,如果矩阵 $\boldsymbol{B}(\lambda)$ 可由 $\boldsymbol{A}(\lambda)$ 应用左(右,左与右)初等运算来得出,那么反过来,矩阵 $\boldsymbol{A}(\lambda)$ 亦可由 $\boldsymbol{B}(\lambda)$ 应用同类型的初等运算来得出.左初等运算与右初等运算都构成群.

② 由定义知道,左等价、右等价或单纯的等价都只是对于有相同维数的长方矩阵而言的.

③ 这就是说与 λ 无关.

对于多项式矩阵 $\boldsymbol{A}(\lambda)$ 与 $\boldsymbol{B}(\lambda)$ 的右等价性可以替换等式(3)为等式

$$\boldsymbol{B}(\lambda)=\boldsymbol{A}(\lambda)\boldsymbol{Q}(\lambda) \tag{3'}$$

而对于(两边)等价性,则有等式

$$\boldsymbol{B}(\lambda)=\boldsymbol{P}(\lambda)\boldsymbol{A}(\lambda)\boldsymbol{Q}(\lambda) \tag{3''}$$

此处的 $\boldsymbol{P}(\lambda)$ 与 $\boldsymbol{Q}(\lambda)$ 仍然是这样的矩阵,它的行列式不为零且与 λ 无关.

这样一来,定义 2 可以替换为以下等价的定义.

定义 2′ 两个 λ - 长方矩阵 $\boldsymbol{A}(\lambda)$ 与 $\boldsymbol{B}(\lambda)$ 称为左等价的、右等价的、等价的,如果分别有

$$\boldsymbol{B}(\lambda)=\boldsymbol{P}(\lambda)\boldsymbol{A}(\lambda)$$

$$\boldsymbol{B}(\lambda)=\boldsymbol{A}(\lambda)\boldsymbol{Q}(\lambda)$$

$$\boldsymbol{B}(\lambda)=\boldsymbol{P}(\lambda)\boldsymbol{A}(\lambda)\boldsymbol{Q}(\lambda)$$

其中 $\boldsymbol{P}(\lambda)$ 与 $\boldsymbol{Q}(\lambda)$ 为有不为零的常数行列式的多项式方阵.

所有上面所引进的概念可以用以下重要的例子来说明.

讨论变数为 t 的 n 个未知函数 $x_1,x_2,\cdots,x_n$ 与 m 个方程的 l 阶常系数齐次线性微分方程组

$$\begin{cases}a_{11}(\boldsymbol{D})x_1+a_{12}(\boldsymbol{D})x_2+\cdots+a_{1n}(\boldsymbol{D})x_n=0\\ a_{21}(\boldsymbol{D})x_1+a_{22}(\boldsymbol{D})x_2+\cdots+a_{2n}(\boldsymbol{D})x_n=0\\ \qquad\vdots\\ a_{m1}(\boldsymbol{D})x_1+a_{m2}(\boldsymbol{D})x_2+\cdots+a_{mn}(\boldsymbol{D})x_n=0\end{cases} \tag{4}$$

此处

$$a_{ik}(\boldsymbol{D})=a_{ik}^{(0)}\boldsymbol{D}^l+a_{ik}^{(1)}\boldsymbol{D}^{l-1}+\cdots+a_{ik}^{(l)}\quad(i=1,2,\cdots,m;k=1,2,\cdots,n)$$

是一个有常系数的关于 $\boldsymbol{D}$ 的多项式,而 $\boldsymbol{D}=\frac{\mathrm{d}}{\mathrm{d}t}$ 是一个微分算子.

算子系数矩阵

$$\boldsymbol{A}(\boldsymbol{D})=(a_{ik}(\boldsymbol{D}))\quad(i=1,2,\cdots,m;k=1,2,\cdots,n)$$

是一个多项式矩阵或 $\boldsymbol{D}$ - 矩阵.

显然,对矩阵 $\boldsymbol{A}(\boldsymbol{D})$ 的左初等运算 1° 表示以数 $c\neq 0$ 逐项乘微分方程组的第 i 个方程;左初等运算 2° 表示以第 j 个方程作微分运算 $b(\boldsymbol{D})$ 后的结果,逐项加到第 i 个方程;左初等运算 3° 表示交换第 i 个与第 j 个方程的位置.

这样一来,如果在方程组(4)中将算子系数矩阵 $\boldsymbol{A}(\boldsymbol{D})$ 换为其左等价矩阵 $\boldsymbol{B}(\boldsymbol{D})$,那么我们得出一个新的方程组. 相反地,因为原方程组可以由这个方程组用类似算法得出,所以这两个方程组是等价的①.

---

① 此处我们承认,所求的函数 $x_1,x_2,\cdots,x_n$ 在所遇到的变换中,对于这些函数所有用到的各阶导数都是存在的. 在这个限制之下,有左等价矩阵 $\boldsymbol{A}(\boldsymbol{D})$ 与 $\boldsymbol{B}(\boldsymbol{D})$ 的两组方程有同一解.

不难从所给出的例子来说明右等价运算. 这些运算的第一个运算表示未知函数中的一个函数 x_i 换为新未知函数 $x_i'=\frac{1}{c}x_i$；第二个初等运算表示引进新未知函数 $x_j'=x_j+b(\boldsymbol{D})x_i$（来代换 x_j）；第三个运算表示在方程组中交换各含 x_i 与 x_j 的项（亦即 $x_i=x_j',x_j=x_i'$）.

§2　λ－矩阵的范式

1. 首先弄清楚，只应用左初等运算可以化多项式长方矩阵 $\boldsymbol{A}(\lambda)$ 为怎样较简单的形式.

我们假设在矩阵 $\boldsymbol{A}(\lambda)$ 的第一列中有不恒等于零的元素. 在它们里面取次数最小的多项式且调动行的次序，使得这个元素为 $a_{11}(\lambda)$. 此后多项式 $a_{i1}(\lambda)$ 除以 $a_{11}(\lambda)$；记其商式与余式分别为 $q_{i1}(\lambda)$ 与 $r_{i1}(\lambda)(i=1,2,\cdots,m)$，有

$$a_{i1}(\lambda)=a_{11}(\lambda)q_{i1}(\lambda)+r_{i1}(\lambda)\quad(i=2,3,\cdots,m)$$

现在从第 i 行减去第一行与 $q_{i1}(\lambda)$ 的乘积. 如果此时余式 $r_{i1}(\lambda)$ 不全恒等于零，那么在它们里面，有一个不等于零而且次数最小的多项式，我们可以调动行的次序使其位于 $a_{11}(\lambda)$. 这些运算的结果可以使多项式 $a_{11}(\lambda)$ 的次数降低.

现在我们重复这一方法来继续进行. 因为多项式 $a_{11}(\lambda)$ 的次数是有限的，所以在某一个步骤之后，这一过程将不能继续进行，亦即此时所有元素 $a_{21}(\lambda)$，$a_{31}(\lambda),\cdots,a_{m1}(\lambda)$ 都变成恒等于零.

此后我们取元素 $a_{22}(\lambda)$ 且应用同样的方法于序数为 $2,3,\cdots,m$ 的诸行，那么就会得到 $a_{32}(\lambda)=\cdots=a_{m2}(\lambda)=0$. 继续如此进行，最后我们化矩阵 $\boldsymbol{A}(\lambda)$ 为以下形式

$$\underset{(m\leqslant n)}{\begin{pmatrix} b_{11}(\lambda) & b_{12}(\lambda) & \cdots & b_{1m}(\lambda) & \cdots & b_{1n}(\lambda) \\ 0 & b_{22}(\lambda) & \cdots & b_{2m}(\lambda) & \cdots & b_{2n}(\lambda) \\ \vdots & \vdots & & \vdots & & \vdots \\ 0 & 0 & \cdots & b_{mm}(\lambda) & \cdots & b_{mn}(\lambda) \end{pmatrix}},\quad \underset{(m\geqslant n)}{\begin{pmatrix} b_{11}(\lambda) & b_{12}(\lambda) & \cdots & b_{1n}(\lambda) \\ 0 & b_{22}(\lambda) & \cdots & b_{2n}(\lambda) \\ \vdots & \vdots & & \vdots \\ 0 & 0 & \cdots & b_{nn}(\lambda) \\ 0 & 0 & \cdots & 0 \\ \vdots & \vdots & & \vdots \\ 0 & 0 & \cdots & 0 \end{pmatrix}} \tag{5}$$

如果多项式 $b_{22}(\lambda)$ 不恒等于零，那么应用第二种左初等运算，可以使元素 $b_{12}(\lambda)$ 的次数小于 $b_{22}(\lambda)$ 的次数（如果 $b_{22}(\lambda)$ 是零次的，那么 $b_{12}(\lambda)$ 可以变为恒等于零）. 完全一样的，如果 $b_{33}(\lambda)\neq 0$，那么应用第二种左初等运算，可以使元素 $b_{13}(\lambda),b_{23}(\lambda)$ 的次数都小于 $b_{33}(\lambda)$ 的次数，而且并不变动元素 $b_{12}(\lambda)$，诸如

此类.

我们建立了以下定理：

定理 1 任一 $m\times n$ 维多项式长方矩阵都可以应用左初等运算化为(5)的形式，其中多项式 $b_{1k}(\lambda),b_{2k}(\lambda),\cdots,b_{k-1,k}(\lambda)$ 的次数都小于 $b_{kk}(\lambda)$ 的次数，如果只有 $b_{kk}(\lambda)\neq 0$；而全都恒等于零，如果 $b_{kk}(\lambda)=C$(C 为常数) $\neq 0(k=2,3,\cdots,\min(m,n))$.

完全一样地可以证明：

定理 2 任一 $m\times n$ 维多项式长方矩阵都可以应用右初等运算化为以下形式

$$\begin{pmatrix} c_{11}(\lambda) & 0 & \cdots & 0 & 0 & \cdots & 0 \\ c_{21}(\lambda) & c_{22}(\lambda) & \cdots & 0 & 0 & \cdots & 0 \\ \vdots & \vdots & & \vdots & \vdots & & \vdots \\ c_{m1}(\lambda) & c_{m2}(\lambda) & \cdots & c_{mm}(\lambda) & 0 & \cdots & 0 \end{pmatrix}_{(m\leqslant n)},\quad \begin{pmatrix} c_{11}(\lambda) & 0 & \cdots & 0 \\ c_{21}(\lambda) & c_{22}(\lambda) & \cdots & 0 \\ \vdots & \vdots & & \vdots \\ c_{n1}(\lambda) & c_{n2}(\lambda) & \cdots & c_{nn}(\lambda) \\ \vdots & \vdots & & \vdots \\ c_{m1}(\lambda) & c_{m2}(\lambda) & \cdots & c_{mn}(\lambda) \end{pmatrix}_{(m\geqslant n)} \tag{6}$$

其中多项式 $c_{k1}(\lambda),c_{k2}(\lambda),\cdots,c_{k,k-1}(\lambda)$ 的次数都小于 $c_{kk}(\lambda)$ 的次数，如果 $c_{kk}(\lambda)\neq 0$；而全都恒等于零，如果 $c_{kk}(k=2,3,\cdots,\min(m,n))$ 为常数且不等于零.

2. 从定理 1 与 2 推得以下推论.

推论 如果多项式方阵 $\boldsymbol{P}(\lambda)$ 的行列式与 λ 无关且不等于零，那么这个矩阵可以表示为有限个初等矩阵的乘积.

事实上，按照定理 1 可以应用左初等运算化矩阵 $\boldsymbol{P}(\lambda)$ 为以下形式

$$\begin{pmatrix} b_{11}(\lambda) & b_{12}(\lambda) & \cdots & b_{1n}(\lambda) \\ 0 & b_{22}(\lambda) & \cdots & b_{2n}(\lambda) \\ \vdots & \vdots & & \vdots \\ 0 & 0 & \cdots & b_{nn}(\lambda) \end{pmatrix} \tag{7}$$

其中 n 为矩阵 $\boldsymbol{P}(\lambda)$ 的阶数. 因为应用初等运算于多项式方阵时，这个矩阵的行列式只是乘上一个不为零的常数因子，所以矩阵(7) 的行列式，与 $\boldsymbol{P}(\lambda)$ 的行列式一样，与 λ 无关且不等于零，亦即 $b_{11}(\lambda)b_{22}(\lambda)\cdots b_{nn}(\lambda)$ 为常数且不等于零，故有 $b_{kk}(\lambda)(k=1,2,\cdots,n)$ 为常数且不等于零. 但是再从定理 1 知矩阵(7) 有对角形的形式$(b_k\delta_{ik})_1^n$，故可应用第一种左初等运算使其化为单位矩阵 $\boldsymbol{E}$. 那么反过来，单位矩阵 $\boldsymbol{E}$ 可以经由矩阵为 $\boldsymbol{S}_1,\boldsymbol{S}_2,\cdots,\boldsymbol{S}_p$ 的左初等运算化为 $\boldsymbol{P}(\lambda)$. 因此

$$P(\lambda)=S_pS_{p-1}\cdots S_1E=S_pS_{p-1}\cdots S_1$$

从所证明的推论推知，有如上节所述的，多项式矩阵的两个定义 2 与 2′ 的等价性.

3. 回到我们的例子 —— 微分方程组(4). 应用定理 1 于算子系数矩阵 $(a_{ik}(\boldsymbol{D}))$. 那么，有如上节中所指出的，可以替换组(4) 为等价组

$$\begin{cases}b_{11}(\boldsymbol{D})x_1+b_{12}(\boldsymbol{D})x_2+\cdots+b_{1s}(\boldsymbol{D})x_s=-b_{1,s+1}(\boldsymbol{D})x_{s+1}-\cdots-b_{1n}(\boldsymbol{D})x_n\\ b_{22}(\boldsymbol{D})x_2+\cdots+b_{2s}(\boldsymbol{D})x_s=-b_{2,s+1}(\boldsymbol{D})x_{s+1}-\cdots-b_{2n}(\boldsymbol{D})x_n\\ \qquad\vdots\\ b_{ss}(\boldsymbol{D})x_s=-b_{s,s+1}(\boldsymbol{D})x_{s+1}-\cdots-b_{sn}(\boldsymbol{D})x_n\end{cases}\tag{4'}$$

其中 $s=\min(m,n)$. 在这一组中，函数 $x_{s+1},\cdots,x_n$ 可以任意选取，此后再顺次定出函数 $x_s,x_{s-1},\cdots,x_1$，而且确定这些函数的每一个步骤只要积分一个仅含一个未知函数的微分方程.

4. 现在来用左与右初等运算于多项式长方矩阵 $\boldsymbol{A}(\lambda)$，使其化为范式.

在矩阵 $\boldsymbol{A}(\lambda)$ 的所有不恒等于零的元素 $a_{ik}(\lambda)$ 中，取其关于 λ 的次数最小者，经适宜的行列调动，使这个元素为 $a_{11}(\lambda)$. 此后求出多项式 $a_{i1}(\lambda)$ 与 $a_{1k}(\lambda)$ 被 $a_{11}(\lambda)$ 除后的商式与余式

$$a_{i1}(\lambda)=a_{11}(\lambda)q_{i1}(\lambda)+r_{i1}(\lambda),a_{1k}(\lambda)=a_{11}(\lambda)q_{1k}(\lambda)+r_{1k}(\lambda)$$
$$(i=2,3,\cdots,m;k=2,3,\cdots,n)$$

如果在余式 $r_{i1}(\lambda),r_{1k}(\lambda)(i=2,\cdots,m;k=2,\cdots,n)$ 中，至少有一个例如 $r_{1k}(\lambda)$ 不是恒等于零，那么从第 k 列减去第一列与 $q_{1k}(\lambda)$ 的乘积，我们就换元素 $a_{1k}(\lambda)$ 为余式 $r_{1k}(\lambda)$，它的次数小于 $a_{11}(\lambda)$ 的次数. 那么我们就有可能再来降低位于矩阵左上角这一元素的次数，使在这个地方的元素关于 λ 的次数最小.

如果所有的余式 $r_{21}(\lambda),\cdots,r_{m1}(\lambda);r_{12}(\lambda),\cdots,r_{1n}(\lambda)$ 都恒等于零，那么从第 i 行减去第一行与 $q_{i1}(\lambda)(i=2,\cdots,m)$ 的乘积，而从第 k 列减去第一列与 $q_{1k}(\lambda)(k=2,\cdots,n)$ 的乘积，我们化原多项式矩阵为以下形式

$$\begin{pmatrix}a_{11}(\lambda)&0&\cdots&0\\0&a_{22}(\lambda)&\cdots&a_{2n}(\lambda)\\\vdots&\vdots&&\vdots\\0&a_{m2}(\lambda)&\cdots&a_{mn}(\lambda)\end{pmatrix}$$

如果此时在元素 $a_{ik}(\lambda)(i=2,\cdots,m;k=2,\cdots,n)$ 中，至少有一个不能被 $a_{11}(\lambda)$ 所除尽，那么对第一列加上含有这个元素的那一列，我们就得出前面的一种情形，因此仍可换元素 $a_{11}(\lambda)$ 为一个次数较低的多项式.

因为元素 $a_{11}(\lambda)$ 有一定的次数，而降低这个次数的步骤不能无限制地继续下去，所以经过有限次初等运算后，我们一定得出以下形式的矩阵

$$\begin{pmatrix} a_1(\lambda) & 0 & \cdots & 0 \\ 0 & b_{22}(\lambda) & \cdots & b_{2n}(\lambda) \\ \vdots & \vdots & & \vdots \\ 0 & b_{m2}(\lambda) & \cdots & b_{mn}(\lambda) \end{pmatrix} \tag{8}$$

其中所有元素 $b_{ik}(\lambda)$ 都可以被 $a_1(\lambda)$ 所除尽. 如果在这些元素 $b_{ik}(\lambda)$ 中有不恒等于零的元素，那么对于序数为 $2,\cdots,m$ 的行与序数为 $2,\cdots,n$ 的列应用上述的同样方法，我们可以化矩阵(8) 为以下形式

$$\begin{pmatrix} a_1(\lambda) & 0 & 0 & \cdots & 0 \\ 0 & a_2(\lambda) & 0 & \cdots & 0 \\ 0 & 0 & c_{33}(\lambda) & \cdots & c_{3n}(\lambda) \\ \vdots & \vdots & \vdots & & \vdots \\ 0 & 0 & c_{m3}(\lambda) & \cdots & c_{mn}(\lambda) \end{pmatrix}$$

其中 $a_2(\lambda)$ 被 $a_1(\lambda)$ 所除尽，而所有多项式 $c_{ik}(\lambda)$ 都被 $a_2(\lambda)$ 所除尽. 继续施行这种方法，最后我们化原矩阵为以下形式

$$\begin{pmatrix} a_1(\lambda) & 0 & \cdots & 0 & 0 & \cdots & 0 \\ 0 & a_2(\lambda) & \cdots & 0 & 0 & \cdots & 0 \\ \vdots & \vdots & & \vdots & \vdots & & \vdots \\ 0 & 0 & \cdots & a_s(\lambda) & 0 & \cdots & 0 \\ 0 & 0 & \cdots & 0 & 0 & \cdots & 0 \\ \vdots & \vdots & & \vdots & \vdots & & \vdots \\ 0 & 0 & \cdots & 0 & 0 & \cdots & 0 \end{pmatrix} \tag{9}$$

其中多项式 $a_1(\lambda),a_2(\lambda),\cdots,a_s(\lambda)(s \leqslant m,n)$ 都不恒等于零，而且每一个都可以被其前一个所除尽.

前 s 行各乘以适宜的不为零的常数因子，我们可以使多项式 $a_1(\lambda)$，$a_2(\lambda),\cdots,a_s(\lambda)$ 的首项系数都等于 1.

定义 3 多项式长方矩阵称为对角矩阵范式，如果它有(9) 的形式，其中多项式 $a_1(\lambda),a_2(\lambda),\cdots,a_s(\lambda)$ 都不恒等于零，且多项式 $a_2(\lambda),\cdots,a_s(\lambda)$ 中每一个都被其前一个所除尽. 此处假定所有多项式 $a_1(\lambda),a_2(\lambda),\cdots,a_s(\lambda)$ 的首项系数都等于 1.

这样一来，我们证明了，任何多项式长方矩阵都与某一个对角矩阵范式等价. 在下节中我们将证明，这些多项式 $a_1(\lambda),a_2(\lambda),\cdots,a_s(\lambda)$ 被所给矩阵 $\mathbf{A}(\lambda)$ 唯一确定，而且建立这些多项式与矩阵 $\mathbf{A}(\lambda)$ 的元素间的关系式.

§3　多项式矩阵的不变多项式与初等因子

1. 引进关于 λ 一矩阵 $\boldsymbol{A}(\lambda)$ 的不变多项式的概念.

设多项式矩阵 $\boldsymbol{A}(\lambda)$ 的秩为 r,亦即在这个矩阵中有一个不恒等于零的 r 阶子式,同时所有阶数大于 r 的子式关于 λ 都恒等于零. 以 $D_j(\lambda)$ 记矩阵 $\boldsymbol{A}(\lambda)$ 中所有 $j(j=1,2,\cdots,r)$ 阶子式的最大公因式[①],那么不难看出,在序列

$$D_r(\lambda),D_{r-1}(\lambda),\cdots,D_1(\lambda),D_0(\lambda)\equiv 1$$

中每一个多项式都被其后一个所除尽[②]. 以 $i_1(\lambda),i_2(\lambda),\cdots,i_r(\lambda)$ 记其对应的商式

$$i_1(\lambda)=\frac{D_r(\lambda)}{D_{r-1}(\lambda)},i_2(\lambda)=\frac{D_{r-1}(\lambda)}{D_{r-2}(\lambda)},\cdots,i_r(\lambda)=\frac{D_1(\lambda)}{D_0(\lambda)}=D_1(\lambda) \qquad (10)$$

定义 4　式(10)所确定的多项式 $i_1(\lambda),i_2(\lambda),\cdots,i_r(\lambda)$ 称为长方矩阵 $\boldsymbol{A}(\lambda)$ 的不变多项式.

"不变多项式"这一名词与以下的探讨有关. 设 $\boldsymbol{A}(\lambda)$ 与 $\boldsymbol{B}(\lambda)$ 为两个等价多项式矩阵,那么它们彼此间都可由初等运算来得出. 但是不难直接验证,初等运算并不变动矩阵 $\boldsymbol{A}(\lambda)$ 的秩 r,亦不变动其多项式 $D_1(\lambda),D_2(\lambda),\cdots,D_r(\lambda)$. 事实上,应用恒等式(3″),把矩阵乘积的子式用其因子的子式来表示(参考第1章 §3 末尾),对于矩阵 $\boldsymbol{B}(\lambda)$ 的任一子式,我们得出表示式

$$\boldsymbol{B}\begin{pmatrix} j_1 & j_2 & \cdots & j_p \\ k_1 & k_2 & \cdots & k_p \end{pmatrix};\lambda\Bigg)=\sum_{\substack{1\leqslant\alpha_1<\alpha_2<\cdots<\alpha_p\leqslant m\\1\leqslant\beta_1<\beta_2<\cdots<\beta_p\leqslant n}}\boldsymbol{P}\begin{pmatrix} j_1 & j_2 & \cdots & j_p \\ \alpha_1 & \alpha_2 & \cdots & \alpha_p \end{pmatrix}\times$$

$$\boldsymbol{A}\begin{pmatrix} \alpha_1 & \alpha_2 & \cdots & \alpha_p \\ \beta_1 & \beta_2 & \cdots & \beta_p \end{pmatrix};\lambda\Bigg)\times\boldsymbol{Q}\begin{pmatrix} \beta_1 & \beta_2 & \cdots & \beta_p \\ k_1 & k_2 & \cdots & k_p \end{pmatrix}\quad(p=1,2,\cdots,\min(m,n))$$

故知,矩阵 $\boldsymbol{B}(\lambda)$ 中所有阶数大于 r 的子式都等于零,因而对于矩阵 $\boldsymbol{B}(\lambda)$ 的秩 r^* 有

$$r^*\leqslant r$$

再者,从同一公式推知,矩阵 $\boldsymbol{B}(\lambda)$ 的所有 p 阶子式的最大公因式 $D_p^*(\lambda)$ 被 $D_p(\lambda)(p=1,2,\cdots,\min(m,n))$ 所除尽. 但矩阵 $\boldsymbol{A}(\lambda)$ 与 $\boldsymbol{B}(\lambda)$ 可以交换其作用地位. 故 $r\leqslant r^*$,而且 $D_p(\lambda)$ 被 $D_p^*(\lambda)(p=1,2,\cdots,\min(m,n))$ 所除尽. 因此[③]

$$r=r^*,D_1^*(\lambda)=D_1(\lambda),D_2^*(\lambda)=D_2(\lambda),\cdots,D_r^*(\lambda)=D_r(\lambda)$$

---

① 在 $D_j(\lambda)$ 中取其首项系数等于 $1(j=1,2,\cdots,r)$.

② 如果对任何一个 j 阶子式按照任一行的元素取贝祖展开式,那么在这个展开式中每一项都被 $D_{j-1}(\lambda)$ 所除尽,故任何一个 j 阶子式,$D_j(\lambda)$ 被 $D_{j-1}(\lambda)(j=1,2,\cdots,r)$ 所除尽.

③ $D_p(\lambda)$ 与 $D_p^*(\lambda)(p=1,2,\cdots,r)$ 的首项系数都等于 1.

因为初等运算并不改变多项式 $D_1(\lambda), D_2(\lambda), \cdots, D_r(\lambda)$，所以它们亦不改变由公式(10) 所确定的多项式 $i_1(\lambda), i_2(\lambda), \cdots, i_r(\lambda)$.

这样一来，从一个矩阵变到另一个与它等价的矩阵时，多项式 $i_1(\lambda)$，$i_2(\lambda), \cdots, i_r(\lambda)$ 是不变的.

如果多项式矩阵有对角范式(9)，那么不难看出，对于这种矩阵有

$$D_1(\lambda) = a_1(\lambda), D_2(\lambda) = a_1(\lambda)a_2(\lambda), \cdots, D_r(\lambda) = a_1(\lambda)a_2(\lambda)\cdots a_r(\lambda)$$

但由关系式(10)，知式(9) 中对角线上多项式 $a_1(\lambda)a_2(\lambda)\cdots a_r(\lambda)$ 与不变多项式重合

$$i_1(\lambda) = a_r(\lambda), i_2(\lambda) = a_{r-1}(\lambda), \cdots, i_r(\lambda) = a_1(\lambda) \tag{11}$$

此处 $i_1(\lambda), i_2(\lambda), \cdots, i_r(\lambda)$ 同时又是原矩阵 $\boldsymbol{A}(\lambda)$ 的不变多项式，因为这个矩阵与矩阵(9) 等价.

我们可以把所得出的结果总结为以下定理.

定理 3 多项式长方矩阵 $\boldsymbol{A}(\lambda)$ 常等价于对角矩阵范式

$$\begin{pmatrix} i_r(\lambda) & 0 & \cdots & 0 & 0 & \cdots & 0 \\ 0 & i_{r-1}(\lambda) & \cdots & 0 & 0 & \cdots & 0 \\ \vdots & \vdots & & \vdots & \vdots & & \vdots \\ 0 & 0 & \cdots & i_1(\lambda) & 0 & \cdots & 0 \\ 0 & 0 & \cdots & 0 & 0 & \cdots & 0 \\ \vdots & \vdots & & \vdots & \vdots & & \vdots \\ 0 & 0 & \cdots & 0 & 0 & \cdots & 0 \end{pmatrix} \tag{12}$$

其中 r 为矩阵 $\boldsymbol{A}(\lambda)$ 的秩，而 $i_1(\lambda), i_2(\lambda), \cdots, i_r(\lambda)$ 为由式(10) 所确定的矩阵 $\boldsymbol{A}(\lambda)$ 的不变多项式.

推论 1 两个同维数的长方矩阵 $\boldsymbol{A}(\lambda)$ 与 $\boldsymbol{B}(\lambda)$ 等价的充分必要条件是它们有相同的不变多项式.

事实上，这一条件的必要性已经在上面说明，其充分性可以这样来得出，两个有相同不变多项式的矩阵都与同一个对角矩阵范式等价，因而彼此相等价.

这样一来，不变多项式构成 λ — 矩阵的完全不变系.

推论 2 在不变多项式序列

$$i_1(\lambda) = \frac{D_r(\lambda)}{D_{r-1}(\lambda)}, i_2(\lambda) = \frac{D_{r-1}(\lambda)}{D_{r-2}(\lambda)}, \cdots, i_r(\lambda) = \frac{D_1(\lambda)}{D_0(\lambda)} \quad (D_0(\lambda) \equiv 1) \tag{13}$$

中，从第二个开始，每一个多项式都是其前一个的因子.

这个论断不能从公式(13) 直接推出. 但是可以从多项式 $i_1(\lambda), i_2(\lambda), \cdots$，$i_r(\lambda)$ 与对角矩阵范式(9) 中的多项式 $a_r(\lambda), a_{r-1}(\lambda), \cdots, a_1(\lambda)$ 重合来推出.

2. 我们指出对于拟对角 λ — 矩阵的不变多项式的计算方法，假设已经知道位于对角线上诸子块的不变多项式.

定理 4 如果在拟对角长方矩阵

$$\boldsymbol{C}(\lambda)=\begin{pmatrix}\boldsymbol{A}(\lambda) & \boldsymbol{0}\\ \boldsymbol{0} & \boldsymbol{B}(\lambda)\end{pmatrix}$$

中,矩阵 $\boldsymbol{A}(\lambda)$ 的任一不变多项式都是多项式矩阵 $\boldsymbol{B}(\lambda)$ 的任一不变多项式的因子,那么合并多项式矩阵 $\boldsymbol{A}(\lambda)$ 与 $\boldsymbol{B}(\lambda)$ 的全部不变多项式就得出多项式矩阵 $\boldsymbol{C}(\lambda)$ 的全部不变多项式.

证明 以 $i_1'(\lambda),i_2'(\lambda),\cdots,i_r'(\lambda)$ 与 $i_1''(\lambda),i_2''(\lambda),\cdots,i_q''(\lambda)$ 各记 λ-矩阵 $\boldsymbol{A}(\lambda)$ 与 $\boldsymbol{B}(\lambda)$ 的不变多项式.那么①

$$\boldsymbol{A}(\lambda)\sim\{i_r'(\lambda),\cdots,i_1'(\lambda),0,\cdots,0\},\boldsymbol{B}(\lambda)\sim\{i_q''(\lambda),\cdots,i_1''(\lambda),0,\cdots,0\}$$

因而

$$\boldsymbol{C}(\lambda)\sim\{i_r'(\lambda),\cdots,i_1'(\lambda),i_q''(\lambda),\cdots,i_1''(\lambda),0,\cdots,0\}\tag{14}$$

位于这个关系式的右边的 λ-矩阵有对角范式的形式.那么按照定理 3,这个矩阵的对角线上不恒等于零的元素构成矩阵 $\boldsymbol{C}(\lambda)$ 的不变多项式的完备系.定理即已证明.

为了在一般情形,由矩阵 $\boldsymbol{A}(\lambda)$ 与 $\boldsymbol{B}(\lambda)$ 的任意不变多项式来定出矩阵 $\boldsymbol{C}(\lambda)$ 的不变多项式,我们要利用关于初等因子的重要概念.

在所给数域 K 中分解不变多项式 $i_1(\lambda),i_2(\lambda),\cdots,i_r(\lambda)$ 为不可约因式的乘积②

$$\begin{gathered}i_1(\lambda)=[\varphi_1(\lambda)]^{c_1}[\varphi_2(\lambda)]^{c_2}\cdots[\varphi_s(\lambda)]^{c_s}\\ i_2(\lambda)=[\varphi_1(\lambda)]^{d_1}[\varphi_2(\lambda)]^{d_2}\cdots[\varphi_s(\lambda)]^{d_s}\\ \vdots\\ i_r(\lambda)=[\varphi_1(\lambda)]^{l_1}[\varphi_2(\lambda)]^{l_2}\cdots[\varphi_s(\lambda)]^{l_s}\\ (c_k\geqslant d_k\geqslant\cdots\geqslant l_k\geqslant 0;k=1,2,\cdots,s)\end{gathered}\tag{15}$$

此处 $\varphi_1(\lambda),\varphi_2(\lambda),\cdots,\varphi_s(\lambda)$ 是在 $i_1(\lambda),i_2(\lambda),\cdots,i_r(\lambda)$ 中出现的所有在域 K 中不可约的不相同的多项式(其首项系数都等于 1).

定义 5 在分解式(15)的诸幂$[\varphi_1(\lambda)]^{c_1},\cdots,[\varphi_s(\lambda)]^{l_s}$中,所有不等于 1 的幂称为矩阵 $\boldsymbol{A}(\lambda)$ 在域 K 中的初等因子③.

定理 5 长方拟对角矩阵

$$\boldsymbol{C}(\lambda)=\begin{pmatrix}\boldsymbol{A}(\lambda) & \boldsymbol{0}\\ \boldsymbol{0} & \boldsymbol{B}(\lambda)\end{pmatrix}$$

---

① 此处我们以符号“$\sim$”表示矩阵的等价性,而以大括号“{}”表示形(12)的对角长方矩阵.

② 指数 $c_k,d_k,\cdots,l_k(k=1,2,\cdots,s)$ 中的某些个可能等于零.

③ 式(15)不仅给出由不变多项式来定出域 K 中矩阵 $\boldsymbol{A}(\lambda)$ 的初等因子的可能性,而且相反地,可由初等因子来得出不变多项式.

的全部初等因子,常可由合并矩阵 $\boldsymbol{A}(\lambda)$ 的初等因子与矩阵 $\boldsymbol{B}(\lambda)$ 的初等因子来得出.

证明 分解矩阵 $\boldsymbol{A}(\lambda)$ 与 $\boldsymbol{B}(\lambda)$ 的不变多项式为域 K 中不可约因式的乘积[①]

$$i'_1(\lambda)=[\varphi_1(\lambda)]^{c'_1}[\varphi_2(\lambda)]^{c'_2}\cdots[\varphi_s(\lambda)]^{c'_s}, i''_1(\lambda)=[\varphi_1(\lambda)]^{c''_1}[\varphi_2(\lambda)]^{c''_2}\cdots[\varphi_s(\lambda)]^{c''_s}$$

$$i'_2(\lambda)=[\varphi_1(\lambda)]^{d'_1}[\varphi_2(\lambda)]^{d'_2}\cdots[\varphi_s(\lambda)]^{d'_s}, i''_2(\lambda)=[\varphi_1(\lambda)]^{d''_1}[\varphi_2(\lambda)]^{d''_2}\cdots[\varphi_s(\lambda)]^{d''_s}$$

$$\vdots$$

$$i'_r(\lambda)=[\varphi_1(\lambda)]^{h'_1}[\varphi_2(\lambda)]^{h'_2}\cdots[\varphi_s(\lambda)]^{h'_s}, i''_q(\lambda)=[\varphi_1(\lambda)]^{g''_1}[\varphi_2(\lambda)]^{g''_2}\cdots[\varphi_s(\lambda)]^{g''_s}$$

以

$$c_1\geqslant d_1\geqslant\cdots\geqslant l_1>0 \tag{16}$$

记 $c'_1,d'_1,\cdots,h'_1,c''_1,d''_1,\cdots,g''_1$ 中不等于零的诸数.

那么与矩阵(14) 等价的矩阵 $\boldsymbol{C}'$ 经变换行列后可以化为“对角形”的形式

$$\{[\varphi_1(\lambda)]^{c_1}\cdot(*),[\varphi_1(\lambda)]^{d_1}\cdot(*),\cdots,$$
$$[\varphi_1(\lambda)]^{l_1}\cdot(*),(*\ *),\cdots,(*\ *)\} \tag{17}$$

其中$(*)$表示与 $\varphi_1(\lambda)$ 互质的多项式,而$(*\ *)$表示与 $\varphi_1(\lambda)$ 互质或恒等于零的多项式. 由矩阵(17) 的形式, 直接推得关于矩阵 $\boldsymbol{C}'$ 的多项式 $D_r(\lambda)$, $D_{r-1}(\lambda),\cdots$ 与 $i_1(\lambda),i_2(\lambda),\cdots$ 的以下分解式

$$D_r(\lambda)=[\varphi_1(\lambda)]^{c_1+d_1+\cdots+l_1}\cdot(*),D_{r-1}(\lambda)=[\varphi_1(\lambda)]^{d_1+\cdots+l_1}\cdot(*)$$
$$i_1(\lambda)=[\varphi_1(\lambda)]^{c_1}\cdot(*),i_2(\lambda)=[\varphi_1(\lambda)]^{d_1}\cdot(*)$$

诸如此类.

故知$[\varphi_1(\lambda)]^{c_1},[\varphi_1(\lambda)]^{d_1},\cdots,[\varphi_1(\lambda)]^{l_1}$,亦即幂

$$[\varphi_1(\lambda)]^{c'_1},\cdots,[\varphi_1(\lambda)]^{h'_1},[\varphi_1(\lambda)]^{c''_1},\cdots,[\varphi_1(\lambda)]^{g''_1}$$

中所有不等于 1 的诸幂是矩阵 $\boldsymbol{C}(\lambda)$ 的初等因子.

同样地,可定出矩阵 $\boldsymbol{C}(\lambda)$ 关于 $\varphi_2(\lambda)$ 的幂的初等因子,诸如此类,定理即已证明.

注 与上述完全类似地可以构成关于整数矩阵(亦即元素全为整数的矩阵)的等价性理论. 此处在 1°,2° 中(参考本章 §1),$c=\pm1$,替换 $b(\lambda)$ 为整数,而在(3)(3′)(3″) 诸式中替换 $\boldsymbol{P}(\lambda)$ 与 $\boldsymbol{Q}(\lambda)$ 为行列式等于 ±1 的整数矩阵.

3. 现在假设给出元素在域 K 中的矩阵 $\boldsymbol{A}=(a_{ik})_1^n$. 建立它的特征矩阵

$$\lambda\boldsymbol{E}-\boldsymbol{A}=\begin{pmatrix}\lambda-a_{11} & -a_{12} & \cdots & -a_{1n}\\ -a_{21} & \lambda-a_{22} & \cdots & -a_{2n}\\ \vdots & \vdots & & \vdots\\ -a_{n1} & -a_{n2} & \cdots & \lambda-a_{nn}\end{pmatrix} \tag{18}$$

---

① 如果某一个不可约多项式 $\varphi_k(\lambda)$ 使因式在一组不变多项式中出现,而不在其另一组不变多项式中出现,那么在另一组不变多项式中写上指数为 0 的 $\varphi_k(\lambda)$.

特征矩阵是一个秩为 n 的 λ - 矩阵. 它的不变多项式

$$i_1(\lambda)=\frac{D_n(\lambda)}{D_{n-1}(\lambda)},i_2(\lambda)=\frac{D_{n-1}(\lambda)}{D_{n-2}(\lambda)},\cdots,i_n(\lambda)=\frac{D_1(\lambda)}{D_0(\lambda)}\quad(D_0(\lambda)\equiv 1)\tag{19}$$

称为矩阵 $\boldsymbol{A}$ 的不变多项式,而其在域 K 中的初等因子称为矩阵 $\boldsymbol{A}$ 在域 K 中的初等因子. 第一个不变多项式 $i_1(\lambda)$ 与矩阵 $\boldsymbol{A}$[①] 的最小多项式全等. 可用矩阵 $\boldsymbol{A}$ 的不变多项式(初等因子)的知识来研究矩阵 $\boldsymbol{A}$ 的结构. 所以我们就注意到计算矩阵的不变多项式的实际方法. 公式(19)给出了计算这些不变多项式的算法,但是这一算法对于较大的 n 是非常麻烦的.

定理 3 给出了计算不变多项式的另一方法,它的要点是利用初等运算来化特征矩阵(18)为对角矩阵范式.

例 1 有如下式子

$$\boldsymbol{A}=\begin{pmatrix}3&1&0&0\\-4&-1&0&0\\6&1&2&1\\-14&-5&-1&0\end{pmatrix},\lambda\boldsymbol{E}-\boldsymbol{A}=\begin{pmatrix}\lambda-3&-1&0&0\\4&\lambda+1&0&0\\-6&-1&\lambda-2&-1\\14&5&1&\lambda\end{pmatrix}$$

在特征矩阵 $\lambda\boldsymbol{E}-\boldsymbol{A}$ 中把第三行与 λ 的乘积加到第四行,我们得出

$$\begin{pmatrix}\lambda-3&-1&0&0\\4&\lambda+1&0&0\\-6&-1&\lambda-2&-1\\14-6\lambda&5-\lambda&\lambda^2-2\lambda+1&0\end{pmatrix}$$

把第四列乘以 $-6,-1,\lambda-2$ 后分别加到第一、二、三列上,我们得出

$$\begin{pmatrix}\lambda-3&-1&0&0\\4&\lambda+1&0&0\\0&0&0&-1\\14-6\lambda&5-\lambda&\lambda^2-2\lambda+1&0\end{pmatrix}$$

把第二列与 $\lambda-3$ 的乘积加到第一列上,得

$$\begin{pmatrix}0&-1&0&0\\\lambda^2-2\lambda+1&\lambda+1&0&0\\0&0&0&-1\\-\lambda^2+2\lambda-1&5-\lambda&\lambda^2-2\lambda+1&0\end{pmatrix}$$

把第一行与 $\lambda+1,5-\lambda$ 的乘积分别加到第二、第四行上,我们有

① 参阅第 4 章 §5 公式(49),其中 $\Delta(\lambda)=D_n(\lambda)$.

$$\begin{pmatrix} 0 & -1 & 0 & 0 \\ \lambda^2-2\lambda+1 & 0 & 0 & 0 \\ 0 & 0 & 0 & -1 \\ -\lambda^2+2\lambda-1 & 0 & \lambda^2-2\lambda+1 & 0 \end{pmatrix}$$

把第二行加在第四行上，然后第一行与第三行乘以-1. 经过行与列的调动后，我们得出

$$\begin{pmatrix} 1 & 0 & 0 & 0 \\ 0 & 1 & 0 & 0 \\ 0 & 0 & (\lambda-1)^2 & 0 \\ 0 & 0 & 0 & (\lambda-1)^2 \end{pmatrix}$$

矩阵 $\boldsymbol{A}$ 有两个初等因子：$(\lambda-1)^2$ 与 $(\lambda-1)^2$.

§4　线性二项式的等价性

在上节中我们讨论过长方 λ－矩阵. 在这一节中我们来讨论两个 n 阶 λ－方阵 $\boldsymbol{A}(\lambda)$ 与 $\boldsymbol{B}(\lambda)$，其中所有元素关于 λ 的次数不超过 1. 这些多项式矩阵可以表示为矩阵的二项式

$$\boldsymbol{A}(\lambda)=\boldsymbol{A}_0\lambda+\boldsymbol{A}_1,\boldsymbol{B}(\lambda)=\boldsymbol{B}_0\lambda+\boldsymbol{B}_1$$

我们假设这些二项式是一次的而且是正则的，亦即有 $|\boldsymbol{A}_0|\neq 0$，$|\boldsymbol{B}_0|\neq 0$(参考第 4 章 §1).

以下定理给出了这种二项式的等价性的判定.

定理 6　如果两个一次正则二项式 $\boldsymbol{A}_0\lambda+\boldsymbol{A}_1$ 与 $\boldsymbol{B}_0\lambda+\boldsymbol{B}_1$ 等价，那么这些二项式是严格等价的，亦即在恒等式

$$\boldsymbol{B}_0\lambda+\boldsymbol{B}_1=\boldsymbol{P}(\lambda)(\boldsymbol{A}_0\lambda+\boldsymbol{A}_1)\boldsymbol{Q}(\lambda) \tag{20}$$

中，可以换(行列式为不等于零的常数矩阵)$\boldsymbol{P}(\lambda)$ 与 $\boldsymbol{Q}(\lambda)$ 为满秩的常数矩阵 $\boldsymbol{P}$ 与 $\boldsymbol{Q}$[①]

$$\boldsymbol{B}_0\lambda+\boldsymbol{B}_1=\boldsymbol{P}(\boldsymbol{A}_0\lambda+\boldsymbol{A}_1)\boldsymbol{Q} \tag{21}$$

证明　因为矩阵 $\boldsymbol{P}(\lambda)$ 的行列式与 λ 无关且不等于零[②]，所以逆矩阵 $\boldsymbol{M}(\lambda)=\boldsymbol{P}^{-1}(\lambda)$ 亦是一个多项式矩阵. 应用这个矩阵，我们可以把恒等式(20)写为

---

① 恒等式(21) 等价于两个矩阵等式：$\boldsymbol{B}_0=\boldsymbol{P}\boldsymbol{A}_0\boldsymbol{Q}$ 与 $\boldsymbol{B}_1=\boldsymbol{P}\boldsymbol{A}_1\boldsymbol{Q}$.

② 二项式 $\boldsymbol{A}_0\lambda+\boldsymbol{A}_1$ 与 $\boldsymbol{B}_0\lambda+\boldsymbol{B}_1$ 的等价性是说有恒等式(20) 存在，其中 $|\boldsymbol{P}(\lambda)|$ 和 $|\boldsymbol{Q}(\lambda)|$ 为常数且不等于零. 但是这两个关系在所给的情形中可以从恒等式(20) 来推出. 事实上，一次正则二项式的行列式有次数 n：$|\boldsymbol{A}_0\lambda+\boldsymbol{A}_1|=|\boldsymbol{A}_0|\lambda^n+\cdots$，$|\boldsymbol{B}_0\lambda+\boldsymbol{B}_1|=|\boldsymbol{B}_0|\lambda^n+\cdots$，$|\boldsymbol{A}_0|\neq 0$，$|\boldsymbol{B}_0|\neq 0$. 故由 $|\boldsymbol{B}_0\lambda+\boldsymbol{B}_1|=|\boldsymbol{P}(\lambda)||\boldsymbol{A}_0\lambda+\boldsymbol{A}_1||\boldsymbol{Q}(\lambda)|$ 知有 $|\boldsymbol{P}(\lambda)|$ 和 $|\boldsymbol{Q}(\lambda)|$ 为常数且不等于零.

$$\boldsymbol{M}(\lambda)(\boldsymbol{B}_0\lambda+\boldsymbol{B}_1)=(\boldsymbol{A}_0\lambda+\boldsymbol{A}_1)\boldsymbol{Q}(\lambda) \tag{22}$$

令 $\boldsymbol{M}(\lambda)$ 与 $\boldsymbol{Q}(\lambda)$ 为矩阵多项式，$\boldsymbol{M}(\lambda)$ 左除以 $\boldsymbol{A}_0\lambda+\boldsymbol{A}_1$，而 $\boldsymbol{Q}(\lambda)$ 右除以 $\boldsymbol{B}_0\lambda+\boldsymbol{B}_1$，有

$$\boldsymbol{M}(\lambda)=(\boldsymbol{A}_0\lambda+\boldsymbol{A}_1)\boldsymbol{S}(\lambda)+\boldsymbol{M} \tag{23}$$

$$\boldsymbol{Q}(\lambda)=\boldsymbol{T}(\lambda)(\boldsymbol{B}_0\lambda+\boldsymbol{B}_1)+\boldsymbol{Q} \tag{24}$$

此处 $\boldsymbol{M}$ 与 $\boldsymbol{Q}$ 为 n 阶常数（与 λ 无关）方阵. 把所得出的关于 $\boldsymbol{M}(\lambda)$ 与 $\boldsymbol{Q}(\lambda)$ 的表示式代入式(22)，经过很少的一些变换，我们得出

$$(\boldsymbol{A}_0\lambda+\boldsymbol{A}_1)[\boldsymbol{T}(\lambda)-\boldsymbol{S}(\lambda)](\boldsymbol{B}_0\lambda+\boldsymbol{B}_1)=\boldsymbol{M}(\boldsymbol{B}_0\lambda+\boldsymbol{B}_1)-(\boldsymbol{A}_0\lambda+\boldsymbol{A}_1)\boldsymbol{Q} \tag{25}$$

位于中括号内的差必须等于零，因为，否则位于等式(25) 左边的乘积，次数将大于或等于 2，但是在这一等式右边的多项式不能超过 1 次. 所以

$$\boldsymbol{S}(\lambda)=\boldsymbol{T}(\lambda) \tag{26}$$

但此时由式(25) 我们得出

$$\boldsymbol{M}(\boldsymbol{B}_0\lambda+\boldsymbol{B}_1)=(\boldsymbol{A}_0\lambda+\boldsymbol{A}_1)\boldsymbol{Q} \tag{27}$$

现在我们来证明 $\boldsymbol{M}$ 是一个满秩矩阵. 为此 $\boldsymbol{P}(\lambda)$ 左除以 $\boldsymbol{B}_0\lambda+\boldsymbol{B}_1$，有

$$\boldsymbol{P}(\lambda)=(\boldsymbol{B}_0\lambda+\boldsymbol{B}_1)\boldsymbol{U}(\lambda)+\boldsymbol{P} \tag{28}$$

由式(22)(23) 与(28) 得出

$$\begin{aligned}\boldsymbol{E}=\boldsymbol{M}(\lambda)\boldsymbol{P}(\lambda)&=\boldsymbol{M}(\lambda)(\boldsymbol{B}_0\lambda+\boldsymbol{B}_1)\boldsymbol{U}(\lambda)+\boldsymbol{M}(\lambda)\boldsymbol{P}=\\&(\boldsymbol{A}_0\lambda+\boldsymbol{A}_1)\boldsymbol{Q}(\lambda)\boldsymbol{U}(\lambda)+(\boldsymbol{A}_0\lambda+\boldsymbol{A}_1)\boldsymbol{S}(\lambda)\boldsymbol{P}+\boldsymbol{MP}=\\&(\boldsymbol{A}_0\lambda+\boldsymbol{A}_1)[\boldsymbol{Q}(\lambda)\boldsymbol{U}(\lambda)+\boldsymbol{S}(\lambda)\boldsymbol{P}]+\boldsymbol{MP}\end{aligned} \tag{29}$$

因为这一串等式的最后部分关于 λ 必须是零次的（因其等于 $\boldsymbol{E}$），所以在中括号内的表示式必须恒等于零. 故由式(29) 知有

$$\boldsymbol{MP}=\boldsymbol{E} \tag{30}$$

因此得出 $|\boldsymbol{M}|\neq 0$ 与 $\boldsymbol{M}^{-1}=\boldsymbol{P}$.

左乘等式(27) 的两边以 $\boldsymbol{P}$，我们得出

$$\boldsymbol{B}_0\lambda+\boldsymbol{B}_1=\boldsymbol{P}(\boldsymbol{A}_0\lambda+\boldsymbol{A}_1)\boldsymbol{Q}$$

从式(30) 得出矩阵 $\boldsymbol{P}$ 的满秩性. 但是矩阵 $\boldsymbol{P}$ 与 $\boldsymbol{Q}$ 的满秩性亦可从恒等式(21) 得出，因为从这一恒等式推得等式

$$\boldsymbol{B}_0=\boldsymbol{PA}_0\boldsymbol{Q}$$

故有

$$|\boldsymbol{P}||\boldsymbol{A}_0||\boldsymbol{Q}|=|\boldsymbol{B}_0|\neq 0$$

定理已经证明.

注　从证明中知道[参考(24) 与(28)]，作为代换恒等式(20) 中的 λ - 矩阵 $\boldsymbol{P}(\lambda)$ 与 $\boldsymbol{Q}(\lambda)$ 的常数矩阵 $\boldsymbol{P}$ 与 $\boldsymbol{Q}$，我们可以取 $\boldsymbol{B}_0\lambda+\boldsymbol{B}_1$ 除 $\boldsymbol{P}(\lambda)$ 与 $\boldsymbol{Q}(\lambda)$ 所得出的左余与右余.

§5 矩阵相似的判定

设给出元素在域 K 中的矩阵 $(a_{ik})_1^n$. 它的特征矩阵 $\lambda\boldsymbol{E}-\boldsymbol{A}$ 是一个 n 阶 λ－矩阵,故有 n 个不变多项式(参考 §3)

$$i_1(\lambda), i_2(\lambda), \cdots, i_n(\lambda)$$

以下定理说明,如果把相似矩阵当作一个矩阵看待时,那么这些不变多项式决定了原矩阵 $\boldsymbol{A}$.

定理7 使得两个矩阵 $\boldsymbol{A}=(a_{ik})_1^n$ 与 $\boldsymbol{B}=(b_{ik})_1^n$ 相似 $(\boldsymbol{B}=\boldsymbol{T}^{-1}\boldsymbol{AT})$ 的充分必要条件是它们有相同的不变多项式或有相同的域 K 中的初等因子.

证明 条件的必要性. 事实上,如果矩阵 $\boldsymbol{A}$ 与 $\boldsymbol{B}$ 相似,那么有这样的满秩矩阵 $\boldsymbol{T}$ 存在,使得

$$\boldsymbol{B}=\boldsymbol{T}^{-1}\boldsymbol{AT}$$

故有

$$\lambda\boldsymbol{E}-\boldsymbol{B}=\boldsymbol{T}^{-1}(\lambda\boldsymbol{E}-\boldsymbol{A})\boldsymbol{T}$$

这个等式证明,特征矩阵 $\lambda\boldsymbol{E}-\boldsymbol{A}$ 与 $\lambda\boldsymbol{E}-\boldsymbol{B}$ 等价,故有相同的不变多项式.

条件的充分性. 设特征矩阵 $\lambda\boldsymbol{E}-\boldsymbol{A}$ 与 $\lambda\boldsymbol{E}-\boldsymbol{B}$ 有相同的不变多项式. 那么这些 λ－矩阵是等价的(参考定理3的推论1),故有两个多项式矩阵 $\boldsymbol{P}(\lambda)$ 与 $\boldsymbol{Q}(\lambda)$ 存在,使得

$$\lambda\boldsymbol{E}-\boldsymbol{B}=\boldsymbol{P}(\lambda)(\lambda\boldsymbol{E}-\boldsymbol{A})\boldsymbol{Q}(\lambda) \tag{31}$$

应用定理6于二项矩阵 $\lambda\boldsymbol{E}-\boldsymbol{A}$ 与 $\lambda\boldsymbol{E}-\boldsymbol{B}$,我们可以在恒等式(31)中替换 λ－矩阵 $\boldsymbol{P}(\lambda)$ 与 $\boldsymbol{Q}(\lambda)$ 为常数矩阵

$$\lambda\boldsymbol{E}-\boldsymbol{B}=\boldsymbol{P}(\lambda\boldsymbol{E}-\boldsymbol{A})\boldsymbol{Q} \tag{32}$$

而且可以取 $\lambda\boldsymbol{E}-\boldsymbol{B}$ 除 $\boldsymbol{P}(\lambda)$ 与 $\boldsymbol{Q}(\lambda)$ 所得出的左余与右余来作为 $\boldsymbol{P}$ 与 $\boldsymbol{Q}$(参考上节最后的注),亦即由广义贝祖定理可以取①

$$\boldsymbol{P}=\hat{\boldsymbol{P}}(\boldsymbol{B}), \boldsymbol{Q}=\boldsymbol{Q}(\boldsymbol{B}) \tag{33}$$

在等式(32)的左右两边,使 λ 的零次与一次幂的系数相等,我们得出

$$\boldsymbol{B}=\boldsymbol{PAQ}, \boldsymbol{E}=\boldsymbol{PQ}$$

亦即

$$\boldsymbol{B}=\boldsymbol{T}^{-1}\boldsymbol{AT}$$

其中

$$\boldsymbol{T}=\boldsymbol{Q}=\boldsymbol{P}^{-1}$$

定理即已证明.

---

① 注意, $\hat{\boldsymbol{P}}(\boldsymbol{B})$ 为替换 λ 为 $\boldsymbol{B}$ 时多项式 $\boldsymbol{P}(\lambda)$ 的左值,而 $\boldsymbol{Q}(\boldsymbol{B})$ 为多项式 $\boldsymbol{Q}(\lambda)$ 的右值(参考第4章, §3).

注 同时我们建立了以下论断：

定理 7 的补充 如果 $\boldsymbol{A}=(a_{ik})_1^n$ 与 $\boldsymbol{B}=(b_{ik})_1^n$ 为两个相似矩阵

$$\boldsymbol{B}=\boldsymbol{T}^{-1}\boldsymbol{A}\boldsymbol{T} \tag{34}$$

那么可以取以下矩阵作为变换矩阵

$$\boldsymbol{T}=\boldsymbol{Q}(\boldsymbol{B})=[\hat{\boldsymbol{P}}(\boldsymbol{B})]^{-1} \tag{35}$$

其中 $\boldsymbol{P}(\lambda)$ 与 $\boldsymbol{Q}(\lambda)$ 是联系等价特征矩阵 $\lambda\boldsymbol{E}-\boldsymbol{A}$ 与 $\lambda\boldsymbol{E}-\boldsymbol{B}$ 的恒等式

$$\lambda\boldsymbol{E}-\boldsymbol{B}=\boldsymbol{P}(\lambda)(\lambda\boldsymbol{E}-\boldsymbol{A})\boldsymbol{Q}(\lambda)$$

中的多项式矩阵；在式(35)中，$\boldsymbol{Q}(\boldsymbol{B})$ 是换变量 λ 为矩阵 $\boldsymbol{B}$ 时矩阵多项式 $\boldsymbol{Q}(\lambda)$ 的右值，而 $\hat{\boldsymbol{P}}(\boldsymbol{B})$ 为矩阵多项式 $\boldsymbol{P}(\lambda)$ 的左值.

§6 矩阵的范式

1. 设给出系数在域 K 中的某一多项式

$$g(\lambda)=\lambda^m+\alpha_1\lambda^{m-1}+\cdots+\alpha_{m-1}\lambda+\alpha_m$$

讨论 m 阶方阵

$$\boldsymbol{L}=\begin{pmatrix}0&0&\cdots&0&-\alpha_m\\1&0&\cdots&0&-\alpha_{m-1}\\0&1&\cdots&0&-\alpha_{m-2}\\\vdots&\vdots&&\vdots&\vdots\\0&0&\cdots&1&-\alpha_1\end{pmatrix} \tag{36}$$

不难验证多项式 $g(\lambda)$ 是矩阵 $\boldsymbol{L}$ 的特征多项式

$$|\lambda\boldsymbol{E}-\boldsymbol{L}|=\begin{vmatrix}\lambda&0&0&\cdots&0&\alpha_m\\-1&\lambda&0&\cdots&0&\alpha_{m-1}\\0&-1&\lambda&\cdots&0&\alpha_{m-2}\\\vdots&\vdots&\vdots&&\vdots&\vdots\\0&0&0&\cdots&-1&\alpha_1+\lambda\end{vmatrix}=g(\lambda)$$

另外，在特征行列式中，元素 α_m 的子式等于 ±1. 故 $D_{m-1}(\lambda)=1$，而 $i_1(\lambda)=\dfrac{D_m(\lambda)}{D_{m-1}(\lambda)}=D_m(\lambda)=g(\lambda)$，$i_2(\lambda)=\cdots=i_n(\lambda)=1$.

这样一来，矩阵 $\boldsymbol{L}$ 有唯一不等于 1 的不变多项式，它等于 $g(\lambda)$.

我们称矩阵 $\boldsymbol{L}$ 为多项式 $g(\lambda)$ 的伴随矩阵.

设给出有不变多项式

$$i_1(\lambda),i_2(\lambda),\cdots,i_t(\lambda),i_{t+1}(\lambda)=1,\cdots,i_n(\lambda)=1 \tag{37}$$

的矩阵 $\boldsymbol{A}=(a_{ik})_1^n$. 此处所有多项式 $i_1(\lambda),i_2(\lambda),\cdots,i_t(\lambda)$ 的次数都大于零，而且在这些多项式中从第二个开始，每一个都是其前一个的因子. 以 $\boldsymbol{L}_1$，

$\boldsymbol{L}_2,\cdots,\boldsymbol{L}_t$ 记这些多项式的伴随矩阵.

那么 n 阶拟对角矩阵

$$\boldsymbol{L}_{\mathrm{I}}=\{\boldsymbol{L}_1,\boldsymbol{L}_2,\cdots,\boldsymbol{L}_t\} \tag{38}$$

有不变多项式(37)(参考 §3,2 的定理 4). 因为矩阵 $\boldsymbol{A}$ 与 $\boldsymbol{L}_{\mathrm{I}}$ 有相同的不变多项式,它们是相似的,亦即总有这样的满秩矩阵 $\boldsymbol{U}(|\boldsymbol{U}|\neq 0)$ 存在,使得

$$\boldsymbol{A}=\boldsymbol{U}\boldsymbol{L}_{\mathrm{I}}\boldsymbol{U}^{-1} \tag{I}$$

矩阵 $\boldsymbol{L}_{\mathrm{I}}$ 称为矩阵 $\boldsymbol{A}$ 的第一种自然范式. 这个范式的性质为以下诸条件所决定:(1) 拟对角形的形式(38);(2) 对角线上子块(36) 的特殊结构;(3) 在对角线上诸子块的特征多项式序列中,从第二个开始,每一个多项式都是其前一个的因子[①].

2. 现在以

$$\chi_1(\lambda),\chi_2(\lambda),\cdots,\chi_u(\lambda) \tag{39}$$

记矩阵 $\boldsymbol{A}=(a_{ik})_1^n$ 在数域 K 中的初等因子. 记其对应的伴随矩阵为

$$\boldsymbol{L}^{(1)},\boldsymbol{L}^{(2)},\cdots,\boldsymbol{L}^{(u)}$$

因为 $\chi_j(\lambda)$ 是矩阵 $\boldsymbol{L}^{(j)}$ 的唯一的初等因子($i=1,2,\cdots,u$)[②],所以由定理 5,拟对角矩阵

$$\boldsymbol{L}_{\mathrm{II}}=\{\boldsymbol{L}^{(1)},\boldsymbol{L}^{(2)},\cdots,\boldsymbol{L}^{(u)}\} \tag{40}$$

有初等因子(39).

矩阵 $\boldsymbol{A}$ 与 $\boldsymbol{L}_{\mathrm{II}}$ 在域 K 中有相同的初等因子. 所以这两个矩阵是相似的,亦即总有这样的满秩矩阵 $\boldsymbol{V}(|\boldsymbol{V}|\neq 0)$ 存在,使得

$$\boldsymbol{A}=\boldsymbol{V}\boldsymbol{L}_{\mathrm{II}}\boldsymbol{V}^{-1} \tag{II}$$

矩阵 $\boldsymbol{L}_{\mathrm{II}}$ 称为矩阵 $\boldsymbol{A}$ 的第二种自然范式. 这种范式的性质为以下诸条件所决定:(1) 拟对角形的形式(40);(2) 对角线上子块(36) 的特殊结构;(3) 每一个对角线上子块的特征多项式是在域 K 中不可约多项式的幂.

注 矩阵 $\boldsymbol{A}$ 的初等因子与其不变多项式所不同的主要是与所给的数域 K 有关. 如果我们换原数域 K 为另一数域(在它里面亦含有所给矩阵 $\boldsymbol{A}$ 的诸元素),那么初等因子可能有所变动. 矩阵的第二种自然范式就要与初等因子同时发生变动.

例如,设所给矩阵 $\boldsymbol{A}=(a_{ik})_1^n$ 的元素全为实数. 这个矩阵的特征多项式的系

---

① 从条件(1)(2)(3) 得出,$\boldsymbol{L}_{\mathrm{I}}$ 中对角线上诸子块的特征多项式是矩阵 $\boldsymbol{L}_{\mathrm{I}}$,因而是矩阵 $\boldsymbol{A}$ 的不变多项式.

② $\chi_j(\lambda)$ 是矩阵 $\boldsymbol{L}^{(j)}$ 的唯一的不变多项式,同时 $\chi_j(\lambda)$ 又是域 K 中不可约多项式的幂.

数全为实数.此时这个多项式可能有复根.如果 K 是实数域,那么在初等因子中可能有实系数的不可约二次三项式的幂出现.如果 K 是复数域,那么每个初等因子都有 $(\lambda-\lambda_0)^p$ 的形式.

3. 现在假设数域 K 不只含有矩阵 $\boldsymbol{A}$ 的元素,而且含有这个矩阵的所有特征数[①],那么矩阵 $\boldsymbol{A}$ 的初等因子就有以下形式

$$(\lambda-\lambda_1)^{p_1},(\lambda-\lambda_2)^{p_2},\cdots,(\lambda-\lambda_u)^{p_u}\quad(p_1+p_2+\cdots+p_u=n)\tag{41}$$

讨论这些初等因子中的某一个

$$(\lambda-\lambda_0)^p$$

且使它对应于以下 p 阶矩阵

$$\begin{pmatrix}\lambda_0 & 1 & 0 & \cdots & 0\\ 0 & \lambda_0 & 1 & \cdots & 0\\ \vdots & \vdots & \vdots & & \vdots\\ 0 & 0 & 0 & \cdots & 1\\ 0 & 0 & 0 & \cdots & \lambda_0\end{pmatrix}=\lambda_0\boldsymbol{E}^{(p)}+\boldsymbol{H}^{(p)}\tag{42}$$

不难验证,这个矩阵只有一个初等因子 $(\lambda-\lambda_0)^p$.我们称矩阵(42)为对应于初等因子 $(\lambda-\lambda_0)^p$ 的若尔当块.

以

$$\boldsymbol{J}_1,\boldsymbol{J}_2,\cdots,\boldsymbol{J}_u$$

来记对应于初等因子(41)的诸若尔当块.

那么拟对角矩阵

$$\boldsymbol{J}=\{\boldsymbol{J}_1,\boldsymbol{J}_2,\cdots,\boldsymbol{J}_u\}$$

的初等因子就是诸幂(41).

矩阵 $\boldsymbol{J}$ 还可以写为

$$\boldsymbol{J}=\{\lambda_1\boldsymbol{E}_1+\boldsymbol{H}_1,\lambda_2\boldsymbol{E}_2+\boldsymbol{H}_2,\cdots,\lambda_u\boldsymbol{E}_u+\boldsymbol{H}_u\}$$

其中

$$\boldsymbol{E}_k=\boldsymbol{E}^{(p_k)},\boldsymbol{H}_k=\boldsymbol{H}^{(p_k)}\quad(k=1,2,\cdots,u)$$

因为矩阵 $\boldsymbol{A}$ 与 $\boldsymbol{J}$ 有相同的初等因子,所以它们就彼此相似,亦即有这样的满秩矩阵 $\boldsymbol{T}(|\boldsymbol{T}|\neq 0)$ 存在,使得

$$\boldsymbol{A}=\boldsymbol{T}\boldsymbol{J}\boldsymbol{T}^{-1}=\boldsymbol{T}\{\lambda_1\boldsymbol{E}_1+\boldsymbol{H}_1,\lambda_2\boldsymbol{E}_2+\boldsymbol{H}_2,\cdots,\lambda_u\boldsymbol{E}_u+\boldsymbol{H}_u\}\boldsymbol{T}^{-1}\tag{Ⅲ}$$

矩阵 $\boldsymbol{J}$ 称为矩阵 $\boldsymbol{A}$ 的若尔当范式或简称若尔当式.若尔当式的性质为拟对角形的形式与其对角线上子块的特殊结构(42)所确定.

以下阵列写出初等因子为 $(\lambda-\lambda_1)^2,(\lambda-\lambda_2)^3,\lambda-\lambda_3,(\lambda-\lambda_4)^2$ 的若尔当

---

① 如果 K 是复数域,那么对于任何矩阵 $\boldsymbol{A}$ 都能成立.

矩阵

$$
\boldsymbol{J}=\left(\begin{array}{cc|ccc|c|cc}
\lambda_1 & 1 & 0 & 0 & 0 & 0 & 0 & 0 \\
0 & \lambda_1 & 0 & 0 & 0 & 0 & 0 & 0 \\
\hline
0 & 0 & \lambda_2 & 1 & 0 & 0 & 0 & 0 \\
0 & 0 & 0 & \lambda_2 & 1 & 0 & 0 & 0 \\
0 & 0 & 0 & 0 & \lambda_2 & 0 & 0 & 0 \\
\hline
0 & 0 & 0 & 0 & 0 & \lambda_3 & 0 & 0 \\
\hline
0 & 0 & 0 & 0 & 0 & 0 & \lambda_4 & 1 \\
0 & 0 & 0 & 0 & 0 & 0 & 0 & \lambda_4
\end{array}\right) \tag{43}
$$

如果矩阵 $\boldsymbol{A}$ 的所有初等因子都是一次的(亦只是在这一情形),若尔当式是对角矩阵且此时我们有

$$
\boldsymbol{A}=\boldsymbol{T}\{\lambda_1,\lambda_2,\cdots,\lambda_n\}\boldsymbol{T}^{-1} \tag{44}
$$

这样一来,矩阵 $\boldsymbol{A}$ 是单构的(参考第 3 章 §8) 充分必要条件是它的所有初等因子都是一次的①.

有时代替若尔当块(42) 来讨论以下 p 阶"下"若尔当块

$$
\begin{pmatrix}
\lambda_0 & 0 & 0 & \cdots & 0 & 0 \\
1 & \lambda_0 & 0 & \cdots & 0 & 0 \\
0 & 1 & \lambda_0 & \cdots & 0 & 0 \\
\vdots & \vdots & \vdots & & \vdots & \vdots \\
0 & 0 & 0 & \cdots & \lambda_0 & 0 \\
0 & 0 & 0 & \cdots & 1 & \lambda_0
\end{pmatrix}=\lambda_0\boldsymbol{E}^{(p)}+\boldsymbol{F}^{(p)}
$$

这个矩阵亦只有一个初等因子 $(\lambda-\lambda_0)^p$. 初等因子(41) 对应于"下"若尔当矩阵②

$$
\boldsymbol{J}_{(1)}=\{\lambda_1\boldsymbol{E}_1+\boldsymbol{F}_1,\lambda_2\boldsymbol{E}_2+\boldsymbol{F}_2,\cdots,\lambda_u\boldsymbol{E}_u+\boldsymbol{F}_u\}
$$

$$
(\boldsymbol{E}_k=\boldsymbol{E}^{(p_k)},\boldsymbol{F}_k=\boldsymbol{F}^{(p_k)},k=1,2,\cdots,u)
$$

任一有初等因子(41) 的矩阵 $\boldsymbol{A}$,常与矩阵 $\boldsymbol{J}_{(1)}$ 相似,亦即有这样的满秩矩阵 $\boldsymbol{T}_1(|\boldsymbol{T}_1|\neq 0)$ 存在,使得

$$
\boldsymbol{A}=\boldsymbol{T}_1\boldsymbol{J}_{(1)}\boldsymbol{T}_1^{-1}=\boldsymbol{T}_1\{\lambda_1\boldsymbol{E}_1+\boldsymbol{F}_1,\lambda_2\boldsymbol{E}_2+\boldsymbol{F}_2,\cdots,\lambda_u\boldsymbol{E}_u+\boldsymbol{F}_u\}\boldsymbol{T}_1^{-1} \tag{Ⅳ}
$$

还要注意,如果 $\lambda_0\neq 0$,那么矩阵

$$
\lambda_0(\boldsymbol{E}^{(p)}+\boldsymbol{H}^{(p)}),\lambda_0(\boldsymbol{E}^{(p)}+\boldsymbol{F}^{(p)})
$$

中每一个矩阵都只有一个初等因子:$(\lambda-\lambda_0)^p$. 所以对于有初等因子(41) 的满

① 有时称"一次初等因子"为"线性初等因子"或"单重初等因子".

② 为了区别于"下"若尔当矩阵 $\boldsymbol{J}_{(1)}$,有时称矩阵 $\boldsymbol{J}$ 为"上"若尔当矩阵.

秩矩阵 $\boldsymbol{A}$,与(Ⅲ)(Ⅳ)类似地有表示式

$$\boldsymbol{A}=\boldsymbol{T}_2\{\lambda_1(\boldsymbol{E}_1+\boldsymbol{H}_1),\lambda_2(\boldsymbol{E}_2+\boldsymbol{H}_2),\cdots,\lambda_u(\boldsymbol{E}_u+\boldsymbol{H}_u)\}\boldsymbol{T}_2^{-1} \qquad (\text{V})$$

$$\boldsymbol{A}=\boldsymbol{T}_3\{\lambda_1(\boldsymbol{E}_1+\boldsymbol{F}_1),\lambda_2(\boldsymbol{E}_2+\boldsymbol{F}_2),\cdots,\lambda_u(\boldsymbol{E}_u+\boldsymbol{F}_u)\}\boldsymbol{T}_3^{-1} \qquad (\text{VI})$$

§7 矩阵 $f(\boldsymbol{A})$ 的初等因子

1. 在本节中讨论以下问题:

给出矩阵 $\boldsymbol{A}=(a_{ik})_1^n$ 的初等因子(在复数域中)且给出确定于矩阵 $\boldsymbol{A}$ 的影谱上的函数 $f(\lambda)$,给出矩阵 $f(\boldsymbol{A})$ 的初等因子(在复数域中).

以

$$(\lambda-\lambda_1)^{p_1},(\lambda-\lambda_2)^{p_2},\cdots,(\lambda-\lambda_u)^{p_u}$$

记矩阵 $\boldsymbol{A}$ 的初等因子①. 那么矩阵 $\boldsymbol{A}$ 相似于若尔当矩阵 $\boldsymbol{J}$,即

$$\boldsymbol{A}=\boldsymbol{TJT}^{-1}$$

因而(参阅第 5 章 §1 中 2°)

$$f(\boldsymbol{A})=\boldsymbol{T}f(\boldsymbol{J})\boldsymbol{T}^{-1}$$

此处

$$\boldsymbol{J}=\{\boldsymbol{J}_1,\boldsymbol{J}_2,\cdots,\boldsymbol{J}_u\},\boldsymbol{J}_i=\lambda_i\boldsymbol{E}^{(p_i)}+\boldsymbol{H}^{(p_i)} \quad (i=1,2,\cdots,u)$$

而

$$f(\boldsymbol{J})=\{f(\boldsymbol{J}_1),f(\boldsymbol{J}_2),\cdots,f(\boldsymbol{J}_u)\} \qquad (45)$$

其中(参考第 5 章 §3 的例 6)

$$f(\boldsymbol{J}_i)=\begin{pmatrix} f(\lambda_i) & \dfrac{f'(\lambda_i)}{1!} & \cdots & \dfrac{f^{(p_i-1)}(\lambda_i)}{(p_i-1)!} \\ & f(\lambda_i) & \ddots & \vdots \\ & & \ddots & \dfrac{f'(\lambda_i)}{1!} \\ \boldsymbol{0} & & & f(\lambda_i) \end{pmatrix} \qquad (46)$$

因为矩阵 $f(\boldsymbol{A})$ 与 $f(\boldsymbol{J})$ 有相同的初等因子,所以以后我们不讨论矩阵 $f(\boldsymbol{A})$ 而讨论矩阵 $f(\boldsymbol{J})$.

2. 首先确定矩阵 $f(\boldsymbol{A})$,或矩阵 $f(\boldsymbol{J})$ 的亏数 d②. 拟对角矩阵的亏数等于其对角线上诸子块的亏数的和,而矩阵 $f(\boldsymbol{J}_i)$ 的亏数[参考(46)] 等于数 k_i 与 p_i 中较小的一个,其中 k_i 为 $f(\lambda)$ 的根 λ_i 的重数③

---

① 在数 $\lambda_1,\lambda_2,\cdots,\lambda_u$ 中,有些可能彼此相等.

② $d=n-r$,其中 r 为矩阵 $f(\boldsymbol{A})$ 的秩.

③ 在 $f(\lambda)$ 不是多项式的一般情形,所谓函数 $f(\lambda)$ 的根的重数,指的是由条件(46′) 确定的整数 k_i,k_i 可能等于 0,在这种情形下 $f(\lambda_i)\neq 0$.

$$f(\lambda_i)=f'(\lambda_i)=\cdots=f^{(k_i-1)}(\lambda_i)=0, f^{(k_i)}(\lambda_i)\neq 0 \quad (i=1,2,\cdots,u)$$

我们得出了：

定理 8 设矩阵 $\mathbf{A}$ 有初等因子

$$(\lambda-\lambda_1)^{p_1},(\lambda-\lambda_2)^{p_2},\cdots,(\lambda-\lambda_u)^{p_u} \tag{47}$$

则矩阵 $f(\mathbf{A})$ 的亏数为下式所确定

$$d=\sum_{i=1}^{u}\min(k_i,p_i) \tag{48}$$

其中 k_i 为 $f(\lambda)$ 的根 λ_i 的重数$(i=1,2,\cdots,u)$①.

作为所证明的定理的应用，我们定出任一矩阵 $\mathbf{A}=(a_{ik})_1^n$ 对应于特征数 λ_0 的所有初等因子

$$\underbrace{\lambda-\lambda_0,\cdots,\lambda-\lambda_0}_{g_1};\underbrace{(\lambda-\lambda_0)^2,\cdots,(\lambda-\lambda_0)^2}_{g_2};\cdots;\underbrace{(\lambda-\lambda_0)^m,\cdots,(\lambda-\lambda_0)^m}_{g_m}$$

其中 $g_i\geqslant 0(i=1,2,\cdots,m-1)$，$g_m>0$，如果已经给出了矩阵

$$\mathbf{A}-\lambda_0\mathbf{E},(\mathbf{A}-\lambda_0\mathbf{E})^2,\cdots,(\mathbf{A}-\lambda_0\mathbf{E})^m$$

的亏数

$$d_1,d_2,\cdots,d_m$$

对此我们取$(\mathbf{A}-\lambda_0\mathbf{E})^j=f_j(\mathbf{A})$，其中 $f_j(\lambda)=(\lambda-\lambda_0)^j(j=1,2,\cdots,m)$. 所以为了确定矩阵$(\mathbf{A}-\lambda_0\mathbf{E})^j$ 的亏数，在式(48)中对于与特征数λ_0相对应的初等因子取 $k_i=j$，而所有其他各项都取 $k_i=0(i=1,2,\cdots,m)$. 这样一来，我们得出公式

$$\begin{cases}g_1+g_2+g_3+\cdots+g_m=d_1\\ g_1+2g_2+2g_3+\cdots+2g_m=d_2\\ g_1+2g_2+3g_3+\cdots+3g_m=d_3\\ \vdots \\ g_1+2g_2+3g_3+\cdots+mg_m=d_m\end{cases} \tag{49}$$

故有②

$$g_j=2d_j-d_{j-1}-d_{j+1} \quad (j=1,2,\cdots,m;d_0=0,d_{m+1}=d_m) \tag{50}$$

3. 回到定出矩阵 $f(\mathbf{A})$ 的初等因子的主要问题. 前面已经说过，$f(\mathbf{A})$ 的初等因子与 $f(\mathbf{J})$ 的初等因子相同，而拟对角矩阵的初等因子是由其对角线上诸

---

① 在 $f(\lambda)$ 不是一个多项式的一般情形，在式(48)中的 $\min(k_i,p_i)$ 理解为数 p_i，如果 $f(\lambda_i)=f'(\lambda_i)=\cdots=f^{(p_i)}(\lambda_i)=0$；而为数 $k_i\leqslant p_i$，如果对于 k_i 有 $f(\lambda_i)=f'(\lambda_i)=\cdots=f^{(k_1-1)}(\lambda_i)=0$，$f^{k_i}(\lambda_i)\neq 0(i=1,2,\cdots,u)$.

② 数 m 的性质确定于 $d_{m-1}<d_m=d_{m+j}(j=1,2,\cdots)$. 如果给定一个数列 $d_1,d_2,d_3,\cdots$，其中 d_j 是幂$(\mathbf{A}-\lambda_0\mathbf{E})^j(j=1,2,3,\cdots)$的亏数，那么数 m[形如$(\lambda-\lambda_0)^v$的幂指数中最大者]被定义为使 $d_{m-1}<d_m=d_{m+1}$ 的指数.

子块的初等因子所组成的(参考定理 5). 所以我们的问题化为找出有正三角形形式的矩阵 $\boldsymbol{C}$ 的初等因子

$$\boldsymbol{C}=\sum_{k=0}^{p-1}a_k\boldsymbol{H}^k=\begin{pmatrix}a_0 & a_1 & \cdots & a_{p-1}\\ & a_0 & \ddots & \vdots\\ & & \ddots & a_1\\ \boldsymbol{0} & & & a_0\end{pmatrix}\tag{51}$$

讨论两种不同的情形:

1° $a_1\neq 0$. 矩阵 $\boldsymbol{C}$ 的特征多项式显然等于

$$D_p(\lambda)=(\lambda-a_0)^p$$

那么,因为 $D_p(\lambda)$ 被 $D_{p-1}(\lambda)$ 所除尽,故有

$$D_{p-1}(\lambda)=(\lambda-a_0)^g\quad(g\leqslant p)$$

此处,以 $D_{p-1}(\lambda)$ 记特征矩阵

$$\lambda\boldsymbol{E}-\boldsymbol{C}=\begin{pmatrix}\lambda-a_0 & -a_1 & \cdots & -a_{p-1}\\ 0 & \lambda-a_0 & & \vdots\\ \vdots & \vdots & \ddots & \vdots\\ \vdots & \vdots & \ddots & -a_1\\ +0 & 0 & \cdots & \lambda-a_0\end{pmatrix}$$

中所有 $p-1$ 阶子式的最大公因式.

易知,有符号"+"的零元素的子式被 $\lambda-a_0$ 除后在余式中有一项 $(-a_1)^{p-1}$,这一情形它不等于零. 故此时 $g=0$. 但由

$$D_p(\lambda)=(\lambda-a_0)^p,D_{p-1}(\lambda)=1$$

知矩阵 $\boldsymbol{C}$ 仅有一个初等因子 $(\lambda-a_0)^p$.

2° $a_1=\cdots=a_{k-1}=0,a_k\neq 0$. 此时

$$\boldsymbol{C}=a_0\boldsymbol{E}+a_k\boldsymbol{H}^k+\cdots+a_{p-1}\boldsymbol{H}^{p-1}\quad(\boldsymbol{H}=\boldsymbol{H}^{(p)})$$

所以对于任何正整数 j,矩阵

$$(\boldsymbol{C}-a_0\boldsymbol{E})^j=a_k^j\boldsymbol{H}^{kj}+\cdots$$

的亏数为以下等式所确定

$$d_j=\begin{cases}kj & 如果\ kj\leqslant p\\ p & 如果\ kj>p\end{cases}$$

设

$$p=qk+h\quad(0\leqslant h<k)\tag{52}$$

那么[1]

① 在所给予的情形,数 $q+1$ 在式(49) 与(50) 中起着数 m 的作用.(参阅上一个足注)

$$d_1 = k, d_2 = 2k, \cdots, d_q = qk, d_{q+1} = p \tag{53}$$

故由公式(50)我们有

$$g_1 = \cdots = g_{q-1} = 0, g_q = k - h, g_{q+1} = h$$

这样一来,矩阵 $\boldsymbol{C}$ 有初等因子

$$\underbrace{(\lambda - a_0)^{q+1}, \cdots, (\lambda - a_0)^{q+1}}_{h}, \underbrace{(\lambda - a_0)^q, \cdots, (\lambda - a_0)^q}_{k-h} \tag{54}$$

其中整数 $q > 0$ 与 $h \geqslant 0$ 为(52)所确定.

4. 现在我们还要说明矩阵 $f(\boldsymbol{J})$ 有什么样的初等因子[参考式(45)与(46)].矩阵 $\boldsymbol{A}$ 的每一个初等因子

$$(\lambda - \lambda_0)^p$$

对应于矩阵 $f(\boldsymbol{J})$ 的对角线上子块

$$f(\lambda_0 \boldsymbol{E} + \boldsymbol{H}) = \sum_{i=0}^{p-1} \frac{f^{(i)}(\lambda_0)}{i!} \boldsymbol{H}^i =$$

$$\begin{pmatrix} f(\lambda_0) & \frac{f'(\lambda_0)}{1!} & \cdots & \frac{f^{(p-1)}(\lambda_0)}{(p-1)!} \\ & f(\lambda_0) & \ddots & \vdots \\ & & \ddots & \frac{f'(\lambda_0)}{1!} \\ \boldsymbol{0} & & & f(\lambda_0) \end{pmatrix} \tag{55}$$

显然,我们的问题就化为求出(55)形子块的初等因子.但矩阵(55)有正三角形的形式(51),而且此时

$$a_0 = f(\lambda_0), a_1 = f'(\lambda_0), a_2 = \frac{f''(\lambda_0)}{2!}, \cdots$$

这样一来,我们得到:

定理 9 矩阵 $f(\boldsymbol{A})$ 的初等因子可以从矩阵 $\boldsymbol{A}$ 的初等因子用以下方法来得出:矩阵 $\boldsymbol{A}$ 的初等因子

$$(\lambda - \lambda_0)^p \tag{56}$$

当 $p=1$ 或当 $p>1$,而 $f'(\lambda_0) \neq 0$ 时,对应于矩阵 $f(\boldsymbol{A})$ 的一个初等因子

$$(\lambda - f(\lambda_0))^p \tag{57}$$

当 $p>1, f'(\lambda_0) = \cdots = f^{(k-1)}(\lambda_0) = 0, f^{(k)}(\lambda_0) \neq 0 (k < p)$ 时,矩阵 $\boldsymbol{A}$ 的初等因子(56)对应于矩阵 $f(\boldsymbol{A})$ 的次诸初等因子

$$\underbrace{(\lambda - f(\lambda_0))^{q+1}, \cdots, (\lambda - f(\lambda_0))^{q+1}}_{h}, \underbrace{(\lambda - f(\lambda_0))^q, \cdots, (\lambda - f(\lambda_0))^q}_{k-h} \tag{58}$$

其中

$$p = qk + h \quad (0 \leqslant q, 0 \leqslant h < k)$$

最后,当 $p>1, f'(\lambda_0) = f''(\lambda_0) = \cdots = f^{(p-1)}(\lambda_0) = 0$ 时,初等因子(56)对应于矩

阵 $f(\boldsymbol{A})$ 的 p 个一次初等因子[①]

$$\lambda - f(\lambda_0), \cdots, \lambda - f(\lambda_0) \tag{59}$$

注意包含于这个定理里面的以下特殊论断.

1° 如果 $\lambda_1, \lambda_2, \cdots, \lambda_n$ 是矩阵 $\boldsymbol{A}$ 的特征数,那么 $f(\lambda_1), f(\lambda_2), \cdots, f(\lambda_n)$ 是矩阵 $f(\boldsymbol{A})$ 的特征数(在第一个序列与第二个序列中都是一样的,每一个特征数的重复次数与其为特征方程的根的重数一致)[②].

2° 如果导数 $f'(\lambda)$ 在矩阵 $\boldsymbol{A}$ 的影谱上不等于零[③],那么从矩阵 $\boldsymbol{A}$ 转移到矩阵 $f(\boldsymbol{A})$ 时,初等因子并无"分解",亦即如果矩阵 $\boldsymbol{A}$ 有初等因子

$$(\lambda - \lambda_1)^{p_1}, (\lambda - \lambda_2)^{p_2}, \cdots, (\lambda - \lambda_n)^{p_n}$$

那么矩阵 $f(\boldsymbol{A})$ 有初等因子

$$(\lambda - f(\lambda_1))^{p_1}, (\lambda - f(\lambda_2))^{p_2}, \cdots, (\lambda - f(\lambda_n))^{p_n}$$

§8　变换矩阵的一般的构成方法

在矩阵论及其应用的许多问题里面,只要知道从所给矩阵 $\boldsymbol{A} = (a_{ik})_1^n$ 经相似变换得出的范式就已足够.它的范式是由其特征矩阵 $\lambda\boldsymbol{E} - \boldsymbol{A}$ 的不变因式所完全确定.为了求出这些不变因式可以应用一定的公式[参考本章 §3 的公式(10)]或者利用初等变换把特征矩阵 $\lambda\boldsymbol{E} - \boldsymbol{A}$ 化为对角范式.

在某些问题中,不仅要知道所给矩阵 $\boldsymbol{A}$ 的范式 $\widetilde{\boldsymbol{A}}$,还必须要知道它的满秩变换矩阵 $\boldsymbol{T}$.

下面将给出确定矩阵 $\boldsymbol{T}$ 的直接方法.

等式

$$\boldsymbol{A} = \boldsymbol{T}\widetilde{\boldsymbol{A}}\boldsymbol{T}^{-1}$$

可以写为

$$\boldsymbol{A}\boldsymbol{T} - \boldsymbol{T}\widetilde{\boldsymbol{A}} = \boldsymbol{0}$$

这个关于 $\boldsymbol{T}$ 的矩阵等式等价于关于矩阵 $\boldsymbol{T}$ 的 n^2 个未知元素有 n^2 个方程的齐次线性方程组.变换矩阵的确定就化为这个有 n^2 个方程的方程组的求解问题.此处必须从解的集合中选取这种解使得 $|\boldsymbol{T}| \neq 0$.由于矩阵 $\boldsymbol{A}$ 与 $\widetilde{\boldsymbol{A}}$ 有相同的不变多项式,因此可以保证这种解的存在[④].

我们注意,虽然范式是被所给矩阵 $\boldsymbol{A}$ 唯一确定的[⑤],但对于变换矩阵 $\boldsymbol{T}$,常有无穷多个值,含于等式

---

① 由(58)得出(57),如果取 $k = 1$;由(58)得出(59),如果取 $k = p$ 或 $k > p$.

② 论断1已经在第5章 §4 的2中得出.

③ 即对于最小多项式的多重根 λ_i 都有 $f'(\lambda_i) \neq 0$.

④ 因为从这一事实得出矩阵 $\boldsymbol{A}$ 与 $\widetilde{\boldsymbol{A}}$ 相似.

⑤ 这一论断并没有说只对于第一种自然范式才能成立.如果对于第二种自然范式或者对于若尔当范式,那么在不计对角线上诸子块的次序时,对它们中的任何一种仍然是唯一确定的.

$$T = UT_1 \tag{60}$$

中，其中 T_1 是变换矩阵中的某一个，而 U 为任一与 A 可交换的矩阵[①].

定出变换矩阵 T 的上述方法，对于概念来说非常简单，但实际上毫无用处，因为常须艰巨的计算(例如当 $n=4$ 时已经要解出有 16 个方程的方程组).

回来述说构成变换矩阵 T 的较有效的方法. 这一方法奠基于定理 7 的补充(本章 §5 末尾). 按照这个补充，我们可以取矩阵

$$T = Q(\widetilde{A}) \tag{61}$$

作为变换矩阵，只要

$$\lambda E - \widetilde{A} = P(\lambda)(\lambda E - A)Q(\lambda)$$

从这个等式表示特征矩阵 $\lambda E - A$ 与 $\lambda E - \widetilde{A}$ 等价. 此处 $P(\lambda)$ 与 $Q(\lambda)$ 是有不等于零的常数行列式的多项式矩阵.

为了具体求出矩阵 $Q(\lambda)$，我们利用相应的初等变换把 λ - 矩阵 $\lambda E - A$ 与 $\lambda E - \widetilde{A}$ 都化为标准对角形

$$\{i_n(\lambda), i_{n-1}(\lambda), \cdots, i_1(\lambda)\} = P_1(\lambda)(\lambda E - A)Q_1(\lambda) \tag{62}$$

$$\{i_n(\lambda), i_{n-1}(\lambda), \cdots, i_1(\lambda)\} = P_2(\lambda)(\lambda E - \widetilde{A})Q_2(\lambda) \tag{63}$$

其中

$$Q_1(\lambda) = T_1 T_2 \cdots T_{p_1}, Q_2(\lambda) = T_1^* T_2^* \cdots T_{p_2}^* \tag{64}$$

而 $T_1, \cdots, T_{p_1}, T_1^*, \cdots, T_{p_2}^*$ 各对应于 λ - 矩阵 $\lambda E - A$ 与 $\lambda E - \widetilde{A}$ 诸列上初等运算的初等矩阵. 由(62)(63) 与(64) 得出

$$\lambda E - \widetilde{A} = P(\lambda)(\lambda E - A)Q(\lambda)$$

其中

$$Q(\lambda) = Q_1(\lambda)Q_2^{-1}(\lambda) = T_1 T_2 \cdots T_{p_1} T_{p_2}^{*-1} T_{p_2-1}^{*-1} \cdots T_1^{*-1} \tag{65}$$

顺次对单位矩阵 E 施行对应于矩阵 $T_1, T_2, \cdots, T_{p_1}, T_{p_2}^{*-1}, \cdots, T_1^{*-1}$ 的初等运算，就可计算出矩阵 $Q(\lambda)$. 此后[按照公式(61)] 在 $Q(\lambda)$ 中换变量 λ 为矩阵 $\widetilde{A}$.

例 2 有如下矩阵

$$\begin{pmatrix} 1 & 0 & 1 \\ 0 & 1 & -1 \\ -1 & -1 & 1 \end{pmatrix}$$

对左与右初等运算和相应的矩阵引进符号表示(参考第 6 章 §1)

$$s' = \{(c)i\}, s'' = \{i + (b(\lambda))j\}, s''' = \{ij\}$$

$$T' = [(c)i], T'' = [i + (b(\lambda))j], T''' = [ij]$$

---

① 公式(60) 亦可以换为公式

$$T = T_1 V$$

其中 V 为任一与 $\widetilde{A}$ 可交换的矩阵.

读者容易检验,特征矩阵

$$\lambda \boldsymbol{E}-\boldsymbol{A}=\begin{pmatrix}\lambda-1 & 0 & -1\\ 0 & \lambda-1 & 1\\ 1 & 1 & \lambda-1\end{pmatrix}$$

利用以下依次进行的初等运算

$$[1+(\lambda-1)3],\{2+1\},\{3+(\lambda-1)1\},\{(-1)1\},[1-2],$$
$$[1-(\lambda^2-2\lambda+1)2],\{2-(\lambda-1)1\},\{(-1)2\},[13],\{23\} \qquad (*)$$

可以化为标准的对角形式

$$\begin{pmatrix}1 & 0 & 0\\ 0 & 1 & 0\\ 0 & 0 & (\lambda-1)^2\end{pmatrix}$$

从矩阵$\lambda \boldsymbol{E}-\boldsymbol{A}$的标准对角形式看出,矩阵$\boldsymbol{A}$只有一个初等因子$(\lambda-1)^3$. 因此矩阵

$$\boldsymbol{J}=\begin{pmatrix}1 & 1 & 0\\ 0 & 1 & 1\\ 0 & 0 & 1\end{pmatrix}$$

是相应的若尔当型.

不难看出,特征矩阵$\lambda \boldsymbol{E}-\boldsymbol{J}$利用以下初等运算化为相同的标准对角形式

$$\{3+(\lambda-1)2\},\{3+(\lambda^2-2\lambda+1)^3 1\},[2+(\lambda-1)3],$$
$$[1+(\lambda-1)2],\{(-1)1\},\{(-1)2\},[13],\{12\} \qquad (**)$$

从(*)与(**)中去掉用符号{…}表示的左初等运算,根据公式(64)(65),得

$$\boldsymbol{Q}(\lambda)=\boldsymbol{Q}_1(\lambda)\boldsymbol{Q}_2^{-1}(\lambda)=$$
$$[1+(\lambda-1)3][1-2][1-(\lambda^2-2\lambda+1)2]\cdot$$
$$[13][13][1-(\lambda-1)2][2-(\lambda-1)3]=$$
$$[1+(\lambda-1)3][1-(\lambda^2-\lambda+1)2][2-(\lambda-1)3]$$

将这些右初等运算依次用到单位矩阵上

$$\boldsymbol{E}=\begin{pmatrix}1 & 0 & 0\\ 0 & 1 & 0\\ 0 & 0 & 1\end{pmatrix}\to\begin{pmatrix}1 & 0 & 0\\ 0 & 1 & 0\\ \lambda-1 & 0 & 1\end{pmatrix}\to\begin{pmatrix}1 & 0 & 0\\ -\lambda^2+\lambda-1 & 1 & 0\\ \lambda-1 & 0 & 1\end{pmatrix}\to$$
$$\begin{pmatrix}1 & 0 & 0\\ -\lambda^2+\lambda-1 & 1 & 0\\ \lambda-1 & -\lambda+1 & 1\end{pmatrix}=\boldsymbol{Q}(\lambda)$$

这样

$$\boldsymbol{Q}(\lambda)=\begin{pmatrix}0 & 0 & 0\\ -1 & 0 & 0\\ 0 & 0 & 0\end{pmatrix}\lambda^2+\begin{pmatrix}0 & 0 & 0\\ 1 & 0 & 0\\ 1 & -1 & 0\end{pmatrix}\lambda+\begin{pmatrix}1 & 0 & 0\\ -1 & 1 & 0\\ -1 & 1 & 1\end{pmatrix}$$

注意到

$$J^2=\begin{pmatrix}1&2&1\\0&1&2\\0&0&1\end{pmatrix}$$

求出

$$T=Q(J)=\begin{pmatrix}0&0&0\\-1&0&0\\0&0&0\end{pmatrix}\begin{pmatrix}1&2&1\\0&1&2\\0&0&1\end{pmatrix}+\begin{pmatrix}0&0&0\\1&0&0\\1&-1&0\end{pmatrix}\begin{pmatrix}1&1&0\\0&1&1\\0&0&1\end{pmatrix}+$$

$$\begin{pmatrix}1&0&0\\-1&1&0\\1&1&1\end{pmatrix}=\begin{pmatrix}1&0&0\\-1&0&-1\\0&1&0\end{pmatrix}$$

检验

$$AT=\begin{pmatrix}1&1&0\\-1&-1&-1\\0&1&1\end{pmatrix},TJ=\begin{pmatrix}1&1&0\\-1&-1&-1\\0&1&1\end{pmatrix},\ |T|=\begin{vmatrix}1&0&0\\-1&0&-1\\0&1&0\end{vmatrix}=1$$

因此 $AT=TJ(|T|\neq 0)$，即 $A=TJT^{-1}$.

§9　变换矩阵的第二种构成方法

1. 我们还要述说一种构成变换矩阵的方法，它常常给出比上节中的方法较少的计算. 但是这个第二种方法，只是用于若尔当范式，而且是在已知所给矩阵 A 的初等因子

$$(\lambda-\lambda_1)^{p_1},(\lambda-\lambda_2)^{p_2},\cdots \tag{66}$$

的时候.

设 $A=TJT^{-1}$，其中

$$J=\{\lambda_1E^{(p_1)}+H^{(p_1)},\lambda_2E^{(p_2)}+H^{(p_2)},\cdots\}=\begin{pmatrix}\overbrace{\begin{matrix}\lambda_1&1&\cdots&0\\\vdots&\ddots&\ddots&\vdots\\\vdots&&\ddots&1\\0&\cdots&&\lambda_1\end{matrix}}^{p_1}&&\\&\overbrace{\begin{matrix}\lambda_2&1&\cdots&0\\\vdots&\ddots&\ddots&\vdots\\\vdots&&\ddots&1\\0&\cdots&&\lambda_2\end{matrix}}^{p_2}&\\&&\ddots\end{pmatrix}$$

如果以 t_k 记矩阵 T 的第 k 列，那么我们的矩阵等式

$$AT=TJ$$

就可替换为等价的等式组

$$\boldsymbol{A}t_1=\lambda_1 t_1,\boldsymbol{A}t_2=\lambda_1 t_2+t_1,\cdots,\boldsymbol{A}t_{p_1}=\lambda_1 t_{p_1}+t_{p_1-1} \tag{67}$$

$$\boldsymbol{A}t_{p_1+1}=\lambda_2 t_{p_1+1},\boldsymbol{A}t_{p_1+2}=\lambda_2 t_{p_1+2}+t_{p_1+1},\cdots,\boldsymbol{A}t_{p_1+p_2}=\lambda_2 t_{p_1+p_2}+t_{p_1+p_2-1} \tag{68}$$

$$\vdots$$

这还可以写为

$$(\boldsymbol{A}-\lambda_1\boldsymbol{E})t_1=0,(\boldsymbol{A}-\lambda_1\boldsymbol{E})t_2=t_1,\cdots,(\boldsymbol{A}-\lambda_1\boldsymbol{E})t_{p_1}=t_{p_1-1} \tag{67$'$}$$

$$(\boldsymbol{A}-\lambda_2\boldsymbol{E})t_{p_1+1}=0,(\boldsymbol{A}-\lambda_2\boldsymbol{E})t_{p_1+2}=t_{p_1+1},\cdots,(\boldsymbol{A}-\lambda_2\boldsymbol{E})t_{p_1+p_2}=t_{p_1+p_2-1} \tag{68$'$}$$

$$\vdots$$

这样一来，矩阵 $\boldsymbol{T}$ 的所有列都分裂为列的“若尔当链”：$[t_1,t_2,\cdots,t_{p_1}]$，$[t_{p_1+1},t_{p_1+2},\cdots,t_{p_1+p_2}]$，$\cdots$，$\boldsymbol{J}$ 中每一个若尔当子块[或(66)中每一个初等因子]对应于它的列若尔当链，每一个列若尔当链为(67)(68)等型的方程组所确定.

变换矩阵 $\boldsymbol{T}$ 的求出就化为求列若尔当链，要求所得出的全部是 n 个线性无关列.

我们来证明，这些列若尔当链可以利用约化矩阵 $\boldsymbol{C}(\lambda)$（参考第4章§6）来定出.

对于矩阵 $\boldsymbol{C}(\lambda)$ 有恒等式

$$(\lambda\boldsymbol{E}-\boldsymbol{A})\boldsymbol{C}(\lambda)=\psi(\lambda)\boldsymbol{E} \tag{69}$$

其中 $\psi(\lambda)$ 为矩阵 $\boldsymbol{A}$ 的最小多项式.

设

$$\psi(\lambda)=(\lambda-\lambda_0)^m\chi(\lambda)\quad(\chi(\lambda_0)\neq 0)$$

对恒等式(69)逐项依次微分 $m-1$ 次

$$\begin{cases}(\lambda\boldsymbol{E}-\boldsymbol{A})\boldsymbol{C}'(\lambda)+\boldsymbol{C}(\lambda)=\psi'(\lambda)\boldsymbol{E}\\(\lambda\boldsymbol{E}-\boldsymbol{A})\boldsymbol{C}''(\lambda)+2\boldsymbol{C}'(\lambda)=\psi''(\lambda)\boldsymbol{E}\\\qquad\vdots\\(\lambda\boldsymbol{E}-\boldsymbol{A})\boldsymbol{C}^{(m-1)}(\lambda)+(m-1)\boldsymbol{C}^{(m-2)}(\lambda)=\psi^{(m-1)}(\lambda)\boldsymbol{E}\end{cases} \tag{70}$$

在(69)(70)中替换 λ 为 λ_0 且注意其右边此时全变为零，我们得出

$$(\boldsymbol{A}-\lambda_0\boldsymbol{E})\boldsymbol{C}=\boldsymbol{0},(\boldsymbol{A}-\lambda_0\boldsymbol{E})\boldsymbol{D}=\boldsymbol{C},(\boldsymbol{A}-\lambda_0\boldsymbol{E})\boldsymbol{F}=\boldsymbol{D},\cdots,(\boldsymbol{A}-\lambda_0\boldsymbol{E})\boldsymbol{K}=\boldsymbol{G} \tag{71}$$

其中

$$\begin{cases}\boldsymbol{C}=\boldsymbol{C}(\lambda_0),\boldsymbol{D}=\dfrac{1}{1!}\boldsymbol{C}'(\lambda_0),\boldsymbol{F}=\dfrac{1}{2!}\boldsymbol{C}''(\lambda_0),\cdots,\boldsymbol{G}=\dfrac{1}{(m-2)!}\boldsymbol{C}^{(m-2)}(\lambda_0)\\\boldsymbol{K}=\dfrac{1}{(m-1)!}\boldsymbol{C}^{(m-1)}(\lambda_0)\end{cases} \tag{72}$$

在等式(71) 中替换诸矩阵(72) 为其第 k 列,我们得出

$$(\boldsymbol{A}-\lambda_0\boldsymbol{E})\boldsymbol{C}_k=\boldsymbol{0},(\boldsymbol{A}-\lambda_0\boldsymbol{E})\boldsymbol{D}_k=\boldsymbol{C}_k,\cdots,(\boldsymbol{A}-\lambda_0\boldsymbol{E})\boldsymbol{K}_k=\boldsymbol{G}_k\quad(k=1,2,\cdots,n)\tag{73}$$

因为 $\boldsymbol{C}=\boldsymbol{C}(\lambda_0)\neq\boldsymbol{0}$[①],所以可选取这样的 $k(\leqslant n)$,使得

$$\boldsymbol{C}_k\neq\boldsymbol{0}\tag{74}$$

那么 m 个列

$$\boldsymbol{C}_k,\boldsymbol{D}_k,\boldsymbol{F}_k,\cdots,\boldsymbol{G}_k,\boldsymbol{K}_k\tag{75}$$

就线性无关. 事实上,设

$$\gamma\boldsymbol{C}_k+\delta\boldsymbol{D}_k+\cdots+\kappa\boldsymbol{K}_k=\boldsymbol{0}\tag{76}$$

顺次乘(76) 的两边以 $\boldsymbol{A}-\lambda_0\boldsymbol{E},\cdots,(\boldsymbol{A}-\lambda_0\boldsymbol{E})^{m-1}$,我们得出

$$\delta\boldsymbol{C}_k+\cdots+\kappa\boldsymbol{G}_k=\boldsymbol{0},\cdots,\kappa\boldsymbol{C}_k=\boldsymbol{0}\tag{77}$$

由(76) 与(77) 且应用(74),我们得出

$$\gamma=\delta=\cdots=\kappa=0$$

因为线性无关列(75) 适合方程组(73),它们构成了对应于初等因子 $(\lambda-\lambda_0)^m$ 的列若尔当链[比较(73) 与(67′)].

如果对于某一个 k 有 $\boldsymbol{C}_k=\boldsymbol{0}$,但 $\boldsymbol{D}_k\neq\boldsymbol{0}$,那么列 $\boldsymbol{D}_k,\cdots,\boldsymbol{G}_k,\boldsymbol{K}_k$ 构成有 $m-1$ 个列向量的若尔当链,诸如此类.

2. 我们首先指出,如何在矩阵 $\boldsymbol{A}$ 有两两互质的初等因子

$$(\lambda-\lambda_1)^{m_1},(\lambda-\lambda_2)^{m_2},\cdots,(\lambda-\lambda_s)^{m_s}\quad(\text{当 } i\neq j \text{ 时 } \lambda_i\neq\lambda_j;i,j=1,2,\cdots,s)$$

时来构成变换矩阵 $\boldsymbol{T}$.

用上述方法构成对应于初等因子 $(\lambda-\lambda_j)^{m_j}$ 的列若尔当链 $\boldsymbol{C}^{(j)},\boldsymbol{D}^{(j)},\cdots,\boldsymbol{G}^{(j)},\boldsymbol{K}^{(j)}$. 那么

$$(\boldsymbol{A}-\lambda_j\boldsymbol{E})\boldsymbol{C}^{(j)}=\boldsymbol{0},(\boldsymbol{A}-\lambda_j\boldsymbol{E})\boldsymbol{D}^{(j)}=\boldsymbol{C}^{(j)},\cdots,(\boldsymbol{A}-\lambda_j\boldsymbol{E})\boldsymbol{K}^{(j)}=\boldsymbol{G}^{(j)}\tag{78}$$

给出 j 以值 $1,2,\cdots,s$,我们得出全部含有 n 个列的 s 个若尔当链. 这些列是线性无关的.

事实上,设

$$\sum_{j=1}^{s}[\gamma_j\boldsymbol{C}^{(j)}+\delta_j\boldsymbol{D}^{(j)}+\cdots+\kappa_j\boldsymbol{K}^{(j)}]=\boldsymbol{0}\tag{79}$$

左乘等式(79) 的两边以乘积

$$(\boldsymbol{A}-\lambda_1\boldsymbol{E})^{m_1}\cdots(\boldsymbol{A}-\lambda_{j-1}\boldsymbol{E})^{m_j-1}(\boldsymbol{A}-\lambda_j\boldsymbol{E})^{m_j-1}(\boldsymbol{A}-\lambda_{j+1}\boldsymbol{E})^{m_j+1}\cdots(\boldsymbol{A}-\lambda_s\boldsymbol{E})^{m_s}\tag{80}$$

我们得出

$$\kappa_j=0$$

---

① 由 $\boldsymbol{C}(\lambda_0)=\boldsymbol{0}$ 将得出 $\boldsymbol{C}(\lambda)$ 的诸元素有一个次数大于零的公因式,与 $\boldsymbol{C}(\lambda)$ 的定义矛盾.

在(80)中顺次替换 m_j-1 为 $m_j-2, m_j-3, \cdots$,我们得出

$$\gamma_j=\delta_j=\cdots=\kappa_j=0 \quad (j=1,2,\cdots,s)$$

这就是所要证明的结果.

矩阵 $\boldsymbol{T}$ 为以下公式所确定

$$\boldsymbol{T}=(\boldsymbol{C}^{(1)},\boldsymbol{D}^{(1)},\cdots,\boldsymbol{K}^{(1)};\boldsymbol{C}^{(2)},\boldsymbol{D}^{(2)},\cdots,\boldsymbol{K}^{(2)};\cdots;\boldsymbol{C}^{(s)},\boldsymbol{D}^{(s)},\cdots,\boldsymbol{K}^{(s)}) \quad (81)$$

例 3 有如下矩阵

$$\boldsymbol{A}=\begin{pmatrix} 8 & 3 & -10 & -3 \\ 3 & -1 & -4 & 2 \\ 2 & 3 & -2 & -4 \\ 2 & -1 & -3 & 2 \\ 1 & 2 & -1 & -3 \end{pmatrix}$$

$$\begin{matrix} \vdots & \vdots & \vdots & \vdots \\ 3 & 2 & 2 & 1 \\ \vdots & \vdots & \vdots & \vdots \\ 1 & 4 & 0 & 2 \end{matrix}$$

$$\psi(\lambda)=\Delta(\lambda)=(\lambda-1)^2(\lambda+1)^2=\lambda^4-2\lambda^2+1$$

初等因子为

$$(\lambda-1)^2,(\lambda+1)^2$$

$$\Psi(\lambda,\mu)=\frac{\psi(\mu)-\psi(\lambda)}{\mu-\lambda}=\mu^3+\lambda\mu^2+(\lambda^2-2)\mu+\lambda^3-2\lambda$$

$$\boldsymbol{C}(\lambda)=\Psi(\lambda\boldsymbol{E},\boldsymbol{A})=\boldsymbol{A}^3+\lambda\boldsymbol{A}^2+(\lambda^2-2)\boldsymbol{A}+(\lambda^3-2\lambda)\boldsymbol{E}$$

建立第一列

$$\boldsymbol{C}_1(\lambda)=[\boldsymbol{A}^3]_1+\lambda[\boldsymbol{A}^2]_1+(\lambda^2-2)\boldsymbol{A}_1+(\lambda^3-2\lambda)\boldsymbol{E}_1$$

为了计算矩阵 $\boldsymbol{A}^2$ 的第一列,我们乘所有矩阵 $\boldsymbol{A}$ 的行以矩阵 $\boldsymbol{A}$ 的第一列. 我们得出①:$[\boldsymbol{A}^2]_1=(1,4,0,2)$. 这一列乘以矩阵 $\boldsymbol{A}$ 所有的行,求得 $[\boldsymbol{A}^3]_1=(3,6,2,3)$. 故有

$$\boldsymbol{C}_1(\lambda)=\begin{pmatrix}3\\6\\2\\3\end{pmatrix}+\lambda\begin{pmatrix}1\\4\\0\\2\end{pmatrix}+(\lambda^2-2)\begin{pmatrix}3\\2\\2\\1\end{pmatrix}+(\lambda^3-2\lambda)\begin{pmatrix}1\\0\\0\\0\end{pmatrix}=\begin{pmatrix}\lambda^3+3\lambda^2-\lambda-3\\2\lambda^2+4\lambda+2\\2\lambda^2-2\\\lambda^2+2\lambda+1\end{pmatrix}$$

因此,$\boldsymbol{C}_1(1)=(0,8,0,4)$,$\boldsymbol{C}_1'(1)=(8,8,4,4)$. 因为 $\boldsymbol{C}_1(-1)=(0,0,0,0)$,所以对于第二列应用上述的类似运算,求得:$\boldsymbol{C}_2(-1)=(-4,0,-4,0)$ 与 $\boldsymbol{C}_2'(-1)=(4,-4,4,-4)$. 建立矩阵

① 我们把行乘以列所得出的列写成矩阵 $\boldsymbol{A}$ 下面的一个行. 矩阵 $\boldsymbol{A}$ 上面的数字为诸行和的控制数.

$$(\boldsymbol{C}_1(1),\boldsymbol{C}_1'(1),\boldsymbol{C}_2(-1),\boldsymbol{C}_2'(-1))=\begin{pmatrix}0&8&-4&4\\8&8&0&-4\\0&4&-4&4\\4&4&0&-4\end{pmatrix}$$

约去[①]前两列的因子 4 与后两列的因子 -4,有

$$\boldsymbol{T}=\begin{pmatrix}0&2&1&-1\\2&2&0&1\\0&1&1&-1\\1&1&0&1\end{pmatrix}$$

请读者验证

$$\boldsymbol{AT}=\boldsymbol{T}\cdot\begin{pmatrix}1&1&0&0\\0&1&0&0\\0&0&-1&1\\0&0&0&-1\end{pmatrix}$$

3. 转移到一般的情形,要找出对应于特征数 λ_0 的列若尔当链,假设对应于 λ_0 的初等因子为 p 个 $(\lambda-\lambda_0)^m$, q 个 $(\lambda-\lambda_0)^{m-1}$, r 个 $(\lambda-\lambda_0)^{m-2}$,诸如此类.

预先建立以下诸矩阵的一些性质

$$\boldsymbol{C}=\boldsymbol{C}(\lambda_0),\boldsymbol{D}=\boldsymbol{C}'(\lambda_0),\boldsymbol{F}=\frac{1}{2!}\boldsymbol{C}''(\lambda_0),\cdots,\boldsymbol{K}=\frac{1}{(m-1)!}\boldsymbol{C}^{(m-1)}(\lambda_0)\tag{82}$$

1° 矩阵(82)可以表示为 $\boldsymbol{A}$ 的多项式的形式

$$\boldsymbol{C}=h_1(\boldsymbol{A}),\boldsymbol{D}=h_2(\boldsymbol{A}),\cdots,\boldsymbol{K}=h_m(\boldsymbol{A})\tag{83}$$

其中

$$h_i(\lambda)=\frac{\psi(\lambda)}{(\lambda-\lambda_0)^i}\quad(i=1,2,\cdots,m)\tag{84}$$

事实上

$$\boldsymbol{C}(\lambda)=\boldsymbol{\Psi}(\lambda\boldsymbol{E},\boldsymbol{A})$$

其中

$$\Psi(\lambda,\mu)=\frac{\psi(\mu)-\psi(\lambda)}{\mu-\lambda}$$

所以

$$\frac{1}{k!}\boldsymbol{C}^{(k)}(\lambda_0)=\frac{1}{k!}\boldsymbol{\Psi}^{(k)}(\lambda_0\boldsymbol{E},\boldsymbol{A})\tag{85}$$

其中

---

① 乘若尔当链的所有列以数 $c\neq 0$ 后,仍然得出若尔当链.

$$\frac{1}{k!}\Psi^{(k)}(\lambda_0,\mu)=\frac{1}{k!}\left[\frac{\partial^k}{\partial\lambda^k}\Psi(\lambda,\mu)\right]_{\lambda=\lambda_0}=\frac{1}{k!}\left[\frac{\partial^k}{\partial\lambda^k}\frac{\psi(\mu)}{\mu-\lambda}\right]_{\lambda=\lambda_0}=$$
$$\frac{\psi(\mu)}{(\mu-\lambda_0)^{k+1}}=h_{k+1}(\mu) \tag{86}$$

由(82)(85)与(86)得出(83).

2° 矩阵(82)有对应的秩

$$p,2p+q,3p+2q+r,\cdots$$

矩阵(82)的这一性质可直接从1°与第6章的定理8得出,如果取秩等于 $n-d$ 且利用关于 $\boldsymbol{A}$ 的函数的亏数的公式(48)(第6章,§7,2).

3° 在矩阵序列(82)中,每一个矩阵的列都是在它后面的任一矩阵诸列的线性组合.

在序列(82)中取两个矩阵 $h_i(\boldsymbol{A})$ 与 $h_k(\boldsymbol{A})$(参考1°).设 $i<h$,那么由(84)得出

$$h_i(\boldsymbol{A})=h_k(\boldsymbol{A})(\boldsymbol{A}-\lambda_0\boldsymbol{E})^{k-i}$$

故矩阵 $h_i(\boldsymbol{A})$ 的第 j 列 $y_j(j=1,2,\cdots,n)$ 可由矩阵 $h_k(\boldsymbol{A})$ 的列 $z_1,z_2,\cdots,z_n$ 线性表示出

$$y_j=\sum_{g=1}^{n}\alpha_g z_g$$

其中 $\alpha_1,\alpha_2,\cdots,\alpha_n$ 是矩阵 $(\boldsymbol{A}-\lambda_0\boldsymbol{E})^{k-i}$ 中第 j 列的元素.

4° 在矩阵 $\boldsymbol{C}$ 中把任一列换为所有列的任一线性组合,且在 $\boldsymbol{D},\cdots,\boldsymbol{K}$ 中作对应的代换,并不变动基本公式(71).

现在转移到对于初等因子

$$\underbrace{(\lambda-\lambda_0)^m,\cdots,(\lambda-\lambda_0)^m}_{p};\underbrace{(\lambda-\lambda_0)^{m-1},\cdots,(\lambda-\lambda_0)^{m-1}}_{q};\cdots$$

的列若尔当链的组成.应用性质2°与4°,我们变矩阵 $\boldsymbol{C}$ 为以下形式

$$\boldsymbol{C}=(\boldsymbol{C}_1,\boldsymbol{C}_2,\cdots,\boldsymbol{C}_p;\boldsymbol{0},\boldsymbol{0},\cdots,\boldsymbol{0}) \tag{87}$$

其中列 $\boldsymbol{C}_1,\boldsymbol{C}_2,\cdots,\boldsymbol{C}_p$ 彼此线性无关.此时

$$\boldsymbol{D}=(\boldsymbol{D}_1,\boldsymbol{D}_2,\cdots,\boldsymbol{D}_p;\boldsymbol{D}_{p+1},\cdots,\boldsymbol{D}_n)$$

按照3°,对于任何一个 $i(1\leqslant i\leqslant p)$,列 $\boldsymbol{C}_i$ 都是列 $\boldsymbol{D}_1,\boldsymbol{D}_2,\cdots,\boldsymbol{D}_n$ 的线性组合

$$\boldsymbol{C}_i=\alpha_1\boldsymbol{D}_1+\cdots+\alpha_p\boldsymbol{D}_p+\alpha_{p+1}\boldsymbol{D}_{p+1}+\cdots+\alpha_n\boldsymbol{D}_n \tag{88}$$

乘这个等式的两边以 $\boldsymbol{A}-\lambda_0\boldsymbol{E}$.那么注意[参考(73)]

$$(\boldsymbol{A}-\lambda_0\boldsymbol{E})\boldsymbol{C}_i=\boldsymbol{0}(i=1,2,\cdots,p),(\boldsymbol{A}-\lambda_0\boldsymbol{E})\boldsymbol{D}_j=\boldsymbol{C}_j(j=1,2,\cdots,n)$$

由(87)得出

$$\boldsymbol{0}=\alpha_1\boldsymbol{C}_1+\alpha_2\boldsymbol{C}_2+\cdots+\alpha_p\boldsymbol{C}_p$$

故在(88)中

$$\alpha_1 = \cdots = \alpha_p = 0$$

所以列 $\boldsymbol{C}_1, \boldsymbol{C}_2, \cdots, \boldsymbol{C}_p$ 可以表示为列 $\boldsymbol{D}_{p+1}, \cdots, \boldsymbol{D}_n$ 的线性无关的组合，因而由 4° 与 2° 可以取列 $\boldsymbol{C}_1, \cdots, \boldsymbol{C}_p$ 代换 $\boldsymbol{D}_{p+1}, \cdots, \boldsymbol{D}_{2p}$，且换 $\boldsymbol{D}_{2p+q+1}, \cdots, \boldsymbol{D}_n$ 为零，并不变动矩阵 $\boldsymbol{C}$.

那么矩阵 $\boldsymbol{D}$ 有以下形式

$$\boldsymbol{D} = (\boldsymbol{D}_1, \cdots, \boldsymbol{D}_p; \boldsymbol{C}_1, \boldsymbol{C}_2, \cdots, \boldsymbol{C}_p; \boldsymbol{D}_{2p+1}, \cdots, \boldsymbol{D}_{2p+q}; \boldsymbol{0}, \boldsymbol{0}, \cdots, \boldsymbol{0}) \tag{89}$$

同样地，对于矩阵 $\boldsymbol{C}$ 与 $\boldsymbol{D}$ 保持(87) 与(89) 的形式，我们表示矩阵 $\boldsymbol{F}$ 为以下形式

$$\begin{aligned} \boldsymbol{F} = (&\boldsymbol{F}_1, \cdots, \boldsymbol{F}_p; \boldsymbol{D}_1, \cdots, \boldsymbol{D}_p; \boldsymbol{F}_{2p+1}, \cdots, \boldsymbol{F}_{2p+q}; \boldsymbol{C}_1, \cdots, \boldsymbol{C}_p; \\ &\boldsymbol{D}_{2p+1}, \cdots, \boldsymbol{D}_{2p+q}; \boldsymbol{F}_{3p+2q+1}, \cdots, \boldsymbol{F}_{3p+2q+r}; \boldsymbol{0}, \cdots, \boldsymbol{0}) \end{aligned} \tag{90}$$

诸如此类.

式(73) 给出若尔当链

$$\begin{cases} \underbrace{\overbrace{(\boldsymbol{C}_1, \boldsymbol{D}_1, \cdots, \boldsymbol{K}_1)}^{m}, \cdots, \overbrace{(\boldsymbol{C}_p, \boldsymbol{D}_p, \cdots, \boldsymbol{K}_p)}^{m}}_{p}; \\ \underbrace{\overbrace{(\boldsymbol{D}_{2p+1}, \boldsymbol{F}_{2p+1}, \cdots, \boldsymbol{K}_{2p+1})}^{m-1}, \cdots, \overbrace{(\boldsymbol{D}_{2p+q}, \boldsymbol{F}_{2p+q}, \cdots, \boldsymbol{K}_{2p+q})}^{m-1}}_{q}; \cdots \end{cases} \tag{91}$$

这些若尔当链彼此线性无关. 事实上，在链(91) 中所有的列 $\boldsymbol{C}_i$ 纯属无关，因为它们组成矩阵 $\boldsymbol{C}$ 的 p 个线性无关列. 在(91) 中所有的列 $\boldsymbol{C}_i$ 与 $\boldsymbol{D}_i$ 线性无关，因为它们组成矩阵 $\boldsymbol{D}$ 的 $2p+q$ 个线性无关列，诸如此类. 最后，(91) 中所有的列线性无关，因为它们组成矩阵 $\boldsymbol{K}$ 的 $n_0 = mp + (m-1)q + \cdots$ 个线性无关列. 在(91) 中，列的个数等于对应于所给特征数 λ_0 的诸初等因子的次数之和.

设矩阵 $\boldsymbol{A} = (a_{ik})_1^n$ 有 s 个不同的特征数 λ_j [$j = 1, 2, \cdots, s; \Delta(\lambda) = (\lambda - \lambda_1)^{n_1} \cdot (\lambda - \lambda_2)^{n_2} \cdots (\lambda - \lambda_s)^{n_s}; \psi(\lambda) = (\lambda - \lambda_1)^{m_1}(\lambda - \lambda_2)^{m_2} \cdots (\lambda - \lambda_s)^{m_s}$]. 对于每一个特征数 λ_j 建立一组线性无关的若尔当链(91)，在这组中列的个数等于 $n_j (j = 1, 2, \cdots, s)$. 所有这样得出的链共含 $n = n_1 + n_2 + \cdots + n_s$ 个列. 这 n 个列线性无关且构成所求的变换矩阵 $\boldsymbol{T}$. 所得出的 n 个列的线性无关性可证明如下：

这 n 个列的任一线性组合可表示为以下形式

$$\sum_{j=1}^{s} \boldsymbol{H}_j = \boldsymbol{0} \tag{92}$$

其中 $\boldsymbol{H}_j$ 是对应于特征数 $\lambda_j (j = 1, 2, \cdots, s)$ 的若尔当链(91) 中诸列的线性组合. 但是对应于特征数 λ_j 的若尔当链中任何一列都适合方程

$$(\boldsymbol{A} - \lambda_j \boldsymbol{E})^{m_j} \boldsymbol{x} = \boldsymbol{0}$$

所以

$$(\boldsymbol{A} - \lambda_j \boldsymbol{E})^{m_j} \boldsymbol{H}_j = \boldsymbol{0} \tag{93}$$

取固定的数 $j (1 \leqslant j \leqslant s)$ 且用矩阵的影谱上的以下诸值

$$r(\lambda_i)=r'(\lambda_i)=\cdots=r^{(m_i-1)}(\lambda_i)=0 \quad (i\neq j)$$

与

$$r(\lambda_j)=1, r'(\lambda_j)=\cdots=r^{(m_j-1)}(\lambda_j)=0$$

来构成拉格朗日 — 西尔维斯特内插多项式 $r(\lambda)$(参考第 5 章，§1,2).

那么对于任何 $i\neq j$，$r(\lambda)$ 都被$(\lambda-\lambda_i)^{m_i}$ 所除尽，故由(93)，得

$$r(\boldsymbol{A})\boldsymbol{H}_i=\boldsymbol{0} \quad (i\neq j) \tag{94}$$

同样的道理，差 $r(\lambda)-1$ 被$(\lambda-\lambda_j)^{m_j}$ 所除尽，故有

$$r(\boldsymbol{A})\boldsymbol{H}_j=\boldsymbol{H}_j \tag{95}$$

(92) 的两边同乘以 $r(\boldsymbol{A})$，根据(94) 与(95)，我们得出

$$\boldsymbol{H}_j=\boldsymbol{0}$$

这对于任何$j=1,2,\cdots,s$都能成立. 但$\boldsymbol{H}_j$是对应于同一特征数λ_j的线性无关列的线性组合. 故在线性组合 $\boldsymbol{H}_j$ 中所有系数都等于零，因而(92) 中所有系数都等于零.

注　我们指出对于矩阵 $\boldsymbol{T}$ 中列的某些变换，经过这些变换后所得出的矩阵仍然是同一若尔当型的变换矩阵(此时对角线上若尔当子块的位置并无改变)：

Ⅰ. 任一若尔当链的所有列乘以同一不为零的数.

Ⅱ. 若尔当链的每一列(从第二列起) 加上同一链中的前一列与同一数的乘积.

Ⅲ. 将另一个含有相同或更多个列且对应于同一特征数的若尔当链的对应列，加到若尔当链的所有列上.

例 4　有如下矩阵

$$\boldsymbol{A}=\begin{pmatrix}1&0&0&1&-1\\0&1&-2&3&-3\\0&0&-1&2&-2\\1&-1&1&0&1\\1&-1&1&-1&2\end{pmatrix}$$

$$\Delta(\lambda)=(\lambda-1)^4(\lambda+1)$$

$$\psi(\lambda)=(\lambda-1)^2(\lambda+1)=\lambda^3-\lambda^2-\lambda+1$$

矩阵的初等因子为

$$(\lambda-1)^2,(\lambda-1)^2,\lambda+1$$

$$\boldsymbol{J}=\begin{pmatrix}1&1&0&0&0\\0&1&0&0&0\\0&0&1&1&0\\0&0&0&1&0\\0&0&0&0&-1\end{pmatrix}$$

$$\Psi(\lambda,\mu)=\frac{\psi(\mu)-\psi(\lambda)}{\mu-\lambda}=\mu^2+(\lambda-1)\mu+\lambda^2-\lambda-1$$

$$\boldsymbol{C}(\lambda)=\boldsymbol{\Psi}(\lambda\boldsymbol{E},\boldsymbol{A})=\boldsymbol{A}^2+(\lambda-1)\boldsymbol{A}+(\lambda^2-\lambda-1)\boldsymbol{E}$$

顺次计算矩阵 $\boldsymbol{A}^2$ 的列与矩阵 $\boldsymbol{C}(\lambda),\boldsymbol{C}(1),\boldsymbol{C}'(\lambda),\boldsymbol{C}'(1),\boldsymbol{C}(-1)$ 中的对应列. 我们应当得出矩阵 $\boldsymbol{C}(1)$ 的两个线性无关列与矩阵 $\boldsymbol{C}(-1)$ 的一个不为零的列

$$\boldsymbol{C}(\lambda)=\begin{pmatrix}1&0&0&2&*\\0&1&0&2&*\\0&0&1&0&*\\2&-2&2&-1&*\\2&-2&2&-2&*\end{pmatrix}+(\lambda-1)\begin{pmatrix}1&0&0&1&*\\0&1&-2&3&*\\0&0&-1&2&*\\1&-1&1&0&*\\1&-1&1&-1&*\end{pmatrix}+$$

$$(\lambda^2-\lambda-1)\begin{pmatrix}1&0&0&0&0\\0&1&0&0&0\\0&0&1&0&0\\0&0&0&1&0\\0&0&0&0&1\end{pmatrix}$$

$$\boldsymbol{C}(+1)=\begin{pmatrix}0&0&0&2&*\\0&0&0&2&*\\0&0&0&0&*\\2&-2&2&-2&*\\2&-2&2&-2&*\end{pmatrix}$$

$$\boldsymbol{C}'(\lambda)=\begin{pmatrix}1&0&0&1&*\\0&1&-2&3&*\\0&0&-1&2&*\\1&-1&1&0&*\\1&-1&1&-1&*\end{pmatrix}+(2\lambda-1)\begin{pmatrix}1&0&0&0&0\\0&1&0&0&0\\0&0&1&0&0\\0&0&0&1&0\\0&0&0&0&1\end{pmatrix}$$

$$\boldsymbol{C}'(+1)=\begin{pmatrix}2&*&*&1&*\\0&*&*&3&*\\0&*&*&2&*\\1&*&*&1&*\\1&*&*&-1&*\end{pmatrix},\boldsymbol{C}(-1)=\begin{pmatrix}0&0&0&*&*\\0&0&4&*&*\\0&0&4&*&*\\0&0&0&*&*\\0&0&0&*&*\end{pmatrix}$$

故有[①]

① 此处以下标记列的序数,例如,$\boldsymbol{C}'_4(+1)$ 记矩阵 $\boldsymbol{C}'(+1)$ 中第四列.

$$T=(C_1(+1),C_1'(+1),C_4(+1),C_4(+1),C_3(-1))=$$

$$\begin{pmatrix} 0 & 2 & 2 & 1 & 0 \\ 0 & 0 & 2 & 3 & 4 \\ 0 & 0 & 0 & 2 & 4 \\ 2 & 1 & -2 & 1 & 0 \\ 2 & 1 & -2 & -1 & 0 \end{pmatrix}$$

对于矩阵 T 还可予以简化,顺次:

(1) 第五列除以 4.

(2) 在第三列上加第一列,在第四列上加第二列.

(3) 从第四列减去第三列.

(4) 第一列与第二列除以 2.

(5) 第一列与第二列除以 2.

我们得出矩阵

$$T_1=\begin{pmatrix} 0 & 1 & 2 & 1 & 0 \\ 0 & 0 & 2 & 1 & 1 \\ 0 & 0 & 0 & 2 & 1 \\ 1 & 0 & 0 & 2 & 0 \\ 1 & 0 & 0 & 0 & 0 \end{pmatrix}$$

请读者验证:$AT_1=T_1J$ 与 $|T_1|\neq 0$.

例 5 有如下矩阵

$$A=\begin{pmatrix} 1 & -1 & 1 & -1 \\ -3 & 3 & -5 & 4 \\ 8 & -4 & 3 & -4 \\ 15 & -10 & 11 & -11 \end{pmatrix}$$

$$\Delta(\lambda)=(\lambda+1)^4$$

$$\psi(\lambda)=(\lambda+1)^3$$

初等因子为

$$(\lambda+1)^3,(\lambda+1)$$

$$J=\begin{pmatrix} -1 & 1 & 0 & 0 \\ 0 & -1 & 1 & 0 \\ 0 & 0 & -1 & 0 \\ 0 & 0 & 0 & -1 \end{pmatrix}$$

建立多项式

$$h_1(\lambda)=\frac{\psi(\lambda)}{\lambda+1}=(\lambda+1)^2,h_2(\lambda)=\frac{\psi(\lambda)}{(\lambda+1)^2}=\lambda+1,h_3(\lambda)=\frac{\psi(\lambda)}{(\lambda+1)^3}=1$$

与矩阵①

$$\boldsymbol{C}=h_1(\boldsymbol{A})=(\boldsymbol{A}+\boldsymbol{E})^2,\boldsymbol{D}=h_2(\boldsymbol{A})=\boldsymbol{A}+\boldsymbol{E},\boldsymbol{F}=\boldsymbol{E}$$

$$\boldsymbol{C}=\begin{pmatrix}0&0&0&0\\2&-1&1&-1\\0&0&0&0\\-2&1&-1&1\end{pmatrix},\boldsymbol{D}=\begin{pmatrix}2&-1&1&-1\\-3&4&-5&4\\8&-4&4&-4\\15&-10&11&-10\end{pmatrix},\boldsymbol{F}=\begin{pmatrix}1&0&0&0\\0&1&0&0\\0&0&1&0\\0&0&0&1\end{pmatrix}$$

可以取这些矩阵的前三列作为矩阵 $\boldsymbol{T}$ 的前三列：$\boldsymbol{T}=(\boldsymbol{C}_3,\boldsymbol{D}_3,\boldsymbol{F}_3,*)$. 在矩阵 $\boldsymbol{C},\boldsymbol{D},\boldsymbol{F}$ 中，从第一列减去第三列的二倍，在第二与第四列上加上第三列，我们得出

$$\widetilde{\boldsymbol{C}}=\begin{pmatrix}0&0&0&0\\0&0&1&0\\0&0&0&0\\0&0&-1&0\end{pmatrix},\widetilde{\boldsymbol{D}}=\begin{pmatrix}0&0&1&0\\7&-1&-5&-1\\0&0&4&0\\-7&1&11&1\end{pmatrix},\widetilde{\boldsymbol{F}}\boldsymbol{F}=\begin{pmatrix}1&0&0&0\\0&1&0&0\\-2&1&1&1\\0&0&0&1\end{pmatrix}$$

在矩阵 $\widetilde{\boldsymbol{D}},\widetilde{\boldsymbol{F}}$ 中，将第四列与 7 的乘积加到第一列上，且从第二列减去第四列，我们得出

$$\widetilde{\boldsymbol{C}}=\begin{pmatrix}0&0&0&0\\0&0&1&0\\0&0&0&0\\0&0&-1&0\end{pmatrix},\widetilde{\widetilde{\boldsymbol{D}}}=\begin{pmatrix}0&0&1&0\\0&0&-5&-1\\0&0&4&0\\0&0&11&1\end{pmatrix},\widetilde{\widetilde{\boldsymbol{F}}}=\begin{pmatrix}1&0&0&0\\0&1&0&0\\5&0&1&1\\7&-1&0&1\end{pmatrix}$$

取 $\widetilde{\widetilde{\boldsymbol{F}}}$ 中第一列作为 $\boldsymbol{T}$ 中最后一列.

我们有

$$\boldsymbol{T}=(\boldsymbol{C}_2,\boldsymbol{D}_3,\boldsymbol{F}_3,\widetilde{\widetilde{\boldsymbol{F}}})=\begin{pmatrix}0&1&0&1\\1&-5&0&0\\0&4&1&5\\-1&11&0&7\end{pmatrix}$$

为了验算可以验证 $\boldsymbol{AT}=\boldsymbol{TJ}$ 与 $|\boldsymbol{T}|\neq 0$.

① 因为只有一个最高次初等因子，所以矩阵 $\boldsymbol{C}$ 的秩必须等于 1. 因此，例如，只要计算出位于矩阵 $\boldsymbol{C}$ 的第一列与第二行中的七个元素，即已足够，矩阵 $\boldsymbol{C}$ 的其余元素就能立即定出.

第7章 n 维空间中线性算子的结构(初等因子的几何理论)

上一章所述的关于初等因子的解析理论使得我们能够对于任何方阵定出与它相似的“范式”或“标准”形式矩阵. 另外,在第 3 章中我们已经看到,n 维空间中线性算子在不同的基底中的性质,是借助于一类相似矩阵来得出的. 在这类矩阵中,有范式存在,是与 n 维空间中线性算子的重要而深入的性质有密切关系. 本章从事于这些性质的研究. 线性算子的结构的研究使得我们不依靠上一章中所述的关于变换矩阵成范式的理论. 因而本章的内容可以称为初等因子的几何理论[①].

§1 空间向量(关于已给予线性算子)的最小多项式

讨论域 K 上 n 维向量空间 R 与这个空间中的线性算子 A. 设 $\boldsymbol{x}$ 为 R 中任一向量. 建立向量序列

$$\boldsymbol{x}, A\boldsymbol{x}, A^2\boldsymbol{x}, \cdots \tag{1}$$

由空间维数的有限性可以求得这样的整数 $p(0 \leqslant p \leqslant n)$,使得向量 $\boldsymbol{x}, A\boldsymbol{x}, \cdots, A^{p-1}\boldsymbol{x}$ 线性无关,而 $A^p\boldsymbol{x}$ 是这些向量以域 K 中数为系数的线性组合

① 此处所述的初等因子的几何理论是根据著者的论文《Геометрическая теория элементарных делителей по Крулло》(1935)来说的. 其他初等因子理论的几何构成可参考《Высшая геометрия》(1939),还有《Устойчивость линеаризованных систем》(1949).

$$A^p x = -\gamma_1 A^{p-1} x - \gamma_2 A^{p-2} x - \cdots - \gamma_p x \tag{2}$$

取多项式 $\varphi(\lambda) = \lambda^p + \gamma_1 \lambda^{p-1} + \cdots + \gamma_{p-1}\lambda + \gamma_p$. 那么等式(2) 可写为

$$\varphi(A) x = \mathbf{0} \tag{3}$$

每一个可以适合等式(3) 的多项式 $\varphi(\lambda)$ 称为向量 x 的零化多项式[1]. 但是不难看出,从向量 x 的所有零化多项式中我们可以做出一个首项系数为 1 的次数最小的零化多项式. 这个多项式我们称为向量 x 的最小零化多项式或简称为向量 x 的最小多项式.

我们注意,向量 x 的任一零化多项式 $\tilde{\varphi}(\lambda)$ 都被其最小多项式 $\varphi(\lambda)$ 所除尽.

事实上,设

$$\tilde{\varphi}(\lambda) = \varphi(\lambda)\kappa(\lambda) + \rho(\lambda) \tag{4}$$

其中 $\kappa(\lambda)$,$\rho(\lambda)$ 分别为以 $\varphi(\lambda)$ 除 $\tilde{\varphi}(\lambda)$ 所得出的商式与余式. 那么

$$\tilde{\varphi}(A) x = \kappa(A)\varphi(A) x + \rho(A) x = \rho(A) x \tag{5}$$

因而

$$\rho(A) x = \mathbf{0} \tag{6}$$

但余式 $\rho(\lambda)$ 的次数应小于最小多项式 $\varphi(\lambda)$ 的次数. 这就说明了 $\rho(\lambda) \equiv 0$.

特别地,由所证明的结果,知每一个向量 x 只对应于一个最小多项式.

在空间 R 中选取某一基底 $e_1, e_2, \cdots, e_n$. 以 $\varphi_1(\lambda), \varphi_2(\lambda), \cdots, \varphi_n(\lambda)$ 记基底中向量 $e_1, e_2, \cdots, e_n$ 的最小多项式,且以 $\psi(\lambda)$ 记这些多项式的最小公倍式(取 $\psi(\lambda)$ 的首项系数为 1). 那么 $\psi(\lambda)$ 将为所有基底向量 $e_1, e_2, \cdots, e_n$ 的零化多项式. 因为任一向量 $x \in R$ 都可表示为形式 $x = x_1 e_1 + x_2 e_2 + \cdots + x_n e_n$,所以

$$\psi(A) x = x_1 \psi(A) e_1 + x_2 \psi(A) e_2 + \cdots + x_n \psi(A) e_n = \mathbf{0}$$

亦即

$$\psi(A) = 0 \tag{7}$$

多项式 $\psi(\lambda)$ 是全部空间 R 的零化多项式. 设 $\tilde{\psi}(\lambda)$ 为全部空间 R 的任一零化多项式. 那么 $\tilde{\psi}(\lambda)$ 将为基底向量 $e_1, e_2, \cdots, e_n$ 的零化多项式. 因此 $\tilde{\psi}(\lambda)$ 必须是这些向量的最小多项式 $\varphi_1(\lambda), \varphi_2(\lambda), \cdots, \varphi_n(\lambda)$ 的公倍数,所以多项式 $\tilde{\psi}(\lambda)$ 必须被最小公倍式 $\psi(\lambda)$ 所除尽. 故知,从全部空间 R 的所有零化多项式中得出一个首项系数为 1 的次数最小的多项式 $\psi(\lambda)$. 这个多项式由所给空间 R 与算子 A 唯一确定且算子 A 称为空间 R 的最小多项式[2]. 空间 R 的最小多项式的唯一

---

[1] 自然含有"关于所给予算子 A"在内. 我们为了简便起见这种情况在定义中没有说明,因为在这一章的全部范围内只讨论一个算子 A.

[2] 如果在某一基底 $e_1, e_2, \cdots, e_n$ 中,算子 A 对应于矩阵 $\mathbf{A} = (a_{ik})_1^n$,那么空间 R(关于 A 的) 的零化多项式或最小多项式就各为矩阵 $\mathbf{A}$ 的零化多项式与最小多形式,而且反之亦然,比较第 4 章,§ 6 中的内容.

性可从上面所建立的结果得出：空间 R 的任一零化多项式 $\tilde{\psi}(\lambda)$ 都被最小多项式 $\psi(\lambda)$ 除尽. 虽然最小多项式 $\psi(\lambda)$ 的组成与所定出的基底 $\boldsymbol{e}_1,\boldsymbol{e}_2,\cdots,\boldsymbol{e}_n$ 有关，但是多项式 $\psi(\lambda)$ 却与这一基底的选择无关(可从空间 R 的最小多项式的唯一性推出).

最后，还须注意，空间 R 的最小多项式是 R 中任一向量 $\boldsymbol{x}$ 的零化多项式，所以空间的最小多项式被这一空间中任何向量的最小多项式所除尽.

§2　分解为有互质最小多项式的不变子空间的分解式

如果 $AR'\subset R'$，即从 $x\in R'$ 推出 $A\boldsymbol{x}\in R'$，那么子空间 $R'\subset R$ 称为关于已知算子 A 的不变子空间. 换言之，算子 A 把不变子空间的向量还转换为这个子空间的向量.

以后我们将整个空间(参考第 3 章 §1) 分解为关于 A 的不变子空间. 这种分解将引起对算子在整个空间中的性质与在各个分子空间中的性质的研究.

我们现在来证明以下定理：

定理 1(关于分解空间为不变子空间的第一定理)　如果对于已给线性算子 A，空间 R 的最小多项式 $\psi(\lambda)$ 在域 K 中可表示为两个互质多项式 $\psi_1(\lambda)$ 与 $\psi_2(\lambda)$(首相系数都等于 1) 的乘积

$$\psi(\lambda)=\psi_1(\lambda)\psi_2(\lambda) \tag{8}$$

那么空间 R 可以分解为两个不变子空间 I_1 与 I_2，有

$$R=I_1+I_2 \tag{9}$$

而且它们的最小多项式分别为因式 $\psi_1(\lambda)$ 与 $\psi_2(\lambda)$.

证明　以 I_1 记适合方程 $\psi_1(A)\boldsymbol{x}=\boldsymbol{0}$ 的所有向量 $\boldsymbol{x}$ 的集合. 同样地利用方程 $\psi_2(A)\boldsymbol{x}=\boldsymbol{0}$ 来确定 I_2. 由这一定义知 I_1 与 I_2 都是 R 的子空间.

由 $\psi_1(\lambda)$ 与 $\psi_2(\lambda)$ 的互质推知有这样的多项式 $\chi_1(\lambda)$ 与 $\chi_2(\lambda)$ 存在(系数在 K 中)，使得以下恒等式能够成立

$$1=\psi_1(\lambda)\chi_1(\lambda)+\psi_2(\lambda)\chi_2(\lambda) \tag{10}$$

现在设 $\boldsymbol{x}$ 为 R 中的任一向量. 在(10) 中替换 λ 为 A 且将得出运算等式的两边应用向量

$$\boldsymbol{x}=\psi_1(A)\chi_1(A)\boldsymbol{x}+\psi_2(A)\chi_2(A)\boldsymbol{x} \tag{11}$$

亦即

$$\boldsymbol{x}=\boldsymbol{x}'+\boldsymbol{x}'' \tag{12}$$

其中

$$\boldsymbol{x}'=\psi_2(A)\chi_2(A)\boldsymbol{x},\boldsymbol{x}''=\psi_1(A)\chi_1(A)\boldsymbol{x} \tag{13}$$

再者

$$\psi_1(A)\boldsymbol{x}'=\psi(A)\chi_2(A)\boldsymbol{x}=\boldsymbol{0},\psi_2(A)\boldsymbol{x}''=\psi(A)\chi_1(A)\boldsymbol{x}=\boldsymbol{0}$$

亦即 $\boldsymbol{x}' \in I_1$ 与 $\boldsymbol{x}'' \in I_2$.

I_1 与 I_2 没有不为零的公共向量. 事实上,如果 $\boldsymbol{x}_0 \in I_1$ 与 $\boldsymbol{x}_0 \in I_2$,亦即 $\psi_1(A)\boldsymbol{x}_0 = \boldsymbol{0}$ 及 $\psi_2(A)\boldsymbol{x}_0 = \boldsymbol{0}$,那么由(11),有

$$\boldsymbol{x}_0 = \chi_1(A)\psi_1(A)\boldsymbol{x}_0 + \chi_2(A)\psi_2(A)\boldsymbol{x}_0 = \boldsymbol{0}$$

这样一来,我们已经证明了 $R = I_1 + I_2$.

再设 $\boldsymbol{x} \in I_1$,那么 $\psi_1(A)\boldsymbol{x} = \boldsymbol{0}$. 这个等式的两边左乘 A 且交换 A 与 $\psi_1(A)$ 的位置,我们得出 $\psi_1(A)A\boldsymbol{x} = \boldsymbol{0}$,亦即 $A\boldsymbol{x} \in I_1$. 这就证明了,子空间 I_1 对 A 不变,同样地可以证明子空间 I_2 的不变性.

现在我们来证明,$\psi_1(\lambda)$ 是 I_1 的最小多项式. 设 $\tilde{\psi}_1(\lambda)$ 为 I_1 的任一零化多项式,而 $\boldsymbol{x}$ 为 R 中的任一向量. 利用已经建立的分解式(12),写出

$$\tilde{\psi}_1(A)\psi_2(A)\boldsymbol{x} = \psi_2(A)\tilde{\psi}_1(A)\boldsymbol{x}' + \tilde{\psi}_1(A)\psi_2(A)\boldsymbol{x}'' = \boldsymbol{0}$$

因为 $\boldsymbol{x}$ 是 R 中的任一向量,所以知乘积 $\tilde{\psi}_1(\lambda)\psi_2(\lambda)$ 是 R 中的零化多项式,因而可以被 $\psi(\lambda) = \psi_1(\lambda)\psi_2(\lambda)$ 所除尽. 换句话说,$\tilde{\psi}_1(\lambda)$ 被 $\psi_1(\lambda)$ 所除尽. 但 $\tilde{\psi}_1(\lambda)$ 是空间 I_1 中的任一零化多项式,而 $\psi_1(\lambda)$ 是这些零化多项式中的某一个(由 I_1 的定义). 这就说明了,$\psi_1(\lambda)$ 是 I_1 的最小多项式. 完全相类似地,可以证明 $\psi_2(\lambda)$ 是不变子空间 I_2 的最小多项式.

定理已经完全证明.

分解多项式 $\psi(\lambda)$ 为域 K 上的不可约多项式的乘积

$$\psi(\lambda) = [\varphi_1(\lambda)]^{c_1}[\varphi_2(\lambda)]^{c_2}\cdots[\varphi_s(\lambda)]^{c_s} \tag{14}$$

(此处 $\varphi_1(\lambda), \varphi_2(\lambda), \cdots, \varphi_s(\lambda)$ 是首项系数为 1 的域 K 上的各不相同的不可约多项式). 那么根据已经证明的定理

$$R = I_1 + I_2 + \cdots + I_s \tag{15}$$

其中 I_k 是有最小多项式$[\varphi_k(\lambda)]^{c_k}$ 的不变子空间($k = 1, 2, \cdots, s$).

这样一来,所证明的定理把任一空间中线性算子性质的研究化为最小多项式是 K 上不可约多项式的幂的空间中这一线性算子性质的研究. 这一情况可以用来证明以下重要的定理:

定理 2 在空间中,常有这样的向量存在,其最小多项式与空间的最小多项式重合.

证明 首先讨论这样的特殊情形,空间 R 中的最小多项式是 K 上不可约多项式 $\varphi(\lambda)$ 的幂

$$\psi(\lambda) = [\varphi(\lambda)]^l$$

在 R 中取基底 $\boldsymbol{e}_1, \boldsymbol{e}_2, \cdots, \boldsymbol{e}_n$. 向量 $\boldsymbol{e}_i$ 的最小多项式是多项式 $\psi(\lambda)$ 的因子,故可表示为$[\varphi(\lambda)]^{l_i}$ 的形式,其中 $l_i \leqslant l(i = 1, 2, \cdots, n)$.

但空间中的最小多项式是基底向量的最小多项式的最小公倍式,亦即 $\psi(\lambda)$ 与幂$[\varphi(\lambda)]^{l_i}(i=1, 2, \cdots, n)$ 中的最高次幂相同. 换句话说,$\psi(\lambda)$ 与基底向

量 $\boldsymbol{e}_1,\boldsymbol{e}_2,\cdots,\boldsymbol{e}_n$ 中某一个的最小多项式重合.

转移到一般的情形,我们预先证明以下引理:

引理 如果向量 $\boldsymbol{e}'$ 与 $\boldsymbol{e}''$ 的最小多项式彼此互质,那么向量和 $\boldsymbol{e}'+\boldsymbol{e}''$ 的最小多项式等于诸向量项的最小多项式的乘积.

证明 事实上,设 $\chi_1(\lambda)$ 与 $\chi_2(\lambda)$ 分别为向量 $\boldsymbol{e}'$ 与 $\boldsymbol{e}''$ 的最小多项式. 由条件,$\chi_1(\lambda)$ 与 $\chi_2(\lambda)$ 互质,设 $\chi(\lambda)$ 为向量 $\boldsymbol{e}=\boldsymbol{e}'+\boldsymbol{e}''$ 的任一零化多项式,那么

$$\chi_2(A)\chi(A)\boldsymbol{e}'=\chi_2(A)\chi(A)\boldsymbol{e}-\chi(A)\chi_2(A)\boldsymbol{e}''=\boldsymbol{0}$$

亦即 $\chi_2(\lambda)\chi(\lambda)$ 是 $\boldsymbol{e}'$ 的零化多项式. 故知 $\chi_2(\lambda)\chi(\lambda)$ 被 $\chi_1(\lambda)$ 所除尽. 因 $\chi_1(\lambda)$ 与 $\chi_2(\lambda)$ 互质,故 $\chi(\lambda)$ 被 $\chi_1(\lambda)$ 所除尽. 同理可证,$\chi(\lambda)$ 被 $\chi_2(\lambda)$ 所除尽. 但 $\chi_1(\lambda)$ 与 $\chi_2(\lambda)$ 互质,故 $\chi(\lambda)$ 被乘积 $\chi_1(\lambda)\chi_2(\lambda)$ 所除尽. 所以向量 $\boldsymbol{e}$ 的任一零化多项式都被零化多项式 $\chi_1(\lambda)\chi_2(\lambda)$ 所除尽. 因此,$\chi_1(\lambda)\chi_2(\lambda)$ 是向量 $\boldsymbol{e}=\boldsymbol{e}'+\boldsymbol{e}''$ 的最小多项式.

回到定理 2,为了证明一般的情形,我们应用分解式(15). 因为子空间 I_1, $I_2,\cdots,I_s$ 的最小多项式都是不可约多项式的幂,所以对于这些多项式,我们的命题已经证明. 故有这样的向量 $\boldsymbol{e}'\in I_1,\boldsymbol{e}''\in I_2,\cdots,\boldsymbol{e}^{(s)}\in I_s$ 存在,其最小多项式分别为 $[\varphi_1(\lambda)]^{c_1},[\varphi_2(\lambda)]^{c_2},\cdots,[\varphi_s(\lambda)]^{c_s}$. 由引理知向量 $\boldsymbol{e}=\boldsymbol{e}'+\boldsymbol{e}''+\cdots+\boldsymbol{e}^{(s)}$ 的最小多项式等于乘积 $[\varphi_1(\lambda)]^{c_1}\cdot[\varphi_2(\lambda)]^{c_2}\cdot\cdots\cdot[\varphi_s(\lambda)]^{c_s}$,亦即等于空间 R 中的最小多项式.

§3 同余式,商空间

设给出某一子空间 $I\subset R$. 我们说,R 中的两个向量 $\boldsymbol{x}$ 与 $\boldsymbol{y}$ 对模 I 同余,且写为 $\boldsymbol{x}\equiv\boldsymbol{y}(\bmod I)$ 的充分必要条件是 $\boldsymbol{y}-\boldsymbol{x}\in \boldsymbol{I}$. 容易验证,这样引进的同余式概念有以下诸性质,对于任何 $\boldsymbol{x},\boldsymbol{y},\boldsymbol{z}\in R$,有:

1° $\boldsymbol{x}\equiv\boldsymbol{x}(\bmod I)$(同余式的自反性).

2° 由 $\boldsymbol{x}\equiv\boldsymbol{y}(\bmod I)$ 得出 $\boldsymbol{y}\equiv\boldsymbol{x}(\bmod I)$(同余式的可逆性或对称性).

3° 由 $\boldsymbol{x}\equiv\boldsymbol{y}(\bmod I)$ 与 $\boldsymbol{y}\equiv\boldsymbol{z}(\bmod I)$ 得出 $\boldsymbol{x}\equiv\boldsymbol{z}(\bmod I)$(同余式的传递性).

同余式的这三个性质的存在给出了把整个向量空间来分类的可能性,在每一类中的向量都是两两对模 I 同余(不同类中的向量对模 I 不同余). 含有向量 $\boldsymbol{x}$ 的类记为 $\hat{x}$[①]. 子空间 I 本身为这些类中的一个,即类 $\hat{0}$. 我们注意,每一个同余式 $\boldsymbol{x}\equiv\boldsymbol{y}(\bmod I)$ 对应于对应类的等式[②]:$\hat{x}=\hat{y}$.

很容易证明,同余式可以逐项相加且可逐项乘以 K 中的数

① 因为每一个类中都有无穷多个向量,所以由这个条件它是表示一个无穷集合.

② 即重合.

1° 由 $\boldsymbol{x} \equiv \boldsymbol{x}', \boldsymbol{y} \equiv \boldsymbol{y}' (\bmod I)$ 得出 $\boldsymbol{x} + \boldsymbol{y} \equiv \boldsymbol{x}' + \boldsymbol{y}' (\bmod I)$.

2° 由 $\boldsymbol{x} \equiv \boldsymbol{x}' (\bmod I)$ 得出 $\alpha \boldsymbol{x} \equiv \alpha \boldsymbol{x}' (\bmod I) (\alpha \in K)$.

同余式的这些性质说明了,加法与 K 中的数乘运算并不"破坏"诸类.如果取两个类 $\widehat{x}$ 与 $\widehat{y}$ 且把第一类中元素 $\boldsymbol{x}, \boldsymbol{x}', \cdots$ 的任何一个与第二类中元素 $\boldsymbol{y}, \boldsymbol{y}', \cdots$ 的任何一个相加,那么所有这样得出的和都属于同一类,我们称之为类 $\widehat{x}$ 与 $\widehat{y}$ 的和且记为 $\widehat{x} + \widehat{y}$.同理,如果类 $\widehat{x}$ 中所有向量 $\boldsymbol{x}, \boldsymbol{x}', \cdots$ 乘以数 $\alpha \in K$,那么所得出的乘积都属于同一类,记为 $\alpha \boldsymbol{x}$.

这样一来,在所有类 $\widehat{x}, \widehat{y}, \cdots$ 的集合 $\widehat{R}$ 中引进了两个运算:"加法"与对 K 中数的"乘法".对于这些运算,很容易验证其含有向量空间定义中所述的一切性质(第 3 章,§1).所以 $\widehat{R}$ 与 R 一样,是一个域 K 上的向量空间.我们称 $\widehat{R}$ 为关于 R 的商空间.如果 $n, m, \widehat{n}$ 各为空间 $R, I, \widehat{R}$ 的维数,那么 $\widehat{n} = n - m$.

所有在这一节中所引进的概念可以用下例来做一个很好的说明.

例 1 设 R 为三维空间中全部向量的集合,K 为实数域.为了更明显起见,表示向量为由原点 O 引出的有向线段.设 I 为经过 O 的某一直线(更正确地说:是在一条通过 O 的直线上的全部向量集合,如图 1).

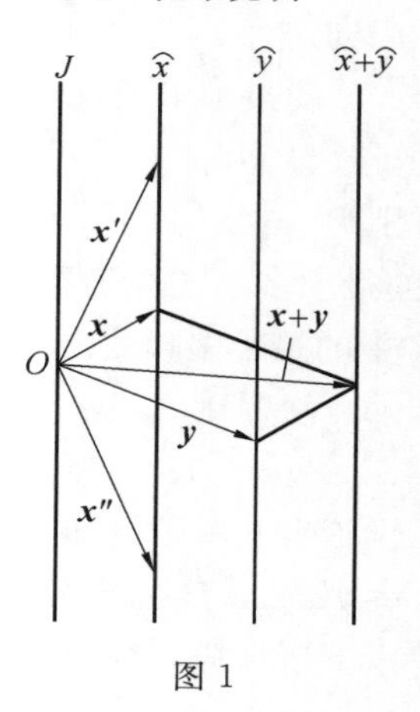

图 1

同余式 $\boldsymbol{x} \equiv \boldsymbol{x}' (\bmod I)$ 表示向量 $\boldsymbol{x}$ 与 $\boldsymbol{x}'$ 差一个 I 中的向量,亦即含有 $\boldsymbol{x}$ 与 $\boldsymbol{x}'$ 的末端且与直线 I 平行的线段.所以类 $\widehat{x}$ 表示经过向量 $\boldsymbol{x}$ 的末端且与 I 平行的直线,更正确地说,是由 O 引出的"一丛"向量,其末端都在这一条直线上.诸"丛"可以相加且可与实数相乘.这些"丛"是商空间 $\widehat{R}$ 中的元素.在这个例子里面 $n=3, m=1, \widehat{n}=2$.

我们可以得出另一个例子,如果取经过点 O 的平面作为 I,那么对于这个例子有 $n=3, m=2, \widehat{n}=1$.

现在设在 R 中给出线性算子 A,且设 I 是对 A 不变的子空间.读者很容易证明,由 $\boldsymbol{x} \equiv \boldsymbol{x}' (\bmod I)$ 得出 $A\boldsymbol{x} \equiv A\boldsymbol{x}' (\bmod I)$,亦即在同余式的两边可以应用算子 A.换句话说,如果对某一类 $\widehat{x}$ 中所有向量 $\boldsymbol{x}, \boldsymbol{x}', \cdots$ 施行算子 A,那么所得出的向量 $A\boldsymbol{x}, A\boldsymbol{x}', \cdots$ 亦都属于同一个类,我们记这个类为 $A\widehat{x}$.

我们说,向量 $\boldsymbol{x}_1, \boldsymbol{x}_2, \cdots, \boldsymbol{x}_p$ 对模 I 线性相关,如果在 K 中有不全等于零的这样的数 $\alpha_1, \alpha_2, \cdots, \alpha_p$ 存在,使得

$$\alpha_1 \boldsymbol{x}_1 + \alpha_2 \boldsymbol{x}_2 + \cdots + \alpha_p \boldsymbol{x}_p \equiv \mathbf{0} (\bmod I) \tag{16}$$

我们注意,不仅关于线性相关的概念,而在这一章中以前诸节中所引进的所有概念、命题与推理都可以逐字重述,只不过换所有的"$=$"号为符号"$\equiv (\bmod I)$",其中 I 为某一个对 A 不变的固定子空间.

这样一来,引进了空间与向量的对模 I 的零化多项式、最小多项式概念.这两个概念我们都称为"相对的",以区别于之前所引进的"绝对的"概念(对符号"$=$"才有意义).

读者注意,(向量的,空间的)相对最小多项式是绝对最小多项式的因式.例如设 $\sigma_1(\lambda)$ 为向量 $\boldsymbol{x}$ 的相对的最小多项式,而 $\sigma(\lambda)$ 为其对应的绝对的最小多项式.那么

$$\sigma(A)\boldsymbol{x} = \mathbf{0}$$

但由此可得

$$\sigma(A)\boldsymbol{x} \equiv \mathbf{0} (\bmod I)$$

故 $\sigma(\lambda)$ 为向量 $\boldsymbol{x}$ 的相对的零化多项式,因而可被相对的最小多项式 $\sigma_1(\lambda)$ 所除尽.

对应以上诸节中"绝对的"命题我们有"相对的"命题.例如,我们有命题:"在任一空间中,常有这样的向量存在,其相对的最小多项式与整个空间的相对的最小多项式重合".

所有"相对的"命题的正确性是建立于对模 I 的同余式的运算上,主要的是我们所处理的等式不是在空间 R 里面,而是在空间 $\widehat{R}$ 里面.

§4 一个空间对于循环不变子空间的分解式

设 $\sigma(\lambda) = \lambda^p + \alpha_1 \lambda^{p-1} + \cdots + \alpha_{p-1}\lambda + \alpha_p$ 是向量 $\boldsymbol{e}$ 的最小多项式.那么向量

$$\boldsymbol{e}, A\boldsymbol{e}, \cdots, A^{p-1}\boldsymbol{e} \tag{17}$$

线性无关,而且

$$A^p \boldsymbol{e} = -\alpha_p \boldsymbol{e} - \alpha_{p-1} A\boldsymbol{e} - \cdots - \alpha_1 A^{p-1}\boldsymbol{e} \tag{18}$$

向量(17)构成某一个 p 维子空间 I 的基底.这一子空间称为循环的.记住其有特殊性质基底(17)与等式(18)①.算子 A 把(17)中的第一个向量变为第二个,第二个变为第三个,诸如此类.基底向量中最后一个由算子 A 变为等式(18)所写出的基底向量的一个线性组合.这样一来,算子 A 变任一基底向量为 I 中的一个向量,这就表示它变 I 中任一向量为 I 中的一个向量.换句话说,循环子空间常对 A 不变.

---

① 正确地应称这个子空间为对于线性算子 A 循环的.但是因为所有的理论都是对于这个算子 A 来构成的,我们为了简便起见删去"对于线性算子 A"诸字(参考本章 §1 中第一个足注中类似的注释).

任一向量 $\boldsymbol{x} \in I$ 可表示为基底向量(17) 的线性组合，亦即为以下形式

$$\boldsymbol{x}=\chi(A)\boldsymbol{e} \tag{19}$$

其中 $\chi(\lambda)$ 为系数在 K 中次数小于或等于 $p-1$ 的 λ 的多项式. 考察所有可能的系数在 K 中次数小于或等于 $p-1$ 的多项式 $\chi(\lambda)$，我们得出 I 中的所有向量，而且每一个向量 $\boldsymbol{x} \in \boldsymbol{I}$ 只表示出一次，亦即只对应于一个多项式 $\chi(\lambda)$. 记住基底(17) 或公式(19)，我们说，向量 $\boldsymbol{e}$ 产生子空间 I.

我们还要注意，所生成的向量 $\boldsymbol{e}$ 的最小多项式同时也是整个子空间 I 的最小多项式.

我们现在来建立全部理论的基本命题，由此分解空间 R 为循环子空间.

设 $\psi_1(\lambda)=\psi(\lambda)=\lambda^m+\alpha_1\lambda^{m-1}+\cdots+\alpha_m$ 是空间 R 中的最小多项式. 那么在空间中有向量 $\boldsymbol{e}$ 存在，以这个多项式为其最小多项式(本章，§2，定理 2). 设以 I_1 记有基底

$$\boldsymbol{e}, A\boldsymbol{e}, \cdots, A^{m-1}\boldsymbol{e} \tag{20}$$

的循环子空间.

如果 $n=m$，那么 $R=I_1$. 设 $n>m$ 且多项式

$$\psi_2(\lambda)=\lambda^p+\beta_1\lambda^{p-1}+\cdots+\beta_p$$

为空间 R 对模 I_1 的最小多项式. 按照在 §3 末尾所述的注释，$\psi_2(\lambda)$ 是 $\psi_1(\lambda)$ 的因式，亦即有这样的多项式 $\kappa(\lambda)$ 存在，使得

$$\psi_1(\lambda)=\psi_2(\lambda)\kappa(\lambda) \tag{21}$$

再者，在 R 中有向量 $\boldsymbol{g}^*$ 存在，其相对的最小多项式为 $\psi_2(\lambda)$. 那么

$$\psi_2(A)\boldsymbol{g}^* \equiv \boldsymbol{0}(\bmod I_1) \tag{22}$$

亦即有次数小于或等于 $m-1$ 的这样的多项式 $\chi(\lambda)$ 存在，使得

$$\psi_2(A)\boldsymbol{g}^*=\chi(A)\boldsymbol{e} \tag{23}$$

在这个等式的两边应用算子 $\kappa(A)$，那么由(21)，在其左边得出 $\psi_1(A)\boldsymbol{g}^*$，亦即零向量，因为 $\psi_1(\lambda)$ 是空间中的绝对的最小多项式，所以有

$$\kappa(A)\chi(A)\boldsymbol{e}=\boldsymbol{0} \tag{24}$$

这个等式证明了乘积 $\kappa(\lambda)\chi(\lambda)$ 是向量 $\boldsymbol{e}$ 的零化多项式，因而被最小多项式 $\psi_1(\lambda)=\kappa(\lambda)\psi_2(\lambda)$ 所除尽，亦即 $\chi(\lambda)$ 被 $\psi_2(\lambda)$ 所除尽

$$\chi(\lambda)=\kappa_1(\lambda)\psi_2(\lambda) \tag{25}$$

其中 $\kappa_1(\lambda)$ 为某一多项式. 利用多项式 $\chi(\lambda)$ 的这一分解式，我们可以写等式(23) 为

$$\psi_2(A)\boldsymbol{g}=\boldsymbol{0} \tag{26}$$

其中向量 $\boldsymbol{g}$ 由以下等式确定

$$\boldsymbol{g}=\boldsymbol{g}^*-\kappa_1(A)\boldsymbol{e} \tag{27}$$

最后的等式证明了

$$\boldsymbol{g} \equiv \boldsymbol{g}^{*} \pmod{I_1} \tag{28}$$

因此这个式子表示 $\psi_2(\lambda)$ 是 $\boldsymbol{g}^{*}$,亦是 $\boldsymbol{g}$ 的相对的最小多项式. 从等式(26) 就得出以下结果:$\psi_2(\lambda)$ 是向量 $\boldsymbol{g}$ 的相对的同时又是绝对的最小多项式.

因为 $\psi_2(\lambda)$ 是向量 $\boldsymbol{g}$ 的绝对的最小多项式,所以有基底

$$\boldsymbol{g}, A\boldsymbol{g}, \cdots, A^{p-1}\boldsymbol{g} \tag{29}$$

的子空间 I_2 是循环的.

由于 $\psi_2(\lambda)$ 是向量 $\boldsymbol{g}$ 对模 I_1 的相对的最小多项式,推知向量(29) 对模 I_1 线性无关,亦即没有一个系数不全等于零的向量(29) 的线性组合,可以等于向量(20) 的线性组合. 因为(20) 中诸向量线性无关,所以我们刚才的论断表示以下 $m+p$ 个向量

$$\boldsymbol{e}, A\boldsymbol{e}, \cdots, A^{m-1}\boldsymbol{e}; \boldsymbol{g}, A\boldsymbol{g}, \cdots, A^{p-1}\boldsymbol{g} \tag{30}$$

的纯属无关性.

向量(30) 构成 $m+p$ 维不变子空间 I_1+I_2 的基底.

如果 $n=m+p$,那么 $R=I_1+I_2$;如果 $n>m+p$,那么我们对模 I_1+I_2 讨论 R,再继续用我们的方法来分出循环不变子空间. 因为空间 R 是有限维的,其维数为 n,所以这一方法必须停止于某一子空间 I_t,其中 $t \leqslant n$.

我们得到以下定理:

定理 3(关于分解空间为不变子空间的第二定理) 常可分解空间为分别有最小多项式 $\psi_1(\lambda), \psi_2(\lambda), \cdots, \psi_t(\lambda)$,且对已给线性算子 A 循环的子空间 I_1, $I_2, \cdots, I_t$,有

$$R = I_1 + I_2 + \cdots + I_t \tag{31}$$

而且使得 $\psi_1(\lambda)$ 与整个空间的最小多项式重合,每一个 $\psi_i(\lambda)(i=2,3,\cdots,t)$ 都是 $\psi_{i-1}(\lambda)$ 的因子.

现在我们来提出循环空间的某些性质. 设 R 为 n 维循环空间,$\psi(\lambda) = \lambda^m + \cdots$ 为这一空间的最小多项式. 那么由循环空间的定义知有 $m=n$. 反之,设给出任一空间 R 且已知 $m=n$. 应用所证明的分解定理,我们把 R 表示为(31) 的形式. 但因 I_1 的最小多项式与整个空间的最小多项式重合,故循环子空间 I_1 的维数等于 m. 由条件 $m=n$ 得出 $R=I_1$,亦即 R 是一个循环子空间.

这样一来,得出了以下空间循环性的判定:

定理 4 空间是循环的充分必要条件是它的维数与其最小多项式的次数相同.

现在假设循环空间 R 有对两个不变子空间 I_1 与 I_2 的分解式

$$R = I_1 + I_2 \tag{32}$$

以 n, n_1, n_2 分别记空间 R, I_1 与 I_2 的维数,以 $\psi(\lambda), \psi_1(\lambda)$ 与 $\psi_2(\lambda)$ 记这些空间

的最小多项式，以 m, m_1 与 m_2 记这些最小多项式的次数. 那么

$$m_1 \leqslant n_1, m_2 \leqslant n_2 \tag{33}$$

把这两个不等式逐项相加，得

$$m_1 + m_2 \leqslant n_1 + n_2 \tag{34}$$

因为 $\psi(\lambda)$ 是多项式 $\psi_1(\lambda)$ 与 $\psi_2(\lambda)$ 的最小公倍式，所以

$$m \leqslant m_1 + m_2 \tag{35}$$

此外，由(32) 得出

$$n = n_1 + n_2 \tag{36}$$

公式(34)(35) 与(36) 给出关系

$$m \leqslant m_1 + m_2 \leqslant n_1 + n_2 = n \tag{37}$$

由于空间 R 的循环性，可知在这一关系式两端的数 m 与 n，彼此相等. 故在这一串关系式中，只能取等号，亦即

$$m = m_1 + m_2 = n_1 + n_2$$

因为 $m = m_1 + m_2$，所以可知 $\psi_1(\lambda)$ 与 $\psi_2(\lambda)$ 互质.

由 $m_1 + m_2 = n_1 + n_2$ 与式(33)，可知有

$$m_1 = n_1, m_2 = n_2 \tag{38}$$

这些等式说明子空间 I_1 与 I_2 的循环性.

这样一来，我们得到以下命题：

定理 5 循环空间只能分解为这样的不变子空间，它们都是循环的，且有互质的最小多项式.

类似的推理(从相反的次序来进行) 证明定理 5 是可逆的.

定理 6 如果能分解空间为不变子空间，而且它们是循环的，且有互质的最小多项式，那么原来的空间是循环的.

现在设 R 是循环空间且其最小多项式是域 K 中不可约多项式的幂：$\psi(\lambda) = [\varphi(\lambda)]^0$. 在这一情形下 R 中任一不变子空间的最小多项式亦为这个不可约多项式 $\varphi(\lambda)$ 的幂. 所以任何两个不变子空间的最小多项式不可能互质. 故由所证明的命题知 R 不能分解为几个不变子空间.

相反地，设某一空间 R 不能分解为几个不变子空间. 那么 R 是一个循环空间，否则它就可以利用第二分解定理分解为几个循环子空间；再者，R 的最小多项式必须是不可约多项式的幂，因为在相反的情形由第一分解定理，R 就可以分解为几个不变子空间.

这样一来，我们得到以下结果：

定理 7 空间不能分解为几个不变子空间的充分必要条件是，它是循环的，它的最小多项式是域 K 中不可约多项式的幂.

现在回到分解式(31) 且把循环子空间 $I_1, I_2, \cdots, I_t$ 的最小多项式 $\psi_1(\lambda)$，

$\psi_2(\lambda),\cdots,\psi_t(\lambda)$ 分解为域 K 中不可约多项式的乘积

$$\begin{cases}\psi_1(\lambda)=[\varphi_1(\lambda)]^{c_1}[\varphi_2(\lambda)]^{c_2}\cdots[\varphi_s(\lambda)]^{c_s}\\ \psi_2(\lambda)=[\varphi_1(\lambda)]^{d_1}[\varphi_2(\lambda)]^{d_2}\cdots[\varphi_s(\lambda)]^{d_s}\\ \qquad\vdots\\ \psi_t(\lambda)=[\varphi_1(\lambda)]^{l_1}[\varphi_2(\lambda)]^{l_2}\cdots[\varphi_s(\lambda)]^{l_s}\end{cases}\tag{39}$$

$(c_k\geqslant d_k\geqslant\cdots\geqslant l_k\geqslant 0;k=1,2,\cdots,s)$①

应用第一分解定理于 I_1，我们得出

$$I_1=I_1'+I_1''+\cdots+I_1^{(s)}$$

其中 $I_1',I_1'',\cdots,I_1^{(s)}$ 为分别有最小多项式$[\varphi_1(\lambda)]^{c_1},[\varphi_2(\lambda)]^{c_2},\cdots,[\varphi_s(\lambda)]^{c_s}$ 的循环子空间. 类似地来分解子空间 $I_2,\cdots,I_t$. 这样，我们得出整个空间 R 的一个分解式，分解为有最小多项式$[\varphi_k(\lambda)]^{c_k},[\varphi_k(\lambda)]^{d_k},\cdots,[\varphi_k(\lambda)]^{l_k}(k=1,2,\cdots,s)$ 的诸循环子空间(此处要舍弃对于指数等于零的诸幂). 由定理 7，可知这些循环子空间已经不能再分解(为几个不变子空间). 我们得到以下定理：

定理 8(关于分解空间为不变子空间的第三定理) 常可分解空间为循环不变子空间

$$R=I'+I''+\cdots+I^{(u)}\tag{40}$$

使得这些循环子空间的每一个最小多项式都是不可约多项式的幂.

这一定理给出了空间分解成不能再分解的不变子空间的分解式.

注 我们应用前两个分解定理来得出定理 8——第三分解定理. 但是第三分解定理亦可以用另外的方法来得出，即为定理 7 的直接推论(几乎是毫不费力的).

事实上，如果空间 R 本来可以分解，那么它常可分解为不可再分解的不变子空间

$$R=I'+I''+\cdots+I^{(u)}$$

根据定理 7，每一个子空间都是循环的且以 K 中不可约多项式的幂作为它的最小多项式.

§5 矩阵的范式

设 I_1 为 R 中 m 维不变子空间. 在 I_1 中选取任一基底 $\boldsymbol{e}_1,\boldsymbol{e}_2,\cdots,\boldsymbol{e}_m$ 且补成 R 的基底

$$\boldsymbol{e}_1,\boldsymbol{e}_2,\cdots,\boldsymbol{e}_m,\boldsymbol{e}_{m+1},\cdots,\boldsymbol{e}_n$$

我们来看一下，如何在这一基底中求出算子 A 的矩阵 $\boldsymbol{A}$. 读者要记得，矩阵

① 某些次数 $d_k,\cdots,l_k$ 当 $k>1$ 时可能等于零.

$\boldsymbol{A}$ 的第 k 列是向量 $A\boldsymbol{e}_k(k=1,2,\cdots,n)$ 的坐标. 当 $k\leqslant m$ 时,向量 $A\boldsymbol{e}_k\in I_1$(由于 I_1 的不变性),所以向量 $A\boldsymbol{e}_k$ 的后 $n-m$ 个坐标全等于零. 因此矩阵 $\boldsymbol{A}$ 有这样的形式

$$\boldsymbol{A}=\begin{pmatrix}\overbrace{\boldsymbol{A}_1}^{m} & \overbrace{\boldsymbol{A}_3}^{n-m}\\ \boldsymbol{0} & \boldsymbol{A}_2\end{pmatrix}\begin{matrix}\}\,m\\ \}\,n-m\end{matrix} \tag{41}$$

其中 $\boldsymbol{A}_1$ 与 $\boldsymbol{A}_2$ 分别为 m 阶与 $n-m$ 阶方阵,而 $\boldsymbol{A}_3$ 为一长方矩阵. 第四"块"等于零表示子空间 I_1 的不变性. 矩阵 $\boldsymbol{A}_1$ 给出 I_1 中算子 A(当其基底为 $\boldsymbol{e}_1,\boldsymbol{e}_2,\cdots,\boldsymbol{e}_m$ 时).

现在假设 $\boldsymbol{e}_{m+1},\cdots,\boldsymbol{e}_n$ 亦是某一不变子空间 I_2 的基底,亦即 $R=I_1+I_2$,而整个空间的基底是由不变子空间 I_1 与 I_2 的两部分基底所构成的. 那么,显然在(41)中,块 $\boldsymbol{A}_3$ 须等于零而矩阵 $\boldsymbol{A}$ 有拟对角形

$$\boldsymbol{A}=\begin{pmatrix}\boldsymbol{A}_1 & \boldsymbol{0}\\ \boldsymbol{0} & \boldsymbol{A}_2\end{pmatrix}=\{\boldsymbol{A}_1,\boldsymbol{A}_2\} \tag{42}$$

其中 $\boldsymbol{A}_1$ 与 $\boldsymbol{A}_2$ 各为 m 阶与 $n-m$ 阶方阵,给出子空间 I_1 与 I_2 中的算子(分别对于基底 $\boldsymbol{e}_1,\boldsymbol{e}_2,\cdots,\boldsymbol{e}_m$ 与 $\boldsymbol{e}_{m+1},\cdots,\boldsymbol{e}_n$). 不难看出,相反地,拟对角矩阵常对应于空间对不变子空间的一个分解式(此处整个空间的基底由子空间的基底所构成).

由第二分解定理我们可以分解整个空间 R 为诸循环子空间 $I_1,I_2,\cdots,I_t$,即

$$R=I_1+I_2+\cdots+I_t \tag{43}$$

在这些子空间的最小多项式序列 $\psi_1(\lambda),\psi_2(\lambda),\cdots,\psi_t(\lambda)$ 中,每一个多项式都是前一个多项式的因式(故已得出,第一个多项式是整个空间的最小多项式).

设

$$\begin{cases}\psi_1(\lambda)=\lambda^m+\alpha_1\lambda^{m-1}+\cdots+\alpha_m\\ \psi_2(\lambda)=\lambda^p+\beta_1\lambda^{p-1}+\cdots+\beta_p\\ \qquad\vdots\\ \psi_t(\lambda)=\lambda^v+\varepsilon_1\lambda^{v-1}+\cdots+\varepsilon_v\\ \qquad(m\geqslant p\geqslant\cdots\geqslant v)\end{cases} \tag{44}$$

以 $\boldsymbol{e},\boldsymbol{g},\cdots,\boldsymbol{l}$ 记产生子空间 $I_1,I_2,\cdots,I_t$ 的向量,且以诸循环子空间的基底来构成整个空间 R 的基底

$$\boldsymbol{e},A\boldsymbol{e},\cdots,A^{m-1}\boldsymbol{e};\boldsymbol{g},A\boldsymbol{g},\cdots,A^{p-1}\boldsymbol{g};\cdots;\boldsymbol{l},A\boldsymbol{l},\cdots,A^{v-1}\boldsymbol{l} \tag{45}$$

我们来看一下,在这一基底中,对应于算子 A 的矩阵 $\boldsymbol{L}_{\mathrm{I}}$ 是怎样的.

由如本节开始时所说明的,矩阵 $\boldsymbol{L}_{\mathrm{I}}$ 应当有拟对角形的形式

$$L_{\mathrm{I}} = \begin{pmatrix} L_1 & & & \mathbf{0} \\ & L_2 & & \\ & & \ddots & \\ \mathbf{0} & & & L_t \end{pmatrix} \tag{46}$$

矩阵 L_1 当基底为 $e_1=e, e_2=Ae, \cdots, e_m=A^{m-1}e$ 时对应 I_1 中的算子 A. 回忆一下在所给予基底中与所给予算子来构成矩阵的规则(第 3 章, § 6),我们得出

$$L_1 = \begin{pmatrix} 0 & 0 & \cdots & 0 & -\alpha_m \\ 1 & 0 & \cdots & 0 & -\alpha_{m-1} \\ 0 & 1 & \ddots & \vdots & \vdots \\ \vdots & \vdots & \ddots & 0 & -\alpha_2 \\ 0 & 0 & \cdots & 1 & -\alpha_1 \end{pmatrix} \tag{47}$$

同理

$$L_2 = \begin{pmatrix} 0 & 0 & \cdots & 0 & -\beta_m \\ 1 & 0 & \cdots & 0 & -\beta_{m-1} \\ 0 & 1 & \ddots & \vdots & \vdots \\ \vdots & \vdots & \ddots & 0 & -\beta_2 \\ 0 & 0 & \cdots & 1 & -\beta_1 \end{pmatrix} \tag{48}$$

等.

计算矩阵 $L_1, L_2, \cdots, L_t$ 的特征多项式,我们得出

$$|\lambda E - L_1| = \psi_1(\lambda), \ |\lambda E - L_2| = \psi_2(\lambda), \cdots, \ |\lambda E - L_t| = \psi_t(\lambda)$$

(对于循环子空间,算子 A 的特征多项式与关于这个算子的子空间的最小多项式重合).

矩阵 L_{I} 在"标准"基底(45)中对应于算子 A. 如果 A 是在任一基底中对应于算子 A 的矩阵,那么矩阵 A 与矩阵 L_{I} 相似,亦即有这样的满秩矩阵 T 存在,使得

$$A = TL_{\mathrm{I}}T^{-1} \tag{49}$$

至于矩阵 L_{I} 我们说它是第一种自然范式. 第一种自然范式为以下诸特征所决定:

1° 拟对角形的形式(46).

2° 对角线上诸块(47)(48) 等的特殊结构.

3° 补充条件:每一对角线上子块的特征多项式被以下的子块的特征多项式所除尽.

相类似地,如果我们不从第二分解定理而从第三分解定理出发,那么在对应的基底中,算子 A 对应于矩阵 L_{II},它有第二种自然范式,为以下诸特征所

决定：

1° 拟对角形的形式

$$L_{\mathrm{II}}=\{L_1,L_2,\cdots,L_u\}$$

2° 对角线上诸块(47)(48)等的特殊结构.

3° 补充条件：每一子块的特征多项式都是域 K 中不可约多项式的幂.

在下节中我们将证明，在对应于同一算子的相似矩阵类中，只有一个有第一种自然范式[①]的矩阵存在，亦只有一个有第二种自然范式[②]的矩阵存在. 我们还要给出从矩阵 $\boldsymbol{A}$ 的元素来求出多项式 $\psi_1(\lambda),\psi_2(\lambda),\cdots,\psi_t(\lambda)$ 的算法. 这些多项式的知识给出我们可能计算出矩阵 L_{I} 与 L_{II} 的所有元素，这两个矩阵是与矩阵 $\boldsymbol{A}$ 相似且有相应的第一种与第二种自然范式.

§6 不变多项式，初等因子

1[③]. 以 $D_p(\lambda)$ 记特征矩阵 $\boldsymbol{A}_\lambda=\lambda\boldsymbol{E}-\boldsymbol{A}$ 中所有 $p(p=1,2,\cdots,n)$ 阶子式的最大公因式[④]. 因为在序列

$$D_n(\lambda),D_{n-1}(\lambda),\cdots,D_1(\lambda)$$

中，每一个多项式都被其后一个所除尽，所以诸公式

$$i_1(\lambda)=\frac{D_n(\lambda)}{D_{n-1}(\lambda)},i_2(\lambda)=\frac{D_{n-1}(\lambda)}{D_{n-2}(\lambda)},\cdots,i_n(\lambda)=\frac{D_1(\lambda)}{D_0(\lambda)}\quad(D_0(\lambda)\equiv 1)\tag{50}$$

确定 n 个多项式，它们的乘积等于特征多项式

$$\Delta(\lambda)=|\lambda\boldsymbol{E}-\boldsymbol{A}|=D_n(\lambda)=i_1(\lambda)i_2(\lambda)\cdots i_n(\lambda)\tag{51}$$

分解多项式 $i_p(\lambda)$ 为域 K 中不可约多项式的乘积

$$i_p(\lambda)=[\varphi_1(\lambda)]^{\gamma_p}[\varphi_2(\lambda)]^{\delta_p}\cdots\quad(p=1,2,\cdots,n)\tag{52}$$

其中 $\varphi_1(\lambda),\varphi_2(\lambda),\cdots$ 为域 K 中不同的不可约多项式.

多项式 $i_1(\lambda),i_2(\lambda),\cdots,i_n(\lambda)$ 称为特征矩阵 $\boldsymbol{A}_\lambda=\lambda\boldsymbol{E}-\boldsymbol{A}$ 或简称矩阵 $\boldsymbol{A}$ 的不变因式，而在 $[\varphi_1(\lambda)]^{\gamma_p},[\varphi_2(\lambda)]^{\delta_p},\cdots$ 中所有不为常数的幂称为其初等因子.

全部初等因子的乘积，与全部不变因式的乘积一样，都等于特征多项式 $\Delta(\lambda)=|\lambda\boldsymbol{E}-\boldsymbol{A}|$.

“不变多项式”的名称是合理的，因为两个相似矩阵 $\boldsymbol{A}$ 与 $\widetilde{\boldsymbol{A}}$，有

$$\widetilde{\boldsymbol{A}}=\boldsymbol{T}^{-1}\boldsymbol{A}\boldsymbol{T}\tag{53}$$

常有相同的不变多项式

$$i_p(\lambda)=\tilde{i}_p(\lambda)\quad(p=1,2,\cdots,n)\tag{54}$$

---

① 这并不表示只有一个标准基底(45)存在. 标准基底可能有许多个，但都对应于同一矩阵 L_{I}.

② 不计对角线上诸子块的先后次序.

③ 在本节第一部分中对于特征矩阵重复第6章§3中对于任意多项式矩阵所建立的基本概念.

④ 在最大公因式中常选取其首项系数等于1.

事实上,由(53)知

$$\widetilde{\boldsymbol{A}}_\lambda=\lambda\boldsymbol{E}-\widetilde{\boldsymbol{A}}=\boldsymbol{T}^{-1}(\lambda\boldsymbol{E}-\boldsymbol{A})\boldsymbol{T}=\boldsymbol{T}^{-1}\boldsymbol{A}_\lambda\boldsymbol{T}\tag{55}$$

故得(参考第 1 章,§ 2) 相似矩阵 $\boldsymbol{A}_\lambda$ 与 $\widetilde{\boldsymbol{A}}_\lambda$ 的子式间的关系式

$$\widetilde{\boldsymbol{A}}_\lambda\begin{pmatrix}i_1 & i_2 & \cdots & i_p\\ k_1 & k_2 & \cdots & k_p\end{pmatrix}=\sum_{\substack{\alpha_1<\alpha_2<\cdots<\alpha_p\\ \beta_1<\beta_2<\cdots<\beta_p}}\boldsymbol{T}^{-1}\begin{pmatrix}i_1 & i_2 & \cdots & i_p\\ \alpha_1 & \alpha_2 & \cdots & \alpha_p\end{pmatrix}\cdot$$

$$\boldsymbol{A}_\lambda\begin{pmatrix}\alpha_1 & \alpha_2 & \cdots & \alpha_p\\ \beta_1 & \beta_2 & \cdots & \beta_p\end{pmatrix}\boldsymbol{T}\begin{pmatrix}\beta_1 & \beta_2 & \cdots & \beta_p\\ k_1 & k_2 & \cdots & k_p\end{pmatrix}\quad(p=1,2,\cdots,n)\tag{56}$$

这个等式证明了矩阵 $\boldsymbol{A}_\lambda$ 中所有 p 阶子式的每一个公因式都是矩阵 $\widetilde{\boldsymbol{A}}_\lambda$ 中所有 p 阶子式的公因式,反之亦然(因为矩阵 $\boldsymbol{A}$ 与 $\widetilde{\boldsymbol{A}}$ 可以交换位置). 因此推知:$D_p(\lambda)=\widetilde{D}_p(\lambda)(p=1,2,\cdots,n)$,所以式(54) 成立.

因为在各种基底中表示所给予算子的所有矩阵都是彼此相似的,所以有相同的不变多项式,因而有相同的初等因子,所以我们可以述及算子 A 的不变多项式与初等因子.

2. 现在取有第一种自然范式的矩阵 $\boldsymbol{L}_{\mathrm{I}}$ 作为 $\widetilde{\boldsymbol{A}}$,且从 $\widetilde{\boldsymbol{A}}_\lambda=\lambda\boldsymbol{E}-\widetilde{\boldsymbol{A}}$ 形式的矩阵出发来计算矩阵 $\boldsymbol{A}$ 的不变多项式(在阵列(57) 中是对于 $m=5,p=4,q=4,r=3$ 的情形所写出的矩阵)

$$\left(\begin{array}{ccccc|cccc|cccc|ccc}
\lambda & 0 & 0 & 0 & \alpha_5 & 0 & 0 & 0 & 0 & 0 & 0 & 0 & 0 & 0 & 0 & 0\\
-1 & \lambda & 0 & 0 & \alpha_4 & 0 & 0 & 0 & 0 & 0 & 0 & 0 & 0 & 0 & 0 & 0\\
0 & -1 & \lambda & 0 & \alpha_3 & 0 & 0 & 0 & 0 & 0 & 0 & 0 & 0 & 0 & 0 & 0\\
0 & 0 & -1 & \lambda & \alpha_2 & 0 & 0 & 0 & 0 & 0 & 0 & 0 & 0 & 0 & 0 & 0\\
0 & 0 & 0 & -1 & \alpha_1+\lambda & 0 & 0 & 0 & 0 & 0 & 0 & 0 & 0 & 0 & 0 & 0\\
\hline
0 & 0 & 0 & 0 & 0 & \lambda & 0 & 0 & \beta_4 & 0 & 0 & 0 & 0 & 0 & 0 & 0\\
0 & 0 & 0 & 0 & 0 & -1 & \lambda & 0 & \beta_3 & 0 & 0 & 0 & 0 & 0 & 0 & 0\\
0 & 0 & 0 & 0 & 0 & 0 & -1 & \lambda & \beta_2 & 0 & 0 & 0 & 0 & 0 & 0 & 0\\
0 & 0 & 0 & 0 & 0 & 0 & 0 & -1 & \beta_1+\lambda & 0 & 0 & 0 & 0 & 0 & 0 & 0\\
\hline
0 & 0 & 0 & 0 & 0 & 0 & 0 & 0 & 0 & \lambda & 0 & 0 & \gamma_4 & 0 & 0 & 0\\
0 & 0 & 0 & 0 & 0 & 0 & 0 & 0 & 0 & -1 & \lambda & 0 & \gamma_3 & 0 & 0 & 0\\
0 & 0 & 0 & 0 & 0 & 0 & 0 & 0 & 0 & 0 & -1 & \lambda & \gamma_2 & 0 & 0 & 0\\
0 & 0 & 0 & 0 & 0 & 0 & 0 & 0 & 0 & 0 & 0 & -1 & \gamma_1+\lambda & 0 & 0 & 0\\
\hline
0 & 0 & 0 & 0 & 0 & 0 & 0 & 0 & 0 & 0 & 0 & 0 & 0 & \lambda & 0 & \varepsilon_3\\
0 & 0 & 0 & 0 & 0 & 0 & 0 & 0 & 0 & 0 & 0 & 0 & 0 & -1 & \lambda & \varepsilon_2\\
0 & 0 & 0 & 0 & 0 & 0 & 0 & 0 & 0 & 0 & 0 & 0 & 0 & 0 & -1 & \varepsilon_1+\lambda
\end{array}\right)\tag{57}$$

利用拉普拉斯定理,我们求得

$$D_n(\lambda)=|\lambda\boldsymbol{E}-\widetilde{\boldsymbol{A}}|=|\lambda\boldsymbol{E}-\boldsymbol{L}_1||\lambda\boldsymbol{E}-\boldsymbol{L}_2|\cdots|\lambda\boldsymbol{E}-\boldsymbol{L}_t|=$$

$$\psi_1(\lambda)\psi_2(\lambda)\cdots\psi_t(\lambda) \tag{58}$$

转向 $D_{n-1}(\lambda)$ 的求出,注意元素 α_m 的子式.如不计因子 ± 1,这一子式等于

$$|\lambda\boldsymbol{E}-\boldsymbol{L}_2|\cdots|\lambda\boldsymbol{E}-\boldsymbol{L}_t|=\psi_2(\lambda)\cdots\psi_t(\lambda) \tag{59}$$

我们来证明,这个 $n-1$ 阶子式是所有其余的 $n-1$ 阶子式的因式,因而

$$D_{n-1}(\lambda)=\psi_2(\lambda)\cdots\psi_t(\lambda) \tag{60}$$

为此首先取位于对角线上诸子块外面的元素的子式,且证明这种子式等于零.为了得出这一子式必须在形(57)矩阵中删去一个行与一个列.在所讨论的情形,删去的两条线穿过对角线上两个不同的子块,故在这两个子块的每一个里面删去了一条线.例如,设在对角线上第 j 个子块中删去了一行.取含有这个对角线上子块的垂直带形中的诸子式.在这个带形中有 s 个列,而且除 $s-1$ 个行以外,其余诸行中的元素全等于零(此处我们以 s 记矩阵 $\boldsymbol{A}_j$ 的阶).根据拉普拉斯定理,把所讨论的 $n-1$ 阶行列式,按照含于所指出的带形中诸 s 阶子式来展开,我们证明了它必须等于零.

现在取位于对角线上某一个子块中的元素的子式.在这一情形删去的线只"破坏"对角线上一个子块,例如第 j 个子块,而且子式的矩阵仍然是拟对角形的.因此这种子式等于

$$\psi_1(\lambda)\cdots\psi_{j-1}(\lambda)\psi_{j+1}(\lambda)\cdots\psi_t(\lambda)\chi(\lambda) \tag{61}$$

其中 $\chi(\lambda)$ 是所"破坏的"对角线上第 j 个子块的行列式.由于 $\psi_i(\lambda)$ 被 $\psi_{i+1}(\lambda)$ $(i=1,2,\cdots,t-1)$ 所除尽,乘积(61)被乘积(59)所除尽.这样一来,等式(60)已经证明.类似地推理,我们得出

$$\begin{cases} D_{n-2}(\lambda)=\psi_3(\lambda)\cdots\psi_t(\lambda) \\ \qquad\vdots \\ D_{n-t+1}(\lambda)=\psi_t(\lambda) \\ D_{n-t}(\lambda)=\cdots=D_1(\lambda)=1 \end{cases} \tag{62}$$

从(58)(60)与(62)我们求得

$$\begin{aligned} &\psi_1(\lambda)=\frac{D_n(\lambda)}{D_{n-1}(\lambda)}=i_1(\lambda),\psi_2(\lambda)=\frac{D_{n-1}(\lambda)}{D_{n-2}(\lambda)}=i_2(\lambda),\cdots, \\ &\psi_t(\lambda)=\frac{D_{n-t+1}(\lambda)}{D_{n-t}(\lambda)}=i_t(\lambda),i_{t+1}(\lambda)=\cdots=i_n(\lambda)=1 \end{aligned} \tag{63}$$

公式(63)证明了多项式 $\psi_1(\lambda),\psi_2(\lambda),\cdots,\psi_t(\lambda)$ 与算子 A 中(或其对应的矩阵 $\boldsymbol{A}$)的不变多项式是完全一致的.

但是此时展开式(39)中不等于1的 $[\varphi_k(\lambda)]^{c_k},[\varphi_k(\lambda)]^{d_k},\cdots(k=1,2,\cdots)$ 与算子 A(或相应的矩阵 $\boldsymbol{A}$)的初等因子相同.因此不变多项式的表示式或域 K 中初等因子表示式唯一地确定范式 $\boldsymbol{L}_{\text{I}}$ 与 $\boldsymbol{L}_{\text{II}}$ 的元素.

由式(54)我们已经知道两个相似矩阵有相同的不变多项式.现在假设,相

反地，两个元素在 K 中的矩阵$\boldsymbol{A}$与$\boldsymbol{B}$有相同的不变多项式. 因为矩阵$\boldsymbol{L}_{\mathrm{I}}$是所给的这些不变多项式唯一确定的，所以两个矩阵$\boldsymbol{A}$与$\boldsymbol{B}$都同$\boldsymbol{L}_{\mathrm{I}}$相似，因而彼此相似. 这样一来，我们得到以下命题：

定理 9 元素在 K 中的两个矩阵相似的充分必要条件是这两个矩阵有相同的不变多项式[①].

算子 A 的特征多项式$\Delta(\lambda)$与 $D_n(\lambda)$ 重合，故等于全部不变多项式的乘积

$$\Delta(\lambda)=\psi_1(\lambda)\psi_2(\lambda)\cdots\psi_t(\lambda) \tag{64}$$

但 $\psi_1(\lambda)$ 是整个空间关于 A 的最小多项式，就是说 $\psi_1(A)=0$，故由(64)，有

$$\Delta(A)=0 \tag{65}$$

这样一来，我们同时得出了哈密尔顿—凯莱定理(参考第 4 章，§ 4).

§ 7　矩阵的若尔当范式

设算子 A 的特征多项式$\Delta(\lambda)$的全部根都在域 K 中. 特别地，如果 K 是全部复数的域，那么这一情形常成立.

在所讨论的情形，不变多项式对于域 K 中初等因子的分解式可以写为

$$\begin{aligned} i_1(\lambda)&=(\lambda-\lambda_1)^{c_1}(\lambda-\lambda_2)^{c_2}\cdots(\lambda-\lambda_s)^{c_s}\\ i_2(\lambda)&=(\lambda-\lambda_1)^{d_1}(\lambda-\lambda_2)^{d_2}\cdots(\lambda-\lambda_s)^{d_s}\\ &\ \ \vdots\\ i_t(\lambda)&=(\lambda-\lambda_1)^{l_1}(\lambda-\lambda_2)^{l_2}\cdots(\lambda-\lambda_s)^{l_s}\end{aligned} \quad \begin{pmatrix} c_k\geqslant d_k\geqslant\cdots\geqslant l_k\geqslant 0\\ c_k>0;k=1,2,\cdots,s\end{pmatrix} \tag{66}$$

因为所有不变多项式的乘积等于特征多项式$\Delta(\lambda)$，所以(66)中的$\lambda_1,\lambda_2,\cdots,\lambda_s$是特征多项式$\Delta(\lambda)$的所有不同的根.

取任一初等因子

$$(\lambda-\lambda_0)^p \tag{67}$$

此处λ_0是数$\lambda_1,\lambda_2,\cdots,\lambda_s$中的某一个，而 p 为指数$c_k,d_k,\cdots,l_k(k=1,2,\cdots,s)$中的某一个(不等于零的).

这一初等因子对应于分解式(40)中一个确定的循环子空间 I，且以 $\boldsymbol{e}$ 记产生这一空间的向量. $(\lambda-\lambda_0)^p$ 就为这个向量 $\boldsymbol{e}$ 的最小多项式.

讨论向量

$$\boldsymbol{e}_1=(A-\lambda_0E)^{p-1}\boldsymbol{e},\boldsymbol{e}_2=(A-\lambda_0E)^{p-2}\boldsymbol{e},\cdots,\boldsymbol{e}_p=\boldsymbol{e} \tag{68}$$

向量$\boldsymbol{e}_1,\boldsymbol{e}_2,\cdots,\boldsymbol{e}_p$是线性无关的，否则将有次数小于 p 的为向量$\boldsymbol{e}$的零化多项式存在，而这是不可能的. 现在我们注意，有

$$(A-\lambda_0E)\boldsymbol{e}_1=\boldsymbol{0},(A-\lambda_0E)\boldsymbol{e}_2=\boldsymbol{e}_1,\cdots,(A-\lambda_0E)\boldsymbol{e}_p=\boldsymbol{e}_{p-1} \tag{69}$$

① 或者(同样地)有相同的在域 K 中的初等因子.

或

$$Ae_1=\lambda_0 e_1, Ae_2=\lambda_0 e_2+e_1, \cdots, Ae_p=\lambda_0 e_p+e_{p-1} \tag{70}$$

有了等式(70),不难写出在基底(68)时对应于 I 中算子 A 的矩阵.这个矩阵有以下形式

$$\begin{pmatrix} \lambda_0 & 1 & & & \mathbf{0} \\ & \lambda_0 & 1 & & \\ & & \ddots & \ddots & \\ & & & & 1 \\ \mathbf{0} & & & & \lambda_0 \end{pmatrix}=\lambda_0 \boldsymbol{E}^{(p)}+\boldsymbol{H}^{(p)} \tag{71}$$

其中 $\boldsymbol{E}^{(p)}$ 为 p 阶单位矩阵,而 $\boldsymbol{H}^{(p)}$ 为 p 阶矩阵,位于其"上对角线"上的元素全等于1,而其余的元素全等于零.

适合等式(70)的线性无关的向量 $e_1, e_2, \cdots, e_p$ 构成了所谓 I 中向量的若尔当链.从子空间 $I', I'', \cdots, I^{(u)}$ 的每一个里面取出的若尔当链构成 R 中的若尔当基底.如果现在记这些子空间的最小多项式,亦即算子 A 的初等因子,为

$$(\lambda-\lambda_1)^{p_1}, (\lambda-\lambda_2)^{p_2}, \cdots, (\lambda-\lambda_u)^{p_u} \tag{72}$$

(在数 $\lambda_1, \lambda_2, \cdots, \lambda_u$ 中可能有些是相等的),那么在若尔当基底中对应于算子 A 的矩阵 $\boldsymbol{J}$ 将有以下拟对角形

$$\boldsymbol{J}=\{\lambda_1 \boldsymbol{E}^{(p_1)}+\boldsymbol{H}^{(p_1)}, \lambda_2 \boldsymbol{E}^{(p_2)}+\boldsymbol{H}^{(p_2)}, \cdots, \lambda_u \boldsymbol{E}^{(p_u)}+\boldsymbol{H}^{(p_u)}\} \tag{73}$$

至于矩阵 $\boldsymbol{J}$,我们说它是若尔当范式或简称若尔当式.如果已知算子 A 在域 K 中的初等因子,而 K 含有特征方程 $\Delta(\lambda)=0$ 所有的根,那么立刻可以算出矩阵 $\boldsymbol{J}$.

任一矩阵 $\mathbf{A}$ 常与若尔当范式矩阵 $\boldsymbol{J}$ 相似,亦即对于任何矩阵 $\mathbf{A}$,常有这样的满秩矩阵 $\boldsymbol{T}(|\boldsymbol{T}| \neq 0)$ 存在,使得

$$\mathbf{A}=\boldsymbol{T}\boldsymbol{J}\boldsymbol{T}^{-1} \tag{74}$$

如果算子 A 的所有初等因子都是一次的(亦只有在这一情形),若尔当式是一个对角矩阵,且在这一情形我们有

$$\mathbf{A}=\boldsymbol{T}\{\lambda_1, \lambda_2, \cdots, \lambda_n\}\boldsymbol{T}^{-1} \tag{75}$$

这样一来,线性算子 A 是单构的(参考第3章,§8)充分必要条件是算子 A 所有初等因子都是线性的.

等式(73)所定出的向量 $e_1, e_2, \cdots, e_p$ 以相反次序编号

$$g_1=e_p=e, g_2=e_{p-1}=(A-\lambda_0 E)e, \cdots, g_p=e_1=(A-\lambda_0 E)^{p-1}e \tag{76}$$

那么

$$(A-\lambda_0 E)g_1=g_2, (A-\lambda_0 E)g_2=g_3, \cdots, (A-\lambda_0 E)g_p=\mathbf{0} \tag{77}$$

故有

$$Ag_1=\lambda_0 g_1+g_2, Ag_2=\lambda_0 g_2+g_3, \cdots, Ag_p=\lambda_0 g_p \tag{78}$$

向量(76)构成分解式(40)中对应于初等因子$(\lambda-\lambda_0)^p$的循环不变子空间I的基底.在这个基底中,容易看出,算子A对应于矩阵

$$\begin{pmatrix} \lambda_0 & & & & \mathbf{0} \\ 1 & \lambda_0 & & & \\ & 1 & \lambda_0 & & \\ & & \ddots & \ddots & \\ \mathbf{0} & & & 1 & \lambda_0 \end{pmatrix} \tag{79}$$

至于向量(76),我们说它们构成向量的下若尔当链.如果在分解式(40)的子空间$I',I'',\cdots,I^{(u)}$的每一个里面都取向量的下若尔当链,那么由这些链构成下若尔当基底,在这一基底中算子A对应于拟对角矩阵

$$\boldsymbol{J}_1=\{\lambda_1\boldsymbol{E}^{(p_1)}+\boldsymbol{F}^{(p_1)},\lambda_2\boldsymbol{E}^{(p_2)}+\boldsymbol{F}^{(p_2)},\cdots,\lambda_u\boldsymbol{E}^{(p_u)}+\boldsymbol{F}^{(p_u)}\} \tag{80}$$

至于矩阵$\boldsymbol{J}_1$,我们说它是一个下若尔当式.为了与矩阵(80)有所区别,我们有时称矩阵(78)为上若尔当矩阵.

这样一来,任一矩阵$\boldsymbol{A}$常可与某一上若尔当矩阵或某一下若尔当矩阵相似.

§8 长期方程的克雷洛夫变换方法

1. 如果给予矩阵$\boldsymbol{A}=(a_{ik})_1^n$,那么它的特征(长期)方程可写为

$$\Delta(\lambda)\equiv(-1)^n\begin{vmatrix} a_{11}-\lambda & a_{12} & \cdots & a_{1n} \\ a_{21} & a_{22}-\lambda & \cdots & a_{2n} \\ \vdots & \vdots & & \vdots \\ a_{n1} & a_{n2} & \cdots & a_{nn}-\lambda \end{vmatrix}=0 \tag{81}$$

这个方程的左边是n次特征多项式$\Delta(\lambda)$.为了直接计算这个多项式的系数需要展开特征行列式$|\lambda-\lambda\boldsymbol{E}|$,因为$\lambda$是在行列式对角线上的元素中出现,所以对于较大的$n$要有大量的计算工作①

克雷洛夫院士1937年在《О численном решении уравнения》中贡献了特征行列式的变换法,其结果使λ只在某一列(或行)的元素中出现.

克雷洛夫的变换主要是简化特征方程的系数的计算②.

---

① 我们记得,在$\Delta(\lambda)$中λ^k的系数等于(不计符号)矩阵$\boldsymbol{A}$中所有$n-k$阶主子式的和$(k=1,2,\cdots,n)$.这样一来,当$n=6$时为了直接计算$\Delta(\lambda)$中λ的系数已经需要计算6个五阶行列式,而对于λ^2的系数要计算15个四阶行列式,诸如此类.

② 对于长期方程变换的克雷洛夫方法的代数分析方面有一系列的研究工作(《Крылова составления векового уравнения》(1931)),*Algebraische Reduction der Schaaren Bilinearer Formen*(1890),*Ueber Konvexe Matrixfunktionen*,*Math. Zeitschr*(1936).

在本节中我们给予变换特征方程的代数推理,与克雷洛夫的推理有些差别[①].

我们来讨论基底为 $\boldsymbol{e}_1,\boldsymbol{e}_2,\cdots,\boldsymbol{e}_n$ 的 n 维向量空间 R 与 R 中线性算子 A,它是在这一基底中被已给矩阵 $\mathbf{A}=(a_{ik})_1^n$ 所决定的. 在 R 中选取任一向量 $\boldsymbol{x}\neq\mathbf{0}$ 且建立向量序列

$$\boldsymbol{x},A\boldsymbol{x},A^2\boldsymbol{x},A^3\boldsymbol{x},\cdots \tag{82}$$

设在这个序列中前 p 个向量 $\boldsymbol{x},A\boldsymbol{x},\cdots,A^{p-1}\boldsymbol{x}$ 线性无关,而第 $p+1$ 个向量 $A^p\boldsymbol{x}$ 是这 p 个向量的线性组合

$$A^p\boldsymbol{x}=-\alpha_p\boldsymbol{x}-\alpha_{p-1}A\boldsymbol{x}-\cdots-\alpha_1A^{p-1}\boldsymbol{x} \tag{83}$$

或

$$\varphi(A)\boldsymbol{x}=\mathbf{0} \tag{84}$$

其中

$$\varphi(\lambda)=\lambda^p+\alpha_1\lambda^{p-1}+\cdots+\alpha_p \tag{85}$$

序列(82) 中的所有诸向量亦可由这一序列中前 p 个向量线性表出[②]. 这样一来,在序列(82) 中有 p 个线性无关的向量,而且序列(82) 中这组有最大个数的诸线性无关向量常可在序列的前 p 个向量中实现.

多项式 $\varphi(\lambda)$ 是向量 $\boldsymbol{x}$ 对于算子 A 的最小(零化)多项式(参考 §1). 克雷洛夫的方法是定出向量 $\boldsymbol{x}$ 的最小多项式的有效方法.

我们分两种不同的情形来讨论:正则情形(此时 $p=n$)与特殊情形(此时 $p<n$).

多项式 $\varphi(\lambda)$ 是整个空间 R[③] 的最小多项式 $\psi(\lambda)$ 的因式,而 $\psi(\lambda)$ 又是特征多项式 $\Delta(\lambda)$ 的因式. 故 $\varphi(\lambda)$ 恒为 $\Delta(\lambda)$ 的因式.

在正则情形中,$\varphi(\lambda)$ 与 $\Delta(\lambda)$ 有相同的次数 n,且因其首项系数是相等的,所以这些多项式重合. 这样一来,在正则情形

$$\Delta(\lambda)\equiv\psi(\lambda)\equiv\varphi(\lambda)$$

故在正则情形克雷洛夫方法是计算特征多项式 $\Delta(\lambda)$ 的系数的方法.

在特殊情形,有如我们在下面所看到的,克雷洛夫方法没有可能来定出 $\Delta(\lambda)$,而在这一情形它只是定出 $\Delta(\lambda)$ 的因式 —— 多项式 $\varphi(\lambda)$.

---

① 克雷洛夫从含有 n 个常系数微分方程的方程组的讨论出发来得出它的变换方法. 克雷洛夫推理的代数形式可以在,例如,《О численном решении уравнения которым в технических вопросах определяются частоты кокебаний материальных систем》(1931),《Крылова составления векового уравнения》(1931) 或书《Устойчивость движения》(1946) 的 §21 中找到.

② 在等式(83) 的两边应用算子 A,我们把向量 $A^{p+1}\boldsymbol{x}$ 由向量 $A\boldsymbol{x},\cdots,A^{p-1}\boldsymbol{x},A^p\boldsymbol{x}$ 线性表示出. 但由(83),$A^p\boldsymbol{x}$ 可由向量 $\boldsymbol{x},A\boldsymbol{x},\cdots,A^{p-1}\boldsymbol{x}$ 线性表示出. 故对 $A^{p+1}\boldsymbol{x}$ 我们得出类似的表示式. 在向量 $A^{p+1}\boldsymbol{x}$ 的表示式中应用算子 A,我们可把 $A^{p+2}\boldsymbol{x}$ 由 $\boldsymbol{x},A\boldsymbol{x},\cdots,A^{p-1}\boldsymbol{x}$ 线性表示出,诸如此类.

③ $\psi(\lambda)$ 的矩阵 $\boldsymbol{A}$ 的最小多项式.

在叙述克雷洛夫变换时我们以 $a,b,\cdots,l$ 记向量 $\boldsymbol{x}$ 在所给予基底 $\boldsymbol{e}_1,\boldsymbol{e}_2,\cdots,\boldsymbol{e}_n$ 中的坐标，而以 $a_k,b_k,\cdots,l_k$ 记向量 $A^k\boldsymbol{x}$ 的坐标 $(k=1,2,\cdots,n)$.

2. 正则情形：$p=n$. 在这一情形向量 $\boldsymbol{x},A\boldsymbol{x},\cdots,A^{n-1}\boldsymbol{x}$ 线性无关，而且等式(83)(84)(85) 有形式

$$A^n\boldsymbol{x}=-\alpha_n\boldsymbol{x}-\alpha_{n-1}A\boldsymbol{x}-\cdots-\alpha_1A^{n-1}\boldsymbol{x} \tag{86}$$

或

$$\Delta(A)\boldsymbol{x}=\boldsymbol{0} \tag{87}$$

其中

$$\Delta(\lambda)=\lambda^n+\alpha_1\lambda^{n-1}+\cdots+\alpha_{n-1}\lambda+\alpha_n \tag{88}$$

向量 $\boldsymbol{x},A\boldsymbol{x},\cdots,A^{n-1}\boldsymbol{x}$ 线性无关的条件可以解析形式写为(参考第 3 章，§ 1)

$$M=\begin{vmatrix} a & b & \cdots & l \\ a_1 & b_1 & \cdots & l_1 \\ \vdots & \vdots & & \vdots \\ a_{n-1} & b_{n-1} & \cdots & l_{n-1} \end{vmatrix}\neq 0 \tag{89}$$

讨论由向量 $\boldsymbol{x},A\boldsymbol{x},\cdots,A^n\boldsymbol{x}$ 的坐标所构成的矩阵

$$\begin{pmatrix} a & b & \cdots & l \\ a_1 & b_1 & \cdots & l_1 \\ \vdots & \vdots & & \vdots \\ a_{n-1} & b_{n-1} & \cdots & l_{n-1} \\ a_n & b_n & \cdots & l_n \end{pmatrix} \tag{90}$$

在正则情形这个矩阵的秩等于 n. 这个矩阵的前 n 个行线性无关，而最后一行，即第 $n+1$ 行是前 n 行的线性组合.

由矩阵(90)诸行间的相关性，我们可以换向量等式(86)为含有 n 个标量等式的等价方程组

$$\begin{cases} -\alpha_na-\alpha_{n-1}a_1-\cdots-\alpha_1a_{n-1}=a_n \\ -\alpha_nb-\alpha_{n-1}b_1-\cdots-\alpha_1b_{n-1}=b_n \\ \qquad\vdots \\ -\alpha_nl-\alpha_{n-1}l_1-\cdots-\alpha_1l_{n-1}=l_n \end{cases} \tag{91}$$

从这个含有 n 个线性方程的方程组，我们可以唯一地确定所求系数 $\alpha_1,\alpha_2,\cdots,\alpha_n$[①]，且将所得出的值代入(88) 中. 从式(88) 与(91) 消去 $\alpha_1,\alpha_2,\cdots,\alpha_n$ 可以化为对称的形式. 为此写(88) 与(91) 为

① 由于式(89) 的行列式不等于零.

$$\begin{cases} a\alpha_n + a_1\alpha_{n-1} + \cdots + a_{n-1}\alpha_1 + a_n\alpha_0 = 0 \\ b\alpha_n + b_1\alpha_{n-1} + \cdots + b_{n-1}\alpha_1 + b_n\alpha_0 = 0 \\ \qquad\qquad \vdots \\ l\alpha_n + l_1\alpha_{n-1} + \cdots + l_{n-1}\alpha_1 + l_n\alpha_0 = 0 \\ 1\cdot\alpha_n + \lambda\alpha_{n-1} + \cdots + \lambda^{n-1}\alpha_1 + [\lambda^n - \Delta(\lambda)]\alpha_0 = 0 \end{cases} \qquad (\alpha_0 = 1)$$

因为这个方程组有 $n+1$ 个方程与 $n+1$ 个未知量 $\alpha_0, \alpha_1, \cdots, \alpha_n$ 且有非零解 $(\alpha_0 = 1)$，所以它的系数行列式应当等于零

$$\begin{vmatrix} a & a_1 & \cdots & a_{n-1} & a_n \\ b & b_1 & \cdots & b_{n-1} & b_n \\ \vdots & \vdots & & \vdots & \vdots \\ l & l_1 & \cdots & l_{n-1} & l_n \\ 1 & \lambda & \cdots & \lambda^{n-1} & \lambda^n - \Delta(\lambda) \end{vmatrix} = 0 \tag{92}$$

因此，预先将行列式(92) 对主对角线转置后，我们定出 $\Delta(\lambda)$

$$M\Delta(\lambda) = \begin{vmatrix} a & b & \cdots & l & 1 \\ a_1 & b_1 & \cdots & l_1 & \lambda \\ \vdots & \vdots & & \vdots & \vdots \\ a_{n-1} & b_{n-1} & \cdots & l_{n-1} & \lambda^{n-1} \\ a_n & b_n & \cdots & l_n & \lambda^n \end{vmatrix} \tag{93}$$

其中常数因子 M 为式(89) 所确定，故不等于零.

恒等式(93) 表示一个克雷洛夫变换. 在位于这一恒等式右边的克雷洛夫行列式中，λ 只在其最后一列的元素中出现，而这一行列式的其余诸元素都与 λ 无关.

注 在正则情形整个空间 R(对算子 A) 是循环的. 如果选取向量 $\boldsymbol{x}$, $A\boldsymbol{x}, \cdots, A^{n-1}\boldsymbol{x}$ 作为基底，那么在这个基底中算子 A 对应于矩阵 $\boldsymbol{A}$，它是一个自然范式

$$\widetilde{\boldsymbol{A}} = \begin{pmatrix} 0 & 0 & \cdots & 0 & -\alpha_n \\ 1 & 0 & \cdots & 0 & -\alpha_{n-1} \\ \vdots & \ddots & \ddots & \vdots & \vdots \\ \vdots & & \ddots & 0 & -\alpha_2 \\ 0 & \cdots & \cdots & 1 & -\alpha_1 \end{pmatrix} \tag{94}$$

应用满秩变换矩阵

$$\boldsymbol{T} = \begin{pmatrix} a & a_1 & \cdots & a_{n-1} \\ b & b_1 & \cdots & b_{n-1} \\ \vdots & \vdots & & \vdots \\ l & l_1 & \cdots & l_{n-1} \end{pmatrix} \tag{95}$$

化基本基底 $\boldsymbol{e}_1, \boldsymbol{e}_2, \cdots, \boldsymbol{e}_n$ 为基底 $\boldsymbol{x}, A\boldsymbol{x}, \cdots, A^{n-1}\boldsymbol{x}$.

此处

$$\boldsymbol{A} = \boldsymbol{T}\widetilde{\boldsymbol{A}}\boldsymbol{T}^{-1} \tag{96}$$

3. 特殊情形：$p < n$. 在这种情形向量 $\boldsymbol{x}, A\boldsymbol{x}, \cdots, A^{n-1}\boldsymbol{x}$ 线性相关，故有

$$M = \begin{vmatrix} a & b & \cdots & l \\ a_1 & b_1 & \cdots & l_1 \\ \vdots & \vdots & & \vdots \\ a_{n-1} & b_{n-1} & \cdots & l_{n-1} \end{vmatrix} = 0$$

等式(93) 是在条件 $M \neq 0$ 时求得的. 但这个等式的两边都是 λ 与参数 a, $b, \cdots, l$[①] 的有理整函数. 故"由连续性的推究"知等式(93) 当 $M=0$ 时亦能成立. 但此时在展开克雷洛夫行列式(93) 后，所有系数全等于零. 这样一来，在特殊情形($p < n$)，式(93) 变为平凡的恒等式 $0=0$.

讨论由向量 $\boldsymbol{x}, A\boldsymbol{x}, \cdots, A^p\boldsymbol{x}$ 的坐标所构成的矩阵

$$\begin{pmatrix} a & b & \cdots & l \\ a_1 & b_1 & \cdots & l_1 \\ \vdots & \vdots & & \vdots \\ a_{p-1} & b_{p-1} & \cdots & l_{p-1} \\ a_p & b_p & \cdots & l_p \end{pmatrix} \tag{97}$$

这个矩阵的秩等于 p，且其前 p 个行线性无关，其最后的即第 $p+1$ 行是系数为 $-\alpha_p, -\alpha_{p-1}, \cdots, -\alpha_1$ 的前 p 个行的线性组合[参考(83)]. 从 n 个坐标 $a, b, \cdots, l$ 中我们可以选取这样的 p 个坐标 $c, f, \cdots, h$，使得由向量 $\boldsymbol{x}, A\boldsymbol{x}, \cdots, A^{p-1}\boldsymbol{x}$ 的这些坐标所组成的行列式不等于零

$$M^* = \begin{vmatrix} c & f & \cdots & h \\ c_1 & f_1 & \cdots & h_1 \\ \vdots & \vdots & & \vdots \\ c_{p-1} & f_{p-1} & \cdots & h_{p-1} \end{vmatrix} \neq 0 \tag{98}$$

再者，由(83) 推知

$$\begin{cases} -\alpha_p c - \alpha_{p-1} c_1 - \cdots - \alpha_1 c_{p-1} = c_p \\ -\alpha_p f - \alpha_{p-1} f_1 - \cdots - \alpha_1 f_{p-1} = f_p \\ \qquad \vdots \\ -\alpha_p h - \alpha_{p-1} h_1 - \cdots - \alpha_1 h_{p-1} = h_p \end{cases} \tag{99}$$

---

① $a_i = a_{11}^{(i)} a + a_{12}^{(i)} b + \cdots + a_{1n}^{(i)} l, b_i = a_{21}^{(i)} a + a_{22}^{(i)} b + \cdots + a_{2n}^{(i)} l (i = 1, 2, \cdots, n)$，诸如此类，其中 $a_{jk}^{(i)} (j, k = 1, 2, \cdots, n)$ 是矩阵 $\boldsymbol{A}^i$ 的元素.

从这一组方程唯一地确定多项式 $\varphi(\lambda)$（向量 $\boldsymbol{x}$ 的最小多项式）的系数 α_1，$\alpha_2,\cdots,\alpha_p$. 与正则情形完全相类似地（只是换 n 为 p，换字母 $a,b,\cdots,l$ 为字母 c，$f,\cdots,h$)，我们可以从(85)与(99)消去 $\alpha_1,\alpha_2,\cdots,\alpha_p$ 且得出以下关于 $\varphi(\lambda)$ 的公式

$$M^*\varphi(\lambda)=\begin{vmatrix} c & f & \cdots & h & 1 \\ c_1 & f_1 & \cdots & h_1 & \lambda \\ \vdots & \vdots & & \vdots & \vdots \\ c_{p-1} & f_{p-1} & \cdots & h_{p-1} & \lambda^{p-1} \\ c_p & f_p & \cdots & h_p & \lambda^p \end{vmatrix} \tag{100}$$

4. 最后我们来阐明这样的问题，对于怎样的矩阵 $\boldsymbol{A}=(a_{ik})_1^n$ 与怎样选取初始的向量 $\boldsymbol{x}$，或者同样地，怎样选取初始的参数 $a,b,\cdots,l$ 使其成为正则情形.

我们已经看到在正则情形有

$$\Delta(\lambda)\equiv\psi(\lambda)\equiv\varphi(\lambda)$$

特征多项式 $\Delta(\lambda)$ 与最小多项式的重合，表示矩阵 $\boldsymbol{A}=(a_{ik})_1^n$ 没有两个初等因子，有相同的特征数，亦即所有初等因子都两两互质. 在 $\boldsymbol{A}$ 是单构矩阵的情形，这一条件与以下条件等价，即矩阵 $\boldsymbol{A}$ 的特征方程没有多重根.

多项式 $\psi(\lambda)$ 与 $\varphi(\lambda)$ 重合，表示所选取的作为 $\boldsymbol{x}$ 的向量，生成（借助于算子 A）整个空间 R. 根据 §2 的定理 2，这种向量常能存在.

如果条件 $\Delta(\lambda)\equiv\varphi(\lambda)$ 不适合，那么不管怎样选取向量 $\boldsymbol{x}\neq\boldsymbol{0}$，我们都不能得出多项式 $\Delta(\lambda)$，因为由克雷洛夫方法所得出的多项式 $\varphi(\lambda)$ 是 $\psi(\lambda)$ 的因式，在我们所讨论的情形 $\psi(\lambda)$ 不与多项式 $\Delta(\lambda)$ 重合，而只是它的一个因式. 变动向量 $\boldsymbol{x}$，我们可以用 $\psi(\lambda)$ 的任一因式作为 $\varphi(\lambda)$①.

我们可以把所得出的结果叙述为以下定理：

定理 10 克雷洛夫变换给予矩阵 $\boldsymbol{A}=(a_{ik})_1^n$ 的特征多项式 $\Delta(\lambda)$ 以行列式(93)的表示式，充分必要的条件是：

1° 矩阵 $\boldsymbol{A}$ 的初等因子两两互质.

2° 初始的参数 $a,b,\cdots,l$ 是向量 $\boldsymbol{x}$ 的坐标，$\boldsymbol{x}$ 生成（借助于与矩阵 $\boldsymbol{A}$ 相对应的算子 A）整个 n 维空间②.

在一般的情形，克雷洛夫变换得出特征多项式 $\Delta(\lambda)$ 的某一个因式 $\varphi(\lambda)$. 这个因式 $\varphi(\lambda)$ 是坐标为 $(a,b,\cdots,l)$ 的向量 $\boldsymbol{x}$ 的最小多项式（$a,b,\cdots,l$ 为克雷

---

① 参考，例如，《О нормальных операторах в эрмитовом пространстве》(1929) 中第 48 页.

② 这一条件的解析形式是列 $\boldsymbol{x},A\boldsymbol{x},\cdots,A^{n-1}\boldsymbol{x}$ 线性无关，其中 $\boldsymbol{x}=(a,b,\cdots,l)$.

洛夫变换中的原始参数).

5. 我们来指出如何求得任一特征数λ_0所对应的特征向量$\boldsymbol{y}$的坐标,其中λ_0是由克雷洛夫变换所得出的多项式$\varphi(\lambda)$的根①.

向量$\boldsymbol{y}\neq\boldsymbol{0}$,将在以下形式中找出

$$\boldsymbol{y}=\xi_1\boldsymbol{x}+\xi_2A\boldsymbol{x}+\cdots+\xi_pA^{p-1}\boldsymbol{x} \tag{101}$$

把$\boldsymbol{y}$的这个表示式代入向量等式

$$A\boldsymbol{y}=\lambda_0\boldsymbol{y}$$

且利用式(101),我们得出

$$\begin{aligned}&\xi_1A\boldsymbol{x}+\xi_2A^2\boldsymbol{x}+\cdots+\xi_{p-1}A^{p-1}\boldsymbol{x}+\xi_p(-\alpha_p\boldsymbol{x}-\alpha_{p-1}A\boldsymbol{x}-\cdots-\alpha_1A^{p-1}\boldsymbol{x})=\\&\lambda_0(\xi_1\boldsymbol{x}+\xi_2A\boldsymbol{x}+\cdots+\xi_pA^{p-1}\boldsymbol{x})\end{aligned} \tag{102}$$

故知$\xi_p\neq 0$,因为由(102),等式$\xi_p=0$将给予向量$\boldsymbol{x},A\boldsymbol{x},\cdots,A^{p-1}\boldsymbol{x}$间的线性相关性,以后我们取$\xi_p=1$. 那么由式(102)我们得出

$$\begin{aligned}&\xi_p=1,\xi_{p-1}=\lambda_0\xi_p+\alpha_1,\xi_{p-2}=\lambda_0\xi_{p-1}+\alpha_2,\cdots,\\&\xi_1=\lambda_0\xi_2+\alpha_{p-1},0=\lambda_0\xi_1+\alpha_p\end{aligned} \tag{103}$$

这些等式的前p个顺次定出$\xi_p,\xi_{p-1},\cdots,\xi_1$(向量$\boldsymbol{x}$在"新"基底$\boldsymbol{x},A\boldsymbol{x},\cdots,A^{p-1}\boldsymbol{x}$中的坐标)的值;最后一个等式是从前面诸等式与关系式$\lambda_0^p+\alpha_1\lambda_0^{p-1}+\cdots+\alpha_p=0$所得出的结果.

向量$\boldsymbol{y}$在原基底中的坐标$a',b',\cdots,l'$可以从(101)推出的以下诸公式中求得

$$\begin{cases}a'=\xi_1a+\xi_2a_1+\cdots+\xi_pa_{p-1}\\b'=\xi_1b+\xi_2b_1+\cdots+\xi_pb_{p-1}\\\qquad\vdots\\l'=\xi_1l+\xi_2l_1+\cdots+\xi_pl_{p-1}\end{cases} \tag{104}$$

例 2 对读者推荐以下计算方法.

在所给予矩阵$\boldsymbol{A}$下面写出的一个行是向量$\boldsymbol{x}$的坐标:$a,b,\cdots,l$. 这些数是任意给予的(只有一个限制:在这些数中至少有一个数不等于零). 在行$a,b,\cdots,l$下面写出一行$a_1,b_1,\cdots,l_1$,亦即向量$A\boldsymbol{x}$的坐标. 数$a_1,b_1,\cdots,l_1$可以由顺次乘行$a,b,\cdots,l$以所给予矩阵$\boldsymbol{A}$的行来得出. 例如$a_1=a_{11}a+a_{12}b+\cdots+a_{1n}l$,$b_1=a_{21}a+a_{22}b+\cdots+a_{2n}l$,在行$a_1,b_1,\cdots,l_1$下面写出行$a_2,b_2,\cdots,l_2$,诸如此类. 所写出的每一行,从第二行开始,都是由顺次乘其前面的行以所给予矩阵的行来得出的.

① 以下所讨论的无论对于正则情形$p=n$或特殊情形$p<n$都成立.

在所给矩阵的上面写出一行是行的校验和

$$
\begin{array}{r:rrrr:r:r:}
 & 8 & 3 & -10 & -3 & & \\
 & 3 & -1 & -4 & 2 & & \\
A= & 2 & 3 & -2 & -4 & & \\
 & 2 & -1 & -3 & 2 & & \\
 & 1 & 2 & -1 & -3 & \boldsymbol{y} & \boldsymbol{z} \\
\hdashline
\boldsymbol{x}=\boldsymbol{e}_1+\boldsymbol{e}_2 & 1 & 1 & 0 & 0 & -1 & -1 \\
A\boldsymbol{x} & 2 & 5 & 1 & 3 & -1 & -1 \\
A^2\boldsymbol{x} & 3 & 5 & 2 & 2 & 1 & -1 \\
A^3\boldsymbol{x} & 0 & 9 & -1 & 5 & 1 & 1 \\
A^4\boldsymbol{x} & 5 & 9 & 4 & 4 & & \\
\boldsymbol{y}\Big\{ & 0 & 8 & 0 & 4 & & \\
 & 0 & 2 & 0 & 1 & & \\
\boldsymbol{z}\Big\{ & -4 & 0 & -4 & 0 & & \\
 & 1 & 0 & 1 & 0 & &
\end{array}
$$

所给予的情形是正则情形,因为

$$
M=\begin{vmatrix}1 & 1 & 0 & 0\\ 2 & 5 & 1 & 3\\ 3 & 5 & 2 & 2\\ 0 & 9 & -1 & 5\end{vmatrix}=-16
$$

克雷洛夫行列式有形式

$$
-16\Delta(\lambda)=\begin{vmatrix}1 & 1 & 0 & 0 & 1\\ 2 & 5 & 1 & 3 & \lambda\\ 3 & 5 & 2 & 2 & \lambda^2\\ 0 & 9 & -1 & 5 & \lambda^3\\ 5 & 9 & 4 & 4 & \lambda^4\end{vmatrix}
$$

展开这个行列式且约去 -16,我们求得

$$
\Delta(\lambda)=\lambda^4-2\lambda^2+1=(\lambda-1)^2(\lambda+1)^2
$$

以 $\boldsymbol{y}=\xi_1\boldsymbol{x}+\xi_2A\boldsymbol{x}+\xi_3A^2\boldsymbol{x}+\xi_4A^3\boldsymbol{x}$ 记对应于特征数$\lambda_0=1$的矩阵$\boldsymbol{A}$的特征向量. 我们用公式(103) 来求出数 ξ_1,ξ_2,ξ_3,ξ_4

$$
\xi_4=1,\xi_3=1\cdot\lambda_0+0=1,\xi_2=1\cdot\lambda_0-2=-1,\xi_1=-1\cdot\lambda_0+0=-1
$$

最后验算等式 $-1\cdot\lambda_0+1=0$ 是适合的.

我们把所得出的数 ξ_1,ξ_2,ξ_3,ξ_4 写在一个与向量列 $\boldsymbol{x},A\boldsymbol{x},A^2\boldsymbol{x},A^3\boldsymbol{x}$ 平行的垂直列上面. 乘列 ξ_1,ξ_2,ξ_2,ξ_4 以列 a_1,a_2,a_3,a_4,我们得出向量 $\boldsymbol{y}$ 在原基底 $\boldsymbol{e}_1$, $\boldsymbol{e}_2,\boldsymbol{e}_3,\boldsymbol{e}_4$ 中的第一个坐标 a';同样地可以得出 b',c',d'. 我们就得出了向量 $\boldsymbol{y}$ 的坐标(约去 4 之后):0,2,0,1. 同样地定出对应于特征数 $\lambda_0=-1$ 的特征向量 $\boldsymbol{z}$ 的坐标 1,0,1,0.

再者,根据(94) 与(95),有

$$\boldsymbol{A}=\boldsymbol{T}\widetilde{\boldsymbol{A}}\boldsymbol{T}^{-1}$$

其中

$$\widetilde{\boldsymbol{A}}=\begin{pmatrix}0&0&0&-1\\1&0&0&0\\0&1&0&2\\0&0&1&0\end{pmatrix},\boldsymbol{T}=\begin{pmatrix}1&2&3&0\\1&5&5&9\\0&1&2&-1\\0&3&2&5\end{pmatrix}$$

例 3 讨论同一矩阵 $\boldsymbol{A}$,但是取数 $a=1,b=0,c=0,d=0$ 作为初始参数.

$$\begin{matrix}8&3&-10&-3\end{matrix}$$

$$\boldsymbol{A}=\begin{pmatrix}3&-1&-4&2\\2&3&-2&-4\\2&-1&-3&2\\1&2&-1&-3\end{pmatrix}$$

$\boldsymbol{x}=\boldsymbol{e}_1$	1	0	0	0
$A\boldsymbol{x}$	3	2	2	1
$A^2\boldsymbol{x}$	1	4	0	2
$A^3\boldsymbol{x}$	3	6	2	3

但在所给予情形

$$M=\begin{vmatrix}1&0&0&0\\3&2&2&1\\1&4&0&2\\3&6&2&3\end{vmatrix}=0$$

而 $p=3$. 我们得出特殊情形.

取向量 $\boldsymbol{x},A\boldsymbol{x},A^2\boldsymbol{x},A^3\boldsymbol{x}$ 的前三个坐标,写出克雷洛夫行列式

$$\begin{vmatrix}1&0&0&1\\3&2&2&\lambda\\1&4&0&\lambda^2\\3&6&2&\lambda^3\end{vmatrix}$$

展开这个行列式且约去 -8,我们得出

$$\varphi(\lambda)=\lambda^3-\lambda^2-\lambda+1=(\lambda-1)^2(\lambda+1)$$

故求得三个特征数:$\lambda_1=1,\lambda_2=1,\lambda_3=-1$. 第四个特征数可以由所有特征数之和等于矩阵的迹这一条件来得出. 今有 $\mathrm{Sp}\,\boldsymbol{A}=0$,故得 $\lambda_4=-1$.

上述例子说明,在应用克雷洛夫方法时,顺次写出矩阵

$$\begin{pmatrix}a&b&\cdots&l\\a_1&b_1&\cdots&l_1\\a_2&b_2&\cdots&l_2\\\vdots&\vdots&&\vdots\end{pmatrix}\tag{105}$$

的行，应当注意所得出的矩阵的秩，使得在第一个(矩阵中第 $p+1$ 个行) 出现的行为其以前诸行的线性组合时即行停止. 秩的定义与已知行列式的计算有关. 此外，得出(93) 或(100) 形的克雷洛夫行列式后，计算已知 $p-1$ 阶行列式(在正则情形为 $n-1$ 阶行列式)，把它按照最后一列的元素来展开.

亦可以直接从方程组(91)[或(99)] 定出系数 $\alpha_1, \alpha_2, \cdots$ 来代替克雷洛夫行列式的展开，此时可用任一有效的方法来解出这个方程组，例如用消去法来解它. 这个方法亦可以直接应用到矩阵

$$\begin{pmatrix} a & b & \cdots & l & 1 \\ a_1 & b_1 & \cdots & l_1 & \lambda \\ a_2 & b_2 & \cdots & l_2 & \lambda^2 \\ \vdots & \vdots & & \vdots & \vdots \end{pmatrix} \tag{106}$$

由克雷洛夫方法得出对应行，同时应用消去法. 那么我们就无须计算任何行列式，而及时地发现矩阵(105) 中与其前诸行线性相关的行.

我们来予以详细地说明，在矩阵(106) 的第一行中选取任一元素 $c \neq 0$ 且利用它来使得位于它下面的元素 c_1 变为零，即从第二行减去第一行与 $\frac{c_1}{c}$ 的乘积. 再在第二行中选取任一元素 $f_1^* \neq 0$ 且利用元素 c 与 f_1^* 使元素 c_2 与 f_2 都变为零，继续如此进行[①]. 这种变换的结果使在矩阵(106) 最后一列中换幂 λ^k 为 k 次多项式 $g_k(\lambda)=\lambda^k+\cdots(k=0,1,2,\cdots)$.

因为对于任何 k 经过我们的变换法，由矩阵(106) 的前 k 行与前 n 列所组成的矩阵的秩，并非变动，所以经过变换后，这个矩阵的第 $p+1$ 行将有以下形式

$$0,0,\cdots,0,g_p(\lambda)$$

进行我们的变换并不改变以下克雷洛夫行列式的值

$$\begin{vmatrix} c & f & \cdots & h & 1 \\ c_1 & f_1 & \cdots & h_1 & \lambda \\ \vdots & \vdots & & \vdots & \vdots \\ c_{p-1} & f_{p-1} & \cdots & h_{p-1} & \lambda^{p-1} \\ c_p & f_p & \cdots & h_p & \lambda^p \end{vmatrix} = M^* \varphi(\lambda)$$

所以

$$M^* \varphi(\lambda) = c f_1^* \cdots g_p(\lambda) \tag{107}$$

亦即[②] $g_p(\lambda)$ 就是所要找出的 $\varphi(\lambda)$：$g_p(\lambda) \equiv \varphi(\lambda)$.

推荐以下简化方法. 在矩阵(106) 中得出第 k 个经过变换的行

---

① 元素 $c, f_1^*, \cdots$ 不允许在含有 λ 的幂的最后一列中选取.

② 记住多项式 $\varphi(\lambda)$ 与 $g_p(\lambda)$ 的首项系数都等于 1.

$$a_{k-1}^{*}, b_{k-1}^{*}, \cdots, l_{k-1}^{*}, g_{k-1}(\lambda) \tag{108}$$

以后，下面的第 $k+1$ 行可由序列 $a_{k-1}^{*}, b_{k-1}^{*}, \cdots, l_{k-1}^{*}$（而不是原来的序列 a_{k-1}，$b_{k-1}, \cdots, l_{k-1}$）乘以所给予矩阵的诸行来得出[①]. 那么我们就求得第 $k+1$ 行，其形式为

$$\tilde{a}_k, \tilde{b}_k, \cdots, \tilde{l}_k, \lambda g_{k-1}(\lambda)$$

而在减去其前面的诸行后我们得出

$$a_k^{*}, b_k^{*}, \cdots, l_k^{*}, g_k(\lambda)$$

我们所推荐的只有很少一些变动的克雷洛夫方法（与消去法相结合）可以立刻得出我们所关心的多项式 $\varphi(\lambda)$[在正则情形是 $\Delta(\lambda)$]，并不需要任何行列式的计算与辅助方程组的求解[②].

例　有如下式子

$$\begin{matrix} & 4 & 4 & 1 & 5 & 0 \\ \boldsymbol{A} = & \left(\begin{matrix} 1 & 1 & -1 & 1 & 0 \\ 1 & 2 & -1 & 0 & 1 \\ -1 & 2 & 3 & -1 & 0 \\ 1 & -2 & 1 & 2 & -1 \\ 2 & 1 & -1 & 3 & 0 \end{matrix}\right) \end{matrix}$$

0	0	0	0	1	1
0	1	0	-1	0	λ
0	2	3	-4	-2	$\lambda^2[2-4\lambda]$
0	-2	3	0	0	$\lambda^2-4\lambda+2$
-5	-7	5	7	-5	$\lambda^3-4\lambda^2+2\lambda[5+7\lambda]$
-5	0	5	0	0	$\lambda^3-4\lambda^2+9\lambda+5$
-10	-10	20	0	-15	$\lambda^4-4\lambda^3+9\lambda^2+5\lambda[15-5(\lambda^2-4\lambda+2)-2(\lambda^3-4\lambda^2+9\lambda+5)]$
0	0	-5	0	0	$\lambda^4-6\lambda^3+12\lambda^2+7\lambda-5$
5	5	-15	-5	5	$\lambda^5-6\lambda^4+12\lambda^3+7\lambda^2-5\lambda[-5-5\lambda+(\lambda^3-4\lambda^2+9\lambda+5)-2(\lambda^4-6\lambda^3+12\lambda^2+7\lambda-5)]$
0	0	0	0	0	$\underbrace{\lambda^5-8\lambda^4+25\lambda^3-21\lambda^2-15\lambda+10}_{\Delta(\lambda)}$

① 简化法中还有这样的情形，在变换行(108)中有 $k-1$ 个元素等于零. 故乘这种行以矩阵 $\boldsymbol{A}$ 的行是较为简便的.

② 与克雷洛夫的方法相平行的，我们已经在第 4 章中使读者知道了德・克・法捷耶夫关于计算特征多项式的系数的方法. 德・克・法捷耶夫的方法比克雷洛夫的方法需要较多的计算，但是法捷耶夫的方法较为普遍，在它里面没有特殊情形. 读者还要注意阿・蒙・达尼列夫斯基的很有效的方法(《Определение собственных значений и Функций некоторых операторов с помощью электрической цепи》, 1947).

矩阵方程

第8章

在这一章里面，我们讨论在矩阵论及其应用的各种问题中遇到的矩阵方程的某些类型.

§1 方程 $\boldsymbol{AX}=\boldsymbol{XB}$

设给予方程

$$\boldsymbol{AX}=\boldsymbol{XB} \tag{1}$$

其中 $\boldsymbol{A}$ 与 $\boldsymbol{B}$ 为两个已知方阵(一般地说，有不同的阶)

$$\boldsymbol{A}=(a_{ij})_1^m,\boldsymbol{B}=(b_{kl})_1^n$$

而 $\boldsymbol{X}$ 为要求出的 $m\times n$ 维长方矩阵

$$\boldsymbol{X}=(x_{jk})\quad(j=1,2,\cdots,m;k=1,2,\cdots,n)$$

写出矩阵 $\boldsymbol{A}$ 与 $\boldsymbol{B}$(在复数域中)的初等因子

$$(\lambda-\lambda_1)^{p_1},(\lambda-\lambda_2)^{p_2},\cdots,(\lambda-\lambda_u)^{p_u}$$

$$(p_1+p_2+\cdots+p_u=m)$$

$$(\lambda-\mu_1)^{q_1},(\lambda-\mu_2)^{q_2},\cdots,(\lambda-\mu_v)^{q_v}$$

$$(q_1+q_2+\cdots+q_v=n)$$

对应于这些初等因子化矩阵 $\boldsymbol{A}$ 与 $\boldsymbol{B}$ 为若尔当范式

$$\boldsymbol{A}=\boldsymbol{U}\widetilde{\boldsymbol{A}}\boldsymbol{U}^{-1},\boldsymbol{B}=\boldsymbol{V}\widetilde{\boldsymbol{B}}\boldsymbol{V}^{-1} \tag{2}$$

其中 $\boldsymbol{U},\boldsymbol{V}$ 都是满秩方阵，分别有阶 m 与 n，而 $\widetilde{\boldsymbol{A}}$ 与 $\widetilde{\boldsymbol{B}}$ 为若尔当矩阵

$$\begin{gathered}\widetilde{\boldsymbol{A}}=\{\lambda_1\boldsymbol{E}^{(p_1)}+\boldsymbol{H}^{(p_1)},\lambda_2\boldsymbol{E}^{(p_2)}+\boldsymbol{H}^{(p_2)},\cdots,\lambda_u\boldsymbol{E}^{(p_u)}+\boldsymbol{H}^{(p_u)}\}\\ \widetilde{\boldsymbol{B}}=\{\mu_1\boldsymbol{E}^{(q_1)}+\boldsymbol{H}^{(q_1)},\mu_2\boldsymbol{E}^{(q_2)}+\boldsymbol{H}^{(q_2)},\cdots,\mu_v\boldsymbol{E}^{(q_v)}+\boldsymbol{H}^{(q_v)}\}\end{gathered} \tag{3}$$

把 $\boldsymbol{A}$ 与 $\boldsymbol{B}$ 的表示式(2) 代入方程(1) 中,我们得出

$$\boldsymbol{U}\widetilde{\boldsymbol{A}}\boldsymbol{U}^{-1}\boldsymbol{X}=\boldsymbol{X}\boldsymbol{V}\widetilde{\boldsymbol{B}}\boldsymbol{V}^{-1}$$

这个等式的两边左乘以 $\boldsymbol{U}^{-1}$,而右乘以 $\boldsymbol{V}$

$$\widetilde{\boldsymbol{A}}\boldsymbol{U}^{-1}\boldsymbol{X}\boldsymbol{V}=\boldsymbol{U}^{-1}\boldsymbol{X}\boldsymbol{V}\widetilde{\boldsymbol{B}} \tag{4}$$

所求矩阵 $\boldsymbol{X}$ 替换新的未知矩阵 $\widetilde{\boldsymbol{X}}$(维数仍为 $m\times n$),有

$$\widetilde{\boldsymbol{X}}=\boldsymbol{U}^{-1}\boldsymbol{X}\boldsymbol{V} \tag{5}$$

我们可以写方程(4) 为

$$\widetilde{\boldsymbol{A}}\widetilde{\boldsymbol{X}}=\widetilde{\boldsymbol{X}}\widetilde{\boldsymbol{B}} \tag{6}$$

我们已经把矩阵方程(1) 替换为同形式的方程(6),但此时所给予矩阵成若尔当范式.

与拟对角矩阵 $\widetilde{\boldsymbol{A}}$ 和 $\widetilde{\boldsymbol{B}}$ 相对应地分 $\widetilde{\boldsymbol{X}}$ 为分块矩阵

$$\widetilde{\boldsymbol{X}}=(\boldsymbol{X}_{\alpha\beta})\quad(\alpha=1,2,\cdots,u;\beta=1,2,\cdots,v)$$

(此处 $\boldsymbol{X}_{\alpha\beta}$ 为 $p_\alpha\times q_\beta$ 维长方矩阵;$\alpha=1,2,\cdots,u;\beta=1,2,\cdots,v$).

应用分块矩阵与拟对角矩阵的乘法规则(参考第 2 章,§5,1),乘出方程(6) 的左边与右边,那么这个方程就分解为 uv 个矩阵方程

$$[\lambda_\alpha\boldsymbol{E}^{(p_\alpha)}+\boldsymbol{H}^{(p_\alpha)}]\boldsymbol{X}_{\alpha\beta}=\boldsymbol{X}_{\alpha\beta}[\mu_\beta\boldsymbol{E}^{(q_\beta)}+\boldsymbol{H}^{(q_\beta)}]\quad(\alpha=1,2,\cdots,u;\beta=1,2,\cdots,v)$$

还可以把它们写为

$$(\mu_\beta-\lambda_\alpha)\boldsymbol{X}_{\alpha\beta}=\boldsymbol{H}_\alpha\boldsymbol{X}_{\alpha\beta}-\boldsymbol{X}_{\alpha\beta}\boldsymbol{G}_\beta\quad(\alpha=1,2,\cdots,u;\beta=1,2,\cdots,v) \tag{7}$$

此处我们引进了简写符号

$$\boldsymbol{H}_\alpha=\boldsymbol{H}^{(p_\alpha)},\boldsymbol{G}_\beta=\boldsymbol{H}^{(q_\beta)}\quad(\alpha=1,2,\cdots,u;\beta=1,2,\cdots,v) \tag{8}$$

取方程(7) 中的任何一个,可能出现两种情况:

1° $\lambda_\alpha\neq\mu_\beta$. 重复运用等式(7)$r-1$ 次①

$$(\mu_\beta-\lambda_\alpha)^r\boldsymbol{X}_{\alpha\beta}=\sum_{\sigma+\tau=r}(-1)^\tau\boldsymbol{H}_\alpha^\sigma\boldsymbol{X}_{\alpha\beta}\boldsymbol{G}_\beta^\tau \tag{9}$$

注意,由(8) 有

$$\boldsymbol{H}_\alpha^{p_\alpha}=\boldsymbol{G}_\beta^{q_\beta}=\boldsymbol{0} \tag{10}$$

如果在(9) 中取 $r\geqslant p_\alpha+q_\beta-1$,那么位于等式(9) 右边的和中每一个项,至少适合以下关系式中的某一个

$$\sigma\geqslant p_\alpha,\tau\geqslant q_\beta$$

故由(10),或有 $\boldsymbol{H}_\alpha^\sigma=\boldsymbol{0}$,或有 $\boldsymbol{G}_\beta^\tau=\boldsymbol{0}$. 又因为我们所讨论的情形是 $\lambda_\alpha\neq\mu_\beta$,所以从(9) 求得

---

① 等式(7) 的两边乘以 $\mu_\beta-\lambda_\alpha$ 且在右边中把每一项的 $(\mu_\beta-\lambda_\alpha)\boldsymbol{X}_{\alpha\beta}$ 替换为 $\boldsymbol{H}_\alpha\boldsymbol{X}_{\alpha\beta}-\boldsymbol{X}_{\alpha\beta}\boldsymbol{G}_\beta$,重复这个步骤 $r-1$ 次.

$$\boldsymbol{X}_{\alpha\beta}=\boldsymbol{0} \tag{11}$$

2° $\lambda_{\alpha}=\mu_{\beta}$. 在这种情形方程(7) 变为

$$\boldsymbol{H}_{\alpha}\boldsymbol{X}_{\alpha\beta}=\boldsymbol{X}_{\alpha\beta}\boldsymbol{G}_{\beta} \tag{12}$$

在矩阵 $\boldsymbol{H}_{\alpha}$ 与 $\boldsymbol{G}_{\beta}$ 的第一上对角线中诸元素都等于 1,而所有其余的元素都等于零. 注意矩阵 $\boldsymbol{H}_{\alpha}$ 与 $\boldsymbol{G}_{\beta}$ 的这种特殊结构且设

$$\boldsymbol{X}_{\alpha\beta}=(\xi_{ik}) \quad (i=1,2,\cdots,p_{\alpha};k=1,2,\cdots,q_{\beta})$$

我们可以把矩阵方程(12) 换为以下与它等价的一组标量关系[①]

$$\xi_{i+1,k}=\xi_{i,k-1} \quad (\xi_{i0}=\xi_{p_{\alpha}+1,k}=0;i=1,2,\cdots,p_{\alpha};k=1,2,\cdots,q_{\beta}) \tag{13}$$

等式(13) 说明了:

(1) 在矩阵 $\boldsymbol{X}_{\alpha\beta}$ 中,位于与主对角线平行的每一条线上的元素,彼此相等.

(2) $\xi_{21}=\xi_{31}=\cdots=\xi_{p_{\alpha}1}=\xi_{p_{\alpha}2}=\cdots=\xi_{p_{\alpha},q_{\beta}-1}=0$.

设 $p_{\alpha}=q_{\beta}$. 在这种情形 $\boldsymbol{X}_{\alpha\beta}$ 是一个方阵. 由(1)(2) 知在矩阵 $\boldsymbol{X}_{\alpha\beta}$ 中位于主对角线下面的所有元素都等于零,主对角线上的所有元素都等于某一个数 $c_{\alpha\beta}$,第一上对角线中诸元素都等于某一个数 $c_{\alpha\beta}'$,诸如此类,亦即

$$\boldsymbol{X}_{\alpha\beta}=\begin{pmatrix} c_{\alpha\beta} & c_{\alpha\beta}' & \cdots & c_{\alpha\beta}^{(p_{\alpha}-1)} \\ & c_{\alpha\beta} & \ddots & \vdots \\ & & \ddots & c_{\alpha\beta}' \\ \boldsymbol{0} & & & c_{\alpha\beta} \end{pmatrix}=\boldsymbol{T}_{p_{\alpha}} \quad (p_{\alpha}=q_{\beta}) \tag{14}$$

此处 $c_{\alpha\beta},c_{\alpha\beta}',\cdots,c_{\alpha\beta}^{(p_{\alpha}-1)}$ 为任意的参数(方程(12) 并没有给予这些参数以任何限制).

容易看出,当 $p_{\alpha}<q_{\beta}$ 时,有

$$\boldsymbol{X}_{\alpha\beta}=(\overbrace{\boldsymbol{0}}^{q_{\beta}-q_{\alpha}} \quad \boldsymbol{T}_{p_{\alpha}}) \tag{15}$$

而当 $p_{\alpha}>q_{\beta}$ 时,有

$$\boldsymbol{X}_{\alpha\beta}=\begin{pmatrix} \boldsymbol{T}_{q_{\beta}} \\ \boldsymbol{0} \end{pmatrix}\}\, p_{\alpha}-q_{\beta} \tag{16}$$

至于矩阵(14)(15) 与(16),我们说它们是正上三角形. $\boldsymbol{X}_{\alpha\beta}$ 中任意的参数的个数等于数 p_{α} 与 q_{β} 中较小的一个. 下面所举的格式说明当 $\lambda_{\alpha}=\mu_{\beta}$ 时矩阵 $\boldsymbol{X}_{\alpha\beta}$ 的结构(以 a,b,c,d 记任意的参数)

---

① 从矩阵 $\boldsymbol{H}_{\alpha}$ 与 $\boldsymbol{G}_{\beta}$ 的结构,可知在 $\boldsymbol{X}_{\alpha\beta}$ 中除去第一行把所有的行向上移动一个位置后以零填满其最后一行,即得乘积 $\boldsymbol{H}_{\alpha}\boldsymbol{X}_{\alpha\beta}$;同样地在 $\boldsymbol{X}_{\alpha\beta}$ 中除去其最右边的列把所有的列向右边移动一个位置,再以零填满其第一列,即得乘积 $\boldsymbol{X}_{\alpha\beta}\boldsymbol{G}_{\beta}$(参考第 1 章,§ 3,1).

为了记号的简便起见,我们对 ξ_{ik} 并不再补出指数 α,β.

$$\boldsymbol{X}_{\alpha\beta}=\begin{pmatrix}a&b&c&d\\0&a&b&c\\0&0&a&b\\0&0&0&a\end{pmatrix},\boldsymbol{X}_{\alpha\beta}=\begin{pmatrix}0&0&a&b&c\\0&0&0&a&b\\0&0&0&0&a\end{pmatrix},\boldsymbol{X}_{\alpha\beta}=\begin{pmatrix}a&b&c\\0&a&b\\0&0&a\\0&0&0\\0&0&0\end{pmatrix}$$

$(p_\alpha=q_\beta=4)$　　$(p_\alpha=3,q_\beta=5)$　　$(p_\alpha=5,q_\beta=3)$

为了在计算矩阵 $\widetilde{\boldsymbol{X}}$ 中任意的参数时可以包含情形 1，以 $d_{\alpha\beta}(\lambda)$ 记初等因子 $(\lambda-\lambda_\alpha)^{p_\alpha}$ 与 $(\lambda-\mu_\beta)^{q_\beta}$ 的最大公因式，而以 $\delta_{\alpha\beta}$ 记多项式 $d_{\alpha\beta}(\lambda)(\alpha=1,2,\cdots,u;\beta=1,2,\cdots,v)$ 的次数. 在情形 1 中 $\delta_{\alpha\beta}=0$；而在情形 2 中 $\delta_{\alpha\beta}=\min(p_\alpha,q_\beta)$. 这样一来，在两种情形中 $\boldsymbol{X}_{\alpha\beta}$ 内任意参数的个数都等于 $\delta_{\alpha\beta}$. $\widetilde{\boldsymbol{X}}$ 中任意参数的个数由下式所确定

$$N=\sum_{\alpha=1}^{u}\sum_{\beta=1}^{v}\delta_{\alpha\beta}$$

以后，我们以 $\boldsymbol{X}_{\widetilde{A}\widetilde{B}}$ 来记方程(6)的一般解(直到现在为止我们是以符号 $\widetilde{\boldsymbol{X}}$ 来记这个解的)，比较方便.

在这一节中所得出的结果可以叙述为以下定理：

定理 1　矩阵方程

$$\boldsymbol{AX}=\boldsymbol{XB}$$

$$\boldsymbol{A}=(a_{ik})_1^m=\boldsymbol{U}\widetilde{\boldsymbol{A}}\boldsymbol{U}^{-1}=\boldsymbol{U}\{\lambda_1\boldsymbol{E}^{(p_1)}+\boldsymbol{H}^{(p_1)},\cdots,\lambda_u\boldsymbol{E}^{(p_u)}+\boldsymbol{H}^{(p_u)}\}\boldsymbol{U}^{-1}$$

$$\boldsymbol{B}=(b_{ik})_1^n=\boldsymbol{V}\widetilde{\boldsymbol{B}}\boldsymbol{V}^{-1}=\boldsymbol{V}\{\mu_1\boldsymbol{E}^{(q_1)}+\boldsymbol{H}^{(q_1)},\cdots,\mu_v\boldsymbol{E}^{(q_v)}+\boldsymbol{H}^{(q_v)}\}\boldsymbol{V}^{-1}$$

该方程的一般解由下式所给出

$$\boldsymbol{X}=\boldsymbol{U}\boldsymbol{X}_{\widetilde{A}\widetilde{B}}\boldsymbol{V}^{-1} \tag{17}$$

此处 $\boldsymbol{X}_{\widetilde{A}\widetilde{B}}$ 是方程

$$\widetilde{\boldsymbol{A}}\widetilde{\boldsymbol{X}}=\widetilde{\boldsymbol{X}}\widetilde{\boldsymbol{B}}$$

的一般解，它有以下结构，写 $\boldsymbol{X}_{\widetilde{A}\widetilde{B}}$ 为分块矩阵

$$\boldsymbol{X}_{\widetilde{A}\widetilde{B}}=(\overbrace{\boldsymbol{X}_{\alpha\beta}}^{q_\beta})\}p_\alpha\quad(\alpha=1,2,\cdots,u;\beta=1,2,\cdots,v)$$

如果 $\lambda_\alpha\neq\mu_\beta$，那么位于 $\boldsymbol{X}_{\alpha\beta}$ 处的是一个零矩阵，如果 $\lambda_\alpha=\mu_\beta$，那么位于 $\boldsymbol{X}_{\alpha\beta}$ 处的是一个任意的正上三角矩阵.

因而 $\boldsymbol{X}$ 与 N 个任意的参数 $c_1,c_2,\cdots,c_N$ 线性相关

$$\boldsymbol{X}=\sum_{j=1}^{N}c_j\boldsymbol{X}_j \tag{18}$$

其中 N 由下式所确定

$$N=\sum_{\alpha=1}^{u}\sum_{\beta=1}^{v}\delta_{\alpha\beta} \tag{19}$$

[此处 $\delta_{\alpha\beta}$ 表示 $(\lambda-\lambda_\alpha)^{p_\alpha}$ 与 $(\lambda-\mu_\beta)^{q_\beta}$ 的最大公因式的次数].

我们注意,固定在式(18)中的矩阵 $\boldsymbol{X}_1,\boldsymbol{X}_2,\cdots,\boldsymbol{X}_N$ 是原方程(1)的解[如果在 $\boldsymbol{X}$ 中给予参数 $c_j(j=1,2,\cdots,N)$ 以值1,而给予其余诸参数以值零,我们就得出矩阵 $\boldsymbol{X}_j$].这些解是线性无关的,否则对于参数 $c_1,c_2,\cdots,c_N$ 的某些不全为零的值,将使 $X_{\widetilde{A}\widetilde{B}}$ 等于零,而这是不可能的.这样一来,等式(19)证明原方程的任一解可以表示为 N 个线性无关解的线性组合.

如果 $\boldsymbol{A}$ 与 $\boldsymbol{B}$ 没有公共的特征数(特征多项式 $|\lambda\boldsymbol{E}-\boldsymbol{A}|$)与 $|\lambda\boldsymbol{E}-\boldsymbol{B}|$ 互质),那么 $N=\sum_{\alpha=1}^{u}\sum_{\beta=1}^{v}\delta_{\alpha\beta}=0$,因而 $\boldsymbol{X}=\boldsymbol{0}$,亦即在这种情形方程(1)只有明显的零解 $\boldsymbol{X}=\boldsymbol{0}$.

注 设矩阵 $\boldsymbol{A}$ 与 $\boldsymbol{B}$ 的元素在某一个数域 K 中.那么不能断定,在公式(17)中所定出的矩阵 $\boldsymbol{U},\boldsymbol{V},\boldsymbol{X}_{\widetilde{A}\widetilde{B}}$ 的元素亦在域 K 中.可以在扩展域 K_1 中选取这些矩阵的元素,K_1 是在域 K 中添加特征方程 $|\lambda\boldsymbol{E}-\boldsymbol{A}|=0$ 与 $|\lambda\boldsymbol{E}-\boldsymbol{B}|=0$ 的根所得出的.基域的这种形式的扩展,在化所给予矩阵为若尔当范式时常常是必要的.

但是矩阵方程(1)与有 mn 个方程的齐次线性方程组等价,在这组方程中以未知矩阵 $\boldsymbol{X}$ 的元素 $x_{jk}(j=1,2,\cdots,m;k=1,2,\cdots,n)$ 为其未知量

$$\sum_{j=1}^{m}a_{ij}x_{jk}=\sum_{h=1}^{n}x_{ih}b_{hk}\quad(i=1,2,\cdots,m;k=1,2,\cdots,n)\tag{20}$$

我们已经证明,这个方程组有 N 个线性无关解,其中 N 为公式(19)所确定.但是已知,作为基底的线性无关解,可以在方程(20)的系数所在基域 K 中选取.故在公式(18)中,可以这样地来选取矩阵 $\boldsymbol{X}_1,\boldsymbol{X}_2,\cdots,\boldsymbol{X}_N$,使得它们的元素都在域 K 中.那么在公式(18)中给予任意参数以域 K 中所有可能的值,我们就得出适合方程(1)的元素在 K 中的所有矩阵 $\boldsymbol{X}$①.

§2 特殊情形:$\boldsymbol{A}=\boldsymbol{B}$,可交换矩阵

讨论方程(1)的特殊情形——方程

$$\boldsymbol{AX}=\boldsymbol{XA}\tag{21}$$

其中 $\boldsymbol{A}=(a_{ik})_1^n$ 是已给予的,而 $\boldsymbol{X}=(x_{ik})_1^n$ 是未知矩阵.我们得到弗罗贝尼乌斯问题:定出与已给予矩阵 $\boldsymbol{A}$ 可交换的全部矩阵 $\boldsymbol{X}$.

化矩阵 $\boldsymbol{A}$ 为若尔当范式

$$\boldsymbol{A}=\boldsymbol{U}\widetilde{\boldsymbol{A}}\boldsymbol{U}^{-1}=\boldsymbol{U}\{\lambda_1\boldsymbol{E}^{(p_1)}+\boldsymbol{H}^{(p_1)},\cdots,\lambda_u\boldsymbol{E}^{(p_u)}+\boldsymbol{H}^{(p_u)}\}\boldsymbol{U}^{-1}\tag{22}$$

---

① 矩阵 $\boldsymbol{A}=(a_{ij})_1^m$ 与 $\boldsymbol{B}=(b_{kl})_1^n$ 在 $m\times n$ 维长方矩阵 $\boldsymbol{X}$ 的空间中定出线性算子 $F(\boldsymbol{X})=\boldsymbol{AX}-\boldsymbol{XB}$.这种类型的算子的研究可在论文《О структуре автоморфизмов комплексных простых групп Ли》(1931)中找到.

那么在公式(17)中取$\boldsymbol{U}=\boldsymbol{V}$,$\widetilde{\boldsymbol{B}}=\widetilde{\boldsymbol{A}}$且简写$\boldsymbol{X}_{\widetilde{A}\widetilde{A}}$为$\boldsymbol{X}_{\widetilde{A}}$,我们得出方程(21)的所有解,亦即与$\boldsymbol{A}$可交换的全部矩阵都有以下形式

$$\boldsymbol{X}=\boldsymbol{U}\boldsymbol{X}_{\widetilde{A}}\boldsymbol{U}^{-1} \tag{23}$$

其中$\boldsymbol{X}_{\widetilde{A}}$记任一与$\widetilde{\boldsymbol{A}}$可交换的矩阵. 有如上节中所阐明的,对应于若尔当矩阵$\widetilde{\boldsymbol{A}}$的分块,分解$\boldsymbol{X}_{\widetilde{A}}$为$u^2$个子块

$$\boldsymbol{X}_{\widetilde{A}}=(\boldsymbol{X}_{\alpha\beta})_1^u$$

$\boldsymbol{X}_{\alpha\beta}$为零矩阵或为任意的正上三角矩阵,则由$\lambda_\alpha\neq\lambda_\beta$或$\lambda_\alpha=\lambda_\beta$而定.

对于有以下诸初等因子的矩阵$\boldsymbol{A}$,写出矩阵$\boldsymbol{X}_{\widetilde{A}}$的元素为

$$(\lambda-\lambda_1)^4,(\lambda-\lambda_1)^3,(\lambda-\lambda_2)^2,\lambda-\lambda_2 \quad (\lambda_1\neq\lambda_2)$$

在这一情形$\boldsymbol{X}_{\widetilde{A}}$有这样的形式

$$\left(\begin{array}{cccc:ccc:cc:c}
a & b & c & d & e & f & g & 0 & 0 & 0\\
0 & a & b & c & 0 & e & f & 0 & 0 & 0\\
0 & 0 & a & b & 0 & 0 & e & 0 & 0 & 0\\
0 & 0 & 0 & a & 0 & 0 & 0 & 0 & 0 & 0\\
\hdashline
0 & h & k & l & m & p & q & 0 & 0 & 0\\
0 & 0 & h & k & 0 & m & p & 0 & 0 & 0\\
0 & 0 & 0 & h & 0 & 0 & m & 0 & 0 & 0\\
\hdashline
0 & 0 & 0 & 0 & 0 & 0 & 0 & r & s & t\\
0 & 0 & 0 & 0 & 0 & 0 & 0 & 0 & r & 0\\
\hdashline
0 & 0 & 0 & 0 & 0 & 0 & 0 & 0 & w & z
\end{array}\right) \quad (a,b,\cdots,z\text{ 是任意的参数})$$

在$\boldsymbol{X}_{\widetilde{A}}$中参数的个数等于$N$,其中$N=\sum_{\alpha,\beta=1}^{u}\delta_{\alpha\beta}$,此处$\delta_{\alpha\beta}$记多项式$(\lambda-\lambda_\alpha)^{p_\alpha}$与$(\lambda-\lambda_\beta)^{p_\beta}$的最大公因式的次数.

在讨论中我们引进矩阵$\boldsymbol{A}$的不变多项式:$i_1(\lambda),i_2(\lambda),\cdots,i_t(\lambda)$;$i_{t+1}(\lambda)=\cdots=i_n(\lambda)=1$. 以$n_1\geqslant n_2\geqslant\cdots\geqslant n_t>n_{t+1}=\cdots=0$记这些多项式的次数. 因为每一个不变多项式都是某些两两互质的初等因子的乘积,所以对于N的公式可以写为

$$N=\sum_{g,j=1}^{t}\kappa_{gj} \tag{24}$$

其中κ_{gj}为多项式$i_g(\lambda)$与$i_j(\lambda)(g,j=1,2,\cdots,t)$的最大公因式的次数. 但是多项式$i_g(\lambda)$与$i_j(\lambda)$的最大公因式是其中的某一个,故有$\kappa_{gj}=\min(n_g,n_j)$. 因此我们得出

$$N=n_1+3n_2+\cdots+(2t-1)n_t$$

数N是与矩阵$\boldsymbol{A}$可交换的线性无关矩阵的个数(可以认为这些矩阵的元素在含有矩阵$\boldsymbol{A}$的元素的基域K里面,参考上节末尾的注释). 我们得到以下

定理：

定理 2 与矩阵 $\boldsymbol{A}=(a_{ik})_1^n$ 可交换的线性无关矩阵的个数被以下公式所确定

$$N=n_1+3n_2+\cdots+(2t-1)n_t \tag{25}$$

其中 $n_1,n_2,\cdots,n_t$ 为矩阵 $\boldsymbol{A}$ 的诸不为常数的不变多项式 $i_1(\lambda),i_2(\lambda),\cdots,i_t(\lambda)$ 的次数.

我们注意

$$n=n_1+n_2+\cdots+n_t \tag{26}$$

由(25) 与(26) 推知

$$N\geqslant n \tag{27}$$

而且等号能成立的充分必要条件是 $t=1$，亦即矩阵 $\boldsymbol{A}$ 的所有初等因子是两两互质的.

设 $g(\lambda)$ 为 λ 的某一个多项式，那么矩阵 $g(\boldsymbol{A})$ 与 $\boldsymbol{A}$ 可交换. 提出相反的问题：在什么情形之下，任一与 $\boldsymbol{A}$ 可交换的矩阵，都能表示为 $\boldsymbol{A}$ 的多项式？此时任一与 $\boldsymbol{A}$ 可交换的矩阵，都可表示为线性无关矩阵

$$\boldsymbol{E},\boldsymbol{A},\boldsymbol{A}^2,\cdots,\boldsymbol{A}^{n_1-1}$$

的线性组合.

在所讨论的情形 $N=n_1\leqslant n$，与(27) 相比较，我们得出 $N=n_1=n$. 这样一来，我们得到了：

定理 2 的推论 1 所有与 $\boldsymbol{A}$ 可交换的矩阵都能表示为 $\boldsymbol{A}$ 的多项式的充分必要条件是 $n_1=n$，亦即矩阵 $\boldsymbol{A}$ 的所有初等因子两两互质.

与 $\boldsymbol{A}$ 可交换的矩阵的多项式，亦与 $\boldsymbol{A}$ 可交换. 提出这样的问题：在什么情形之下，所有与 $\boldsymbol{A}$ 可交换的矩阵，都可以表示为某一个(同一) 矩阵 $\boldsymbol{C}$ 的多项式？我们假定这种情形能够成立. 那么，因为矩阵 $\boldsymbol{C}$ 由哈密尔顿－凯莱定理适合它自己的特征方程，所以任一与 $\boldsymbol{C}$ 可交换的矩阵，都可以由矩阵

$$\boldsymbol{E},\boldsymbol{C},\boldsymbol{C}^2,\cdots,\boldsymbol{C}^{n-1}$$

线性表出.

故在所讨论的情形 $N\leqslant n$，与(27) 相比较，我们求得 $N=n$. 但是由(25) 与(26) 知 $n_1=n$.

定理 2 的推论 2 所有与 $\boldsymbol{A}$ 可交换的矩阵，都能表示为同一矩阵 $\boldsymbol{C}$ 的多项式的充分必要条件是 $n_1=n$，亦即矩阵 $\lambda\boldsymbol{E}-\boldsymbol{A}$ 的所有初等因子两两互质. 在这一情形所有与 $\boldsymbol{A}$ 可交换的矩阵都能表示为 $\boldsymbol{A}$ 的多项式.

我们还要注意可交换矩阵的一项重要性质.

定理 3 如果两个矩阵 $\boldsymbol{A}=(a_{ik})_1^n$ 与 $\boldsymbol{B}=(b_{ik})_1^n$ 可交换，而且其中的一个，例如 $\boldsymbol{A}$ 有拟对角形

$$\boldsymbol{A}=\{\overbrace{\boldsymbol{A}_1}^{s_1},\overbrace{\boldsymbol{A}_2}^{s_2}\} \tag{28}$$

其中 $\boldsymbol{A}_1$ 与 $\boldsymbol{A}_2$ 没有公共的特征数,那么其另一矩阵亦有同样的拟对角形

$$\boldsymbol{B}=\{\overbrace{\boldsymbol{B}_1}^{s_1},\overbrace{\boldsymbol{B}_2}^{s_2}\} \tag{29}$$

证明 分解矩阵 $\boldsymbol{B}$ 为与拟对角形(28) 相对应的分块形

$$\boldsymbol{B}=\begin{pmatrix}\overbrace{\boldsymbol{B}_1}^{s_1} & \overbrace{\boldsymbol{X}}^{s_2}\\ \boldsymbol{Y} & \boldsymbol{B}_2\end{pmatrix}$$

由 $\boldsymbol{AB}=\boldsymbol{BA}$,我们得出四个矩阵等式

$$\boldsymbol{A}_1\boldsymbol{B}_1=\boldsymbol{B}_1\boldsymbol{A}_1,\boldsymbol{A}_1\boldsymbol{X}=\boldsymbol{X}\boldsymbol{A}_2,\boldsymbol{A}_2\boldsymbol{Y}=\boldsymbol{Y}\boldsymbol{A}_1,\boldsymbol{A}_2\boldsymbol{B}_2=\boldsymbol{B}_2\boldsymbol{A}_2 \tag{30}$$

方程(30) 中第二与第三式,有如 §1(注释的前面) 所已经阐明的,只有零解 $\boldsymbol{X}=\boldsymbol{0},\boldsymbol{Y}=\boldsymbol{0}$,因为矩阵 $\boldsymbol{A}_1$ 与 $\boldsymbol{A}_2$ 没有公共的特征数. 这样一来,我们的命题已经证明. 等式(30) 中第一与第四式表示矩阵 $\boldsymbol{A}_1$ 与 $\boldsymbol{B}_1$,$\boldsymbol{A}_2$ 与 $\boldsymbol{B}_2$ 的可交换性.

所证明的命题的几何说法可述为:

定理 3′ 如果

$$R=I_1+I_2$$

是整个空间 R 对关于算子 A 不变的子空间 I_1 与 I_2 的分解式,而且这些子空间(关于 A) 的最小多项式互质,那么这些子空间 I_1 与 I_2 对于任何一个与 A 可交换的线性算子 B 不变.

由所证明的定理推得以下推论:

推论 1 如果线性算子 $A,B,\cdots,L$ 两两可交换,那么可以分解整个空间 R 为对所有算子 $A,B,\cdots,L$ 不变的诸子空间

$$R=I_1+I_2+\cdots+I_w$$

且可使得这些子空间中的任何一个关于算子 $A,B,\cdots,L$ 中任何一个的最小多项式都是不可约多项式的幂.

因此,作为特殊情形,我们得出:

推论 2 如果线性算子 $A,B,\cdots,L$ 两两可交换,而且所有这些算子的特征数都在基域 K 中,那么可以分解整个空间 R 为对所有算子 $A,B,\cdots,L$ 不变的诸子空间 $I_1,I_2,\cdots,I_w$,在它们里面的每一个关于算子 $A,B,\cdots,L$ 中任何一个,诸特征数是相等的.

最后,还要注意这个命题的一种特殊情形:

推论 3 如果单构算子 $A,B,\cdots,L$(参考第 3 章,§8) 两两可交换,那么可以从这些算子的共同的特征向量来构成空间的基底.

我们还给予最后的命题一个矩阵的说法:

可交换单构矩阵可以用同一个相似变换同时将它们化为对角形的形式.

§3 方程 $\boldsymbol{AX}-\boldsymbol{XB}=\boldsymbol{C}$

设给予矩阵方程

$$\boldsymbol{AX}-\boldsymbol{XB}=\boldsymbol{C} \tag{31}$$

其中 $\boldsymbol{A}=(a_{ij})_1^m,\boldsymbol{B}=(b_{kl})_1^n$ 是已知的 m 与 n 阶方阵，$\boldsymbol{C}=(c_{jk})$ 是已知的，$\boldsymbol{X}=(x_{jk})$ 是未知的，都是 $m\times n$ 维长方矩阵. 方程(31) 与关于矩阵 $\boldsymbol{X}$ 的元素，有 mn 个标量方程的线性方程组等价

$$\sum_{j=1}^m a_{ij}x_{jk}-\sum_{l=1}^n x_{il}b_{lk}=c_{ik}\quad(i=1,2,\cdots,m;k=1,2,\cdots,n)$$

其对应的齐次方程组为

$$\sum_{j=1}^m a_{ij}x_{jk}-\sum_{l=1}^n x_{il}b_{lk}=0\quad(i=1,2,\cdots,m;k=1,2,\cdots,n)$$

写为矩阵的形式是

$$\boldsymbol{AX}-\boldsymbol{XB}=\boldsymbol{0} \tag{32}$$

这样一来，如果方程(32) 只有一个零解，那么方程(31) 亦有且只有一组解. 但在 §1 中已经证明，方程(32) 只有一个零解的充分必要条件是矩阵 $\boldsymbol{A}$ 与 $\boldsymbol{B}$ 没有公共的特征数. 因此，如果矩阵 $\boldsymbol{A}$ 与 $\boldsymbol{B}$ 没有公共的特征数，那么方程(31) 有且只有一组解；如果矩阵 $\boldsymbol{A}$ 与 $\boldsymbol{B}$ 有公共的特征数，那么与“常数项”$\boldsymbol{C}$ 有关可以有两种情形出现：或者方程(31) 是矛盾的，或者它有无穷多组解，为以下公式所给出

$$\boldsymbol{X}=\boldsymbol{X}_0+\boldsymbol{X}_1$$

其中 $\boldsymbol{X}_0$ 为方程(31) 的一组固定的特殊解，$\boldsymbol{X}_1$ 为齐次方程组(32) 的一般解($\boldsymbol{X}_1$ 的结构已经在 §1 中说明).

§4 方程 $f(\boldsymbol{X})=\boldsymbol{0}$

首先讨论方程

$$g(\boldsymbol{X})=\boldsymbol{0} \tag{33}$$

其中

$$g(\lambda)=(\lambda-\lambda_1)^{a_1}(\lambda-\lambda_2)^{a_2}\cdots(\lambda-\lambda_h)^{a_h}$$

是已知的变数 λ 的多项式，而 $\boldsymbol{X}$ 是一个 n 阶未知方阵. 因为矩阵 $\boldsymbol{X}$ 的最小多项式，亦即其第一不变多项式 $i_1(\lambda)$，必须是多项式 $g(\lambda)$ 的因式，所以矩阵 $\boldsymbol{X}$ 的初等因子应当有以下形式

$$(\lambda-\lambda_{i_1})^{p_{i_1}},(\lambda-\lambda_{i_2})^{p_{i_2}},\cdots,(\lambda-\lambda_{i_v})^{p_{i_v}}\begin{pmatrix}i_1,i_2,\cdots,i_v=1,2,\cdots,h\\ p_{i_1}\leqslant a_{i_1},p_{i_2}\leqslant a_{i_2},\cdots,p_{i_h}\leqslant a_{i_h}\\ p_{i_1}+p_{i_2}+\cdots+p_{i_v}=n\end{pmatrix}$$

(下标 $i_1,i_2,\cdots,i_v$ 中可能有些是相等的，n 是未知矩阵 $\boldsymbol{X}$ 的已给的阶).

表示未知矩阵 $\boldsymbol{X}$ 为以下形式

$$\boldsymbol{X}=\boldsymbol{T}\{\lambda_{i_1}\boldsymbol{E}^{(p_{i_1})}+\boldsymbol{H}^{(p_{i_1})},\cdots,\lambda_{i_v}\boldsymbol{E}^{(p_{i_v})}+\boldsymbol{H}^{(p_{i_v})}\}\boldsymbol{T}^{-1} \tag{34}$$

其中 $\boldsymbol{T}$ 为任意的 n 阶满秩矩阵. 有已知阶的矩阵方程(33) 的解集,按照式(34) 分解为有限个相似矩阵类.

例 1 给予方程

$$\boldsymbol{X}^m=\boldsymbol{0} \tag{35}$$

如果矩阵的某一个幂等于零,那么称这个矩阵为幂零的. 使矩阵的幂等于零的诸方次中最小的指数称为所给矩阵的幂零性指标.

显然,方程(35) 的解是有幂零性指标 $\mu\leqslant m$ 的所有幂零矩阵. 包含已知阶 n 的所有解的公式有以下形式

$$\boldsymbol{X}=\boldsymbol{T}\{\boldsymbol{H}^{(p_1)},\boldsymbol{H}^{(p_2)},\cdots,\boldsymbol{H}^{(p_v)}\}\boldsymbol{T}^{-1}\quad\begin{pmatrix}p_1,p_2,\cdots,p_v\leqslant m\\ p_1+p_2+\cdots+p_v=n\end{pmatrix} \tag{36}$$

($\boldsymbol{T}$ 是任意的满秩矩阵).

例 2 给出方程

$$\boldsymbol{X}^2=\boldsymbol{X} \tag{37}$$

适合这个方程的矩阵称为等幂的. 等幂矩阵的初等因子只能是 λ 或 $\lambda-1$. 所以等幂矩阵可以确定为特征数等于 0 或 1 的单构矩阵(亦即可化为对角矩阵). 包含所有已给阶的等幂矩阵的公式有以下形式

$$\boldsymbol{X}=\boldsymbol{T}\underbrace{\{1,1,\cdots,1,0,\cdots,0\}}_{n}\boldsymbol{T}^{-1} \tag{38}$$

其中 $\boldsymbol{T}$ 为任意的 n 阶满秩矩阵.

讨论更一般的方程

$$f(\boldsymbol{X})=\boldsymbol{0} \tag{39}$$

其中 $f(\lambda)$ 为平面上某一区域 G 中复变量 λ 的正则函数. 对于所求的解 $\boldsymbol{X}=(x_{ik})_1^n$,我们要求其特征数都在区域 G 里面. 写出函数 $f(\lambda)$ 在区域 G 里面的所有零点及其重数

$$\lambda_1,\lambda_2,\cdots$$

$$a_1,a_2,\cdots$$

与上面的情形一样,矩阵 $\boldsymbol{X}$ 的每一个初等因子必须有以下形式

$$(\lambda-\lambda_i)^{p_i}\quad(p_i\leqslant a_i)$$

故有

$$\boldsymbol{X}=\boldsymbol{T}\{\lambda_{i_1}\boldsymbol{E}^{(p_{i_1})}+\boldsymbol{H}^{(p_{i_1})},\cdots,\lambda_{i_v}\boldsymbol{E}^{(p_{i_v})}+\boldsymbol{H}^{(p_{i_v})}\}\boldsymbol{T}^{-1} \tag{40}$$

$$(i_1,i_2,\cdots,i_v=1,2,\cdots;p_{i_1}\leqslant a_{i_1},p_{i_2}\leqslant a_{i_2},\cdots,p_{i_v}\leqslant a_{i_v};$$

$$p_{i_1}+p_{i_2}+\cdots+p_{i_v}=n)$$

($\boldsymbol{T}$ 是任意的满秩矩阵)

§5　矩阵多项式方程

讨论方程

$$\boldsymbol{A}_0\boldsymbol{X}^m+\boldsymbol{A}_1\boldsymbol{X}^{m-1}+\cdots+\boldsymbol{A}_m=\boldsymbol{0} \tag{41}$$

$$\boldsymbol{Y}^m\boldsymbol{A}_0+\boldsymbol{Y}^{m-1}\boldsymbol{A}_1+\cdots+\boldsymbol{A}_m=\boldsymbol{0} \tag{42}$$

其中 $\boldsymbol{A}_0,\boldsymbol{A}_1,\cdots,\boldsymbol{A}_m$ 为已知的，而 $\boldsymbol{X}$ 与 $\boldsymbol{Y}$ 为未知的 n 阶方阵. 在上节中所讨论的方程(33)是方程(41)(42)的特殊的情形，只要在(41)或(42)中取 $\boldsymbol{A}_i=\alpha_i\boldsymbol{E}$，其中 α_i 为域 K 中的数，而 $i=1,2,\cdots,m$，我们就得出方程(33).

以下定理建立了方程(41)(42)与(33)之间的关系.

定理 4　矩阵方程

$$\boldsymbol{A}_0\boldsymbol{X}^m+\boldsymbol{A}_1\boldsymbol{X}^{m-1}+\cdots+\boldsymbol{A}_m=\boldsymbol{0}$$

的每一个解都适合标量方程

$$g(\boldsymbol{X})=\boldsymbol{0} \tag{43}$$

其中

$$g(\lambda)\equiv|\boldsymbol{A}_0\lambda^m+\boldsymbol{A}_1\lambda^{m-1}+\cdots+\boldsymbol{A}_m| \tag{44}$$

矩阵方程

$$\boldsymbol{Y}^m\boldsymbol{A}_0+\boldsymbol{Y}^{m-1}\boldsymbol{A}_1+\cdots+\boldsymbol{A}_m=\boldsymbol{0}$$

的任一解 $\boldsymbol{Y}$ 适合这个标量方程.

证明　以 $\boldsymbol{F}(\lambda)$ 记矩阵多项式

$$\boldsymbol{F}(\lambda)=\boldsymbol{A}_0\lambda^m+\boldsymbol{A}_1\lambda^{m-1}+\cdots+\boldsymbol{A}_m$$

那么方程(41)与(42)可以写为(参考第 4 章，§3)

$$\boldsymbol{F}(\boldsymbol{X})=\boldsymbol{0},\hat{\boldsymbol{F}}(\boldsymbol{Y})=\boldsymbol{0}$$

根据广义贝祖定理(第 3 章，§3)，如果 $\boldsymbol{X}$ 与 $\boldsymbol{Y}$ 是这些方程的解，那么矩阵多项式 $\boldsymbol{F}(\lambda)$ 可被 $\lambda\boldsymbol{E}-\boldsymbol{X}$ 右整除，被 $\lambda\boldsymbol{E}-\boldsymbol{Y}$ 左整除

$$\boldsymbol{F}(\lambda)=\boldsymbol{Q}(\lambda)(\lambda\boldsymbol{E}-\boldsymbol{X})=(\lambda\boldsymbol{E}-\boldsymbol{Y})\boldsymbol{Q}_1(\lambda)$$

故有

$$g(\lambda)=|\boldsymbol{F}(\lambda)|=|\boldsymbol{Q}(\lambda)|\Delta(\lambda)=|\boldsymbol{Q}_1(\lambda)|\Delta_1(\lambda) \tag{45}$$

其中 $\Delta(\lambda)=|\lambda\boldsymbol{E}-\boldsymbol{X}|$ 与 $\Delta_1(\lambda)=|\lambda\boldsymbol{E}-\boldsymbol{Y}|$ 分别为矩阵 $\boldsymbol{X}$ 与 $\boldsymbol{Y}$ 的特征多项式. 由哈密尔顿－凯莱定理(第 4 章，§4)

$$\Delta(\boldsymbol{X})=\boldsymbol{0},\Delta_1(\boldsymbol{Y})=\boldsymbol{0}$$

故由(45)推知

$$g(\boldsymbol{X})=g(\boldsymbol{Y})=\boldsymbol{0}$$

定理已经证明.

我们证明了，方程(41)的每个解都满足次数小于或等于 mn 的标量方程

$$g(\lambda)=0$$

但是这个含已知 n 阶方程的矩阵解集，可分解为有限个彼此相似的矩阵类(参考 §4). 因此方程(41) 的所有解必须在形如

$$\boldsymbol{T}_i\boldsymbol{D}_i\boldsymbol{T}_i^{-1} \tag{46}$$

的矩阵中寻找(此处 $\boldsymbol{D}_i$ 是已知矩阵；需要时可以认为 $\boldsymbol{D}_i$ 有若尔当范式；$\boldsymbol{T}_i$ 是任何 n 阶满秩矩阵，$i=1,2,\cdots,h$). 在(41) 中由矩阵(46) 代入 $\boldsymbol{X}$，选择一个 $\boldsymbol{T}_i$，使方程(41) 满足. 对每一 $\boldsymbol{T}_i$ 得出其线性方程

$$\boldsymbol{A}_0\boldsymbol{T}_i\boldsymbol{D}_i^m+\boldsymbol{A}_1\boldsymbol{T}_i\boldsymbol{D}_i^{m-1}+\cdots+\boldsymbol{A}_m\boldsymbol{T}_i=\boldsymbol{0}\quad(i=1,2,\cdots,h) \tag{47}$$

我们可以对求方程(47) 的解提出唯一的方法，是用关于未知矩阵 $\boldsymbol{T}_i$ 的元素的线性齐次方程组代替矩阵方程. 方程(47) 的每个满秩解 $\boldsymbol{T}_i$ 代入(46) 后就给出已知方程(41) 的解. 可以对方程(42) 进行类似的推理.

在以下两节中，我们将讨论方程(41) 求矩阵 m 次方根的特殊情形.

注意，哈密尔顿—凯莱定理是定理 4 的特殊情形. 事实上，任一方阵 $\boldsymbol{A}$ 代替 λ 时将满足方程

$$\lambda\boldsymbol{E}-\boldsymbol{A}=\boldsymbol{0}$$

因此由所证明的定理知

$$\Delta(\boldsymbol{A})=\boldsymbol{0}$$

其中 $\Delta(\lambda)=|\lambda\boldsymbol{E}-\boldsymbol{A}|$.

我们注意，哈密尔顿—凯莱定理是所证明的定理的一个特殊情形. 事实上，以任何方阵 $\boldsymbol{A}$ 代替 λ 都适合方程

$$\lambda\boldsymbol{E}-\boldsymbol{A}=\boldsymbol{0}$$

故由所证明的定理

$$\Delta(\boldsymbol{A})=\boldsymbol{0}$$

其中 $\Delta(\lambda)=|\lambda\boldsymbol{E}-\boldsymbol{A}|$.

定理 4 可以推广为以下形式：

定理 5(菲利普萨)[①] 如果两两可交换的 n 阶方阵 $\boldsymbol{X}_0,\boldsymbol{X}_1,\cdots,\boldsymbol{X}_m$ 适合矩阵方程

$$\boldsymbol{A}_0\boldsymbol{X}_0+\boldsymbol{A}_1\boldsymbol{X}_1+\cdots+\boldsymbol{A}_m\boldsymbol{X}_m=\boldsymbol{0} \tag{48}$$

($\boldsymbol{A}_0,\boldsymbol{A}_1,\cdots,\boldsymbol{A}_m$ 是已知的 n 阶方阵)，那么这些矩阵 $\boldsymbol{X}_0,\boldsymbol{X}_1,\cdots,\boldsymbol{X}_m$ 适合标量方程

$$g(\boldsymbol{X}_0,\boldsymbol{X}_1,\cdots,\boldsymbol{X}_m)=\boldsymbol{0} \tag{49}$$

其中

$$g(\xi_0,\xi_1,\cdots,\xi_m)=|\boldsymbol{A}_0\xi_0+\boldsymbol{A}_1\xi_1+\cdots+\boldsymbol{A}_m\xi_m|^{②} \tag{50}$$

证明 设 $\boldsymbol{F}(\xi_0,\xi_1,\cdots,\xi_m)=(f_{ik}(\xi_0,\xi_1,\cdots,\xi_m))_1^n=\boldsymbol{A}_0\xi_0+\boldsymbol{A}_1\xi_1+\cdots+\boldsymbol{A}_m\xi_m$；$\xi_0,\xi_1,\cdots,\xi_m$ 为标量变数.

---

① 参考《Дискретные цепи Маркова》(1948).

② $f_{ik}(\xi_0,\xi_1,\cdots,\xi_m)(i,k=1,2,\cdots,n)$ 中 $\xi_0,\xi_1,\cdots,\xi_m$ 的线性型.

以 $\hat{\boldsymbol{F}}(\xi_0,\xi_1,\cdots,\xi_m)=(\hat{f}_{ik}(\xi_0,\xi_1,\cdots,\xi_m))_1^n$ 记矩阵 $\boldsymbol{F}$ 的伴随矩阵[$\hat{f}_{ik}$ 是行列式 $|\boldsymbol{F}(\xi_0,\xi_1,\cdots,\xi_m)|=|f_{ik}|_1^n$ 中元素 f_{ki} 的代数余子式(余因子)$(i,k=1,2,\cdots,m)$]. 那么矩阵 $\hat{\boldsymbol{F}}$ 的每一个元素 $\hat{f}_{ik}(i,k=1,2,\cdots,n)$ 都是 $\xi_0,\xi_1,\cdots,\xi_{m-1}$ 的 $n-1$ 次齐次多项式,故可表示矩阵 $\hat{\boldsymbol{F}}$ 为

$$\hat{\boldsymbol{F}}=\sum_{j_0+j_1+\cdots+j_m=n-1}\boldsymbol{F}_{j_0j_1\cdots j_m}\xi_0^{j_0}\xi_1^{j_1}\cdots\xi_m^{j_m}$$

其中 $\boldsymbol{F}_{j_0j_1\cdots j_m}$ 为某些 n 阶常数矩阵.

由矩阵 $\hat{\boldsymbol{F}}$ 的定义知有恒等式

$$\hat{\boldsymbol{F}}\boldsymbol{F}=g(\xi_0,\xi_1,\cdots,\xi_m)\boldsymbol{E}$$

把这个恒等式写为以下形式

$$\sum_{j_0+j_1+\cdots+j_m=n-1}\boldsymbol{F}_{j_0j_1\cdots j_m}(\boldsymbol{A}_0\xi_0+\boldsymbol{A}_1\xi_1+\cdots+\boldsymbol{A}_m\xi_m)\xi_0^{j_0}\xi_1^{j_1}\cdots\xi_m^{j_m}= g(\xi_0,\xi_1,\cdots,\xi_m)\boldsymbol{E} \tag{51}$$

在恒等式(49) 中展开括号且合并同类项,其左边就变为右边. 此时只有变数 $\xi_0,\xi_1,\cdots,\xi_m$ 彼此交换位置,而并没有把变数 $\xi_0,\xi_1,\cdots,\xi_m$ 与矩阵系数 $\boldsymbol{A}_i$, $\boldsymbol{F}_{j_0j_1\cdots j_m}$ 交换位置. 所以等式(49) 并未破坏,如果我们以两两可交换的矩阵 $\boldsymbol{X}_0$, $\boldsymbol{X}_1,\cdots,\boldsymbol{X}_m$ 代换变数 $\xi_0,\xi_1,\cdots,\xi_m$,那么

$$\sum_{j_0+j_1+\cdots+j_m=n-1}\boldsymbol{F}_{j_0j_1\cdots j_m}(\boldsymbol{A}_0\boldsymbol{X}_0+\boldsymbol{A}_1\boldsymbol{X}_1+\cdots+\boldsymbol{A}_m\boldsymbol{X}_m)\boldsymbol{X}_0^{j_0}\boldsymbol{X}_1^{j_1}\cdots\boldsymbol{X}_m^{j_m}= g(\boldsymbol{X}_0,\boldsymbol{X}_1,\cdots,\boldsymbol{X}_m) \tag{52}$$

由条件

$$\boldsymbol{A}_0\boldsymbol{X}_0+\boldsymbol{A}_1\boldsymbol{X}_1+\cdots+\boldsymbol{A}_m\boldsymbol{X}_m=\boldsymbol{0}$$

且由(50) 我们求得

$$g(\boldsymbol{X}_0,\boldsymbol{X}_1,\cdots,\boldsymbol{X}_m)=\boldsymbol{0}$$

这就是所要证明的结果.

注 1 定理 5 仍然有效,如果换方程(48) 为方程

$$\boldsymbol{X}_0\boldsymbol{A}_0+\boldsymbol{X}_1\boldsymbol{A}_1+\cdots+\boldsymbol{X}_m\boldsymbol{A}_m=\boldsymbol{0} \tag{53}$$

事实上,可应用定理 5 于方程

$$\boldsymbol{A}'_0\boldsymbol{X}_0+\boldsymbol{A}'_1\boldsymbol{X}_1+\cdots+\boldsymbol{A}'_m\boldsymbol{X}_m=\boldsymbol{0}$$

然后在这个方程中逐项化为其转置矩阵.

注 2 定理 4 可以作为定理 5 的特殊情形来得出,只要取 $\boldsymbol{X}_0,\boldsymbol{X}_1,\cdots,\boldsymbol{X}_m$ 为

$$\boldsymbol{X}^m,\boldsymbol{X}^{m-1},\cdots,\boldsymbol{X},\boldsymbol{E}$$

§6 求出满秩矩阵的 m 次方根

在本节与下节中我们来研究方程

$$\boldsymbol{X}^m=\boldsymbol{A} \tag{54}$$

其中 $\boldsymbol{A}$ 是已知的,$\boldsymbol{X}$ 是未知的矩阵(都是 n 阶的),m 是已知正整数.

在这一节中,我们讨论 $|\boldsymbol{A}|\neq 0$($\boldsymbol{A}$ 为满秩矩阵)的情形. 在这一情形矩阵 $\boldsymbol{A}$ 的所有特征数都不等于零(因为 $|\boldsymbol{A}|$ 等于这些特征数的乘积).

以

$$(\lambda-\lambda_1)^{p_1},(\lambda-\lambda_2)^{p_2},\cdots,(\lambda-\lambda_u)^{p_u} \tag{55}$$

记矩阵 $\boldsymbol{A}$ 的初等因子且化矩阵 $\boldsymbol{A}$ 为若尔当式①

$$\boldsymbol{A}=\boldsymbol{U}\widetilde{\boldsymbol{A}}\boldsymbol{U}^{-1}=\boldsymbol{U}\{\lambda_1\boldsymbol{E}_1+\boldsymbol{H}_1,\cdots,\lambda_u\boldsymbol{E}_u+\boldsymbol{H}_u\}\boldsymbol{U}^{-1} \tag{56}$$

因为未知矩阵 $\boldsymbol{X}$ 的特征数的 m 次乘幂给出矩阵 $\boldsymbol{A}$ 的特征数,所以矩阵 $\boldsymbol{X}$ 的所有特征数都不等于零. 故在这些特征数上,$f(\lambda)=\lambda^m$ 的导数不等于零. 但在这种情形(参考第 6 章,§7)矩阵 $\boldsymbol{X}$ 的初等因子在矩阵 $\boldsymbol{X}$ 的 m 次幂时并无"分解". 因此,矩阵 $\boldsymbol{X}$ 的初等因子是

$$(\lambda-\xi_1)^{p_1},(\lambda-\xi_2)^{p_2},\cdots,(\lambda-\xi_u)^{p_u} \tag{57}$$

其中 $\xi_j^m=\lambda_j$,亦即 ξ_j 是 λ_j($\xi_j=\sqrt[m]{\lambda_j}$;$j=1,2,\cdots,u$)的某一个 m 次方根.

现在定义 $\sqrt[m]{\lambda_j\boldsymbol{E}_j+\boldsymbol{H}_j}$ 如下. 在 λ — 平面上取一个以点 λ_j 为圆心而不含点零的圆. 在这个圆中函数 $\sqrt[m]{\lambda}$ 有 m 个不同的分支. 这些分支可以由它们在圆心即点 λ_j 上所取的值来彼此分开. 以 $\sqrt[m]{\lambda}$ 记这个分支,它在点 λ_j 上的值与未知矩阵 $\boldsymbol{X}$ 的特征数 ξ_j 相等,且从这一分支出发,用以下有限级数来定义矩阵函数 $\sqrt[m]{\lambda_j\boldsymbol{E}_j+\boldsymbol{H}_j}$,有

$$\sqrt[m]{\lambda_j\boldsymbol{E}_j+\boldsymbol{H}_j}=\lambda_j^{\frac{1}{m}}\boldsymbol{E}_j+\frac{1}{m}\lambda_j^{\frac{1}{m}-1}\boldsymbol{H}_j+\frac{1}{2!}\ \frac{1}{m}\left(\frac{1}{m}-1\right)\lambda_j^{\frac{1}{m}-2}\boldsymbol{H}_j^2+\cdots \tag{58}$$

因为所讨论的函数 $\sqrt[m]{\lambda}$ 的导数在点 λ_j 上不等于零,所以矩阵(58)只有一个初等因子 $(\lambda-\xi_j)^{p_j}$,其中 $\xi_j=\sqrt[m]{\lambda_j}$($j=1,2,\cdots,u$). 故知拟对角矩阵

$$\{\sqrt[m]{\lambda_1\boldsymbol{E}_1+\boldsymbol{H}_1},\sqrt[m]{\lambda_2\boldsymbol{E}_2+\boldsymbol{H}_2},\cdots,\sqrt[m]{\lambda_u\boldsymbol{E}_u+\boldsymbol{H}_u}\}$$

有初等因子(57),亦即与未知矩阵 $\boldsymbol{X}$ 有相同的初等因子. 因此,有这样的满秩矩阵 $\boldsymbol{T}$($|\boldsymbol{T}|\neq 0$)存在,使得

$$\boldsymbol{X}=\boldsymbol{T}\{\sqrt[m]{\lambda_1\boldsymbol{E}_1+\boldsymbol{H}_1},\sqrt[m]{\lambda_2\boldsymbol{E}_2+\boldsymbol{H}_2},\cdots,\sqrt[m]{\lambda_u\boldsymbol{E}_u+\boldsymbol{H}_u}\}\boldsymbol{T}^{-1} \tag{59}$$

为了定出矩阵 $\boldsymbol{T}$,我们注意在恒等式

$$(\sqrt[m]{\lambda})^m=\lambda$$

的两边以矩阵 $\lambda_j\boldsymbol{E}_j+\boldsymbol{H}_j$($j=1,2,\cdots,u$)代入 λ,我们得出

$$(\sqrt[m]{\lambda_j\boldsymbol{E}_j+\boldsymbol{H}_j})^m=\lambda_j\boldsymbol{E}_j+\boldsymbol{H}_j\quad(j=1,2,\cdots,u)$$

① 此处 $\boldsymbol{E}_j=\boldsymbol{E}^{(p_j)}$,$\boldsymbol{H}_j=\boldsymbol{H}^{(p_j)}$($j=1,2,\cdots,u$).

现在从(54) 与(59) 得出

$$\boldsymbol{A}=\boldsymbol{T}\{\lambda_1\boldsymbol{E}_1+\boldsymbol{H}_1,\lambda_2\boldsymbol{E}_2+\boldsymbol{H}_2,\cdots,\lambda_u\boldsymbol{E}_u+\boldsymbol{H}_u\}\boldsymbol{T}^{-1}\tag{60}$$

比较(56) 与(60),我们求得

$$\boldsymbol{T}=\boldsymbol{U}\boldsymbol{X}_{\tilde{A}}\tag{61}$$

其中 $\boldsymbol{X}_{\tilde{A}}$ 为任一与 $\widetilde{\boldsymbol{A}}$ 可交换的满秩矩阵(矩阵 $\boldsymbol{X}_{\tilde{A}}$ 的结构在 §2 中有详细的叙述).

在(59) 中以其表示式 $\boldsymbol{U}\boldsymbol{X}_{\tilde{A}}$ 代入 $\boldsymbol{T}$,我们得出一个包含方程(54) 的全部解的公式

$$\boldsymbol{X}=\boldsymbol{U}\boldsymbol{X}_{\tilde{A}}\{\sqrt[m]{\lambda_1\boldsymbol{E}_1+\boldsymbol{H}_1},\sqrt[m]{\lambda_2\boldsymbol{E}_2+\boldsymbol{H}_2},\cdots,\sqrt[m]{\lambda_u\boldsymbol{E}_u+\boldsymbol{H}_u}\}\boldsymbol{X}_{\tilde{A}}^{-1}\boldsymbol{U}^{-1}\tag{62}$$

这个公式的右边的多值性同时有离散性与连续性:这个多值性的离散性(在所给的情形是有限的)是由于在拟对角矩阵诸不同子块中选取函数 $\sqrt[m]{\lambda}$ 的不同分支所得出(此处即使在 $\lambda_j=\lambda_k$ 时,$\sqrt[m]{\lambda}$ 在对角线上第 j 个与第 k 个子块中可能取不同的分支);多值性的连续性是由于含在矩阵 $\boldsymbol{X}_{\tilde{A}}$ 中诸任意参数所得出的.

方程(54) 的所有解都称为矩阵 $\boldsymbol{A}$ 的 m 次方根且记为多值符号 $\sqrt[m]{\boldsymbol{A}}$. 要注意在一般的情形,$\sqrt[m]{\boldsymbol{A}}$ 不是矩阵 $\boldsymbol{A}$ 的函数(亦即不能表示为 $\boldsymbol{A}$ 的多项式形式).

注 如果矩阵 $\boldsymbol{A}$ 的所有初等因子都两两互质,亦即数 $\lambda_1,\lambda_2,\cdots,\lambda_u$ 都不相同,那么矩阵 $\boldsymbol{X}_{\tilde{A}}$ 有拟对角形

$$\boldsymbol{X}_{\tilde{A}}=\{\boldsymbol{X}_1,\boldsymbol{X}_2,\cdots,\boldsymbol{X}_u\}$$

其中矩阵 $\boldsymbol{X}_j$ 与 $\lambda_j\boldsymbol{E}_j+\boldsymbol{H}_j$ 可交换,因而与矩阵 $\lambda_j\boldsymbol{E}_j+\boldsymbol{H}_j$ 的任一函数可交换,特别地与 $\sqrt[m]{\lambda_j\boldsymbol{E}_j+\boldsymbol{H}_j}$ $(j=1,2,\cdots,u)$ 可交换. 故在所讨论的情形,公式(62) 取以下形式

$$\boldsymbol{X}=\boldsymbol{U}\{\sqrt[m]{\lambda_1\boldsymbol{E}_1+\boldsymbol{H}_1},\sqrt[m]{\lambda_2\boldsymbol{E}_2+\boldsymbol{H}_2},\cdots,\sqrt[m]{\lambda_u\boldsymbol{E}_u+\boldsymbol{H}_u}\}\boldsymbol{U}^{-1}$$

这样一来,如果矩阵 $\boldsymbol{A}$ 的初等因子两两互质,那么 $\boldsymbol{X}=\sqrt[m]{\boldsymbol{A}}$ 只有离散的多值性. 在这一情形 $\sqrt[m]{\boldsymbol{A}}$ 的任一值都可以表示为 $\boldsymbol{A}$ 的多项式.

例 3 假设要找出矩阵

$$\boldsymbol{A}=\begin{pmatrix}1&1&0\\0&1&0\\0&0&1\end{pmatrix}$$

的所有平方根,亦即方程

$$\boldsymbol{X}^2=\boldsymbol{A}$$

的所有解.

在所给的情形矩阵 $\boldsymbol{A}$ 已经成若尔当范式. 故在公式(62) 中可取 $\boldsymbol{A}=\widetilde{\boldsymbol{A}},\boldsymbol{U}=$

E. 矩阵 $\boldsymbol{X}_{\tilde{A}}$ 的形式此时为

$$\boldsymbol{X}_{\tilde{A}}=\begin{pmatrix}a&b&c\\0&a&0\\0&d&e\end{pmatrix}$$

其中 a,b,c,d,e 为任意的参数.

给出所有未知矩阵 $\boldsymbol{X}$ 的解的公式(62),此时取以下形式

$$\boldsymbol{X}=\begin{pmatrix}a&b&c\\0&a&0\\0&d&e\end{pmatrix}\cdot\begin{pmatrix}\varepsilon&\frac{\varepsilon}{2}&0\\0&\varepsilon&0\\0&0&\eta\end{pmatrix}\cdot\begin{pmatrix}a&b&c\\0&a&0\\0&d&e\end{pmatrix}^{-1}\quad(\varepsilon^2=\eta^2=1)\tag{63}$$

并不变动 $\boldsymbol{X}$,我们可以在公式(62)中乘以 $\boldsymbol{X}_{\tilde{A}}$ 这样的标量,使得 $|\boldsymbol{X}_{\tilde{A}}|=1$. 在所给予的情形,这就使得等式 $a^2e=1$ 成立,故有 $e=a^{-2}$.

我们来计算矩阵 $\boldsymbol{X}_{\tilde{A}}^{-1}$ 的元素. 为此写出系数矩阵为 $\boldsymbol{X}_{\tilde{A}}$ 的线性变换

$$y_1=ax_1+bx_2+cx_3$$
$$y_2=ax_2$$
$$y_3=dx_2+a^{-2}x_3$$

在这方程组中对 x_1,x_2,x_3 解出. 那么我们就得出逆矩阵 $\boldsymbol{X}_{\tilde{A}}^{-1}$ 的变换

$$x_1=a^{-1}y_1-(a^{-2}b-cd)y_2-acy_3$$
$$x_2=a^{-1}y_2$$
$$x_3=-ady_2+a^2y_3$$

因此我们求得

$$\boldsymbol{X}_{\tilde{A}}^{-1}=\begin{pmatrix}a&b&c\\0&a&0\\0&d&a^{-2}\end{pmatrix}^{-1}=\begin{pmatrix}a^{-1}&cd-a^{-2}b&-ac\\0&a^{-1}&0\\0&-ad&a^2\end{pmatrix}$$

公式(63)给出

$$\boldsymbol{X}=\begin{pmatrix}\varepsilon&(\varepsilon-\eta)acd+\frac{\varepsilon}{2}&a^2c(\eta-\varepsilon)\\0&\varepsilon&0\\0&(\varepsilon-\eta)da^{-1}&\eta\end{pmatrix}=\begin{pmatrix}\varepsilon&(\varepsilon-\eta)vw+\frac{\varepsilon}{2}&(\eta-\varepsilon)v\\0&\varepsilon&0\\0&(\varepsilon-\eta)w&\eta\end{pmatrix}$$

$$(v=a^2c;w=a^{-1}d)\tag{64}$$

解 $\boldsymbol{X}$ 与两个任意的参数 v,w 以及两个任意的符号 ε,η 有关.

§7 求出降秩矩阵的 m 次方根

转移到情形 $|\boldsymbol{A}|=0$($\boldsymbol{A}$ 为降秩矩阵)的分析.

如第一种情形,化矩阵 $\boldsymbol{A}$ 为若尔当范式

$$\boldsymbol{A}=\boldsymbol{U}\{\lambda_1\boldsymbol{E}^{(p_1)}+\boldsymbol{H}^{(p_1)},\cdots,\lambda_u\boldsymbol{E}^{(p_u)}+\boldsymbol{H}^{(p_u)},\boldsymbol{H}^{(q_1)},\boldsymbol{H}^{(q_2)},\cdots,\boldsymbol{H}^{(q_t)}\}\boldsymbol{U}^{-1} \tag{65}$$

此处我们以$(\lambda-\lambda_1)^{p_1},\cdots,(\lambda-\lambda_u)^{p_u}$记矩阵$\boldsymbol{A}$对应于诸非零特征数的初等因子,而以$\lambda^{q_1},\lambda^{q_2},\cdots,\lambda^{q_t}$记对应于零特征数的初等因子.

那么

$$\boldsymbol{A}=\boldsymbol{U}\{\boldsymbol{A}_1,\boldsymbol{A}_2\}\boldsymbol{U}^{-1} \tag{66}$$

其中

$$\boldsymbol{A}_1=\{\lambda_1\boldsymbol{E}^{(p_1)}+\boldsymbol{H}^{(p_1)},\cdots,\lambda_u\boldsymbol{E}^{(p_u)}+\boldsymbol{H}^{(p_u)}\}$$

$$\boldsymbol{A}_2=\{\boldsymbol{H}^{(q_1)},\boldsymbol{H}^{(q_2)},\cdots,\boldsymbol{H}^{(q_t)}\} \tag{67}$$

我们注意,$\boldsymbol{A}_1(|\boldsymbol{A}_1|\neq 0)$是满秩矩阵,而$\boldsymbol{A}_2$是幂零性指标为$\mu=\max(q_1,q_2,\cdots,q_t)$的幂零矩阵($\boldsymbol{A}_2^{\mu}=\boldsymbol{0}$).

由原方程(54)得出矩阵$\boldsymbol{A}$与未知矩阵$\boldsymbol{X}$的可交换性,因而得出它们的相似矩阵

$$\boldsymbol{U}^{-1}\boldsymbol{A}\boldsymbol{U}=\{\boldsymbol{A}_1,\boldsymbol{A}_2\}\quad\text{与}\quad\boldsymbol{U}^{-1}\boldsymbol{X}\boldsymbol{U} \tag{68}$$

的可交换性.

如 §2(定理3)中已经证明的,从矩阵(68)的可交换性与矩阵$\boldsymbol{A}_1,\boldsymbol{A}_2$没有公共特征数这一事实,推出(68)中第二个矩阵有对应的拟对角形

$$\boldsymbol{U}^{-1}\boldsymbol{X}\boldsymbol{U}=\{\boldsymbol{X}_1,\boldsymbol{X}_2\} \tag{69}$$

把矩阵$\boldsymbol{A}$与$\boldsymbol{X}$的相似矩阵

$$\{\boldsymbol{A}_1,\boldsymbol{A}_2\}\text{与}\{\boldsymbol{X}_1,\boldsymbol{X}_2\}$$

代入方程(54),我们替换方程(54)为两个方程

$$\boldsymbol{X}_1^m=\boldsymbol{A}_1 \tag{70}$$

$$\boldsymbol{X}_2^m=\boldsymbol{A}_2 \tag{71}$$

因为$|\boldsymbol{A}_1|\neq 0$,所以对于方程(70)可以应用上节的结果.所以可由公式(62)求得

$$\boldsymbol{X}_1=\boldsymbol{X}_{\boldsymbol{A}_1}\{\sqrt[m]{\lambda_1\boldsymbol{E}^{(p_1)}+\boldsymbol{H}^{(p_1)}},\cdots,\sqrt[m]{\lambda_u\boldsymbol{E}^{(p_u)}+\boldsymbol{H}^{(p_u)}}\}\boldsymbol{X}_{\boldsymbol{A}_1}^{-1} \tag{72}$$

这样一来,只要讨论方程(71),亦即只要求出幂零矩阵$\boldsymbol{A}_2$的所有m次方根,而且$\boldsymbol{A}_2$是若尔当范式

$$\boldsymbol{A}_2=\{\boldsymbol{H}^{(q_1)},\boldsymbol{H}^{(q_2)},\cdots,\boldsymbol{H}^{(q_t)}\} \tag{73}$$

$\mu=\max(q_1,q_2,\cdots,q_t)$为矩阵$\boldsymbol{A}_2$的幂零性指标.从$\boldsymbol{A}_2^{\mu}=\boldsymbol{0}$与(71)我们得出

$$\boldsymbol{X}_2^{m\mu}=\boldsymbol{0}$$

最后这个等式说明未知矩阵$\boldsymbol{X}_2$亦是幂零的,其幂零性指标为ν,且有$m(\mu-1)<\nu\leqslant m\mu$.矩阵$\boldsymbol{X}_2$化为若尔当式

$$\boldsymbol{X}_2=\boldsymbol{T}\{\boldsymbol{H}^{(v_1)},\boldsymbol{H}^{(v_2)},\cdots,\boldsymbol{H}^{(v_s)}\}\boldsymbol{T}^{-1}\quad(v_1,v_2,\cdots,v_s\leqslant\nu) \tag{74}$$

把这一等式的两边求m次乘幂.我们得出

$$\boldsymbol{A}_2=\boldsymbol{X}_2^m=\boldsymbol{T}\{[\boldsymbol{H}^{(v_1)}]^m,[\boldsymbol{H}^{(v_2)}]^m,\cdots,[\boldsymbol{H}^{(v_s)}]^m\}\boldsymbol{T}^{-1} \tag{75}$$

现在我们来弄清楚,矩阵$[\boldsymbol{H}^{(v)}]^m$有什么初等因子[①]. 以H记基底为$\boldsymbol{e}_1$,$\boldsymbol{e}_2,\cdots,\boldsymbol{e}_v$的$v$一维向量空间中有所给矩阵$\boldsymbol{H}^{(v)}$的线性算子. 那么从矩阵$\boldsymbol{H}^{(v)}$的形式(在矩阵$\boldsymbol{H}^{(v)}$中第一上对角线内诸元素都等于1,而所有其余的元素都等于零)得出

$$He_1=\boldsymbol{0},He_2=\boldsymbol{e}_1,\cdots,He_v=\boldsymbol{e}_{v-1} \tag{76}$$

这些等式证明了,对于算子H,向量$\boldsymbol{e}_1,\boldsymbol{e}_2,\cdots,\boldsymbol{e}_v$构成若尔当向量链,其所对应的初等因子为$\lambda^v$.

等式(76)可以写为

$$H\boldsymbol{e}_j=\boldsymbol{e}_{j-1}\quad(j=1,2,\cdots,v;\boldsymbol{e}_0=\boldsymbol{0})$$

显然有

$$H^m\boldsymbol{e}_j=\boldsymbol{e}_{j-m}\quad(j=1,2,\cdots,v,\boldsymbol{e}_0=\boldsymbol{e}_{-1}=\cdots=\boldsymbol{e}_{-m+1}=\boldsymbol{0}) \tag{77}$$

数v表示为形式

$$v=km+r\quad(r<m)$$

其中k,r为非负整数. 将基底向量$\boldsymbol{e}_1,\boldsymbol{e}_2,\cdots,\boldsymbol{e}_v$分解为以下形式

$$\begin{matrix}\boldsymbol{e}_1, & \boldsymbol{e}_2, & \cdots, & \boldsymbol{e}_m\\ \boldsymbol{e}_{m+1}, & \boldsymbol{e}_{m+2}, & \cdots, & \boldsymbol{e}_{2m}\\ \vdots & \vdots & & \vdots\\ \boldsymbol{e}_{(k-1)m+1}, & \boldsymbol{e}_{(k-1)m+2}, & \cdots, & \boldsymbol{e}_{km}\\ \boldsymbol{e}_{km+1}, & \boldsymbol{e}_{km+2}, & \cdots, & \boldsymbol{e}_{km+r}\end{matrix} \tag{78}$$

在这个表式中,我们有m个列:前r个列的每一列中含有$k+1$个向量,其余诸列中含有k个向量. 等式(77)说明了,每一列向量对于算子H^m构成向量的若尔当链. 如果对于向量(78)的序数不按行来顺次记出而按列来顺次记出,那么我们得出这样的新基底,使得算子H^m的矩阵有以下若尔当范式

$$\{\underbrace{\boldsymbol{H}^{(k+1)},\cdots,\boldsymbol{H}^{(k+1)}}_{r},\underbrace{\boldsymbol{H}^{(k)},\cdots,\boldsymbol{H}^{(k)}}_{m-r}\}$$ [②]

故有

$$[\boldsymbol{H}^{(v)}]^m=\boldsymbol{P}_{v,m}\{\underbrace{\boldsymbol{H}^{(k+1)},\cdots,\boldsymbol{H}^{(k+1)}}_{r},\underbrace{\boldsymbol{H}^{(k)},\cdots,\boldsymbol{H}^{(k)}}_{m-r}\}\boldsymbol{P}_{v,m}^{-1} \tag{79}$$

其中矩阵$\boldsymbol{P}_{v,m}$(从一个基底变为另一基底的矩阵)有以下形式(参考第3章,§4)

---

① 第6章,§7末尾的定理9已经给予这个问题的答案. 此处我们必须用另一方法来研究这个问题,因为我们不仅要求出矩阵$[\boldsymbol{H}^{(v)}]^m$的初等因子,而且要求将矩阵$[\boldsymbol{H}^{(v)}]^m$变换为若尔当式的矩阵$\boldsymbol{P}_{v,m}$.

② 在$k=0$时,诸子块$\underbrace{\boldsymbol{H}^{(k)},\cdots,\boldsymbol{H}^{(k)}}_{m-r}$不会出现,而这个矩阵的形式为$\underbrace{\boldsymbol{H}^{(1)},\cdots,\boldsymbol{H}^{(1)}}_{r}$.

$$P_{v,m}=\left(\begin{array}{cccccc}\overbrace{1 \quad 0 \quad \cdots \quad 0}^{m} & 0 & \cdots \\ 0 \quad 0 \quad \cdots \quad 0 & 1 & \cdots \\ \vdots \quad \vdots \qquad\quad \vdots & & \\ 0 \quad 0 \quad \cdots \quad 0 & & \\ 0 \quad 1 \quad \cdots \quad 0 & & \\ \vdots \quad \vdots \qquad\quad \vdots & & \end{array}\right)\left.\begin{array}{c} \\ \\ \\ \\ \end{array}\right\}m \tag{80}$$

矩阵 $\boldsymbol{H}^{(v)}$ 有一个初等因子 $\lambda^{(v)}$. 把矩阵 $\boldsymbol{H}^{(v)}$ 求 m 次幂时这个初等因子就被"分解". 正如公式(79) 所说明,矩阵$[\boldsymbol{H}^{(v)}]$ 有以下诸初等因子

$$\underbrace{\lambda^{k+1},\cdots,\lambda^{k+1}}_{r},\underbrace{\lambda^{k},\cdots,\lambda^{k}}_{m-r}$$

现在回到等式(75),假设

$$v_i=k_im+r_i \quad (0\leqslant r_i<m,k_i\geqslant 0;i=1,2,\cdots,s) \tag{81}$$

那么由(79),等式(75) 可以写为

$$\begin{aligned}\boldsymbol{A}_2=\boldsymbol{X}_2^m=\boldsymbol{TP}\{&\underbrace{\boldsymbol{H}^{(k_1+1)},\cdots,\boldsymbol{H}^{(k_1+1)}}_{r_1},\underbrace{\boldsymbol{H}^{(k_1)},\cdots,\boldsymbol{H}^{(k_1)}}_{m-r_1},\\ &\underbrace{\boldsymbol{H}^{(k_2+1)},\cdots,\boldsymbol{H}^{(k_2+1)}}_{r_2},\boldsymbol{H}^{(k_2)},\cdots\}\boldsymbol{P}^{-1}\boldsymbol{T}^{-1}\end{aligned} \tag{82}$$

其中

$$\boldsymbol{P}=\{\boldsymbol{P}_{v_1,m},\boldsymbol{P}_{v_2,m},\cdots,\boldsymbol{P}_{v_s,m}\}$$

比较(82) 与(73),我们看到,如不计次序,诸子块

$$\boldsymbol{H}^{(k_1+1)},\cdots,\boldsymbol{H}^{(k_1+1)},\boldsymbol{H}^{(k_1)},\cdots,\boldsymbol{H}^{(k_1)},\boldsymbol{H}^{(k_2+1)},\cdots,\boldsymbol{H}^{(k_2+1)},\cdots \tag{83}$$

必须与以下诸子块重合

$$\boldsymbol{H}^{(q_1)},\boldsymbol{H}^{(q_2)},\cdots,\boldsymbol{H}^{(q_t)} \tag{84}$$

我们约定称初等因子组 $\lambda^{v_1},\lambda^{v_2},\cdots,\lambda^{v_s}$ 为 $\boldsymbol{X}_2$ 的可能因子组,如果把矩阵求 m 次幂后,这些初等因子可以分解来产生矩阵 $\boldsymbol{A}_2$ 的已知初等因子组:λ^{q_1},λ^{q_2},$\cdots$,λ^{q_t}. 可能初等因子组的组数常为有限,因为

$$\max(v_1,v_2,\cdots,v_s)\leqslant m\mu,v_1+v_2+\cdots+v_s=n_2 \tag{85}$$

(n_2 为矩阵 $\boldsymbol{A}_2$ 的阶)

在每一个具体的情形对于 $\boldsymbol{X}_2$ 的可能初等因子组可以很容易地由有限次计算来定出.

我们来证明,对于每一可能初等因子组 $\lambda^{v_1},\lambda^{v_2},\cdots,\lambda^{v_s}$ 都有方程(71) 的对应解存在,且来定出所有的这些解. 在这一情形有变换矩阵 $\boldsymbol{Q}$ 存在,使得

$$\{\boldsymbol{H}^{(k_1+1)},\cdots,\boldsymbol{H}^{(k_1+1)},\boldsymbol{H}^{(k_1)},\cdots,\boldsymbol{H}^{(k_1)},\boldsymbol{H}^{(k_2+1)},\cdots\}=\boldsymbol{Q}^{-1}\boldsymbol{A}_2\boldsymbol{Q} \tag{86}$$

矩阵 $\boldsymbol{Q}$ 在拟对角矩阵中实行诸子块的置换,使基底中诸向量得到适当的序数. 所以矩阵 $\boldsymbol{Q}$ 是可以作为已知的. 应用(86),我们从(82) 得出

$$\boldsymbol{A}_2=\boldsymbol{TPQ}^{-1}\boldsymbol{A}_2\boldsymbol{QP}^{-1}\boldsymbol{T}^{-1}$$

故有

$$\boldsymbol{TPQ}^{-1}=\boldsymbol{X}_{\boldsymbol{A}_2}$$

或

$$\boldsymbol{T}=\boldsymbol{X}_{\boldsymbol{A}_2}\boldsymbol{QP}^{-1} \tag{87}$$

其中 $\boldsymbol{X}_{\boldsymbol{A}_2}$ 是与 $\boldsymbol{A}_2$ 可交换的任意矩阵.

将 $\boldsymbol{T}$ 的表示式(87) 代入(74),我们有

$$\boldsymbol{X}_2=\boldsymbol{X}_{\boldsymbol{A}_2}\boldsymbol{QP}^{-1}\{\boldsymbol{H}^{(v_1)},\boldsymbol{H}^{(v_2)},\cdots,\boldsymbol{H}^{(v_s)}\}\boldsymbol{PQ}^{-1}\boldsymbol{X}_{\boldsymbol{A}_2}^{-1} \tag{88}$$

由(69)(72) 与(88),我们得出包含所要求出的所有解的一般公式

$$\begin{aligned}\boldsymbol{X}=\boldsymbol{U}\{\boldsymbol{X}_{\boldsymbol{A}_1},\boldsymbol{X}_{\boldsymbol{A}_2}\boldsymbol{QP}^{-1}\}\cdot\{&\sqrt[m]{\lambda_1\boldsymbol{E}^{(p_1)}+\boldsymbol{H}^{(p_1)}},\cdots,\sqrt[m]{\lambda_u\boldsymbol{E}^{(p_u)}+\boldsymbol{H}^{(p_u)}},\\&\boldsymbol{H}^{(v_1)},\cdots,\boldsymbol{H}^{(v_s)}\}\cdot\{\boldsymbol{X}_{\boldsymbol{A}_1}^{-1},\boldsymbol{PQ}^{-1}\boldsymbol{X}_{\boldsymbol{A}_2}^{-1}\}\boldsymbol{U}^{-1}\end{aligned} \tag{89}$$

读者要注意,降秩矩阵的 m 次方根不一定常能存在.它的存在与矩阵 $\boldsymbol{X}_2$ 的可能初等因子组的存在有关.

易知,例如方程

$$\boldsymbol{X}^m=\boldsymbol{H}^{(p)}$$

在 $m>1,p>1$ 时是没有解的.

例 4 要求出矩阵

$$\boldsymbol{A}=\begin{pmatrix}0&1&0\\0&0&0\\0&0&0\end{pmatrix}$$

的平方根,亦即求出方程

$$\boldsymbol{X}^2=\boldsymbol{A}$$

的所有解.在所给的情形 $\boldsymbol{A}=\boldsymbol{A}_2,\boldsymbol{X}=\boldsymbol{X}_2,m=2,t=2,q_1=2,q_2=1$.矩阵 $\boldsymbol{X}$ 只能有一个初等因子 λ^3.故 $s=1,v_1=3,k_1=1,r_1=1$,而且[参考(80)]

$$\boldsymbol{P}=\boldsymbol{P}_{3,2}=\begin{pmatrix}1&0&0\\0&0&1\\0&1&0\end{pmatrix}=\boldsymbol{P}^{-1},\boldsymbol{Q}=\boldsymbol{E}$$

此外,正如 §6 末尾的例,可以在公式(88) 中设

$$\boldsymbol{X}_{\boldsymbol{A}_2}=\begin{pmatrix}a&b&c\\0&a&0\\0&d&a^{-2}\end{pmatrix},\boldsymbol{X}_{\boldsymbol{A}_2}^{-1}=\begin{pmatrix}a^{-1}&cd-a^{-2}b&-ac\\0&a^{-1}&0\\0&-ad&a^2\end{pmatrix}$$

从这个公式我们得出

$$\boldsymbol{X}=\boldsymbol{X}_2=\boldsymbol{X}_{\boldsymbol{A}_2}\boldsymbol{P}^{-1}\boldsymbol{H}^{(3)}\boldsymbol{PX}_{\boldsymbol{A}_2}^{-1}=\begin{pmatrix}0&\alpha&\beta\\0&0&0\\0&\beta^{-1}&0\end{pmatrix}$$

其中 $\alpha=ca^{-1}-a^2d$ 与 $\beta=a^3$ 都是任意的参数.

§8 矩阵的对数

讨论矩阵方程

$$e^{\boldsymbol{X}} = \boldsymbol{A} \tag{90}$$

这个方程的所有解称为矩阵 $\boldsymbol{A}$ 的(自然)对数且记为 $\ln \boldsymbol{A}$.

矩阵 $\boldsymbol{A}$ 的特征数 λ_j 与矩阵 $\boldsymbol{X}$ 的特征数 ξ_j 之间有公式 $\lambda_j = e^{\xi_j}$. 故如果方程(90)有解,那么矩阵 $\boldsymbol{A}$ 的所有特征数都不等于零,因而矩阵 $\boldsymbol{A}$ 是满秩的($|\boldsymbol{A}| \neq 0$). 这样一来,方程(90)有解存在的必要条件是 $|\boldsymbol{A}| \neq 0$. 下面我们将看到这个条件亦是充分的.

设 $|\boldsymbol{A}| \neq 0$. 写出矩阵 $\boldsymbol{A}$ 的初等因子

$$(\lambda - \lambda_1)^{p_1}, (\lambda - \lambda_2)^{p_2}, \cdots, (\lambda - \lambda_u)^{p_u} \tag{91}$$

$$(\lambda_1, \lambda_2, \cdots, \lambda_u \neq 0, p_1 + p_2 + \cdots + p_u = n)$$

对应于这些初等因子,化矩阵 $\boldsymbol{A}$ 为若尔当范式

$$\boldsymbol{A} = \boldsymbol{U}\widetilde{\boldsymbol{A}}\boldsymbol{U}^{-1} = \boldsymbol{U}\{\lambda_1 \boldsymbol{E}^{(p_1)} + \boldsymbol{H}^{(p_1)}, \lambda_2 \boldsymbol{E}^{(p_2)} + \boldsymbol{H}^{(p_2)}, \cdots, \lambda_u \boldsymbol{E}^{(p_u)} + \boldsymbol{H}^{(p_u)}\}\boldsymbol{U}^{-1} \tag{92}$$

因为函数 e^{ξ} 的导数对于所有值 ξ 都不等于零,故从矩阵 $\boldsymbol{X}$ 转移到矩阵 $\boldsymbol{A} = e^{\boldsymbol{X}}$ 时,初等因子不能分解(参考第 6 章,§7 末尾),亦即矩阵 $\boldsymbol{X}$ 有初等因子

$$(\lambda - \xi_1)^{p_1}, (\lambda - \xi_2)^{p_2}, \cdots, (\lambda - \xi_u)^{p_u} \tag{93}$$

其中 $e^{\xi_j} = \lambda_j (j = 1, 2, \cdots, u)$,亦即 ξ_j 是 $\ln \lambda_j$ 的一个值$(j = 1, 2, \cdots, u)$.

在变数 λ 的复平面中我们取一个圆心在点 λ_j,半径小于 $|\lambda_j|$ 的圆,且以 $f_j(\lambda) = \ln \lambda$ 记函数 $\ln \lambda$ 在所讨论的圆中的这一分支,使其在点 λ_j 所取的值等于矩阵 $\boldsymbol{X}$ 的特征数 $\xi_j (j = 1, 2, \cdots, u)$. 此后设

$$\ln(\lambda_j \boldsymbol{E}^{(p_j)} + \boldsymbol{H}^{(p_j)}) = f_j(\lambda_j \boldsymbol{E}^{(p_j)} + \boldsymbol{H}^{(p_j)}) = \ln \lambda_j \boldsymbol{E}^{(p_j)} + \lambda_j^{-1} \boldsymbol{H}^{(p_j)} + \cdots \tag{94}$$

因为 $\ln \lambda$ 的导数(在 λ 平面的有限部分)永远不等于零,所以矩阵(94)只有一个初等因子 $(\lambda - \xi_j)^{p_j}$. 因此拟准对角矩阵

$$\{\ln(\lambda_1 \boldsymbol{E}^{(p_1)} + \boldsymbol{H}^{(p_1)}), \ln(\lambda_2 \boldsymbol{E}^{(p_2)} + \boldsymbol{H}^{(p_2)}), \cdots, \ln(\lambda_u \boldsymbol{E}^{(p_u)} + \boldsymbol{H}^{(p_u)})\} \tag{95}$$

与未知矩阵 $\boldsymbol{X}$ 有相同的初等因子,所以有这样的矩阵 $\boldsymbol{T}$($|\boldsymbol{T}| \neq 0$)存在,使得

$$\boldsymbol{X} = \boldsymbol{T}\{\ln(\lambda_1 \boldsymbol{E}^{(p_1)} + \boldsymbol{H}^{(p_1)}), \cdots, \ln(\lambda_u \boldsymbol{E}^{(p_u)} + \boldsymbol{H}^{(p_u)})\}\boldsymbol{T}^{-1} \tag{96}$$

为了定出矩阵 $\boldsymbol{T}$,我们注意

$$\boldsymbol{A} = e^{\boldsymbol{X}} = \boldsymbol{T}\{\lambda_1 \boldsymbol{E}^{(p_1)} + \boldsymbol{H}^{(p_1)}, \cdots, \lambda_u \boldsymbol{E}^{(p_u)} + \boldsymbol{H}^{(p_u)}\}\boldsymbol{T}^{-1} \tag{97}$$

比较(97)与(92),我们求得

$$\boldsymbol{T} = \boldsymbol{U}\boldsymbol{X}_{\widetilde{A}} \tag{98}$$

其中 $\boldsymbol{X}_{\widetilde{A}}$ 是与矩阵 $\widetilde{\boldsymbol{A}}$ 可交换的任意一个矩阵. 在(96)中,代入 $\boldsymbol{T}$ 的表示式(98),我们得出包含矩阵的所有对数的一般公式

$$\boldsymbol{X} = \boldsymbol{U}\boldsymbol{X}_{\widetilde{A}}\{\ln(\lambda_1 \boldsymbol{E}^{(p_1)} + \boldsymbol{H}^{(p_1)}), \ln(\lambda_2 \boldsymbol{E}^{(p_2)} + \boldsymbol{H}^{(p_2)}), \cdots,$$
$$\ln(\lambda_u \boldsymbol{E}^{(p_u)} + \boldsymbol{H}^{(p_u)})\}\boldsymbol{X}_{\widetilde{A}}^{-1}\boldsymbol{U}^{-1} \tag{99}$$

注 如果矩阵 $\boldsymbol{A}$ 的所有初等因子两两互质,那么在等式(99)的右边可以删去因式 $\boldsymbol{X}_{\hat{A}}$ 与 $\boldsymbol{X}_{\hat{A}}^{-1}$(参考 §6 中类似的注).

我们来确定,实满秩矩阵 $\boldsymbol{A}$ 什么时候有 $\boldsymbol{X}$ 的实对数.设要求的矩阵有一些初等因子对应于 $\rho+\mathrm{i}\pi$ 形式的特征数:$(\lambda-\rho-\mathrm{i}\pi)^{q_1},\cdots,(\lambda-\rho-\mathrm{i}\pi)^{q_i}$.因为 $\boldsymbol{X}$ 是实矩阵,所以它有共轭初等因子:$(\lambda-\rho+\mathrm{i}\pi)^{q_1},\cdots,(\lambda-\rho+\mathrm{i}\pi)^{q_i}$.当把矩阵 $\boldsymbol{X}$ 转变为矩阵 $\boldsymbol{A}$ 时,初等因子未被分解,但在其中特征数 $\rho+\mathrm{i}\pi,\rho-\mathrm{i}\pi$ 被换为数 $\mathrm{e}^{\rho+\mathrm{i}\pi}=-\mu,\mathrm{e}^{\rho-\mathrm{i}\pi}=-\mu$,其中 $\mu=\mathrm{e}^{\rho}>0$.因此在矩阵 $\boldsymbol{A}$ 的初等因子组中,对应于负特征数(如果这种数存在)的每个初等因子重复偶数次.我们现在来证明,这个必要条件也是充分条件,即实满秩矩阵 $\boldsymbol{A}$ 有 $\boldsymbol{X}$ 的实对数的充分必要条件,是矩阵 $\boldsymbol{A}$ 完全没有对应负特征数的初等因子[①],或每个这样的初等因子重复偶数次[②].

事实上,设这个条件满足.那么根据公式(94),在拟对角矩阵(95)中 λ_i 是正实数的子块中的,我们对 $\ln\lambda_i$ 取实值;如果在任一子块中有一复数 λ_n,那么就找出具有 $\lambda_g=\overline{\lambda}_n$ 的相同维数的另一子块.在这些子块中对 $\ln\lambda_n$ 与 $\ln\lambda_g$ 取共轭复值.根据条件,每个子块在(98)中重复偶数次,并且保持子块的维数.那么在这些子块的一个位置上放 $\ln\lambda_k=\ln|\lambda_k|+\mathrm{i}\pi$,在另一个位置上放 $\ln\lambda_k=\ln|\lambda_k|-\mathrm{i}\pi$.于是在拟对角矩阵(98)中,对角子块或者是实的,或者是一对复共轭的.但是这样的拟对角矩阵常与实矩阵相似.因此存在这样的满秩矩阵 $\boldsymbol{T}_1(|\boldsymbol{T}_1|\neq 0)$,使矩阵

$$\boldsymbol{X}_1=\boldsymbol{T}_1\{\ln(\lambda_1\boldsymbol{E}^{(p_1)}+\boldsymbol{H}^{(p_1)}),\cdots,\ln(\lambda_n\boldsymbol{E}^{(p_n)}+\boldsymbol{H}^{(p_n)})\}\boldsymbol{T}_1^{-1}$$

是实的.但是此时以下矩阵也是实的

$$\boldsymbol{A}_1=\mathrm{e}^{\boldsymbol{X}_1}=\boldsymbol{T}_1\{\lambda_1\boldsymbol{E}^{(p_1)}+\boldsymbol{H}^{(p_1)},\cdots,\lambda_n\boldsymbol{E}^{(p_n)}+\boldsymbol{H}^{(p_n)}\}\boldsymbol{T}^{-1}\tag{100}$$

比较公式(100)与(92)可断言,矩阵 $\boldsymbol{A}$ 与 $\boldsymbol{A}_1$ 彼此相似(因为它们与同一个若尔当矩阵相似).但是利用某一满秩实矩阵 $\boldsymbol{W}(|\boldsymbol{W}|\neq 0)$,两个相似实矩阵彼此可以交换

$$\boldsymbol{A}=\boldsymbol{W}\boldsymbol{A}_1\boldsymbol{W}^{-1}=\boldsymbol{W}\mathrm{e}^{\boldsymbol{X}_1}\boldsymbol{W}^{-1}=\mathrm{e}^{\boldsymbol{W}\boldsymbol{X}_1\boldsymbol{W}^{-1}}$$

那么矩阵 $\boldsymbol{X}=\boldsymbol{W}\boldsymbol{X}_1\boldsymbol{W}^{-1}$ 也就是矩阵 $\boldsymbol{A}$ 所求的实对数.

---

① 在这种情形下存在的实的 $\ln\boldsymbol{A}=r(\boldsymbol{A})$,其中 $r(\lambda)$ 是 $\ln(\lambda)$ 的规定的插值多项式.

② 这个条件在 $\boldsymbol{A}=\boldsymbol{B}^2$ 时满足,其中 $\boldsymbol{B}$ 是实矩阵.

第9章 U－空间中的线性算子

§1 引 言

在第3与第7章中我们曾经研究任意n维向量空间的线性算子.这种空间的所有基底,彼此的地位是均等的.已给予线性算子在每一基底中对应于某一矩阵.在不同的基底中,同一算子所对应的矩阵,彼此相似.这样一来,在n维向量空间中线性算子的研究可能揭露相似矩阵类中诸矩阵所同时具有的性质.

在本章的开始,我们在n维向量空间中引进一种度量,就是对于每两个向量都与某一个数——它们的“标量积”——有一种特殊的关系.借助于标量积我们定出向量的“长”与两个向量间“角的余弦”.如果基域K是所有复数的域,那么这种度量给我们带来了U－空间;如果基域K是所有实数的域,那么这种度量给我们带来了欧几里得空间.

在本章中,我们要研究与度量空间有关的线性算子的性质.对于度量空间并不是所有基底都是地位均等的.但是所有正交基底的地位却是均等的.从一个正交基底变到另一个正交基底在U－空间(欧几里得空间)中要借助于特殊的——U－(正交)——变换来得出.所以U－空间(欧几里得空间)中,在两个不同的基底里面,对应于同一线性算子的两个矩阵,彼此U－相似(正交相似).这样一来,在n维度量空间中研究线性算子,就是研究矩阵的这种性质,当其从已给矩阵变到其U－

相似或正交相似矩阵时，并无变动的性质. 这就很自然地使我们来研究特殊的（正规、埃尔米特、U —、对称、反对称、正交）矩阵类的性质.

§2　空间的度量

讨论复数域上的向量空间 R. 设对 R 中每两个向量 $\boldsymbol{x}$ 与 $\boldsymbol{y}$，取定其次序后，对应于某一复数，这个复数称为这两个向量的标量积，且记为$(\boldsymbol{xy})$ 或$(\boldsymbol{x},\boldsymbol{y})$. 再者，设"标量积"有以下诸性质：

对于 R 中任何向量 $\boldsymbol{x},\boldsymbol{y},\boldsymbol{z}$ 与任一复数 α，都有

$$\begin{cases} 1.\ (\boldsymbol{xy}) = \overline{(\boldsymbol{yx})}^{①} \\ 2.\ (\alpha\boldsymbol{x},\boldsymbol{y}) = \alpha(\boldsymbol{xy}) \\ 3.\ (\boldsymbol{x}+\boldsymbol{y},\boldsymbol{z}) = (\boldsymbol{xz}) + (\boldsymbol{yz}) \end{cases} \tag{1}$$

在这一情形我们说在空间 R 中引进了埃尔米特度量.

我们还要注意，由 1,2 与 3，对于 R 中任何 $\boldsymbol{x},\boldsymbol{y},\boldsymbol{z}$ 都有：

$2'$. $(\boldsymbol{x},\alpha\boldsymbol{y}) = \overline{\alpha}(\boldsymbol{xy})$.

$3'$. $(\boldsymbol{x},\boldsymbol{y}+\boldsymbol{z}) = (\boldsymbol{x},\boldsymbol{y}) + (\boldsymbol{x},\boldsymbol{z})$.

从 1 推知，对于任何向量 $\boldsymbol{x}$，标量积$(\boldsymbol{xx})$ 都是实数. 这个数称为向量 $\boldsymbol{x}$ 的范数且记为 $N\boldsymbol{x}$ ：$N\boldsymbol{x} = (\boldsymbol{xx})$.

如果对于 R 中任何向量都有

$$4.\ N\boldsymbol{x} = (\boldsymbol{xx}) \geqslant 0 \tag{2}$$

那么埃尔米特度量称为非负的. 如果还有

$$5.\ N\boldsymbol{x} = (\boldsymbol{xx}) > 0 \quad (\text{如其 } \boldsymbol{x} \neq \boldsymbol{0}) \tag{3}$$

那么埃尔米特度量称为正定的.

定义 1　有正定埃尔米特度量的向量空间 R 称为 U — 空间[②].

在本章中我们要讨论有限维 U — 空间[③].

向量 x 的长是指[④] $\sqrt{N\boldsymbol{x}} = |\boldsymbol{x}| = \sqrt{(\boldsymbol{x},\boldsymbol{x})}$. 由 2 与 5 知每一个不等于零的向量有正的长而且只有零向量的长等于零. 如果 $|\boldsymbol{x}| = 1$，那么向量 $\boldsymbol{x}$ 称为赋范向量（亦称单位向量），为了"规范化"任一向量 $\boldsymbol{x} \neq \boldsymbol{0}$，只要这个向量乘以任一复

---

① 数上面的横线是指换原数为其共轭复数.

② 有任意度量的（不一定正定的）n 维向量空间的研究可以在论文《Эрмитовы операторы в пространстве с индефинитной метрикой》(1944)，还有书《Основы линейной алгебры》(1948)（有柯召译本）的第 9 和第 10 章中找到.

③ 在本章 §2 ～ §7 的所有情形中，如果没有特别提出空间的有限维时，所有的讨论对于无限维空间仍然有效.

④ 此处符号"$\sqrt{\ }$"记方根的非负（算术）值.

数 λ，其绝对值 $|\lambda|=\frac{1}{|\boldsymbol{x}|}$.

与平常的三维向量空间相类似，两个向量 $\boldsymbol{x}$ 与 $\boldsymbol{y}$ 称为正交的（记为 $\boldsymbol{x}\perp\boldsymbol{y}$），如果 $(\boldsymbol{xy})=0$. 此时由 1，3，3′ 得出

$$(\boldsymbol{x}+\boldsymbol{y},\boldsymbol{x}+\boldsymbol{y})=(\boldsymbol{xx})+(\boldsymbol{yy})$$

亦即（勾股定理）

$$|\boldsymbol{x}+\boldsymbol{y}|^2=|\boldsymbol{x}|^2+|\boldsymbol{y}|^2(\boldsymbol{x}\perp\boldsymbol{y})$$

设 U－空间 R 有有限维数 n. 在 R 中取任一基底 $\boldsymbol{e}_1,\boldsymbol{e}_2,\cdots,\boldsymbol{e}_n$. 以 x_i 与 y_i $(i=1,2,\cdots,n)$ 记向量 $\boldsymbol{x}$ 与 $\boldsymbol{y}$ 在这个基底中的对应坐标

$$\boldsymbol{x}=\sum_{i=1}^{n}x_i\boldsymbol{e}_i,\boldsymbol{y}=\sum_{i=1}^{n}y_i\boldsymbol{e}_i$$

那么由 2，3，2′ 与 3′，有

$$(\boldsymbol{xy})=\sum_{i,k=1}^{n}h_{ik}x_i\overline{y}_k \tag{4}$$

其中

$$h_{ik}=(\boldsymbol{e}_i\boldsymbol{e}_k)\quad(i,k=1,2,\cdots,n) \tag{5}$$

特别地

$$(\boldsymbol{xx})=\sum_{i,k=1}^{n}h_{ik}x_i\overline{x}_k \tag{6}$$

由 1 与(5) 得出

$$h_{ki}=\overline{h}_{ik}\quad(i,k=1,2,\cdots,n) \tag{7}$$

型 $\sum\limits_{i,k=1}^{n}h_{ik}x_i\overline{x}_k$，其中 $h_{ki}=\overline{h}_{ik}(i,k=1,2,\cdots,n)$ 者，称为埃尔米特型[①]. 这样一来，向量的长的平方就表示为它的坐标的埃尔米特型. 故有“埃尔米特度量”的名称. 由 4 知位于等式(6) 右边的型是非负的，对于变数 $x_1,x_2,\cdots,x_n$ 的所有值都有

$$\sum_{i,k=1}^{n}h_{ik}x_i\overline{x}_k\geqslant 0 \tag{8}$$

由于补充条件 5，这个型是正定的，亦即式(8) 中的“=”号只在所有 $x_i(i=1,2,\cdots,n)$ 都等于零时才能成立.

定义 2 向量组 $\boldsymbol{e}_1,\boldsymbol{e}_2,\cdots,\boldsymbol{e}_m$ 称为标准正交的，如果

$$(\boldsymbol{e}_i\boldsymbol{e}_k)=\delta_{ik}=\begin{cases}0 & 如果\ i\neq k\\ 1 & 如果\ i=k\end{cases}\quad(i,k=1,2,\cdots,m) \tag{9}$$

---

① 与这个表示式相对应地，位于等式(4) 右边的表示式，称为埃尔米特双线性型（关于值 $x_1,x_2,\cdots,x_n$ 与 $y_1,y_2,\cdots,y_n$ 的）.

在 $m=n$ 时,其中 n 为空间的维数,我们得出空间的标准正交基底.

在 §7 中我们将证明,在每一个 n 维 $U-$ 空间中都有标准正交基底存在.

设 x_i 与 $y_i(i=1,2,\cdots,n)$ 各为向量 x 与 y 在标准正交基底中的坐标.那么由(4)(5) 与(9),我们有

$$\begin{cases}(\boldsymbol{xy})=\sum_{i=1}^{n}x_i\overline{y}_i\\ N\boldsymbol{x}=(\boldsymbol{xx})=\sum_{i=1}^{n}|x_i|^2\end{cases}\tag{10}$$

我们在 n 维空间 R 中任意固定某一个基底.在这一基底下每一个度量间都与某一个埃尔米特正定型 $\sum_{i,k=1}^{n}h_{ik}x_i\overline{x}_k$ 有关,而且反转来,根据(4) 每一个这种型确定 R 中某一个埃尔米特正定度量.但是所有这些度量并不给予本质不同的 n 维 $U-$ 空间.事实上,设对两个这样的度量分别取标量积:$(\boldsymbol{xy})$ 与$(\boldsymbol{xy})'$.关于这些度量定出 R 中标准正交基底:$\boldsymbol{e}_i$ 与 $\boldsymbol{e}'_i(i=1,2,\cdots,n)$.把 R 内在这些基底中有相同坐标的向量 $\boldsymbol{x}$ 与 $\boldsymbol{x}'$ 彼此相对应($\boldsymbol{x}\to\boldsymbol{x}'$).这个对应是仿射的[①].此外,由(10) 有

$$(\boldsymbol{xy})=(\boldsymbol{x}'\boldsymbol{y}')'$$

这样一来,如不计空间的仿射变换时,n 维向量空间所有的埃尔米特正定度量都彼此重合.

如果基本数域 K 是实数域,那么适合公式 1,2,3,4 与 5 的度量称为欧几里得度量.

定义 3　有正欧几里得度量的实数域上向量空间 R 称为欧几里得空间.

如果 x_i 与 $y_i(i=1,2,\cdots,n)$ 是在 n 维欧几里得空间某一基底 $\boldsymbol{e}_1,\boldsymbol{e}_2,\cdots,\boldsymbol{e}_n$ 中向量 $\boldsymbol{x}$ 与 $\boldsymbol{y}$ 的坐标,那么

$$(\boldsymbol{xy})=\sum_{i,k=1}^{n}s_{ik}x_iy_k,\ N\boldsymbol{x}=|\boldsymbol{x}|^2=\sum_{i,k=1}^{n}s_{ik}x_ix_k$$

此处 $s_{ik}=s_{ki}(i,k=1,2,\cdots,n)$ 都是实数[②].表示式 $\sum_{i,k=1}^{n}s_{ik}x_ix_k$ 称为关于 $x_1,x_2,\cdots,x_n$ 的二次型.由度量的正定性推知,以解析形式给出这个度量的二次型 $\sum_{i,k=1}^{n}s_{ik}x_ix_k$ 是正定的,亦即 $\sum_{i,k=1}^{n}s_{ik}x_ix_k>0$,如果 $\sum_{i=1}^{n}x_i^2>0$.

对于标准正交基底有

① 即变 R 中向量 $\boldsymbol{x}$ 为 R 中向量 $\boldsymbol{x}'$ 的算子 A 是线性满秩的.

② $s_{ik}=(\boldsymbol{e}_i\boldsymbol{e}_k)(i,k=1,2,\cdots,n)$

$$(\boldsymbol{xy}) = \sum_{i=1}^{n} x_i y_i, N\boldsymbol{x} = |x|^2 = \sum_{i=1}^{n} x_i^2 \tag{11}$$

当 $n=3$ 时,我们得出三维欧几里得空间中关于两个向量的标量积与向量长的平方的已知公式.

§3　向量线性相关性的格拉姆判定

设欧几里得空间或 U－空间 R 中向量 $\boldsymbol{x}_1, \boldsymbol{x}_2, \cdots, \boldsymbol{x}_m$ 线性相关,亦即有这样的不同时等于零的数 $c_1, c_2, \cdots, c_m$①存在,使得

$$c_1\boldsymbol{x}_1 + c_2\boldsymbol{x}_2 + \cdots + c_m\boldsymbol{x}_m = \boldsymbol{0} \tag{12}$$

顺次左乘这些等式的两边以 $\boldsymbol{x}_1, \boldsymbol{x}_2, \cdots, \boldsymbol{x}_m$,我们得出

$$\begin{cases} (\boldsymbol{x}_1\boldsymbol{x}_1)\bar{c}_1 + (\boldsymbol{x}_1\boldsymbol{x}_2)\bar{c}_2 + \cdots + (\boldsymbol{x}_1\boldsymbol{x}_m)\bar{c}_m = 0 \\ (\boldsymbol{x}_2\boldsymbol{x}_1)\bar{c}_1 + (\boldsymbol{x}_2\boldsymbol{x}_2)\bar{c}_2 + \cdots + (\boldsymbol{x}_2\boldsymbol{x}_m)\bar{c}_m = 0 \\ \vdots \\ (\boldsymbol{x}_m\boldsymbol{x}_1)\bar{c}_1 + (\boldsymbol{x}_m\boldsymbol{x}_2)\bar{c}_2 + \cdots + (\boldsymbol{x}_m\boldsymbol{x}_m)\bar{c}_m = 0 \end{cases} \tag{13}$$

令 $\bar{c}_1, \bar{c}_2, \cdots, \bar{c}_m$ 为齐次线性方程组(13)的非零解,而方程(13)的行列式为

$$\Gamma(\boldsymbol{x}_1, \boldsymbol{x}_2, \cdots, \boldsymbol{x}_m) = \begin{vmatrix} (\boldsymbol{x}_1\boldsymbol{x}_1) & (\boldsymbol{x}_1\boldsymbol{x}_2) & \cdots & (\boldsymbol{x}_1\boldsymbol{x}_m) \\ (\boldsymbol{x}_2\boldsymbol{x}_1) & (\boldsymbol{x}_2\boldsymbol{x}_2) & \cdots & (\boldsymbol{x}_2\boldsymbol{x}_m) \\ \vdots & \vdots & & \vdots \\ (\boldsymbol{x}_m\boldsymbol{x}_1) & (\boldsymbol{x}_m\boldsymbol{x}_2) & \cdots & (\boldsymbol{x}_m\boldsymbol{x}_m) \end{vmatrix} \tag{14}$$

故此行列式必须等于零

$$\Gamma(\boldsymbol{x}_1, \boldsymbol{x}_2, \cdots, \boldsymbol{x}_m) = 0$$

行列式 $\Gamma(\boldsymbol{x}_1, \boldsymbol{x}_2, \cdots, \boldsymbol{x}_m)$ 称为向量 $\boldsymbol{x}_1, \boldsymbol{x}_2, \cdots, \boldsymbol{x}_m$ 所组成的格拉姆行列式.

反之,设格拉姆行列式(14)等于零.那么方程组(13)有非零解 $\bar{c}_1, \bar{c}_2, \cdots, \bar{c}_m$.等式(13)可以写为

$$\begin{cases} (\boldsymbol{x}_1, c_1\boldsymbol{x}_1 + c_2\boldsymbol{x}_2 + \cdots + c_m\boldsymbol{x}_m) = 0 \\ (\boldsymbol{x}_2, c_1\boldsymbol{x}_1 + c_2\boldsymbol{x}_2 + \cdots + c_m\boldsymbol{x}_m) = 0 \\ \vdots \\ (\boldsymbol{x}_m, c_1\boldsymbol{x}_1 + c_2\boldsymbol{x}_2 + \cdots + c_m\boldsymbol{x}_m) = 0 \end{cases} \tag{13'}$$

这些等式顺次乘以 $c_1, c_2, \cdots, c_m$,然后相加,我们得出

$$|c_1\boldsymbol{x}_1 + c_2\boldsymbol{x}_2 + \cdots + c_m\boldsymbol{x}_m|^2 = 0$$

故由度量的正定性,可知有

$$c_1\boldsymbol{x}_1 + c_2\boldsymbol{x}_2 + \cdots + c_m\boldsymbol{x}_m = \boldsymbol{0}$$

---

① 在欧几里得空间的情形,$c_1, c_2, \cdots, c_m$ 都是实数.

亦即向量 $\boldsymbol{x}_1,\boldsymbol{x}_2,\cdots,\boldsymbol{x}_m$ 线性相关.

我们证明了:

定理 1 为了使得向量 $\boldsymbol{x}_1,\boldsymbol{x}_2,\cdots,\boldsymbol{x}_m$ 线性相关的充分必要条件是由这些向量所组成的格拉姆行列式等于零.

我们要注意格拉姆行列式的以下性质.

如果格拉姆行列式的任一主子式等于零,那么这个格拉姆行列式亦等于零.

事实上,主子式是部分向量的格拉姆行列式. 由主子式等于零得出这些向量的线性相关性,因此全部向量是线性相关的.

例 1 给予实变数 t 的 n 个复函数 $f_1(t),f_2(t),\cdots,f_n(t)$ 且都在闭区间 $[\alpha,\beta]$ 中分段连续. 要定出在什么条件之下,它们是线性相关的. 为此我们在 $[\alpha,\beta]$ 中分段连续函数空间里面引进正定度量,即取

$$(f,g)=\int_\alpha^\beta f(t)\,\overline{g(t)}\,\mathrm{d}t$$

那么应用格拉姆判定(定理 1) 所给的函数就得出所求的条件

$$\begin{vmatrix} \int_\alpha^\beta f_1(t)\,\overline{f_1(t)}\,\mathrm{d}t & \cdots & \int_\alpha^\beta f_1(t)\,\overline{f_n(t)}\,\mathrm{d}t \\ \vdots & & \vdots \\ \int_\alpha^\beta f_n(t)\,\overline{f_1(t)}\,\mathrm{d}t & \cdots & \int_\alpha^\beta f_n(t)\,\overline{f_n(t)}\,\mathrm{d}t \end{vmatrix}=0$$

§4 正 射 影

设在 U 一空间或欧几里得空间 R 中,给出任一向量 $\boldsymbol{x}$ 与某一基底为 $\boldsymbol{x}_1,\boldsymbol{x}_2,\cdots,\boldsymbol{x}_m$ 的 m 维子空间 S. 我们要证明,向量 $\boldsymbol{x}$ 可以(而且是唯一的) 表示为和的形式

$$\boldsymbol{x}=\boldsymbol{x}_S+\boldsymbol{x}_N \quad (\boldsymbol{x}_S\in S,\boldsymbol{x}_N\perp S) \tag{15}$$

(记号"$\perp$"是表示向量的正交性;所谓子空间的正交性是指这个子空间中所有向量的正交性);$\boldsymbol{x}_S$ 是向量在子空间 S 上的正射影,$\boldsymbol{x}_N$ 是射影向量.

例 2 设 R 为三维欧几里得向量空间,而 $m=2$. 所有的向量都从定点 O 引出. 此时 S 为一通过 O 的平面;$\boldsymbol{x}_S$ 为向量 $\boldsymbol{x}$ 在平面 S 上的正射影;$\boldsymbol{x}_N$ 为从向量 $\boldsymbol{x}$ 的末端到平面 S 上的垂线(图 1);$h=|\boldsymbol{x}_N|$ 为向量 $\boldsymbol{x}$ 的末端至平面 S 的距离.

为了建立分解式(15),所求的 $\boldsymbol{x}_S$ 表示为形式

$$\boldsymbol{x}_S=c_1\boldsymbol{x}_1+c_2\boldsymbol{x}_2+\cdots+c_m\boldsymbol{x}_m \tag{16}$$

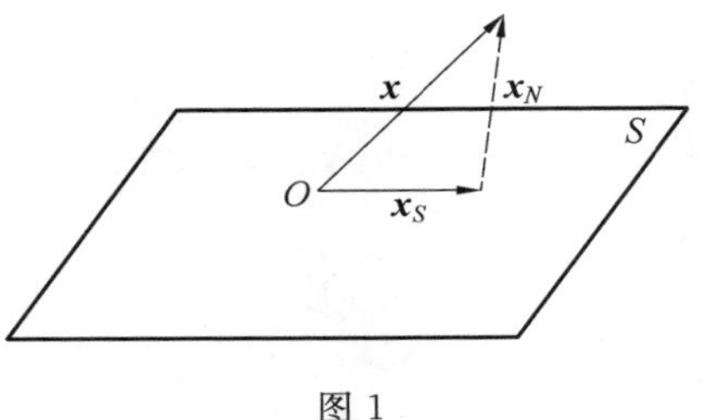

图 1

其中 $c_1, c_2, \cdots, c_m$ 为某些复数①.

为了定出这些数,我们从以下关系式出发

$$(\boldsymbol{x}-\boldsymbol{x}_S, \boldsymbol{x}_k)=0 \quad (k=1,2,\cdots,m) \tag{17}$$

在(17) 中以式(16) 代替 $\boldsymbol{x}_S$,我们得出

$$\left\{\begin{array}{l}(\boldsymbol{x}_1\boldsymbol{x}_1)c_1+\cdots+(\boldsymbol{x}_m\boldsymbol{x}_1)c_m+(\boldsymbol{x}\boldsymbol{x}_1)\cdot(-1)=0 \\ \quad\vdots \\ (\boldsymbol{x}_1\boldsymbol{x}_m)c_1+\cdots+(\boldsymbol{x}_m\boldsymbol{x}_m)c_m+(\boldsymbol{x}\boldsymbol{x}_m)\cdot(-1)=0 \\ \boldsymbol{x}_1c_1+\cdots+\boldsymbol{x}_mc_m+\boldsymbol{x}_S\cdot(-1)=0\end{array}\right. \tag{18}$$

令这组等式为有非零解 $c_1, c_2, \cdots, c_m, -1$ 的齐次线性方程组,其系数行列式等于零(预先对其主对角线转置)②

$$\begin{vmatrix}(\boldsymbol{x}_1\boldsymbol{x}_1) & \cdots & (\boldsymbol{x}_1\boldsymbol{x}_m) & \boldsymbol{x}_1 \\ \vdots & & \vdots & \vdots \\ (\boldsymbol{x}_m\boldsymbol{x}_1) & \cdots & (\boldsymbol{x}_m\boldsymbol{x}_m) & \boldsymbol{x}_m \\ (\boldsymbol{x}\boldsymbol{x}_1) & \cdots & (\boldsymbol{x}\boldsymbol{x}_m) & \boldsymbol{x}_S\end{vmatrix}=0 \tag{19}$$

从这个行列式中,分出含有 $\boldsymbol{x}_S$ 的项,我们得到(很容易了解的约定的记法)

$$\boldsymbol{x}_S=-\frac{\begin{vmatrix} & & & \boldsymbol{x}_1 \\ & \Gamma & & \vdots \\ & & & \boldsymbol{x}_m \\ (\boldsymbol{x}\boldsymbol{x}_1) & \cdots & (\boldsymbol{x}\boldsymbol{x}_m) & \mathbf{0}\end{vmatrix}}{\Gamma} \tag{20}$$

其中 $\Gamma=\Gamma(\boldsymbol{x}_1, \boldsymbol{x}_2, \cdots, \boldsymbol{x}_m)$ 为向量 $\boldsymbol{x}_1, \boldsymbol{x}_2, \cdots, \boldsymbol{x}_m$ 的格拉姆行列式(由这些向量的线性无关性知 $\Gamma \neq 0$). 从(15) 与(20) 求得

---

① 在欧几里得空间中,$c_1, c_2, \cdots, c_m$ 都是实数.

② 位于等式(19) 左边的行列式表示一个向量,其第 i 个坐标是在最后一列将诸向量 $\boldsymbol{x}_1, \cdots, \boldsymbol{x}_m, \boldsymbol{x}_S$ 换为其第 $i(i=1,2,\cdots,n)$ 个坐标来得出的;这些坐标是在某一个任意的基底中取定的. 为了说明从(18) 转移到(19) 的合理性,只要在(18) 的最后一个等式与(19) 的最后一列中,换向量 $\boldsymbol{x}_1, \boldsymbol{x}_2, \cdots, \boldsymbol{x}_m, \boldsymbol{x}_S$ 为其第 i 个坐标就能看出.

$$\boldsymbol{x}_N=\boldsymbol{x}-\boldsymbol{x}_S=\frac{\begin{vmatrix} & & & \boldsymbol{x}_1 \\ & \Gamma & & \vdots \\ & & & \boldsymbol{x}_m \\ (\boldsymbol{x}\boldsymbol{x}) & \cdots & (\boldsymbol{x}\boldsymbol{x}_m) & \boldsymbol{x}\end{vmatrix}}{\Gamma} \tag{21}$$

公式(20)与(21)表示向量$\boldsymbol{x}$在子空间S上的射影$\boldsymbol{x}_S$与经过所给向量$\boldsymbol{x}$与其子空间S的射影向量$\boldsymbol{x}_N$.

还要注意一个重要公式,以h记向量$\boldsymbol{x}_N$的长,那么由(15)与(21)得

$$h^2=(\boldsymbol{x}_N\boldsymbol{x}_N)=(\boldsymbol{x}_N\boldsymbol{x})=\frac{\begin{vmatrix} & & & (\boldsymbol{x}_1\boldsymbol{x}) \\ & \Gamma & & \vdots \\ & & & (\boldsymbol{x}_m\boldsymbol{x}) \\ (\boldsymbol{x}\boldsymbol{x}_1) & \cdots & (\boldsymbol{x}\boldsymbol{x}_m) & (\boldsymbol{x}\boldsymbol{x})\end{vmatrix}}{\Gamma}$$

亦即

$$h^2=\frac{\Gamma(\boldsymbol{x}_1,\boldsymbol{x}_2,\cdots,\boldsymbol{x}_m,\boldsymbol{x})}{\Gamma(\boldsymbol{x}_1,\boldsymbol{x}_2,\cdots,\boldsymbol{x}_m)} \tag{22}$$

长h还可以有以下解释:

从一点引出向量$\boldsymbol{x}_1,\boldsymbol{x}_2,\cdots,\boldsymbol{x}_m,\boldsymbol{x}$,且以这些向量为边构成一个$m+1$维的平行多面体.$h$是从边$\boldsymbol{x}$的末端到经过边$\boldsymbol{x}_1,\boldsymbol{x}_2,\cdots,\boldsymbol{x}_m$的底面$S$的这一平行多面体的高.

设$\boldsymbol{y}$为S中任一向量,而$\boldsymbol{x}$为R中任一向量.如果所有向量都从n维点空间的原点引出,那么$|\boldsymbol{x}-\boldsymbol{y}|$与$|\boldsymbol{x}-\boldsymbol{x}_S|$各等于从向量$\boldsymbol{x}$的末端到超平面$S$[①]的斜高与高的值.故在写出高不大于斜高时,我们有[②]

$$h=|\boldsymbol{x}-\boldsymbol{x}_S|\leqslant|\boldsymbol{x}-\boldsymbol{y}|$$

(只有$\boldsymbol{y}=\boldsymbol{x}_S$时才有等号).这样一来,在所有的向量$\boldsymbol{y}\in S$之间,向量$\boldsymbol{x}_S$到所给向量$\boldsymbol{x}\in R$的最小的偏差值,$h=\sqrt{N(\boldsymbol{x}-\boldsymbol{x}_S)}$是近似值$\boldsymbol{x}\approx\boldsymbol{x}_S$的标准差[③].

§5 格拉姆行列式的几何意义与一些不等式

1. 讨论任意的向量$\boldsymbol{x}_1,\boldsymbol{x}_2,\cdots,\boldsymbol{x}_m$.首先假设这些向量是线性无关的.在这一情形,由这些向量中任意的一些向量所构成的格拉姆行列式都不等于零.那么根据(22),有

① 参考本节开始时的例子.

② $(\boldsymbol{x}-\boldsymbol{y})=N(\boldsymbol{x}_N+\boldsymbol{x}_S-\boldsymbol{y})=N\boldsymbol{x}_N+N(\boldsymbol{x}_S-\boldsymbol{y})\geqslant N(\boldsymbol{x}_N)=h^2$.

③ 关于度量函数空间对函数逼近问题的应用可参考《Лекций по теории аппроксимации》(1948).

$$\frac{\Gamma(\boldsymbol{x}_1,\boldsymbol{x}_2,\cdots,\boldsymbol{x}_{p+1})}{\Gamma(\boldsymbol{x}_1,\boldsymbol{x}_2,\cdots,\boldsymbol{x}_p)}=h_p^2>0 \quad (p=1,2,\cdots,m-1) \tag{23}$$

而把这些不等式与不等式

$$\Gamma(\boldsymbol{x}_1)=(\boldsymbol{x}_1\boldsymbol{x}_1)>0 \tag{24}$$

逐项相乘,我们得出

$$\Gamma(\boldsymbol{x}_1,\boldsymbol{x}_2,\cdots,\boldsymbol{x}_m)>0$$

这样一来,对于线性无关的向量,格拉姆行列式是正的,而对于线性相关的向量等于零.负的格拉姆行列式是不会有的.

为了简便计,引进记号 $\Gamma_p=\Gamma(\boldsymbol{x}_1,\boldsymbol{x}_2,\cdots,\boldsymbol{x}_p)(p=1,2,\cdots,m)$.那么由(23)与(24),有

$$\sqrt{\Gamma_1}=|\boldsymbol{x}_1|=V_1$$

$$\sqrt{\Gamma_2}=V_1h_1=V_2$$

其中 V_2 为由 $\boldsymbol{x}_1$ 与 $\boldsymbol{x}_2$ 所构成的平行四边形的面积.再者

$$\sqrt{\Gamma_3}=V_2h_2=V_3$$

其中 V_3 为由向量 $\boldsymbol{x}_1,\boldsymbol{x}_2,\boldsymbol{x}_3$ 所构成的平行六面体的体积.继续进行,我们得出

$$\sqrt{\Gamma_4}=V_3h_3=V_4$$

最后一般地有

$$\sqrt{\Gamma_m}=V_{m-1}h_{m-1}=V_m \tag{25}$$

很自然地,称 V_m 为以向量 $\boldsymbol{x}_1,\boldsymbol{x}_2,\cdots,\boldsymbol{x}_m$ 为边所构成的 m 维平行多面体的体积①.

以 $x_{1k},x_{2k},\cdots,x_{nk}$ 记 R 中在某一标准正交基底下的向量 $\boldsymbol{x}_k(k=1,2,\cdots,m)$ 的坐标,且设

$$\boldsymbol{X}=(x_{ik}) \quad (i=1,2,\cdots,n;k=1,2,\cdots,m)$$

那么根据(10),我们有

$$\Gamma_m=|\boldsymbol{X}\overline{\boldsymbol{X}}|$$

因而[参考公式(25)]

$$V_m^2=\Gamma_m=\sum_{1\leqslant i_1<i_2<\cdots<i_m\leqslant n}\bmod\begin{vmatrix} x_{i_11} & x_{i_12} & \cdots & x_{i_1m} \\ x_{i_21} & x_{i_22} & \cdots & x_{i_2m} \\ \vdots & \vdots & & \vdots \\ x_{i_m1} & x_{i_m2} & \cdots & x_{i_mm} \end{vmatrix}^2 \tag{26}$$

这个等式有以下几何意义:

平行多面体体积的平方等于其在所有 m 维坐标子空间上射影的体积平方

① 公式(25)给出 m 维平行多面体体积的归纳的定义.

和. 特别是在 $m=n$ 时由(26) 得出

$$V_n=\operatorname{mod}\begin{vmatrix} x_{11} & x_{12} & \cdots & x_{1n} \\ x_{21} & x_{22} & \cdots & x_{2n} \\ \vdots & \vdots & & \vdots \\ x_{n1} & x_{n2} & \cdots & x_{nn} \end{vmatrix} \tag{26'}$$

借助于公式(20)(21)(22)(26)(27),解决了 n 维欧几里得解析几何与 $U-$解析几何中的一系列的基本度量问题.

2. 回到分解式(15). 由它直接得出

$$(\boldsymbol{x}\boldsymbol{x})=(\boldsymbol{x}_S+\boldsymbol{x}_N,\boldsymbol{x}_S+\boldsymbol{x}_N)=(\boldsymbol{x}_S,\boldsymbol{x}_S)+(\boldsymbol{x}_N,\boldsymbol{x}_N)\geqslant(\boldsymbol{x}_N\boldsymbol{x}_N)=h^2$$

结合(22) 就给出不等式(对于任何向量 $\boldsymbol{x}_1,\boldsymbol{x}_2,\cdots,\boldsymbol{x}_m,\boldsymbol{x}$)

$$\Gamma(\boldsymbol{x}_1,\boldsymbol{x}_2,\cdots,\boldsymbol{x}_m,\boldsymbol{x})\leqslant\Gamma(\boldsymbol{x}_1,\boldsymbol{x}_2,\cdots,\boldsymbol{x}_m)\Gamma(\boldsymbol{x}) \tag{27}$$

而且等号成立的充分必要条件是向量 $\boldsymbol{x}$ 与向量 $\boldsymbol{x}_1,\boldsymbol{x}_2,\cdots,\boldsymbol{x}_m$ 正交.

故不难得出阿达玛不等式

$$\Gamma(\boldsymbol{x}_1,\boldsymbol{x}_2,\cdots,\boldsymbol{x}_m)\leqslant\Gamma(\boldsymbol{x}_1)\Gamma(\boldsymbol{x}_2)\cdots\Gamma(\boldsymbol{x}_m) \tag{28}$$

其中等号成立的充分必要条件是向量 $\boldsymbol{x}_1,\boldsymbol{x}_2,\cdots,\boldsymbol{x}_m$ 两两正交. 不等式(28) 可表示为以下明显的几何事实:

平行多面体的体积不超过其边长的乘积,而且只在其为长方体时才能等于这一乘积.

可以给予阿达玛不等式以其平常的形式,如在(28) 中取 $m=n$ 且讨论在某一标准正交基底中由向量 $\boldsymbol{x}_k(k=1,2,\cdots,n)$ 的坐标 $x_{1k},x_{2k},\cdots,x_{nk}$ 所构成的行列式 Δ

$$\Delta=\begin{vmatrix} x_{11} & \cdots & x_{1n} \\ \vdots & & \vdots \\ x_{n1} & \cdots & x_{nn} \end{vmatrix}$$

那么由(26) 与(28) 得出

$$|\Delta|^2\leqslant\sum_{i=1}^n|x_{i1}|^2\sum_{i=1}^n|x_{i2}|^2\cdots\sum_{i=1}^n|x_{in}|^2 \tag{28'}$$

3. 现在来建立一个包含不等式(27) 与不等式(28) 的广义的阿达玛不等式

$$\Gamma(\boldsymbol{x}_1,\boldsymbol{x}_2,\cdots,\boldsymbol{x}_m)\leqslant\Gamma(\boldsymbol{x}_1,\cdots,\boldsymbol{x}_p)\Gamma(\boldsymbol{x}_{p+1},\cdots,\boldsymbol{x}_m) \tag{29}$$

而且等号成立的充分必要条件是向量 $\boldsymbol{x}_1,\boldsymbol{x}_2,\cdots,\boldsymbol{x}_p$ 的每一个都同向量 $\boldsymbol{x}_{p+1},\cdots,\boldsymbol{x}_m$ 中任何一个正交,或者行列式 $\Gamma(\boldsymbol{x}_1,\cdots,\boldsymbol{x}_p)$,$\Gamma(\boldsymbol{x}_{p+1},\cdots,\boldsymbol{x}_m)$ 中至少有一个等于零.

不等式(28′) 有以下几何意义:

平行多面体的体积不超过两个互补"面"的体积的乘积,而等于这一乘积的充分必要条件是这些"面"互相正交或者在乘积中至少有一个体积等于零.

不等式(29) 的正确性可以关于向量 $\boldsymbol{x}_{p+1},\cdots,\boldsymbol{x}_m$ 的个数用归纳法证明. 当这个数等于 1 时不等式成立[参考公式(27)].

在讨论中引入分别有基底 $\boldsymbol{x}_1,\cdots,\boldsymbol{x}_{m-1}$ 与 $\boldsymbol{x}_{p+1},\cdots,\boldsymbol{x}_{m-1}$ 的两个子空间 S 与 S_1. 显然 $S_1\subset S$. 讨论正交分解

$$\boldsymbol{x}_m=\boldsymbol{x}_{S_1}+\boldsymbol{x}_{N_1}\quad(\boldsymbol{x}_{S_1}\in S_1,\boldsymbol{x}_{N_1}\perp S_1)$$

$$\boldsymbol{x}_{N_1}=\boldsymbol{x}'_S+\boldsymbol{x}_N\quad(\boldsymbol{x}'_S\in S,\boldsymbol{x}_N\perp S)$$

从而得

$$\boldsymbol{x}_m=\boldsymbol{x}_S+\boldsymbol{x}_N\quad(\boldsymbol{x}_S=\boldsymbol{x}_{S_1}+\boldsymbol{x}'_S,\boldsymbol{x}_N\perp S)$$

把平行六面体体积换为底面积的平方与高的平方的乘积[参考公式(22)],求出

$$\Gamma(\boldsymbol{x}_1,\cdots,\boldsymbol{x}_{m-1},\boldsymbol{x}_m)=\Gamma(\boldsymbol{x}_1,\cdots,\boldsymbol{x}_{m-1})\Gamma(\boldsymbol{x}_N)\tag{30}$$

$$\Gamma(\boldsymbol{x}_{p+1},\cdots,\boldsymbol{x}_{m-1},\boldsymbol{x}_m)=\Gamma(\boldsymbol{x}_{p+1},\cdots,\boldsymbol{x}_{m-1})\Gamma(\boldsymbol{x}_{N_1})\tag{30'}$$

同时从向量 $\boldsymbol{x}_N$ 的分解式推出

$$\Gamma(\boldsymbol{x}_N)\leqslant\Gamma(\boldsymbol{x}_{N_1})\tag{31}$$

并且此处等号只有在 $\boldsymbol{x}_{N_1}=\boldsymbol{x}_N$ 时才成立.

现在利用关系式(30)(30′)(31) 与归纳法假设,得

$$\Gamma(\boldsymbol{x}_1,\cdots,\boldsymbol{x}_m)=\Gamma(\boldsymbol{x}_1,\cdots,\boldsymbol{x}_{m-1})\Gamma(\boldsymbol{x}_N)\leqslant\Gamma(\boldsymbol{x}_1,\cdots,\boldsymbol{x}_{m-1})\Gamma(\boldsymbol{x}_{N_1})\leqslant$$
$$\Gamma(\boldsymbol{x}_1,\cdots,\boldsymbol{x}_p)\Gamma(\boldsymbol{x}_{p+1},\cdots,\boldsymbol{x}_{m-1})\Gamma(\boldsymbol{x}_{N_1})=\Gamma(\boldsymbol{x}_1,\cdots,\boldsymbol{x}_p)\Gamma(\boldsymbol{x}_{p+1},\cdots,\boldsymbol{x}_m)\tag{32}$$

我们得出不等式(29). 现在来阐明,在这个不等式中等号什么时候成立,并且 $\Gamma(\boldsymbol{x}_1,\cdots,\boldsymbol{x}_p)\neq 0$ 与 $\Gamma(\boldsymbol{x}_{p+1},\cdots,\boldsymbol{x}_m)\neq 0$. 那么由(30′) 也有 $\Gamma(\boldsymbol{x}_{p+1},\cdots,\boldsymbol{x}_{m-1})\neq 0$ 与 $\Gamma(\boldsymbol{x}_{N_1})\neq 0$. 如果在关系式(32) 中等号处处成立,那么 $\boldsymbol{x}_{N_1}=\boldsymbol{x}_N$. 此外,根据归纳法假设,向量 $\boldsymbol{x}_{p+1},\cdots,\boldsymbol{x}_{m-1}$ 中每一个与向量 $\boldsymbol{x}_1,\cdots,\boldsymbol{x}_p$ 中每一个正交. 显然以下向量也具有这个性质

$$\boldsymbol{x}_m=\boldsymbol{x}_{S_1}+\boldsymbol{x}_{N_1}=\boldsymbol{x}_{S_1}+\boldsymbol{x}_N$$

这样,广义阿达玛不等式就完全建立起来了.

4. 广义阿达玛不等式(32) 可以给出解析的形式.

设 $\sum\limits_{i,k=1}^{n}h_{ik}x_i\overline{x}_k$ 为任一埃尔米特正定型. 令 $\boldsymbol{x}_1,\boldsymbol{x}_2,\cdots,\boldsymbol{x}_n$ 为 n 维向量空间 R 内在基底 $\boldsymbol{e}_1,\boldsymbol{e}_2,\cdots,\boldsymbol{e}_n$ 中向量 $\boldsymbol{x}$ 的坐标,且取型 $\sum\limits_{i,k=1}^{n}h_{ik}x_i\overline{x}_k$ 为 R 中基本度量型(参考本章,§2). 那么 R 是一个 U — 空间. 对于基底向量 $\boldsymbol{e}_1,\boldsymbol{e}_2,\cdots,\boldsymbol{e}_n$ 应用广义阿达玛不等式

$$\Gamma(\boldsymbol{e}_1,\boldsymbol{e}_2,\cdots,\boldsymbol{e}_n)\leqslant\Gamma(\boldsymbol{e}_1,,\cdots,\boldsymbol{e}_p)\Gamma(\boldsymbol{e}_{p+1},\cdots,\boldsymbol{e}_n)$$

设 $\boldsymbol{H}=(h_{ik})_1^n$ 且注意 $(\boldsymbol{e}_i\boldsymbol{e}_k)=h_{ik}(i,k=1,2,\cdots,n)$,我们可以将最后的不等式写为

$$\boldsymbol{H}\begin{pmatrix}1&2&\cdots&n\\1&2&\cdots&n\end{pmatrix}\leqslant\boldsymbol{H}\begin{pmatrix}1&2&\cdots&p\\1&2&\cdots&p\end{pmatrix}\boldsymbol{H}\begin{pmatrix}p+1&\cdots&n\\p+1&\cdots&n\end{pmatrix}\quad(p<n)\tag{33}$$

而且等号成立的充分必要条件是 $h_{ik}=h_{ki}=0(i=1,2,\cdots,p;k=p+1,2,\cdots,n)$.

不等式(33)对于任一埃尔米特正定型的系数矩阵 $\boldsymbol{H}=(h_{ik})_1^n$ 都能成立. 特别地,不等式(33)能够成立,如果 $\boldsymbol{H}$ 是二次正定型 $\sum_{i,k=1}^{n} h_{ik}x_i x_k$ 的实系数矩阵[1]

5. 读者要注意布尼亚可夫斯克不等式.

对于任何向量 $\boldsymbol{x},\boldsymbol{y}\in R$ 都有

$$|(\boldsymbol{xy})|^2 \leqslant N\boldsymbol{x}N\boldsymbol{y} \tag{34}$$

而且只是在向量 $\boldsymbol{x}$ 与 $\boldsymbol{y}$ 仅差一标量因子时,等号才能成立.

布尼亚可夫斯克不等式的正确性可以从已经建立的以下不等式来立即推出

$$\Gamma(\boldsymbol{x},\boldsymbol{y})=\begin{vmatrix}(\boldsymbol{xx}) & (\boldsymbol{xy})\\ (\boldsymbol{yx}) & (\boldsymbol{yy})\end{vmatrix}\geqslant 0$$

与三维欧几里得空间中向量的标量积相类似的,在 n 维 U — 空间中可以引进由以下关系式[2]所定义的向量 $\boldsymbol{x}$ 与 $\boldsymbol{y}$ 间的"角"θ

$$\cos\theta=\frac{|(\boldsymbol{xy})|^2}{N\boldsymbol{x}N\boldsymbol{y}}$$

由布尼亚可夫斯克不等式,可知 θ 有实数值.

§6 向量序列的正交化

1. 以 $[\boldsymbol{x}_1,\boldsymbol{x}_2,\cdots,\boldsymbol{x}_p]$ 记含有向量 $\boldsymbol{x}_1,\boldsymbol{x}_2,\cdots,\boldsymbol{x}_p$ 的最小子空间. 这个子空间是由向量 $\boldsymbol{x}_1,\boldsymbol{x}_2,\cdots,\boldsymbol{x}_p$ 的所有可能的线性组合 $c_1\boldsymbol{x}_1+c_2\boldsymbol{x}_2+\cdots+c_p\boldsymbol{x}_p$ 所构成的($c_1,c_2,\cdots,c_p$ 为复数)[3]. 如果向量 $\boldsymbol{x}_1,\boldsymbol{x}_2,\cdots,\boldsymbol{x}_p$ 线性无关,那么它们构成子空间 $[\boldsymbol{x}_1,\boldsymbol{x}_2,\cdots,\boldsymbol{x}_p]$ 的基底. 此时这个子空间是 p 维的.

含有有限的相同个数的向量或同含无限多个向量的两个向量序列

$$\boldsymbol{X}:\boldsymbol{x}_1,\boldsymbol{x}_2,\cdots$$

$$\boldsymbol{Y}:\boldsymbol{y}_1,\boldsymbol{y}_2,\cdots$$

称为等价的,如果对于所有可能的 p 都有

$$[\boldsymbol{x}_1,\boldsymbol{x}_2,\cdots,\boldsymbol{x}_p]\equiv[\boldsymbol{y}_1,\boldsymbol{y}_2,\cdots,\boldsymbol{y}_p]\quad (p=1,2,\cdots)$$

向量序列

---

① 广义阿达玛不等式的解析推理会在书《Осцилляционные матрицы и ядра и малые колебания механических систем》(1950),§8 中述及.

② 在欧几里得空间中,向量 $\boldsymbol{x}$ 与 $\boldsymbol{y}$ 间的角 θ 为下式所确定

$$\cos\theta=\frac{(\boldsymbol{xy})}{|\boldsymbol{x}||\boldsymbol{y}|}$$

③ 在欧几里得空间中,这些数都是实数.

$$\boldsymbol{X}:\boldsymbol{x}_1,\boldsymbol{x}_2,\cdots$$

称为满秩的，如果对于任何可能的 p，向量 $\boldsymbol{x}_1,\boldsymbol{x}_2,\cdots,\boldsymbol{x}_p$ 都是线性无关的.

向量序列称为正交的，如果这一序列中任何两个向量都是互相正交的.

所谓一个向量序列正交化是指将这一向量序列换为其等价的正交序列.

定理 2 每一个满秩向量序列都可以正交化. 在不计标量因子时，正交化过程得出唯一确定的向量.

证明 1° 我们先来证明定理的第二部分. 设有两个正交序列 $\boldsymbol{Y}:\boldsymbol{y}_1,\boldsymbol{y}_2,\cdots$ 与 $\boldsymbol{Z}:\boldsymbol{z}_1,\boldsymbol{z}_2,\cdots$ 都与同一满秩序列 $\boldsymbol{X}:\boldsymbol{x}_1,\boldsymbol{x}_2,\cdots$ 等价. 那么序列 $\boldsymbol{Y}$ 与 $\boldsymbol{Z}$ 彼此等价. 故对任何一个 p 都有数 $c_{p1},c_{p2},\cdots,c_{pp}$ 存在，使得

$$\boldsymbol{z}_p=c_{p1}\boldsymbol{y}_1+c_{p2}\boldsymbol{y}_2+\cdots+c_{p,p-1}\boldsymbol{y}_{p-1}+c_{pp}\boldsymbol{y}_p\quad(p=1,2,\cdots)$$

在这一等式的两边对于 $\boldsymbol{y}_1,\boldsymbol{y}_2,\cdots,\boldsymbol{y}_{p-1}$ 顺次来取标量积且注意序列 $\boldsymbol{Y}$ 的正交性与关系式

$$\boldsymbol{z}_p\perp[\boldsymbol{z}_1,\boldsymbol{z}_2,\cdots,\boldsymbol{z}_{p-1}]\equiv[\boldsymbol{y}_1,\boldsymbol{y}_2,\cdots,\boldsymbol{y}_{p-1}]$$

我们得出：$c_{p1}=c_{p2}=\cdots=c_{p,p-1}=0$，因而

$$\boldsymbol{z}_{pp}=c_{pp}\boldsymbol{y}_p\quad(p=1,2,\cdots)$$

2° 对于任一满秩向量序列 $\boldsymbol{X}:\boldsymbol{x}_1,\boldsymbol{x}_2,\cdots$ 来具体实行正交化是由以下方法所得出的.

设 $S_p\equiv[\boldsymbol{x}_1,\boldsymbol{x}_2,\cdots,\boldsymbol{x}_p]$，$\Gamma_p=\Gamma(\boldsymbol{x}_1,\boldsymbol{x}_2,\cdots,\boldsymbol{x}_p)(p=1,2,\cdots)$，把向量 $\boldsymbol{x}_p$ 正射影于子空间 $S_{p-1}(p=1,2,\cdots)$[①]

$$\boldsymbol{x}_p=\boldsymbol{x}_{pS_{p-1}}+\boldsymbol{x}_{pN},\boldsymbol{x}_{pS_{p-1}}\in S_{p-1},\boldsymbol{x}_{pN}\perp S_{p-1}\quad(p=1,2,\cdots)$$

令

$$\boldsymbol{y}_p=\lambda_p\boldsymbol{x}_{pN}\quad(p=1,2,\cdots;\boldsymbol{x}_{1N}=\boldsymbol{x}_1)$$

其中 $\lambda_p(p=1,2,\cdots)$ 是任意不为零的数.

那么（很容易看出）

$$\boldsymbol{Y}:\boldsymbol{y}_1,\boldsymbol{y}_2,\cdots$$

是与序列 $\boldsymbol{X}$ 等价的正交序列. 定理 2 已经证明.

根据(21)，有

$$\boldsymbol{x}_{pN}=\frac{\begin{vmatrix} & & & \boldsymbol{x}_1\\ & \Gamma_{p-1} & & \vdots\\ & & & \boldsymbol{x}_{p-1}\\ (\boldsymbol{x}_p\boldsymbol{x}_1) & \cdots & (\boldsymbol{x}_p\boldsymbol{x}_{p-1}) & \boldsymbol{x}_p\end{vmatrix}}{\Gamma_{p-1}}\quad(p=1,2,\cdots;\Gamma_0=1)$$

取 $\lambda_p=\Gamma_{p-1}(p=1,2,\cdots;\Gamma_0=1)$，我们对于正交化序列中向量得出以下诸

---

① 在 $p=1$ 时我们取：$\boldsymbol{x}_{1S_0}=\boldsymbol{0},\boldsymbol{x}_{1N}=\boldsymbol{x}_1$.

公式

$$\boldsymbol{y}_1=\boldsymbol{x}_1,\boldsymbol{y}_2=\begin{vmatrix}(\boldsymbol{x}_1\boldsymbol{x}_1) & \boldsymbol{x}_1\\(\boldsymbol{x}_2\boldsymbol{x}_1) & \boldsymbol{x}_2\end{vmatrix},\cdots,$$

$$\boldsymbol{y}_p=\begin{vmatrix}(\boldsymbol{x}_1\boldsymbol{x}_1) & \cdots & (\boldsymbol{x}_1\boldsymbol{x}_{p-1}) & \boldsymbol{x}_1\\ \vdots & & \vdots & \vdots\\ (\boldsymbol{x}_{p-1}\boldsymbol{x}_1) & \cdots & (\boldsymbol{x}_{p-1}\boldsymbol{x}_{p-1}) & \boldsymbol{x}_{p-1}\\ \vdots & & \vdots & \vdots\\ (\boldsymbol{x}_p\boldsymbol{x}_1) & \cdots & (\boldsymbol{x}_p\boldsymbol{x}_{p-1}) & \boldsymbol{x}_p\end{vmatrix},\cdots \tag{35}$$

由(22),我们得出

$$N\boldsymbol{y}_p=\Gamma_{p-1}^2N\boldsymbol{x}_{pN}=\Gamma_{p-1}^2\cdot\frac{\Gamma_p}{\Gamma_{p-1}}=\Gamma_{p-1}\Gamma_p\quad(p=1,2,\cdots;\Gamma_0=1) \tag{36}$$

故如令

$$\boldsymbol{z}_p=\frac{\boldsymbol{y}_p}{\sqrt{\Gamma_{p-1}\Gamma_p}}\quad(p=1,2,\cdots) \tag{37}$$

我们就得出与所给序列 $\boldsymbol{X}$ 等价的法正交序列 $\boldsymbol{Z}$.

例 3 在区间$[-1,+1]$中分段连续的实函数空间里面,以等式

$$(f,g)=\int_{-1}^{+1}f(x)g(x)\mathrm{d}x$$

来定出其标量积.

讨论满秩"向量"序列

$$1,x,x^2,x^3,\cdots$$

把它们按照公式(35)来正交化

$$y_0\equiv 1,y_m=\begin{vmatrix}\frac{1}{1} & 0 & \frac{1}{3} & 0 & \frac{1}{5} & 0 & \cdots & 1\\ 0 & \frac{1}{3} & 0 & \frac{1}{5} & 0 & \frac{1}{7} & \cdots & x\\ \frac{1}{3} & 0 & \frac{1}{5} & 0 & \frac{1}{7} & 0 & \cdots & x^2\\ \vdots & \vdots & \vdots & \vdots & \vdots & \vdots & & \vdots\\ \vdots & \vdots & \vdots & \vdots & \vdots & \vdots & & x^m\end{vmatrix}\quad(m=1,2,\cdots)$$

在不计常数因子时,这些彼此正交的多项式与已知的勒让德多项式一致[①]

$$P_0(x)=1,P_m(x)=\frac{1}{2^m m!}\frac{d^m(x^2-1)^m}{dx^m}\quad(m=1,2,\cdots)$$

同一幂序列 $1,x,x^2,x^3,\cdots$ 在另一度量

① 参考《Общая задача об устойчивости движения》(1950),第 77 页及以后诸页.

$$(f,g)=\int_a^b f(x)g(x)\tau(x)\mathrm{d}x \quad [\tau(x)\geqslant 0(a\leqslant x\leqslant b)]$$

时给出另一正交多项式序列.

例如,当 $a=-1,b=1$ 而 $\tau(x)=\dfrac{1}{\sqrt{1-x^2}}$ 时,我们得出切比雪夫多项式

$$T_n(x)=\frac{1}{2^{n-1}}\cos(n\arccos x)$$

在 $a=-\infty,b=+\infty$ 而 $\tau(x)=\mathrm{e}^{-x^2}$ 时,我们得出切比雪夫-埃尔米特多项式,诸如此类①.

2. 还要注意对于标准正交向量序列 $\boldsymbol{Z}$:$\boldsymbol{z}_1,\boldsymbol{z}_2,\cdots$ 的所谓贝塞尔不等式. 设给予任一向量 $\boldsymbol{x}$. 以 ξ_p 记这一向量在单位向量 $\boldsymbol{z}_p$ 上的射影

$$\xi_p=(\boldsymbol{x}\boldsymbol{z}_p) \quad (p=1,2,\cdots)$$

那么向量 $\boldsymbol{x}$ 在子空间 $S_p=[\boldsymbol{z}_1,\boldsymbol{z}_2,\cdots,\boldsymbol{z}_p]$ 上的射影可表示为以下形式[参考(20)]

$$\boldsymbol{x}_{S_p}=\xi_1\boldsymbol{z}_1+\xi_2\boldsymbol{z}_2+\cdots+\xi_p\boldsymbol{z}_p \quad (p=1,2,\cdots)$$

但 $\boldsymbol{x}_{S_p}=|\xi_1|^2+|\xi_2|^2+\cdots+|\xi_p|^2\leqslant\boldsymbol{x}$. 所以对于任何 p 都有

$$|\xi_1|^2+|\xi_2|^2+\cdots+|\xi_p|^2\leqslant N\boldsymbol{x} \tag{38}$$

这是贝塞尔不等式.

对于 n 维有限维空间,这个不等式有很明显的几何意义. 当 $p=n$ 时它变为勾股等式

$$|\xi_1|^2+|\xi_2|^2+\cdots+|\xi_n|^2=|\boldsymbol{x}|^2$$

对于无限维空间与无限序列 $\boldsymbol{Z}$,由(38)得出级数 $\sum\limits_{k=1}^{\infty}|\xi_k|^2$ 的收敛性与不等式

$$\sum_{k=1}^{\infty}|\xi_k|^2\leqslant N\boldsymbol{x}=|\boldsymbol{x}|^2$$

建立级数

$$\sum_{k=1}^{\infty}\xi_k\boldsymbol{z}_k$$

这个级数(对于任何 p)的第 p 个部分

$$\xi_1\boldsymbol{z}_1+\xi_2\boldsymbol{z}_2+\cdots+\xi_p\boldsymbol{z}_p$$

等于向量 $\boldsymbol{x}$ 在子空间 $S_p=[\boldsymbol{z}_1,\boldsymbol{z}_2,\cdots,\boldsymbol{z}_p]$ 上的射影 $\boldsymbol{x}_{S_p}$,故为向量 $\boldsymbol{x}$ 在这一子空间中最好的近似值

---

① 有关它们的更详细的叙述可参考《Теория ортогональных многочленов》(1950).

$$N(\boldsymbol{x}-\sum_{k=1}^{p}\xi_k\boldsymbol{z}_k)\leqslant N(\boldsymbol{x}-\sum_{k=1}^{p}c_k\boldsymbol{z}_k)$$

其中 $c_1,c_2,\cdots,c_p$ 为任何复数.我们来算出其对应的标准差 δ_p

$$\delta_p^2=N(\boldsymbol{x}-\sum_{k=1}^{p}\xi_k\boldsymbol{z}_k)=(\boldsymbol{x}-\sum_{k=1}^{p}\xi_k\boldsymbol{z}_k,\boldsymbol{x}-\sum_{k=1}^{p}\xi_k\boldsymbol{z}_k)=N\boldsymbol{x}-\sum_{k=1}^{p}|\xi_k|^2$$

故有
$$\lim_{p\to\infty}\delta_p^2=N\boldsymbol{x}-\sum_{k=1}^{\infty}|\xi_k|^2$$

如果
$$\lim_{p\to\infty}\delta_p=0$$

那么我们说级数 $\sum_{k=1}^{\infty}\xi_k\boldsymbol{z}_k$ 平均收敛(按范数收敛)于向量 $\boldsymbol{x}$.

在这一情形对于 R 中向量 $\boldsymbol{x}$ 有以下等式(在无限维空间中的勾股定理)

$$(\boldsymbol{x}\boldsymbol{x})=|\boldsymbol{x}|^2=\sum_{k=1}^{\infty}|\xi_k|^2 \tag{39}$$

如果对于 R 中任一向量 $\boldsymbol{x}$,级数 $\sum_{k=1}^{\infty}\xi_k\boldsymbol{z}_k$ 都平均收敛于向量 $\boldsymbol{x}$,那么标准正交向量序列 $\boldsymbol{z}_1,\boldsymbol{z}_2,\cdots$ 称为完全的.在这一情形,在(39)中换 $\boldsymbol{x}$ 为 $\boldsymbol{x}+\boldsymbol{y}$ 且对 $(\boldsymbol{x}+\boldsymbol{y})$,$\boldsymbol{x}$ 与 $\boldsymbol{y}$ 应用等式(39)三次,很容易得出

$$(\boldsymbol{x}\boldsymbol{y})=\sum_{k=1}^{\infty}\xi_k\overline{\eta}_k\quad[\xi_k=(\boldsymbol{x},\boldsymbol{z}_k),\eta_k=(\boldsymbol{y},\boldsymbol{z}_k);k=1,2,\cdots] \tag{40}$$

例 4 讨论所有在闭区间$[0,2\pi]$中分段连续的复函数 $f(t)$(t 为实变数)的空间.两个函数 $f(t)$ 与 $g(t)$ 的标量积为以下公式所确定

$$(f,g)=\int_0^{2\pi}f(t)\overline{g(t)}\mathrm{d}t$$

特别地

$$(f,f)=\int_0^{2\pi}|f(t)|^2\mathrm{d}t$$

取函数的无限序列

$$\frac{1}{\sqrt{2\pi}}\mathrm{e}^{\mathrm{i}kt}\quad(k=0,\pm1,\pm2,\cdots)$$

这些函数构成一个正交序列,因为

$$\int_0^{2\pi}\mathrm{e}^{\mathrm{i}\mu t}\mathrm{e}^{-\mathrm{i}\nu t}\mathrm{d}t=\int_0^{2\pi}\mathrm{e}^{\mathrm{i}(\mu-\nu)t}\mathrm{d}t=\begin{cases}0 & (\mu\neq\nu)\\ 2\pi & (\mu=\nu)\end{cases}$$

级数

$$\sum_{k=-\infty}^{\infty}f_k\mathrm{e}^{\mathrm{i}kt}\quad(f_k=\frac{1}{2\pi}\int_0^{2\pi}f(t)\mathrm{e}^{-\mathrm{i}kt}\mathrm{d}t;k=0,\pm1,\pm2,\cdots)$$

在区间$[0,2\pi]$上平均收敛于函数 $f(t)$.这个级数称为函数 $f(t)$ 的傅里叶级数,而系数 $f_k(k=0,\pm1,\pm2,\cdots)$ 称为 $f(t)$ 的傅里叶系数.

在傅里叶级数论中证明了函数系 e^{ikt} $(k=0, \pm 1, \pm 2, \cdots)$ 是完全的①.

完全的这一条件给出帕塞瓦尔等式[参考等式(40)]

$$\int_0^{2\pi} f(t)\, \overline{g(t)}\, dt = \sum_{k=-\infty}^{+\infty} \frac{1}{2\pi} \int_0^{2\pi} f(t) e^{-ikt}\, dt \int_0^{2\pi} \overline{g(t)} e^{ikt}\, dt$$

如果 $f(t)$ 是实函数,那么 f_0 是实数,而 f_k 与 f_{-k} 为共轭复数. 令

$$f_k = \frac{1}{2\pi}\int_0^{2\pi} f(t) e^{-ikt}\, dt = \frac{1}{2}(a_k + ib_k) \quad (k=1,2,\cdots)$$

其中

$$a_k = \frac{1}{\pi}\int_0^{2\pi} f(t)\cos kt\, dt, b_k = \frac{1}{\pi}\int_0^{2\pi} f(t)\sin kt\, dt \quad (k=0,1,2,\cdots)$$

即得

$$f_k e^{ikt} + f_{-k} e^{-ikt} = a_k \cos kt + b_k \sin kt \quad (k=1,2,\cdots)$$

故对实函数 $f(t)$,傅里叶级数取以下形式

$$\frac{a_0}{2} + \sum_{k=1}^{\infty}(a_k \cos kt + b_k \sin kt) \quad \begin{pmatrix} a_k = \dfrac{1}{\pi}\displaystyle\int_0^{2\pi} f(t)\cos kt\ dt & \\ & k=0,1,2,\cdots \\ b_k = \dfrac{1}{\pi}\displaystyle\int_0^{2\pi} f(t)\sin kt\ dt & \end{pmatrix}$$

§7 标准正交基

在欧几里得空间或 U－空间 R 中任一有限维空间 S 的基底都是满秩向量序列,故由上节的定理 2 可以把它正交化与标准化. 这样一来,在任一有限维子空间 S 中(特别是整个空间 R 中,如果它是有限维的),都有标准正交基存在.

设 $\boldsymbol{e}_1, \boldsymbol{e}_2, \cdots, \boldsymbol{e}_n$ 为空间 R 的标准正交基. 以 $x_1, x_2, \cdots, x_n$ 记任意向量 $\boldsymbol{x}$ 在这一基底中的坐标

$$\boldsymbol{x} = \sum_{k=1}^{n} x_k \boldsymbol{e}_k$$

右乘这个等式的两边以 $\boldsymbol{e}_k$ 且注意到基底的标准正交性,易求出

$$x_k = (\boldsymbol{x}\boldsymbol{e}_k) \quad (k=1,2,\cdots,n)$$

亦即在标准正交基中,向量的每一个坐标等于它与对应的基底单位向量的标量积

$$\boldsymbol{x} = \sum_{k=1}^{n} (\boldsymbol{x}\boldsymbol{e}_k)\boldsymbol{e}_k \tag{41}$$

设 $x_1, x_2, \cdots, x_n$ 与 $x_1', x_2', \cdots, x_n'$ 为 U－空间 R 中同一向量 $\boldsymbol{x}$ 在两个不同的标准正交基 $\boldsymbol{e}_1, \boldsymbol{e}_2, \cdots, \boldsymbol{e}_n$ 与 $\boldsymbol{e}_1', \boldsymbol{e}_2', \cdots, \boldsymbol{e}_n'$ 中的对应坐标. 坐标的变换公式有以下

① 例如参考《Методы математической физики》(1951),第二章.

形式

$$x_i=\sum_{k=1}^{n}u_{ik}x'_k \quad (i=1,2,\cdots,n) \tag{42}$$

此处,构成矩阵 $\boldsymbol{U}=(u_{ik})_1^n$ 的第 k 列的系数 $u_{1k},u_{2k},\cdots,u_{nk}$,不难看出是向量 $\boldsymbol{e}'_k$ 在基底 $\boldsymbol{e}_1,\boldsymbol{e}_2,\cdots,\boldsymbol{e}_n$ 中的坐标. 故在坐标中[见(10)]写出基底 $\boldsymbol{e}'_1,\boldsymbol{e}'_2,\cdots,\boldsymbol{e}'_n$ 的标准正交性条件,我们得出关系式

$$\sum_{i=1}^{n}u_{ik}\overline{u}_{il}=\delta_{kl}=\begin{cases}1 & (k\neq l)\\ 0 & (k=l)\end{cases} \tag{43}$$

系数适合条件(43)的变换(42)称为U—变换,而其对应矩阵$\boldsymbol{U}$称为U—矩阵. 这样一来,在 n 维 U—空间中从一个标准正交基转移到另一个标准正交基,是利用坐标的 U—变换来实现的.

设给出一个 n 维欧几里得空间R. 从 R 中一个标准正交基转移到另一个标准正交基时,要施行坐标的变换

$$x_i=\sum_{k=1}^{n}v_{ik}x'_k \quad (i=1,2,\cdots,n) \tag{44}$$

其系数间有以下关系式

$$\sum_{i=1}^{n}v_{ik}v_{il}=\delta_{kl} \quad (k,l=1,2,\cdots,n) \tag{45}$$

这种坐标变换称为正交的,而其对应矩阵 $\boldsymbol{V}$ 称为正交矩阵.

注意一种有趣味的正交化方法的矩阵写法. 设 $\boldsymbol{A}=(a_{ik})_1^n$ 为任一元素为复数的满秩矩阵($|\boldsymbol{A}|\neq 0$). 讨论有标准正交基 $\boldsymbol{e}_1,\boldsymbol{e}_2,\cdots,\boldsymbol{e}_n$ 的U—空间R且以下列诸等式来定出线性无关的向量 $\boldsymbol{a}_1,\boldsymbol{a}_2,\cdots,\boldsymbol{a}_n$,有

$$a_k=\sum_{i=1}^{n}a_{ik}\boldsymbol{e}_i \quad (k=1,2,\cdots,n)$$

对向量 $\boldsymbol{a}_1,\boldsymbol{a}_2,\cdots,\boldsymbol{a}_n$ 来进化正交化,得出 R 中标准正交基 $\boldsymbol{u}_1,\boldsymbol{u}_2,\cdots,\boldsymbol{u}_n$. 设此时

$$\boldsymbol{u}_k=\sum_{i=1}^{n}u_{ik}\boldsymbol{e}_i \quad (k=1,2,\cdots,n)$$

那么

$$[\boldsymbol{a}_1,\boldsymbol{a}_2,\cdots,\boldsymbol{a}_p]=[\boldsymbol{u}_1,\boldsymbol{u}_2,\cdots,\boldsymbol{u}_p] \quad (p=1,2,\cdots,n)$$

亦即

$$\begin{gathered}\boldsymbol{a}_1=c_{11}\boldsymbol{u}_1\\ \boldsymbol{a}_2=c_{12}\boldsymbol{u}_1+c_{22}\boldsymbol{u}_2\\ \vdots\\ \boldsymbol{a}_n=c_{1n}\boldsymbol{u}_1+c_{2n}\boldsymbol{u}_2+\cdots+c_{nn}\boldsymbol{u}_n\end{gathered}$$

其中 $c_{ik}(i,k=1,2,\cdots,n;i\leqslant k)$ 是某些复数.

当 $i > k$ 时取 $c_{ik} = 0(i,k = 1,2,\cdots,n)$，我们有

$$\boldsymbol{a}_k = \sum_{p=1}^{n} c_{pk}\boldsymbol{u}_p \quad (k = 1,2,\cdots,n)$$

转移到坐标的关系且引进上三角矩阵 $\boldsymbol{C} = (c_{ik})_1^n$ 与 U－矩阵 $\boldsymbol{U} = (u_{ik})_1^n$，我们得出

$$a_{ik} = \sum_{p=1}^{n} u_{ip}c_{pk} \quad (i,k = 1,2,\cdots,n)$$

或

$$\boldsymbol{A} = \boldsymbol{UC} \qquad (*)$$

根据这一公式，任一满秩矩阵 $\boldsymbol{A} = (a_{ik})_1^n$ 都可以表示为一个 U－矩阵 $\boldsymbol{U}$ 与一个上三角矩阵 $\boldsymbol{C}$ 的乘积.

因为，在不计标量因子 $\varepsilon_1,\varepsilon_2,\cdots,\varepsilon_n(|\varepsilon_i| = 1; i = 1,2,\cdots,n)$ 时，正交化方法唯一地确定向量 $\boldsymbol{u}_1,\boldsymbol{u}_2,\cdots,\boldsymbol{u}_n$，所以在公式（$*$）中，如不计对角形因子 $\boldsymbol{M} = \{\varepsilon_1,\varepsilon_2,\cdots,\varepsilon_n\}$，则其因子 $\boldsymbol{U}$ 与 $\boldsymbol{C}$ 都是唯一确定的

$$\boldsymbol{U} = \boldsymbol{U}_1\boldsymbol{M}, \boldsymbol{C} = \boldsymbol{M}^{-1}\boldsymbol{C}_1$$

这是可以直接来验证的.

注 1 如果 $\boldsymbol{A}$ 是实矩阵，那么在公式（$*$）中可以取实因子 $\boldsymbol{U}$ 与 $\boldsymbol{C}$. 此时 $\boldsymbol{U}$ 是一个正交矩阵.

注 2 公式（$*$）对于降秩矩阵 $\boldsymbol{A}(|\boldsymbol{A}|) = \boldsymbol{0}$ 仍然有效. 这可以取 $\boldsymbol{A} = \lim\limits_{m\to\infty} \boldsymbol{A}_m$，其中 $|\boldsymbol{A}_m| \neq 0(m = 1,2,\cdots)$ 来证明.

此时 $\boldsymbol{A}_m = \boldsymbol{U}_m\boldsymbol{C}_m(m = 1,2,\cdots)$. 从序列 $\boldsymbol{U}_m$ 中选取收敛子序列 $\boldsymbol{U}_{m_p}$ $(\lim\limits_{p\to\infty} \boldsymbol{U}_{m_p} = \boldsymbol{U})$ 且取极限，由等式 $\boldsymbol{A}_{m_p} = \boldsymbol{U}_{m_p}\boldsymbol{C}_{m_p}$，当 $p \to \infty$ 时，我们得出所求的分解式 $\boldsymbol{A} = \boldsymbol{UC}$. 但在 $|\boldsymbol{A}| = 0$ 的情形，即使不计对角形因子 $\boldsymbol{M}$，因子 $\boldsymbol{U}$ 与 $\boldsymbol{C}$ 不是唯一决定的.

注 3 代替式（$*$）可以有公式

$$\boldsymbol{A} = \boldsymbol{DW} \qquad (**)$$

其中 $\boldsymbol{D}$ 为下三角矩阵，而 $\boldsymbol{W}$ 为一个 U－矩阵. 事实上，应用上面所建立的公式（$*$）于转置矩阵 $\boldsymbol{A}'$，有

$$\boldsymbol{A}' = \boldsymbol{UC}$$

再取 $\boldsymbol{W} = \boldsymbol{U}', \boldsymbol{D} = \boldsymbol{C}'$，我们就得出（$**$）[①].

§8 共轭算子

设在 n 维 U－空间 R 中给予任一线性算子.

定义 4 线性算子 A^* 称为关于算子 A 的共轭算子，如果对于 R 中任意两

① 从矩阵 $\boldsymbol{U}$ 是一个 U－矩阵知矩阵 $\boldsymbol{U}'$ 亦是一个 U－矩阵，因为条件(43) 可以写为矩阵的形式：$\boldsymbol{U}'\overline{\boldsymbol{U}} = \boldsymbol{E}$，即得：$\boldsymbol{U}\overline{\boldsymbol{U}}' = \boldsymbol{E}$.

向量 $\boldsymbol{x}$，$\boldsymbol{y}$ 以下等式都能成立

$$(A\boldsymbol{x},\boldsymbol{y})=(\boldsymbol{x},A^*\boldsymbol{y}) \tag{46}$$

我们来证明，对于每一个线性算子 A 都有共轭算子 A^* 存在，而且只有一个. 证明时，在 R 中选取某一标准正交基 $\boldsymbol{e}_1,\boldsymbol{e}_2,\cdots,\boldsymbol{e}_n$. 那么[参考(41)] 对于所求的算子 A^* 与 R 中任一向量 $\boldsymbol{y}$ 都应当适合等式

$$A^*\boldsymbol{y}=\sum_{k=1}^{n}(A^*\boldsymbol{y},\boldsymbol{e}_k)\boldsymbol{e}_k$$

由(46)，这个等式可以写为

$$A^*\boldsymbol{y}=\sum_{k=1}^{n}(\boldsymbol{y},A\boldsymbol{e}_k)\boldsymbol{e}_k \tag{47}$$

现在让我们承认等式(47) 为算子 A^* 的定义.

容易验证，这样定义的算子 A^* 是线性的，且对于 R 中任意两向量 $\boldsymbol{x}$ 与 $\boldsymbol{y}$，都能适合等式(46). 此外根据给定的 A，等式(47) 唯一地确定算子 A^*. 这样一来，我们就证明了共轭算子 A^* 的存在与唯一性.

设 A 为 $U-$空间的线性算子，而 $\boldsymbol{A}=(a_{ik})_1^n$ 为在标准正交基 $\boldsymbol{e}_1,\boldsymbol{e}_2,\cdots,\boldsymbol{e}_n$ 中对应于这个算子的矩阵. 应用公式(41) 于向量 $A\boldsymbol{e}_k=\sum_{i=1}^{n}a_{ik}\boldsymbol{e}_i$，我们得出

$$a_{ik}=(A\boldsymbol{e}_k,\boldsymbol{e}_i)\quad(i,k=1,2,\cdots,n) \tag{48}$$

现在设共轭算子 A^* 在同一基底中对应于矩阵 $\boldsymbol{A}^*=(a_{ik}^*)_1^n$. 那么由公式(48)，有

$$a_{ik}^*=(A^*\boldsymbol{e}_k,\boldsymbol{e}_i)\quad(i,k=1,2,\cdots,n) \tag{49}$$

从(48) 与(49) 结合(46) 得出

$$a_{ik}^*=\overline{a}_{ki}\quad(i,k=1,2,\cdots,n)$$

亦即

$$\boldsymbol{A}^*=\overline{\boldsymbol{A}}'$$

矩阵 $\boldsymbol{A}^*$ 是 $\boldsymbol{A}$ 的复共轭转置矩阵. 这种矩阵通常称为关于 $\boldsymbol{A}$ 的共轭矩阵.

这样一来，在标准正交基中，共轭算子对应于共轭矩阵.

从共轭算子的定义推得以下诸性质：

1° $(A^*)^*=A$.

2° $(A+B)^*=A^*+B^*$.

3° $(\alpha A)^*=\overline{\alpha}A^*$（$\alpha$ 是一个标量）.

4° $(AB)^*=B^*A^*$.

现在引进一个重要的概念. 设 S 为 R 中任一子空间. 以 T 记 R 中与 S 正交的所有向量 $\boldsymbol{y}$ 的集合. 易知，T 亦是 R 的子空间，而且 R 中每一个向量 $\boldsymbol{x}$ 都可以唯一地表示为和 $\boldsymbol{x}=\boldsymbol{x}_S+\boldsymbol{x}_T$ 的形式，其中 $\boldsymbol{x}_S\in S$，$\boldsymbol{x}_T\in T$，亦即以下分解式是

成立的

$$R=S+T, S\perp T$$

应用§4中分解式(15)于R中任一向量$\boldsymbol{x}$,我们得出这一个分解式. T称为S的正交补空间. 显然,S亦是T的正交补空间. 我们写出$S\perp T$可理解为S中任何向量都与T中任一向量正交.

现在我们可以叙述共轭算子的基本性质:

5° 如果某一个子空间S对A不变,那么这个子空间的正交补空间T将对A^*不变.

事实上,设$\boldsymbol{x}\in S, \boldsymbol{y}\in T$. 那么由$A\boldsymbol{x}\in S$得$(A\boldsymbol{x}, \boldsymbol{y})=0$,故由(46)知$(\boldsymbol{x}, A^*\boldsymbol{y})=0$. 因为$\boldsymbol{x}$是$S$中任一向量,所以$A^*\boldsymbol{y}\in T$,这就是所要证明的结果.

引进以下定义:

定义5 两组向量$\boldsymbol{x}_1, \boldsymbol{x}_2, \cdots, \boldsymbol{x}_m$与$\boldsymbol{y}_1, \boldsymbol{y}_2, \cdots, \boldsymbol{y}_m$称为双标准正交的,如果

$$(\boldsymbol{x}_i\boldsymbol{y}_k)=\delta_{ik}\quad (i,k=1,2,\cdots,m) \tag{50}$$

其中δ_{ik}为克罗内克符号.

现在我们来证明以下命题:

6° 如果A是一个单构线性算子,那么共轭算子A^*亦是单构的,而且可以这样来选取算子A与A^*的完全特征向量组,$\boldsymbol{x}_1, \boldsymbol{x}_2, \cdots, \boldsymbol{x}_n$与$\boldsymbol{y}_1, \boldsymbol{y}_2, \cdots, \boldsymbol{y}_n$使得它们是双标准正交的

$$A\boldsymbol{x}_i=\lambda_i\boldsymbol{x}_i, A^*\boldsymbol{y}_i=\mu_i\boldsymbol{y}_i, (\boldsymbol{x}_i\boldsymbol{y}_k)=\delta_{ik}\quad (i,k=1,2,\cdots,n)$$

事实上,设$\boldsymbol{x}_1, \boldsymbol{x}_2, \cdots, \boldsymbol{x}_n$为算子$A$的完全特征向量组. 引进记号

$$S_k=[\boldsymbol{x}_1, \cdots, \boldsymbol{x}_{k-1}, \boldsymbol{x}_{k+1}, \cdots, \boldsymbol{x}_n]\quad (k=1,2,\cdots,n)$$

讨论$n-1$维子空间S_k的一维正交补空间$T_k=[\boldsymbol{y}_k](k=1,2,\cdots,n)$. 此时$T_k$对$A^*$不变

$$A^*\boldsymbol{y}_k=\mu_k\boldsymbol{y}_k, \boldsymbol{y}_k\neq\boldsymbol{0}\quad (k=1,2,\cdots,n)$$

由$S_k\perp\boldsymbol{y}_k$得出:$(\boldsymbol{x}_k, \boldsymbol{y}_k)\neq 0$,否则向量$\boldsymbol{y}_k$必须等于零. 乘$\boldsymbol{x}_k, \boldsymbol{y}_k(k=1,2,\cdots,n)$以适当的数值因子,我们得出

$$(\boldsymbol{x}_i\boldsymbol{y}_k)=\delta_{ik}\quad (i,k=1,2,\cdots,n)$$

由向量组$\boldsymbol{x}_1, \boldsymbol{x}_2, \cdots, \boldsymbol{x}_n$与$\boldsymbol{y}_1, \boldsymbol{y}_2, \cdots, \boldsymbol{y}_n$的双标准正交性,可知每一组向量都是线性无关的.

还要注意这样的命题:

7° 如果运算子A与A^*有共同的特征向量,那么对应于共同特征向量的这些算子的特征数是复共轭的.

事实上,设$A\boldsymbol{x}=\lambda\boldsymbol{x}, A^*\boldsymbol{x}=\mu\boldsymbol{x}(\boldsymbol{x}\neq\boldsymbol{0})$. 那么,在(46)中取$\boldsymbol{y}=\boldsymbol{x}$,就有$\lambda(\boldsymbol{x}, \boldsymbol{x})=\overline{\mu}(\boldsymbol{x}, \boldsymbol{x})$,故得$\lambda=\overline{\mu}$.

8° 设$\boldsymbol{y}$是算子A^*的特征向量,并设$S^{(n-1)}$是一维子空间$T=[y]$的正交补.

因为 $A=(A^*)^*$，所以由命题 5° 知，子空间 $S^{(n-1)}$ 关于算子 A 不变. 这样，n 维 $U-$ 空间中的任何线性算子都存在一个 $(n-1)$ 维不变子空间.

接下来讨论子空间 $S^{(n-1)}$ 中的算子 A，根据所证明的命题，可以指出算子 A 属于 $S^{(n-1)}$ 的 $(n-2)$ 维不变子空间 $S^{(n-2)}$. 重复推理，我们做出了算子 A 的 n 个依次嵌入不变子空间组成的链（上标表示维数）

$$S^{(1)} \subset S^{(2)} \subset \cdots \subset S^{(n-1)} \subset S^{(n)} = R$$

现在设 $\boldsymbol{e}_1$ 是属于 $S^{(1)}$ 的正规向量. 在 $S^{(2)}$ 中选取这样的正规向量 $\boldsymbol{e}_2$，使 $(\boldsymbol{e}_1, \boldsymbol{e}_2)=0$. 在 $S^{(3)}$ 中求出这样的向量 $\boldsymbol{e}_3$，使 $(\boldsymbol{e}_1, \boldsymbol{e}_3)=0$ 与 $(\boldsymbol{e}_2, \boldsymbol{e}_3)=0$. 继续这个程序，我们建立了一个正交向量基底

$$\boldsymbol{e}_1, \boldsymbol{e}_2, \cdots, \boldsymbol{e}_n$$

它具有以下性质

$$S^{(k)} = \{\boldsymbol{e}_1, \boldsymbol{e}_2, \cdots, \boldsymbol{e}_k\} \quad (k=1,2,\cdots,n)$$

关于算子 A 是不变的.

现在令 $(a_{ij})_1^n$ 是算子 A 在所作基底上的矩阵. 我们有 $A\boldsymbol{e}_i = \sum\limits_{i=1}^{n} a_{ij}\boldsymbol{e}_i$，其中 $a_{ij}=(A\boldsymbol{e}_j, \boldsymbol{e}_i)$. 因为 $A\boldsymbol{e}_j$ 属于 $S^{(j)}$，所以当 $i>j$ 时，$a_{ij}=(A\boldsymbol{e}_j, \boldsymbol{e}_i)$，因此算子矩阵是上三角矩阵. 我们得到以下定理.

对于 n 维 $U-$ 空间中的任一线性算子，可以做出一个标准正交基底，使这个算子的矩阵是三角矩阵.

这个命题习惯上称为舒尔定理. 自然，把简化算子矩阵的一般定理应用到若尔当型，容易用若尔当基底连续正交化来证明舒尔定理. 所做的证明在本质上只利用线性算子的存在，此算子作用到 n 维 $U-$ 空间中的特征向量上.

§9 $U-$ 空间中的正规算子

定义 6 线性算子 A 称为正规的，如果它与它的共轭算子可交换

$$AA^* = A^*A \tag{51}$$

定义 7 线性算子 H 称为埃尔米特算子，如果它与它的共轭运算子相等

$$H^* = H \tag{52}$$

定义 8 线性算子 U 称为 $U-$ 算子，如果它的逆算子等于它的共轭算子

$$UU^* = E \tag{53}$$

注意，$U-$ 算子亦可以定义为埃尔米特空间中等度量算子，亦即保持度量不变的运算子.

事实上，设对 R 中任意两向量 $\boldsymbol{x}$ 与 $\boldsymbol{y}$，有

$$(U\boldsymbol{x}, U\boldsymbol{y}) = (\boldsymbol{x}, \boldsymbol{y}) \tag{54}$$

那么根据(46)

$$(U^*Ux, y) = (x, y)$$

故由向量 y 的任意性,有

$$U^*Ux = x$$

亦即 $U^*U = E$ 或 $U^* = U^{-1}$. 反之,由(53)可以得出(54).

从(53)或(54)推知,两个 $U-$算子的乘积仍然是一个 $U-$算子,单位算子 E 是一个 $U-$算子,$U-$算子的逆算子亦是一个 $U-$运算子. 故所有 $U-$算子的集合构成一个群[①]. 这个群称为 $U-$群.

埃尔米特算子与 $U-$算子都是正规算子的特殊形式.

定理 3 任何线性算子 A 常可表示为以下形式

$$A = H_1 + \mathrm{i}H_2 \tag{55}$$

其中 H_1 与 H_2 都是埃尔米特算子(算子 A 的"埃尔米特分量"). 埃尔米特分量为所给予算子 A 唯一确定. 算子 A 是正规的充分必要的条件为其埃尔米特分量 H_1 与 H_2 彼此可交换.

证明 设式(55)成立. 那么

$$A^* = H_1 - \mathrm{i}H_2 \tag{56}$$

由(55)与(56)求得

$$H_1 = \frac{1}{2}(A + A^*), H_2 = \frac{1}{2\mathrm{i}}(A - A^*) \tag{57}$$

反之,式(57)定出埃尔米特算子 H_1 与 H_2,它们同 A 有等式(55)的关系.

现在设 A 为正规算子:$AA^* = A^*A$. 那么由(57)得 $H_1H_2 = H_2H_1$. 反之,由 $H_1H_2 = H_2H_1$ 与(55)(56)得 $AA^* = A^*A$. 定理即已证明.

任一线性算子 A 表示成(55)的形式类似于任一复数 z 表示成 $x_1 + \mathrm{i}x_2$ 的形式,其中 x_1, x_2 为两实数.

设在某一个标准正交基中算子 A, H 与 U 各对应于矩阵 $\boldsymbol{A}, \boldsymbol{H}, \boldsymbol{U}$. 那么算子等式

$$AA^* = A^*A, H^* = H, UU^* = E \tag{58}$$

就对应于矩阵等式

$$\boldsymbol{AA}^* = \boldsymbol{A}^*\boldsymbol{A}, \boldsymbol{H}^* = \boldsymbol{H}, \boldsymbol{UU}^* = \boldsymbol{E} \tag{59}$$

所以我们定义正规矩阵为与其共轭矩阵可交换的矩阵,埃尔米特矩阵为与其共轭矩阵相等的矩阵,最后,$U-$矩阵为其共轭矩阵的逆矩阵.

故在标准正交基中,正规算子、埃尔米特算子、$U-$算子分别对应于正规矩阵、埃尔米特矩阵与 $U-$矩阵.

由(59)知埃尔米特矩阵 $\boldsymbol{H} = (h_{ik})_1^n$ 为其元素间的关系式

---

① 参考第1章,§3中3的第四个足注.

$$h_{ki} = \overline{h}_{ik} \quad (i, k = 1, 2, \cdots, n)$$

所确定,亦即埃尔米特矩阵常为某一埃尔米特型的系数矩阵(参考 §1).

由(59) 知 U — 矩阵 $\boldsymbol{U} = (u_{ik})_1^n$ 为其元素间的关系式

$$\sum_{j=1}^{n} u_{ij} \overline{u}_{kj} = \delta_{ik} \quad (i, k = 1, 2, \cdots, n) \tag{60}$$

所确定. 因为由 $\boldsymbol{UU}^* = \boldsymbol{E}$ 得出 $\boldsymbol{U}^* \boldsymbol{U} = \boldsymbol{E}$,故由(60) 得出等价的关系式

$$\sum_{j=1}^{n} u_{ji} \overline{u}_{jk} = \delta_{ik} \quad (i, k = 1, 2, \cdots, n) \tag{61}$$

等式(60) 表示出矩阵 $\boldsymbol{U} = (u_{ik})_1^n$ 中行的"标准正交性",而等式(61) 表示出其诸列的标准正交性[①].

U — 矩阵是某一个 U — 变换的系数矩阵(参考 §7).

使 U — 空间 R 上的向量正交投影到给定子空间 S 上的算子 P 是埃尔米特射影算子.

事实上,这个算子是射影算子,即 $P^2 = P$(参考第 3 章 §6). 然后从向量 $\boldsymbol{x}_S = P\boldsymbol{x}$ 与 $\boldsymbol{y} - \boldsymbol{y}_S = (E - P)\boldsymbol{y}(x, y \in R)$ 的正交性推出

$$0 = (P\boldsymbol{x}, (E - P)\boldsymbol{y}) = ((E - P^*)P\boldsymbol{x}, \boldsymbol{y})$$

从而由向量 $\boldsymbol{x}, \boldsymbol{y}$ 的任意性得出

$$(E - P^*)P = 0$$

即 $P = P^* P$. 由此等式推出 P 是埃尔米特算子,因为$(P^* P)^* = P^* P$.

§10 正规算子,埃尔米特算子,U — 算子的影谱

首先建立可交换算子的一个性质,叙述为以下引理的形式.

引理 1 可交换算子 A 与 $B(AB = BA)$ 常有公共的特征向量.

证明 设 x 是算子 A 的特征向量:$A\boldsymbol{x} = \lambda \boldsymbol{x}, \boldsymbol{x} \neq \boldsymbol{0}$. 那么由算子 A 与 B 的可交换性,得

$$AB^k \boldsymbol{x} = \lambda B^k \boldsymbol{x} \quad (k = 0, 1, 2, \cdots) \tag{62}$$

设在向量序列

$$\boldsymbol{x}, B\boldsymbol{x}, B^2\boldsymbol{x}, \cdots$$

中前 p 个向量线性无关,而第 $p+1$ 个向量 $B^p\boldsymbol{x}$ 为其前诸向量的线性组合. 那么子空间 $S \equiv [\boldsymbol{x}, B\boldsymbol{x}, \cdots, B^{p-1}\boldsymbol{x}]$ 对 B 不变,故在这一子空间 S 中算子 B 的特征向量 $\boldsymbol{y}$ 存在:$B\boldsymbol{y} = \mu \boldsymbol{y}, \boldsymbol{y} \neq \boldsymbol{0}$. 另外,等式(62) 说明向量 $\boldsymbol{x}, B\boldsymbol{x}, \cdots, B^{p-1}\boldsymbol{x}$ 都是对应于同一特征数 λ 的算子 A 的特征向量. 故这些向量的任一线性组合,特别是向量 $\boldsymbol{y}$,是对应于特征数 λ 的算子 A 的特征向量. 这样一来,就证明了算子 A 与 B

① 这样一来,矩阵 $\boldsymbol{U}$ 中列的标准正交性是行的标准正交性的推论,反之亦然.

有公共的特征向量存在.

设 A 是 n 维埃尔米特空间 R 中任一正规算子. 此时算子 A 与 A^* 彼此可交换,故有公共特征向量 $\boldsymbol{x}_1$. 那么(参考 §8,7°)

$$A\boldsymbol{x}_1=\lambda_1\boldsymbol{x}_1,A^*\boldsymbol{x}_1=\overline{\lambda}_1\boldsymbol{x}_1\quad(\boldsymbol{x}_1\neq\mathbf{0})$$

以 S_1 记含有向量 $\boldsymbol{x}_1$ 的一维子空间($S_1=[\boldsymbol{x}_1]$),而以 T_1 记 R 中 S_1 的正交补空间

$$R=S_1+T_1,S_1\perp T_1$$

因为 S_1 对 A 与 A^* 不变,所以 T_1 亦对这些算子不变(参考 §8,5°). 因此,在 T_1 中可交换运算子 A 与 A^*,由于引理 1 有公共特征向量 $\boldsymbol{x}_2$,故

$$A\boldsymbol{x}_2=\lambda_2\boldsymbol{x}_2,A^*\boldsymbol{x}_2=\lambda_2\boldsymbol{x}_2\quad(\boldsymbol{x}_2\neq\mathbf{0})$$

显然,$\boldsymbol{x}_1\perp\boldsymbol{x}_2$. 令 $S_2=[\boldsymbol{x}_1,\boldsymbol{x}_2]$ 与

$$R=S_2+T_2,S_2\perp T_2$$

同理,在 T_2 中得出算子 A 与 A^* 的公共特征向量 $\boldsymbol{x}_3$. 显然有 $\boldsymbol{x}_1\perp\boldsymbol{x}_3$ 与 $\boldsymbol{x}_2\perp\boldsymbol{x}_3$. 继续施行这一方法,我们得出算子 A 与 A^* 的两两正交的 n 个公共特征向量 $\boldsymbol{x}_1,\boldsymbol{x}_2,\cdots,\boldsymbol{x}_n$,有

$$\left.\begin{array}{l}A\boldsymbol{x}_k=\lambda_k\boldsymbol{x}_k,A^*\boldsymbol{x}_k=\overline{\lambda}_k\boldsymbol{x}_k\quad(\boldsymbol{x}_k\neq\mathbf{0})\\(\boldsymbol{x}_i\boldsymbol{x}_k)=0\quad(i\neq k)\end{array}\right.\quad(i,k=1,2,\cdots,n)\tag{63}$$

可以使向量 $\boldsymbol{x}_1,\boldsymbol{x}_2,\cdots,\boldsymbol{x}_n$ 标准化而仍然保持等式(63) 不变.

这样一来,我们证明了,正规算子常有完全标准正交①特征向量组.

因为由 $\lambda_k=\lambda_l$ 常可得出 $\overline{\lambda}_k=\overline{\lambda}_l$,所以由等式(63) 推知:

1° 如果 A 是一个正规算子,那么算子 A 的每一个特征向量都是其共轭算子 A^* 的特征向量,亦即如果 A 是正规算子,那么算子 A 与 A^* 有相同的特征向量.

现在相反地,设已知线性算子 A 有完全标准正交特征向量组

$$A\boldsymbol{x}_k=\lambda_k\boldsymbol{x}_k,(\boldsymbol{x}_i\boldsymbol{x}_k)=\delta_{ik}\quad(i,k=1,2,\cdots,n)$$

我们要证明,此时 A 是一个正规算子. 事实上,设

$$\boldsymbol{y}_l=A^*\boldsymbol{x}_l-\overline{\lambda}_l\boldsymbol{x}_l$$

那么

$$(\boldsymbol{x}_k\boldsymbol{y}_l)=(\boldsymbol{x}_k,A^*\boldsymbol{x}_l)-\lambda_l(\boldsymbol{x}_k\boldsymbol{x}_l)=(A\boldsymbol{x}_k,\boldsymbol{x}_l)-\lambda_l(\boldsymbol{x}_k\boldsymbol{x}_l)=$$
$$(\lambda_k-\lambda_l)\delta_{kl}=0\quad(k,l=1,2,\cdots,n)$$

故得
$$\boldsymbol{y}_l=A^*\boldsymbol{x}_l-\overline{\lambda}_l\boldsymbol{x}_l=\mathbf{0}\quad(l=1,2,\cdots,n)$$

① 所谓完全标准正交向量组,在此处及以后,都是指 n 个向量的标准正交组,其中 n 为空间的维数.

亦即(63)中诸等式全能成立.

但此时

$$AA^{*}\boldsymbol{x}_k=\lambda_k\overline{\lambda}_k\boldsymbol{x}_k,A^{*}A\boldsymbol{x}_k=\lambda_k\overline{\lambda}_k\boldsymbol{x}_k\quad(k=1,2,\cdots,n)$$

故有

$$AA^{*}=A^{*}A$$

这样一来,我们得出正规算子A(平行于"外部的"影谱特征:$AA^{*}=\boldsymbol{A}^{*}\boldsymbol{A}$)的以下"内部的"(影谱的)特征:

定理 4 线性算子是正规的充分必要条件为这一算子有完全标准正交特征向量组.

特别地,我们证明了,正规算子永远是一个单构算子.

设A是有特征数$\lambda_1,\lambda_2,\cdots,\lambda_n$的正规算子.用拉格朗日内插公式从以下诸条件定出两个多项式$p(\lambda)$与$q(\lambda)$

$$p(\lambda_k)=\overline{\lambda}_k,q(\overline{\lambda}_k)=\lambda_k\quad(k=1,2,\cdots,n)$$

那么由(63),得

$$A^{*}=p(A),A=q(A^{*})\tag{64}$$

亦即:

2° 对于正规算子A,算子A与A^{*}的每一个都可以表示为其另一个的算子多项式;而且这两个多项式都为算子A的已知特征数所确定.

设S为R中对于正规算子A不变的子空间,而$R=S+T,S\perp T$.那么根据§8,5°,子空间T对A^{*}不变.但是$A=q(A^{*})$,其中$q(\lambda)$是一个多项式.故T对所给算子A亦是不变的.

3° 如果S是对于正规算子A不变的子空间,而T是S的正交补空间,那么T亦是对A不变的子空间.

现在我们来讨论埃尔米特算子的影谱.因为埃尔米特算子H是正规算子的特殊形式,所以由已经证明的结果,它有完全标准正交特征向量组

$$H\boldsymbol{x}_k=\lambda_k\boldsymbol{x}_k,(\boldsymbol{x}_k\boldsymbol{x}_l)=\delta_{kl}\quad(k,l=1,2,\cdots,n)\tag{65}$$

从$H^{*}=H$得出

$$\overline{\lambda}_k=\lambda_k\quad(k=1,2,\cdots,n)\tag{66}$$

亦即埃尔米特算子H的所有特征数都是实数.

不难看出,相反地,特征数全为实数的正规算子总是一个埃尔米特算子.事实上,由(65)(66)与

$$H^{*}\boldsymbol{x}_k=\lambda_k\boldsymbol{x}_k\quad(k=1,2,\cdots,n)$$

得出

$$H^{*}\boldsymbol{x}_k=H\boldsymbol{x}_k\quad(k=1,2,\cdots,n)$$

亦即

$$H^{*}=H$$

这样一来,我们得出埃尔米特算子(平行于"外部的"特征:$H^{*}=H$)的以下"内部的"特征:

定理 5 线性算子 H 是埃尔米特算子的充分必要条件为其有特征数全为实数的完全标准正交特征向量组.

现在来讨论 U－算子的影谱. 因为 U－算子 U 是正规的,所以有完全标准正交特征向量组

$$U\boldsymbol{x}_k=\lambda_k\boldsymbol{x}_k,(\boldsymbol{x}_k\boldsymbol{x}_l)=\delta_{kl}\quad(k,l=1,2,\cdots,n)\tag{67}$$

此处

$$U^*\boldsymbol{x}_k=\overline{\lambda}_k\boldsymbol{x}_k\quad(k=1,2,\cdots,n)\tag{68}$$

从 $UU^*=E$ 求得

$$\lambda_k\overline{\lambda}_k=1\tag{69}$$

反之,由(67)(68)(69) 得出:$UU^*=E$. 这样一来,在正规算子中,U－算子是这样选出的,它的所有特征数的模都等于 1.

我们得出 U－算子(平行于"外部的" 特征:$UU^*=E$) 的以下"内部的" 特征:

定理 6 线性算子是一个 U－算子的充分必要条件为其有特征数的模全等于 1 的完全标准正交特征向量组.

因为在标准正交基中,正规矩阵、埃尔米特矩阵、U－矩阵分别为正规算子、埃尔米特算子、U－算子所确定,所以我们得以下诸命题:

定理 4′ 矩阵 $\boldsymbol{A}$ 是正规的充分必要条件为其 U－矩阵相似于对角矩阵

$$\boldsymbol{A}=\boldsymbol{U}(\lambda_i\delta_{ik})_1^n\boldsymbol{U}^{-1}\quad(\boldsymbol{U}^*=\boldsymbol{U}^{-1})\tag{70}$$

定理 5′ 矩阵 $\boldsymbol{H}$ 是埃尔米特矩阵的充分必要条件为其 U－矩阵相似于对角线上全为实数的对角矩阵

$$\boldsymbol{H}=\boldsymbol{U}(\lambda_i\delta_{ik})_1^n\boldsymbol{U}^{-1}\quad(\boldsymbol{U}^*=\boldsymbol{U}^{-1};\lambda_i=\overline{\lambda}_i;i=1,2,\cdots,n)\tag{71}$$

定理 6′ 矩阵 $\boldsymbol{U}$ 是一个 U－矩阵的充分必要条件为其 U－矩阵相似于对角线上诸元素的模全等于 1 的对角矩阵

$$\boldsymbol{U}=\boldsymbol{U}_1(\lambda_i\delta_{ik})_1^n\boldsymbol{U}_1^{-1}\quad(\boldsymbol{U}_1^*=\boldsymbol{U}_1^{-1};\ |\lambda_i|=1,i=1,2,\cdots,n)\tag{72}$$

§11 非负定与正定埃尔米特算子

引进以下定义:

定义 9 埃尔米特算子 H 称为非负的,如果对于 R 中任一向量 $\boldsymbol{x}$ 都有

$$(H\boldsymbol{x},\boldsymbol{x})\geqslant 0$$

称为正定的,如果对于 R 中任一向量 $\boldsymbol{x}\neq\boldsymbol{0}$ 都有

$$(H\boldsymbol{x},\boldsymbol{x})>0$$

如果给予向量 $\boldsymbol{x}$ 以其在任意标准正交基中的坐标 $x_1,x_2,\cdots,x_n$,那么易知 $(H\boldsymbol{x},\boldsymbol{x})$ 表示变数 $x_1,x_2,\cdots,x_n$ 的埃尔米特型,而且非负(正定) 算子对应于非负(正定) 埃尔米特(参考 §1).

从算子 H 的特征向量中选取标准正交基底 $\boldsymbol{x}_1, \boldsymbol{x}_2, \cdots, \boldsymbol{x}_n$，有

$$\boldsymbol{H}\boldsymbol{x}_k = \lambda_k \boldsymbol{x}_k, (\boldsymbol{x}_k \boldsymbol{x}_l) = \delta_{kl} \quad (k, l = 1, 2, \cdots, n) \tag{73}$$

那么令 $\boldsymbol{x} = \sum_{k=1}^{n} \xi_k \boldsymbol{x}_k$，我们就有

$$(H\boldsymbol{x}, \boldsymbol{x}) = \sum_{k=1}^{n} \lambda_k \mid \xi_k \mid^2 \quad (k = 1, 2, \cdots, n)$$

因此，立刻得出非负与正定算子的“内部的”特征：

定理 7 埃尔米特算子是非负（正定）的充分必要条件为其特征数全是非负的（正数）.

从所述结果推知，正定埃尔米特算子是一个满秩非负埃尔米特算子.

设 H 是一个非负埃尔米特算子. 它有 $\lambda_k \geqslant 0 (k=1,2,\cdots,n)$ 的等式(73). 设 $\rho_k = \sqrt{\lambda_k} \geqslant 0 (k=1,2,\cdots,n)$ 且以等式

$$F\boldsymbol{x}_k = \rho_k \boldsymbol{x}_k \quad (k = 1, 2, \cdots, n) \tag{74}$$

确定算子 F，那么 F 亦是一个非负算子，而且

$$F^2 = H \tag{75}$$

与含 H 的等式(75) 有关的非负埃尔米特算子 F 称为算子 H 的二次算术根且记为

$$F = \sqrt{H}$$

如果 H 是正定的算子，那么 F 亦是正定的.

以等式

$$g(\lambda_k) = \rho_k (= \sqrt{\lambda_k}) \quad (k = 1, 2, \cdots, n) \tag{76}$$

定出拉格朗日内插多项式 $g(\lambda)$. 那么由(73)(74) 与(76) 得出

$$F = g(H) \tag{77}$$

这个等式证明了，$\sqrt{H}$ 是 H 的多项式，且为所给予非负埃尔米特算子 H 唯一确定[多项式 $g(\lambda)$ 的系数与算子 H 的特征数有关].

例如算子 AA^* 与 A^*A 都是非负埃尔米特算子，其中 A 为已知空间中任一线性算子. 事实上，对于任一向量 $\boldsymbol{x}$，都有

$$(AA^*\boldsymbol{x}, \boldsymbol{x}) = (A^*\boldsymbol{x}, A^*\boldsymbol{x}) \geqslant 0$$

$$(A^*A\boldsymbol{x}, \boldsymbol{x}) = (A\boldsymbol{x}, A\boldsymbol{x}) \geqslant 0$$

如果算子 A 是满秩的，那么 AA^* 与 A^*A 都是正定埃尔米特算子.

算子 AA^* 与 A^*A 有时称为算子 A 的左范数与右范数，$\sqrt{AA^*}$ 与 $\sqrt{A^*A}$ 称为算子 A 的左模与右模.

正规算子的左模与右模是彼此相等的.

§12 U－空间中线性算子的极分解式，凯莱公式

证明以下定理：

定理 8 在U－空间中常可表示任一线性算子 A 为以下形式

$$A = HU \tag{78}$$

$$A = U_1 H_1 \tag{79}$$

其中H,H_1为非负埃尔米特算子，而U,U_1为U－算子. 算子A是一个正规算子的充分必要条件是在分解式(78)[或(79)] 中因子 H 与 U(H_1 与 U_1) 彼此可交换.

证明 由分解式(78) 与(79)，可知 H 与 H_1 是算子 A 的左模与右模.

事实上

$$AA^* = HUU^* H = H^2, A^* A = H_1 U_1^* U_1 H_1 = H_1^2$$

我们注意，只要建立分解式(78) 就已足够，因为应用这个分解式于算子 A^*，我们得出 $A^* = HU$，因而

$$A = U^{-1} H$$

亦即关于算子 A 的分解式(79).

首先对于特殊情形，$A(|A| \neq 0)$ 是一个满秩算子，来建立分解式(78). 令

$$H = \sqrt{AA^*} \quad (\text{此处 } |H|^2 = |A|^2 \neq 0), U = H^{-1} A$$

且验证 U 是一个 U－算子

$$UU^* = H^{-1} AA^* H^{-1} = H^{-1} H^2 H^{-1} = E$$

我们注意，在所讨论的情形，分解式(78) 中不仅第一个因子 H 而且第二个因子 U 都为所给予满秩算子唯一确定.

现在来讨论一般的情形，算子 A 可能是降秩的.

首先注意，算子A的完全标准正交特征向量组，由这个算子A的变换后，仍然是一组正交向量. 事实上，设

$$A^* A\boldsymbol{x}_k = \rho_k^2 \boldsymbol{x}_k \quad [(\boldsymbol{x}_k \boldsymbol{x}_l) = \delta_{kl}, \rho_k \geqslant 0; k, l = 1, 2, \cdots, n]$$

那么 $$(A\boldsymbol{x}_k, A\boldsymbol{x}_l) = (A^* A\boldsymbol{x}_k, \boldsymbol{x}_l) = \rho_k^2 (\boldsymbol{x}_k \boldsymbol{x}_l) = 0 \quad (k \neq l)$$

此时 $$|A\boldsymbol{x}_k|^2 = (A\boldsymbol{x}_k, A\boldsymbol{x}_k) = \rho_k^2 \quad (k = 1, 2, \cdots, n)$$

故有这样的标准正交向量组 $\boldsymbol{z}_1, \boldsymbol{z}_2, \cdots, \boldsymbol{z}_n$ 存在，使得

$$A\boldsymbol{x}_k = \rho_k \boldsymbol{z}_k \quad [(\boldsymbol{z}_k \boldsymbol{z}_l) = \delta_{kl}; k, l = 1, 2, \cdots, n] \tag{80}$$

以等式

$$U\boldsymbol{x}_k = \boldsymbol{z}_k, H\boldsymbol{z}_k = \rho_k \boldsymbol{z}_k \tag{81}$$

来定义线性算子 H 与 U. 由(80) 与(81) 我们求得

$$A = HU$$

此时由(81) 知 H 是一个非负埃尔米特算子，因为它有完全标准正交特征向量

组 $\boldsymbol{z}_1,\boldsymbol{z}_2,\cdots,\boldsymbol{z}_n$ 与非负特征数 $\rho_1,\rho_2,\cdots,\rho_n$，又知 U 是一个 U－算子，因为它变标准正交向量组 $\boldsymbol{x}_1,\boldsymbol{x}_2,\cdots,\boldsymbol{x}_n$ 为标准正交组 $\boldsymbol{z}_1,\boldsymbol{z}_2,\cdots,\boldsymbol{z}_n$.

这样一来，可以算作已经证明了，对于任何线性算子 A 分解式(78) 与(79) 都能成立，而且埃尔米特因子 H 与 H_1 常为所给算子 A 唯一确定(它们是算子 A 的左与右模)，而 U－因子 U 与 U_1 只是在满秩的 A 这一情形才为 A 所唯一确定.

从(78) 容易求得

$$AA^* = H^2, A^*A = U^{-1}H^2U \tag{82}$$

如果 A 是一个正规算子($AA^* = A^*A$)，那么由(82) 推知

$$H^2U = UH^2 \tag{83}$$

因为 $H=\sqrt{H^2}=g(H^2)$(参考 §11)，所以由(83) 得出 U 与 H 的可交换性. 反之，如果 H 与 U 彼此可交换，那么由(82) 推知，A 是一个正规算子. 定理已经证明①.

我想可以不必特别提出，与算子等式(78) 与(79) 相伴的有对应的矩阵等式.

算子 $H=\sqrt{AA^*}$ 的特征数(由(82) 知此特征数也是算子 $H_1=\sqrt{A^*A}$ 的特征数) 有时称为算子 A 的奇异数②.

分解式(78) 与(79) 类似于表示复数 z 为 $z=ru$ 的形式，其中 $r=|z|$，而 $|u|=1$.

现在假设 $\boldsymbol{x}_1,\boldsymbol{x}_2,\cdots,\boldsymbol{x}_n$ 是任一 U－算子 U 的完全标准正交特征向量. 那么

$$U\boldsymbol{x}_k = e^{if_k}\boldsymbol{x}_k, (\boldsymbol{x}_k\boldsymbol{x}_l) = \delta_{kl} \quad (k,l=1,2,\cdots,n) \tag{84}$$

其中 $f_k(k=1,2,\cdots,n)$ 为实数. 以等式

$$F\boldsymbol{x}_k = f_k\boldsymbol{x}_k \quad (k=1,2,\cdots,n) \tag{85}$$

定义埃尔米特算子 F. 由(84) 与(85) 得出③

$$e^{iF}x_k = e^{if_k}x_k \quad (k=1,2,\cdots,n) \tag{85'}$$

$$U = e^{iF} \tag{86}$$

---

① 如果把线性算子 A 的特征数 $\lambda_1,\lambda_2,\cdots,\lambda_n$ 与奇异 $\rho_1,\rho_2,\cdots,\rho_n$ 调动序数，使得

$$|\lambda_1| \geqslant |\lambda_2| \geqslant \cdots \geqslant |\lambda_n|, \rho_1 \geqslant \rho_2 \geqslant \cdots \geqslant \rho_n$$

那么参考 *Inequalities between the two kinds of eigenvalues of a linear transformation*(1949)，还有 *On a theorem of Weyl concerning eigenvalues of linear transformations*(Ⅰ. 1949；Ⅱ，1950) 与 *Sur quelques applications des fonctions convexes et concaves au sensde J. Schur*(1952)，以下魏尔不等式就能成立

$$|\lambda_1| \leqslant \rho_1, |\lambda_1|+|\lambda_2| \leqslant \rho_1+\rho_2, \cdots, |\lambda_1|+\cdots+|\lambda_n| \leqslant \rho_1+\cdots+\rho_n$$

② 关于这个问题更详细的内容可参阅书末补充 §30—— 编者注.

③ $e^{iF}=r(F)$，其中 $r(\lambda)$ 是函数 $e^{i\lambda}$ 在点 $f_1,f_2,\cdots,f_n$ 处的拉格朗日内插多项式.

这样一来，U－算子 U 常可表示为(86)的形式，其中 F 是一个埃尔米特算子. 反之，如果 F 是一个埃尔米特算子，那么 $U=e^{iF}$ 是一个 U－算子.

把式(86)代入分解式(78)与(79)给出以下诸等式

$$A=He^{iF} \tag{87}$$

$$A=e^{iF_1}H_1 \tag{88}$$

其中 H,F,H_1,F_1 都是埃尔米特算子，而且 H 与 H_1 是非负的.

分解式(87)与(88)类似于复数 z 的 $z=re^{i\varphi}$ 形的表示式，其中 $r\geqslant 0$，r 与 φ 都是实数.

注 在等式(86)中算子 F 并不被所给予算子 U 唯一确定. 事实上，运算子 F 是被诸数 $f_k(k=1,2,\cdots,n)$ 确定的，而对于这些数中的每一个都可以加上 2π 的任何倍数使得初始等式(84)无任何变动. 选取 2π 的适当的倍数来加上，我们可以使得由 $e^{if_k}=e^{if_l}$ 常能得出：$f_k=f_l(1\leqslant k,l\leqslant n)$. 那么可以从等式

$$g(e^{if_k})=f_k \quad (k=1,2,\cdots,n) \tag{89}$$

定出内插多项式 $g(\lambda)$. 由(84)(85)与(89)得出

$$F=g(U)=g(e^{iF}) \tag{90}$$

完全类似地可以标准化 F_1 的选取，使得

$$F_1=h(U_1)=h(e^{iF_1}) \tag{91}$$

其中 $h(\lambda)$ 是一个多项式.

由于(90)与(91)以及 H 与 U(H_1 与 U_1)的可交换性推得 H 与 F(相应的 H_1 与 F_1)的可交换性，反之亦然. 故由定理 8，可知算子 A 是正规的充分必要条件是这样的，如果要适当地正规化算子 $F(F_1)$ 的特征数，在式(87)中 H 与 F[或在式(88)中 H_1 与 F_1]就彼此可交换.

作为公式(86)的基础是这样的事实，函数相关性

$$\mu=e^{if} \tag{92}$$

化实数轴上任意 n 个数 $f_1,f_2,\cdots,f_n$ 为圆周 $|\mu|=1$ 上的某些数 $\mu_1,\mu_2,\cdots,\mu_n$，反之亦然.

可以换超越相关性(92)为有理相关性

$$\mu=\frac{1+if}{1-if} \tag{93}$$

它亦变实轴 $f=\overline{f}$ 为圆周 $|\mu|=1$，而且使实轴上的无穷远点变为 $\mu=-1$. 由(93)求得

$$f=i\,\frac{1-\mu}{1+\mu} \tag{94}$$

重复上面得到式(86)的推理，我们由(93)与(94)得出两个互逆公式

$$\begin{cases}U=(E+iF)(E-iF)^{-1}\\F=i(E-U)(E+U)^{-1}\end{cases} \tag{95}$$

我们已经得出凯莱公式.这些公式在任一埃尔米特算子 F 与没有 -1[①] 这个特征数的 U - 算子 U 之间建了一个一一对应.

在(86)(87)(88) 与式(95) 中把所有的算子换为对应的矩阵后,自然是仍旧成立的.

利用秩为 r 的矩阵 $\boldsymbol{A}$ 的极分解

$$\boldsymbol{A}=\boldsymbol{U}_1\boldsymbol{H}_1 \quad (\boldsymbol{H}_1=\sqrt{\boldsymbol{A}^*\boldsymbol{A}},\boldsymbol{U}^*\boldsymbol{U}_1=\boldsymbol{E}) \tag{96}$$

与公式(71),有

$$\boldsymbol{H}_1=\boldsymbol{V}^{-1}(\mu_i\delta_{ik})_1^n\boldsymbol{V} \quad (\boldsymbol{V}^*\boldsymbol{V}=\boldsymbol{E},\mu_1>0,\cdots,\mu_r>0,\mu_{r+1}=\cdots=\mu_n=0) \tag{97}$$

可以把秩为 r 的任一方阵 $\boldsymbol{A}$ 表示为乘积形式

$$\boldsymbol{A}=\boldsymbol{UMV} \tag{98}$$

其中 $\boldsymbol{U}=\boldsymbol{U}_1\boldsymbol{V}^{-1}$ 与 $\boldsymbol{V}$ 是 U 矩阵($\boldsymbol{U}^*\boldsymbol{U}=\boldsymbol{V}^*\boldsymbol{V}=\boldsymbol{E}$),而 $\boldsymbol{M}$ 是对角矩阵

$$\boldsymbol{M}=\{\mu_1,\cdots,\mu_r,0,\cdots,0\} \quad (\mu_1>0,\cdots,\mu_r>0) \tag{98'}$$

其中对角线元素是矩阵 $\boldsymbol{A}$ 右模 $\boldsymbol{H}_1=\sqrt{\boldsymbol{A}^*\boldsymbol{A}}$(因此也是左模 $\boldsymbol{H}=\sqrt{\boldsymbol{A}\boldsymbol{A}^*}$)的特征数.

公式(98) 可以写成

$$\boldsymbol{A}=\boldsymbol{X\Delta Y}^* \tag{99}$$

其中 $\boldsymbol{X}$ 与 $\boldsymbol{Y}$ 是由 U—矩阵 $\boldsymbol{U}$ 与 $\boldsymbol{V}^*$ 前 r 列构成的 $n\times r$ 矩阵,而 $\boldsymbol{\Delta}$ 是 r 阶对角矩阵

$$\boldsymbol{\Delta}=\{\mu_1,\cdots,\mu_r\} \quad (\mu_1>0,\cdots,\mu_r>0) \tag{100}$$

现在令 $\boldsymbol{A}$ 是任一秩为 r 的 $m\times n$ 的长方矩阵.首先取 $m\leqslant n$.用零行补充矩阵 $\boldsymbol{A}$ 成方阵 $\boldsymbol{A}_1$,然后利用公式

$$\boldsymbol{A}_1=\begin{pmatrix}\boldsymbol{A}\\ \boldsymbol{0}\end{pmatrix}=\boldsymbol{X}_1\boldsymbol{\Delta Y}^* \tag{101}$$

把 $n\times r$ 矩阵 $\boldsymbol{X}_1$ 表示为

$$\boldsymbol{A}=\begin{pmatrix}\overbrace{\boldsymbol{X}}^{r}\\ \hat{\boldsymbol{X}}\end{pmatrix}\begin{matrix}\}m\\ \}n-m\end{matrix}$$

于是从等式(101) 求出

$$\boldsymbol{A}=\boldsymbol{X\Delta Y}^* \tag{102}$$

与

$$\hat{\boldsymbol{X}}\boldsymbol{\Delta Y}^*=\boldsymbol{0} \tag{103}$$

---

① 可以换奇点 -1 为任一数 $\mu_0(|\mu|=1)$.为了这一目的,代替式(93) 应当取一个线性分式函数,使其表示实数轴 $f=\overline{f}$ 为圆周 $|\mu|=1$,且变点 $f=\infty$ 为点 $\mu=\mu_0$.此时变更(94) 与式(95) 为相对应的形式.

这个等式的两边右乘以$\boldsymbol{Y}$. 那么,因为$\boldsymbol{Y}^*\boldsymbol{Y}=\boldsymbol{E}$,得$\hat{\boldsymbol{X}}\boldsymbol{\Delta}=\boldsymbol{0}$,即$\hat{\boldsymbol{X}}=\boldsymbol{0}$.

如果先用公式于矩阵A^*,然后从所得等式确定矩阵A,那么$m\geqslant n$的情形可化为$m\leqslant n$的情形. 我们建立了以下定理[①].

定理 9 任一秩为r的$m\times n$长方矩阵常可表示为乘积

$$\boldsymbol{A}=\boldsymbol{X}\boldsymbol{\Delta}\boldsymbol{Y}^* \tag{104}$$

其中$\boldsymbol{X}$与$\boldsymbol{Y}$是维数分别为$m\times r$与$n\times r$关于列的$\boldsymbol{U}$长方矩阵,而$\boldsymbol{\Delta}$是具有正对角线元素$\mu_1,\cdots,\mu_r$的r阶对角矩阵[②].

令$\boldsymbol{B}=\boldsymbol{X},\boldsymbol{C}=\boldsymbol{\Delta}\boldsymbol{Y}$,我们得出第1章 §5所建立的分解式

$$\boldsymbol{A}=\boldsymbol{B}\boldsymbol{C} \tag{105}$$

其中矩阵$\boldsymbol{B}$与$\boldsymbol{C}$分别有维数$m\times r$与$r\times n$. 但是所证明的定理使这个分解式更精确. 它断言,因子$\boldsymbol{B}$与$\boldsymbol{C}$可以这样选取,使矩阵$\boldsymbol{B}$的所有列与矩阵$\boldsymbol{C}$的所有行都是$\boldsymbol{U}$正交的.

§13 欧几里得空间中的线性算子

讨论n维欧几里得空间R. 设在R中给予任一线性算子A.

定义 10 线性算子A'称为算子A的转置算子,如果对于R中任何向量$\boldsymbol{x}$与$\boldsymbol{y}$都有

$$(A\boldsymbol{x},\boldsymbol{y})=(\boldsymbol{x},A'\boldsymbol{y}) \tag{106}$$

同 §8 中对于U-空间中共轭算子的处理完全类似的,可以建立转置算子的存在性与唯一性.

转置算子有以下诸性质:

1°$(A')'=A$.

2°$(A+B)'=A'+B'$.

3°$(\alpha A)'=\alpha A'$(α为一实数).

4°$(AB)'=B'A'$.

引进一系列的定义.

定义 11 线性算子A称为正规的,如果

$$AA'=A'A$$

定义 12 线性算子S称为对称的,如果

$$S'=S$$

---

① 参考:Lanzos C. *Linear Systems in selfadjoint from*. A mer. Math. Monthly. 1958. V. 65. p. 665-779;Schwerdtfeger H. *Direct Proof of Lanzos's decomposition theorem*. I bid. 1960. V. 67. p. 855-860.

② $\mu_1,\cdots,\mu_r$是矩阵$\sqrt{\boldsymbol{AA}^*}$(或$\sqrt{\boldsymbol{A}^*\boldsymbol{A}}$)的不为0的特征数.

定义 13　对称算子 S 称为非负的,如果对于 R 中任何向量 $\boldsymbol{x}$ 都有

$$(S\boldsymbol{x},\boldsymbol{x}) \geqslant 0$$

定义 14　对称算子 S 称为正定的,如果对于 R 中任何向量 $\boldsymbol{x} \neq \boldsymbol{0}$ 都有

$$(S\boldsymbol{x},\boldsymbol{x}) > 0$$

定义 15　线性算子 K 称为反对称的,如果

$$K' = -K$$

任何线性算子 A 常可唯一地表示为以下形式

$$A = S + K \tag{107}$$

其中 S 是一个对称算子,而 K 是一个反对称算子.

事实上,由(97)得出

$$A' = S - K \tag{108}$$

由(97)与(98)推知

$$S = \frac{1}{2}(A + A'),K = \frac{1}{2}(A - A') \tag{109}$$

反之,公式(99)常定出对称算子 S 与反对称算子 K,而且对于它们等式(97)成立.

S 与 K 称为算子 A 的对称分量与反对称分量.

定义 16　运算子 O 称为正交的,如果它保持空间的度量,亦即对于 R 中任意两向量 $\boldsymbol{x}$ 与 $\boldsymbol{y}$ 都有

$$(O\boldsymbol{x},O\boldsymbol{y}) = (\boldsymbol{x},\boldsymbol{y}) \tag{110}$$

由(96)可把等式(100)写为$(\boldsymbol{x},O'O\boldsymbol{y}) = (\boldsymbol{x},\boldsymbol{y})$.故知

$$O'O = E \tag{111}$$

反之,由(111)推得(110)(对于任意向量 $\boldsymbol{x}$ 与 $\boldsymbol{y}$ 来说[①]).由(111)得出:$|O|^2 = 1$,亦即

$$|O| = \pm 1$$

如果$|O| = 1$,那么我们称正交算子 O 为第一种算子;如果$|O| = -1$,那么称为第二种算子.

对称的、反对称的、正交的算子都是正规算子的特殊形式.

在已给予欧几里得空间中取任一标准正交基.设在这一基底中,线性算子 A 对应于矩阵$\boldsymbol{A} = (a_{ik})_1^n$(此处所有 a_{ik} 都是实数).读者不难证明,在同一基底中转置算子 A' 对应于转置矩阵$\boldsymbol{A}' = (a'_{ik})_1^n$,其中 $a'_{ik} = a_{ki}\,(i,k = 1,2,\cdots,n)$.故知在标准正交基中,正规算子 A 对应于正规矩阵$\boldsymbol{A}(\boldsymbol{A}\boldsymbol{A}' = \boldsymbol{A}'\boldsymbol{A})$,对称算子 S 对应于对称矩阵 $\boldsymbol{S} = (s_{ik})_1^n(\boldsymbol{S}' = \boldsymbol{S})$,反对称算子 K 对应于反对称矩阵 $\boldsymbol{K} = (k_{ij})_1^n$

① 在欧几里得空间中正交算子构成一个群(这个群称为正交群).

$(\boldsymbol{K}'=-\boldsymbol{K})$ 最后，正交算子 O 对应于正交矩阵 $\boldsymbol{O}(\boldsymbol{O}\boldsymbol{O}'=\boldsymbol{E})$①.

类似于 §8 中对于共轭算子所做的工作，在此处建立以下命题：

如果 R 中某一子空间 S 对线性算子 A 不变，那么 R 中 S 的正交补空间 T 对算子 A' 不变.

为了研究欧几里得空间 R 中的线性算子，我们扩展欧几里得空间 R 为某一个 $U-$ 空间 $\widetilde{R}$. 这种扩展可以用以下方式得出：

1° R 中诸向量称为"实"向量.

2° 研究"复"向量 $\boldsymbol{z}=\boldsymbol{x}+\mathrm{i}\boldsymbol{y}$，其中 $\boldsymbol{x}$ 与 $\boldsymbol{y}$ 为实向量，亦即 $\boldsymbol{x}\in R,\boldsymbol{y}\in R$.

3° 很自然地定义复向量的加法运算与其对复数的乘法. 那么所有复向量的集合构成一个含有 R 为其子空间的复数域上 n 维向量空间 $\widetilde{R}$.

4° 在 $\widetilde{R}$ 中引进埃尔米特度量，使得它在 R 中与其欧几里得度量重合. 读者容易验证，所求的埃尔米特度量可由以下方式给出：

如果 $\boldsymbol{z}=\boldsymbol{x}+\mathrm{i}\boldsymbol{y},\boldsymbol{w}=\boldsymbol{u}+\mathrm{i}\boldsymbol{v}(\boldsymbol{x},\boldsymbol{y},\boldsymbol{u},\boldsymbol{v}\in R)$，那么

$$(\boldsymbol{z}\boldsymbol{w})=(\boldsymbol{x}\boldsymbol{u})+(\boldsymbol{y}\boldsymbol{v})+\mathrm{i}[(\boldsymbol{y}\boldsymbol{u})-(\boldsymbol{x}\boldsymbol{v})]$$

此时令 $\overline{\boldsymbol{z}}=\boldsymbol{x}-\mathrm{i}\boldsymbol{y},\overline{\boldsymbol{w}}=\boldsymbol{u}-\mathrm{i}\boldsymbol{v}$，我们有

$$(\overline{\boldsymbol{z}}\,\overline{\boldsymbol{w}})=\overline{(\boldsymbol{z}\boldsymbol{w})}$$

如果选取实基底，亦即在 R 中的基底，那么 $\widetilde{R}$ 表示在这个基底中有复坐标的所有向量的集合，而 R 为有实坐标的所有向量的集合.

R 中每一个线性算子 A 都可唯一地扩展为 $\widetilde{R}$ 中的线性算子

$$A(\boldsymbol{x}+\mathrm{i}\boldsymbol{y})=A\boldsymbol{x}+\mathrm{i}A\boldsymbol{y}$$

在 $\widetilde{R}$ 的所有线性算子中，那些从 R 中算子经过这种扩展所得出的算子，是由把 R 变为 R 所决定的$(AR\subset R)$. 这种算子称为实算子.

在实基底中，实算子由实矩阵，亦即元素为实数的矩阵所确定.

实算子 A 把复共轭向量 $\boldsymbol{z}=\boldsymbol{x}+\mathrm{i}\boldsymbol{y}$ 与 $\overline{\boldsymbol{z}}=\boldsymbol{x}-\mathrm{i}\boldsymbol{y}(\boldsymbol{x},\boldsymbol{y}\in R)$ 变为仍然是复共轭的向量

$$A\boldsymbol{z}=A\boldsymbol{x}+\mathrm{i}A\boldsymbol{y},A\overline{\boldsymbol{z}}=A\boldsymbol{x}-\mathrm{i}A\boldsymbol{y}\quad(A\boldsymbol{x},A\boldsymbol{y}\in R)$$

算子的长期方程的系数全为实数，故如有 p 重根 λ，则必有 p 重根 $\overline{\lambda}$. 由 $A\boldsymbol{z}=\lambda\boldsymbol{z}$ 得出：$A\overline{\boldsymbol{z}}=\overline{\lambda}\overline{\boldsymbol{z}}$，亦即对应于共轭特征数的是共轭特征向量②.

---

① 从事于正交矩阵的结构的研究工作有《О симметрично сдвоенных ортогональных матрицах》(1927)，《Векторное решение задачи о симметрически сдвоенных матрицах》(1927)，《К структуре ортогональной матрицы》(1929). 有如正交算子，我们称正交矩阵为第一种或第二种矩阵，须视 $|\boldsymbol{O}|=+1$ 或 $|\boldsymbol{O}|=-1$ 而定.

② 如果实算子 A 的特征数 λ 对应于线性无关的特征向量 $\boldsymbol{z}_1,\boldsymbol{z}_2,\cdots,\boldsymbol{z}_p$，那么特征数 $\overline{\lambda}$ 就对应于线性无关的特征向量 $\overline{\boldsymbol{z}}_1,\overline{\boldsymbol{z}}_2,\cdots,\overline{\boldsymbol{z}}_p$.

二维子空间$[z,\bar{z}]$有实基底：$x=\frac{1}{2}(z+\bar{z})$，$y=\frac{1}{2\mathrm{i}}(z-\bar{z})$，$R$ 中有这个基底的平面称为对应于特征数 $\lambda,\bar{\lambda}$ 的算子 A 的不变平面.

设 $\lambda=\mu+\mathrm{i}\nu$. 那么易知

$$\begin{aligned} A\boldsymbol{x} &= \mu\boldsymbol{x}-\nu\boldsymbol{y} \\ A\boldsymbol{y} &= \nu\boldsymbol{x}+\mu\boldsymbol{y} \end{aligned}$$

讨论有特征数

$$\lambda_{2k-1}=\mu_k+\mathrm{i}\nu_k,\lambda_{2k}=\mu_k-\mathrm{i}\nu_k,\lambda_l=\mu_l \quad (k=1,2,\cdots,q;l=2q+1,2,\cdots,n)$$

的单构实算子 A，其中 μ_k,ν_k,μ_l 都是实数而且 $\nu_k\neq 0(k=1,2,\cdots,q)$.

那么对应于这些特征数的特征向量 $\boldsymbol{z}_1,\boldsymbol{z}_2,\cdots,\boldsymbol{z}_n$，可以这样选取，使得

$$\boldsymbol{z}_{2k-1}=\boldsymbol{x}_k+\mathrm{i}\boldsymbol{y}_k,\boldsymbol{z}_{2k}=\boldsymbol{x}_k-\mathrm{i}\boldsymbol{y}_k,\boldsymbol{z}_l=\boldsymbol{x}_l \quad (k=1,2,\cdots,q;l=2q+1,2,\cdots,n) \tag{112}$$

向量

$$\boldsymbol{x}_1,\boldsymbol{y}_1,\boldsymbol{x}_2,\boldsymbol{y}_2,\cdots,\boldsymbol{x}_q,\boldsymbol{y}_q,\boldsymbol{x}_{2q+1},\cdots,\boldsymbol{x}_n \tag{113}$$

构成欧几里得空间 R 的基底. 此处

$$\begin{aligned} A\boldsymbol{x}_k &= \mu_k\boldsymbol{x}_k-\nu_k\boldsymbol{y}_k \\ A\boldsymbol{y}_k &= \nu_k\boldsymbol{x}_k+\mu_k\boldsymbol{y}_k \\ A\boldsymbol{x}_l &= \mu_l\boldsymbol{x}_l \end{aligned} \quad \begin{pmatrix} k=1,2,\cdots,q \\ l=2q+1,2,\cdots,n \end{pmatrix} \tag{114}$$

在基底(103) 中算子 A 对应于实拟对角阵

$$\left\{\begin{pmatrix} \mu_1 & \nu_1 \\ -\nu_1 & \mu_1 \end{pmatrix},\cdots,\begin{pmatrix} \mu_q & \nu_q \\ -\nu_q & \mu_q \end{pmatrix},\mu_{2q+1},\cdots,\mu_n\right\} \tag{115}$$

这样一来，对于欧几里得空间中每一个单构算子 A 有这样的基底存在，使得在这一基底中算子 A 对应于(115) 形矩阵. 由此得出每一个单构实矩阵相似于(115) 形正规矩阵

$$\boldsymbol{A}=\boldsymbol{T}\left\{\begin{pmatrix} \mu_1 & \nu_1 \\ -\nu_1 & \mu_1 \end{pmatrix},\cdots,\begin{pmatrix} \mu_q & \nu_q \\ -\nu_q & \mu_q \end{pmatrix},\mu_{2q+1},\cdots,\mu_n\right\}\boldsymbol{T}^{-1} \quad (\boldsymbol{T}=\overline{\boldsymbol{T}}) \tag{116}$$

R 中 A 的转置算子 A' 在扩展后变为 $\widetilde{R}$ 中 A 的共轭算子 A^*. 因此，R 中正规的、对称的、反对称的、正交的算子经扩展后各变为 $\widetilde{R}$ 中正规的、埃尔米特的，以 i 乘埃尔米特的正规算子与 $U-$实算子.

不难证明，对于欧几里得空间中的正规算子 A，可以选取标准基底即标准正交基底(113)，使得在这一基底中等式(114) 能够成立[①]. 故实正规矩阵常为实的正交的且相似于(115) 形矩阵

① 从埃尔米特度量中基底(112) 的标准正交性得出在对应的欧几里得度量中基底(113) 的标准正交性.

$$\boldsymbol{A}=\boldsymbol{O}\left\{\begin{pmatrix}\mu_1 & \nu_1\\ -\nu_1 & \mu_1\end{pmatrix},\cdots,\begin{pmatrix}\mu_q & \nu_q\\ -\nu_q & \mu_q\end{pmatrix},\mu_{2q+1},\cdots,\mu_n\right\}\boldsymbol{O}^{-1} \tag{117}$$

$$(\boldsymbol{O}=\boldsymbol{O}'^{-1}=\overline{\boldsymbol{O}})$$

在欧几里得空间中对称算子 S 的特征数都是实数，因为在扩展后这个算子变为一个埃尔米特算子. 所以对于对称算子 S，在式(114) 中可以取 $q=0$. 我们就得出

$$S\boldsymbol{x}_l=\mu_l\boldsymbol{x}_l\quad [(\boldsymbol{x}_k\boldsymbol{x}_l)=\delta_{kl};k,l=1,2,\cdots,n] \tag{118}$$

在欧几里得空间中对称算子 S 常有对应于实特征数的标准正交特征向量组①. 所以实对称矩阵常为实的正交的且相似于对角矩阵

$$\boldsymbol{S}=\boldsymbol{O}\{\mu_1,\mu_2,\cdots,\mu_n\}\boldsymbol{O}^{-1}\quad (\boldsymbol{O}=\boldsymbol{O}'^{-1}=\overline{\boldsymbol{O}}) \tag{119}$$

在欧几里得空间中反对称算子 K 的特征数都是纯虚数(在扩展后这个算子等于 i 与埃尔米特算子的乘积). 对于反对称算子在式(114) 中可取

$$\mu_1=\mu_2=\cdots=\mu_q=\mu_{2q+1}=\cdots=\mu_n=0$$

此后这一公式有以下形式

$$\begin{aligned}&K\boldsymbol{x}_k=-\boldsymbol{v}_k\boldsymbol{y}_k\\ &K\boldsymbol{y}_k=\boldsymbol{v}_k\boldsymbol{x}_k\qquad (k=1,2,\cdots,q;l=2q+1,2,\cdots,n)\\ &K\boldsymbol{x}_l=\boldsymbol{0}\end{aligned} \tag{120}$$

因为 K 是一个正规算子，基底(113) 可以看作标准正交的. 这样一来，每一个实反对称矩阵常为实的正交的且相似于正规反对称矩阵

$$\boldsymbol{K}=\boldsymbol{O}\left\{\begin{pmatrix}0 & \nu_1\\ -\nu_1 & 0\end{pmatrix},\cdots,\begin{pmatrix}0 & \nu_q\\ -\nu_q & 0\end{pmatrix},0,\cdots,0\right\}\boldsymbol{O}^{-1}\quad (\boldsymbol{O}=\boldsymbol{O}'^{-1}=\overline{\boldsymbol{O}}) \tag{121}$$

在欧几里得空间中正交算子 O 的特征数的模都等于 1(在扩展后这个算子变为 $U-$ 运算子). 所以对于正交算子，在式(114) 中可以取

$$\mu_k^2+v_k^2=1,\mu_l=\pm 1\quad (k=1,2,\cdots,q;l=2q+1,2,\cdots,n)$$

此时基底(103) 可以看作标准正交的. 公式(114) 可以表示为以下形式

$$\begin{aligned}&O\boldsymbol{x}_k=\cos\varphi_k\boldsymbol{x}_k-\sin\varphi_k\boldsymbol{y}_k\\ &O\boldsymbol{y}_k=\sin\varphi_k\boldsymbol{x}_k+\cos\varphi_k\boldsymbol{y}_k\quad \begin{pmatrix}k=1,2,\cdots,q\\ l=2q+1,2,\cdots,n\end{pmatrix}\\ &O\boldsymbol{x}_l=\pm\boldsymbol{x}_l\end{aligned} \tag{122}$$

从所说的结果，可知每一个实正交－矩阵是实的正交的，且相似于正规正交矩阵

$$\boldsymbol{O}=\boldsymbol{O}_1\left\{\begin{pmatrix}\cos\varphi_1 & \sin\varphi_1\\ -\sin\varphi_1 & \cos\varphi_1\end{pmatrix},\cdots,\begin{pmatrix}\cos\varphi_q & \sin\varphi_q\\ -\sin\varphi_q & \cos\varphi_q\end{pmatrix},\pm 1,\cdots,\pm 1\right\}\boldsymbol{O}_1^{-1}$$

① 如果在(118) 中所有 $\mu_l>0$，那么对称算子 S 是非负的，即 S 是正定的.

$$(\boldsymbol{O}_1=\boldsymbol{O}'^{-1}_1=\overline{\boldsymbol{O}}_1) \tag{123}$$

例 5　讨论在三维空间中绕点 O 的有限旋转. 它变有向线段$\overrightarrow{OA}$ 为有向线段$\overrightarrow{OB}$,故可视为(由所有可能的线段$\overrightarrow{OA}$ 构成的) 三维向量空间中一个算子 O. 这个算子是线性的而且是正交的. 这个算子的行列式等于 1,因为算子 O 在空间中并不改变旋转方向.

故 O 为第一种正交算子. 公式(122) 对于它有以下形式

$$O\boldsymbol{x}_1=\cos\varphi_1\boldsymbol{x}_1-\sin\varphi_1\boldsymbol{y}_1$$

$$O\boldsymbol{y}_1=\sin\varphi_1\boldsymbol{x}_1+\cos\varphi_1\boldsymbol{y}_1$$

$$O\boldsymbol{x}_2=\pm\boldsymbol{x}_2$$

由等式 $|O|=1$ 知 $O\boldsymbol{x}_2=\boldsymbol{x}_2$. 这就说明了,经过点 O 与向量 $\boldsymbol{x}_2$ 平行的直线上所有的点都没有动. 这样一来,我们看到下列命题成立:

把刚体绕一个固定的点作任一有限旋转,等于把它绕一条经过这个点的不动的轴旋转某一个角 φ.

现在来讨论三维欧几里得空间中的任一有限运动,它把点 $\boldsymbol{x}$ 移到点

$$\boldsymbol{x}'=\boldsymbol{c}+O\boldsymbol{x} \tag{$*$}$$

运动把绕过坐标原点的某一轴旋转 O 与平移到向量 $\boldsymbol{c}$ 相加起来. 记 $\boldsymbol{u},\boldsymbol{z}_1,\boldsymbol{z}_2$ 为特征向量,其相应的特征数为 $\lambda=1,\lambda_1,\lambda_2$(此时 $\lambda_2=\overline{\lambda}_1,\boldsymbol{z}_2=\overline{\boldsymbol{z}}_1$),有

$$O\boldsymbol{u}=\boldsymbol{u},O\boldsymbol{z}_1=\lambda_1\boldsymbol{z}_1,O\boldsymbol{z}_2=\lambda_2\boldsymbol{z}_2$$

我们来证明,存在使 $\boldsymbol{x}'_0-\boldsymbol{x}_0$ 为平行向量 $\boldsymbol{u}$(即平行有限旋转 O 的轴) 的点 $\boldsymbol{x}_0$. 为此令

$$\boldsymbol{c}=r\boldsymbol{u}+r_1\boldsymbol{z}_1+r_2\boldsymbol{z}_2,\boldsymbol{x}_0=\xi\boldsymbol{u}+\xi_1\boldsymbol{z}_1+\xi_2\boldsymbol{z}_2\quad(r_2=\overline{r}_1,\xi_2=\overline{\xi}_1)$$

并求出

$$\boldsymbol{x}'_0-\boldsymbol{x}_0=\boldsymbol{c}+(0-E)\boldsymbol{x}_0=r_u+[r_1+(\lambda_1-1)\xi_1]\boldsymbol{z}_1+[r_2+(\lambda_2-1)\xi_2]\boldsymbol{z}_2$$

因此从等式

$$\xi_1=\frac{r_1}{1-\lambda_1},\xi_2=\frac{r_2}{1-\lambda_2}=\overline{\xi}_1$$

求出未知点 $\boldsymbol{x}_0$ 的坐标 ξ_1 与 ξ_2 后,得出点 $\boldsymbol{x}_0$ 平移所要求的公式

$$\boldsymbol{x}'_0-\boldsymbol{x}_0=\gamma\boldsymbol{u}$$

把这个等式与从($*$) 导出的等式

$$\boldsymbol{x}'-\boldsymbol{x}'_0=O(\boldsymbol{x}-\boldsymbol{x}_0)$$

逐项相加,得

$$\boldsymbol{x}'-\boldsymbol{x}_0=O(\boldsymbol{x}-\boldsymbol{x}_0)+r\boldsymbol{u} \tag{$**$}$$

这个公式表明,在研究的有限运动中,从 $\boldsymbol{x}_0$ 作出的点的向量径绕某一轴旋转一个固定角度;然后再加上一个平行轴的向量 $r\boldsymbol{u}$. 换言之,运动是绕过点 $\boldsymbol{x}_0$ 的轴的旋转平移且平行于向量 $\boldsymbol{u}$. 我们证明了:

欧拉—达朗贝尔定理,三维欧几里得空间中的有限运动是绕某一固定轴的旋转平移.

§14 欧几里得空间中算子的极分解式与凯莱公式

1. 在 §12 中已经建立 U－空间内线性算子的极分解式.完全相类似地我们可以得出欧几里得空间中线性算子的极分解式.

定理 8′ 线性算子 A 常可表示为以下形式的乘积

$$A=SO \tag{124}$$

$$A=O_1S_1 \tag{125}$$

其中 S 与 S_1 为非负对称算子,而 O 与 O_1 为正交算子;而且 $S=\sqrt{AA'}=g(AA')$,$S_1=\sqrt{A'A}=h(A'A)$,其中 $g(\lambda)$,$h(\lambda)$ 为实系数多项式.

当且仅当 A 为正规算子时,因子 S 与 O(因子 S_1 与 O_1)彼此可交换[①].

对于矩阵有类似的命题.

注意公式(124)与(125)的几何内容.以向量为 n 维欧几里得点空间中从坐标原点所引出的线段,那么每一个向量是空间中某一点的矢径.算子 O(或 O_1)施行的正交变换是这个空间中一个“旋转”,因为它保持欧几里得度量而且不变坐标原点的位置[②].对称算子 S(或 S_1)使 n 维空间“扩张”(亦即,沿 n 个互相垂直的方向,一般地是以不同的伸长系数 $\rho_1,\rho_2,\cdots,\rho_n$ 来“伸长”,其中 $\rho_1,\rho_2,\cdots,\rho_n$ 是任意的非负数).根据公式(124)与(125),n 维欧几里得空间中任一齐次线性变换都可以由顺次施行某一个旋转与某一个扩张(在任一次序)来得出.

2. 与在前节中对于 U－算子所做的相类似的,现在来讨论欧几里得空间 R 中正交算子的某些表示法.

设 K 为任一反对称算子($K'=-K$)与

$$O=\mathrm{e}^K \tag{126}$$

那么 O 是第一种正交算子.事实上

$$O'=\mathrm{e}^{K'}=\mathrm{e}^{-K}=O^{-1}$$

且有

$$|O|=1$$[③]

① 有如定理8所述,算子 S 与 S_1 为所给的 A 唯一确定.如果 A 是一个满秩算子,那么正交因子 O 与 O_1 亦为 A 唯一确定.

② 在 $|O|=1$ 时,这是一个真实的旋转;在 $|O|=-1$ 时,这是一个与对于某一坐标平面取镜像相合并的旋转.

③ 如果 $k_1,k_2,\cdots,k_n$ 是算子 K 的特征数,那么 $\mu_1=\mathrm{e}^{k_1},\mu_2=\mathrm{e}^{k_2},\cdots,\mu_n=\mathrm{e}^{k_n}$ 是算子 $O=\mathrm{e}^K$ 的特征数;此处 $|O|=\mu_1\mu_2\cdots\mu_n=\mathrm{e}^{\sum_{i=1}^n k_i}=1$,因为 $\sum_{i=1}^n k_i=0$.

我们来证明任何第一种正交算子都可以表示为(126)的形式. 为了这一目的,取其对应的正交矩阵 $\boldsymbol{O}$. 因为有 $|O|=1$,故由式(123)得[①]

$$\boldsymbol{O}=\boldsymbol{O}_1\left\{\begin{pmatrix}\cos\varphi_1 & \sin\varphi_1\\ -\sin\varphi_1 & \cos\varphi_1\end{pmatrix},\cdots,\begin{pmatrix}\cos\varphi_q & \sin\varphi_q\\ -\sin\varphi_q & \cos\varphi_q\end{pmatrix},+1,\cdots,+1\right\}\boldsymbol{O}_1^{-1}$$

$$(\boldsymbol{O}_1=\boldsymbol{O}_1'^{-1}=\overline{\boldsymbol{O}}_1) \tag{127}$$

用以下等式来定出反对称矩阵

$$\boldsymbol{K}=\boldsymbol{O}_1\left\{\begin{pmatrix}0 & \varphi_1\\ -\varphi_1 & 0\end{pmatrix},\cdots,\begin{pmatrix}0 & \varphi_q\\ -\varphi_q & 0\end{pmatrix},0,\cdots,0\right\}\boldsymbol{O}_1^{-1} \tag{128}$$

因为

$$\mathrm{e}^{\begin{pmatrix}0 & \varphi\\ -\varphi & 0\end{pmatrix}}=\begin{pmatrix}\cos\varphi & \sin\varphi\\ -\sin\varphi & \cos\varphi\end{pmatrix}$$

所以由(127)与(128)得出

$$\boldsymbol{O}=\mathrm{e}^{\boldsymbol{K}} \tag{129}$$

从矩阵等式(129)可推得算子等式(126).

为了表出第二种正交算子,在讨论中引进某一标准正交基 $\boldsymbol{e}_1,\boldsymbol{e}_2,\cdots,\boldsymbol{e}_n$ 中以等式

$$W\boldsymbol{e}_1=\boldsymbol{e}_1,\cdots,W\boldsymbol{e}_{n-1}=\boldsymbol{e}_{n-1},W\boldsymbol{e}_n=-\boldsymbol{e}_n \tag{130}$$

所决定的特殊算子 W.

W 是一个第二种正交算子. 如果 O 是任何一个第二种正交算子,那么 $W^{-1}O$ 与 OW^{-1} 是第一种算子,故可表示为 e^K 与 e^{K_1} 的形式,其中 K 与 K_1 为反对称算子. 所以对于第二种正交算子得出公式

$$O=W\mathrm{e}^K=\mathrm{e}^{K_1}W \tag{131}$$

在公式(130)中可以这样来选取基底 $\boldsymbol{e}_1,\boldsymbol{e}_2,\cdots,\boldsymbol{e}_n$,使得它与公式(120)(122)中基底 $\boldsymbol{x}_k,\boldsymbol{y}_k,\boldsymbol{x}_l(k=1,2,\cdots,q;l=2q+1,2,\cdots,n)$ 重合. 这样定出的算子 W 与 K 可交换. 故(131)中两个公式可以合并为一个

$$O=W\mathrm{e}^K\quad(W=W'=W^{-1},K'=-K,WK=KW) \tag{132}$$

我们还要讨论欧几里得空间中建立正交算子与反对称算子之间联系的凯莱公式. 容易验证,公式

$$O=(E-K)(E+K)^{-1} \tag{133}$$

变反对称算子 K 为正交算子 O. 由(133)可以用 O 表出

$$K=(E-O)(E+O)^{-1} \tag{134}$$

---

① 在第一种正交矩阵 $\boldsymbol{O}$ 的特征数中,有偶数个等于 -1. 对角矩阵 $\begin{pmatrix}-1 & 0\\ 0 & -1\end{pmatrix}$ 可以写为 $\begin{pmatrix}\cos\varphi & \sin\varphi\\ -\sin\varphi & \cos\varphi\end{pmatrix}$ 的形式,其中 $\varphi=\pi$.

公式(133) 与(134) 在反对称算子与没有特征数 -1 的正交算子之间建立了一个一一对应. 代替(133) 与(134) 可以取以下诸公式

$$O = -(E-K)(E+K)^{-1} \tag{135}$$

$$K = (E+O)(E-O)^{-1} \tag{136}$$

此时数 $+1$ 有特殊点的作用.

3. 根据定理 9，实矩阵的极分解式，容许得出基本公式(117)(119)(121)(123)，而不必同前面所做的一样，用一个 U — 空间来包含欧几里得空间. 诸基本公式的第二种结论所依据的是以下定理：

定理 10 如果两个实正规矩阵相似

$$\boldsymbol{B} = \boldsymbol{T}^{-1}\boldsymbol{A}\boldsymbol{T} \quad (\boldsymbol{A}\boldsymbol{A}' = \boldsymbol{A}'\boldsymbol{A}, \boldsymbol{B}\boldsymbol{B}' = \boldsymbol{B}'\boldsymbol{B}, \boldsymbol{A} = \overline{\boldsymbol{A}}, \boldsymbol{B} = \overline{\boldsymbol{B}}) \tag{137}$$

那么这两个矩阵是实正交 — 相似的

$$\boldsymbol{B} = \boldsymbol{O}^{-1}\boldsymbol{A}\boldsymbol{O} \quad (\boldsymbol{O} = \overline{\boldsymbol{O}} = \boldsymbol{O}'^{-1}) \tag{138}$$

证明 因为正规矩阵 $\boldsymbol{A}$ 与 $\boldsymbol{B}$ 有相同的特征数，所以(参考本章，§ 10 的 2°) 有这样的多项式 $g(\lambda)$ 存在，使得

$$\boldsymbol{A}' = g(\boldsymbol{A}), \boldsymbol{B}' = g(\boldsymbol{B})$$

故从(127) 推得等式

$$g(\boldsymbol{B}) = \boldsymbol{T}^{-1}g(\boldsymbol{A})\boldsymbol{T}$$

可以写为

$$\boldsymbol{B}' = \boldsymbol{T}^{-1}\boldsymbol{A}'\boldsymbol{T} \tag{139}$$

转置这一等式中两边的矩阵，我们得出

$$\boldsymbol{B} = \boldsymbol{T}'\boldsymbol{A}\boldsymbol{T}'^{-1} \tag{140}$$

比较(137) 与(140) 给出

$$\boldsymbol{T}\boldsymbol{T}'\boldsymbol{A} = \boldsymbol{A}\boldsymbol{T}\boldsymbol{T}' \tag{141}$$

现在应用矩阵 T 的极分解式

$$\boldsymbol{T} = \boldsymbol{S}\boldsymbol{O} \tag{142}$$

其中 $\boldsymbol{S} = \sqrt{\boldsymbol{T}\boldsymbol{T}'} = h(\boldsymbol{T}\boldsymbol{T}')$[$h(\lambda)$ 为一多项式]是对称矩阵，而 $\boldsymbol{O}$ 为实正交矩阵. 因为由(141) 知矩阵 $\boldsymbol{A}$ 与 $\boldsymbol{T}\boldsymbol{T}'$ 可交换，所以它亦与矩阵 $\boldsymbol{S} = h(\boldsymbol{T}\boldsymbol{T}')$ 可交换. 故以(142) 的 $\boldsymbol{T}$ 的表示式代入(137) 中，即得

$$\boldsymbol{B} = \boldsymbol{O}^{-1}\boldsymbol{S}^{-1}\boldsymbol{A}\boldsymbol{S}\boldsymbol{O} = \boldsymbol{O}^{-1}\boldsymbol{A}\boldsymbol{O}$$

定理已经证明.

讨论实正规矩阵

$$\left\{\begin{pmatrix} \mu_1 & \nu_1 \\ -\nu_1 & \mu_1 \end{pmatrix}, \cdots, \begin{pmatrix} \mu_q & \nu_q \\ -\nu_q & \mu_q \end{pmatrix}, \mu_{2q+1}, \cdots, \mu_n\right\} \tag{143}$$

矩阵(143) 是正规的且有特征数 $\mu_1 \pm \mathrm{i}\nu_1, \cdots, \mu_q \pm \mathrm{i}\nu_q, \mu_{2q+1}, \cdots, \mu_n$. 因为正规矩阵是单构的，所以可以有与以上相同的特征数的正规矩阵相似于(由于定

理 10 是实正交一相似于）矩阵(143).这样一来，就得到式(107).

完全类似地可以得出公式(119)(121)(123).

§15　可交换正规算子

在 §10 中我们已经证明，在 n 维 U—空间中两个可交换算子 A 与 B 常有公共的特征向量.用归纳法可以证明，这一结果不仅对于两个算子能够成立，即对任意有限多个可交换算子亦能成立.事实上，如果给予 m 个两两可交换的算子 $A_1,A_2,\cdots,A_m$，在其前 $m-1$ 个里面有公共特征向量 $\boldsymbol{x}$，那么逐字重复引理 1(§10) 的推理[以任一 $A_i(i=1,2,\cdots,m)$ 作为 A，而以算子 A_m 作为 B]，我们得出算子 $A_1,A_2,\cdots,A_m$ 的公共特征向量 $\boldsymbol{y}$.

所证明的结果对于无限多个可交换算子亦能成立，因为这种集合只能含有有限个(小于或等于 n^2) 线性无关算子，而它们的公共特征向量就是所给集合中所有算子的公共特征向量.

现在假设给任意有限个或无限多个两两可交换的正规算子 $A,B,C,\cdots$，它们有公共特征向量 $\boldsymbol{x}_1$.以 T_1 记 R 中正交于 $\boldsymbol{x}_1$ 的所有向量所构成的 $n-1$ 维子空间.根据 §10,3°.子空间 T_1 对算子 $A,B,C,\cdots$ 不变.故所有这些算子在 T_1 中有公共的特征向量 $\boldsymbol{x}_2$.讨论平面$[\boldsymbol{x}_1,\boldsymbol{x}_2]$ 的正交补空间 T_2，在它里面分出向量 $\boldsymbol{x}_3$，诸如此类.这样一来，对于算子 $A,B,C,\cdots$，我们得出公共的正交特征向量组 $x_1,x_2,\cdots,x_n$，可以使这些向量正规化.我们证明了：

定理 11　如果在 U—空间 R 中给予有限个或无限多个两两可交换的正规算子 $A,B,C,\cdots$，那么所有这些算子有公共的完全标准正交特征向量组 $\boldsymbol{z}_1,\boldsymbol{z}_2,\cdots,\boldsymbol{z}_n$

$$A\boldsymbol{z}_i=\lambda_i\boldsymbol{z}_i,B\boldsymbol{z}_i=\lambda'_i\boldsymbol{z}_i,C\boldsymbol{z}_i=\lambda'_i\boldsymbol{z}_i,\cdots\quad[(\boldsymbol{z}_i\boldsymbol{z}_k)=\delta_{ik};i,k=1,2,\cdots,n]\tag{144}$$

这个定理有矩阵的说法：

定理 11′　如果给予有限个或无限多个两两可交换的正规矩阵，那么有同一 U—变换存在使所有这些矩阵都变为对角形，亦即有这样的 U—矩阵 $\boldsymbol{U}$ 存在，使得

$$\begin{cases}\boldsymbol{A}=\boldsymbol{U}\{\lambda_1,\cdots,\lambda_n\}\boldsymbol{U}^{-1},\boldsymbol{B}=\boldsymbol{U}\{\lambda'_1,\cdots,\lambda'_n\}\boldsymbol{U}^{-1}\\ \boldsymbol{C}=\boldsymbol{U}\{\lambda''_1,\cdots,\lambda''_n\}\boldsymbol{U}^{-1},\cdots\quad(\boldsymbol{U}=\boldsymbol{U}^{*-1})\end{cases}\tag{145}$$

现在设在欧几里得空间 R 中给予了可交换正规算子.以 $A,B,C,\cdots$ 记它们里面的线性无关算子(个数有限).有如 §13 中所做的一样，包含 R 在 U—空间 $\widetilde{R}$ 中(保持 R 的度量).那么根据定理 11，算子 $A,B,C,\cdots$ 在 $\widetilde{R}$ 中有公共的完全标准正交特征向量组 $\boldsymbol{z}_1,\boldsymbol{z}_2,\cdots,\boldsymbol{z}_n$，亦即等式(144) 能够成立.

讨论算子 $A,B,C,\cdots$ 的任意线性组合

$$P=\alpha A+\beta B+\gamma C+\cdots$$

对于任何实数值 $\alpha,\beta,\gamma,\cdots$,算子 P 是 $\widetilde{R}(AR\subset R)$ 中实正规算子,且有

$$\begin{gathered}P\boldsymbol{z}_j=\Lambda_j\boldsymbol{z}_j,\Lambda_j=\alpha\lambda_j+\beta\lambda'_j+\gamma\lambda''_j+\cdots\\ [(\boldsymbol{z}_j\boldsymbol{z}_k)=\delta_{jk};j,k=1,2,\cdots,n]\end{gathered}\tag{146}$$

算子 P 的特征数 $\Lambda_j(j=1,2,\cdots,n)$ 是关于 $\alpha,\beta,\gamma,\cdots$ 的线性型. 由于算子 P 是实算子,所以这些线性型可以分成成对复共轭型与实系数型;给予特征向量以适当的序数,我们有

$$\Lambda_{2k-1}=M_k+\mathrm{i}N_k,\Lambda_{2k}=M_k-\mathrm{i}N_k,\Lambda_l=M_l\tag{147}$$

$$(k=1,2,\cdots,q;l=2q+1,2,\cdots,n)$$

其中 M_k,N_k,M_l 为 $\alpha,\beta,\gamma,\cdots$ 的实系数线性型.

同这些相对应地,我们可以在(146)中视向量 $\boldsymbol{z}_{2k-1}$ 与 $\boldsymbol{z}_{2k}$ 复共轭,而 $\boldsymbol{z}_l$ 为实向量

$$\boldsymbol{z}_{2k-1}=\boldsymbol{x}_k+\mathrm{i}\boldsymbol{y}_k,\boldsymbol{z}_{2k}=\boldsymbol{x}_k-\mathrm{i}\boldsymbol{y}_k,\boldsymbol{z}_l=\boldsymbol{x}_l\tag{148}$$

$$(k=1,2,\cdots,q;l=2q+1,2,\cdots,n)$$

那么易知,实向量

$$\boldsymbol{x}_k,\boldsymbol{y}_k,\boldsymbol{x}_l\quad(k=1,2,\cdots,q;l=2q+1,2,\cdots,n)\tag{149}$$

构成 R 中标准正交基. 此处有标准基底[①]

$$\left.\begin{aligned}P\boldsymbol{x}_k&=M_k\boldsymbol{x}_k-N_k\boldsymbol{y}_k\\ P\boldsymbol{y}_k&=N_k\boldsymbol{x}_k+M_k\boldsymbol{y}_k\\ P\boldsymbol{x}_l&=M_l\boldsymbol{x}_l\end{aligned}\quad\right.\begin{pmatrix}k=1,2,\cdots,q\\ l=2q+1,2,\cdots,n\end{pmatrix}\tag{150}$$

因为所给集合中所有算子都可以从 P 给予特殊值 $\alpha,\beta,\gamma,\cdots$ 来得出,所以与这些参数无关的基底(139)是所有已给予算子的共同标准基底.

我们证明了:

定理 12 如果在欧几里得空间 R 中给予任何可交换正规线性算子的集合,那么所有这些算子有共同的标准正交基 $\boldsymbol{x}_k,\boldsymbol{y}_k,\boldsymbol{x}_l$

$$\begin{cases}A\boldsymbol{x}_k=\mu_k\boldsymbol{x}_k-\nu_k\boldsymbol{y}_k,B\boldsymbol{x}_k=\mu'_k\boldsymbol{x}_k-\nu'_k\boldsymbol{y}_k,\cdots\\ A\boldsymbol{y}_k=\nu_k\boldsymbol{x}_k+\mu_k\boldsymbol{y}_k,B\boldsymbol{y}_k=\nu'_k\boldsymbol{x}_k+\mu'_k\boldsymbol{y}_k,\cdots\\ A\boldsymbol{x}_l=\mu_l\boldsymbol{x}_l,B\boldsymbol{x}_l=\mu'_l\boldsymbol{x}_l,\cdots\end{cases}\tag{151}$$

引进定理 12 的矩阵说法:

定理 12′ 任意可交换实正规矩阵 $\boldsymbol{A},\boldsymbol{B},\boldsymbol{C},\cdots$ 的集合,可以借助于同一实正交变换 $\boldsymbol{O}$ 化为正规形式

---

① 等式(150)可以从等式(146)(147)与(148)来得出.

$$\begin{cases} \boldsymbol{A}=\boldsymbol{O}\left\{\begin{pmatrix}\mu_1 & \nu_1\\ -\nu_1 & \mu_1\end{pmatrix},\cdots,\begin{pmatrix}\mu_q & \nu_q\\ -\nu_q & \mu_q\end{pmatrix},\mu_{2q+1},\cdots,\mu_k\right\}\boldsymbol{O}^{-1} \\ \boldsymbol{B}=\boldsymbol{O}\left\{\begin{pmatrix}\mu'_1 & \nu'_1\\ -\nu'_1 & \mu'_1\end{pmatrix},\cdots,\begin{pmatrix}\mu'_q & \nu'_q\\ -\nu'_q & \mu'_q\end{pmatrix},\mu'_{2q+1},\cdots,\mu'_n\right\}\boldsymbol{O}^{-1} \end{cases} \tag{152}$$

注 如果算子 $A,B,C,\cdots$(矩阵 $\boldsymbol{A},\boldsymbol{B},\boldsymbol{C},\cdots$)中任何一个,例如 $A(\boldsymbol{A})$ 是对称的,那么在对应的公式(151)[对应的(152)]中所有的 ν 都等于零. 在反对称的情形所有的 μ 都等于零. 如果 A 是正交算子($\boldsymbol{A}$ 是正交矩阵),那么 $\mu_k=\cos\varphi_k,\nu_k=\sin\varphi_k,\mu_l=\pm1(k=1,2,\cdots,q;l=2q+1,2,\cdots,n)$.

§16 伪逆算子

设给出任意一个线性算子 A,它把 n 维 U 空间 R 映入 m 维 U 空间(参考第3章 §2). 记 r 为算子 A 的秩,即子空间 AR 的维数. 讨论空间 R 与 S 的两个正交分解

$$R=R_1+R_2,R_1\perp R_2,R_2=N_A \tag{153}$$

$$S=S_1+S_2,S_1\perp S_2,S_1=AR \tag{154}$$

此处子空间 $R_2=N_A$ 由满足方程 $A\boldsymbol{x}=\boldsymbol{0}$ 的所有向量 $\boldsymbol{x}\in R$ 组成. 因此子空间 R_2 的维数等于 $d=n-r$(参考第3章, §5). 所以正交补 R_1 的维数等于 r.

另外,$AR_2\equiv0$ 与 $AR_l\equiv AR\equiv S_l$. 因为子空间 R_1 与 S_1 有相同维数 r,所以线性算子 A 在子空间 R_1 与 S_1 的元素之间建立了一一对应关系. 因此唯一地确定了把 S_1 映入 R_1 的逆算子 A^{-1}.

把 S 映入 R 且用以下等式确定的线性算子称为算子 A 的伪逆算子 A^+

$$A^+\boldsymbol{y}=A^{-1}\boldsymbol{y}\quad(\boldsymbol{y}\in S_1)$$

$$A^+\boldsymbol{y}=\boldsymbol{0}\quad(\boldsymbol{y}\in S_2) \tag{155}$$

伪逆算子 A^+ 由把空间 R 映入 S 的线性算子 A 表示式与空间 R 与 S 中度量表示式唯一确定. 当空间 R 与 S 中度量改变时,伪逆算子 A^+ 也改变[①]

伪逆算子的作用可用以下几何解释来阐明.

方程

$$A\boldsymbol{x}=\boldsymbol{y} \tag{156}$$

在已知 $\boldsymbol{y}\in S$ 时,或者在 R 中没有解(如果 $\boldsymbol{y}$ 不属于子空间 $S=AR$),或者有解(如果 $\boldsymbol{y}\in AR$). 在后一情形,方程(156)的所有解可由一个解 $\boldsymbol{x}^\circ$ 加上任一向量

① 与逆算子 A^{-1} 不同的是,A^{+1} 的确定与度量无关. 但是在一般情形下伪逆算子 A^+ 是对任何 m, n,r 确定的,而逆算子 A^{-1} 只有在以下特殊情形下才能确定:线性算子 A 在空间 R 与 S 的元素之间建立了一一对应关系,即 $m=n=r$. 在这一特殊情形下算子 A^+ 不依赖空间 R 与 S 的度量,并且与逆算子 A^{-1} 相同.

$\boldsymbol{x}_2 \in R_2 = N_A$ 得出.

我们来证明,向量

$$\boldsymbol{x}^\circ = A^+ \boldsymbol{y} \tag{157}$$

是方程(156) 的最佳近似解,即

$$| A\boldsymbol{x}^\circ - \boldsymbol{y} | = \min | A\boldsymbol{x} - \boldsymbol{y} | \quad (\boldsymbol{x} \in R) \tag{158}$$

并且对于获得这个最小值的所有向量 $\boldsymbol{x} \in R$ 中,向量 $\boldsymbol{x}^\circ$ 有最小长度 $| \boldsymbol{x}^\circ |$.

事实上,令 $\boldsymbol{y} = \boldsymbol{y}_1 + \boldsymbol{y}_2$($\boldsymbol{y}_1 \in S_1, \boldsymbol{y}_2 \in S_2$)与 $\boldsymbol{x}^\circ = A^+ \boldsymbol{y} = A^+ \boldsymbol{y}_1$,那么 $\boldsymbol{y}_1 = A\boldsymbol{x}^\circ$ 是向量 $\boldsymbol{y}$ 在子空间 $S = AR$ 上的正交射影,此空间由所有形如 $A\boldsymbol{x}$ 的向量构成,其中 $\boldsymbol{x} \in R$. 因此等式(158) 成立. 另外,令 $\boldsymbol{x}' \in R$ 是使(158) 获得最小值的任一其他向量. 那么

$$A\boldsymbol{x}' = A\boldsymbol{x}^\circ = \boldsymbol{y}_1 \tag{159}$$

因此

$$A(\boldsymbol{x}' - \boldsymbol{x}^\circ) = \boldsymbol{0} \tag{160}$$

即 $\boldsymbol{x}' - \boldsymbol{x}^\circ \in R_2$. 因为 $\boldsymbol{x}^\circ \perp (\boldsymbol{x}'_0 - \boldsymbol{x}^\circ)$,所以根据勾股定理由等式 $\boldsymbol{x}' = \boldsymbol{x}^\circ + (\boldsymbol{x}' - \boldsymbol{x}^\circ)$,求出

$$| \boldsymbol{x}' |^2 = | \boldsymbol{x}^\circ |^2 + | \boldsymbol{x}' - \boldsymbol{x}^\circ |^2 > | \boldsymbol{x}^\circ |^2 \tag{161}$$

这样,方程(156) 只存在一个最佳近似解,这个解由公式(157) 确定.

在空间 R 与 S 中选取一些标准正交基底. 在这些基底中向量 $\boldsymbol{x} \in R$ 与 $\boldsymbol{y} \in S$ 的长度的平方由以下公式确定

$$| \boldsymbol{x} |^2 = \sum_{i=1}^{n} | x_i |^2, \ | \boldsymbol{y} |^2 = \sum_{i=1}^{n} | y_i |^2 \tag{162}$$

并且向量等式

$$A\boldsymbol{x} = \boldsymbol{y}, \boldsymbol{x}^\circ = A^+ \boldsymbol{y}$$

化为矩阵等式

$$\mathbf{A}\boldsymbol{x} = \boldsymbol{y}, \boldsymbol{x}^\circ = \mathbf{A}^+ \boldsymbol{y} \tag{163}$$

因为对任何 $\boldsymbol{y}, \boldsymbol{x}^\circ$ 是线性方程组的最佳近似解[在度量(162) 的意义下],所以 $\mathbf{A}^+$ 是长方矩阵 $\mathbf{A}$ 的伪逆矩阵(参考第1章 §4). 这样,如果在空间 R 与 S 中选取标准正交基底,那么在这些基底下,互为伪逆矩阵的 $\mathbf{A}$ 与 $\mathbf{A}^+$ 对应于算子 A 与 A^+.

二次型与埃尔米特型

第10章

§1　二次型中变数的变换

1. 关于 n 个变数 $x_1,x_2,\cdots,x_n$ 的二次齐次多项式称为二次型. 二次型常可表示为以下形式

$$\sum_{i,k=1}^{n} a_{ik}x_i x_k \quad (a_{ik}=a_{ki};i,k=1,2,\cdots,n)$$

其中 $\boldsymbol{A}=(a_{ik})_1^n$ 是一个对称矩阵.

以 $\boldsymbol{x}$ 记单列矩阵$(x_1,x_2,\cdots,x_n)$且用二次型的简化写法

$$\boldsymbol{A}(\boldsymbol{x},\boldsymbol{x})=\sum_{i,k=1}^{n} a_{ik}x_i x_k \tag{1}$$

我们可以写为

$$\boldsymbol{A}(\boldsymbol{x},\boldsymbol{x})=\boldsymbol{x}'\boldsymbol{A}\boldsymbol{x}\text{①} \tag{2}$$

如果$\boldsymbol{A}=(a_{ik})_1^n$是一个实对称矩阵,那么称型(1)为实二次型. 在这一章中我们主要讨论实二次型.

行列式 $|\boldsymbol{A}|=|a_{ik}|_1^n$ 称为二次型 $\boldsymbol{A}(\boldsymbol{x},\boldsymbol{x})$ 的判别式. 如果它的判别式等于零,那么称二次型为奇异的.

每一个二次型对应于一个双线性型

$$\boldsymbol{A}(\boldsymbol{x},\boldsymbol{y})=\sum_{i,k=1}^{n} a_{ik}x_i y_k \tag{3}$$

或

① 在公式(2)中二次型表示为三个矩阵的乘积:行矩阵 $\boldsymbol{x}'$,方阵 $\boldsymbol{A}$ 与列矩阵 $\boldsymbol{x}$ 的乘积.

$$\boldsymbol{A}(\boldsymbol{x},\boldsymbol{y})=\boldsymbol{x}'\boldsymbol{A}\boldsymbol{y}\quad[\boldsymbol{x}=(x_1,\cdots,x_n),\boldsymbol{y}=(y_1,\cdots,y_n)]\tag{4}$$

如果 $\boldsymbol{x}^1,\boldsymbol{x}^2,\cdots,\boldsymbol{x}^l,\boldsymbol{y}^1,\boldsymbol{y}^2,\cdots,\boldsymbol{y}^m$ 都是列矩阵，而 $c_1,c_2,\cdots,c_l,d_1,d_2,\cdots,d_m$ 都是标量，那么由变线性型 $\boldsymbol{A}(\boldsymbol{x},\boldsymbol{y})$ 得[参考(4)]

$$\boldsymbol{A}\Big(\sum_{i=1}^{l}c_i\boldsymbol{x}^i,\sum_{j=1}^{m}d_j\boldsymbol{y}^j\Big)=\sum_{i=1}^{l}\sum_{j=1}^{m}c_id_j\boldsymbol{A}(\boldsymbol{x}^i,\boldsymbol{y}^j)\tag{5}$$

如果在 n 维欧几里得空间中给予某一个对称算子 A，而且这个算子在某一标准正交基 $\boldsymbol{e}_1,\boldsymbol{e}_2,\cdots,\boldsymbol{e}_n$ 中对应于矩阵 $\boldsymbol{A}=(a_{ik})_1^n$，那么对于任何向量

$$\boldsymbol{x}=\sum_{i=1}^{n}x_i\boldsymbol{e}_i,\boldsymbol{y}=\sum_{i=1}^{n}y_i\boldsymbol{e}_i$$

都有恒等式

$$\boldsymbol{A}(\boldsymbol{x},\boldsymbol{y})=(A\boldsymbol{x},\boldsymbol{y})(\boldsymbol{x},A\boldsymbol{y})^{①}$$

特别地

$$\boldsymbol{A}(\boldsymbol{x},\boldsymbol{x})=(A\boldsymbol{x},\boldsymbol{x})=(\boldsymbol{x},A\boldsymbol{x})$$

此处

$$a_{ik}=(A\boldsymbol{e}_i,\boldsymbol{e}_k)\quad(i,k=1,2,\cdots,n)$$

2. 我们来看一下，施行变量的变换

$$x_i=\sum_{k=1}^{n}t_{ik}\xi_k\quad(i=1,2,\cdots,n)\tag{6}$$

时，二次型的系数矩阵有怎样的变化. 在矩阵的写法中，这个变换可以写为

$$\boldsymbol{x}=\boldsymbol{T}\boldsymbol{\xi}\tag{6'}$$

此处 $\boldsymbol{x}$ 与 $\boldsymbol{\xi}$ 是单列矩阵：$\boldsymbol{x}=(x_1,x_2,\cdots,x_n)$ 与 $\boldsymbol{\xi}=(\xi_1,\xi_2,\cdots,\xi_n)$，而 $\boldsymbol{T}$ 为变换矩阵：$\boldsymbol{T}=(t_{ik})_1^n$.

以式(6′) 中 $\boldsymbol{x}$ 的表示式代入式(2)，我们得出

$$\boldsymbol{A}(\boldsymbol{x},\boldsymbol{x})=\boldsymbol{\xi}'\boldsymbol{T}'\boldsymbol{A}\boldsymbol{T}\boldsymbol{\xi}=\boldsymbol{\xi}'\widetilde{\boldsymbol{A}}\boldsymbol{\xi}=\widetilde{\boldsymbol{A}}(\boldsymbol{\xi},\boldsymbol{\xi})$$

其中

$$\widetilde{\boldsymbol{A}}=\boldsymbol{T}'\boldsymbol{A}\boldsymbol{T}\tag{7}$$

公式(7) 是把变换后的二次型 $\widetilde{\boldsymbol{A}}(\boldsymbol{\xi},\boldsymbol{\xi})=\sum_{i,k=1}^{n}\tilde{a}_{ik}\xi_i\xi_k$ 的系数矩阵 $\widetilde{\boldsymbol{A}}=(\tilde{a}_{ik})_1^n$ 用原始二次型的系数矩阵 $\boldsymbol{A}=(a_{ik})_1^n$ 与变换矩阵 $\boldsymbol{T}=(t_{ik})_1^n$ 来表出的表示式.

由公式(7) 知变换后二次型的判别式等于原判别式与变换行列式的平方的乘积

$$|\widetilde{\boldsymbol{A}}|=|\boldsymbol{A}||\boldsymbol{T}|^2\tag{8}$$

以后我们完全应用变数的满秩变换($|\boldsymbol{T}|\neq 0$). 对于这种变换，由公式(7)

① $\boldsymbol{A}(\boldsymbol{x},\boldsymbol{y})$ 中的括号是合并在一处的规定符号；$(A\boldsymbol{x},\boldsymbol{y})$ 与 $(\boldsymbol{x},A\boldsymbol{y})$ 中的括号是表示标量积.

可以看出,系数矩阵的秩是没有变动的(矩阵 $\boldsymbol{A}$ 的秩等于矩阵 $\widetilde{\boldsymbol{A}}$ 的秩[①]). 系数矩阵的秩常称为二次型的秩.

定义 1 两个对称矩阵 $\boldsymbol{A}$ 与 $\widetilde{\boldsymbol{A}}$,以等式(7) 相联系,且有 $|\boldsymbol{T}| \neq 0$,称为相合的.

这样一来,每一个二次型都与两两相合的全部对称矩阵所构成的矩阵类有关. 有如上面所提到过的,所有这些矩阵有相同的秩 —— 二次型的秩. 秩对所给予矩阵类是不变的. 对于实二次型,还有第二个不变量称为二次型的"符号差". 我们将在下节中引进这一概念.

§2 化二次型为平方和,惯性定律

可以有无穷多种方法把实二次型 $\boldsymbol{A}(\boldsymbol{x},\boldsymbol{x})$ 表示为形式

$$\boldsymbol{A}(\boldsymbol{x},\boldsymbol{x}) = \sum_{i=1}^{n} a_i \boldsymbol{X}_i^2 \tag{9}$$

其中 $a_i \neq 0 (i=1,2,\cdots,r)$,而

$$\boldsymbol{X}_i = \sum_{k=1}^{n} \alpha_{ik} x_k \quad (i=1,2,\cdots,r)$$

为变量 $x_1,x_2,\cdots,x_n$ 的线性无关的实线性型(故 $r \leqslant n$).

考虑变数的满秩变换,使新变量 $\xi_1,\xi_2,\cdots,\xi_n$ 与旧变量 $x_1,x_2,\cdots,x_n$ 的前 r 个之间的关系为以下诸公式所确定[②]

$$\xi_i = \boldsymbol{X}_i \quad (i=1,2,\cdots,r)$$

那么对于新变量有

$$\boldsymbol{A}(\boldsymbol{x},\boldsymbol{x}) = \widetilde{\boldsymbol{A}}(\boldsymbol{\xi},\boldsymbol{\xi}) = \sum_{i=1}^{r} a_i \xi_i^2$$

因而矩阵 $\widetilde{\boldsymbol{A}}$ 有对角形式 $\widetilde{\boldsymbol{A}} = \{a_1,a_2,\cdots,a_r,0,\cdots,0\}$. 但矩阵 $\widetilde{\boldsymbol{A}}$ 的秩等于 r. 故在表示式(9) 中平方的个数常等于二次型的秩.

我们来证明,对于型 $\boldsymbol{A}(\boldsymbol{x},\boldsymbol{x})$ 的各种不同的表示式(9),不仅平方个数不变,而且正平方的个数[③](因而全部负平方的个数) 亦是不变的.

定理 1(二次型的惯性定律) 在表示实二次型 $\boldsymbol{A}(\boldsymbol{x},\boldsymbol{x})$ 为线性无关型的平方和[④]

---

① 参考第 1 章,§3,2.

② 我们应当这样来得出我们的变换,以线性型 $\boldsymbol{X}_{r+1},\cdots,\boldsymbol{X}_n$ 来补足这组线性型 $\boldsymbol{X}_1,\cdots,\boldsymbol{X}_r$,使得 n 个型 $\boldsymbol{X}_j (j=1,2,\cdots,n)$ 线性无关,而后取 $\xi_j = \boldsymbol{X}_j (j=1,2,\cdots,n)$.

③ 所谓表示式(9) 中正(负) 平方的个数是指正(负)a_i 的个数.

④ 所谓线性无关的平方和是指形为式(9) 的和,其中所有 $a_i \neq 0$,而且型 $\boldsymbol{X}_1,\boldsymbol{X}_2,\cdots,\boldsymbol{X}_r$ 是线性无关的.

$$\boldsymbol{A}(\boldsymbol{x},\boldsymbol{x})=\sum_{i=1}^{r}a_i\boldsymbol{X}_i^2$$

时，其正平方数、负平方数与把二次型表示成上述形式的方法无关.

证明　设与表示式(9)并列的有型 $\boldsymbol{A}(\boldsymbol{x},\boldsymbol{x})$ 的另一表示式，亦表示为线性无关型的平方和

$$\boldsymbol{A}(\boldsymbol{x},\boldsymbol{x})=\sum_{i=1}^{r}b_i\boldsymbol{Y}_i^2$$

且设

$$a_1>0,a_2>0,\cdots,a_h>0,a_{h+1}<0,\cdots,a_r<0$$
$$b_1>0,b_2>0,\cdots,b_g>0,b_{g+1}<0,\cdots,b_r<0$$

假设 $h\neq g$，例如 $h<g$. 那么在恒等式

$$\sum_{i=1}^{r}a_i\boldsymbol{X}_i^2=\sum_{i=1}^{r}b_i\boldsymbol{Y}_i^2 \tag{10}$$

中，给予变数 $x_1,x_2,\cdots,x_n$ 以数值，使其适合有 $r-(g-h)$ 个方程的方程组

$$\boldsymbol{X}_1=\boldsymbol{0},\boldsymbol{X}_2=\boldsymbol{0},\cdots,\boldsymbol{X}_h=\boldsymbol{0},\boldsymbol{Y}_{g+1}=\boldsymbol{0},\cdots,\boldsymbol{Y}_r=\boldsymbol{0} \tag{11}$$

而且在型 $\boldsymbol{X}_{h+1},\cdots,\boldsymbol{X}_r$ 中至少有一个不为零[①]. 对于变数的这些值，恒等式的左边等于

$$\sum_{j=h+1}^{r}a_j\boldsymbol{X}_j^2<0$$

而其右边等于

$$\sum_{k=1}^{g}b_k\boldsymbol{Y}_k^2\geqslant 0$$

这样一来，$h\neq g$ 的假设得出一个矛盾的结果. 定理已经证明.

定义 2　在型 $\boldsymbol{A}(\boldsymbol{x},\boldsymbol{x})$ 的表示式中，正平方数 π 与负平方数 ν 的差 σ 称为型 $\boldsymbol{A}(\boldsymbol{x},\boldsymbol{x})$ 的符号差{记为 $\sigma=\sigma[\boldsymbol{A}(\boldsymbol{x},\boldsymbol{x})]$}.

秩 r 与符号差唯一地决定数 π 与 ν，因为

$$r=\pi+\nu,\sigma=\pi-\nu$$

还要注意，在公式(9)中可以把正因子 $\sqrt{|a_i|}$ 列入型 $\boldsymbol{X}_i(i=1,2,\cdots,r)$ 的里面去. 此时公式(9)有以下形式

$$\boldsymbol{A}(\boldsymbol{x},\boldsymbol{x})=\boldsymbol{X}_1^2+\boldsymbol{X}_2^2+\cdots+\boldsymbol{X}_\pi^2-\boldsymbol{X}_{\pi+1}^2-\cdots-\boldsymbol{X}_r^2 \tag{12}$$

令 $\xi_i=\boldsymbol{X}_i(i=1,2,\cdots,r)$[②]，我们化型 $\boldsymbol{A}(\boldsymbol{x},\boldsymbol{x})$ 为范式

$$\widetilde{\boldsymbol{A}}(\boldsymbol{\xi},\boldsymbol{\xi})=\xi_1^2+\xi_2^2+\cdots+\xi_\pi^2-\xi_{\pi+1}^2-\cdots-\xi_r^2 \tag{13}$$

---

① 这样的值是存在的，因为在相反的情形，方程 $\boldsymbol{X}_{h+1}=0,\cdots,\boldsymbol{X}_r=0$ 是说从 $r-(g-h)$ 个方程(11)得出几个方程 $\boldsymbol{X}_1=0,\cdots,\boldsymbol{X}_r=0$. 这是不可能的，因为线性型 $\boldsymbol{X}_1,\boldsymbol{X}_2,\cdots,\boldsymbol{X}_r$ 线性无关.

② 参考本节的第一个足注.

故由定理 1 推知，每一个实对称矩阵 $\boldsymbol{A}$ 都相合于一个对角矩阵，其对角线上的元素等于 $+1$，-1 或 0，有

$$\boldsymbol{A}=\boldsymbol{T}'\{\underbrace{+1,\cdots,+1}_{\pi},\underbrace{-1,\cdots,-1}_{\nu},0,\cdots,0\}\boldsymbol{T} \tag{14}$$

在下节中我们将给予从二次型的系数来定出符号差的规则.

§3　化二次型为平方和的拉格朗日方法与雅可比公式

从上节的结果推知，为了定出型的秩与符号差，只要有任一方法化这个型为线性无关型的平方和就已足够.

此处我们述说两个简化的方法：拉格朗日方法与雅可比公式.

1. 拉格朗日方法. 设给予二次型

$$\boldsymbol{A}(\boldsymbol{x},\boldsymbol{x})=\sum_{i,k=1}^{n}a_{ik}x_ix_k$$

讨论两种情形：

(1) 对于某一个 $g(1\leqslant g\leqslant n)$ 对角线系数 $a_{gg}\neq 0$. 那么令

$$\boldsymbol{A}(\boldsymbol{x},\boldsymbol{x})=\frac{1}{a_{gg}}\left(\sum_{k=1}^{n}a_{gk}x_k\right)^2+\boldsymbol{A}_1(\boldsymbol{x},\boldsymbol{x}) \tag{15}$$

从直接验算可以证明，二次型 $\boldsymbol{A}_1(\boldsymbol{x},\boldsymbol{x})$ 已经不含变数 x_g. 只要矩阵 $\boldsymbol{A}=(a_{ik})_1^n$ 的对角线上有元素不等于零，从二次型中分出一个平方的这种方法常可施行.

(2) 系数 $a_{gg}=0$，$a_{hh}=0$，但 $a_{gh}\neq 0$. 在这一情形令

$$\boldsymbol{A}(x,x)=\frac{1}{2a_{hg}}\left[\sum_{k=1}^{n}(a_{gk}+a_{hk})x_k\right]^2-\frac{1}{2a_{hg}}\left[\sum_{k=1}^{n}(a_{gk}-a_{hk})x_k\right]^2+\boldsymbol{A}_2(\boldsymbol{x},\boldsymbol{x}) \tag{16}$$

线性型

$$\sum_{k=1}^{n}a_{gk}x_k,\ \sum_{k=1}^{n}a_{hk}x_k \tag{17}$$

线性无关，因为第一个含有 x_h 而不含有 x_g，相反地，第二个含有 x_g 而不含有 x_h. 故在式(16) 的中括号中两个线性型是线性无关的[因为是线性无关型(17) 的和与差].

这样一来，我们在 $\boldsymbol{A}(\boldsymbol{x},\boldsymbol{x})$ 中分出了两个线性无关型的平方. 每一个平方中都含有 x_g 与 x_h，而在型 $\boldsymbol{A}_2(\boldsymbol{x},\boldsymbol{x})$ 中，容易验证，并不含有这两个变数.

顺次适当地结合(1) 与(2) 法，常可利用有理运算化二次型 $\boldsymbol{A}(\boldsymbol{x},\boldsymbol{x})$ 为平方和，而且所得出的平方是无关的，因为在每一步骤中，分出的平方中含有一个变数是在以后诸平方中所没有的.

还须注意，基本公式(15) 与(16) 可以写为

$$\boldsymbol{A}(\boldsymbol{x},\boldsymbol{x})=\frac{1}{4a_{gg}}\left(\frac{\partial \boldsymbol{A}}{\partial x_g}\right)^2+\boldsymbol{A}_1(\boldsymbol{x},\boldsymbol{x}) \tag{15'}$$

$$\boldsymbol{A}(\boldsymbol{x},\boldsymbol{x})=\frac{1}{8a_{gh}}\left[\left(\frac{\partial \boldsymbol{A}}{\partial x_g}+\frac{\partial \boldsymbol{A}}{\partial x_h}\right)^2-\left(\frac{\partial \boldsymbol{A}}{\partial x_g}-\frac{\partial \boldsymbol{A}}{\partial x_h}\right)^2\right]+\boldsymbol{A}_2(\boldsymbol{x},\boldsymbol{x}) \tag{16'}$$

例 1 有如下式子

$$\boldsymbol{A}(\boldsymbol{x},\boldsymbol{x})=4x_1^2+x_2^2+x_3^2+x_4^2-4x_1x_2-4x_1x_3+4x_1x_4+4x_2x_3-4x_3x_4$$

应用公式(15′)($g=1$)

$$\boldsymbol{A}(\boldsymbol{x},\boldsymbol{x})=\frac{1}{16}(8x_1-4x_2-4x_3+4x_4)^2+\boldsymbol{A}_1(\boldsymbol{x},\boldsymbol{x})=$$

$$(2x_1-x_2-x_3+x_4)^2+\boldsymbol{A}_1(\boldsymbol{x},\boldsymbol{x})$$

其中

$$\boldsymbol{A}_1(\boldsymbol{x},\boldsymbol{x})=2x_2x_3+2x_2x_4-2x_3x_4$$

应用公式(16′)($g=2,h=3$)

$$\boldsymbol{A}_1(\boldsymbol{x},\boldsymbol{x})=\frac{1}{8}(2x_2+2x_3)^2-\frac{1}{8}(2x_3-2x_2+4x_4)^2+\boldsymbol{A}_2(\boldsymbol{x},\boldsymbol{x})=$$

$$\frac{1}{2}(x_2+x_3)^2-\frac{1}{2}(x_3-x_2+2x_4)^2+\boldsymbol{A}_2(\boldsymbol{x},\boldsymbol{x})$$

其中

$$\boldsymbol{A}_2(\boldsymbol{x},\boldsymbol{x})=2x_4^2$$

最后有

$$\boldsymbol{A}(\boldsymbol{x},\boldsymbol{x})=(2x_1-x_2-x_3+x_4)^2+\frac{1}{2}(x_2+x_3)^2-$$

$$\frac{1}{2}(x_3-x_2+2x_4)^2+2x_4^2$$

$$r=4,\sigma=2$$

2. 雅可比公式. 以 r 记二次型 $\boldsymbol{A}(\boldsymbol{x},\boldsymbol{x})=\sum_{i,k=1}^{n}a_{ik}x_ix_k$ 的秩,且设

$$D_k=\boldsymbol{A}\begin{pmatrix}1 & 2 & \cdots & k\\ 1 & 2 & \cdots & k\end{pmatrix}\neq 0\quad (k=1,2,\cdots,r) \tag{18}$$

因为 $a_{11}=D_1\neq 0$,所以用拉格朗日方法从二次型 $\boldsymbol{A}(\boldsymbol{x},\boldsymbol{x})$ 分出一个平方,得

$$\boldsymbol{A}(\boldsymbol{x},\boldsymbol{x})=\frac{1}{a_{11}}(a_{11}x_1+a_{12}x_2+\cdots+a_{1n}x_n)^2+\boldsymbol{A}_1(\boldsymbol{x},\boldsymbol{x}) \tag{19}$$

其中二次型

$$\boldsymbol{A}_1(\boldsymbol{x},\boldsymbol{x})=\sum_{i,k=2}^{n}a_{ik}^{(1)}x_ix_k\quad (a_{ik}^{(1)}=a_{ki}^{(1)},i,k=2,\cdots,n) \tag{20}$$

不含变数 x_1. 从恒等式(19) 推出,二次型 $\boldsymbol{A}_1(\boldsymbol{x},\boldsymbol{x})$ 的系数由以下公式确定

$$a_{ik}^{(1)}=a_{ik}-\frac{a_{1i}a_{1k}}{a_{11}}\quad (i,k=2,\cdots,n) \tag{21}$$

但是此时这些系数与以下矩阵的相应元素相同

$$
\boldsymbol{G}_1 = \begin{pmatrix} a_{11} & a_{12} & \cdots & a_{1n} \\ 0 & a_{22}^{(1)} & \cdots & a_{2n}^{(1)} \\ \vdots & \vdots & & \vdots \\ 0 & a_{n2}^{(1)} & \cdots & a_{nn}^{(1)} \end{pmatrix}
$$

此矩阵是把高斯消去法的第一步用到对称矩阵 $\boldsymbol{A}=(a_{ik})_1^n$ 后得出的[①](参考第 2 章，§ 1).

可见，用拉格朗日方法分出一个平方的过程在本质上与高斯算法的第一步相同. 矩阵 $\boldsymbol{G}_1$ 第一行的元素是被分出平方的系数；元素 a_{11} 的倒数值是平方的系数. 矩阵 $\boldsymbol{G}_1$ 的其余元素由二次型 $\boldsymbol{A}_1(\boldsymbol{x},\boldsymbol{x})$ 的系数确定. 为分出第二个平方，应该完成高斯算法的第二步等. 由 r 步组成的完全高斯算法[②]用到对称矩阵 $\boldsymbol{A}=(a_{ij})_1^n$ 上，得出矩阵

$$
\boldsymbol{G}_r = \begin{pmatrix} a_{11} & a_{12} & \cdots & a_{1r} & a_{1,r+1} & \cdots & a_{1n} \\ 0 & a_{22}^{(1)} & \cdots & a_{2r}^{(1)} & a_{2,r+1}^{(1)} & \cdots & a_{2n}^{(1)} \\ \vdots & \vdots & & \vdots & \vdots & & \vdots \\ 0 & 0 & \cdots & a_{rr}^{(r-1)} & a_{r,r+1}^{(r-1)} & \cdots & a_{rn}^{(r-1)} \\ \vdots & \vdots & & \vdots & \vdots & & \vdots \\ 0 & 0 & \cdots & 0 & 0 & \cdots & 0 \end{pmatrix}
$$

与二次型 $\boldsymbol{A}(\boldsymbol{x},\boldsymbol{x})$ 表示成以下平方和的相应表示式

$$
\boldsymbol{A}(\boldsymbol{x},\boldsymbol{x}) = \sum_{k=1}^{r} \frac{1}{a_{kk}^{(k-1)}}(a_{kk}^{(k-1)}x_k + a_{k,k+1}^{(k-1)}x_{k+1} + \cdots + a_{kn}^{(k-1)}x_n)^2 \tag{22}
$$

$$
(a_{1j}^{(0)} = a_{1j};\ j=1,2,\cdots,n)
$$

我们引进线性无关二次型

$$
x_k = a_{kk}^{(k-1)}x_k + a_{k,k+1}^{(k-1)}x_{k+1} + \cdots + a_{kn}^{(k-1)}x_n \quad (a_{1k}^{(0)} = a_{1k},k=1,\cdots,r) \tag{23}
$$

的简化记号.

我们指出[③]

$$
a_{kk}^{(k-1)} = \frac{D_k}{D_{k-1}} \quad (k=1,\cdots,r,D_0=1,a_{11}^{(0)}=a_{11}) \tag{24}
$$

可以把恒等式(22) 写成

$$
\boldsymbol{A}(\boldsymbol{x},\boldsymbol{x}) = \sum_{k=1}^{r} \frac{D_{k-1}}{D_k}\boldsymbol{X}_k^2 \quad (D_0=1) \tag{25}
$$

---

① 从公式(21) 与矩阵 $\boldsymbol{A}=(a_{ik})_1^n$ 的对称性推出矩阵 $\boldsymbol{A}_1=(a_{ik})_2^n$ 的对称性.

② 由不等式(18)，算法才能完成. 从这些不等式推出 $a_{11}\neq 0,\cdots,a_{rr}^{(r-1)}\neq 0$(参考第 2 章 § 1).

③ 参考第 2 章 § 1；公式(24) 是用矩阵 $\boldsymbol{A}$ 与 $\boldsymbol{G}$ 中依次主子式 D_{k-1} 与 D_k 相等得出的；同时得出 $D_k=a_{11}a_{22}^{(1)}\cdots a_{kk}^{(k-1)}(k=1,2,\cdots,r)$

这个公式给出了二次型表示成独立平方的表示式,称为雅可比公式[①].

对于在雅可比公式出现的线性型 $\boldsymbol{X}_k$ 的系数,以下等式成立[②]

$$a_{kq}^{(k-1)}=\frac{\boldsymbol{A}\begin{pmatrix}1 & \cdots & k-1 & k\\ 1 & \cdots & k-1 & q\end{pmatrix}}{\boldsymbol{A}\begin{pmatrix}1 & \cdots & k-1\\ 1 & \cdots & k-1\end{pmatrix}}\quad(k=1,\cdots,r)\tag{26}$$

如果记 $\boldsymbol{G}$ 为任一上三角矩阵,它的前 r 行与矩阵 $\boldsymbol{G}_r$ 的相应的行相同,那么根据雅可比公式可以断言,变量代换 $\boldsymbol{\xi}=\boldsymbol{G}\boldsymbol{x}$[其中 $\boldsymbol{\xi}=(\xi_1,\xi_2,\cdots,\xi_n)$],把具有系数对角矩阵 $\hat{\boldsymbol{D}}=\{\frac{1}{D_1},\frac{D_1}{D_2},\cdots,\frac{D_{r-1}}{D_r},0,\cdots,0\}$ 的二次型 $\sum_{k=1}^{n}\frac{D_{k-1}}{D_k\xi_k^2}$ 化为二次型 $\boldsymbol{A}(\boldsymbol{x},\boldsymbol{x})$. 但是此时[参考(7)] 以下等式成立

$$\boldsymbol{A}=\boldsymbol{G}'\widetilde{\boldsymbol{D}}\boldsymbol{G}$$

这个公式建立了对称矩阵 $\boldsymbol{A}$ 分解为三角形因子的分解式,并且与第 2 章 §4 的公式(55) 相同.

雅可比公式常可表示为另一形式.

引进线性无关型

$$\boldsymbol{Y}_k=D_{k-1}\boldsymbol{X}_k\quad(k=1,2,\cdots,r;D_0=1)\tag{27}$$

来代替 $\boldsymbol{X}_k(k=1,2,\cdots,r)$,那么雅可比公式(25) 可写为

$$\boldsymbol{A}(\boldsymbol{x},\boldsymbol{x})=\sum_{k=1}^{r}\frac{\boldsymbol{Y}_k^2}{D_{k-1}D_k}\tag{28}$$

此处

$$\boldsymbol{Y}_k=c_{kk}x_k+c_{k,k+1}x_{k+1}+\cdots+c_{kn}x_n\quad(k=1,2,\cdots,r)\tag{29}$$

其中

$$c_{kq}=\boldsymbol{A}\begin{pmatrix}1 & 2 & \cdots & k-1 & k\\ 1 & 2 & \cdots & k-1 & q\end{pmatrix}\quad(q=k,k+1,2,\cdots,n;k=1,2,\cdots,r)\tag{30}$$

例 2 有如下式子

$$\boldsymbol{A}(\boldsymbol{x},\boldsymbol{x})=x_1^2+3x_2^2-3x_4^2-4x_1x_2+2x_1x_3-2x_1x_4-6x_2x_3+8x_2x_4+2x_3x_4$$

化矩阵

$$\boldsymbol{A}=\begin{pmatrix}1 & -2 & 1 & -1\\ -2 & 3 & -3 & 4\\ 1 & -3 & 0 & 1\\ -1 & 4 & 1 & -3\end{pmatrix}$$

---

① 不用高斯算法的雅可比公式的另一个推导,例如可以在《Осцилляционные матрицы и ядра и малые колебания механических систем》(1950) 中找到.

② 参考第 2 章 §1 公式(13).

为高斯型

$$G=\begin{pmatrix}1 & -2 & 1 & -1\\ 0 & -1 & -1 & 2\\ 0 & 0 & 0 & 0\\ 0 & 0 & 0 & 0\end{pmatrix}$$

故 $r=2, a_{11}=1, a_{22}^{(1)}=-1$.

公式(22) 给出

$$\boldsymbol{A}(\boldsymbol{x},\boldsymbol{x})=(x_1-2x_2+x_3-x_4)^2-(-x_2-x_3+2x_4)^2$$

由雅可比公式(28) 推得:

定理 2(雅可比) 如果对于秩为 r 的二次型

$$\boldsymbol{A}(\boldsymbol{x},\boldsymbol{x})=\sum_{i,k=1}^{n} a_{ik}x_i x_k$$

有不等式

$$D_k=\boldsymbol{A}\begin{pmatrix}1 & 2 & \cdots & k\\ 1 & 2 & \cdots & k\end{pmatrix}\neq 0 \quad (k=1,2,\cdots,r) \tag{31}$$

那么型 $\boldsymbol{A}(\boldsymbol{x},\boldsymbol{x})$ 的正平方数 π 与负平方数 ν 各等于数列

$$1, D_1, D_2, \cdots, D_r \tag{32}$$

中的同号数 P 与变号数 V,亦即 $\pi=P(1,D_1,D_2,\cdots,D_r)$, $\nu=V(1,D_1,D_2,\cdots,D_r)$ 且其符号差为

$$\sigma=r-2V(1,D_1,D_2,\cdots,D_r) \tag{33}$$

注 1 如果在数列 $1,D_1,\cdots,D_r\neq 0$ 中有零出现,但没有三个相邻的数完全等于零,那么为了定出符号差,仍可应用公式

$$\sigma=r-2V(1,D_1,D_2,\cdots,D_r)$$

如果 $D_{k-1}D_{k+1}\neq 0$,那么在其中除去等于零的 D_k,而在 $D_k=D_{k+1}=0$ 的时候,取

$$V(D_{k-1},D_k,D_{k+1},D_{k+2})=\begin{cases}1 & \text{如果}\dfrac{D_{k+2}}{D_{k-1}}<0\\ 2 & \text{如果}\dfrac{D_{k+2}}{D_{k-1}}>0\end{cases} \tag{34}$$

我们在此处引进了这个规则,但是没有给予证明①.

注 2 如果在数列 $D_1,D_2,\cdots,D_{r-1}$ 中有三个相邻的零出现时,二次型的符号差不能用雅可比定理直接定出.此时不为零的 D_k 的符号不能决定型的符号差.这可以用下例来说明

---

① 这个规则,在只有一个零 D_k 时为古杰尔菲格尔所建立,而在与零 D_k 相邻的还有两个零出现时则为弗洛别尼乌斯的 *Ueber das Tragheitsgesetz der quadratischen Formen*(1894) 中所得出.

$$\boldsymbol{A}(\boldsymbol{x},\boldsymbol{x}) = 2a_1x_1x_4 + a_2x_2^2 + a_3x_3^2 \quad (a_1a_2a_3 \neq 0)$$

此处

$$D_1 = D_2 = D_3 = 0, D_4 = -a_1^2a_2a_3 \neq 0$$

同时有

$$\nu = \begin{cases} 1 & \text{如果 } a_2 > 0, a_3 > 0 \\ 3 & \text{如果 } a_2 < 0, a_3 < 0 \end{cases}$$

在这两种情形都有 $D_4 < 0$.

注 3 如果 $D_1 \neq 0, \cdots, D_{r-1} \neq 0$,而 $D_r = 0$,那么 $D_1, D_2, \cdots, D_{r-1}$ 的符号不能决定型的符号差.可以取以下型为例来说明

$$ax_1^2 + ax_2^2 + bx_3^2 + 2ax_1x_2 + 2ax_2x_3 + 2ax_1x_3 =$$
$$a(x_1 + x_2 + x_3)^2 + (b-a)x_3^2$$

但是在最后这一情形,可以把变数重新编号使不等式 $D_r \neq 0$ 也成立.事实上,令第 s 行($s \geqslant r$)与前 r 行线性无关.彼此交换变量 x_r 与 x_s 的号码.然后在新的系数矩阵 $\boldsymbol{A}$ 中,前 r 行,也就是前 r 列是线性无关的(由于矩阵的对称性).那么在任一 r 阶子式 Δ_r 中,每一行可以表示为前 r 行的线性组合,然后每一列可以表示为前 r 列的线性组合.因此,把子式 Δ_r 分解为 r 阶行列式之和后,我们最后得出,子式 Δ_r 等于主子式 D_r 与某一数因子的乘积:$\Delta_r = CD_r$.但是在诸子式 Δ_r 中有一些不为 0 的子式,因为 r 是矩阵 $\boldsymbol{A}$ 的秩.因此 $D_r \neq 0$.

§4 正二次型

在这一节中我们来讨论特殊的且是重要的一类二次型 —— 正二次型.

定义 3 实二次型 $\boldsymbol{A}(\boldsymbol{x},\boldsymbol{x}) = \sum_{i,k=1}^{n} a_{ik}x_ix_k$ 称为非负的(非正的),如其对于变数的任何实数值都有

$$\boldsymbol{A}(\boldsymbol{x},\boldsymbol{x}) \geqslant 0 \quad (\leqslant 0) \tag{35}$$

在这种情形下,系数对称矩阵 $\boldsymbol{A}$ 称为正半定的(负半定的).

定义 4 实二次型 $\boldsymbol{A}(\boldsymbol{x},\boldsymbol{x}) = \sum_{i,k=1}^{n} a_{ik}x_ix_k (\boldsymbol{x} \neq \boldsymbol{0})$ 称为正定的(负定的),如果对于变数不全等于零的任何实数值都有

$$\boldsymbol{A}(\boldsymbol{x},\boldsymbol{x}) > 0 \quad (< 0) \tag{36}$$

在这种情形下,矩阵 $\boldsymbol{A}$ 也称为正定的(负定的).

正定(负定)二次型类是非负(非正)二次型类的一部分.

设给予非负型 $\boldsymbol{A}(\boldsymbol{x},\boldsymbol{x})$,表示其为独立平方和

$$\boldsymbol{A}(\boldsymbol{x},\boldsymbol{x}) = \sum_{i=1}^{n} a_i\boldsymbol{X}_i^2 \tag{37}$$

在这一表示式中所有的平方系数都必须是正的

$$a_i > 0 \quad (i = 1, 2, \cdots, r) \tag{38}$$

事实上,如果有任何一个 $a_i < 0$,那么可以选取这样的值 $x_1, x_2, \cdots, x_n$,使得

$$\boldsymbol{X}_1 = \cdots = \boldsymbol{X}_{i-1} = \boldsymbol{X}_{i+1} = \cdots = \boldsymbol{X}_r = \boldsymbol{0}, \boldsymbol{X}_i \neq \boldsymbol{0}$$

但是对于变数的这些值,型 $\boldsymbol{A}(\boldsymbol{x}, \boldsymbol{x})$ 有负值,与我们的条件矛盾.显然,反之,由(37)与(38)得出型 $\boldsymbol{A}(\boldsymbol{x}, \boldsymbol{x})$ 的正性.

这样一来,非负二次型的特征是等式 $\sigma = r(\pi = r, \nu = 0)$.

现在假设 $\boldsymbol{A}(\boldsymbol{x}, \boldsymbol{x})$ 是一个正定型,那么 $\boldsymbol{A}(\boldsymbol{x}, \boldsymbol{x})$ 亦是一个非负型.故可表示它为(37)的形式,其中所有 $a_i (i = 1, 2, \cdots, r)$ 都是正的.从型的正定性得出 $r = n$.事实上,在 $r < n$ 时,可以选取这样的不全为零的值 $x_1, x_2, \cdots, x_n$,使得所有的 $\boldsymbol{X}_i$ 都变为零.但是由(37),在 $\boldsymbol{x} \neq \boldsymbol{0}$ 时有 $\boldsymbol{A}(\boldsymbol{x}, \boldsymbol{x}) = \boldsymbol{0}$,就与条件(36)矛盾.

容易看出,反之,如果在(37)中 $r = n$,而且所有 $a_1, a_2, \cdots, a_n$ 都是正的,那么 $\boldsymbol{A}(\boldsymbol{x}, \boldsymbol{x})$ 是一个正定型.

换句话说,当且仅当非负型不是奇异型时,才为一个正定型.

以下定理,用型的系数必须适合的一些不等式来给予型的正定性的判定.此处,我们应用在上节中已经遇到的矩阵 $\boldsymbol{A}$ 的顺序的主子式记号

$$D_1 = a_1, D_2 = \begin{vmatrix} a_{11} & a_{12} \\ a_{21} & a_{22} \end{vmatrix}, \cdots, D_n = \begin{vmatrix} a_{11} & a_{12} & \cdots & a_{1n} \\ a_{21} & a_{22} & \cdots & a_{2n} \\ \vdots & \vdots & & \vdots \\ a_{n1} & a_{n2} & \cdots & a_{nn} \end{vmatrix}$$

定理 3 为了使得二次型是正定的充分必要的条件是适合以下诸不等式

$$D_1 > 0, D_2 > 0, \cdots, D_n > 0 \tag{39}$$

证明 条件(39)的充分性,可以直接从雅可比公式(28)来得出.条件(39)的必要性可以建立如下.由型 $\boldsymbol{A}(\boldsymbol{x}, \boldsymbol{x}) = \sum_{i,k=1}^{n} a_{ik} x_i x_k$ 的正定性得出其“截短”型[①]

$$\boldsymbol{A}_p(\boldsymbol{x}, \boldsymbol{x}) = \sum_{i,k=1}^{p} a_{ik} x_i x_k \quad (p = 1, 2, \cdots, n)$$

的正定性.但所有这些型都必须是非奇异的,亦即

$$D_p = |\boldsymbol{A}_p| \neq 0 \quad (p = 1, 2, \cdots, n)$$

现在我们有可能利用雅可比公式(28)(取 $r = n$).因为在这个公式的右边,所有平方数都是正的,所以

$$D_1 > 0, D_1 D_2 > 0, D_2 D_3 > 0, \cdots, D_{n-1} D_n > 0$$

故得不等式(39).定理已经证明.

---

① 如果在型 $\boldsymbol{A}(\boldsymbol{x}, \boldsymbol{x})$ 中,取 $x_{p+1} = \cdots = x_n = 0 (p = 1, 2, \cdots, n)$,那么我们就得出型 $\boldsymbol{A}_p(\boldsymbol{x}, \boldsymbol{x})$.

因为适当调动变数的次序后，可以使矩阵 $\boldsymbol{A}$ 的任何一个主子式位于其左上角，故有以下的：

推论 对于正定二次型 $\boldsymbol{A}(\boldsymbol{x},\boldsymbol{x})=\sum_{i,k=1}^{n}a_{ik}x_ix_k$，其系数矩阵的所有主子式都是正的[①]

$$\boldsymbol{A}\begin{pmatrix}i_1 & i_2 & \cdots & i_p\\ i_1 & i_2 & \cdots & i_p\end{pmatrix}>0 \quad (1\leqslant i_1<i_2<\cdots<i_p\leqslant n;p=1,2,\cdots,n) \tag{40}$$

注 由顺序主子式的非负性

$$D_1\geqslant 0,D_2\geqslant 0,\cdots,D_n\geqslant 0$$

不能得出型 $\boldsymbol{A}(\boldsymbol{x},\boldsymbol{x})$ 的非负性. 事实上，在型

$$a_{11}x_1^2+2a_{12}x_1x_2+a_{22}x_2^2$$

中，$a_{11}=a_{12}=0,a_{22}<0$ 就适合条件(40)，但是它并不是非负的.

我们有以下的：

定理4 为了使得二次型 $\boldsymbol{A}(\boldsymbol{x},\boldsymbol{x})=\sum_{i,k=1}^{n}a_{ik}x_ix_k$ 是非负的，充分必要的条件是其系数矩阵的所有主子式都是非负的

$$\boldsymbol{A}\begin{pmatrix}i_1 & i_2 & \cdots & i_p\\ i_1 & i_2 & \cdots & i_p\end{pmatrix}\geqslant 0 \quad (i\leqslant i_1<i_2<\cdots<i_p\leqslant n;p=1,2,\cdots,n) \tag{40'}$$

证明 引进辅助二次型

$$\boldsymbol{A}_\varepsilon(\boldsymbol{x},\boldsymbol{x})=\boldsymbol{A}(\boldsymbol{x},\boldsymbol{x})+\varepsilon\sum_{i=1}^{n}x_i^2 \quad (\varepsilon>0)$$

显然，$\lim\limits_{\varepsilon\to 0}\boldsymbol{A}_\varepsilon(\boldsymbol{x},\boldsymbol{x})=\boldsymbol{A}(\boldsymbol{x},\boldsymbol{x})$.

从型 $\boldsymbol{A}(\boldsymbol{x},\boldsymbol{x})$ 的非负性得出型 $\boldsymbol{A}_\varepsilon(\boldsymbol{x},\boldsymbol{x})$ 的正定性，因而有不等式(参考定理 3 的推论)

$$\boldsymbol{A}_\varepsilon\begin{pmatrix}i_1 & i_2 & \cdots & i_p\\ i_1 & i_2 & \cdots & i_p\end{pmatrix}>0 \quad (1\leqslant i_1<i_2<\cdots<i_p\leqslant n;p=1,2,\cdots,n)$$

当 $\varepsilon\to 0$ 时取极限，我们得出条件(40′).

反之，设给予条件(40′). 从这些条件得出

$$\boldsymbol{A}_\varepsilon\begin{pmatrix}i_1 & i_2 & \cdots & i_p\\ i_1 & i_2 & \cdots & i_p\end{pmatrix}=\varepsilon^p+\cdots\geqslant\varepsilon^p>0$$

$$(1\leqslant i_1<i_2<\cdots<i_p\leqslant n;p=1,2,\cdots,n)$$

① 这样一来，由实对称矩阵的顺序主子式的正定性得出所有其余主子式的正定性.

但是(由定理 3)$\boldsymbol{A}_{\varepsilon}(\boldsymbol{x},\boldsymbol{x})$ 是一个正定型

$$\boldsymbol{A}_{\varepsilon}(\boldsymbol{x},\boldsymbol{x})>0 \quad (x \neq 0)$$

故当 $\varepsilon \to 0$ 时取极限,我们得出

$$\boldsymbol{A}(\boldsymbol{x},\boldsymbol{x}) \geqslant 0$$

定理即已证明.

如果把不等式(39) 与(40) 用到型 $\boldsymbol{A}(\boldsymbol{x},\boldsymbol{x})$,那么二次型的非正定性与负定性条件可以相应地从不等式(39) 与(40′) 得出.

定理 5 为了使得二次型 $\boldsymbol{A}(\boldsymbol{x},\boldsymbol{x})$ 负定,充分必要的条件是以下不等式成立

$$D_1<0, D_2>0, D_3<0, \cdots, (-1)^n D_n>0 \tag{39′}$$

定理 6 为了使得二次型 $\boldsymbol{A}(\boldsymbol{x},\boldsymbol{x})$ 非正,充分必要的条件是以下不等式成立

$$(-1)^p \boldsymbol{A}\begin{pmatrix} i_1 & i_2 & \cdots & i_p \\ i_1 & i_2 & \cdots & i_p \end{pmatrix} \geqslant 0 \tag{40″}$$

$$(1 \leqslant i_1<i_2<\cdots<i_p \leqslant n; p=1,2,\cdots,n)$$

§5 化二次型到主轴上去

讨论任一实二次型

$$\boldsymbol{A}(\boldsymbol{x},\boldsymbol{x})=\sum_{i,k=1}^n a_{ik} x_i x_k$$

它的系数矩阵 $\boldsymbol{A}=(a_{ik})_1^n$ 是实对称的. 所以(参考第 9 章, §13) 它正交一相似于某一个实对角矩阵 $\boldsymbol{\Delta}$,亦即有这样的实正交矩阵 $\boldsymbol{O}$ 在,使得

$$\boldsymbol{\Delta}=\boldsymbol{O}^{-1}\boldsymbol{A}\boldsymbol{O} \quad (\boldsymbol{\Delta}=(\lambda_i \delta_{ik})_1^n, \boldsymbol{O}\boldsymbol{O}'=\boldsymbol{E}) \tag{41}$$

此处 $\lambda_1, \lambda_2, \cdots, \lambda_n$ 是矩阵 $\boldsymbol{A}$ 的特征数.

因为正交矩阵有等式 $\boldsymbol{O}^{-1}=\boldsymbol{O}'$,所以由(41) 知型 $\boldsymbol{A}(\boldsymbol{x},\boldsymbol{x})$ 由变数的正变变换

$$\boldsymbol{x}=\boldsymbol{O}\boldsymbol{\xi} \quad (\boldsymbol{O}\boldsymbol{O}'=\boldsymbol{E}) \tag{42}$$

或更详细地写为

$$x_i=\sum_{k=1}^n o_{ik} \xi_k \quad (\sum_{j=1}^n o_{ij} o_{jk}=\delta_{ik}; i,k=1,2,\cdots,n) \tag{42′}$$

变为型

$$\boldsymbol{\Delta}(\boldsymbol{\xi},\boldsymbol{\xi})=\sum_{i=1}^n \lambda_i \xi_i^2 \tag{43}$$

定理 7 实二次型 $\boldsymbol{A}(\boldsymbol{x},\boldsymbol{x})=\sum_{i,k=1}^n a_{ik} x_i x_k$ 常可由正交变换变为范式(43),而且 $\lambda_1, \lambda_2, \cdots, \lambda_n$ 是矩阵 $\boldsymbol{A}=(a_{ik})_1^n$ 的特征数.

用正交变换化二次型 $\boldsymbol{A}(\boldsymbol{x},\boldsymbol{x})$ 为范式(43) 称为化到主轴上去. 这个名称是

这样来的,因为有心二次超曲面的方程

$$\sum_{i,k=1}^{n} a_{ik}x_i x_k = c \quad (c = 常数 \neq 0) \tag{44}$$

可由变数的正交变换(42) 化为范式

$$\sum_{i=1}^{n} \varepsilon_i \frac{\xi_i^2}{a_i^2} = 1 \quad \left(\frac{\varepsilon_i}{a_i^2} = \frac{\lambda_i}{c}; \varepsilon_i = \pm 1; i = 1, 2, \cdots, n\right) \tag{45}$$

如果我们令 $x_1, x_2, \cdots, x_n$ 为 n 维欧几里得空间中某一个标准正交基中的坐标,那么 $\xi_1, \xi_2, \cdots, \xi_n$ 是同一空间中新的标准正交基中的坐标,而且是对轴的"旋转"[①] 施行正交变换(42) 所得出的. 新坐标轴是有心曲面(47) 的对称轴且被称为这个曲面的主轴.

由式(43),可知型 $\boldsymbol{A}(\boldsymbol{x}, \boldsymbol{x})$ 的秩 r 等于矩阵 $\boldsymbol{A}$ 的非零特征数的个数,而其符号差 σ 等于矩阵 $\boldsymbol{A}$ 的正特征数的个数与负特征数的个数的差.

因此,特别地,推得这样的结果:

如果连续的变动二次型的系数而保持其秩不变,那么系数的变动不会改变它的符号差.

此处我们是这样推理的,由于系数的连续变动得出特征数的连续变动,故只有在任一特征数变号时,才能变更符号差. 但是在某一中间时刻,所讨论的特征数须变为零,这就变动了型的秩.

从公式(43) 也推出,实对称矩阵 $\boldsymbol{A}$ 是正半定(正定) 的充分必要条件是矩阵 $\boldsymbol{A}$ 的所有特征数是非负的(正的)[②],即它可表示为

$$\boldsymbol{A} = \boldsymbol{O}(\lambda_i \delta_{ik})_1^n \boldsymbol{O}^{-1} \quad [\lambda_i \geqslant 0 (> 0); i = 1, 2, \cdots, n] \tag{46}$$

正半定(正定) 矩阵

$$\boldsymbol{F} = \boldsymbol{O}(\sqrt{\lambda_i} \delta_{ik})_1^n \boldsymbol{O}^{-1} \tag{47}$$

是正半定(正定) 矩阵 $\boldsymbol{A}$ 的平方根

$$\boldsymbol{F} = \sqrt{\boldsymbol{A}} \tag{48}$$

§6 二次型束

在微振动理论中必须同时讨论两个二次型,其中有一个给予系统的位能而第二个给予系统的动能,第二个型常是正定的.

---

① 如果 $|\boldsymbol{O}| = -1$,那么变换(45) 表示一个合并旋转与取镜像的结果(参考第 9 章,§ 14). 但是化到主轴上去常可用第一种正交矩阵 $\boldsymbol{O}(|\boldsymbol{O}| = 1)$ 来得出. 这是可以这样来做的,并不变动范式,我们可以施行一个补充变换

$$\xi_i = \xi_i' (i = 1, 2, \cdots, n-1), \xi_n = -\xi_n'$$

② 由此立即推出,在欧几里得空间标准正交基底中,正半定(正定) 矩阵 $\boldsymbol{A}$ 对应于非负定(正定) 算子 A. 比较第 10 章 § 4 的定义 3 与 4 和第 9 章 § 11 的定义 9,直接可以确定这一结论.

我们在本节中从事于含有两个这种型的二次型组的研究.

两个实二次型

$$\boldsymbol{A}(\boldsymbol{x},\boldsymbol{x})=\sum_{i,k=1}^{n}a_{ik}x_ix_k,\boldsymbol{B}(\boldsymbol{x},\boldsymbol{x})=\sum_{i,k=1}^{n}b_{ik}x_ix_k$$

决定一个型束 $\boldsymbol{A}(\boldsymbol{x},\boldsymbol{x})-\lambda\boldsymbol{B}(\boldsymbol{x},\boldsymbol{x})$($\lambda$ 是一个参数).

如果型 $\boldsymbol{B}(\boldsymbol{x},\boldsymbol{x})$ 是正定的,那么称型束 $\boldsymbol{A}(\boldsymbol{x},\boldsymbol{x})-\lambda\boldsymbol{B}(\boldsymbol{x},\boldsymbol{x})$ 为正则的.

方程

$$|\boldsymbol{A}-\lambda\boldsymbol{B}|=0$$

称为型束 $\boldsymbol{A}(\boldsymbol{x},\boldsymbol{x})-\lambda\boldsymbol{B}(\boldsymbol{x},\boldsymbol{x})$ 的特征方程.

以 λ_0 记这个方程的任一根. 因为矩阵 $\boldsymbol{A}-\lambda_0\boldsymbol{B}$ 是降秩的,所以有这样的列 $\boldsymbol{z}=(z_1,z_2,\cdots,z_n)\neq\boldsymbol{0}$ 存在,使得

$$(\boldsymbol{A}-\lambda_0\boldsymbol{B})\boldsymbol{z}=\boldsymbol{0}\text{ 或 }\boldsymbol{A}\boldsymbol{z}=\lambda_0\boldsymbol{B}\boldsymbol{z}\quad(\boldsymbol{z}\neq\boldsymbol{0})$$

我们称数 λ_0 为型束 $\boldsymbol{A}(\boldsymbol{x},\boldsymbol{x})-\lambda\boldsymbol{B}(\boldsymbol{x},\boldsymbol{x})$ 的特征数,而称 $\boldsymbol{z}$ 为这个型束的对应的主列或"主向量". 我们有以下的:

定理 8 正则型束 $\boldsymbol{A}(\boldsymbol{x},\boldsymbol{x})-\lambda\boldsymbol{B}(\boldsymbol{x},\boldsymbol{x})$ 的特征方程

$$|\boldsymbol{A}-\lambda\boldsymbol{B}|=0$$

常有 n 个实根 $\lambda_k(k=1,2,\cdots,n)$,各对应于主向量 $\boldsymbol{z}^k=(z_{1k},z_{2k},\cdots,z_{nk})(k=1,2,\cdots,n)$,有

$$\boldsymbol{A}\boldsymbol{z}^k=\lambda_k\boldsymbol{B}\boldsymbol{z}^k\quad(k=1,2,\cdots,n)\tag{49}$$

这些主向量 $\boldsymbol{z}^k$ 可以这样来选取,使其适合关系式①

$$\boldsymbol{B}(\boldsymbol{z}^i,\boldsymbol{z}^k)=\delta_{ik}\quad(i,k=1,2,\cdots,n)\tag{50}$$

证明 我们注意,等式(49) 可以写为

$$\boldsymbol{B}^{-1}\boldsymbol{A}\boldsymbol{z}^k=\lambda_k\boldsymbol{z}^k\quad(k=1,2,\cdots,n)\tag{49'}$$

这样一来,我们的定理断定,矩阵

$$\boldsymbol{D}=\boldsymbol{B}^{-1}\boldsymbol{A}\tag{51}$$

有:1°1 单构的,2° 实特征数 $\lambda_1,\lambda_2,\cdots,\lambda_n$,3° 对应于这些特征数与满足关系式(50) 的特征列(向量)$\boldsymbol{z}^1,\boldsymbol{z}^2,\cdots,\boldsymbol{z}^n$②.

矩阵 $\boldsymbol{D}$ 是两个对称矩阵 $\boldsymbol{B}^{-1}$ 与 $\boldsymbol{A}$ 的乘积,其本身不一定是对称的,因为 $\boldsymbol{D}=\boldsymbol{B}^{-1}\boldsymbol{A}$,而 $\boldsymbol{D}'=\boldsymbol{A}\boldsymbol{B}^{-1}$. 但是令 $\boldsymbol{F}=\sqrt{\boldsymbol{B}}$③,从等式(51) 容易得出

$$\boldsymbol{D}=\boldsymbol{F}^{-1}\boldsymbol{S}\boldsymbol{F}\tag{52}$$

其中

---

① 有时说,等式(50) 表示 $\boldsymbol{B}$ 度量中的标准正交向量 $\boldsymbol{z}^1,\cdots,\boldsymbol{z}^n$.

② 如果矩阵 $\boldsymbol{D}$ 是对称的,那么性质 1°,2° 可以从对称运算子的性质来直接得出(第 9 章,§13). 但是两个对称矩阵的乘积 $\boldsymbol{D}$ 不一定是对称的,因为 $\boldsymbol{D}=\boldsymbol{B}^{-1}\boldsymbol{A}$,而 $\boldsymbol{D}'=\boldsymbol{A}\boldsymbol{B}^{-1}$.

③ $\boldsymbol{F}$ 是正定矩阵(参考 §5). 因此 $|\boldsymbol{F}|\neq 0$.

$$\boldsymbol{S}=\boldsymbol{F}^{-1}\boldsymbol{A}\boldsymbol{F}^{-1} \tag{52'}$$

是对称矩阵.由矩阵 $\boldsymbol{D}$ 与对称矩阵 $\boldsymbol{S}$ 相似,立即推出命题 1° 与 2°.记 $u^k(k=1,2,\cdots,n)$ 为对称矩阵 $\boldsymbol{S}$ 的正规化特征向量组

$$\boldsymbol{S}\boldsymbol{u}^k=\lambda_k\boldsymbol{u}^k(k=1,2,\cdots,n),(\boldsymbol{u}^k)\boldsymbol{u}^l=\delta_{kl}(k,l=1,2,\cdots,n) \tag{53}$$

并令

$$\boldsymbol{u}^k=\boldsymbol{F}\boldsymbol{z}^k\quad(k=1,2,\cdots,n) \tag{54}$$

我们从等式(52)(52′)(54) 求出

$$\boldsymbol{D}\boldsymbol{z}^k=\lambda_k\boldsymbol{z}^k,\boldsymbol{B}(\boldsymbol{z}^k,\boldsymbol{z}^l)=(\boldsymbol{z}^k)'\boldsymbol{B}\boldsymbol{z}^l=\delta_{kl}$$

其中 $k,l=1,2,\cdots,n$,即证明了命题 3°,并且定理 8 得到完全证明.

我们注意,由(50) 知诸列 $\boldsymbol{z}^1,\boldsymbol{z}^2,\cdots,\boldsymbol{z}^n$ 线性无关.事实上,设

$$\sum_{k=1}^n c_k\boldsymbol{z}^k=0 \tag{55}$$

那么对于任何 $i(1\leqslant i\leqslant n)$,根据(50) 有

$$0=\boldsymbol{B}(\boldsymbol{z}^i,\sum_{k=1}^n c_k\boldsymbol{z}^k)=\sum_{k=1}^n c_k\boldsymbol{B}(\boldsymbol{z}^i\boldsymbol{z}^k)=c_i$$

这样一来,在(55) 中所有的 c_i 都等于零,故列 $\boldsymbol{z}^1,\boldsymbol{z}^2,\cdots,\boldsymbol{z}^n$ 间的线性相关性不能存在.

由适合关系式(50) 的诸主列 $\boldsymbol{z}^1,\boldsymbol{z}^2,\cdots,\boldsymbol{z}^n$ 所构成的方阵

$$\boldsymbol{Z}=(\boldsymbol{z}^1,\boldsymbol{z}^2,\cdots,\boldsymbol{z}^n)=(z_{ik})_1^n$$

称为型束 $\boldsymbol{A}(\boldsymbol{x},\boldsymbol{x})-\lambda\boldsymbol{B}(\boldsymbol{x},\boldsymbol{x})$ 的主矩阵.主矩阵 $\boldsymbol{Z}$ 是满秩的($|\boldsymbol{Z}|\neq 0$),因为它的列线性无关.

等式(50) 可以写为

$$\boldsymbol{z}^{i'}\boldsymbol{B}\boldsymbol{z}^k=\delta_{ik}\quad(i,k=1,2,\cdots,n) \tag{56}$$

再者,同时左乘等式(49) 的两边以行矩阵 $\boldsymbol{z}^{i'}$,我们得出

$$\boldsymbol{z}^{i'}\boldsymbol{A}\boldsymbol{z}^k=\lambda_k\boldsymbol{z}^{i'}\boldsymbol{B}\boldsymbol{z}^k=\lambda_k\delta_{ik}\quad(i,k=1,2,\cdots,n) \tag{57}$$

引进主矩阵 $\boldsymbol{Z}=(\boldsymbol{z}^1,\boldsymbol{z}^2,\cdots,\boldsymbol{z}^n)$,我们可以把等式(56) 与(57) 表示为

$$\boldsymbol{Z}'\boldsymbol{A}\boldsymbol{Z}=(\lambda_k\delta_{ik})_1^n,\boldsymbol{Z}'\boldsymbol{B}\boldsymbol{Z}=\boldsymbol{E} \tag{58}$$

公式(58) 说明,满秩变换

$$\boldsymbol{x}=\boldsymbol{Z}\boldsymbol{\xi} \tag{59}$$

同时化二次型 $\boldsymbol{A}(\boldsymbol{x},\boldsymbol{x})$ 与 $\boldsymbol{B}(\boldsymbol{x},\boldsymbol{x})$ 为平方和

$$\sum_{k=1}^n\lambda_k\xi_k^2\quad 与\quad\sum_{k=1}^n\xi_k^2 \tag{60}$$

变换(59) 的这个性质说明主矩阵 $\boldsymbol{Z}$ 的性质.事实上,设变换(59) 同时化型 $\boldsymbol{A}(\boldsymbol{x},\boldsymbol{x})$ 与 $\boldsymbol{B}(\boldsymbol{x},\boldsymbol{x})$ 为范式(60).那么等式(58) 必须成立,因而矩阵 $\boldsymbol{Z}$ 的列适合(56) 与(57).由(58) 得出矩阵 $\boldsymbol{Z}$ 的满秩性($|\boldsymbol{Z}|\neq 0$).等式(52) 可以写为

$$\boldsymbol{z}^{i'}(\boldsymbol{A}\boldsymbol{z}^{k}-\lambda_{k}\boldsymbol{B}\boldsymbol{z}^{k})=\boldsymbol{0}\quad(i=1,2,\cdots,n)\tag{61}$$

此处 $k(1\leqslant k\leqslant n)$ 有任何固定的值. 等式组(61) 可以合并为一个等式

$$\boldsymbol{Z}'(\boldsymbol{A}\boldsymbol{z}^{k}-\lambda_{k}\boldsymbol{B}\boldsymbol{z}^{k})=\boldsymbol{0}$$

因 $\boldsymbol{Z}'$ 是一个满秩矩阵,所以得

$$\boldsymbol{A}\boldsymbol{z}^{k}-\lambda_{k}\boldsymbol{A}\boldsymbol{z}^{k}=\boldsymbol{0}$$

亦即对于任何 k 都得出(49). 因此 $\boldsymbol{Z}$ 是一个主矩阵. 我们证明了:

定理 9 如果 $\boldsymbol{Z}=(z_{ik})_{1}^{n}$ 是正则型束 $\boldsymbol{A}(\boldsymbol{x},\boldsymbol{x})-\lambda\boldsymbol{B}(\boldsymbol{x},\boldsymbol{x})$ 的主矩阵,那么变换

$$\boldsymbol{x}=\boldsymbol{Z}\boldsymbol{\xi}\tag{62}$$

同时化型 $\boldsymbol{A}(\boldsymbol{x},\boldsymbol{x})$ 与 $\boldsymbol{B}(\boldsymbol{x},\boldsymbol{x})$ 为平方和

$$\sum_{k=1}^{n}\lambda_{k}\xi_{k}^{2},\ \sum_{k=1}^{n}\xi_{k}^{2}\tag{63}$$

在(63) 中的 $\lambda_1,\lambda_2,\cdots,\lambda_n$ 为型束 $\boldsymbol{A}(\boldsymbol{x},\boldsymbol{x})-\lambda\boldsymbol{B}(\boldsymbol{x},\boldsymbol{x})$ 的特征数,它们对应于矩阵 $\boldsymbol{Z}$ 的列 $\boldsymbol{z}^{1},\boldsymbol{z}^{2},\cdots,\boldsymbol{z}^{n}$.

反之,如果某一变换(62) 同时化型 $\boldsymbol{A}(\boldsymbol{x},\boldsymbol{x})$ 为(63) 的形式,那么 $\boldsymbol{Z}=(z_{ik})_{1}^{n}$ 是正则型束 $\boldsymbol{A}(\boldsymbol{x},\boldsymbol{x})-\lambda\boldsymbol{B}(\boldsymbol{x},\boldsymbol{x})$ 的主矩阵.

有时用定理 9 中所述的变换(62) 的特性来构成主矩阵与定理 8 的证明. 为了这个目的,首先完成变数的变换 $\boldsymbol{x}=\boldsymbol{T}\boldsymbol{y}$,化型 $\boldsymbol{B}(\boldsymbol{x},\boldsymbol{x})$ 为一个单位平方和 $\sum_{k=1}^{n}y_k^2$[因为 $\boldsymbol{B}(\boldsymbol{x},\boldsymbol{x})$ 是一个正定型,这是永远可能的]. 此时变型 $\boldsymbol{A}(\boldsymbol{x},\boldsymbol{x})$ 为某一个型 $\boldsymbol{A}_1(\boldsymbol{y},\boldsymbol{y})$. 现在应用正交变换 $\boldsymbol{y}=\boldsymbol{O}\xi$ 化型 $\boldsymbol{A}_1(\boldsymbol{y},\boldsymbol{y})$ 为 $\sum_{k=1}^{n}\lambda_k\xi_k^2$ 的形式(化到主轴上去). 此处,显然有① $\sum_{k=1}^{n}y_k^2=\sum_{k=1}^{n}\xi_k^2$. 这样一来,变换 $\boldsymbol{x}=\boldsymbol{Z}\xi$,其中 $\boldsymbol{Z}=\boldsymbol{T}\boldsymbol{O}$,化所给的两个型为(63) 的形式. 此后证明(有如在定理 9 前面所做的一样) 矩阵 $\boldsymbol{Z}$ 的列 $\boldsymbol{z}^{1},\boldsymbol{z}^{2},\cdots,\boldsymbol{z}^{n}$ 适合关系式(49) 与(50).

在特别的情形,$\boldsymbol{B}(\boldsymbol{x},\boldsymbol{x})$ 是一个单位型,亦即 $\boldsymbol{B}(\boldsymbol{x},\boldsymbol{x})=\sum_{k=1}^{n}x_k^2$,因此 $\boldsymbol{B}=\boldsymbol{E}$,型束 $\boldsymbol{A}(\boldsymbol{x},\boldsymbol{x})-\lambda\boldsymbol{B}(\boldsymbol{x},\boldsymbol{x})$ 的特征方程与矩阵 $\boldsymbol{A}$ 的特征方程重合,而型束的主向量都是矩阵 $\boldsymbol{A}$ 的特征向量. 此时,关系式(50) 可写为:$\boldsymbol{z}^{i'}\boldsymbol{z}^{k}=\delta_{ik}(i,k=1,2,\cdots,n)$,表示出列 $\boldsymbol{z}^{1},\boldsymbol{z}^{2},\cdots,\boldsymbol{z}^{n}$ 的标准正交性.

定理 8 与 9 有明显的几何解释. 引进有基底 $\boldsymbol{e}_1,\boldsymbol{e}_2,\cdots,\boldsymbol{e}_n$ 与基本度量型 $\boldsymbol{B}(\boldsymbol{x},\boldsymbol{x})$ 的欧几里得空间 R. 在 R 中讨论有心二次超曲面,其方程为

① 正交变换并不变动变数的平方和,因为 $(\boldsymbol{O}\boldsymbol{x})'\boldsymbol{O}\boldsymbol{x}=\boldsymbol{x}'\boldsymbol{x}$.

$$\boldsymbol{A}(\boldsymbol{x},\boldsymbol{x}) \equiv \sum_{i,k=1}^{n} a_{ik} x_i x_k = c \tag{64}$$

设 $\boldsymbol{Z}=(z_{ik})_1^n$ 为型束 $\boldsymbol{A}(\boldsymbol{x},\boldsymbol{x})-\lambda\boldsymbol{B}(\boldsymbol{x},\boldsymbol{x})$ 的主矩阵. 经坐标变换 $\boldsymbol{x}=\boldsymbol{Z}\boldsymbol{\xi}$ 后，新的基底向量为向量 $\boldsymbol{z}^1,\boldsymbol{z}^2,\cdots,\boldsymbol{z}^n$，它们在旧基底中的坐标构成矩阵 $\boldsymbol{Z}$ 的列，亦即型束的主向量. 这些向量构成标准正交基，在这个基底中超曲面方程(64) 有以下形式

$$\sum_{k=1}^{n} \lambda_k \xi_k^2 = c \tag{65}$$

因此，型束的主向量 $\boldsymbol{z}^1,\boldsymbol{z}^2,\cdots,\boldsymbol{z}^n$ 与超曲面(64) 的主轴方向一致，而特征数 λ_1，$\lambda_2,\cdots,\lambda_n$ 定出半轴的值：$\lambda_k=\pm\frac{c}{a_k^2}(k=1,2,\cdots,n)$.

这样一来，定出正则型束 $\boldsymbol{A}(\boldsymbol{x},\boldsymbol{x})-\lambda\boldsymbol{B}(\boldsymbol{x},\boldsymbol{x})$ 的主向量与特征数的问题等价于把二次有心超曲面的方程(64) 化到主轴上去的问题，此时超曲面的原方程是在一般的斜坐标系中所给出的[①]，只要在这个坐标系中“单位球”的方程为 $\boldsymbol{B}(\boldsymbol{x},\boldsymbol{x})=1$.

例 3 给予在广义斜坐标系中二次曲面的方程

$$2x^2-2y^2-3z^2-10yz+2xz-4=0 \tag{66}$$

而且在这一坐标系中单位球的方程为

$$2x^2+3y^2+2z^2+2xz=1 \tag{67}$$

需要把方程(66) 化到主轴上去.

在所给予的情形，有

$$\boldsymbol{A}=\begin{pmatrix}2&0&1\\0&-2&-5\\1&-5&-3\end{pmatrix},\boldsymbol{B}=\begin{pmatrix}2&0&1\\0&3&0\\1&0&2\end{pmatrix}$$

型束的特征方程 $|\boldsymbol{A}-\lambda\boldsymbol{B}|=0$ 有以下形式

$$\begin{vmatrix}2-2\lambda&0&1-\lambda\\0&-2-3\lambda&-5\\1-\lambda&-5&-3-2\lambda\end{vmatrix}=0 \tag{68}$$

这个方程有三个根：$\lambda_1=1,\lambda_2=1,\lambda_3=-4$.

以 u,v,w 记对应于特征数 1 的主向量的坐标. u,v,w 的值为一齐次线方程组所决定，这个方程组的系数与 $\lambda=1$ 时行列式(68) 的元素相同

$$0\cdot u+0\cdot v+0\cdot w=0$$

① 这是沿坐标轴有不同长度比例的斜坐标系.

$$0 \cdot u - 5v - 5w = 0$$
$$0 \cdot u - 5v - 5w = 0$$

实际上我们只有一个关系式

$$v + w = 0$$

特征数 $\lambda = 1$ 应当对应于两个标准正交主向量. 第一个向量的坐标可以任意选取,只要适合条件 $v + w = 0$.

我们取
$$u = 0, v, w = -v$$

取第二个主向量的坐标为

$$u', u', w' = -v'$$

且写出正交条件$[\boldsymbol{B}(\boldsymbol{z}^1, \boldsymbol{z}^2) = 0]$

$$2uu' + 3vv' + 2ww' + uw' + u'w = 0$$

故得 $u' = 5v'$. 这样一来,第二个主向量的坐标为

$$u' = 5v', v', w' = -v'$$

完全类似地,在特征行列式中取 $\lambda = -4$,求出对应的主向量

$$u'', v'' = -u'', w'' = -2u''$$

从以下条件:主向量的坐标必须适合单位球的方程$[\boldsymbol{B}(\boldsymbol{x}, \boldsymbol{x}) = 1]$,亦即方程(67),我们确定 v, v' 与 u'' 的值,因此求得

$$v = \frac{1}{\sqrt{5}}, v' = \frac{1}{3\sqrt{5}}, u'' = -\frac{1}{3}$$

故所求的主矩阵为

$$\boldsymbol{Z} = \begin{pmatrix} 0 & \dfrac{\sqrt{5}}{3} & -\dfrac{1}{3} \\ \dfrac{1}{\sqrt{5}} & \dfrac{1}{3\sqrt{5}} & \dfrac{1}{3} \\ -\dfrac{1}{\sqrt{5}} & -\dfrac{1}{3\sqrt{5}} & \dfrac{2}{3} \end{pmatrix}$$

且其对应的坐标变换($\boldsymbol{x} = \boldsymbol{Z\xi}$)化方程(66)与(67)为标准形式

$$\xi_1^2 + \xi_2^2 - 4\xi_3^2 - 4 = 0, \xi_1^2 + \xi_2^2 + \xi_3^2 = 1$$

这个方程还可以写为

$$\frac{\xi_1^2}{4} + \frac{\xi_2^2}{4} - \frac{\xi_3^2}{1} = 1$$

这是有实半轴等于2,虚半轴等于1的旋转单叶双曲面的方程. 旋转轴上单位向量的坐标为矩阵 $\boldsymbol{Z}$ 的第三列所决定,即等于 $-\frac{1}{3}, \frac{1}{3}, \frac{2}{3}$,其他两个正交轴上单位向量的坐标为矩阵 $\boldsymbol{Z}$ 的前两列所给出.

§7　正则型束的特征数的极值性质

1. 设给予两个二次型

$$\boldsymbol{A}(\boldsymbol{x},\boldsymbol{x})=\sum_{i,k=1}^{n}a_{ik}x_ix_k \quad 与 \quad \boldsymbol{B}(\boldsymbol{x},\boldsymbol{x})=\sum_{i,k=1}^{n}b_{ik}x_ix_k$$

其中型 $\boldsymbol{B}(\boldsymbol{x},\boldsymbol{x})$ 是正定的. 这样来记正则型束 $\boldsymbol{A}(\boldsymbol{x},\boldsymbol{x})-\lambda\boldsymbol{B}(\boldsymbol{x},\boldsymbol{x})$ 的特征数的次序,使其不为一个递减序列

$$\lambda_1\leqslant\lambda_2\leqslant\lambda_3\leqslant\cdots\leqslant\lambda_n \tag{69}$$

同前面一样,以 $\boldsymbol{z}^1,\boldsymbol{z}^2,\cdots,\boldsymbol{z}^n$ 来记对应于这些特征数的主向量[①]

$$\boldsymbol{z}^k=(z_{1k},z_{2k},\cdots,z_{nk})\quad(k=1,2,\cdots,n)$$

对于变数不全为零的所有可能的值($\boldsymbol{x}\neq\boldsymbol{0}$),要定出型的比值$\dfrac{\boldsymbol{A}(\boldsymbol{x},\boldsymbol{x})}{\boldsymbol{B}(\boldsymbol{x},\boldsymbol{x})}$的最小值(极小). 为了这一目的,利用变换

$$\boldsymbol{x}=\boldsymbol{Z}\boldsymbol{\xi}\quad\left(x_i=\sum_{k=1}^{n}z_{ik}\xi_k;i=1,2,\cdots,n\right)$$

[其中 $\boldsymbol{Z}=(z_{ik})_1^n$ 为型束 $\boldsymbol{A}(\boldsymbol{x},\boldsymbol{x})-\lambda\boldsymbol{B}(\boldsymbol{x},\boldsymbol{x})$ 的主矩阵],化到新的变数 $\xi_1,\xi_2,\cdots,\xi_n$. 对于新变数可把型的比值表示为以下形式[参考(63)]

$$\frac{\boldsymbol{A}(\boldsymbol{x},\boldsymbol{x})}{\boldsymbol{B}(\boldsymbol{x},\boldsymbol{x})}=\frac{\lambda_1\xi_1^2+\lambda_2\xi_2^2+\cdots+\lambda_n\xi_n^2}{\xi_1^2+\xi_2^2+\cdots+\xi_n^2} \tag{70}$$

在数轴上取 n 个点 $\lambda_1,\lambda_2,\cdots,\lambda_n$. 在这些点上补写以下对应的非负质量 $m_1=\xi_1^2,m_2=\xi_2^2,\cdots,m_n=\xi_n^2$. 那么按照式(70),比值$\dfrac{\boldsymbol{A}(\boldsymbol{x},\boldsymbol{x})}{\boldsymbol{B}(\boldsymbol{x},\boldsymbol{x})}$是这些质量的中心的数值坐标. 故有

$$\lambda_1\leqslant\frac{\boldsymbol{A}(\boldsymbol{x},\boldsymbol{x})}{\boldsymbol{B}(\boldsymbol{x},\boldsymbol{x})}\leqslant\lambda_n$$

暂时不管第二部分不等式,我们来说明在第一部分不等式中等号成立. 为此,在(69) 中分出相等的特征数组

$$\lambda_1=\cdots=\lambda_{p_1}<\lambda_{p_1+1}=\cdots=\lambda_{p_1+p_2}<\cdots \tag{71}$$

只有当所有在点 λ_1 以外的质量都等于零时,亦即在

$$\xi_{p_1+1}=\cdots=\xi_n=0$$

时,质量中心才能与最小点 λ_1 重合. 此时,对应的 $\boldsymbol{x}$ 将为主列 $\boldsymbol{z}^1,\boldsymbol{z}^2,\cdots,\boldsymbol{z}^{p_1}$ 的线性组合[②]. 因为所有这些列都对应于相等的特征数 λ_1,所以 $\boldsymbol{x}$ 是对于$\lambda=\lambda_1$ 的主

---

① 此处所用的名词"主向量"是型束主列的意义(参考上节). 在本节中一般地用几何意义的命名(参考上节),我们有时称列为向量.

② 从 $\boldsymbol{x}=\boldsymbol{Z}\boldsymbol{\xi}$ 得出:$\boldsymbol{x}=\sum\limits_{k=1}^{n}\xi_k\boldsymbol{z}^k$.

列(向量).

我们证明了:

定理 10 正则型束 $\boldsymbol{A}(\boldsymbol{x},\boldsymbol{x})-\lambda\boldsymbol{B}(\boldsymbol{x},\boldsymbol{x})$ 的最小特征数是型 $\boldsymbol{A}(\boldsymbol{x},\boldsymbol{x})$ 与 $\boldsymbol{B}(\boldsymbol{x},\boldsymbol{x})$ 的比值的极小值

$$\lambda_1=\min\frac{\boldsymbol{A}(\boldsymbol{x},\boldsymbol{x})}{\boldsymbol{B}(\boldsymbol{x},\boldsymbol{x})} \tag{72}$$

而且这一极小值只当 $\boldsymbol{x}$ 为对应于特征数 λ_1 的主向量时才能达到.

2. 为了给出对于以下特征数 λ_2 的类似的"极小值",我们只讨论所有正交于 $\boldsymbol{z}^1$ 的向量 $\boldsymbol{x}$,亦即适合以下方程①的向量 $\boldsymbol{x}$

$$\boldsymbol{B}(\boldsymbol{z}^1,\boldsymbol{x})=\boldsymbol{0}$$

对于这些向量

$$\frac{\boldsymbol{A}(\boldsymbol{x},\boldsymbol{x})}{\boldsymbol{B}(\boldsymbol{x},\boldsymbol{x})}=\frac{\lambda_2\xi_2^2+\cdots+\lambda_n\xi_n^2}{\xi_2^2+\cdots+\xi_n^2}$$

故有

$$\min\frac{\boldsymbol{A}(\boldsymbol{x},\boldsymbol{x})}{\boldsymbol{B}(\boldsymbol{x},\boldsymbol{x})}=\lambda_2\quad[\boldsymbol{B}(\boldsymbol{z}^1,\boldsymbol{x})=\boldsymbol{0}]$$

此处,只有对于与 $\boldsymbol{z}^1$ 正交的,而且是特征数 λ_2 的主向量,才能达到相等.

转移到其余的特征数,最后我们得出以下定理:

定理 11 对于任何 $p(1\leqslant p\leqslant n)$,在序列(69)中第 p 个特征数 λ_p 的值是型的比值的极小值

$$\lambda_p=\min\frac{\boldsymbol{A}(\boldsymbol{x},\boldsymbol{x})}{\boldsymbol{B}(\boldsymbol{x},\boldsymbol{x})} \tag{73}$$

此时我们规定变动向量 $\boldsymbol{x}$ 要与前 $p-1$ 个标准正交主向量 $\boldsymbol{z}^1,\boldsymbol{z}^2,\cdots,\boldsymbol{z}^{p-1}$ 正交

$$\boldsymbol{B}(\boldsymbol{z}^1,\boldsymbol{x})=\boldsymbol{0},\cdots,\boldsymbol{B}(\boldsymbol{z}^{p-1},\boldsymbol{x})=\boldsymbol{0} \tag{74}$$

此处,只有对于适合条件(74)而且又是特征数 λ_p 的主向量,才能达到这一极小值.

3. 在定理 11 中所给出的特征数 λ_p 有其不适合的地方,因为它同前面的主向量 $\boldsymbol{z}^1,\boldsymbol{z}^2,\cdots,\boldsymbol{z}^{p-1}$ 有关,故只有在知道了这些向量以后,才能进行研究. 此外,对于这些向量的选取还有一定的任意性.

为了使得特征数 $\lambda_p(p=1,2,\cdots,n)$ 的给出,能够避免所指出的缺点,我们在变数 $x_1,x_2,\cdots,x_n$ 上引入联结的概念.

设给予变数 $x_1,x_2,\cdots,x_n$ 的线性型

---

① 此处及以后所谓两个向量(列)$\boldsymbol{x},\boldsymbol{y}$ 的正交性,是指 $\boldsymbol{B}$ 度量的正交性,即等式 $\boldsymbol{B}(\boldsymbol{x},\boldsymbol{y})=0$. 这可与上节中所给予的几何解释完全相对应地来得出. 我们令量 $x_1,x_2,\cdots,x_n$ 为欧几里得空间内某一基底中向量 $\boldsymbol{x}$ 的坐标,此时向量的长的平方(范数)为正定型 $\boldsymbol{B}(\boldsymbol{x},\boldsymbol{x})=\sum_{i,k=1}^{n}b_{ik}x_ix_k$ 所确定. 在这个度量中向量 $\boldsymbol{z}^1,\boldsymbol{z}^2,\cdots,\boldsymbol{z}^n$ 构成一个标准正交基. 故如果向量 $\boldsymbol{x}=\sum_{k=1}^{n}\xi_k\boldsymbol{z}^k$ 正交于 $\boldsymbol{z}^k$ 中的一个,那么对应的 $\xi_k=0$.

$$\boldsymbol{L}_k(\boldsymbol{x}) = l_{1k}x_1 + l_{2k}x_2 + \cdots + l_{nk}x_k \quad (k = 1, 2, \cdots, n) \tag{74'}$$

我们说在变数 $x_1, x_2, \cdots, x_n$ 或(相同的)在向量 $\boldsymbol{x}$ 上定义 h 个联结 $\boldsymbol{L}_1$, $\boldsymbol{L}_2, \cdots, \boldsymbol{L}_h$,如果所讨论的只是适合以下方程组的诸变数的值

$$\boldsymbol{L}_k(x) = \boldsymbol{0} \quad (k = 1, 2, \cdots, h)$$

对于任意的线性型保留(74′)的记法,而对于向量 $\boldsymbol{x}$ 与主向量 $\boldsymbol{z}^1, \boldsymbol{z}^2, \cdots, \boldsymbol{z}^n$ 的"标量积",我们引进以下特殊记法

$$\widetilde{\boldsymbol{L}}_k(\boldsymbol{x}) = \boldsymbol{B}(\boldsymbol{z}^k, \boldsymbol{x}) \quad (k = 1, 2, \cdots, n)^{①} \tag{75}$$

再者,如对变动向量安置联结(74″),就记 $\min \dfrac{\boldsymbol{A}(\boldsymbol{x}, \boldsymbol{x})}{\boldsymbol{B}(\boldsymbol{x}, \boldsymbol{x})}$ 为

$$\mu\left(\frac{\boldsymbol{A}}{\boldsymbol{B}}; \boldsymbol{L}_1, \boldsymbol{L}_2, \cdots, \boldsymbol{L}_h\right)$$

用这种记法,等式(73)可以写为

$$\lambda_p = \mu\left(\frac{\boldsymbol{A}}{\boldsymbol{B}}; \widetilde{\boldsymbol{L}}_1, \widetilde{\boldsymbol{L}}_2, \cdots, \widetilde{\boldsymbol{L}}_{p-1}\right) \quad (p = 1, 2, \cdots, n) \tag{76}$$

讨论联结

$$\boldsymbol{L}_1(\boldsymbol{x}) = \boldsymbol{0}, \cdots, \boldsymbol{L}_{p-1}(\boldsymbol{x}) = \boldsymbol{0} \tag{77}$$

与

$$\widetilde{\boldsymbol{L}}_{p+1}(\boldsymbol{x}) = \boldsymbol{0}, \cdots, \widetilde{\boldsymbol{L}}_n(\boldsymbol{x}) = \boldsymbol{0} \tag{78}$$

因为联结(77)与(78)的方程总数少于 n,所以有向量 $\boldsymbol{x}^{(1)} \neq \boldsymbol{0}$ 存在同时适合这些联结. 因为联结(78)表示向量 $\boldsymbol{x}$ 对主向量 $\boldsymbol{z}^{p+1}, \cdots, \boldsymbol{z}^q$ 的正交性,所以对应于向量 $\boldsymbol{x}^{(1)}$ 的坐标都等于零:$\xi_{p+1} = \cdots = \xi_n = 0$. 因此由(70)得

$$\frac{\boldsymbol{A}(\boldsymbol{x}^{(1)}, \boldsymbol{x}^{(1)})}{\boldsymbol{B}(\boldsymbol{x}^{(1)}, \boldsymbol{x}^{(1)})} = \frac{\lambda_1\xi_1^2 + \cdots + \lambda_p\xi_p^2}{\xi_1^2 + \cdots + \xi_p^2} \leqslant \lambda_p$$

但是此时

$$\mu\left(\frac{\boldsymbol{A}}{\boldsymbol{B}}; L_1, L_2, \cdots, L_{p-1}\right) \leqslant \frac{\boldsymbol{A}(\boldsymbol{x}^{(1)}, \boldsymbol{x}^{(1)})}{\boldsymbol{B}(\boldsymbol{x}^{(1)}, \boldsymbol{x}^{(1)})} \leqslant \lambda_p$$

结合这个不等式与(76)证明对于变动联结 $\boldsymbol{L}_1, \boldsymbol{L}_2, \cdots, \boldsymbol{L}_{p-1}$,值 μ 常小于或等于 λ_p,而只在取特殊联结 $\widetilde{\boldsymbol{L}}_1, \widetilde{\boldsymbol{L}}_2, \cdots, \widetilde{\boldsymbol{L}}_{p-1}$ 时才能达到 λ_p.

我们证明了:

定理 12 如果我们对于任意 $p-1$ 个联结 $\boldsymbol{L}_1, \boldsymbol{L}_2, \cdots, \boldsymbol{L}_{p-1}$,讨论两个型的比值 $\dfrac{\boldsymbol{A}(\boldsymbol{x}, \boldsymbol{x})}{\boldsymbol{B}(\boldsymbol{x}, \boldsymbol{x})}$ 的极小值且变动这些联结,那么这些极小值中的极大值为

$$\lambda_p = \max \mu\left(\frac{\boldsymbol{A}}{\boldsymbol{B}}; \boldsymbol{L}_1, \boldsymbol{L}_2, \cdots, \boldsymbol{L}_{p-1}\right) \tag{79}$$

不同于定理 11 中所讨论的"极小的"特征数,定理 12 给予"极大的极小"特

---

① $\widetilde{\boldsymbol{L}}_k(x) = \boldsymbol{z}^{k'}\boldsymbol{B}\boldsymbol{x} = \tilde{l}_{1k}x_1 + \tilde{l}_{2k}x_2 + \cdots + \tilde{l}_{nk}x_n$,其中 $\tilde{l}_{1k}, \tilde{l}_{2k}, \cdots, \tilde{l}_{nk}$ 为行矩阵 $\boldsymbol{z}^{k'}\boldsymbol{B}$ 的元素($k = 1, 2, \cdots, n$).

征数 $\lambda_1,\lambda_2,\cdots,\lambda_n$.

4. 我们注意，如果型束 $\boldsymbol{A}(\boldsymbol{x},\boldsymbol{x})-\lambda\boldsymbol{B}(\boldsymbol{x},\boldsymbol{x})$ 中的 $\boldsymbol{A}(\boldsymbol{x},\boldsymbol{x})$ 换为 $-\boldsymbol{A}(\boldsymbol{x},\boldsymbol{x})$，那么型束的所有特征数都将变号，而对应的主向量并无变动. 这样一来，型束 $-\boldsymbol{A}(\boldsymbol{x},\boldsymbol{x})-\lambda\boldsymbol{B}(\boldsymbol{x},\boldsymbol{x})$ 的特征数为数

$$-\lambda_n\leqslant-\lambda_{n-1}\leqslant\cdots\leqslant-\lambda_1$$

再者，记

$$\nu\left(\frac{\boldsymbol{A}}{\boldsymbol{B}};\boldsymbol{L}_1,\boldsymbol{L}_2,\cdots,\boldsymbol{L}_h\right)=\max\frac{\boldsymbol{A}(\boldsymbol{x},\boldsymbol{x})}{\boldsymbol{B}(\boldsymbol{x},\boldsymbol{x})}\tag{80}$$

那么对变动向量安置联结 $\boldsymbol{L}_1,\boldsymbol{L}_2,\cdots,\boldsymbol{L}_h$，我们可以写出

$$\mu\left(-\frac{\boldsymbol{A}}{\boldsymbol{B}};\boldsymbol{L}_1,\boldsymbol{L}_2,\cdots,\boldsymbol{L}_h\right)=-\nu\left(\frac{\boldsymbol{A}}{\boldsymbol{B}};\boldsymbol{L}_1,\boldsymbol{L}_2,\cdots,\boldsymbol{L}_h\right)$$

与

$$\max\mu\left(-\frac{\boldsymbol{A}}{\boldsymbol{B}};\boldsymbol{L}_1,\boldsymbol{L}_2,\cdots,\boldsymbol{L}_h\right)=-\min\nu\left(\frac{\boldsymbol{A}}{\boldsymbol{B}};\boldsymbol{L}_1,\boldsymbol{L}_2,\cdots,\boldsymbol{L}_h\right)$$

故在应用定理 10，11，12 于比值 $-\dfrac{\boldsymbol{A}(\boldsymbol{x},\boldsymbol{x})}{\boldsymbol{B}(\boldsymbol{x},\boldsymbol{x})}$，代替公式(72)(76)(79)，我们得出公式

$$\lambda_n=\max\frac{\boldsymbol{A}(\boldsymbol{x},\boldsymbol{x})}{\boldsymbol{B}(\boldsymbol{x},\boldsymbol{x})}$$

$$\lambda_{n-p+1}=\nu\left(\frac{\boldsymbol{A}}{\boldsymbol{B}};\widetilde{\boldsymbol{L}}_n,\widetilde{\boldsymbol{L}}_{n-1},\cdots,\widetilde{\boldsymbol{L}}_{n-p+2}\right)$$

$$\lambda_{n-p+1}=\min\nu\left(\frac{\boldsymbol{A}}{\boldsymbol{B}};\boldsymbol{L}_1,\boldsymbol{L}_2,\cdots,\boldsymbol{L}_{p-1}\right)\quad(p=1,2,\cdots,n)$$

这些公式对应地建立了数 $\lambda_1,\lambda_2,\cdots,\lambda_n$ 的"极大"与"极小"的性质，我们将其叙述为以下定理：

定理 13 设正则型束 $\boldsymbol{A}(\boldsymbol{x},\boldsymbol{x})-\lambda\boldsymbol{B}(\boldsymbol{x},\boldsymbol{x})$ 的特征数

$$\lambda_1\leqslant\lambda_2\leqslant\cdots\leqslant\lambda_n$$

对应于型束的线性无关主向量 $\boldsymbol{z}^1,\boldsymbol{z}^2,\cdots,\boldsymbol{z}^n$. 那么

1° 最大特征数 λ_n 的型的比值的极大值

$$\lambda_n=\max\frac{\boldsymbol{A}(\boldsymbol{x},\boldsymbol{x})}{\boldsymbol{B}(\boldsymbol{x},\boldsymbol{x})}\tag{81}$$

而且只对应于特征数 λ_n 的型束主向量时才能达到这个极大值.

2° 第 p 个(从后面算起)特征数 $\lambda_{n-p+1}(2\leqslant p\leqslant n)$ 亦是型的比值的极大值

$$\lambda_{n-p+1}=\max\frac{\boldsymbol{A}(\boldsymbol{x},\boldsymbol{x})}{\boldsymbol{B}(\boldsymbol{x},\boldsymbol{x})}\tag{82}$$

但是规定在变动向量 $\boldsymbol{x}$ 上须安置联结

$$\boldsymbol{B}(\boldsymbol{z}^n,\boldsymbol{x})=0,\boldsymbol{B}(\boldsymbol{z}^{n-1},\boldsymbol{x})=0,\cdots,\boldsymbol{B}(\boldsymbol{z}^{n-p+2},\boldsymbol{x})=0\tag{83}$$

亦即

$$\lambda_{n-p+1}=\nu\left(\frac{\boldsymbol{A}}{\boldsymbol{B}};\widetilde{\boldsymbol{L}}_n,\widetilde{\boldsymbol{L}}_{n-1},\cdots,\widetilde{\boldsymbol{L}}_{n-p+2}\right) \tag{84}$$

这个极大值只有对应于特征数 λ_{n-p+1}，且适合联结(83)的型束主向量时才能达到.

3° 如果对于有联结

$$\boldsymbol{L}_1(\boldsymbol{x})=\boldsymbol{0},\cdots,\boldsymbol{L}_{p-1}(\boldsymbol{x})=\boldsymbol{0}\quad(2\leqslant p\leqslant n)$$

的比值 $\dfrac{\boldsymbol{A}(\boldsymbol{x},\boldsymbol{x})}{\boldsymbol{B}(\boldsymbol{x},\boldsymbol{x})}$ 的极大值，变动诸联结，那么这些极大值中的最小值(极小)就为

$$\lambda_{n-p+1}=\min\nu\left(\frac{\boldsymbol{A}}{\boldsymbol{B}};\boldsymbol{L}_1,\boldsymbol{L}_2,\cdots,\boldsymbol{L}_{p-1}\right) \tag{85}$$

5. 设给予 h 个无关的联结

$$\boldsymbol{L}_1^0(\boldsymbol{x})=\boldsymbol{0},\boldsymbol{L}_2^0(\boldsymbol{x})=\boldsymbol{0},\cdots,\boldsymbol{L}_h^0(\boldsymbol{x})=\boldsymbol{0}^{①} \tag{86}$$

那么从这些关系可以在变换 $x_1,x_2,\cdots,x_n$ 中选出 h 个经其余的变数线性表出，以 $v_1,v_2,\cdots,v_{n-h}$ 来记这些变数. 故在安置联结(86)时正则型束 $\boldsymbol{A}(\boldsymbol{x},\boldsymbol{x})-\lambda\boldsymbol{B}(\boldsymbol{x},\boldsymbol{x})$ 化为型束 $\boldsymbol{A}^0(\boldsymbol{v},\boldsymbol{v})-\lambda\boldsymbol{B}^0(\boldsymbol{v},\boldsymbol{v})$，其中 $\boldsymbol{B}^0(\boldsymbol{v},\boldsymbol{v})$ 仍然是恒正的(只含有 $n-h$ 个变数). 这样得出的正则型束有 $n-h$ 个实特征数

$$\lambda_1^0\leqslant\lambda_2^0\leqslant\cdots\leqslant\lambda_{n-h}^0 \tag{87}$$

在安置联结(86)时，可以有不同的选取使所有变数经 $n-h$ 个无关的 v_1，$v_2,\cdots,v_{n-h}$ 表出. 但是特征数(87)，与这种任意性无关，有完全确定的值. 这可由特征数的极大的极小性质来得出

$$\lambda_1^0=\min\frac{\boldsymbol{A}^0(\boldsymbol{v},\boldsymbol{v})}{\boldsymbol{B}^0(\boldsymbol{v},\boldsymbol{v})}=\mu\left(\frac{\boldsymbol{A}}{\boldsymbol{B}};\boldsymbol{L}_1^0,\boldsymbol{L}_2^0,\cdots,\boldsymbol{L}_h^0\right) \tag{88}$$

一般地有

$$\lambda_p^0=\max\mu\left(\frac{\boldsymbol{A}^0}{\boldsymbol{B}^0};\boldsymbol{L}_1,\boldsymbol{L}_2,\cdots,\boldsymbol{L}_{p-1}\right)=$$

$$\max\mu\left(\frac{\boldsymbol{A}}{\boldsymbol{B}};\boldsymbol{L}_1^0,\boldsymbol{L}_2^0,\cdots,\boldsymbol{L}_h^0,\boldsymbol{L}_1,\cdots,\boldsymbol{L}_{p-1}\right) \tag{89}$$

此时在式(89)中只有联结 $\boldsymbol{L}_1,\boldsymbol{L}_2,\cdots,\boldsymbol{L}_{p-1}$ 是变动的.

我们有：

定理 14 如果 $\lambda_1\leqslant\lambda_2\leqslant\cdots\leqslant\lambda_n$ 是正则型束 $\boldsymbol{A}(\boldsymbol{x},\boldsymbol{x})-\lambda\boldsymbol{B}(\boldsymbol{x},\boldsymbol{x})$ 的特征数，而 $\lambda_1^0\leqslant\lambda_2^0\leqslant\cdots\leqslant\lambda_{n-h}^0$ 是同一型束在安置 h 个无关联结后的特征数，那么

$$\lambda_p\leqslant\lambda_p^0\leqslant\lambda_{p+h}\quad(p=1,2,\cdots,n-h) \tag{90}$$

---

① 只要位于联结方程左边的是无关的线性型 $\boldsymbol{L}_1^0(x),\boldsymbol{L}_2^0(x),\cdots,\boldsymbol{L}_h^0(x)$，联结(86)就是无关的.

证明 不等式$\lambda_p \leqslant \lambda_p^0 (p=1,2,\cdots,n-h)$可立刻从式(79)与(89)得出.事实上,在增加新的联结后,极小值$\mu\left(\frac{\boldsymbol{A}}{\boldsymbol{B}};\boldsymbol{L}_1,\cdots,\boldsymbol{L}_{p-1}\right)$可能增加亦可能不动.故有

$$\mu\left(\frac{\boldsymbol{A}}{\boldsymbol{B}};\boldsymbol{L}_1,\cdots,\boldsymbol{L}_{p-1}\right) \leqslant \mu\left(\frac{\boldsymbol{A}}{\boldsymbol{B}};\boldsymbol{L}_1^0,\cdots,\boldsymbol{L}_h^0;\boldsymbol{L}_1,\cdots,\boldsymbol{L}_{p-1}\right)$$

因此

$$\lambda_p = \max \mu\left(\frac{\boldsymbol{A}}{\boldsymbol{B}};\boldsymbol{L}_1,\cdots,\boldsymbol{L}_{p-1}\right) \leqslant \lambda_p^0 =$$

$$\max \mu\left(\frac{\boldsymbol{A}}{\boldsymbol{B}};\boldsymbol{L}_1^0,\cdots,\boldsymbol{L}_h^0,\boldsymbol{L}_1,\cdots,\boldsymbol{L}_{p-1}\right)$$

由以下关系式知不等式(90)的第二部分亦能成立

$$\lambda_p^0 = \max \mu\left(\frac{\boldsymbol{A}}{\boldsymbol{B}};\boldsymbol{L}_1^0,\cdots,\boldsymbol{L}_h^0,\boldsymbol{L}_1,\cdots,\boldsymbol{L}_{p-1}\right) \leqslant$$

$$\max \mu\left(\frac{\boldsymbol{A}}{\boldsymbol{B}};\boldsymbol{L}_1,\cdots,\boldsymbol{L}_{p-1},\boldsymbol{L}_p,\cdots,\boldsymbol{L}_{p+h-1}\right) = \lambda_{p+1}$$

此处在右边中不仅变动联结$\boldsymbol{L}_1,\cdots,\boldsymbol{L}_{p-1}$,而且变动联结$\boldsymbol{L}_p,\cdots,\boldsymbol{L}_{p+h-1}$;而在左边中代替后一部分联结为固定的联结$\boldsymbol{L}_1^0,\cdots,\boldsymbol{L}_h^0$.

定理已经证明.

6. 设给予两个正则型束

$$\boldsymbol{A}(\boldsymbol{x},\boldsymbol{x}) - \lambda \boldsymbol{B}(\boldsymbol{x},\boldsymbol{x}),\widetilde{\boldsymbol{A}}(\boldsymbol{x},\boldsymbol{x}) - \lambda \widetilde{\boldsymbol{B}}(\boldsymbol{x},\boldsymbol{x}) \tag{91}$$

且设对于任何$\boldsymbol{x} \neq \boldsymbol{0}$都有

$$\frac{\boldsymbol{A}(\boldsymbol{x},\boldsymbol{x})}{\boldsymbol{B}(\boldsymbol{x},\boldsymbol{x})} \leqslant \frac{\widetilde{\boldsymbol{A}}(\boldsymbol{x},\boldsymbol{x})}{\widetilde{\boldsymbol{B}}(\boldsymbol{x},\boldsymbol{x})}$$

那么显然有

$$\max \mu\left(\frac{\boldsymbol{A}}{\boldsymbol{B}};\boldsymbol{L}_1,\boldsymbol{L}_2,\cdots,\boldsymbol{L}_{p-1}\right) \leqslant \max \mu\left(\frac{\widetilde{\boldsymbol{A}}}{\widetilde{\boldsymbol{B}}};\boldsymbol{L}_1,\boldsymbol{L}_2,\cdots,\boldsymbol{L}_{p-1}\right)$$

$$(p=1,2,\cdots,n)$$

故如以$\lambda_1 \leqslant \lambda_2 \leqslant \cdots \leqslant \lambda_n$与$\tilde{\lambda}_1 \leqslant \tilde{\lambda}_2 \leqslant \cdots \leqslant \tilde{\lambda}_n$记型束(91)对应的特征数,我们就有

$$\lambda_p \leqslant \tilde{\lambda}_p \quad (p=1,2,\cdots,n)$$

这样一来,我们已经证明了:

定理 15 如果给予各有特征数$\lambda_1 \leqslant \lambda_2 \leqslant \cdots \leqslant \lambda_n$与$\tilde{\lambda}_1 \leqslant \tilde{\lambda}_2 \leqslant \cdots \leqslant \tilde{\lambda}_n$的两个正则型束$\boldsymbol{A}(\boldsymbol{x},\boldsymbol{x}) - \lambda \boldsymbol{B}(\boldsymbol{x},\boldsymbol{x})$与$\widetilde{\boldsymbol{A}}(\boldsymbol{x},\boldsymbol{x}) - \lambda \widetilde{\boldsymbol{B}}(\boldsymbol{x},\boldsymbol{x})$,那么由同样的关系式

$$\frac{\boldsymbol{A}(\boldsymbol{x},\boldsymbol{x})}{\boldsymbol{B}(\boldsymbol{x},\boldsymbol{x})} \leqslant \frac{\widetilde{\boldsymbol{A}}(\boldsymbol{x},\boldsymbol{x})}{\widetilde{\boldsymbol{B}}(\boldsymbol{x},\boldsymbol{x})} \tag{92}$$

得出

$$\lambda_p \leqslant \tilde{\lambda}_n \quad (p=1,2,\cdots,n) \tag{93}$$

讨论在不等式(92)中 $\boldsymbol{B}(\boldsymbol{x},\boldsymbol{x}) \equiv \widetilde{\boldsymbol{B}}(\boldsymbol{x},\boldsymbol{x})$ 的特殊情形. 此时差 $\widetilde{\boldsymbol{A}}(\boldsymbol{x},\boldsymbol{x}) - \boldsymbol{A}(\boldsymbol{x},\boldsymbol{x})$ 是一个非负二次型,故可表示为独立的正平方和

$$\widetilde{\boldsymbol{A}}(\boldsymbol{x},\boldsymbol{x}) = \boldsymbol{A}(\boldsymbol{x},\boldsymbol{x}) + \sum_{i=1}^{r}[\boldsymbol{X}_i(\boldsymbol{x})]^2$$

那么在安置 r 个无关联结

$$\boldsymbol{X}_1(\boldsymbol{x}) = \boldsymbol{0}, \boldsymbol{X}_2(\boldsymbol{x}) = \boldsymbol{0}, \cdots, \boldsymbol{X}_r(\boldsymbol{x}) = \boldsymbol{0}$$

后,型 $\boldsymbol{A}(\boldsymbol{x},\boldsymbol{x})$ 与 $\widetilde{\boldsymbol{A}}(x,x)$ 重合,而型束 $\boldsymbol{A}(\boldsymbol{x},\boldsymbol{x}) - \lambda\boldsymbol{B}(\boldsymbol{x},\boldsymbol{x})$ 与 $\widetilde{\boldsymbol{A}}(\boldsymbol{x},\boldsymbol{x}) - \lambda\boldsymbol{B}(\boldsymbol{x},\boldsymbol{x})$ 有相同的特征数

$$\lambda_1^0 \leqslant \lambda_2^0 \leqslant \cdots \leqslant \lambda_{n-r}^0$$

应用定理 14 于每一个型束 $\boldsymbol{A}(\boldsymbol{x},\boldsymbol{x}) - \lambda\boldsymbol{B}(\boldsymbol{x},\boldsymbol{x})$ 与 $\widetilde{\boldsymbol{A}}(x,x) - \lambda\boldsymbol{B}(\boldsymbol{x},\boldsymbol{x})$,我们有

$$\tilde{\lambda}_p \leqslant \lambda_p^0 \leqslant \lambda_{p+r} \quad (p=1,2,\cdots,n-r)$$

合并这一不等式与不等式(93),得到了以下定理:

定理 16 如果 $\lambda_1 \leqslant \lambda_2 \leqslant \cdots \leqslant \lambda_n$ 与 $\tilde{\lambda}_1 \leqslant \tilde{\lambda}_2 \leqslant \cdots \leqslant \tilde{\lambda}_n$ 为两个正则型束 $\boldsymbol{A}(\boldsymbol{x},\boldsymbol{x}) - \lambda\boldsymbol{B}(\boldsymbol{x},\boldsymbol{x})$ 与 $\widetilde{\boldsymbol{A}}(\boldsymbol{x},\boldsymbol{x}) - \lambda\boldsymbol{B}(\boldsymbol{x},\boldsymbol{x})$ 的特征数,其中

$$\widetilde{\boldsymbol{A}}(\boldsymbol{x},\boldsymbol{x}) = \boldsymbol{A}(\boldsymbol{x},\boldsymbol{x}) + \sum_{i=1}^{r}[\boldsymbol{X}_i(\boldsymbol{x})]^2$$

而 $\boldsymbol{X}_i(\boldsymbol{x})(i=1,2,\cdots,r)$ 为无关的线性型,那么就有不等式①

$$\lambda_p \leqslant \tilde{\lambda}_p \leqslant \lambda_{p+r} \quad (p=1,2,\cdots,n) \tag{94}$$

完全类似地可以证明:

定理 17 如果 $\lambda_1 \leqslant \lambda_2 \leqslant \cdots \leqslant \lambda_n$ 与 $\tilde{\lambda}_1 \leqslant \tilde{\lambda}_2 \leqslant \cdots \leqslant \tilde{\lambda}_n$ 为正则型束 $\boldsymbol{A}(\boldsymbol{x},\boldsymbol{x}) - \lambda\boldsymbol{B}(\boldsymbol{x},\boldsymbol{x})$ 与 $\boldsymbol{A}(\boldsymbol{x},\boldsymbol{x}) - \lambda\widetilde{\boldsymbol{B}}(\boldsymbol{x},\boldsymbol{x})$ 的特征数,其中型 $\widetilde{\boldsymbol{B}}(\boldsymbol{x},\boldsymbol{x})$ 为由 $\boldsymbol{B}(\boldsymbol{x},\boldsymbol{x})$ 加上 r 个正平方所得出的,那么就有不等式②

$$\lambda_{p-r} \leqslant \tilde{\lambda}_p \leqslant \lambda_p \quad (p=1,2,\cdots,n) \tag{95}$$

注 在定理 16 与 17 中可以断定,如果很明显地有 $r \neq 0$,那么对于某一个 p 有 $\lambda_p < \tilde{\lambda}_p(\tilde{\lambda}_p < \lambda_p)$.

§8 有 n 个自由度的系统的微振动

上两节的结果在有 n 个自由度的力学系统的微振动理论中有重要的应用.

讨论在系统的稳定平衡位置附近,有 n 个自由度的不变力学系统的自由振动. 这一系统对平衡位置的偏差是用无关的广义坐标 $q_1, q_2, \cdots, q_n$ 来给出的. 而

---

① 这些不等式的第二部分只在 $p \leqslant n-r$ 时才能成立.

② 这些不等式的第一部分只在 $p > r$ 时才能成立.

且它的平衡位置对应于这些坐标的零值：$q_1=0,q_2=0,\cdots,q_n=0$. 那么系统的动能表示为广义速度 $\dot{q}_1,\dot{q}_2,\cdots,\dot{q}_n$ 的二次型[①]

$$\boldsymbol{T}=\sum_{i,k=1}^{n} b_{ik}(q_1,q_2,\cdots,q_n)\dot{q}_i\dot{q}_k$$

按照 $q_1,q_2,\cdots,q_n$ 的次数的次序来排列 $b_{ik}(q_1,q_2,\cdots,q_n)$ 的系数

$$b_{ik}(q_1,q_2,\cdots,q_n)=b_{ik}+\cdots\quad(i,k=1,2,\cdots,n)$$

而且(由于 $q_1,q_2,\cdots,q_n$ 很微小的偏差) 只保持常数项 b_{ik}，我们有

$$\boldsymbol{T}=\sum_{i,k=1}^{n} b_{ik}\dot{q}_i\dot{q}_k\quad(b_{ik}=b_{ki};i,k=1,2,\cdots,n)$$

动能常是正的且只对于零速度 $\dot{q}_1=\dot{q}_2=\cdots=\dot{q}_n=0$ 才变为零. 故型 $\sum_{i,k=1}^{n} b_{ik}\dot{q}_i\dot{q}_k$ 是正定的.

系统的位能是坐标的函数：$\boldsymbol{n}(q_1,q_2,\cdots,q_n)$. 毫不损失其一般性，可以取 $\boldsymbol{n}_0=\boldsymbol{n}(0,\cdots,0)=0$，那么按照 $q_1,q_2,\cdots,q_n$ 的次数的次序来分解位能，我们得出

$$\boldsymbol{n}=\sum_{i=1}^{n} a_i q_i+\sum_{i,k=1}^{n} a_{ik}q_i q_k+\cdots$$

因为在平衡位置，位能常有固定的值，所以

$$a_i=\left(\frac{\partial \boldsymbol{n}}{\partial q_i}\right)_0=0\quad(i=1,2,\cdots,n)$$

只保持 $q_1,q_2,\cdots,q_n$ 的二次项，我们有

$$\boldsymbol{n}=\sum_{i,k=1}^{n} a_{ik}q_i q_k\quad(a_{ik}=a_{ki};i,k=1,2,\cdots,n)$$

这样一来，位能 $\boldsymbol{n}$ 与动能 T 定出了两个二次型

$$\boldsymbol{n}=\sum_{i,k=0}^{n} a_{ik}q_i q_k,\boldsymbol{T}=\sum_{i,k=1}^{n} b_{ik}\dot{q}_i\dot{q}_k\tag{96}$$

而且第二个型是正定的.

现在写运动的微分方程为拉格朗日第二类方程的形式[②]

$$\frac{\mathrm{d}}{\mathrm{d}t}\frac{\partial \boldsymbol{T}}{\partial \dot{q}_i}-\frac{\partial \boldsymbol{T}}{\partial q_i}=-\frac{\partial \boldsymbol{n}}{\partial q_i}\quad(i=1,2,\cdots,n)\tag{97}$$

用 $\boldsymbol{T}$ 与 $\boldsymbol{n}$ 的表示(96) 代替 $\boldsymbol{T}$ 与 $\boldsymbol{n}$，我们得出

$$\sum_{k=1}^{n} b_{ik}\ddot{q}_k+\sum_{k=1}^{n} a_{ik}q_k=0\quad(k=1,2,\cdots,n)\tag{98}$$

在讨论中引进实对称矩阵

---

① 用点表示对时间的导数.

② 参考，格·克·苏斯洛夫，《理论力学》(俄文)，§210或费·普·甘特马赫尔，《分析力学讲义》(俄文)，§33.

$$\boldsymbol{A}=(a_{ik})_1^n \quad 与 \quad \boldsymbol{B}=(b_{ik})_1^n$$

与列矩阵 $\boldsymbol{q}=(q_1,q_2,\cdots,q_n)$，我们可以把方程组(97) 写为以下矩阵的形式

$$\boldsymbol{B}\ddot{\boldsymbol{q}}+\boldsymbol{A}\boldsymbol{q}=\boldsymbol{0} \tag{98'}$$

把方程组(98) 的解写成调和振动

$$q_1=v_1\sin(pt+\alpha),q_2=v_2\sin(pt+\alpha),\cdots,q_n=v_n\sin(pt+\alpha)$$

其矩阵的写法为

$$\boldsymbol{q}=\boldsymbol{v}\sin(pt+\alpha) \tag{99}$$

此处 $\boldsymbol{v}=(v_1,v_2,\cdots,v_n)$ 为常数的振幅列("向量")，p 为振动频率，而 α 为振动的初始位相.

用 $\boldsymbol{q}$ 的表示式(99) 代入(98′)，在约去 $\sin(pt+\alpha)$ 后，我们得出

$$\boldsymbol{A}\boldsymbol{v}=\lambda\boldsymbol{B}\boldsymbol{v} \quad (\lambda=p^2)$$

但是这个方程与方程(49) 是一样的. 故所求的振幅向量是正则型束 $\boldsymbol{A}(\boldsymbol{x},\boldsymbol{x})-\lambda\boldsymbol{B}(\boldsymbol{x},\boldsymbol{x})$ 的主向量，而频率平方 $\lambda=p^2$ 是其对应的特征数.

我们对位能加上补充的限制，需要使函数 $\boldsymbol{n}(q_1,q_2,\cdots,q_n)$ 在平衡位置有严格的极小值[①].

那么根据勒让德－狄利克雷定理[②]，系统的平衡位置是稳定的，另外，我们所给的假设说明二次型 $\boldsymbol{n}=\boldsymbol{A}(q,q)$ 亦是正定的[③].

根据定理 8，正则型束 $\boldsymbol{A}(\boldsymbol{x},\boldsymbol{x})-\lambda\boldsymbol{B}(\boldsymbol{x},\boldsymbol{x})$ 有 n 个实特征数 $\lambda_1,\lambda_2,\cdots,\lambda_n$ 与对应于这些数的 n 个主向量 $\boldsymbol{v}^1,\boldsymbol{v}^2,\cdots,\boldsymbol{v}^n[\boldsymbol{v}^k=(v_{1k},v_{2k},\cdots,v_{nk});k=1,2,\cdots,n]$，它们适合条件

$$\boldsymbol{B}(\boldsymbol{v}^i,\boldsymbol{v}^k)=\sum_{\mu,\nu=1}^n b_{\mu\nu}v_{\mu i}v_{\mu i}v_{\nu k}=\delta_{ik} \quad (i,k=1,2,\cdots,n) \tag{100}$$

从型 $\boldsymbol{A}(\boldsymbol{x},\boldsymbol{x})$ 的正定性，可知型束 $\boldsymbol{A}(\boldsymbol{x},\boldsymbol{x})-\lambda\boldsymbol{B}(\boldsymbol{x},\boldsymbol{x})$ 的所有特征数都是正的[④]

$$\lambda_k>0 \quad (k=1,2,\cdots,n)$$

但是此时有 n 个调和振动[⑤]

$$\boldsymbol{v}^k\sin(p_kt+\alpha_k) \quad (p_k^2=\lambda_k,k=1,2,\cdots,n) \tag{101}$$

存在，其振幅向量 $\boldsymbol{v}^k=(v_{1k},v_{2k},\cdots,v_{nk})(k=1,2,\cdots,n)$ 适合"标准正交性"条件(100).

由于方程(98′) 是线性的，任意的振动可以由叠加调和振动(101) 来得出

---

① 即使得在平衡位置时，值 $\boldsymbol{n}_0$ 小于函数在平衡位置邻近的所有其他值.

② 参考格·克·苏斯洛夫，《理论力学》，§ 210.

③ 这自然是一个补充命题.

④ 这可以从表示式(63) 来得出.

⑤ 此处初始位相 $\alpha_k(k=1,2,\cdots,n)$ 是任意常数.

$$\boldsymbol{q}=\sum_{k=1}^{n}A_k\sin(p_k t+\alpha_k)\boldsymbol{v}^k \tag{102}$$

其中 $\boldsymbol{A}_k,\alpha_k(k=1,2,\cdots,n)$ 是任意常数. 事实上,对于这些常数的任何值,表示式(102) 都是方程(98′) 的解. 另外,可以使任意常数适合任何初始条件

$$\boldsymbol{q}\mid_{t=0}=\boldsymbol{q}_0,\dot{\boldsymbol{q}}\mid_{t=0}=\dot{\boldsymbol{q}}_0$$

事实上,由(102) 我们得出

$$\boldsymbol{q}_0=\sum_{k=1}^{n}A_k\sin\alpha_k\boldsymbol{v}^k,\dot{\boldsymbol{q}}_0=\sum_{k=1}^{n}p_kA_k\cos\alpha_k\boldsymbol{v}^k \tag{103}$$

因为主列 $\boldsymbol{v}^1,\boldsymbol{v}^2,\cdots,\boldsymbol{v}^n$ 永远线性无关,所以由等式(103) 可唯一地确定诸值 $A_k\sin\alpha_k$ 与 $p_kA_k\cos\alpha_k(k=1,2,\cdots,n)$,因而定出任意常数 A_k 与 $\alpha_k(k=1,2,\cdots,n)$.

微分方程组(98) 的解(102) 可以更详细地写为

$$\boldsymbol{q}_i=\sum_{k=1}^{n}A_k\sin(p_k t+\alpha_k)v_{ik} \tag{104}$$

我们注意,可以从定理 9 出发来得出相同的公式(102) 与(104). 事实上,讨论矩阵为 $\boldsymbol{V}=(v_{ik})_1^n$ 的变数的满秩变换,它能同时化型 $\boldsymbol{A}(\boldsymbol{x},\boldsymbol{x})$ 与 $\boldsymbol{B}(\boldsymbol{x},\boldsymbol{x})$ 为标准形式(63). 令

$$q_i=\sum_{k=1}^{n}v_{ik}\theta_k\quad(i=1,2,\cdots,n) \tag{105}$$

或缩写为

$$\boldsymbol{q}=\boldsymbol{V}\boldsymbol{\theta}\quad[\boldsymbol{\theta}=(\theta_1,\theta_2,\cdots,\theta_n)] \tag{106}$$

且注意 $\dot{\boldsymbol{q}}=\boldsymbol{V}\dot{\boldsymbol{\theta}}$,我们得出

$$\boldsymbol{n}=\boldsymbol{A}(\boldsymbol{q},\boldsymbol{q})=\sum_{i=1}^{n}\lambda_k\theta_k^2,\boldsymbol{T}=\boldsymbol{B}(\dot{\boldsymbol{q}},\dot{\boldsymbol{q}})=\sum_{k=1}^{n}\dot{\theta}_k^2 \tag{107}$$

使得位能与动能表示为(107) 的形式的坐标 $\theta_1,\theta_2,\cdots,\theta_n$ 称为正规坐标.

应用第二类拉格朗日方程(98),用 $\boldsymbol{n}$ 与 $\boldsymbol{T}$ 的表示式(107) 代入(98). 我们得出

$$\ddot{\theta}_k+\lambda_k\theta_k=0\quad(k=1,2,\cdots,n) \tag{108}$$

因为型 $\boldsymbol{A}(\boldsymbol{q},\boldsymbol{q})$ 是正定的,所以所有数 $\lambda_1,\lambda_2,\cdots,\lambda_n$ 都是正的,因而可以表示为以下形式

$$\lambda_k=p_k^2\quad(p_k>0;k=1,2,\cdots,n) \tag{109}$$

由(108) 与(109) 我们得出

$$\theta_k=A_k\sin(p_k t+\alpha_k)\quad(k=1,2,\cdots,n) \tag{110}$$

以 θ_k 的这些表示式代入等式(105),我们仍然得出公式(104),因而得出式(102). 在两种结论里面,值 $v_{ik}(i,k=1,2,\cdots,n)$ 是相同的,因为根据定理 9,(106) 中矩阵 $\boldsymbol{V}=(v_{ik})_1^n$ 是正则型束 $\boldsymbol{A}(\boldsymbol{x},\boldsymbol{x})-\lambda\boldsymbol{B}(\boldsymbol{x},\boldsymbol{x})$ 的主矩阵.

还要注意定理 14 与 15 的力学解释.

调动力学系统所给出的频率 $p_1, p_2, \cdots, p_n$ 的序数,使其成为一个非减的序列

$$0 < p_1 \leqslant p_2 \leqslant \cdots \leqslant p_n$$

它们为型束 $\boldsymbol{A}(\boldsymbol{x},\boldsymbol{x})-\lambda\boldsymbol{B}(\boldsymbol{x},\boldsymbol{x})$ 的对应特征数 $\lambda_k=p_k^2(k=1,2,\cdots,n)$ 的位置所确定

$$\lambda_1 \leqslant \lambda_2 \leqslant \cdots \leqslant \lambda_n$$

对所给予系统上安置 h 个无关的有限的平稳联结①. 因为偏差 $q_1, q_2, \cdots, q_n$ 都作为很小的值,所以这些联结可以视为 $q_1, q_2, \cdots, q_n$ 的线性关系

$$\boldsymbol{L}_1(\boldsymbol{q})=\boldsymbol{0}, \boldsymbol{L}_2(\boldsymbol{q})=\boldsymbol{0}, \cdots, \boldsymbol{L}_h(\boldsymbol{q})=\boldsymbol{0}$$

在安置联结之后,我们的系统只有 $n-h$ 个自由度. 这一系统的频率

$$p_1^0 \leqslant p_2^0 \leqslant \cdots \leqslant p_{n-h}^0$$

与在安置联结 $\boldsymbol{L}_1, \boldsymbol{L}_2, \cdots, \boldsymbol{L}_h$ 时, 型束 $\boldsymbol{A}(\boldsymbol{x},\boldsymbol{x})-\lambda\boldsymbol{B}(\boldsymbol{x},\boldsymbol{x})$ 的特征数 $\lambda_1^0 \leqslant \lambda_2^0 \leqslant \cdots \leqslant \lambda_{n-h}^0$ 之间有关系式 $\lambda_j^0=p_j^{02}(j=1,2,\cdots,n-h)$ 存在. 故由定理 14 直接得出

$$p_j \leqslant p_j^0 \leqslant p_{j+h} \quad (j=1,2,\cdots,n-h)$$

这样一来,在安置 h 个联结时,系统的频率只可能增加,但此时新的第 j 个值 p_j^0 不能超过前面第 $j+h$ 个频率 p_{j+h}.

完全类似地根据定理 15 可以断定,在增强系统的硬度时,亦即增加关于位能的型 $\boldsymbol{A}(\boldsymbol{q},\boldsymbol{q})$[不变型 $\boldsymbol{B}(\boldsymbol{q},\boldsymbol{q})$] 时,频率只可能增加,而在增强系统的惯性时,亦即在增加关于动能的型 $\boldsymbol{B}(\dot{\boldsymbol{q}},\dot{\boldsymbol{q}})$[不变型 $\boldsymbol{A}(\boldsymbol{q},\boldsymbol{q})$] 时,频率只可能减少.

定理 16 与 17 对这种情况引进更加准确的补充.

§9 埃尔米特型②

这一章 §1 ~ §7 中对于二次型所建立的所有结果,都可以转移到埃尔米特型上去.

记住③埃尔米特型是指表示式

$$\boldsymbol{H}(\boldsymbol{x},\boldsymbol{x})=\sum_{i,k=1}^{n} h_{ik} x_i \overline{x}_k \quad (h_{ik}=\overline{h}_{ki}; i,k=1,2,\cdots,n) \tag{111}$$

---

① 有限的平稳联结由方程 $f(q_1, q_2, \cdots, q_n)=0$ 所表出,其中 $f(q_1, q_2, \cdots, q_n)$ 为广义坐标的某一函数.

② 在上节中所有的数与变数都是实数. 在这一节中所有的数都是复数,而且变数都取复数值.

③ 参考第 9 章, §2.

埃尔米特型(111)对应于以下双线性埃尔米特型

$$\boldsymbol{H}(\boldsymbol{x},\boldsymbol{y})=\sum_{i,k=1}^{n}h_{ik}x_i\overline{y}_k \tag{112}$$

此时有

$$\boldsymbol{H}(\boldsymbol{y},\boldsymbol{x})=\overline{\boldsymbol{H}(\boldsymbol{x},\boldsymbol{y})} \tag{113}$$

特别地有

$$\boldsymbol{H}(\boldsymbol{x},\boldsymbol{x})=\overline{\boldsymbol{H}(\boldsymbol{x},\boldsymbol{x})} \tag{113$'$}$$

亦即型 $\boldsymbol{H}(\boldsymbol{x},\boldsymbol{x})$ 只能取实数值.

埃尔米特型的系数矩阵 $\boldsymbol{H}=(h_{ik})_1^n$ 是一个埃尔米特矩阵,亦即 $\boldsymbol{H}^*=\boldsymbol{H}$[①].

应用矩阵 $\boldsymbol{H}=(h_{ik})_1^n$ 可以表示 $\boldsymbol{H}(\boldsymbol{x},\boldsymbol{y})$,特别地,表示 $\boldsymbol{H}(\boldsymbol{x},\boldsymbol{x})$ 为三个矩阵(行矩阵、方阵与列矩阵)的乘积

$$\boldsymbol{H}(\boldsymbol{x},\boldsymbol{y})=\boldsymbol{x}'\boldsymbol{H}\overline{\boldsymbol{y}},\boldsymbol{H}(\boldsymbol{x},\boldsymbol{x})=\boldsymbol{x}'\boldsymbol{H}\overline{\boldsymbol{x}} \tag{114}$$

如果

$$\boldsymbol{x}=\sum_{i=1}^{m}c_i\boldsymbol{u}^i,\boldsymbol{y}=\sum_{k=1}^{p}d_k\boldsymbol{v}^k \tag{115}$$

其中 $\boldsymbol{u}^i,\boldsymbol{v}^k$ 是列矩阵,c_i,d_k 为复数$(i=1,2,\cdots,m;k=1,2,\cdots,p)$,那么

$$\boldsymbol{H}(\boldsymbol{x},\boldsymbol{y})=\sum_{i=1}^{m}\sum_{k=1}^{p}c_i\overline{d}_k\boldsymbol{H}(\boldsymbol{u}^i,\boldsymbol{v}^k) \tag{116}$$

对变数 $x_1,x_2,\cdots,x_n$ 取线性变换

$$x_i=\sum_{k=1}^{n}t_{ik}\xi_k\quad(i=1,2,\cdots,n) \tag{117}$$

或写为矩阵形式

$$\boldsymbol{x}=\boldsymbol{T}\boldsymbol{\xi}\quad(\boldsymbol{T}=(t_{ik})_1^n) \tag{117$'$}$$

经变换后埃尔米特型 $\boldsymbol{H}(\boldsymbol{x},\boldsymbol{x})$ 化为

$$\widetilde{\boldsymbol{H}}(\boldsymbol{\xi},\boldsymbol{\xi})=\sum_{i,k=1}^{n}\widetilde{h}_{ik}\xi_i\overline{\xi}_k$$

其中新系数矩阵 $\widetilde{\boldsymbol{H}}=(\widetilde{h}_{ik})_1^n$ 与旧系数矩阵 $\boldsymbol{H}=(h_{ik})_1^n$ 间有关系式

$$\widetilde{\boldsymbol{H}}=\boldsymbol{T}'\boldsymbol{H}\overline{\boldsymbol{T}} \tag{118}$$

这可以直接在(114)的第二个公式中把 $\boldsymbol{x}$ 换为 $\boldsymbol{T}\boldsymbol{\xi}$ 来证明.

如果令 $\boldsymbol{T}=\overline{\boldsymbol{W}}$,那么公式(118)还可以写为

$$\widetilde{\boldsymbol{H}}=\boldsymbol{W}^*\boldsymbol{H}\boldsymbol{W} \tag{119}$$

如果变换(117)是满秩的($|\boldsymbol{T}|\neq0$),那么由公式(118)知矩阵 $\boldsymbol{H}$ 与 $\widetilde{\boldsymbol{H}}$ 等秩. 矩阵 $\boldsymbol{H}$ 的秩称为型 $\boldsymbol{H}(\boldsymbol{x},\boldsymbol{x})$ 的秩.

---

① 星号“*”表示由原矩阵化为共轭矩阵.

行列式 $|\boldsymbol{H}|$ 称为埃尔米特型 $\boldsymbol{H}(\boldsymbol{x},\boldsymbol{x})$ 的判别式. 由(118) 知在转移到新变数时判别式的变换公式为

$$|\widetilde{\boldsymbol{H}}|=|\boldsymbol{H}||\boldsymbol{T}||\overline{\boldsymbol{T}}|$$

埃尔米特型称为奇异的,如果它的判别式等于零. 显然,奇异的型经变换(117) 后,仍然是奇异的.

埃尔米特型 $\boldsymbol{H}(\boldsymbol{x},\boldsymbol{x})$ 可以有无穷多种方法使其化为

$$\boldsymbol{H}(\boldsymbol{x},\boldsymbol{x})=\sum_{i=1}^{r}a_i\boldsymbol{X}_i\overline{\boldsymbol{X}}_i \tag{120}$$

其中 $a_i\neq 0(i=1,2,\cdots,r)$ 为实数,而

$$\boldsymbol{X}_i=\sum_{k=0}^{n}\alpha_{ik}x_k \quad (i=1,2,\cdots,r)$$

为变数 $x_1,x_2,\cdots,x_n$ 的无关的复线性型[①].

(120) 的右边称为独立的平方和[②],而这个和中每一项是正的或负的平方,则由 $a_i>0$ 或 $a_i<0$ 而定. 和二次型一样,(120) 中数 r 等于型 $\boldsymbol{H}(\boldsymbol{x},\boldsymbol{x})$ 的秩.

定理 18(埃尔米特型的惯性定律) 表示埃尔米特型 $\boldsymbol{H}(\boldsymbol{x},\boldsymbol{x})$ 为无关平方和

$$\boldsymbol{H}(\boldsymbol{x},\boldsymbol{x})=\sum_{i=1}^{r}a_i\boldsymbol{X}_i\overline{\boldsymbol{X}}_i$$

时,其正平方的个数与负平方的个数与表出的方法无关.

其证明与定理 1(本章 §2) 的证明完全类似.

(120) 中正平方的个数 π 与负平方的个数 ν 的差 σ 称为埃尔米特型 $\boldsymbol{H}(\boldsymbol{x},\boldsymbol{x})$ 的符号差: $\sigma=\pi-\nu$.

化二次型为平方和的拉格朗日方法可以用于埃尔米特型,只是在此处 §3 中基本公式(15) 与(16) 应当换为公式[③]

$$\boldsymbol{H}(\boldsymbol{x},\boldsymbol{x})=\frac{1}{h_{gg}}\left|\sum_{k=1}^{n}h_{kg}x_k\right|^2+\boldsymbol{H}_1(\boldsymbol{x},\boldsymbol{x}) \tag{121}$$

$$\boldsymbol{H}(\boldsymbol{x},\boldsymbol{x})=\frac{1}{2}\left\{\left|\sum_{k=1}^{n}\left(h_{kf}+\frac{h_{kg}}{h_{fg}}\right)x_k\right|^2-\left|\sum_{k=1}^{n}\left(h_{kf}-\frac{h_{kg}}{h_{fg}}\right)x_k\right|^2\right\}+\boldsymbol{H}_2(\boldsymbol{x},\boldsymbol{x}) \tag{122}$$

现在来对 r 秩埃尔米特型 $\boldsymbol{H}(\boldsymbol{x},\boldsymbol{x})=\sum_{i,k=1}^{u}h_{ik}x_i\overline{x}_k$ 建立雅可比公式,我们假设

---

① 故有 $r\leqslant n$.

② 这个术语是这样来的,因为乘积 $\boldsymbol{X}_i\overline{\boldsymbol{X}}_i$ 等于模 $\boldsymbol{X}_i$ 的平方($\boldsymbol{X}_i\overline{\boldsymbol{X}}_i=|\boldsymbol{X}_i|^2$).

③ 在 $h_{gg}\neq 0$ 时用公式(121),而在 $h_{ff}=h_{gg}=0$,但是 $h_{fg}\neq 0$ 时则用公式(122).

$$D_k = \boldsymbol{H}\begin{pmatrix}1 & 2 & \cdots & k\\ 1 & 2 & \cdots & k\end{pmatrix} \neq 0 \quad (k=1,2,\cdots,r) \tag{123}$$

那么完全与二次型一样(参考第 10 章 §3),得出两种形式的雅可比公式

$$\boldsymbol{H}(\boldsymbol{x},\boldsymbol{x}) = \sum_{k=1}^{n} \frac{D_{k-1}}{D_k}\boldsymbol{X}_k\overline{\boldsymbol{X}}_k, \boldsymbol{H}(\boldsymbol{x},\boldsymbol{x}) = \sum_{k=1}^{n} \frac{\boldsymbol{Y}_k\overline{\boldsymbol{Y}}_k}{D_{k-1}D_k} \quad (D_0=1) \tag{124}$$

其中

$$\boldsymbol{X}_k = \frac{1}{D_k}\boldsymbol{Y}_k, \boldsymbol{Y}_k = c_{kk}x_k + c_{k,k+1}x_{k+1} + \cdots + c_{kn}x_n \quad (k=1,\cdots,r) \tag{125}$$

而

$$c_{kq} = \boldsymbol{H}\begin{pmatrix}1 & \cdots & k-1 & k\\ 1 & \cdots & k-1 & q\end{pmatrix} \quad (q=k,k+1,2,\cdots,n;k=1,\cdots,r) \tag{126}$$

根据雅可比公式(124),知在型 $\boldsymbol{H}(\boldsymbol{x},\boldsymbol{x})$ 的表示式中,负平方的个数等于序列 $1,D_1,D_2,\cdots,D_r$ 中的变号数

$$\nu = \boldsymbol{V}(1,D_1,D_2,\cdots,D_r) \tag{127}$$

因而埃尔米特型 $\boldsymbol{H}(\boldsymbol{x},\boldsymbol{x})$ 的符号差是为以下公式所决定的

$$\sigma = r - 2\boldsymbol{V}(1,D_1,D_2,\cdots,D_r) \tag{128}$$

现在我们可以述及关于特殊情形的那些注释,即对于二次型所说的结果(§3),都自动转移到埃尔米特型上.

定义 5 埃尔米特型 $\boldsymbol{H}(\boldsymbol{x},\boldsymbol{x}) = \sum_{i,k=1}^{n} h_{ik}x_i\overline{x}_k$ 称为非负的(非正的),如果对于变数的任何值,都有

$$\boldsymbol{H}(\boldsymbol{x},\boldsymbol{x}) \geqslant 0 \quad (\leqslant 0)$$

定义 6 埃尔米特型 $\boldsymbol{H}(\boldsymbol{x},\boldsymbol{x}) = \sum_{i,k=1}^{n} h_{ik}x_i\overline{x}_k$ 称为正定的(负定的),如果对于任何不全等于零的变数 $x_1,x_2,\cdots,x_n$,都有

$$\boldsymbol{H}(\boldsymbol{x},\boldsymbol{x}) > 0 \quad (< 0)$$

定理 19 为了使得埃尔米特型 $\boldsymbol{H}(\boldsymbol{x},\boldsymbol{x}) = \sum_{i,k=1}^{n} h_{ik}x_i\overline{x}_k$ 是正定的,充分必要条件是以下诸不等式成立

$$D_k = \boldsymbol{H}\begin{pmatrix}1 & 2 & \cdots & k\\ 1 & 2 & \cdots & k\end{pmatrix} > 0 \quad (k=1,2,\cdots,n) \tag{129}$$

定理 20 为了使得埃尔米特型 $\boldsymbol{H}(\boldsymbol{x},\boldsymbol{x}) = \sum_{i,k=1}^{n} h_{ik}x_i\overline{x}_k$ 非负,充分必要的条件是矩阵 $\boldsymbol{H}=(h_{ik})_1^n$ 的所有主子式都是非负的

$$\boldsymbol{H}\begin{pmatrix}i_1 & i_2 & \cdots & i_p\\ i_1 & i_2 & \cdots & i_p\end{pmatrix} \geqslant 0 \quad (i_1,i_2,\cdots,i_p=1,2,\cdots,n;p=1,2,\cdots,n) \tag{130}$$

定理 19 与 20 的证明与对于二次型定理 3 与 4 的证明完全类似.

埃尔米特型 $\boldsymbol{H}(\boldsymbol{x},\boldsymbol{x})$ 的负定性与非正性条件可从条件(129) 与(130) 相对应地来得出,如果用后两个条件于型 $-\boldsymbol{H}(\boldsymbol{x},\boldsymbol{x})$.

从第 9 章 §10 的定理 5′ 得出关于化埃尔米特型到主轴上去的定理.

定理 21 常用可变数的 U — 变换

$$\boldsymbol{x}=\boldsymbol{U}\boldsymbol{\xi} \quad (\boldsymbol{U}\boldsymbol{U}^{*}=\boldsymbol{E}) \tag{131}$$

把埃尔米特型 $\boldsymbol{H}(\boldsymbol{x},\boldsymbol{x})=\sum_{i,k=1}^{n}h_{ik}x_{i}\overline{x}_{k}$ 化为范式

$$\boldsymbol{\Lambda}(\boldsymbol{\xi},\boldsymbol{\xi})=\sum_{i=1}^{n}\lambda_{i}\xi_{i}\overline{\xi}_{i} \tag{132}$$

其中 $\lambda_{1},\lambda_{2},\cdots,\lambda_{n}$ 为矩阵 $\boldsymbol{H}=(h_{ik})_{1}^{n}$ 的特征数.

定理 21 的正确性可从以下公式推得

$$\boldsymbol{H}=\boldsymbol{U}(\lambda_{i}\delta_{ik})\boldsymbol{U}^{-1}=\boldsymbol{T}'(\lambda_{i}\delta_{ik})\overline{\boldsymbol{T}} \quad (\boldsymbol{U}'=\overline{\boldsymbol{U}}^{-1}=\boldsymbol{T}) \tag{133}$$

设给予两个埃尔米特型

$$\boldsymbol{H}(\boldsymbol{x},\boldsymbol{x})=\sum_{i,k=1}^{n}h_{ik}x_{i}\overline{x}_{k} \text{ 与 } \boldsymbol{G}(\boldsymbol{x},\boldsymbol{x})=\sum_{i,k=1}^{n}g_{ik}x_{i}\overline{x}_{k}$$

讨论埃尔米特型束 $\boldsymbol{H}(\boldsymbol{x},\boldsymbol{x})-\lambda\boldsymbol{G}(\boldsymbol{x},\boldsymbol{x})$($\lambda$ 为实参数). 这个型束称为正则的,如果型 $\boldsymbol{G}(\boldsymbol{x},\boldsymbol{x})$ 是正定的. 用埃尔米特矩阵 $\boldsymbol{H}=(h_{ik})_{1}^{n}$ 与 $\boldsymbol{G}=(g_{ik})_{1}^{n}$ 我们建立方程

$$|\boldsymbol{H}-\lambda\boldsymbol{G}|=0$$

这个方程称为埃尔米特型束的特征方程. 这个方程的根称为型束的特征数.

如果 λ_{0} 是型束的特征数,那么有列 $\boldsymbol{z}=(z_{1},z_{2},\cdots,z_{n})\neq\boldsymbol{0}$ 存在,使得

$$\boldsymbol{H}\boldsymbol{z}=\lambda_{0}\boldsymbol{z}$$

列 $\boldsymbol{z}$ 将称为对于应特征数 λ_{0} 的型束 $\boldsymbol{H}(\boldsymbol{x},\boldsymbol{x})-\lambda\boldsymbol{G}(\boldsymbol{x},\boldsymbol{x})$ 的主列或主向量.

我们有:

定理 22 正则埃尔米特型束 $\boldsymbol{H}(\boldsymbol{x},\boldsymbol{x})-\lambda\boldsymbol{G}(\boldsymbol{x},\boldsymbol{x})$ 的特征方程有 n 个实根 $\lambda_{1},\lambda_{2},\cdots,\lambda_{n}$,有 n 个对应于这些根的主向量 $\boldsymbol{z}^{1},\boldsymbol{z}^{2},\cdots,\boldsymbol{z}^{n}$,适合"标准正交性"条件

$$\boldsymbol{G}(\boldsymbol{z}^{i},\boldsymbol{z}^{k})=\delta_{ik} \quad (i,k=1,2,\cdots,n)$$

它的证明完全与定理 8 的证明类似.

正则二次型束特征数的所有极值性质对于埃尔米特型仍然有效.

定理 10 ~ 17 仍然有效,如果在这些定理中把所有的名词"二次型"都换为"埃尔米特型",定理的证明没有改变.

§10　冈恰列夫型

设给予 $2n-1$ 个 $s_0,s_1,\cdots,s_{2n-2}$，用这些数建立 n 个变数的二次型

$$\boldsymbol{S}(\boldsymbol{x},\boldsymbol{x})=\sum_{i,k=0}^{n-1}s_{i+k}x_ix_k \tag{134}$$

称二次型(134) 为冈恰列夫型，与它对应的对称矩阵 $\boldsymbol{S}=(s_{i+k})_0^{n-1}$ 亦称为冈恰列夫矩阵. 这个矩阵的形式为

$$\boldsymbol{S}=\begin{pmatrix} s_0 & s_1 & s_2 & \cdots & s_{n-1} \\ s_1 & s_2 & s_3 & \cdots & s_n \\ s_2 & s_3 & s_4 & \cdots & s_{n+1} \\ \vdots & \vdots & \vdots & & \vdots \\ s_{n-1} & s_n & s_{n+1} & \cdots & s_{2n-2} \end{pmatrix}$$

以 $D_1,D_2,\cdots,D_n$ 顺次记矩阵 $\boldsymbol{S}$ 的诸主子式

$$D_p=|\ s_{i+k}\ |_0^{p-1}\quad (p=1,2,\cdots,n)$$

在本节中我们推出关于实冈恰列夫型的秩与符号差的弗罗贝尼乌斯主要的结果.

首先证明两个引理.

引理 1　如在冈恰列夫矩阵 $\boldsymbol{S}=(s_{i+k})_0^{n-1}$ 中，前 h 行线性无关，而前 $h+1$ 行线性相关，那么

$$D_h\neq 0$$

证明　以 $\Gamma_1,\Gamma_2,\cdots,\Gamma_h,\Gamma_{h+1}$ 记矩阵 $\boldsymbol{S}$ 的前 $h+1$ 行. 由定理的条件，行 $\Gamma_1,\Gamma_2,\cdots,\Gamma_h$ 线性无关，而行 Γ_{h+1} 可经这些行线性表出

$$\Gamma_{h+1}=\sum_{j=1}^{h}\alpha_j\Gamma_{h-j+1}$$

或

$$s_q=\sum_{j=1}^{h}\alpha_js_{q-j}\quad (q=h,h+1,\cdots,h+n-1) \tag{135}$$

写出由矩阵 $\boldsymbol{S}$ 的前 h 行 $\Gamma_1,\Gamma_2,\cdots,\Gamma_h$ 所构成的矩阵

$$\begin{pmatrix} s_0 & s_1 & s_2 & \cdots & s_{n-1} \\ s_1 & s_2 & s_3 & \cdots & s_n \\ \vdots & \vdots & \vdots & & \vdots \\ s_{h-1} & s_h & s_{h+1} & \cdots & s_{h+n-2} \end{pmatrix} \tag{136}$$

这个矩阵的秩等于 h. 另外，由(135) 知这个矩阵的任一列都可由其前面的 h 个列线性表出，故矩阵的任一列都可由最前面的 h 列线性表出. 但因矩阵(136) 的秩等于 h，所以矩阵(136) 的最前面的 h 个列应当线性无关，亦即

$$D_h \neq 0$$

引理已经证明.

引理 2 如果对于矩阵 $\boldsymbol{S}=(s_{i+k})_0^{n-1}$ 有某一个 $h(<n)$ 存在,使得

$$D_h \neq 0, D_{h+1}=\cdots=D_n=0 \tag{137}$$

且令

$$t_{ik}=\frac{\boldsymbol{S}\begin{pmatrix}1 & \cdots & h & h+i+1\\ 1 & \cdots & h & h+k+1\end{pmatrix}}{\boldsymbol{S}\begin{pmatrix}1 & \cdots & h\\ 1 & \cdots & h\end{pmatrix}}=\frac{1}{D_h}\begin{vmatrix} & D_h & & s_{h+k}\\ & & & \vdots\\ & & & s_{2h+k-1}\\ s_{h+i} & \cdots & s_{2h+i-1} & s_{2h+i+k}\end{vmatrix} \tag{138}$$

$$(i,k=0,1,2,\cdots,n-h-1)$$

那么矩阵 $\boldsymbol{T}=(t_{ik})_0^{n-h-1}$ 亦是一个冈恰列夫矩阵,且位于其第二对角线上方的所有元素全等于零,亦即有这样的数 $t_{n-h-1},\cdots,t_{2n-2h-2}$ 存在,使得

$$t_{ik}=t_{i+k} \quad (i,k=0,1,2,\cdots,n-h-1;t_0=t_1=\cdots=t_{n-h-2}=0)$$

证明 在讨论中引进矩阵

$$\boldsymbol{T}_p=(t_{ik})_0^{p-1} \quad (p=1,2,\cdots,n-h)$$

对于这种记法有 $\boldsymbol{T}=\boldsymbol{T}_{n-h}$.

我们来证明,矩阵 $\boldsymbol{T}_p(p=1,2,\cdots,n-h)$ 中任何一个都是冈恰列夫矩阵而且当 $i+k\leqslant p-2$ 时,在它们里面有 $t_{ik}=0$,对 p 用数学归纳法来证明.

对于矩阵 $\boldsymbol{T}_1$ 我们的论断是非常明显的,对于矩阵 $\boldsymbol{T}_2$ 亦显然成立,因为

$$\boldsymbol{T}_2=\begin{pmatrix}t_{00} & t_{01}\\ t_{10} & t_{11}\end{pmatrix},t_{01}=t_{10}(\text{由于 }\boldsymbol{S}\text{ 的对称性})\text{ 与 }t_{00}=\frac{D_{h+1}}{D_h}=0$$

假设我们的论断对于矩阵 $\boldsymbol{T}_p(p<n-k)$ 是正确的,证明它对于矩阵 $\boldsymbol{T}_{p+1}=(t_{ik})_0^p$ 亦能成立.由假设知有这样的数 $t_{p-1},t_p,\cdots,t_{2p-2}$ 存在,且 $t_0=\cdots=t_{p-2}=0$,即

$$\boldsymbol{T}_p=(t_{i+k})_0^{p-1}$$

此时

$$|\boldsymbol{T}_p|=t_{p-1}^p \tag{139}$$

另外,应用行列式的西尔维斯特恒等式[参考第 2 章,§ 3,(29)],我们求得

$$|\boldsymbol{T}_p|=\frac{D_{h+p}}{D_h}=0 \tag{140}$$

比较(139) 与(140),我们得出

$$t_{p-1}=0 \tag{141}$$

再者由(148),有

$$t_{ik}=s_{2h+i+k}+\frac{1}{D_h}\begin{vmatrix} & D_h & & s_{h+k}\\ & & & \vdots\\ & & & s_{2h+k-1}\\ s_{h+i} & \cdots & s_{2h+i-1} & 0\end{vmatrix} \tag{142}$$

根据以上引理,从(137)知矩阵$\boldsymbol{S}=(s_{i+k})_0^{n-1}$的第$h+1$个行为其前$h$行的线性组合

$$s_q=\sum_{g=1}^{h}\alpha_q s_{q-g}\quad(q=h,h+1,\cdots,h+n-1)\tag{143}$$

设$i,k\leqslant p\leqslant i+k\leqslant 2p-1$,此时在数$i$与$k$中至少有一个小于$p$,并不损失讨论的一般性,可取$i<p$.那么,利用(143)在位于等式(142)右边的行列式中分解其最后一列,且再利用关系(142),我们有

$$t_{ik}=s_{2h+i+k}+\sum_{g=1}^{h}\frac{\alpha_g}{D_h}\begin{vmatrix} & & & s_{h+k-g}\\ & D_h & & \vdots\\ & & & s_{2h+k-g-1}\\ s_{h+i} & \cdots & s_{2h+i-1} & 0\end{vmatrix}=$$

$$s_{2h+i+k}+\sum_{g=1}^{k}\alpha_g(t_{i,k-g}-s_{2h+i+k-g})\tag{144}$$

但由归纳法的假设(141)是成立的,且因在(144)中$i<p,k-p<p$与$i+k-g\leqslant 2p-2$,所以$t_{i,k-g}=t_{i+k-g}$.因此,当$i+k<p$时,所有的$t_{ik}=0$,而当$p\leqslant i+k\leqslant 2p-1$时,由(144)知值$t_{ik}$只与$i+k$有关.

这样一来,$\boldsymbol{T}_{p+1}$是一个冈恰列夫矩阵,且在这个矩阵中位于第二对角线上方的元素$t_0,t_1,\cdots,t_{p-1}$全等于零.

引理已经证明.

应用引理2,我们证明以下定理:

定理23 如果冈恰列夫矩阵$\boldsymbol{S}=(s_{i+k})_0^{n-1}$有秩$r$且对于某一个$h(<r)$有

$$D_h\neq 0,D_{h+1}=\cdots=D_r=0$$

那么由矩阵$\boldsymbol{S}$的前h行与后$r-h$行所构成的r阶主子式不等于零

$$\boldsymbol{D}^{(r)}=\boldsymbol{S}\begin{pmatrix}1&\cdots&h&n-r+h+1&n-r+h+2&\cdots&n\\1&\cdots&h&n-r+h+1&n-r+h+2&\cdots&n\end{pmatrix}\neq 0$$

证明 根据上面的引理,矩阵

$$\boldsymbol{T}=(t_{ik})_0^{n-h-1}\left[t_{ik}=\frac{\boldsymbol{S}\begin{pmatrix}1&\cdots&h&h+i+1\\1&\cdots&h&h+k+1\end{pmatrix}}{\boldsymbol{S}\begin{pmatrix}1&\cdots&h\\1&\cdots&h\end{pmatrix}}\quad(i,k=0,1,2,\cdots,n-h-1)\right]$$

是一个冈恰列夫矩阵,在其第二对角线上方的元素全等于零.故有

$$|\boldsymbol{T}|=t_{0,n-h-1}^{n-h}$$

另外[①],$|\boldsymbol{T}|=\dfrac{D_n}{D_h}=0$.因此,$t_{0,n-h-1}=0$且矩阵$\boldsymbol{T}$有形式

① 根据行列式的西尔维斯特恒等式[参考第2章,§3,式(29)].

$$T=\begin{pmatrix} \mathbf{0} & & & & & 0\\ & & & & \iddots & u_{n-h-1}\\ & & & \iddots & \iddots & \vdots\\ & & \iddots & \iddots & & \vdots\\ & \iddots & \iddots & & & u_2\\ 0 & u_{n-h-1} & \cdots & \cdots & \cdots & u_2\, u_1\end{pmatrix}$$

矩阵 T 应当有秩 $r-h$[①]. 故当 $r<n-1$ 时, 在矩阵 T 中的元素 $u_{r-h+1}=\cdots=u_{n-h+1}=0$ 且有

$$T=\begin{pmatrix} \mathbf{0} & & & & & 0\\ & & & & \iddots & \vdots\\ & & & \iddots & & 0\\ & & \iddots & & \iddots & u_{r-h}\\ & \iddots & & \iddots & \iddots & \vdots\\ 0 & \cdots & 0 & u_{r-h} & \cdots & u_1\end{pmatrix}\quad (u_{r-h}\neq 0)$$

但由西尔维斯特恒等式(参考第 2 章, § 3),得

$$D^{(r)}=D_h T\begin{pmatrix} n-r+1 & \cdots & n-h\\ n-r+1 & \cdots & n-h\end{pmatrix}=D_h u_{r-h}^{r-h}\neq 0$$

这就是所要证明的结果.

讨论实[②]冈恰列夫型 $S(x,x)=\sum\limits_{i,k=0}^{\infty} s_{i+k}x_i x_k$ 且设其秩等于 r. 以 π,ν,σ 分别记这个型的正平方数的个数、负平方数的个数与符号差

$$\pi+\nu=r,\sigma=\pi-\nu=r-2\nu$$

根据雅可比定理(本章, § 3) 这些数值可以由讨论子式序列

$$D_0=1,D_1,D_2,\cdots,D_{r-1},D_r \tag{145}$$

的符号来决定,利用公式

$$\begin{cases}\pi=\boldsymbol{P}(1,D_1,\cdots,D_r),\nu=\boldsymbol{V}(1,D_1,\cdots,D_r)\\ \sigma=\boldsymbol{P}(1,D_1,\cdots,D_r),-\boldsymbol{V}(1,D_1,\cdots,D_r)=r-2\boldsymbol{V}(1,D_1,\cdots,D_r)\end{cases} \tag{146}$$

当序列(145) 中最后一项或任何三个相邻的项等于零时,这些不能应用公式(参考 § 3). 但是对于冈恰列夫型,有如弗罗贝尼乌斯所证明,在一般情形都可给予规则来应用公式(146).

---

① 由西尔维斯特恒等式,矩阵 T 的所有阶大于 $r-h$ 的子式都等于零. 另外,矩阵 S 含有 r 阶的 D_h 的加边子式不等于零. 因此,矩阵 T 中有对应的 $r-h$ 阶子式不等于零.

② 在上面的引理 1,2 与定理 23 中可以取任意数域作为基域,特别地,可取所有复数的域或所有实数的域.

定理 24(弗罗贝尼乌斯)　对于秩为 r 的实冈恰列夫型 $\boldsymbol{S}(\boldsymbol{x},\boldsymbol{x})=\sum_{i,k=0}^{n-1}s_{i+k}x_ix_k$,$\pi$,$\nu$,$\sigma$ 的值可以由式(146)来决定,如果:

(1) 当

$$D_h\neq 0,D_{h+1}=\cdots=D_r=0\quad(h<r)\tag{147}$$

时,在这些公式中换 D_r 为 $D^{(r)}$,其中

$$D^{(r)}=\boldsymbol{S}\begin{pmatrix}1&\cdots&h&n-r+h+1&\cdots&n\\1&\cdots&h&n-r+h+1&\cdots&n\end{pmatrix}\neq 0$$

(2) 当任意一组 p 中间子式等于零时

$$(D_h\neq 0)D_{h+1}=D_{h+2}=\cdots=D_{h+p}=0(D_{h+p+1}\neq 0)\tag{148}$$

对于这些零子式按照以下公式来选取符号

$$D_{h+j}=(-1)^{\frac{j(j+1)}{2}}D_h\tag{149}$$

此处对应于组(148)的值 $\boldsymbol{P}$,$\boldsymbol{V}$,$\boldsymbol{P}-\boldsymbol{V}$ 为[1]

	p 为奇数	p 为偶数
$\boldsymbol{P}_{h,p}=\boldsymbol{P}(D_h,D_{h+1},\cdots,D_{h+p+1})$	$\frac{p+1}{2}$	$\frac{p+1+\varepsilon}{2}$
$\boldsymbol{V}_{h,p}=\boldsymbol{V}(D_h,D_{h+1},\cdots,D_{h+p+1})$	$\frac{p+1}{2}$	$\frac{p+1-\varepsilon}{2}$
$\boldsymbol{P}_{h,p}-\boldsymbol{V}_{h,p}$	0	ε

(150)

$$\varepsilon=(-1)^{\frac{p}{2}}\frac{D_{h+p+1}}{D_h}$$

证明　首先讨论 $D_r\neq 0$ 的情形. 此时型 $\boldsymbol{S}(\boldsymbol{x},\boldsymbol{x})=\sum_{i,k=0}^{n-1}s_{i+k}x_ix_k$ 与 $\boldsymbol{S}_r(\boldsymbol{x},\boldsymbol{x})=\sum_{i,k=0}^{r-1}s_{i+k}x_ix_k$ 不仅有相同的秩 r 且有相同的符号差 σ. 事实上,设 $\boldsymbol{S}(\boldsymbol{x},\boldsymbol{x})=\sum_{i=1}^{r}\varepsilon_i\boldsymbol{Z}_i^2$,其中 $\boldsymbol{Z}_i$ 为实线性型,而 $\varepsilon_i=\pm 1(i=1,2,\cdots,r)$. 取 $x_{r+1}=\cdots=x_n=0$,那么型 $\boldsymbol{S}(\boldsymbol{x},\boldsymbol{x})$,$\boldsymbol{Z}_i$ 分别化为 $\boldsymbol{S}_r(\boldsymbol{x},\boldsymbol{x})$,$\hat{\boldsymbol{Z}}_i(i=1,2,\cdots,r)$,而且 $\boldsymbol{S}_r(\boldsymbol{x},\boldsymbol{x})=\sum_{i=1}^{r}\varepsilon_i\hat{\boldsymbol{Z}}_i^2$,亦即 $\boldsymbol{S}_r(\boldsymbol{x},\boldsymbol{x})$ 与 $\boldsymbol{S}(\boldsymbol{x},\boldsymbol{x})$ 有相同个数的正(负)独立平方[2]. 这样一来,可知 σ 是型 $\boldsymbol{S}_r(\boldsymbol{x},\boldsymbol{x})$ 的符号差.

---

① 可应用(149)与式(150)于(147)的情形,只是此时应当取 $p=r-h-1$,而所谓 D_{h+p+1} 是指 $D^{(r)}\neq 0$,而不是 $D^{(r)}=0$.

② 线性型 $\hat{\boldsymbol{Z}}_1,\hat{\boldsymbol{Z}}_2,\cdots,\hat{\boldsymbol{Z}}_r$ 是线性无关的,因为二次型 $\boldsymbol{S}_r(\boldsymbol{x},\boldsymbol{x})=\sum_{i=1}^{r}\varepsilon_i\hat{\boldsymbol{Z}}_i^2$ 有秩 $r(D_r\neq 0)$.

连续变动参数 $s_0, s_1, \cdots, s_{2r-2}$ 使得对于新参数 $s_0^*, s_1^*, \cdots, s_{2r-2}^*$[①]，序列

$$1, D_1^*, D_2^*, \cdots, D_r^* \quad (D_q^* = | s_{i+k}^* |_0^{q-1}, q = 1, 2, \cdots, r)$$

中所有的项都不等于零，而且在变动过程中(145) 中不为零的子式没有一个变为零[②].

因为在变动参数时并不变更型 $\boldsymbol{S}_r(\boldsymbol{x}, \boldsymbol{x})$ 的秩，所以不变它的符号差(参考本章，§5 末尾). 因此

$$\sigma = \boldsymbol{P}(1, D_1^*, \cdots, D_r^*) - \boldsymbol{V}(1, D_1^*, \cdots, D_r^*) \tag{151}$$

如果对于某一个 i 有 $D_i \neq 0$，那么 $D_i^* = D_i$. 故所有的问题都化为定出对应于 $D_i = 0$ 的 D_i^* 中的符号的变化，实际上是对于每一组(148) 形的项，要决定

$$\boldsymbol{P}(D_h^*, D_{h+1}^*, \cdots, D_{h+p+1}^*) - \boldsymbol{V}(D_h^*, D_{h+1}^*, \cdots, D_{h+p}^*, D_{h+p+1}^*)$$

为了这个目的，令

$$t_{ik} = \frac{1}{D_h} \begin{vmatrix} & & & s_{h+k} \\ & D_h & & \vdots \\ & & & s_{2h+k-1} \\ s_{h+i} & \cdots & s_{2h+i-1} & s_{2h+i+k} \end{vmatrix} \quad (i, k = 0, 1, 2, \cdots, p)$$

根据引理 2，矩阵 $\boldsymbol{T} = (t_{ik})_0^p$ 是一个冈恰列夫矩阵，而且其所有位于第二对角线上方的元素都等于零，亦即矩阵 $\boldsymbol{T}$ 有形式

$$\boldsymbol{T} = \begin{pmatrix} 0 & \cdots & 0 & t_p \\ \vdots & \cdot^{\cdot^{\cdot}} & \cdot^{\cdot^{\cdot}} & * \\ 0 & \cdot^{\cdot^{\cdot}} & \cdot^{\cdot^{\cdot}} & \vdots \\ t_p & * & \cdots & * \end{pmatrix} \tag{152}$$

以 $\hat{D}_1, \hat{D}_2, \cdots, \hat{D}_{p+1}$ 顺次记矩阵 $\boldsymbol{T}$ 的子式

$$\hat{D}_q = | t_{ik} |_0^{q-1} \quad (q = 1, 2, \cdots, p+1)$$

与矩阵 $\boldsymbol{T}$ 相平行地在讨论中引进矩阵

$$\boldsymbol{T}^* = (t_{ik}^*)_0^p$$

其中

$$t_{ik}^* = \frac{1}{D_h^*} \begin{vmatrix} & & & s_{h+k}^* \\ & D_h^* & & \vdots \\ & & & s_{2h+k-1}^* \\ s_{h+i}^* & \cdots & s_{2h+i-1}^* & s_{2h+i+k}^* \end{vmatrix} \quad (i, k = 0, 1, 2, \cdots, p)$$

---

① 在本节中记号“$*$”不是表示转移到共轭矩阵的意思.

② 这种变动常可施行，因为在参数 $s_0, s_1, \cdots, s_{2r-2}$ 的空间中，形为 $D_i = 0$ 的方程表示某一个代数超曲面. 如果一点落在某一些这种超曲面上，那么常可取一个与之要怎样接近就怎样接近的点，使其在这些超曲面的外边.

且引进对应的行列式

$$\hat{D}_q^* = | t_{ik}^* |_0^{q-1} \quad (q=1,2,\cdots,p+1)$$

根据行列式的西尔维斯特恒等式

$$D_{h+q}^* = D_h^* \hat{D}_q^* \quad (q=1,2,\cdots,p+1)$$

故有

$$\begin{aligned}&\boldsymbol{P}(D_h^*, D_{h+1}^*, \cdots, D_{h+p+1}^*) - \boldsymbol{V}(D_h^*, D_{h+1}^*, \cdots, D_{h+p+1}^*) = \\ &\boldsymbol{P}(1, \hat{D}_1^*, \cdots, \hat{D}_{p+1}^*) - \boldsymbol{V}(1, \hat{D}_1^*, \cdots, \hat{D}_{p+1}^*) = \hat{\sigma}^*\end{aligned} \tag{153}$$

其中 $\hat{\sigma}^*$ 是型 $\boldsymbol{T}^*(\boldsymbol{x},\boldsymbol{x}) = \sum_{i,k=0}^{p} t_{ik}^* x_i x_k$ 的符号差.

平行于型 $\boldsymbol{T}^*(\boldsymbol{x},\boldsymbol{x})$,讨论型

$$\boldsymbol{T}(\boldsymbol{x},\boldsymbol{x}) = \sum_{i,k=0}^{p} t_{i+k} x_i x_k \quad 与 \quad \boldsymbol{T}^{**}(\boldsymbol{x},\boldsymbol{x}) = t_p(x_0 x_p + x_1 x_{p-1} + \cdots + x_p x_0)$$

矩阵 $\boldsymbol{T}^{**}$ 是从矩阵 $\boldsymbol{T}$[参考(152)]中把位于第二对角线下方的元素全换为零来得出的,以 $\hat{\sigma}$ 与 $\hat{\sigma}^{**}$ 分别记型 $\boldsymbol{T}(\boldsymbol{x},\boldsymbol{x})$ 与 $\boldsymbol{T}^{**}(\boldsymbol{x},\boldsymbol{x})$ 的符号差. 因为型 $\boldsymbol{T}^*(\boldsymbol{x},\boldsymbol{x})$ 与 $\boldsymbol{T}^{**}(\boldsymbol{x},\boldsymbol{x})$ 都是从型 $\boldsymbol{T}(\boldsymbol{x},\boldsymbol{x})$ 这样来变动系数,使得在变动过程中型的秩始终保持不变来得出的

$$\left(| \boldsymbol{T}^{**} | = | \boldsymbol{T} | = \frac{D_{h+p+1}}{D_h} \neq 0, \ | \boldsymbol{T}^* | = \frac{D_{h+p+1}^*}{D_h^*} \neq 0\right)$$

所以型 $\boldsymbol{T}(\boldsymbol{x},\boldsymbol{x})$,$\boldsymbol{T}^*(\boldsymbol{x},\boldsymbol{x})$ 与 $\boldsymbol{T}^{**}(\boldsymbol{x},\boldsymbol{x})$ 的符号差应当相同

$$\hat{\sigma} = \hat{\sigma}^* = \hat{\sigma}^{**} \tag{154}$$

但是

$$\boldsymbol{T}^{**}(\boldsymbol{x},\boldsymbol{x}) = \begin{cases} 2t_p(x_0 x_{2k-1} + \cdots + x_{k-1} x_k) & (p=2k-1) \\ t_p[2(x_0 x_{2k} + \cdots + x_{k-1} x_{k+1}) + x_k^2] & (p=2k) \end{cases}$$

因为每一个 $x_\alpha x_\beta$ 形的乘积当 $\alpha \neq \beta$ 时可以换为平方差 $\left(\frac{x_\alpha + x_\beta}{2}\right)^2 - \left(\frac{x_\alpha - x_\beta}{2}\right)^2$,因而得出 $\boldsymbol{T}^{**}(\boldsymbol{x},\boldsymbol{x})$ 对独立实平方和的分解式,所以

$$\hat{\sigma}^{**} = \begin{cases} 0 & (p\ 为奇数) \\ t_p & (p\ 为偶数) \end{cases} \tag{155}$$

另外,由(152)得

$$\frac{D_{h+p-1}}{D_h} = | \boldsymbol{T} | = (-1)^{\frac{p(p+1)}{2}} t_p^{p+1} \tag{156}$$

从(153)(154)(155)与(156)得出

$$\begin{aligned}&\boldsymbol{P}(D_h^*, D_{h+1}^*, \cdots, D_{h+p+1}^*) - \boldsymbol{V}(D_h^*, D_{h+1}^*, \cdots, D_{h+p+1}^*) = \\ &\begin{cases} 0 & (p\ 为奇数) \\ \varepsilon & (p\ 为偶数) \end{cases}\end{aligned} \tag{157}$$

其中
$$\varepsilon=(-1)^{\frac{p}{2}}\frac{D_{h+p+1}}{D_h}$$

因为
$$\boldsymbol{P}(D_{h+1}^*,D_{h+2}^*,\cdots,D_{h+p+1}^*)+\boldsymbol{V}(D_{h+1}^*,D_{h+2}^*,\cdots,D_{h+p+1}^*)=p+1 \tag{158}$$
所以由(157)与(158)推得表示式(150).

现在设 $D_r=0$,那么对于某一个 $h<r$,有
$$D_h\neq 0,D_{h+1}=\cdots=D_r=0$$
此时根据定理 25 有
$$D^{(r)}=\boldsymbol{S}\begin{pmatrix}1 & \cdots & h & n-r+h+1 & \cdots & n\\ 1 & \cdots & h & n-r+h+1 & \cdots & n\end{pmatrix}\neq 0$$

在二次型 $\boldsymbol{S}(\boldsymbol{x},\boldsymbol{x})=\sum\limits_{i,k=0}^{n-1}s_{i+k}x_ix_k$ 中调动变数的序数可以把所讨论的情形化到前面的情形去.令
$$\begin{gathered}\widetilde{x}_0=x_0,\cdots,\widetilde{x}_{h-1}=x_{h-1},\widetilde{x}_h=x_{n-r+h},\cdots,\widetilde{x}_{r-1}=x_{n-1},\\ \widetilde{x}_r=x_h,\cdots,\widetilde{x}_{n-1}=x_{n-r+h-1}\end{gathered} \tag{159}$$
此时 $\boldsymbol{S}(\boldsymbol{x},\boldsymbol{x})=\sum\limits_{i,k=0}^{n-1}\tilde{s}_{i+k}x_ix_k$.

从矩阵 $\boldsymbol{T}$ 的结构(定理 23 的证明中所写出的)出发,且应用从行列式的西尔维斯特恒等式所得出的关系式
$$\hat{D}_j=\frac{D_{h+j}}{D_h},\hat{D}_j=\frac{\hat{D}_{h+j}}{D_h}\quad(j=1,2,\cdots,n-h)$$
我们从序列 $1,D_1,D_2,\cdots,D_n$ 换一个元素 D_r 为 $D^{(r)}$,得出序列 $1,\widetilde{D}_1,\widetilde{D}_2,\cdots,\widetilde{D}_n$.

这样就证明了,在所有的情形中,可以利用式(150).

注意,当 p 为奇数时[p 是式(148)中零行列式的个数],从公式(156)推出
$$\operatorname{sign}\frac{D_{n+p+1}}{D_n}=(-1)^{p+\frac{1}{2}} \tag{160}$$
利用这个等式,读者容易检验,式(150)对应于公式(149)的符号由零行列式所决定.

定理得到完全证明了.[①]

① 不难相信,如果与第 10 章 §10 的约定一样,设 $D_0\equiv 1$,那么定理 23 与 24 在 $h=0$ 时仍然成立.

复对称，反对称与正交的矩阵

第11章

在第9章中关于欧几里得空间中线性算子的研究，已经讨论过实对称、反对称与正交的矩阵，亦即为以下诸关系所确定的实方阵

$$\boldsymbol{S}'=\boldsymbol{S},\boldsymbol{K}'=-\boldsymbol{K},\boldsymbol{O}'=\boldsymbol{O}^{-1}$$

（此处T表示变矩阵为其转置矩阵）. 在复数域中所有这些矩阵都只有线性初等因子且对这些矩阵建立范式，亦即“最简单的”实对称、反对称与正交的矩阵，实正交矩阵相似于所讨论的类型中的任意矩阵.

本章从事于复对称、反对称与正交矩阵的研究. 要说清楚这些矩阵有怎样的初等因子且对它们来建立范式，这些范式比起对应的实矩阵的范式有显著的更复杂的结构. 首先，第一节中，在复正交，U－矩阵与实对称、反对称和正交矩阵之间，建立一些有趣的关系.

§1　关于复正交矩阵与U－矩阵的一些公式

从以下引理开始.

引理1　1° 如果矩阵$\boldsymbol{G}$同时是埃尔米特矩阵与正交矩阵（$\boldsymbol{G}'=\widetilde{\boldsymbol{G}}=\boldsymbol{G}^{-1}$），那么它可以表示为以下形式

$$\boldsymbol{G}=\boldsymbol{I}\mathrm{e}^{\mathrm{i}\boldsymbol{K}}\tag{1}$$

其中$\boldsymbol{I}$为实对称对合矩阵，$\boldsymbol{K}$是与$\boldsymbol{I}$可交换的实反对称矩阵，有

$$\boldsymbol{I}=\overline{\boldsymbol{I}}=\boldsymbol{I}',\boldsymbol{I}^2=\boldsymbol{E},\boldsymbol{K}=\overline{\boldsymbol{K}}=-\boldsymbol{K}'\tag{2}$$

2° 如果补充这样一个条件,$\boldsymbol{G}$ 是一个正定的埃尔米特矩阵[①],那么在式(1)中 $\boldsymbol{I}=\boldsymbol{E}$,因而有

$$\boldsymbol{G}=\mathrm{e}^{\mathrm{i}\boldsymbol{K}} \tag{3}$$

证明 1° 设

$$\boldsymbol{G}=\boldsymbol{S}+\mathrm{i}\boldsymbol{T} \tag{4}$$

其中 $\boldsymbol{S}$ 与 $\boldsymbol{T}$ 为实矩阵. 那么

$$\overline{\boldsymbol{G}}=\boldsymbol{S}-\mathrm{i}\boldsymbol{T},\boldsymbol{G}'=\boldsymbol{S}'+\mathrm{i}\boldsymbol{T}' \tag{5}$$

故由等式 $\overline{\boldsymbol{G}}=\boldsymbol{G}'$ 推得:$\boldsymbol{S}=\boldsymbol{S}',\boldsymbol{T}=-\boldsymbol{T}'$,亦即 $\boldsymbol{S}$ 是对称矩阵而 $\boldsymbol{T}$ 是一个反对称矩阵.

再者,在复数等式 $\boldsymbol{G}\overline{\boldsymbol{G}}=\boldsymbol{E}$ 中代入 $\boldsymbol{G}$ 与 $\overline{\boldsymbol{G}}$ 的表示式(4) 与式(5),并分解为两个实数等式,得出

$$\boldsymbol{S}^2+\boldsymbol{T}^2=\boldsymbol{E},\boldsymbol{S}\boldsymbol{T}=\boldsymbol{T}\boldsymbol{S} \tag{6}$$

这里面的第二个等式说明了 $\boldsymbol{S}$ 与 $\boldsymbol{T}$ 是可交换的.

根据第 9 章(§ 15 末尾) 的定理 12′,可以用同一实正交变换化可交换的正规矩阵 $\boldsymbol{S}$ 与 $\boldsymbol{T}$ 为拟对角矩阵,故有[②]

$$\boldsymbol{S}=\boldsymbol{O}(s_1,s_1,s_2,s_2,\cdots,s_q,s_q,s_{2q+1},\cdots,s_n)\boldsymbol{O}^{-1}\quad(\boldsymbol{O}=\overline{\boldsymbol{O}}=\boldsymbol{O}^{\mathrm{T}^{-1}}) \tag{7}$$

$$\boldsymbol{T}=\boldsymbol{O}\left[\begin{pmatrix}0 & t_1\\ -t_1 & 0\end{pmatrix},\begin{pmatrix}0 & t_2\\ -t_2 & 0\end{pmatrix},\cdots,\begin{pmatrix}0 & t_q\\ -t_q & 0\end{pmatrix};0,\cdots,0\right]\boldsymbol{O}^{-1}$$

(数 s_i 与 t_i 都是实数),因此

$$\boldsymbol{G}=\boldsymbol{S}+\mathrm{i}\boldsymbol{T}=\boldsymbol{O}\left[\begin{pmatrix}s_1 & \mathrm{i}t_1\\ -\mathrm{i}t_1 & s_1\end{pmatrix},\begin{pmatrix}s_2 & \mathrm{i}t_2\\ -\mathrm{i}t_2 & s_2\end{pmatrix},\cdots,\begin{pmatrix}s_q & \mathrm{i}t_q\\ -\mathrm{i}t_q & s_q\end{pmatrix};s_{2q+1},\cdots,s_n\right]\boldsymbol{O}^{-1} \tag{8}$$

另外,在等式(6) 的第一个式子中代入 $\boldsymbol{S}$ 与 $\boldsymbol{T}$ 的表示式(7),我们得出

$$s_1^2-t_1^2=1,s_2^2-t_2^2=1,\cdots,s_q^2-t_q^2=1;s_{2q+1}=\pm1,\cdots,s_n=\pm1 \tag{9}$$

不难证明,在 $s^2-t^2=1$ 时,$\begin{pmatrix}s & \mathrm{i}t\\ -\mathrm{i}t & s\end{pmatrix}$ 形的矩阵常可表示为形式

$$\begin{pmatrix}s & \mathrm{i}t\\ -\mathrm{i}t & s\end{pmatrix}=\varepsilon\mathrm{e}^{\mathrm{i}\begin{pmatrix}0 & \varphi\\ -\varphi & 0\end{pmatrix}}$$

其中 $\qquad |s|=\cosh\varphi,\varepsilon t=\sinh\varphi,\varepsilon=$ 符号 s

故由式(8) 与式(9),我们得出

$$\boldsymbol{G}=\boldsymbol{O}\left(\pm\mathrm{e}^{\mathrm{i}\begin{pmatrix}0 & \varphi_1\\ -\varphi_1 & 0\end{pmatrix}},\pm\mathrm{e}^{\mathrm{i}\begin{pmatrix}0 & \varphi_2\\ -\varphi_2 & 0\end{pmatrix}},\cdots,\pm\mathrm{e}^{\mathrm{i}\begin{pmatrix}0 & \varphi_q\\ -\varphi_q & 0\end{pmatrix}};\pm1,\cdots,\pm1\right)\boldsymbol{O}^{-1} \tag{10}$$

---

① 即 $\boldsymbol{G}$ 为正定埃尔米特型的系数矩阵(参考第 10 章, § 9).

② 参考第 9 章(§ 15 末尾) 定理 12′ 的注.

亦即 $$\boldsymbol{G}=\boldsymbol{I}\mathrm{e}^{\mathrm{i}\boldsymbol{K}}$$

其中

$$\begin{cases}\boldsymbol{I}=\boldsymbol{O}(\pm 1,\pm 1,\cdots,\pm 1)\boldsymbol{O}^{-1}\\ \boldsymbol{K}=\boldsymbol{O}\left\{\begin{pmatrix}0 & \varphi_1\\ -\varphi_1 & 0\end{pmatrix},\cdots,\begin{pmatrix}0 & \varphi_q\\ -\varphi_q & 0\end{pmatrix};0,\cdots,0\right\}\boldsymbol{O}^{-1}\end{cases}\tag{11}$$

且有 $$\boldsymbol{IK}=\boldsymbol{KI}$$

由式(11) 推得等式(2).

2° 如果补充一个条件,已知 $\boldsymbol{G}$ 是正定埃尔米特矩阵,那么可以断定矩阵 $\boldsymbol{G}$ 的所有特征数都是正的(第9章,§11,定理7). 但由公式(10) 知,这些特征数为

$$\pm\mathrm{e}^{\varphi_1},\pm\mathrm{e}^{\varphi_1},\pm\mathrm{e}^{\varphi_2},\pm\mathrm{e}^{\varphi_2},\cdots,\pm\mathrm{e}^{\varphi_q},\pm\mathrm{e}^{-\varphi_q};\pm 1,\cdots,\pm 1$$

(此处的符号对应于式(10) 中的符号).

故在公式(10) 与公式(11) 中所有有"±" 号的地方都只保持"+" 号. 因此

$$\boldsymbol{I}=\boldsymbol{O}(1,1,\cdots,1)\boldsymbol{O}^{-1}=\boldsymbol{E}$$

这就是所要证明的结果.

引理得证.

利用引理可以证明以下定理:

定理 1 复正交矩阵 $\boldsymbol{O}$ 常可表示为以下形式

$$\boldsymbol{O}=\boldsymbol{R}\mathrm{e}^{\mathrm{i}\boldsymbol{K}}\tag{12}$$

其中 $\boldsymbol{R}$ 为实正交矩阵,而 $\boldsymbol{K}$ 为实反对称矩阵,且有

$$\boldsymbol{R}=\overline{\boldsymbol{R}}-\boldsymbol{R}^{\mathrm{T}^{-1}},\boldsymbol{K}=\overline{\boldsymbol{K}}=-\boldsymbol{K}'\tag{13}$$

证明 我们假设式(12) 成立. 那么

$$\boldsymbol{O}^{*}=\overline{\boldsymbol{O}}'=\mathrm{e}^{\mathrm{i}\boldsymbol{K}}\boldsymbol{R}'$$

故有 $$\boldsymbol{O}^{*}\boldsymbol{O}=\mathrm{e}^{\mathrm{i}\boldsymbol{K}}\boldsymbol{R}'\boldsymbol{R}\mathrm{e}^{\mathrm{i}\boldsymbol{K}}=\mathrm{e}^{2\mathrm{i}\boldsymbol{K}}$$

现在由前面的引理知所求的实反对称矩阵 $\boldsymbol{K}$ 可由以下等式确定

$$\boldsymbol{O}^{*}\boldsymbol{O}=\mathrm{e}^{2\mathrm{i}\boldsymbol{K}}\tag{14}$$

因为矩阵 $\boldsymbol{O}^{*}\boldsymbol{O}$ 是正交的正定埃尔米特矩阵[①]. 从式(14) 定出矩阵 $\boldsymbol{K}$ 以后,我们从式(12) 求得 $\boldsymbol{R}$

$$\boldsymbol{R}=\boldsymbol{O}\mathrm{e}^{-\mathrm{i}\boldsymbol{K}}\tag{15}$$

那么 $$\boldsymbol{R}^{*}\boldsymbol{R}=\mathrm{e}^{-\mathrm{i}\boldsymbol{K}}\boldsymbol{O}^{*}\boldsymbol{O}\mathrm{e}^{-\mathrm{i}\boldsymbol{K}}=\boldsymbol{E}$$

亦即 $\boldsymbol{R}$ 是一个 $U-$矩阵. 另外,由式(15) 知矩阵 $\boldsymbol{R}$ 是两个正交矩阵的乘积,故为一个正交矩阵:$\boldsymbol{R}'\boldsymbol{R}=\boldsymbol{E}$. 这样一来,$\boldsymbol{R}$ 同时是正交矩阵与 $U-$ 矩阵,因而是实正交的. 公式(15) 可以写为式(12) 的形式.

---

① 复正交矩阵 $\boldsymbol{O}$ 是满秩的,因为从等式 $\boldsymbol{OO}=\boldsymbol{E}$ 推出 $|\boldsymbol{O}|=\pm 1$.

定理得证[①].

现在来建立以下引理.

引理 2 如果矩阵 $\boldsymbol{D}$ 同时是一个对称矩阵与 U－矩阵($\boldsymbol{D}=\boldsymbol{D}'=\overline{\boldsymbol{D}}^{-1}$),那么它常可表示为以下形式

$$\boldsymbol{D}=\mathrm{e}^{\mathrm{i}\boldsymbol{S}} \tag{16}$$

其中 $\boldsymbol{S}$ 是一个实对称矩阵($\boldsymbol{S}=\overline{\boldsymbol{S}}=\boldsymbol{S}'$).

证明 设

$$\boldsymbol{D}=\boldsymbol{U}+\mathrm{i}\boldsymbol{V}\quad(\boldsymbol{U}=\overline{\boldsymbol{U}},\boldsymbol{V}=\overline{\boldsymbol{V}}) \tag{17}$$

那么

$$\overline{\boldsymbol{D}}=\boldsymbol{U}-\mathrm{i}\boldsymbol{V},\boldsymbol{D}'=\boldsymbol{U}'+\mathrm{i}\boldsymbol{V}'$$

复数等式 $\boldsymbol{D}=\boldsymbol{D}'$ 分解为两个实数等式

$$\boldsymbol{U}=\boldsymbol{U}',\boldsymbol{V}=\boldsymbol{V}'$$

这样一来,$\boldsymbol{U}$ 与 $\boldsymbol{V}$ 都是实对称矩阵.

由等式 $\boldsymbol{D}\overline{\boldsymbol{D}}=\boldsymbol{E}$ 推得

$$\boldsymbol{U}^2+\boldsymbol{V}^2=\boldsymbol{E},\boldsymbol{U}\boldsymbol{V}=\boldsymbol{V}\boldsymbol{U} \tag{18}$$

根据以上等式的第二个公式知矩阵 $\boldsymbol{U}$ 与 $\boldsymbol{V}$ 是可交换的.对它们应用第 9 章(§15 末尾)的定理 12′(与其注),我们得出

$$\boldsymbol{U}=\boldsymbol{O}(s_1,s_2,\cdots,s_n)\boldsymbol{O}^{-1},\boldsymbol{V}=\boldsymbol{O}(t_1,t_2,\cdots,t_n)\boldsymbol{O}^{-1} \tag{19}$$

此处 $\boldsymbol{O}=\overline{\boldsymbol{O}}=\boldsymbol{O}^{\mathrm{T}^{-1}}$,$s_k$ 与 $t_k(k=1,2,\cdots,n)$ 都是实数.现在等式(18)的第一个式子给出

$$s_k^2+t_k^2=1\quad(k=1,2,\cdots,n)$$

故有这样的实数 $\varphi_k(k=1,2,\cdots,n)$ 存在,使得

$$s_k=\cos\varphi_k,t_k=\sin\varphi_k\quad(k=1,2,\cdots,n)$$

在式(19)中代入 s_k 与 t_k 的表示式且应用式(17),我们求得

$$\boldsymbol{D}=\boldsymbol{O}(\mathrm{e}^{\mathrm{i}\varphi_1},\mathrm{e}^{\mathrm{i}\varphi_2},\cdots,\mathrm{e}^{\mathrm{i}\varphi_n})\boldsymbol{O}^{-1}=\mathrm{e}^{\mathrm{i}\boldsymbol{S}}$$

其中

$$\boldsymbol{S}=\boldsymbol{O}(\varphi_1,\varphi_2,\cdots,\varphi_n)\boldsymbol{O}^{-1} \tag{20}$$

由式(20)得出 $\boldsymbol{S}=\overline{\boldsymbol{S}}=\boldsymbol{S}'$.

引理得证.

应用这个引理,我们来证明以下定理:

定理 2 U－矩阵 $\boldsymbol{U}$ 常可表示为以下形式

$$\boldsymbol{U}=\boldsymbol{R}\mathrm{e}^{\mathrm{i}\boldsymbol{S}} \tag{21}$$

其中 $\boldsymbol{R}$ 是实正交矩阵,$\boldsymbol{S}$ 是一个实对称矩阵

---

① 公式(12)有如复矩阵的极分解式(对应于第 9 章,§12 的公式(87)与公式(88)),与重要的嘉当定理有密切关系,该定理建立了复半单李群自同构的著名表示式.

$$\boldsymbol{R}=\bar{\boldsymbol{R}}=\boldsymbol{R}^{\mathrm{T}^{-1}},\boldsymbol{S}=\bar{\boldsymbol{S}}=\boldsymbol{S}' \tag{22}$$

证明 从式(21) 得出

$$\boldsymbol{U}'=\mathrm{e}^{\mathrm{i}\boldsymbol{S}}\boldsymbol{R}' \tag{23}$$

逐项乘式(21) 与式(23),由式(22) 得出

$$\boldsymbol{U}'\boldsymbol{U}=\mathrm{e}^{\mathrm{i}\boldsymbol{S}}\boldsymbol{R}'\boldsymbol{R}\mathrm{e}^{\mathrm{i}\boldsymbol{S}}=\mathrm{e}^{2\mathrm{i}\boldsymbol{S}}$$

根据引理 2,实对称矩阵 $\boldsymbol{S}$ 可以由以下方程定出

$$\boldsymbol{U}'\boldsymbol{U}=\mathrm{e}^{2\mathrm{i}\boldsymbol{S}} \tag{24}$$

因为矩阵 $\boldsymbol{U}'\boldsymbol{U}$ 是一个对称 $U-$ 矩阵. 决定矩阵 $\boldsymbol{S}$ 之后,我们用以下等式来定出矩阵 $\boldsymbol{R}$

$$\boldsymbol{R}=\boldsymbol{U}\mathrm{e}^{-\mathrm{i}\boldsymbol{S}} \tag{25}$$

那么

$$\boldsymbol{R}'=\mathrm{e}^{-\mathrm{i}\boldsymbol{S}}\boldsymbol{U}' \tag{26}$$

因而由式(24)(25) 与式(26) 推得

$$\boldsymbol{R}'\boldsymbol{R}=\mathrm{e}^{-\mathrm{i}\boldsymbol{S}}\boldsymbol{U}'\boldsymbol{U}\mathrm{e}^{-\mathrm{i}\boldsymbol{S}}=\boldsymbol{E}$$

亦即 $\boldsymbol{R}$ 是一个正交矩阵.

另外,根据式(25) 知 $\boldsymbol{R}$ 是两个 $U-$ 矩阵的乘积,故知 $\boldsymbol{R}$ 亦是一个 $U-$ 矩阵. 因为 $\boldsymbol{R}$ 同时是正交矩阵与 $U-$ 矩阵,所以 $\boldsymbol{R}$ 是一个实矩阵. 式(25) 可以写为式(21) 的形式.

定理得证.

§2 复矩阵的极分解式

我们来证明以下定理:

定理 3 如果 $\boldsymbol{A}=(a_{ik})_1^n$ 是元素为复数的满秩矩阵,那么

$$\boldsymbol{A}=\boldsymbol{S}\boldsymbol{O} \tag{27}$$

和

$$\boldsymbol{A}=\boldsymbol{O}_1\boldsymbol{S}_1 \tag{28}$$

其中 $\boldsymbol{S}$ 与 $\boldsymbol{S}_1$ 为复对称矩阵,$\boldsymbol{O}$ 与 $\boldsymbol{O}_1$ 为复正交矩阵. 而且

$$\boldsymbol{S}=\sqrt{\boldsymbol{A}\boldsymbol{A}'}=f(\boldsymbol{A}\boldsymbol{A}'),\boldsymbol{S}_1=\sqrt{\boldsymbol{A}'\boldsymbol{A}}=f_1(\boldsymbol{A}'\boldsymbol{A})$$

其中 $f(\lambda),f_1(\lambda)$ 为 λ 的一些多项式.

在分解式(27) 中(在分解式(28) 中),因子 $\boldsymbol{S}$ 与 $\boldsymbol{O}$($\boldsymbol{S}_1$ 与 $\boldsymbol{O}_1$) 彼此可交换的充分必要条件是矩阵 $\boldsymbol{A}$ 与 $\boldsymbol{A}'$ 彼此可交换.

证明 只要建立分解式(27) 就已足够,因为应用这个分解式于矩阵 $\boldsymbol{A}'$,并由所得公式确定矩阵 $\boldsymbol{A}$ 后,就得出分解式(28).

如果式(27) 成立,那么

$$\boldsymbol{A}=\boldsymbol{S}\boldsymbol{O},\boldsymbol{A}'=\boldsymbol{O}^{-1}\boldsymbol{S}$$

故有

$$AA' = S^2 \tag{29}$$

反之,因为 AA' 是满秩矩阵($|AA'| = |A|^2 \neq 0$),所以函数$\sqrt{\lambda}$ 确定于这一矩阵的影谱上[①],故有这样的内插多项式 $f(\lambda)$ 存在,使得

$$\sqrt{AA'} = f(AA') \tag{30}$$

以

$$S = \sqrt{AA'}$$

记对称矩阵(30),那么式(29) 成立,因而 $|S| \neq 0$. 由等式(27) 定出矩阵 O

$$O = S^{-1}A$$

容易验证这个矩阵是正交的. 这样一来,分解式(27) 已经得出.

如果在分解式(27) 中,因子 S 与 O 彼此可交换,那么矩阵

$$A = SO \text{ 与 } A' = O^{-1}S$$

亦彼此可交换,因为

$$AA' = S^2, A'A = O^{-1}S^2O$$

反之,如果 $AA' = A'A$,那么

$$S^2 = O^{-1}S^2O$$

亦即矩阵 O 与 $S^2 = AA'$ 可交换. 但这时矩阵 O 与矩阵 $S = f(AA')$ 可交换.

这样一来,定理得证.

我们应用极分解式来证明以下定理:

定理 4 如果两个复对称或反对称或正交的矩阵相似

$$B = T^{-1}AT \tag{31}$$

那么这两个矩阵是正交相似的,亦即有这样的正交矩阵 O 存在,使得

$$B = O^{-1}AO \tag{32}$$

证明 由定理的条件知,有这样的多项式 $q(\lambda)$ 存在,使得

$$A' = q(A), B' = q(B) \tag{33}$$

对于对称矩阵,多项式 $q(\lambda)$ 恒等于 λ,而对于反对称矩阵,多项式 $q(\lambda)$ 恒等于 $-\lambda$. 如果 A 与 B 是正交矩阵,那么 $q(\lambda)$ 是在矩阵 A 与 B 的公共影谱上对于$\frac{1}{\lambda}$的内插多项式.

应用等式(33),与第 9 章中(§14) 关于实矩阵的定理 10 的证明相类似,得出这个定理的证明. 由式(31) 得出

$$q(B) = T^{-1}q(A)T$$

---

① 参考第 5 章,§1. 我们取函数$\sqrt{\lambda}$ 为在一个单连通域内的单值分支,这一区域含有矩阵 AA' 的全部特征数,而不含数零.

或由式(33),得出

$$\boldsymbol{B}'=\boldsymbol{T}^{-1}\boldsymbol{A}'\boldsymbol{T}$$

因此,有

$$\boldsymbol{B}=\boldsymbol{T}'\boldsymbol{A}\boldsymbol{T}^{\mathrm{T}^{-1}}$$

比较这个等式与式(31),容易求得

$$\boldsymbol{T}\boldsymbol{T}'\boldsymbol{A}=\boldsymbol{A}\boldsymbol{T}\boldsymbol{T}' \tag{34}$$

对满秩矩阵 $\boldsymbol{T}$ 应用极分解式

$$\boldsymbol{T}=\boldsymbol{S}\boldsymbol{O},\boldsymbol{O}'=\boldsymbol{O}^{-1}\quad(\boldsymbol{S}=\boldsymbol{S}'=f(\boldsymbol{T}\boldsymbol{T}'))$$

因为根据式(34)知,矩阵 $\boldsymbol{T}\boldsymbol{T}'$ 与 $\boldsymbol{A}$ 可交换,所以矩阵 $\boldsymbol{S}=f(\boldsymbol{T}\boldsymbol{T}')$ 亦与 $\boldsymbol{A}$ 可交换. 故在式(31)中代入 $\boldsymbol{T}$ 的表示式 $\boldsymbol{S}\boldsymbol{O}$,我们有

$$\boldsymbol{B}=\boldsymbol{O}^{-1}\boldsymbol{S}^{-1}\boldsymbol{A}\boldsymbol{S}\boldsymbol{O}=\boldsymbol{O}^{-1}\boldsymbol{A}\boldsymbol{O}$$

定理得证.

§3 复对称矩阵的范式

我们证明以下定理:

定理 5 有任何事先给定的初等因子的复对称矩阵存在.

证明 讨论 n 阶矩阵 $\boldsymbol{H}$,在其第一超对角线上的元素全等于1,而所有其余元素全等于零. 我们来证明,存在对称矩阵 $\boldsymbol{S}$ 与矩阵 $\boldsymbol{H}$ 相似

$$\boldsymbol{S}=\boldsymbol{T}\boldsymbol{H}\boldsymbol{T}^{-1} \tag{35}$$

变换矩阵 $\boldsymbol{T}$ 可从以下条件出发来求得

$$\boldsymbol{S}=\boldsymbol{T}\boldsymbol{H}\boldsymbol{T}^{-1}=\boldsymbol{S}'=\boldsymbol{T}^{\mathrm{T}^{-1}}\boldsymbol{H}'\boldsymbol{T}'$$

这个条件可写为

$$\boldsymbol{V}\boldsymbol{H}=\boldsymbol{H}'\boldsymbol{V} \tag{36}$$

其中 $\boldsymbol{V}$ 为对称矩阵,与 $\boldsymbol{T}$ 有以下关系

$$\boldsymbol{T}'\boldsymbol{T}=-2\mathrm{i}\boldsymbol{V}^{①} \tag{37}$$

回想一下矩阵 $\boldsymbol{H}$ 与 $\boldsymbol{F}=\boldsymbol{H}$ 的性质(第1章,§3,1),我们求得矩阵方程(36)的任一解 $\boldsymbol{V}$ 有以下形式

$$\boldsymbol{V}=\begin{pmatrix}\mathbf{0} & & & a_0\\ & & \iddots & a_1\\ & \iddots & \iddots & \vdots\\ a_0 & a_1 & \cdots & a_{n-1}\end{pmatrix} \tag{38}$$

其中 $a_0,a_1,\cdots,a_{n-1}$ 为任意复数.

因为我们只要找到一个变换矩阵 $\boldsymbol{T}$ 就已足够,故在这个公式中令 $a_0=1$,

① 为了简化以后的公式,此处引进因子 $-2\mathrm{i}$ 较为方便.

$a_1 = \cdots = a_{n-1} = 0$，即用以下等式来定义矩阵 $\boldsymbol{V}$[①]

$$\boldsymbol{V} = \begin{bmatrix} \boldsymbol{0} & & 1 \\ & \cdot^{\cdot^{\cdot}} & \\ 1 & & \boldsymbol{0} \end{bmatrix} \tag{39}$$

此外，变换矩阵 $\boldsymbol{T}$ 将从矩阵的对称形式

$$\boldsymbol{T} = \boldsymbol{T}' \tag{40}$$

来得出.此时关于 $\boldsymbol{T}$ 的方程(37) 可写为

$$\boldsymbol{T}^2 = -2\mathrm{i}\boldsymbol{V} \tag{41}$$

现在未知矩阵 $\boldsymbol{T}$ 可用 $\boldsymbol{V}$ 的多项式来求出.因为 $\boldsymbol{V}^2 = \boldsymbol{E}$，可取以下一次多项式来作为这样的多项式

$$\boldsymbol{T} = \alpha\boldsymbol{E} + \beta\boldsymbol{V}$$

从方程(41) 考虑到等式 $\boldsymbol{V}^2 = \boldsymbol{E}$，我们得出

$$\alpha^2 + \beta^2 = 0, 2\alpha\beta = -2\mathrm{i}$$

我们取 $\alpha = 1, \beta = -\mathrm{i}$ 就能适合这些关系式.故有

$$\boldsymbol{T} = \boldsymbol{E} - \mathrm{i}\boldsymbol{V} \tag{42}$$

$\boldsymbol{T}$ 是一个满秩对称矩阵[②].同时由式(41) 得：$\boldsymbol{T}^{-1} = \frac{1}{2}\mathrm{i}\boldsymbol{V}^{-1}\boldsymbol{T} = \frac{1}{2}\mathrm{i}\boldsymbol{V}\boldsymbol{T}$，亦即

$$\boldsymbol{T}^{-1} = \frac{1}{2}(\boldsymbol{E} + \mathrm{i}\boldsymbol{V}) \tag{43}$$

这样一来，可由以下等式定出矩阵 $\boldsymbol{H}$ 的对称式 $\boldsymbol{S}$

$$\boldsymbol{S} = \boldsymbol{T}\boldsymbol{H}\boldsymbol{T}^{-1} = \frac{1}{2}(\boldsymbol{E} - \mathrm{i}\boldsymbol{V})\boldsymbol{H}(\boldsymbol{E} + \mathrm{i}\boldsymbol{V}), \boldsymbol{V} = \begin{bmatrix} \boldsymbol{0} & & 1 \\ & \cdot^{\cdot^{\cdot}} & \\ 1 & & \boldsymbol{0} \end{bmatrix} \tag{44}$$

因为矩阵 $\boldsymbol{H}$ 适合方程(36) 且有 $\boldsymbol{V}^2 = \boldsymbol{E}$，所以等式(44) 还可以写为

$$2\boldsymbol{S} = (\boldsymbol{H} + \boldsymbol{H}') + \mathrm{i}(\boldsymbol{H}\boldsymbol{V} - \boldsymbol{V}\boldsymbol{H}) =$$

$$\begin{bmatrix} 0 & 1 & \cdots & 0 \\ 1 & \ddots & \ddots & \vdots \\ \vdots & \ddots & \ddots & 1 \\ 0 & \cdots & 1 & 0 \end{bmatrix} + \mathrm{i}\begin{bmatrix} 0 & \cdots & 1 & 0 \\ \vdots & \cdot^{\cdot^{\cdot}} & \cdot^{\cdot^{\cdot}} & -1 \\ 1 & \cdot^{\cdot^{\cdot}} & \cdot^{\cdot^{\cdot}} & \vdots \\ 0 & -1 & \cdots & 0 \end{bmatrix} \tag{45}$$

公式(45) 给出矩阵 $\boldsymbol{H}$ 的对称式 $\boldsymbol{S}$.

如果 n 是矩阵 $\boldsymbol{H}$ 的阶($\boldsymbol{H} = \boldsymbol{H}^{(n)}$)，那么对应的矩阵 $\boldsymbol{T}, \boldsymbol{V}$ 与 $\boldsymbol{S}$ 记为：$\boldsymbol{T}^{(n)}, \boldsymbol{V}^{(n)}$

① 矩阵 $\boldsymbol{V}$ 同时是对称的和正交的.

② 矩阵 $\boldsymbol{T}$ 的满秩性可从式(41) 得出，因为 $\boldsymbol{V}$ 是一个满秩矩阵.

与 $\boldsymbol{S}^{(n)}$.

设给予任何初等因子

$$(\lambda-\lambda_1)^{p_1},(\lambda-\lambda_2)^{p_2},\cdots,(\lambda-\lambda_u)^{p_u} \tag{46}$$

建立对应的若尔当矩阵

$$\boldsymbol{J}=(\lambda_1\boldsymbol{E}^{(p_1)}+\boldsymbol{H}^{(p_1)},\lambda_2\boldsymbol{E}^{(p_2)}+\boldsymbol{H}^{(p_2)},\cdots,\lambda_u\boldsymbol{E}^{(p_u)}+\boldsymbol{H}^{(p_u)})$$

对于每一个矩阵 $\boldsymbol{H}^{(p_j)}$ 引进对应的对称式 $\boldsymbol{S}^{(p_j)}$. 由

$$\boldsymbol{S}^{(p_j)}=\boldsymbol{T}^{(p_j)}\boldsymbol{H}^{(p_j)}[\boldsymbol{T}^{(p_j)}]^{-1}\quad(j=1,2,\cdots,u)$$

得出

$$\lambda_j\boldsymbol{E}^{(p_j)}+\boldsymbol{S}^{(p_j)}=\boldsymbol{T}^{(p_j)}[\lambda_j\boldsymbol{E}^{(p_j)}+\boldsymbol{H}^{(p_j)}][\boldsymbol{T}^{(p_j)}]^{-1}$$

故如取

$$\tilde{\boldsymbol{S}}=(\lambda_1\boldsymbol{E}^{(p_1)}+\boldsymbol{S}^{(p_1)},\lambda_2\boldsymbol{E}^{(p_2)}+\boldsymbol{S}^{(p_2)},\cdots,\lambda_u\boldsymbol{E}^{(p_u)}+\boldsymbol{S}^{(p_u)}) \tag{47}$$

$$\boldsymbol{T}=(\boldsymbol{T}^{(p_1)},\boldsymbol{T}^{(p_2)},\cdots,\boldsymbol{T}^{(p_u)}) \tag{48}$$

我们就有

$$\tilde{\boldsymbol{S}}=\boldsymbol{T}\boldsymbol{J}\boldsymbol{T}^{-1}$$

$\tilde{\boldsymbol{S}}$ 是若尔当矩阵 $\boldsymbol{J}$ 的对称式. 矩阵 $\tilde{\boldsymbol{S}}$ 与矩阵 $\boldsymbol{J}$ 相似且与矩阵 $\boldsymbol{J}$ 有相同的初等因子(46).

定理得证.

推论 1 任意复方阵 $\boldsymbol{A}=(a_{ik})_1^n$ 相似于对称矩阵.

应用定理 4,我们得出:

推论 2 任意复对称矩阵 $\boldsymbol{S}=(s_{ik})_1^n$ 正交相似于有范式 $\tilde{\boldsymbol{S}}$ 的对称矩阵,亦即有这样的正交矩阵 $\boldsymbol{O}$ 存在,使得

$$\boldsymbol{S}=\boldsymbol{O}\tilde{\boldsymbol{S}}\boldsymbol{O}^{-1} \tag{49}$$

复对称矩阵的范式有拟对角形

$$\tilde{\boldsymbol{S}}=(\lambda_1\boldsymbol{E}^{(p_1)}+\boldsymbol{S}^{(p_1)},\lambda_2\boldsymbol{E}^{(p_2)}+\boldsymbol{S}^{(p_2)},\cdots,\lambda_u\boldsymbol{E}^{(p_u)}+\boldsymbol{S}^{(p_u)}) \tag{50}$$

其中子块 $\boldsymbol{S}^{(p)}$ 是这样定出的(参考式(44)(45))

$$\begin{aligned}\boldsymbol{S}^{p}=&\frac{1}{2}[\boldsymbol{E}^{p}-\mathrm{i}\boldsymbol{V}^{(p)}]\boldsymbol{H}^{(p)}[\boldsymbol{E}^{(p)}+\mathrm{i}\boldsymbol{V}^{(p)}]=\\&\frac{1}{2}[\boldsymbol{H}^{(p)}+\boldsymbol{H}^{(p)\prime}+\mathrm{i}(\boldsymbol{H}^{(p)}\boldsymbol{V}^{(p)}-\boldsymbol{V}^{(p)}\boldsymbol{H}^{(p)})]=\\&\frac{1}{2}\left\{\begin{pmatrix}0&1&\cdots&0\\1&\ddots&\ddots&\vdots\\\vdots&\ddots&\ddots&1\\0&\cdots&1&0\end{pmatrix}+\mathrm{i}\begin{pmatrix}0&\cdots&1&0\\\vdots&\unicode{x22F0}&\unicode{x22F0}&-1\\1&\unicode{x22F0}&\unicode{x22F0}&\vdots\\0&-1&\cdots&0\end{pmatrix}\right\}\end{aligned} \tag{51}$$

§4 复反对称矩阵的范式

先要弄清楚对于反对称矩阵的初等因子有些什么限制.此时我们将依据以下定理:

定理 6 反对称矩阵的秩永远是一个偶数.

证明 设反对称矩阵 $\boldsymbol{K}$ 有秩 r. 那么在矩阵 $\boldsymbol{K}$ 的行中有 r 个序数为 $\boldsymbol{i}_1$, $\boldsymbol{i}_2,\cdots,\boldsymbol{i}_r$ 的行是线性无关的;所有其余的行是这些行的线性组合.因为矩阵 $\boldsymbol{K}$ 的列可以从对应的行乘以因子 -1 来得出,所以矩阵 $\boldsymbol{K}$ 的任一列都是序数为 $\boldsymbol{i}_1$, $\boldsymbol{i}_2,\cdots,\boldsymbol{i}_r$ 的列的线性组合.故矩阵 $\boldsymbol{K}$ 的任何一个 r 阶子式可以表示为

$$\alpha\boldsymbol{K}\begin{pmatrix}\boldsymbol{i}_1 & \boldsymbol{i}_2 & \cdots & \boldsymbol{i}_r\\ \boldsymbol{i}_1 & \boldsymbol{i}_2 & \cdots & \boldsymbol{i}_r\end{pmatrix}$$

其中 α 是一个数.故知

$$\boldsymbol{K}\begin{pmatrix}\boldsymbol{i}_1 & \boldsymbol{i}_2 & \cdots & \boldsymbol{i}_r\\ \boldsymbol{i}_1 & \boldsymbol{i}_2 & \cdots & \boldsymbol{i}_r\end{pmatrix}\neq 0$$

但是奇数阶反对称行列式常等于零,故知 r 是一个偶数.

定理得证.

定理 7 1° 如果 λ_0 是反对称矩阵 $\boldsymbol{K}$ 的特征数且有对应的初等因子

$$(\lambda-\lambda_0)^{f_1},(\lambda-\lambda_0)^{f_2},\cdots,(\lambda-\lambda_0)^{f_t}$$

那么 λ_0 亦对应于矩阵 $\boldsymbol{K}$ 中同次的初等因子

$$(\lambda+\lambda_0)^{f_1},(\lambda+\lambda_0)^{f_2},\cdots,(\lambda+\lambda_0)^{f_t}$$

2° 如果零是反对称矩阵 $\boldsymbol{K}$ 的特征数[①],那么矩阵 $\boldsymbol{K}$ 中对应于特征数零的初等因子中的所有偶数方次初等因子都重复偶数次.

证明 1° 转置矩阵 $\boldsymbol{K}'$ 与矩阵 $\boldsymbol{K}$ 有相同的初等因子.但 $\boldsymbol{K}'=-\boldsymbol{K}$,矩阵 $-\boldsymbol{K}$ 的初等因子都可从矩阵 $\boldsymbol{K}$ 的初等因子来得出.如果 $\boldsymbol{K}$ 的全部特征数 $\lambda_1,\lambda_2,\cdots$ 换为 $-\lambda_1,-\lambda_2,\cdots$,得出定理的第一部分.

2° 设矩阵 $\boldsymbol{K}$ 的特征数零对应于 δ_1 个 λ 形初等因子,δ_2 个 λ^2 形初等因子,诸如此类.一般地,我们以 δ_p 记 λ^p 形初等因子的个数($p=1,2,\cdots$).我们来证明 $\delta_2,\delta_4,\cdots$ 都是偶数.

矩阵 $\boldsymbol{K}$ 的亏数等于对应于特征数零的线性无关的特征向量的个数,亦即形为 $\lambda,\lambda^2,\lambda^3,\cdots$ 的初等因子的个数.故有

$$d=\delta_1+\delta_2+\delta_3+\cdots \tag{52}$$

因为由定理 6 知,矩阵 $\boldsymbol{K}$ 的秩 r 是一个偶数,而 $d=n-r$,故数 d 与数 n 有相

---

① 即 $|\boldsymbol{K}|=0$. 当 n 为奇数时常有 $|\boldsymbol{K}|=0$.

同的奇偶性.同样的论断对于矩阵 $\boldsymbol{K}^3,\boldsymbol{K}^5,\cdots$ 的亏数 $\alpha_3,\alpha_5,\cdots$ 亦是成立的,因为反对称矩阵的奇数次方仍然是一个反对称矩阵.因此,数 $d_1=d,d_3,d_5,\cdots$ 都有相同的奇偶性.

另外,把矩阵 $\boldsymbol{K}$ 乘 m 次后,这个矩阵的每一个初等因子 λ^p 当 $p<m$ 时被分解为 p 个初等因子(一次的),而当 $p\geqslant m$ 时被分解为 m 个初等因子[①].故矩阵 $\boldsymbol{K},\boldsymbol{K}^3,\cdots$ 中形为 λ 次方的初等因子的个数由以下诸公式所确定[②]

$$\begin{cases}d_3=\delta_1+2\delta_2+3(\delta_3+\delta_4+\cdots)\\ d_5=\delta_1+2\delta_2+3\delta_3+4\delta_4+5(\delta_5+\delta_6+\cdots)\\ \qquad\vdots\end{cases}\tag{53}$$

比较式(52)与式(53)且注意 $d_1=d,d_3,d_5,\cdots$ 都有相同的奇偶性,易知 $\delta_2,\delta_4,\cdots$ 都是偶数.

定理得证.

定理 7 有以下逆定理:

定理 8 预先任意给予适合上面定理中限制 1°,2° 的一些初等因子,那么一定有反对称矩阵存在,且以这些初等因子为其全部初等因子.

证明 首先求出 $2p$ 阶拟对角矩阵

$$\boldsymbol{J}_{\lambda_0}^{(pp)}=(\lambda_0\boldsymbol{E}+\boldsymbol{H},-\lambda_0\boldsymbol{E}-\boldsymbol{H})\tag{54}$$

的反对称式,它有两个初等因子 $(\lambda-\lambda_0)^p$ 与 $(\lambda+\lambda_0)^p$.此处 $\boldsymbol{E}=\boldsymbol{E}^{(p)},\boldsymbol{H}=\boldsymbol{H}^{(p)}$.

我们要找到这样的变换矩阵 $\boldsymbol{T}$,使得矩阵

$$\boldsymbol{T}\boldsymbol{J}_{\lambda_0}^{(pp)}\boldsymbol{T}^{-1}$$

是反对称的,亦即有以下等式

$$\boldsymbol{T}\boldsymbol{J}_{\lambda_0}^{(pp)}\boldsymbol{T}^{-1}+\boldsymbol{T}^{\mathrm{T}^{-1}}[\boldsymbol{J}_{\lambda_0}^{(pp)}]'\boldsymbol{T}'=\boldsymbol{0}$$

或

$$\boldsymbol{W}\boldsymbol{J}_{\lambda_0}^{(pp)}+[\boldsymbol{J}_{\lambda_0}^{(pp)}]'\boldsymbol{W}=\boldsymbol{0}\tag{55}$$

其中 $\boldsymbol{W}$ 是一个对称矩阵,它与矩阵 $\boldsymbol{T}$ 有等式关系[③]

$$\boldsymbol{T}\boldsymbol{T}'=-2\mathrm{i}\boldsymbol{W}\tag{56}$$

分解矩阵 $\boldsymbol{W}$ 为四个方块,每一个块都是 p 阶的

$$\boldsymbol{W}=\begin{pmatrix}\boldsymbol{W}_{11}&\boldsymbol{W}_{12}\\ \boldsymbol{W}_{21}&\boldsymbol{W}_{22}\end{pmatrix}$$

所以式(55)可以写为

$$\begin{pmatrix}\boldsymbol{W}_{11}&\boldsymbol{W}_{12}\\ \boldsymbol{W}_{21}&\boldsymbol{W}_{22}\end{pmatrix}\begin{pmatrix}\lambda_0\boldsymbol{E}+\boldsymbol{H}&\boldsymbol{0}\\ \boldsymbol{0}&-\lambda_0\boldsymbol{E}-\boldsymbol{H}\end{pmatrix}+$$

---

① 参考第 6 章,§7,定理 9.

② 这些公式(不用援引定理 9)已经在第 6 章中得出(参考第 6 章,§7).

③ 参考 §3 中的第一个足注.

$$\begin{pmatrix}\lambda_0\boldsymbol{E}+\boldsymbol{H}' & \boldsymbol{0}\\ \boldsymbol{0} & -\lambda_0\boldsymbol{E}-\boldsymbol{H}'\end{pmatrix}\begin{pmatrix}\boldsymbol{W}_{11} & \boldsymbol{W}_{12}\\ \boldsymbol{W}_{21} & \boldsymbol{W}_{22}\end{pmatrix}=\boldsymbol{0} \tag{57}$$

在矩阵方程(57)的左边对块矩阵施行运算，我们可以换这一方程为含有四个方程的矩阵方程组

$$\begin{cases}(1)\boldsymbol{H}'\boldsymbol{W}_{11}+\boldsymbol{W}_{11}(2\lambda_0\boldsymbol{E}+\boldsymbol{H})=\boldsymbol{0}\\ (2)\boldsymbol{H}'\boldsymbol{W}_{12}+\boldsymbol{W}_{12}\boldsymbol{H}=\boldsymbol{0}\\ (3)\boldsymbol{H}'\boldsymbol{W}_{21}+\boldsymbol{W}_{21}\boldsymbol{H}=\boldsymbol{0}\\ (4)\boldsymbol{H}'\boldsymbol{W}_{22}+\boldsymbol{W}_{22}(2\lambda_0\boldsymbol{E}+\boldsymbol{H})=\boldsymbol{0}\end{cases} \tag{58}$$

如果 $\boldsymbol{A}$ 与 $\boldsymbol{B}$ 是没有公共特征数的方阵，那么方程 $\boldsymbol{AX}-\boldsymbol{XB}=\boldsymbol{0}$ 只有零解 $\boldsymbol{X}=\boldsymbol{0}$[①]. 故式(58)中第一个与第四个方程给出：$\boldsymbol{W}_{11}=\boldsymbol{W}_{22}=\boldsymbol{0}$[②]. 至于以上方程的第二个方程，有如定理 5 的证明中所得出的结果，取

$$\boldsymbol{W}_{12}=\boldsymbol{V}=\begin{pmatrix}0 & \cdots & 0 & 1\\ 0 & \cdots & 1 & 0\\ \vdots & & \vdots & \vdots\\ 1 & \cdots & 0 & 0\end{pmatrix} \tag{59}$$

就能适合，因为(参考式(36))

$$\boldsymbol{VH}-\boldsymbol{H}'\boldsymbol{V}=\boldsymbol{0}$$

从矩阵 $\boldsymbol{W}$ 与 $\boldsymbol{V}$ 的对称性知

$$\boldsymbol{W}_{21}=\boldsymbol{W}'_{12}=\boldsymbol{V}$$

此时方程(3)就能适合.

这样一来

$$\boldsymbol{W}=\begin{pmatrix}\boldsymbol{0} & \boldsymbol{V}\\ \boldsymbol{V} & \boldsymbol{0}\end{pmatrix}=\boldsymbol{V}^{(2p)} \tag{60}$$

有如 §3，式(42)，如果取

$$\boldsymbol{T}=\boldsymbol{E}^{(2p)}-\mathrm{i}\boldsymbol{V}^{(2p)} \tag{61}$$

方程(56)就能适合. 此时

$$\boldsymbol{T}^{-1}=\frac{1}{2}(\boldsymbol{E}^{(2p)}+\mathrm{i}\boldsymbol{V}^{(2p)}) \tag{62}$$

因此，所找的反对称矩阵可以由以下公式求出

$$\boldsymbol{K}_{\lambda_0}^{(pp)}=\frac{1}{2}[\boldsymbol{E}^{(2p)}-\mathrm{i}\boldsymbol{V}^{(2p)}]\boldsymbol{J}_{\lambda_0}^{(pp)}[\boldsymbol{E}^{(2p)}+\mathrm{i}\boldsymbol{V}^{(2p)}]=$$

---

① 参考第 8 章，§1.

② 当 $\lambda_0\neq 0$ 时，方程(1)与(4)除零解外没有其他解. 当 $\lambda_0=0$ 时，有其他解存在，但是我们只选取零解.

$$\frac{1}{2}[\boldsymbol{J}_{\lambda_0}^{(pp)} - \boldsymbol{J}_{\lambda_0}^{(pp)'} + \mathrm{i}(\boldsymbol{J}_{\lambda_0}^{(pp)}\boldsymbol{V}^{(2p)} - \boldsymbol{V}^{(2p)}\boldsymbol{J}_{\lambda_0}^{(pp)})]^{①} \tag{63}$$

将式(54)与式(60)中的分块矩阵代入 $\boldsymbol{J}_{\lambda_0}^{(pp)}$ 与 $\boldsymbol{V}^{(2p)}$，我们得出

$$\boldsymbol{K}_{\lambda_0}^{(pp)} = \frac{1}{2}\left[\begin{pmatrix} \boldsymbol{H}-\boldsymbol{H}' & \boldsymbol{0} \\ \boldsymbol{0} & \boldsymbol{H}'-\boldsymbol{H} \end{pmatrix} + \mathrm{i}\begin{bmatrix} \lambda_0\boldsymbol{E}+\boldsymbol{H} & \boldsymbol{0} \\ \boldsymbol{0} & -\lambda_0\boldsymbol{E}-\boldsymbol{H} \end{bmatrix}\begin{pmatrix} \boldsymbol{0} & \boldsymbol{V} \\ \boldsymbol{V} & \boldsymbol{0} \end{pmatrix} - \mathrm{i}\begin{pmatrix} \boldsymbol{0} & \boldsymbol{V} \\ \boldsymbol{V} & \boldsymbol{0} \end{pmatrix}\begin{bmatrix} \lambda_0\boldsymbol{E}+\boldsymbol{H} & \boldsymbol{0} \\ \boldsymbol{0} & -\lambda_0\boldsymbol{E}-\boldsymbol{H} \end{bmatrix}\right] =$$

$$\frac{1}{2}\begin{bmatrix} \boldsymbol{H}-\boldsymbol{H}' & \mathrm{i}(2\lambda_0\boldsymbol{V}+\boldsymbol{HV}+\boldsymbol{VH}) \\ -\mathrm{i}(2\lambda_0\boldsymbol{V}+\boldsymbol{HV}+\boldsymbol{VH}) & \boldsymbol{H}'-\boldsymbol{H} \end{bmatrix} \tag{64}$$

亦即

$$\left(\begin{array}{cccc:cccc} 0 & 1 & \cdots & 0 & 0 & \cdots & \mathrm{i} & 2\lambda_0 \\ -1 & 0 & \ddots & \vdots & \vdots & ⋰ & 2\lambda_0 & \mathrm{i} \\ \vdots & \ddots & \ddots & 1 & \mathrm{i} & ⋰ & ⋰ & \vdots \\ 0 & \cdots & -1 & 0 & 2\lambda_0 & \mathrm{i} & \cdots & 0 \\ \hdashline 0 & \cdots & -\mathrm{i} & -2\lambda_0 & 0 & -1 & \cdots & 0 \\ \vdots & ⋰ & -2\lambda_0 & -\mathrm{i} & 1 & 0 & \ddots & \vdots \\ -\mathrm{i} & ⋰ & ⋰ & \vdots & \vdots & \ddots & \ddots & -1 \\ -2\lambda_0 & -\mathrm{i} & \cdots & 0 & 0 & \cdots & 1 & 0 \end{array}\right) \tag{65}$$

现在来构造只有一个初等因子 λ^q 的 q 阶反对称矩阵 $\boldsymbol{K}^{(q)}$，其中 q 为奇数. 显然，所求的反对称矩阵相似于以下矩阵

$$\boldsymbol{J}^{(q)} = \begin{pmatrix} 0 & 1 & 0 & \cdots & 0 & 0 \\ 0 & 0 & 1 & \ddots & \vdots & 0 \\ 0 & 0 & 0 & \ddots & 0 & \vdots \\ 0 & 0 & 0 & \ddots & -1 & 0 \\ \vdots & \vdots & \vdots & \ddots & \ddots & -1 \\ 0 & 0 & 0 & \cdots & 0 & 0 \end{pmatrix} \tag{66}$$

在这个矩阵中，第一超对角线以外的元素全等于零，且在第一超对角线上的元素先有 $\frac{q-1}{2}$ 个 1，而后继有 $\frac{q-1}{2}$ 个 -1. 令

$$\boldsymbol{K}^{(q)} = \boldsymbol{T}\boldsymbol{J}^{(q)}\boldsymbol{T}^{-1} \tag{67}$$

由反对称条件，我们求得

$$\boldsymbol{W}_1\boldsymbol{J}^{(q)} + \boldsymbol{J}^{(q)'}\boldsymbol{W}_1 = \boldsymbol{0} \tag{68}$$

① 此处我们用到等式(55)(60)与等式$[\boldsymbol{V}^{(2p)}]^2 = \boldsymbol{E}^{(2p)}$. 从这些等式得出了 $\boldsymbol{V}^{(2p)}\boldsymbol{J}_{\lambda_0}^{(pp)}\boldsymbol{V}^{(2p)} = -\boldsymbol{J}_{\lambda_0}^{(pp)'}$.

其中

$$T'T=-2\mathrm{i}W_1 \tag{69}$$

直接验证知,矩阵

$$W_1=V^q=\begin{pmatrix}0&0&\cdots&0&1\\0&0&\cdots&1&0\\\vdots&\vdots&&\vdots&\vdots\\1&0&\cdots&0&0\end{pmatrix}$$

适合方程(68).应用 W_1 的这个值,由式(69)得出

$$T=E^{(q)}-\mathrm{i}V^{(q)},T^{-1}=\frac{1}{2}[E^{(q)}+\mathrm{i}V^{(q)}] \tag{70}$$

$$K^q=\frac{1}{2}[E^{(q)}+\mathrm{i}V^{(q)}]J^{(q)}[E^{(q)}+\mathrm{i}V^{(q)}]=$$

$$\frac{1}{2}[J^{(q)}-J^{(q)'}+\mathrm{i}(J^{(q)}V^{(q)}-V^{(q)}J^{(q)})] \tag{71}$$

施行相对应的计算,我们得出

$$2K^{(q)}=\begin{pmatrix}0&1&\cdots&0\\-1&0&\ddots&\vdots\\\vdots&\ddots&\ddots&-1\\0&\cdots&1&0\end{pmatrix}+\mathrm{i}\begin{pmatrix}0&\cdots&1&0\\\vdots&\iddots&\iddots&1\\-1&\iddots&\iddots&\vdots\\0&-1&\cdots&0\end{pmatrix} \tag{72}$$

设给予适合定理7条件的任意初等因子

$$\begin{gathered}(\lambda-\lambda_j)^{p_j},(\lambda+\lambda_j)^{p_j}\quad(j=1,2,\cdots,u)\\ \lambda^{q_k}\quad(k=1,2,\cdots,v;q_1,q_2,\cdots,q_v\text{ 都是奇数})\end{gathered} \tag{73}$$

那么反对称准对角形矩阵

$$\widetilde{K}=(K_{\lambda_1}^{(p_1p_1)},\cdots,K_{\lambda_u}^{(p_up_u)};K^{(q_1)},\cdots,K^{(q_v)}) \tag{74}$$

有初等因子(73).

定理得证.

推论 任一复反对称矩阵 K 正交相似于由式(74)(65)(72)所定出的反对称范式 $\widetilde{K}$,亦即有这样的(复)正交矩阵 O 存在,使得

$$K=O\widetilde{K}O^{-1} \tag{75}$$

注 如果 K 是一个实反对称矩阵,那么它有线性初等因子(参考第9章,§13)

$$\lambda-\mathrm{i}\varphi_1,\lambda+\mathrm{i}\varphi_1,\cdots,\lambda-\mathrm{i}\varphi_u,\lambda+\mathrm{i}\varphi_u;\underbrace{\lambda,\cdots,\lambda}_{v\text{个}}\quad(\varphi_j\text{ 都是实数})$$

此时,在式(74)中取所有的 $p_j=1$,所有的 $q_k=1$,我们得出实反对称矩阵的范式

$$\widetilde{K}=\left(\begin{pmatrix}0&\varphi_1\\-\varphi_1&0\end{pmatrix},\cdots,\begin{pmatrix}0&\varphi_u\\-\varphi_u&0\end{pmatrix};0,\cdots,0\right)$$

§5 复正交矩阵的范式

首先要弄清楚对于正交矩阵的初等因子有什么限制.

定理9 1° 如果 $\lambda_0(\lambda_0^2 \neq 1)$ 是正交矩阵 $\boldsymbol{O}$ 的特征数,而且对应于这个特征数的初等因子为

$$(\lambda-\lambda_0)^{f_1},(\lambda-\lambda_0)^{f_2},\cdots,(\lambda-\lambda_0)^{f_t}$$

那么 $\frac{1}{\lambda_0}$ 亦是矩阵 $\boldsymbol{O}$ 的特征数,而且对应于这个特征数的初等因子如同对于数 λ_0 的初等因子,为

$$(\lambda-\lambda_0^{-1})^{f_1},(\lambda-\lambda_0^{-1})^{f_2},\cdots,(\lambda-\lambda_0^{-1})^{f_t}$$

2° 如果 $\lambda_0=\pm 1$ 是正交矩阵 $\boldsymbol{O}$ 的特征数,那么对应于这一特征数 λ_0 的偶数次初等因子要重复出现偶数次.

证明 1° 对于任何满秩矩阵 $\boldsymbol{O}$,在变 $\boldsymbol{O}$ 为 $\boldsymbol{O}^{-1}$ 时,每一个初等因子 $(\lambda-\lambda_0)^f$ 都换为初等因子 $(\lambda-\lambda_0^{-1})^f$①. 另外,矩阵 $\boldsymbol{O}$ 与 $\boldsymbol{O}'$ 常有相同的初等因子. 故由正交性条件 $\boldsymbol{O}'=\boldsymbol{O}^{-1}$ 立刻得出定理的第一部分.

2° 我们假设 1 是矩阵 $\boldsymbol{O}$ 的特征数,而 -1 不是其特征数($|\boldsymbol{E}-\boldsymbol{O}|=0$, $|\boldsymbol{E}+\boldsymbol{O}|\neq 0$). 那么可应用凯莱公式(参考第 9 章,§14),它对于复矩阵是仍然有效的. 用以下等式来定义矩阵 $\boldsymbol{K}$,有

$$\boldsymbol{K}=(\boldsymbol{E}-\boldsymbol{O})(\boldsymbol{E}+\boldsymbol{O})^{-1} \tag{76}$$

直接验证知,有 $\boldsymbol{K}'=-\boldsymbol{K}$,亦即 $\boldsymbol{K}$ 是一个反对称矩阵. 对 $\boldsymbol{O}$ 解出方程(76),我们求得②

$$\boldsymbol{O}=(\boldsymbol{E}-\boldsymbol{K})(\boldsymbol{E}+\boldsymbol{K})^{-1}$$

设 $f(\lambda)=\frac{1-\lambda}{1+\lambda}$,则有 $f'(\lambda)=-\frac{2}{(1+\lambda)^2}\neq 0$. 故从矩阵 $\boldsymbol{K}$ 转移到矩阵 $\boldsymbol{O}=f(\boldsymbol{K})$ 时,初等因子并没被分解③. 因此在矩阵 $\boldsymbol{O}$ 的初等因子组中,$(\lambda-1)^{2p}$ 形初等因子重复出现偶数次,因为矩阵 $\boldsymbol{K}$ 的 λ^{2p} 形初等因子是要出现偶数次的(参考定理 7).

至于正交矩阵 $\boldsymbol{O}$ 有特征数 -1 而没有特征数 $+1$ 的情形,只要讨论正交矩阵 $-\boldsymbol{O}$ 就立刻化为上面所讨论过的情形.

转移到最复杂的情形,矩阵 $\boldsymbol{O}$ 同时有特征数 $+1$ 与特征数 -1. 以 $\psi(\lambda)$ 记矩阵 $\boldsymbol{O}$ 的最小多项式. 应用已经证明的定理的第一部分,我们可以写 $\psi(\lambda)$ 为以下

---

① 参考第 6 章,§7. 设 $f(\lambda)=1/\lambda$,则有 $f'(\lambda)=-1/\lambda^2\neq 0$. 由此推出,当矩阵 $\boldsymbol{O}$ 转移到矩阵 $\boldsymbol{O}^{-1}$ 时,初等因子并没被分解(参考第 6 章,§7,定理 9).

② 注意由式(76)得出:$\boldsymbol{E}+\boldsymbol{K}=2(\boldsymbol{E}+\boldsymbol{O})^{-1}$,因而 $|\boldsymbol{E}+\boldsymbol{K}|=2^n|\boldsymbol{E}+\boldsymbol{O}|^{-1}\neq 0$.

③ 参考第 6 章,§7,定理 9.

形式

$$\psi(\lambda)=(\lambda-1)^{m_1}(\lambda+1)^{m_2}\prod_{j=1}^{u}(\lambda-\lambda_j)^{p_j}(\lambda-\lambda_j^{-1})^{p_j}$$
$$(\lambda_j^2\neq 1;j=1,2,\cdots,u)$$

讨论次数小于m(m为$\psi(\lambda)$的次数)的多项式$g(\lambda)$,且设$g(1)=1$,而在矩阵$\boldsymbol{O}$的影谱上其余$m-1$个值都等于零.设[①]

$$\boldsymbol{P}=g(\boldsymbol{O})\tag{77}$$

我们注意,函数$[g(\lambda)]^2$与$g\left(\frac{1}{\lambda}\right)$在矩阵$\boldsymbol{O}$的影谱上与函数$g(\lambda)$有相同的值.故有

$$\boldsymbol{P}^2=\boldsymbol{P},\boldsymbol{P}'=g(\boldsymbol{O}')=g(\boldsymbol{O}^{-1})=\boldsymbol{P}\tag{78}$$

亦即$\boldsymbol{P}$是一个对称射影矩阵[②].

用以下诸等式来定义多项式$h(\lambda)$与矩阵$\boldsymbol{Q}$

$$h(\lambda)=(\lambda-1)g(\lambda)\tag{79}$$
$$\boldsymbol{Q}=h(\boldsymbol{O})=(\boldsymbol{O}-\boldsymbol{E})\boldsymbol{P}\tag{80}$$

因为乘幂$[h(\lambda)]^{m_1}$在矩阵$\boldsymbol{O}$的影谱上变为零,这个乘幂可以被$\psi(\lambda)$所整除.故得

$$\boldsymbol{Q}^{m_1}=\boldsymbol{0}$$

亦即$\boldsymbol{Q}$是一个有幂零性指标m_1的幂零矩阵.

由式(80)求得[③]

$$\boldsymbol{Q}'=(\boldsymbol{O}'-\boldsymbol{E})\boldsymbol{P}\tag{81}$$

讨论矩阵

$$\boldsymbol{R}=\boldsymbol{Q}(\boldsymbol{Q}'+2\boldsymbol{E})\tag{82}$$

由式(78)(80)与式(81)得出

$$\boldsymbol{R}=\boldsymbol{Q}\boldsymbol{Q}'+2\boldsymbol{Q}=(\boldsymbol{O}-\boldsymbol{O}')\boldsymbol{P}$$

从矩阵$\boldsymbol{R}$的这一表示式易知,$\boldsymbol{R}$是一个反对称矩阵.

另外,由式(82)得出

$$\boldsymbol{R}^k=\boldsymbol{Q}^k(\boldsymbol{Q}'+2\boldsymbol{E})^k\quad(k=1,2,\cdots)\tag{83}$$

---

① 从基本公式(参考第5章,§3)

$$g(\boldsymbol{A})=\sum_{k=1}^{s}[g(\lambda_k)\boldsymbol{Z}_{k1}+g'(\lambda_k)\boldsymbol{Z}_{k2}+\cdots]$$

得出
$$\boldsymbol{P}=\boldsymbol{Z}_{11}$$

② 如果$P^2=P$,算子P称为射影算子.对应地,使等式(77)能够成立的矩阵$\boldsymbol{P}$称为射影矩阵.在U-空间R中的射影算子P是这样的算子,它映射影向量$\boldsymbol{x}\in R$于子空间$S=PR$中,亦即$P\boldsymbol{x}=\boldsymbol{x}_s$,其中$\boldsymbol{x}_s\in S$且有$(\boldsymbol{x}-\boldsymbol{x}_s)\perp S$(参考第9章,§4).

③ 此处所述的所有矩阵$\boldsymbol{P},\boldsymbol{Q},\boldsymbol{Q}',\boldsymbol{O}'=\boldsymbol{O}^{-1}$彼此可交换且都与$\boldsymbol{O}$可交换,因为它们都是$\boldsymbol{O}$的函数.

但是 $\boldsymbol{Q}$ 与 $\boldsymbol{Q}'$ 一样，亦是一个幂零矩阵，因而

$$|\boldsymbol{Q}'+2\boldsymbol{E}|\neq 0$$

故由式(83) 推知，对于任何 k，矩阵 $\boldsymbol{R}^k$ 与 $\boldsymbol{Q}^k$ 有相同的秩.

但当 k 为奇数时，$\boldsymbol{R}^k$ 是反对称的，故其秩为一偶数(参考本章，§4，定理6). 因此，每一个矩阵

$$\boldsymbol{Q},\boldsymbol{Q}^3,\boldsymbol{Q}^5,\cdots$$

的秩都是一个偶数.

故对矩阵 $\boldsymbol{Q}$，逐字重复本章 §4 定理 7 中所述的关于矩阵 $\boldsymbol{K}$ 的讨论，我们可以断定在矩阵 $\boldsymbol{Q}$ 的初等因子中 λ^{2p} 形的初等因子要重复偶数次. 但是矩阵 $\boldsymbol{Q}$ 的每一个初等因子 λ^{2p} 对应于矩阵 $\boldsymbol{O}$ 的一个初等因子 $(\lambda-1)^{2p}$，反之亦然[①]. 故知在矩阵 $\boldsymbol{O}$ 的初等因子中，$(\lambda-1)^{2p}$ 形的初等因子重复偶数次.

应用已经证明的结果于矩阵 $-\boldsymbol{O}$，对于 $(\lambda+1)^{2p}$ 形的初等因子，我们得出类似的论断. 这样一来，定理已经完全得证.

现在来证明其逆定理.

定理 10 任何一组以下形式的乘幂

$$\begin{cases}(\lambda-\lambda_j)^{p_j},(\lambda-\lambda_j^{-1})^{p_j} & (\lambda_j\neq 0;j=1,2,\cdots,u)\\(\lambda-1)^{q_1},(\lambda-1)^{q_2},\cdots,(\lambda-1)^{q_v}\\(\lambda+1)^{t_1},(\lambda+1)^{t_2},\cdots,(\lambda+1)^{t_w}\end{cases}\tag{84}$$

$$(q_1,q_2,\cdots,q_v;t_1,t_2,\cdots,t_w\text{ 都是奇数})$$

都是某一个复正交矩阵 $\boldsymbol{O}$ 的初等因子组[②].

证明 以 μ_j 记这样的数，它与数 $\lambda_j(j=1,2,\cdots,u)$ 有以下等式关系

$$\lambda_j=\mathrm{e}^{\mu_j}\quad(j=1,2,\cdots,u)$$

在讨论中引进“正规的”反对称矩阵(参考上节)

$$\boldsymbol{K}_{\mu j}^{(p_jp_j)};\boldsymbol{K}^{(q_1)},\cdots,\boldsymbol{K}^{(q_v)};\boldsymbol{K}^{(t_1)},\cdots,\boldsymbol{K}^{(t_w)}\quad(j=1,2,\cdots,u)$$

它们有对应的初等因子

$$(\lambda-\mu_j)^{p_j},(\lambda+\mu_j)^{p_j};\lambda^{q_1},\cdots,\lambda^{q_v};\lambda^{t_1},\cdots,\lambda^{t_w}\quad(j=1,2,\cdots,u)$$

如果 $\boldsymbol{K}$ 是一个反对称矩阵，那么

$$\boldsymbol{O}=\mathrm{e}^{\boldsymbol{K}}$$

是一个正交矩阵($\boldsymbol{O}'=\mathrm{e}^{\boldsymbol{K}'}=\mathrm{e}^{-\boldsymbol{K}}=\boldsymbol{O}^{-1}$). 此时矩阵 $\boldsymbol{K}$ 的每一个初等因子 $(\lambda-\mu)^p$

---

① 因为 $h(1)=0,h'(1)\neq 0$，所以从矩阵 $\boldsymbol{O}$ 转移到矩阵 $\boldsymbol{Q}=h(\boldsymbol{O})$ 时，矩阵 $\boldsymbol{O}$ 的 $(\lambda-1)^{2p}$ 形初等因子并没被分解为初等因子 λ^{2p}(参考第 6 章，§7).

② 某些(或所有的)数 λ_j 可能等于 ± 1. 又数 u,v,w 中的一个或两个可能等于零. 此时在矩阵 $\boldsymbol{O}$ 中就不出现对应形式的初等因子.

对应于矩阵 $\boldsymbol{O}$ 的一个初等因子 $(\lambda-\mathrm{e}^{\mu})^{p}$①. 因此,拟对角矩阵

$$\widetilde{\boldsymbol{O}}=(\mathrm{e}_{\mu_1}^{\boldsymbol{K}^{(p_1p_1)}},\cdots,\mathrm{e}_{\mu_u}^{\boldsymbol{K}^{(p_up_u)}};\mathrm{e}^{\boldsymbol{K}(q_1)},\cdots,\mathrm{e}^{\boldsymbol{K}(q_v)};-\mathrm{e}^{\boldsymbol{K}(t_1)},\cdots,-\mathrm{e}^{\boldsymbol{K}(t_w)}) \tag{85}$$

是正交的且有初等因子(84).

定理得证.

从定理 4,定理 9 与定理 10 推得:

推论 任意(复)正交矩阵 $\boldsymbol{O}$ 常可正交相似于正交矩阵的范式 $\widetilde{\boldsymbol{O}}$,亦即有这样的正交矩阵 $\boldsymbol{O}_1$ 存在,使得

$$\boldsymbol{O}=\boldsymbol{O}_1\widetilde{\boldsymbol{O}}\boldsymbol{O}_1^{-1} \tag{86}$$

注 正如对于反对称矩阵 $\widetilde{\boldsymbol{K}}$ 所做过的一样,可以给出范式 $\widetilde{\boldsymbol{O}}$ 中对角线上子块的具体形式.

① 可以这样来得出:当 $f(\lambda)=\mathrm{e}^{\lambda}$ 时,对于任何 λ,我们都有 $f'(\lambda)=\mathrm{e}^{\lambda}\neq 0$.

奇异矩阵束

第12章

§1 引 言

1. 本章从事以下问题的研究：

给定元素同在数域 K 中，维数同为 $m \times n$ 的四个矩阵 $\boldsymbol{A}$，$\boldsymbol{B}$，$\boldsymbol{A}_1$，$\boldsymbol{B}_1$. 需求出，在什么条件下，始终能有两个各为 m 阶与 n 阶的满秩方阵 $\boldsymbol{P}$ 与 $\boldsymbol{Q}$ 存在，并且同时有

$$\boldsymbol{PAQ} = \boldsymbol{A}_1, \boldsymbol{PBQ} = \boldsymbol{B}_1 \tag{1}$$
[①]

在讨论中引进矩阵束 $\boldsymbol{A}+\lambda\boldsymbol{B}$ 与$\boldsymbol{A}_1+\lambda\boldsymbol{B}_1$，就可以换两个矩阵等式(1) 为一个等式

$$\boldsymbol{P}(\boldsymbol{A}+\lambda\boldsymbol{B})\boldsymbol{Q} = \boldsymbol{A}_1 + \lambda\boldsymbol{B}_1 \tag{2}$$

定义 1 两个维数同为 $m \times n$ 的长方矩阵束 $\boldsymbol{A}+\lambda\boldsymbol{B}$ 与 $\boldsymbol{A}_1+\lambda\boldsymbol{B}_1$ 如有等式(2) 的关系，其中 $\boldsymbol{P}$ 与 $\boldsymbol{Q}$ 各为m 阶与n 阶的满秩常数矩阵(亦即与 λ 无关的矩阵)，我们称这两个矩阵束为严格等价的[②].

按照等价 λ — 矩阵的一般定义(参考第 6 章，§1)：矩阵束 $\boldsymbol{A}+\lambda\boldsymbol{B}$ 与$\boldsymbol{A}_1+\lambda\boldsymbol{B}_1$ 是等价的，如果有两个有不为零的常数行列式的 λ — 方阵 $\boldsymbol{P}$ 与 $\boldsymbol{Q}$ 存在使得等式(2) 能够成立. 对于严格等价性，就要补充这样的条件：矩阵 $\boldsymbol{P}$ 与 $\boldsymbol{Q}$ 都同λ 无关.

---

① 如果有这样的矩阵 $\boldsymbol{P}$ 与 $\boldsymbol{Q}$ 存在，那么它们的元素可以在域 K 中选取. 它可以这样来推出，等式(1) 可以写为 $\boldsymbol{PA} = \boldsymbol{A}_1\boldsymbol{Q}^{-1}$，$\boldsymbol{PB} = \boldsymbol{B}_1\boldsymbol{Q}^{-1}$ 的形式，因而与系数在域K 中关于矩阵$\boldsymbol{P}$ 与$\boldsymbol{Q}^{-1}$ 的元素的某一齐次线性方程组等价.

② 参考第 6 章，§4.

矩阵束$\boldsymbol{A}+\lambda\boldsymbol{B}$与$\boldsymbol{A}_1+\lambda\boldsymbol{B}_1$的等价性判定可从$\lambda$－矩阵的广义等价性判定来得出.广义判定为矩阵束$\boldsymbol{A}+\lambda\boldsymbol{B}$与$\boldsymbol{A}_1+\lambda\boldsymbol{B}_1$有相同的不变因式或有相同的初等因子(参考第6章,§3).

在本章中,我们将建立两个矩阵束的严格等价性判定,且对于每一矩阵束要定出与他严格等价的标准式.

2. 所提出的问题容许很自然的几何解释.讨论将R_n映入R_m的线性算子束$A+\lambda B$.在这些空间中取定基底后,线性算子束$A+\lambda B$对应于一个($m\times n$维)长方矩阵束$\boldsymbol{A}+\lambda\boldsymbol{B}$;在$R_n$与$R_m$中变更基底后,矩阵束$\boldsymbol{A}+\lambda\boldsymbol{B}$变为其严格等价的矩阵束$\boldsymbol{P}(\boldsymbol{A}+\lambda\boldsymbol{B})\boldsymbol{Q}$,其中$\boldsymbol{P}$与$\boldsymbol{Q}$为$m$与$n$阶满秩方阵(参考第3章,§2与§4).这样一来,严格等价性判定给出一类($m\times n$维)矩阵束$\boldsymbol{A}+\lambda\boldsymbol{B}$的特性,这一类矩阵束是在空间$R_n$与$R_m$中选取不同基底时,描述$R_n$映入$R_m$的同一算子束$A+\lambda B$.

为了得出矩阵束的范式,应当在R_n与R_m中求得这样的基底:使得在这一基底中算子束$A+\lambda B$的对应矩阵束有最简单的形式.

因为算子束是由两个算子A与B所确定的,所以还可以说,本章是从事于同时研究R_n映入R_m的两个算子A与B.

3. 所有$m\times n$维矩阵束$\boldsymbol{A}+\lambda\boldsymbol{B}$又分为两个基本类型:正则束与奇异束.

定义2　矩阵束$\boldsymbol{A}+\lambda\boldsymbol{B}$称为正则的,如果$\boldsymbol{A}$与$\boldsymbol{B}$同为$n$阶方阵且有行列式$|\boldsymbol{A}+\lambda\boldsymbol{B}|$不恒等于零.对于其他情形($m\neq n$或$m=n$都有$|\boldsymbol{A}+\lambda\boldsymbol{B}|\equiv 0$)我们称之为奇异矩阵束.

对于正则矩阵束的严格等价性判定与其范式是在1867年由卡尔·魏尔斯特拉斯(*Zur Theorie der bilinearen und quadratischen Formen*(1867))所建立的,它奠基于第6章与第7章中所述的初等因子理论.对于奇异矩阵束的类似问题,后来在1890年,在克罗内克的论文*Algebraische Reduktion der Scharen bilinearer Formen*(1890)中得出了它的解答.本章的基本内容是建立克罗内克的结果.

§2　正则矩阵束

1. 讨论特殊的矩阵束$\boldsymbol{A}+\lambda\boldsymbol{B}$与$\boldsymbol{A}_1+\lambda\boldsymbol{B}_1$,它们是由方阵所构成的($m=n$),而且$|\boldsymbol{B}|\neq 0$,$|\boldsymbol{B}_1|\neq 0$.对于这种情形,在第6章中已经证明(§4,定理6)矩阵束的"等价性"与"严格等价性"这两个概念是一致的.故可将λ－矩阵(第6章,§1)的广义等价性判定用于矩阵束,我们就得出以下定理:

定理1　对于$|\boldsymbol{B}|\neq 0$与$|\boldsymbol{B}_1|\neq 0$的两个同阶方阵束$\boldsymbol{A}+\lambda\boldsymbol{B}$与$\boldsymbol{A}_1+\lambda\boldsymbol{B}_1$严格等价的充分必要条件是这两个方阵束有相同的域$K$上的初等因子.

对于$|\boldsymbol{B}|\neq 0$的方阵束$\boldsymbol{A}+\lambda\boldsymbol{B}$在第6章中称为正则的,因为它是关于$\lambda$的

正则矩阵多项式的一个特例(参考第 4 章,§ 1). 在本章上节中我们给予正则束以更广泛的定义,根据这个定义对于正则束可能有等式 $|\boldsymbol{B}|=0$(亦可能有 $|\boldsymbol{A}|=|\boldsymbol{B}|=0$).

为了说明定理 1 对于正则束(用广义的定义 1) 是否有效,我们来讨论以下例子

$$\boldsymbol{A}+\lambda\boldsymbol{B}=\begin{pmatrix}2&1&3\\3&2&5\\3&2&6\end{pmatrix}+\lambda\begin{pmatrix}1&1&2\\1&1&2\\1&1&3\end{pmatrix},\boldsymbol{A}_1+\lambda\boldsymbol{B}_1=\begin{pmatrix}2&1&1\\1&2&1\\1&1&1\end{pmatrix}+\lambda\begin{pmatrix}1&1&1\\1&1&1\\1&1&1\end{pmatrix}\tag{3}$$

不难看出,此时每一个方阵束 $\boldsymbol{A}+\lambda\boldsymbol{B}$ 与 $\boldsymbol{A}_1+\lambda\boldsymbol{B}_1$ 都只有一个初等因子 $\lambda+1$. 但是这两个方阵束并不严格等价,因为矩阵 $\boldsymbol{B}$ 与 $\boldsymbol{B}_1$ 各有秩 2 与 1,而由等式 (2) 知,其如能成立,则矩阵 $\boldsymbol{B}$ 与 $\boldsymbol{B}_1$ 必须等秩. 此外,根据定义 1,方阵束(3) 是正则的,因为

$$|\boldsymbol{A}+\lambda\boldsymbol{B}|\equiv|\boldsymbol{A}_1+\lambda\boldsymbol{B}_1|\equiv\lambda+1$$

定理 1 对于广义定义的正则束是不能成立的.

2. 为了使得定理 1 有效,我们引进矩阵束的"无限" 初等因子这一概念. 借助于齐次参数 λ,μ,矩阵束 $\boldsymbol{A}+\lambda\boldsymbol{B}$ 给出 $\mu\boldsymbol{A}+\lambda\boldsymbol{B}$. 那么行列式 $\Delta(\lambda,\mu)\equiv|\mu\boldsymbol{A}+\lambda\boldsymbol{B}|$ 是 λ,μ 的齐次函数. 找出矩阵 $\mu\boldsymbol{A}+\lambda\boldsymbol{B}$ 中所有 k 阶子式的最大公因式 $D_k(\lambda,\mu)(k=1,2,\cdots,n)$,由以下已知公式我们得出不变多项式

$$i_1(\lambda,\mu)=\frac{D_n(\lambda,\mu)}{D_{n-1}(\lambda,\mu)},i_2(\lambda,\mu)=\frac{D_{n-1}(\lambda,\mu)}{D_{n-2}(\lambda,\mu)},\cdots$$

此处所有的 $D_k(\lambda,\mu)$ 与 $i_j(\lambda,\mu)$ 都是 λ,μ 的齐次多项式. 分解不变多项式为域 K 上齐次不可约多项式的乘幂,我们得出矩阵束 $\mu\boldsymbol{A}+\lambda\boldsymbol{B}$ 的域 K 上的初等因子 $e_\alpha(\lambda,\mu)(\alpha=1,2,\cdots)$.

非常明显,如在 $e_\alpha(\lambda,\mu)$ 中令 $\mu=1$,我们就回到矩阵束 $\boldsymbol{A}+\lambda\boldsymbol{B}$ 的初等因子 $e_\alpha(\lambda)$. 反之,从矩阵束 $\boldsymbol{A}+\lambda\boldsymbol{B}$ 的每一个 q 次初等因子 $e_\alpha(\lambda)$,利用公式 $e_\alpha(\lambda,\mu)=\mu^q e_\alpha\left(\frac{\lambda}{\mu}\right)$,我们得出对应的初等因子 $e_\alpha(\lambda,\mu)$. 除 μ^q 形的初等因子以外,这种方法可以得出 $\mu\boldsymbol{A}+\lambda\boldsymbol{B}$ 的所有初等因子.

当且仅当 $|\boldsymbol{B}|=0$ 时,μ^q 形初等因子才能存在,我们称它为矩阵束 $\boldsymbol{A}+\lambda\boldsymbol{B}$ 的"无限" 初等因子.

因为从矩阵束 $\boldsymbol{A}+\lambda\boldsymbol{B}$ 与 $\boldsymbol{A}_1+\lambda\boldsymbol{B}_1$ 的严格等价性得出矩阵束 $\mu\boldsymbol{A}+\lambda\boldsymbol{B}$ 与 $\mu\boldsymbol{A}_1+\lambda\boldsymbol{B}_1$ 的严格等价性,所以严格等价的矩阵束 $\boldsymbol{A}+\lambda\boldsymbol{B}$ 与 $\boldsymbol{A}_1+\lambda\boldsymbol{B}_1$ 不仅有相同的"有限" 初等因子,且应有相同的"无限" 初等因子.

现在假设给定两个正则束 $\boldsymbol{A}+\lambda\boldsymbol{B}$ 与 $\boldsymbol{A}_1+\lambda\boldsymbol{B}_1$,它们有相同的初等因子(包含"无限" 的在内). 引进齐次参数:$\mu\boldsymbol{A}+\lambda\boldsymbol{B}$,$\mu\boldsymbol{A}_1+\lambda\boldsymbol{B}_1$. 变换参数

$$\lambda=\alpha_1\tilde{\lambda}+\alpha_2\tilde{\mu},\mu=\beta_1\tilde{\lambda}+\beta_2\tilde{\mu}\quad(\alpha_1\beta_2-\alpha_2\beta_1\neq 0)$$

对于新参数,矩阵束可以写为:$\tilde{\mu}\tilde{\boldsymbol{A}}+\tilde{\lambda}\tilde{\boldsymbol{B}},\tilde{\mu}\tilde{\boldsymbol{A}}_1+\tilde{\lambda}\tilde{\boldsymbol{B}}_1$,其中 $\tilde{\boldsymbol{B}}=\beta_1\boldsymbol{A}+\alpha_1\boldsymbol{B},\tilde{\boldsymbol{B}}_1=\beta_1\boldsymbol{A}_1+\alpha_1\boldsymbol{B}_1$. 从矩阵束 $\mu\boldsymbol{A}+\lambda\boldsymbol{B}$ 与 $\mu\boldsymbol{A}_1+\lambda\boldsymbol{B}_1$ 的正则性推知,可以选取 α_1 与 β_1,使得 $|\tilde{\boldsymbol{B}}|\neq 0$, $|\tilde{\boldsymbol{B}}_1|\neq 0$.

故由定理 1 知,矩阵束 $\tilde{\mu}\tilde{\boldsymbol{A}}+\tilde{\lambda}\tilde{\boldsymbol{B}}$ 与 $\tilde{\mu}\tilde{\boldsymbol{A}}_1+\tilde{\lambda}\tilde{\boldsymbol{B}}_1$ 和原来的矩阵束 $\mu\boldsymbol{A}+\lambda\boldsymbol{B}$ 与 $\mu\boldsymbol{A}_1+\lambda\boldsymbol{B}_1$(或者 $\boldsymbol{A}+\lambda\boldsymbol{B}$ 与 $\boldsymbol{A}_1+\lambda\boldsymbol{B}_1$)是严格等价的. 这样一来,我们得出了定理 1 的如下推广:

定理 2 两个正则束 $\boldsymbol{A}+\lambda\boldsymbol{B}$ 与 $\boldsymbol{A}_1+\lambda\boldsymbol{B}_1$ 严格等价的充分必要条件是这两个矩阵束有相同的("有限"与"无限")初等因子.

在前面所说的例子中,矩阵束(3) 有相同的"有限"初等因子 $\lambda+1$,但是它们的"无限"初等因子是不相同的(第一个矩阵束有一个"无限"初等因子 μ^2,而第二个矩阵束有两个"无限"初等因子 μ,μ). 因此这两个矩阵束并不是严格等价的.

3. 现在假设给定任一正则束 $\boldsymbol{A}+\lambda\boldsymbol{B}$,那么有这样的数 c 存在,使得 $|\boldsymbol{A}+c\boldsymbol{B}|\neq 0$. 将所给定的矩阵束表示为 $\boldsymbol{A}_1+(\lambda-c)\boldsymbol{B}$ 的形式,其中 $\boldsymbol{A}_1=\boldsymbol{A}+c\boldsymbol{B}$,则有 $|\boldsymbol{A}_1|\neq 0$. 这个矩阵束左乘以 $\boldsymbol{A}_1^{-1}$,得 $\boldsymbol{E}+(\lambda-c)\boldsymbol{A}_1^{-1}\boldsymbol{B}$. 相似变换化这个矩阵束为以下形式

$$\boldsymbol{E}+(\lambda-c)(\boldsymbol{J}_0,\boldsymbol{J}_1)=(\boldsymbol{E}-c\boldsymbol{J}_0+\lambda\boldsymbol{J}_0,\boldsymbol{E}-c\boldsymbol{J}_1+\lambda\boldsymbol{J}_1)\text{①}\tag{4}$$

其中 $(\boldsymbol{J}_0,\boldsymbol{J}_1)$ 为矩阵 $\boldsymbol{A}_1^{-1}\boldsymbol{B}$ 的拟对角形范式. $\boldsymbol{J}_0$ 为若尔当幂零②矩阵,而 $|\boldsymbol{J}_1|\neq 0$.

式(4) 右边第一个对角线上子块乘以 $(\boldsymbol{E}-c\boldsymbol{J}_0)^{-1}$. 我们得出:$\boldsymbol{E}+\lambda(\boldsymbol{E}-c\boldsymbol{J}_0)^{-1}\boldsymbol{J}_0$. 此处 λ 的系数是一个幂零矩阵③. 故相似变换可以化这个矩阵束为以下形式

$$\boldsymbol{E}+\lambda\boldsymbol{J}_0=(\boldsymbol{N}^{(u_1)},\boldsymbol{N}^{(u_2)},\cdots,\boldsymbol{N}^{(u_s)})\quad(\boldsymbol{N}^{(u)}=\boldsymbol{E}^{(u)}+\lambda\boldsymbol{H}^{(u)})\text{④}\tag{5}$$

式(4) 右边第二个对角线上的子块乘以 $\boldsymbol{J}_1^{-1}$,而继以相似变换可以化为 $\boldsymbol{J}+\lambda\boldsymbol{E}$ 的形式,其中 $\boldsymbol{J}$ 是一个范式矩阵,⑤而 $\boldsymbol{E}$ 是一个单位矩阵. 我们得出了以下定理:

定理 3 任何正则矩阵束 $\boldsymbol{A}+\lambda\boldsymbol{B}$ 都可以化为(严格等价的) 拟对角形范式

---

① 在式(4) 右边对角线上子块中,单位矩阵 $\boldsymbol{E}$ 与 $\boldsymbol{J}_0,\boldsymbol{J}_1$ 有相同的阶.

② 即对于某一整数 $l>0$ 有 $\boldsymbol{J}_0^l=\boldsymbol{0}$.

③ 由 $\boldsymbol{J}_0^l=\boldsymbol{0}$ 得出:$[(\boldsymbol{E}-c\boldsymbol{J}_0)^{-1}\boldsymbol{J}_0]^l=\boldsymbol{0}$.

④ 此处 $\boldsymbol{E}^{(u)}$ 是一个 u 阶单位矩阵,而 $\boldsymbol{H}^{(u)}$ 是一个 u 阶矩阵,在其第一超对角线上的元素都等于 1,而其余的元素全等于零.

⑤ 因在此处可以换矩阵 $\boldsymbol{J}$ 为其任一相似矩阵,故可视 $\boldsymbol{J}$ 为任何一种范式(例如,第一种自然范式,或第二种自然范式,或若尔当范式(参考第 6 章,§ 6)).

$$(\boldsymbol{N}^{(u_1)}, \boldsymbol{N}^{(u_2)}, \cdots, \boldsymbol{N}^{(u_s)}; \boldsymbol{J} + \lambda \boldsymbol{E}) \quad (\boldsymbol{N}^{(u)} = \boldsymbol{E}^{(u)} + \lambda \boldsymbol{H}^{(u)}) \tag{6}$$

其中对角线上前 s 个子块对应于矩阵束 $\boldsymbol{A}+\lambda\boldsymbol{B}$ 的“无限”初等因子 $\mu^{u_1}, \mu^{u_2}, \cdots, \mu^{u_s}$，而对角线上最后一个范式子块 $\boldsymbol{J}+\lambda\boldsymbol{E}$ 由所给定矩阵束的“有限”初等因子所唯一确定.

§3　奇异矩阵束，化简定理

下面对 $m \times n$ 维奇异矩阵束 $\boldsymbol{A}+\lambda\boldsymbol{B}$ 进行讨论. 以 r 记这个矩阵束的秩，亦即不恒等于零的子式的最大阶. 因为它是一个奇异矩阵束，所以至少有一个不等式 $r<n$ 或 $r<m$ 一定能够成立. 设 $r<n$，那么 λ－矩阵 $\boldsymbol{A}+\lambda\boldsymbol{B}$ 的列是线性相关的，亦即 $\boldsymbol{x}$ 为未知列的方程

$$(\boldsymbol{A}+\lambda\boldsymbol{B})\boldsymbol{x}=\boldsymbol{0} \tag{7}$$

的非零解. 这个方程的每一个非零解都给出 λ－矩阵 $\boldsymbol{A}+\lambda\boldsymbol{B}$ 中诸列的某一线性相关性. 我们只限于方程(7)的这种解 $\boldsymbol{x}(\lambda)$，它是 λ 的多项式[1]，且在这些解中，取最小次数 ε 的解

$$\boldsymbol{x}(\lambda)=\boldsymbol{x}_0-\lambda\boldsymbol{x}_1+\lambda^2\boldsymbol{x}_2-\cdots+(-1)^{\varepsilon}\lambda^{\varepsilon}\boldsymbol{x}_{\varepsilon} \quad (\boldsymbol{x}_{\varepsilon}\neq\boldsymbol{0}) \tag{8}$$

把这个解代入式(7)，且设 λ 的幂的系数等于零，得出

$$\boldsymbol{A}\boldsymbol{x}_0=\boldsymbol{0}, \boldsymbol{B}\boldsymbol{x}_0-\boldsymbol{A}\boldsymbol{x}_1=\boldsymbol{0}, \boldsymbol{B}\boldsymbol{x}_1-\boldsymbol{A}\boldsymbol{x}_2=\boldsymbol{0}, \cdots, \boldsymbol{B}\boldsymbol{x}_{\varepsilon-1}-\boldsymbol{A}\boldsymbol{x}_{\varepsilon}=\boldsymbol{0}, \boldsymbol{B}\boldsymbol{x}_{\varepsilon}=\boldsymbol{0} \tag{9}$$

视这一组等式为关于列 $\boldsymbol{x}_0, -\boldsymbol{x}_1, +\boldsymbol{x}_2, \cdots, (-1)^{\varepsilon}\boldsymbol{x}_{\varepsilon}$ 的元素的齐次线性方程组，那么它的系数矩阵

$$\boldsymbol{M}_{\varepsilon}=\boldsymbol{M}_{\varepsilon}[\boldsymbol{A}+\lambda\boldsymbol{B}]=\overbrace{\begin{pmatrix} \boldsymbol{A} & \boldsymbol{0} & \boldsymbol{0} & \cdots & \boldsymbol{0} \\ \boldsymbol{B} & \boldsymbol{A} & \boldsymbol{0} & \cdots & \boldsymbol{0} \\ \boldsymbol{0} & \boldsymbol{B} & \boldsymbol{A} & \cdots & \boldsymbol{0} \\ \vdots & \vdots & \vdots & & \boldsymbol{A} \\ \boldsymbol{0} & \boldsymbol{0} & \boldsymbol{0} & \cdots & \boldsymbol{B} \end{pmatrix}}^{\varepsilon+1} \tag{10}$$

有秩 $\rho_{\varepsilon}<(\varepsilon+1)n$. 同时由于数 ε 是最小的，故对于矩阵

$$\boldsymbol{M}_0=\begin{pmatrix} \boldsymbol{A} \\ \boldsymbol{B} \end{pmatrix}, \boldsymbol{M}_1=\begin{pmatrix} \boldsymbol{A} & \boldsymbol{0} \\ \boldsymbol{B} & \boldsymbol{A} \\ \boldsymbol{0} & \boldsymbol{B} \end{pmatrix}, \cdots, \boldsymbol{M}_{\varepsilon-1}=\begin{pmatrix} \boldsymbol{A} & \boldsymbol{0} & \cdots & \boldsymbol{0} \\ \boldsymbol{B} & \boldsymbol{A} & \cdots & \vdots \\ \vdots & \vdots & & \boldsymbol{A} \\ \boldsymbol{0} & \boldsymbol{0} & \cdots & \boldsymbol{B} \end{pmatrix} \tag{10'}$$

的秩 $\rho_0, \rho_1, \cdots, \rho_{\varepsilon-1}$ 有等式 $\rho_0=n, \rho_1=2n, \cdots, \rho_{\varepsilon-1}=\varepsilon n$.

这样一来，数 ε 在关系式 $\rho_k \leqslant (k+1)n$ 中严格成立的最小的指标值为 k.

---

[1] 为了具体给出适合方程(7)的列 $\boldsymbol{x}$ 的元素，要解一个齐次线性方程组，其系数是 λ 的一次式. 基本的线性无关解 $\boldsymbol{x}$ 常可这样选取，使得它的元素都是 λ 的多项式.

现在我们来叙述且证明以下基本定理：

定理 4 如果方程(7) 有最小次数为 ε 的解且有 $\varepsilon > 0$，那么所给定的矩阵束 $\boldsymbol{A} + \lambda\boldsymbol{B}$ 与以下矩阵束

$$\begin{pmatrix} \boldsymbol{L}_\varepsilon & \boldsymbol{0} \\ \boldsymbol{0} & \hat{\boldsymbol{A}} + \lambda\hat{\boldsymbol{B}} \end{pmatrix} \tag{11}$$

严格等价，其中

$$\boldsymbol{L}_\varepsilon = \begin{pmatrix} \lambda & 1 & 0 & \cdots & 0 & 0 \\ 0 & \lambda & 1 & \cdots & 0 & 0 \\ 0 & 0 & \lambda & \ddots & 0 & 0 \\ \vdots & \vdots & \vdots & \ddots & \vdots & \vdots \\ 0 & 0 & 0 & \cdots & \lambda & 1 \end{pmatrix} \tag{12}$$

而 $\hat{\boldsymbol{A}} + \lambda\hat{\boldsymbol{B}}$ 是这样的矩阵束：类似于式(7) 的方程对于它没有次数小于 ε 的解.

证明 定理的证明分为三个步骤. 首先证明所给定的矩阵束 $\boldsymbol{A} + \lambda\boldsymbol{B}$ 与以下矩阵束

$$\begin{pmatrix} \boldsymbol{L}_\varepsilon & \boldsymbol{D} + \lambda\boldsymbol{F} \\ \boldsymbol{0} & \hat{\boldsymbol{A}} + \lambda\hat{\boldsymbol{B}} \end{pmatrix} \tag{13}$$

严格等价，其中 $\boldsymbol{D}, \boldsymbol{F}, \hat{\boldsymbol{A}}, \hat{\boldsymbol{B}}$ 是有对应维数的常数长方矩阵. 其次证明方程$(\hat{\boldsymbol{A}} + \lambda\hat{\boldsymbol{B}})\hat{\boldsymbol{x}} = \boldsymbol{0}$ 不能有次数小于 ε 的解 $\hat{\boldsymbol{x}}(\lambda)$. 最后我们来证明变换矩阵束(13) 可以化为拟对角形(11).

1° 证明的第一部分是用几何形式来进行的. 代替矩阵束 $\boldsymbol{A} + \lambda\boldsymbol{B}$，我们来讨论 R_n 映入 R_m 的算子束 $A + \lambda B$. 我们来证明在这些空间中选取适当的基底可使对应于算子 $A + \lambda B$ 的矩阵有式(13) 的形式.

代替方程(7)，我们取向量方程

$$(\boldsymbol{A} + \lambda\boldsymbol{B})\boldsymbol{x} = \boldsymbol{0} \tag{14}$$

且设其有向量解

$$\boldsymbol{x}(\lambda) = \boldsymbol{x}_0 - \lambda\boldsymbol{x}_1 + \lambda^2\boldsymbol{x}_2 - \cdots + (-1)^\varepsilon\lambda^\varepsilon\boldsymbol{x}_\varepsilon \tag{15}$$

等式(9) 换为向量等式

$$\boldsymbol{A}\boldsymbol{x}_0 = \boldsymbol{0}, \boldsymbol{A}\boldsymbol{x}_1 = \boldsymbol{B}\boldsymbol{x}_0, \boldsymbol{A}\boldsymbol{x}_2 = \boldsymbol{B}\boldsymbol{x}_1, \cdots, \boldsymbol{A}\boldsymbol{x}_\varepsilon = \boldsymbol{B}\boldsymbol{x}_{\varepsilon-1}, \boldsymbol{A}\boldsymbol{x}_\varepsilon = \boldsymbol{0} \tag{16}$$

下面我们证明向量

$$\boldsymbol{A}\boldsymbol{x}_1, \boldsymbol{A}\boldsymbol{x}_2, \cdots, \boldsymbol{A}\boldsymbol{x}_\varepsilon \tag{17}$$

线性无关. 故易知以下诸向量亦是线性无关的

$$\boldsymbol{x}_0, \boldsymbol{x}_1, \cdots, \boldsymbol{x}_\varepsilon \tag{18}$$

事实上，因为 $\boldsymbol{A}\boldsymbol{x}_0 = \boldsymbol{0}$，由 $\alpha_0\boldsymbol{x}_0 + \alpha_1\boldsymbol{x}_1 + \cdots + \alpha_s\boldsymbol{x}_s = \boldsymbol{0}$ 求得：$\alpha_1\boldsymbol{A}\boldsymbol{x}_1 + \cdots + \alpha_\varepsilon\boldsymbol{A}\boldsymbol{x}_\varepsilon = \boldsymbol{0}$，故由向量(17) 的线性无关性得出 $\alpha_1 = \alpha_2 = \cdots = \alpha_\varepsilon = 0$. 但 $\boldsymbol{x}_0 \neq \boldsymbol{0}$，否则 $\frac{1}{\lambda}\boldsymbol{x}(\lambda)$ 将为方程(14) 的解且其次数为 $\varepsilon - 1$，这是不可能的. 因此 $\alpha_0 = 0$.

如果现在取向量(17) 与向量(18) 作为 R_m 与 R_n 内新基底中前面的一些向量,那么在新基底中,由式(6) 知算子 A 与 B 各对应于矩阵

$$\widetilde{\boldsymbol{A}}=\begin{pmatrix} \overbrace{0 & 1 & \cdots & 0}^{\varepsilon+1} & * & \cdots & * \\ 0 & 0 & \cdots & 0 & * & \cdots & * \\ \vdots & \vdots & \ddots & \vdots & \vdots & \ddots & \vdots \\ 0 & 0 & \cdots & 1 & * & \cdots & * \\ 0 & 0 & \cdots & 0 & * & \cdots & * \\ \vdots & \vdots & \ddots & \vdots & \vdots & \ddots & \vdots \\ 0 & 0 & \cdots & 0 & * & \cdots & * \end{pmatrix}$$

$$\widetilde{\boldsymbol{B}}=\begin{pmatrix} 1 & 0 & \cdots & 0 & 0 & * & \cdots & * \\ 0 & 1 & \cdots & 0 & 0 & * & \cdots & * \\ \vdots & \vdots & \ddots & \vdots & \vdots & \vdots & \ddots & \vdots \\ 0 & 0 & \cdots & 1 & 0 & * & \cdots & * \\ 0 & 0 & \cdots & 0 & 0 & * & \cdots & * \\ \vdots & \vdots & \ddots & \vdots & \vdots & \vdots & \ddots & \vdots \\ 0 & 0 & \cdots & 0 & 0 & * & \cdots & * \end{pmatrix}$$

此时 λ — 矩阵 $\widetilde{\boldsymbol{A}}+\lambda\widetilde{\boldsymbol{B}}$ 有式(13) 的形式. 如果我们能够证明向量(17) 线性无关,那么前面的讨论都能成立. 假使相反地,在向量序列(17) 中,$\boldsymbol{Ax}_h(h\geqslant 1)$ 为与其前面诸向量线性相关的第一个向量,则有

$$\boldsymbol{Ax}_h=\alpha_1\boldsymbol{Ax}_{h-1}+\alpha_2\boldsymbol{Ax}_{h-2}+\cdots+\alpha_{h-1}\boldsymbol{Ax}_1$$

由式(16),这个等式可以写为

$$\boldsymbol{Bx}_{h-1}=\alpha_1\boldsymbol{Bx}_{h-2}+\alpha_2\boldsymbol{Bx}_{h-3}+\cdots+\alpha_{h-1}\boldsymbol{Bx}_0$$

亦即

$$\boldsymbol{Bx}_{h-1}^*=\boldsymbol{0}$$

其中

$$\boldsymbol{x}_{h-1}^*=\boldsymbol{x}_{h-1}-\alpha_1\boldsymbol{x}_{h-2}-\alpha_2\boldsymbol{x}_{h-3}-\cdots-\alpha_{h-1}\boldsymbol{x}_0$$

再由式(16) 得

$$\boldsymbol{Ax}_{h-1}^*=\boldsymbol{B}(\boldsymbol{x}_{h-2}-\alpha_1\boldsymbol{x}_{h-3}-\cdots-\alpha_{h-2}\boldsymbol{x}_0)=\boldsymbol{Bx}_{h-2}^*$$

其中

$$\boldsymbol{x}_{h-2}^*=\boldsymbol{x}_{h-2}-\alpha_1\boldsymbol{x}_{h-3}-\cdots-\alpha_{h-2}\boldsymbol{x}_0$$

继续如此进行且引进向量

$$\boldsymbol{x}_{h-3}^*=\boldsymbol{x}_{h-3}-\alpha_1\boldsymbol{x}_{h-4}-\cdots-\alpha_{h-3}\boldsymbol{x}_0,\cdots,\boldsymbol{x}_1^*=\boldsymbol{x}_1-\alpha_1\boldsymbol{x}_0,\boldsymbol{x}_0^*=\boldsymbol{x}_0$$

我们得出一串等式

$$\boldsymbol{Bx}_{h-1}^*=\boldsymbol{0},\boldsymbol{Ax}_{h-1}^*=\boldsymbol{Bx}_{h-2}^*,\cdots,\boldsymbol{Ax}_1^*=\boldsymbol{Bx}_0^*,\boldsymbol{Ax}_0^*=\boldsymbol{0}\tag{19}$$

由式(19) 得出

$$\boldsymbol{x}^*(\lambda)=\boldsymbol{x}_0^*-\lambda\boldsymbol{x}_1^*+\cdots+(-1)^{h-1}\boldsymbol{x}_{h-1}^* \quad (\boldsymbol{x}_0^*=\boldsymbol{x}_0\neq\boldsymbol{0})$$

是方程(14) 的非零解且其次数 $\leqslant h-1<\varepsilon$，这是不可能的. 这样一来，向量(17) 是线性无关的.

2° 现在来证明方程$(\hat{\boldsymbol{A}}+\lambda\hat{\boldsymbol{B}})\hat{\boldsymbol{x}}=\boldsymbol{0}$没有次数小于 ε 的解. 首先注意，与方程(7) 一样，方程 $\boldsymbol{L}_\varepsilon\boldsymbol{y}=\boldsymbol{0}$ 有次数小于 ε 的非零解. 这是可以直接证明的，只要换矩阵方程 $\boldsymbol{L}_\varepsilon\boldsymbol{y}=\boldsymbol{0}$ 为平常的方程组

$$\lambda y_1+y_2=0,\lambda y_2+y_3=0,\cdots,\lambda y_\varepsilon+y_{\varepsilon+1}=0$$

$(\boldsymbol{y}=(y_1,y_2,\cdots,y_{\varepsilon+1}))$ 即得 $y_k=(-1)^{k-1}y_1\lambda^{k-1}(k=1,2,\cdots,\varepsilon+1)$.

另外，如果矩阵束有“三角形”(13) 的形式，那么对应于这个矩阵束的矩阵 $\boldsymbol{M}_k(k=0,1,\cdots,\varepsilon)$(参考本节的式(10) 与式(10′))，在适当地调动行列之后，可以化为以下“三角形”

$$\begin{pmatrix}\boldsymbol{M}_k[\boldsymbol{L}_\varepsilon] & \boldsymbol{M}_k[\boldsymbol{D}+\lambda\boldsymbol{F}]\\ \boldsymbol{0} & \boldsymbol{M}_k[\hat{\boldsymbol{A}}+\lambda\hat{\boldsymbol{B}}]\end{pmatrix} \tag{20}$$

当 $k=\varepsilon-1$ 时，这个矩阵的全部列与矩阵 $\boldsymbol{M}_{\varepsilon-1}[\boldsymbol{L}_\varepsilon]$ 的诸列是线性无关的[①]. 但是 $\boldsymbol{M}_{\varepsilon-1}[\boldsymbol{L}_\varepsilon]$ 是一个 $\varepsilon(\varepsilon+1)$ 阶方阵. 故在矩阵 $\boldsymbol{M}_{\varepsilon-1}[\hat{\boldsymbol{A}}+\lambda\hat{\boldsymbol{B}}]$ 中全部列是线性无关的，有如本节开始已阐明的，这就说明了方程$(\hat{\boldsymbol{A}}+\lambda\hat{\boldsymbol{B}})\hat{\boldsymbol{x}}=\boldsymbol{0}$不能有次数不大于 $\varepsilon-1$ 的解. 第二部分得证.

3° 矩阵束(13) 换为与其严格等价的矩阵束

$$\begin{pmatrix}\boldsymbol{E}_1 & \boldsymbol{Y}\\ \boldsymbol{0} & \boldsymbol{E}_2\end{pmatrix}\begin{pmatrix}\boldsymbol{L}_\varepsilon & \boldsymbol{D}+\lambda\boldsymbol{F}\\ \boldsymbol{0} & \hat{\boldsymbol{A}}+\lambda\hat{\boldsymbol{B}}\end{pmatrix}\begin{pmatrix}\boldsymbol{E}_3 & -\boldsymbol{X}\\ \boldsymbol{0} & \boldsymbol{E}_4\end{pmatrix}=$$

$$\begin{pmatrix}\boldsymbol{L}_\varepsilon & \boldsymbol{D}+\lambda\boldsymbol{F}+\boldsymbol{Y}(\hat{\boldsymbol{A}}+\lambda\hat{\boldsymbol{B}})-\boldsymbol{L}_\varepsilon\boldsymbol{X}\\ \boldsymbol{0} & \hat{\boldsymbol{A}}+\lambda\hat{\boldsymbol{B}}\end{pmatrix} \tag{21}$$

其中 $\boldsymbol{E}_1,\boldsymbol{E}_2,\boldsymbol{E}_3,\boldsymbol{E}_4$ 是阶为 $\varepsilon,m-\varepsilon,\varepsilon+1$ 和 $n-\varepsilon-1$ 的单位方阵，而 $\boldsymbol{X},\boldsymbol{Y}$ 为有对应维数的任意的常数长方矩阵. 如果我们能够证明可以选取矩阵 $\boldsymbol{X}$ 与 $\boldsymbol{Y}$ 使得它们能适合以下矩阵等式

$$\boldsymbol{L}_\varepsilon\boldsymbol{X}=\boldsymbol{D}+\lambda\boldsymbol{F}+\boldsymbol{Y}(\hat{\boldsymbol{A}}+\lambda\hat{\boldsymbol{B}}) \tag{22}$$

那么我们的定理将能完全证明.

引进矩阵 $\boldsymbol{D},\boldsymbol{F},\boldsymbol{X}$ 诸元素的记法，矩阵 $\boldsymbol{Y}$ 的行与矩阵 $\hat{\boldsymbol{A}},\hat{\boldsymbol{B}}$ 的列的记法

$$\boldsymbol{D}=(d_{ik}),\boldsymbol{F}=(f_{ik}),\boldsymbol{X}=(x_{jk})$$

$$(i=1,2,\cdots,\varepsilon;k=1,2,\cdots,n-\varepsilon-1;j=1,2,\cdots,\varepsilon+1)$$

---

① 这可这样来得出，当 $k=\varepsilon-1$ 时，矩阵(20) 的秩等于 εn；类似地等式对于矩阵 $\boldsymbol{M}_{\varepsilon-1}[\boldsymbol{L}_\varepsilon]$ 亦能成立.

$$Y=\begin{pmatrix}\boldsymbol{y}_1\\ \boldsymbol{y}_2\\ \vdots\\ \boldsymbol{y}_\varepsilon\end{pmatrix},\hat{\boldsymbol{A}}=(\boldsymbol{a}_1,\boldsymbol{a}_2,\cdots,\boldsymbol{a}_{n-\varepsilon-1}),\hat{\boldsymbol{B}}=(\boldsymbol{b}_1,\boldsymbol{b}_2,\cdots,\boldsymbol{b}_{n-\varepsilon-1})$$

那么矩阵方程(22)可以换为一组标量方程,写出方程(22)左右两边第k列内诸元素使其分别彼此相等,得出

$$\begin{cases}x_{2k}+\lambda x_{1k}=d_{1k}+\lambda f_{1k}+\boldsymbol{y}_1\boldsymbol{a}_k+\lambda\boldsymbol{y}_1\boldsymbol{b}_k\\ x_{3k}+\lambda x_{2k}=d_{2k}+\lambda f_{2k}+\boldsymbol{y}_2\boldsymbol{a}_k+\lambda\boldsymbol{y}_2\boldsymbol{b}_k\\ x_{4k}+\lambda x_{3k}=d_{3k}+\lambda f_{3k}+\boldsymbol{y}_3\boldsymbol{a}_k+\lambda\boldsymbol{y}_3\boldsymbol{b}_k\\ \qquad\vdots\\ x_{(\varepsilon+1)k}+\lambda x_{\varepsilon k}=d_{\varepsilon k}+\lambda f_{\varepsilon k}+\boldsymbol{y}_\varepsilon\boldsymbol{a}_k+\lambda\boldsymbol{y}_\varepsilon\boldsymbol{b}_k\end{cases}\tag{23}$$

$$(k=1,2,\cdots,n-\varepsilon-1)$$

在这些等式的左边是λ的线性二项式.在这些二项式的前$\varepsilon-1$个中每一个的常数项都等于其后面一个二项式中λ的系数,并且此时右边亦应适合这样的条件.因此有

$$\begin{cases}\boldsymbol{y}_1\boldsymbol{a}_k-\boldsymbol{y}_2\boldsymbol{b}_k=f_{2k}-d_{1k}\\ \boldsymbol{y}_2\boldsymbol{a}_k-\boldsymbol{y}_3\boldsymbol{b}_k=f_{3k}-d_{2k}\\ \qquad\vdots\\ \boldsymbol{y}_{\varepsilon-1}\boldsymbol{a}_k-\boldsymbol{y}_\varepsilon\boldsymbol{b}_k=f_{\varepsilon k}-d_{\varepsilon-1,k}\end{cases}\tag{24}$$

$$(k=1,2,\cdots,n-\varepsilon-1)$$

如果等式(24)成立,那么显然由式(23)可以给出矩阵$\boldsymbol{X}$的未知元素.

现在只要证明,关于矩阵$\boldsymbol{Y}$诸元素的方程组(24)对于任何d_{ik}与$f_{ik}(i=1,2,\cdots,\varepsilon;k=1,2,\cdots,n-\varepsilon-1)$都能有解.事实上,由行$\boldsymbol{y}_1,-\boldsymbol{y}_2,+\boldsymbol{y}_3,-\boldsymbol{y}_4,\cdots$诸未知元素的系数所构成的矩阵,转置后可写为以下形式

$$\overbrace{\begin{pmatrix}\hat{\boldsymbol{A}}&\boldsymbol{0}&\boldsymbol{0}&\cdots&\boldsymbol{0}\\ \hat{\boldsymbol{B}}&\hat{\boldsymbol{A}}&\boldsymbol{0}&\cdots&\boldsymbol{0}\\ \boldsymbol{0}&\hat{\boldsymbol{B}}&\hat{\boldsymbol{A}}&\cdots&\boldsymbol{0}\\ \boldsymbol{0}&\boldsymbol{0}&\hat{\boldsymbol{B}}&\ddots&\vdots\\ \vdots&\vdots&\vdots&\ddots&\hat{\boldsymbol{A}}\\ \boldsymbol{0}&\boldsymbol{0}&\boldsymbol{0}&\cdots&\hat{\boldsymbol{B}}\end{pmatrix}}^{\varepsilon-1}$$

但此矩阵是长方矩阵束$\hat{\boldsymbol{A}}+\lambda\hat{\boldsymbol{B}}$的矩阵$\boldsymbol{M}_{\varepsilon-2}$(参考本章,式(10')).这个矩阵的秩等于$(\varepsilon-1)(n-\varepsilon-1)$,因为已经证明方程$(\hat{\boldsymbol{A}}+\lambda\hat{\boldsymbol{B}})\hat{\boldsymbol{x}}=\boldsymbol{0}$没有次数小于$\varepsilon$的解.

这样一来，方程组(24)的秩等于方程的个数且这种方程组对于任何常数项都是相容的(不矛盾).

定理得证.

§4 奇异矩阵束的范式

设给定任何 $m\times n$ 维奇异矩阵束 $\boldsymbol{A}+\lambda\boldsymbol{B}$. 首先假定，无论在这个矩阵束的诸列之间或在诸行之间，都没有常系数的线性相关性.

设 $r<n$，其中 r 为矩阵束的秩，亦即矩阵束 $\boldsymbol{A}+\lambda\boldsymbol{B}$ 的列彼此线性相关. 此时方程 $(\boldsymbol{A}+\lambda\boldsymbol{B})\boldsymbol{x}=\boldsymbol{0}$ 有最小次数 ε_1 的非零解. 由于本节开始所给定的限制，如有 $\varepsilon_1>0$，故由定理 4 所定的矩阵束可以化为形式

$$\begin{pmatrix} \boldsymbol{L}_{\varepsilon_1} & \boldsymbol{0} \\ \boldsymbol{0} & \boldsymbol{A}_1+\lambda\boldsymbol{B}_1 \end{pmatrix}$$

其中方程 $(\boldsymbol{A}_1+\lambda\boldsymbol{B}_1)\boldsymbol{x}^{(1)}=\boldsymbol{0}$ 没有次数小于 ε_1 的解 $\boldsymbol{x}^{(1)}$.

如果这个方程有最小次数为 ε_2 的非零解(此时一定有 $\varepsilon_2\geqslant\varepsilon_1$)，那么应用定理 4 于矩阵束 $\boldsymbol{A}+\lambda\boldsymbol{B}$，我们化所给定的矩阵束为以下形式

$$\begin{pmatrix} \boldsymbol{L}_{\varepsilon_1} & \boldsymbol{0} & \boldsymbol{0} \\ \boldsymbol{0} & \boldsymbol{L}_{\varepsilon_2} & \boldsymbol{0} \\ \boldsymbol{0} & \boldsymbol{0} & \boldsymbol{A}_2+\lambda\boldsymbol{B}_2 \end{pmatrix}$$

依此类推，我们化所给予矩阵束为以下拟对角形

$$\begin{pmatrix} \boldsymbol{L}_{\varepsilon_1} & & & & \boldsymbol{0} \\ & \boldsymbol{L}_{\varepsilon_2} & & & \\ & & \ddots & & \\ & & & \boldsymbol{L}_{\varepsilon_p} & \\ \boldsymbol{0} & & & & \boldsymbol{A}_p+\lambda\boldsymbol{B}_p \end{pmatrix} \tag{25}$$

其中 $0<\varepsilon_1\leqslant\varepsilon_2\leqslant\cdots\leqslant\varepsilon_p$，而方程 $(\boldsymbol{A}_p+\lambda\boldsymbol{B}_p)\boldsymbol{x}^{(p)}=\boldsymbol{0}$ 没有非零解，亦即矩阵 $\boldsymbol{A}_p+\lambda\boldsymbol{B}_p$ 的列是线性无关的[①].

如果矩阵束诸行线性相关，那么转置矩阵束 $\boldsymbol{A}'_p+\lambda\boldsymbol{B}'_p$ 可以化为式(25)的形式，其中 $\varepsilon_1,\varepsilon_2,\cdots,\varepsilon_p$ 将换为某些数 $(0<)\eta_1\leqslant\eta_2\leqslant\cdots\leqslant\eta_q$[②]. 此时所给定的矩阵束 $\boldsymbol{A}+\lambda\boldsymbol{B}$ 经变换后化为以下拟对角形

---

① 在特殊情形下，当 $\varepsilon_1+\varepsilon_2+\cdots+\varepsilon_p=m$ 时，子块 $\boldsymbol{A}_p+\lambda\boldsymbol{B}_p$ 就不会出现.

② 因为在矩阵束 $\boldsymbol{A}+\lambda\boldsymbol{B}$ 中，诸行间没有常系数线性相关性，故 $\eta_1>0$.

$$\begin{pmatrix} \boldsymbol{L}_{\varepsilon_1} & & & & & & & & \boldsymbol{0} \\ & \boldsymbol{L}_{\varepsilon_2} & & & & & & & \\ & & \ddots & & & & & & \\ & & & \boldsymbol{L}_{\varepsilon_p} & & & & & \\ & & & & \boldsymbol{L}'_{\eta_1} & & & & \\ & & & & & \boldsymbol{L}'_{\eta_2} & & & \\ & & & & & & \ddots & & \\ & & & & & & & \boldsymbol{L}'_{\eta_q} & \\ \boldsymbol{0} & & & & & & & & \boldsymbol{A}_0 + \lambda \boldsymbol{B}_0 \end{pmatrix} \tag{26}$$

$$(0 < \varepsilon_1 \leqslant \varepsilon_2 \leqslant \cdots \leqslant \varepsilon_p ; 0 < \eta_1 \leqslant \eta_2 \leqslant \cdots \leqslant \eta_q)$$

其中矩阵束 $\boldsymbol{A}_0 + \lambda \boldsymbol{B}_0$ 的列与行都是线性无关的，亦即 $\boldsymbol{A}_0 + \lambda \boldsymbol{B}_0$ 是一个正则束①.

现在来讨论一般的情形，就是所给予矩阵束的行与列可能和常系数线性相关. 对应地，记方程

$$(\boldsymbol{A} + \lambda \boldsymbol{B})\boldsymbol{x} = \boldsymbol{0} \text{ 与 } (\boldsymbol{A}' + \lambda \boldsymbol{B}')\boldsymbol{y} = \boldsymbol{0}$$

的常数无关解的极大个数为 g 与 h. 类似于定理 4 的证明中所用过的方法，我们来讨论对应的向量方程 $(\boldsymbol{A} + \lambda \boldsymbol{B})\boldsymbol{x} = \boldsymbol{0}$（$A$ 与 B 是 R_n 映入 R_m 中的算子）. 记这个方程的线性无关常数解为 $\boldsymbol{e}_1, \boldsymbol{e}_2, \cdots, \boldsymbol{e}_g$，且表示 R_n 中基底的前 g 个向量. 那么在对应的矩阵 $\widetilde{\boldsymbol{A}} + \lambda \widetilde{\boldsymbol{B}}$ 中前 g 个列都是零

$$\widetilde{\boldsymbol{A}} + \lambda \widetilde{\boldsymbol{B}} = (\overbrace{\boldsymbol{0}}^{g}, \widetilde{\boldsymbol{A}}_1 + \lambda \widetilde{\boldsymbol{B}}_1) \tag{27}$$

完全类似地，在矩阵束 $\widetilde{\boldsymbol{A}}_1 + \lambda \widetilde{\boldsymbol{B}}_1$ 中可以使其前 h 行变为零. 此时所给予矩阵束就化为

$$h\{ \begin{pmatrix} \overbrace{\boldsymbol{0}}^{g} & \boldsymbol{0} \\ \boldsymbol{0} & \boldsymbol{A}^0 + \lambda \boldsymbol{B}^0 \end{pmatrix} \tag{28}$$

其中矩阵束 $\boldsymbol{A}^0 + \lambda \boldsymbol{B}^0$ 的行与列已经不能和常数系数线性相关. 将表示式(26)用于矩阵束 $\boldsymbol{A}^0 + \lambda \boldsymbol{B}^0$. 这样一来，矩阵束 $\boldsymbol{A} + \lambda \boldsymbol{B}$ 常可化为正规拟对角形

$$h\{ (\overbrace{\boldsymbol{0}}^{g}; \boldsymbol{L}_{\varepsilon_{g+1}}, \cdots, \boldsymbol{L}_{\varepsilon_p}; \boldsymbol{L}'_{\eta_{h+1}}, \cdots, \boldsymbol{L}'_{\eta_q}; \boldsymbol{A}_0 + \lambda \boldsymbol{B}_0) \tag{29}$$

为了方便起见，此处对于 ε 与 η 的下标是这样选取的：我们认为 $\varepsilon_1 = \varepsilon_2 = \cdots = \varepsilon_g = 0, \eta_1 = \eta_2 = \cdots = \eta_h = 0$.

① 如果在所给定矩阵中 $r = n$，亦即矩阵束的列是线性无关的，那么在式(26)中将没有前 p 个对角线上诸 $\boldsymbol{L}_\varepsilon$ 形的子块（$p = 0$）. 同样地，如果 $r = m$，亦即 $\boldsymbol{A} + \lambda \boldsymbol{B}$ 诸行是线性无关的，那么在式(26)中将没有对角线上诸 $\boldsymbol{L}'_\eta$ 形的子块（$q = 0$）.

在表示式(29)中换正则束 $\boldsymbol{A}_0+\lambda\boldsymbol{B}_0$ 为其正规型(6)(参考 §2 末尾),我们最后得出以下拟对角形

$$h\{(\overset{g}{\boldsymbol{0}};\boldsymbol{L}_{\varepsilon_{g+1}},\cdots,\boldsymbol{L}_{\varepsilon_p};\boldsymbol{L'}_{\eta_{h+1}},\cdots,\boldsymbol{L'}_{\eta_q};\boldsymbol{N}^{(u_1)},\cdots,\boldsymbol{N}^{(u_s)};\boldsymbol{J}+\lambda\boldsymbol{E}) \tag{30}$$

其中矩阵 $\boldsymbol{J}$ 为若尔当标准型,或为自然范式,而 $\boldsymbol{N}^{(u)}=\boldsymbol{E}^{(u)}+\lambda\boldsymbol{H}^{(u)}$.

矩阵(30)是在一般情形下矩阵束 $\boldsymbol{A}+\lambda\boldsymbol{B}$ 的范式.

为了使得从所给定的矩阵束直接定出它的范式(30),不必依次施行上述诸步骤,我们按照克罗内克的结果,在下节中引进关于矩阵束的最小指标这一概念.

§5 矩阵束的最小指标,矩阵束的严格等价性判定

设任意给定一个奇异长方矩阵束 $\boldsymbol{A}+\lambda\boldsymbol{B}$.此时方程

$$(\boldsymbol{A}+\lambda\boldsymbol{B})\boldsymbol{x}=\boldsymbol{0} \tag{31}$$

的解:k 个多项式列 $\boldsymbol{x}_1(\lambda),\boldsymbol{x}_2(\lambda),\cdots,\boldsymbol{x}_k(\lambda)$ 是线性相关的,如果由这些列所构成的多项式矩阵 $\boldsymbol{X}=(\boldsymbol{x}_1(\lambda),\boldsymbol{x}_2(\lambda),\cdots,\boldsymbol{x}_k(\lambda))$ 的秩小于 k.对于这一情形有 k 个不全恒等于零的多项式 $p_1(\lambda),p_2(\lambda),\cdots,p_k(\lambda)$ 存在,使得

$$p_1(\lambda)\boldsymbol{x}_1(\lambda)+p_2(\lambda)\boldsymbol{x}_2(\lambda)+\cdots+p_k(\lambda)\boldsymbol{x}_k(\lambda)\equiv 0$$

如果矩阵 $\boldsymbol{X}$ 的秩等于 k,那么类似的相关性不能存在,而解 $\boldsymbol{x}_1(\lambda),\boldsymbol{x}_2(\lambda),\cdots,\boldsymbol{x}_k(\lambda)$ 线性无关.

在方程(31)所有的解中取最小次数 ε_1 的非零解 $\boldsymbol{x}_1(\lambda)$.在与 $\boldsymbol{x}_1(\lambda)$ 线性无关的所有同一方程的解中,选取最小次数 ε_2 的解 $\boldsymbol{x}_2(\lambda)$,显然有 $\varepsilon_1\leqslant\varepsilon_2$.继续这一方法,在所有与 $\boldsymbol{x}_1(\lambda),\boldsymbol{x}_2(\lambda)$ 线性无关的解中,选取最小次数 ε_3 的解 $\boldsymbol{x}_3(\lambda)$,诸如此类.因为方程(31)的线性无关解的个数常不大于 n,所以这一方法经有限次后必须停止.我们得出方程(31)的基础解系

$$\boldsymbol{x}_1(\lambda),\boldsymbol{x}_2(\lambda),\cdots,\boldsymbol{x}_p(\lambda) \tag{32}$$

其次数各为

$$\varepsilon_1\leqslant\varepsilon_2\leqslant\cdots\leqslant\varepsilon_p \tag{33}$$

在一般情形中,已给定的矩阵束 $\boldsymbol{A}+\lambda\boldsymbol{B}$ 的基础解系不是唯一确定的(即使不计标量因子).

但是两个不同的基础解系常有相同的次数序列 $\varepsilon_1,\varepsilon_2,\cdots,\varepsilon_p$.事实上,讨论与式(32)相平行的第二个基础解系 $\tilde{\boldsymbol{x}}_1(\lambda),\tilde{\boldsymbol{x}}_2(\lambda),\cdots$,其次数各为 $\tilde{\varepsilon}_1,\tilde{\varepsilon}_2,\cdots$.设在次数(33)中有

$$\varepsilon_1=\cdots=\varepsilon_{n_1}<\varepsilon_{n_1+1}=\cdots=\varepsilon_{n_2}<\cdots$$

而类似地,在序列 $\tilde{\varepsilon}_1,\tilde{\varepsilon}_2,\cdots$ 中有

$$\tilde{\varepsilon}_1=\cdots=\tilde{\varepsilon}_{\tilde{n}_1}<\tilde{\varepsilon}_{\tilde{n}_1+1}=\cdots=\tilde{\varepsilon}_{\tilde{n}_2}<\cdots$$

显然,$\varepsilon_1=\tilde{\varepsilon}_1$. 任一列 $\tilde{\boldsymbol{x}}_i(\lambda)(i=1,2,\cdots,\tilde{n}_1)$ 都是列 $\boldsymbol{x}_1(\lambda),\boldsymbol{x}_2(\lambda),\cdots,\boldsymbol{x}_{n_1}(\lambda)$ 的线性组合,因为否则在序列(32)中可以换解 $\boldsymbol{x}_{n_1+1}(\lambda)$ 为有较低次数的解 $\tilde{\boldsymbol{x}}_i(\lambda)$. 显然,反之,任一列 $\boldsymbol{x}_i(\lambda)(i=1,2,\cdots,n_1)$ 都是列 $\tilde{\boldsymbol{x}}_1(\lambda),\tilde{\boldsymbol{x}}_2(\lambda),\cdots,\tilde{\boldsymbol{x}}_{\tilde{n}_1}(\lambda)$ 的线性组合. 故有 $n_1=\tilde{n}_1$ 与 $\varepsilon_{n_1+1}=\tilde{\varepsilon}_{\tilde{n}_1+1}$. 现在用类似的推理知,有 $n_2=\tilde{n}_2$ 与 $\varepsilon_{n_2+1}=\tilde{\varepsilon}_{\tilde{n}_2+1}$,诸如此类.

基础解系(32)中每一个解 $\boldsymbol{x}_k(\lambda)(k=1,2,\cdots,p)$ 给出矩阵 $\boldsymbol{A}+\lambda\boldsymbol{B}$ 诸列中的 ε_k 次幂的线性相关性. 故称数 $\varepsilon_1,\varepsilon_2,\cdots,\varepsilon_p$ 为矩阵束 $\boldsymbol{A}+\lambda\boldsymbol{B}$ 诸列的最小指标.

类似地,引进矩阵束诸行的最小指标 $\eta_1,\eta_2,\cdots,\eta_q$. 此处换方程 $(\boldsymbol{A}+\lambda\boldsymbol{B})\boldsymbol{x}=\boldsymbol{0}$ 为方程 $(\boldsymbol{A}'+\lambda\boldsymbol{B}')\boldsymbol{y}=\boldsymbol{0}$,而 $\eta_1,\eta_2,\cdots,\eta_q$ 定义为转置矩阵束 $\boldsymbol{A}'+\lambda\boldsymbol{B}'$ 诸列的最小指标.

严格等价矩阵束有相同的最小指标. 事实上,设给定两个这种矩阵束:$\boldsymbol{A}+\lambda\boldsymbol{B}$ 与 $\boldsymbol{P}(\boldsymbol{A}+\lambda\boldsymbol{B})\boldsymbol{Q}$($\boldsymbol{P}$ 与 $\boldsymbol{Q}$ 为满秩方阵). 那么对第一个矩阵束的方程(31)两边左乘以 $\boldsymbol{P}$ 后可以写为

$$\boldsymbol{P}(\boldsymbol{A}+\lambda\boldsymbol{B})\boldsymbol{Q}\cdot\boldsymbol{Q}^{-1}\boldsymbol{x}=\boldsymbol{0}$$

故知方程(31)的所有解左乘 $\boldsymbol{Q}^{-1}$ 就得出方程

$$\boldsymbol{P}(\boldsymbol{A}+\lambda\boldsymbol{B})\boldsymbol{Q}\boldsymbol{z}=\boldsymbol{0}$$

的全部解. 因此矩阵束 $\boldsymbol{A}+\lambda\boldsymbol{B}$ 与 $\boldsymbol{P}(\boldsymbol{A}+\lambda\boldsymbol{B})\boldsymbol{Q}$ 对于诸列有相同的最小指标. 同理转置矩阵束得出诸行的最小指标相同. 我们来计算标准拟对角矩阵

$$h\{(\overbrace{\boldsymbol{0}}^{g};\boldsymbol{L}_{\varepsilon_{g+1}},\cdots,\boldsymbol{L}_{\varepsilon_p};\boldsymbol{L}'_{\eta_{h+1}},\cdots,\boldsymbol{L}'_{\eta_q};\boldsymbol{A}_0+\lambda\boldsymbol{B}_0)\tag{34}$$

的最小指标($\boldsymbol{A}_0+\lambda\boldsymbol{B}_0$ 是有范式(6)的正则束).

首先注意,拟对角矩阵诸列(行)的完全最小指标组可以由合并对角线上各个子块的对应最小指标组来得出. 矩阵 $\boldsymbol{L}_\varepsilon$ 对列只有一个指标 ε,而这个矩阵的行是线性无关的. 同样地,矩阵 $\boldsymbol{L}'_\eta$ 对行亦只有一个指标 η,而这个矩阵的诸列是线性无关的. 正则束 $\boldsymbol{A}_0+\lambda\boldsymbol{B}_0$ 完全没有最小指标. 故矩阵(34)对列有最小指标

$$\varepsilon_1=\cdots=\varepsilon_g=0,\varepsilon_{g+1},\cdots,\varepsilon_p$$

而对行有最小指标

$$\eta_1=\cdots=\eta_h=0,\eta_{h+1},\cdots,\eta_q$$

还要注意,矩阵 $\boldsymbol{L}_\varepsilon$ 没有初等因子,因为在它的最大的 ε 阶中有一个子式等于1,且有一个子式等于 λ^ε. 自然,这一论断对于转置矩阵 $\boldsymbol{L}'_\eta$ 亦是适合的,因为拟对角矩阵的初等因子可以由合并对角线上诸子块的初等因子来得出(参考第6章,§3),所以 λ - 矩阵(34)的初等因子与其正则"核"的初等因子一致.

矩阵束的范式(34)由所给定的矩阵束或者与之严格等价的矩阵束 $\boldsymbol{A}+\lambda\boldsymbol{B}$ 的最小指标 $\varepsilon_1,\cdots,\varepsilon_p;\eta_1,\cdots,\eta_q$ 与初等因子所完全确定. 因为有相同范式的两个矩阵束是彼此严格等价的,所以我们证明了以下定理:

定理 5(克罗内克)　任意两个维数同为 $m \times n$ 的长方矩阵束 $\boldsymbol{A}+\lambda\boldsymbol{B}$ 与 $\boldsymbol{A}_1+\lambda\boldsymbol{B}_1$ 严格等价的充分必要条件是这些矩阵束有相同的最小指标与相同的("有限"与"无限")初等因子.

最后,为了明确起见,写出一个有最小指标 $\varepsilon_1=0,\varepsilon_2=1,\varepsilon_3=2,\eta_1=0,\eta_2=0,\eta_3=2$ 与初等因子 $\lambda^2,(\lambda+2)^2,\mu^3$ 的矩阵束 $\boldsymbol{A}+\lambda\boldsymbol{B}$ 的范式①

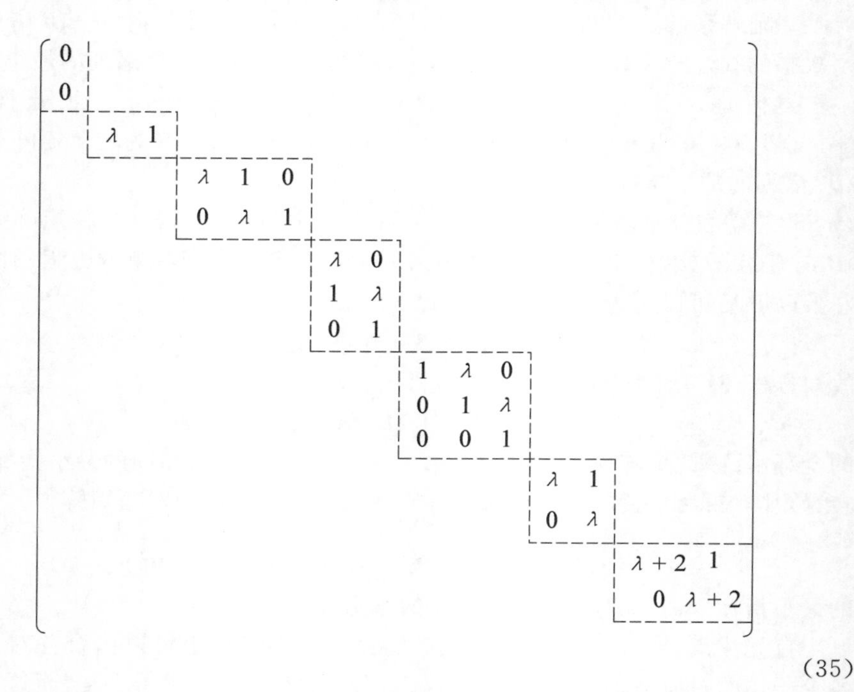

(35)

§6　奇异二次型束

设给定两个复二次型

$$\boldsymbol{A}(\boldsymbol{x},\boldsymbol{x})=\sum_{i,k=1}^{n} a_{ik}x_i x_k,\boldsymbol{B}(\boldsymbol{x},\boldsymbol{x})=\sum_{i,k=1}^{n} b_{ik}x_i x_k \tag{36}$$

它们产生二次型束 $\boldsymbol{A}(\boldsymbol{x},\boldsymbol{x})+\lambda\boldsymbol{B}(\boldsymbol{x},\boldsymbol{x})$. 这个型束对应于对称矩阵束 $\boldsymbol{A}+\lambda\boldsymbol{B}$ $(\boldsymbol{A}'=\boldsymbol{A},\boldsymbol{B}'=\boldsymbol{B})$. 如果我们在型束 $\boldsymbol{A}(\boldsymbol{x},\boldsymbol{x})+\lambda\boldsymbol{B}(\boldsymbol{x},\boldsymbol{x})$ 中对变数施行一个满秩线性变换 $\boldsymbol{x}=\boldsymbol{T}\boldsymbol{z}(|\boldsymbol{T}|\neq 0)$,那么变换后的型束 $\widetilde{\boldsymbol{A}}(\boldsymbol{z},\boldsymbol{z})+\lambda\widetilde{\boldsymbol{B}}(\boldsymbol{z},\boldsymbol{z})$ 对应于矩阵束

$$\widetilde{\boldsymbol{A}}+\lambda\widetilde{\boldsymbol{B}}=\boldsymbol{T}'(\boldsymbol{A}+\lambda\boldsymbol{B})\boldsymbol{T} \tag{37}$$

此处 $\boldsymbol{T}$ 是一个 n 阶常数(亦即与 λ 无关)满秩方阵.

---

① 在这个矩阵中,所有没有写出的元素都等于零.

与恒等式(37) 相联系的两个矩阵束 $\boldsymbol{A}+\lambda\boldsymbol{B}$ 与 $\widetilde{\boldsymbol{A}}+\lambda\widetilde{\boldsymbol{B}}$ 称为相合(比较第10章，§1，定义1). 显然，矩阵束的相合性是等价性的特殊情形. 但是在讨论两个对称矩阵束(或反对称矩阵束) 的相合性时，相合性概念与严格等价性概念是一致的. 这就是说：

定理6 两个严格等价的复对称(或反对称) 矩阵束永远是彼此相合的.

证明 假设给定两个严格等价的对称(反对称) 矩阵束 $\boldsymbol{\Lambda}\equiv\boldsymbol{A}+\lambda\boldsymbol{B}$ 与 $\widetilde{\boldsymbol{\Lambda}}\equiv\widetilde{\boldsymbol{A}}+\lambda\widetilde{\boldsymbol{B}}$，有

$$\widetilde{\boldsymbol{\Lambda}}=\boldsymbol{P}\boldsymbol{\Lambda}\boldsymbol{Q}\quad(\boldsymbol{\Lambda}'=\pm\boldsymbol{\Lambda},\widetilde{\boldsymbol{\Lambda}}'=\pm\widetilde{\boldsymbol{\Lambda}};\ |\boldsymbol{P}|\neq 0,\ |\boldsymbol{Q}|\neq 0)\tag{38}$$

变为转置矩阵后，我们得出

$$\widetilde{\boldsymbol{\Lambda}}=\boldsymbol{Q}'\boldsymbol{\Lambda}\boldsymbol{P}'\tag{39}$$

从式(38) 与式(39) 求得

$$\boldsymbol{\Lambda}\boldsymbol{Q}\boldsymbol{P}^{\mathrm{T}^{-1}}=\boldsymbol{P}^{-1}\boldsymbol{Q}'\boldsymbol{\Lambda}\tag{40}$$

令

$$\boldsymbol{U}=\boldsymbol{Q}\boldsymbol{P}^{\mathrm{T}^{-1}}\tag{41}$$

等式(40) 可写为

$$\boldsymbol{\Lambda}\boldsymbol{U}=\boldsymbol{U}'\boldsymbol{\Lambda}\tag{42}$$

由式(42) 很容易得出

$$\boldsymbol{\Lambda}\boldsymbol{U}^{k}=\boldsymbol{U}^{\mathrm{T}^{k}}\boldsymbol{\Lambda}\quad(k=0,1,2,\cdots)$$

一般地，有

$$\boldsymbol{\Lambda}\boldsymbol{S}=\boldsymbol{S}'\boldsymbol{\Lambda}\tag{43}$$

其中

$$\boldsymbol{S}=f(\boldsymbol{U})\tag{44}$$

而 $f(\lambda)$ 为 λ 的任一多项式. 假设选取这个多项式，使得有 $|\boldsymbol{S}|\neq 0$. 那么由式(43) 得出

$$\boldsymbol{\Lambda}=\boldsymbol{S}'\boldsymbol{\Lambda}\boldsymbol{S}^{-1}\tag{45}$$

在式(38) 中，代入所得出的 $\boldsymbol{\Lambda}$ 的表示式，我们有

$$\widetilde{\boldsymbol{\Lambda}}=\boldsymbol{P}\boldsymbol{S}'\boldsymbol{\Lambda}\boldsymbol{S}^{-1}\boldsymbol{Q}\tag{46}$$

为了使得这个关系式是一个相合变换，应当有以下等式

$$(\boldsymbol{P}\boldsymbol{S}')'=\boldsymbol{S}^{-1}\boldsymbol{Q}$$

这一等式可以写为

$$\boldsymbol{S}^{2}=\boldsymbol{Q}\boldsymbol{P}^{\mathrm{T}^{-1}}=\boldsymbol{U}$$

矩阵 $\boldsymbol{S}=f(\boldsymbol{U})$ 适合这一等式，如果取 $\sqrt{\lambda}$ 在矩阵 $\boldsymbol{U}$ 的影谱上的内插多项式作为 $f(\lambda)$，这是可以做到的. 因为，$|\boldsymbol{U}|\neq 0$，多值函数 $\sqrt{\lambda}$ 有一个单值分支确定于矩阵 $\boldsymbol{U}$ 的影谱上.

从等式(46) 我们就得出相合性条件

$$\widetilde{\boldsymbol{A}}=\boldsymbol{T}'\boldsymbol{\Lambda}\boldsymbol{T} \quad (\boldsymbol{T}=\boldsymbol{S}\boldsymbol{Q}=\sqrt{\boldsymbol{Q}\boldsymbol{P}^{\mathrm{T}^{-1}}}\boldsymbol{Q}) \tag{47}$$

从所证明的定理 6 与定理 5 推得：

推论 两个二次型

$$\boldsymbol{A}(\boldsymbol{x},\boldsymbol{x})+\lambda\boldsymbol{B}(\boldsymbol{x},\boldsymbol{x}) \text{ 与 } \widetilde{\boldsymbol{A}}(\boldsymbol{z},\boldsymbol{z})+\lambda\widetilde{\boldsymbol{B}}(\boldsymbol{z},\boldsymbol{z})$$

可以由变换 $\boldsymbol{x}=\boldsymbol{T}\boldsymbol{z}(|\boldsymbol{T}|\neq 0)$ 互相转化的充分必要条件是对称矩阵束 $\boldsymbol{A}+\lambda\boldsymbol{B}$ 与 $\widetilde{\boldsymbol{A}}+\lambda\widetilde{\boldsymbol{B}}$ 有相同的（“有限”与“无限”）初等因子与相同的最小指标.

注 对于对称矩阵束，行与列有相同的最小指标

$$p=q;\varepsilon_1=\eta_1,\cdots,\varepsilon_p=\eta_p \tag{48}$$

提出以下问题：给定两个任意的复二次型

$$\boldsymbol{A}(\boldsymbol{x},\boldsymbol{x})=\sum_{i,k=1}^{n}a_{ik}x_ix_k,\boldsymbol{B}(\boldsymbol{x},\boldsymbol{x})=\sum_{i,k=1}^{n}b_{ik}x_ix_k$$

在什么条件之下，变数的满秩变换 $\boldsymbol{x}=\boldsymbol{T}\boldsymbol{z}(|\boldsymbol{T}|\neq 0)$ 可以同时化这些型为平方和

$$\sum_{i=1}^{n}a_iz_i^2 \text{ 与 } \sum_{i=1}^{n}b_iz_i^2 \tag{49}$$

对于两个埃尔米特型 $\boldsymbol{A}(\boldsymbol{x},\boldsymbol{x})$ 与 $\boldsymbol{B}(\boldsymbol{x},\boldsymbol{x})$ 提出类似的问题，只是在这一情形要换式(49) 为以下写法

$$\sum_{i=1}^{n}a_iz_i\bar{z}_i \text{ 与 } \sum_{i=1}^{n}b_iz_i\bar{z}_i \tag{50}$$

此处 a_i 与 $b_i(i=1,2,\cdots,n)$ 都是实数.

我们假设二次（埃尔米特）型 $\boldsymbol{A}(\boldsymbol{x},\boldsymbol{x})$ 与 $\boldsymbol{B}(\boldsymbol{x},\boldsymbol{x})$ 含有所指出的性质. 那么矩阵束 $\boldsymbol{A}+\lambda\boldsymbol{B}$ 将相合于对角矩阵束

$$(a_1+\lambda b_1,a_2+\lambda b_2,\cdots,a_n+\lambda b_n) \tag{51}$$

设在对角线上诸二项式 $a_i+\lambda b_i$ 中恰好有 $r(r\leqslant n)$ 个不恒等于零，并不损失其一般性，可以认为

$$a_1=b_1=0,\cdots,a_{n-r}=b_{n-r}=0,a_i+\lambda b_i\not\equiv 0 \quad (i=n-r+1,2,\cdots,n)$$

令

$$\boldsymbol{A}_0+\lambda\boldsymbol{B}_0\equiv(a_{n-r+1}+\lambda b_{n-r+1},\cdots,a_n+\lambda b_n)$$

我们将矩阵(51) 表示为以下形式

$$(\overbrace{\ \boldsymbol{0}\ }^{n-r};\boldsymbol{A}_0+\lambda\boldsymbol{B}_0) \tag{52}$$

比较式(52) 与式(34)（§5），我们看到，在所给定的情形中，所有最小指标都等于零. 此外，所有初等因子都是一次式. 我们得到了以下定理：

定理 7 两个二次型 $\boldsymbol{A}(\boldsymbol{x},\boldsymbol{x})$ 与 $\boldsymbol{B}(\boldsymbol{x},\boldsymbol{x})$ 用同一变数变换可同时化为平方和（式(49) 或式(50)）的充分必要条件是矩阵束 $\boldsymbol{A}+\lambda\boldsymbol{B}$ 的所有初等因子（“有

限”与“无限”）都是一次的，而且所有最小指标都等于零.

在一般情形中，同时化两个二次型 $\boldsymbol{A}(\boldsymbol{x},\boldsymbol{x})$ 与 $\boldsymbol{B}(\boldsymbol{x},\boldsymbol{x})$ 为某一范式，应当换矩阵束 $\boldsymbol{A}+\lambda\boldsymbol{B}$ 为与之严格等价的“正规”对称矩阵束.

设对称矩阵束 $\boldsymbol{A}+\lambda\boldsymbol{B}$ 有最小指标 $\varepsilon_1=\cdots=\varepsilon_g=0,\varepsilon_{g+1}\neq 0,\cdots,\varepsilon_p\neq 0$ 与“无限”初等因子 $\mu^{u_1},\mu^{u_2},\cdots,\mu^{u_s}$ 和“有限”初等因子 $(\lambda+\lambda_1)^{c_1},(\lambda+\lambda_2)^{c_2},\cdots,(\lambda+\lambda_t)^{c_t}$. 那么在范式(30)中 $g=h,p=q,\varepsilon_{g+1}=\eta_{g+1},\cdots,\varepsilon_p=\eta_p$. 在式(30)中把对角线上每两个子块 $\boldsymbol{L}_\varepsilon$ 与 $\boldsymbol{L}'_\varepsilon$ 换为一个子块 $\begin{pmatrix}\boldsymbol{0} & \boldsymbol{L}'_\varepsilon\\ \boldsymbol{L}_\varepsilon & \boldsymbol{0}\end{pmatrix}$，把每一个 $\boldsymbol{N}^{(u)}=\boldsymbol{E}^{(u)}+\lambda\boldsymbol{H}^{(u)}$ 形子块换为与之严格等价的对称子块

$$\widetilde{\boldsymbol{N}}^{(u)}=\boldsymbol{V}^{(u)}\boldsymbol{N}^{(u)}=\begin{pmatrix}0 & 0 & \cdots & 0 & 1\\ 0 & 0 & \cdots & 1 & \lambda\\ \vdots & \vdots & & \vdots & \vdots\\ 1 & \lambda & \cdots & 0 & 0\end{pmatrix}\quad\left(\boldsymbol{V}^{(u)}=\begin{pmatrix}0 & 0 & \cdots & 0 & 1\\ 0 & 0 & \cdots & 1 & 0\\ 0 & 0 & \iddots & 0 & 0\\ \vdots & 1 & & \vdots & \vdots\\ 1 & 0 & \cdots & 0 & 0\end{pmatrix}\right)\tag{53}$$

此外代替式(30)中对角线上正则子块 $\boldsymbol{J}+\lambda\boldsymbol{E}$（$\boldsymbol{J}$ 是若尔当矩阵）

$$\boldsymbol{J}+\lambda\boldsymbol{E}=((\lambda+\lambda_1)\boldsymbol{E}^{(c_1)}+\boldsymbol{H}^{(c_1)},\cdots,(\lambda+\lambda_t)\boldsymbol{E}^{(c_t)}+\boldsymbol{H}^{(c_t)})\tag{54}$$

可取与之严格等价的矩阵束

$$(\boldsymbol{Z}_{\lambda_1}^{(c_1)},\cdots,\boldsymbol{Z}_{\lambda_t}^{(c_t)})\tag{55}$$

其中

$$\boldsymbol{Z}_{\lambda_i}^{(c_i)}=\boldsymbol{V}^{(c_i)}[(\lambda+\lambda_i)\boldsymbol{E}^{(c_i)}+\boldsymbol{H}^{(c_i)}]=\begin{pmatrix}0 & \cdots & 0 & \lambda+\lambda_i\\ 0 & \cdots & \lambda+\lambda_i & 1\\ \vdots & \iddots & \iddots & \vdots\\ \lambda+\lambda_i & 1 & \cdots & 0\end{pmatrix}\quad(i=1,2,\cdots,t)\tag{56}$$

矩阵束 $\boldsymbol{A}+\lambda\boldsymbol{B}$ 严格等价于对称矩阵束

$$\widetilde{\boldsymbol{A}}+\lambda\widetilde{\boldsymbol{B}}=\left\{\boldsymbol{0};\begin{pmatrix}\boldsymbol{0} & \boldsymbol{L}'_{\varepsilon_{g+1}}\\ \boldsymbol{L}_{\varepsilon_{g+1}} & \boldsymbol{0}\end{pmatrix},\cdots,\begin{pmatrix}\boldsymbol{0} & \boldsymbol{L}'_{\varepsilon_p}\\ \boldsymbol{L}_{\varepsilon_p} & \boldsymbol{0}\end{pmatrix};\widetilde{\boldsymbol{N}}^{(u_1)},\cdots,\widetilde{\boldsymbol{N}}^{(u_s)};\boldsymbol{Z}_{\lambda_1}^{(c_1)},\cdots,\boldsymbol{Z}_{\lambda_t}^{(c_t)}\right\}\tag{57}$$

两个有复系数的二次型 $\boldsymbol{A}(\boldsymbol{x},\boldsymbol{x})$ 与 $\boldsymbol{B}(\boldsymbol{x},\boldsymbol{x})$ 用变数变换 $\boldsymbol{x}=\boldsymbol{T}\boldsymbol{z}(|\boldsymbol{T}|\neq 0)$，可以同时化为由等式(57)所决定的范式 $\widetilde{\boldsymbol{A}}(\boldsymbol{z},\boldsymbol{z})$ 与 $\widetilde{\boldsymbol{B}}(\boldsymbol{z},\boldsymbol{z})$.

§7　对于微分方程的应用

讨论把所得出的结果应用于有常系数且含 n 个未知函数的 m 个一阶线性微分方程的方程组①

$$\sum_{k=1}^{n} a_{ik} x_k + \sum_{k=1}^{n} b_{ik} \frac{\mathrm{d}x_k}{\mathrm{d}t} = f_i(t) \quad (i=1,2,\cdots,m) \tag{58}$$

或写为矩阵形式

$$\boldsymbol{A}\boldsymbol{x} + \boldsymbol{B}\frac{\mathrm{d}\boldsymbol{x}}{\mathrm{d}t} = \boldsymbol{f}(t) \tag{59}$$

此处

$$\boldsymbol{A}=(a_{ik}),\boldsymbol{B}=(b_{ik}) \quad (i=1,2,\cdots,m;k=1,2,\cdots,n)$$
$$\boldsymbol{x}=(x_1,x_2,\cdots,x_n),\boldsymbol{f}=(f_1,f_2,\cdots,f_m)^{②}$$

引进新未知函数 $z_1,z_2,\cdots,z_n$，它们与旧未知函数 $x_1,x_2,\cdots,x_n$ 之间有常系数满秩线性变换的关系存在

$$\boldsymbol{x}=\boldsymbol{Q}\boldsymbol{z} \quad (\boldsymbol{z}=(z_1,z_2,\cdots,z_n);\ |\boldsymbol{Q}|\neq 0) \tag{60}$$

再者，代替方程(58) 可以取它们的任何 m 个线性无关的线性组合，这就等于矩阵 $\boldsymbol{A},\boldsymbol{B},\boldsymbol{f}$ 左乘以 m 阶满秩方阵 $\boldsymbol{P}$. 在式(59) 中以 $\boldsymbol{Q}\boldsymbol{z}$ 代替 $\boldsymbol{x}$ 且式(59) 逐项左乘 $\boldsymbol{P}$，我们得出

$$\widetilde{\boldsymbol{A}}\boldsymbol{z} + \widetilde{\boldsymbol{B}}\frac{\mathrm{d}\boldsymbol{z}}{\mathrm{d}t} = \widetilde{\boldsymbol{f}}(t) \tag{61}$$

其中

$$\widetilde{\boldsymbol{A}}=\boldsymbol{PAQ},\widetilde{\boldsymbol{B}}=\boldsymbol{PBQ},\widetilde{\boldsymbol{f}}=\boldsymbol{Pf}=(\widetilde{f}_1,\widetilde{f}_2,\cdots,\widetilde{f}_n) \tag{62}$$

此时矩阵束 $\boldsymbol{A}+\lambda\boldsymbol{B}$ 与 $\widetilde{\boldsymbol{A}}+\lambda\widetilde{\boldsymbol{B}}$ 彼此严格等价

$$\widetilde{\boldsymbol{A}}+\lambda\widetilde{\boldsymbol{B}}=\boldsymbol{P}(\boldsymbol{A}+\lambda\boldsymbol{B})\boldsymbol{Q} \tag{63}$$

选取矩阵 $\boldsymbol{P}$ 与 $\boldsymbol{Q}$ 使得矩阵束 $\widetilde{\boldsymbol{A}}+\lambda\widetilde{\boldsymbol{B}}$ 为正规拟对角矩阵

$$\widetilde{\boldsymbol{A}}+\lambda\widetilde{\boldsymbol{B}}=\{\boldsymbol{0};\boldsymbol{L}_{\varepsilon_{g+1}},\cdots,\boldsymbol{L}_{\varepsilon_p};\boldsymbol{L}'_{\eta_{h+1}},\cdots,\boldsymbol{L}'_{\eta_q};\boldsymbol{N}^{(u_1)},\cdots,\boldsymbol{N}^{(u_s)};\boldsymbol{J}+\lambda\boldsymbol{E}\} \tag{64}$$

根据式(64) 中对角线上诸子块，我们的微分方程组分解为 $\nu=p-g+q-h+s+2$ 个方程组，它们的形式为

$$\boldsymbol{0}\cdot\overset{1}{\boldsymbol{z}}=\overset{1}{\widetilde{\boldsymbol{f}}} \tag{65}$$

$$\boldsymbol{L}_{\varepsilon_{g+1}}\left(\frac{\mathrm{d}}{\mathrm{d}t}\right)\overset{1+i}{\boldsymbol{z}}=\overset{1+i}{\widetilde{\boldsymbol{f}}} \quad (i=1,2,\cdots,p-g) \tag{66}$$

---

① 在 $m=n$ 的特殊情形，式(58) 关于导数的解出，已在第 5 章，§5 中有详细的研究. 众所周知，如果未知函数的所有 $s-1$ 阶导数都作为新未知函数来补充到引进所讨论的微分方程组中，那么有常系数的任何 s 阶线性微分方程组可以化为式(58) 的形式.

② 小括号表示列矩阵. 例如 $\boldsymbol{x}=(x_1,x_2,\cdots,x_n)$ 是元素为 $x_1,x_2,\cdots,x_n$ 的列.

$$\boldsymbol{L}'_{\eta_{h+j}}\left(\frac{\mathrm{d}}{\mathrm{d}t}\right)\overset{p-g+1+j}{\boldsymbol{z}}=\overset{p-g+1+j}{\widetilde{\boldsymbol{f}}}\quad(j=1,2,\cdots,q-h)\tag{67}$$

$$\boldsymbol{N}^{(u_k)}\left(\frac{\mathrm{d}}{\mathrm{d}t}\right)\overset{p-g+q-h+1+k}{\boldsymbol{z}}=\overset{p-g+q-h+1+k}{\widetilde{\boldsymbol{f}}}\quad(k=1,2,\cdots,s)\tag{68}$$

$$\left(\boldsymbol{J}+\frac{\mathrm{d}}{\mathrm{d}t}\right)\overset{\nu}{\boldsymbol{z}}=\overset{\nu}{\widetilde{\boldsymbol{f}}}\tag{69}$$

其中

$$\boldsymbol{z}=\begin{pmatrix}\overset{1}{\boldsymbol{z}}\\ \overset{2}{\boldsymbol{z}}\\ \vdots\\ \overset{\nu}{\boldsymbol{z}}\end{pmatrix},\widetilde{\boldsymbol{f}}=\begin{pmatrix}\overset{1}{\widetilde{\boldsymbol{f}}}\\ \overset{2}{\widetilde{\boldsymbol{f}}}\\ \vdots\\ \overset{\nu}{\widetilde{\boldsymbol{f}}}\end{pmatrix}\tag{70}$$

$$\begin{gathered}\overset{1}{\boldsymbol{z}}=(z_1,\cdots,z_g),\overset{1}{\widetilde{\boldsymbol{f}}}=(\widetilde{f}_1,\cdots,\widetilde{f}_h)\\ \overset{2}{\boldsymbol{z}}=(z_{g+1},\cdots),\overset{2}{\widetilde{\boldsymbol{f}}}=(\widetilde{f}_{h+1},\cdots)\\ \vdots\end{gathered}\tag{71}$$

$$\Delta\left(\frac{\mathrm{d}}{\mathrm{d}t}\right)=\boldsymbol{A}+\boldsymbol{B}\frac{\mathrm{d}}{\mathrm{d}t},\text{如果 }\Delta(\lambda)\equiv\boldsymbol{A}+\lambda\boldsymbol{B}\tag{72}$$

这样一来,方程组(59)在最一般情形下的积分化为这种类型的特征方程组(65)~(69)的积分.在这些方程中矩阵束 $\boldsymbol{A}+\lambda\boldsymbol{B}$ 对应的形式为 $\boldsymbol{0},\boldsymbol{L}_{\varepsilon},\boldsymbol{L}'_{\eta},\boldsymbol{N}^{(u)},\boldsymbol{J}+\lambda\boldsymbol{E}$.

1° 使得方程组(65)不矛盾的充分必要条件是

$$\overset{1}{\widetilde{\boldsymbol{f}}}\equiv\boldsymbol{0}$$

亦即

$$\widetilde{f}_1\equiv 0,\cdots,\widetilde{f}_h\equiv 0\tag{73}$$

在这一情形,作为构成列 $\overset{1}{\boldsymbol{z}}$ 的未知函数 $z_1,z_2,\cdots,z_g$ 可以取自变量 t 的任何函数.

2° 方程组(66)表示为方程组

$$\boldsymbol{L}_{\varepsilon}\left(\frac{\mathrm{d}}{\mathrm{d}t}\right)\boldsymbol{z}=\widetilde{\boldsymbol{f}}\tag{74}$$

或者更详细地写为

$$\frac{\mathrm{d}z_1}{\mathrm{d}t}+z_2=\widetilde{f}_1(t),\frac{\mathrm{d}z_2}{\mathrm{d}t}+z_3=\widetilde{f}_2(t),\cdots,\frac{\mathrm{d}z_{\varepsilon}}{\mathrm{d}t}+z_{\varepsilon+1}=\widetilde{f}_{\varepsilon+1}(t)\text{①}\tag{75}$$

① 为了简化记法,我们变动 $\boldsymbol{z}$ 与 $\widetilde{\boldsymbol{f}}$ 的下标.为了使得方程组(75)回到方程组(66),应当换 ε 为 ε_i 且对每一个 $\boldsymbol{z}$ 的下标添加 $g+\varepsilon_{g+1}+\cdots+\varepsilon_{g+i-1}+i-1$,而对每一个 $\widetilde{\boldsymbol{f}}$ 的下标添加 $h+\varepsilon_{g+1}+\cdots+\varepsilon_{g+i-1}$.

这种方程组永远是相容的. 如果取任一自变量 t 的函数作为 $z_{\varepsilon+1}(t)$，那么从式(75) 顺次求积就得出所有其余的未知函数 $z_{\varepsilon}, z_{\varepsilon-1}, \cdots, z_1$.

3° 方程组(67) 表示为方程组

$$\boldsymbol{L}'_{\eta}\left(\frac{\mathrm{d}}{\mathrm{d}t}\right)\boldsymbol{z}=\widetilde{\boldsymbol{f}} \tag{76}$$

或者更详细地写为

$$\frac{\mathrm{d}z_1}{\mathrm{d}t}=\widetilde{f}_1(t), \frac{\mathrm{d}z_2}{\mathrm{d}t}+z_1=\widetilde{f}_2(t), \cdots, \frac{\mathrm{d}z_{\eta}}{\mathrm{d}t}+z_{\eta-1}=\widetilde{f}_{\eta}(t), z_{\eta}=\widetilde{f}_{\eta+1}(t) \tag{77}$$

在方程(77) 中除第一个方程外，我们唯一地得出 $z_{\eta}, z_{\eta-1}, \cdots, z_1$

$$z_{\eta}=\widetilde{f}_{\eta+1}, z_{\eta-1}=\widetilde{f}_{\eta}-\frac{\mathrm{d}\widetilde{f}_{\eta+1}}{\mathrm{d}t}, \cdots, z_1=\widetilde{f}_2-\frac{\mathrm{d}\widetilde{f}_3}{\mathrm{d}t}+\cdots+(-1)^{\eta-1}\frac{\mathrm{d}^{\eta-1}\widetilde{f}_{\eta+1}}{\mathrm{d}t^{\eta-1}} \tag{78}$$

在第一个方程中，代入 z_1 所得出的表示式，我们得出相容性条件

$$\widetilde{f}_1-\frac{\mathrm{d}\widetilde{f}_2}{\mathrm{d}t}+\frac{\mathrm{d}^2\widetilde{f}_3}{\mathrm{d}t^2}-\cdots+(-1)^{\eta}\frac{\mathrm{d}^{\eta}\widetilde{f}_{\eta+1}}{\mathrm{d}t^{\eta}}=0 \tag{79}$$

4° 方程组(68) 表示为方程组

$$\boldsymbol{N}^{(u)}\left(\frac{\mathrm{d}}{\mathrm{d}t}\right)\boldsymbol{z}=\widetilde{\boldsymbol{f}} \tag{80}$$

或更详细地写为

$$\frac{\mathrm{d}z_2}{\mathrm{d}t}+z_1=\widetilde{f}_1, \frac{\mathrm{d}z_3}{\mathrm{d}t}+z_2=\widetilde{f}_2, \cdots, \frac{\mathrm{d}z_u}{\mathrm{d}t}+z_{u-1}=\widetilde{f}_{u-1}, z_u=\widetilde{f}_u \tag{81}$$

故可顺次唯一地定出解

$$z_u=\widetilde{f}_u, z_{u-1}=\widetilde{f}_{u-1}-\frac{\mathrm{d}\widetilde{f}_u}{\mathrm{d}t}$$

$$\vdots$$

$$z_1=\widetilde{f}_1-\frac{\mathrm{d}\widetilde{f}_2}{\mathrm{d}t}+\frac{\mathrm{d}^2\widetilde{f}_3}{\mathrm{d}t^2}-\cdots+(-1)^{u-1}\frac{\mathrm{d}^{u-1}\widetilde{f}_u}{\mathrm{d}t^{u-1}} \tag{82}$$

5° 方程组(69) 表示为方程组

$$\boldsymbol{J}\boldsymbol{z}+\frac{\mathrm{d}\boldsymbol{z}}{\mathrm{d}t}=\widetilde{\boldsymbol{f}} \tag{83}$$

有如第 5 章，§ 5 中已经证明的，这种方程组的一般解有以下形式

$$\boldsymbol{z}=\mathrm{e}^{-\boldsymbol{J}t}\boldsymbol{z}_0+\int_0^t \mathrm{e}^{-\boldsymbol{J}(t-\tau)}f(\tau)\mathrm{d}\tau \tag{84}$$

此处 $\boldsymbol{z}_0$ 是有任意元素的列(未知函数在 $t=0$ 时的初始值).

反过来从方程组(61) 换到方程组(59) 只要用公式(60) 与公式(62). 根据这些公式，函数 $x_1, \cdots, x_n$ 中每一个都是函数 $z_1, z_2, \cdots, z_n$ 的线性组合，而函数 $\widetilde{f}_1(t), \cdots, \widetilde{f}_m(t)$ 中每一个都可以用函数 $f_1(t), \cdots, f_m(t)$ 线性表出(系数为常数).

上述分析指出:对于方程组(58)的相容性(在一般的情形下),诸方程的右边应当适合某些确定的线性有限(常系数)微分相关性.

如果这些条件都能适合,那么方程组的通解(在一般的情形下)同时含有线性的任意常数与任意函数.

相容性的特性与解的特性(特别是任意常数与任意函数的数量)由矩阵束 $\boldsymbol{A}+\lambda\boldsymbol{B}$ 的最小指标与初等因子所决定,因为微分方程组(65)~(69)的标准形式与这些指标及初等因子有密切关系.

第13章 非负元素所构成的矩阵

在这一章中所研究的是元素都是非负的实矩阵的性质.这些矩阵主要应用于概率论中马尔科夫链的研究与弹性系统的微振动理论的研究.

§1　一般的性质

首先给出一些定义.

定义 1　元素都是实数的长方矩阵

$$\boldsymbol{A}=(a_{ik})\quad (i=1,2,\cdots,m;k=1,2,\cdots,n)$$

称为非负的(记为 $\boldsymbol{A}\geqslant 0$) 或正的(记为 $\boldsymbol{A}>0$),如果矩阵的所有元素都是非负的(或正的),记为 $a_{ik}\geqslant 0$(或 $a_{ik}>0$).

定义 2　方阵 $\boldsymbol{A}=(a_{ik})_1^n$ 称为可分解的,如果所有的下标 $1,2,\cdots,n$ 可划分为两个互补组(无公共数的)$i_1,i_2,\cdots,i_\mu;k_1,k_2,\cdots,k_\nu(\mu+\nu=n)$,使得

$$a_{i_\alpha k_\beta}=0\quad (\alpha=1,2,\cdots,\mu;\beta=1,2,\cdots,\nu)$$

在相反的情形,我们称矩阵 $\boldsymbol{A}$ 为不可分解的.

所谓在方阵 $\boldsymbol{A}=(a_{ik})_1^n$ 中次序的置换,是指合并矩阵 $\boldsymbol{A}$ 中诸行的置换与诸列的同一置换而言的.

可分解与不可分解矩阵的定义还可叙述为:

定义 2′　矩阵 $\boldsymbol{A}=(a_{ik})_1^n$ 称为可分解的,如果通过次序的置换可以把它变为以下形式

$$\widetilde{\boldsymbol{A}}=\begin{pmatrix}\boldsymbol{B} & \boldsymbol{0}\\ \boldsymbol{C} & \boldsymbol{D}\end{pmatrix}$$

其中 $\boldsymbol{B}$ 与 $\boldsymbol{D}$ 为两个方阵. 在相反的情形我们称矩阵 $\boldsymbol{A}$ 为不可分解的.

设矩阵 $\boldsymbol{A}=(a_{ik})_1^n$ 对应于基底为 $\boldsymbol{e}_1,\boldsymbol{e}_2,\cdots,\boldsymbol{e}_n$ 的 n 维向量空间 R 中的线性算子 A. 在矩阵 $\boldsymbol{A}$ 中次序的置换对应于基底中向量序数的变动, 亦即变基底 $\boldsymbol{e}_1,\boldsymbol{e}_2,\cdots,\boldsymbol{e}_n$ 为新基底 $\boldsymbol{e}'_1=\boldsymbol{e}_{j_1},\boldsymbol{e}'_2=\boldsymbol{e}_{j_2},\cdots,\boldsymbol{e}'_n=\boldsymbol{e}_{j_n}$, 其中 $(j_1,j_2,\cdots,j_n)$ 为下标 $1,2,\cdots,n$ 的某一个置换. 此时矩阵 $\boldsymbol{A}$ 变为其相似矩阵 $\widetilde{\boldsymbol{A}}=\boldsymbol{T}^{-1}\boldsymbol{A}\boldsymbol{T}$(在变换矩阵 $\boldsymbol{T}$ 的每一行与每一列中只有一个元素等于 1, 而其余元素都等于 0).

所谓 R 中 ν 维坐标子空间是指任一以 $\boldsymbol{e}_{k_1},\boldsymbol{e}_{k_2},\cdots,\boldsymbol{e}_{k_\nu}$ 为基底的 R 中子空间 $(1\leqslant k_1<k_2<\cdots<k_\nu\leqslant n)$. 对于空间 R 的每一组基底 $\boldsymbol{e}_1,\boldsymbol{e}_2,\cdots,\boldsymbol{e}_n$ 可以取 C_ν^n 个 ν 维坐标子空间. 可分解矩阵的定义还可给出以下形式:

定义 2″ 矩阵 $\boldsymbol{A}=(a_{ik})_1^n$ 称为可分解的当且仅当这个矩阵所对应的算子 A 有 ν 维不变坐标子空间, 而且 $\nu<n$.

我们来证明以下引理:

引理 1 如果 $\boldsymbol{A}\geqslant 0$ 是一个不可分解矩阵, 而 n 为矩阵 $\boldsymbol{A}$ 的阶, 那么

$$(\boldsymbol{E}+\boldsymbol{A})^{n-1}>0 \tag{1}$$

证明 为了证明我们的引理, 只要证明对于任意向量(列)[①] $\boldsymbol{y}\geqslant 0(\boldsymbol{y}\neq\boldsymbol{0})$ 都有以下不等式成立

$$(\boldsymbol{E}+\boldsymbol{A})^{n-1}\boldsymbol{y}>0$$

如果我们能够证明, 在条件 $\boldsymbol{y}\geqslant 0$ 与 $\boldsymbol{y}\neq\boldsymbol{0}$ 之下, 向量 $\boldsymbol{z}=(\boldsymbol{E}+\boldsymbol{A})\boldsymbol{y}$ 中零坐标的个数常少于向量 $\boldsymbol{y}$ 中零坐标的个数, 那么上述不等式就已建立. 假设是相反的, 那么向量 $\boldsymbol{y}$ 与 $\boldsymbol{z}$ 有相同的零坐标[②], 并不损失其一般性, 可以对列 $\boldsymbol{y}$ 与 $\boldsymbol{z}$ 取以下形式[③]

$$\boldsymbol{y}=\begin{pmatrix}\boldsymbol{u}\\ \boldsymbol{0}\end{pmatrix},\boldsymbol{z}=\begin{pmatrix}\boldsymbol{v}\\ \boldsymbol{0}\end{pmatrix}\quad(\boldsymbol{u}>0,\boldsymbol{v}>0)$$

其中列 $\boldsymbol{u}$ 与 $\boldsymbol{v}$ 有相同的维数.

对应地, 令

$$\boldsymbol{A}=\begin{bmatrix}\boldsymbol{A}_{11} & \boldsymbol{A}_{12}\\ \boldsymbol{A}_{21} & \boldsymbol{A}_{22}\end{bmatrix}$$

就有

$$\begin{pmatrix}\boldsymbol{u}\\ \boldsymbol{0}\end{pmatrix}+\begin{bmatrix}\boldsymbol{A}_{11} & \boldsymbol{A}_{12}\\ \boldsymbol{A}_{21} & \boldsymbol{A}_{22}\end{bmatrix}\begin{pmatrix}\boldsymbol{u}\\ \boldsymbol{0}\end{pmatrix}=\begin{pmatrix}\boldsymbol{v}\\ \boldsymbol{0}\end{pmatrix}$$

---

① 在本章的此处及以后, 我们认为向量为有 n 个数的列. 在某一基底中所给定矩阵 $\boldsymbol{A}=(a_{ik})_1^n$ 给出某一线性算子. 在这个基底中, 我们认为向量与它的坐标行是相同的.

② 此处我们根据 $\boldsymbol{z}=\boldsymbol{y}+\boldsymbol{A}\boldsymbol{y}$, $\boldsymbol{A}\boldsymbol{y}\geqslant 0$, 故向量 $\boldsymbol{y}$ 的正坐标对应于向量 $\boldsymbol{z}$ 的正坐标.

③ 借助于坐标序数的某一种调动(对于 $\boldsymbol{y}$ 与 $\boldsymbol{z}$ 是相同的), 可以化列 $\boldsymbol{y}$ 与 $\boldsymbol{z}$ 为这种形式.

故
$$\boldsymbol{A}_{21}\boldsymbol{u}=\boldsymbol{0}$$
因为 $\boldsymbol{u}>0$,所以推得
$$\boldsymbol{A}_{21}=\boldsymbol{0}$$
这个等式与矩阵 $\boldsymbol{A}$ 的不可分解性矛盾.

这样一来,我们的引理得证.

在讨论中,引进矩阵 $\boldsymbol{A}$ 的乘幂
$$\boldsymbol{A}^q=(a_{ik}^{(q)})_1^n \quad (q=1,2,\cdots)$$
那么由引理推得:

推论 如果 $\boldsymbol{A}\geqslant 0$ 是一个不可分解的矩阵,那么对于任何一对下标 $(1\leqslant)i,k(\leqslant n)$ 都有一个正整数 q 存在,使得
$$a_{ik}^{(q)}>0 \tag{2}$$
此处数 q 常可在以下范围内选取
$$\begin{cases}q\leqslant m-1, & \text{如果 } i\neq k\\ q\leqslant m, & \text{如果 } i=k\end{cases} \tag{3}$$
其中 m 是矩阵 $\boldsymbol{A}$ 的最小多项式 $\psi(\lambda)$ 的次数.

事实上,以 $r(\lambda)$ 记 $\psi(\lambda)$ 除 $(\lambda+1)^{n-1}$ 后所得出的余式. 那么由式(1) 知 $r(\boldsymbol{A})>0$. 因为 $r(\lambda)$ 的次数小于 m,故从所得出的不等式推知,对于任何 $(1\leqslant)i,k(\leqslant n)$ 至少有一个非负数
$$\delta_{ik},a_{ik},a_{ik}^{(2)},\cdots,a_{ik}^{(m-1)}$$
不等于零. 因为在 $i\neq k$ 时有 $\delta_{ik}=0$,故得式(3) 中第一个关系式. 如果换不等式 $r(\boldsymbol{A})>0$ 为不等式 $\boldsymbol{A}r(\boldsymbol{A})>0$[①],(对于 $i=k$) 第二个关系式可以类似得出.

注 引理的这一个推论证明了在不等式(1) 中可以换 $n-1$ 为 $m-1$,其中 m 是矩阵 $\boldsymbol{A}$ 的最小多项式的次数.

§2 不可分解非负矩阵的影谱性质

1. 佩龙在 1907 年建立了正矩阵的影谱(亦即特征数与特征向量) 的著名性质.

定理 1(佩龙) 正矩阵 $\boldsymbol{A}=(a_{ik})_1^n$ 常有实的,而且是正的特征数 r,它是特征方程的单根,而且大于所有其他特征数的模. 这个极大特征数 r 对应于矩阵 $\boldsymbol{A}$ 的一个特征向量 $\boldsymbol{z}=(z_1,z_2,\cdots,z_n)$,其坐标都是正的:$z_i>0(i=1,2,\cdots,n)$[②].

---

① 不可分解的非负矩阵与正矩阵的乘积永远是一个正矩阵.

② 因为数 r 是一个单重特征数,所以对应于这个特征数的特征向量 $\boldsymbol{z}$,如果不计标量因子时,是唯一确定的. 由佩龙定理知向量 $\boldsymbol{z}$ 的坐标都不等于零,都是实数而且同号. 向量 $\boldsymbol{z}$ 乘以 $+1$ 或 -1 可以使其坐标都为正数. 此时我们称向量(列) $\boldsymbol{z}=(z_1,z_2,\cdots,z_n)$ 为正的(比较定义 1).

正矩阵是不可分解的非负矩阵的一种特殊形式.弗罗贝尼乌斯[1]推广了佩龙定理,研究了不可分解非负矩阵的影谱性质.

定理2(弗罗贝尼乌斯) 不可分解非负矩阵 $\boldsymbol{A}=(a_{ik})_1^n$ 常有正特征数 r,它是特征方程的一个单根.所有其他特征数的模不能超过数 r.极大特征数 r 对应于每一个坐标都是正数的特征向量.

如果此时 $\boldsymbol{A}$ 有 h 个特征数 $\lambda_0=r,\lambda_1,\cdots,\lambda_{h-1}$;它们的模都等于 r,那么这些数都彼此不同,而且是方程

$$\lambda^h-r^h=0 \tag{4}$$

的根,且如视矩阵 $\boldsymbol{A}=(a_{ik})_1^n$ 的所有特征数 $\lambda_0,\lambda_1,\cdots,\lambda_{n-1}$ 为复 λ — 平面上的一组点,则在将这一平面旋转 $\frac{2\pi}{h}$ 后,仍然变为它们自己.当 $h>1$ 时,矩阵 $\boldsymbol{A}$ 中次序的置换可以将其化为以下"循环"形式

$$\boldsymbol{A}=\begin{pmatrix} \boldsymbol{0} & \boldsymbol{A}_{12} & \boldsymbol{0} & \cdots & \boldsymbol{0} \\ \boldsymbol{0} & \boldsymbol{0} & \boldsymbol{A}_{23} & \cdots & \boldsymbol{0} \\ \vdots & \vdots & \vdots & & \vdots \\ \boldsymbol{0} & \boldsymbol{0} & \boldsymbol{0} & \cdots & \boldsymbol{A}_{h-1,h} \\ \boldsymbol{A}_{h1} & \boldsymbol{0} & \boldsymbol{0} & \cdots & \boldsymbol{0} \end{pmatrix} \tag{5}$$

其中位于对角线上的是方子块.

因为佩龙定理是弗罗贝尼乌斯定理的特殊情形,所以我们只需证明后一定理.首先规定某些有关的记法.

我们写 $\boldsymbol{C}\leqslant\boldsymbol{D}$ 或 $\boldsymbol{D}\geqslant\boldsymbol{C}$

其中 $\boldsymbol{C}$ 与 $\boldsymbol{D}$ 是维数同为 $m\times n$ 的实长方矩阵

$$\boldsymbol{C}=(c_{ik}),\boldsymbol{D}=(d_{ik})\quad(i=1,2,\cdots,m;k=1,2,\cdots,n)$$

的充分必要条件是

$$c_{ik}\leqslant d_{ik}\quad(i=1,2,\cdots,m;k=1,2,\cdots,n) \tag{6}$$

如果式(6)中所有的不等式都可以除去等号,那么我们写

$$\boldsymbol{C}<\boldsymbol{D} \text{ 或 } \boldsymbol{D}>\boldsymbol{C}$$

特别地,$\boldsymbol{C}\geqslant 0$($\boldsymbol{C}>0$)表示矩阵 $\boldsymbol{C}$ 的所有元素都是非负的(正的).此外,以 $\boldsymbol{C}^+$ 记 mod $\boldsymbol{C}$,亦即将矩阵 $\boldsymbol{C}$ 中所有的元素都换为其模所得出的矩阵.

2. **弗罗贝尼乌斯定理的证明**[2] 对于固定的实向量 $\boldsymbol{x}=(x_1,x_2,\cdots,x_n)\geqslant 0(\boldsymbol{x}\neq\boldsymbol{0})$,我们令

---

① 参考 *Über Matrizen aus nicht-negativen Elementen*(1912);*Über Matrizen aus positiven Elementen*(1908).

② 参考《Осцилляционные матрицы и малые колебания механических систем》(1950).

$$r_x = \min_{1 \leqslant i \leqslant n} \frac{(\boldsymbol{Ax})_i}{x_i} \quad ((\boldsymbol{Ax})_i = \sum_{k=1}^{n} a_{ik} x_k ; i = 1, 2, \cdots, n)$$

此处对于极小值的定义，需除去使得 $x_i = 0$ 的下标值 i. 显然 $r_x \geqslant 0$ 而且 r_x 是适合以下不等式的诸实数 ρ 的最大数

$$\rho \boldsymbol{x} \leqslant \boldsymbol{Ax}$$

我们来证明，函数 r_x 对于某一向量 $\boldsymbol{z} \geqslant 0$ 达到它的最大值

$$r = r_z = \max_{(\boldsymbol{x} \geqslant 0)} r_x = \max_{(\boldsymbol{x} \geqslant 0)} \min_{1 \leqslant i \leqslant n} \frac{(\boldsymbol{Ax})_i}{x_i} \tag{7}$$

从 r_x 的定义知在向量 $\boldsymbol{x} \geqslant 0 (\boldsymbol{x} \neq \boldsymbol{0})$ 乘以数 $\lambda > 0$ 时，r_x 的值并无改变. 故在找出函数 r_x 的极大值时，可以把向量 $\boldsymbol{x}$ 限制于适合关系

$$\boldsymbol{x} \geqslant 0, (\boldsymbol{xx}) \equiv \sum_{i=1}^{n} x_i^2 = 1$$

的诸向量所构成的闭集合 M 中.

如果函数 r_x 在集合 M 上连续，那么保证有极大值存在. 函数 r_x 在任一"点"$\boldsymbol{x} > 0$ 是连续的，但在集合 M 的边界点，其中有个坐标变为零时，可能不再连续. 所以我们代替集合 M，引进由以下形式的向量 $\boldsymbol{y}$ 所构成的集合 N

$$\boldsymbol{y} = (\boldsymbol{E} + \boldsymbol{A})^{n-1} \boldsymbol{x} \quad (\boldsymbol{x} \in M)$$

有如集合 M，集合 N 是有界的闭集合，且由引理 1 知，它是由正向量所构成的.

再者，不等式

$$r_x \boldsymbol{x} \leqslant \boldsymbol{Ax}$$

的两边乘以 $(\boldsymbol{E} + \boldsymbol{A})^{n-1} > 0$，我们得出

$$r_x \boldsymbol{y} \leqslant \boldsymbol{Ay} \quad (\boldsymbol{y} = (\boldsymbol{E} + \boldsymbol{A})^{n-1} \boldsymbol{x})$$

故从 r_y 的定义推得

$$r_x \leqslant r_y$$

因此，在求出 r_x 的极大值时，我们可以换集合 M 为仅由正向量所构成的集合 N. 在有界的闭集合 N 上，函数 r_x 是连续的，故对某一向量 $\boldsymbol{z} > 0$，它能达到它的最大值.

任意适合等式

$$r_z = r \tag{8}$$

的向量 $\boldsymbol{z} \geqslant 0$ 称为极端的.

现在来证明：1° 等式(7) 所确定的数 r 是一个正数而且是矩阵 $\boldsymbol{A}$ 的特征数；2° 任何极端向量 $\boldsymbol{z}$ 是正的而且是矩阵 $\boldsymbol{A}$ 对于特征数 r 的特征向量，亦即

$$r > 0, \boldsymbol{z} > 0, \boldsymbol{Az} = r\boldsymbol{z} \tag{9}$$

事实上，如果 $\boldsymbol{u} = (\underbrace{1, 1, \cdots, 1}_{n})$，那么 $r_u = \min_{1 \leqslant i \leqslant n} \sum_{k=1}^{n} a_{ik}$. 但此时 $r_u > 0$，因为不

可分解矩阵没有一个行中的元素能够全等于零. 因为 $r \geqslant r_u$,故有 $r > 0$. 再设

$$\boldsymbol{x} = (\boldsymbol{E} + \boldsymbol{A})^{n-1}\boldsymbol{z} \tag{10}$$

那么根据引理1知,$\boldsymbol{x} > 0$. 现在假设 $\boldsymbol{Az} - r\boldsymbol{z} \neq \boldsymbol{0}$,那么由式(1)(8) 与式(10),我们顺次得出

$$\boldsymbol{Az} - r\boldsymbol{z} \geqslant 0, (\boldsymbol{E} + \boldsymbol{A})^{n-1}(\boldsymbol{Az} - r\boldsymbol{z}) > 0, \boldsymbol{Ax} - r\boldsymbol{x} > 0$$

最后一个不等式与数 r 的定义冲突,因为由这个不等式对于足够小的 $\varepsilon > 0$ 将得出 $\boldsymbol{Ax} - (r + \varepsilon)\boldsymbol{x} > 0$,亦即 $r_x \geqslant r + \varepsilon > r$. 故有 $\boldsymbol{Az} = r\boldsymbol{z}$. 但此时

$$0 < \boldsymbol{x} = (\boldsymbol{E} + \boldsymbol{A})^{n-1}\boldsymbol{z} = (1 + r)^{n-1}\boldsymbol{z}$$

故推得 $\boldsymbol{z} > 0$.

现在来证明:所有特征数的模不能超过 r. 设

$$\boldsymbol{Ay} = \alpha\boldsymbol{y} \quad (\boldsymbol{y} \neq \boldsymbol{0}) \tag{11}$$

等式(11) 左右两边取模,我们得出[①]

$$|\alpha| \boldsymbol{y}^{+} \leqslant \boldsymbol{Ay}^{+} \tag{12}$$

故有

$$|\alpha| \leqslant r_{y^{+}} \leqslant r$$

我们假设特征数 r 对应于某一特征向量 $\boldsymbol{y}$

$$\boldsymbol{Ay} = r\boldsymbol{y} \quad (\boldsymbol{y} \neq \boldsymbol{0})$$

那么在式(11) 与式(12) 中取 $\alpha = r$ 知,$\boldsymbol{y}^{+}$ 是一个极端向量,因而 $\boldsymbol{y}^{+} > 0$,亦即 $\boldsymbol{y} = (y_1, y_2, \cdots, y_n)$,其中 $y_i \neq 0 (i = 1, 2, \cdots, n)$. 故知,特征数 r 只对应于一个特征向量,因为在有两个线性无关的特征向量 $\boldsymbol{z}$ 与 $\boldsymbol{z}_1$ 存在时,我们可以选取数 c 与 d 使得特征向量 $\boldsymbol{y} = c\boldsymbol{z} + d\boldsymbol{z}_1$ 至少有一个零坐标,而这已经证明不能成立.

在讨论中引进特征矩阵 $\lambda\boldsymbol{E} - \boldsymbol{A}$ 的伴随矩阵

$$\boldsymbol{B}(\lambda) = (B_{ik}(\lambda))_1^n = \Delta(\lambda)(\lambda\boldsymbol{E} - \boldsymbol{A})^{-1}$$

其中 $\Delta(\lambda)$ 为矩阵 $\boldsymbol{A}$ 的特征多项式,而 $B_{ik}(\lambda)$ 为行列式 $\Delta(\lambda)$ 中元素 $\lambda\delta_{ki} - \alpha_{ki}$ 的代数余子式. 由于特征数 r 只对应于一个特征向量(不计常数因子)$\boldsymbol{z} = (z_1, z_2, \cdots, z_n)$,其中 $z_1 > 0, z_2 > 0, \cdots, z_n > 0$,推知 $\boldsymbol{B}(r) \neq \boldsymbol{0}$,在矩阵 $\boldsymbol{B}(r)$ 的任一非零列中的所有元素皆不为零且都是同号的. 对于矩阵 $\boldsymbol{B}(r)$ 的行亦有同样的情形,因为在上述推理中可以换矩阵 $\boldsymbol{A}$ 为其转置矩阵 $\boldsymbol{A}'$. 从所述的矩阵 $\boldsymbol{A}$ 中行与列的性质推知,所有 $B_{ik}(r)(i, k = 1, 2, \cdots, n)$ 都不等于零且有相同的符号 σ. 因此

$$\sigma\Delta'(r) = \sigma\sum_{i=1}^{n} B_{ii}(r) > 0$$

亦即 $\Delta'(r) \neq 0$,所以 r 是特征方程 $\Delta(\lambda) = 0$ 的单根.

---

① 关于符号 $\boldsymbol{y}^{+}$,参考本节1的末尾.

因为 r 是多项式 $\Delta(\lambda)=\lambda^n+\cdots$ 的极大根，所以当 $\lambda\geqslant r$ 时，$\Delta(\lambda)$ 是增加的. 故 $\Delta'(r)>0$ 而 $\sigma=1$，亦即

$$B_{ik}(r)>0\quad(i,k=1,2,\cdots,n)\tag{13}$$

3. 下面对弗罗贝尼乌斯定理第二部分进行证明，我们用到以下有趣的引理：

引理 2 如果 $\boldsymbol{A}=(a_{ik})_1^n$ 与 $\boldsymbol{C}=(c_{ik})_1^n$ 是两个 n 阶方阵，而且 $\boldsymbol{A}$ 是一个不可分解矩阵，且有

$$\boldsymbol{C}^+\leqslant\boldsymbol{A}\text{①}\tag{14}$$

那么在矩阵 $\boldsymbol{C}$ 的任一特征数 γ 与矩阵 $\boldsymbol{A}$ 的极大特征数 r 之间有不等式

$$|\gamma|\leqslant r\tag{15}$$

存在. 在关系式(15) 中等号成立的充分必要条件是

$$\boldsymbol{C}=\mathrm{e}^{\mathrm{i}\varphi}\boldsymbol{D}\boldsymbol{A}\boldsymbol{D}^{-1}\tag{16}$$

其中 $\mathrm{e}^{\mathrm{i}\varphi}=\dfrac{\gamma}{r}$，$\boldsymbol{D}$ 是一个对角矩阵，其对角线上诸元素的模都等于 $1(\boldsymbol{D}^+=\boldsymbol{E})$.

证明 记 $\boldsymbol{y}$ 为对应于特征数 γ 的特征矩阵 $\boldsymbol{C}$ 的特征向量

$$\boldsymbol{C}\boldsymbol{y}=\gamma\boldsymbol{y}\quad(\boldsymbol{y}\neq\boldsymbol{0})\tag{17}$$

由式(14) 与式(17) 我们求得

$$|\gamma|\,\boldsymbol{y}^+\leqslant\boldsymbol{C}^+\,\boldsymbol{y}^+\leqslant\boldsymbol{A}\boldsymbol{y}^+\tag{18}$$

故有

$$|\gamma|\leqslant r_{\boldsymbol{y}^+}\leqslant r$$

现在来详细讨论 $|\gamma|=r$ 这一情形. 此时由式(18) 知 $\boldsymbol{y}^+$ 是矩阵 $\boldsymbol{A}$ 的极端向量，因而 $\boldsymbol{y}^+>0$ 且知 $\boldsymbol{y}^+$ 是矩阵 $\boldsymbol{A}$ 对于特征数 r 的特征向量. 故关系式(18) 有以下形式

$$\boldsymbol{A}\boldsymbol{y}^+=\boldsymbol{C}^+\,\boldsymbol{y}^+=r\boldsymbol{y}^+\quad(\boldsymbol{y}^+>0)\tag{19}$$

因此，由式(14) 得

$$\boldsymbol{C}^+=\boldsymbol{A}\tag{20}$$

设 $\boldsymbol{y}=(y_1,y_2,\cdots,y_n)$，其中

$$y_j=|y_j|\,\mathrm{e}^{\mathrm{i}\psi_j}\quad(j=1,2,\cdots,n)$$

以下列等式来定出对角矩阵 $\boldsymbol{D}$

$$\boldsymbol{D}=(\mathrm{e}^{\mathrm{i}\psi_1},\mathrm{e}^{\mathrm{i}\psi_2},\cdots,\mathrm{e}^{\mathrm{i}\psi_n})$$

那么

$$\boldsymbol{y}=\boldsymbol{D}\boldsymbol{y}^+$$

在式(17) 中代入 $\boldsymbol{y}$ 的这个表示式且令 $\gamma=r\mathrm{e}^{\mathrm{i}\varphi}$，易求出

$$\boldsymbol{F}\boldsymbol{y}^+=r\boldsymbol{y}^+\tag{21}$$

---

① $\boldsymbol{C}$ 是一个复矩阵，$\boldsymbol{A}\geqslant 0$.

其中

$$F = e^{-i\varphi} D^{-1} C D \tag{22}$$

比较式(19)与式(21),我们得出

$$F y^{+} = C^{+} y^{+} = A y^{+} \tag{23}$$

但由式(22)与式(20),得

$$F^{+} = C^{+} = A$$

故由式(23)我们得出

$$F y^{+} = F^{+} y^{+}$$

因为 $y^{+} > 0$,所以这个等式只有在

$$F = F^{+}$$

时能成立,亦即

$$e^{-i\varphi} D^{-1} C D = A$$

故有

$$C = e^{i\varphi} D A D^{-1}$$

引理得证.

4. 回到弗罗贝尼乌斯定理且将所证明的引理应用于不可分解矩阵 $A \geqslant 0$,它的特征数恰好有 h 个有极大模 r

$$\lambda_0 = r e^{i\varphi_0}, \lambda_1 = r e^{i\varphi_1}, \cdots, \lambda_{h-1} = r e^{i\varphi_{h-1}}$$

$$(0 = \varphi_0 < \varphi_1 < \varphi_2 < \cdots < \varphi_{h-1} < 2\pi)$$

那么,在引理中取 $C = A, \gamma = \lambda_k$,对于任何 $k = 0, 1, \cdots, h-1$ 都有

$$A = e^{i\varphi_k} D_k A D_k^{-1} \tag{24}$$

其中 D_k 是一个对角矩阵且有 $D_k^{+} = E$.

仍设 z 为对应于极大特征数 r 的矩阵 A 的正特征向量

$$A z = r z \quad (z > 0) \tag{25}$$

那么,令

$$\overset{k}{y} = D_k z \quad (\overset{k}{y}{}^{+} = z > 0) \tag{26}$$

由式(25)与式(26)求得

$$A \overset{k}{y} = \lambda_k \overset{k}{y} \quad (\lambda_k = r e^{i\varphi_k}; k = 0, 1, \cdots, h-1) \tag{27}$$

最后,诸等式证明:由式(26)所确定的向量 $\overset{0}{y}, \overset{1}{y}, \cdots, \overset{h-1}{y}$ 是矩阵 A 对于特征数 λ_0, $\lambda_1, \cdots, \lambda_{h-1}$ 的特征向量.

由式(24)知,$\lambda_0 = r$ 和矩阵 A 中每一个特征数 $\lambda_1, \cdots, \lambda_{h-1}$ 都是单重的. 故特征向量 $\overset{k}{y}$ 说明:如不计标量因子,矩阵 $D_k (k = 0, 1, \cdots, h-1)$ 是完全确定的. 为了唯一确定矩阵 $D_0, D_1, \cdots, D_{h-1}$,我们选取这些矩阵对角线上前面诸元素等于 1. 此时 $D_0 = E, y = z > 0$.

再者，由式(24) 得

$$A=e^{i(\varphi_j\pm\varphi_k)}D_jD_k^{\pm1}AD_k^{\mp1}D_j^{-1}\quad(j,k=0,1,\cdots,h-1)$$

故类似于上述推理知，向量

$$D_jD_k^{\pm1}z$$

是矩阵 A 对应于特征数 $re^{i(\varphi_j\pm\varphi_k)}$ 的特征向量. 故 $e^{i(\varphi_j\pm\varphi_k)}$ 与 $e^{i\varphi_l}$ 中某两个重合而矩阵 $D_jD_k^{\pm1}$ 与其对应矩阵 D_l 重合，亦即对于某两个数$(0\leqslant)l_1,l_2(\leqslant h-1)$有

$$e^{i(\varphi_j+\varphi_k)}=e^{i\varphi_{l_1}},e^{i(\varphi_j-\varphi_k)}=e^{i\varphi_{l_2}}$$

$$D_jD_k=D_{l_1},D_jD_k^{-1}=D_{l_2}$$

这样一来，$e^{i\varphi_0},e^{i\varphi_1},\cdots,e^{i\varphi_{h-1}}$ 与其对应的对角矩阵 $D_0,D_1,\cdots,D_{h-1}$ 构成两个彼此同构的阿贝尔乘法群.

在每一个由 h 个不同元素所构成的有限群中，任一元素的 h 次乘幂都等于群的单位元素. 故 $e^{i\varphi_0},e^{i\varphi_1},\cdots,e^{i\varphi_{h-1}}$ 都是 1 的 h 次根. 因为有 h 个 1 的不同的根存在，而 $\varphi_0=0<\varphi_1<\varphi_2<\cdots<\varphi_{h-1}<2\pi$，所以

$$\varphi_k=\frac{2k\pi}{h}\quad(k=0,1,2,\cdots,h-1)$$

且有

$$e^{i\varphi_k}=\varepsilon^k\quad(\varepsilon=e^{i\varphi_1}=e^{\frac{2\pi i}{h}};k=0,1,\cdots,h-1)\tag{28}$$

$$\lambda_k=r\varepsilon^k\quad(k=0,1,\cdots,h-1)\tag{29}$$

数 $\lambda_0,\lambda_1,\cdots,\lambda_{h-1}$ 构成方程(4) 的全部根.

根据式(28) 我们有①

$$D_k=D^k\quad(D=D_1;k=0,1,\cdots,h-1)\tag{30}$$

现在等式(24) 给予(当 $k=1$ 时)

$$A=e^{i\frac{2\pi}{h}}DAD^{-1}\tag{31}$$

故知矩阵 A 乘以 $e^{i\frac{2\pi}{h}}$ 后变为它的一个相似矩阵，因而在矩阵 A 的全部 n 个特征数乘以 $e^{i\frac{2\pi}{h}}$ 后，仍然变为它们自己②.

再者

$$D^h=E$$

故 D 中对角线上所有元素都是 1 的 h 次根. A(对应的 D) 中次序的置换可以使得矩阵 D 有以下拟对角形

$$D=(\eta_0E_0,\eta_1E_1,\cdots,\eta_{s-1}E_{s-1})\tag{32}$$

① 此处我们所根据的是乘法群 $e^{i\varphi_0},e^{i\varphi_1},\cdots,e^{i\varphi_{h-1}}$ 与 $D_0,D_1,\cdots,D_{h-1}$ 的同构性.

② 数 A 是有这个性质的最大整数，因为矩阵 A 恰好有 h 个特征数有极大模 r. 此外，由式(31) 推知矩阵的全部特征数可以分为 $\mu_0,\mu_0\varepsilon,\cdots,\mu_0\varepsilon^{h-1}$ 形的组(每组中有 h 个数)，且在每一个这种组的范围内，任何两个特征数所对应的初等因子有相同的次数. 这些组中有一组构成方程(4) 的根:$\lambda_0,\lambda_1,\cdots,\lambda_{h-1}$.

其中 $\boldsymbol{E}_0,\boldsymbol{E}_1,\cdots,\boldsymbol{E}_{s-1}$ 都是单位矩阵,而

$$\eta_p=\mathrm{e}^{\mathrm{i}\psi_p},\psi_p=n_p\frac{2\pi}{h}$$

(n_p 都是整数;$p=0,1,\cdots,s-1;0=n_0<n_1<\cdots<n_{s-1}<h$).显然有 $s\leqslant h$.

写 $\boldsymbol{A}$ 为分块形(与式(32)相对应的)

$$\boldsymbol{A}=\begin{pmatrix}\boldsymbol{A}_{11} & \boldsymbol{A}_{12} & \cdots & \boldsymbol{A}_{1s}\\ \boldsymbol{A}_{21} & \boldsymbol{A}_{22} & \cdots & \boldsymbol{A}_{2s}\\ \vdots & \vdots & & \vdots\\ \boldsymbol{A}_{s1} & \boldsymbol{A}_{s2} & \cdots & \boldsymbol{A}_{ss}\end{pmatrix}\tag{33}$$

我们换等式(31)为一组等式

$$\varepsilon\boldsymbol{A}_{pq}=\frac{\eta_{q-1}}{\eta_{p-1}}\boldsymbol{A}_{pq}\quad(p,q=1,2,\cdots,s;\varepsilon=\mathrm{e}^{\frac{2\pi}{h}\mathrm{i}})\tag{34}$$

故对于任何 p 与 q,或有$\frac{\eta_{q-1}}{\eta_{p-1}}=\varepsilon$,或有 $\boldsymbol{A}_{pq}=\boldsymbol{0}$.

取 $p=1$.因为所有矩阵 $\boldsymbol{A}_{12},\boldsymbol{A}_{13},\cdots,\boldsymbol{A}_{1s}$ 不可能同时等于零,所以在数$\frac{\eta_1}{\eta_0}$,$\frac{\eta_2}{\eta_0},\cdots,\frac{\eta_{s-1}}{\eta_0}$($\eta_0=1$)中至少有一个数必须等于 ε.这只有在 $n_1=1$ 时成立.因此 $\frac{\eta_1}{\eta_0}=\varepsilon,\boldsymbol{A}_{11}=\boldsymbol{A}_{13}=\cdots=\boldsymbol{A}_{1s}=\boldsymbol{0}$.在式(34)中取 $p=2$,类似地求得 $n_2=2,\boldsymbol{A}_{21}=\boldsymbol{A}_{22}=\boldsymbol{A}_{24}=\cdots=\boldsymbol{A}_{2s}=\boldsymbol{0}$,诸如此类,结果得出

$$\boldsymbol{A}=\begin{pmatrix}\boldsymbol{0} & \boldsymbol{A}_{12} & \boldsymbol{0} & \cdots & \boldsymbol{0}\\ \boldsymbol{0} & \boldsymbol{0} & \boldsymbol{A}_{23} & \cdots & \boldsymbol{0}\\ \vdots & \vdots & \vdots & & \vdots\\ \boldsymbol{0} & \boldsymbol{0} & \boldsymbol{0} & \cdots & \boldsymbol{A}_{s-1,s}\\ \boldsymbol{A}_{s1} & \boldsymbol{A}_{s2} & \boldsymbol{A}_{s3} & \cdots & \boldsymbol{A}_{ss}\end{pmatrix}$$

此处 $n_1=1,n_2=2,\cdots,n_{s-1}=s-1$.但当 $p=s$ 时,在等式(34)的右边有因子

$$\frac{\eta_{q-1}}{\eta_{s-1}}=\mathrm{e}^{(q-s)\frac{2\pi}{h}\mathrm{i}}\quad(q=1,2,\cdots,s)$$

这些数里面有一个数应当等于 $\varepsilon=\mathrm{e}^{\frac{2\pi}{h}\mathrm{i}}$,这只有在 $s=h$ 与 $q=1$ 时成立,因而$\boldsymbol{A}_{s2}=\cdots=\boldsymbol{A}_{ss}=\boldsymbol{0}$.

这样一来

$$\boldsymbol{D}=(\boldsymbol{E}_0,\varepsilon\boldsymbol{E}_1,\varepsilon^2\boldsymbol{E}_2,\cdots,\varepsilon^{h-1}\boldsymbol{E}_{h-1})$$

而矩阵 $\boldsymbol{A}$ 有式(5)的形式.

弗罗贝尼乌斯定理得证.

5. 对于弗罗贝尼乌斯定理有以下诸注意之点.

注 1° 在弗罗贝尼乌斯定理的证明中，我们同时证明了对于有极大特征数 r 的不可分解矩阵 $\boldsymbol{A} \geqslant 0$，伴随矩阵 $\boldsymbol{B}(\lambda)$ 当 $\lambda = r$ 时是正的

$$\boldsymbol{B}(r) > 0 \tag{35}$$

亦即

$$B_{ik}(r) > 0 \quad (i,k = 1,2,\cdots,n) \tag{35'}$$

其中 $B_{ik}(r)$ 是行列式 $|r\boldsymbol{E} - \boldsymbol{A}|$ 中元素 $r\delta_{ki} - a_{ki}$ 的代数余子式.

现在来讨论简化的伴随矩阵(参考第 4 章，§ 6)

$$\boldsymbol{C}(\lambda) = \frac{\boldsymbol{B}(\lambda)}{D_{n-1}(\lambda)}$$

其中 $D_{n-1}(\lambda)$ 是全部多项式 $B_{ik}(\lambda)(i,k=1,2,\cdots,n)$ 的最大公因式(首项系数为 1). 此时由式(35′) 知 $D_{n-1}(r) \neq 0$. 多项式 $D_{n-1}(\lambda)$ 的全部根都是不同于 r 的特征数①. 故 $D_{n-1}(\lambda)$ 的所有根或为复数，或为实数，但必须小于 r. 因此 $D_{n-1}(r) > 0$，结合式(35) 给出

$$\boldsymbol{C}(r) = \frac{\boldsymbol{B}(r)}{D_{n-1}(r)} > 0 \text{②} \tag{36}$$

2° 不等式(35′) 可以给出极大特征数 r 的值的界限.

引进记法

$$s_i = \sum_{k=1}^{n} a_{ik},\ s = \min_{1\leqslant i\leqslant n} s_i,\ S = \max_{1\leqslant i\leqslant n} s_i \quad (i = 1,2,\cdots,n)$$

那么对于不可分解矩阵 $\boldsymbol{A} \geqslant 0$，有

$$s \leqslant r \leqslant S \tag{37}$$

而且在 r 左边或右边的等号只在 $s = S$ 时成立，亦即此时所有的“行和”$s_1, s_2, \cdots, s_n$ 都是彼此相等的.

事实上，在特征行列式

$$\Delta(r) = \begin{vmatrix} r - a_{11} & -a_{12} & \cdots & -a_{1n} \\ -a_{21} & r - a_{22} & \cdots & -a_{2n} \\ \vdots & \vdots & & \vdots \\ -a_{n1} & -a_{n2} & \cdots & r - a_{nn} \end{vmatrix}$$

中，把前 $n-1$ 个列加到最后的列上而后按照最后的列的元素来展开. 我们得出

$$\sum_{k=1}^{n} (r - s_k) B_{nk}(r) = 0$$

---

① $D_{n-1}(\lambda)$ 是特征多项式 $D_n(\lambda) \equiv |\lambda\boldsymbol{E} - \boldsymbol{A}|$ 的因子.

② 在下节中将证明，不可分解矩阵对于任何实数 $\lambda \geqslant r$ 都有 $\boldsymbol{B}(\lambda) > 0$，$\boldsymbol{C}(\lambda) > 0$.

故由式(35′)推得不等式(37).

3° 不可分解矩阵 $\boldsymbol{A} \geqslant 0$ 不可能有两个线性无关的非负特征向量.

事实上,假设除了对应于极大特征数 r 的正特征向量 $\boldsymbol{z} > 0$,矩阵 $\boldsymbol{A}$ 还有对应于特征数 α 的特征向量 $\boldsymbol{y} \geqslant 0$(且与 $\boldsymbol{z}$ 线性无关)

$$\boldsymbol{A}\boldsymbol{y} = \alpha \boldsymbol{y} \quad (\boldsymbol{y} \neq \boldsymbol{0}, \boldsymbol{y} \geqslant 0)$$

因为 r 是特征方程 $|\lambda \boldsymbol{E} - \boldsymbol{A}| = 0$ 的单根,故有

$$\alpha \neq r$$

以 $\boldsymbol{u}$ 记转置矩阵 $\boldsymbol{A}'$ 对于 $\lambda = r$ 的正特征向量

$$\boldsymbol{A}'\boldsymbol{u} = r\boldsymbol{u} \quad (\boldsymbol{u} > 0)$$

那么[①]

$$r(\boldsymbol{y}, \boldsymbol{u}) = (\boldsymbol{y}, \boldsymbol{A}'\boldsymbol{u}) = (\boldsymbol{A}\boldsymbol{y}, \boldsymbol{u}) = \alpha(\boldsymbol{y}, \boldsymbol{u})$$

故因 $\alpha \neq r$,得

$$(\boldsymbol{y}, \boldsymbol{u}) = \boldsymbol{0}$$

但在 $\boldsymbol{u} > 0, \boldsymbol{y} \geqslant 0, \boldsymbol{y} \neq \boldsymbol{0}$ 时,这是不可能的.

4° 在弗罗贝尼乌斯定理的证明中,我们建立了不可分解矩阵 $\boldsymbol{A} \geqslant 0$ 的极大特征数 r 的以下特性

$$r = \max_{(\boldsymbol{x} \geqslant 0)} r_x$$

其中 r_x 是使得不等式 $\rho \boldsymbol{x} \leqslant \boldsymbol{A}\boldsymbol{x}$ 成立的数 ρ 中的最大数. 换句话说,因为 $r_x = \min\limits_{1 \leqslant i \leqslant n} \frac{(\boldsymbol{A}\boldsymbol{x})_i}{x_i}$, 所以

$$r = \max_{(\boldsymbol{x} \geqslant 0)} \min_{1 \leqslant i \leqslant n} \frac{(\boldsymbol{A}\boldsymbol{x})_i}{x_i}$$

完全类似地,可以对任何向量 $\boldsymbol{x} \geqslant 0 (\boldsymbol{x} \neq \boldsymbol{0})$ 定出适合不等式

$$\sigma \boldsymbol{x} \geqslant \boldsymbol{A}\boldsymbol{x}$$

的诸 σ 中最小的数 r^x,亦即设

$$r^x = \max_{1 \leqslant i \leqslant n} \frac{(\boldsymbol{A}\boldsymbol{x})_i}{x_i}$$

此处,如果对于某个 i 有关系式 $x_i = 0, (\boldsymbol{A}\boldsymbol{x})_i \neq 0$ 成立,那么应认为 $r^x \to +\infty$.

有如对于函数 r_x 所做过的一样,我们证明函数 r^x 对于某一向量 $\boldsymbol{v} > 0$ 达到它的极小值 $\hat{r}$.

---

① 如果 $\boldsymbol{y} = (y_1, y_2, \cdots, y_n)$ 与 $\boldsymbol{u} = (u_1, u_2, \cdots, u_n)$,那么我们将 $(\boldsymbol{y}, \boldsymbol{u})$ 理解为"标量积",$\boldsymbol{y}'\boldsymbol{u} = \sum\limits_{i=1}^{n} y_i u_i$. 此时 $(\boldsymbol{y}, \boldsymbol{A}'\boldsymbol{u}) = \boldsymbol{y}'\boldsymbol{A}'\boldsymbol{u}$,而 $(\boldsymbol{A}\boldsymbol{y}, \boldsymbol{u}) = (\boldsymbol{A}\boldsymbol{y})'\boldsymbol{u} = \boldsymbol{y}'\boldsymbol{A}'\boldsymbol{u}$.

我们来证明，由等式

$$\hat{r}=\min_{(x\geqslant 0)} r^x=\min_{(x\geqslant 0)}\max_{1\leqslant i\leqslant n}\frac{(\boldsymbol{Ax})_i}{x_i} \tag{38}$$

所确定的数$\hat{r}$与数r重合，而能达到这个极小值的向量$\boldsymbol{v}\geqslant 0(\boldsymbol{v}\neq\boldsymbol{0})$是矩阵$\boldsymbol{A}$当$\lambda=r$时的特征向量.

事实上

$$\hat{r}\boldsymbol{v}-\boldsymbol{Av}\geqslant 0\quad(\boldsymbol{v}\geqslant 0,\boldsymbol{v}\neq\boldsymbol{0})$$

我们假设此处的符号"$\geqslant$"不能换为"$=$". 那么根据引理1，有

$$(\boldsymbol{E}+\boldsymbol{A})^{n-1}(\hat{r}\boldsymbol{v}-\boldsymbol{Av})>0,(\boldsymbol{E}+\boldsymbol{A})^{n-1}\boldsymbol{v}>0 \tag{39}$$

令

$$\boldsymbol{u}=(\boldsymbol{E}+\boldsymbol{A})^{n-1}\boldsymbol{v}>0$$

就有

$$\hat{r}\boldsymbol{u}>\boldsymbol{Au}$$

因而对于足够小的$\varepsilon>0$，得

$$(\hat{r}-\varepsilon)\boldsymbol{u}>\boldsymbol{Au}\quad(\boldsymbol{u}>0)$$

这与$\hat{r}$的定义冲突. 因此

$$\boldsymbol{Av}=\hat{r}\boldsymbol{v}$$

但是此时

$$\boldsymbol{u}=(\boldsymbol{E}+\boldsymbol{A})^{n-1}\boldsymbol{v}=(1+\hat{r})^{n-1}\boldsymbol{v}$$

故由$\boldsymbol{u}>0$得出$\boldsymbol{v}>0$.

因此根据注3°知，有

$$\hat{r}=r$$

这样一来，对于数r，我们有两种特性

$$r=\max_{(x\geqslant 0)}\min_{1\leqslant i\leqslant n}\frac{(\boldsymbol{Ax})_i}{x_i}=\min_{(x\geqslant 0)}\max_{1\leqslant i\leqslant n}\frac{(\boldsymbol{Ax})_i}{x_i} \tag{40}$$

而且证明了$\max\limits_{(x\geqslant 0)}$或$\min\limits_{(x\geqslant 0)}$只有对于$\lambda=r$时的正特征向量能达到.

从所建立的数r的特性推得不等式

$$\min_{1\leqslant i\leqslant n}\frac{(\boldsymbol{Ax})_i}{x_i}\leqslant r\leqslant\max_{1\leqslant i\leqslant n}\frac{(\boldsymbol{Ax})_i}{x_i}\quad(\boldsymbol{x}\geqslant 0,\boldsymbol{x}\neq\boldsymbol{0}) \tag{41}$$

5° 因为在式(40)中$\max\limits_{(x\geqslant 0)}$与$\min\limits_{(x\geqslant 0)}$只有对于不可分解矩阵$\boldsymbol{A}\geqslant 0$的正特征向量能达到，所以由不等式

$$r\boldsymbol{z}\leqslant\boldsymbol{Az},\boldsymbol{z}\geqslant 0,\boldsymbol{z}\neq\boldsymbol{0}$$

或

$$r\boldsymbol{z}\geqslant\boldsymbol{Az},\boldsymbol{z}\geqslant 0,\boldsymbol{z}\neq\boldsymbol{0}$$

能得出

$$\boldsymbol{Az}=r\boldsymbol{z},\boldsymbol{z}>0$$

§3 可分解矩阵

1. 在上节中所建立的不可分解非负矩阵的影谱性质在转移到可分解矩阵时不再有效. 但是，因为任一非负矩阵$\boldsymbol{A}\geqslant 0$常可表示为不可分解的正矩阵序列$\boldsymbol{A}_m$的极限

$$\boldsymbol{A}=\lim_{m\to+\infty}\boldsymbol{A}_m \quad (\boldsymbol{A}_m>0, m=1,2,\cdots) \tag{42}$$

所以不可分解矩阵的某些影谱性质在较弱的形式上对于可分解矩阵亦能成立.

对于任意非负矩阵 $\boldsymbol{A}=(a_{ik})_1^n$,我们来证明以下定理:

定理 3 非负矩阵 $\boldsymbol{A}=(a_{ik})_1^n$ 永远有一个这样的非负特征数 r,使得矩阵 $\boldsymbol{A}$ 的所有特征数的模都不超过 r. 这个"极大"特征数 r 对应于非负特征向量

$$\boldsymbol{A}\boldsymbol{y}=r\boldsymbol{y} \quad (\boldsymbol{y}\geqslant 0, \boldsymbol{y}\neq \boldsymbol{0})$$

证明 设对矩阵 $\boldsymbol{A}$ 有表示式(42). 以 $r^{(m)}$ 和 $\boldsymbol{y}^{(m)}$ 各记正矩阵 $\boldsymbol{A}_m$ 的极大特征数和对应于这些数的正规化①正特征向量

$$\boldsymbol{A}_m\boldsymbol{y}^{(m)}=r^{(m)}\boldsymbol{y}^{(m)} \quad ((\boldsymbol{y}^{(m)}\boldsymbol{y}^{(m)})=1, \boldsymbol{y}^{(m)}>0; m=1,2,\cdots) \tag{43}$$

此时由式(42)知,有极限

$$\lim_{m\to+\infty} r^{(m)}=r$$

存在,其中 r 为矩阵 $\boldsymbol{A}$ 的特征数. 由于 $r^{(m)}>0$ 与 $r^{(m)}>|\lambda_0^{(m)}|$,其中 $\lambda_0^{(m)}$ 为矩阵 $\boldsymbol{A}_m(m=1,2,\cdots)$ 的任一特征数,对 $r^{(m)}$ 取极限我们得出

$$r\geqslant 0, r\geqslant |\lambda_0| \tag{44}$$

其中 λ_0 为矩阵 $\boldsymbol{A}$ 的任一特征数. 同样取极限,代替式(35)给出

$$\boldsymbol{B}(r)\geqslant 0 \tag{45}$$

再者,从正规化特征向量序列 $\boldsymbol{y}^{(m)}(m=1,2,\cdots)$ 中可以选出子序列 $\boldsymbol{y}^{(m_p)}(p=1,2,\cdots)$ 收敛于某一正规化(不等于零的)向量 $\boldsymbol{y}$. 在等式(43)的两边对于所给予的 m 的子序列值 $m_p(p=1,2,\cdots)$ 取极限,我们得出

$$\boldsymbol{A}\boldsymbol{y}=r\boldsymbol{y} \quad (\boldsymbol{y}\geqslant 0, \boldsymbol{y}\neq \boldsymbol{0})$$

定理得证.

注 对于趋于极限的式(42),不等式(37)仍然有效. 所以这些不等式对于任何非负矩阵都能成立. 但是在式(37)中等号能成立的条件,对于可分解矩阵是不正确的.

2. 我们对具有非负元素的矩阵建立一系列的重要命题:

1° 如果 $\boldsymbol{A}=(a_{ik})_1^n$ 是一个有极大特征数 r 的非负矩阵,那么当 $\lambda>r$ 时

$$(\lambda\boldsymbol{E}-\boldsymbol{A})^{-1}\geqslant 0, \frac{\mathrm{d}}{\mathrm{d}\lambda}(\lambda\boldsymbol{E}-\boldsymbol{A})^{-1}\leqslant 0 \tag{46}$$

事实上,当 $\lambda>r\geqslant 0$ 时,以下分解式成立

$$(\lambda\boldsymbol{E}-\boldsymbol{A})^{-1}=\sum_{j=0}^{+\infty}\frac{\boldsymbol{A}^j}{\lambda^{j+1}}\geqslant 0 \tag{47}$$

因此

① 我们了解正规化向量为列 $\boldsymbol{y}=(y_1,y_2,\cdots,y_n)$,其中 $(\boldsymbol{y}\boldsymbol{y})=\sum_{i=1}^n y_i^2=1$.

$$\frac{\mathrm{d}}{\mathrm{d}\lambda}(\lambda \boldsymbol{E} - \boldsymbol{A})^{-1} = -\sum_{j=0}^{+\infty} \frac{(j+1)}{\lambda^{j+2}} \leqslant 0 \tag{48}$$

2° 如果 $\boldsymbol{A}=(a_{ik})_1^n$ 是含极大特征数 r 的非负矩阵，而 $\boldsymbol{B}(\lambda)$ 与 $\boldsymbol{C}(\lambda)$ 是它的伴随矩阵与简化伴随矩阵，那么当 $\lambda \geqslant r$ 时

$$\boldsymbol{B}(\lambda) \geqslant 0, \boldsymbol{C}(\lambda) \geqslant 0 \tag{49}$$

因为 $\boldsymbol{B}(\lambda) = (\lambda \boldsymbol{E} - \boldsymbol{A})^{-1}\Delta(\lambda), \boldsymbol{C}(\lambda) = (\lambda \boldsymbol{E} - \boldsymbol{A})^{-1}\psi(\lambda)$，当 $\lambda > r$ 时

$$\Delta(\lambda) > 0, \psi(\lambda) > 0$$

所以从式(46) 的第一个不等式立即推出关系式(49).

3° 如果 $\boldsymbol{A}=(a_{ik})_1^n$ 是含极大特征数 r 的不可分解矩阵，那么当 $\lambda > r$ 时

$$(\lambda \boldsymbol{E} - \boldsymbol{A})^{-1} > 0, \frac{\mathrm{d}}{\mathrm{d}\lambda}(\lambda \boldsymbol{E} - \boldsymbol{A})^{-1} < 0 \tag{50}$$

当 $\lambda \geqslant r$ 时

$$\boldsymbol{B}(\lambda) > 0, \boldsymbol{C}(\lambda) > 0 \tag{51}$$

事实上，根据引理 1 的推论(第 8 章，§1)，在不可分解矩阵 $\boldsymbol{A} \geqslant 0$ 的情形，由关系式(47) 与式(48) 知 $\lambda \geqslant r$ 可去掉等号. 于是当 $\lambda > r$ 时也有 $\boldsymbol{B}(\lambda) > 0$，$\boldsymbol{C}(\lambda) > 0$. 但是正如 §2 所证明，对于不可分解矩阵 $\boldsymbol{B}(r) > 0, \boldsymbol{C}(\lambda) > 0$. 因此不等式(51) 成立.

4° 非负矩阵 $\boldsymbol{A}=(a_{ik})_1^n$ 的(阶小于 n 的) 任一主子式的极大特征数 r' 不能超过矩阵 $\boldsymbol{A}$ 的极大特征数 r

$$r' \leqslant r \tag{52}$$

如果对于 $n-1$ 阶主子式有 $r' < r$，那么对于特征行列式 $\Delta(\lambda) = |\lambda \boldsymbol{E} - \boldsymbol{A}|$，当 $r' < \lambda < r$ 时有不等式

$$\Delta(\lambda) < 0 \tag{53}$$

如果 $\boldsymbol{A}$ 是一个不可分解矩阵，那么在式(52) 中可以除去等号. 如果 $\boldsymbol{A}$ 是一个可分解矩阵，那么至少有一个主子式在式(52) 中等号能够成立.

事实上，为具体起见，设 r' 是矩阵 $\boldsymbol{A}_1 = (a_{ik})_1^{n-1}$ 的极大特征数，此矩阵有特征多项式 $\Delta_1(\lambda) = B_{nn}(\lambda)$. 那么 $B_{nn}(r') = 0$，并且在 $\boldsymbol{A}$ 为不可分解矩阵的情形，由式(51) 知，当 $\lambda \leqslant r$ 时 $B_{nn}(\lambda) > 0$. 因此 $r' < r$. 从而在 $\boldsymbol{A}$ 为可分解矩阵的情形，取极限得出不等式(52).

令 $r' < \lambda < r$. 于是按最后一行与最后一列的元素展开行列式 $\Delta(\lambda)$，得

$$\Delta(\lambda) = \Delta_1(\lambda)(\lambda - a_{nn}) - \sum_{i,k=1}^{n-1} A_{ik}^{(1)}(\lambda) a_{in} a_{nk} \tag{54}$$

其中 $A_{ik}^{(1)}(\lambda)$ 是行列式 $\Delta_1(\lambda) = B_{nn}(\lambda)(i,k=1,2,\cdots,n-1)$ 中元素 $\lambda\delta_{ik} - a_{ik}$ 的代数余子式. 恒等式(54) 的两边除以 $\Delta_1(\lambda)$，得

$$\frac{\Delta(\lambda)}{\Delta_1(\lambda)} = \lambda - a_{nn} - \sum_{i,k=1}^{n-1} \{(\lambda \boldsymbol{E} - \boldsymbol{A}_1)^{-1}\}_{ik} a_{in} a_{nk} \tag{55}$$

利用式(46)中矩阵$\boldsymbol{A}$的第二个不等式,我们指出,当$\lambda>r'$时,式(55)右边第一项$\lambda-a_{nn}$单调递增,第二项不减小.因此在$\lambda>r'$时,$\frac{\Delta(\lambda)}{\Delta_1(\lambda)}$单调递增.但是此时这个比在$r'<\lambda<r$时是负的,因为$\Delta(r)=0$.但是当$\lambda>r'$时$\Delta_1(\lambda)>0$.因此不等式(53)成立.

我们证明了不等式(52)对第$n-1$阶子式成立.从$n-1$到$n-2$,从$n-2$到$n-3$等逐渐转移,我们证明了不等式(52)(在不可分解矩阵的情形,没有等号)对任何阶主子式都成立.

如果$\boldsymbol{A}$是一个可分解矩阵,那么经次序的置换可以把它表示为以下形式

$$\boldsymbol{A}=\begin{pmatrix}\boldsymbol{B} & \boldsymbol{0}\\ \boldsymbol{C} & \boldsymbol{D}\end{pmatrix}$$

此时数r应当为两个主子式$\boldsymbol{B}$与$\boldsymbol{D}$中某一个的特征数.

论断4°得证.

由4°推得:

5° 如果$\boldsymbol{A}\geqslant 0$且在特征行列式

$$\Delta(r)=\begin{vmatrix} r-a_{11} & -a_{12} & \cdots & -a_{1n}\\ -a_{21} & r-a_{22} & \cdots & -a_{2n}\\ \vdots & \vdots & & \vdots\\ -a_{n1} & -a_{n2} & \cdots & r-a_{nn}\end{vmatrix}$$

中有些主子式变为零(矩阵$\boldsymbol{A}$是可分解的),那么任何包含某一零主子式的“增大”主子式亦变为零,特别地,在$n-1$阶主子式

$$B_{11}(\lambda),B_{22}(\lambda),\cdots,B_{nn}(\lambda)$$

中至少有一个在$\lambda=r$时变为零.

由4°与5°得:

6° 矩阵$\boldsymbol{A}\geqslant 0$是可分解矩阵的充分必要条件是在关系式

$$B_{ii}(r)\geqslant 0\quad(i=1,2,\cdots,n)$$

中有一个式子对于等号能够成立.

由4°亦可推得:

7° 如果r是矩阵$\boldsymbol{A}\geqslant 0$的极大特征数,那么对于任何$\lambda>r$,特征矩阵$\boldsymbol{A}_\lambda\equiv\lambda\boldsymbol{E}-\boldsymbol{A}$的所有主子式都是正的

$$\boldsymbol{A}_\lambda\begin{pmatrix}i_1 & i_2 & \cdots & i_p\\ i_1 & i_2 & \cdots & i_p\end{pmatrix}>0\quad(\lambda>r;1\leqslant i_1<i_2<\cdots<i_p\leqslant n;p=1,2,\cdots,n)\tag{56}$$

不难看出,相反地,从不等式(56)得出$\lambda>r$.事实上

$$\Delta(\lambda+\mu)=|(\lambda+\mu)\boldsymbol{E}-\boldsymbol{A}|=|\boldsymbol{A}_\lambda+\mu\boldsymbol{E}|=\sum_{k=0}^{n}S_k\mu^{n-k}$$

其中 S_k 为特征矩阵 $\boldsymbol{A}_\lambda \equiv \lambda\boldsymbol{E}-\boldsymbol{A}$ 中所有 k 级主子式的和$(k=1,2,\cdots,n)$①. 故如果对于某一实数 λ，特征数矩阵 $\boldsymbol{A}_\lambda$ 的全部主子式都是正的，那么对于任何 $\mu \geqslant 0$ 都有

$$\Delta(\lambda+\mu) \neq 0$$

亦即每一个不小于 λ 的数都不是矩阵 $\boldsymbol{A}$ 的特征数. 因此

$$r<\lambda$$

这样一来，不等式(56) 是使得数 λ 为矩阵 $\boldsymbol{A}$ 诸特征数的模的上界的充分必要条件②，但并非不等式(56) 中的所有不等式都是彼此无关的.

矩阵 $\lambda\boldsymbol{E}-\boldsymbol{A}$ 是一个在对角线以外都是非正元素的矩阵③. 德·蒙·柯捷利扬斯基④证明了：对于这种矩阵(有如对称矩阵) 的所有主子式都是正的这一性质可以从顺序主子式(从左上角顺次列出的 1 阶，2 阶，……，n 阶主子式) 都是正的这一性质来推出.

引理 3(柯捷利扬斯基)　如果在实矩阵 $\boldsymbol{G}=(g_{ik})_1^n$ 中，所有非对角线上的元素都是负的或等于零

$$g_{ik} \leqslant 0 \quad (i \neq k; i,k=1,2,\cdots,n) \tag{57}$$

而顺序主子式都是正的

$$g_{11}=\boldsymbol{G}\begin{pmatrix}1\\1\end{pmatrix}>0, \boldsymbol{G}\begin{pmatrix}1 & 2\\1 & 2\end{pmatrix}>0, \cdots, \boldsymbol{G}\begin{pmatrix}1 & 2 & \cdots & n\\1 & 2 & \cdots & n\end{pmatrix}>0 \tag{58}$$

那么矩阵 $\boldsymbol{G}$ 的所有主子式都是正的

$$\boldsymbol{G}\begin{bmatrix}i_1 & i_2 & \cdots & i_p\\ i_1 & i_2 & \cdots & i_p\end{bmatrix}>0 \quad (1 \leqslant i_1<i_2<\cdots<i_p \leqslant n; p=1,2,\cdots,n)$$

证明　对于矩阵的阶数 n 采用数学归纳法来证明我们的引理. 当 $n=2$ 时，引理是成立的，因为由

$$g_{12} \leqslant 0, g_{21} \leqslant 0, g_{11}>0, g_{11}g_{22}-g_{12}g_{21}>0$$

得出 $g_{22}>0$. 假设对于阶小于 n 的矩阵，我们的引理是正确的；来证明对于矩阵 $\boldsymbol{G}=(g_{ik})_1^n$，它亦是正确的. 在讨论中引进加边行列式

$$t_{ik}=\boldsymbol{G}\begin{bmatrix}1 & i\\1 & k\end{bmatrix}=g_{11}g_{ik}-g_{1k}g_{i1} \quad (i,k=2,\cdots,n)$$

从式(57) 与式(58) 得出

---

① 参考第 3 章，§7.

② 参考《Теория ветвящихся случайных процессов》(1951).

③ 不难看出，相反地，每一个在对角线以外的元素都是负的或等于零的矩阵永远可以表示为 $\lambda\boldsymbol{E}-\boldsymbol{A}$ 的形式，其中 $\boldsymbol{A}$ 是一个非负矩阵，而 λ 为一个实数.

④ 参考《К теории неотрицательных и осцилляционных матриц》(1950). 这篇论文对于所有非对角线上元素都有相同符号的矩阵得出一系列的结果.

$$t_{ik} \leqslant 0 \quad (i \neq k; i,k=2,\cdots,n)$$

另外,对矩阵 $\boldsymbol{T}=(t_{ik})_2^n$ 应用西尔维斯特恒等式(第 2 章,§3,等式(30)),我们得出

$$\boldsymbol{T}\begin{pmatrix} i_1 & i_2 & \cdots & i_p \\ i_1 & i_2 & \cdots & i_p \end{pmatrix} = (g_{11})^{p-1}\boldsymbol{G}\begin{pmatrix} 1 & i_1 & i_2 & \cdots & i_p \\ 1 & i_1 & i_2 & \cdots & i_p \end{pmatrix} \tag{59}$$

$$(2 \leqslant i_1 < i_2 < \cdots < i_p \leqslant n; p=1,2,\cdots,n-1)$$

故由式(58) 知矩阵 $\boldsymbol{T}=(t_{ik})_2^n$ 的顺序主子式都是正的

$$t_{22}=\boldsymbol{T}\begin{pmatrix} 2 \\ 2 \end{pmatrix}>0,\boldsymbol{T}\begin{pmatrix} 2 & 3 \\ 2 & 3 \end{pmatrix}>0,\cdots,\boldsymbol{T}\begin{pmatrix} 2 & 3 & \cdots & n \\ 2 & 3 & \cdots & n \end{pmatrix}>0$$

这样一来,$n-1$ 阶矩阵 $\boldsymbol{T}=(t_{ik})_2^n$ 适合引理的条件.故由归纳法的假设知矩阵 $\boldsymbol{T}$ 的所有主子式都是正的

$$\boldsymbol{T}\begin{pmatrix} i_1 & i_2 & \cdots & i_p \\ i_1 & i_2 & \cdots & i_p \end{pmatrix}>0 \quad (2 \leqslant i_1 < i_2 < \cdots < i_p \leqslant n; p=1,2,\cdots,n-1)$$

但此时由式(59) 推知矩阵 $\boldsymbol{G}$ 的所有含有第一行的主子式都是正的

$$\boldsymbol{G}\begin{pmatrix} 1 & i_1 & i_2 & \cdots & i_p \\ 1 & i_1 & i_2 & \cdots & i_p \end{pmatrix}>0 \tag{60}$$

$$(2 \leqslant i_1 < i_2 < \cdots < i_p \leqslant n; p=1,2,\cdots,n-1)$$

取固定的下标$(1<)i_1<i_2<\cdots<i_{n-2}(\leqslant n)$且建立 $n-1$ 阶矩阵

$$(g_{\alpha\beta}) \quad (\alpha,\beta=1,i_1,i_2,\cdots,i_{n-2}) \tag{61}$$

由式(60) 知这个矩阵的顺序主子式都是正的

$$g_{11}>0,\boldsymbol{G}\begin{pmatrix} 1 & i_1 \\ 1 & i_1 \end{pmatrix}>0,\cdots,\boldsymbol{G}\begin{pmatrix} 1 & i_1 & i_2 & \cdots & i_{n-2} \\ 1 & i_1 & i_2 & \cdots & i_{n-2} \end{pmatrix}>0$$

而非对角线上的元素都是非正的

$$g_{\alpha\beta} \leqslant 0 \quad (\alpha \neq \beta; \alpha,\beta=1,i_1,i_2,\cdots,i_{n-2})$$

但是矩阵(61) 的阶等于 $n-1$.故由归纳法的假设,这个矩阵的所有主子式都是正的;特别地

$$\boldsymbol{G}\begin{pmatrix} i_1 & i_2 & \cdots & i_p \\ i_1 & i_2 & \cdots & i_p \end{pmatrix}>0 \tag{62}$$

$$(2 \leqslant i_1 < i_2 < \cdots < i_p \leqslant n; p=1,2,\cdots,n-2)$$

这样一来,矩阵 $\boldsymbol{G}$ 的所有不大于 $n-2$ 阶的主子式都是正的.

因为由式(62) 知 $g_{22}>0$,所以我们现在可以引进元素 g_{22}(不是上面的 g_{11}) 的二阶加边行列式

$$t_{ik}^{*}=\boldsymbol{G}\begin{pmatrix} 2 & i \\ 2 & k \end{pmatrix} \quad (i,k=1,3,\cdots,n)$$

有如上面对于矩阵 $\boldsymbol{T}$ 所做的运算，对矩阵 $\boldsymbol{T}^* = (t_{ik}^*)$ 采取同样的方法，我们得出类似于不等式(60) 的以下不等式

$$\boldsymbol{G}\begin{pmatrix} 2 & i_1 & \cdots & i_p \\ 2 & i_1 & \cdots & i_p \end{pmatrix} > 0 \tag{63}$$

$$(i_1 < i_2 < \cdots < i_p; i_1, \cdots, i_p = 1, 3, \cdots, n; p = 1, 2, \cdots, n-1)$$

因为矩阵 $\boldsymbol{G} = (g_{ik})_1^n$ 的任一主子式或者含有第一行，或者含有第二行，或者其阶不大于 $n-2$，所以由不等式(60)(62) 与不等式(63) 知矩阵 $\boldsymbol{G}$ 的所有主子式都是正的.

引理得证.

所证明的引理说明在条件(56) 中只是用及顺序主子式. 故有以下定理：

定理 4 实数 λ 大于矩阵 $\boldsymbol{A} = (a_{ik})_1^n \geqslant 0$ 的极大特征数 r 的充分必要条件是对于这个值 λ，特征矩阵 $\boldsymbol{A}_\lambda \equiv \lambda\boldsymbol{E} - \boldsymbol{A}$ 的所有顺序主子式都是正的

$$\lambda - a_{11} > 0, \begin{vmatrix} \lambda - a_{11} & -a_{12} \\ -a_{21} & \lambda - a_{22} \end{vmatrix} > 0, \cdots, \begin{vmatrix} \lambda - a_{11} & -a_{12} & \cdots & -a_{1n} \\ -a_{21} & \lambda - a_{22} & \cdots & -a_{2n} \\ \vdots & \vdots & & \vdots \\ -a_{n1} & -a_{n2} & \cdots & \lambda - a_{nn} \end{vmatrix} > 0 \tag{64}$$

讨论这个定理的一个应用. 设在矩阵 $\boldsymbol{C} = (c_{ik})_1^n$ 中所有非对角线上的元素都是非负的. 那么对于某一个 $\lambda > 0$ 可使矩阵 $\boldsymbol{A} = \boldsymbol{C} + \lambda\boldsymbol{E} \geqslant 0$. 把矩阵 $\boldsymbol{C}$ 的特征数 $\lambda_i (i = 1, 2, \cdots, n)$ 按照其实数部分的增加次序来排列

$$\operatorname{Re}\lambda_1 \leqslant \operatorname{Re}\lambda_2 \leqslant \cdots \leqslant \operatorname{Re}\lambda_n$$

以 r 记矩阵 $\boldsymbol{A}$ 的极大特征数. 因为矩阵 $\boldsymbol{A}$ 的特征数是和 $\lambda_i + \lambda (i = 1, 2, \cdots, n)$，所以

$$\lambda_n + \lambda = r$$

在所给予的情形下不等式 $r < \lambda$ 只在 $\lambda_n < 0$ 时成立，这就是说矩阵 $\boldsymbol{C}$ 的所有特征数都有负的实数部分. 写出关于矩阵 $-\boldsymbol{C} = \lambda\boldsymbol{E} - \boldsymbol{A}$ 的不等式(64)，我们得出以下定理①：

定理 5 使得非对角线上都是非负元素

$$c_{ik} \geqslant 0 \quad (i \neq k; i, k = 1, 2, \cdots, n)$$

的实矩阵 $\boldsymbol{C} = (c_{ik})_1^n$ 的所有特征数都有负实数部分的充分必要条件是以下诸不等式都能成立

---

① 参考《Теория ветвящихся случайных процессов》(1951)；《О некоторых свойствах матриц с полоЖительными злементами》(1952). 因为 $\boldsymbol{C} = \boldsymbol{A} - \lambda\boldsymbol{E}, \boldsymbol{A} \geqslant 0$，所以 λ_n 是一个实数(这可以从等式 $\lambda_n + \lambda = r$ 来得出)，而且这个特征数对应矩阵 $\boldsymbol{C}$ 的一个非负特征向量：$\boldsymbol{C}\boldsymbol{y} = \lambda_n\boldsymbol{y} (\boldsymbol{y} \geqslant 0, \boldsymbol{y} \neq \boldsymbol{0})$.

$$c_{11}<0,\begin{vmatrix}c_{11}&c_{12}\\c_{21}&c_{22}\end{vmatrix}>0,\cdots,(-1)^n\begin{vmatrix}c_{11}&c_{12}&\cdots&c_{1n}\\c_{21}&c_{22}&\cdots&c_{2n}\\\vdots&\vdots&&\vdots\\c_{n1}&c_{n2}&\cdots&c_{nn}\end{vmatrix}>0 \tag{65}$$

重新设 $\boldsymbol{A}$ 是任一不可分解的非负矩阵，而 $\boldsymbol{x}\geqslant 0(\boldsymbol{x}\neq\boldsymbol{0})$ 是某一向量[①]，它不是极大特征数 r 的特征向量. 那么由第13章 §2 注 5° 知，存在下标 i 与 $j(1\leqslant i,j\leqslant n)$ 使以下不等式成立

$$(\boldsymbol{Ax})_i>rx_i,(\boldsymbol{Ax})_j<rx_j \tag{66}$$

如果 $\boldsymbol{x}$ 是特征数为 r 的矩阵 $\boldsymbol{A}$ 的特征向量，那么在关系式(66)中不等号要换为等号. 因此对于任一向量 $\boldsymbol{x}\geqslant 0$，存在下标 i 与 $k(1\leqslant i,k\leqslant n)$，使得

$$(\boldsymbol{Ax})_i\geqslant rx_i,(\boldsymbol{Ax})_k\leqslant rx_k \tag{66'}$$

关系式(66′)在这种削弱形式下对可分解矩阵 $\boldsymbol{A}\geqslant 0$ 仍然成立，因为它可以表示为不可分解矩阵序列的极限形式.

由关系式(66′)建立了：

定理 6 当非负矩阵 $\boldsymbol{A}$ 的任一元素增加时，极大特征数不减小，如果 $\boldsymbol{A}$ 是不可分解矩阵，那么这个特征数严格单调递增.

这个定理容许一个等价的表述：

定理 6′ 如果给定两个含极大特征数 r 与 r' 的非负矩阵 $\boldsymbol{A}$ 与 $\boldsymbol{A}_1$，那么以不等式 $\boldsymbol{A}\leqslant\boldsymbol{A}_1(\boldsymbol{A}\neq\boldsymbol{A}_1)$ 推出不等式 $r\leqslant r'$. 如果 $\boldsymbol{A}$ 是不可分解矩阵，那么 $r<r'$.

证明 令 $\boldsymbol{A}$ 是不可分解矩阵. 那么 $\boldsymbol{A}_1$ 也是不可分解矩阵. 记 $\boldsymbol{x}$ 为特征数为 r_1 的矩阵 $\boldsymbol{A}_1$ 的特征向量

$$\boldsymbol{A}_1\boldsymbol{x}=r_1\boldsymbol{x}\quad(\boldsymbol{x}>0)$$

由此有

$$(r_1-r)\boldsymbol{x}=\boldsymbol{Ax}-r\boldsymbol{x}+(\boldsymbol{A}_1-\boldsymbol{A})\boldsymbol{x} \tag{66''}$$

但是 $(\boldsymbol{A}_1-\boldsymbol{A})\boldsymbol{x}\geqslant 0$. 因此，如果 $\boldsymbol{x}$ 不是特征数为 r 的矩阵 $\boldsymbol{A}$ 的特征向量，那么由式(66)，在某一下标为 $i(1\leqslant i\leqslant n)$ 时

$$(r_1-r)x_i\geqslant(\boldsymbol{Ax})_i-rx_i>0$$

从而得 $r_1-r>0$，即 $r<r_1$.

如果 $\boldsymbol{x}$ 是特征数为 r 的矩阵 $\boldsymbol{A}$ 的特征向量，那么 $\boldsymbol{Ax}-r\boldsymbol{x}=\boldsymbol{0}$，并且因为在某一下标为 i 时 $[(\boldsymbol{A}_1-\boldsymbol{A})\boldsymbol{x}]_i>0$，所以从等式(66″)推出

$$(r_1-r)x_i=[(\boldsymbol{A}_1-\boldsymbol{A})\boldsymbol{x}]_i>0$$

即又有 $r<r_1$.

在可分解矩阵的情形，在讨论时引入矩阵 $\boldsymbol{A}_\varepsilon=\boldsymbol{A}+\varepsilon\boldsymbol{B}$ 与 $\boldsymbol{A}_{1\varepsilon}=\boldsymbol{A}_1+\varepsilon\boldsymbol{B}$，其中

---

① 记号 $\boldsymbol{x}\geqslant 0$ 表示列矩阵 $\boldsymbol{x}$ 是非负的.

$\boldsymbol{B}>0,\varepsilon>0$. 那么 $\boldsymbol{A}_{\varepsilon}\leqslant\boldsymbol{A}_{1\varepsilon}$ 与 $\boldsymbol{A}_{\varepsilon}>0$. 因此 $r_{\varepsilon}<r_{1\varepsilon}$，其中 r_{ε} 与 $r_{1\varepsilon}$ 分别为矩阵 $\boldsymbol{A}_{\varepsilon}$ 与 $\boldsymbol{A}$ 的极大特征数. 当 $\varepsilon\to 0$ 时取极限，矩阵 $\boldsymbol{A}_{\varepsilon}$ 与 $\boldsymbol{A}_{1\varepsilon}$ 化为矩阵 $\boldsymbol{A}$ 与 $\boldsymbol{A}_1$，不等式 $r_{\varepsilon}<r_{1\varepsilon}$ 化为关系式 $r\leqslant r_1$.

定理得证.

§4　可分解矩阵的范式

讨论任一可分解矩阵 $\boldsymbol{A}=(a_{ik})_1^n$. 经次序的置换可将其表示为形式

$$\boldsymbol{A}=\begin{pmatrix}\boldsymbol{B} & \boldsymbol{0}\\ \boldsymbol{C} & \boldsymbol{D}\end{pmatrix}\tag{67}$$

其中 $\boldsymbol{B},\boldsymbol{D}$ 都是方阵.

如果矩阵 $\boldsymbol{B}$ 与 $\boldsymbol{D}$ 中有一个是可分解的，那么类似于式(67)还可以将矩阵 $\boldsymbol{A}$ 表示为

$$\boldsymbol{A}=\begin{pmatrix}\boldsymbol{K} & \boldsymbol{0} & \boldsymbol{0}\\ \boldsymbol{H} & \boldsymbol{L} & \boldsymbol{0}\\ \boldsymbol{F} & \boldsymbol{G} & \boldsymbol{M}\end{pmatrix}$$

如果矩阵 $\boldsymbol{K},\boldsymbol{L},\boldsymbol{M}$ 中某一些是可分解的，那么这种方法还可以继续下去. 其结果是经过次序的适当置换，可以将矩阵 $\boldsymbol{A}$ 表示为三角形分块式

$$\boldsymbol{A}=\begin{pmatrix}\boldsymbol{A}_{11} & \boldsymbol{0} & \cdots & \boldsymbol{0}\\ \boldsymbol{A}_{21} & \boldsymbol{A}_{22} & \cdots & \boldsymbol{0}\\ \vdots & \vdots & & \vdots\\ \boldsymbol{A}_{s1} & \boldsymbol{A}_{s2} & \cdots & \boldsymbol{A}_{ss}\end{pmatrix}\tag{68}$$

其中位于对角线上的子块都是不可分解的方阵.

对角线上子块 $\boldsymbol{A}_{ii}(1\leqslant i\leqslant s)$ 称为被孤立的，如果

$$\boldsymbol{A}_{ik}=\boldsymbol{0}\quad(k=1,2,\cdots,i-1,i+1,\cdots,s)$$

在矩阵(68)中经过诸子块次序的置换(参考本章 §1)可以把所有被孤立的子块放在对角线的左上方，此后矩阵 $\boldsymbol{A}$ 有以下形式

$$\boldsymbol{A}=\begin{pmatrix}\boldsymbol{A}_1 & \boldsymbol{0} & \cdots & \boldsymbol{0} & \cdots & \boldsymbol{0} & \cdots & \boldsymbol{0}\\ \boldsymbol{0} & \boldsymbol{A}_2 & \cdots & \boldsymbol{0} & \cdots & \boldsymbol{0} & \cdots & \boldsymbol{0}\\ \vdots & \vdots & & \vdots & & \vdots & & \vdots\\ \boldsymbol{0} & \boldsymbol{0} & \cdots & \boldsymbol{A}_g & \cdots & \boldsymbol{0} & \cdots & \boldsymbol{0}\\ \boldsymbol{A}_{g+1,1} & \boldsymbol{A}_{g+1,2} & \cdots & \boldsymbol{A}_{g+1,g} & \cdots & \boldsymbol{A}_{g+1} & \cdots & \boldsymbol{0}\\ \vdots & \vdots & & \vdots & & \vdots & & \vdots\\ \boldsymbol{A}_{s1} & \boldsymbol{A}_{s2} & \cdots & \boldsymbol{A}_{sg} & \cdots & \boldsymbol{A}_{s,g+1} & \cdots & \boldsymbol{A}_s\end{pmatrix}\tag{69}$$

其中 $\boldsymbol{A}_1,\boldsymbol{A}_2,\cdots,\boldsymbol{A}_s$ 都是不可分解的矩阵，而在每一序列

$$\boldsymbol{A}_{f1}, \boldsymbol{A}_{f2}, \cdots, \boldsymbol{A}_{f,f-1} \quad (f = g+1, \cdots, s)$$

中至少有一个矩阵不等于零.

矩阵(69) 称为可分解矩阵 $\boldsymbol{A}$ 的范式.

我们来证明,如果不计子块次序的置换①,矩阵 $\boldsymbol{A}$ 的范式是唯一确定的. 为了这一目的,讨论 n 维向量空间 R 中对应于矩阵 $\boldsymbol{A}$ 的线性算子 A. 将矩阵 $\boldsymbol{A}$ 表示为式(69) 形式的对应于分解空间 R 为坐标子空间

$$R = R_1 + R_2 + \cdots + R_g + R_{g+1} + \cdots + R_s \tag{70}$$

此处 $R_s, R_{s-1} + R_s, R_{s-2} + R_{s-1} + R_s, \cdots$,都是算子 A 的不变坐标子空间,而且在这些子空间中的任何两个相邻子空间中不能有中间的不变子空间存在.

我们假设,与范式(69) 相平行的,所给予矩阵有另一范式存在,它对应于 R 对坐标子空间的另一分解式

$$R = \hat{R}_1 + \hat{R}_2 + \cdots + \hat{R}_g + \hat{R}_{g+1} + \cdots + \hat{R}_t \tag{71}$$

范式的唯一性能够证明,如果我们证明在不计项的次序时分解式(70) 与式(71) 彼此重合.

设不变子空间 $\hat{R}_t$ 与 $\hat{R}_k$ 有公共的坐标向量而与 $\hat{R}_{k+1}, \cdots, \hat{R}_s$ 没有公共的坐标向量. 那么 $\hat{R}_t$ 应当全部含于 $\hat{R}_k$ 中,因为在相反的情形 $\hat{R}_t$ 将含有"较小的"不变子空间——$\hat{R}_t$ 与 $R_k + R_{k+1} + \cdots + R_s$ 的交集. 再者,$\hat{R}_t$ 应当与 R_k 重合,因为在相反的情形,不变子空间 $\hat{R}_t + R_{k+1} + \cdots + R_s$ 将介于不变子空间 $R_k + R_{k+1} + \cdots + R_s$ 与 $R_{k+1} + \cdots + R_s$ 的中间. 因为 R_k 与 $\hat{R}_t$ 重合,故 R_k 是一不变子空间. 所以矩阵的范式可以换 R_s 为 R_k. 这样一来,在分解式(70) 与式(71) 中,我们可以认为 $R_s \equiv \hat{R}_t$.

现在来讨论坐标子空间 $\hat{R}_{t-1}$. 设其与 $R_l (l < s)$ 有公共的坐标向量,而与 $R_{l+1} + \cdots + R_s$ 没有公共的向量. 那么不变子空间 $\hat{R}_{t-1} + \hat{R}_t$ 应当完全包含于 $R_l + R_{l+1} + \cdots + R_s$ 里面,因为在相反的情形,介于 $\hat{R}_t$ 与 $\hat{R}_{t-1} + \hat{R}_t$ 之间将有中间的不变子空间存在,故有 $\hat{R}_{t-1} \subset R_l$. 再者,$\hat{R}_{t-1} \equiv R_l$,因为在相反的情形 $\hat{R}_{t-1} + R_{l+1} + \cdots + R_s$ 将为 $R_l + R_{l+1} + \cdots + R_s$ 与 $R_{l+1} + \cdots + R_s$ 之间的中间不变子空间. 由 $\hat{R}_{t-1} \equiv R_l$ 知 $R_l + R_s$ 是一个不变子空间. 故可换 R_{s-1} 为 R_l,此时我们有

$$\hat{R}_{t-1} \equiv R_{s-1}, \hat{R}_t \equiv R_s$$

继续这一方法,最后我们得到 $s = t$ 且如不计项的次序,分解式(70) 与式(71) 彼此重合. 故如不计子块次序的置换,其对应的范式彼此重合.

---

① 可以在前 g 个子块行中取任何次序的置换. 此外,有时在后 $s - g$ 个子块行中,亦可作某种次序的置换使得范式仍能保持其标准形式.

由范式的唯一性，我们知数 g 与 s 是非负矩阵 $\boldsymbol{A}$ 的不变量[①].

利用矩阵的范式，我们来证明以下定理：

定理7 矩阵 $\boldsymbol{A}\geqslant 0$ 的极大特征数 r 对应于正特征向量的充分必要条件是在矩阵 $\boldsymbol{A}$ 的范式(69)中有：1° 每一个矩阵 $\boldsymbol{A}_1,\boldsymbol{A}_2,\cdots,\boldsymbol{A}_g$ 都以数 r 为其特征数；2°(当 $g<s$ 时)矩阵 $\boldsymbol{A}_{g+1},\cdots,\boldsymbol{A}_s$ 都没有这个性质.

证明 1° 设极大特征数 r 对应于正特征向量 $\boldsymbol{z}>0$. 根据式(69)中的分块，将列 $\boldsymbol{z}$ 分为诸部分列 $\boldsymbol{z}^k(k=1,2,\cdots,s)$. 那么等式

$$\boldsymbol{Az}=r\boldsymbol{z}\quad(\boldsymbol{z}>0)\tag{72}$$

可以换为两组等式

$$\boldsymbol{A}_i\boldsymbol{z}^i=r\boldsymbol{z}^i\quad(i=1,2,\cdots,g)\tag{72'}$$

$$\sum_{h=1}^{j-1}\boldsymbol{A}_{jh}\boldsymbol{z}^h+\boldsymbol{A}_j\boldsymbol{z}^j=r\boldsymbol{z}^j\quad(j=g+1,\cdots,s)\tag{72''}$$

由式(72′)知数 r 是矩阵 $\boldsymbol{A}_1,\boldsymbol{A}_2,\cdots,\boldsymbol{A}_g$ 中每一个矩阵的特征数. 由式(72″)求得

$$\boldsymbol{A}_j\boldsymbol{z}^j\leqslant r\boldsymbol{z}^j,\boldsymbol{A}_j\boldsymbol{z}^j\neq r\boldsymbol{z}^j\quad(j=g+1,\cdots,s)\tag{73}$$

以 r_j 记矩阵 $\boldsymbol{A}_j(j=g+1,\cdots,s)$ 的极大特征数. 那么(参考本章，§2，式(41))由式(73)我们得出

$$r_j\leqslant\max_i\frac{(\boldsymbol{A}_j\boldsymbol{z}^j)_i}{z_i^j}\leqslant r\quad(j=g+1,\cdots,s)$$

另外，等式 $r_j=r$ 与关系式(73)的第二式矛盾. 故有

$$r_j<r\quad(j=g+1,\cdots,s)\tag{74}$$

2° 现在假设，相反地，已知矩阵 $\boldsymbol{A}_i(i=1,2,\cdots,g)$ 的极大特征数等于 r，而对于矩阵 $\boldsymbol{A}_j(j=g+1,\cdots,s)$ 不等式(74)能够成立. 那么换所求的等式(72)为等式组(72′)(72″)，我们可以从(72′)定出矩阵 $\boldsymbol{A}_i$ 的正特征列 $\boldsymbol{z}^i(i=1,2,\cdots,g)$. 此后由式(72″)求出列 $\boldsymbol{z}^j(j=g+1,\cdots,s)$

$$\boldsymbol{z}^j=(r\boldsymbol{E}_j-\boldsymbol{A}_j)^{-1}\sum_{h=1}^{j-1}\boldsymbol{A}_{jh}\boldsymbol{z}^h\quad(j=g+1,\cdots,s)\tag{75}$$

其中 $\boldsymbol{E}_j$ 是与矩阵 $\boldsymbol{A}_j$ 有相同阶的单位矩阵.

因为 $r_j<r(j=g+1,\cdots,s)$，所以(参考本章，§3，式(55))有

$$(r\boldsymbol{E}_j-\boldsymbol{A}_j)^{-1}>0\quad(j=g+1,\cdots,s)\tag{76}$$

用归纳法来证明由式(75)所定出的列 $\boldsymbol{z}^{g+1},\cdots,\boldsymbol{z}^s$ 都是正的. 我们来证明对于任何 $j(g+1\leqslant j\leqslant s)$ 由列 $\boldsymbol{z}^1,\boldsymbol{z}^2,\cdots,\boldsymbol{z}^{j-1}$ 都是正的这个性质得出：$\boldsymbol{z}^j>0$. 事实上，在这一情形下

---

① 对于不可分解矩阵有 $g=s=1$.

$$\sum_{h=1}^{j-1} \boldsymbol{A}_{jh} \boldsymbol{z}^h \geqslant 0, \sum_{h=1}^{j-1} \boldsymbol{A}_{jh} \boldsymbol{z}^h \neq \boldsymbol{0}$$

上式结合式(76),根据公式(75)给出

$$\boldsymbol{z}^j > 0$$

这样一来,正列 $\boldsymbol{z} = \begin{pmatrix} \boldsymbol{z}^1 \\ \vdots \\ \boldsymbol{z}^s \end{pmatrix}$ 是矩阵 $\boldsymbol{A}$ 对应于特征数 r 的特征向量.

定理得证.

以下定理给予我们矩阵 $\boldsymbol{A} \geqslant 0$ 的一种特性,使它与它的转置矩阵 $\boldsymbol{A}'$ 含有相同的性质,使极大特征数对应于正特征向量.

定理 7′① 矩阵 $\boldsymbol{A} \geqslant 0$ 的极大特征数 r 对应于矩阵 $\boldsymbol{A}$ 的正特征向量与转置矩阵 $\boldsymbol{A}'$ 的正特征向量的充分必要条件是矩阵 $\boldsymbol{A}$ 可经次序的置换表示为拟对角形

$$\boldsymbol{A} = (\boldsymbol{A}_1, \boldsymbol{A}_2, \cdots, \boldsymbol{A}_s) \tag{77}$$

其中 $\boldsymbol{A}_1, \boldsymbol{A}_2, \cdots, \boldsymbol{A}_s$ 都是不可分解的矩阵,而且每一个都以数 r 为其极大特征数.

证明 设矩阵 $\boldsymbol{A}$ 与 $\boldsymbol{A}'$ 对于 $\lambda = r$ 有正特征向量.那么由定理 7,矩阵 $\boldsymbol{A}$ 可表示为范式(69),其中矩阵 $\boldsymbol{A}_1, \boldsymbol{A}_2, \cdots, \boldsymbol{A}_g$ 都有极大特征数 r 且(当 $g < s$ 时)矩阵 $\boldsymbol{A}_{g+1}, \cdots, \boldsymbol{A}_s$ 都小于 r 的极大特征数.此时我们有

$$\boldsymbol{A}' = \begin{pmatrix} \boldsymbol{A}'_1 & \cdots & \boldsymbol{0} & \boldsymbol{A}'_{g+1,1} & \cdots & \boldsymbol{A}'_{s1} \\ \vdots & & \vdots & \vdots & & \vdots \\ \boldsymbol{0} & \cdots & \boldsymbol{A}'_g & \boldsymbol{A}'_{g+1,g} & \cdots & A'_{sg} \\ \boldsymbol{0} & \cdots & \boldsymbol{0} & \boldsymbol{A}'_{g+1} & \cdots & \boldsymbol{A}'_{s,g+1} \\ \vdots & & \vdots & \vdots & & \vdots \\ \boldsymbol{0} & \cdots & \boldsymbol{0} & \boldsymbol{0} & \cdots & \boldsymbol{A}'_s \end{pmatrix}$$

变更子块序列为相反的次序

$$\begin{pmatrix} \boldsymbol{A}'_s & \boldsymbol{0} & \cdots & \boldsymbol{0} \\ \boldsymbol{A}'_{s,s-1} & \boldsymbol{A}'_{s-1} & \cdots & \boldsymbol{0} \\ \vdots & \vdots & & \vdots \\ \boldsymbol{A}'_{s1} & \boldsymbol{A}'_{s-1,1} & \cdots & \boldsymbol{A}'_1 \end{pmatrix} \tag{78}$$

因为矩阵 $\boldsymbol{A}'_s, \boldsymbol{A}'_{s-1}, \cdots, \boldsymbol{A}'_1$ 都是不可分解的,所以从矩阵(78)经子块次序的置换,我们可以得出一个范式.沿主对角线上在其前面的位置都是被孤立的子块,

① 参考 *Über Matrizen aus nicht-negativen Elementen*(1912).

在这些被孤立的子块中有一个是子块 $\mathbf{A}'_s$. 因为矩阵 $\mathbf{A}'$ 的范式应当适合上面定理中的条件,所以矩阵 $\mathbf{A}'_s$ 的极大特征数应当等于 r. 这只有在 $g=s$ 时成立. 此时范式(69) 就变为式(77).

如果,相反地,矩阵 $\mathbf{A}$ 有表示式(77),那么

$$\mathbf{A}'=(\mathbf{A}'_1,\mathbf{A}'_2,\cdots,\mathbf{A}'_s) \tag{79}$$

此时由式(77) 与式(79) 再根据上面的定理得出:矩阵 $\mathbf{A}$ 与 $\mathbf{A}'$ 对于极大特征数 r 都有正特征向量.

定理得证.

推论 如果矩阵 $\mathbf{A}\geqslant 0$ 的极大特征数 r 是单重的而且对应于矩阵 $\mathbf{A}$ 与 $\mathbf{A}'$ 的正特征向量,那么 $\mathbf{A}$ 是一个不可分解矩阵.

相反地,每一个不可分解矩阵都含有这个推论中所指出的性质,所以这些性质就是不可分解非负矩阵的影谱性质.

§5 本原矩阵与非本原矩阵

我们开始对不可分解矩阵来分类.

定义 3 如果不可分解矩阵 $\mathbf{A}\geqslant 0$ 有极大模 r 的全部特征数 $\lambda_1,\lambda_2,\cdots,\lambda_h(\lambda_1=|\lambda_2|=\cdots=|\lambda_h|=r)$,那么在 $h=1$ 时称矩阵 $\mathbf{A}$ 为本原矩阵,而在 $h>1$ 时称为非本原矩阵. 数 h 称为矩阵 $\mathbf{A}$ 的非本原性指标.

非本原性指标立刻可以定出,如果已知矩阵的特征方程的系数

$$\Delta(\lambda)\equiv\lambda^n+a_1\lambda^{n_1}+a_2\lambda^{n_2}+\cdots+a_t\lambda^{n_t}=0$$

$$(n>n_1>\cdots>n_t;a_1\neq 0,a_2\neq 0,\cdots,a_t\neq 0)$$

就是数 h 等于诸差

$$n-n_1,n_1-n_2,\cdots,n_{t-1}-n_t \tag{80}$$

的最大公因子.

事实上,根据弗罗贝尼乌斯定理:在复 λ-平面上绕点 $\lambda=0$ 旋转 $\frac{2\pi}{h}$ 角时矩阵 $\mathbf{A}$ 的影谱变为它自己. 所以多项式 $\Delta(\lambda)$ 应当从某一多项式 $g(\mu)$ 由公式

$$\Delta(\lambda)=g(\lambda^h)\lambda^{n'}$$

来得出. 故知 h 是诸差(80) 的公因子. 最后,h 等于这些差的最大公因子 d,因为在旋转角 $\frac{2\pi}{d}$ 时影谱不变,而在 $h<d$ 时这是不可能的.

以下定理建立了本原矩阵的重要性质:

定理 8 矩阵 $\mathbf{A}\geqslant 0$ 是本原矩阵的充分必要条件是矩阵 $\mathbf{A}$ 的某一个乘幂是正的

$$\mathbf{A}^p>0\quad(p\geqslant 1) \tag{81}$$

证明 如果 $\mathbf{A}^p>0$,那么矩阵 $\mathbf{A}$ 是不可分解的,因为从矩阵 $\mathbf{A}$ 的可分解性

将得出矩阵$\boldsymbol{A}^p$的可分解性. 再者,对于矩阵$\boldsymbol{A}$有数$h=1$,因为在相反的情形正矩阵$\boldsymbol{A}^p$将有$h(>1)$个特征数$\lambda_1^p,\lambda_2^p,\cdots,\lambda_h^p$都有极大模$r^p$,这与佩龙定理矛盾.

现在假设,相反地,已知$\boldsymbol{A}$是一个本原矩阵. 对于乘幂$\boldsymbol{A}^p$(第5章,§3)为

$$\boldsymbol{A}^p=\sum_{k=1}^{s}\frac{1}{(m_k-1)!}\left[\frac{\boldsymbol{C}(\lambda)\lambda^p}{\overset{k}{\psi}(\lambda)}\right]_{\lambda=\lambda_k}^{(m_k-1)} \tag{82}$$

其中

$$\psi(\lambda)=(\lambda-\lambda_1)^{m_1}\cdot(\lambda-\lambda_2)^{m_2}\cdot\cdots\cdot(\lambda-\lambda_s)^{m_s}\quad(\text{当 } j\neq f \text{ 时},\lambda_j\neq\lambda_f)$$

为矩阵$\boldsymbol{A}$的最小多项式,$\overset{k}{\psi}(\lambda)=\dfrac{\psi(\lambda)}{(\lambda-\lambda_k)^{m_k}}(k=1,2,\cdots,s)$,而$\boldsymbol{C}(\lambda)$为简化伴随矩阵:$\boldsymbol{C}(\lambda)=(\lambda\boldsymbol{E}-\boldsymbol{A})^{-1}\psi(\lambda)$.

下面设

$$\lambda_1=r>|\lambda_2|\geqslant\cdots\geqslant|\lambda_s|,m_1=1 \tag{83}$$

那么式(82)有以下形式

$$\boldsymbol{A}^p=\frac{\boldsymbol{C}(r)}{\psi'(r)}r^p+\sum_{k=2}^{s}\frac{1}{(m_k-1)!}\left[\frac{\boldsymbol{C}(\lambda)\lambda^p}{\overset{k}{\psi}(\lambda)}\right]_{\lambda=\lambda_k}^{(m_k-1)}$$

故由式(83)容易推得

$$\lim_{p\to+\infty}\frac{\boldsymbol{A}^p}{r^p}=\frac{\boldsymbol{C}(r)}{\psi'(r)} \tag{84}$$

另外,由式(83)知,$\boldsymbol{C}(r)>0$与$\psi'(r)>0$(参考式(51)). 故有

$$\lim_{p\to+\infty}\frac{\boldsymbol{A}^p}{r^p}>0$$

因而从某一个p开始不等式(81)成立.

定理得证.

注 如果矩阵$\boldsymbol{A}$是本原矩阵,且$\boldsymbol{A}^p>0$,那么对所有的$m>p$有$\boldsymbol{A}^m>0$,因为矩阵$\boldsymbol{A}$不含零列.

推论 本原矩阵的幂是不可分解的,且是本原矩阵.

对于最小数$p=p_A$,不等式(81)从这个数开始成立,弗罗贝尼乌斯[①]指出了只与矩阵$\boldsymbol{A}$的阶n有关的上方估计

$$p_A\leqslant 2n^2-2n$$

维朗特[②]指出(没有证明),事实上

$$p_A\leqslant n^2-2n+2 \tag{85}$$

这个估计是准确的. 在以下矩阵中得出这个估计

① 参考 *Über Matrizen aus nicht-negativen Elementen*(1912).

② 参考 *Unzerlegbare, nicht negative Matrizen*(1950).

$$
\mathbf{A}=\begin{pmatrix}0&1&0&0&\cdots&0\\0&0&1&0&\cdots&0\\0&0&0&1&\cdots&0\\0&0&0&0&\cdots&1\\1&1&0&0&\cdots&0\end{pmatrix}
$$

以下援引不等式(85) 的证明,实际上与谢德拉切克[①]的证明相同.

引理 4　如果$\mathbf{A}$是本原矩阵,那么对于任意两个(不一定不同)下标i,k,存在这样一个下标链$i,i_1,i_2,\cdots,i_s,k(s\geqslant 0)$,使

$$
a_{ii_1}>0,a_{i_1i_2}>0,\cdots,a_{i_sk}>0
$$

这个链在矩阵$\mathbf{A}$中从i引导到k. 数$s+1$称为链的长度. 显然,在从i引导到k的最短链中,所有下标是两两不同的.

证明　为证明引理,只要取$s\geqslant 0$,使

$$
\mathbf{A}^{s+1}=(a_{ik}^{(s+1)})_1^n>0
$$

即可. 那么

$$
\sum_{i_1,i_2,\cdots,i_n=1}^{n}a_{ii_1}\cdot a_{i_1i_2}\cdot\cdots\cdot a_{i_sk}=a_{ik}^{(s+1)}>0
$$

因为这里所有被加数都是非负的,所以其中至少有一个是正的. 它也给出所要求的下标链.

我们转到证明不等式(85).

记l_i为在矩阵$\mathbf{A}$中从i引导到$i(i=1,2,\cdots,n)$的链的最小长度,并令[②]

$$
l=\min_{1\leqslant i\leqslant n}l_i
$$

为确定起见,令

$$
a_{12}>0,a_{23}>0,\cdots,a_{l1}>0 \tag{86}
$$

所以在矩阵$\mathbf{A}^l$中前l个对角线元素是正的

$$
a_{11}^{(l)}>0,a_{22}^{(l)}>0,\cdots,a_{ll}^{(l)}>0 \tag{87}
$$

取任一下标i. 矩阵$\mathbf{A}$中从i引导到下标$1,2,\cdots,l$中任何一个的最短链的长度显然不大于$n-l$. 由式(86) 知,这个链可以用任何下标$1,2,\cdots,l$继续补充到链的长度恰好为$n-l$,得出某个链

$$
i,i_1,i_2,\cdots,i_{n-l-1},j
$$

---

① 参考 *O incidencnich maticich orientovanych grafu*(1959). 论文 *On powers of non-negative matrices*(1958);《Об одной комбинаторной теореме и её применении к неотрицательным матрицам》(1958);*A theorem on regular matrices*(1961) 给出其他证明. 在著作《Оценки для оптимальной детерминизации недетерминированных автономных автоматов》(1964) 中,维朗特不等式作为向任何矩阵$\mathbf{A}\geqslant 0$推广的出发点.

② l可以定义为使矩阵$\mathbf{A}^l$有正对角元素的最小指数.

其中 $1 \leqslant j \leqslant l$.

再取任一下标 k(不一定与 i 不同). 因为由定理 8 的推论知,矩阵 $\boldsymbol{A}^l$ 也是本原矩阵,所以可以求出矩阵 $\boldsymbol{A}^l$ 中从 j 引导到 k 的长度不大于 $n-1$ 的下标链. 由式(87) 知,这个链可以用下标 j 继续补充到链的长度恰好为 $n-1$,得出某一链

$$j, j_1, j_2, \cdots, j_{n-2}, k$$

于是

$$a_{ii_1} > 0, a_{i_1 i_2} > 0, \cdots, a_{i_{n-l-1} j} > 0$$

与

$$a_{jj_1}^{(l)} > 0, a_{j_1 j_2}^{(l)} > 0, \cdots, a_{j_{n-2} k}^{(l)} > 0$$

从而得

$$a_{ii_1} \cdot a_{i_1 i_2} \cdot \cdots \cdot a_{i_{n-l-1}} \cdot a_{jj_1}^{(l)} \cdot a_{j_1 j_2}^{(l)} \cdot \cdots \cdot a_{j_{n-2} k}^{(l)} > 0$$

因此

$$a_{ik}^{n-l+l(n-1)} > 0$$

由下标 i,k 的任意性,有

$$\boldsymbol{A}^{n-l+l(n-1)} > 0$$

因此

$$p_A \leqslant n-1+l(n-1) = (n-2)l+n$$

现在看出 $l \leqslant n-1$. 事实上,在相反情形 $l=n$,并由数 l 的定义知,矩阵 $\boldsymbol{A}$ 是循环的

$$\boldsymbol{A} = \begin{pmatrix} 0 & a_{12} & 0 & \cdots & 0 \\ 0 & 0 & a_{23} & \cdots & 0 \\ \vdots & \vdots & \vdots & & \vdots \\ 0 & 0 & 0 & \cdots & a_{n-1,n} \\ a_{n1} & 0 & 0 & \cdots & 0 \end{pmatrix}$$

即非本原矩阵.

因此

$$p_A \leqslant (n-2)(n-1)+n = n^2-2n+2$$

这就是所要证明的.

现在来证明以下定理:

定理 9 如果 $\boldsymbol{A} \geqslant 0$ 是一个不可分解矩阵而这个矩阵的某一个乘幂 $\boldsymbol{A}^q$ 是可分解的,那么乘幂 $\boldsymbol{A}^q$ 是完全可分解的,亦即 $\boldsymbol{A}^q$ 经次序的置换可以表示为形式

$$\boldsymbol{A}^q = (\boldsymbol{A}_1, \boldsymbol{A}_2, \cdots, \boldsymbol{A}_d) \tag{88}$$

其中 $\boldsymbol{A}_1, \boldsymbol{A}_2, \cdots, \boldsymbol{A}_d$ 都是不可分解的矩阵. 这些矩阵有相同的极大特征数,而且数 d 是数 q 与 h 的最大公因数,其中 h 为矩阵 $\boldsymbol{A}$ 的非本原性指标.

证明 因为矩阵 $\boldsymbol{A}$ 是不可分解的,所以根据弗罗贝尼乌斯定理,其极大特

征数 r 对应于矩阵 $\mathbf{A}$ 与 $\mathbf{A}'$ 的正特征向量. 但是此时这些正向量是对应于非负矩阵 $\mathbf{A}^q$ 与 $(\mathbf{A}^q)'$ 的特征数 $\lambda = r^q$ 的特征向量. 故对乘幂 $\mathbf{A}^q$ 应用定理 7, 我们(经次序的适当置换后) 将这个乘幂表示为式(88) 的形式, 其中 $\mathbf{A}_1, \mathbf{A}_2, \cdots, \mathbf{A}_d$ 都是不可分解矩阵而且有相同的极大特征数 r^q. 但矩阵 $\mathbf{A}$ 有 h 个特征数都有极大模 r

$$r, r\varepsilon, \cdots, r\varepsilon^{h-1} \quad (\varepsilon = e^{\frac{2\pi i}{h}})$$

故矩阵 $\mathbf{A}^q$ 亦有 h 个特征数, 其模是极大的

$$r^q, r^q\varepsilon^q, \cdots, r^q\varepsilon^{q(h-1)}$$

其中有 d 个等于 r^q. 这只有在 d 为数 q 与 h 的最大公因数时成立.

定理得证.

如果在定理的叙述中设 $q = h$, 那么得出:

推论 如果 $\mathbf{A}$ 是一个有非本原性指标 h 的非本原矩阵, 那么乘幂 $\mathbf{A}^h$ 可分解为 h 个本原矩阵, 它们都有相同的极大特征数.

§6 随机矩阵

讨论某一系统的 n 个可能状态

$$S_1, S_2, \cdots, S_n \tag{89}$$

与时刻序列

$$t_0, t_1, t_2, \cdots$$

设在这些时刻的每一瞬间, 系统处于状态(89) 中一个且只有一个状态, 以 p_{ij} 记在时刻 t_k 系统处于状态 S_j 的概率, 如果已知在前一时刻 t_{k-1} 系统处于状态 $T_i (i, j = 1, 2, \cdots, n; k = 1, 2, \cdots)$. 我们假设, 转移概率 $p_{ij} (i, j = 1, 2, \cdots, n)$ 与下标 k(时刻 t_k 的序数) 无关.

如果给定了转移概率的矩阵

$$\mathbf{P} = (p_{ij})_1^n$$

我们就说给定了有限多个状态的齐次马尔科夫链. 此处显然有

$$p_{ij} \geqslant 0, \sum_{j=1}^{n} p_{ij} = 1 \quad (i, j = 1, 2, \cdots, n) \tag{90}$$

定义 4 方阵 $\mathbf{P} = (p_{ij})_1^n$ 称为随机矩阵, 如果矩阵 $\mathbf{P}$ 是非负的, 而且矩阵 $\mathbf{P}$ 的每一行中元素的和都等于 1, 亦即关系式(90) 能够成立[①].

这样一来, 对于每一个齐次马尔科夫链, 转移概率矩阵是一个随机矩阵. 相反地, 任何随机矩阵可以视为某一个齐次马尔科夫链的转移概率矩阵. 故可用

---

① 有时在随机矩阵的定义中包含补充条件

$$\sum_{i=1}^{n} p_{ij} \neq 0 \quad (j = 1, 2, \cdots, n)$$

矩阵的方法来研究齐次马尔科夫链①.

随机矩阵是非负矩阵的特殊形式. 故对这种矩阵可以应用前面各节中的全部概念与结果.

我们要注意随机矩阵的一些特殊性质. 从随机矩阵的定义知道，这种矩阵有特征数 1 且与之对应的正特征向量 $\boldsymbol{z}=(1,1,\cdots,1)$. 容易看出，相反地，每一个矩阵 $\boldsymbol{P}\geqslant 0$ 有特征数 1 且对应于 1 的特征向量为$(1,1,\cdots,1)$ 时，都是随机矩阵，而且 1 是随机矩阵的极大特征数，因为极大特征数常在行中元素和的最大值与最小值之间②，而对于随机矩阵任一行中元素的和都等于 1. 这样一来，我们证明了以下命题：

1° 非负矩阵 $\boldsymbol{P}\geqslant 0$ 是一个随机矩阵的充分必要条件是其有特征数 1 且对应于 1 的特征向量为$(1,1,\cdots,1)$. 特征数 1 是随机矩阵的极大特征数.

现在假设给定一个非负矩阵 $\boldsymbol{A}=(a_{ik})_1^n$，它有正极大特征数 $r>0$，且对应于这个特征数有正特征向量 $\boldsymbol{z}=(z_1,z_2,\cdots,z_n)>0$

$$\sum_{j=1}^{n} a_{ij}z_j = rz_i \quad (i=1,2,\cdots,n) \tag{91}$$

在讨论中引进对角矩阵 $\boldsymbol{Z}=(z_1,z_2,\cdots,z_n)$ 与矩阵 $\boldsymbol{P}=(p_{ij})_1^n$，有

$$\boldsymbol{P}=\frac{1}{r}\boldsymbol{Z}^{-1}\boldsymbol{A}\boldsymbol{Z}$$

那么
$$p_{ij}=\frac{1}{r}z_i^{-1}a_{ij}z_j\geqslant 0 \quad (i,j=1,2,\cdots,n)$$

且由式(91) 得

$$\sum_{j=1}^{n} p_{ij}=1 \quad (i=1,2,\cdots,n)$$

这样一来，我们有：

2° 非负矩阵 $\boldsymbol{A}\geqslant 0$ 如果有正极大特征数 $r>0$ 且对应于这个数有正特征向量 $\boldsymbol{z}=(z_1,z_2,\cdots,z_n)>0$，那么它就能相似于数 r 与某一个随机矩阵的乘积

$$\boldsymbol{A}=\boldsymbol{Z}r\boldsymbol{P}\boldsymbol{Z}^{-1} \quad (\boldsymbol{Z}=(z_1,z_2,\cdots,z_n)>0)③ \tag{92}$$

在前节中已经建立(参考定理 7) 当 $\lambda=r$ 时有正特征向量的非负矩阵类的特性. 式(92) 建立了这类矩阵与随机矩阵类的密切关系.

现在我们来证明以下定理：

---

① 有限多(与可数) 个事件的齐次马尔科夫链的理论由院士阿·恩·柯尔莫哥洛夫所得出. 关于应用矩阵方法于齐次马尔科夫链的继续创建与发展，读者可在扶·伊·罗马诺夫斯基的论文 *Un theoreme sur les zeros des matrices non-negatives*(1933)，*Secherches sur les chaines de Markoff*(1935) 与专著《Дискретные цепи Маркова》(1949) 中找到.

② 参考不等式(37) 与本章，§ 2，末尾的注 2.

③ 命题 2° 对于 $r=0$ 亦能成立，因此由 $\boldsymbol{A}\geqslant 0$，$\boldsymbol{z}>0$ 得出 $\boldsymbol{A}=\boldsymbol{0}$.

定理 10　随机矩阵的特征数 1 永远只对应于一次初等因子.

证明　将 §4 的分解式(69) 应用于随机矩阵 $\boldsymbol{P}=(p_{ij})_1^n$,我们有

$$\boldsymbol{P}=\begin{pmatrix} \boldsymbol{A}_1 & \boldsymbol{0} & \cdots & \boldsymbol{0} & \boldsymbol{0} & \cdots & \boldsymbol{0} \\ \boldsymbol{0} & \boldsymbol{A}_2 & \cdots & \boldsymbol{0} & \boldsymbol{0} & \cdots & \boldsymbol{0} \\ \vdots & \vdots & & \vdots & \vdots & & \vdots \\ \boldsymbol{0} & \boldsymbol{0} & \cdots & \boldsymbol{A}_g & \boldsymbol{0} & \cdots & \boldsymbol{0} \\ \boldsymbol{A}_{g+1,1} & \boldsymbol{A}_{g+1,2} & \cdots & \boldsymbol{A}_{g+1} & \boldsymbol{0} & \cdots & \boldsymbol{0} \\ \vdots & \vdots & & \vdots & \vdots & & \vdots \\ \boldsymbol{A}_{s1} & \boldsymbol{A}_{s2} & \cdots & \boldsymbol{A}_{sg} & \boldsymbol{A}_{sg+1} & \cdots & \boldsymbol{A}_s \end{pmatrix}$$

其中 $\boldsymbol{A}_1,\boldsymbol{A}_2,\cdots,\boldsymbol{A}_s$ 为不可分解矩阵,且有

$$\boldsymbol{A}_{f1}+\boldsymbol{A}_{f2}+\cdots+\boldsymbol{A}_{f,f-1}\neq 0 \quad (f=g+1,\cdots,s)$$

此处 $\boldsymbol{A}_1,\boldsymbol{A}_2,\cdots,\boldsymbol{A}_g$ 是不可分解的随机矩阵,故这些矩阵中的每一个都有单重特征数 1. 至于其余的不可分解矩阵 $\boldsymbol{A}_{g+1},\cdots,\boldsymbol{A}_s$,则根据本章 §2 的注 2° 知,其极大特征数都小于 1,因为在这些矩阵的每一个里面至少有一行元素和小于 1[①].

这样一来,矩阵 $\boldsymbol{P}$ 可表示为形式

$$\boldsymbol{P}=\begin{pmatrix} \boldsymbol{Q}_1 & \boldsymbol{0} \\ \boldsymbol{S} & \boldsymbol{Q}_2 \end{pmatrix}$$

其中矩阵 $\boldsymbol{Q}_1$ 的特征数 1 对应于一次初等因子,而对于矩阵 $\boldsymbol{Q}_2$,数 1 不是一个特征数. 因此,定理的正确性可以直接从以下引理推出:

引理 5　如果矩阵 $\boldsymbol{A}$ 有以下形式

$$\boldsymbol{A}=\begin{pmatrix} \boldsymbol{Q}_1 & \boldsymbol{0} \\ \boldsymbol{S} & \boldsymbol{Q}_2 \end{pmatrix} \tag{93}$$

其中 $\boldsymbol{Q}_1$ 与 $\boldsymbol{Q}_2$ 都是方阵,而且矩阵 $\boldsymbol{A}$ 的特征数 λ_0 是矩阵 $\boldsymbol{Q}_1$ 的特征数,但不是矩阵 $\boldsymbol{Q}_2$ 的特征数

$$|\boldsymbol{Q}_1-\lambda_0\boldsymbol{E}|=0,\ |\boldsymbol{Q}_2-\lambda_0\boldsymbol{E}|\neq 0$$

那么矩阵 $\boldsymbol{A}$ 与 $\boldsymbol{Q}_1$ 中对应于特征数 λ_0 的初等因子是相同的.

证明　1° 首先讨论 $\boldsymbol{Q}_1$ 与 $\boldsymbol{Q}_2$ 没有公共特征数的情形. 我们来证明在这一情形下矩阵 $\boldsymbol{Q}_1$ 与 $\boldsymbol{Q}_2$ 的全部初等因子构成矩阵 $\boldsymbol{A}$ 的初等因子组,亦即有某一矩阵 $\boldsymbol{T}(|\boldsymbol{T}|\neq 0)$ 存在,使得

$$\boldsymbol{TAT}^{-1}=\begin{pmatrix} \boldsymbol{Q}_1 & \boldsymbol{0} \\ \boldsymbol{0} & \boldsymbol{Q}_2 \end{pmatrix} \tag{94}$$

矩阵 $\boldsymbol{T}$ 的形式应该是

① 矩阵 $\boldsymbol{A}_1,\cdots,\boldsymbol{A}_s$ 的这些性质亦可从定理 6 推出.

$$T=\begin{pmatrix}E_1 & 0\\ U & E_2\end{pmatrix}$$

(矩阵 T 的分块对应于 A 中的分块;E_1 与 E_2 都是单位矩阵).此时

$$TAT^{-1}=\begin{pmatrix}E_1 & 0\\ U & E_2\end{pmatrix}\begin{pmatrix}Q_1 & 0\\ S & Q_2\end{pmatrix}\begin{pmatrix}E_1 & 0\\ -U & E_2\end{pmatrix}=$$
$$\begin{pmatrix}Q_1 & 0\\ UQ_1-Q_2U+S & Q_2\end{pmatrix}\tag{94'}$$

等式(94′)变为等式(94),如果我们能够选取长方矩阵 U 使得它适合矩阵方程

$$Q_2U-UQ_1=S$$

在 Q_1 与 Q_2 没有公共特征数的情形,对于右边的任何 S,这个方程常有一个确定的解(参考第 8 章,§3).

2° 在矩阵 Q_1 与 Q_2 有公共特征数的情形,我们在式(93)中换矩阵 Q_1 为其若尔当式 J(结果是换矩阵 A 为其相似矩阵).此时 $J=(J_1,J_2)$,其中矩阵 J_1 是所有特征数为 λ_0 的若尔当块的全部.那么

$$A=\left(\begin{array}{cc:cc}J_1 & 0 & 0 & 0\\ 0 & J_2 & 0 & 0\\ \hdashline S_{11} & S_{12} & & \\ S_{21} & S_{22} & & \hat{Q}_2\end{array}\right)$$

这个矩阵适合第一种情形,因为 J_1 与 Q_2 没有公共特征数.故知 $(\lambda-\lambda_0)^p$ 形式的初等因子在矩阵 A 与 J_1 中是相同的,因而在矩阵 A 与 Q_1 中亦是相同的.我们的引理得证.

如果不可分解的随机矩阵 P 有复特征数 λ_0 且有 $|\lambda_0|=1$,那么矩阵 λ_0P 与矩阵 P 相似(参考式(16)),故由定理 10 推知特征数 λ_0 只对应于一次初等因子.应用矩阵的范式与引理 4,很容易把这个论断推广到可分解的随机矩阵中.这样一来,我们得出:

推论 1 如果 λ_0 是随机矩阵 P 的特征数且有 $|\lambda_0|=1$,那么数 λ_0 对应于矩阵 P 的一次初等因子.

从定理 10 与它前面的 2°,我们又推得:

推论 2 如果非负矩阵 A 的极大特征数 r 对应于一个正特征向量,那么对应于任何有特征数 $|\lambda_0|=r$ 的所有矩阵 A 中的初等因子都是一次的.

我们来指出与随机矩阵特征数的分布有关的一些工作.

随机矩阵 P 的特征数常在 λ-平面上的圆 $|\lambda|\leqslant 1$ 中.以 M_n 记这个圆中表示某些 n 阶随机矩阵特征数的所有点的集合.

1938 年,由于对马尔科夫链的研究,阿·恩·柯尔莫哥洛夫提出确定区域 M_n 的结构问题.这个问题在 1945 年被恩·阿·德米特利也夫与叶·勃·邓金解

决了一部分,且在 1951 年被弗·伊·卡尔佩列维奇的工作(《О характеристических корнях матрицы с неотрицательными элементами》(1951))所完全解决. 发现 M_n 的边界是由圆周 $|\lambda|=1$ 上有限个点所构成的且画出顺次联结这些点的曲线弧.

我们注意,由于定理10前面的命题2°,所以当 $\lambda=r$ 时有正特征向量的矩阵 $\boldsymbol{A}=(a_{ik})_1^n\geqslant 0$ 的特征数对于固定的 r 构成集合 $r\cdot M_n$[①]. 因为任意矩阵 $\boldsymbol{A}=(a_{ik})_1^n\geqslant 0$ 可以视为所指类型非负诸矩阵的序列的极限,而集合 $r\cdot M_n$ 是闭合的,所以有已给予极大特征数 r 的任意矩阵 $\boldsymbol{A}=(a_{ik})_1^n>0$ 的特征数都落入集合 $r\cdot M_n$ 中[②].

与这个问题的圆有关的,有赫·尔·苏连伊马诺娃的工作(《Итерационный процесс с минимальными невязками》(1952)),在这一工作中建立了某些充分的判定,使得 n 个已知实数 $\lambda_1,\lambda_1,\cdots,\lambda_n$ 是某一个随机矩阵 $\boldsymbol{P}=(p_{ij})_1^n$ 的特征数[③].

§7 关于有限多个状态的齐次马尔科夫链的极限概率

1. 设

$$S_1,S_2,\cdots,S_n$$

为齐次马尔科夫链中系统的所有可能状态,而 $\boldsymbol{P}=(p_{ij})_1^n$ 为由转移概率 $p_{ij}(i,j=1,2,\cdots,n)$ 所构成的这个链所确定的随机矩阵(参阅本章,§6).

以 $p_{ij}^{(q)}$ 记在时刻 t_k 系统处于状态 S_j 的概率,如果在时刻 t_{k-q} 系统处于状态 $S_i(i,j=1,2,\cdots,n;q=1,2,\cdots)$. 显然,$p_{ij}^{(1)}=p_{ij}(i,j=1,2,\cdots,n)$. 应用关于概率的加法与乘法定理,我们易知

$$p_{ij}^{(q+1)}=\sum_{h=1}^{n}p_{ih}^{(q)}p_{hj}\quad(i,j=1,2,\cdots,n)$$

或用矩阵写法

$$(p_{ij}^{(q+1)})=(p_{ij}^{(q)})_1^n(p_{ij})_1^n$$

因此,对于 $1,2,\cdots$ 中已给予的 q,我们得出重要公式[④]

$$(p_{ij}^{(q)})=\boldsymbol{P}^q\quad(q=1,2,\cdots)$$

如果有极限

$$\lim_{q\to+\infty}p_{ij}^{(q)}=p_{ij}^{+\infty}\quad(i,j=1,2,\cdots,n)$$

---

① $r\cdot M_n$ 是 λ - 平面上 $r\mu$ 形的点的集合,其中 $\mu\in M_n$.

② 化所指出的对于任意矩阵 $\boldsymbol{A}\geqslant 0$ 的问题为对于随机矩阵的类似问题的可能性曾经被阿·恩·柯尔莫哥洛夫所指出.

③ 还可参考 *On positive stochastic matrices with real characteristic roots*(1952).

④ 从这一公式知,概率 $p_{ij}^{(q)}$ 如 $p_{ij}(i,j=1,2,\cdots,n;q=1,2,\cdots)$,与初始时刻 t_k 的序数 k 无关.

存在，或写为矩阵形式

$$\lim_{q\to+\infty} \boldsymbol{P}^q = \boldsymbol{P}^{+\infty} = (p_{ij}^{+\infty})_1^n$$

那么称量 $p_{ij}^{+\infty}(i,j=1,2,\cdots,n)$ 为极限转移概率或终极转移概率[1].

为了判断在什么情形下有极限转移概率存在，与诸对应公式的推演，我们引进以下诸名词.

我们称随机矩阵 $\boldsymbol{P}$ 与其对应的齐次马尔科夫链为正常的，如果矩阵 $\boldsymbol{P}$ 没有不等于 1 而模能等于 1 的特征数，且如果补充一个条件，数 1 是矩阵 $\boldsymbol{P}$ 的特征方程的单重根，那么称为正则的.

正常矩阵 $\boldsymbol{P}$ 的特性是在其范式(69)中(本章，§4)，矩阵 $\boldsymbol{A}_1,\boldsymbol{A}_2,\cdots,\boldsymbol{A}_g$ 都是本原矩阵. 对于正则矩阵要补充一个 $g=1$ 的条件.

此外，齐次马尔科夫链称为不可分解的、可分解的、非循环的、循环的，如果对于与这个链的随机矩阵相对应的是不可分解的、可分解的、本原的、非本原的矩阵.

因为本原随机矩阵是正常矩阵的特殊形式，故非循环马尔科夫链是正常链的特殊形式.

我们来证明，极限转移概率只对于正常齐次马尔科夫链存在.

事实上，设 $\psi(\lambda)$ 为正常矩阵 $\boldsymbol{P}=(p_{ij})_1^n$ 的最小多项式. 那么

$$\psi(\lambda)=(\lambda-\lambda_1)^{m_1}\cdot(\lambda-\lambda_2)^{m_2}\cdot\cdots\cdot(\lambda-\lambda_u)^{m_u} \tag{95}$$

$$(\lambda_i\neq\lambda_k;i,k=1,2,\cdots,u)$$

根据定理 10 可以取

$$\lambda_1=1,m_1=1 \tag{95'}$$

根据第 5 章的式(25)，有

$$\boldsymbol{P}^q=\frac{\boldsymbol{C}(1)}{\overset{1}{\psi}(1)}+\sum_{k=2}^{u}\frac{1}{(m_k-1)!}\left[\frac{\boldsymbol{C}(\lambda)}{\overset{k}{\psi}(\lambda)}\lambda^q\right]_{\lambda=\lambda_k}^{(m_k-1)} \tag{96}$$

其中 $\boldsymbol{C}(\lambda)=(\lambda\boldsymbol{E}-\boldsymbol{P})^{-1}\psi(\lambda)$ 是简化伴随矩阵，而

$$\overset{k}{\psi}(\lambda)=\frac{\psi(\lambda)}{(\lambda-\lambda_k)^{m_k}}\quad(k=1,2,\cdots,u)$$

同时

$$\overset{1}{\psi}(\lambda)=\frac{\psi(\lambda)}{\lambda-1},\overset{1}{\psi}(1)=\psi'(1)$$

如果 $\boldsymbol{P}$ 是一个正常矩阵，那么

$$|\lambda_k|<1\quad(k=2,3,\cdots,u)$$

故在式(96)的右边除第一项外，其他诸项当 $q\to+\infty$ 时都趋于零. 故对于正常

[1] 作为随机矩阵的极限矩阵，$\boldsymbol{P}^{+\infty}$ 亦是一个随机矩阵.

矩阵 $\boldsymbol{P}$,有由极限转移概率所构成的矩阵 $\boldsymbol{P}^{+\infty}$ 存在,且有

$$\boldsymbol{P}^{+\infty}=\frac{\boldsymbol{C}(1)}{\psi'(1)} \tag{97}$$

相反的命题是很明显的.如果有极限

$$\boldsymbol{P}^{+\infty}=\lim_{q\to+\infty}\boldsymbol{P}^{q}$$

存在,那么矩阵 $\boldsymbol{P}$ 不可能有特征数 $\lambda_k\neq 1$ 而且 $|\lambda_k|=1$,因为此时极限 $\lim\limits_{q\to+\infty}\lambda_k^q$ 不可能存在(由于极限(96)存在,因此这个极限是应当存在的).

我们已经证明了对于正常(只是对于正常的)齐次马尔科夫链有矩阵 $\boldsymbol{P}^{+\infty}$ 存在.这个矩阵为公式(97)所定出.

我们来证明,矩阵 $\boldsymbol{P}^{+\infty}$ 可以由特征多项式

$$\Delta(\lambda)=(\lambda-\lambda_1)^{n_1}\cdot(\lambda-\lambda_2)^{n_2}\cdot\cdots\cdot(\lambda-\lambda_u)^{n_u} \tag{98}$$

与伴随矩阵 $\boldsymbol{B}(\lambda)=(\lambda\boldsymbol{E}-\boldsymbol{P})^{-1}\Delta(\lambda)$ 来表出.

从恒等式

$$\frac{\boldsymbol{B}(\lambda)}{\Delta(\lambda)}=\frac{\boldsymbol{C}(\lambda)}{\psi(\lambda)}$$

与式(95)(95')(98)推得

$$\frac{n_1\boldsymbol{B}^{(n_1-1)}}{\Delta^{(n_1)}(1)}=\frac{\boldsymbol{C}(1)}{\psi'(1)}$$

故可换公式(97)为公式

$$\boldsymbol{P}^{+\infty}=\frac{n_1\boldsymbol{B}^{(n_1-1)}(1)}{\Delta^{(n_1)}(1)} \tag{97'}$$

对于正则马尔科夫链,因为它是正常链的特殊形式,故矩阵 $\boldsymbol{P}^{+\infty}$ 是存在的且可用任一公式(97)或公式(97')来定出.此时,$n_1=1$ 而公式(97')有以下形式

$$\boldsymbol{P}^{+\infty}=\frac{\boldsymbol{B}(1)}{\Delta'(1)} \tag{99}$$

2.讨论一般的正常链(非正则的).将其对应矩阵 $\boldsymbol{P}$ 写为范式

$$\boldsymbol{P}=\begin{pmatrix}\boldsymbol{Q}_1 & \cdots & \boldsymbol{0} & \boldsymbol{0} & \cdots & \boldsymbol{0}\\ \vdots & & \vdots & \vdots & & \vdots\\ \boldsymbol{0} & \cdots & \boldsymbol{Q}_g & \boldsymbol{0} & \cdots & \boldsymbol{0}\\ \boldsymbol{U}_{g+1,1} & \cdots & \boldsymbol{U}_{g+1,g} & \boldsymbol{Q}_{g+1} & \boldsymbol{0} & \boldsymbol{0}\\ \vdots & & \vdots & \vdots & & \vdots\\ \boldsymbol{U}_{s1} & \cdots & \boldsymbol{U}_{sg} & \cdots & \boldsymbol{U}_{s,s-1} & \boldsymbol{Q}_s\end{pmatrix} \tag{100}$$

其中 $\boldsymbol{Q}_1,\cdots,\boldsymbol{Q}_g$ 为本原随机矩阵,而且对于不可分解的矩阵 $\boldsymbol{Q}_{g+1},\cdots,\boldsymbol{Q}_s$,其极大特征数小于1.令

$$\boldsymbol{U}=\begin{pmatrix}\boldsymbol{U}_{g+1,1} & \cdots & \boldsymbol{U}_{g+1,g}\\ \vdots & & \vdots\\ \boldsymbol{U}_{s1} & \cdots & \boldsymbol{U}_{sg}\end{pmatrix},\boldsymbol{W}=\begin{pmatrix}\boldsymbol{Q}_{g+1} & \cdots & \boldsymbol{0}\\ \vdots & & \vdots\\ \boldsymbol{U}_{s,g+1} & \cdots & \boldsymbol{Q}_s\end{pmatrix}$$

写 $\boldsymbol{P}$ 为形式

$$\boldsymbol{P}=\begin{pmatrix}\boldsymbol{Q}_1 & \cdots & \mathbf{0} & \mathbf{0}\\ \vdots & & \vdots & \vdots\\ \mathbf{0} & \cdots & \boldsymbol{Q}_g & \mathbf{0}\\ & \boldsymbol{U} & & \boldsymbol{W}\end{pmatrix}$$

那么

$$\boldsymbol{P}^q=\begin{pmatrix}\boldsymbol{Q}_1^q & \cdots & \mathbf{0} & \mathbf{0}\\ \vdots & & \vdots & \vdots\\ \mathbf{0} & \cdots & \boldsymbol{Q}_g^q & \mathbf{0}\\ & \boldsymbol{U}_q & & \boldsymbol{W}^q\end{pmatrix} \tag{101}$$

与

$$\boldsymbol{P}^{+\infty}=\lim_{q\to+\infty}\boldsymbol{P}^q=\begin{pmatrix}\boldsymbol{Q}_1^{+\infty} & \cdots & \mathbf{0} & \mathbf{0}\\ \vdots & & \vdots & \vdots\\ \mathbf{0} & \cdots & \boldsymbol{Q}_g^{+\infty} & \mathbf{0}\\ & \boldsymbol{U}_{+\infty} & & \boldsymbol{W}^{+\infty}\end{pmatrix}$$

但 $\boldsymbol{W}^{+\infty}=\lim\limits_{q\to+\infty}\boldsymbol{W}^q=\mathbf{0}$,因为矩阵 $\boldsymbol{W}$ 所有的特征数的模都小于 1,故

$$\boldsymbol{P}^{+\infty}=\begin{pmatrix}\boldsymbol{Q}_1^{+\infty} & \cdots & \mathbf{0} & \mathbf{0}\\ \vdots & & \vdots & \vdots\\ \mathbf{0} & \cdots & \boldsymbol{Q}_g^{+\infty} & \mathbf{0}\\ & \boldsymbol{U}_{+\infty} & & \mathbf{0}\end{pmatrix} \tag{102}$$

因为 $\boldsymbol{Q}_1,\cdots,\boldsymbol{Q}_g$ 都是本原随机矩阵,所以由公式(99) 与式(35)(本章,§ 2)知,矩阵 $\boldsymbol{Q}_1^{+\infty},\cdots,\boldsymbol{Q}_g^{+\infty}$ 都是正的

$$\boldsymbol{Q}_1^{+\infty}>0,\cdots,\boldsymbol{Q}_g^{+\infty}>0$$

且在这些矩阵的每一个中,每一列的元素都彼此相等

$$\boldsymbol{Q}_h^{+\infty}=(q_{*j}^{(h)})_{i,j=1}^{n}\quad(h=1,2,\cdots,g)$$

我们注意,与随机矩阵 $\boldsymbol{P}$ 的范式(100) 相对应的将系统状态 $S_1,S_2,\cdots,S_n$ 化为以下诸组

$$\Sigma_1,\Sigma_2,\cdots,\Sigma_g,\Sigma_{g+1},\cdots,\Sigma_s \tag{103}$$

在式(103) 中每一个组是式(101) 中的对应组. 按照阿·恩·柯尔莫哥洛夫[①]的术语,在 $\Sigma_1,\Sigma_2,\cdots,\Sigma_g$ 中出现的系统状态称为主要的,而在其余诸群 $\Sigma_{g+1},\cdots,\Sigma_s$ 中出现的系统状态称为非主要的.

由式(101) 形式的矩阵 $\boldsymbol{P}^q$ 知道,对于任意有限步 q(从时刻 t_{k-q} 到时刻 t_k),

---

① 参考《Цепи Маркова со счётным множеством возможных состояний》(1937).

系统的转移只有以下三种可能:1° 从主要的状态转移为同一组中主要的状态;2° 从非主要的状态转移为主要的状态;3° 从非主要的状态转移为同一组中或其前面的组中非主要的状态.

从矩阵 $\boldsymbol{P}^{+\infty}$ 的形式(102)知,当 $q \to +\infty$ 时取极限,任何状态只能转移到主要状态,亦即当步数 $q \to +\infty$ 时,向任何非主要状态的转移概率都趋于零. 因此,有时称主要状态为极限状态.

3. 从式(97)得出

$$(\boldsymbol{E}-\boldsymbol{P})\boldsymbol{P}^{+\infty}=\boldsymbol{0}①$$

故知矩阵 $\boldsymbol{P}^{+\infty}$ 的每一个列都是随机矩阵 $\boldsymbol{P}$ 对于特征数 $\lambda=1$ 的特征向量.

对于正则矩阵 $\boldsymbol{P}$,数 1 是其特征方程的单重根,所以这个数只对应于矩阵 $\boldsymbol{P}$ 的一个(不计标量因子的)特征向量 $(1,1,\cdots,1)$. 故在矩阵 $\boldsymbol{P}^{+\infty}$ 的任何一个第 j 列中所有的元素都等于同一非负数 $p_{*j}^{+\infty}$

$$p_{ij}^{+\infty}=p_{*j}^{+\infty}\geqslant 0 \quad (j=1,2,\cdots,n;\sum_{j=1}^{n}p_{*j}=1) \tag{104}$$

这样一来,在正则链中,极限转移概率与初始状态无关.

反之,如果在某一正常齐次马尔科夫链中,极限转移概率与初始状态无关,亦即式(104)成立,那么在矩阵 $\boldsymbol{P}^{+\infty}$ 的形式(102)中自然有 $g=1$. 此时 $n_1=1$,而这个链是正则的.

对于非循环链,它是正则链的特殊情形,故 $\boldsymbol{P}$ 是一个本原矩阵. 所以对于某一个 $q>0$ 有 $\boldsymbol{P}^q>0$(参考本章,§5 的定理 8). 但此时

$$\boldsymbol{P}^{+\infty}=\boldsymbol{P}^{+\infty}\boldsymbol{P}^q>0②$$

反之,由 $\boldsymbol{P}^{+\infty}>0$ 知道,对于某一个 $q>0$ 有 $\boldsymbol{P}^q>0$,故由定理 8 知矩阵 $\boldsymbol{P}$ 是一个本原矩阵,因而得出所给予齐次马尔科夫链的非循环性.

我们总结所得出的结果为以下定理:

定理 11 1° 齐次马尔科夫链的所有极限转移概率都能存在的充分必要条件是这个链是正则的. 此时由极限转移概率所构成的矩阵 $\boldsymbol{P}^{+\infty}$ 由公式(97)或公式(97′)所定出.

2° 在正则齐次马尔科夫链中,极限转移概率与初始状态无关的充分必要条件是这个链是正则的. 此时矩阵 $\boldsymbol{P}^{+\infty}$ 由公式(99)所定出.

3° 正则齐次马尔科夫链的所有极限转移概率都不等于零的充分必要条件

---

① 这个公式对于任何正常链都能成立而且可以从等式 $\boldsymbol{P}^q-\boldsymbol{P}\cdot\boldsymbol{P}^{q-1}=\boldsymbol{0}$ 当 $q\to+\infty$ 时取极限来得出.

② 这个矩阵等式可以从等式 $\boldsymbol{P}^m=\boldsymbol{P}^{m-q}\cdot\boldsymbol{P}^q(m>q)$ 在 $m\to+\infty$ 时取极限来得出. $\boldsymbol{P}^{+\infty}$ 是一个随机矩阵,故 $\boldsymbol{P}^{+\infty}\geqslant 0$ 且在矩阵 $\boldsymbol{P}^{+\infty}$ 的任何列中都有非零元素. 因此 $\boldsymbol{P}^{+\infty}\boldsymbol{P}^q>0$. 替代定理 8,此处可以应用公式(99)与不等式(35)(本章,§2).

是这个链是非循环的[①].

4. 在讨论中引进绝对概率列

$$\overset{k}{\boldsymbol{p}}=(\overset{k}{p}_1,\overset{k}{p}_2,\cdots,\overset{k}{p}_n)\quad(k=0,1,2,\cdots)\tag{105}$$

其中$\overset{k}{p}_i$是系统在时刻t_k处于状态$S_i(i=1,2,\cdots,n;k=0,1,2,\cdots)$的概率.应用概率的加法与乘法定理,我们得出

$$\overset{k}{p}_i=\sum_{h=1}^{n}\overset{0}{p}_h\ p_{hi}^{(k)}\quad(i=1,2,\cdots,n;k=1,2,\cdots)$$

或写为矩阵的形式

$$\overset{k}{\boldsymbol{p}}=\boldsymbol{P}^{\mathrm{T}^k}\ \overset{0}{\boldsymbol{p}}\quad(k=1,2,\cdots)\tag{106}$$

其中$\boldsymbol{P}'$为矩阵$\boldsymbol{P}$的转置矩阵.

如果已经知道初始概率$\overset{0}{p}_1,\overset{0}{p}_2,\cdots,\overset{0}{p}_n$与转移概率矩阵$\boldsymbol{P}=(p_{ij})_1^n$,那么从公式(106)定出所有的绝对概率(105).

在讨论中引进极限绝对概率

$$\overset{+\infty}{p}_i=\lim_{k\to+\infty}\overset{k}{p}_i\quad(i=1,2,\cdots,n)$$

或

$$\overset{+\infty}{\boldsymbol{p}}=(\overset{+\infty}{p}_1,\overset{+\infty}{p}_2,\cdots,\overset{+\infty}{p}_n)=\lim_{k\to+\infty}\overset{k}{\boldsymbol{p}}$$

当$k\to+\infty$时,在等式(106)的两边取极限,我们得出

$$\overset{+\infty}{\boldsymbol{p}}=\boldsymbol{P}^{+\infty'}\ \overset{0}{\boldsymbol{p}}\tag{107}$$

我们注意,由极限转移概率矩阵的存在性可推出有任何初始概率$\overset{0}{\boldsymbol{p}}=(\overset{0}{p}_1,\overset{0}{p}_2,\cdots,\overset{0}{p}_n)$的极限绝对概率$\overset{+\infty}{\boldsymbol{p}}=(\overset{+\infty}{p}_1,\overset{+\infty}{p}_2,\cdots,\overset{+\infty}{p}_n)$的存在性,反之亦然.

从公式(107)与式(102)形式的矩阵$\boldsymbol{P}^{+\infty}$推知,对应于非主要状态的极限绝对概率都等于零.

矩阵等式

$$\boldsymbol{P}'\cdot\boldsymbol{P}^{+\infty'}=\boldsymbol{P}^{+\infty'}$$

的两边右乘$\overset{0}{\boldsymbol{p}}$,由式(107)我们得出

$$\boldsymbol{P}^{\mathrm{T}}\overset{+\infty}{\boldsymbol{p}}=\overset{+\infty}{\boldsymbol{p}}\tag{108}$$

亦即极限绝对概率列$\overset{\infty}{\boldsymbol{p}}$是矩阵$\boldsymbol{P}'$对于特征数$\lambda=1$的特征向量.

---

① 我们注意,从$\boldsymbol{P}^{+\infty}>0$推得非循环性,因而得出链的正则性.故由$\boldsymbol{P}^{+\infty}>0$得出极限转移概率与初始状态无关,亦即公式(104)能够成立.

如果所给的马尔科夫链是正则的，那么 $\lambda=1$ 是矩阵 $\boldsymbol{P}'$ 的特征方程的单重根. 此时极限的绝对概率列被式(108) 所唯一确定(因为 $\overset{+\infty}{p}_j \geqslant 0(j=1,2,\cdots,n)$，$\sum_{j=1}^{n} \overset{+\infty}{p}_j=1$).

设已给予一个正则马尔科夫链. 那么由式(104) 与式(107) 得出

$$\overset{+\infty}{p}_j=\sum_{h=1}^{n} \overset{0}{p}_h p_{hj}^{+\infty}=p_{*j}^{+\infty} \sum_{h=1}^{n} \overset{0}{p}_h=p_{*j}^{+\infty} \quad (j=1,2,\cdots,n) \tag{109}$$

在这一情形下，极限绝对概率 $\overset{+\infty}{p}_1,\overset{+\infty}{p}_2,\cdots,\overset{+\infty}{p}_n$ 与初始概率 $\overset{0}{p}_1,\overset{0}{p}_2,\cdots,\overset{0}{p}_n$ 无关. 反之，在公式(107) 中出现的 $\overset{+\infty}{\boldsymbol{p}}$ 与 $\overset{0}{\boldsymbol{p}}$ 无关的充分必要条件是矩阵 $\boldsymbol{P}^{+\infty}$ 的所有行都彼此相同，亦即

$$p_{hj}^{+\infty}=p_{*j}^{+\infty} \quad (h,j=1,2,\cdots,n)$$

故 $\boldsymbol{P}$ 是一个正则矩阵(根据定理 11).

如果 $\boldsymbol{P}$ 是一个本原矩阵，那么 $\boldsymbol{P}^{+\infty}>0$，故由式(109) 得

$$\overset{+\infty}{p}_j>0 \quad (j=1,2,\cdots,n)$$

相反地，如果所有的 $\overset{+\infty}{p}_j>0(j=1,2,\cdots,n)$，且与初始概率无关，那么矩阵 $\boldsymbol{P}^{+\infty}$ 的每一个列中的全部元素都是相同的，且由式(109) 得 $\boldsymbol{P}^{+\infty}>0$. 因而由定理 11 知道 $\boldsymbol{P}$ 是一个本原矩阵，亦即所给定的链是非循环的.

从所述的结果推知定理 11 可以叙述为：

定理 11′ 1° 在齐次马尔科夫链中，所有极限绝对概率对于任何初始概率都能存在的充分必要条件是这个链是正则的.

2° 在齐次马尔科夫链中，所有极限绝对概率对于任何初始概率都能存在，而且与这些初始概率无关的充分必要条件是这个链是正则的.

3° 在齐次马尔科夫链中，对于任何初始概率都有正极限绝对概率存在，而且这些极限概率与初始概率无关的充分必要条件是这个链是非循环的. ①

5. 现在我们来讨论具有转移概率矩阵 $\boldsymbol{P}$ 的一般的齐次马尔科夫链.

取矩阵 $\boldsymbol{P}$ 的范式(69)，且以 $h_1,h_2,\cdots,h_g$ 记式(69) 中矩阵 $\boldsymbol{A}_1,\boldsymbol{A}_2,\cdots,\boldsymbol{A}_g$ 的非本原性指标. 设 h 为整数 $h_1,h_2,\cdots,h_g$ 的最小公倍数. 那么矩阵 $\boldsymbol{P}^h$ 的特征数除 1 以外没有一个特征数的模能等于 1，亦即 $\boldsymbol{P}^h$ 是一个正常矩阵；此处 h 是使得 $\boldsymbol{P}^h$ 为一个正常矩阵的最小指数. 数 h 称为所给予齐次马尔科夫链的周期.

---

① 定理 11′ 的 2° 有时称为齐次马尔科夫链的遍历定理，1° 有时称为一般的准遍历定理(参考《Теория вероятностей》(1946)).

因为 $\boldsymbol{P}^h$ 是一个正常矩阵,故有极限 $\lim\limits_{q\to+\infty}\boldsymbol{P}^{hq}=(\boldsymbol{P}^h)^{+\infty}$ 存在,这说明

$$\lim_{q\to+\infty}\boldsymbol{P}^{r+qh}=\boldsymbol{P}_r=\boldsymbol{P}^r(\boldsymbol{P}^h)^{+\infty}\quad(r=0,1,\cdots,h-1)$$

这样一来,在一般的情形下,矩阵列

$$\boldsymbol{P},\boldsymbol{P}^2,\boldsymbol{P}^3,\cdots$$

被分为有极限 $\boldsymbol{P}_r=\boldsymbol{P}^r(\boldsymbol{P}^h)^{+\infty}(r=0,1,\cdots,h-1)$ 的 h 个子列.

用公式(106)从转移概率转移到绝对概率,我们得出,序列

$$\overset{1}{\boldsymbol{p}},\overset{2}{\boldsymbol{p}},\overset{3}{\boldsymbol{p}},\cdots$$

被分为 h 个子列,它们的极限为

$$\lim_{q\to+\infty}\overset{r+qh}{\boldsymbol{p}}=(\boldsymbol{P}^{\mathrm{T}^h})^{+\infty}\overset{r}{\boldsymbol{p}}\quad(r=0,1,2,\cdots,h-1)$$

对于任何有限个状态的齐次马尔科夫链永远有以下算术平均数极限存在

$$\widetilde{\boldsymbol{P}}=\lim_{N\to+\infty}\frac{1}{N}\sum_{k=1}^{N}\boldsymbol{P}^k=\frac{1}{h}(\boldsymbol{E}+\boldsymbol{P}+\cdots+\boldsymbol{P}^{h-1})(\boldsymbol{P}^h)^{+\infty}\tag{110}$$

与

$$\widetilde{\boldsymbol{p}}=\lim_{N\to+\infty}\frac{1}{N}\sum_{k=1}^{N}\overset{k}{\boldsymbol{p}}=\widetilde{\boldsymbol{P}}'\overset{0}{\boldsymbol{p}}\tag{110'}$$

此处 $\widetilde{\boldsymbol{P}}=(\widetilde{p}_{ij})_1^n$ 而 $\widetilde{\boldsymbol{p}}=(\widetilde{p}_1,\widetilde{p}_2,\cdots,\widetilde{p}_n)$. 值 $\widetilde{p}_{ij}(i,j=1,2,\cdots,n)$ 与 $\widetilde{p}_j(j=1,2,\cdots,n)$ 各称为平均极限转移概率与平均极限绝对概率.

因为

$$\lim_{N\to+\infty}\frac{1}{N}\sum_{k=1}^{N+1}\boldsymbol{P}^k=\lim_{N\to+\infty}\frac{1}{N}\sum_{k=1}^{N}\boldsymbol{P}^k$$

所以

$$\widetilde{\boldsymbol{P}}\boldsymbol{P}=\widetilde{\boldsymbol{P}}$$

因而由式(110′),有

$$\boldsymbol{P}'\widetilde{\boldsymbol{p}}=\widetilde{\boldsymbol{p}}\tag{111}$$

亦即 $\widetilde{\boldsymbol{p}}$ 是矩阵 $\boldsymbol{P}'$ 对于 $\lambda=1$ 的特征向量.

我们注意,由公式(69)与式(110),我们可以将矩阵 $\widetilde{\boldsymbol{P}}$ 表示为以下形式

$$\widetilde{\boldsymbol{P}}=\begin{pmatrix}\widetilde{\boldsymbol{A}}_1 & \boldsymbol{0} & \cdots & \boldsymbol{0} & \boldsymbol{0}\\ \boldsymbol{0} & \widetilde{\boldsymbol{A}}_2 & \cdots & \boldsymbol{0} & \boldsymbol{0}\\ \vdots & \vdots & & \vdots & \vdots\\ \boldsymbol{0} & \boldsymbol{0} & \cdots & \widetilde{\boldsymbol{A}}_g & \boldsymbol{0}\\ & & \widetilde{\boldsymbol{U}} & & \widetilde{\boldsymbol{W}}\end{pmatrix}$$

其中

$$\widetilde{\boldsymbol{A}}_i = \lim_{N\to+\infty} \frac{1}{N}\sum_{k=1}^{N}\boldsymbol{A}_i^k, \widetilde{\boldsymbol{W}} = \lim_{N\to+\infty} \frac{1}{N}\sum_{k=1}^{N}\boldsymbol{W}^k \quad (i=1,2,\cdots,g)$$

$$\boldsymbol{W} = \begin{pmatrix} \boldsymbol{A}_{g+1} & \boldsymbol{0} & \cdots & \boldsymbol{0} \\ * & \boldsymbol{A}_{g+2} & \cdots & \boldsymbol{0} \\ \vdots & \vdots & & \vdots \\ * & * & \cdots & \boldsymbol{A}_s \end{pmatrix}$$

因为矩阵 $\boldsymbol{W}$ 的所有特征数的模都小于 1,所以

$$\lim_{k\to+\infty} \boldsymbol{W}^k = \boldsymbol{0}$$

因此 $\widetilde{\boldsymbol{W}} = \boldsymbol{0}$.

故有

$$\widetilde{\boldsymbol{P}} = \begin{pmatrix} \widetilde{\boldsymbol{A}}_1 & \boldsymbol{0} & \cdots & \boldsymbol{0} & \boldsymbol{0} \\ \boldsymbol{0} & \widetilde{\boldsymbol{A}}_2 & \cdots & \boldsymbol{0} & \boldsymbol{0} \\ \vdots & \vdots & & \vdots & \vdots \\ \boldsymbol{0} & \boldsymbol{0} & \cdots & \widetilde{\boldsymbol{A}}_g & \boldsymbol{0} \\ & & \widetilde{\boldsymbol{U}} & & \boldsymbol{0} \end{pmatrix} \tag{112}$$

因为 $\widetilde{\boldsymbol{P}}$ 是一个随机矩阵,所以此处的矩阵 $\widetilde{\boldsymbol{A}}_1, \widetilde{\boldsymbol{A}}_2, \cdots, \widetilde{\boldsymbol{A}}_g$ 都是随机矩阵.

从所得出的对于 $\widetilde{\boldsymbol{P}}$ 的表示式与式(107) 知,对应于非主要状态的平均极限绝对概率都等于零.

如果在矩阵 $\boldsymbol{P}$ 的范式中,数 $g=1$,那么对于矩阵 $\boldsymbol{P}'$,数 $\lambda=1$ 是一个单重特征数.

在这一情形,$\widetilde{\boldsymbol{p}}$ 由式(111) 所唯一确定,而且平均极限概率 $\widetilde{p}_1, \widetilde{p}_2, \cdots, \widetilde{p}_n$ 与初始概率 $\overset{0}{p}_1, \overset{0}{p}_2, \cdots, \overset{0}{p}_n$ 无关. 反之,如果 $\widetilde{\boldsymbol{p}}$ 与 $\overset{0}{p}_1$ 无关,那么由式(110′) 知矩阵 $\widetilde{\boldsymbol{P}}$ 的秩为 1. 但矩阵(112) 只有在 $g=1$ 时能有等于 1 的秩.

我们来把所得出的结果叙述为以下定理:

定理 12[①] 对于任何周期为 h 的齐次马尔科夫链,当 $k\to+\infty$ 时,概率矩阵 $\boldsymbol{P}^k$ 与 $\overset{k}{\boldsymbol{p}}$ 趋于周期为 h 的周期性的重复;此时常有由公式(110) 与公式(110′) 所定出的平均极限转移概率 $\widetilde{\boldsymbol{P}} = (\widetilde{p}_{ij})_1^n$ 与平均极限绝对概率 $\widetilde{\boldsymbol{p}} = (\widetilde{p}_1, \widetilde{p}_2, \cdots, \widetilde{p}_n)$ 存在.

对应于非主要状态的平均极限绝对概率都等于零.

如果在矩阵 $\boldsymbol{P}$ 的范式中有 $g=1$(亦只有在这一情形),那么平均极限绝对概

① 这个定理有时称为齐次马尔科夫链的渐近定理,参考《Теория вероятностей》(1946).

率 $\widetilde{p}_1,\widetilde{p}_2,\cdots,\widetilde{p}_n$ 与初始概率 $\overset{0}{p}_1,\overset{0}{p}_2,\cdots,\overset{0}{p}_n$ 无关，而且由方程(111)所唯一确定.

§8　完全非负矩阵

在这一节及下节中，我们讨论这样的实矩阵，不仅它的所有元素，而且它的所有的任意阶子式都是非负的. 这种矩阵对于弹性系统的微振动理论有重要的应用. 这些矩阵及其应用的详细研究，读者可在《Осцилляционные матрицы и малые колебания механических систем》(1950)中找到. 此处我们只给予这些矩阵的某些基本性质.

1. 首先给予以下定义：

定义 5　长方矩阵

$$\mathbf{A}=(a_{ik})\quad(i=1,2,\cdots,m;k=1,2,\cdots,n)$$

称为完全非负的(完全正的)，如果这个矩阵的所有任意阶子式都是非负的(正的)

$$\mathbf{A}\begin{pmatrix}i_1 & i_2 & \cdots & i_p\\ k_1 & k_2 & \cdots & k_p\end{pmatrix}\geqslant 0\quad(>0)$$

$$(1\leqslant i_1<i_2<\cdots<i_p\leqslant n,1\leqslant k_1<k_2<\cdots<k_p\leqslant n;$$
$$p=1,2,\cdots,\min(m,n))$$

后面，我们只限于讨论完全非负方阵与完全正方阵.

例 1　广义范德蒙矩阵

$$\mathbf{V}=(a_i^{\alpha_k})_1^n\quad(0<a_1<a_2<\cdots<a_n;\alpha_1<\alpha_2<\cdots<\alpha_n)$$

是完全正的. 首先证明 $|\mathbf{V}|\neq 0$. 事实上，由等式 $|\mathbf{V}|=0$ 推得以下结果：我们可以定出不同时等于零的实数 $c_1,c_2,\cdots,c_n$ 使得函数

$$f(x)=\sum_{k=1}^{n}c_kx^{\alpha_k}$$

有 n 个零点 $x_i=a_i(i=1,2,\cdots,n)$，其中 n 为乘幂的项数. 当 $n=1$ 时，这是不可能的. 应用归纳法的假设，这对于项数少于 n 的乘幂的和是不可能的，而后来证明这对于所给予的函数 $f(x)$ 亦是不可能的. 假设相反的情形，那么由罗尔定理，由 $n-1$ 个乘幂的项所构成的函数 $f_1(x)=(x^{-\alpha_1}f(x))'$ 将有 $n-1$ 个正的零点，而这就与归纳法的假设冲突.

因此 $|\mathbf{V}|\neq 0$. 但当 $\alpha_1=0,\alpha_2=1,\cdots,\alpha_n=n-1$ 时，行列式 $|\mathbf{V}|$ 变为平常的范德蒙行列式 $|a_i^{k-1}|_1^n$，它是正的. 因为可以对幂 $\alpha_1,\alpha_2,\cdots,\alpha_n$ 施行连续变动，使得它们之间的不等式 $\alpha_1<\alpha_2<\cdots<\alpha_n$ 保持不动来化这个范德蒙行列式为广义的范德蒙行列式，而且由所证明的结果，此时这个行列式不能变为零，所以对于任何 $(0<)\alpha_1<\alpha_2<\cdots<\alpha_n$ 都有 $|\mathbf{V}|>0$.

因为矩阵 $\mathbf{V}$ 的任何子式都可视为一个广义范德蒙矩阵，故矩阵 $\mathbf{V}$ 的所有子

式都是正的.

例 2 讨论雅可比矩阵

$$\boldsymbol{J}=\begin{pmatrix} a_1 & b_1 & 0 & \cdots & 0 & 0 \\ c_1 & a_2 & b_2 & \cdots & 0 & 0 \\ 0 & c_2 & a_3 & \cdots & 0 & 0 \\ \vdots & \vdots & \vdots & & \vdots & \vdots \\ 0 & 0 & 0 & \cdots & c_{n-1} & a_n \end{pmatrix} \tag{113}$$

即这样的一个矩阵,第一上对角线与第一下对角线中的元素都等于零.建立这样的公式,由主子式与元素 b,c 来表出这个矩阵的任意子式.设

$$1\leqslant \begin{matrix} i_1<i_2<\cdots<i_p \\ k_1<k_2<\cdots<k_p \end{matrix} \leqslant n$$

而且

$$i_1=k_1,i_2=k_2,\cdots,i_{\nu_1}=k_{\nu_1};i_{\nu_1+1}\neq k_{\nu_1+1},\cdots,i_{\nu_2}\neq k_{\nu_2}$$
$$i_{\nu_2+1}=k_{\nu_2+1},\cdots,i_{\nu_3}=k_{\nu_3};\cdots$$

那么

$$\boldsymbol{J}\begin{pmatrix} i_1 & i_2 & \cdots & i_p \\ k_1 & k_2 & \cdots & k_p \end{pmatrix}=\boldsymbol{J}\begin{pmatrix} i_1 & \cdots & i_{\nu_1} \\ k_1 & \cdots & k_{\nu_1} \end{pmatrix}\cdot\boldsymbol{J}\begin{pmatrix} i_{\nu_1+1} \\ k_{\nu_1+1} \end{pmatrix}\cdot\cdots\cdot\boldsymbol{J}\begin{pmatrix} i_{\nu_2} \\ k_{\nu_2} \end{pmatrix}\boldsymbol{J}\begin{pmatrix} i_{\nu_2+1} & \cdots & i_{\nu_s} \\ k_{\nu_2+1} & \cdots & k_{\nu_s} \end{pmatrix}\cdot\cdots \tag{114}$$

这个公式的正确性可以由验证以下等式来推出

$$\boldsymbol{J}\begin{pmatrix} i_1 & \cdots & i_p \\ k_1 & \cdots & k_p \end{pmatrix}=\boldsymbol{J}\begin{pmatrix} i_1 & \cdots & i_{\nu-1} \\ k_1 & \cdots & k_{\nu-1} \end{pmatrix}\boldsymbol{J}\begin{pmatrix} i_\nu \\ k_\nu \end{pmatrix}\boldsymbol{J}\begin{pmatrix} i_{\nu+1} & \cdots & i_p \\ k_{\nu+1} & \cdots & k_p \end{pmatrix}\quad (\text{如果 } i_\nu\neq k_\nu) \tag{115}$$

从公式(114)可知矩阵 $\boldsymbol{J}$ 的任何子式都等于其某些主子式与某些元素的乘积.这样一来,矩阵 $\boldsymbol{J}$ 完全非负的充分必要条件是其所有主子式与元素 b,c 都是非负的.

2.对于完全非负矩阵 $\mathbf{A}=(a_{ik})_1^n$ 常有以下重要的不等式[①]

$$\mathbf{A}\begin{pmatrix} 1 & 2 & \cdots & n \\ 1 & 2 & \cdots & n \end{pmatrix}\leqslant\mathbf{A}\begin{pmatrix} 1 & 2 & \cdots & p \\ 1 & 2 & \cdots & p \end{pmatrix}\mathbf{A}\begin{pmatrix} p+1 & \cdots & n \\ p+1 & \cdots & n \end{pmatrix}\quad (p<n) \tag{116}$$

---

① 参考《Об одном специальном классе детерминантов в связи с интегральными ядрами Келлога》(1935),还有《Осцилляционные матрицы и малые колебания механ ических систем》(1950).在那里断定了在式(116)中的等号可以成立的情形只有以下很明显的两种情形:

1° 式(116)的右边的因式中有一个等于零.

2° 全部元素 $a_{ik}(i=1,2,\cdots,p;k=p+1,2,\cdots,n)$ 或全部元素 $a_{ik}(i=p+1,2,\cdots,n;k=1,2,\cdots,p)$ 都等于零.

不等式(116)与关于正定埃尔米特或二次型的广义阿达玛不等式(参考第9章,§5)有相同的形式.

为了推出这个不等式,首先建立以下引理:

引理 6 如果在完全非负矩阵 $\boldsymbol{A}=(a_{ik})_1^n$ 中的任一主子式等于零,那么任何含有零主子式的"增大"主子式都等于零.

证明 引理已证明,如果我们能够证明对于完全非负矩阵 $\boldsymbol{A}=(a_{ik})_1^n$ 由

$$\boldsymbol{A}\begin{pmatrix}1 & 2 & \cdots & q\\ 1 & 2 & \cdots & q\end{pmatrix}=0 \quad (q<n) \tag{117}$$

常能得出

$$\boldsymbol{A}\begin{pmatrix}1 & 2 & \cdots & n\\ 1 & 2 & \cdots & n\end{pmatrix}=0 \tag{118}$$

对此我们来讨论两种情形:

1° $a_{11}=0$. 因为 $\begin{vmatrix}a_{11} & a_{1k}\\ a_{i1} & a_{ik}\end{vmatrix}=-a_{i1}a_{1k}\geqslant 0, a_{i1}\geqslant 0, a_{1k}\geqslant 0(i,k=2,\cdots,n)$,所以或者全部 $a_{i1}=0(i=2,\cdots,n)$,或者全部 $a_{1k}=0(k=2,\cdots,n)$. 从这些等式与等式 $a_{11}=0$ 得出式(118).

2° $a_{11}\neq 0$. 那么对于某一个 $p(1\leqslant p\leqslant q)$,有

$$\boldsymbol{A}\begin{pmatrix}1 & 2 & \cdots & p-1\\ 1 & 2 & \cdots & p-1\end{pmatrix}\neq 0, \boldsymbol{A}\begin{pmatrix}1 & 2 & \cdots & p-1 & p\\ 1 & 2 & \cdots & p-1 & p\end{pmatrix}=0 \tag{119}$$

引进加边行列式

$$d_{ik}=\boldsymbol{A}\begin{pmatrix}1 & 2 & \cdots & p-1 & i\\ 1 & 2 & \cdots & p-1 & k\end{pmatrix} \quad (i,k=p,p+1,2,\cdots,n) \tag{120}$$

用它们来建立矩阵 $\boldsymbol{D}=(d_{ik})_p^n$.

根据西尔维斯特恒等式(第 2 章,§3)得

$$\boldsymbol{D}\begin{pmatrix}i_1 & i_2 & \cdots & i_g\\ k_1 & k_2 & \cdots & k_g\end{pmatrix}=$$

$$\left[\boldsymbol{A}\begin{pmatrix}1 & 2 & \cdots & p-1\\ 1 & 2 & \cdots & p-1\end{pmatrix}\right]^{g-1}\boldsymbol{A}\begin{pmatrix}1 & 2 & \cdots & p-1 & i_1 & i_2 & \cdots & i_g\\ 1 & 2 & \cdots & p-1 & k_1 & k_2 & \cdots & k_g\end{pmatrix}\geqslant 0 \tag{121}$$

$$\left(p\leqslant \begin{matrix}i_1<i_2<\cdots<i_g\\ k_1<k_2<\cdots<k_g\end{matrix}\leqslant n; g=1,2,\cdots,n-p+1\right)$$

故知 $\boldsymbol{D}$ 是一个完全非负矩阵.

因为由式(119)得

$$d_{pp}=\boldsymbol{A}\begin{pmatrix}1 & 2 & \cdots & p\\ 1 & 2 & \cdots & p\end{pmatrix}=0$$

所以矩阵 $\boldsymbol{D}=(d_{ik})_p^n$ 适合已经讨论过的情形 1°,因而

$$\boldsymbol{D}\begin{pmatrix} p & p+1 & \cdots & n \\ p & p+1 & \cdots & n \end{pmatrix} = \left[\boldsymbol{A}\begin{pmatrix} 1 & 2 & \cdots & p-1 \\ 1 & 2 & \cdots & p-1 \end{pmatrix}\right]^{n-p} \boldsymbol{A}\begin{pmatrix} 1 & 2 & \cdots & n \\ 1 & 2 & \cdots & n \end{pmatrix} = 0$$

故由 $\boldsymbol{A}\begin{pmatrix} 1 & 2 & \cdots & p-1 \\ 1 & 2 & \cdots & p-1 \end{pmatrix} \neq 0$,得出式(118).

引理得证.

3. 现在我们可以推出不等式(116),且可假设矩阵 $\boldsymbol{A}$ 的所有主子式都不等于零,因为根据引理 5,主子式中如有一个等于零就会得出 $|\boldsymbol{A}|=0$,而此时不等式(116) 是很明显的.

当 $n=2$ 时,不等式(116) 的正确性可以直接验证

$$\boldsymbol{A}\begin{pmatrix} 1 & 2 \\ 1 & 2 \end{pmatrix} = a_{11}a_{22} - a_{12}a_{21} \leqslant a_{11}a_{22}$$

因为 $a_{12} \geqslant 0, a_{21} \geqslant 0$. 假设不等式(116) 对于阶小于 n 的矩阵是正确的,而来证明其对于 $n > 2$ 亦是正确的. 此外,并不损失其一般性,可以认为 $p > 1$,因为在相反的情形可以倒转行列式的行与列的序数来交换数 p 与 $n-p$ 的顺序.

在讨论中再来引进矩阵 $\boldsymbol{D}=(d_{ik})_p^n$,其中 $d_{ik}(i,k=p,p+1,2,\cdots,n)$ 是由式(120) 所确定的,两次应用西尔维斯特恒等式与关于阶小于 n 的矩阵的基本不等式(116),我们有

$$\boldsymbol{A}\begin{pmatrix} 1 & 2 & \cdots & n \\ 1 & 2 & \cdots & n \end{pmatrix} = \frac{\boldsymbol{D}\begin{pmatrix} p & p+1 & \cdots & n \\ p & p+1 & \cdots & n \end{pmatrix}}{\left[\boldsymbol{A}\begin{pmatrix} 1 & 2 & \cdots & p-1 \\ 1 & 2 & \cdots & p-1 \end{pmatrix}\right]^{n-p}} \leqslant \frac{d_{pp}\boldsymbol{D}\begin{pmatrix} p+1 & \cdots & n \\ p+1 & \cdots & n \end{pmatrix}}{\left[\boldsymbol{A}\begin{pmatrix} 1 & 2 & \cdots & p-1 \\ 1 & 2 & \cdots & p-1 \end{pmatrix}\right]^{n-p}} =$$

$$\frac{\boldsymbol{A}\begin{pmatrix} 1 & 2 & \cdots & p \\ 1 & 2 & \cdots & p \end{pmatrix}\boldsymbol{A}\begin{pmatrix} 1 & 2 & \cdots & p-1 & p+1 & \cdots & n \\ 1 & 2 & \cdots & p-1 & p+1 & \cdots & n \end{pmatrix}}{\boldsymbol{A}\begin{pmatrix} 1 & 2 & \cdots & p-1 \\ 1 & 2 & \cdots & p-1 \end{pmatrix}} \leqslant$$

$$\boldsymbol{A}\begin{pmatrix} 1 & 2 & \cdots & p \\ 1 & 2 & \cdots & p \end{pmatrix}\boldsymbol{A}\begin{pmatrix} p+1 & \cdots & n \\ p+1 & \cdots & n \end{pmatrix} \tag{122}$$

这样一来,不等式(116) 可以认为是已经建立好了的.

引进以下的定义:

定义 6 矩阵 $\boldsymbol{A}=(a_{ik})_1^n$ 的子式

$$\boldsymbol{A}\begin{bmatrix} i_1 & i_2 & \cdots & i_p \\ k_1 & k_2 & \cdots & k_p \end{bmatrix} \quad \left(1 \leqslant \begin{matrix} i_1 < i_2 < \cdots < i_p \\ k_1 < k_2 < \cdots < k_p \end{matrix} \leqslant n\right) \tag{123}$$

称为殆主子式,如果在差 $i_1-k_1, i_2-k_2, \cdots, i_p-k_p$ 中只有一个差不等于零.

我们注意,如果换条件"$\boldsymbol{A}$ 是一个完全非负矩阵" 为较弱的条件"在矩阵 $\boldsymbol{A}$ 中所有主子式与殆主子式都是非负的",得出不等式(116) 的全部推理(包括它

的辅助引理的证明在内）仍然有效[①].

§9 振荡矩阵

1.完全正矩阵的特征数与特征向量有一系列很好的性质.但是从对于弹性系统微振动的应用这一观点来看,完全正矩阵类是不够的.在这方面,完全非负矩阵类是足够应用的.但亦不是所有完全非负矩阵的影谱性质都是必要的.有一种中间类(在完全正矩阵类与完全非负矩阵类之间的)存在,它们保持完全正矩阵的影谱性质且其应用的范围十分广泛.这种中间矩阵类称为“振荡的”矩阵类.这个名词是这样来的,振荡矩阵构成一种用来研究线性弹性系统微振动的振荡性质的数学工具[②].

定义7 矩阵$\boldsymbol{A}=(a_{ik})_1^n$称为振荡的,如果$\boldsymbol{A}$是一个完全非负矩阵且有这样的整数$q>0$存在使得$\boldsymbol{A}^q$是一个完全正矩阵.

例3 雅可比矩阵$\boldsymbol{J}$(参考式(113))是一个振荡矩阵的充分必要条件是:1°所有数b,c都是正的;2°顺序主子式都是正的

$$a_1>0,\begin{vmatrix}a_1&b_1\\c_1&a_2\end{vmatrix}>0,\begin{vmatrix}a_1&b_1&0\\c_1&a_2&b_2\\0&c_2&a_3\end{vmatrix}>0,\cdots,\begin{vmatrix}a_1&b_1&0&\cdots&0&0\\c_1&a_2&b_2&\cdots&0&0\\0&c_2&a_3&\cdots&0&0\\\vdots&\vdots&\vdots&&\vdots&\vdots\\0&0&0&\cdots&c_{n-1}&a_n\end{vmatrix}>0 \tag{124}$$

条件1°,2°的必要性 数b,c是非负的,因为矩阵$\boldsymbol{J}\geqslant 0$.再者没有一个数$b,c$能够等于零,因为在相反的情形我们的矩阵将是可分解的,所以对于任何$q>0$,不等式$\boldsymbol{J}^q>0$都不能成立.因此,所有数b,c都是正的,根据引理5,所有主子式(124)都是正的,因为从$|\boldsymbol{J}|\geqslant 0$与$|\boldsymbol{J}^q|>0$得出$|\boldsymbol{J}|>0$.

条件1°,2°的充分性 展开$|\boldsymbol{J}|$,很容易证明在$|\boldsymbol{J}|$的各项中数b,c只能

---

① 参考《К теории неотрицательных и осцилляционных матриц》(1950).我们常常引用到的弗·尔·甘特马赫尔与蒙·格·克莱茵所著书《Осцилляционные матрицы и малые колебания механических систем》(1950)中(第二版)在这一点上出现错误,这是由达·蒙·柯切梁斯基最先指出的.在书《Осцилляционные матрицы и малые колебания механических систем》(1950)111页中以等式

$$\sum_{v=1}^{p}|i_v-k_v|=1$$

来定义殆主子式(123).对于这样的殆主子式定义,从主子式与殆主子式的非负性不能得出不等式(116).但是在《Осцилляционные матрицы и малые колебания механических систем》(1950)中第二章,§6所从事的关于基本不等式的叙述及其证明是正确的.

② 参考《Осцилляционные матрицы и малые колебания механических систем》(1950)中绪论、第三章和第四章.

在乘积$b_1c_1,b_2c_2,\cdots,b_{n-1}c_{n-1}$里面出现.这与任何“零密度的”主子式,亦即与连续的(没有删去的)行与列所构成的子式有关.但矩阵$\boldsymbol{J}$的任何主子式都可分解为零密度主子式的乘积.故在矩阵$\boldsymbol{J}$的任何主子式中,数b与c只在乘积b_1c_1,$b_2c_2,\cdots,b_{n-1}c_{n-1}$中出现.

建立对称雅可比矩阵

$$\tilde{\boldsymbol{J}}=\begin{pmatrix} a_1 & \tilde{b}_1 & & & \boldsymbol{0} \\ \tilde{b}_1 & a_2 & \tilde{b}_2 & & \\ & \tilde{b}_2 & \ddots & \ddots & \\ & & \ddots & & \\ & & & & \tilde{b}_{n-1} \\ \boldsymbol{0} & & & \tilde{b}_{n-1} & a_n \end{pmatrix},\tilde{b}_i=\sqrt{b_ic_i}>0\quad(i=1,2,\cdots,n)\quad(125)$$

从上面所得出的雅可比矩阵中主子式的性质知道,在矩阵$\boldsymbol{J}$与$\tilde{\boldsymbol{J}}$中对应的主子式彼此相等.但是此时条件(124)说明二次型$\tilde{\boldsymbol{J}}(\boldsymbol{x},\boldsymbol{x})$是正定的(参考第10章,§4,定理3).因为正定二次型的所有主子式都是正的,所以在矩阵$\boldsymbol{J}$中所有主子式都是正的.因为由条件1°,所有b与c都是正数,所以由式(114)知,所有矩阵$\boldsymbol{J}$的子式都是非负的.亦即$\boldsymbol{J}$是一个完全非负矩阵.

对于适合条件1°,2°的完全非负矩阵$\boldsymbol{J}$的振荡性,可以直接从以下振荡性判定来推出:

完全非负矩阵$\boldsymbol{A}=(a_{ik})_1^n$是一个振荡矩阵的充分必要条件是要适合以下条件:

1° $\boldsymbol{A}$是一个满秩矩阵($|\boldsymbol{A}|>0$);

2° 矩阵$\boldsymbol{A}$中位于主对角线中的、位于第一超对角线中的与位于第一次对角线中的所有元素都不等于零(当$|i-k|\leqslant 1$时,$a_{ik}>0$).

对于这一命题的证明,读者可在《Осцилляционные матрицы и малые колебания механических систем》(1950)的第二章,§7中找到.

2.为了便于叙述振荡矩阵的特征数与特征向量的性质,我们预先引进一些概念与记号.

讨论向量(列)

$$\boldsymbol{u}=(u_1,u_2,\cdots,u_n)$$

我们要计算向量$\boldsymbol{u}$诸坐标序列$u_1,u_2,\cdots,u_n$的变号数,此时对于零坐标(如果有这样的坐标)可给予任何符号.按照我们给予零坐标的符号写法,变号数将在已知范围中摆动.我们以S_u^+与S_u^-各记这时得出来的极大的与极小的变号数.在$S_u^-=S_u^+$的情形,我们就说S_u是精确的变号数.显然,$S_u^+=S_u^-$的充分必要条件是:1° 向量$\boldsymbol{u}$的两端坐标u_1与u_n都不等于零;2° 等式$u_i=0(1<i<n)$常伴有

不等式 $u_{i-1}u_{i+1}<0$.

现在我们来证明以下基本定理:

定理 13 1° 振荡矩阵 $\boldsymbol{A}=(a_{ik})_1^n$ 常有 n 个不同的正特征数

$$\lambda_1>\lambda_2>\cdots>\lambda_n>0 \tag{126}$$

2° 对于矩阵 $\boldsymbol{A}$,在对应于最大特征数 λ_1 的特征向量 $\overset{1}{\boldsymbol{u}}=(u_{11},u_{21},\cdots,u_{n1})$ 中,所有坐标都不等于零且有相同的符号;在对应于第二个特征数 λ_2 的特征向量 $\overset{2}{\boldsymbol{u}}=(u_{12},u_{22},\cdots,u_{n2})$ 中,坐标序列恰好有一个变号数;一般地,在对应于特征数 $\lambda_k(k=1,2,\cdots,n)$ 的特征向量 $\overset{k}{\boldsymbol{u}}=(u_{1k},u_{2k},\cdots,u_{nk})$ 的坐标序列中,恰好有 $k-1$ 个变号数.

3° 对于任何实数 $c_g,c_{g+1},\cdots,c_h(1\leqslant g\leqslant h\leqslant n;\sum\limits_{k=g}^{h}c_k^2>0)$,在向量

$$\boldsymbol{u}=\sum_{k=g}^{h}c_k\overset{k}{\boldsymbol{u}} \tag{127}$$

中坐标序列的变号数位于 $g-1$ 与 $h-1$ 之间

$$g-1\leqslant S_u^-\leqslant S_u^+\leqslant h-1 \tag{128}$$

证明 1° 对矩阵 $\boldsymbol{A}$ 的特征数 $\lambda_1,\lambda_2,\cdots,\lambda_n$ 编号,使得

$$|\lambda_1|\geqslant|\lambda_2|\geqslant\cdots\geqslant|\lambda_n|$$

且在讨论中引进第 p 个伴随矩阵 $\boldsymbol{U}_p(p=1,2,\cdots,n)$(参考第 1 章,§4). 矩阵 $\boldsymbol{U}_p$ 的特征数是在矩阵 $\boldsymbol{A}$ 的特征数中所有可能的 p 个乘积(参考第 3 章,§8 的末尾),亦即乘积

$$\lambda_1\cdot\lambda_2\cdot\cdots\cdot\lambda_p;\lambda_1\cdot\lambda_2\cdot\cdots\cdot\lambda_{p-1}\cdot\lambda_{p+1};\cdots$$

由定理的条件知道对于某一个整数 q,乘幂 $\boldsymbol{A}^q$ 是一个完全正矩阵. 但此时 $\boldsymbol{U}_p\geqslant 0,\boldsymbol{U}_p^q>0$①,亦即 $\boldsymbol{U}_p$ 是一个不可分解的非负本原矩阵. 将弗罗贝尼乌斯定理(参考本章,§2,定理 2)应用于本原矩阵 $\boldsymbol{U}_p(p=1,2,\cdots,n)$,我们得出

$$\lambda_1\cdot\lambda_2\cdot\cdots\cdot\lambda_p>0\quad(p=1,2,\cdots,n)$$

$$\lambda_1\cdot\lambda_2\cdot\cdots\cdot\lambda_p>\lambda_1\cdot\lambda_2\cdot\cdots\cdot\lambda_{p-1}\cdot\lambda_{p+1}\quad(p=1,2,\cdots,n-1)$$

故可推出不等式(126).

2° 从所建立的不等式(126)推知 $\boldsymbol{A}=(a_{ik})_1^n$ 是一个单构矩阵. 那么所有伴随矩阵 $\boldsymbol{U}_p(p=1,2,\cdots,n)$ 都是单构矩阵(参考第 3 章,§8,定理 3).

在讨论中引进矩阵 $\boldsymbol{A}$ 的基本矩阵 $\boldsymbol{U}=(u_{ik})_1^n$(位于矩阵 $\boldsymbol{U}$ 的第 k 列是矩阵 $\boldsymbol{A}$ 诸特征向量 $\boldsymbol{u}$ 的第 k 个坐标;$k=1,2,\cdots,n$). 那么(参考第 3 章,§8 末尾)矩阵 $\boldsymbol{U}_p$ 的特征数 $\lambda_1,\lambda_2,\cdots,\lambda_p$ 将对应于有坐标

---

① 矩阵 $\boldsymbol{U}_p^q$ 是矩阵 $\boldsymbol{A}^q$ 的第 p 个伴随矩阵(参考第 1 章,§4).

$$\boldsymbol{U}\begin{pmatrix} i_1 & i_2 & \cdots & i_p \\ 1 & 2 & \cdots & p \end{pmatrix} \quad (1 \leqslant i_1 < i_2 < \cdots < i_p \leqslant n) \tag{129}$$

的特征向量.

根据弗罗贝尼乌斯定理,所有的数(129) 都不等于零而且是同号的. 向量 $\overset{1}{\boldsymbol{u}},\overset{2}{\boldsymbol{u}},\cdots,\overset{n}{\boldsymbol{u}}$ 乘以 $+1$ 或 -1,可以视所有子式(129) 都是正的或负的

$$\boldsymbol{U}\begin{pmatrix} i_1 & i_2 & \cdots & i_p \\ 1 & 2 & \cdots & p \end{pmatrix} > 0 \quad (1 \leqslant i_1 < i_2 < \cdots < i_p \leqslant n; p = 1,2,\cdots,n) \tag{130}$$

矩阵 $\boldsymbol{A}$ 的基本矩阵 $\boldsymbol{U} = (u_{ik})_1^n$ 与矩阵 $\boldsymbol{A}$ 用以下等式联系起来

$$\boldsymbol{A} = \boldsymbol{U}(\lambda_1, \lambda_2, \cdots, \lambda_n)\boldsymbol{U}^{-1} \tag{131}$$

但此时

$$\boldsymbol{A}' = \boldsymbol{U}^{\mathrm{T}^{-1}}(\lambda_1, \lambda_2, \cdots, \lambda_n)\boldsymbol{U}' \tag{132}$$

比较式(131) 与式(132),我们看到,矩阵

$$\boldsymbol{V} = \boldsymbol{U}^{\mathrm{T}^{-1}} \tag{133}$$

是特征数同为 $\lambda_1, \lambda_2, \cdots, \lambda_n$ 的转置矩阵 $\boldsymbol{A}'$ 的基本矩阵. 但从矩阵 $\boldsymbol{A}$ 的振荡性得出转置矩阵 $\boldsymbol{A}'$ 的振荡性. 故对于任何 $p = 1,2,\cdots,n$,矩阵 $\boldsymbol{V}$ 的所有子式

$$\boldsymbol{V}\begin{pmatrix} i_1 & i_2 & \cdots & i_p \\ 1 & 2 & \cdots & p \end{pmatrix} \quad (1 \leqslant i_1 < i_2 < \cdots < i_p \leqslant n) \tag{134}$$

都不等于零而且是同号的.

另外,根据式(133) 知,矩阵 $\boldsymbol{U}$ 与 $\boldsymbol{V}$ 间有等式关系

$$\boldsymbol{U}'\boldsymbol{V} = \boldsymbol{E}$$

变为第 p 个伴随矩阵(参考第 1 章, § 4),我们有

$$\boldsymbol{U}_p \boldsymbol{B}_p = \boldsymbol{C}_p$$

因此,特别地,由于矩阵 $\boldsymbol{C}_p$ 的对角线上的元素都等于 1,我们得出

$$\sum_{1 \leqslant i_1 < i_2 < \cdots < i_p \leqslant n} \boldsymbol{U}\begin{pmatrix} i_1 & i_2 & \cdots & i_p \\ 1 & 2 & \cdots & p \end{pmatrix} \boldsymbol{V}\begin{pmatrix} i_1 & i_2 & \cdots & i_p \\ 1 & 2 & \cdots & p \end{pmatrix} = 1 \tag{135}$$

在这个等式的左边诸项中第一个因子是正的,第二个因子都不等于零而且是同号的. 那么显然,其第二个因子亦都是正的,亦即

$$\boldsymbol{V}\begin{pmatrix} i_1 & i_2 & \cdots & i_p \\ 1 & 2 & \cdots & p \end{pmatrix} > 0 \quad (1 \leqslant i_1 < i_2 < \cdots < i_p \leqslant n; p = 1,2,\cdots,n) \tag{136}$$

这样一来,对于矩阵 $\boldsymbol{U} = (a_{ik})_1^n$ 与 $\boldsymbol{V} = \boldsymbol{U}^{\mathrm{T}^{-1}}$ 同时有不等式(130) 与不等式(136) 成立.

把矩阵 $\boldsymbol{V}$ 的子式根据已知公式(参考第 1 章, § 4) 用其逆矩阵 $\boldsymbol{V}^{-1} = \boldsymbol{U}'$ 的子式来表出,我们得出

$$\boldsymbol{V}\begin{pmatrix} j_1 & j_2 & \cdots & j_{n-p} \\ 1 & 2 & \cdots & n-p \end{pmatrix} = \frac{(-1)^{np+\sum_{\nu=1}^{p} i_\nu}}{|\boldsymbol{U}|}\boldsymbol{U}\begin{pmatrix} i_1 & i_2 & \cdots & i_p \\ n & n-1 & \cdots & n-p+1 \end{pmatrix} \tag{137}$$

其中 $i_1 < i_2 < \cdots < i_p$ 与 $j_1 < j_2 < \cdots < j_{n-p}$ 一起给予全部下标组 $1,2,\cdots,n$. 因为由式(130) 知 $|\boldsymbol{U}| > 0$,故由式(136) 与式(137) 推得

$$(-1)^{np+\sum_{\nu=1}^{p} i_\nu}\boldsymbol{U}\begin{pmatrix} i_1 & i_2 & \cdots & i_p \\ 1 & 2 & \cdots & p \end{pmatrix} > 0$$

$$(1 \leqslant i_1 < i_2 < \cdots < i_p \leqslant n; p = 1,2,\cdots,n) \tag{138}$$

现在设 $\boldsymbol{u} = \sum_{k=g}^{n} c_k \overset{k}{\boldsymbol{u}} \left(\sum_{k=g}^{h} c_k^2 > 0\right)$. 我们来证明,从不等式(130) 得出不等式(128) 的第二部分

$$S_u^+ \leqslant h - 1 \tag{139}$$

而由不等式(138) 来得其第一部分

$$S_u^- \geqslant g - 1 \tag{140}$$

假设 $S_u^+ > h - 1$. 那么可以找到向量 $\boldsymbol{u}$ 的这样的 $h+1$ 个坐标

$$u_{i_1}, u_{i_2}, \cdots, u_{i_{h+1}} \quad (1 \leqslant i_1 < i_2 < \cdots < i_{h+1} \leqslant n) \tag{141}$$

使得

$$u_{i_\alpha} u_{i_{\alpha+1}} \leqslant 0 \quad (\alpha = 1,2,\cdots,h)$$

此时坐标(141) 不能同时等于零,因为使向量 $\boldsymbol{u} = \sum_{k=1}^{n} c_k \overset{k}{\boldsymbol{u}} (c_1 = \cdots = c_{g-1} = 0;$ $\sum_{k=1}^{h} c_k^2 > 0)$ 的对应坐标等于零,我们将得出齐次方程组

$$\sum_{k=1}^{h} c_k u_{i_\alpha k} = 0 \quad (\alpha = 1,2,\cdots,h)$$

有非零解 $c_1, c_2, \cdots, c_h$;同时这个方程组的行列式

$$\boldsymbol{U}\begin{pmatrix} i_1 & i_2 & \cdots & i_h \\ 1 & 2 & \cdots & h \end{pmatrix}$$

根据式(130) 不能等于零.

现在来讨论等于零的行列式

$$\begin{vmatrix} u_{i_1 1} & \cdots & u_{i_1 h} & u_{i_1} \\ u_{i_2 1} & \cdots & u_{i_2 h} & u_{i_2} \\ \vdots & & \vdots & \vdots \\ u_{i_{h+1} 1} & \cdots & u_{i_{h+1} h} & u_{i_{h+1}} \end{vmatrix} = 0$$

按照最后一列的元素来展开这个行列式

$$\sum_{\alpha=1}^{h+1}(-1)^{h+\alpha+1}u_{i_\alpha}\boldsymbol{U}\begin{pmatrix}i_1 & \cdots & i_{\alpha-1} & i_{\alpha+1} & \cdots & i_{h+1}\\ 1 & \cdots & \cdots & \cdots & \cdots & h\end{pmatrix}=0$$

但是这个等式不能成立,因为在左边没有两个项是异号的而且至少有一个项不等于零.这样一来,由于我们的假设 $S_u^+ > h-1$ 得出矛盾的结果,故不等式(139)可视为是已经建立的.

在讨论中引进向量

$$\overset{k}{\boldsymbol{u}}{}^* = (u_{1k}^*, u_{2k}^*, \cdots, u_{nk}^*) \quad (k=1,2,\cdots,n)$$

其中

$$u_{ik}^* = (-1)^{n+i+k}u_{ik} \quad (i,k=1,2,\cdots,n)$$

那么对于矩阵 $\boldsymbol{U}^* = (u_{ik}^*)_1^n$,由式(138)将有

$$\boldsymbol{U}^*\begin{pmatrix}i_1 & i_2 & \cdots & i_p\\ n & n-1 & \cdots & n-p+1\end{pmatrix}>0 \quad \begin{pmatrix}1\leqslant i_1<i_2<\cdots<i_p\leqslant n\\ p=1,2,\cdots,n\end{pmatrix} \tag{142}$$

但不等式(142)类似于不等式(130).故令

$$\boldsymbol{u}^* = \sum_{k=g}^{h}(-1)^k c_k \overset{k}{\boldsymbol{u}}{}^* \tag{143}$$

将有类似于不等式(139)[①]的不等式

$$S_{u^*}^+ \leqslant n-g \tag{144}$$

设 $\boldsymbol{u}=(u_1,u_2,\cdots,u_n)$, $\boldsymbol{u}^*=(u_1^*,u_2^*,\cdots,u_n^*)$.易知

$$u_i^* = (-1)^i u_i \quad (i=1,2,\cdots,n)$$

故有

$$S_{u^*}^+ + S_u^- = n-1$$

因而,由式(144)得出关系式(140).

不等式(128)得证.因为这个不等式当 $g=h=k$ 时可得出定理的论断2°,所以我们的定理得证.

3.讨论所证明的定理对于集中在部分弹性连续体(有限长的弦或轴)的动点 $x_1<x_2<\cdots<x_n$ 上 n 个质量为 $m_1,m_2,\cdots,m_n$ 的微振动的研究.这个连续体置于(在平衡状况中)x 轴的区间 $0\leqslant x\leqslant l$ 上.

以 $K(x,s)(0\leqslant x,s\leqslant l)$ 记这个连续体的影响函数($K(x,s)$ 是在点 x 作用单位力时,点 x 的下垂度),以 k_{ij} 记所给予 n 个质量的影响系数

$$k_{ij}=K(x_i,x_j) \quad (i,j=1,2,\cdots,n)$$

---

① 在不等式(142)中,向量 $\overset{k}{\boldsymbol{u}}(k=1,2,\cdots,n)$ 写成相反的次序 $\overset{n}{\boldsymbol{u}},\overset{n-1}{\boldsymbol{u}},\cdots$.向量 $\overset{g}{\boldsymbol{u}}$ 在这一序列的 $n-g$ 个向量的前面.

如果在点 $x_1, x_2, \cdots, x_n$ 分别作用 n 个力 $F_1, F_2, \cdots, F_n$，那么由于下垂度的线性叠加，对应的静态下垂度 $y(x)(0 \leqslant x \leqslant l)$ 可表示为公式

$$y(x) = \sum_{j=1}^{n} K(x, x_j) F_j$$

此处换力 F_j 为惯性力 $-m_j \frac{\partial^2}{\partial t^2} y(x_j; t)(j=1,2,\cdots,n)$，我们得出自由振动方程

$$y(x) = -\sum_{j=1}^{n} m_j K(x, x_j) \frac{\partial^2}{\partial t^2} y(x_j; t) \tag{145}$$

我们所要找出的连续体的简谐振动为形式

$$y(x) = u(x)\sin(pt + \alpha) \quad (0 \leqslant x \leqslant l) \tag{146}$$

此处 $u(x)$ 为振幅函数，p 为频率，α 为原始位相. 在式(145)中代入 $y(x)$ 的表示式且约去 $\sin(pt + \alpha)$，我们得出

$$u(x) = p^2 \sum_{j=1}^{n} m_j K(x, x_j) u(x_j) \tag{147}$$

对于安置质量点上变量垂度与振幅垂度引进记法

$$y_i = y(x_i, t), u_i = u(x_i) \quad (i=1,2,\cdots,n)$$

那么

$$y_i = u_i \sin(pt + \alpha) \quad (i=1,2,\cdots,n)$$

还引进导出振幅垂度与导出影响系数

$$\tilde{u}_i = \sqrt{m_i} u_i, a_{ij} = \sqrt{m_i m_j} k_{ij} \quad (i,j=1,2,\cdots,n) \tag{148}$$

在式(147)中顺次换 x 为 $x_i(i=1,2,\cdots,n)$，我们得出振幅垂度方程组

$$\sum_{j=1}^{n} a_{ij} \tilde{u}_j = \lambda \tilde{u}_i \quad \left(\lambda = \frac{1}{p^2}; i=1,2,\cdots,n\right) \tag{149}$$

故知振幅向量 $\tilde{\boldsymbol{u}} = (\tilde{u}_1, \tilde{u}_2, \cdots, \tilde{u}_n)$ 是矩阵 $\mathbf{A} = (a_{ij})_1^n = (\sqrt{m_i m_j} k_{ij})_1^n$ 对于 $\lambda = \frac{1}{p^2}$ 的特征向量(参考第 10 章，§8).

详细分析的结果得出部分连续体的影响系数矩阵 $(k_{ij})_1^n$ 常为一个振荡矩阵. 但此时矩阵 $\mathbf{A} = (a_{ij})_1^n = (\sqrt{m_i m_j} k_{ij})_1^n$ 是一个振荡矩阵，因此矩阵 $\mathbf{A}$(根据定理 13)有 n 个正特征数

$$\lambda_1 > \lambda_2 > \cdots > \lambda_n > 0$$

亦即连续体有 n 个简谐振动存在，其不同频率为

$$(0 <) p_1 < p_2 < \cdots < p_n \quad \left(\lambda_i = \frac{1}{p_i^2}; i=1,2,\cdots,n\right)$$

由同一定理知有频率 p_1 的基音所对应的振幅垂度都不等于零而且是同号的. 在振幅垂度序列中，其所对应的频率为 ω_2 的第一副振荡，恰好有一个变号. 一般地，对于频率为 ω_j 的副振荡，在振幅垂度序列中恰好有 $j-1$ 个变号($j=$

$1,2,\cdots,n$).

从这个事实知,影响系数矩阵$(k_{ij})_1^n$是振荡矩阵,推出连续体的其他的振荡性质:1° 当$p=p_1$时,与振幅垂度以公式(147)相联系的振幅函数没有节点.一般地,当$p=p_j$时,这个函数有$j-1$个节点($j=1,2,\cdots,n$);2° 两个邻音的节点是交变的,诸如此类.

对于这些性质,我们此处不做进一步的论证.

特征值的正则性的各种判定与局部化

第14章

§1 阿达玛正则性判定及其推广

令 $\boldsymbol{A}=(a_{ik})_1^n$ 是含复元素的任一 $n\times n$ 维矩阵. 设这个矩阵是非满秩的，即 $|\boldsymbol{A}|=0$. 那么存在含最大的 $|x_k|>0$ 这样的数 $x_1,x_2,\cdots,x_n$，使[①]

$$\sum_{j=1}^{n}a_{kj}x_j=0 \tag{1}$$

但是此时

$$|a_{kk}||x_k|\leqslant\sum_{j=1,j\neq k}^{n}|a_{kj}||x_j|\leqslant|x_k|\sum_{j=1,j\neq k}^{n}|a_{kj}|$$

约去 $|x_k|$，得

$$|a_{kk}|\leqslant\sum_{j=1,j\neq k}^{n}|a_{kj}| \tag{2}$$

因此，如果以下阿达玛条件满足

$$H_i\equiv|a_{ii}|-\sum_{j=1,j\neq i}^{n}|a_{ij}|>0\quad(i=1,2,\cdots,n) \tag{3}$$

那么形如式(2)的不等式是不可能的，因此矩阵 $\boldsymbol{A}$ 是正则的(满秩的)，即 $|\boldsymbol{A}|\neq 0$.

这样，以下定理是正确的.

① 等式(1)对任一 $k=1,2,\cdots,n$ 成立. 我们只取使 $|x_k|$ 是最大值的 k 值.

定理 1(阿达玛)　如果 n 个不等式(3) 对矩阵 $\boldsymbol{A}=(a_{ik})_1^n$ 成立,那么矩阵 $\boldsymbol{A}$ 是满秩的.

条件 $H_i>0$ 表示对角线元素 a_{ii} 的模严格大于第 i 行所有其余元素的模的和.这种元素 a_{ii} 称为对其行的优势元素.阿达玛条件要求,矩阵 $\boldsymbol{A}$ 的所有对角线元素对其行是优势元素.

注　1° 如果阿达玛条件(3) 满足,那么对 $\operatorname{mod}|\boldsymbol{A}|$ 来说,下面的估计是正确的

$$\operatorname{mod}|\boldsymbol{A}|\geqslant H_1\cdot H_2\cdot\cdots\cdot H_n>0 \tag{4}$$

为了证明不等式(4) 正确,引入一个辅助矩阵 $\boldsymbol{F}=(f_{ij})_1^n$,其中

$$f_{ij}=\frac{a_{ij}}{H_i}\quad(i,j=1,2,\cdots,n) \tag{5}$$

对这个 f_{ij} 显然有

$$|f_{ii}|-\sum_{j=1,j\neq i}^{n}|f_{ij}|=1\quad(i=1,2,\cdots,n) \tag{6}$$

记 λ_0 为这个矩阵的任一特征数.数 λ_0 对应于含最大 $|x_k|>0$ 的特征向量$(x_1,x_2,\cdots,x_n)$.那么

$$\lambda_0x_k=\sum_{j=1}^{n}f_{kj}x_j \tag{7}$$

由此等式考虑到关系式(6),得

$$|\lambda_0||x_k|\geqslant|f_{kk}||x_k|-\sum_{j=1,j\neq k}^{n}|f_{kj}||x_j|\geqslant$$
$$|x_k|\left(|f_{kk}|-\sum_{j=1,j\neq k}^{n}|f_{kj}|\right)=|x_k|$$

约去 $|x_k|$,求出

$$|\lambda_0|\geqslant1$$

但是行列式 $|\boldsymbol{F}|$ 等于矩阵 $\boldsymbol{F}$ 的诸特征数的乘积.其中每个特征数的模不小于 1.因此也有

$$\operatorname{mod}|\boldsymbol{F}|\geqslant1 \tag{8}$$

另外

$$|\boldsymbol{F}|=\frac{|\boldsymbol{A}|}{H_1\cdot H_2\cdot\cdots\cdot H_n} \tag{9}$$

从式(8) 与式(9) 立即推出所要求的不等式(4).

对于含已知值 $H_1,\cdots,H_n$ 且满足阿达玛条件的整个矩阵类,估计(4) 不能改进,因为如果取矩阵$(H_i\delta_{ik})$ 作为矩阵 $\boldsymbol{A}$,那么不等式(4) 就变成等式.

2° 因为 $|\boldsymbol{A}|=|\boldsymbol{A}'|$,所以把矩阵 $\boldsymbol{A}$ 换为转置矩阵 $\boldsymbol{A}'$,得出矩阵 $\boldsymbol{A}$ 满秩性的

充分条件,也就是列的阿达玛条件

$$G_i \equiv |a_{ii}| - \sum_{j=1, j\neq i}^{n} |a_{ji}| > 0 \quad (i=1,2,\cdots,n) \tag{10}$$

把这些条件代入式(4) 就有

$$\mathrm{mod}\,|\boldsymbol{A}| \geqslant G_1 \cdot G_2 \cdot \cdots \cdot G_n \tag{11}$$

令 $\boldsymbol{C}$ 是任一满秩 $n \times n$ 维矩阵,则矩阵 $\boldsymbol{A}$ 与 $\boldsymbol{C}$ 同时是满秩的. 因此在条件(3)(10) 及估计(4)(11) 中,可以把矩阵 $\boldsymbol{A}$ 换为 $\boldsymbol{AC}$. 改变矩阵 $\boldsymbol{C}$,将得出满秩性的不同(彼此不等价) 的充分条件,以及对 $|\boldsymbol{A}|$ 类似于式(4) 与(11) 的估计. 特别地,选取适当的矩阵 $\boldsymbol{C}$,可以实现列的任一置换. 于是代替条件(3),得出条件

$$H'_i \equiv |a_{i\mu_i}| - \sum_{j=1, j\neq \mu_i}^{n} |a_{ij}| > 0 \quad (i=1,2,\cdots,n) \tag{12}$$

其中$(\mu_1,\cdots,\mu_n)$ 是固定下标 $1,2,\cdots,n$ 的任一置换.

换言之,如果在矩阵 $\boldsymbol{A}=(a_{ij})_1^n$ 的每一行中都有优势(不一定是对角线) 的元素,并且这 n 个优势元素分布在不同的列中,那么矩阵 $\boldsymbol{A}$ 是满秩的.

类似的命题对列也成立.

现在令元素满足减弱的阿达玛条件

$$H_i = |a_{ii}| - \sum_{j=1, j\neq i}^{n} |a_{ij}| \geqslant 0 \quad (i=1,2,\cdots,n) \tag{13}$$

在这种情形,每个对角线元素是对其行的弱优势元素.

设矩阵 $\boldsymbol{A}$ 是非满秩的,$\boldsymbol{Ax}=\boldsymbol{0}$,列向量 $\boldsymbol{x}=(x_1,x_2,\cdots,x_n)\neq \boldsymbol{0}$ 恰有含最大模 $|x_k|$ 的 p 个元素 x_k,先设 $p<n$. 这样给向量 $\boldsymbol{x}$ 的坐标重新编出号码,使前 p 个坐标有最大模

$$|x_1| = \cdots = |x_p| > |x_j| \quad (j=p+1,2,\cdots,n)$$

这时如果对矩阵 $\boldsymbol{A}$ 的行与列作某一(但不相同) 置换,那么等式 $\boldsymbol{Ax}=\boldsymbol{0}$ 仍然成立. 然后可以写出

$$a_{kk}x_k = -\sum_{j=1, j\neq k}^{n} a_{kj}x_j \quad (k=1,2,\cdots,p)$$

从而有

$$|a_{kk}||x_k| \leqslant \Big(\sum_{j=1, j\neq k}^{n} |a_{kj}|\Big)|x_k| + \sum_{j=p+1}^{n} |a_{kj}||x_j| \leqslant$$
$$|x_k| \sum_{j=1, j\neq k}^{n} |a_{kj}| \quad (k=1,2,\cdots,n) \tag{14}$$

约去 $|x_k|$,得

$$|a_{kk}| \leqslant \sum_{j=1, j\neq k}^{n} |a_{kj}| \quad (k=1,2,\cdots,n) \tag{15}$$

把这些关系式与按条件成立的减弱的阿达玛条件(13) 比较,可以断言,在所有关系式(15) 中,即在式(14) 中,等号成立.这只有在满足以下条件时才可能

$$\sum_{j=p+1}^{n} |a_{kj}|=0 \quad (k=p+1,2,\cdots,n)$$

即矩阵 $\boldsymbol{A}$ 有形式

$$\boldsymbol{A}=\begin{pmatrix} \boldsymbol{A}_1 & \overbrace{\boldsymbol{0}}^{p} \\ \boldsymbol{A}_3 & \boldsymbol{A}_4 \end{pmatrix} \}\, p \tag{16}$$

但是对行与列作同一置换可化成式(16) 形式的矩阵称为可分解矩阵(参考第13 章,§1).这样,当 $p<n$ 时 $\boldsymbol{A}$ 是可分解矩阵.

如果 $p=n$,那么在所有关系式(15) 中,即在所有 n 个减弱的阿达玛条件(13) 中,等号成立.

设 $\boldsymbol{A}$ 是非满秩矩阵,我们就得出以上结论.

这样,我们就证明了以下定理,它是阿达玛定理的精确化.

定理 2(奥利奇 · 陶斯基) 如果对于不可分解矩阵 $\boldsymbol{A}$,满足减弱的阿达玛条件(13),并且在这些条件中至少有一个条件中符号“$>$” 成立,那么矩阵 $\boldsymbol{A}$ 是满秩的.

不言而喻,在这个定理中条件 $H_i \geqslant 0(i=1,2,\cdots,n)$ 可以换为条件 $G_i \geqslant 0\ (i=1,2,\cdots,n)$.

为了进一步推广阿达玛定理,我们需要长方矩阵范数的概念.

§2 矩阵的范数

在 n 维空间 R 中,我们对列向量 $\boldsymbol{x}$ 引入向量范数的概念.把每个向量 $\boldsymbol{x}\in R$ 与某个非负实数 $\|\boldsymbol{x}\|_R$(或简记$(\boldsymbol{x})$)对应,使对于 R 中任何向量 $\boldsymbol{x},\boldsymbol{y}$ 与任一标量 λ 满足以下条件:

1° $\|\boldsymbol{x}+\boldsymbol{y}\| \leqslant \|\boldsymbol{x}\|+\|\boldsymbol{y}\|$.

2° $\|\lambda\boldsymbol{x}\|=|\lambda|\,\|\boldsymbol{x}\|$.

3° 当 $\boldsymbol{x}\neq\boldsymbol{0}$ 时 $\|\boldsymbol{x}\|>0$.

在 2° 中令 $\lambda=0$,如果 $\boldsymbol{x}=\boldsymbol{0}$,那么得 $\|\boldsymbol{x}\|=0$.此外从 2° 立即推出,对于任何向量 $\boldsymbol{x},\boldsymbol{y}\in R$ 有 $\|\boldsymbol{x}-\boldsymbol{y}\| \geqslant \|\boldsymbol{x}\|-\|\boldsymbol{y}\|$.

这样,可以引入向量的“立方” 范数

$$\|\boldsymbol{x}\|_{\mathrm{I}}=\max_{1\leqslant i\leqslant n}|x_i| \tag{17}$$

或“八面体” 范数

$$\|\boldsymbol{x}\|_{\mathrm{II}}=\sum_{i=1}^{n}|x_i| \tag{17'}$$

"埃尔米特"(在实空间 R 中"欧几里得")范数 $\|\boldsymbol{x}\|_{\mathrm{III}}$ 由以下等式定义[①]

$$\|\boldsymbol{x}\|_{\mathrm{III}}=\sqrt{\sum_{i=1}^{n}|x_i|^2} \tag{17''}$$

容易检验,所有这些范数都满足公设 1°～3°.

现在我们讨论任一 $m\times n$ 维长方矩阵 $\boldsymbol{A}$ 和与它有关的线性变换 $\boldsymbol{y}=\boldsymbol{Ax}$,$\boldsymbol{x}$ 是 n 维空间 R 中的 n 维列向量,而 $\boldsymbol{y}$ 是 m 维空间 S 中的 m 维列向量.

在这些空间中引入向量的范数 $\|\boldsymbol{x}\|_R=\|\boldsymbol{x}\|$ 与 $\|\boldsymbol{y}\|_S=\|\boldsymbol{y}\|$. 然后用以下等式定义长方矩阵 $\boldsymbol{A}$ 的范数

$$\|\boldsymbol{A}\|=\sup_{\boldsymbol{x}\in R,\boldsymbol{x}\neq\boldsymbol{0}}\frac{\|\boldsymbol{Ax}\|_S}{\|\boldsymbol{x}\|_R} \tag{18}$$

$m\times n$ 维矩阵 $\boldsymbol{A}$ 的范数既由矩阵 $\boldsymbol{A}$ 本身定义,又由空间 R 与 S 中引入的向量范数定义. 当这些范数改变时,矩阵的范数也改变.

从范数定义推出显然的关系式

$$\|\boldsymbol{Ax}\|_S\leqslant\|\boldsymbol{A}\|\,\|\boldsymbol{x}\|_R \tag{18'}$$

在向量范数的同一定义下,对两个 $m\times n$ 维矩阵 $\boldsymbol{A}$ 与 $\boldsymbol{B}$,有关系式

$$\|\boldsymbol{A}+\boldsymbol{B}\|\leqslant\|\boldsymbol{A}\|+\|\boldsymbol{B}\| \tag{19}$$

此外,显然有

$$\|\lambda\boldsymbol{A}\|=|\lambda|\,\|\boldsymbol{A}\| \tag{19'}$$

令 $p\times n$ 维矩阵 $\boldsymbol{B}$ 把 n 维空间 R 映入 p 维空间 S,而 $m\times p$ 维矩阵 $\boldsymbol{A}$ 把 p 维空间 S 映入 m 维空间 T. 显然,矩阵 $\boldsymbol{AB}$ 把 R 映入 T. 在 R,S 与 T 中引入向量范数,并用它们来定义矩阵范数 $\|\boldsymbol{A}\|$,$\|\boldsymbol{B}\|$,$\|\boldsymbol{AB}\|$,容易得出不等式

$$\|\boldsymbol{AB}\|\leqslant\|\boldsymbol{A}\|\,\|\boldsymbol{B}\| \tag{19''}$$

这样,如果根据"立方"范数 $\|\boldsymbol{x}\|_{\mathrm{I}}=\max\limits_{1\leqslant k\leqslant n}|x_k|$,$\|\boldsymbol{y}\|_{\mathrm{I}}=\max\limits_{1\leqslant i\leqslant m}$,那么矩阵 $\boldsymbol{A}=(a_{ik})(i=1,\cdots,m;k=1,2,\cdots,n)$ 的范数由以下公式定义

$$\|\boldsymbol{A}\|=\max_{1\leqslant i\leqslant m}\sum_{k=1}^{n}|a_{ik}| \tag{20}$$

实际上,在这种情形下

$$\|\boldsymbol{Ax}\|_{\mathrm{I}}=\max_{1\leqslant i\leqslant m}\left|\sum_{k=1}^{n}a_{ik}x_k\right|\leqslant\max_{1\leqslant k\leqslant n}|x_k|\max_{1\leqslant i\leqslant m}\sum_{k=1}^{n}|a_{ik}|$$

因此

$$\frac{\|\boldsymbol{Ax}\|_{\mathrm{I}}}{\|\boldsymbol{x}\|}\leqslant\max_{1\leqslant i\leqslant m}\sum_{k=1}^{n}|a_{ik}| \tag{*}$$

同时,如果选取这样的向量 $\boldsymbol{x}$ 的坐标 $x_1,x_2,\cdots,x_n$,使 $|x_1|=|x_2|=\cdots=$

① 参考第 9 章,§2.

$|x_n|$，且 $a_{pk}x_k=|a_{pk}x_k|\ (k=1,2,\cdots,n)$，其中 p 是关系式(20)右边达到最大值时的 i 的值，那么式(*)中等号成立．因此式(*)右边等于 $\sup\limits_{x\neq 0}\|\boldsymbol{Ax}\|/\|\boldsymbol{x}\|$，并且公式(20)成立．①

如果根据"八面体"范数

$$\|\boldsymbol{x}\|_{\mathrm{II}}=\sum_{k=1}^{n}|x_k|,\ \|\boldsymbol{y}\|_{\mathrm{II}}=\sum_{i=1}^{m}|y_i|$$

那么不难证明

$$\|\boldsymbol{A}\|=\max_{1\leqslant k\leqslant n}\sum_{i=1}^{m}|a_{ik}| \tag{20'}$$

现在讨论埃尔米特向量范数 $\|\boldsymbol{x}\|^2=\sum\limits_{k=1}^{n}|x_k|^2$ 与 $\|\boldsymbol{y}\|^2=\sum\limits_{i=1}^{n}|y_i|^2$．那么在讨论中引入埃尔米特正矩阵 $\boldsymbol{S}=\boldsymbol{A}^*\boldsymbol{A}$，就有

$$\|\boldsymbol{Ax}\|^2=\boldsymbol{y}^*\boldsymbol{y}=\boldsymbol{x}^*\boldsymbol{A}^*\boldsymbol{Ax}=\boldsymbol{x}^*\boldsymbol{Sx},\ \|\boldsymbol{x}\|^2=\boldsymbol{x}^*\boldsymbol{x}$$

但是此时(参考第 10 章，§7)

$$\|\boldsymbol{A}\|^2=\max_{x\neq 0}\frac{\boldsymbol{x}^*\boldsymbol{Sx}}{\boldsymbol{x}^*\boldsymbol{x}}=\rho$$

其中 ρ 是矩阵 $\boldsymbol{AA}^*$ 的极大特征数．在这种情形下

$$\|\boldsymbol{A}\|=\sqrt{\rho} \tag{20''}$$

现在引入列向量 $\boldsymbol{x}$ 与 $\boldsymbol{y}$ 的不同范数．例如令

$$\|\boldsymbol{x}\|_{\mathrm{II}}=\sum_{k=1}^{n}|x_k|,\ \|\boldsymbol{y}\|_{\mathrm{I}}=\max_{1\leqslant i\leqslant n}|y_i|$$

于是

$$\|\boldsymbol{Ax}\|_{\mathrm{I}}=\max_{1\leqslant i\leqslant m}\left|\sum_{k=1}^{n}a_{ik}x_k\right|\leqslant a\sum_{k=1}^{n}|x_k|=a\|\boldsymbol{x}\|_{\mathrm{II}}$$

其中 $a=\max\limits_{1\leqslant i,k\leqslant n}|a_{ik}|$．另外，如果 $a=a_{pq}$，那么选取这样的 x_q，使 $a_{pq}x_q=a|x_q|$，并在 $j\neq q$ 时令 $x_j=0$，我们将有等式 $\|\boldsymbol{Ax}\|_{\mathrm{I}}=a\|\boldsymbol{x}\|_{\mathrm{II}}$．

因此在这种情形下

$$\|\boldsymbol{Ax}\|=\max_{1\leqslant i,k\leqslant n}|a_{ik}| \tag{20'''}$$

---

① 有时公理体系与向量范数无关．引入 $n\times n$ 维方阵的范数，把每个 $n\times n$ 维矩阵 $\boldsymbol{A}$ 与一个非负实数 $\|\boldsymbol{A}\|$ 对应，使：1° 当 $\boldsymbol{A}\neq\boldsymbol{0}$ 时 $\|\boldsymbol{A}\|>0$，当 $\boldsymbol{A}=\boldsymbol{0}$ 时 $\|\boldsymbol{A}\|\neq 0$；2° $\|\boldsymbol{A}+\boldsymbol{B}\|\leqslant\|\boldsymbol{A}\|+\|\boldsymbol{B}\|$；3° $\|\lambda\boldsymbol{A}\|=|\lambda|\,\|\boldsymbol{A}\|$（$\lambda$ 是标量）；4° $\|\boldsymbol{AB}\|\leqslant\|\boldsymbol{A}\|\,\|\boldsymbol{B}\|$．

例如可以令 $\|\boldsymbol{A}\|=\sqrt{\sum\limits_{i,k}|a_{ik}|^2}$ 或 $\|\boldsymbol{A}\|=n\max\limits_{i,j}|a_{ij}|$．即对向量 $\boldsymbol{x}$，又对向量 $\boldsymbol{y}=\boldsymbol{Ax}$ 引入同一个向量范数，如果关系式 $\|\boldsymbol{Ax}\|\leqslant\|\boldsymbol{A}\|\,\|\boldsymbol{x}\|$ 常成立，那么这个范数称为与范数 $\|\boldsymbol{A}\|$ 一致的范数．在这种特殊情形($m=n,R\equiv S$)，我们的范数定义满足要求 1°～4°，且与向量范数一致．与公理体系定义的任何范数不同，用公式(18)定义的矩阵范数称为服从这个向量范数的算子范数．

§3 阿达玛判定向分块矩阵的推广

令 $n\times n$ 维矩阵 $\mathbf{A}$ 分成 S^2 个子块 $\mathbf{A}_{\alpha\beta}$，其维数分别为 $n_\alpha\times n_\beta(\alpha,\beta=1,\cdots,s)$

$$\mathbf{A}=\begin{pmatrix}\overbrace{\mathbf{A}_{11}}^{n_1} & \overbrace{\mathbf{A}_{12}}^{n_2} & \cdots & \overbrace{\mathbf{A}_{1s}}^{n_s}\\ \mathbf{A}_{21} & \mathbf{A}_{22} & \cdots & \mathbf{A}_{2s}\\ \vdots & \vdots & & \vdots\\ \mathbf{A}_{s1} & \mathbf{A}_{s2} & \cdots & \mathbf{A}_{ss}\end{pmatrix}\begin{matrix}\}n_1\\ \}n_2\\ \\ \}n_s\end{matrix} \tag{21}$$

同时 n 维空间 R 自动地被分解为含维数 $n_\alpha(\alpha=1,\cdots,s)$ 的 s 个子空间 R_α. 对任一 $\boldsymbol{x}\in R$，以下分解式成立

$$\boldsymbol{x}=\sum_{\alpha=1}^{s}\boldsymbol{x}_\alpha\quad(\boldsymbol{x}_\alpha\in R_\alpha;\alpha=1,\cdots,s) \tag{21'}$$

在空间 R_α 中引入向量范数. 因为子块矩阵 $\mathbf{A}_{\alpha\beta}$ 把 R_β 映入 R_α，所以这样定义范数

$$\|\mathbf{A}_{\alpha\beta}\|=\sup_{\boldsymbol{x}_\beta\in R_\beta,\boldsymbol{x}_\beta\neq\mathbf{0}}\frac{\|\mathbf{A}_{\alpha\beta}\boldsymbol{x}_\beta\|_{R_\alpha}}{\|\boldsymbol{x}_\beta\|_{R_\beta}} \tag{22}$$

特别地，也定义了方阵 $\mathbf{A}_{\alpha\alpha}$ 的范数

$$\|\mathbf{A}_{\alpha\alpha}\|=\sup_{\boldsymbol{x}_\alpha\in R_\alpha,\boldsymbol{x}_\alpha\neq\mathbf{0}}\frac{\|\mathbf{A}_{\alpha\alpha}\boldsymbol{x}_\alpha\|}{\|\boldsymbol{x}_\alpha\|} \tag{22'}$$

如果 $|\mathbf{A}_{\alpha\alpha}|\neq 0$，那么 $\|\mathbf{A}_{\alpha\alpha}\|>0$. 在这种情形下从式(22′)容易推出

$$\|\mathbf{A}_{\alpha\alpha}^{-1}\|^{-1}=\sup_{\boldsymbol{x}_\alpha\in R_\alpha,\boldsymbol{x}_\alpha\neq\mathbf{0}}\frac{\|\boldsymbol{x}_\alpha\|}{\|\mathbf{A}_{\alpha\alpha}\boldsymbol{x}_\alpha\|}$$

因此

$$\|\mathbf{A}_{\alpha\alpha}^{-1}\|^{-1}=\inf_{\boldsymbol{x}_\alpha\in R_\alpha,\boldsymbol{x}_\alpha\neq\mathbf{0}}\frac{\|\mathbf{A}_{\alpha\alpha}\boldsymbol{x}_\alpha\|}{\|\boldsymbol{x}_\alpha\|} \tag{23}$$

这个等式的右边在 $\mathbf{A}_{\alpha\alpha}$ 是非满秩矩阵时也有意义(这时右边是 $\mathbf{0}$). 根据这点与连续性的考虑，我们将认为 $\|\mathbf{A}_{\alpha\alpha}^{-1}\|^{-1}$ 在 $|\mathbf{A}_{\alpha\alpha}|=0$ 时也有定义，且等于 0.

现在令 $|\mathbf{A}|=0$ 且 $\boldsymbol{x}\neq\mathbf{0}$ 时等式 $\mathbf{A}\boldsymbol{x}=\mathbf{0}$ 成立. 根据表示式(21)与(21′)，展开 $\mathbf{A}\boldsymbol{x}$ 的分块乘积，可以写出

$$-\mathbf{A}_{\alpha\alpha}\boldsymbol{x}_\alpha=\sum_{\beta=1,\beta\neq\alpha}^{s}\mathbf{A}_{\alpha\beta}\boldsymbol{x}_\beta\quad(\alpha=1,\cdots,s) \tag{24}$$

从而由以前建立的矩阵范数的性质(参考式(18′)与式(19))知

$$\|\mathbf{A}_{\alpha\alpha}\boldsymbol{x}_\alpha\|\leqslant\sum_{\beta=1,\beta\neq\alpha}\|\mathbf{A}_{\alpha\beta}\boldsymbol{x}_\beta\|\leqslant\sum_{\beta=1,\beta\neq\alpha}^{s}\|\mathbf{A}_{\alpha\beta}\|\,\|\boldsymbol{x}_\beta\|\quad(\alpha=1,\cdots,s) \tag{25}$$

另外，从式(23)推出

$$\|\mathbf{A}_{\alpha\alpha}^{-1}\|^{-1}\|\boldsymbol{x}_\alpha\|\leqslant\|\mathbf{A}_{\alpha\alpha}\boldsymbol{x}_\alpha\|\quad(\alpha=1,\cdots,s)$$

这与以上不等式(25)结合，就给出

$$\| \boldsymbol{A}_{\alpha\alpha}^{-1} \|^{-1} \| \boldsymbol{x}_{\alpha} \| \leqslant \sum_{\beta=1,\beta\neq\alpha} \| \boldsymbol{x}_{\beta} \| \quad (\alpha=1,\cdots,s) \tag{26}$$

与 §1 一样,这样选取下标 α,使 $\| \boldsymbol{x}_{\alpha} \|$ 有最大值(与 $c \| \boldsymbol{x}_{\beta} \|$ 比较,其中 $\beta \neq \alpha$),并且在式(26) 的右边把所有 $\| \boldsymbol{x}_{\beta} \|$ 换为 $\| \boldsymbol{x}_{\alpha} \|$,约去 $\| \boldsymbol{x}_{\alpha} \| > 0$ 后,得

$$\| \boldsymbol{A}_{\alpha\alpha}^{-1} \|^{-1} \leqslant \sum_{\beta=1,\beta=\alpha}^{s} \| \boldsymbol{A}_{\alpha\beta} \| \tag{27}$$

因此在满足以下"分块的阿达玛条件"后

$$\| \boldsymbol{A}_{\alpha\alpha}^{-1} \|^{-1} - \sum_{\beta=1,\beta\neq\alpha}^{s} \| \boldsymbol{A}_{\alpha\beta} \| > 0 \quad (\alpha=1,\cdots,s) \tag{28}$$

关系式(27) 是不可能成立的,矩阵 $\boldsymbol{A}$ 不能是非满秩的.

我们得到了:

定理 3 如果分块的阿达玛条件(28) 满足,那么 $\boldsymbol{A}$ 是满秩矩阵.

在 $n_1 = n_2 = \cdots = n_s = 1$ 的特殊情形,如果在一维子空间 R_{α} 中,这样定义范数:$\| \boldsymbol{x}_{\alpha} \| = | \boldsymbol{x}_{\alpha} |$ $(\alpha=1,\cdots,s)$,那么定理 3 就化为阿达玛定理.

不言而喻,在写出转置矩阵 $\boldsymbol{A}'$ 的满秩条件后,在定理 3 中分块行的阿达玛条件可以换为分块列的阿达玛条件

$$\| \boldsymbol{A}_{\alpha\alpha}^{-1} \|^{-1} - \sum_{\beta=1,\beta\neq\alpha}^{s} \| \boldsymbol{A}'_{\beta\alpha} \| > 0 \quad (\alpha=1,\cdots,s) \tag{28$'$}$$

如果在奥利奇·陶斯基定理中只要求矩阵 $\boldsymbol{A}$ 的"分块"不可化性,并且满足减弱的分块阿达玛条件,其中至少有一个条件含严格"$>$"号,那么这个定理也容易推广到分块矩阵上.

§4 费德列尔正则性判定

设 $n \times n$ 维矩阵 $\boldsymbol{A}$ 表示成式(21) 的分块形式. 对它组成含实元素的 $s \times s$ 维数值矩阵

$$\boldsymbol{G} = \begin{pmatrix} \| \boldsymbol{A}_{11}^{-1} \|^{-1} & \| \boldsymbol{A}_{12} \| & \cdots & - \| \boldsymbol{A}_{1s} \| \\ - \| \boldsymbol{A}_{21} \| & \| \boldsymbol{A}_{22}^{-1} \|^{-1} & \cdots & - \| \boldsymbol{A}_{2s} \| \\ \vdots & \vdots & & \vdots \\ - \| \boldsymbol{A}_{s1} \| & - \| \boldsymbol{A}_{s2} \| & \cdots & \| \boldsymbol{A}_{ss}^{-1} \|^{-1} \end{pmatrix} \tag{29}$$

我们提示读者,如果在含实元素的矩阵中,所有对角线外元素不大于 0,即非正的,并且所有主子式是正的①,那么这个矩阵称为 $M-$矩阵. 以下定理成立:

定理 4(费德列尔) 如果 $s \times s$ 维矩阵 $\boldsymbol{G}$ 是 $M-$矩阵,那么 $n \times n$ 维矩阵 $\boldsymbol{A}$ 是满秩的.

---

① 由柯捷李扬斯基引理(参考第 13 章, § 3),只要使最后 n 个主子式为正即可.

证明 设 $|\boldsymbol{A}|=0$,则 $\boldsymbol{Ax}=\boldsymbol{0}$,其中 $\boldsymbol{x}\neq\boldsymbol{0}$. 根据表示式(21)与(21′),正如前面 §2 那样,得出不等式(26),它现在这样改写

$$\| \boldsymbol{A}_{\alpha\alpha}^{-1} \|^{-1} \| \boldsymbol{x}_\alpha \| - \sum_{\beta=1,\beta\neq\alpha}^{s} \| \boldsymbol{A}_{\alpha\beta} \| \| \boldsymbol{x}_\beta \| \leqslant 0 \quad (\alpha=1,\cdots,s) \tag{30}$$

首先令所有的 $\| \boldsymbol{x}_\alpha \| > 0$,则适当地增加式(30)中 $\| \boldsymbol{x}_\alpha \|$ 的系数,即把 $\| \boldsymbol{A}_{\alpha\alpha}^{-1} \|^{-1}$ 换为某一数 $\widetilde{g}_{\alpha\alpha} \geqslant \| \boldsymbol{A}_{\alpha\alpha}^{-1} \|^{-1}$,我们从不等式(30)得出等式组

$$\widetilde{g}_{\alpha\alpha} \| \boldsymbol{x}_\alpha \| - \sum_{\beta=1,\beta\neq\alpha} \| \boldsymbol{A}_{\alpha\beta} \| \| \boldsymbol{x}_\beta \| = 0 \quad (\alpha=1,\cdots,s)$$

它用矩阵记号可以写成

$$\widetilde{\boldsymbol{G}}\boldsymbol{\xi} = \boldsymbol{0}$$

其中

$$\widetilde{\boldsymbol{G}} = \begin{pmatrix} \widetilde{g}_{11} & -\| \boldsymbol{A}_{12} \| & \cdots & -\| \boldsymbol{A}_{1s} \| \\ -\| \boldsymbol{A}_{21} \| & \widetilde{g}_{22} & \cdots & -\| \boldsymbol{A}_{2s} \| \\ \vdots & \vdots & & \vdots \\ -\| \boldsymbol{A}_{s1} \| & -\| \boldsymbol{A}_{s2} \| & \cdots & \widetilde{g}_{ss} \end{pmatrix}$$

而 $\boldsymbol{\xi}\neq\boldsymbol{0}$ 是含元素 $\| \boldsymbol{x}_i \|,\cdots,\| \boldsymbol{x}_n \|$ 的 s 维列向量. 由此立即推出 $|\widetilde{\boldsymbol{G}}|=0$. 另外,从 $M-$矩阵的定义推出 $|\widetilde{\boldsymbol{G}}| \geqslant |\boldsymbol{G}| > 0$. 因为设 $|\boldsymbol{A}|=0$,所以得出矛盾.

如果某些 $\| \boldsymbol{x}_\alpha \| = 0$,那么我们只取关系式(30)中的那些关系式,使它们对应于 $\| \boldsymbol{x}_\alpha \| > 0$ 的数值 α.

逐字重复以上推理,并用矩阵 $\boldsymbol{G}$ 的一些主子式代替 $|\boldsymbol{G}|$ 进行运算,又得出矛盾.

定理得到完全证明.

§5 格尔什戈林圆与其他的局部化区域

令 $\boldsymbol{A}=(a_{ik})_1^n$ 是任一含复元素的 $n\times n$ 维矩阵,λ 是它的某一特征数. $\boldsymbol{A}-\lambda\boldsymbol{E}$ 是非满秩矩阵,因此它不能满足所有的阿达玛条件,即以下关系式中至少有一个成立

$$| a_{ii} - \lambda | \leqslant \sum_{j=1,j\neq i}^{n} | a_{ij} | \quad (i=1,2,\cdots,n) \tag{31}$$

关系式(31)中每一个不等式在复 λ 平面上确定一个以点 a_{ii} 为圆心,以 $\sum_{j=1,j\neq i}^{n} | a_{ij} |$ 为半径的圆. 我们得到格尔什戈林于 1931 年建立的以下定理.

定理 5(格尔什戈林) 矩阵 $\boldsymbol{A}=(a_{ik})_1^n$ 的每个特征数 λ 常分布在诸圆(31)中的一个圆中.

这样，格尔什戈林圆(31)的所有点的并集给出矩阵 $\boldsymbol{A}$ 的特征数的某一局部化区域，即矩阵 $\boldsymbol{A}$ 的所有特征数所在的区域. 每个正则性判定化为其特征数的局部化区域. 这样，根据列的阿达玛条件，我们得出以下 n 个圆并集形式的局部化区域

$$|\lambda - a_{ii}| \leqslant \sum_{j=1, j\neq i}^{n} |a_{ij}| \quad (i=1,2,\cdots,n) \tag{31'}$$

从分块的阿达玛条件立即得出：

定理6 被表示为分块形式 $\boldsymbol{A}=(\boldsymbol{A}_{\alpha\beta})_1^s$ 的 $n\times n$ 维矩阵 $\boldsymbol{A}$ 的每个特征数 λ 至少属于以下区域之一

$$\|(\boldsymbol{A}_{\alpha\alpha} - \lambda \boldsymbol{E}_{\alpha})^{-1}\|^{-1} \leqslant \sum_{\beta=1, \beta\neq\alpha}^{s} \|\boldsymbol{A}_{\alpha\beta}\| \quad (\alpha=1,\cdots,s) \tag{32}$$

及至少属于以下区域之一

$$\|(\boldsymbol{A}_{\alpha\alpha} - \lambda \boldsymbol{E}_{\alpha})^{-1}\|^{-1} \leqslant \sum_{\beta=1, \beta\neq\alpha}^{s} \|\boldsymbol{A}_{\beta\alpha}\| \quad (\alpha=1,\cdots,s) \tag{32'}$$

此处 $\boldsymbol{E}_\alpha$ 是与 $\boldsymbol{A}_{\alpha\alpha}$ 同阶的单位矩阵.

我们来阐明，根据费德列拉判定可以得出怎样的局部化区域. 令这样选取的非负数 $c_1, c_2, \cdots, c_n$ 使矩阵

$$\boldsymbol{G} = \begin{pmatrix} c_1 & -\|\boldsymbol{A}_{12}\| & \cdots & -\|\boldsymbol{A}_{1s}\| \\ -\|\boldsymbol{A}_{21}\| & c_2 & \cdots & -\|\boldsymbol{A}_{2s}\| \\ \vdots & \vdots & & \vdots \\ -\|\boldsymbol{A}_{s1}\| & -\|\boldsymbol{A}_{s2}\| & \cdots & c_s \end{pmatrix} \tag{33}$$

是减弱的 $M-$ 矩阵，即使这个矩阵的所有主子式是非负的(这个矩阵的对角线外元素显然都是不大于 0 的). 现在设对于某一数 λ 满足 s 个不等式

$$\|(\boldsymbol{A}_{\alpha\alpha} - \lambda \boldsymbol{E}_{\alpha})^{-1}\|^{-1} > c_\alpha \quad (\alpha=1,\cdots,s) \tag{34}$$

于是在矩阵(33)中把 c_α 换为 $\|(\boldsymbol{A}_{\alpha\alpha} - \lambda \boldsymbol{E}_{\alpha})^{-1}\|^{-1}$，我们使所有对角线元素严格增加，并得出非减弱的 $M-$ 矩阵

$$\begin{pmatrix} \|(\boldsymbol{A}_{11} - \lambda \boldsymbol{E}_{1})^{-1}\|^{-1} & -\|\boldsymbol{A}_{12}\| & \cdots & -\|\boldsymbol{A}_{1s}\| \\ -\|\boldsymbol{A}_{21}\| & \|(\boldsymbol{A}_{22} - \lambda \boldsymbol{E}_{2})^{-1}\|^{-1} & \cdots & -\|\boldsymbol{A}_{2s}\| \\ \vdots & \vdots & & \vdots \\ \|\boldsymbol{A}_{s1}\| & -\|\boldsymbol{A}_{2s}\| & \cdots & \|(\boldsymbol{A}_{ss} - \lambda \boldsymbol{E}_{s})^{-1}\|^{-1} \end{pmatrix}$$

但是此时由费德列拉定理知 $|\boldsymbol{A} - \lambda \boldsymbol{E}| \neq 0$，数 λ 不是矩阵 $\boldsymbol{A}$ 的特征数.

因此对于矩阵 $\boldsymbol{A}$ 的任一特征数 λ，不等式(34)中至少有一个不等式不满足，即以下关系式满足

$$\|(\boldsymbol{A}_{\alpha\alpha} - \lambda \boldsymbol{E}_{\alpha})^{-1}\|^{-1} \leqslant c_\alpha \quad (\alpha=1,\cdots,s) \tag{35}$$

式(35)中的 s 个区域的并集形成一个费德列拉局部化区域，此区域依赖于特别

选择的非负参数 $c_1, c_2, \cdots, c_s$.

定理 7(费德列拉)　如果这样选取非负数 $c_1, c_2, \cdots, c_s$ 使矩阵(33)是减弱的 $M-$矩阵,那么矩阵 $\boldsymbol{A}$ 的每个特征数 λ 至少属于 s 个闭区域(35)之一.

作为例子,讨论四阶对称矩阵

$$\boldsymbol{A}=\begin{pmatrix} 0 & 4 & 1 & -1 \\ 4 & 0 & -1 & 1 \\ 1 & -1 & -1 & 15 \\ -1 & 1 & 15 & -1 \end{pmatrix}$$

因为矩阵 $\boldsymbol{A}$ 是对称的,所以它的所有特征数都是实数. 因此代替复 λ 平面上的局部化区域,可以讨论在实 λ 轴上被这些区域所截下的线段.

Ⅰ. 格尔什戈林区域由以下一个线段组成

$$-18 \leqslant \lambda \leqslant 16 \tag{I}$$

它超过其余的格尔什戈林线段.

Ⅱ. 把矩阵 $\boldsymbol{A}$ 分成 4 个子块

$$\boldsymbol{A}=\begin{pmatrix} \boldsymbol{A}_{11} & \boldsymbol{A}_{12} \\ \boldsymbol{A}_{21} & \boldsymbol{A}_{22} \end{pmatrix}, \boldsymbol{A}_{11}=\begin{pmatrix} 0 & 4 \\ 4 & 0 \end{pmatrix}, \boldsymbol{A}_{22}=\begin{pmatrix} -1 & 15 \\ 15 & -1 \end{pmatrix}, \boldsymbol{A}_{12}=\boldsymbol{A}_{21}=\begin{pmatrix} 1 & -1 \\ -1 & 1 \end{pmatrix}$$

在这种情形下

$$(\boldsymbol{A}_{11}-\lambda \boldsymbol{E}_1)=\frac{1}{\lambda^2-16}\begin{pmatrix} -\lambda & -4 \\ -4 & -\lambda \end{pmatrix}$$

$$(\boldsymbol{A}_{22}-\lambda \boldsymbol{E}_2)^{-1}=\frac{1}{(\lambda+1)^2-15^2}\begin{pmatrix} -1-\lambda & -1-\lambda \\ -15 & -15 \end{pmatrix}$$

我们讨论子空间 R_1 与 R_2 的 3 种规范化方案:

1° 在 R_1 与 R_2 中用"立方"范数.

2° 在 R_1 中用"立方"范数,在 R_2 中用"八面体"范数.

3° 在 R_1 中用"八面体"范数,在 R_2 中用"立方"范数.

1° 所有子块的范数由公式(20′)确定

$$\|\boldsymbol{A}_{12}\|=2, \|\boldsymbol{A}_{21}\|=2, \|(\boldsymbol{A}_{11}-\lambda \boldsymbol{E}_1)^{-1}\|=||\lambda|-4|$$
$$\|(\boldsymbol{A}_{22}-\lambda \boldsymbol{E}_2)^{-1}\|^{-1}=||\lambda+1|-15|$$

子块的格尔什戈林区域

$$||\lambda|-4| \leqslant 2, ||\lambda+1|-15| \leqslant 2$$

是以下 4 个区间的总体

$$-18 \leqslant \lambda \leqslant -14, -6 \leqslant \lambda \leqslant -2, 2 \leqslant \lambda \leqslant 6, 12 \leqslant \lambda \leqslant 16 \tag{Ⅱa}$$

2° 在这种情形下, $\|(\boldsymbol{A}_{11}-\lambda \boldsymbol{E}_1)^{-1}\|^{-1}$ 与 $\|(\boldsymbol{A}_{22}-\lambda \boldsymbol{E}_2)^{-1}\|^{-1}$ 的表示式和以前一样,但是

$$\|\boldsymbol{A}_{12}\|=\max_{x}\frac{|x_1-x_2|}{|x_1|+|x_2|}=1, \|\boldsymbol{A}_{21}\|=\max_{x}\frac{2|x_1-x_2|}{\max\limits_{1 \leqslant i \leqslant 2}|x_i|}=4$$

子块的格尔什戈林区域

$$||\lambda|-4|\leqslant 1,\ ||\lambda+1|-15|\leqslant 4$$

被分解为 4 个区间

$$-20\leqslant\lambda\leqslant-12,\ -5\leqslant\lambda\leqslant-3,\ 3\leqslant\lambda\leqslant 5,\ 10\leqslant\lambda\leqslant 18 \qquad (\text{Ⅱ b})$$

3° 与以上各情形不同的是这里只是

$$\|\boldsymbol{A}_{21}\|=4,\ \|\boldsymbol{A}_{12}\|=1$$

因此子块的格尔什戈林区域

$$||\lambda|-4|\leqslant 4,\ ||\lambda+1|-15|\leqslant 1$$

被分解为 3 个区间

$$-17\leqslant\lambda\leqslant-15,\ -8\leqslant\lambda\leqslant 8,\ 13\leqslant\lambda\leqslant 15 \qquad (\text{Ⅱ c})$$

图 1 表示区域 Ⅰ,Ⅱa,Ⅱb,Ⅱc. 它们的相交处给出局部化区域

$$-17\leqslant\lambda\leqslant-15,\ -5\leqslant\lambda\leqslant-3,\ 3\leqslant\lambda\leqslant 5,\ 13\leqslant\lambda\leqslant 15$$

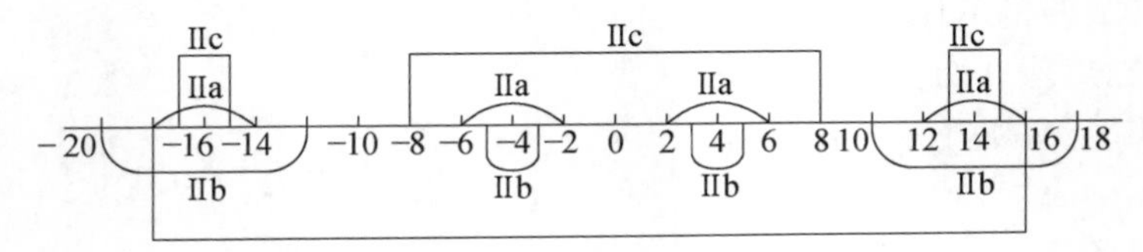

图 1

Ⅲ. 在应用费德列拉判定时将重新根据规范化 1° ～ 3°

$$\boldsymbol{G}=\begin{pmatrix} c_1 & -\|\boldsymbol{A}_{12}\| \\ -\|\boldsymbol{A}_{12}\| & c_2 \end{pmatrix}=\begin{pmatrix} c_1 & -2 \\ -2 & c_2 \end{pmatrix},\ |\boldsymbol{G}|=c_1c_2-4\geqslant 0$$

想要得出最小值 c_1 与 c_2，我们令

$$c_1c_2=4$$

费德列拉区域

$$||\lambda|-4|\leqslant c_1,\ ||\lambda+1|-15|\leqslant c_2$$

在 $c_1=2, c_2=2$ 时与区域 Ⅱa 相同，在 $c_1=1, c_2=4$ 时与区域 Ⅱb 相同，在 $c_1=4, c_2=1$ 时与区域 Ⅱc 相同. 费德列拉区域由以下 4 个区间组成

$$\begin{gathered} -16-c_2\leqslant\lambda\leqslant-16+c_2,\ -4-c_1\leqslant\lambda\leqslant-4+c_1 \\ 4-c_1\leqslant\lambda\leqslant 4+c_1,\ 14-c_2\leqslant\lambda\leqslant 14+c_2 \end{gathered} \qquad (\text{Ⅲ})$$

并且依赖一个正参数，因为 $c_1=4/c_2$，可以确定所有这些费德列拉区域的相交处.

为此(图 2)，我们使以下诸值相等

$$-16-c_2=-4-c_1$$

$$-16+c_2=-4-c_1$$

$$-16+c_2=-4+c_1$$

$$4-c_1=14-c_2$$

$$4+c_1=14-c_2$$

$$4+c_1=14+c_2$$

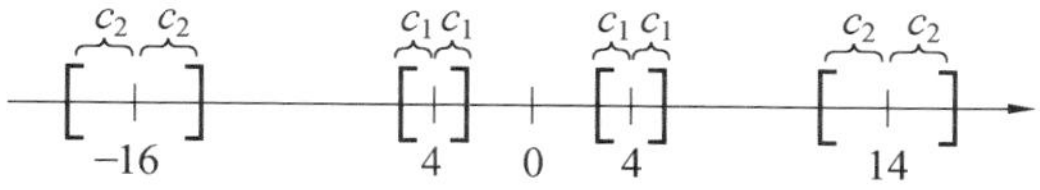

图 2

利用等式 $c_1c_2=4$,得出 6 个含最小正根的二次方程

$$c_2^2-12c_2-4=0,z_1=-6+\sqrt{40}=0.324\ 6\cdots$$

$$c_2^2-12c_2+4=0,z_2=6-\sqrt{32}=0.343\ 1\cdots$$

$$c_1^2+12c_1-4=0,z_3=z_1=-6+\sqrt{40}=0.324\ 6\cdots$$

$$c_1^2+10c_1-4=0,z_4=-5+\sqrt{29}=0.385\ 2\cdots$$

$$c_1^2-10c_1+4=0,z_5=5-\sqrt{21}=0.417\ 4\cdots$$

$$c_2^2+10c_2-4=0,z_6=z_4=-5+\sqrt{29}=0.385\ 2\cdots$$

不难理解,由所有费德列拉区域相交处组成的局部化区域包含以下 4 个线段

$$-16-z_1\leqslant\lambda\leqslant-16+z_2,-4-z_2\leqslant\lambda\leqslant-4+z_1$$

$$4-z_4\leqslant\lambda\leqslant4+z_5,14-z_5\leqslant\lambda\leqslant14+z_4$$

第15章 矩阵论对于线性微分方程组研究的应用

§1 有变系数的线性微分方程组的一般的概念

设已给予一阶齐次线性微分方程组

$$\frac{\mathrm{d}x_i}{\mathrm{d}t}=\sum_{k=1}^{n}p_{ik}(t)x_k \quad (i=1,2,\cdots,n) \tag{1}$$

其中 $p_{ik}(t)(i,k=1,2,\cdots,n)$ 为实变数 t 的复函数，在 t 所变动的某一区间（有限的或无限的）中它们都是连续的①.

令 $\boldsymbol{P}(t)=(p_{ik}(t))_1^n$，$\boldsymbol{x}=(x_1,x_2,\cdots,x_n)$，我们可以写方程组(1) 为

$$\frac{\mathrm{d}\boldsymbol{x}}{\mathrm{d}t}=\boldsymbol{P}(t)\boldsymbol{x} \tag{2}$$

方程组(1) 的积分矩阵是指方阵 $\boldsymbol{X}(t)=(x_{ik}(t))_1^n$，它的诸列是方程组的 n 个线性无关解.

因为矩阵的每一个列都适合方程(2)，所以积分矩阵 $\boldsymbol{X}$ 适合方程

$$\frac{\mathrm{d}\boldsymbol{X}}{\mathrm{d}t}=\boldsymbol{P}(t)\boldsymbol{X} \tag{3}$$

以后我们讨论矩阵方程(3) 来代替组(1) 的讨论.

① 在这一章所有关系式中出现的 t 的函数，都对于 t 所变动的已知区间是有意义的.

从线性微分方程组的解的存在性与唯一性定理[①]知，积分矩阵 $\boldsymbol{X}(t)$ 是唯一确定的，如果对于某一（“初始”）值 $t=t_0$[②]，这个矩阵的值是已知的，那么 $\boldsymbol{X}(t_0)=\boldsymbol{X}_0$. 可以取任何 n 阶满秩方阵作为 $\boldsymbol{X}_0$. 在 $\boldsymbol{X}(t_0)=\boldsymbol{E}$ 的特殊情形，我们称积分矩阵 $\boldsymbol{X}(t)$ 为正规化的.

求微分矩阵 $\boldsymbol{X}$ 的行列式时要顺次微分行列式的行而且要用到微分关系式

$$\frac{\mathrm{d}x_{ij}}{\mathrm{d}t}=\sum_{k=1}^{n}p_{ik}x_{kj}\quad(i,j=1,2,\cdots,n)$$

此时我们得出

$$\frac{\mathrm{d}\mid\boldsymbol{X}\mid}{\mathrm{d}t}=(p_{11}+p_{22}+\cdots+p_{nn})\mid\boldsymbol{X}\mid$$

故得已知的雅可比恒等式

$$\mid\boldsymbol{X}\mid=c\mathrm{e}^{\int_{t_0}^{t}\mathrm{Sp}\boldsymbol{P}\mathrm{d}t}\tag{4}$$

其中 c 为常数，而

$$\mathrm{Sp}\ \boldsymbol{P}=p_{11}+p_{22}+\cdots+p_{nn}$$

为矩阵 $\boldsymbol{P}(t)$ 的迹.

因为行列式 $\mid\boldsymbol{X}\mid$ 不能恒等于零，所以 $c\neq 0$. 但此时由雅可比恒等式知，对自变数的任何值，行列式 $\mid\boldsymbol{X}\mid$ 都不等于零

$$\mid\boldsymbol{X}\mid\neq 0$$

亦即对于自变数的任何值积分矩阵都是满秩的.

如果 $\widetilde{\boldsymbol{X}}(t)$ 是方程(3)的满秩（$\mid\widetilde{\boldsymbol{X}}\mid\neq 0$）特殊解，那么这个方程的通解由以下公式所确定

$$\boldsymbol{X}=\widetilde{\boldsymbol{X}}\boldsymbol{C}\tag{5}$$

其中 $\boldsymbol{C}$ 为任何常数矩阵.

事实上，在等式

$$\frac{\mathrm{d}\widetilde{\boldsymbol{X}}}{\mathrm{d}t}=\boldsymbol{P}\widetilde{\boldsymbol{X}}\tag{6}$$

的两边右乘以 $\boldsymbol{C}$，证明矩阵 $\widetilde{\boldsymbol{X}}\boldsymbol{C}$ 适合方程(3). 另外，如果 $\boldsymbol{X}$ 是方程(3)的任一解，那么由式(6)得出

$$\frac{\mathrm{d}\boldsymbol{X}}{\mathrm{d}t}=\frac{\mathrm{d}}{\mathrm{d}t}(\widetilde{\boldsymbol{X}}\cdot\widetilde{\boldsymbol{X}}^{-1}\boldsymbol{X})=\frac{\mathrm{d}\widetilde{\boldsymbol{X}}}{\mathrm{d}t}\widetilde{\boldsymbol{X}}^{-1}\boldsymbol{X}+\widetilde{\boldsymbol{X}}\frac{\mathrm{d}}{\mathrm{d}t}(\widetilde{\boldsymbol{X}}^{-1}\boldsymbol{X})=$$

$$P\boldsymbol{X}+\widetilde{\boldsymbol{X}}\frac{\mathrm{d}}{\mathrm{d}t}(\widetilde{\boldsymbol{X}}^{-1}\boldsymbol{X})$$

---

① 这个定理的证明将在 §5 中引进. 参考伊·格·彼得罗夫斯基的《常微分方程论讲义》，1952（俄文）.

② 假设 t_0 是在 t 所变动的区间中.

故由式(3) 得

$$\frac{\mathrm{d}}{\mathrm{d}t}(\widetilde{\boldsymbol{X}}^{-1}\boldsymbol{X})=\boldsymbol{0}$$

或

$$\widetilde{\boldsymbol{X}}^{-1}\boldsymbol{X}=\boldsymbol{C}(\text{常数矩阵})$$

亦即式(5) 成立.

方程组(1) 的所有积分矩阵 $\boldsymbol{X}$ 都可以在式(5) 中取 $|\boldsymbol{C}|\neq 0$ 来得出.

讨论特殊情形

$$\frac{\mathrm{d}\boldsymbol{X}}{\mathrm{d}t}=\boldsymbol{A}\boldsymbol{X} \tag{7}$$

其中 $\boldsymbol{A}$ 为常数矩阵. 此时 $\widetilde{\boldsymbol{X}}=\mathrm{e}^{\boldsymbol{A}t}$ 是方程(7) 的一个特殊满秩解①,故这个方程的通解有形式

$$\boldsymbol{X}=\mathrm{e}^{\boldsymbol{A}t}\boldsymbol{C} \tag{8}$$

其中 $\boldsymbol{C}$ 为任意的常数矩阵.

在式(8) 中取 $t=t_0$,我们得出 $\boldsymbol{X}_0=\mathrm{e}^{\boldsymbol{A}t_0}\boldsymbol{C}$. 故 $\boldsymbol{C}=\mathrm{e}^{-\boldsymbol{A}t_0}\boldsymbol{X}_0$,因而公式(8) 可以表示为形式

$$\boldsymbol{X}=\mathrm{e}^{\boldsymbol{A}(t-t_0)}\boldsymbol{X}_0 \tag{9}$$

这个公式与第 5 章,§5 中所得出的公式(46) 等价.

还要讨论所谓柯西方程组

$$\frac{\mathrm{d}\boldsymbol{X}}{\mathrm{d}t}=\frac{\boldsymbol{A}}{t-a}\boldsymbol{X}\quad(\boldsymbol{A}\text{ 是一个常数矩阵}) \tag{10}$$

用以下自变数的代换

$$u=\ln(t-a)$$

可以把这一方程组化为前面的方程组. 故式(10) 的通解有以下形式

$$\boldsymbol{X}=\mathrm{e}^{\boldsymbol{A}\ln(t-a)}\boldsymbol{C}=(t-a)^{\boldsymbol{A}}\boldsymbol{C} \tag{11}$$

在公式(8) 与式(11) 中所遇到的函数 $\mathrm{e}^{\boldsymbol{A}t}$ 与 $(t-a)^{\boldsymbol{A}}$ 可以表示为(第 5 章,§5,式(44))

$$\mathrm{e}^{\boldsymbol{A}t}=\sum_{k=1}^{s}(\boldsymbol{Z}_{k1}+\boldsymbol{Z}_{k2}t+\cdots+\boldsymbol{Z}_{km_k}t^{m_k-1})\mathrm{e}^{\lambda_k t} \tag{12}$$

$$(t-a)^{\boldsymbol{A}}=\sum_{k=1}^{s}\{\boldsymbol{Z}_{k1}+\boldsymbol{Z}_{k2}\ln(t-a)+\cdots+\boldsymbol{Z}_{km_k}[\ln(t-a)]^{m_k-1}\}(t-a)^{\lambda_k} \tag{13}$$

此处

① 对级数 $\mathrm{e}^{\boldsymbol{A}t}=\sum\limits_{k=0}^{+\infty}\frac{\boldsymbol{A}^k}{k!}t^k$ 逐项微分,我们得出

$$\frac{\mathrm{d}}{\mathrm{d}t}\mathrm{e}^{\boldsymbol{A}t}=\boldsymbol{A}\mathrm{e}^{\boldsymbol{A}t}$$

$$\psi(\lambda)=(\lambda-\lambda_1)^{m_1}\cdot(\lambda-\lambda_2)^{m_2}\cdot\cdots\cdot(\lambda-\lambda_s)^{m_s}$$
$$(\text{当 } i\neq k \text{ 时}, \lambda_i\neq\lambda_k; i,k=1,2,\cdots,s)$$

是矩阵 $\boldsymbol{A}$ 的最小多项式，而 $\boldsymbol{Z}_{kj}$ $(j=1,2,\cdots,m_k; k=1,2,\cdots,s)$ 是线性无关的常数矩阵，都是 $\boldsymbol{A}$ 的多项式[①].

注　有时取矩阵 $\boldsymbol{W}$ 作为微分方程组(1) 的积分矩阵，在 $\boldsymbol{W}$ 中所有的行是方程组的线性无关解. 显然矩阵 $\boldsymbol{W}$ 是矩阵 $\boldsymbol{X}$ 的转置矩阵

$$\boldsymbol{W}=\boldsymbol{X}'$$

将等式(3) 的两边化为转置矩阵，即换式(3) 为以下 $\boldsymbol{W}$ 的方程

$$\frac{\mathrm{d}\boldsymbol{W}}{\mathrm{d}t}=\boldsymbol{W}\boldsymbol{P}(t) \tag{3'}$$

在这个方程的右边，$\boldsymbol{W}$ 是第一个因子，而在方程(3) 中 $\boldsymbol{X}$ 是第二个因子.

§2　李雅普诺夫变换

现在假设，在方程组(1) 中(或在方程(3) 中) 系数矩阵 $\boldsymbol{P}(t)=(p_{ik}(t))_1^n$ 是区间$(t_0,+\infty)$ 中自变数 t 的连续有界函数[②].

代替未知函数 $x_1,x_2,\cdots,x_n$，利用以下变换引进新的未知函数 $y_1,y_2,\cdots,y_n$，有

$$x_i=\sum_{k=1}^{n} l_{ik}(t)y_k \quad (i=1,2,\cdots,n) \tag{14}$$

对变换矩阵 $\boldsymbol{L}(t)=(l_{ik}(t))_1^n$ 加上以下诸限制：

1° $\boldsymbol{L}(t)$ 在区间$(t_0,+\infty)$ 中有连续导函数$\frac{\mathrm{d}\boldsymbol{L}}{\mathrm{d}t}$.

2° $\boldsymbol{L}(t)$ 与$\frac{\mathrm{d}\boldsymbol{L}}{\mathrm{d}t}$ 在区间$(t_0,+\infty)$ 中是有界的.

3° 有这样的常数 m 存在，使得

$$0<m<\mathrm{mod}\,|\boldsymbol{L}(t)| \quad (t\geqslant t_0)$$

亦即行列式 $|\boldsymbol{L}(t)|$ 的模有正常数下界 m.

系数矩阵 $\boldsymbol{L}(t)=(l_{ik}(t))_1^n$ 适合条件 1° ～ 3° 的变换，式(14) 我们称为李雅普诺夫变换，其对应矩阵 $\boldsymbol{L}(t)$ 称为李雅普诺夫矩阵.

---

① 在式(12) 的右边，每一项 $\boldsymbol{X}_k=(\boldsymbol{Z}_{k1}+\boldsymbol{Z}_{k2}t+\cdots+\boldsymbol{Z}_{km_k}t^{m_k-1})\mathrm{e}^{\lambda_k t}$ $(k=1,2,\cdots,s)$ 都是方程(7) 的解. 事实上，对于任何函数 $g(\lambda)$，乘积 $g(\boldsymbol{A})\mathrm{e}^{\boldsymbol{A}t}$ 都适合这个方程. 但是 $\boldsymbol{X}_k=f(\boldsymbol{A})=g(\boldsymbol{A})\mathrm{e}^{\boldsymbol{A}t}$，如果 $f(\lambda)=g(\lambda)\mathrm{e}^{\lambda t}$ 与 $g(\lambda_k)=1$，而 $g(\lambda)$ 在矩阵 $\boldsymbol{A}$ 的影谱上的所有其余的 $m-1$ 个值都等于零(参考第 5 章，§3).

② 这就是说，每一个函数 $p_{ik}(t)$ $(i,k=1,2,\cdots,n)$ 都在区间$(t_0,+\infty)$ 中，亦即当 $t\geqslant t_0$ 时是连续有界的.

李雅普诺夫在其名著《关于运动的稳定性的一般问题》中研究过这种变换.

例 1 如果 $\boldsymbol{L}$ 为常数矩阵而且 $|\boldsymbol{L}| \neq 0$,那么矩阵 $\boldsymbol{L}$ 适合条件 $1^\circ \sim 3^\circ$. 故常系数的满秩变换永远是一个李雅普诺夫变换.

例 2 如果 $\boldsymbol{D}=(d_{ik})_1^n$ 是一个特征数为纯虚数的单构矩阵,那么矩阵

$$\boldsymbol{L}(t)=\mathrm{e}^{\boldsymbol{D}t}$$

适合条件 $1^\circ \sim 3^\circ$,因而是一个李雅普诺夫矩阵[①].

容易验证,从矩阵 $\boldsymbol{L}(t)$ 的性质 $1^\circ \sim 3^\circ$ 知,有逆矩阵 $\boldsymbol{L}^{-1}(t)$ 存在而且它亦适合条件 $1^\circ \sim 3^\circ$,亦即李雅普诺夫变换的逆变换仍然是一个李雅普诺夫变换. 同样地,可以验证,继续施行两个李雅普诺夫变换其结果仍然是一个李雅普诺夫变换. 这样一来,李雅普诺夫变换构成一个群. 李雅普诺夫变换有以下重要性质:

如果经变换(14) 后,化方程组(1) 为方程组

$$\frac{\mathrm{d}y_i}{\mathrm{d}t}=\sum_{k=1}^{n} q_{ik}(t) y_k \tag{15}$$

其零解是李雅普诺夫稳定的、渐近稳定的或不稳定的(参考第 5 章,§ 6),那么原方程组(1) 的零解亦有同样的性质.

换句话说,李雅普诺夫变换并不改变(关于稳定性的) 零解的特性. 故在研究稳定性时可以用这种变换来简化原方程组.

李雅普诺夫变换在组(1) 与式(15) 的解之间建立了一个一一对应关系,而且解的线性无关性经变换后亦是不变的. 故李雅普诺夫变换将组(1) 的积分矩阵 $\boldsymbol{X}$ 变为组(15) 的某一个积分矩阵 $\boldsymbol{Y}$,此处

$$\boldsymbol{X}=\boldsymbol{L}(t)\boldsymbol{Y} \tag{16}$$

写组(15) 的矩阵为以下形式

$$\frac{\mathrm{d}\boldsymbol{Y}}{\mathrm{d}t}=\boldsymbol{Q}(t)\boldsymbol{Y} \tag{17}$$

其中 $\boldsymbol{Q}(t)=(q_{ik}(t))_1^n$ 为组(15) 的系数矩阵.

在式(3) 中用乘积 $\boldsymbol{LY}$ 代替 $\boldsymbol{X}$ 且将所得出的方程与式(17) 相比较,容易得出由矩阵 $\boldsymbol{P}$ 与 $\boldsymbol{L}$ 来表出矩阵 $\boldsymbol{Q}$ 的以下公式

$$\boldsymbol{Q}=\boldsymbol{L}^{-1}\boldsymbol{PL}-\boldsymbol{L}^{-1}\frac{\mathrm{d}\boldsymbol{L}}{\mathrm{d}t} \tag{18}$$

我们称两组(1) 与(15) 或者同样的两组(3) 与(17) 为等价的(在李雅普诺夫意义下),如果它们可以用李雅普诺夫变换互相转化. 等价组的系数矩阵 $\boldsymbol{P}$ 与

---

① 此时在公式(12) 中所有的 $m_k=1$,而 $\lambda_k=\mathrm{i}\varphi_k$($\varphi_k$ 为实数,$k=1,2,\cdots,s$).

$\boldsymbol{Q}$ 常与公式(18) 相联系，其中矩阵 $\boldsymbol{L}$ 适合条件 1° ～ 3°.

§3 可 化 组

在一阶线性微分方程组中最简单的与讨论得最多的是常系数方程组. 所以我们最关心的是可以利用李雅普诺夫变换化为常系数组的这种方程组. 李雅普诺夫称这种组为可化的.

设已给予可化组

$$\frac{\mathrm{d}\boldsymbol{X}}{\mathrm{d}t}=\boldsymbol{P}\boldsymbol{X} \tag{19}$$

那么某一个李雅普诺夫变换

$$\boldsymbol{X}=\boldsymbol{L}(t)\boldsymbol{Y} \tag{20}$$

变其为组

$$\frac{\mathrm{d}\boldsymbol{Y}}{\mathrm{d}t}=\boldsymbol{A}\boldsymbol{Y} \tag{21}$$

其中 $\boldsymbol{A}$ 为常数矩阵. 故组(19) 的特解

$$\widetilde{\boldsymbol{X}}=\boldsymbol{L}(t)\mathrm{e}^{\boldsymbol{A}t} \tag{22}$$

相反地，每一个有特解(22) 的组(19)，其中 $\boldsymbol{L}(t)$ 为李雅普诺夫矩阵，而 $\boldsymbol{A}$ 为常数矩阵，都是可化的，而且可用李雅普诺夫变换(20) 把它化为式(21) 的形式.

我们根据李雅普诺夫的方法证明每一个周期性系数的组(19) 都是可化的.

设在所给予组(19) 中，$\boldsymbol{P}(t)$ 是区间$(-\infty,+\infty)$ 内的连续函数且有周期 τ，使得

$$\boldsymbol{P}(t+\tau)=\boldsymbol{P}(t) \tag{23}$$

在式(19) 中换 t 为 $t+\tau$ 且应用式(23)，我们得出

$$\frac{\mathrm{d}\boldsymbol{X}(t+\tau)}{\mathrm{d}t}=\boldsymbol{P}(t)\boldsymbol{X}(t+\tau)$$

这样一来，与 $\boldsymbol{X}(t)$ 一样，$\boldsymbol{X}(t+\tau)$ 亦是组(19) 的积分矩阵. 故有

$$\boldsymbol{X}(t+\tau)=\boldsymbol{X}(t)\boldsymbol{V}$$

其中 $\boldsymbol{V}$ 为某一个满秩常数矩阵. 因为 $|\boldsymbol{V}|\neq 0$，故可定出[①]

$$\boldsymbol{V}^{\frac{t}{\tau}}=\mathrm{e}^{\frac{t}{\tau}\ln\boldsymbol{V}}$$

这个 t 的矩阵函数与 $\boldsymbol{X}(t)$ 一样，如果自变数增加 τ，就等于右乘以 $\boldsymbol{V}$. 所以“商”

$$\boldsymbol{L}(t)=\boldsymbol{X}(t)\boldsymbol{V}^{-\frac{t}{\tau}}=\boldsymbol{X}(t)\mathrm{e}^{-\frac{t}{\tau}\ln\boldsymbol{V}}$$

---

① 此处 $\ln\boldsymbol{V}=f(\boldsymbol{V})$，其中 $f(\lambda)$ 是在单连通区域 G 上函数 $\ln\lambda$ 的某一个单值分支，区域 G 含有矩阵 $\boldsymbol{V}$ 的所有特征数而不含有数 0. 参考第 5 章.

是有周期 τ 的周期性连续函数

$$\boldsymbol{L}(t+\tau)=\boldsymbol{L}(t)$$

而且其行列式 $|\boldsymbol{L}(t)|\neq 0$. 矩阵 $\boldsymbol{L}(t)$ 适合上节的条件 $1^\circ\sim 3^\circ$,故为一个李雅普诺夫矩阵.

另外,因为组(19) 的解 $\boldsymbol{X}$ 可表示为形式

$$\boldsymbol{X}=\boldsymbol{L}(t)\mathrm{e}^{\frac{\ln \boldsymbol{V}}{\tau}}$$

所以组(19) 是可化的.

在所给予的情形,李雅普诺夫变换

$$\boldsymbol{X}=\boldsymbol{L}(t)\boldsymbol{Y}$$

将周期为 τ 的周期性系数方程组(19) 化为以下形式

$$\frac{\mathrm{d}\boldsymbol{Y}}{\mathrm{d}t}=\frac{1}{\tau}\ln \boldsymbol{V}\cdot\boldsymbol{Y}$$

李雅普诺夫对于非线性微分方程组用第一线性近似式建立了稳定性与非稳定性的重要判定. 此处所说的非线性微分方程组为

$$\frac{\mathrm{d}x_i}{\mathrm{d}t}=\sum_{k=1}^{n}a_{ik}x_k+(**)\quad(i=1,2,\cdots,n)\tag{24}$$

其中位于右边的是 $x_1,x_2,\cdots,x_n$ 的收敛幂级数,而$(**)$记这些级数中关于 $x_1,x_2,\cdots,x_n$ 的二次与二次以上的诸项之和;线性项的系数 $a_{ik}(i,k=1,2,\cdots,n)$ 都是常数[①].

李雅普诺夫判定　如果第一线性近似式的系数矩阵 $\boldsymbol{A}=(a_{ik})_1^n$ 的所有特征数都有负实数部分,那么组(24) 的零解是稳定的(而且是渐近的);如果在这些特征数中至少有一个数有正实数部分,那么零解是不稳定的.

上述推理使得这个判定对线性项有周期性系数的方程组

$$\frac{\mathrm{d}x_i}{\mathrm{d}t}=\sum_{k=1}^{n}p_{ik}(t)x_k+(**)\tag{25}$$

亦适用. 事实上,根据上述推理可以应用李雅普诺夫变换化组(25) 为式(24) 的形式,其中

$$\boldsymbol{A}=(a_{ik})_1^n=\frac{1}{\tau}\ln \boldsymbol{V}$$

而 $\boldsymbol{V}$ 为一个常数矩阵. 当自变数位移 τ 时线性组(19) 的积分矩阵乘以矩阵 $\boldsymbol{V}$,并不损失其一般性,可以认为 $\tau>0$. 由于李雅普诺夫变换的性质,原方程组的零解与变换后方程组的零解同为稳定的、渐近稳定的或不稳定的. 但矩阵 $\boldsymbol{A}$ 与 $\boldsymbol{V}$ 的特征数 λ_i 与 $\nu_i(i=1,2,\cdots,n)$ 有等式关系

---

① 非线性项的系数可能与 t 有关. 对于这些函数系数要加上已知的限制(参考《Общая задача об устойчивости движения》(1950)).

$$\lambda_i = \frac{1}{\tau}\ln \nu_i \quad (i=1,2,\cdots,n)$$

故将李雅普诺夫判定应用于可化组,我们得出[①]:

如果矩阵 $\boldsymbol{V}$ 的所有特征数的模都小于 1,那么组(25) 的零解是渐近稳定的;如果在这些特征数中至少有一个数的模大于 1,那么零解是不稳定的.

李雅普诺夫对于很广泛的一类方程组用线性近似式建立了它的判定,这类方程组有式(24) 的形式,但是它们的线性近似式不是常系数方程组,而是属于所谓李雅普诺夫正则组的类中[②].

正则线性组的类含有全部可化组为其一部分.

对于第一线性近似式是正则组这种情形的非稳定性判定是由恩·格·切塔耶夫[③]所建立的.

§4 可化组的范式,叶鲁金定理

设给予可化组(19) 与其等价组(在李雅普诺夫的意义下)

$$\frac{\mathrm{d}\boldsymbol{Y}}{\mathrm{d}t} = \boldsymbol{AY}$$

其中 $\boldsymbol{A}$ 是一个常数矩阵.

我们感兴趣的问题是:所给予组(19) 确定矩阵 $\boldsymbol{A}$ 到什么程度. 这个问题还可以叙述为:

在什么情形之下,两组方程

$$\frac{\mathrm{d}\boldsymbol{Y}}{\mathrm{d}t} = \boldsymbol{AY} \text{ 与 } \frac{\mathrm{d}\boldsymbol{z}}{\mathrm{d}t} = \boldsymbol{Bz}$$

(其中 $\boldsymbol{A}$ 与 $\boldsymbol{B}$ 为常数矩阵) 是对李雅普诺夫等价的,亦即可用李雅普诺夫变换互相转化的?

为了回答这个问题,我们引进关于有同一实影谱部分的矩阵概念.

我们说,两个 n 阶矩阵 $\boldsymbol{A}$ 与 $\boldsymbol{B}$ 有同一实影谱部分的充分必要条件是矩阵 $\boldsymbol{A}$ 与 $\boldsymbol{B}$ 的初等因子有对应的形式

$$(\lambda-\lambda_1)^{m_1},(\lambda-\lambda_2)^{m_2},\cdots,(\lambda-\lambda_s)^{m_s}$$

与

$$(\lambda-\mu_1)^{m_1},(\lambda-\mu_2)^{m_2},\cdots,(\lambda-\mu_s)^{m_s}$$

其中

$$\mathrm{Re}\,\lambda_k = \mathrm{Re}\,\mu_k \quad (k=1,2,\cdots,s)$$

我们有以下由恩·普·叶鲁金所建立的定理[④]:

---

① 参考《Общая задача об устойчивости движения》(1950), § 55.

② 参考《Общая задача об устойчивости движения》(1950), § 9.

③ 参考 *A determinantal inequality* (1955),181 页.

④ 参考《Элементы высшей алгебры》(1914). 此处所述的证明与恩·普·叶鲁金的证明不同.

定理 1(叶鲁金)　两组

$$\frac{\mathrm{d}\boldsymbol{Y}}{\mathrm{d}t}=\boldsymbol{AY} \text{ 与 } \frac{\mathrm{d}\boldsymbol{z}}{\mathrm{d}t}=\boldsymbol{Bz} \tag{26}$$

($\boldsymbol{A}$ 与 $\boldsymbol{B}$ 为 n 阶常数矩阵) 在李雅普诺夫的意义下等价的充分必要条件是 $\boldsymbol{A}$ 与 $\boldsymbol{B}$ 有同一实影谱部分.

证明　设已给予组(26),化矩阵 $\boldsymbol{A}$ 为若尔当范式[①](参考第 6 章,§7)

$$\boldsymbol{A}=\boldsymbol{T}(\lambda_1\boldsymbol{E}_1+\boldsymbol{H}_1,\lambda_2\boldsymbol{E}_2+\boldsymbol{H}_2,\cdots,\lambda_s\boldsymbol{E}_s+\boldsymbol{H}_s)\boldsymbol{T}^{-1} \tag{27}$$

其中

$$\lambda_k=\alpha_k+\mathrm{i}\beta_k \quad (\alpha_k,\beta_k \text{ 为实数}; k=1,2,\cdots,s) \tag{28}$$

根据式(27) 与式(28),设

$$\begin{cases}\boldsymbol{A}_1=\boldsymbol{T}(\alpha_1\boldsymbol{E}_1+\boldsymbol{H}_1,\alpha_2\boldsymbol{E}_2+\boldsymbol{H}_2,\cdots,\alpha_s\boldsymbol{E}_s+\boldsymbol{H}_s)\boldsymbol{T}^{-1}\\ \boldsymbol{A}_2=\boldsymbol{T}(\mathrm{i}\beta_1\boldsymbol{E}_1,\mathrm{i}\beta_2\boldsymbol{E}_2,\cdots,\mathrm{i}\beta_s\boldsymbol{E}_s)\boldsymbol{T}^{-1}\end{cases} \tag{29}$$

那么

$$\boldsymbol{A}=\boldsymbol{A}_1+\boldsymbol{A}_2,\boldsymbol{A}_1\boldsymbol{A}_2=\boldsymbol{A}_2\boldsymbol{A}_1 \tag{30}$$

以等式

$$\boldsymbol{L}(t)=\mathrm{e}^{\boldsymbol{A}_2 t}$$

定义 $\boldsymbol{L}(t)$. $\boldsymbol{L}(t)$ 是一个李雅普诺夫矩阵(参考本章,§2,例 2).

但是由式(30) 知,式(26) 中第一组方程的特解有形式

$$\mathrm{e}^{\boldsymbol{A}t}=\mathrm{e}^{\boldsymbol{A}_2 t}\mathrm{e}^{\boldsymbol{A}_1 t}=\boldsymbol{L}(t)\mathrm{e}^{\boldsymbol{A}_1 t}$$

故知式(26) 中第一组等价于组

$$\frac{\mathrm{d}\boldsymbol{U}}{\mathrm{d}t}=\boldsymbol{A}_1\boldsymbol{U} \tag{31}$$

由式(29) 知,矩阵 $\boldsymbol{A}_1$ 的特征数都是实数且其影谱与矩阵 $\boldsymbol{A}$ 的实影谱部分相同.

类似地,我们可以换组(26) 中第二组为等价组

$$\frac{\mathrm{d}\boldsymbol{V}}{\mathrm{d}t}=\boldsymbol{B}_1\boldsymbol{V} \tag{32}$$

其中 $\boldsymbol{B}_1$ 的特征数都是实数且其影谱与矩阵 $\boldsymbol{B}$ 的实影谱部分相同.

如果我们能够证明:特征数全是实数的常数矩阵 $\boldsymbol{A}_1$ 与 $\boldsymbol{B}_1$ 所构成的组(31) 与(32) 只有在矩阵 $\boldsymbol{A}_1$ 与 $\boldsymbol{B}_1$ 相似时才能等价[②],那么定理得证.

设李雅普诺夫变换

$$\boldsymbol{U}=\boldsymbol{L}_1\boldsymbol{V}$$

---

① $\boldsymbol{E}_k$ 为单位矩阵,在 $\boldsymbol{H}_k$ 的第一超对角线中元素都等于 1,而其余的元素都等于零;$\boldsymbol{E}_k$,$\boldsymbol{H}_k$ 的阶等于矩阵 $\boldsymbol{A}$ 的第 k 个初等因子的次数,亦即 $m_k(k=1,2,\cdots,s)$.

② 从这个结果得出定理 1,因为组(31) 与(32) 的表示组(26) 的等价性且矩阵 $\boldsymbol{A}_1$ 与 $\boldsymbol{B}_1$ 的相似表示这些矩阵有相同的初等因子,所以矩阵 $\boldsymbol{A}$ 与 $\boldsymbol{B}$ 有同样的实影谱部分.

化式(31)为式(32). 那么矩阵 $\boldsymbol{L}_1$ 适合方程

$$\frac{\mathrm{d}\boldsymbol{L}_1}{\mathrm{d}t}=\boldsymbol{A}_1\boldsymbol{L}_1-\boldsymbol{L}_1\boldsymbol{B}_1 \tag{33}$$

这个关于 $\boldsymbol{L}_1$ 的矩阵方程与关于矩阵 $\boldsymbol{L}_1$ 的 n^2 个元素所含有的 n^2 个微分方程的方程组等价. 式(33)中右边表示在 n^2 维空间中对"向量"$\boldsymbol{L}_1$ 的线性运算

$$\frac{\mathrm{d}\boldsymbol{L}_1}{\mathrm{d}t}=\hat{F}(\boldsymbol{L}_1)\quad(\hat{F}(\boldsymbol{L}_1)=\boldsymbol{A}_1\boldsymbol{L}_1-\boldsymbol{L}_1\boldsymbol{B}_1) \tag{33'}$$

线性算子 $\hat{F}$(与其对应的 n^2 阶矩阵)的任一特征数都可表示为差 $\gamma-\delta$ 的形式,其中 γ 是矩阵 $\boldsymbol{A}_1$ 的特征数,而 δ 是矩阵 $\boldsymbol{B}_1$ 的特征数①. 故知算子 $\hat{F}$ 只有实特征数.

以 $\hat{\psi}(\lambda)=(\lambda-\hat{\lambda}_1)^{\hat{m}_1}\cdot(\lambda-\hat{\lambda}_2)^{\hat{m}_2}\cdot\cdots\cdot(\lambda-\hat{\lambda}_u)^{\hat{m}_u}$ ($\hat{\lambda}_i$ 为实数;当 $i\neq j$ 时有 $\hat{\lambda}_i\neq\hat{\lambda}_j$;$i,j=1,2,\cdots,u$)记算子 $\hat{F}$ 的最小多项式. 那么由公式(12)(本章,§1),组(33')的解 $\boldsymbol{L}_1(t)=\mathrm{e}^{\hat{F}t}\boldsymbol{L}^{(0)}$ 可以写为

$$\boldsymbol{L}_1(t)=\sum_{k=1}^{u}\sum_{j=0}^{\hat{m}_k-1}\boldsymbol{L}_{kj}t^j\mathrm{e}^{\hat{\lambda}_k t} \tag{34}$$

其中 $\boldsymbol{L}_{kj}$ 为 n 阶常数矩阵. 因为矩阵 $\boldsymbol{L}_1(t)$ 在区间$(t_0,+\infty)$内是有界的,所以无论是对于 $\hat{\lambda}_k>0$ 或者对于 $\hat{\lambda}_k=0$($j>0$ 时),对应的矩阵 $\boldsymbol{L}_{kj}=\boldsymbol{0}$. 以 $\boldsymbol{L}_-(t)$ 记式(34)中所有 $\hat{\lambda}_k<0$ 的诸项之和,那么

$$\boldsymbol{L}_1(t)=\boldsymbol{L}_-(t)+\boldsymbol{L}_0 \tag{35}$$

其中

$$\lim_{t\to+\infty}\boldsymbol{L}_-(t)=\boldsymbol{0},\ \lim_{t\to+\infty}\frac{\mathrm{d}\boldsymbol{L}_-(t)}{\mathrm{d}t}=\boldsymbol{0}\quad(\boldsymbol{L}_0\text{ 为常数矩阵}) \tag{35'}$$

故由式(35)与式(35')得

$$\lim_{t\to+\infty}\boldsymbol{L}_1(t)=\boldsymbol{L}_0$$

因而知

$$|\boldsymbol{L}_0|\neq 0$$

因此行列式 $|\boldsymbol{L}_1(t)|$ 对模是有下界的.

在式(33)中以和 $\boldsymbol{L}_-(t)+\boldsymbol{L}_0$ 代替 $\boldsymbol{L}_1(t)$,我们得出

① 事实上,设 Λ_0 为算子 $\hat{F}$ 的某一特征数. 那么有这样的矩阵 $\boldsymbol{L}\neq\boldsymbol{0}$ 存在使得

$$\hat{F}(\boldsymbol{L})=\Lambda_0\boldsymbol{L}\text{ 或}(\boldsymbol{A}_1-\Lambda_0\boldsymbol{E})\boldsymbol{L}=\boldsymbol{L}\boldsymbol{B}_1 \tag{*}$$

矩阵 $\boldsymbol{A}_1-\Lambda_0\boldsymbol{E}$ 与 $\boldsymbol{B}_1$ 至少有一个公共的特征数,因为在相反的情形将有这样的多项式 $g(\lambda)$ 存在,使得

$$g(\boldsymbol{A}_1-\Lambda_0\boldsymbol{E})=\boldsymbol{0},g(\boldsymbol{E}_1)=\boldsymbol{E}$$

而这是不可能的,因为由式(*)得出:$g(\boldsymbol{A}_1-\Lambda_0\boldsymbol{E})\cdot\boldsymbol{L}=\boldsymbol{L}\cdot g(\boldsymbol{B}_1)$ 而 $\boldsymbol{L}\neq\boldsymbol{0}$. 但是如果矩阵 $\boldsymbol{A}_1-\Lambda_0\boldsymbol{E}$ 与 $\boldsymbol{B}_1$ 有公共的特征数,那么 $\Lambda_0=\gamma-\delta$,其中 γ 与 δ 各为矩阵 $\boldsymbol{A}_1$ 与 $\boldsymbol{B}_1$ 的特征数. 关于算子 $\hat{F}$ 的详细研究可在弗·戈鲁布奇可夫的工作(*Introduction to linear algebra and the theory of matrices*(1950))中找到.

$$\frac{\mathrm{d}\boldsymbol{L}_{-}(t)}{\mathrm{d}t}-\boldsymbol{A}_1\boldsymbol{L}_{-}(t)+\boldsymbol{L}_{-}(t)\boldsymbol{B}_1=\boldsymbol{A}_1\boldsymbol{L}_0-\boldsymbol{L}_0\boldsymbol{B}_1$$

故由式(35′)得

$$\boldsymbol{A}_1\boldsymbol{L}_0-\boldsymbol{L}_0\boldsymbol{B}_1=\boldsymbol{0}$$

因而有

$$\boldsymbol{B}_1=\boldsymbol{L}_0^{-1}\boldsymbol{A}_1\boldsymbol{L}_0 \tag{36}$$

反之,如果式(36)成立,那么李雅普诺夫变换

$$\boldsymbol{U}=\boldsymbol{L}_0\boldsymbol{V}$$

化组(31)为式(32),定理得证.

从所证明的定理推得,每一个可化组(19)都可以用李雅普诺夫变换 $\boldsymbol{X}=\boldsymbol{L}\boldsymbol{Y}$ 化为以下形式

$$\frac{\mathrm{d}\boldsymbol{Y}}{\mathrm{d}t}=\boldsymbol{J}\boldsymbol{Y}$$

其中 $\boldsymbol{J}$ 是特征数全为实数的若尔当矩阵.如不计 $\boldsymbol{J}$ 中对角线上诸子块的次序,那么已给予矩阵 $\boldsymbol{P}(t)$ 的组的标准式是唯一确定的.

§5 矩阵积分级数

讨论微分方程组

$$\frac{\mathrm{d}\boldsymbol{X}}{\mathrm{d}t}=\boldsymbol{P}(t)\boldsymbol{X} \tag{37}$$

其中 $\boldsymbol{P}(t)=(p_{ik}(t))_1^n$ 是在某一区间(a,b)内自变量 t 的连续矩阵函数[①].

应用逐步逼近法来定出组(37)的标准化解,亦即当 $t=t_0$ 时变为单位矩阵的解(t_0 是区间(a,b)内固定的数).逐步逼近值 $\boldsymbol{X}_k(k=0,1,2,\cdots)$ 将由递推关系式

$$\frac{\mathrm{d}\boldsymbol{X}_k}{\mathrm{d}t}=\boldsymbol{P}(t)\boldsymbol{X}_{k-1}\quad(k=1,2,\cdots)$$

来求出,此时选择单位矩阵 $\boldsymbol{E}$ 作为近似值 $\boldsymbol{X}_0$.

取 $\boldsymbol{X}_k(t_0)=\boldsymbol{E}(k=0,1,2,\cdots)$,我们可以将 $\boldsymbol{X}_k$ 表示为以下形式

$$\boldsymbol{X}_k=\boldsymbol{E}+\int_{t_0}^{t}\boldsymbol{P}(t)\boldsymbol{X}_{k-1}\mathrm{d}t\quad(k=1,2,\cdots)$$

这样一来

$$\boldsymbol{X}_0=\boldsymbol{E}$$

---

① (a,b)是任意(有限的或无限的)区间.矩阵 $\boldsymbol{P}(t)$ 的所有元素 $p_{ik}(t)(i,k=1,2,\cdots,n)$ 是在区间(a,b)内连续的实变数 t 的复函数.如果换所有函数 $p_{ik}(t)(i,k=1,2,\cdots,n)$ 的连续性为有界性与(在区间(a,b)的任何有限多个子区间中)黎曼可积性,那么所有以后的结果仍然有效.

$$\boldsymbol{X}_1=\boldsymbol{E}+\int_{t_0}^{t}\boldsymbol{P}(t)\mathrm{d}t$$

$$\boldsymbol{X}_2=\boldsymbol{E}+\int_{t_0}^{t}\boldsymbol{P}(t)\mathrm{d}t+\int_{t_0}^{t}\boldsymbol{P}(t)\mathrm{d}t\int_{t_0}^{t}\boldsymbol{P}(t)\mathrm{d}t$$

$$\vdots$$

亦即 $\boldsymbol{X}_k(k=0,1,2,\cdots)$ 为以下矩阵级数前 $k+1$ 项的和

$$\boldsymbol{E}+\int_{t_0}^{t}\boldsymbol{P}(t)\mathrm{d}t+\int_{t_0}^{t}\boldsymbol{P}(t)\mathrm{d}t\int_{t_0}^{t}\boldsymbol{P}(t)\mathrm{d}t+\cdots \tag{38}$$

为了证明这个级数在区间(a,b)的任何闭子区间中绝对且一致收敛,并定出所求的方程(37)的解,我们来构造强级数.

在区间(a,b)内定义非负函数$g(t)$与$h(t)$各为等式①

$$g(t)=\max[\,|p_{11}(t)|,|p_{12}(t)|,\cdots,|p_{nn}(t)|\,]$$

$$h(t)=\left|\int_{t_0}^{t}g(t)\mathrm{d}t\right|$$

容易验证函数$g(t),h(t)$在区间(a,b)内连续②.

分矩阵级数(38)为n^2个标量级数,其中每一个都被以下级数所强化

$$1+h(t)+\frac{nh^2(t)}{2!}+\frac{n^2h^3(t)}{3!}+\cdots \tag{39}$$

事实上

$$\left|\left(\int_{t_0}^{t}\boldsymbol{P}(t)\mathrm{d}t\right)_{i,k}\right|=\left|\int_{t_0}^{t}p_{ik}(t)\mathrm{d}t\right|\leqslant\left|\int_{t_0}^{t}g(t)\mathrm{d}t\right|=h(t)$$

$$\left|\left(\int_{t_0}^{t}\boldsymbol{P}(t)\mathrm{d}t\int_{t_0}^{t}\boldsymbol{P}(t)\mathrm{d}t\right)_{i,k}\right|=\left|\sum_{j=1}^{n}\int_{t_0}^{t}p_{ij}(t)\mathrm{d}t\int_{t_0}^{t}p_{jk}(t)\mathrm{d}t\right|\leqslant$$

$$n\left|\int_{t_0}^{t}g(t)\mathrm{d}t\int_{t_0}^{t}g(t)\mathrm{d}t\right|=\frac{nh^2(t)}{2}$$

$$\vdots$$

级数(39)在区间(a,b)内收敛,而且在这个区间的任何闭子区间中一致收敛.故知矩阵级数(38)在(a,b)内收敛,而且在(a,b)的任何闭子区间中绝对且一致收敛.

逐项微分证明级数和(38)表示方程(37)的一个解,且当$t=t_0$时这个解就变为$\boldsymbol{E}$.级数(38)是允许逐项微分的,因为经微分后所得出的级数与级数(38)只差一个因子$\boldsymbol{P}(t)$,因而与级数(38)一样,是在区间(a,b)的任何闭子区间中一致收敛的.

---

① 由定义,对于t的任一值,函数$g(t)$的值等于(对于同一值t)n^2个$p_{ik}(t)(i,k=1,2,\cdots,n)$的模中的最大值.

② 在区间(a,b)内的任一点t_1,函数$g(t)$的连续性可以这样来得出,当t足够接近于t_1时,差$g(t)-g(t_1)$常与n^2个差$|p_{ik}(t)|-|p_{ik}(t_1)|$中的某一个重合$(i,k=1,2,\cdots,n)$.

这样一来,我们已经证明了关于方程(37)有标准化解存在的定理.这个解将记为$\Omega_{t_0}^t(\boldsymbol{P})$或简记为$\Omega_{t_0}^t$.正如§1中所证明的,任何其他的解都有以下形式

$$\boldsymbol{X}=\Omega_{t_0}^t\boldsymbol{C}$$

其中$\boldsymbol{C}$为任意的常数矩阵.从这个公式知任何解,特别是标准化解,由$t=t_0$时的初始值所唯一确定.

方程(37)的标准化解$\Omega_{t_0}^t$有时称为矩阵积分级数.

我们已经证明矩阵积分级数可表示为以下形式的[①]级数

$$\Omega_{t_0}^t=\boldsymbol{E}+\int_{t_0}^t\boldsymbol{P}(t)\mathrm{d}t+\int_{t_0}^t\boldsymbol{P}(t)\mathrm{d}t\int_{t_0}^t\boldsymbol{P}(t)\mathrm{d}t+\cdots \tag{40}$$

它在$\boldsymbol{P}(t)$的任何连续闭区间中都是绝对且一致收敛的.

我们注意矩阵积分级数的一些公式:

1° $\Omega_{t_0}^t=\Omega_{t_1}^t\Omega_{t_0}^t\ (t_0,t_1,t\in(a,b))$.

事实上,因为$\Omega_{t_0}^t$与$\Omega_{t_1}^t$是方程(37)的两组解,所以

$$\Omega_{t_0}^t=\Omega_{t_1}^t\boldsymbol{C}(\boldsymbol{C}\text{为常数矩阵})$$

现在取$t=t_1$,我们得出$\boldsymbol{C}=\Omega_{t_0}^{t_1}$.

2° $\Omega_{t_0}^t(\boldsymbol{P}+\boldsymbol{Q})=\Omega_{t_0}^t(\boldsymbol{P})\Omega_{t_0}^t(\boldsymbol{S})$,其中$\boldsymbol{S}=[\Omega_{t_0}^t(\boldsymbol{P})]^{-1}\boldsymbol{Q}\Omega_{t_0}^t(\boldsymbol{P})$.

为了推出这个公式,我们设

$$\boldsymbol{X}=\Omega_{t_0}^t(\boldsymbol{P}),\boldsymbol{Y}=\Omega_{t_0}^t(\boldsymbol{P}+\boldsymbol{Q})$$

与

$$\boldsymbol{Y}=\boldsymbol{X}\boldsymbol{Z} \tag{41}$$

逐项微分式(41),我们得出

$$(\boldsymbol{P}+\boldsymbol{Q})\boldsymbol{X}\boldsymbol{Z}=\boldsymbol{P}\boldsymbol{X}\boldsymbol{Z}+\boldsymbol{X}\frac{\mathrm{d}\boldsymbol{Z}}{\mathrm{d}t}$$

故有

$$\frac{\mathrm{d}\boldsymbol{Z}}{\mathrm{d}t}=\boldsymbol{X}^{-1}\boldsymbol{Q}\boldsymbol{X}\boldsymbol{Z}$$

因为由式(41)得出$\boldsymbol{Z}(t_0)=\boldsymbol{E}$,所以有

$$\boldsymbol{Z}=\Omega_{t_0}^t(\boldsymbol{X}^{-1}\boldsymbol{Q}\boldsymbol{X})$$

在式(41)中换$\boldsymbol{X},\boldsymbol{Y},\boldsymbol{Z}$为其对应的矩阵积分级数,我们得出2°.

3° $\ln|\Omega_{t_0}^t(\boldsymbol{P})|=\int_{t_0}^t\mathrm{Sp}\ \boldsymbol{P}\mathrm{d}t$.

如果换$\boldsymbol{X}(t)$为$\Omega_{t_0}^t(\boldsymbol{P})$,那么这个公式可以从雅可比恒等式(4)(本章,§1)来得出.

4° 如果$\boldsymbol{A}=(a_{ik})_1^n$为常数矩阵,那么

---

① 表示这种级数的子矩阵表示法由皮亚诺(*Intégration par séries des équations différentielles Hneairés*(1888))最先得出.

$$\Omega_{t_0}^{t}(\boldsymbol{A}) = e^{\boldsymbol{A}(t-t_0)}$$

引进以下记法. 如果 $\boldsymbol{P}=(p_{ik})_1^n$，那么以 mod $\boldsymbol{P}$ 来记

$$\text{mod } \boldsymbol{P} = (|p_{ik}|)_1^n$$

此外，如果 $\boldsymbol{A}=(a_{ik})_1^n$ 与 $\boldsymbol{B}=(b_{ik})_1^n$ 为两个实矩阵且有

$$a_{ik} \leqslant b_{ik} \quad (i,k=1,2,\cdots,n)$$

那么我们将写为

$$\boldsymbol{A} \leqslant \boldsymbol{B}$$

此时由表示式(40)得出：

5° 如果 mod $\boldsymbol{P}(t) \leqslant \boldsymbol{Q}(t)$，那么

$$\text{mod } \Omega_{t_0}^{t}(\boldsymbol{P}) \leqslant \Omega_{t_0}^{t}(\boldsymbol{Q}) \quad (t > t_0)$$

以后我们以 $\boldsymbol{I}$ 记所有元素都等于 1 的 n 阶矩阵

$$\boldsymbol{I} = (1)$$

讨论上面所定义的函数 $g(t)$(在式(38)与式(39)之间). 此时

$$\text{mod } \boldsymbol{P}(t) \leqslant g(t)\boldsymbol{I}$$

故由 5° 得

$$\text{mod } \Omega_{t_0}^{t}(\boldsymbol{P}) \leqslant \Omega_{t_0}^{t}(g(t)\boldsymbol{I}) \quad (t > t_0) \tag{42}$$

但 $\Omega_{t_0}^{t}(g(t)\boldsymbol{I})$ 是方程

$$\frac{\mathrm{d}\boldsymbol{X}}{\mathrm{d}t} = g(t)\boldsymbol{I}\boldsymbol{X}$$

的标准化解. 故由 4°①

$$\Omega_{t_0}^{t}(g(t)\boldsymbol{I}) = e^{h(t)\boldsymbol{I}} = \left(1 + h(t) + \frac{nh^2(t)}{2!} + \frac{n^2h^3(t)}{3!} + \cdots\right)\boldsymbol{I}$$

其中

$$h(t) = \int_{t_0}^{t} g(t)\,\mathrm{d}t$$

故由式(42)得出：

6° $$\text{mod } \Omega_{t_0}^{t}(\boldsymbol{P}) \leqslant \left(\frac{1}{n}e^{nh(t)} + \frac{n-1}{n}\right)\boldsymbol{I} \leqslant e^{nh(t)}\boldsymbol{I} \quad (t > t_0)$$

其中

$$h(t) = \int_{t_0}^{t} g(t)\,\mathrm{d}t, \quad g(t) = \max_{1 \leqslant i,k \leqslant n} \{|p_{ik}(t)|\}$$

现在我们来指出，如何利用矩阵来表出线性微分方程组

$$\frac{\mathrm{d}x_i}{\mathrm{d}t} = \sum_{k=1}^{n} p_{ik}(t)x_k + f_i(t) \quad (i=1,2,\cdots,n) \tag{43}$$

的通解，这个方程右边的 $p_{ik}(t)$ 与 $f_i(t)(i,k=1,2,\cdots,n)$ 都是在变数 t 的变化区间中连续的.

---

① 利用独立自变量 t 换为变数 $h = \int_{t_0}^{t} g(t)\,\mathrm{d}t$ 的代换.

引进列矩阵(向量)$\boldsymbol{x}=(x_1,x_2,\cdots,x_n)$ 与 $\boldsymbol{f}=(f_1,f_2,\cdots,f_n)$ 以及方阵 $\boldsymbol{P}=(p_{ik})_1^n$,可以写方程组(43) 为

$$\frac{\mathrm{d}\boldsymbol{x}}{\mathrm{d}t}=\boldsymbol{P}(t)\boldsymbol{x}+\boldsymbol{f}(t) \tag{43'}$$

所要求出的这个方程的解有形式

$$\boldsymbol{x}=\Omega_{t_0}^{t}(\boldsymbol{P})\boldsymbol{z} \tag{44}$$

其中 $\boldsymbol{z}$ 为与 t 有关的未知列. 在式(43′) 中代入 $\boldsymbol{x}$ 的这个表示式,我们得出

$$\boldsymbol{P}\Omega_{t_0}^{t}(\boldsymbol{P})\boldsymbol{z}+\Omega_{t_0}^{t}(\boldsymbol{P})\frac{\mathrm{d}\boldsymbol{z}}{\mathrm{d}t}=\boldsymbol{P}\Omega_{t_0}^{t}(\boldsymbol{P})\boldsymbol{z}+\boldsymbol{f}(t)$$

故有

$$\frac{\mathrm{d}\boldsymbol{z}}{\mathrm{d}t}=[\Omega_{t_0}^{t}(\boldsymbol{P})]^{-1}\boldsymbol{f}(t)$$

积分后我们得出

$$\boldsymbol{z}=\int_{t_0}^{t}[\Omega_{t_0}^{\tau}(\boldsymbol{P})]^{-1}\boldsymbol{f}(\tau)\mathrm{d}\tau+\boldsymbol{c}$$

其中 $\boldsymbol{c}$ 为任何常数向量. 把这个表示式代入式(44) 中,我们得出

$$\boldsymbol{x}=\Omega_{t_0}^{t}(\boldsymbol{P})\int_{t_0}^{t}[\Omega_{t_0}^{\tau}(\boldsymbol{P})]^{-1}\boldsymbol{f}(\tau)\mathrm{d}\tau+\Omega_{t_0}^{t}(\boldsymbol{P})\boldsymbol{c} \tag{45}$$

令 $t=t_0$,我们求得 $\boldsymbol{x}(t_0)=\boldsymbol{c}$. 故公式(45) 有以下形式

$$\boldsymbol{x}=\Omega_{t_0}^{t}(\boldsymbol{P})\boldsymbol{x}(t_0)+\int_{t_0}^{t}\boldsymbol{K}(t,\tau)\boldsymbol{f}(\tau)\mathrm{d}\tau \tag{45'}$$

其中

$$\boldsymbol{K}(t,\tau)=\Omega_{t_0}^{t}(\boldsymbol{P})[\Omega_{t_0}^{\tau}(\boldsymbol{P})]^{-1}$$

称为柯西矩阵.

§6　乘积积分,沃尔泰拉的微积分

讨论矩阵子式 $\Omega_{t_0}^{t}(\boldsymbol{P})$,将基本区间 (t_0,t) 分为 n 份,引进中间点 $t_1,t_2,\cdots,t_{n-1}$,且设 $\Delta t_k=t_k-t_{k-1}(k=1,2,\cdots;t_n=t)$. 那么由矩阵积分级数的基本性质 1°(参考上节),有

$$\Omega_{t_0}^{t}=\Omega_{t_{n-1}}^{t}\cdot\cdots\cdot\Omega_{t_1}^{t_2}\cdot\Omega_{t_0}^{t_1} \tag{46}$$

在区间 (t_{k-1},t_k) 内取中间点 $\tau_k(k=1,2,\cdots,n)$. 我们视 Δt_k 为一阶小值,如不计二阶小值,则在计算 $\Omega_{t_{k-1}}^{t_k}$ 时可以取 $\boldsymbol{P}(t)\approx\boldsymbol{P}(\tau_k)$,此时

$$\Omega_{t_{k-1}}^{t_k}=\mathrm{e}^{\boldsymbol{P}(\tau_k)\Delta t_k}+(**)=\boldsymbol{E}+\boldsymbol{P}(\tau_k)\Delta t_k+(**) \tag{47}$$

此处,我们用(∗ ∗) 记从二阶小值开始的诸项的和.

从式(46) 与式(47),我们求得

$$\Omega_{t_0}^{t}=\mathrm{e}^{\boldsymbol{P}(\tau_n)\Delta t_n}\cdot\cdots\cdot\mathrm{e}^{\boldsymbol{P}(\tau_2)\Delta t_2}\cdot\mathrm{e}^{\boldsymbol{P}(\tau_1)\Delta t_1}+(*) \tag{48}$$

与

$$\Omega_{t_0}^{t} = [\boldsymbol{E} + \boldsymbol{P}(\tau_n)\Delta t_n] \cdot \cdots \cdot [\boldsymbol{E} + \boldsymbol{P}(\tau_2)\Delta t_2] \cdot [\boldsymbol{E} + \boldsymbol{P}(\tau_1)\Delta t_1] + (*) \tag{49}$$

当分割出来的区间个数无限增大而使这些区间限的长度都趋于零时，我们取极限（小值项（$*$）在取极限时都消失了）[①]，得出准确的极限公式

$$\Omega_{t_0}^{t}(\boldsymbol{P}) = \lim_{\Delta t_k \to 0} [\mathrm{e}^{\boldsymbol{P}(\tau_n)\Delta t_n} \cdot \cdots \cdot \mathrm{e}^{\boldsymbol{P}(\tau_2)\Delta t_2} \cdot \mathrm{e}^{\boldsymbol{P}(\tau_1)\Delta t_1}] \tag{48'}$$

与

$$\Omega_{t_0}^{t}(\boldsymbol{P}) = \lim_{\Delta t_k \to 0} [\boldsymbol{E} + \boldsymbol{P}(\tau_n)\Delta t_n] \cdot \cdots \cdot [\boldsymbol{E} + \boldsymbol{P}(\tau_2)\Delta t_2] \cdot [\boldsymbol{E} + \boldsymbol{P}(\tau_1)\Delta t_1] \tag{49'}$$

在这一等式的右边位于极限中括号里面的表示式是可积的乘积[②]. 它的极限称为乘积积分，且记为符号

$$\widehat{\int_{t_0}^{t}} [\boldsymbol{E} + \boldsymbol{P}(t)\mathrm{d}t] = \lim_{\Delta t_k \to 0} [\boldsymbol{E} + \boldsymbol{P}(\tau_n)\Delta t_n] \cdot \cdots \cdot [\boldsymbol{E} + \boldsymbol{P}(\tau_1)\Delta t_1] \tag{50}$$

公式（49′）将矩阵积分级数表示成乘积积分的形式

$$\Omega_{t_0}^{t}(\boldsymbol{P}) = \widehat{\int_{t_0}^{t}} (\boldsymbol{E} + \boldsymbol{P}\mathrm{d}t) \tag{51}$$

而等式（48）与式（49）可以用来计算矩阵积分级数的近似值.

乘积积分由沃尔泰拉在 1887 年首先引入. 沃尔泰拉根据这个概念构成了对于矩阵函数特殊的微积分（参考 *Matrizenrechnung*（1956））[③].

所有乘积积分的特性与积分号内矩阵函数 $\boldsymbol{P}(t)$ 的各个不同值的彼此不可交换性有密切关系. 同时有很特殊的情形，当所有这些值都彼此可交换时，从式（48′）与式（51）可以看出，乘积积分化为矩阵

$$\mathrm{e}^{\int_{t_0}^{t} \boldsymbol{P}(t)\mathrm{d}t}$$

现在引进乘积导数

$$\boldsymbol{D}_t \boldsymbol{X} = \frac{\mathrm{d}\boldsymbol{X}}{\mathrm{d}t} \boldsymbol{X}^{-1} \tag{52}$$

运算 $\boldsymbol{D}_t$ 与 $\widehat{\int_{t_0}^{t}}$ 是互逆的.

如果 $$\boldsymbol{D}_t \boldsymbol{X} = \boldsymbol{P}$$

---

① 这种讨论使得记为（$*$）的项的估计更为准确.

② 类似于平常积分的积分和.

③ 许来新格尔在研究解析系数线性微分方程组时会用及乘积积分（德文为“Produkt Integral”）. 乘积积分（50）不仅对在积分区间内连续的函数 $\boldsymbol{P}(t)$ 存在，而且对更加一般的命题也存在（参阅 *On product integration*（1937））.

那么 $$\boldsymbol{X}=\widehat{\int}_{t_0}^{t}(\boldsymbol{E}+\boldsymbol{P}\mathrm{d}t)\cdot\boldsymbol{C}\quad(\boldsymbol{C}=\boldsymbol{X}(t_0))$$[①]

反之亦然.上式还可以写为[②]

$$\widehat{\int}_{t_0}^{t}(\boldsymbol{E}+\boldsymbol{P}\mathrm{d}t)=\boldsymbol{X}(t)\boldsymbol{X}(t_0)^{-1}\tag{53}$$

读者验证以下诸微分与积分公式的正确性[③].

微分公式:

Ⅰ. $\boldsymbol{D}_t(\boldsymbol{XY})=\boldsymbol{D}_t(\boldsymbol{X})+\boldsymbol{XD}_t(\boldsymbol{Y})\boldsymbol{X}^{-1}$;

$\boldsymbol{D}_t(\boldsymbol{XC})=\boldsymbol{D}_t(\boldsymbol{X})$;

$\boldsymbol{D}_t(\boldsymbol{CY})=\boldsymbol{CD}_t(\boldsymbol{Y})\boldsymbol{C}^{-1}$.($\boldsymbol{C}$ 是一个常数矩阵)

Ⅱ. $\boldsymbol{D}_t(\boldsymbol{X}')=\boldsymbol{X}'(\boldsymbol{D}_t\boldsymbol{X})'\boldsymbol{X}^{\mathrm{T}^{-1}}$.

Ⅲ. $\boldsymbol{D}_t(\boldsymbol{X}^{-1})=-\boldsymbol{X}^{-1}\boldsymbol{D}_t(\boldsymbol{X})\boldsymbol{X}=-(\boldsymbol{D}_t(\boldsymbol{X}'))'$;

$\boldsymbol{D}_t(\boldsymbol{X}^{\mathrm{T}^{-1}})=-(\boldsymbol{D}_t(\boldsymbol{X}))'$.

积分公式:

Ⅳ. $\widehat{\int}_{t_0}^{t}(\boldsymbol{E}+\boldsymbol{P}\mathrm{d}t)=\widehat{\int}_{t_1}^{t}(\boldsymbol{E}+\boldsymbol{P}\mathrm{d}t)\widehat{\int}_{t_0}^{t_1}(\boldsymbol{E}+\boldsymbol{P}\mathrm{d}t)$.

Ⅴ. $\widehat{\int}_{t_0}^{t}(\boldsymbol{E}+\boldsymbol{P}\mathrm{d}t)=\left[\widehat{\int}_{t}^{t_0}(\boldsymbol{E}+\boldsymbol{P}\mathrm{d}t)\right]^{-1}$.

Ⅵ. $\widehat{\int}_{t_0}^{t}(\boldsymbol{E}+\boldsymbol{CPC}^{-1}\mathrm{d}t)=\boldsymbol{C}\widehat{\int}_{t_0}^{t}(\boldsymbol{E}+\boldsymbol{P}\mathrm{d}t)\boldsymbol{C}^{-1}$.($\boldsymbol{C}$ 为常数矩阵)

Ⅶ. $\widehat{\int}_{t_0}^{t}[\boldsymbol{E}+(\boldsymbol{Q}+\boldsymbol{D}_t\boldsymbol{X})\mathrm{d}t]=\boldsymbol{X}(t)\widehat{\int}_{t_0}^{t}(\boldsymbol{E}+\boldsymbol{X}^{-1}\boldsymbol{QX}\mathrm{d}t)\boldsymbol{X}(t_0)^{-1}$[④].

还要引进一个重要的公式,它对于两个乘积积分的差给出其模的估计[⑤]:

Ⅷ. $\operatorname{mod}\left[\widehat{\int}_{t_0}^{t}(\boldsymbol{E}+\boldsymbol{P}\mathrm{d}t)-\widehat{\int}_{t_0}^{t}(\boldsymbol{E}+\boldsymbol{Q}\mathrm{d}t)\right]\leqslant\frac{1}{n}\mathrm{e}^{nq(t-t_0)}(\mathrm{e}^{nd(t-t_0)}-1)\boldsymbol{I}(t>t_0)$.

如果 $\operatorname{mod}\boldsymbol{Q}\leqslant q\boldsymbol{I},\operatorname{mod}(\boldsymbol{P}-\boldsymbol{Q})\leqslant d\cdot\boldsymbol{I}\quad(\boldsymbol{I}=(1))$

(q,d 为非负数,n 为矩阵 $\boldsymbol{P}$ 与 $\boldsymbol{Q}$ 的阶)

---

① 此处,任意的常数矩阵 $\boldsymbol{C}$ 与平常不定积分中所加上的任意常数类似.

② 类似于当 $\frac{\mathrm{d}\boldsymbol{X}}{\mathrm{d}x}=\boldsymbol{P}$ 时的公式 $\int_{t_0}^{t}\boldsymbol{P}\mathrm{d}t=\boldsymbol{X}(t)-\boldsymbol{X}(t_0)$.

③ 这些公式可以从乘积导数与乘积积分的定义直接推出.但如视乘积积分为矩阵积分级数且应用上节所述矩阵积分级数的性质,就可较快与较简单地得出这些积分公式.

④ 在某种意义下,可视公式 Ⅶ 为与平常(非乘积的)积分的分部积分公式相类似.公式 Ⅶ 可以从§5,2°的公式来得出.

⑤ 关于矩阵的模与矩阵间的关系"$\leqslant$"的定义,可参考本章,§5.

以 $\boldsymbol{D}$ 记 $\boldsymbol{P}-\boldsymbol{Q}$ 的差. 那么

$$\boldsymbol{P}=\boldsymbol{Q}+\boldsymbol{D},\ \operatorname{mod}\boldsymbol{D}\leqslant d\cdot\boldsymbol{I}$$

视乘积积分为矩阵积分级数且应用矩阵积分级数的级数分解式(40),我们得出

$$\widehat{\int_{t_0}^{t}}[\boldsymbol{E}+(\boldsymbol{Q}+\boldsymbol{D})\mathrm{d}t]-\widehat{\int_{t_0}^{t}}(\boldsymbol{E}+\boldsymbol{Q}\mathrm{d}t)=$$

$$\int_{t_0}^{t}\boldsymbol{D}\mathrm{d}t+\int_{t_0}^{t}\boldsymbol{D}\mathrm{d}t\int_{t_0}^{t}\boldsymbol{Q}\mathrm{d}t+\int_{t_0}^{t}\boldsymbol{Q}\mathrm{d}t\int_{t_0}^{t}\boldsymbol{D}\mathrm{d}t+\int_{t_0}^{t}\boldsymbol{D}\mathrm{d}t\int_{t_0}^{t}\boldsymbol{D}\mathrm{d}t+\cdots$$

从这个分解式看到

$$\operatorname{mod}\left\{\widehat{\int_{t_0}^{t}}[\boldsymbol{E}+(\boldsymbol{Q}+\boldsymbol{D})\mathrm{d}t]-\widehat{\int_{t_0}^{t}}(\boldsymbol{E}+\boldsymbol{Q}\mathrm{d}t)\right\}\leqslant$$

$$\widehat{\int_{t_0}^{t}}[\boldsymbol{E}+(\operatorname{mod}\boldsymbol{Q}+\operatorname{mod}\boldsymbol{D})\mathrm{d}t]-\widehat{\int_{t_0}^{t}}(\boldsymbol{E}+\operatorname{mod}\boldsymbol{Q}\mathrm{d}t)\leqslant$$

$$\widehat{\int_{t_0}^{t}}[\boldsymbol{E}+(q+d)\boldsymbol{I}\mathrm{d}t]-\widehat{\int_{t_0}^{t}}[\boldsymbol{E}+q\boldsymbol{I}\mathrm{d}t]=\mathrm{e}^{(q+d)\boldsymbol{I}(t-t_0)}-\mathrm{e}^{q\boldsymbol{I}(t-t_0)}=$$

$$\mathrm{e}^{q\boldsymbol{I}(t-t_0)}(\mathrm{e}^{d\cdot\boldsymbol{I}(t-t_0)}-\boldsymbol{E})\leqslant\frac{1}{n}\mathrm{e}^{nq(t-t_0)}(\mathrm{e}^{nd(t-t_0)}-1)\boldsymbol{I}$$

现在假设矩阵 $\boldsymbol{P}$ 与 $\boldsymbol{Q}$ 和某一参数 α 有关

$$\boldsymbol{P}=\boldsymbol{P}(t,\alpha),\boldsymbol{Q}=\boldsymbol{Q}(t,\alpha)$$

且设

$$\lim_{\alpha\to\alpha_0}\boldsymbol{P}(t,\alpha)=\lim_{\alpha\to\alpha_0}\boldsymbol{Q}(t,\alpha)=\boldsymbol{P}_0(t)$$

而且在所讨论的区间 (t_0,t) 内对 t 一致地趋于极限. 此外,假设当 $\alpha\to\alpha_0$ 时,矩阵 $\boldsymbol{Q}(t,\alpha)$ 对模囿于矩阵 $q\boldsymbol{I}$,其中 q 是一个正的常数. 那么,令

$$d(\alpha)=\max_{\substack{1\leqslant i,k\leqslant n\\ t_0\leqslant\tau\leqslant t}}|p_{ik}(\tau,\alpha)-q_{ik}(\tau,\alpha)|$$

我们有

$$\lim_{\alpha\to\alpha_0}d(\alpha)=0$$

故由公式 Ⅷ 得出

$$\lim_{\alpha\to\alpha_0}\left[\widehat{\int_{t_0}^{t}}(\boldsymbol{E}+\boldsymbol{P}\mathrm{d}t)-\widehat{\int_{t_0}^{t}}(\boldsymbol{E}+\boldsymbol{Q}\mathrm{d}t)\right]=\boldsymbol{0}$$

特别地,如果 $\boldsymbol{Q}$ 与 α 无关($\boldsymbol{Q}(t,\alpha)=\boldsymbol{P}_0(t)$),我们得出

$$\lim_{\alpha\to\alpha_0}\widehat{\int_{t_0}^{t}}[\boldsymbol{E}+\boldsymbol{P}(t,\alpha)\mathrm{d}t]=\widehat{\int_{t_0}^{t}}[\boldsymbol{E}+\boldsymbol{P}_0(t)\mathrm{d}t]$$

其中

$$\boldsymbol{P}_0(t)=\lim_{\alpha\to\alpha_0}\boldsymbol{P}(t,\alpha)$$

§7　复区域上微分方程组的一般性质

讨论微分方程组

$$\frac{\mathrm{d}x_i}{\mathrm{d}z}=\sum_{k=1}^{n}p_{ik}(z)x_k \tag{54}$$

此处假设已知函数 $p_{ik}(z)$ 与未知函数 $x_i(z)(i,k=1,2,\cdots,n)$ 都是在复 z－平面上某一区域 G 中正则的复变数 z 的单值解析函数.

引进方阵 $\boldsymbol{P}(z)=(p_{ik}(z))_1^n$ 与列矩阵 $\boldsymbol{x}=(x_1,x_2,\cdots,x_n)$，正如实变数的情形(§1)，我们可以写组(54)为以下形式

$$\frac{\mathrm{d}\boldsymbol{x}}{\mathrm{d}z}=\boldsymbol{P}(z)\boldsymbol{x} \tag{54'}$$

以 $\boldsymbol{X}$ 记其积分矩阵，亦即以式(54)的 n 个线性无关解为列所构成的矩阵，我们可以写式(54′)为

$$\frac{\mathrm{d}\boldsymbol{X}}{\mathrm{d}z}=\boldsymbol{P}(z)\boldsymbol{X} \tag{55}$$

雅可比公式对于复变数 z 能够成立

$$|\boldsymbol{X}|=c\mathrm{e}^{\int_{z_0}^{z}\mathrm{Sp}\,\boldsymbol{P}\mathrm{d}z} \tag{56}$$

此处假设 z_0 与沿 $\int_{t_0}^{t}$ 所取的积分路线上诸点都是单值解析函数 $\mathrm{Sp}\,\boldsymbol{P}(z)=p_{11}(z)+p_{22}(z)+\cdots+p_{nn}(z)$ 的正则点①.

所讨论的复变数情形包含这样的特性，对于单值函数 $\boldsymbol{P}(z)$，其积分矩阵 $\boldsymbol{X}(z)$ 可能是 z 的多值函数.

作为一个例子，我们来讨论柯西组

$$\frac{\mathrm{d}\boldsymbol{X}}{\mathrm{d}z}=\frac{\boldsymbol{U}}{z-a}\boldsymbol{X}\quad(\boldsymbol{U}\text{ 是一个常数矩阵}) \tag{57}$$

正如实变数的情形(参考本章，§1)，这个组有一个解是积分矩阵

$$\boldsymbol{X}=\mathrm{e}^{\boldsymbol{U}\ln(z-a)}=(z-a)^{\boldsymbol{U}} \tag{58}$$

取点 $z=a$ 以外的所有 z－平面上的点作为区域 G. 这个区域中所有的点都是系数矩阵

$$\boldsymbol{P}(z)=\frac{\boldsymbol{U}}{z-a}$$

的正则点. 如果 $\boldsymbol{U}\neq\boldsymbol{0}$，那么点 $z=a$ 是函数矩阵 $\boldsymbol{P}(z)=\dfrac{\boldsymbol{U}}{z-a}$ 的奇点(一阶极点).

---

① 此处及以后我们取分段光滑曲线作为积分路线.

积分矩阵(58) 的元素在绕点 $z=a$ 沿正方向旋转一次后就转到新的值,它可以从旧的值右乘以下常数矩阵来得出

$$\boldsymbol{V}=\mathrm{e}^{2\pi\mathrm{i}\boldsymbol{U}}$$

正如实变数的情形,对于一般的组(55) 采用同样的推理可以证明在区域 $\boldsymbol{G}$ 的某一部分上两个单值解 $\boldsymbol{X}$ 与 $\widetilde{\boldsymbol{X}}$ 常有以下关系式

$$\boldsymbol{X}=\widetilde{\boldsymbol{X}}\boldsymbol{C}$$

其中 $\boldsymbol{C}$ 是某一个常数矩阵. 这个公式对于区域 G 中函数 $\boldsymbol{X}(z)$ 与 $\widetilde{\boldsymbol{X}}(z)$ 的任何解析延拓仍然有效.

关于(在已给予初始矩阵时) 组(54) 的解的存在性与唯一性可以与实变数情形类似地证明.

讨论区域 G 中单连通的而且对于点 z_0 是星形的部分区域 $G_1$①,且设矩阵函数 $\boldsymbol{P}(z)$ 在区域 G_1 中是正则函数②. 建立级数

$$\boldsymbol{E}+\int_{z_0}^{z}\boldsymbol{P}\mathrm{d}z+\int_{z_0}^{z}\boldsymbol{P}\mathrm{d}z\int_{z_0}^{z}\boldsymbol{P}\mathrm{d}z+\cdots \tag{59}$$

从区域 G_1 的单连通性知道,每一个在级数(59) 中出现的积分都与积分路线无关且可表示为区域 G_1 中的正则函数. 因为区域 G_1 对于点 z_0 是星形的,所以在计算这些积分的模时,我们可以视为所有的积分路线都是沿着联结点 z_0 与 z 的直线段.

在含有点 z_0 的区域 G_1 的任何闭部分区域中,级数(59) 的一致收敛性,可以从强级数

$$1+l\boldsymbol{M}+\frac{n}{2!}l^2\boldsymbol{M}^2+\frac{n^2}{3!}l^3\boldsymbol{M}^3+\cdots$$

的收敛性来得出,此处 $\boldsymbol{M}$ 是矩阵 $\boldsymbol{P}(z)$ 的模的上界,而 l 是点 z 到点 z_0 的距离的上界,而且这两个界限都是对于所讨论的 G_1 的部分闭区域而言的.

用逐项微分的方法证明级数(59) 的和是方程(55) 的解. 这个解是标准化的,因为它在 $z=z_0$ 时变为单位矩阵 $\boldsymbol{E}$. 正如实变数的情形,我们称组(55) 的单值标准化解为矩阵积分级数且以 $\Omega_{z_0}^{z}(\boldsymbol{P})$ 表示. 这样一来,我们得出了在区域 G_1 中矩阵积分级数的级数表示式③

$$\Omega_{z_0}^{z}(\boldsymbol{P})=\boldsymbol{E}+\int_{z_0}^{z}\boldsymbol{P}\mathrm{d}z+\int_{z_0}^{z}\boldsymbol{P}\mathrm{d}z\int_{z_0}^{z}\boldsymbol{P}\mathrm{d}z+\cdots \tag{60}$$

---

① 称一个区域为关于点 z_0 是星形的,如果联结点 z_0 与区域中任何一点 z 的线段都完全在所给定区域里面.

② 即矩阵 $\boldsymbol{P}(z)$ 的所有元素 $P_{ik}(z)(i,k=1,2,\cdots,n)$ 都是所给定区域中的正则函数.

③ 所述的关于标准化解存在的证明与在区域 G_1 中表示为级数(60) 的证明仍然有效,如果用以下更一般的假设代替区域的星形性:对于区域 G_1 的任何闭部分,都有这样的正数 l 存在,使得这个部分闭区域中任何一点 z 与 z_0 的连线的长都不大于 l.

在 §5 中建立的矩阵积分级数的性质 1° ～ 4° 都可以自动转移到复变数的情形中来.

方程(55) 中的任何一个在区域 G 是正则的，而且当 $z=z_0$ 时变为矩阵 $\boldsymbol{X}_0$ 的解，都可以表示为以下形式

$$\boldsymbol{X}=\Omega_{z_0}^{z}(\boldsymbol{P})\cdot\boldsymbol{C}\quad(\boldsymbol{C}=\boldsymbol{X}_0)\tag{61}$$

公式(61) 包含了所有在点 z_0 的邻域正则的单值解(z_0 是系数矩阵 $\boldsymbol{P}(z)$ 的正则点). 能在区域 G 中解析延拓的解，将给出方程(55) 的全部解，亦即方程(55) 不能有对于点 z_0 是奇点的解.

对于在区域 G 中矩阵积分级数的解析延拓较方便的是应用乘积积分.

§8　复区域上的乘积积分

在复平面中沿某一曲线的乘积积分可定义如下：

设给予某一路线 L 与在这一曲线 L 上连续的矩阵函数 $\boldsymbol{P}(z)$. 分路线 L 为 n 部分 $(z_0,z_1),(z_1,z_2),\cdots,(z_{n-1},z_n)$；此处 z_0 是路线的始点，$z_n=z$ 是其终点，而 $z_1,z_2,\cdots,z_{n-1}$ 都是分割中间点. 在路线的区间 (z_{k-1},z_k) 内取任一点 ζ_k 且引进记号 $\Delta z_k=z_k-z_{k-1}(k=1,2,\cdots,n)$. 那么根据定义，有

$$\widehat{\int_L}[\boldsymbol{E}+\boldsymbol{P}(z)\mathrm{d}z]=\lim_{\Delta z_k\to 0}[\boldsymbol{E}+\boldsymbol{P}(\zeta_n)\Delta z_n]\cdot\cdots\cdot[\boldsymbol{E}+\boldsymbol{P}(\zeta_1)\Delta z_1]$$

比较这个定义与本章 §6 的定义，我们看到，在特殊情形，当路线 L 是实轴的一个区间时，新定义与从前的定义是一致的. 但是在一般的情形，当路线 L 是复平面上任一曲线时，亦可利用积分变数的代换来化新定义为旧定义.

如果

$$z=z(t)$$

是路线的参数方程，而且 $z(t)$ 是区间 (t_0,t) 内的连续函数，且在这一区间中导数 $\frac{\mathrm{d}z}{\mathrm{d}t}$ 是分段连续的，那么易知

$$\widehat{\int_L}[\boldsymbol{E}+\boldsymbol{P}(z)\mathrm{d}z]=\widehat{\int_{t_0}^{t}}\left\{\boldsymbol{E}+\boldsymbol{P}[z(t)]\frac{\mathrm{d}z}{\mathrm{d}t}\mathrm{d}t\right\}$$

这个公式证明了沿任何路线的乘积积分是存在的，如果被积矩阵 $\boldsymbol{P}(z)$ 沿这一路线是连续的①.

用以前的公式

---

① 参考本章 §6 的足注，即使 $\boldsymbol{P}(z)$ 是沿 L 的连续函数，函数 $\boldsymbol{P}[z(t)]\frac{\mathrm{d}z}{\mathrm{d}t}$ 可能是分段连续的. 在这一情形，我们可以分区间 (t_0,t) 为部分区间，使得在它们的每一个区间中的导数 $\frac{\mathrm{d}z}{\mathrm{d}t}$ 都是连续的，所谓从 t_0 到 t 的积分是指沿这些部分区间的诸积分的和.

$$D_z X = \frac{dX}{dz}X^{-1}$$

来定义乘积导数，此时假设 $X(z)$ 是一个解析函数.

所有上节的微分公式(Ⅰ ～ Ⅲ)都可以毫无改变地转移到复变数的情形. 至于积分公式(Ⅳ ～ Ⅵ)，在它们的写法上有些改变：

Ⅳ′. $\widehat{\int}_{L'+L''}(E+P\mathrm{d}z)=\widehat{\int}_{L''}(E+P\mathrm{d}z)\widehat{\int}_{L'}(E+P\mathrm{d}z)$.

Ⅴ′. $\widehat{\int}_{-L}(E+P\mathrm{d}z)=\left[\widehat{\int}_{L}(E+P\mathrm{d}z)\right]^{-1}$.

Ⅵ′. $\widehat{\int}_{L}(E+CPC^{-1}\mathrm{d}z)=C\widehat{\int}_{L}(E+P\mathrm{d}z)C^{-1}$（$C$ 是一个常数矩阵).

在公式 Ⅳ′ 中，我们以 $L'+L''$ 表示先经过路线 L' 而后经过路线 L'' 所得出的复合路线. 在公式 Ⅴ′ 中，$-L$ 表示与路线 L 方向不同的路线.

公式 Ⅷ 现在取以下形式：

Ⅶ′. $\widehat{\int}_{L}[E+(Q+D_zX)\mathrm{d}z]=X(z)\widehat{\int}_{L}(E+X^{-1}QX\mathrm{d}z)X(z_0)^{-1}$.

上式右边的 $X(z_0)$ 与 $X(z)$ 各记 $X(z)$ 在路线 L 的始点与终点的值.

公式 Ⅷ 现在换为以下公式：

Ⅷ′. $\mathrm{mod}\left[\widehat{\int}_{L}(E+P\mathrm{d}z)-\widehat{\int}_{L}(E+Q\mathrm{d}z)\right]\leqslant\frac{1}{n}\mathrm{e}^{nql}(\mathrm{e}^{nd\cdot l}-1)I$.

上式中 $\mathrm{mod}\,Q\leqslant qI$，$\mathrm{mod}(P-Q)\leqslant d\cdot I$，$I=(1)$，而 l 为路线 L 的长度.

公式 Ⅷ′ 可以立刻从公式 Ⅷ 得出，如果在后一公式中作变量代换，选取路线 L 的弧长 s 作为新的积分变数$\left(\text{此处}\left|\frac{\mathrm{d}z}{\mathrm{d}s}\right|=1\right)$.

正如实变数的情形，乘积积分与矩阵积分级数之间有密切的关系存在.

设已知单值解析矩阵函数 $P(z)$ 在区域 G 中是正则的，且设 G_0 是含有点 z_0 的单连通区域而且是区域 G 的一部分. 那么矩阵积分级数 $\Omega_{z_0}^{z}(P)$ 是区域 G_0 中 z 的正则函数.

以任何完全在 G_0 中的路线 L 来联结点 z_0 与 z，且在 L 上选取中间点 z_1，z_2，…，z_{n-1}. 那么应用等式

$$\Omega_{z_0}^{z}=\Omega_{z_{n-1}}^{z}\cdot\cdots\cdot\Omega_{z_1}^{z_2}\cdot\Omega_{z_0}^{z_1}$$

完全与 §6 一样，取极限后我们得出

$$\Omega_{z_0}^{z}(P)=\widehat{\int}_{L}(E+P\mathrm{d}z)=\widehat{\int}_{z_0}^{z}(E+P\mathrm{d}z) \tag{62}$$

从这个公式看出，如果全部积分路线都在单连通区域 G_0 里面，而且在 G_0 中被积函数 $P(z)$ 是正则的，那么乘积积分只与路线的始点与终点有关而与路

线的形状无关. 特别地,对于在单连通区域 G_0 中的闭路 L,我们有

$$\oint(\boldsymbol{E}+\boldsymbol{P}\mathrm{d}z)=\boldsymbol{E} \tag{63}$$

这个公式与已知的柯西定理很相像,根据柯西定理沿闭路的平常(非乘积的) 积分等于零,如果这个闭路位于单连通区域里面且在这个区域里面被积函数是正则的.

将矩阵积分级数表示为乘积积分(62) 的表示式可以作为它在区域 G 中沿任何路线 L 的解析延拓. 在这一情形,公式

$$\boldsymbol{X}=\widehat{\int_{z_0}^{z}}(\boldsymbol{E}+\boldsymbol{P}\mathrm{d}z)\boldsymbol{X} \tag{64}$$

给出微分方程 $\frac{\mathrm{d}\boldsymbol{X}}{\mathrm{d}z}=\boldsymbol{P}\boldsymbol{X}$ 的多值积分矩阵 $\boldsymbol{X}$ 的所有分支,在这些分支的某一个中,当 $z=z_0$ 时 $\boldsymbol{X}$ 就变为 $\boldsymbol{X}_0$. 从联结点 z_0 与 z 的不同路线可以得出所有的不同分支.

根据雅可比公式(56),有

$$|\boldsymbol{X}|=|\boldsymbol{X}_0|\mathrm{e}^{\int_{z_0}^{z}\mathrm{Sp}\,\boldsymbol{P}\mathrm{d}s}$$

特别地,当 $\boldsymbol{X}_0=\boldsymbol{E}$ 时,有

$$\left|\widehat{\int_{z_0}^{z}}(\boldsymbol{E}+\boldsymbol{P}\mathrm{d}z)\right|=\mathrm{e}^{\int_{z_0}^{z}\mathrm{Sp}\boldsymbol{P}\mathrm{d}s} \tag{65}$$

从这个公式知道乘积积分常能表示为一个满秩矩阵,只要积分路线完全在这样的一个区域里面,在这一区域中函数 $\boldsymbol{P}(z)$ 是正则的.

如果 L 是 G 中任何闭路而 G 是一个非单连通区域,那么等式(63) 不可能成立. 再者,在这一情形积分值

$$\widehat{\oint}(\boldsymbol{E}+\boldsymbol{P}\mathrm{d}z)$$

不能仅由已给予的被积函数与积分闭路 L 所确定,且还与曲线 L 上所选取的积分起点 z_0 有关. 事实上,在闭曲线 L 上选取两点 z_0 与 z_1 且将从 z_0 到 z_1 与从 z_1 到 z_0 的一段路线(在有向积分中) 记为 L_1 与 L_2. 那么根据公式 Ⅳ′①

$$\widehat{\oint}_{z_0}=\widehat{\int}_{L_2}\cdot\widehat{\int}_{L_1},\widehat{\oint}_{z_1}=\widehat{\int}_{L_1}\cdot\widehat{\int}_{L_2}$$

因而

$$\widehat{\oint}_{z_1}=\widehat{\int}_{L_1}\cdot\widehat{\oint}_{z_0}\cdot\widehat{\int}_{L_1}^{-1} \tag{66}$$

公式(66) 说明,如不计相似变换,那么符号 $\widehat{\oint}(\boldsymbol{E}+\boldsymbol{P}\mathrm{d}z)$ 确定某一矩阵,亦

① 此处我们在所有的积分中都用一种不写出被积表示式 $\boldsymbol{E}+\boldsymbol{P}\mathrm{d}z$ 的缩写.

即确定某一矩阵的初等因子.

讨论在点 z_0 邻域中的式(64) 的解 $\boldsymbol{X}(z)$ 的元素. 设 L 为 G 中闭路,其起点与终点都是点 z_0. 沿 L 解析延拓后,$\boldsymbol{X}(z)$ 的元素变为 $\widetilde{\boldsymbol{X}}(z)$ 的元素. 此时 $\widetilde{\boldsymbol{X}}(z)$ 的新元素将适合同一微分方程(55),因为 $\boldsymbol{P}(z)$ 是 G 中单值函数,故有

$$\widetilde{\boldsymbol{X}}=\boldsymbol{X}\boldsymbol{V}$$

其中 $\boldsymbol{V}$ 为某一满秩常数矩阵. 从公式(64) 知,有

$$\widetilde{\boldsymbol{X}}(z_0)=\hat{\oint}_{z_0}(\boldsymbol{E}+\boldsymbol{P}\mathrm{d}z)\boldsymbol{X}_0$$

比较这个等式与前面的等式,我们得出

$$\boldsymbol{V}=\boldsymbol{X}_0^{-1}\hat{\oint}_{z_0}(\boldsymbol{E}+\boldsymbol{P}\mathrm{d}z)\boldsymbol{X}_0 \tag{67}$$

特别地,对于矩阵积分级数 $\boldsymbol{X}=\Omega_{z_0}^{z}$ 有 $\boldsymbol{X}_0=\boldsymbol{E}$,故有

$$\boldsymbol{V}=\hat{\oint}_{z_0}(\boldsymbol{E}+\boldsymbol{P}\mathrm{d}z) \tag{68}$$

§9 孤立奇点

我们来研究在孤立奇点 a 的邻域中解(积分矩阵) 的性质.

设矩阵函数 $\boldsymbol{P}(z)$ 对于适合不等式

$$0<|z-a|<R$$

的值 z 是正则的.

这些值的全部构成一个双连通区域 G. 在区域 G 中矩阵函数 $\boldsymbol{P}(z)$ 可展开为洛朗级数

$$\boldsymbol{P}(z)=\sum_{n=-\infty}^{+\infty}\boldsymbol{P}_n(z-a)^n \tag{69}$$

积分矩阵 $\boldsymbol{X}(z)$ 的元素沿路线 L 绕点 a 从正方向旋转一周后,变为矩阵

$$\boldsymbol{X}^{+}(z)=\boldsymbol{X}(z)\boldsymbol{V}$$

的元素,其中 $\boldsymbol{V}$ 是某一个满秩常数矩阵.

设 $\boldsymbol{U}$ 是一个常数矩阵,与矩阵 $\boldsymbol{V}$ 有以下等式关系

$$\boldsymbol{V}=\mathrm{e}^{2\pi\mathrm{i}\boldsymbol{U}} \tag{70}$$

那么矩阵函数$(z-a)^{\boldsymbol{U}}$ 沿L 旋转一周后亦变为$(z-a)^{\boldsymbol{U}}\boldsymbol{V}$. 故在区域$G$ 中解析矩阵函数

$$\boldsymbol{F}(z)=\boldsymbol{X}(z)(z-a)^{-\boldsymbol{U}} \tag{71}$$

沿 L 解析延拓时变为它自己(保持不变)①. 故矩阵函数 $\boldsymbol{F}(z)$ 在 G 中是正则的且

① 故知函数 $\boldsymbol{F}(z)$ 在 G 中沿任何闭曲线旋转一周后仍然回到原来的值.

在 G 中可展开为洛朗级数

$$\boldsymbol{F}(z)=\sum_{n=-\infty}^{+\infty}\boldsymbol{F}_n(z-a)^n \tag{72}$$

由式(71) 得出

$$\boldsymbol{X}(z)=\boldsymbol{F}(z)(z-a)^{\boldsymbol{U}} \tag{73}$$

这样一来,每一个积分矩阵 $\boldsymbol{X}(z)$ 都可以表示为式(73) 的形式,其中单值函数 $\boldsymbol{F}(z)$ 与常数矩阵 $\boldsymbol{U}$ 都与系数矩阵 $\boldsymbol{P}(z)$ 有关. 但是从级数(69) 的系数 $\boldsymbol{P}_n$ 来定出矩阵 $\boldsymbol{U}$ 与级数(72) 的系数 $\boldsymbol{F}_n$ 在一般的情形是很复杂的问题.

这个问题的特殊情形,当

$$\boldsymbol{P}(z)=\sum_{n=-1}^{+\infty}\boldsymbol{P}_n(z-a)^n$$

时,我们将在 §10 中予以充分研究. 在这一情形,称点 a 为组(55) 的正则奇点.

如果展开式(69) 有以下形式

$$\boldsymbol{P}(z)=\sum_{n=-q}^{+\infty}\boldsymbol{P}_n(z-a)^n \quad (q>1;\boldsymbol{P}_{-q}\neq\boldsymbol{0})$$

那么称点 a 为极点型非规则奇点. 最后,如果在级数(69) 中对于 $z-a$ 的负乘幂的矩阵系数 $\boldsymbol{P}_n$ 有无穷多个不等于零,那么点 a 称为这个微分方程组的本质奇点.

从公式(73) 知道(沿某一个闭路线 L),积分矩阵 $\boldsymbol{X}(z)$ 从正方向绕任何一次旋转时等于右乘以同一矩阵

$$\boldsymbol{V}=\mathrm{e}^{2\pi i\boldsymbol{U}}$$

如果这一次旋转的起点(与终点) 是点 z_0,那么由式(67) 得出

$$\boldsymbol{V}=\boldsymbol{X}(z_0)^{-1}\widehat{\oint_{z_0}}(\boldsymbol{E}+\boldsymbol{P}\mathrm{d}z)\boldsymbol{X}(z_0) \tag{74}$$

如果代替积分矩阵 $\boldsymbol{X}(z)$,我们讨论任何其他积分矩阵 $\hat{\boldsymbol{X}}(z)=\boldsymbol{X}(z)\boldsymbol{C}$($\boldsymbol{C}$ 为常数矩阵,$|\boldsymbol{C}|\neq 0$),那么,从式(74) 可知矩阵 $\boldsymbol{V}$ 须换为其相似矩阵

$$\hat{\boldsymbol{V}}=\boldsymbol{C}^{-1}\boldsymbol{V}\boldsymbol{C}$$

这样一来,已知组的"积分代换"$\boldsymbol{V}$ 构成一个相似矩阵类.

从公式(74) 知道积分

$$\widehat{\oint_{z_0}}(\boldsymbol{E}+\boldsymbol{P}\mathrm{d}z) \tag{75}$$

由旋转的起点 z_0 所确定而与沿其旋转的曲线的形状无关①. 如果我们变动点

① 自然,假定积分路线是绕点 a 从正方向旋转一周的.

z_0,那么此时所得出的积分(75) 的各个值都是彼此相似的[①].

积分(75) 的这些性质是可以直接来证明的.事实上,设 L 与 L' 为各从起点 z_0 与 z_0' 出发绕点 a 旋转的 G 中两个闭路(见图 1).

如果从 z_0 到 z_0' 引进一段截线,那么可以把 L 与 L' 间所包含的双连通区域变为单连通区域.我们以

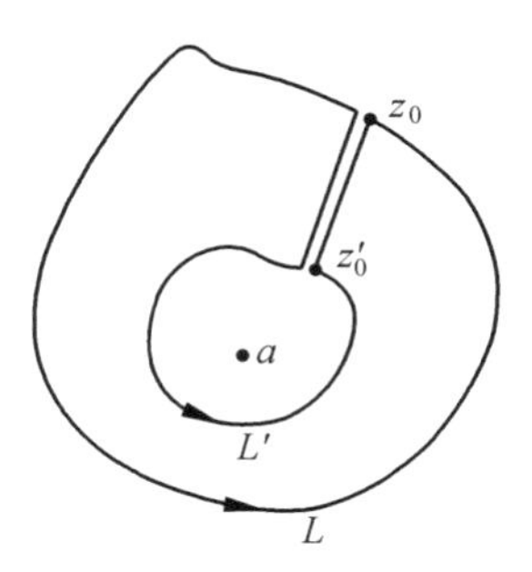

图 1

$$\boldsymbol{T}=\widehat{\int}_{z_0}^{z_0'}(\boldsymbol{E}+\boldsymbol{P}\mathrm{d}z)$$

表示沿截线的积分.

因为沿单连通区域中闭路的乘积积分等于 $\boldsymbol{E}$,所以

$$\widehat{\int}_{L'}\boldsymbol{T}\widehat{\int}_{L}^{-1}\boldsymbol{T}^{-1}=\boldsymbol{E}$$

故有

$$\widehat{\int}_{L'}=\boldsymbol{T}\widehat{\int}_{L}\boldsymbol{T}^{-1}$$

这样一来,同 $\mathbf{V}$ 一样,如不计相似关系,积分 $\widehat{\oint}(\boldsymbol{E}+\boldsymbol{P}\mathrm{d}z)$ 是确定的,所以有时我们写等式(74) 为

$$\mathbf{V}=\widehat{\oint}(\boldsymbol{E}+\boldsymbol{P}\mathrm{d}z)$$

其意义为位于等式左右两边的矩阵有相同的初等因子.

作为例子来讨论有正则奇点的方程组

$$\frac{\mathrm{d}\boldsymbol{X}}{\mathrm{d}z}=\boldsymbol{P}(z)\boldsymbol{X}$$

其中

$$\boldsymbol{P}(z)=\frac{\boldsymbol{P}_{-1}}{z-a}+\sum_{n=0}^{+\infty}\boldsymbol{P}_n(z-a)^n$$

---

① 这一点可以从公式(74),亦可以从公式(66) 来推出.

设
$$\boldsymbol{Q}(z)=\frac{\boldsymbol{P}_{-1}}{z-a}$$

应用上节的公式 Ⅷ′,我们给出以下差的模的估计

$$\boldsymbol{D}=\hat{\oint}(\boldsymbol{E}+\boldsymbol{P}\mathrm{d}z)-\hat{\oint}(\boldsymbol{E}+\boldsymbol{Q}\mathrm{d}z) \tag{76}$$

此时取绕闭路正方向的半径为 $r(r<R)$ 的圆周作为积分路线.那么当

$$\mathrm{mod}\ \boldsymbol{P}_{-1}\leqslant p_{-1}\boldsymbol{I},\ \underset{|z-a|=r}{\mathrm{mod}}\sum_{n=0}^{+\infty}\boldsymbol{P}_n(z-a)^n\leqslant d(r)\boldsymbol{I}\quad(\boldsymbol{I}=(1))$$

时,我们可以在公式 Ⅷ′ 中令

$$q=\frac{p_{-1}}{r},d=d(r),l=2\pi r$$

此后我们得出

$$\mathrm{mod}\ \boldsymbol{D}\leqslant\frac{1}{n}\mathrm{e}^{2\pi p_{-1}}(\mathrm{e}^{2\pi nrd(r)}-1)\boldsymbol{I}$$

故知①

$$\lim_{r\to 0}\boldsymbol{D}=\boldsymbol{0} \tag{77}$$

另外,组

$$\frac{\mathrm{d}\boldsymbol{Y}}{\mathrm{d}z}=\boldsymbol{Q}\boldsymbol{Y}$$

是一个柯西组,而这一情形在闭路上任意选取起点 z_0 与对于任何 $r<R$,都有

$$\hat{\oint}_{z_0}(\boldsymbol{E}+\boldsymbol{Q}\mathrm{d}z)=\mathrm{e}^{2\pi\mathrm{i}\boldsymbol{P}_{-1}}$$

故由式(76) 与式(77) 得出

$$\lim_{r\to 0}\hat{\oint}_{z_0}(\boldsymbol{E}+\boldsymbol{P}\mathrm{d}z)=\mathrm{e}^{2\pi\mathrm{i}\boldsymbol{P}_{-1}} \tag{78}$$

但是积分$\hat{\oint}_{z_0}(\boldsymbol{E}+\boldsymbol{P}\mathrm{d}z)$ 的初等因子与 z_0 及 r 无关,而与积分代换 $\boldsymbol{V}$ 的初等因子相同.

因此,沃尔泰拉在其著名的论文 *Extreme properties of eigenvalues of a hermitian transformation and singular values of the sum and product of linear transformations*(1956) 与其书 *Matrizenrechnung*(1956) 中都曾经推得结论:矩阵 $\boldsymbol{V}$ 与 $\mathrm{e}^{2\pi\mathrm{i}\boldsymbol{P}_{-1}}$ 是相似的,因而如不计相似关系时,积分代换 $\boldsymbol{V}$ 由“剩余”矩阵 $\boldsymbol{P}_{-1}$ 所确定.

---

① 此处我们用及以下结果,在适当选取 $d(r)$ 时,有

$$\lim_{r\to 0}d(r)=d_0$$

其中 d_0 为矩阵 $\boldsymbol{P}_0$ 中元素的模的最大值.

沃尔泰拉的这个论断是错误的.

从式(74)与式(78)只能推得结论:积分代换 $\mathbf{V}$ 的特征数与矩阵 $\mathrm{e}^{\pi \mathrm{i} \boldsymbol{P}_{-1}}$ 的特征数相同.但是这些矩阵的初等因子可能是不同的.例如,矩阵

$$\begin{pmatrix} \alpha & r \\ 0 & \alpha \end{pmatrix}$$

对于任何 $r \neq 0$ 都只有一个初等因子 $(\lambda-\alpha)^2$,而当 $r \rightarrow 0$ 时这个矩阵的极限,亦即 $\begin{pmatrix} \alpha & 0 \\ 0 & \alpha \end{pmatrix}$ 就有两个初等因子 $\lambda-\alpha, \lambda-\alpha$.

这样一来,沃尔泰拉的论断不能从公式(74)与公式(78)来推出.正如下面所示,在一般的情形它是不正确的.

设
$$\boldsymbol{P}(z)=\begin{pmatrix} 0 & 0 \\ 0 & -1 \end{pmatrix} \frac{1}{z}+\begin{pmatrix} 0 & 1 \\ 0 & 0 \end{pmatrix}$$

对应的微分方程组有以下形式

$$\frac{\mathrm{d} x_1}{\mathrm{d} z}=x_2, \frac{\mathrm{d} x_2}{\mathrm{d} z}=-\frac{x_2}{z}$$

对于这一组取积分,我们得出

$$x_1=c \ln z+d, x_2=\frac{c}{z}$$

积分矩阵
$$\boldsymbol{X}(z)=\begin{pmatrix} \ln z & 1 \\ z^{-1} & 0 \end{pmatrix}$$

绕奇点 $z=0$ 沿闭路正方向旋转一周后等于右乘矩阵

$$\mathbf{V}=\begin{pmatrix} 1 & 0 \\ 2 \pi \mathrm{i} & 1 \end{pmatrix}$$

这个矩阵有一个初等因子 $(\lambda-1)^2$.此时矩阵

$$\mathrm{e}^{2 \pi \mathrm{i} \boldsymbol{P}_{-1}}=\mathrm{e}^{2 \pi \mathrm{i}\begin{pmatrix} 0 & 0 \\ 0 & -1 \end{pmatrix}}=\begin{pmatrix} 1 & 0 \\ 0 & 1 \end{pmatrix}=\boldsymbol{E}$$

有两个初等因子 $\lambda-1, \lambda-1$.

现在来讨论矩阵 $\boldsymbol{P}(z)$ 只有有限个 $z-a$ 的负乘幂的情形(a 是一个正则奇点或是一个极点型非正则奇点)

$$\boldsymbol{P}(z)=\frac{\boldsymbol{P}_{-q}}{(z-a)^q}+\cdots+\frac{\boldsymbol{P}_{-1}}{z-a}+\sum_{n=0}^{+\infty} \boldsymbol{P}_n(z-a)^n \quad (q \geqslant 1 ; \boldsymbol{P}_{-q} \neq \mathbf{0})$$

我们用变换

$$\boldsymbol{X}=\boldsymbol{A}(z) \boldsymbol{Y} \tag{79}$$

来变换所给予组

$$\frac{\mathrm{d} \boldsymbol{X}}{\mathrm{d} z}=\boldsymbol{P} \boldsymbol{X} \tag{80}$$

其中 $\boldsymbol{A}(z)$ 是一个在点 $z=a$ 外正则的矩阵函数且在点 $z=a$ 的值为 $\boldsymbol{E}$

$$\boldsymbol{A}(z)=\boldsymbol{E}+\boldsymbol{A}_1(z-a)+\boldsymbol{A}_2(z-a)^2+\cdots$$

等式右边的幂级数当 $|z-a|<r_1$ 时是收敛的.

著名的美国数学家格·伯克霍夫在 1913 年刊布了一个定理(参考《Об одной комбинаторной теореме и её применении к неотрицательным матрицам》(1958) 与 *Equivalent singular points of ordinary linear differential equation*(1913)),根据这个定理我们常可选取变换(79) 使得变换后的方程组

$$\frac{\mathrm{d}\boldsymbol{Y}}{\mathrm{d}z}=\boldsymbol{P}^*(z)\boldsymbol{Y} \tag{80'}$$

的系数矩阵只含有 $z-a$ 的负乘幂

$$\boldsymbol{P}^*(z)=\frac{\boldsymbol{P}_{-q}^*}{(z-a)^q}+\cdots+\frac{\boldsymbol{P}_{-1}^*}{z-a}$$

在安·尔·阿因斯的书《常微分方程》[①] 中曾述及格·伯克霍夫的定理及其全部证明. 同时根据“标准”组(80′) 的讨论来研究在奇点邻域任意方程组诸解的性质.

在伯克霍夫的证明中含有错误,而定理本身也是不正确的. 作为反证的例子,我们就取上述用来反证沃尔泰拉论断的例子[②].

在这个例子中 $q=1, a=0$,而

$$\boldsymbol{P}_{-1}=\begin{pmatrix}0 & 0\\ 0 & -1\end{pmatrix}, \boldsymbol{P}_0=\begin{pmatrix}0 & 1\\ 0 & 0\end{pmatrix}, \boldsymbol{P}_n=0 \quad (n=1,2,\cdots)$$

应用伯克霍夫定理,在式(80) 中用乘积 $\boldsymbol{AY}$ 代替 $\boldsymbol{X}$,再换 $\frac{\mathrm{d}\boldsymbol{Y}}{\mathrm{d}z}$ 为 $\frac{\boldsymbol{P}_{-1}^*}{z}\boldsymbol{Y}$ 且约去 $\boldsymbol{Y}$,我们得出

$$\boldsymbol{A}\frac{\boldsymbol{P}_{-1}^*}{z}+\frac{\mathrm{d}\boldsymbol{A}}{\mathrm{d}z}=\boldsymbol{PA}$$

令 $\frac{1}{z}$ 的系数相等,我们得出

$$\boldsymbol{P}_{-1}^*=\boldsymbol{P}_{-1}, \boldsymbol{A}_1\boldsymbol{P}_{-1}-\boldsymbol{P}_{-1}\boldsymbol{A}_1+\boldsymbol{A}_1=\boldsymbol{P}_0$$

令 $\boldsymbol{A}_1=\begin{pmatrix}a & b\\ c & d\end{pmatrix}$,我们得出

---

① 参考《Обыкновенные дифференциальные уравнения》(1939),伯克霍夫与阿因斯述及关于奇点 $z=\infty$ 的定理. 这并没有加上某些条件,因为对于任何奇点 $z=a$ 经变换 $z'=\frac{1}{z-a}$ 后都可以变为 $z'=\infty$.

② 当 $q=1$ 时伯克霍夫论断的主要错误与沃尔泰拉的错误是相同的.

$$\begin{pmatrix} a & 0 \\ c & 0 \end{pmatrix} - \begin{pmatrix} 0 & 0 \\ -c & -d \end{pmatrix} = \begin{pmatrix} 0 & 1 \\ 0 & 0 \end{pmatrix}$$

这是一个矛盾的等式.

在下节中我们要说明,对于正则奇点的情形利用变换(79)可以把组(80)变为怎样的标准形式.

§10 正则奇点

研究在奇点邻域解的性质,并不损及其普遍性,我们在讨论时可以取奇点为点 $z=0$①.

1. 设给予组

$$\frac{\mathrm{d}\boldsymbol{X}}{\mathrm{d}z} = \boldsymbol{P}(z)\boldsymbol{X} \tag{81}$$

其中

$$\boldsymbol{P}(z) = \frac{\boldsymbol{P}_{-1}}{z} + \sum_{m=0}^{+\infty} \boldsymbol{P}_m z^m \tag{82}$$

而且级数 $\sum_{m=0}^{+\infty} \boldsymbol{P}_m z^m$ 在圆 $|z|<r$ 内是收敛的.

令

$$\boldsymbol{X} = \boldsymbol{A}(z)\boldsymbol{Y} \tag{83}$$

其中

$$\boldsymbol{A}(z) = \boldsymbol{E} + \boldsymbol{A}_1 z + \boldsymbol{A}_2 z^2 + \cdots \tag{84}$$

暂时不管级数(84)的收敛问题,设法定出这个级数的系数矩阵 $\boldsymbol{A}_m$ 使得变换后的组为

$$\frac{\mathrm{d}\boldsymbol{Y}}{\mathrm{d}z} = \boldsymbol{P}^*(z)\boldsymbol{Y} \tag{85}$$

其中

$$\boldsymbol{P}^*(z) = \frac{\boldsymbol{P}^*_{-1}}{z} + \sum_{m=0}^{+\infty} \boldsymbol{P}^*_m z^m \tag{86}$$

有可能有较简单的("标准")形式②.

在式(81)中用乘积 $\boldsymbol{AY}$ 代替 $\boldsymbol{X}$ 且应用式(85),我们得出

$$\boldsymbol{A}(z)\boldsymbol{P}^*(z)\boldsymbol{Y} + \frac{\mathrm{d}\boldsymbol{A}}{\mathrm{d}z}\boldsymbol{Y} = \boldsymbol{P}(z)\boldsymbol{A}(z)\boldsymbol{Y}$$

这个等式的两边右乘以 $\boldsymbol{Y}^{-1}$,我们求得

---

① 变换 $z'=z-a$ 或 $z'=\frac{1}{z}$ 可以对应地变任一有限点 $z=a$ 或 $z=\infty$ 为点 $z'=0$.

② 我们的目的是想使得在级数(86)中只有有限个(而且是个数尽可能小的)系数 $\boldsymbol{P}^*_m$ 不等于零.

$$\boldsymbol{P}(z)\boldsymbol{A}(z)-\boldsymbol{A}(z)\boldsymbol{P}^{*}(z)=\frac{\mathrm{d}\boldsymbol{A}}{\mathrm{d}z}$$

此处换 $\boldsymbol{P}(z)$，$\boldsymbol{A}(z)$，$\boldsymbol{P}^{*}(z)$ 以其级数(82)(84)(86)且在等式的左右两边使 z 的相同次数项的系数相等，我们得出有无穷多个矩阵方程的未知系数 $\boldsymbol{A}_1$，$\boldsymbol{A}_2$，… 的方程组[①]

$$\begin{cases}\boldsymbol{P}_{-1}=\boldsymbol{P}_{-1}^{*}\\ \boldsymbol{P}_{-1}\boldsymbol{A}_1-\boldsymbol{A}_1(\boldsymbol{P}_{-1}+\boldsymbol{E})+\boldsymbol{P}_0=\boldsymbol{P}_0^{*}\\ \boldsymbol{P}_{-1}\boldsymbol{A}_2-\boldsymbol{A}_2(\boldsymbol{P}_{-1}+2\boldsymbol{E})+\boldsymbol{P}_0\boldsymbol{A}_1-\boldsymbol{A}_1\boldsymbol{P}_0^{*}+\boldsymbol{P}_1=\boldsymbol{P}_1^{*}\\ \quad\vdots\\ \boldsymbol{P}_{-1}\boldsymbol{A}_{m+1}-\boldsymbol{A}_{m+1}[\boldsymbol{P}_{-1}+(m+1)\boldsymbol{E}]+\\ \boldsymbol{P}_0\boldsymbol{A}_m-\boldsymbol{A}_m\boldsymbol{P}_0^{*}+\boldsymbol{P}_1\boldsymbol{A}_{m-1}-\boldsymbol{A}_{m-1}\boldsymbol{P}_1^{*}+\cdots+\boldsymbol{P}_m=\boldsymbol{P}_m^{*}\end{cases}\tag{87}$$

2. 讨论一些个别的情形：

1° 矩阵 $\boldsymbol{P}_{-1}$ 没有彼此相差一个整数的不同的特征数.

这一情形对于任何 $k=1,2,3,\cdots$，矩阵 $\boldsymbol{P}_{-1}$ 与 $\boldsymbol{P}_{-1}+k\boldsymbol{E}$ 没有公共的特征数，因而(参考第 8 章，§3)[②] 矩阵方程

$$\boldsymbol{P}_{-1}\boldsymbol{U}-\boldsymbol{U}(\boldsymbol{P}_{-1}+k\boldsymbol{E})=\boldsymbol{T}$$

对于任何右边的 $\boldsymbol{T}$ 都有且只有一个解. 我们以

$$\Phi_k(\boldsymbol{P}_{-1},\boldsymbol{T})$$

来记这个解. 故在方程(87) 中可以设所有矩阵 $\boldsymbol{P}_m^{*}$ $(m=0,1,2,\cdots)$ 都等于零且利用等式

$$\boldsymbol{A}_1=\Phi_1(\boldsymbol{P}_{-1},-\boldsymbol{P}_0),\boldsymbol{A}_2=\Phi_2(\boldsymbol{P}_{-1},-\boldsymbol{P}_1-\boldsymbol{P}_0\boldsymbol{A}_1),\cdots$$

来顺次定出 $\boldsymbol{A}_1$，$\boldsymbol{A}_2$，…

那么变换后的方程组是柯西组

$$\frac{\mathrm{d}\boldsymbol{Y}}{\mathrm{d}z}=\frac{\boldsymbol{P}_{-1}}{z}\boldsymbol{Y}$$

因而原方程组(81) 的解 $\boldsymbol{X}$ 有以下形式[③]

---

① 在所有方程中，从第二个开始，我们可用第一个方程的关系把 $\boldsymbol{P}_{-1}^{*}$ 都换为 $\boldsymbol{P}_{-1}$.

② 可以不依靠第 8 章来证明. 我们所关心的情形相当于以下论断，就是矩阵方程

$$\boldsymbol{P}_{-1}\boldsymbol{U}=\boldsymbol{U}(\boldsymbol{P}_{-1}+k\boldsymbol{E})\tag{$*$}$$

只有零解 $\boldsymbol{U}=\boldsymbol{0}$. 因为矩阵 $\boldsymbol{P}_{-1}$ 与 $\boldsymbol{P}_{-1}+k\boldsymbol{E}$ 没有公共的特征数，故有这样的多项式 $f(\lambda)$ 存在，使得

$$f(\boldsymbol{P}_{-1})=\boldsymbol{0},f(\boldsymbol{P}_{-1}+k\boldsymbol{E})=\boldsymbol{E}$$

但从式($*$)得出

$$f(\boldsymbol{P}_{-1})\boldsymbol{U}=\boldsymbol{U}f(\boldsymbol{P}_{-1}+k\boldsymbol{E})$$

故知 $\boldsymbol{U}=\boldsymbol{0}$.

③ 公式(88) 定出组(81) 的一个积分矩阵. 任何积分矩阵都可以从式(88) 右乘以任意的满秩常数矩阵 $\boldsymbol{C}$ 来得出.

$$X = A(z)z^{P_{-1}} \tag{88}$$

2° 在矩阵 P_{-1} 的特征数中，有些数的差等于整数，而且矩阵 P_{-1} 是单构的.

以 $\lambda_1, \lambda_2, \cdots, \lambda_n$ 记矩阵 P_{-1} 的特征数，排列其次序使它们适合不等式

$$\mathrm{Re}\,\lambda_1 \geqslant \mathrm{Re}\,\lambda_2 \geqslant \cdots \geqslant \mathrm{Re}\,\lambda_n \tag{89}$$

并不损失讨论的一般性，我们可以换矩阵 P_{-1} 为其任何相似矩阵. 这可以这样来得出：方程(81) 的两边左乘以 T，右乘以 T^{-1}，我们实际上就换所有的 P_m 为 TP_mT^{-1} ($m=-1,0,1,2,\cdots$；此时换 X 为 TXT^{-1}). 因此在所讨论的情形中，我们可以视 P_{-1} 为一个对角矩阵

$$P_{-1} = (\lambda_i \delta_{ik})_1^n \tag{90}$$

引进矩阵 P_m, P_m^* 与 A_m 的元素的记法

$$P_m = (p_{ik}^{(m)})_1^n, P_m^* = (p_{ik}^{(m*)})_1^n, A_m = (x_{ik}^{(m)})_1^n \tag{91}$$

为了定出 A_1，我们利用方程(87) 的第二个方程. 可以把这个矩阵方程换为标量方程

$$(\lambda_i - \lambda_k - 1)x_{ik}^{(1)} + p_{ik}^{(0)} = p_{ik}^{(0*)} \quad (i,k=1,2,\cdots,n) \tag{92}$$

如果在差 $\lambda_i - \lambda_k$ 中没有一个能等于 1，那么我们可以设 $P_0^* = \mathbf{0}$. 此时从式(87) 的第二个方程[①]得出 $A_1 = \Phi_1(P_{-1}, -P_0)$.

在这一情形，矩阵 A_1 的元素由方程(92) 所唯一确定

$$x_{ik}^{(1)} = -\frac{p_{ik}^{(0)}\lambda_i}{\lambda_i - \lambda_k - 1} \quad (i,k=1,2,\cdots,n) \tag{93}$$

如果对于某些 i,k[②] 有

$$\lambda_i - \lambda_k = 1$$

那么从式(92) 定出对应的

$$p_{ik}^{(0*)} = p_{ik}^{(0)}$$

而对应的 $x_{ik}^{(1)}$ 完全可以任意选取.

同时对于某些 i,k 在 $\lambda_i - \lambda_k \neq 1$ 时，我们设

$$p_{ik}^{(0*)} = 0$$

而其对应的 $x_{ik}^{(1)}$ 可从式(93) 来求出.

定出 A_1 后，我们从式(87) 的第三个方程来定出 A_2. 换这个矩阵方程为 n^2 个标量方程

$$(\lambda_i - \lambda_k - 2)x_{ik}^{(2)} = p_{ik}^{(1*)} - p_{ik}^{(1)} - (P_0A_1 - A_1P_0^*)_{ik} \tag{94}$$
$$(i,k=1,2,\cdots,n)$$

此处我们与 A_1 的求法一样处理.

---

① 我们应用情形 1° 中所引进的记法.

② 由式(89) 可知，这只在 $i<k$ 时才有可能.

如果 $\lambda_i - \lambda_k \neq 2$，那么我们设

$$p_{ik}^{(1*)} = 0$$

因而由式(94)求得

$$x_{ik}^{(2)} = -\frac{1}{\lambda_i - \lambda_k - 2}[p_{ik}^{(1)} - (\boldsymbol{P}_0\boldsymbol{A}_1 - \boldsymbol{A}_1\boldsymbol{P}_0^*)_{ik}]$$

如果有 $\lambda_i - \lambda_k = 2$，那么对于这些 i 与 k，由式(94)得出

$$p_{ik}^{(1*)} = p_{ik}^{(1)} + (\boldsymbol{P}_0\boldsymbol{A}_1 - \boldsymbol{A}_1\boldsymbol{P}_0^*)_{ik}$$

在这一情形 $x_{ik}^{(2)}$ 可以任意选取.

这个程序继续如此进行，我们顺次定出所有的矩阵 $\boldsymbol{P}_{-1}^*, \boldsymbol{P}_0^*, \boldsymbol{P}_1^*, \cdots$ 与 $\boldsymbol{A}_1, \boldsymbol{A}_2, \cdots$

此时只有有限个矩阵 $\boldsymbol{P}_m^*$ 不等于零，且不难看出，矩阵 $\boldsymbol{P}^*(z)$ 有以下形式[①]

$$\boldsymbol{P}^*(z) = \begin{pmatrix} \dfrac{\lambda_1}{z} & a_{12}z^{\lambda_1-\lambda_2-1} & \cdots & a_{1n}z^{\lambda_1-\lambda_n-1} \\ 0 & \dfrac{\lambda_2}{z} & \cdots & a_{2n}z^{\lambda_2-\lambda_n-1} \\ \vdots & \vdots & & \vdots \\ 0 & 0 & \cdots & \dfrac{\lambda_n}{z} \end{pmatrix} \tag{95}$$

其中，如果 $\lambda_i - \lambda_k$ 不是一个正整数，则 $a_{ik} = 0$，如果 $\lambda_i - \lambda_k$ 是一个正整数，则 $a_{ik} = p_{ik}^{(\lambda_i-\lambda_k-1*)}$.

以 m_i 记数 $\mathrm{Re}\,\lambda_i$ 的最大整数部分[②]

$$m_i = [\mathrm{Re}\,\lambda_i] \quad (i = 1, 2, \cdots, n) \tag{96}$$

那么由式(89)有

$$m_1 \geqslant m_2 \geqslant \cdots \geqslant m_n$$

此处如果 $\lambda_i - \lambda_k$ 是一个整数，那么

$$\lambda_i - \lambda_k = m_i - m_k$$

故在标准矩阵 $\boldsymbol{P}^*(z)$ 的表示式(95)中，我们可以把所有的差 $\lambda_i - \lambda_k$ 换为 $m_i - m_k$. 再者，我们设

$$\tilde{\lambda}_i = \lambda_i - m_i \quad (i = 1, 2, \cdots, n) \tag{96'}$$

---

① $\boldsymbol{P}_m^*(m \geqslant 0)$ 只有在矩阵 $\boldsymbol{P}_{-1}$ 有特征数 λ_i 与 λ_k 存在，使得 $\lambda_i - \lambda_k - 1 = m$ 时才能不等于零(此处由于式(89)有 $i < k$). 对于已知 m，每一个这样的等式对应于矩阵 $\boldsymbol{P}_m^*$ 的一个元素 $p_{ik}^{(m*)} = a_{ik}$；这个元素可能不等于零. 矩阵 $\boldsymbol{P}_m^*$ 中其余所有元素都等于零.

② 即 m_i 是不超过 $\mathrm{Re}\,\lambda_i$ 的最大整数($i = 1, 2, \cdots, n$).

$$\boldsymbol{M}=(m_i\delta_{ik})_1^n,\boldsymbol{U}=\begin{pmatrix}\tilde{\lambda}_1 & a_{12} & \cdots & a_{1n}\\ 0 & \tilde{\lambda}_2 & \cdots & a_{2n}\\ \vdots & \vdots & & \vdots\\ 0 & 0 & \cdots & \tilde{\lambda}_n\end{pmatrix} \tag{97}$$

那么从式(95) 得出(参考本章,§ 6 的公式 I)

$$\boldsymbol{P}^*(z)=z^{\boldsymbol{M}}\frac{\boldsymbol{U}}{z}z^{-\boldsymbol{M}}+\frac{\boldsymbol{M}}{z}=\boldsymbol{D}_z(z^{\boldsymbol{M}}z^{\boldsymbol{U}})$$

因此推知,$\boldsymbol{Y}=z^{\boldsymbol{M}}z^{\boldsymbol{U}}$ 是方程(85) 的一个解,而

$$\boldsymbol{X}=\boldsymbol{A}(z)z^{\boldsymbol{M}}z^{\boldsymbol{U}} \tag{98}$$

是方程(81) 的解①.

3° 转移到一般的情形.正如前面所说明的,并不损失其一般性,我们可以换任何矩阵 $\boldsymbol{P}_{-1}$ 为其相似矩阵.我们取矩阵 $\boldsymbol{P}_{-1}$ 为若尔当范式②

$$\boldsymbol{P}_{-1}=(\lambda_1\boldsymbol{E}_1+\boldsymbol{H}_1,\lambda_2\boldsymbol{E}_2+\boldsymbol{H}_2,\cdots,\lambda_u\boldsymbol{E}_u+\boldsymbol{H}_u) \tag{99}$$

而且有

$$\operatorname{Re}\lambda_1\geqslant\operatorname{Re}\lambda_2\geqslant\cdots\geqslant\operatorname{Re}\lambda_u \tag{100}$$

此处以 $\boldsymbol{E}$ 记单位矩阵,而 $\boldsymbol{H}$ 是在第一"超对角线"中元素都等于1而其余元素全等于零的矩阵.一般地说,在对角线上不同的子块中,矩阵 $\boldsymbol{E}_i$,$\boldsymbol{H}_i$ 的阶数是不相同的;这些阶与矩阵 $\boldsymbol{P}_{-1}$ 中对应的初等因子的次数相同③.

根据矩阵 $\boldsymbol{P}_{-1}$ 的表示式(99),分诸矩阵 $\boldsymbol{P}_m$,$\boldsymbol{P}_m^*$,$\boldsymbol{A}_m$ 为子块

$$\boldsymbol{P}_m=(\boldsymbol{P}_{ik}^{(m)})_1^u,\boldsymbol{P}_m^*=(\boldsymbol{P}_{ik}^{(m*)})_1^u,\boldsymbol{A}_m=(\boldsymbol{X}_{ik}^{(m)})_1^u$$

那么方程(87) 的第二个方程可以换为方程组

$$(\lambda_i\boldsymbol{E}_i+\boldsymbol{H}_i)\boldsymbol{X}_{ik}^{(1)}-\boldsymbol{X}_{ik}^{(1)}[(\lambda_k+1)\boldsymbol{E}_k+\boldsymbol{H}_k]+\boldsymbol{P}_{ik}^{(0)}=\boldsymbol{P}_{ik}^{(0*)} \tag{101}$$
$$(i,k=1,2,\cdots,u)$$

它们还可以写为

$$(\lambda_i-\lambda_k-1)\boldsymbol{X}_{ik}^{(1)}+\boldsymbol{H}_i\boldsymbol{X}_{ik}^{(1)}-\boldsymbol{X}_{ik}^{(1)}\boldsymbol{H}_k+\boldsymbol{P}_{ik}^{(0)}=\boldsymbol{P}_{ik}^{(0*)} \tag{102}$$
$$(i,k=1,2,\cdots,u)$$

设④

$$\boldsymbol{X}_{ik}^{(1)}=\begin{pmatrix}x_{11} & x_{12} & \cdots\\ x_{21} & x_{22} & \cdots\\ \vdots & \vdots & \end{pmatrix}=(x_{st}),\boldsymbol{P}_{ik}^{(0)}=(p_{st}^{(0)}),\boldsymbol{P}_{ik}^{(0*)}=(p_{st}^{(0*)})$$

---

① 矩阵的特殊形式(97) 对应于矩阵 $\boldsymbol{P}_{-1}$ 的标准形式.如果矩阵 $\boldsymbol{P}_{-1}$ 不是一个标准形式,那么式(98) 中的矩阵 $\boldsymbol{M}$ 与 $\boldsymbol{U}$ 是矩阵(97) 的相似矩阵.

② 参考第 6 章,§ 6.

③ 为了记法简便起见,对于矩阵 $\boldsymbol{E}_i$ 与 $\boldsymbol{H}_i$,我们没有写出表示这些矩阵的阶的下标.

④ 为了记法简便起见,在记矩阵 $\boldsymbol{X}_{ik}$,$\boldsymbol{P}_{ik}^{(0)}$,$\boldsymbol{P}_{ik}^{(0*)}$ 的元素时,我们删去下标 i 与 k.

那么矩阵方程(102)(对于固定的 i 与 k) 可以换为以下标量方程组

$$(\lambda_i-\lambda_k-1)x_{st}+x_{s+1,t}-x_{s,t-1}+p_{st}^{(0)}=p_{st}^{(0*)} \tag{103}$$

$$(s=1,2,\cdots,v;t=1,2,\cdots,w;x_{v+1,t}=x_{s,0}=0)$$

其中 v 与 w 为式(99) 中矩阵 $\lambda_i\boldsymbol{E}_i+\boldsymbol{H}_i$ 与 $\lambda_k\boldsymbol{E}_k+\boldsymbol{H}_k$ 的阶.

如果 $\lambda_i-\lambda_k\neq 1$,那么在组(103) 中可以设所有的 $p_{st}^{(0*)}=0$ 且从递推关系式(103) 唯一地定出所有的 x_{st}. 这就是说,在矩阵方程(102) 中我们令

$$\boldsymbol{P}_{ik}^{(0*)}=\boldsymbol{0}$$

且唯一地定出 $\boldsymbol{X}_{ik}^{(1)}$.

如果 $\lambda_i-\lambda_k=1$,那么关系式(103) 取以下形式

$$x_{s+1,t}-x_{s,t-1}+p_{st}^{(0)}=p_{st}^{(0*)} \tag{104}$$

$$(s=1,2,\cdots,v;t=1,2,\cdots,w;x_{v+1,t}=x_{s,0}=0)$$

不难证明,从方程(104) 可以定出矩阵 $\boldsymbol{X}_{ik}^{(1)}$ 的元素 x_{st},使得根据其维数 $v\times w$,矩阵 $\boldsymbol{P}_{ik}^{(0*)}$ 有形式

$$\begin{pmatrix} a_0 & 0 & \cdots & 0 \\ a_1 & a_0 & \cdots & 0 \\ \vdots & \ddots & \ddots & \vdots \\ a_{v-1} & a_{v-2} & \cdots \; a_1 & a_0 \end{pmatrix} \begin{pmatrix} a_0 & 0 & \cdots & 0 & 0 & \cdots & 0 \\ a_1 & a_0 & \cdots & 0 & 0 & \cdots & 0 \\ \vdots & \ddots & \ddots & \vdots & \vdots & & \vdots \\ a_{v-1} & \cdots & a_1 & a_0 & 0 & \cdots & 0 \end{pmatrix}$$

$$(v=w) \qquad\qquad (v<w)$$

$$\begin{pmatrix} 0 & 0 & \cdots & 0 \\ \vdots & \vdots & & \vdots \\ 0 & 0 & \cdots & 0 \\ a_0 & 0 & \cdots & 0 \\ a_1 & a_0 & \cdots & 0 \\ \vdots & \ddots & \ddots & \vdots \\ a_{w-1} & \cdots & a_1 & a_0 \end{pmatrix} \tag{105}$$

$$(v>w)$$

对于矩阵(105),我们说它们有正则下三角形式①.

从式(87) 的第三个方程我们来定出矩阵 $\boldsymbol{A}_2$,可以换这个方程为方程组

$$(\lambda_i-\lambda_k-2)\boldsymbol{X}_{ik}^{(2)}+\boldsymbol{A}_i\boldsymbol{X}_{ik}^{(2)}-\boldsymbol{X}_{ik}^{(2)}\boldsymbol{H}_k+(\boldsymbol{P}_0\boldsymbol{A}_1-\boldsymbol{A}_1\boldsymbol{P}_0)_{ik}+\boldsymbol{P}_{ik}^{(1)}=\boldsymbol{P}_{ik}^{(*)}$$

$$(i,k=1,2,\cdots,u) \tag{106}$$

类似于$\boldsymbol{A}_1$ 的定出,如果$\lambda_i-\lambda_k\neq 2$,那么从对应的方程(106) 当$\boldsymbol{P}_{ik}^{(1*)}=0$时

---

① 类似地来定义正则上三角矩阵. 从方程(104) 不能唯一地确定矩阵 $\boldsymbol{X}_{ik}^{(1)}$ 的所有的元素;在选取元素 x_{st} 时有一些任意性. 这可以直接从方程(102) 看出:当 $\lambda_i-\lambda_k=1$ 时,对矩阵 $\boldsymbol{X}_{ik}^{(1)}$ 可以加上一个与 $\boldsymbol{H}$ 可交换的任意矩阵,亦即任意的正则上三角矩阵.

唯一地定出矩阵 $\boldsymbol{X}_{ik}^{(2)}$. 如果 $\lambda_i-\lambda_k=2$,那么可以这样定出矩阵 $\boldsymbol{X}_{ik}^{(2)}$,使得矩阵 $\boldsymbol{P}_{ik}^{(1*)}$ 为一个正则下三角矩阵.

将这个过程继续如此进行,我们可以顺次定出所有的系数矩阵 $\boldsymbol{A}_1,\boldsymbol{A}_2,\cdots$ 与 $\boldsymbol{P}_{-1}^*,\boldsymbol{P}_0^*,\boldsymbol{P}_1^*,\cdots$,此处只有有限个系数 $\boldsymbol{P}_m^*$ 不等于零,而且矩阵 $\boldsymbol{P}^*(z)$ 有以下分块形式①

$$\boldsymbol{P}^*(z)=\begin{pmatrix}\dfrac{\lambda_1\boldsymbol{E}_1+\boldsymbol{H}_1}{z} & \boldsymbol{B}_{12}z^{\lambda_1-\lambda_2-1} & \cdots & \boldsymbol{B}_{1u}z^{\lambda_1-\lambda_u-1}\\ \boldsymbol{0} & \dfrac{\lambda_2\boldsymbol{E}_2+\boldsymbol{H}_2}{z} & \cdots & \boldsymbol{B}_{2u}z^{\lambda_2-\lambda_u-1}\\ \vdots & \vdots & & \vdots\\ \boldsymbol{0} & \boldsymbol{0} & \cdots & \dfrac{\lambda_u\boldsymbol{E}_u+\boldsymbol{H}_u}{z}\end{pmatrix} \tag{107}$$

其中

$$\boldsymbol{B}_{ik}=\begin{cases}\boldsymbol{0}, & \text{如果 } \lambda_i-\lambda_k \text{ 不是一个正整数}\\ \boldsymbol{P}_{ik}^{(\lambda_i-\lambda_k-1*)}, & \text{如果 } \lambda_i-\lambda_k \text{ 是一个正整数}(i,k=1,2,\cdots,u)\end{cases}$$

所有矩阵 $\boldsymbol{B}_{ik}(i,k=1,2,\cdots,u;i<k)$ 都是正则下三角矩阵.

正如上面的情形,以 m_i 记 $\mathrm{Re}\,\lambda_i$ 的整数部分

$$m_i=[\mathrm{Re}\,\lambda_i]\quad(i=1,2,\cdots,u) \tag{108}$$

且设

$$\lambda_i=m_i+\tilde{\lambda}_i\quad(i=1,2,\cdots,u) \tag{108'}$$

那么在 $\boldsymbol{P}^*(z)$ 的表示式(107)中我们到处可以换所有的差 $\lambda_i-\lambda_k$ 为差 m_i-m_k. 用以下等式引进有整数元素的对角矩阵 $\boldsymbol{M}$ 与上三角矩阵 $\boldsymbol{U}$②

$$\boldsymbol{M}=(m_i\boldsymbol{E}_i\delta_{ik})_1^u,\boldsymbol{U}=\begin{pmatrix}\tilde{\lambda}_1\boldsymbol{E}_1+\boldsymbol{H}_1 & \boldsymbol{B}_{12} & \cdots & \boldsymbol{B}_{1u}\\ \boldsymbol{0} & \tilde{\lambda}_2\boldsymbol{E}_2+\boldsymbol{H}_2 & \cdots & \boldsymbol{B}_{2u}\\ \vdots & \vdots & & \vdots\\ \boldsymbol{0} & \boldsymbol{0} & \cdots & \tilde{\lambda}_u\boldsymbol{E}_u+\boldsymbol{H}_u\end{pmatrix} \tag{109}$$

我们从式(107)出发容易得出矩阵 $\boldsymbol{P}^*(z)$ 的以下表示式

$$\boldsymbol{P}^*(z)=z^{\boldsymbol{M}}\frac{\boldsymbol{U}}{z}\cdot z^{-\boldsymbol{M}}+\frac{\boldsymbol{M}}{2}=\boldsymbol{D}_z(z^{\boldsymbol{M}}z^{\boldsymbol{U}})$$

由此可以给予方程(85)的解为以下形式

$$\boldsymbol{Y}=z^{\boldsymbol{M}}z^{\boldsymbol{U}}$$

而方程(81)的解可以表示为

① 方阵 $\boldsymbol{E}_i,\boldsymbol{H}_i$ 与长方矩阵 $\boldsymbol{B}_{ik}$ 的维数由若尔当矩阵 $\boldsymbol{P}_{-1}$ 中对角线上诸子块的维数所确定,亦即由矩阵 $\boldsymbol{P}_{-1}$ 的初等因子的次数所确定.

② 此处矩阵的分块与矩阵 $\boldsymbol{P}_{-1}$ 和 $\boldsymbol{P}^*(z)$ 的分块是相对应的.

$$\boldsymbol{X}=\boldsymbol{A}(z)z^{\boldsymbol{M}}z^{\boldsymbol{U}} \tag{110}$$

此处 $\boldsymbol{A}(z)$ 是矩阵级数(84),$\boldsymbol{M}$ 是整数元素的对角矩阵,$\boldsymbol{U}$ 是三角常数矩阵. 矩阵 $\boldsymbol{M}$ 与 $\boldsymbol{U}$ 由等式(108)(108′) 与等式(109) 所定出①.

3. 现在来证明以下级数的收敛性

$$\boldsymbol{A}(z)=\boldsymbol{E}+\boldsymbol{A}_1 z+\boldsymbol{A}_2 z^2+\cdots$$

我们要用到以下引理,它本身亦有其独立的意义.

引理 如果级数

$$\boldsymbol{x}=\boldsymbol{a}_0+\boldsymbol{a}_1 z+\boldsymbol{a}_2 z^2+\cdots \tag{111}$$

形式上适合方程组②

$$\frac{\mathrm{d}\boldsymbol{x}}{\mathrm{d}z}=\boldsymbol{P}(z)\boldsymbol{x} \tag{112}$$

对于这个方程组,$z=0$ 是一个正则奇点,那么矩阵系数 $\boldsymbol{P}(z)$ 的级数展开式(82) 在点 $z=0$ 处收敛时,级数(111) 在点 $z=0$ 的任何邻域都是收敛的.

证明 设

$$\boldsymbol{P}(z)=\frac{\boldsymbol{P}_{-1}}{z}+\sum_{q=0}^{+\infty}\boldsymbol{P}_q z^q$$

其中级数 $\sum\limits_{m=0}^{+\infty}\boldsymbol{P}_m z^m$ 当 $|z|<r$ 时是收敛的. 那么有这样的正常数 p_{-1} 与 p 存在,使得③

$$\operatorname{mod}\boldsymbol{P}_{-1}\leqslant p_{-1}\boldsymbol{I},\operatorname{mod}\boldsymbol{P}_m\leqslant\frac{p}{r^m}\boldsymbol{I},\boldsymbol{I}=(1)\quad(m=0,1,2,\cdots) \tag{113}$$

在式(112) 中将 $\boldsymbol{x}$ 换为级数(111) 中的 x,且使等式(112) 的两边同次数乘幂的系数相等,我们得出无穷多个向量(列) 等式组

$$\begin{cases}\boldsymbol{P}_{-1}\boldsymbol{a}_0=\boldsymbol{0}\\(\boldsymbol{E}-\boldsymbol{P}_{-1})\boldsymbol{a}_1=\boldsymbol{P}_0\boldsymbol{a}_0\\(2\boldsymbol{E}-\boldsymbol{P}_{-1})\boldsymbol{a}_2=\boldsymbol{P}_0\boldsymbol{a}_1+\boldsymbol{P}_1\boldsymbol{a}_0\\\qquad\vdots\\(m\boldsymbol{E}-\boldsymbol{P}_{-1})\boldsymbol{a}_m=\boldsymbol{P}_0\boldsymbol{a}_{m-1}+\boldsymbol{P}_1\boldsymbol{a}_{m-2}+\cdots+\boldsymbol{P}_{m-1}\boldsymbol{a}_0\\\qquad\vdots\end{cases} \tag{114}$$

我们只要证明,级数(111) 的任何余项

$$\boldsymbol{x}^{(k)}=\boldsymbol{a}_k z^k+\boldsymbol{a}_{k+1}z^{k+1}+\cdots \tag{115}$$

在点 $z=0$ 的邻域是收敛的,使数 k 适合不等式

---

① 参考本节公式(98) 下面的足注.

② 此处 $\boldsymbol{x}=(x_1,x_2,\cdots,x_n)$ 是未知函数的列;$\boldsymbol{a}_0,\boldsymbol{a}_1,\boldsymbol{a}_2,\cdots$ 是常数列;$\boldsymbol{P}(z)$ 是系数方阵.

③ 矩阵模的定义可参考本章,§5.

$$k > np_{-1}$$

那么数 k 超过矩阵 $\boldsymbol{P}_{-1}$ 的所有特征数的模[①],因而当 $m \geqslant k$ 时,有 $|m\boldsymbol{E}-\boldsymbol{P}_{-1}| \neq 0$,且有

$$(m\boldsymbol{E}-\boldsymbol{P}_{-1})^{-1}=\frac{1}{m}\left(\boldsymbol{E}-\frac{\boldsymbol{P}_{-1}}{m}\right)^{-1}=$$
$$\frac{1}{m}\boldsymbol{E}+\frac{1}{m^2}\boldsymbol{P}_{-1}+\frac{1}{m^3}\boldsymbol{P}_{-1}^2+\cdots \tag{116}$$
$$(m=k,k+1,\cdots)$$

位于这个等式的后一部分是一个收敛矩阵级数.应用这个级数,我们从式(114)借助于递推关系式

$$\boldsymbol{a}_m=\left(\frac{1}{m}\boldsymbol{E}+\frac{1}{m^2}\boldsymbol{P}_{-1}+\frac{1}{m^3}\boldsymbol{P}_{-1}^2+\cdots\right)\cdot(\boldsymbol{f}_{m-1}+\boldsymbol{P}_0\boldsymbol{a}_{m-1}+\cdots+\boldsymbol{P}_{m-k-1}\boldsymbol{a}_k)$$
$$(m=k,k+1,\cdots) \tag{117}$$

就可以用 $\boldsymbol{a}_0,\boldsymbol{a}_1,\cdots,\boldsymbol{a}_{k-1}$ 来唯一地表出级数(115)的所有系数,其中

$$\boldsymbol{f}_{m-1}=\boldsymbol{P}_{m-k}\boldsymbol{a}_{k-1}+\cdots+\boldsymbol{P}_{m-1}\boldsymbol{a}_0 \quad (m=k,k+1,\cdots) \tag{118}$$

我们注意,级数(115)形式上适合微分方程

$$\frac{\mathrm{d}\boldsymbol{x}^{(k)}}{\mathrm{d}z}=\boldsymbol{P}(z)\boldsymbol{x}^{(k)}+\boldsymbol{f}(z) \tag{119}$$

其中

$$\boldsymbol{f}(z)=\sum_{m=k-1}^{+\infty}\boldsymbol{f}_m z^m=\boldsymbol{P}(z)(\boldsymbol{a}_0+\boldsymbol{a}_1 z+\cdots+\boldsymbol{a}_{k-1}z^{k-1})-$$
$$\boldsymbol{a}_1-2\boldsymbol{a}_2 z-\cdots-(k-1)\boldsymbol{a}_{k-1}z^{k-2} \tag{120}$$

从式(120)推知,级数

$$\sum_{m=k-1}^{+\infty}\boldsymbol{f}_m z^m$$

当 $|z|<r$ 时是收敛的,因而有这样的数 $N>0$ 存在,使得[②]

---

① 如果 λ_0 是矩阵 $\boldsymbol{A}=(a_{ik})_1^n$ 的特征数,那么 $|\lambda_0|<n\cdot\max\limits_{1\leqslant i,k\leqslant n}|a_{ik}|$.事实上,设 $\boldsymbol{Ax}=\lambda_0\boldsymbol{x}$,其中 $\boldsymbol{x}=(x_1,x_2,\cdots,x_n)\neq\boldsymbol{0}$,那么

$$\lambda_0 x_i=\sum_{k=1}^n a_{ik}x_k \quad (i=1,2,\cdots,n)$$

设 $|x_j|=\max\{|x_1|,|x_2|,\cdots,|x_n|\}$,那么

$$|\lambda_0|\cdot|x_j|\leqslant\sum_{k=1}^n|a_{jk}|\cdot|x_k|\leqslant|x_j|\,n\max_{1\leqslant i,k\leqslant n}|a_{ik}|$$

从两边约去 $|x_j|$,我们得出所需要的不等式.

② 此处 $\left(\frac{N}{r^m}\right)$ 表示一个列,其中所有元素都等于同一数 $\frac{N}{r^m}$.

$$\operatorname{mod} \boldsymbol{f}_m \leqslant \left(\frac{N}{r^m}\right) \quad (m=k-1,k,\cdots) \tag{121}$$

从递推关系式(117) 推知，在它里面换矩阵 $\boldsymbol{P}_{-1}, \boldsymbol{P}_q, \boldsymbol{f}_{m-1}$ 为优化矩阵 $p_{-1}\boldsymbol{I}$，$\frac{p}{r^q}\boldsymbol{I}, \left(\frac{N}{r^{m-1}}\right)$，而换列 $\boldsymbol{a}_m$ 为列 $(\alpha_m)(m=k,k+1,\cdots;q=0,1,2,\cdots)$①，我们得出确定 $\operatorname{mod} \boldsymbol{a}_m$ 的上界 (α_m) 的关系式

$$\operatorname{mod} \boldsymbol{a}_m \leqslant (\alpha_m) \tag{122}$$

因此级数

$$\xi^{(k)} = \alpha_k z^k + \alpha_{k+1} z^{k+1} + \cdots \tag{123}$$

逐项乘以列(1) 后就可以成为级数(115) 的强级数.

在式(119) 中换级数

$$\boldsymbol{P}(z) = \frac{\boldsymbol{P}_{-1}}{z} + \sum_{q=0}^{+\infty} \boldsymbol{P}_q z^q, \boldsymbol{f}(z) = \sum_{m=k-1}^{+\infty} \boldsymbol{f}_m z^m$$

的矩阵系数 $\boldsymbol{P}_{-1}, \boldsymbol{P}_q, \boldsymbol{f}_m$ 为相应的强矩阵 $p_{-1}\boldsymbol{I}, \frac{p}{r^q}\boldsymbol{I}, \left(\frac{N}{r^m}\right)$，并把 $\boldsymbol{x}^{(k)}$ 换为 $(\xi^{(k)})$，我们得出 $\xi^{(k)}$ 的微分方程

$$\frac{\mathrm{d}\xi^{(k)}}{\mathrm{d}z} = n\left(\frac{p_{-1}}{z} + \frac{p}{1-\frac{z}{r}}\right)\xi^{(k)} + \frac{N\frac{z^{k-1}}{r^{k-1}}}{1-\frac{z}{r}} \tag{124}$$

这种线性微分方程有特解

$$\xi^{(k)} = \frac{N}{r^{k-1}} \cdot \frac{z^{np_{-1}}}{\left(1-\frac{z}{r}\right)^{npr}} \int_0^z z^{k-np_{-1}-1}\left(1-\frac{z}{r}\right)^{npr-1} \mathrm{d}z \tag{125}$$

它在点 $z=0$ 是正则的，且在这个点的邻域中当 $|z|<r$ 时可以展开为收敛幂级数(123).

从强级数(123) 的收敛性得出当 $|z|<r$ 时级数(115) 的收敛性.

我们的引理得证.

注 1° 上述证明容许定出微分方程组(112) 在奇点的所有正则解，如果有这样的解存在的话.

正则解(不恒等于零的) 存在的充分必要条件是剩余矩阵 $\boldsymbol{P}_{-1}$ 有非负的整特征数.

如果 s 是这种整特征数的最大数，那么从式(114) 的前 $s+1$ 个方程可以定出不同时为零的列 $a_0, a_1, \cdots, a_s$，因为对应的线性齐次方程组的行列式是等于零的

① 此处 (α_m) 表示列 $(\alpha_m, \alpha_m, \cdots, \alpha_m)$ (α_m 为一个数；$m=k,k+1,\cdots$).

$$\Delta = | \boldsymbol{P}_{-1} | \cdot | \boldsymbol{E} - \boldsymbol{P}_{-1} | \cdot \cdots \cdot | s\boldsymbol{E} - \boldsymbol{P}_{-1} | = 0$$

从式(114)的其余诸方程可以用 $\boldsymbol{a}_0, \boldsymbol{a}_1, \cdots, \boldsymbol{a}_s$ 来唯一地表示出诸列 $\boldsymbol{a}_{s+1}$, $\boldsymbol{a}_{s+2}, \cdots$. 根据我们的引理所得出的级数(111)是收敛的. 这样一来,方程组(114)的前 $s+1$ 个方程的线性无关解定出了方程组(112)在奇点 $z=0$ 正则的所有线性无关解.

如果 $z=0$ 是一个奇点,那么对于式(111)在这一点正则的解(如果有这种解存在的话)所给予的初始值 $\boldsymbol{a}_0$ 不能唯一地确定这个解. 但在正则奇点正则的解是唯一确定的,如果已给予 $\boldsymbol{a}_0, \boldsymbol{a}_1, \cdots, \boldsymbol{a}_s$,亦即如果当 $z=0$ 时已给予解的初始值与其前 s 个导数(s 是剩余矩阵 $\boldsymbol{P}_{-1}$ 的最大非负整特征数).

2° 所证明的引理对于 $\boldsymbol{P}_{-1} = \boldsymbol{0}$ 仍然有效. 此时在引理的证明中可以取任何正数作为 p_{-1}. 当 $\boldsymbol{P}_{-1} = \boldsymbol{0}$ 时,我们的引理得出关于方程组在正则点邻域有正则解存在的已知论断. 此时我们的解由所给予的 $\boldsymbol{a}_0$ 所唯一确定.

4. 设已给予组

$$\frac{\mathrm{d}\boldsymbol{X}}{\mathrm{d}z} = \boldsymbol{P}(z)\boldsymbol{X} \tag{126}$$

其中

$$\boldsymbol{P}(z) = \frac{\boldsymbol{P}_{-1}}{z} + \sum_{m=0}^{+\infty} \boldsymbol{P}_m z^m$$

而且位于右边的级数当 $|z| < r$ 时是收敛的.

再者,设取

$$\boldsymbol{X} = \boldsymbol{A}(z)\boldsymbol{Y} \tag{127}$$

且以下列级数代入 $\boldsymbol{A}(z)$,有

$$\boldsymbol{A}(z) = \boldsymbol{A}_0 + \boldsymbol{A}_1 z + \boldsymbol{A}_2 z^2 + \cdots \tag{128}$$

经变换后,我们得出

$$\frac{\mathrm{d}\boldsymbol{Y}}{\mathrm{d}z} = \boldsymbol{P}^*(z)\boldsymbol{Y} \tag{129}$$

其中

$$\boldsymbol{P}^*(z) = \frac{\boldsymbol{P}_{-1}^*}{z} + \sum_{m=0}^{+\infty} \boldsymbol{P}_m^* z^m$$

而且此处,正如对于 $\boldsymbol{P}(z)$ 的表示式,在右边的级数当 $|z| < r$ 时是收敛的.

我们来证明级数(128)在点 $z=0$ 的邻域 $|z| < r$ 内是收敛的.

事实上,从式(126)(127)与式(129)知道,级数(128)形式上适合矩阵微分方程

$$\frac{\mathrm{d}\boldsymbol{A}}{\mathrm{d}z} = \boldsymbol{P}(z)\boldsymbol{A} - \boldsymbol{A}\boldsymbol{P}^*(z) \tag{130}$$

我们视 $\boldsymbol{A}$ 为所有 n 阶矩阵空间中的一个向量(列),亦即 n^2 维空间的向量. 如果我们在这个空间中用等式

$$\hat{P}(z)[\boldsymbol{A}] = \boldsymbol{P}(z)\boldsymbol{A} - \boldsymbol{A}\boldsymbol{P}^*(z) \tag{131}$$

来定义矩阵 $\boldsymbol{A}$ 上与参数 z 有关的线性算子 $\hat{P}(z)$，那么微分方程(130)可以写为

$$\frac{\mathrm{d}\boldsymbol{A}}{\mathrm{d}z}=\hat{P}(z)[\boldsymbol{A}] \tag{132}$$

这个方程的右边可以视为 n^2 阶矩阵 $\hat{\boldsymbol{P}}(z)$ 与有 n^2 个元素的列 $\boldsymbol{A}$ 的乘积. 从公式(131)看出点 $z=0$ 是组(132)的正则奇点. 级数(128)形式上适合这个方程组，所以应用我们的引理知道，级数(128)在点 $z=0$ 的邻域 $|z|<r$ 内是收敛的.

特别地，在公式(110)中 $\boldsymbol{A}(z)$ 的级数是收敛的.

这样一来，我们证明了：

定理 2　每一个有正则奇点 $z=0$ 且

$$\boldsymbol{P}(z)=\frac{\boldsymbol{P}_{-1}}{z}+\sum_{m=0}^{+\infty}\boldsymbol{P}_m z^m$$

的方程组

$$\frac{\mathrm{d}\boldsymbol{X}}{\mathrm{d}z}=\boldsymbol{P}(z)\boldsymbol{X} \tag{133}$$

有以下形式的解

$$\boldsymbol{X}=\boldsymbol{A}(z)z^{\boldsymbol{M}}z^{\boldsymbol{U}} \tag{134}$$

其中 $\boldsymbol{A}(z)$ 是当 $z=0$ 时正则的矩阵函数且在这一点变为单位矩阵 $\boldsymbol{E}$，而 $\boldsymbol{M}$ 与 $\boldsymbol{U}$ 为常数矩阵，且 $\boldsymbol{M}$ 是单构的，其特征数都是整数，矩阵 $\boldsymbol{U}$ 的任何不同的两个特征数的差都不是整数.

如果利用满秩矩阵 $\boldsymbol{T}^{-1}$ 化矩阵 $\boldsymbol{P}_{-1}$ 为若尔当式

$$\boldsymbol{P}_{-1}=\boldsymbol{T}(\lambda_1\boldsymbol{E}_1+\boldsymbol{H}_1,\lambda_2\boldsymbol{E}_2+\boldsymbol{H}_2,\cdots,\lambda_s\boldsymbol{E}_s+\boldsymbol{H}_s)\boldsymbol{T}^{-1} \tag{135}$$

$$(\operatorname{Re}\lambda_1\geqslant\operatorname{Re}\lambda_2\geqslant\cdots\geqslant\operatorname{Re}\lambda_s)$$

那么可以取 $\boldsymbol{M}$ 与 $\boldsymbol{U}$ 为以下形式

$$\boldsymbol{M}=\boldsymbol{T}(m_1\boldsymbol{E}_1,m_2\boldsymbol{E}_2,\cdots,m_s\boldsymbol{E}_s)\boldsymbol{T}^{-1} \tag{136}$$

$$\boldsymbol{U}=\boldsymbol{T}\begin{pmatrix}\tilde{\lambda}_1\boldsymbol{E}_1+\boldsymbol{H}_1 & \boldsymbol{B}_{12} & \cdots & \boldsymbol{B}_{1s}\\ \boldsymbol{0} & \tilde{\lambda}_2\boldsymbol{E}_2+\boldsymbol{H}_2 & \cdots & \boldsymbol{B}_{2s}\\ \vdots & \vdots & & \vdots\\ \boldsymbol{0} & \boldsymbol{0} & \cdots & \tilde{\lambda}_s\boldsymbol{E}_s+\boldsymbol{H}_s\end{pmatrix} \tag{137}$$

其中

$$m_i=(\lambda_i),\tilde{\lambda}_i=\lambda_i-m_i\quad(i=1,2,\cdots,s) \tag{138}$$

$\boldsymbol{B}_{ik}$ 是正则下三角矩阵，而且 $\boldsymbol{B}_{ik}=\boldsymbol{0}$，如果 $\lambda_i-\lambda_k$ 不是一个正整数.

特别的情形，当差 $\lambda_i-\lambda_k(i,k=1,2,\cdots,s)$ 中没有一个等于正整数时，在式(134)中可以取 $\boldsymbol{M}=\boldsymbol{0},\boldsymbol{U}=\boldsymbol{P}_{-1}$，亦即在这一情形解可以表示为以下形式

$$\boldsymbol{X}=\boldsymbol{A}(z)z^{\boldsymbol{P}_{-1}} \tag{139}$$

注 1° 注意在本节中已经建立了用 $\boldsymbol{P}(z)$ 的级数的系数 $\boldsymbol{P}_m$ 来定出级数 $\boldsymbol{A}(z)=\sum_{m=0}^{+\infty}\boldsymbol{A}_m z^m\ (\boldsymbol{A}_0=\boldsymbol{E})$ 诸系数的算法. 此外,所证明的定理定出积分代换 $\boldsymbol{V}$ 在绕奇点 $z=0$ 沿正方向旋转闭路一周时等于对解(134) 乘上 $\boldsymbol{V}$

$$\boldsymbol{V}=\mathrm{e}^{2\pi\mathrm{i}\boldsymbol{U}}$$

2° 从定理的说法知,在 $\tilde{\lambda}_i\neq\tilde{\lambda}_k$ 时有

$$\boldsymbol{B}_{ik}=\boldsymbol{0}\quad(i,k=1,2,\cdots,s)$$

故矩阵

$$\widetilde{\boldsymbol{\Lambda}}=\boldsymbol{T}(\tilde{\lambda}_1\boldsymbol{E}_1,\tilde{\lambda}_2\boldsymbol{E}_2,\cdots,\tilde{\lambda}_s\boldsymbol{E}_s)\boldsymbol{T}^{-1}\text{ 与 }\widetilde{\boldsymbol{U}}=\boldsymbol{T}\begin{pmatrix}\boldsymbol{0}&\boldsymbol{B}_{12}&\cdots&\boldsymbol{B}_{1s}\\\boldsymbol{0}&\boldsymbol{0}&\cdots&\boldsymbol{B}_{2s}\\\vdots&\vdots&&\vdots\\\boldsymbol{0}&\boldsymbol{0}&\cdots&\boldsymbol{0}\end{pmatrix}\boldsymbol{T}^{-1}\tag{140}$$

彼此可交换

$$\widetilde{\boldsymbol{\Lambda}}\widetilde{\boldsymbol{U}}=\widetilde{\boldsymbol{U}}\widetilde{\boldsymbol{\Lambda}}$$

因此

$$z^{\boldsymbol{M}}z^{\boldsymbol{U}}=z^{\boldsymbol{M}}z^{\widetilde{\boldsymbol{\Lambda}}+\widetilde{\boldsymbol{U}}}=z^{\boldsymbol{M}}z^{\widetilde{\boldsymbol{\Lambda}}}z^{\widetilde{\boldsymbol{U}}}=z^{\boldsymbol{\Lambda}}z^{\widetilde{\boldsymbol{U}}}\tag{141}$$

其中

$$\boldsymbol{\Lambda}=\boldsymbol{M}+\widetilde{\boldsymbol{\Lambda}}=\boldsymbol{T}(\lambda_1,\lambda_2,\cdots,\lambda_n)\boldsymbol{T}^{-1}\tag{142}$$

其中 $\lambda_1,\lambda_2,\cdots,\lambda_n$ 为矩阵 $\boldsymbol{P}_{-1}$ 的全部特征数,而且排列成适合关系式 $\mathrm{Re}\,\lambda_1\geqslant\mathrm{Re}\,\lambda_2\geqslant\cdots\geqslant\mathrm{Re}\,\lambda_n$ 的次序.

另外

$$z^{\widetilde{\boldsymbol{U}}}=h(\widetilde{\boldsymbol{U}})$$

其中 $h(\lambda)$ 是函数 $f(\lambda)=z^{\lambda}$ 的拉格朗日－西尔维斯特内插多项式.

因为矩阵 $\widetilde{\boldsymbol{U}}$ 的所有特征数都等于零,所以 $h(\lambda)$ 与 $f(0),f'(0),\cdots,f^{(g-1)}(0)$ 线性相关,亦即与 $1,\ln z,\cdots,(\ln z)^{g-1}$ 线性相关(g 为使 $\widetilde{\boldsymbol{U}}^g=\boldsymbol{0}$ 的最小指数). 故

$$h(\lambda)=\sum_{j=0}^{g-1}h_j(\lambda)(\ln z)^j$$

因而

$$z^{\boldsymbol{U}}=h(\widetilde{\boldsymbol{U}})=\sum_{j=0}^{g-1}h_j(\widetilde{\boldsymbol{U}})(\ln z)^j=\boldsymbol{T}\begin{pmatrix}1&q_{12}&\cdots&q_{1n}\\0&1&\cdots&q_{2n}\\\vdots&\vdots&&\vdots\\0&0&\cdots&1\end{pmatrix}\boldsymbol{T}^{-1}\tag{143}$$

其中 $q_{ij}\,(i,j=1,2,\cdots,n;i<j)$ 是 $\ln z$ 的次数小于 g 的多项式.

根据式(134)(141)(142) 与式(143) 可以取组(126) 的特解为

$$X = A(z)\begin{pmatrix} z^{\lambda_1} & 0 & \cdots & 0 \\ 0 & z^{\lambda_2} & \cdots & 0 \\ \vdots & \vdots & & \vdots \\ 0 & 0 & \cdots & z^{\lambda_n} \end{pmatrix}\begin{pmatrix} 1 & q_{12} & \cdots & q_{1n} \\ 0 & 1 & \cdots & q_{2n} \\ \vdots & \vdots & & \vdots \\ 0 & 0 & \cdots & 1 \end{pmatrix} \tag{144}$$

此处 $\lambda_1,\lambda_2,\cdots,\lambda_n$ 是矩阵 P_{-1} 的特征数，其排列次序适合不等式 $\mathrm{Re}\,\lambda_1 \geqslant \mathrm{Re}\,\lambda_2 \geqslant \cdots \geqslant \mathrm{Re}\,\lambda_n$，而 $q_{ij}(i,j=1,2,\cdots,n;i<j)$ 为 $\ln z$ 的次数不大于 $g-1$ 的多项式，其中 g 为彼此相差一个整数的特征数 λ_i 中的最大数；$A(z)$ 为在点 $z=0$ 正则的矩阵函数，而且 $A(0)=T(|T|\neq 0)$. 如果矩阵 P_{-1} 是若尔当式，那么 $T=E$.

§11　可化解析组

作为上一节定理的应用，我们来阐明在什么情形之下，组

$$\frac{\mathrm{d}X}{\mathrm{d}t}=Q(t)X \tag{145}$$

其中

$$Q(t)=\sum_{m=1}^{+\infty}\frac{Q_m}{t^m} \tag{146}$$

当 $t>t_0$ 时，组(145)为一收敛级数(关于李雅普诺夫)可化的，亦即在什么情形之下，方程组有以下形式

$$X=L(t)\mathrm{e}^{Bt} \tag{147}$$

的解存在，其中 $L(t)$ 是一个李雅普诺夫矩阵(亦即 $L(t)$ 适合本章，§2 的条件 $1^\circ \sim 3^\circ$)，而 B 是一个常数矩阵[①]. 此处 X,Q 都是复元素矩阵，而 t 是一个实变数.

应用变换

$$z=\frac{1}{t}$$

那么组(145)可以写为以下形式

$$\frac{\mathrm{d}X}{\mathrm{d}z}=P(z)X \tag{148}$$

其中

$$P(z)=-z^{-2}Q\left(\frac{1}{z}\right)=-\frac{Q_1}{z}-\sum_{m=0}^{+\infty}Q_{m+2}z^m \tag{149}$$

位于 $P(z)$ 的表示式右边的级数在 $|z|<\dfrac{1}{t_0}$ 时是收敛的. 以下分为两种情形来

① 如果等式(147)成立，那么李雅普诺夫变换 $X=L(t)Y$ 变组(145)为组 $\dfrac{\mathrm{d}Y}{\mathrm{d}t}=BY$.

讨论：

1°$\boldsymbol{Q}_1=\boldsymbol{0}$. 此时点 $z=0$ 不是组(148)的奇点. 这个组有在点 $z=0$ 正则的与标准化的解. 这个解的形式为以下收敛幂级数

$$\boldsymbol{X}(z)=\boldsymbol{E}+\boldsymbol{X}_1 z+\boldsymbol{X}_2 z^2+\cdots \quad \left(|z|<\frac{1}{t_0}\right)$$

令

$$\boldsymbol{L}(t)=\boldsymbol{X}\left(\frac{1}{t}\right),\boldsymbol{B}=\boldsymbol{0}$$

得出所求的表示式(147). 我们的组是可化的.

2° $\boldsymbol{Q}_1\neq\boldsymbol{0}$. 此时组(148)在点 $z=0$ 有正则奇点.

不损及讨论的普遍性,可以视剩余矩阵 $\boldsymbol{P}_{-1}=-\boldsymbol{Q}_1$ 已经化为若尔当式,在其对角线上诸元素 $\lambda_1,\lambda_2,\cdots,\lambda_n$ 的排列次序适合 $\mathrm{Re}\,\lambda_1\geqslant\mathrm{Re}\,\lambda_2\geqslant\cdots\geqslant\mathrm{Re}\,\lambda_n$.

那么在公式(144)中,$\boldsymbol{T}=\boldsymbol{E}$,因而组(148)有解

$$\boldsymbol{X}=\boldsymbol{A}(z)\begin{pmatrix} z^{\lambda_1} & 0 & \cdots & 0\\ 0 & z^{\lambda_2} & \cdots & 0\\ \vdots & \vdots & & \vdots\\ 0 & 0 & \cdots & z^{\lambda_n}\end{pmatrix}\begin{pmatrix} 1 & q_{12} & \cdots & q_{1n}\\ 0 & 1 & \cdots & q_{2n}\\ \vdots & \vdots & & \vdots\\ 0 & 0 & \cdots & 1\end{pmatrix}$$

其中函数 $\boldsymbol{A}(z)$ 在 $z=0$ 时是正则的且在这一点取值 $\boldsymbol{E}$,而 $q_{ik}(i,k=1,2,\cdots,n;i<k)$ 为 $\ln z$ 的多项式. 此时换 z 为$\frac{1}{t}$,将有

$$\boldsymbol{X}=\boldsymbol{A}\left(\frac{1}{t}\right)\begin{pmatrix} \left(\frac{1}{t}\right)^{\lambda_1} & 0 & \cdots & 0\\ 0 & \left(\frac{1}{t}\right)^{\lambda_2} & \cdots & 0\\ \vdots & \vdots & & \vdots\\ 0 & 0 & \cdots & \left(\frac{1}{t}\right)^{\lambda_n}\end{pmatrix}\begin{pmatrix} 1 & q_{12}\left(\ln\frac{1}{t}\right) & \cdots & q_{1n}\left(\ln\frac{1}{t}\right)\\ 0 & 1 & \cdots & q_{2n}\left(\ln\frac{1}{t}\right)\\ \vdots & \vdots & & \vdots\\ 0 & 0 & \cdots & 1\end{pmatrix} \tag{150}$$

因为变换 $\boldsymbol{X}=\boldsymbol{A}\left(\frac{1}{t}\right)\boldsymbol{Y}$ 是一个李雅普诺夫变换,所以组(145)可以化为某一个有常系数的组的充分必要条件是乘积

$$\boldsymbol{L}_1(t)=\begin{pmatrix} t^{-\lambda_1} & 0 & \cdots & 0\\ 0 & t^{-\lambda_2} & \cdots & 0\\ \vdots & \vdots & & \vdots\\ 0 & 0 & \cdots & t^{-\lambda_n}\end{pmatrix}\begin{pmatrix} 1 & q_{12}\left(\ln\frac{1}{t}\right) & \cdots & q_{1n}\left(\ln\frac{1}{t}\right)\\ 0 & 1 & \cdots & q_{2n}\left(\ln\frac{1}{t}\right)\\ \vdots & \vdots & & \vdots\\ 0 & 0 & \cdots & 1\end{pmatrix}\mathrm{e}^{-\boldsymbol{B}t} \tag{151}$$

(其中 $\boldsymbol{B}$ 为某一常数矩阵) 是一个李雅普诺夫矩阵，亦即矩阵 $\boldsymbol{L}_1(t)$，$\frac{\mathrm{d}\boldsymbol{L}_1}{\mathrm{d}t}$ 与 $\boldsymbol{L}_1^{-1}(t)$ 都是有界的. 此处，由叶鲁金定理(§4) 推得，矩阵 $\boldsymbol{B}$ 可以作为特征数为实数的矩阵.

从矩阵 $\boldsymbol{L}_1(t)$ 与 $\boldsymbol{L}_1^{-1}(t)$ 当 $t>t_0$ 时的有界性推得矩阵 $\boldsymbol{B}$ 的特征数应全部等于零. 这可以由式(151) 中得出的 $\mathrm{e}^{\boldsymbol{B}t}$ 与 $\mathrm{e}^{-\boldsymbol{B}t}$ 的表示式来推得. 此外，数 λ_1，$\lambda_2,\cdots,\lambda_n$ 应当全为纯虚数，因为根据式(151) 从 $\boldsymbol{L}_1(t)$ 中最后一列与 $\boldsymbol{L}_1^{-1}(t)$ 中第一列的元素的有界性推知 $\operatorname{Re}\lambda_n \geqslant 0$ 与 $\operatorname{Re}\lambda_1 < 0$.

但是如果矩阵 $\boldsymbol{P}_{-1}$ 的特征数全是纯虚数，那么矩阵 $\boldsymbol{P}_{-1}$ 的任何两个不同特征数的差都不等于整数. 故有公式(139)

$$\boldsymbol{X}=\boldsymbol{A}(z)z^{\boldsymbol{P}_{-1}}=\boldsymbol{A}\left(\frac{1}{t}\right)t^{\boldsymbol{Q}_1}$$

且对于组的可化性的充分必要条件是矩阵

$$\boldsymbol{L}_2(t)=t^{\boldsymbol{Q}_1}\mathrm{e}^{-\boldsymbol{B}t} \tag{152}$$

与其逆矩阵在 $t>t_0$ 时都是有界的.

因为矩阵 $\boldsymbol{B}$ 的特征数都应当等于零，所以矩阵 $\boldsymbol{B}$ 的最小多项式有 λ^d 的形式. 记矩阵 $\boldsymbol{Q}_1$ 的最小多项式为

$$\psi(\lambda)=(\lambda-\mu_1)^{c_1}\cdot(\lambda-\mu_2)^{c_2}\cdot\cdots\cdot(\lambda-\mu_u)^{c_u}\quad(\text{当 } i\neq k \text{ 时 } \mu_i\neq\mu_k)$$

因为 $\boldsymbol{Q}_1=-\boldsymbol{P}_{-1}$，所以数 $\mu_1,\mu_2,\cdots,\mu_u$ 与对应数 λ_i 反号，因而它们都是纯虚数. 此时(参考本章，§1 的公式(12) 与公式(13))

$$t^{\boldsymbol{Q}_1}=\sum_{k=1}^{u}\left[\boldsymbol{U}_{k0}+\boldsymbol{U}_{k1}\ln t+\cdots+\boldsymbol{U}_{k,c_k-1}(\ln t)^{c_k-1}\right]t^{\mu_k} \tag{153}$$

$$\mathrm{e}^{\boldsymbol{B}t}=\boldsymbol{V}_0+\boldsymbol{V}_1 t+\cdots+\boldsymbol{V}_{d-1}t^{d-1} \tag{154}$$

把这些表示式代入等式

$$\boldsymbol{L}_2(t)\mathrm{e}^{\boldsymbol{B}t}=t^{\boldsymbol{Q}_1}$$

中，我们得出

$$\left[\boldsymbol{L}_2(t)\boldsymbol{V}_{d-1}+(*)\right]t^{d-1}=\boldsymbol{Z}_0(t)(\ln t)^{c-1} \tag{155}$$

其中 c 是数 $c_1,c_2,\cdots,c_u$ 中的最大数，$(*)$ 记当 $t\to\infty$ 时趋于零的矩阵，而 $\boldsymbol{Z}_0(t)$ 为当 $t>t_0$ 时有界的矩阵.

因为位于等式(155) 左右两边的矩阵在 $t\to\infty$ 时应当有同数量级的增大，故

$$d=c=1$$

亦即

$$\boldsymbol{B}=\boldsymbol{0}$$

而矩阵 $\boldsymbol{Q}_1$ 只有单重的初等因子.

反之，如果矩阵 $\boldsymbol{Q}_1$ 只有单重初等因子与纯虚数特征数 $\mu_1,\mu_2,\cdots,\mu_n$，那么

$$\boldsymbol{X}=\boldsymbol{A}(z)z^{-\boldsymbol{Q}_1}=\boldsymbol{A}(z)(z^{-\mu_i}\delta_{ik})_1^n$$

是组(148)的解. 此时令 $z=\frac{1}{t}$,我们求得

$$\boldsymbol{X}=\boldsymbol{A}\left(\frac{1}{t}\right)(t^{\mu_i}\delta_{ik})_1^n$$

函数 $\boldsymbol{X}(t)$ 与 $\frac{\mathrm{d}\boldsymbol{X}(t)}{\mathrm{d}t}$ 以及逆矩阵 $\boldsymbol{X}^{-1}(t)$ 在 $t>t_0$ 时都是有界的. 所以我们的组是可化的($\boldsymbol{B}=\boldsymbol{0}$). 我们证明了①:

定理 3 组

$$\frac{\mathrm{d}\boldsymbol{X}}{\mathrm{d}t}=\boldsymbol{Q}(t)\boldsymbol{X}$$

(其中矩阵 $\boldsymbol{Q}(t)$ 当 $t>t_0$ 时可表示为收敛级数 $\boldsymbol{Q}(t)=\frac{\boldsymbol{Q}_1}{t}+\frac{\boldsymbol{Q}_2}{t^2}+\cdots$)是可化的充分必要条件是剩余矩阵 $\boldsymbol{Q}_1$ 的所有初等因子都是单重的而且其特征数都是纯虚数.

§12 多个矩阵的解析函数及其在微分方程组的研究中的应用——伊·阿·拉波－丹尼列夫斯基的工作

m 个 n 阶矩阵 $\boldsymbol{X}_1,\boldsymbol{X}_2,\cdots,\boldsymbol{X}_m$ 的解析函数可以应用级数

$$\boldsymbol{F}(\boldsymbol{X}_1,\boldsymbol{X}_2,\cdots,\boldsymbol{X}_m)=\alpha_0+\sum_{\nu=1}^{+\infty}\sum_{j_1,j_2,\cdots,j_\nu}^{(1,2,\cdots,m)}\alpha_{j_1,j_2,\cdots,j_\nu}\boldsymbol{X}_{j_1}\cdot\boldsymbol{X}_{j_2}\cdot\cdots\cdot\boldsymbol{X}_{j_\nu}\tag{156}$$

来给出,这个级数对于所有适合不等式

$$\operatorname{mod}\boldsymbol{X}_j<\boldsymbol{R}_j\quad(j=1,2,\cdots,m)\tag{157}$$

的 n 阶矩阵 $\boldsymbol{X}_j$ 都是收敛的. 此处系数

$$\alpha_0,\alpha_{j_1,j_2,\cdots,j_\nu}\quad(j_1,j_2,\cdots,j_\nu=1,2,\cdots,m;\nu=1,2,3,\cdots)$$

都是复数,$\boldsymbol{R}_j(j=1,2,\cdots,m)$ 是正元素的 n 阶常数矩阵而 $\boldsymbol{X}_j(j=1,2,\cdots,m)$ 是同阶的矩阵,但是它的元素是复变数.

多个矩阵的解析函数的理论是由伊·阿·拉波－丹尼列夫斯基所发展的. 根据这个理论,伊·阿·拉波－丹尼列夫斯基建立了有理系数线性微分方程组的基本研究.

有理系数线性微分方程组经过独立变量的适当变换常可化为以下形式

$$\frac{\mathrm{d}\boldsymbol{X}}{\mathrm{d}z}=\sum_{j=1}^{m}\left\{\frac{\boldsymbol{U}_{j0}}{(z-a_j)^{s_j}}+\frac{\boldsymbol{U}_{j1}}{(z-a_j)^{s_j-1}}+\cdots+\frac{\boldsymbol{U}_{j,s_j-1}}{z-a_j}\right\}\boldsymbol{X}\tag{158}$$

① 参考叶鲁金的著作《Приводимые системы》(1946). 在著作中,这个定理是在这样的情形下来证明的,即矩阵 $\boldsymbol{Q}_1$ 没有不同的特征数其彼此之差能等于整数.

其中 $\boldsymbol{U}_{jk}$ 是 n 阶常数矩阵，a_j 是复数，s_j 是正整数($k=0,1,\cdots,s_j-1;j=1,2,\cdots,m$)①.

我们用特殊情形——所谓正则组——来说明拉波－丹尼列夫斯基的一些性质. 这种组由条件 $s_1=s_2=\cdots=s_m=1$ 所决定，故可写为以下形式

$$\frac{\mathrm{d}\boldsymbol{X}}{\mathrm{d}z}=\sum_{j=1}^{m}\frac{\boldsymbol{U}_j}{z-a_j}\boldsymbol{X} \tag{159}$$

按照拉波－丹尼列夫斯基的工作，在讨论中我们引进特殊的解析函数——超对数——它们是由以下诸递推关系式所定出的

$$l_b(z;a_{j_1})=\int_b^z\frac{\mathrm{d}z}{z-a_j}$$

$$l_b(z;a_{j_1},a_{j_2},\cdots,a_{j_\nu})=\int_b^z\frac{l_b(z;a_{j_2},a_{j_3},\cdots,a_{j_\nu})}{z-a_{j_1}}\mathrm{d}z$$

视点 $a_1,a_2,\cdots,a_m,\infty$ 为对数类型的分支点，我们构成对应的黎曼曲面 $S(a_1,a_2,\cdots,a_m;\infty)$. 在这个曲面上，每一个超对数都是单值函数. 另外，组(159)的矩阵积分级数 Ω_b^z(亦即在点 $z=b$ 的标准化解)经解析延拓，亦可视为 $S(a_1,a_2,\cdots,a_m;\infty)$ 上的单值函数；此处可以在 S 上选取任何与 $a_1,a_2,\cdots,a_m$ 不同的有限点作为 b.

对于标准化解 Ω_b^z，拉波－丹尼列夫斯基用组(159)所定出的矩阵 $\boldsymbol{U}_1$，$\boldsymbol{U}_2,\cdots,\boldsymbol{U}_m$ 给予明显的级数表示式

$$\Omega_b^z=\boldsymbol{E}+\sum_{\nu=1}^{+\infty}\sum_{j_1,\cdots,j_\nu}^{(1,2,\cdots,m)}l_b(z;a_{j_1},a_{j_2},\cdots,a_{j_\nu})\boldsymbol{U}_{j_1}\cdot\boldsymbol{U}_{j_2}\cdot\cdots\cdot\boldsymbol{U}_{j_\nu} \tag{160}$$

这个展开式对于任何 $\boldsymbol{U}_1,\boldsymbol{U}_2,\cdots,\boldsymbol{U}_m$ 关于 z 都是一致收敛的，且在曲面 $S(a_1,a_2,\cdots,a_m,\infty)$ 上任何有限区域中表出 Ω_b^z，只要这个区域的内部与边界上不含点 $a_1,\cdots,a_m$.

如果级数(156)对于任何矩阵 $\boldsymbol{X}_1,\boldsymbol{X}_2,\cdots,\boldsymbol{X}_m$ 是收敛的，那么称对应的函数 $\boldsymbol{F}(\boldsymbol{X}_1,\boldsymbol{X}_2,\cdots,\boldsymbol{X}_m)$ 为整函数. Ω_b^z 是矩阵 $\boldsymbol{U}_1,\boldsymbol{U}_2,\cdots,\boldsymbol{U}_m$ 的整函数.

在公式(160)中使变数 z 绕点 a_j 从正方向转动一次，使得闭路周线不经过另一点 $a_i(i\neq j)$，我们得出对应于点 $z=a_j$ 的积分代换 $\boldsymbol{V}_j$ 的表示式

$$\boldsymbol{V}_j=\boldsymbol{E}+\sum_{\nu=1}^{+\infty}\sum_{j_1,\cdots,j_\nu}^{(1,2,\cdots,m)}p_j(b;a_{j_1},a_{j_2},\cdots,a_{j_\nu})\boldsymbol{U}_{j_1}\cdot\boldsymbol{U}_{j_2}\cdot\cdots\cdot\boldsymbol{U}_{j_\nu} \tag{161}$$

$$(j=1,2,\cdots,m)$$

其中所用记号的详细写法为

$$p_j(b;a_{j_1})=\int_{(a_j)}\frac{\mathrm{d}z}{z-a_{j_1}}$$

① 在组(158)中，所有的系数都是关于 z 的真有理分数. 如果应用变数 z 的分数线性变换(对于所有的系数)将正则有限点 $z=c$ 变为 $z=\infty$，那么任何有理系数都可以化为这种形式.

$$p_j(b;a_{j_1},a_{j_2},\cdots,a_{j_\nu})=\int_{(a_j)}\frac{l_b(z;a_{j_2},a_{j_3},\cdots,a_{j_\nu})}{z-a_{j_1}}\mathrm{d}z$$
$$(j=1,2,\cdots,m;\nu=1,2,3,\cdots)$$

正如级数(160),级数(161)是$\boldsymbol{U}_1,\boldsymbol{U}_2,\cdots,\boldsymbol{U}_m$的整函数.

推广到无穷多个但是可数的矩阵变数$\boldsymbol{X}_1,\boldsymbol{X}_2,\boldsymbol{X}_3,\cdots$的解析函数理论后,拉波-丹尼列夫斯基曾经应用这个理论来研究方程组的解在非正则奇点邻域的性质.我们引进主要的结果:

方程组

$$\frac{\mathrm{d}\boldsymbol{X}}{\mathrm{d}z}=\sum_{j=-q}^{+\infty}\boldsymbol{P}_jz^j\boldsymbol{X}$$

的标准化解Ω_b^z(其中右边的幂级数在$|z|<r(r>1)$时[①]是收敛的)可以表示为级数

$$\Omega_b^z=\boldsymbol{E}+\sum_{\nu=1}^{+\infty}\sum_{j_1,j_2,\cdots,j_\nu=-q}^{+\infty}\boldsymbol{P}_{j_1}\cdot\cdots\cdot\boldsymbol{P}_{j_\nu}\cdot$$
$$\sum_{\mu=0}^{v}b^{j_{\mu+1}+\cdots+j_\nu+\nu-\mu}z^{j_1+\cdots+j_\mu+\mu}\sum_{\lambda=0}^{n-\mu}\alpha_{j_{\mu+1},\cdots,j_\nu}^{*(\lambda)}\ln^\lambda b\sum_{x=0}^{\mu}\alpha_{j_1,\cdots,j_\mu}^{(x)}\ln^x z \tag{162}$$

此处$\alpha_{j_{\mu+1},\cdots,j_\nu}^{*(\lambda)}$与$\alpha_{j_1,\cdots,j_\mu}^{(x)}$是用特殊公式所决定的标量系数.级数(162)对于任何矩阵$\boldsymbol{P}_1,\boldsymbol{P}_2,\cdots$在环

$$\rho<|z|<r$$

中是收敛的(ρ是任何小于r的正数).这个环应当含有点$b(\rho<|b|<r)$.

在本书中不可能详细叙述拉波-丹尼列夫斯基的工作内容,我们只能引进上述的一些主要结果并向读者推荐其有关的文献.

拉波-丹尼列夫斯基所有关于微分方程的工作曾经在苏联科学院于1934～1936年先后出版了三册.此外著者的主要结果曾在论文*Sur la substitution exposante pour quelques systemes irregulieres*(1935);《Показательная подстановка иррегулярной системы линейных дифференциальных уравнений》(1937)与书《Теория функций от матриц и системы линейных дифференциальных уравнений》(1934)中述及.某些结果的简略叙述也可以在*Sur la substitution exposante pour quelques systemes irregulieres*(1935);《Показательная подстановка иррегулярной системы линейных дифференциальных уравнений》(1937);《Курс высшей математики》(1974)中找到.

① $r>1$的限制不是主要的,因为这个条件常可以从换z为αz来得出,其中α是一个适当选取的正数.

第16章 路斯－胡尔维茨问题及其相邻近的问题

§1 引 言

在第12章，§2中我们曾述及，根据李雅普诺夫定理，微分方程组

$$\frac{\mathrm{d}x_i}{\mathrm{d}t}=\sum_{k=1}^{n}a_{ik}x_k+(**) \tag{1}$$

($a_{ik}(i,k=1,2,\cdots,n)$ 是常系数）的零解对于 $x_1,x_2,\cdots,x_n$ 的任何二次或高次项（**）是稳定的，如果矩阵 $\boldsymbol{A}=(a_{ik})_1^n$ 的全部特征数，亦即特征方程 $\Delta(\lambda)\equiv|\lambda\boldsymbol{E}-\boldsymbol{A}|=0$ 的全部根都有负实数部分，那么稳定性的充分必要条件是已知代数方程的根全部位于左半个平面里面. 在一系列的应用领域中，特别是力学与电学系统稳定性的研究中有其基本的重要性.

这个代数问题的重要性已经由机器调节理论的创始人——英国物理学家迪·凯·麦克斯韦与俄国学者伊·阿·维斯涅格拉达斯基所说明，他们在所从事的调整器的研究工作中[①]建立并广泛应用了次数不大于3的方程的上述代数条件.

① 迪·凯·麦克斯韦，《关于调整器》(1868)；伊·阿·维斯涅格拉达斯基，《关于直接作用的调整器》(1876)，这些论文都刊载于文集《自动调节理论》(1949)（俄文）中，亦可参考阿·阿·安德洛诺夫与伊·恩·伏兹涅辛斯基的论文，迪·凯·麦克斯韦，伊·阿·维斯涅格拉达斯基与阿·斯托独尔在机器调节理论领域中的研究工作.

在 1868 年,麦克斯韦把这个数学问题推广到求出任意次代数方程的对应条件.同时,对于这个问题,1856 年,在法国数学家埃尔米特所发表的论文 *Sur le nombre des racines d'une équation algébrique comprise entre des limites données*(1856) 中所解决.这篇论文中,在复多项式 $f(x)$ 的分布于某一半平面中(或某一矩形中) 诸根的个数与某种二次型的符号差之间建立了密切联系.但是埃尔米特的结果没有达到这样的情况,使得它们不可以被应用领域中的工作者与专家所利用.所以埃尔米特的这一工作没有得到相应的传播.

1875 年,英国力学家路斯(*Elements de calcul matriciel*(1955)) 应用斯图姆定理与柯西指标理论建立了对于定出实多项式有 k 个根位于右半个平面($\operatorname{Re} z > 0$) 的算法.在特殊情形 $k=0$ 时这个算法给出了稳定性判定.

19 世纪末,著名的斯洛伐克工程研究者,蒸汽与气体的透平机理论的发明家——阿·斯托多尔在不知道路斯的工作的情况下,重新建立了找出条件的问题,使得代数方程的根有负实数部分,而且在 1895 年阿·胡尔维茨(*Uber die Bedingungen, unter welchen eine Gleichung nur Wurzeln mit negatiyen reellen Teilen besitzt*(1895)) 根据埃尔米特的工作给出了同一问题的(与路斯无关的) 第二个解答.胡尔维茨所得出的行列式不等式就是现在所熟知的所谓路斯-胡尔维茨条件.

但是胡尔维茨的工作在世界上出现时,近代稳定性理论的创立者阿·蒙·李雅普诺夫在其论文《关于运动稳定性的一般问题》(1892) 中已经建立了一个定理[①],由此可以推出实矩阵 $\mathbf{A}=(a_{ik})_1^n$ 的特征方程的诸根有负实数部分的充分必要条件.这个条件曾用于一系列的关于调节理论的工作.

1914 年,法国数学家列纳尔与希帕尔(《Геометрия прямоугольных матриц и её приложения к вещественной проективной и неевклидовой геометрии》(1957)) 建立了稳定性的新的判定.

应用特殊的二次型,这些著者得出了比路斯-胡尔维茨判定更优越(在列纳尔-希帕尔判定中,行列式不等式的个数大约比路斯-胡尔维茨判定中的个数要少一半) 的稳定性判定.

著名的俄国数学家普·尔·切比雪夫与阿·阿·马尔科夫对于特殊类型连分数的级数分解式建立了两个著名定理.正如 §16 中所证明,这些定理直接与路斯-胡尔维茨问题有关.

在问题范围的概略叙述中,读者可以看到二次型理论(第 10 章),特别是冈恰列夫型的理论(第 10 章,§10) 得到了它们主要的用途.

---

① 参考《Общая задача об устойчивости движения》(1950),§20.

§2 柯西指标

从讨论所谓柯西指标开始.

定义 1 在 a 到 b 的界限中,实有理函数 $R(x)$ 的柯西指标(记为 $I_a^b R(x)$;a,b 为实数,或者为 $\pm\infty$)是指,当变数从 a 变到 b 时,$R(x)$ 从 $-\infty$ 转移到 $+\infty$ 的断点数与其从 $+\infty$ 转移到 $-\infty$ 的断点数的差数①.

根据这个定义,如果

$$R(x)=\sum_{i=1}^{p}\frac{A_i}{x-\alpha_i}+R_1(x)$$

其中 $A_i,\alpha_i(i=1,2,\cdots,p)$ 都是实数,而 $R_1(x)$ 是没有实数极点②的有理函数,那么

$$I_{-\infty}^{+\infty}R(x)=\sum_{i=1}^{p}\operatorname{sign}A_i \text{③} \tag{2}$$

而且,一般地有

$$I_a^b R(x)=\sum_{a<\alpha_i<b}\operatorname{sign}A_i \quad (a<b) \tag{2'}$$

特别地,如果 $f(x)=a_0\cdot(x-a_1)^{n_1}\cdot\cdots\cdot(x-a_m)^{n_m}$ 是一个实多项式(当 $i\neq k$ 时 $\alpha_i\neq\alpha_k$;$i,k=1,2,\cdots,m$),且在这个多项式的根 $\alpha_1,\alpha_2,\cdots,\alpha_m$ 中只有前 p 个是实数,那么

$$\frac{f'(x)}{f(x)}=\sum_{j=1}^{m}\frac{n_j}{x-\alpha_j}=\sum_{i=1}^{p}\frac{n_i}{x-\alpha_i}+R_1(x)$$

其中 $R_1(x)$ 是没有实极点的实有理函数. 故指标

$$I_a^b\frac{f'(x)}{f(x)}\quad (a<b)$$

等于多项式 $f(x)$ 在区间 (a,b) 中的不同的实根个数.

任何实有理函数 $R(x)$ 常可表示为以下形式

$$R(x)=\sum_{i=1}^{p}\left\{\frac{A_1^{(i)}}{x-\alpha_i}+\cdots+\frac{A_{n_i}^{(i)}}{(x-\alpha_i)^{n_i}}\right\}+R_1(x)$$

其中所有的 α 与 A 都是实数($A_{n_i}^{(i)}\neq 0;i=1,2,\cdots,p$),而 $R_1(x)$ 没有实极点. 那么

$$I_{-\infty}^{+\infty}R(x)=\sum_{(n_i\text{为奇数})}\operatorname{sign}A_{n_i}^{(i)} \tag{3}$$

---

① 在计算断点个数时,x 的端点值——界限 a 与 b——不包含在内.

② 有理函数的极点是可以使得这个函数变为无穷大者的变数的这种值.

③ $\operatorname{sign}a$(a 为实数)是指当 $a>0,a<0$ 或 $a=0$ 时,其值为 $+1,-1$ 或 0.

一般地有

$$I_a^b R(x) = \sum_{\substack{a<\alpha_i<b \\ n_i \text{为奇数}}} A_{n_i}^{(i)} \quad (a<b)^{①} \tag{3'}$$

如果 $R(a)=R(b)=0$，那么指标 $I_a^b R(x)$ 用连续函数 $\arctan R(x)$ 的增量表示

$$I_a^b R(x) = -\Delta_a^b \arctan R(x) \quad (a<b)^{②} \tag{4}$$

指标 $I_a^b R(x)$ 的算法所根据的是古典的斯图姆定理.

讨论在区间(a,b)[③] 中含有下面两个性质的实多项式序列

$$f_1(x), f_2(x), \cdots, f_m(x) \tag{5}$$

1° 对于任何使得任一函数 $f_k(x)$ 变为零的值 $x(a<x<b)$，两个相邻的函数 $f_{k-1}(x)$ 与 $f_{k+1}(x)$ 的值都不等于零而且是异号的，亦即在 $a<x<b$ 时由 $f_k(x)=0$ 得出：$f_{k-1}(x)f_{k+1}(x)<0$.

2° 序列(5) 中最后的函数 $f_m(x)$ 在(a,b) 中不能变为零，亦即在 $a<x<b$ 时有 $f_m(x)\neq 0$.

这样的多项式序列(4) 称为区间(a,b) 中的斯图姆序列.

以 $V(x)$ 记序列(5) 对于定值 x 的变号数[④]. 那么当 x 从 a 变到 b 时，$V(x)$ 的值只在经过序列(5) 中某些函数的零点时才有变动的可能. 但是由 1°，当其经过函数 $f_k(x)(k=2,\cdots,m-1)$ 的零点时，$V(x)$ 的值没有改变. 当 x 经过函数 $f_1(x)$ 的零点时，序列(4) 损失或增加一个变号数要视分式$\dfrac{f_2(x)}{f_1(x)}$是从 $-\infty$ 转移到 $+\infty$ 还是从 $+\infty$ 转移到 $-\infty$ 而定. 故有：

定理 1(斯图姆)　如果 $f_1(x), f_2(x), \cdots, f_m(x)$ 是(a,b) 中的斯图姆序列，而 $V(x)$ 为这个序列的变号数，那么

$$I_a^b \frac{f_2(x)}{f_1(x)} = V(a) - V(b) \tag{6}$$

注　我们将斯图姆序列的全部项乘以任何同一多项式 $d(x)$. 这样得出的

---

① 在式(3) 右边的和历经 n_i 为奇数的所有对应的值 i. 在式(3′) 右边的和历经 n_i 为奇数而且 $a<\alpha_i<b$ 的所有对应的值 i.

② 如果 $a=-\infty, b=+\infty$，那么公式(4) 对任何有理真分数 $R(x)$ 都成立，因为在这种情形下 $R(-\infty)=R(+\infty)=0$.

③ 此处，a 可能等于 $-\infty$，而 b 可能等于 $+\infty$.

④ 如果 $a<x<b$ 而且 $f_1(x)\neq 0$，那么利用 $V(x)$ 的定义由 1° 可以在序列(4) 中删去等于零的诸值或者给这些值以任何符号. 如果 a 是有限的，那么我们理解 $V(a)$ 为 $V(a+\varepsilon)$，其中 ε 为适当小的正数，使得函数 $f_i(x)(i=1,2,\cdots,n)$ 在半闭区间$(a,a+\varepsilon]$ 中都不等于零. 同样地，如果 b 是有限的，那么我们理解 $V(b)$ 为 $V(b-\varepsilon)$，其中数 ε 的定出亦是相类似的.

多项式序列称为广义的斯图姆序列.因为将序列(5)中所有的项乘以同一多项式时,等式(6)的左右两边都没有改变,所以斯图姆定理对于广义斯图姆序列仍然有效.

我们注意,如果给予了两个任意的多项式 $f(x)$ 与 $g(x)$($f(x)$ 的次数不小于 $g(x)$ 的次数),那么常可利用欧几里得算法来构成广义斯图姆序列,在它里面开始的两个函数是 $f_1(x) \equiv f(x), f_2(x) \equiv g(x)$.

事实上,以 $-f_3(x)$ 记 $f_2(x)$ 除 $f_1(x)$ 所得出的余式,以 $-f_4(x)$ 记 $f_3(x)$ 除 $f_2(x)$ 所得出的余式,诸如此类,我们得到一系列的恒等式

$$
\begin{gathered}
f_1(x)=q_1(x)f_2(x)-f_3(x)\\
\vdots\\
f_{k-1}(x)=q_{k-1}(x)f_k(x)-f_{k+1}(x)\\
\vdots\\
f_{m-1}(x)=q_{m-1}(x)f_m(x)
\end{gathered}
\tag{7}
$$

其中最后一个不恒等于零的余式 $f_m(x)$ 是 $f(x)$ 与 $g(x)$ 的最大公因式,亦是构成这种序列(5)的所有函数的最大公因式.如果 $f_m(x) \neq 0(a<x<b)$,那么由式(7)得出的序列(5)适合条件 1° 与 2°,故为一个斯图姆序列.如果多项式 $f_m(x)$ 在区间 (a,b) 中有根,那么序列(5)是一个广义斯图姆序列,因为在全部项中除以因子 $f_m(x)$ 后就得出一个斯图姆序列.

从所证明的结果知道,任何有理函数 $R(x)$ 的指标都可以利用斯图姆定理来得出.对此只要将 $R(x)$ 表示为 $Q(x)+\frac{g(x)}{f(x)}$ 的形式,其中 $Q(x), f(x), g(x)$ 都是多项式而 $g(x)$ 的次数不大于 $f(x)$ 的次数.于是,如果构成 $f(x), g(x)$ 的广义斯图姆序列,那么就得出

$$I_a^b R(x)=I_a^b \frac{g(x)}{f(x)}=V(a)-V(b)$$

应用斯图姆定理可以定出多项式 $f(x)$ 在区间 (a,b) 中不同实根的个数,因为我们已经知道这个数目等于 $I_a^b \frac{f'(x)}{f(x)}$.

§3 路斯算法

1.路斯的问题是要定出实多项式 $f(z)$ 的位于右半平面中($\mathrm{Re}\, z>0$)的实根个数 k.

首先讨论 $f(x)$ 在虚轴上没有零点的情形.在右半平面中,以原点为圆心、R 为半径作半圆周来讨论这个半圆周与虚轴上线段所围成的区域(图 1).对于足够大的 R 可以使得多项式 $f(z)$ 的所有有正实数部分的 k 个零点都能在这个

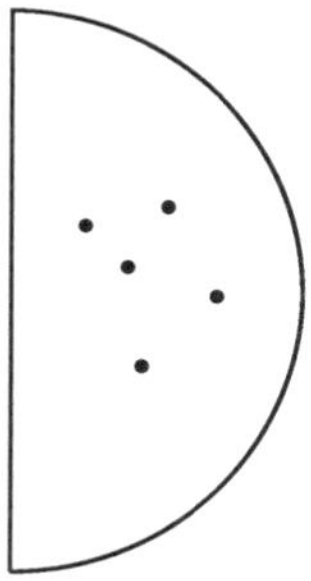

区域里面找到.所以 $\arg f(z)$ 在沿正方向绕闭路旋转一周后要增加 $2k\pi$[①].

另外,当 $R\to\infty$ 时,$\arg f(z)$ 沿半径为 R 的半圆周上转动后的增量由首项 a_0z^n 的辅角增量所定出,因而等于 $n\pi$.故对于 $\arg f(z)$ 沿虚轴($R\to\infty$)的增量得出表示式

$$\Delta_{-\infty}^{+\infty}\arg f(\mathrm{i}\omega)=(n-2k)\pi \tag{8}$$

图 1

引进不常用的多项式 $f(z)$ 的系数记数,即设

$$f(z)=a_0z^n+b_0z^{n-1}+a_1z^{n-2}+b_1z^{n-3}+\cdots\quad(a_0\neq 0)$$

于是,如果多项式 $f(z)$ 乘以任一复数

$$\frac{1}{\mathrm{i}^n}f(\mathrm{i}w)=f_1(w)-\mathrm{i}f_2(w) \tag{9}$$

其中

$$\begin{aligned}f_1(w)&=a_0w^n-a_1w^{n-2}+a_3w^{n-4}-\cdots\\ f_2(w)&=b_0w^{n-1}-b_1w^{n-3}+b_3w^{n-5}-\cdots\end{aligned} \tag{10}$$

按照路斯算法,利用柯西指标,那么公式(8)中的增量 $\Delta\arg f(\mathrm{i}w)$ 不变.从公式(4)与公式(9)求出

$$\frac{1}{n}\Delta_{-\infty}^{+\infty}\arg f(\mathrm{i}\omega)=-\frac{1}{\pi}\Delta_{-\infty}^{+\infty}\arctan\frac{f_2(w)}{f_1(w)}=I_{-\infty}^{+\infty}\frac{f_2(w)}{f_1(w)}$$

因此从公式(8)推出[②]

$$I_{-\infty}^{+\infty}\frac{b_0\omega^{n-1}-b_1\omega^{n-3}+\cdots}{a_0\omega^n-a_1\omega^{n-2}+\cdots}=n-2k \tag{11}$$

2.我们应用斯图姆定理(参考上节)来定出位于等式(11)的左边的指标.令

$$f_1(\omega)=a_0\omega^n-a_1\omega^{n-2}+\cdots,f_2(\omega)=b_0\omega^{n-1}-b_1\omega^{n-3}+\cdots \tag{11'}$$

根据路斯算法,我们利用欧几里得算法来构成广义斯图姆序列(参考上节)

$$f_1(\omega),f_2(\omega),f_3(\omega),\cdots,f_m(\omega) \tag{12}$$

现在讨论正则情形:$m=n+1$.在这一情形,序列(12)中每一个函数的次数

---

① 事实上,如果 $f(z)=a_0\prod_{i=1}^{n}(z-z_i)$,那么 $\Delta\arg f(z)=\sum_{i=1}^{n}\Delta\arg(z-z_i)$.如果点 z_i 在所讨论的区域中出现,那么 $\Delta\arg(z-z_i)=2\pi$;如果 z_i 在这个区域的外面,那么 $\Delta\arg(z-z_i)=0$.

② 事实上,如果 $f(z)=a_0\prod_{i=1}^{n}(z-z_0)$,那么 $\Delta\arg f(z)=\sum_{i=1}^{n}\Delta\arg(z-z_0)$.如果点 z_i 在所讨论区域内部,那么 $\Delta\arg(z-z_0)=2\pi$;如果点 z_i 在这个区域外部,那么 $\Delta\arg(z-z_0)=0$.

比其前一函数(如果有的话)的次数少 1,而其最后一个函数 $f_m(x)$ 的次数为零[①].

从欧几里得算法(参考式(6))知

$$f_3(\omega)=\frac{a_0}{b_0}f_2(\omega)-f_1(\omega)=c_0\omega^{n-2}-c_1\omega^{n-4}+c_2\omega^{n-6}-\cdots$$

其中

$$\begin{aligned}c_0&=a_1-\frac{a_0}{b_0}b_1=\frac{b_0a_1-a_0b_1}{b_0}\\ c_1&=a_2-\frac{a_0}{b_0}b_2=\frac{b_0a_2-a_0b_2}{b_0}\\ &\vdots\end{aligned}\tag{13}$$

同样地有

$$f_4(\omega)=\frac{b_0}{c_0}f_3(\omega)-f_2(\omega)=d_0\omega^{n-3}-d_1\omega^{n-5}+\cdots$$

其中

$$\begin{aligned}d_0&=b_1-\frac{b_0}{c_0}c_1=\frac{c_0b_1-b_0c_1}{c_0}\\ d_1&=b_2-\frac{b_0}{c_0}c_2=\frac{c_0b_2-b_0c_2}{c_0}\\ &\vdots\end{aligned}\tag{13'}$$

类似地可以定出其余多项式 $f_5(\omega),\cdots,f_{n+1}(\omega)$ 的系数.

此处每一个多项式

$$f_1(\omega),f_2(\omega),\cdots,f_{n+1}(\omega)\tag{14}$$

都是偶函数或奇函数,而且相邻的多项式永远有相反的奇偶性.

建立路斯表示式

$$\begin{cases}a_0,a_1,a_2,\cdots\\ b_0,b_1,b_2,\cdots\\ c_0,c_1,c_2,\cdots\\ d_0,d_1,d_2,\cdots\\ \qquad\vdots\end{cases}\tag{15}$$

在这个表示式中,由公式(13)(13′)知,每一行都可由其前两行用以下规则来定出:

从上面一行数减去下面一行的对应数与这个数的乘积,使得所得出的第一个差数等于零.删去这个等于零的差数,我们得出了所求的行.

---

① 在正则的情形,序列(12)是平常的(非广义的)斯图姆序列.

正则情形显然有以下性质，就是顺次应用这个规则所得出的序列

$$b_0, c_0, d_0, \cdots$$

中没有遇到一个等于零的数.

在图 2 与图 3 中我们指出当 n 为偶数($n=6$) 与 n 为奇数($n=7$) 时路斯表示式的框架. 此处以点标出表式中的元素.

图 2

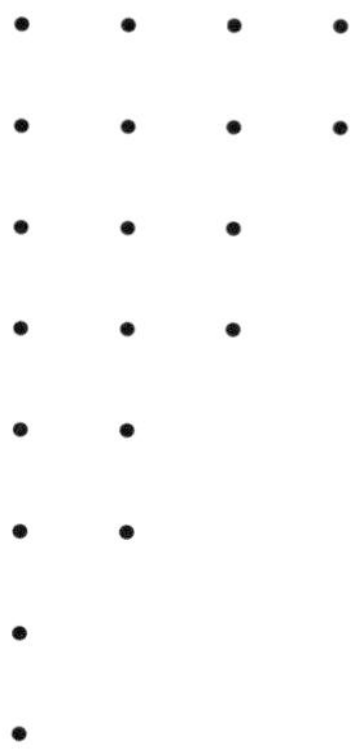

图 3

在正则情形，多项式 $f_1(\omega)$ 与 $f_2(\omega)$ 的最大公因式 $f_{n+1}(\omega) \neq 0$. 所以这些多项式不能同时变为零，亦即当 ω 为一实数时，$f(\mathrm{i}\omega) = U(\omega) + \mathrm{i}V(\omega) \neq 0$. 故在正则情形，公式(10) 成立.

对这个公式的左边在区间$(-\infty, +\infty)$中应用斯图姆定理且此时应用序列(14)，我们根据式(11) 得出

$$V(-\infty) - V(+\infty) = n - 2k \tag{16}$$

在这种情形下①

$$V(+\infty) = V(a_0, b_0, c_0, d_0, \cdots)$$

而

$$V(-\infty) = n - V(+\infty) \tag{17}$$

从等式(16) 与式(17) 我们得出

$$k = V(a_0, b_0, c_0, d_0, \cdots) \tag{18}$$

对正则情形我们证明了：

定理 2(路斯) 实多项式 $f(z)$ 位于右半平面($\mathrm{Re}\, z > 0$) 的根的个数等于路斯表示式第一列的变号数.

---

① 当 $\omega = +\infty$ 时，$f_k(\omega)$ 的符号与其首项系数相同，而当 $\omega = -\infty$ 时，与首项系数的符号相差一个因子$(-1)^{n-k+1}$ $(k = 1, 2, \cdots, n+1)$.

3. 讨论重要的特殊情形，就是 $f(z)$ 的全部根都有负实数部分（“稳定性情形”）. 在这种情形下，多项式 $f(z)$ 没有纯虚根，因而公式(11) 成立，从而公式(16) 也成立. 因为 $k=0$，公式(16) 可以写为

$$V(-\infty)-V(+\infty)=n \tag{19}$$

但是 $0\leqslant V(-\infty)\leqslant m-1\leqslant n$ 与 $0\leqslant V(+\infty)\leqslant m-1\leqslant n$. 所以等式(19) 只有在 $m=n+1$（正则情形）时才有可能成立，此时 $V(+\infty)=0, V(-\infty)=m-1=n$. 那么由公式(18) 得出：

路斯判定 实多项式 $f(z)$ 的全部根都有负实数部分的充分必要条件是在施行路斯算法时，所得出的路斯表示式中第一列的全部元素都不等于零而且是同号的.

4. 在建立路斯定理时所根据的是公式(10). 以后我们需要推广这个公式. 公式(10) 是根据在多项式 $f(z)$ 没有根在虚轴上这个假设来得出的. 我们来证明，在一般的情形中，多项式 $f(z)=a_0z^n+b_0z^{n-1}+a_1z^{n-2}+\cdots+(a_0\neq 0)$ 有 k 个根在右半平面中，s 个根在虚轴上时，公式(10) 要换为公式

$$I_{-\infty}^{+\infty}\frac{b_0\omega^{n-1}-b_1\omega^{n-3}+b_2\omega^{n-5}-\cdots}{a_0\omega^n-a_1\omega^{n-2}+a_2\omega^{n-4}-\cdots}=n-2k-s \tag{20}$$

事实上

$$f(z)=d(z)f^*(z)$$

其中实多项式 $d(z)=z^s+\cdots$ 有 s 个根在虚轴上，而多项式 $f^*(z)$ 没有这样的根且其次数等于 $n^*=n-s$. 设

$$\frac{1}{\mathrm{i}^n}f(\mathrm{i}\omega)=f_1(\omega)-\mathrm{i}f_2(\omega),\ \mathrm{i}^{\frac{1}{(n-s)}}f^*(\mathrm{i}\omega)=f_1^*(\mathrm{i}\omega)-\mathrm{i}f_2^*(\mathrm{i}\omega)$$

则

$$f_1(\omega)-\mathrm{i}f_2(\omega)=\frac{1}{\mathrm{i}^s}d(\mathrm{i}\omega)[f_1^*(\mathrm{i}\omega)-\mathrm{i}f_2^*(\mathrm{i}\omega)]$$

因为 $\frac{1}{\mathrm{i}^n}, d(\mathrm{i}\omega)$ 是 ω 的实多项式，所以

$$\frac{U(\omega)}{V(\omega)}=\frac{U^*(\omega)}{V^*(\omega)}$$

因为在这一情形，n 与 n^* 有相同的奇偶性，所以，应用等式(8′) 与(8″) 及记法(11)，我们得出

$$\frac{f_2(\omega)}{f_1(\omega)}=\frac{f_2^*(\omega)}{f_1^*(\omega)}$$

将公式(10) 应用于多项式 $f^*(z)$，得出

$$I_{-\infty}^{+\infty}\frac{f_2(\omega)}{f_1(\omega)}=I_{-\infty}^{+\infty}\frac{f_2^*(\omega)}{f_1^*(\omega)}=n^*-2k=n-2k-s$$

这就是所要证明的结果[①].

§4 特殊情形的例子

1. 在上节中我们所讨论的是正则情形,在填写路斯表示式时没有一个数 $b_0, c_0, d_0, \cdots$ 能等于零.

现在转移到特殊情形的讨论,此时在数列 $b_0, c_0, \cdots$ 中我们遇到一个数 $h_0 = 0$. 路斯算法到出现 h_0 的这一行后就要停止,因为要得出它下面的一行必须用 h_0 来作除数.

特殊情形有两种可能的类型:

1° 在出现 h_0 的这一行中有不等于零的数. 这说明在序列(12)的某一项,次数的降低要比 1 多.

2° 含有 h_0 的这个行中的数全部同时等于零. 那么这一行是第 $m+1$ 行,其中 m 是广义斯图姆序列(4)的项数. 在这一情形,序列(12)中函数的次数逐一降低一次,但是最后的函数 $f_m(\omega)$ 的次数都大于零. 在两种情形中序列(12)的函数个数都是 $m < n+1$.

对于这两种情形,平常的路斯算法都不能进行,路斯给予特殊的规则在情形 1°,2° 中来继续得出它的表式.

2. 在情形 1° 根据路斯的方法将 $h_0=0$ 换为"微小的"值 ε,它有确定的(但是任意的)符号,而后继续完成其表式. 此处,表式第一列中以后的元素都是 ε 的有理函数. 由 ε 的符号及其"微小性"可以确定这些元素的符号. 如果在这些元素中有某一元素变成了对 ε 恒等于零,那么我们换这个元素为另外一个微小值 η 再来继续进行我们的算法.

例 1 $f(z) = z^4 + z^3 + 2z^2 + 2z + 1$ 的路斯表示式(有微小参数 ε)

$1, 2, 1$

$1, 2$

$\varepsilon, 1$ $\qquad\qquad k = V\left(1, 1, \varepsilon, 2 - \dfrac{1}{\varepsilon}, 1\right) = 2$

$2 - \dfrac{1}{\varepsilon}$

1

---

① 请读者注意弗埃多的论文 *Un nuovo problema di stabilità per le equazioni algebriche a coefficient reali*(1953)所含的有趣的广义路斯判定. 这里建立了含系数 a_i 的一切多项式 $f(z) = a_0 z^n + a_1 z^{n-1} + \cdots + a_n$ 的根的充分条件,a_i 在给定区间$[\underline{a_i}, \overline{a_i}]$($i = 0, 1, \cdots, x$;$\underline{a_0} < 0$)中变动,同时一切根有负实部.

根据这个表式中元素经过修改的特殊方法得出以下诸性质：

因为我们假设没有第二种类型的特殊性，所以函数 $f_1(\omega)$ 与 $f_2(\omega)$ 是互质的. 故知多项式 $f(z)$ 在虚轴上没有根.

在路斯表示式中所有元素都可经前两行中元素有理表出，亦可由所给予多项式的系数用有理数表出. 但不难看出，从公式(13)(13′)与以后诸行的类似公式知道，已给予路斯表示式中任何相邻两个元素的值与其以前诸行的第一个元素值后，我们可以把位于前面两行的所有数，亦即原始多项式的系数，由这些所给予值的有理整式全部表出. 例如，所有 a,b 可以用量

$$a_0, b_0, c_0, \cdots, h_0, h_1, h_2, \cdots, g_0, g_1, g_2, \cdots$$

的有理整函数来表出.

故换 $h_0=0$ 为 ε 后，我们实际上变动了原来的多项式. 我们已经换 $f(z)$ 的表示式为多项式 $F(z,\varepsilon)$ 的路斯表示式，其中 $F(z,\varepsilon)$ 是 z 与 ε 的有理整函数且当 $\varepsilon=0$ 时变为 $f(z)$. 因为多项式 $F(z,\varepsilon)$ 的根是参数 ε 的连续函数且当 $\varepsilon=0$ 时没有根在虚轴上，所以对于模很小的 ε 值，在右半平面中根的个数 k 对于多项式 $F(z,\varepsilon)$ 与 $F(z,0)=f(z)$ 是相同的.

3. 转移到第二种类型的特殊性的讨论. 设在路斯表示式中

$$a_0 \neq 0, b_0 \neq 0, \cdots, e_0 \neq 0, h_0 = 0, h_1 = 0, h_2 = 0, \cdots$$

在这一情形，广义斯图姆序列(12)中最后一个多项式有以下形式

$$f_m(\omega) = e_0\omega^{n-m+1} - e_1\omega^{n-m-1} + \cdots$$

路斯建议换零式 $f_{m+1}(\omega)$ 为 $f'_m(\omega)$，亦即换写零值 $h_0, h_1, \cdots$ 为对应系数

$$(n-m+1)e_0, (n-m-1)e_1, \cdots$$

而后继续我们的算法.

这个规则的论证如下：

按照公式(20)

$$I_{-\infty}^{+\infty} \frac{f_2(\omega)}{f_1(\omega)} = n - 2k - s$$

$f(z)$ 在虚轴上的 s 个根与多项式 $f_m(\omega)$ 的实根相同. 因此如果这些实根都是单重根，那么(参考本节，§ 2)

$$I_{-\infty}^{+\infty} \frac{f'_m(\omega)}{f_m(\omega)} = s$$

故有

$$I_{-\infty}^{+\infty} \frac{f_2(\omega)}{f_1(\omega)} + I_{-\infty}^{+\infty} \frac{f'_m(\omega)}{f_m(\omega)} = n - 2k$$

这个公式说明，对于路斯表示式的不足部分可以用多项式 $f_m(\omega)$ 与 $f'_m(\omega)$ 的路斯表示式来加以补足. 用多项式 $f'_m(\omega)$ 的系数来代替路斯表示式中零行的元素.

如果 $f_m(\omega)$ 的根不是全为单重的，那么以 $d(\omega)$ 记 $f_m(\omega)$ 与 $f'_m(\omega)$ 的最大公因式，以 $e(\omega)$ 记 $d(\omega)$ 与 $d'(\omega)$ 的最大公因式，诸如此类，我们将有

$$I_{-\infty}^{+\infty}\frac{f'_m(\omega)}{f_m(\omega)}+I_{-\infty}^{+\infty}\frac{d'(\omega)}{d(\omega)}+I_{-\infty}^{+\infty}\frac{e'(\omega)}{e(\omega)}+\cdots=s$$

这样一来，如果路斯表示式的不足部分用 $f_m(\omega)$ 与 $f'_m(\omega)$，$d(\omega)$ 与 $d'(\omega)$，$e(\omega)$ 与 $e'(\omega)$ 等的路斯表示式来补足，亦即用路斯规则来消去第二种类型的特殊性，那么就能求出未知数 k.

例 2 $f(z)=z^{10}+z^9-z^8-2z^7+z^6+3z^5+z^4-2z^3-z^2+z+1$ 的路斯表示式

$$\begin{array}{lllllll}
\omega^{10} & 1 & -1 & 1 & 1 & -1 & 1\\
\omega^{9} & 1 & -2 & 3 & -2 & 1 & \\
\omega^{8} & 1 & -2 & 3 & -2 & 1 & \\
\omega^{7} & \begin{cases}8\\2\end{cases} & \begin{matrix}-12\\-3\end{matrix} & \begin{matrix}12\\3\end{matrix} & \begin{matrix}-4\\-1\end{matrix} & & \\
\omega^{6} & -1 & 3 & -3 & 2 & & \\
\omega^{5} & \begin{cases}3\\1\end{cases} & \begin{matrix}-3\\-1\end{matrix} & \begin{matrix}3\\1\end{matrix} & & & \\
\omega^{4} & \begin{cases}2\\1\end{cases} & \begin{matrix}-2\\-1\end{matrix} & \begin{matrix}2\\1\end{matrix} & & & \\
\omega^{3} & \begin{cases}4\\2\end{cases} & \begin{matrix}-2\\-1\end{matrix} & & & & \\
\omega^{2} & -1 & 2 & & & & \\
\omega & 1 & & & & & \\
\omega^{0} & \begin{cases}2\\1\end{cases} & & & & &
\end{array}$$

$$k=\mathbf{V}(1,1,1,2,-1,1,1,1,2,-1,1,1)=4$$

注 只要不变第一列中元素的符号，那么任一行的所有的元素可以乘以同一数，这一注释在构造路斯表示式时是很有用的.

4. 但是两种路斯规则的应用不可能对于所有的情形都定出数 k. 第一种规则(引进微小参数 $\varepsilon,\eta,\cdots$) 只有在多项式 $f(z)$ 没有根在虚轴上才能应用.

如果多项式 $f(z)$ 有根在虚轴上，那么变动参数 ε 时，这些根的某几个可能转到右半平面上，因而改变了数 k.

例 3 $f(z)=z^6+z^5+3z^4+3z^3+3z^2+2z+1$ 的路斯表示式

$$\begin{array}{llll}
\omega^{6} & 1 & 3 & 3 & 1\\
\omega^{5} & 1 & 3 & 2 & \\
\omega^{4} & \varepsilon & 1 & 1 &
\end{array}$$

$$
\begin{array}{llll}
\omega^3 & 3-\dfrac{1}{\varepsilon} & 2-\dfrac{1}{\varepsilon} & \left(u=2-\dfrac{1}{\varepsilon}-\dfrac{3-\dfrac{1}{\varepsilon}}{1-\dfrac{2\varepsilon-1}{3-\dfrac{1}{\varepsilon}}}=-\varepsilon+\cdots\right) \\
\omega^2 & 1-\dfrac{2\varepsilon-1}{3-\dfrac{1}{\varepsilon}} & 1 & \\
\omega & u & & V\left(1,1,\varepsilon,3-\dfrac{1}{\varepsilon},1,-\varepsilon,-1\right)=\begin{cases}4, & 如果\ \varepsilon>0\\ 2, & 如果\ \varepsilon<0\end{cases} \\
\omega^0 & 1 & &
\end{array}
$$

何者等于数 k,仍然是一个问题.

在一般的情形,当 $f(z)$ 有根在虚轴上时,可以用以下方法来处理:

设 $f(z)=F_1(z)+F_2(z)$,其中

$$F_1(z)=a_0z^n+a_1z^{n-2}+\cdots,F_2(z)=b_0z^{n-1}+b_1z^{n-3}+\cdots$$

再求出多项式 $F_1(z)$ 与 $F_2(z)$ 的最大公因式 $d(z)$,那么 $f(z)=d(z)f^*(z)$.

如果 $f(z)$ 有这样的根 z,使得 $-z$ 仍为 $f(z)$ 的根(所有虚轴上的根都有这种性质),那么由 $f(z)=0$ 与 $f(-z)=0$ 得出:$F_1(z)=0$ 与 $F_2(z)=0$,亦即 z 是 $d(z)$ 的根.所以多项式 $f^*(z)$ 没有这样的根 z 使得 $-z$ 亦是 $f^*(z)$ 的根.

此时

$$k=k_1+k_2$$

其中 k_1 与 k_2 是多项式 $f^*(z)$ 与 $d(z)$ 的位于右半平面的根的个数;k_1 可以用路斯算法来定出,而 $k_2=\dfrac{q-s}{2}$,其中 q 为 $d(z)$ 的次数,s 为多项式 $d(\mathrm{i}w)$[①] 的实根个数.

在后一例子中

$$d(z)=z^2+1,f^*(z)=z^4+z^3+2z^2+2z+1$$

所以(参考本节的第一个例子)此处有 $k_2=0,k_1=2$,因而

$$k=2$$

§5 李雅普诺夫定理

阿·蒙·李雅普诺夫在1892年刊出的一篇专门论文《关于运动稳定性的一般问题》中,推出这样的定理:给出使得实矩阵 $\boldsymbol{A}=(a_{ik})_1^n$ 的特征方程 $|\lambda\boldsymbol{E}-\boldsymbol{A}|=0$ 的全部根有负实数部分的充分必要条件.因为任何多项式 $f(\lambda)=a_0\lambda^n+$

① $d(\mathrm{i}w)$ 是一个实多项式或在约去 i 后是一个实多项式.它的实根数可以用斯图姆定理来定出.

$a_1\lambda^{n-1}+\cdots+a_n(a_0\neq 0)$ 都可以表示为特征行列式 $|\lambda\boldsymbol{E}-\boldsymbol{A}|$[①] 的形式,所以李雅普诺夫定理有其一般性,即对于任何代数方程 $f(\lambda)=0$ 都能成立.

设已给予实矩阵 $\boldsymbol{A}=(a_{ik})_1^n$ 与关于变数 $x_1,x_2,\cdots,x_n$ 的 m 维齐次多项式

$$\boldsymbol{V}(\underbrace{\boldsymbol{x},\boldsymbol{x},\cdots,\boldsymbol{x}}_{m})\quad(\boldsymbol{x}=(x_1,x_2,\cdots,x_n))$$

假设 $\boldsymbol{x}$ 是微分方程

$$\frac{\mathrm{d}\boldsymbol{x}}{\mathrm{d}t}=\boldsymbol{A}\boldsymbol{x}$$

的解,我们来求函数 $\boldsymbol{V}(\boldsymbol{x},\boldsymbol{x},\cdots,\boldsymbol{x})$ 对 t 的导数. 此时

$$\frac{\mathrm{d}}{\mathrm{d}t}\boldsymbol{V}(\boldsymbol{x},\boldsymbol{x},\cdots,\boldsymbol{x})=\boldsymbol{V}(\boldsymbol{A}\boldsymbol{x},\boldsymbol{x},\cdots,\boldsymbol{x})+\boldsymbol{V}(\boldsymbol{x},\boldsymbol{A}\boldsymbol{x},\cdots,\boldsymbol{x})+\cdots+$$

$$\boldsymbol{V}(\boldsymbol{x},\boldsymbol{x},\cdots,\boldsymbol{A}\boldsymbol{x})=\boldsymbol{W}(\boldsymbol{x},\boldsymbol{x},\cdots,\boldsymbol{x})\tag{21}$$

其中 $\boldsymbol{W}(\boldsymbol{x},\boldsymbol{x},\cdots,\boldsymbol{x})$ 仍然是关于 $x_1,x_2,\cdots,x_n$ 的 m 维齐次多项式. 等式(21) 定出一个线性算子 $\hat{A}$,化每一个 m 维齐次多项式 $\boldsymbol{V}(\boldsymbol{x},\boldsymbol{x},\cdots,\boldsymbol{x})$ 为同一维数 m 的某一齐次多项式 $\boldsymbol{W}(\boldsymbol{x},\boldsymbol{x},\cdots,\boldsymbol{x})$

$$\boldsymbol{W}=\hat{A}(\boldsymbol{V})$$

我们只讨论 $m=2$ 的情形[②]. 在这一情形,$\boldsymbol{V}(\boldsymbol{x},\boldsymbol{x})$ 与 $\boldsymbol{W}(\boldsymbol{x},\boldsymbol{x})$ 是变数 x_1, $x_2,\cdots,x_n$ 的二次型,它们中间有等式关系

$$\frac{\mathrm{d}}{\mathrm{d}t}\boldsymbol{V}(\boldsymbol{x},\boldsymbol{x})=\boldsymbol{V}(\boldsymbol{A}\boldsymbol{x},\boldsymbol{x})+\boldsymbol{V}(\boldsymbol{x},\boldsymbol{A}\boldsymbol{x})=\boldsymbol{W}(\boldsymbol{x},\boldsymbol{x})\tag{22}$$

所以[③]

$$\boldsymbol{W}=\boldsymbol{A}(\boldsymbol{V})=\boldsymbol{A}'\boldsymbol{V}+\boldsymbol{V}\boldsymbol{A}\tag{23}$$

此处 $\boldsymbol{V}=(v_{ik})_1^n$,$\boldsymbol{W}=(w_{ik})_1^n$ 是分别由二次型 $\boldsymbol{V}(\boldsymbol{x},\boldsymbol{x})$ 与 $\boldsymbol{W}(\boldsymbol{x},\boldsymbol{x})$ 的系数所构成的对称矩阵. 在 n 阶矩阵空间 V 中,线性算子 $\hat{A}$ 由已知矩阵 $\boldsymbol{A}=(a_{ik})_1^n$ 所完全确定.

如果 $\lambda_1,\lambda_2,\cdots,\lambda_n$ 是矩阵 $\boldsymbol{A}$ 的特征数,那么算子 $\hat{A}$ 的每一个特征数都可表示为 $\lambda_i+\lambda_k$ 的形式 $(1\leqslant i,k\leqslant n)$.

---

① 例如对此只需设

$$\boldsymbol{A}=\begin{pmatrix}0&0&\cdots&0&-\frac{a_n}{a_0}\\1&0&\cdots&0&-\frac{a_n-1}{a_0}\\\vdots&\vdots&&\vdots&\vdots\\0&0&\cdots&1&-\frac{a_1}{a_0}\end{pmatrix}$$

② 阿·蒙·李雅普诺夫建立了他的关于任何正整数 m 的定理(参考下面的定理 3).

③ 因为 $\boldsymbol{V}(\boldsymbol{x},\boldsymbol{y})=\boldsymbol{x}\boldsymbol{V}\boldsymbol{y}$.

事实上，令 $\boldsymbol{u}_k$ 是对应于特征数 λ_k 的矩阵 $\boldsymbol{A}'$ 的特征列向量，即 $\boldsymbol{A}\boldsymbol{u}_k=\lambda_k\boldsymbol{u}_k$ $(\boldsymbol{u}_k\neq\boldsymbol{0})$，并令 $v_{ik}=\boldsymbol{u}_i\boldsymbol{u}'_k$，则

$$\hat{A}v_{ik}=\boldsymbol{A}'\boldsymbol{u}_i\boldsymbol{u}'_k+\boldsymbol{u}_i\boldsymbol{u}'_k\boldsymbol{A}=(\boldsymbol{A}'\boldsymbol{u}_i)\boldsymbol{u}'_k+\boldsymbol{u}_i(\boldsymbol{A}'\boldsymbol{u}_k)'=$$
$$(\lambda_i+\lambda_k)\boldsymbol{u}_i\boldsymbol{u}'_k=(\lambda_i+\lambda_k)v_{ik}\quad(i,k=1,2,\cdots,n)\tag{23'}$$

如果所有的值 $(\lambda_i+\lambda_k)(i,k=1,2,\cdots,n)$ 都不同，那么从等式(23′)推出，这些值构成一个算子 $\hat{A}$ 的特征数完全组.

从上述情形利用连续性的想法得出和 $\lambda_i+\lambda_k$ 相等时的一般情形.

从所证明的命题推出，算子 $\hat{A}$ 是满秩的，矩阵 $\boldsymbol{A}=(a_{ik})_1^n$ 没有零特征数与两个互相反号的特征数. 在这种情形下，矩阵 $\boldsymbol{W}$ 的表示式唯一地确定了式(23)中的矩阵 $\boldsymbol{V}$.

这样一来，如果矩阵 $\boldsymbol{A}=(a_{ik})_1^n$ 没有零特征数与两个互相反号的特征数，那么每一个二次型 $\boldsymbol{W}(\boldsymbol{x},\boldsymbol{x})$ 对应于一个且只对应于一个二次型 $\boldsymbol{V}(\boldsymbol{x},\boldsymbol{x})$. $\boldsymbol{W}(\boldsymbol{x},\boldsymbol{x})$ 与 $\boldsymbol{V}(\boldsymbol{x},\boldsymbol{x})$ 之间有等式(22)的关系.

现在我们来叙述李雅普诺夫定理.

定理 3(李雅普诺夫)　如果实矩阵 $\boldsymbol{A}=(a_{ik})_1^n$ 的全部特征数都有负实数部分，那么任何负定二次型 $\boldsymbol{W}(\boldsymbol{x},\boldsymbol{x})$ 都对应于正定二次型 $\boldsymbol{V}(\boldsymbol{x},\boldsymbol{x})$，且方程

$$\frac{\mathrm{d}\boldsymbol{x}}{\mathrm{d}t}=\boldsymbol{A}\boldsymbol{x}\tag{24}$$

以等式

$$\frac{\mathrm{d}}{\mathrm{d}t}\boldsymbol{V}(\boldsymbol{x},\boldsymbol{x})=\boldsymbol{W}(\boldsymbol{x},\boldsymbol{x})\tag{25}$$

与 $\boldsymbol{V}(\boldsymbol{x},\boldsymbol{x})$ 相联系. 反之，如果对于某一负定型 $\boldsymbol{W}(\boldsymbol{x},\boldsymbol{x})$ 都有一个正定型 $\boldsymbol{V}(\boldsymbol{x},\boldsymbol{x})$ 存在，方程(24)以等式(25)与 $\boldsymbol{W}(\boldsymbol{x},\boldsymbol{x})$ 相联系，那么矩阵 $\boldsymbol{A}=(a_{ik})_1^n$ 的所有特征数都有负实数部分.

证明　设矩阵 $\boldsymbol{A}$ 的全部特征数都有负实数部分. 那么对于方程组(24)的任一解 $\boldsymbol{x}=\mathrm{e}^{\boldsymbol{A}t}\boldsymbol{x}_0$ 都有：$\lim\limits_{t\to+\infty}\boldsymbol{x}=\boldsymbol{0}$①. 设二次型 $\boldsymbol{V}(\boldsymbol{x},\boldsymbol{x})$ 与 $\boldsymbol{W}(\boldsymbol{x},\boldsymbol{x})$ 间有公式(24)相联系而且 $\boldsymbol{W}(\boldsymbol{x},\boldsymbol{x})<0(\boldsymbol{x}\neq\boldsymbol{0})$②.

我们假设，对于某一个 $\boldsymbol{x}_0\neq\boldsymbol{0}$ 有

$$\boldsymbol{V}_0=\boldsymbol{V}(\boldsymbol{x}_0,\boldsymbol{x}_0)\leqslant 0$$

---

① 参考第 5 章，§ 6.

② 型 $\boldsymbol{W}(\boldsymbol{x},\boldsymbol{x})$ 是任意给定的. 型 $\boldsymbol{V}(\boldsymbol{x},\boldsymbol{x})$ 由条件(25)所唯一确定，因为在所给予的情形，矩阵 $\boldsymbol{A}$ 没有零特征数与两个互相反号的特征数.

但是$\frac{\mathrm{d}}{\mathrm{d}t}\boldsymbol{V}(\boldsymbol{x},\boldsymbol{x})=\boldsymbol{W}(\boldsymbol{x},\boldsymbol{x})<0(\boldsymbol{x}=\mathrm{e}^{\boldsymbol{A}t}\boldsymbol{x}_0)$. 所以当$t>0$时,值$\boldsymbol{V}(\boldsymbol{x},\boldsymbol{x})$是负的而且当$t\to+\infty$时减小,这就与等式$\lim\limits_{t\to+\infty}\boldsymbol{V}(\boldsymbol{x},\boldsymbol{x})=\lim\limits_{\boldsymbol{x}\to 0}\boldsymbol{V}(\boldsymbol{x},\boldsymbol{x})=0$相矛盾. 因此,在$\boldsymbol{x}\neq\boldsymbol{0}$时有$\boldsymbol{V}(\boldsymbol{x},\boldsymbol{x})>0$,亦即$\boldsymbol{V}(\boldsymbol{x},\boldsymbol{x})$是一个正定二次型.

2. 相反地,设在等式(25)中

$$\boldsymbol{W}(\boldsymbol{x},\boldsymbol{x})<0,\boldsymbol{V}(\boldsymbol{x},\boldsymbol{x})>0\quad(\boldsymbol{x}\neq\boldsymbol{0})$$

由等式(25)得出

$$\boldsymbol{V}(\boldsymbol{x},\boldsymbol{x})=\boldsymbol{V}(\boldsymbol{x}_0,\boldsymbol{x}_0)+\int_0^t\boldsymbol{W}(\boldsymbol{x},\boldsymbol{x})\mathrm{d}t\quad(\boldsymbol{x}=\mathrm{e}^{\boldsymbol{A}t}\boldsymbol{x}_0)\tag{25'}$$

我们来证明,对于任意$\boldsymbol{x}_0\neq\boldsymbol{0}$,列$\boldsymbol{x}=\mathrm{e}^{\boldsymbol{A}t}\boldsymbol{x}_0$对于某些足够大的值$t>0$将任意接近于零. 假使情形是相反的. 那么有这样的数$\nu>0$存在,使得

$$\boldsymbol{W}(\boldsymbol{x},\boldsymbol{x})<-\nu<0\quad(\boldsymbol{x}=\mathrm{e}^{\boldsymbol{A}t}\boldsymbol{x}_0,\boldsymbol{x}_0\neq\boldsymbol{0};t>0)$$

但是此时由式(25′)有

$$\boldsymbol{V}(\boldsymbol{x},\boldsymbol{x})<\boldsymbol{V}(\boldsymbol{x}_0,\boldsymbol{x}_0)-\nu t$$

因而对于某一足够大的值t有$\boldsymbol{V}(\boldsymbol{x},\boldsymbol{x})<0$,这同我们的条件产生矛盾.

从所证明的结果知道对于某些足够大的值t,值$\boldsymbol{V}(\boldsymbol{x},\boldsymbol{x})(\boldsymbol{x}=\mathrm{e}^{\boldsymbol{A}t}\boldsymbol{x}_0,\boldsymbol{x}_0\neq\boldsymbol{0})$将任意接近于零. 但$\boldsymbol{V}(\boldsymbol{x},\boldsymbol{x})$当$t>0$时是单调递减的,因为$\frac{\mathrm{d}}{\mathrm{d}t}\boldsymbol{V}(\boldsymbol{x},\boldsymbol{x})=\boldsymbol{W}(\boldsymbol{x},\boldsymbol{x})<0$. 所以有$\lim\limits_{t\to+\infty}\boldsymbol{V}(\boldsymbol{x},\boldsymbol{x})=0$.

因此推知对于任何$\boldsymbol{x}_0\neq\boldsymbol{0}$都有$\lim\limits_{t\to+\infty}\mathrm{e}^{\boldsymbol{A}t}\boldsymbol{x}_0=\boldsymbol{0}$,亦即$\lim\limits_{t\to+\infty}\mathrm{e}^{\boldsymbol{A}t}=\boldsymbol{0}$. 这只有当矩阵$\boldsymbol{A}$的全部特征数有负实数部分时才能成立(参考第5章,§6).

定理得证.

在李雅普诺夫定理中可以取任何负定型作为型$\boldsymbol{W}(\boldsymbol{x},\boldsymbol{x})$,特别地,可以取型$-\sum\limits_{i=1}^{n}x_i^2$. 在这一情形我们的定理容许以下矩阵说法:

定理3′ 矩阵$\boldsymbol{A}=(a_{ik})_1^n$的全部特征数都有负实数部分的充分必要条件是矩阵方程

$$\boldsymbol{A}'\boldsymbol{V}+\boldsymbol{V}\boldsymbol{A}=-\boldsymbol{E}\tag{26}$$

有一个解$\boldsymbol{V}$,它是某一个正定二次型$\boldsymbol{V}(\boldsymbol{x},\boldsymbol{x})>0$的系数矩阵.

从所证明的定理推得用其线性近似式来定出非线性方程组的稳定性的李雅普诺夫的著名判定.

假设要在以下情形证明非线性微分方程组(1)(本章,§1)的零解的渐近稳定性:方程右边线性项的系数$a_{ik}(i,k=1,2,\cdots,n)$所构成的矩阵$\boldsymbol{A}=(a_{ik})_1^n$只有具有负实数部分的特征数. 那么用矩阵方程(26)所定出正定型$\boldsymbol{V}(\boldsymbol{x},\boldsymbol{x})$假设是完全任意的,其中$\boldsymbol{x}=(x_1,x_2,\cdots,x_n)$是所给予方程组(1)的解,我们有

$$\frac{\mathrm{d}}{\mathrm{d}t}\boldsymbol{V}(\boldsymbol{x},\boldsymbol{x})=-\sum_{i=1}^{n}x_i^2+R(x_1,x_2,\cdots,x_n)$$

其中 $R(x_1,x_2,\cdots,x_n)$ 是含有 $x_1,x_2,\cdots,x_n$ 的三次与更高次项的级数. 故在点 $(0,0,\cdots,0)$ 的某一足够小的邻域中,对于任何 $\boldsymbol{x}\neq\boldsymbol{0}$,同时有

$$\boldsymbol{V}(\boldsymbol{x},\boldsymbol{x})>0,\frac{\mathrm{d}}{\mathrm{d}t}\boldsymbol{V}(\boldsymbol{x},\boldsymbol{x})<0$$

根据李雅普诺夫广义稳定性判定推得微分方程组的零解的渐近稳定性.

如果从矩阵方程(26) 中把矩阵 $\boldsymbol{V}$ 的元素用矩阵 $\boldsymbol{A}$ 的元素来表出且将得出的表示式代入不等式

$$v_{11}>0,\begin{vmatrix} v_{11} & v_{12} \\ v_{21} & v_{22}\end{vmatrix}>0,\cdots,\begin{vmatrix} v_{11} & v_{12} & \cdots & v_{1n} \\ v_{21} & v_{22} & \cdots & v_{2n} \\ \vdots & \vdots & & \vdots \\ v_{n1} & v_{n2} & \cdots & v_{nn}\end{vmatrix}>0$$

中,那么我们得出使矩阵 $\boldsymbol{A}=(a_{ik})_1^n$ 的特征数都有负实数部分时,矩阵 $\boldsymbol{A}$ 的元素所应当适合的不等式. 这些不等式的简单形式可以从路斯－胡尔维茨判定来得出,这将在下节中述及.

注　李雅普诺夫定理 3 和 3′ 可以直接推广到任意复矩阵 $\boldsymbol{A}=(a_{ik})_1^n$ 的情形. 此时要换二次型 $\boldsymbol{V}(\boldsymbol{x},\boldsymbol{x})$ 与 $\boldsymbol{W}(\boldsymbol{x},\boldsymbol{x})$ 为埃尔米特型

$$\boldsymbol{V}(\boldsymbol{x},\boldsymbol{x})=\sum_{i,k=1}^{n}v_{ik}\overline{x}_i x_k,\boldsymbol{W}(\boldsymbol{x},\boldsymbol{x})=\sum_{i,k=1}^{n}w_{ik}\overline{x}_i x_k$$

根据这一点,矩阵方程(26) 要换为方程

$$\boldsymbol{A}^*\boldsymbol{V}+\boldsymbol{V}\boldsymbol{A}=-\boldsymbol{E}\quad(\boldsymbol{A}^*=\overline{\boldsymbol{A}}')$$

§6　路斯－胡尔维茨定理

在上节中已经叙述了利用路斯的非常简单的方法来定出实多项式在右半平面中根的个数 k,此时多项式的系数是已知的具体数. 如果多项式的系数与参数有关且要定出对于参数的什么值可以使得数 k 有这个值或那个值,特别是有值 0(稳定性范围)[①],那么需要用由已知多项式的系数所表出的值 $c_0,d_0,\cdots$ 的具体表示式. 解决这个问题后,我们就得到判定数 k 的方法,特别是由胡尔维茨所建立的这种稳定性判定.

仍旧讨论多项式

$$f(z)=a_0z^n+b_0z^{n-1}+a_1z^{n-2}+b_1z^{n-3}+\cdots\quad(a_0\neq 0)$$

称以下 n 阶方阵为胡尔维茨矩阵

---

① 就是对于新的机械或电力调整系统的设计所需要的.

$$
\boldsymbol{H}=\begin{pmatrix}
b_0 & b_2 & b_2 & \cdots & b_{n-1} \\
a_0 & a_1 & a_2 & \cdots & a_{n-1} \\
0 & b_0 & b_1 & \cdots & b_{n-2} \\
0 & a_0 & a_1 & \cdots & a_{n-2} \\
0 & 0 & b_0 & \cdots & b_{n-3} \\
\vdots & \vdots & \vdots & & \vdots
\end{pmatrix}
\quad
\left(\begin{array}{l}
\text{当 } k>\left[\dfrac{n}{2}\right] \text{时}, a_k=0 \\
\text{当 } k>\left[\dfrac{n-1}{2}\right] \text{时}, b_k=0
\end{array}\right)
\tag{27}
$$

变换这个矩阵,从第 2 行,第 4 行,…… 对应地减去第 1 行,第 3 行,…… 与 $\dfrac{a_0}{b_0}$ 的乘积①. 我们得出矩阵

$$
\begin{pmatrix}
b_0 & b_2 & b_2 & \cdots & b_{n-1} \\
0 & c_0 & c_1 & \cdots & c_{n-2} \\
0 & b_0 & b_1 & \cdots & b_{n-2} \\
0 & 0 & c_0 & \cdots & c_{n-3} \\
0 & 0 & b_0 & \cdots & b_{n-3} \\
\vdots & \vdots & \vdots & & \vdots
\end{pmatrix}
$$

此处 $c_0, c_1, \cdots$ 就是路斯表示式的第 3 行再补上一些零(当 $k>\left[\dfrac{n}{2}\right]-1$ 时, $c_k=0$).

在所得出的矩阵,从第 3 行,第 5 行,…… 对应地减去第 2 行,第 4 行,…… 与 $\dfrac{b_0}{c_0}$ 的乘积,得出

$$
\begin{pmatrix}
b_0 & b_1 & b_2 & b_3 & \cdots \\
0 & c_0 & c_1 & c_2 & \cdots \\
0 & 0 & d_0 & d_1 & \cdots \\
0 & 0 & c_0 & c_1 & \cdots \\
0 & 0 & 0 & d_0 & \cdots \\
0 & 0 & 0 & c_0 & \cdots \\
\vdots & \vdots & \vdots & \vdots &
\end{pmatrix}
$$

这个程序继续如此进行,我们最后化成的 n 阶三角矩阵

$$
\boldsymbol{R}=\begin{pmatrix}
b_0 & b_1 & b_2 & \cdots \\
0 & c_0 & c_1 & \cdots \\
0 & 0 & d_0 & \cdots \\
\vdots & \vdots & \vdots &
\end{pmatrix}
\tag{28}
$$

称为路斯矩阵. 它可以从路斯表示式得出(参考式(15)):1° 删去第 1 行;2° 把诸

---

① 首先讨论正则情形,此时 $b_0 \neq 0, c_0 \neq 0, d_0 \neq 0, \cdots$

行向右移动使得它们的第一个元素都在主对角线上；3° 补上零元素使其成为一个 n 阶方阵.

定义 2 两个矩阵 $\boldsymbol{A}=(a_{ik})_1^n$ 与 $\boldsymbol{B}=(b_{ik})_1^n$ 称为等价的充分必要条件是对于任何 $p\leqslant n$，在这些矩阵的前 p 个列中，相对应的 p 级子式彼此相等

$$\boldsymbol{A}\begin{pmatrix}1 & 2 & \cdots & p\\ i_1 & i_2 & \cdots & i_p\end{pmatrix}=\boldsymbol{B}\begin{pmatrix}1 & 2 & \cdots & p\\ i_1 & i_2 & \cdots & i_p\end{pmatrix}$$
$$(i_1,i_2,\cdots,i_p=1,2,\cdots,n;p=1,2,\cdots,n)$$

因为从矩阵的任何一行减去其前面任何一行与任何数的乘积，在前 p 个行中的 p 阶子式的值并无改变，故由定义 2，胡尔维茨矩阵与路斯矩阵 $\boldsymbol{H}$ 与 $\boldsymbol{R}$ 是等价的

$$\boldsymbol{H}\begin{pmatrix}1 & 2 & \cdots & p\\ i_1 & i_2 & \cdots & i_p\end{pmatrix}=\boldsymbol{R}\begin{pmatrix}1 & 2 & \cdots & p\\ i_1 & i_2 & \cdots & i_p\end{pmatrix} \tag{29}$$
$$(i_1,i_2,\cdots,i_p=1,2,\cdots,n;p=1,2,\cdots,n)$$

矩阵 $\boldsymbol{H}$ 与 $\boldsymbol{R}$ 的等价性容许把矩阵 $\boldsymbol{R}$ 的全部元素，亦即路斯表示式的元素，用胡尔维茨矩阵的子式来表出，因而可以用已知多项式的系数来表出. 事实上，在式(29) 中顺次给予 p 以值 1,2,3,…，我们得出

$$\left\{\begin{array}{lll}\boldsymbol{H}\begin{pmatrix}1\\1\end{pmatrix}=b_0, & \boldsymbol{H}\begin{pmatrix}1\\2\end{pmatrix}=b_1, & \boldsymbol{H}\begin{pmatrix}1\\3\end{pmatrix}=b_2,\cdots\\ \boldsymbol{H}\begin{pmatrix}1 & 2\\1 & 2\end{pmatrix}=b_0c_0, & \boldsymbol{H}\begin{pmatrix}1 & 2\\1 & 3\end{pmatrix}=b_0c_1, & \boldsymbol{H}\begin{pmatrix}1 & 2\\1 & 4\end{pmatrix}=b_0c_2,\cdots\\ \boldsymbol{H}\begin{pmatrix}1 & 2 & 3\\1 & 2 & 3\end{pmatrix}=b_0c_0d_0, & \boldsymbol{H}\begin{pmatrix}1 & 2 & 3\\1 & 2 & 4\end{pmatrix}=b_0c_0d_1, & \boldsymbol{H}\begin{pmatrix}1 & 2 & 3\\1 & 2 & 5\end{pmatrix}=b_0c_0d_2,\cdots\\ & \vdots & \end{array}\right. \tag{30}$$

故可求得对于路斯表示式中诸元素的以下诸表示式

$$\left\{\begin{array}{llll}b_0=\boldsymbol{H}\begin{pmatrix}1\\1\end{pmatrix}, & b_1=\boldsymbol{H}\begin{pmatrix}1\\2\end{pmatrix}, & b_2=\boldsymbol{H}\begin{pmatrix}1\\3\end{pmatrix}, & \cdots\\ c_0=\dfrac{\boldsymbol{H}\begin{pmatrix}1 & 2\\1 & 2\end{pmatrix}}{\boldsymbol{H}\begin{pmatrix}1\\1\end{pmatrix}}, & c_1=\dfrac{\boldsymbol{H}\begin{pmatrix}1 & 2\\1 & 3\end{pmatrix}}{\boldsymbol{H}\begin{pmatrix}1\\1\end{pmatrix}}, & c_2=\dfrac{\boldsymbol{H}\begin{pmatrix}1 & 2\\1 & 4\end{pmatrix}}{\boldsymbol{H}\begin{pmatrix}1\\1\end{pmatrix}}, & \cdots\\ d_0=\dfrac{\boldsymbol{H}\begin{pmatrix}1 & 2 & 3\\1 & 2 & 3\end{pmatrix}}{\boldsymbol{H}\begin{pmatrix}1 & 2\\1 & 2\end{pmatrix}}, & d_1=\dfrac{\boldsymbol{H}\begin{pmatrix}1 & 2 & 3\\1 & 2 & 4\end{pmatrix}}{\boldsymbol{H}\begin{pmatrix}1 & 2\\1 & 2\end{pmatrix}}, & d_2=\dfrac{\boldsymbol{H}\begin{pmatrix}1 & 2 & 3\\1 & 2 & 5\end{pmatrix}}{\boldsymbol{H}\begin{pmatrix}1 & 2\\1 & 2\end{pmatrix}}, & \cdots\\ & \vdots & & \end{array}\right. \tag{31}$$

矩阵 $\boldsymbol{H}$ 中的顺序主子式常称为胡尔维茨行列式. 我们记为

$$\Delta_1 = \boldsymbol{H}\begin{pmatrix}1\\1\end{pmatrix} = b_0$$

$$\Delta_2 = \boldsymbol{H}\begin{pmatrix}1 & 2\\1 & 2\end{pmatrix} = \begin{vmatrix} b_0 & b_1 \\ a_0 & a_1 \end{vmatrix}$$

$$\vdots$$

$$\Delta_n = \boldsymbol{H}\begin{pmatrix}1 & 2 & \cdots & n\\1 & 2 & \cdots & n\end{pmatrix} = \begin{vmatrix} b_0 & b_1 & \cdots & b_{n-1} \\ a_0 & a_1 & \cdots & a_{n-1} \\ 0 & b_0 & \cdots & b_{n-2} \\ 0 & a_0 & \cdots & a_{n-2} \\ \vdots & \vdots & & \vdots \end{vmatrix} \tag{32}$$

注 1° 根据公式(30),有

$$\Delta_1 = b_0, \Delta_2 = b_0 c_0, \Delta_3 = b_0 c_0 d_0, \cdots \text{①} \tag{33}$$

从 $\Delta_1 \neq 0, \cdots, \Delta_p \neq 0$ 知道数 $b_0, c_0, \cdots$ 中前 p 个数不为零,反之亦然;在这一情形定出了路斯表示式中从第三行开始的相邻的 p 个行,而且对于它们有公式(31).

2° 正则情形(所有 $b_0, c_0, \cdots$ 都有意义且不等于零)由以下诸不等式所确定

$$\Delta_1 \neq 0, \Delta_2 \neq 0, \cdots, \Delta_n \neq 0$$

3° 用公式(31)作为路斯表示式中元素的定义比用路斯算法来得出的定义更加普遍.例如,如果 $b_0 = \boldsymbol{H}\begin{pmatrix}1\\1\end{pmatrix} = 0$,那么路斯算法除开由所给予多项式的系数所构成的前两行外,不能给予任何东西.但是,如果 $\Delta_1 = 0$ 而其余的行列式 Δ_2,$\Delta_3, \cdots$ 不等于零,那么我们利用公式(31),跳过 c 的这一行,可以定出路斯表示式中之后所有的行.

根据公式(33),有

$$b_0 = \Delta_1, c_0 = \frac{\Delta_2}{\Delta_1}, d_0 = \frac{\Delta_3}{\Delta_2}, \cdots$$

故有

$$\boldsymbol{V}(a_0, b_0, c_0, \cdots) = \boldsymbol{V}\left(a_0, \Delta_1, \frac{\Delta_2}{\Delta_1}, \cdots, \frac{\Delta_n}{\Delta_{n-1}}\right) = \boldsymbol{V}(a_0, \Delta_1, \Delta_3, \cdots) + \boldsymbol{V}(1, \Delta_2, \Delta_4, \cdots)$$

因此,路斯定理可以叙述为:

定理 4(路斯-胡尔维茨) 实多项式 $f(z) = a_0 z^n + \cdots$ 位于右半平面的根

① 如果多项式 $f(z)$ 的系数都是已知数值,那么公式(33)给出胡尔维茨行列式的最简单的计算方法,就是化为构成路斯表示式的计算.

的个数 k 由公式

$$k=\mathbf{V}\left(a_0,\Delta_1,\frac{\Delta_2}{\Delta_1},\frac{\Delta_3}{\Delta_2},\cdots,\frac{\Delta_n}{\Delta_{n-1}}\right) \tag{34}$$

或(同样的公式)

$$k=\mathbf{V}(a_0,\Delta_1,\Delta_3,\cdots)+\mathbf{V}(1,\Delta_2,\Delta_4,\cdots) \tag{34'}$$

所决定.

注　所叙述的路斯－胡尔维茨定理是假定所讨论的正则情形

$$\Delta_1\neq 0,\Delta_2\neq 0,\cdots,\Delta_n\neq 0$$

在 §8 中我们来指出如何将这个定理应用于有某些胡尔维茨行列式 Δ_i 等于零的特殊情形.

现在我们来讨论这样的特殊情形,多项式 $f(z)$ 的全部根都在左半平面中 ($\mathrm{Re}\, z<0$). 在这一情形,根据路斯判定,所有的 $a_0,b_0,c_0,d_0,\cdots$ 应当都不等于零而且是同号的. 因为这是一种正则情形,所以当 $k=0$ 时可从式(34)得出以下判定.

路斯－胡尔维茨判定　使得实多项式 $f(z)=a_0z^n+\cdots(a_0\neq 0)$ 的根都有负实数部分的充分必要条件是以下诸不等式都能成立

$$\begin{cases}a_0\Delta_1>0,\Delta_2>0,a_0\Delta_3>0,\Delta_4>0,\cdots,\begin{matrix}a_0\Delta_n>0 & (n\text{ 为奇数})\\ \Delta_n>0 & (n\text{ 为偶数})\end{matrix}\end{cases} \tag{35}$$

注　如果 $a_0>0$,那么这些条件可以写为

$$\Delta_1>0,\Delta_2>0,\cdots,\Delta_n>0 \tag{36}$$

如果取多项式 $f(z)=a_0z^n+a_1z^{n-1}+a_2z^{n-2}+\cdots+a_{n-1}z+a_n$ 的系数的平常记法,那么当 $a_0>0$ 时路斯－胡尔维茨条件可以写为以下行列式不等式

$$a_1>0,\begin{vmatrix}a_1 & a_3\\ a_0 & a_2\end{vmatrix}>0,\begin{vmatrix}a_1 & a_3 & a_5\\ a_0 & a_2 & a_4\\ 0 & a_1 & a_3\end{vmatrix}>0,\cdots,\begin{vmatrix}a_1 & a_3 & a_5 & \cdots & 0\\ a_0 & a_2 & a_4 & \cdots & 0\\ 0 & a_1 & a_3 & \cdots & 0\\ 0 & a_0 & a_2 & \cdots & 0\\ \vdots & \vdots & \vdots & & \vdots\\ 0 & \cdots & \cdots & \cdots & a_n\end{vmatrix}>0 \tag{35'}$$

系数适合条件(35)的实多项式 $f(z)=a_0z^n+\cdots$,亦即全部根都有负实数部分的实多项式,平常称为胡尔维茨多项式.

我们指出路斯表示式的两个著名的性质:

1° 记 $\alpha_{p0},\alpha_{p1},\alpha_{p2},\cdots$ 为路斯表示式第 $p+1$ 行的元素,则 $\alpha_{pj}=\dfrac{\Delta_p^{(p+j)}}{\Delta_{p-1}}(p,j=0,1,\cdots)$. 此处 $\Delta_p^{(p)}=\Delta p=\boldsymbol{H}\begin{pmatrix}1 & \cdots & p\\ 1 & \cdots & p\end{pmatrix}$ 是胡尔维茨行列式,而 $\Delta_p^{(p+j)}=$

$\begin{pmatrix}1 & \cdots & p-1 & p \\ 1 & \cdots & p-1 & p+j\end{pmatrix}$ 当 $j \geqslant 1$ 时是"从属"的第 p 阶胡尔维茨行列式. 在路斯表示式诸元素之间成立基本相关性(参考第 16 章 §3 公式(13)(13′))

$$\alpha_{pj}=\frac{\alpha_{p0}}{\alpha_{p+1,0}}\alpha_{p+1,j}+\alpha_{p+2,j-1} \quad (p,j=0,1,\cdots;\text{当 } k>n \text{ 或 } j<0 \text{ 时 } \alpha_{kl}=0)$$

利用两个运算 —— 乘以比 $\frac{\alpha_{p0}}{\alpha_{p+1,0}}$ 与加法,从路斯表示式最后两行的元素得出任一第 p 行的元素. 因此在正则情形下,路斯表示式的任何第 p 行元素可用加法与乘法运算,由最后两行 $\alpha_{n-1,0}$ 与 $\alpha_{n,0}$ 的元素及比 $\frac{\alpha_{p0}}{\alpha_{p+1,0}},\cdots,\frac{\alpha_{n-2,0}}{\alpha_{n-1,0}}$ 表示出来,并表示成以下形式

$$\alpha_{pj}=\frac{\varphi_{pj}(\alpha_{p0},\alpha_{p+1,0},\cdots,\alpha_{n0})}{\alpha_{p+1,0}\cdot\cdots\cdot\alpha_{n0}} \quad (p,j=0,1,\cdots) \tag{37}$$

其中 $\varphi_{pj}(\alpha_{p0},\alpha_{p+1,0},\cdots,\alpha_{n0})$ 是正整系数多项式.

利用公式(37),路斯表示式的所有元素,特别在 $p=0,1$ 时,初始多项式 $f(z)$ 的系数,都可以用路斯表示式的第一列元素以有理数(并且是正系数)表示.

如果路斯判定满足,即路斯表示式的第一列的所有元素是正的,那么从公式(37) 直接推出:在这种情形下,路斯表示式的所有元素,特别是基本多项式的系数是正的.

还要指出,在公式(37) 中把量 α_{pj} 换为比 $\frac{\Delta_p^{(p+j)}}{\Delta_{p-1}}$,从属的胡尔维茨行列式 $\Delta_p^{(p+j)}$ 可以用基本多项式以有理数(含正系数) 表示.

2° 设 $f_0,f_1,\cdots$ 与 $g_0,g_1,\cdots$ 为表式中第 $m+1$ 与第 $m+2$ 行 $\left(f_0=\frac{\Delta_m}{\Delta_{m-1}},g_0=\frac{\Delta_{m+1}}{\Delta_m}\right)$. 因为这两行与其以后诸行独立地构成一个路斯表示式,所以(在原先的表示式中) 第 $m+p+1$ 行的元素可以用第 $m+1$ 行与第 $m+2$ 行的元素 $f_0,f_1,\cdots$ 与 $g_0,g_1,\cdots$ 来表出 —— 所用的公式与用前两行的元素 $a_0,a_1,\cdots$ 与 $b_0,b_1,\cdots$ 来表出第 $p+1$ 行的元素的公式相同,亦即,设

$$\widetilde{\boldsymbol{H}}=\begin{Vmatrix} g_0 & g_1 & g_2 & \cdots \\ f_0 & f_1 & f_2 & \cdots \\ 0 & g_0 & g_1 & \cdots \\ 0 & f_0 & f_1 & \cdots \\ \vdots & \vdots & \vdots & \end{Vmatrix}$$

我们就有

$$\frac{\Delta_{m+p}^{(m+j)}}{\Delta_{m+p-1}}=\frac{\widetilde{\Delta}_p^{(j)}}{\widetilde{\Delta}_{p-1}} \quad (j=p,p+1,\cdots) \tag{38}$$

胡尔维茨行列式 Δ_{m+p} 等于序列 $b_0, c_0, \cdots$ 中前 $m+p$ 个数的乘积

$$\Delta_{m+p} = b_0 \cdot c_0 \cdot \cdots \cdot f_0 \cdot g_0 \cdot \cdots \cdot l_0$$

但是

$$\Delta_m = b_0 \cdot c_0 \cdot \cdots \cdot f_0, \widetilde{\Delta}_p = g_0 \cdot \cdots \cdot l_0$$

所以得出以下重要关系式

$$\Delta_{m+p} = \Delta_m \widetilde{\Delta}_p \text{ ①} \tag{39}$$

只要定出数 $f_0, f_1, \cdots$ 与 $g_0, g_1, \cdots$ 适合条件 $\Delta_{m-1} \neq 0, \Delta_m \neq 0$，公式(39)成立.

公式(38) 是有意义的，如果在条件 $\Delta_{m-1} \neq 0, \Delta_m \neq 0$ 之外再补充一个条件 $\Delta_{m+p-1} \neq 0$. 从这个条件可以得出，位于等式(37) 右边的分数的分母不等于零：$\widetilde{\Delta}_{p-1} \neq 0$.

§7　朗道公式

在讨论胡尔维茨行列式中有些为零的情形时，我们需要以下朗道公式(*Sul problème di Hurwitz relativo alle parti realli delle radici di un'equazione algebrica*(1911))，用多项式 $f(z)$ 的首项系数 a_0 与根 $z_1, z_2, \cdots, z_n$ 来表出行列式 Δ_{n-1} ②

$$\Delta_{n-1} = (-1)^{\frac{n(n-1)}{2}} a_0^{n-1} \prod_{i \leqslant k}^{1,\cdots,n} (z_i + z_k) \tag{40}$$

当 $n=2$ 时这个公式化为二次方程 $a_0 z^2 + b_0 z + a_1 = 0$ 中系数 b_0 的已知公式

$$\Delta_1 = b_0 = -a_0(z_1 + z_2)$$

现在假设对于 n 次多项式 $f(z) = a_0 z^n + b_0 z^{n-1} + \cdots$，公式(40) 是正确的，我们来证明它对于以下 $n+1$ 次多项式亦能成立

$$F(z) = (z+h) f(z) = a_0 z^{n+1} + (b_0 + h a_0) z^n + (a_1 + h b_0) z^{n-1} + \cdots \quad (h = -z_{n+1})$$

为了这一目的，我们建立 $n+1$ 阶辅助行列式

$$D = \begin{vmatrix} b_0 & b_1 & \cdots & b_{n-1} & h^n \\ a_0 & a_1 & \cdots & a_{n-1} & -h^{n-1} \\ 0 & b_0 & \cdots & b_{n-2} & h^{n-2} \\ 0 & a_0 & \cdots & a_{n-2} & -h^{n-3} \\ \vdots & \vdots & & \vdots & \vdots \\ 0 & 0 & \cdots & & (-1)^n \end{vmatrix} \quad \left(\begin{array}{l} \text{当 } k > \left[\frac{n}{2}\right] \text{ 时}, a_k = 0 \\ \text{当 } k > \left[\frac{n-1}{2}\right] \text{ 时}, b_k = 0 \end{array} \right)$$

---

① 此处 $\widetilde{\Delta}_p$ 是位于矩阵 $\widetilde{\boldsymbol{H}}$ 左上角的 p 阶子式.

② 此处多项式 $f(z)$ 的系数可能是任意的复数.

将 D 的第一行乘以 a_0 后加上第二行与 $-b_0$ 的乘积，第三行与 a_1 的乘积，第四行与 $-b_1$ 的乘积，…… 那么第一行的元素除最后一个外，都变为零，而最后一个元素等于 $f(h)$. 故易得出

$$D=(-1)^n\Delta_{n-1}f(h)$$

另外，(除最后一行外) 行列式 D 的每一行加上其下面的一行与 h 的乘积，我们得出多项式 $F(z)$ 的 n 阶胡尔维茨行列式 Δ_n^* 与 $(-1)^n$ 的乘积

$$D=(-1)^n\begin{vmatrix} b_0+ha_0 & b_1+ha_1 & \cdots \\ a_0 & a_1+hb_0 & \cdots \\ 0 & b_0+ha_0 & \cdots \\ 0 & a_0 & \\ \vdots & \vdots & \end{vmatrix}=(-1)^n\Delta_n^*$$

这样一来

$$\Delta_n^*=\Delta_{n-1}f(h)=a_0\Delta_{n-1}\prod_{i=1}^{n}(h-z_i)$$

此处将 Δ_{n-1} 换为式(40) 且取 $h=-z_{n+1}$，我们得出

$$\Delta_n^*=(-1)^{\frac{(n+1)n}{2}}a_0^n\prod_{i=k}^{1\cdot\cdots\cdot n}(z_i+z_k)$$

这样一来，我们用数学归纳法证实了朗道公式对于任意次多项式的正确性.

从朗道公式知道 $\Delta_{n-1}=0$ 的充分必要条件是多项式 $f(z)$ 的两个根之和为零[①].

因为 $\Delta_n=c\Delta_{n-1}$，其中 c 为多项式 $f(z)$ 的常数项($c=(-1)^na_0\cdot z_1\cdot z_2\cdot\cdots\cdot z_n$)，所以从式(40) 得出

$$\Delta_n=(-1)^{\frac{n(n+1)}{2}}a_0^n\cdot z_1\cdot z_2\cdot\cdots\cdot z_n\prod_{i<k}^{1\cdot\cdots\cdot n}(z_i+z_k)\tag{41}$$

这个公式证明了：Δ_n 变为零的充分必要条件是 $f(z)$ 有这样的根 z 存在，使得 $-z$ 亦为它的一个根.

§8 路斯－胡尔维茨定理中的特殊情形

在讨论胡尔维茨行列式中有些为零的特殊情形时，我们可以假设 $\Delta_n\neq 0$(因而 $\Delta_{n-1}\neq 0$).

事实上，如果 $\Delta_n=0$，那么在上节末尾已经说明，实多项式 $f(z)$ 有这样的根 z' 存在使得 $-z'$ 亦为 $f(z)$ 的一个根. 如果设 $f(z)=F_1(z)+F_2(z)$，其中

① 特别地，当 $f(z)$ 至少有一对共轭纯虚根或有多重零根时，$\Delta_{n-1}=0$.

$$F_1(z)=a_0z^n+a_1z^{n-2}+\cdots,F_2(z)=b_0z^{n-1}+b_1z^{n-3}+\cdots$$

那么由等式 $f(z')=f(-z')=0$ 可以推得 $F_1(z')=F_2(z')=0$. 故 z' 为多项式 $F_1(z)$ 与 $F_2(z)$ 的最大公因式 $d(z)$ 的根. 令 $f(z)=d(z)f^*(z)$, 我们把 $f(z)$ 的路斯－胡尔维茨问题化为多项式 $f^*(z)$ 的路斯－胡尔维茨问题, 此时最后一个胡尔维茨行列式不等于零[①].

1. 首先讨论这样的情形

$$\Delta_1=\cdots=\Delta_p=0,\Delta_{p+1}\neq0,\cdots,\Delta_n\neq0 \tag{42}$$

从 $\Delta_1=0$ 得出: $b_0=0$; 从 $\Delta_2=\begin{vmatrix}0 & b_1\\ a_0 & a_1\end{vmatrix}=-a_0b_1=0$ 推知: $b_1=0$. 此时有

$$\Delta_3=\begin{vmatrix}0 & b_1 & b_2\\ a_0 & a_1 & a_2\\ 0 & 0 & b_1\end{vmatrix}=-a_0b_1^2=0$$

从

$$\Delta_4=\begin{vmatrix}0 & 0 & b_2 & b_3\\ a_0 & a_1 & a_2 & a_3\\ 0 & 0 & 0 & b_2\\ 0 & a_0 & a_1 & a_2\end{vmatrix}=-a_0^2b_2^2=0$$

得出: $b_2=0$, 而此时 $\Delta_5=-a_0^2b_2^3=0$, 依此类推.

上面的讨论证明了: 在式(42) 中 p 常为一个奇数($p=2h-1$). 此时 $b_0=b_1=b_2=\cdots=b_{h-1}=0,b_h\neq0$ 而且[②]

$$\Delta_{p+1}=\Delta_{2h}=(-1)^{\frac{h(h+1)}{2}}a^hb_h^h,\Delta_{p+2}=\Delta_{2h+1}=(-1)^{\frac{h(h+1)}{2}}a_0^hb_h^{h+1}=\Delta_{p+1}b_h \tag{43}$$

我们把系数 $b_0,b_1,\cdots,b_h$ 稍加变动, 使得对于变动后的新值 $b_0^*,b_1^*,\cdots,b_{h-1}^*$ 的所有胡尔维茨行列式 $\Delta_1^*,\Delta_2^*,\cdots,\Delta_n^*$ 都不等于零而且使得此时行列式 $\Delta_{p+1}^*,\cdots,\Delta_n^*$ 保持它们先前的符号. 我们可以取 $b_0^*,b_1^*,\cdots,b_{h-1}^*$ 为有不同"微小"数量级的"微小"值, 即我们假设每一个 b_{j-1}^* 的绝对值"显著地"小于 b_j^* ($j=1$,

---

① 在 $\Delta_n=\Delta_{n-1}=\cdots=\Delta_{m+1}=0,\Delta_m\neq0,\Delta_{m-1}\neq0,\cdots,\Delta_1\neq0$ 的情形, 可以用明显形式写出方程 $d(z)=0$. 事实上, 函数 $F_1(z)$ 与 $F_2(z)$ 和函数 $f_1(w)$ 与 $f_2(w)$(参考本章 §8 中的公式(9))用下列关系式相联系

$$F_1(z)=\mathrm{i}^nf_1(-\mathrm{i}z),F_2(z)=\mathrm{i}^{n-1}f_2(-\mathrm{i}z)$$

因此方程 $d(z)=0$ 与方程 $f_{m+1}(-\mathrm{i}z)=0$ 相同, 其中多项式 $f_{m+1}(w)$ 是多项式 $f_1(z)$ 与 $f_2(z)$ 的最大公因式, 由路斯表示式最后一行确定. 因此由公式(32), 方程 $d(z)=0$ 可以写成 $\sum_{j=0}^{\frac{n-m}{2}}\Delta_m^{(m+j)}z^{n-m-2j}=0$, 其中 $\Delta_j^{(m+j)}=\boldsymbol{H}\begin{pmatrix}1 & \cdots & m-1 & m\\ 1 & \cdots & m-1 & m+j\end{pmatrix}$ ($j=0,1,\cdots$) 是胡尔维茨从属行列式.

② 从式(43) 知道, 当 h 为奇数时, $\operatorname{sign}\Delta_{p+2}=(-1)^{\frac{h+1}{2}}\operatorname{sign}a_0$; 当 h 为偶数时, $\operatorname{sign}\Delta_{p+1}=(-1)^{\frac{h}{2}}$.

$2,\cdots,h;b_h^*=b_h$). 这就说明在计算 b_i^* 的代数整式的符号时，与那些只含下标不小于 j 的诸 b_i^* 的项相比较，我们可以略去有下标小于 j 的 b_i^* 的诸项. 此后我们容易求出 $\Delta_1^*,\Delta_2^*,\cdots,\Delta_p^*$ $(p=2h-1)$ 的"定号"项[①]

$$\Delta_1^*=b_0^*,\Delta_2^*=-a_0b_1^*+\cdots,\Delta_3^*=-a_0b_1^{*2}+\cdots,\Delta_4^*=-a_0^2b_2^{*2}+\cdots$$
$$\Delta_5^*=-a_0^2b_2^{*3}+\cdots,\Delta_6^*=a_0^3b_3^{*3}+\cdots$$
$$\vdots$$

一般地有

$$\begin{cases}\Delta_{2j}^*=(-1)^{\frac{j(j+1)}{2}}a_0^jb_j^{*j}+\cdots & (j=1,2,\cdots,h-1)\\ \Delta_{2j+1}^*=(-1)^{\frac{j(j+1)}{2}}a_0^jb_j^{*j+1}+\cdots & (j=0,1,\cdots,h-1)\end{cases}\tag{44}$$

我们选取 $b_0^*,b_1^*,\cdots,b_{2h-1}^*$ 为正数，那么 Δ_i^* 的符号由以下公式所确定

$$\operatorname{sign}\Delta_i^*=(-1)^{\frac{j(j+1)}{2}}\operatorname{sign}a_0^j\quad\left(j=\left[\frac{i}{2}\right];i=1,2,\cdots,p\right)\tag{45}$$

对于多项式系数的微小变动，数 k 并无改变，因为多项式 $f(z)$ 没有根在虚轴上. 故从式(45)出发，我们由公式

$$k=\boldsymbol{V}\left(a_0,\Delta_1^*,\frac{\Delta_2^*}{\Delta_1^*},\cdots,\frac{\Delta_{p+1}}{\Delta_p^*},\frac{\Delta_{p+2}}{\Delta_{p+1}}\right)+\boldsymbol{V}\left(\frac{\Delta_{p+2}}{\Delta_{p+1}},\cdots,\frac{\Delta_n}{\Delta_{n-1}}\right)\tag{46}$$

定出位于右半平面的根的个数. 根据公式(43)与公式(45)，用初等计算可以证明

$$\boldsymbol{V}\left(a_0,\Delta_1^*,\frac{\Delta_2^*}{\Delta_1^*},\cdots,\frac{\Delta_{p+1}}{\Delta_p^*},\frac{\Delta_{p+2}}{\Delta_{p+1}}\right)=h+\frac{1-(-1)^h\varepsilon}{2}\tag{47}$$
$$\left(p=2h-1;\varepsilon=\operatorname{sign}\left(a_0,\frac{\Delta_{p+2}}{\Delta_{p+1}}\right)\right)$$

我们注意，位于等式(47)左边的值与变动系数的方法无关且对任意微小的变动保持相同的值. 这可从公式(46)得出，因为对于系数的微小变动，k 的值并无改变.

2. 现在设当 $s>0$ 时

$$\Delta_{s+1}=\cdots=\Delta_{s+p}=0\tag{48}$$

而其余胡尔维茨行列式都不等于零.

以 $\tilde{a}_0,\tilde{a}_1,\cdots$ 与 $\tilde{b}_0,\tilde{b}_1,\cdots$ 记路斯表示式中第 $s+1$ 行与第 $s+2$ 行的元素 $\left(\tilde{a}_0=\frac{\Delta_s}{\Delta_{s-1}},\tilde{b}_0=\frac{\Delta_{s+1}}{\Delta_s}\right)$. 以 $\tilde{\Delta}_1,\tilde{\Delta}_2,\cdots,\tilde{\Delta}_{n-s}$ 记其对应的胡尔维茨行列式. 由公式(39)(本章 §6)，有

$$\Delta_{s+1}=\Delta_s\tilde{\Delta}_1,\cdots,\Delta_{s+p}=\Delta_s\tilde{\Delta}_p,\Delta_{s+p+1}=\Delta_s\tilde{\Delta}_{p+1},\Delta_{s+p+2}=\Delta_s\tilde{\Delta}_{p+2}\tag{49}$$

① 实际上，类似的诸项在前面已经对于 $\Delta_1,\Delta_2,\cdots,\Delta_p$ 计算过.

故由第一段知：p 为奇数，亦即 $p=2h-1$①.

变动 $f(z)$ 的系数，使得所有的胡尔维茨行列式都不等于零，而且使得那些在变动前不为零的行列式经变动后保持其符号不变. 那么从式(49) 出发，对行列式 $\widetilde{\Delta}$ 应用公式(47)，我们得出

$$\mathbf{V}\left(\frac{\Delta_s}{\Delta_{s-1}},\frac{\Delta_{s+1}^*}{\Delta_s},\cdots,\frac{\Delta_{s+p+1}}{\Delta_{s+p}^*},\frac{\Delta_{s+p+2}}{\Delta_{s+p+1}}\right)=h+\frac{1-(-1)^h\varepsilon}{2} \tag{50}$$

$$\left(p=2h-1;\varepsilon=\operatorname{sign}\left(\frac{\Delta_s}{\Delta_{s-1}}\cdot\frac{\Delta_{s+p+2}}{\Delta_{s+p+1}}\right)\right)$$

$$k=\mathbf{V}\left(a_0,\Delta_1,\cdots,\frac{\Delta_s}{\Delta_{s-1}}\right)+\mathbf{V}\left(\frac{\Delta_s}{\Delta_{s-1}},\frac{\Delta_{s+1}^*}{\Delta_s},\cdots,\frac{\Delta_{s+p+2}}{\Delta_{s+p+1}}\right)+\mathbf{V}\left(\frac{\Delta_{s+p+2}}{\Delta_{s+p+1}},\cdots,\frac{\Delta_n}{\Delta_{n-1}}\right)$$

位于式(50) 左边的值仍然与变动方法无关.

3. 现在假设，在胡尔维茨行列式中有 ν 个零行列式组. 我们来证明：对于每一个这样的组(48)，位于公式(50) 左边的值与变动方法无关而且是由这个公式所确定的②. 当 $\nu=1$ 时，我们已经证明了这个论断. 假设对于 $\nu-1$ 个组我们的论断是正确的，接下来证明它对于 ν 个组亦是正确的. 设式(48) 是 ν 个组中的第二个；正如第二部分中所做过的一样定出行列式 $\widetilde{\Delta}_1,\widetilde{\Delta}_2,\cdots$；那么在变动后有

$$\mathbf{V}\left(\frac{\Delta_s^*}{\Delta_{s-1}^*},\cdots,\frac{\Delta_n^*}{\Delta_{n-1}^*}\right)=\mathbf{V}\left(\widetilde{a}_0^*,\widetilde{\Delta}_1^*,\cdots,\frac{\widetilde{\Delta}_{n-s}^*}{\widetilde{\Delta}_{n-s-1}^*}\right)$$

因为在这个等式的右边只有 $\nu-1$ 个零行列式组，所以我们的论断对于等式的右边是成立的，因而对于等式的左边亦是正确的. 换句话说，公式(50) 对于第 2 个，……，第 ν 个胡尔维茨零行列式组是正确的. 但此时由公式

$$k=\mathbf{V}\left(a_0^*,\Delta_1^*,\frac{\Delta_2^*}{\Delta_1^*},\cdots,\frac{\Delta_n^*}{\Delta_{n-1}^*}\right)$$

知道值 $\mathbf{V}\left(\frac{\Delta_s}{\Delta_{s-1}},\frac{\Delta_{s+1}^*}{\Delta_s},\frac{\Delta_{s+2}^*}{\Delta_{s+1}^*},\cdots,\frac{\Delta_{s+p+2}}{\Delta_{s+p+1}}\right)$ 与变动方法无关，且对第一个零行列式组亦是如此，所以对于这个组公式(50) 亦能成立.

这样一来，我们证明了以下定理：

定理 5 如果某些胡尔维茨行列式等于零，但 $\Delta_n\neq 0$，那么实多项式 $f(z)$ 在右半平面中根的个数由以下公式所确定

$$k=\mathbf{V}\left(a_0,\Delta_1,\frac{\Delta_2}{\Delta_1},\cdots,\frac{\Delta_n}{\Delta_{n-1}}\right)$$

在计算 $\mathbf{V}$ 的值时，对于每一个含 p 个相继等于零的行列式(p 常为奇数)

---

① 根据本节的第二个足注，当 $p=2h-1$ 而 h 为奇数时，$\operatorname{sign}\Delta_{s+p+2}=(-1)^{\frac{h+1}{2}}\operatorname{sign}\Delta_{s-1}$；而当 h 为偶数时，$\operatorname{sign}\Delta_{s+p+1}=(-1)^{\frac{h}{2}}\operatorname{sign}\Delta_s$.

② 从式(48) 与不等式 $\Delta_s\neq 0,\Delta_{s+p+1}\neq 0$ 和式(49)(43) 推得：$\Delta_{s-1}\neq 0,\Delta_{s+p+2}\neq 0$.

$$\Delta_{s+1}=\cdots=\Delta_{s+p}=0 \quad (\Delta_s\neq 0,\Delta_{s+p+1}\neq 0)$$

我们取

$$V\left(\frac{\Delta_s}{\Delta_{s-1}},\frac{\Delta_{s+1}}{\Delta_s},\cdots,\frac{\Delta_{s+p+2}}{\Delta_{s+p+1}}\right)=h+\frac{1-(-1)^h\varepsilon}{2} \tag{51}$$

其中

$$p=2h-1,\varepsilon=\mathrm{sign}\left(\frac{\Delta_s}{\Delta_{s-1}}\cdot\frac{\Delta_{s+p+2}}{\Delta_{s+p+1}}\right)\text{①}$$

§9　二次型方法，多项式的不同实根个数的确定

路斯应用斯图姆定理来计算特殊类型的真有理公式的柯西指标，得出了它的算法（参考本章，§3 的公式(10)）. 这个分式的分子与分母是两个这样的多项式：一个只含有变数 z 的偶数次幂而另一个只含有 z 的奇数次幂.

在本节及以后诸节中，我们将述及用于路斯－胡尔维茨问题上的较深入与较清晰的埃尔米特的二次型方法. 借助于这一方法，对于任何有理分式的指标，我们得出了用其分子与分母的系数所表出的表示式. 二次型方法容许将弗罗贝尼乌斯关于冈恰列夫理论（第 10 章，§10）的较细致的结果应用于路斯－胡尔维茨问题，且在普·尔·切比雪夫与阿·阿·马尔科夫关于稳定性问题的一些著名的定理之间建立了密切的联系.

我们首先在定出多项式不同实根数的较简单的问题上给读者引进二次型方法.

在解决这个问题时我们可以只限于讨论 $f(z)$ 是实多项式的情形. 事实上，设给予复多项式 $f(z)=u(z)+\mathrm{i}v(z)$（$u(z)$ 与 $v(z)$ 是实多项式）. 多项式 $f(z)$ 的每一个实根同时使 $u(z)$ 与 $v(z)$ 变为零. 所以复多项式 $f(z)$ 与多项式 $u(z)$，$v(z)$ 的最大公因式（实多项式）$d(z)$ 有相同的实根.

因此，设 $f(z)$ 为一个实多项式，它有不同的实根 $\alpha_1,\alpha_2,\cdots,\alpha_q$，其重数各为 $n_1,n_2,\cdots,n_q$，有

$$f(z)=a_0(z-\alpha_1)^{n_1}\cdot(z-\alpha_2)^{n_2}\cdot\cdots\cdot(z-\alpha_q)^{n_q}$$
$$(a_0\neq 0;\text{当 } i\neq k \text{ 时 } \alpha_i\neq\alpha_k(i,k=1,2,\cdots,q))$$

在讨论中引进牛顿和

$$s_p=\sum_{j=1}^{q}n_j\alpha_j^p \quad (p=0,1,2,\cdots)$$

用这些和来建立冈恰列夫型

① 当 $s=1$ 时要将分数 $\frac{\Delta_s}{\Delta_{s-1}}$ 换为 Δ_1，而当 $s=0$ 时换为 a_0.

$$\boldsymbol{S}_n(\boldsymbol{x},\boldsymbol{x})=\sum_{i,k=0}^{n-1} s_{i+k}x_i x_k$$

其中 n 为任何不小于 q 的整数.

那么就有以下的:

定理 6 多项式 $f(z)$ 的所有不同的根的个数等于型 $\boldsymbol{S}_n(\boldsymbol{x},\boldsymbol{x})$ 的秩,而其所有不同实根的个数等于这个型的符号差.

证明 从型 $\boldsymbol{S}_n(\boldsymbol{x},\boldsymbol{x})$ 的定义直接推得它的以下表示式

$$\boldsymbol{S}_n(\boldsymbol{x},\boldsymbol{x})=\sum_{j=1}^{q} n_j(x_0+\alpha_j x_1+\alpha_j^2 x_2+\cdots+\alpha_j^{n-1}x_{n-1})^2 \tag{52}$$

此处多项式 $f(z)$ 的每一个根 α_j 对应于一个线性型 $Z_j=x_0+\alpha_j x_1+\cdots+\alpha_j^{n-1}x_{n-1}$ 的平方. 型 $Z_1,Z_2,\cdots,Z_q$ 线性无关,因为这些线性型的系数构成一个范德蒙矩阵 (α_j^h),其秩等于不同的 α_j 的个数,亦即 q. 因此(参考第 10 章,§2) 型 $\boldsymbol{S}_n(\boldsymbol{x},\boldsymbol{x})$ 的秩等于 q.

在表示式(52) 中每一个实根 α_j 对应于一个正平方. 每一对共轭复根 $\alpha_j,\overline{\alpha}_j$ 对应于两个复共轭型

$$Z_j=P_j+\mathrm{i}Q_j,\ \overline{Z}_j=P_j-\mathrm{i}Q_j$$

在式(52) 中对应项的和给出一个正的与一个负的平方

$$n_j Z_j^2+n_j\overline{Z}_j^2=2n_jP_j^2-2n_jQ_j^2$$

因此容易看出[①]型 $\boldsymbol{S}_n(\boldsymbol{x},\boldsymbol{x})$ 的符号差,亦即正平方数与负平方数的差等于不同实根 α_j 的个数.

定理得证.

从所证明的定理推出,所有的型 $\boldsymbol{S}_n(\boldsymbol{x},\boldsymbol{x})(n=q,q+1,\cdots)$ 都有相同的秩与相同的符号差.

把定理 6 应用于求不同实根的个数,取 n 为多项式 $f(z)$ 的次数. 应用第 10 章中(§3) 所建立的确定二次型符号差的规则,我们从所证明的定理得出:

推论 实多项式 $f(z)$ 的不同实根的个数等于数列

$$1,s_0,\begin{vmatrix} s_0 & s_1\\ s_1 & s_2\end{vmatrix},\cdots,\begin{vmatrix} s_0 & s_1 & \cdots & s_{n-1}\\ s_1 & s_2 & \cdots & s_n\\ \vdots & \vdots & & \vdots\\ s_{n-1} & s_n & \cdots & s_{2n-2}\end{vmatrix} \tag{53}$$

的同号数超过变号数的个数,其中 $s_p(p=0,1,2,\cdots)$ 为多项式 $f(z)$ 的牛顿和,

---

① 将二次型 $\boldsymbol{S}_n(\boldsymbol{x},\boldsymbol{x})$ 表示为 q 个实线性型 Z_j(对于实数 λ_j),P_j 与 Q_j(对于复数 λ_j) 的平方的(代数) 和. 这些型是线性无关的, 因为 q 是型 $\boldsymbol{S}_n(\boldsymbol{x},\boldsymbol{x})$ 的秩.

而 s 是冈恰列夫型 $\boldsymbol{S}_n(\boldsymbol{x},\boldsymbol{x})\sum_{i,k=0}^{n-1}x_{ik}x_ix_k$（$n$ 是多项式 $f(x)$ 的次数）.

所说的定出不同实根个数的规则只能直接应用于这样的情形，即在数列(53) 中所有的数都不等于零. 但是，此处所讨论的是冈恰列夫二次型的符号的计算，所以根据第 10 章，§ 10 的结果，这个规则经适当的更精确的规定后可以应用于一般的情形（更详细的可参考本章的 § 11）.

实多项式 $f(z)$ 的不同的实根的个数等于指标 $I_{-\infty}^{+\infty}\dfrac{f'(z)}{f(z)}$（参考本章，§ 2）. 故从定理 6 的推论给出公式

$$I_{-\infty}^{+\infty}\frac{f'(z)}{f(z)}=n-2\boldsymbol{V}\left(1,s_0,\begin{vmatrix}s_0&s_1\\s_1&s_2\end{vmatrix},\cdots,\begin{vmatrix}s_0&s_1&\cdots&s_{n-1}\\s_1&s_2&\cdots&s_n\\\vdots&\vdots&&\vdots\\s_{n-1}&s_n&\cdots&s_{2n-2}\end{vmatrix}\right)$$

其中 $s_p=\sum_{j=1}^{q}n_j\alpha_j^p(p=0,1,\cdots)$ 为对于多项式 $f(z)$ 的牛顿和，而 n 为 $f(z)$ 的次数.

在 § 11 中我们对于任意有理分式的指标建立类似的公式. 对此必须引进关于无限冈恰列夫矩阵的知识.

§ 10　有限秩的无限冈恰列夫矩阵

1. 设给予复数列

$$s_0,s_1,s_2,\cdots$$

这个数列定出一个无限对称矩阵

$$\boldsymbol{S}=\begin{pmatrix}s_0&s_1&s_2&\cdots\\s_1&s_2&s_3&\cdots\\s_2&s_3&s_4&\cdots\\\vdots&\vdots&\vdots&\end{pmatrix}$$

称为冈恰列夫矩阵. 与无限冈恰列夫矩阵相对的我们讨论有限冈恰列夫矩阵 $\boldsymbol{S}=(s_{i+k})_0^{n-1}$ 以及与之有关的冈恰列夫型

$$\boldsymbol{S}_n(\boldsymbol{x},\boldsymbol{x})=\sum_{i,k=0}^{n-1}s_{i+k}x_ix_k$$

以 $D_1,D_2,D_3,\cdots$ 记矩阵 $\boldsymbol{S}$ 的顺序主子式

$$D_p=|\,s_{i+k}\,|_0^{p-1}\quad(p=1,2,\cdots)$$

无限矩阵可能有有限秩亦可能有无限秩. 后一情形在这些矩阵中有任意阶不等于零的子式存在. 以下定理给予数列 $s_0,s_1,s_2,\cdots$ 所产生的无限冈恰列夫矩阵 $\boldsymbol{S}=(s_{i+k})_0^{+\infty}$ 有有限秩的充分必要条件.

定理 7 无限矩阵 $\boldsymbol{S}=(s_{i+k})_0^{+\infty}$ 有有限秩 r 的充分必要条件是有 r 个数 α_1, $\alpha_2,\cdots,\alpha_r$ 存在,使得

$$s_q=\sum_{g=1}^{r}\alpha_g s_{q-g}\quad (q=r,r+1,\cdots)\tag{54}$$

并且 r 是具有这一性质的最大数.

证明 如果矩阵 $\boldsymbol{S}=(s_{i+k})_0^{+\infty}$ 有有限秩 r,那么这个矩阵的前 $r+1$ 行 $\boldsymbol{\Gamma}_1$, $\boldsymbol{\Gamma}_2,\cdots,\boldsymbol{\Gamma}_{r+1}$ 是线性相关的. 所以有数 $h\leqslant r$ 存在使得行 $\boldsymbol{\Gamma}_1,\boldsymbol{\Gamma}_2,\cdots,\boldsymbol{\Gamma}_h$ 线性无关,而行 $\boldsymbol{\Gamma}_{h+1}$ 是这些行的线性组合

$$\boldsymbol{\Gamma}_{h+1}=\sum_{g=1}^{h}\alpha_g\boldsymbol{\Gamma}_{h-g+1}$$

讨论行 $\boldsymbol{\Gamma}_{q+1},\boldsymbol{\Gamma}_{q+2},\cdots,\boldsymbol{\Gamma}_{q+h+1}$,其中 q 为任何非负整数. 从矩阵 $\boldsymbol{S}$ 的构造直接看出,行 $\boldsymbol{\Gamma}_{q+1},\boldsymbol{\Gamma}_{q+2},\cdots,\boldsymbol{\Gamma}_{q+h+1}$ 可以从行 $\boldsymbol{\Gamma}_1,\boldsymbol{\Gamma}_2,\cdots,\boldsymbol{\Gamma}_{h+1}$ 删去其位于前 q 个列的元素得出. 故有

$$\boldsymbol{\Gamma}_{q+h+1}=\sum_{g=0}^{h}\alpha_g\boldsymbol{\Gamma}_{q+h-g+1}\quad (q=0,1,2,\cdots)$$

这样一来,在矩阵 $\boldsymbol{S}$ 中从第 $h+1$ 行开始,任一行都可以用其前面的 h 行线性表出,因而,可以经前 h 个线性无关行线性表出. 故知,对于矩阵 $\boldsymbol{S}$ 有秩 $r=h$①. 在线性关系 $\boldsymbol{\Gamma}_{q+h+1}=\sum_{g=1}^{k}\alpha_g\boldsymbol{\Gamma}_{q+h-g+1}$ 中将 h 换为 r 后用更详细的写法就给出了式(54).

反之,如果条件(54) 是适合的,那么在矩阵 $\boldsymbol{S}$ 中任一行(列) 都是前 r 行(列) 的线性组合. 故矩阵 $\boldsymbol{S}$ 中所有阶大于 r 的子式都等于零,因而矩阵 $\boldsymbol{S}$ 有不大于 r 的有限铁. 但是这个秩不能小于 r,因为如果小于 r,那么从已经证明的结果知道对于小于 r 的值(54) 形式的关系式亦能成立,这就与条件 2° 矛盾. 这样一来,定理得证.

推论 如果无限冈恰列夫矩阵 $\boldsymbol{S}=(s_{i+k})_0^{+\infty}$ 有有限秩 r,那么

$$D_r=|\ s_{i+k}\ |_0^{r-1}\neq 0$$

事实上,从关系式(53) 知道矩阵 $\boldsymbol{S}$ 的任何行(列) 都是前 r 行(列) 的线性组合. 所以矩阵 $\boldsymbol{S}$ 的任何 r 阶子式都可以表示为 αD_r 的形式,其中 α 为某一个数. 故得不等式 $D_r\neq 0$.

注 对于秩为 r 的有限冈恰列夫矩阵,不等式 $D_r\neq 0$ 可能不成立. 例如矩阵 $\boldsymbol{S}_2=\begin{pmatrix}s_0 & s_1\\ s_1 & s_2\end{pmatrix}$ 当 $s_0=s_1=0,s_2\neq 0$ 时有秩 1,但是 $D_1=s_0=0$.

① "在长方矩阵中线性无关行的行数等于这个矩阵的秩"这一情况不仅对于有限行,而且对无限个行亦是成立的.

2. 我们来阐明无限冈恰列夫矩阵与有理函数间著名的相互关系.

设给予真有理分式函数

$$R(z)=\frac{g(z)}{h(z)}$$

其中

$$h(z)=a_0z^m+\cdots+a_m, g(z)=b_1z^{m-1}+b_2z^{m-2}+\cdots+b_m \quad (a_0\neq 0)$$

写 $R(z)$ 为 z 的负幂次的幂级数

$$R(z)=\frac{g(z)}{h(z)}=\frac{s_0}{z}+\frac{s_1}{z^2}+\frac{s_2}{z^3}+\cdots$$

如果函数 $R(z)$ 的所有极点,亦即使 $R(z)$ 变为无穷大的所有值 z 都在圆 $|z|\leqslant a$ 中,那么位于展开式右边的级数当 $|z|>a$ 时是收敛的.将这个等式的两边乘以其分母 $h(z)$,有

$$(a_0z^m+a_1z^{m-1}+\cdots+a_m)\left(\frac{s_0}{z}+\frac{s_1}{z^2}+\frac{s_2}{z^3}+\cdots\right)=$$
$$b_1z^{m-1}+b_2z^{m-2}+\cdots+b_m$$

在这一恒等式的左右两边使 z 的相同幂次的系数相等,我们得出以下关系式组

$$\begin{cases}a_0s_0=b_1\\ a_0s_1+a_1s_0=b_2\\ \quad\vdots\\ a_0s_{m-1}+a_1s_{m-2}+\cdots+a_{m-1}s_0=b_m\end{cases} \tag{55}$$

$$a_0s_q+a_1s_{q-1}+\cdots+a_ms_{q-m}=0 \quad (q=m,m+1,\cdots) \tag{55'}$$

令

$$\alpha_g=-\frac{a_g}{a_0} \quad (g=1,2,\cdots,m)$$

我们可以写关系式(55′)为式(54)的形式(取 $r=m$).故由定理7知,由系数 s_0,s_1,s_2,… 所构成的无限冈恰列夫矩阵

$$\boldsymbol{S}=(s_{i+k})_0^{+\infty}$$

有有限秩(小于或等于 m).

反之,如果矩阵 $\boldsymbol{S}=(s_{i+k})_0^{+\infty}$ 有有限秩 r,那么关系式(54)成立,它可能写为式(55′)的形式(取 $m=r$).此时等式(55)定出数 $b_1,b_2,\cdots,b_m$,我们就有展开式

$$\frac{b_1z^{m-1}+\cdots+b_m}{a_0z^m+a_1z^{m-1}+\cdots+a_m}=\frac{s_0}{z}+\frac{s_1}{z^2}+\frac{s_2}{z^3}+\cdots \tag{55''}$$

使这个展开式能够成立的分母中最低次数 m 与使得关系式(54)能够成立的最小的数 m 是相同的.由定理7知道这个最小的值 m 等于矩阵 $\boldsymbol{S}=(s_{i+k})_0^{+\infty}$ 的秩.

这样一来,我们证明了:

定理 8 矩阵 $\boldsymbol{S}=(s_{i+k})_0^{+\infty}$ 有有限秩的充分必要条件是级数

$$R(z)=\frac{s_0}{z}+\frac{s_1}{z^2}+\frac{s_2}{z^3}+\cdots$$

的和是变数 z 的有理函数. 在这一情形,矩阵 $\boldsymbol{S}$ 的秩与函数 $R(z)$ 的极点的个数相同,此时每一个极点要同其重数一样多地重复计算其个数.

§11 用其分子与分母的系数来定出任一有理分式的指标

1. 设给予任一有理函数,写其展开式为 z 的降幂级数[①]

$$R(z)=s_{-u-1}z^u+\cdots+s_{-2}z+s_{-1}+\frac{s_0}{z}+\frac{s_1}{z^2}+\cdots \tag{56}$$

z 的负乘幂的系数序列

$$s_0,s_1,s_2,\cdots$$

定出一个无限冈恰列夫矩阵 $\boldsymbol{S}=(s_{i+k})_0^{+\infty}$.

这样一来,建立了一个对应关系

$$R(z)\sim \boldsymbol{S}$$

显然,两个相差一个整函数的有理函数对应于同一矩阵 $\boldsymbol{S}$. 但并不是每一个矩阵 $\boldsymbol{S}=(s_{i+k})_0^{+\infty}$ 都对应于一个有理函数. 在上节中已经得出,矩阵 $\boldsymbol{S}$ 对应于一个有理函数的充分必要条件是这个无限矩阵有有限秩. 这个秩等于函数 $R(z)$ 的极点的个数(按照其重数来重复计算),亦即等于既约分式 $\frac{g(z)}{f(z)}=R(z)$ 的分母 $f(z)$ 的次数. 借助于展开式(56),在其有理函数 $R(z)$ 与有限秩冈恰列夫矩阵 $\boldsymbol{S}=(s_{i+k})_0^{+\infty}$ 之间建立了一个一一对应关系.

注意一些对应的性质:

1° 如果 $R_1(z)\sim \boldsymbol{S}_1$,$R_2(z)\sim \boldsymbol{S}_2$,那么对于任何数 c_1 与 c_2,都有

$$c_1R_1(z)+c_2R_2(z)\sim c_1\boldsymbol{S}_1+c_2\boldsymbol{S}_2$$

以后我们要遇到这样的情形:$R(z)$ 的分子与分母的系数是参数 α 的整有理函数;此时 R 是 z 与 α 的有理函数. 从展开式(55) 知道在这一情形,数 $s_0,s_1,s_2,\cdots$,亦即矩阵 $\boldsymbol{S}$ 的元素,都是 α 的有理函数. 在展开式(56) 中对 α 逐项微分,我们得出:

2° 如果 $R(z,\alpha)\sim \boldsymbol{S}(\alpha)$,那么 $\frac{\partial R}{\partial \alpha}\sim\frac{\partial \boldsymbol{S}}{\partial \alpha}$.[②]

2. 写 $R(z)$ 的展开式为最简单分式

---

① 级数(56) 在任何(以点 $z=0$ 为圆心的) 含有函数 $R(z)$ 全部极点的圆的外面是收敛的.

② 如果 $\boldsymbol{S}=(s_{i+k})_0^{+\infty}$,那么 $\frac{\partial \boldsymbol{S}}{\partial \alpha}=\left(\frac{\partial s_{i+k}}{\partial \alpha}\right)_0^{+\infty}$.

$$R(z)=Q(z)+\sum_{j=1}^{q}\left\{\frac{A_1^{(j)}}{z-\alpha_j}+\frac{A_2^{(j)}}{(z-\alpha_j)^2}+\cdots+\frac{A_{\nu_j}^{(j)}}{(z-\alpha_j)^{\nu_j}}\right\} \tag{57}$$

其中 $Q(z)$ 为一个多项式,我们来证明,诸数 α 与 A 构成对应于有理函数 $R(z)$ 的矩阵 $\boldsymbol{S}$.

为此首先讨论最简单的有理分式

$$\frac{1}{z-\alpha}=\sum_{p=0}^{+\infty}\frac{\alpha^p}{z^{p+1}}$$

它对应于矩阵

$$\boldsymbol{S}_\alpha=(\alpha^{i+k})_0^{+\infty}$$

对应于这个矩阵的二次型 $\boldsymbol{S}_{\alpha n}(\boldsymbol{x},\boldsymbol{x})$ 有以下形式

$$\boldsymbol{S}_{\alpha n}(\boldsymbol{x},\boldsymbol{x})=\sum_{i,k=0}^{n-1}\alpha^{i+k}x_ix_k=(x_0+\alpha x_1+\cdots+\alpha^{n-1}x_{n-1})^2$$

如果

$$R(z)=Q(z)+\sum_{j=1}^{q}\frac{A^{(j)}}{z-\alpha_j}$$

那么由 1° 其对应矩阵 $\boldsymbol{S}$ 为公式

$$\boldsymbol{S}=\sum_{j=1}^{q}A^{(j)}\boldsymbol{S}_{\alpha_j}=\left(\sum_{j=1}^{q}A^{(j)}\alpha_j^{i+k}\right)_0^{+\infty}$$

所定出,而其对应的二次型有形式

$$\boldsymbol{S}_n(\boldsymbol{x},\boldsymbol{x})=\sum_{j=1}^{q}A^{(j)}(x_0+\alpha_jx_1+\cdots+\alpha_j^{n-1}x_{n-1})^2$$

为了转移到一般的情形(57),我们逐项微分关系式

$$\frac{1}{z-\alpha}\sim\boldsymbol{S}_\alpha=(\alpha^{i+k})_0^{+\infty}$$

$h-1$ 次. 由 1° 与 2° 我们得出[①]

$$\frac{1}{(z-\alpha)^h}\sim\frac{1}{(h-1)!}\cdot\frac{\partial^{h-1}\boldsymbol{S}_\alpha}{\partial\alpha^{h-1}}=(\mathrm{C}_{i+k}^{h-1}\alpha^{i+k-h+1})_0^{+\infty}$$

$$(\mathrm{C}_{i+k}^{h-1}=0,\text{如果 } i+k<h-1)$$

故在一般的情形,当 $R(z)$ 有展开式(57) 时,再应用性质 1°,我们得出

$$R(z)\sim\boldsymbol{S}=\sum_{j=1}^{q}\left(A_1^{(j)}+A_2^{(j)}\frac{\partial}{\partial\alpha_j}+\cdots+\frac{1}{(\nu_j-1)!}A_{\nu_j}^{(j)}\frac{\partial^{\nu_j-1}}{\partial\alpha_j^{\nu_j-1}}\boldsymbol{S}_{\alpha_j}\right) \tag{58}$$

施行微分后,我们得出

$$\boldsymbol{S}=\left(\sum_{j=1}^{q}(A_1^{(j)}\alpha_j^{i+k}+A_2^{(j)}\mathrm{C}_{i+k}^1\alpha_j^{i+k-1}+\cdots+A_{\nu_j}^{(j)}\mathrm{C}_{i+k}^{\nu_j-1}\alpha_j^{i+k-\nu_j+1})\right)_0^{+\infty} \tag{58'}$$

---

① 此处与以后符号 C_d^h 表示从 d 个元素中每次取 h 个元素的组合数.

对应的冈恰列夫型 $\boldsymbol{S}_n(\boldsymbol{x},\boldsymbol{x})=\sum_{i,k=0}^{n-1} s_{i+k}x_i x_k$ 将等于

$$\boldsymbol{S}_n(\boldsymbol{x},\boldsymbol{x})=\sum_{j=1}^{q}\left(A_1^{(j)}+A_2^{(j)}\frac{\partial}{\partial \alpha_j}+\cdots+\frac{1}{(\nu_j-1)!}A_{\nu_j}^{(j)}\frac{\partial^{\nu_j-1}}{\partial \alpha_j^{\nu_j-1}}\right)\cdot (x_0+\alpha_j x_1+\cdots+\alpha_j^{n-1}x_{n-1})^2 \tag{58''}$$

3. 现在我们来叙述并且证明以下基本定理[①]：

定理 9 如果

$$R(z)\sim \boldsymbol{S}$$

而且 m 是矩阵 $\boldsymbol{S}$ 的秩[②]，那么对于任何 $n\geqslant m$，柯西指标 $I_{-\infty}^{+\infty}R(z)$ 等于型 $\boldsymbol{S}_n(\boldsymbol{x},\boldsymbol{x})$ 的符号差[③]

$$I_{-\infty}^{+\infty}R(z)=\sigma[\boldsymbol{S}_n(\boldsymbol{x},\boldsymbol{x})]$$

证明 设有展开式(57). 那么根据式(58)，有

$$\boldsymbol{S}=\sum_{j=1}^{q}\boldsymbol{T}_{\alpha_j}$$

其中每一项有以下形式

$$\boldsymbol{T}_\alpha=\left(A_1+A_2\frac{\partial}{\partial\alpha}+\cdots+\frac{1}{(\nu-1)!}A_\nu\frac{\partial^{\nu-1}}{\partial\alpha^{\nu-1}}\right)\boldsymbol{S}_\alpha$$

$$\boldsymbol{S}_\alpha=(\alpha^{i+k})_0^{+\infty} \tag{59}$$

而

$$\boldsymbol{S}_n(\boldsymbol{x},\boldsymbol{x})=\sum_{j=1}^{q}\boldsymbol{T}_{\alpha_j}(\boldsymbol{x},\boldsymbol{x})=\sum_{\alpha_j\text{为实数}}\boldsymbol{T}_{\alpha_j}(\boldsymbol{x},\boldsymbol{x})+\sum_{\alpha_j\text{为复数}}[\boldsymbol{T}_{\alpha_j}(\boldsymbol{x},\boldsymbol{x})+\boldsymbol{T}_{\bar{\alpha}_j}(\boldsymbol{x},\boldsymbol{x})]$$

根据定理 8，矩阵 $\boldsymbol{T}_{\alpha_j}$ 的秩等于 ν_j，因而型 $\boldsymbol{T}_{\alpha_j}(\boldsymbol{x},\boldsymbol{x})$ 的秩亦等于 $\nu_j(j=1,2,\cdots,q)$，而 $\boldsymbol{S}_n(\boldsymbol{x},\boldsymbol{x})$ 的秩为 $m=\sum_{j=1}^{q}\nu_j$. 但是如果某些实二次型的和的秩等于这些型的秩的和，那么对于符号差亦有同样的关系式

$$\sigma[\boldsymbol{S}_n(\boldsymbol{x},\boldsymbol{x})]=\sum_{\alpha_j\text{为实数}}\sigma[\boldsymbol{T}_{\alpha_j}(\boldsymbol{x},\boldsymbol{x})]+\sum_{\alpha_j\text{为复数}}\sigma[\boldsymbol{T}_{\alpha_j}(\boldsymbol{x},\boldsymbol{x})+\boldsymbol{T}_{\bar{\alpha}_j}(\boldsymbol{x},\boldsymbol{x})] \tag{60}$$

我们分别来讨论下面两种情形：

---

① 对于最简单的情形，$R(z)$ 没有多重极点时，这个定理已经在 1856 年由埃尔米特所证明(*Sur le nombre des racines d'une équation algébrique comprise entre des limites données*(1856)). 在一般的情形，这个定理曾由胡尔维茨所证明(*Über die Bedingungen, unter welchen eine Gleichung nur Wurzeln mit negatiyen reellen Teilen besitzt*(1895)，《Метод симметрических и эрмитовых форм в теории отделения корней алгебраических уравнений》(1936)). 在本书中所述的证明与胡尔维茨的证明不相同.

② 正如我们已经注意到的，m 等于有理分式 $R(z)$ 在既约表示式中分母的次数.

③ 以 $\sigma[\boldsymbol{S}_n(\boldsymbol{x},\boldsymbol{x})]$ 记型 $\boldsymbol{S}_n(\boldsymbol{x},\boldsymbol{x})$ 的符号差.

1° α 是一个实数. 在

$$\frac{A_1}{z-\alpha}+\frac{A_2}{(z-\alpha)^2}+\cdots+\frac{A_\nu}{(z-\alpha)^\nu} \tag{61}$$

中,对于参数 $A_1,A_2,\cdots,A_{\nu-1}$ 与 α 的任何变动,对应矩阵 $\boldsymbol{T}_\alpha$ 的秩都保持不变($=\nu$);因而型 $\boldsymbol{T}_\alpha(\boldsymbol{x},\boldsymbol{x})$ 的符号差亦保持不变(参考第10章,§5). 所以 $\sigma[\boldsymbol{T}_\alpha(\boldsymbol{x},\boldsymbol{x})]$ 是没有改变的,如果我们在式(60)与式(61)中取:$A_1=\cdots=A_{\nu-1}=0$ 与 $\alpha=0$,亦即代替 $\boldsymbol{T}_\alpha$,取矩阵

$$\frac{1}{(\nu-1)!}\cdot\frac{\partial^{\nu-1}\boldsymbol{S}_\alpha}{\partial\alpha^{\nu-1}}=\begin{pmatrix} \overbrace{0 & 0 & \cdots}^{\nu-1} & 0 & A_\nu & 0 & 0 & \cdots \\ 0 & 0 & \cdots & A_\nu & 0 & 0 & 0 & \cdots \\ \vdots & \vdots & \iddots & 0 & 0 & 0 & 0 & \cdots \\ 0 & A_\nu & 0 & 0 & 0 & 0 & 0 & \cdots \\ A_\nu & 0 & 0 & 0 & 0 & 0 & 0 & \cdots \\ 0 & 0 & 0 & 0 & 0 & 0 & 0 & \cdots \\ 0 & 0 & 0 & 0 & 0 & 0 & 0 & \cdots \\ \vdots & \vdots & \vdots & \vdots & \vdots & \vdots & \vdots & \vdots \end{pmatrix}$$

对应的二次型等于

$$\begin{cases}2A_\nu(x_0x_{\nu-1}+x_1x_{\nu-2}+\cdots+x_{s-1}x_s), & \text{如果 } \nu=2s \\ A_\nu[2(x_0x_{\nu-1}+\cdots+x_{s-2}x_s)+x_{s-1}^2], & \text{如果 } \nu=2s-1\end{cases}\quad(s=1,2,3,\cdots)$$

上面这个二次型的符号差常等于零,而下面这个二次型的符号差等于 $\operatorname{sign} A_\nu$.[①]这样一来,如果 α 是一个实数,那么

$$\sigma[\boldsymbol{T}_\alpha(\boldsymbol{x},\boldsymbol{x})]=\begin{cases}0, & \text{如果 } \nu \text{ 是一个偶数} \\ \operatorname{sign} A_\nu, & \text{如果 } \nu \text{ 是一个奇数}\end{cases} \tag{62}$$

2° α 是一个复数. 设

$$\boldsymbol{T}_\alpha(\boldsymbol{x},\boldsymbol{x})=\sum_{k=1}^{\nu}(P_k+\mathrm{i}Q_k)^2,\boldsymbol{T}_{\bar\alpha}(\boldsymbol{x},\boldsymbol{x})=\sum_{k=1}^{\nu}(P_k-\mathrm{i}Q_k)^2$$

其中 $P_k,Q_k(k=1,2,\cdots,\nu)$ 为变数 $x_0,x_1,\cdots,x_{n-1}$ 的实线性型. 那么

$$\boldsymbol{T}_\alpha(\boldsymbol{x},\boldsymbol{x})+\boldsymbol{T}_{\bar\alpha}(\boldsymbol{x},\boldsymbol{x})=2\sum_{k=1}^{\nu}P_k^2-2\sum_{k=1}^{\nu}Q_k^2 \tag{63}$$

因为这个二次型的秩等于 2ν,所以 $P_k,Q_k(k=1,2,\cdots,\nu)$ 线性无关,因而由式(63),对于非实数 α,有

---

① 每一个乘积 $x_0x_{\nu-1},x_1x_{\nu-2},\cdots$ 都可以换为对应的平方差 $\left(\frac{x_0+x_{\nu-1}}{2}\right)^2-\left(\frac{x_0-x_{\nu-1}}{2}\right)^2$,$\left(\frac{x_1+x_{\nu-2}}{2}\right)-\left(\frac{x_1-x_{\nu-2}}{2}\right)^2,\cdots$. 此处得出的所有平方都是彼此无关的.

$$\sigma[\boldsymbol{T}_\alpha(\boldsymbol{x},\boldsymbol{x})+\boldsymbol{T}_{\bar{\alpha}}(\boldsymbol{x},\boldsymbol{x})]=0 \tag{64}$$

从式(60)(62) 与式(64) 推得

$$\sigma[\boldsymbol{S}_n(\boldsymbol{x},\boldsymbol{x})]=\sum_{\substack{\alpha_j\text{为实数}\\ \nu\text{为奇数}}}\operatorname{sign} A_\nu^{(j)}$$

但在本章 §2 中已经阐明位于这个等式右边的和等于 $I_{-\infty}^{+\infty}R(z)$.

定理得证.

从所证明的定理推得：

推论 1　如果 $R(z)\sim\boldsymbol{S}=(s_{i+k})_0^{+\infty}$ 而且 m 是矩阵$\boldsymbol{S}$ 的秩，那么所有二次型 $\boldsymbol{S}_n(\boldsymbol{x},\boldsymbol{x})=\sum_{i,k=0}^{n-1}s_{i+k}x_ix_k\,(n=m,m+1,\cdots)$ 都有相同的符号差.

在第 10 章，§10 中已经建立了计算冈恰列夫二次型符号差的规则，而且弗罗贝尼乌斯的研究给予了叙述包含所有特殊情形的规则. 根据所证明的定理，这个规则可以用来计算柯西指标. 这样一来，我们得出：

推论 2　对应于秩为 m 的矩阵$\boldsymbol{S}=(s_{i+k})_0^{+\infty}$ 的任何有理函数 $R(z)$ 的指标由公式

$$I_{-\infty}^{+\infty}R(z)=m-2\boldsymbol{V}(1,D_1,D_2,\cdots,D_m) \tag{65}$$

所决定，其中

$$D_f=(s_{i+k})_0^{f-1}=\begin{vmatrix} s_0 & s_1 & \cdots & s_{f-1}\\ s_1 & s_2 & \cdots & s_f\\ \vdots & \vdots & & \vdots\\ s_{f-1} & s_f & \cdots & s_{2f-2}\end{vmatrix}\quad (f=1,2,\cdots,m) \tag{66}$$

如果在行列式 $D_1,D_2,\cdots,D_m$ 中有一组邻接的行列式等于零[①]

$$D_{h+1}=\cdots=D_{h+p}=0\quad(D_h\neq0,D_{h+p+1}\neq0)$$

那么在计算 $\boldsymbol{V}(D_h,D_{h+1},\cdots,D_{h+p+1})$ 时可以取

$$\operatorname{sign} D_{h+j}=(-1)^{\frac{j(j-1)}{2}}\operatorname{sign} D_h\quad(j=1,2,\cdots,p)$$

这就给出

$$\boldsymbol{V}(D_h,D_{h+1},\cdots,D_{h+p+1})=\begin{cases}\dfrac{p+1}{2}, & \text{如果 } p \text{ 是一个奇数}\\[2mm] \dfrac{p+1-\varepsilon}{2}, & \text{如果 } p \text{ 是一个偶数}\end{cases} \tag{67}$$

$$\varepsilon=(-1)^{\frac{p}{2}}\operatorname{sign}\frac{D_{h+p+1}}{D_h}$$

为了把有理函数的指标用其分子与分母的系数来表出，我们需要一些辅助

① 此处永远有 $D_m\neq0$(本章，§9).

关系式.

首先常可表示 $R(z)$ 为以下形式[①]

$$R(z)=Q(z)+\frac{g(z)}{h(z)}$$

其中 $Q(z),g(z),h(z)$ 都是多项式,而且

$$h(z)=a_0z^m+a_1z^{m-1}+\cdots+a_m,g(z)=b_0z^m+b_1z^{m-1}+\cdots+b_m \quad (a_0\neq 0)$$

显然

$$I_{-\infty}^{+\infty}R(z)=I_{-\infty}^{+\infty}\frac{g(z)}{h(z)}$$

设

$$\frac{g(z)}{h(z)}=s_{-1}+\frac{s_0}{z}+\frac{s_1}{z^2}+\cdots$$

那么,将这一等式的两边乘以其分母 $h(z)$ 后,使其两边 z 的幂次相同的系数相等,我们得出

$$\begin{cases}a_0s_{-1}=b_0\\ a_0s_0+a_1s_{-1}=b_1\\ \quad\vdots\\ a_0s_{m-1}+a_1s_{m-2}+\cdots+a_ms_{-1}=b_m\\ a_0s_t+a_1s_{t-1}+\cdots+a_ms_{t-m}=0\end{cases} \tag{68}$$

$$(t=m,m+1,\cdots)$$

应用关系式(68),我们求得以下诸 $2p$ 阶行列式的表示式,其中当 $j>m$ 时令 $a_j=0,b_j=0$,有

$$\begin{vmatrix}a_0 & a_1 & a_2 & \cdots & a_{2p-1}\\ b_0 & b_1 & b_2 & \cdots & b_{2p-1}\\ 0 & a_0 & a_1 & \cdots & a_{2p-2}\\ 0 & b_0 & b_1 & \cdots & b_{2p-2}\\ \vdots & \vdots & \vdots & & \vdots\end{vmatrix}=\begin{vmatrix}1 & 0 & 0 & \cdots & 0\\ s_{-1} & s_0 & s_1 & \cdots & s_{2p-2}\\ 0 & 1 & 0 & \cdots & 0\\ 0 & s_{-1} & s_0 & \cdots & s_{2p-3}\\ \vdots & \vdots & \vdots & & \vdots\end{vmatrix}\cdot$$

$$\begin{vmatrix}a_0 & a_1 & a_2 & \cdots & a_{2p-1}\\ 0 & a_0 & a_1 & \cdots & a_{2p-2}\\ 0 & 0 & a_0 & \cdots & a_{2p-3}\\ \vdots & \vdots & \vdots & & \vdots\\ 0 & 0 & 0 & \cdots & a_0\end{vmatrix}=$$

① 我们没有必要将 $R(z)$ 换为有理分式,在以后只要使得 $g(z)$ 的次数不超过 $h(z)$ 的次数.

$$(-1)^{\frac{p(p-1)}{2}} a_0^{2p} \begin{vmatrix} s_{p-1} & s_p & \cdots & s_{2p-2} \\ s_{p-2} & s_{p-1} & \cdots & s_{2p-3} \\ \vdots & \vdots & & \vdots \\ s_0 & s_1 & \cdots & s_{p-1} \end{vmatrix} =$$

$$a_0^{2p} \begin{vmatrix} s_0 & s_1 & \cdots & s_{p-1} \\ s_1 & s_2 & \cdots & s_p \\ \vdots & \vdots & & \vdots \\ s_{p-1} & s_p & \cdots & s_{2p-2} \end{vmatrix} = a_0^{2p} D_p \tag{69}$$

引进记法

$$\nabla_{2p} = \begin{vmatrix} a_0 & a_1 & \cdots & a_{2p-1} \\ b_0 & b_1 & \cdots & b_{2p-1} \\ 0 & a_0 & \cdots & a_{2p-2} \\ 0 & b_0 & \cdots & b_{2p-2} \\ \vdots & \vdots & & \vdots \end{vmatrix} \quad (p=1,2,\cdots;\alpha_j=b_j=0,\text{如果 } j>m) \tag{70}$$

那么公式(69) 可以写为

$$\nabla_{2p} = a_0^{2p} D_p \quad (p=1,2,\cdots) \tag{69'}$$

由这一公式,上面的推论 2 化为以下定理:

定理 10 如果 $\nabla_{2m} \neq 0$,[①]那么

$$I_{-\infty}^{+\infty} \frac{b_0 z^m + b_1 z^{m-1} + \cdots + b_m}{a_0 z^m + a_1 z^{m-1} + \cdots + a_m} = m - 2\mathbf{V}(1, \nabla_2, \nabla_4, \cdots, \nabla_{2m}) \tag{71}$$

$$(a_0 \neq 0)$$

其中 $\nabla_{2p}(p=1,2,\cdots,m)$ 由公式(70) 所确定,如果此时有相邻的部分行列式等于零

$$\nabla_{2h+2} = \cdots = \nabla_{2h+2p} = 0 \quad (\nabla_{2h} \neq 0, \nabla_{2h+2p+2} \neq 0)$$

那么在公式(71) 中计算 $\mathbf{V}(\nabla_{2h}, \nabla_{2h+2}, \cdots, \nabla_{2h+2p+2})$ 时应该设

$$\operatorname{sign} \nabla_{2h+2j} = (-1)^{\frac{j(j-1)}{2}} \operatorname{sign} \nabla_{2h} \quad (j=1,2,\cdots,p)$$

或者,同样地令[②]

$$\mathbf{V}(\nabla_{2h}, \cdots, \nabla_{2h+2p+2}) = \begin{cases} \dfrac{p+1}{2}, & \text{如果 } p \text{ 是一个奇数} \\ \dfrac{p+1-\varepsilon}{2}, & \text{如果 } p \text{ 是一个偶数} \end{cases}$$

---

① 条件 $\nabla_{2m} \neq 0$ 说明 $D_m \neq 0$,因而位于式(71) 指标符号下面的分式是即约的.

② 当 p 是奇数时,$\dfrac{\nabla_{2h+2p+2}}{\nabla_{2h}} = \operatorname{sign} \dfrac{D_{h+p+1}}{D_h} = (-1)^{\frac{p+1}{2}}$.

$$\varepsilon=(-1)^{\frac{p}{2}}\operatorname{sign}\frac{\nabla_{2h+2p+2}}{\nabla_{2h}}$$

注 如果 $\nabla_{2m}=0$，亦即在公式(71)中位于指标符号下面的分式是可约的，那么可以将公式(71)换为另一公式

$$I_{-\infty}^{+\infty}\frac{b_0z^m+b_1z^{m-1}+\cdots+b_m}{a_0z^m+a_1z^{m-1}+\cdots+a_m}=r-2\boldsymbol{V}(1,\nabla_2,\nabla_4,\cdots,\nabla_{2r})\qquad(71')$$

其中 r 是位于指标符号下面有理分式的极点的个数(多重极点以其重数重复计算，亦即，r 为化简分式后分母的次数).

事实上，如果 $\nabla_{2m}=0$，那么我们所关心的指标等于

$$r-2\boldsymbol{V}(1,D_1,D_2,\cdots,D_r)$$

因为数 r 是对应矩阵 $\boldsymbol{S}=(s_{i+k})_0^{+\infty}$ 的秩. 等式(69′)对于可约分数能够成立①. 所以

$$\boldsymbol{V}(1,D_1,D_2,\cdots,D_r)=\boldsymbol{V}(1,\nabla_2,\nabla_4,\cdots,\nabla_{2r})$$

因而我们得到公式(71′).

公式(71′)可能把有理分式的指标用其分子与分母的系数来表出，其中任何分子的次数不超过分母的次数.

§12 路斯－胡尔维茨定理的第二个证明

在 §6 中，应用斯图姆定理与路斯算法，我们已经证明了路斯－胡尔维茨定理. 在本节中，我们根据 §11 的定理 10 与柯西指标的一些性质来证明路斯－胡尔维茨定理.

我们注意以下柯西指标的一些性质，以后将用到它们：

1° $I_a^bR(x)=-I_b^aR(x)$. ②

2° $I_a^bR_1(x)R(x)=\operatorname{sign}R_1(x)I_a^bR(x)$，如果在 (a,b) 中，$R_1(x)\neq\begin{cases}0\\\infty\end{cases}$.

3° 如果 $a<c<b$，那么 $I_a^bR(x)=I_a^cR(x)+I_c^bR(x)+\eta_c$，其中 $\eta_c=0$，如果 $R(c)$ 是一个有限值；$\eta_c=\pm1$，如果在点 c 函数 $R(x)$ 变为无穷大. 此处 $\eta_c=+1$ 对应于在点 c 函数从 $-\infty$ 变到 $+\infty$(当 x 增大时)，而 $\eta_c=-1$ 对应于在点 c 函数从 $+\infty$ 变到 $-\infty$.

4° 如果 $R(-x)=-R(x)$，那么 $I_{-a}^0R(x)=I_0^aR(x)$. 如果 $R(-x)=R(x)$，

---

① 从等式(69′)推出，∇_{2p} 的值由有理分式 $R(z)$(更精确的，由它的真分式部分)确定，而不是分别由分子与分母确定. 因此当约分分式为 $\frac{g(z)}{h(z)}$ 时，每个行列式 ∇_{2p} 的元素改变了，但是它的值保持不变.

② 此处及以后，指标的上界可以等于 $+\infty$，其下界可以等于 $-\infty$.

那么 $I_{-a}^{0}R(x)=-I_{0}^{a}R(x)$.

5° $I_{a}^{b}R(x)+I_{a}^{b}\dfrac{1}{R(x)}=\dfrac{\varepsilon_b-\varepsilon_a}{2}$,其中 ε_a 为 $R(x)$ 在 (a,b) 中接近 a 时的符号,ε_b 为 $R(x)$ 在 (a,b) 中接近 b 时的符号.

前 4 个性质可以直接从柯西指标的定义来得出(参考 §2). 性质 5° 可以这样来推出,指标和 $I_{a}^{b}R(x)+I_{a}^{b}\dfrac{1}{R(x)}$ 等于差 n_1-n_2,其中 n_1 为当 x 从 a 变到 b 时,$R(x)$ 从负值变到正值的变号次数,而 n_2 为 $R(x)$ 从正值变到负值的变号次数.

讨论实多项式①

$$f(z)=a_0z^n+a_1z^{n-1}+a_2z^{n-2}+\cdots+a_{n-1}z+a_n\quad(a_0>0)$$

我们可以把它表示为以下形式

$$f(z)=h(z^2)+zg(z^2)$$

其中

$$h(u)=a_n+a_{n-2}u+\cdots,g(u)=a_{n-1}+a_{n-3}u+\cdots$$

引进记法

$$\rho=I_{-\infty}^{+\infty}\frac{a_1z^{n-1}-a_3z^{n-3}+\cdots}{a_0z^n-a_2z^{n-2}+\cdots}\tag{72}$$

在 §3 中我们证明了(参考 §3 的式(20))

$$\rho=n-2k-s\tag{73}$$

其中 k 为多项式 $f(z)$ 有正实数部分的根的个数,而 s 为 $f(z)$ 在虚轴上的根的个数.

我们来变换 ρ 的表达式(72).

首先讨论 n 为偶数的情形. 设 $n=2m$,那么

$$h(u)=a_0u^m+a_2u^{m-1}+\cdots+a_n,g(u)=a_1u^{m-1}+a_3u^{m-2}+\cdots+a_{n-1}$$

应用性质 1° ~ 4° 且取 $\eta=\pm1$,如果对应的 $\lim\limits_{u\to-0}\dfrac{g(u)}{h(u)}=\pm\infty$ 而在其余的情形取 $\eta=0$, 我们有

$$\rho=-I_{-\infty}^{+\infty}\frac{zg(-z^2)}{h(-z^2)}=-(I_{-\infty}^{0}+I_{0}^{+\infty}+\eta)=$$

$$-2I_{-\infty}^{0}\frac{zg(-z^2)}{h(-z^2)}-\eta=2I_{-\infty}^{0}\frac{g(-z^2)}{h(-z^2)}-\eta=$$

$$2I_{-\infty}^{0}\frac{g(u)}{h(u)}-\eta=I_{-\infty}^{0}\frac{g(u)}{h(u)}-I_{-\infty}^{0}\frac{ug(u)}{h(u)}-\eta=$$

---

① 此处对于多项式的系数我们回到常见的记法.

$$I_{-\infty}^{+\infty}\frac{g(u)}{h(u)}-I_{-\infty}^{+\infty}\frac{ug(u)}{h(u)}$$

同样地，当 n 为奇数时($n=2m+1$)，我们有

$$h(u)=a_1u^m+a_3u^{m-1}+\cdots+a_n$$
$$g(u)=a_0u^m+a_2u^{m-1}+\cdots+a_{n-1}$$

取 $\zeta=\operatorname{sign}\left[\frac{g(u)}{h(u)}\right]_{u=-0}$①，如果 $\lim\limits_{u\to 0}\frac{g(u)}{h(u)}=0$ 而在其余情形取 $\zeta=0$，我们求得

$$\rho=I_{-\infty}^{+\infty}\frac{h(-z^2)}{zg(-z^2)}=I_{-\infty}^{0}+I_{0}^{+\infty}+\zeta=2I_{-\infty}^{0}\frac{h(-z^2)}{zg(-z^2)}+\zeta=$$
$$2I_{-\infty}^{0}\frac{h(u)}{ug(u)}+\zeta=I_{-\infty}^{0}\frac{h(u)}{ug(u)}-I_{-\infty}^{0}\frac{h(u)}{g(u)}+\zeta=$$
$$I_{-\infty}^{+\infty}\frac{h(u)}{ug(u)}-I_{-\infty}^{+\infty}\frac{h(u)}{g(u)} \tag{74}$$

这样一来②

$$\rho=I_{-\infty}^{+\infty}\frac{g(u)}{h(u)}-I_{-\infty}^{+\infty}\frac{ug(u)}{h(u)}\quad(n=2m) \tag{74'}$$

$$\rho=I_{-\infty}^{+\infty}\frac{h(u)}{ug(u)}-I_{-\infty}^{+\infty}\frac{h(u)}{g(u)}\quad(n=2m+1) \tag{74''}$$

同之前一样用 $\Delta_1,\Delta_2,\cdots,\Delta_n$ 记所给予多项式 $f(z)$ 的胡尔维茨行列式. 我们假设 $\Delta_n\neq 0$.③

1° $n=2m$. 由公式(71)④，有

$$I_{-\infty}^{+\infty}\frac{g(u)}{h(u)}=m-2\mathbf{V}(1,\Delta_1,\Delta_3,\cdots,\Delta_{n-1}) \tag{75}$$

$$I_{-\infty}^{+\infty}\frac{ug(u)}{h(u)}=m-2\mathbf{V}(1,-\Delta_2,+\Delta_4,-\Delta_6,\cdots)=$$
$$-m+2\mathbf{V}(1,\Delta_2,\Delta_4,\cdots,\Delta_n) \tag{76}$$

但是此时根据式(74′)

$$\rho=n-2\mathbf{V}(1,\Delta_1,\Delta_3,\cdots,\Delta_{n-1})-2\mathbf{V}(1,\Delta_2,\Delta_4,\cdots,\Delta_n)$$

---

① 此处 $\operatorname{sign}\left[\frac{g(u)}{h(u)}\right]_{u=-0}$ 是指负值 u 的绝对值非常小时 $\frac{g(u)}{h(u)}$ 的符号.

② 如果 $a_1\neq 0$，那么式(74′)与式(74″)这两个公式可以合并为一个公式

$$\rho=I_{-\infty}^{+\infty}\frac{g(u)}{h(u)}+I_{-\infty}^{+\infty}\frac{h(u)}{ug(u)} \tag{74'''}$$

③ 在这一情形 $s=0$，因而 $\rho=n-2k$. 此外，$\Delta_n\neq 0$ 表示在公式(74′)(74″)中位于指标符号下面的分式是既约的.

④ 在计算 $\nabla_2,\nabla_4,\cdots,\nabla_{2m}$ 时，计算第一个指标时要将诸值 $a_0,a_1,\cdots,a_m$ 与 $b_0,b_1,\cdots,b_m$ 对应地换为 $a_0,a_2,\cdots,a_{2m}$ 与 $0,a_1,a_3,\cdots,a_{2m-1}$，而在计算第二个指标时要对应地换为 $a_0,a_2,\cdots,a_{2m}$ 与 $a_1,a_3,\cdots,a_{2m-1},0$.

故与等式 $\rho=n-2k$ 合并后给出

$$k=\mathbf{V}(1,\Delta_1,\Delta_3,\cdots,\Delta_{n-1})+\mathbf{V}(1,\Delta_2,\Delta_4,\cdots,\Delta_n) \tag{77}$$

2° $n=2m+1$. 由公式(71)①,有

$$I_{-\infty}^{+\infty}\frac{h(u)}{ug(u)}=m+1-2\mathbf{V}(1,\Delta_1,\Delta_3,\cdots,\Delta_n) \tag{78}$$

$$I_{-\infty}^{+\infty}\frac{h(u)}{g(u)}=m-2\mathbf{V}(1,-\Delta_2,+\Delta_4,\cdots)=$$

$$-m+2\mathbf{V}(1,\Delta_2,\Delta_4,\cdots,\Delta_{n-1}) \tag{79}$$

等式 $\rho=2m+1-2k$ 连同等式(74″)(78) 与式(79) 仍然给出公式(77).

路斯－胡尔维茨定理得证(参考本章,§6,定理 4).

注 1° 如果在公式

$$k=\mathbf{V}(1,\Delta_1,\Delta_3,\cdots)+\mathbf{V}(1,\Delta_2,\Delta_4,\cdots)$$

中某些中间的胡尔维茨行列式等于零,那么公式在这种情形也成立,只要对于每一组邻接的零行列式

$$\Delta_{l+2}=\Delta_{l+4}=\cdots=\Delta_{l+2p}=0 \quad (\Delta_l\neq 0,\Delta_{l+2p+2}\neq 0)$$

(与定理 10 相对应的) 我们写这些行列式的符号为

$$\operatorname{sign}\Delta_{l+2j}=(-1)^{\frac{j(j-1)}{2}}\operatorname{sign}\Delta_l \quad (j=1,2,\cdots,p)$$

就给出

$$\mathbf{V}(\Delta_l,\Delta_{l+2},\cdots,\Delta_{l+2p+2})=\begin{cases}\dfrac{p+1}{2}, & \text{如果 } p \text{ 是一个奇数}\\[2mm] \dfrac{p+1-\varepsilon}{2}, & \text{如果 } p \text{ 是一个偶数}\end{cases} \tag{80}$$

$$\varepsilon=(-1)^{\frac{p}{2}}\operatorname{sign}\frac{\Delta_{l+2p+2}}{\Delta_l}$$

在有为零的胡尔维茨行列式出现时,认真比较这个计算 k 的规则与定理 5(§8 末尾) 所给出的规则,证明这两个规则是相同的.②

2° 如果 $\Delta_n=0$,那么多项式 $ug(u)$ 与 $h(u)$ 不是互质的. 以 $d(u)$ 记多项式 $g(u)$ 与 $h(u)$ 的最大公因式,而以 $u^\gamma d(u)$ 记 $ug(u)$ 与 $h(u)$ 的最大公因式($\gamma=0$ 或 1). 以 δ 记 $d(u)$ 的次数且设 $h(u)=d(u)h_1(u)$, $g(u)=d(u)g_1(u)$.

既约有理分式 $\dfrac{g_1(u)}{h_1(u)}$ 常对应于某一个秩为 r 的无限冈恰列夫矩阵 $\boldsymbol{S}=(s_{i+k})_0^{+\infty}$,其中 r 为 $h_1(u)$ 的次数. 此处对应的行列式 $D_r\neq 0$,而 $D_{r+1}=$

---

① 此处在计算第一个指标时,在公式(71) 中要把 $a_0,a_1,\cdots,a_{m+1}$ 与 $b_0,b_1,\cdots,b_{m+1}$ 对应地换为 $a_0,a_2,\cdots,a_{2m},0$ 与 $0,a_1,a_3,\cdots,a_{2m+1}$,而在计算第二个指标时要对应地把 $a_0,a_1,\cdots,a_m$ 与 $b_0,b_1,\cdots,b_m$ 换为 $a_1,a_3,\cdots,a_{2m+1}$ 与 $a_0,a_2,\cdots,a_{2m}$.

② 此处要考虑到 §8 中最后一个足注的说明.

$D_{r+2}=\cdots=0$. 由公式(69′),我们有 $\nabla_{2r}\neq 0,\nabla_{2r+2}=\nabla_{2r+4}=\cdots=0$. 此外

$$I_{-\infty}^{+\infty}\frac{g_1(u)}{h_1(u)}=r-2\mathbf{V}(1,\nabla_2,\nabla_4,\cdots,\nabla_{2r})$$

将所有这些结果应用到位于式(75)(76)(78) 与式(79) 中指标符号下面的分式,我们容易求得,对于任何 n(偶数或奇数) 与 $\kappa=2\delta+\gamma$,都有

$$\Delta_{n-\kappa-1}\neq 0,\Delta_{n-\kappa}\neq 0,\overbrace{\Delta_{n-\kappa+1}=\cdots=\Delta_n}^{\kappa}=0$$

而且在所讨论的情形中,所有的公式(75)(76)(78) 与(79) 都仍然有效,如果在这些公式的右边删去 $i>n-\pi$ 的全部 Δ_i,而且将数 m(在公式(78) 中为数 $m+1$) 换为指标符号下面的分式化简后的对应分母的次数. 那么由式(74′) 与式(74″) 我们得出

$$\rho=n-\kappa-2\mathbf{V}(1,\Delta_1,\Delta_3,\cdots)-2\mathbf{V}(1,\Delta_2,\Delta_4,\cdots)$$

连同公式 $\rho=n-2k-s$ 就给出

$$k_1=\mathbf{V}(1,\Delta_1,\Delta_3,\cdots)+\mathbf{V}(1,\Delta_2,\Delta_4,\cdots) \tag{81}$$

其中 $k_1=k+\frac{s}{2}-\frac{\kappa}{2}$ 为 $f(z)$ 的右半平面中所有根的个数除去那些同时使多项式 $f(-z)$ 亦等于零的根①.

§13 路斯－胡尔维茨定理的一些补充,列纳尔与希帕尔的稳定性判定

设给予实系数多项式

$$f(z)=a_0z^n+a_1z^{n-1}+\cdots+a_n\quad (a_0>0)$$

那么使得多项式 $f(z)$ 的全部根都有负实数部分的充分必要条件是路斯－胡尔维茨条件可以写为以下不等式的形式

$$\Delta_1>0,\Delta_2>0,\cdots,\Delta_n>0 \tag{82}$$

其中

$$\Delta_i=\begin{vmatrix} a_1 & a_3 & a_5 & \cdots & \\ a_0 & a_2 & a_4 & \cdots & \\ 0 & a_1 & a_3 & \cdots & \\ 0 & a_0 & a_2 & a_4 & \\ \vdots & \vdots & \vdots & \vdots & \ddots \\ & & & & a_i \end{vmatrix}\quad (a_k=0,\text{如果 } k>n)$$

---

① 因为 κ 为多项式 $h(u)$ 与 $ug(u)$ 的最大公因式的次数,所以 κ 为多项式 $f(z)$ 的异根的个数,亦即这种根 $z^*,-z^*$ 是 $f(z)$ 的根的个数. 这些异根的个数等于最后一组阶数等于零的胡尔维茨行列式(包含 Δ_n) 的个数,它们是

$$\Delta_{n-\kappa+1}=\cdots=\Delta_n=0$$

为 i 阶胡尔维茨行列式($i=1,2,\cdots,n$).

如果条件(80) 适合,那么多项式 $f(z)$ 可以表示为 a_0 与 $z+u,z^2+\nu z+w$ ($u>0,\nu>0,w>0$) 形式的因子的乘积,故多项式 $f(z)$ 的全部系数都是正的①

$$a_1>0,a_2>0,\cdots,a_n>0 \tag{83}$$

条件(83) 与条件(82) 不相同,条件(83) 是使 $f(z)$ 的所有根都位于左半平面 $\mathrm{Re}\ z<0$ 的必要条件,但并不是充分条件.

但当条件(83) 适合时,不等式(82) 就不是彼此独立的.例如,当 $n=4$ 时路斯-胡尔维茨条件就化为一个不等式 $\Delta_3>0$,当 $\Delta=5$ 时化为两个不等式:$\Delta_2>0,\Delta_4>0$,当 $n=6$ 时亦化为两个不等式:$\Delta_3>0,\Delta_5>0$.②

这一情况曾由法国数学家列纳尔与希帕尔所研究且在 1914③ 年他们给予了与路斯-胡尔维茨判定不相同的稳定性判定.

定理 11(列纳尔与希帕尔的稳定性判定)　使得实多项式 $f(z)=a_0z^n+a_1z^{n-1}+\cdots+a_n(a_0>0)$ 的全部根都有负实数部分的充分必要条件是可以写为下面四种形式中的任何一种:

1° $a_n>0,a_{n-2}>0,\cdots;\Delta_1>0,\Delta_3>0,\cdots$

2° $a_n>0,a_{n-2}>0,\cdots;\Delta_2>0,\Delta_4>0,\cdots$

3° $a_n>0,a_{n-1}>0,a_{n-3}>0,\cdots;\Delta_1>0,\Delta_3>0,\cdots$

4° $a_n>0,a_{n-1}>0,a_{n-3}>0,\cdots;\Delta_2>0,\Delta_4>0,\cdots$④

从定理 11 推知,对于所有系数(或只是部分系数 $a_n,a_{n-2},\cdots$ 或 $a_n,a_{n-1},a_{n-3},\cdots$)为正数的实多项式 $f(z)=a_0z^n+a_1z^{n-1}+\cdots+a_n(a_0>0)$,胡尔维茨行列式(80) 并不是彼此无关的,即从所有奇数阶胡尔维茨行列式大于零可以推得所有偶数阶胡尔维茨行列式亦大于零,反之亦然.

列纳尔与希帕尔在其著作 *Sur la signe de la partie réelle des racines d'une equation algébrique*(1914) 中曾借助于特殊的二次型来得出条件 1°.应用 §11 的定理 10 与柯西指标的理论,我们给予条件 1°(同样地对于条件 2°,3°,4°) 更简单的推理,把这些条件作为一个更普遍的定理的特殊情形来表出.下面

---

① 由条件 $a_0>0$.

② 对于前面的 n 值,这一情况在一系列调节理论的工作中同列纳尔与希帕尔的一般判定无关的证明已经建立起来,显然这些工作的著者是不知道列纳尔与希帕尔的判定的.

③ 参考 *Chipart Sur la signe de la partie réelle des racines d'une equation algébrique*(1914).关于列纳尔与希帕尔的一些基本结果的叙述可以在蒙·格·克莱茵与蒙·阿·耐马尔克的基本评述《Метод симметрических и эрмиторых форм в теории отделения корней алгебраических уравнений》(1936)中找到.

④ 条件 1°,2°,3°,4° 比胡尔维茨的条件有显著的优越性,因为它们比胡尔维茨条件所含的行列式不等式的个数约少一半.从一系列行列式不等式 $\Delta_1>0,\Delta_3>0,\cdots$ 和 $\Delta_2>0,\Delta_3>0,\cdots$ 中,实际上较好的是表示为形式 $\Delta_{n-1}>0,\Delta_{n-2}>0,\cdots$ 的行列式不等式,因为它包含较低阶行列式.

我们就要转移到这个定理的阐述.

在讨论中仍然引进多项式 $h(u)$ 与 $g(u)$,它们与 $f(z)$ 有以下恒等关系

$$f(z)=h(z^2)+zg(z^2)$$

如果 n 是一个偶数($n=2m$),那么

$$h(u)=a_0u^m+a_2u^{m-1}+\cdots+a_n,g(u)=a_1u^{m-1}+a_3u^{m-2}+\cdots+a_{n-1}$$

如果 n 是一个奇数($n=2m+1$),那么

$$h(u)=a_1u^m+a_3u^{m-1}+\cdots+a_n,g(u)=a_0u^m+a_2u^{m-1}+\cdots+a_{n-1}$$

那么条件 $a_n>0,a_{n-2}>0,\cdots$(对应的 $a_{n-1}>0,a_{n-3}>0,\cdots$)可以换为更普遍的条件:$h(u)$(对应的 $g(u)$)当 $u>0$ 时并不变号.①

有这些条件时,可以只利用奇数阶胡尔维茨行列式或只利用偶数阶胡尔维茨行列式来推出多项式 $f(z)$ 在右半平面中根的个数的公式.

定理 12 如果实多项式

$$f(z)=a_0z^n+a_1z^{n-1}+\cdots+a_n=h(z^2)+zg(z^2)\quad(a_0>0)$$

适合条件:$h(u)$(或 $g(u)$)当 $n>0$ 时并不变号而且最后的胡尔维茨行列式 $\Delta_n\neq0$,那么多项式 $f(z)$ 分布于右半平面的根的个数 k 由以下诸公式所定出,如下表(表 1):

表 1

	$n=2m$	$n=2m+1$
当 $u>0$ 时 $h(u)$ 并不变号	$k=2\mathbf{V}(1,\Delta_1,\Delta_3,\cdots,\Delta_{n-1})=$ $2\mathbf{V}(1,\Delta_2,\Delta_4,\cdots,\Delta_n)$	$k=2\mathbf{V}(1,\Delta_1,\Delta_3,\cdots,\Delta_n)-\frac{1-\varepsilon_\infty}{1}=$ $2\mathbf{V}(1,\Delta_2,\Delta_4,\cdots,\Delta_{n-1})+\frac{1-\varepsilon_\infty}{2}$
当 $u>0$ 时 $g(u)$ 并不变号	$k=2\mathbf{V}(1,\Delta_1,\Delta_3,\cdots,\Delta_{n-1})+$ $\frac{\varepsilon_\infty-\varepsilon_0}{2}=$ $2\mathbf{V}(1,\Delta_2,\Delta_4,\cdots,\Delta_n)-$ $\frac{\varepsilon_\infty-\varepsilon_0}{1}$	$k=2\mathbf{V}(1,\Delta_1,\Delta_3,\cdots,\Delta_n)-\frac{1-\varepsilon_0}{2}=$ $2\mathbf{V}(1,\Delta_2,\Delta_4,\cdots,\Delta_{n-1})+\frac{1-\varepsilon_0}{2}$

其中

$$\varepsilon_\infty=\operatorname{sign}\left[\frac{g(u)}{h(u)}\right]_{u=+\infty},\varepsilon_0=\operatorname{sign}\left[\frac{g(u)}{h(u)}\right]_{u=+0}\quad ②\qquad(83')$$

① 即当 $u>0$ 时 $h(u)\geqslant0$ 或者 $h(u)\leqslant0$(对应的当 $u>0$ 时 $g(u)\geqslant0$ 或者 $g(u)\leqslant0$).

② 如果 $a_1\neq0$,那么 $\varepsilon_\infty=\operatorname{sign}a_1$.一般地,如果 $a_1=a_3=\cdots=a_{2\mu-1}=0$,而 $a_{2\mu+1}\neq0$,那么 $\varepsilon_\infty=\operatorname{sign}a_{2\mu+1}$.如果 $a_{n-1}\neq0$,那么 $\varepsilon_0=\operatorname{sign}\frac{a_n-1}{a_n}$.一般地,如果 $a_{n-1}=a_{n-3}=\cdots=a_{n-2\mu+1}=0$,$a_{n-2\mu-1}\neq0$,那么 $\varepsilon_0=\operatorname{sign}\frac{a_{n-2\mu-1}}{a_n}$.

证明 仍旧引进记号①

$$\rho = I_{-\infty}^{+\infty} \frac{a_1 z^{n-1} - a_3 z^{n-3} + \cdots}{a_0 z^n - a_2 z^{n-2} + \cdots} = n - 2k \tag{84}$$

根据上表我们来讨论 4 种情形：

1° $n = 2m$，当 $n > 0$ 时 $h(u)$ 并不变号. 那么②

$$I_0^{+\infty} \frac{g(u)}{h(u)} = I_0^{+\infty} \frac{ug(u)}{h(u)} = 0$$

因而从明显的等式

$$I_{-\infty}^{0} \frac{g(u)}{h(u)} = - I_{-\infty}^{0} \frac{ug(u)}{h(u)}$$

得出③

$$I_{-\infty}^{+\infty} \frac{g(u)}{h(u)} = - I_{-\infty}^{+\infty} \frac{ug(u)}{h(u)}$$

但此时从式(74′)(75) 与式(84) 求得

$$k = 2\mathbf{V}(1, \Delta_1, \Delta_3, \cdots)$$

同理从公式(74)(76) 与式(84) 推出

$$k = 2\mathbf{V}(1, \Delta_2, \Delta_4, \cdots, \Delta_n)$$

2° $n = 2m$，当 $u > 0$ 时 $g(u)$ 并不变号. 在这一情形

$$I_0^{+\infty} \frac{h(u)}{g(u)} = I_0^{+\infty} \frac{h(u)}{ug(u)} = 0$$

$$I_{-\infty}^{0} \frac{h(u)}{g(u)} + I_{-\infty}^{0} \frac{h(u)}{ug(u)} = 0$$

因而，应用记法(83′)，我们得出

$$I_{-\infty}^{+\infty} \frac{h(u)}{g(u)} + I_{-\infty}^{+\infty} \frac{h(u)}{ug(u)} - \varepsilon_0 = 0 \tag{85}$$

换下面的指标符号函数为其倒数，由 5°(§12) 我们得出

$$I_{-\infty}^{+\infty} \frac{g(u)}{h(u)} + I_{-\infty}^{+\infty} \frac{ug(u)}{h(u)} = \varepsilon_\infty - \varepsilon_0$$

但由式(74′)(75) 与式(84) 得出

$$k = -2\mathbf{V}(1, \Delta_1, \Delta_3, \cdots) + \frac{\varepsilon_\infty - \varepsilon_0}{2}$$

同理从式(74′)(76) 与式(84)，我们得出

---

① 参考式(72)(73)，在此情形下 $s = 0$.

② 如果 $h(u_1) = 0 (u_1 > 0)$，那么 $g(u_1) \neq 0$，因为 $\Delta_n \neq 0$. 所以从 $h(u) > 0 (u > 0)$ 知 $\frac{g(u)}{h(u)}$ 在经过 $u = u_1$ 时并不变号.

③ 从 $\Delta_n = a_n \Delta_{n-1} \neq 0$ 推知 $h(0) = a_n \neq 0$.

$$k=2\mathbf{V}(1,\Delta_2,\Delta_4,\cdots)-\frac{\varepsilon_\infty-\varepsilon_0}{2}$$

3° $n=2m+1$,当 $u>0$ 时 $g(u)$ 并不变号.

在这一情形，同上面的一样，公式(85)是成立的. 从等式(74‴)(75)(79)(84)与式(85),我们容易求出

$$k=2\mathbf{V}(1,\Delta_1,\Delta_3,\cdots)-\frac{1-\varepsilon_0}{2}=2\mathbf{V}(1,\Delta_2,\Delta_4,\cdots)+\frac{1-\varepsilon_0}{2}$$

4° $n=2m+1$,当 $u>0$ 时 $h(u)$ 并不变号.

从等式

$$I_0^{+\infty}\frac{g(u)}{h(u)}=I_0^{+\infty}\frac{ug(u)}{h(u)}=0,I_{-\infty}^{0}\frac{g(u)}{h(u)}+I_{-\infty}^{0}\frac{ug(u)}{h(u)}=0$$

推得

$$I_{-\infty}^{+\infty}\frac{g(u)}{h(u)}+I_{-\infty}^{+\infty}\frac{ug(u)}{h(u)}=0$$

互换位于指标符号下面的函数,我们得出

$$I_{-\infty}^{+\infty}\frac{h(u)}{g(u)}+I_{-\infty}^{+\infty}\frac{h(u)}{ug(u)}=\varepsilon_\infty$$

但是公式(74″)(78)与式(84)给出

$$k=2\mathbf{V}(1,\Delta_1,\Delta_3,\cdots)-\frac{1-\varepsilon_\infty}{2},k=2\mathbf{V}(1,\Delta_2,\Delta_4,\cdots)+\frac{1-\varepsilon_\infty}{2}$$

定理 12 得证.

定理 11 可以作为这个定理的特殊情形来得出.

推论 如果实多项 $f(z)=a_0z^n+a_1z^{n-1}+\cdots+a_n(a_0>0)$ 有正系数

$$a_0>0,a_1>0,a_2>0,\cdots,a_n>0$$

且有 $\Delta_n\neq0$,那么这个多项式分布于右半平面(Re $z>0$)的根的个数 k 由以下公式所定出

$$k=2\mathbf{V}(1,\Delta_1,\Delta_3,\cdots)=2\mathbf{V}(1,\Delta_2,\Delta_4,\cdots)$$

注 如果 $\Delta_n\neq0$,但在上一公式中有某些中间的胡尔维茨行列式等于零,那么公式仍旧正确,但在计算值 $\mathbf{V}(1,\Delta_1,\Delta_3,\cdots)$ 与 $\mathbf{V}(1,\Delta_2,\Delta_4,\cdots)$ 时要按照 §12 的注 1° 中所述的规则来计算.

如果 $\Delta_n=\Delta_{n-1}=\cdots=\Delta_{n-\kappa+1}=0,\Delta_{n-\kappa}\neq0$,那么删去行列式 $\Delta_{n-\kappa+1},\cdots,\Delta_n$,①我们从这些公式定出 $f(z)$ 分布于右半平面 Re $z>0$ 的非奇异根的个数 k_1,用 $h(u)$ 与 $g(u)$ 除以它们的最大公因式后得出的多项式 $h_1(u)$ 与 $g_1(u)$ 满足定理 12 的条件.

① 参考 §12 末尾.

§ 14　胡尔维茨多项式的一些性质，斯蒂尔吉斯定理 用连分式表出胡尔维茨多项式

1. 设给予实多项式

$$f(z)=a_0 z^n+a_1 z^{n-1}+\cdots+a_n \quad (a_0 \neq 0)$$

把它表示为以下形式

$$f(z)=h(z^2)+zg(z^2)$$

我们来阐明，在多项式 $h(u)$ 与 $g(u)$ 上应当加上怎样的条件，才能使得 $f(z)$ 为一个胡尔维茨多项式.

设在公式(20) 中(§3) 有 $k=s=0$，我们得出使 $f(z)$ 为胡尔维茨多项式的充分必要条件是它可表示为等式

$$\rho=n$$

同上节中所述的一样，其中

$$\rho=I_{-\infty}^{+\infty} \frac{a_1 z^{n-1}-a_3 z^{n-3}+\cdots}{a_0 z^n-a_2 z^{n-2}+\cdots}$$

设 $n=2m$. 按照公式(74′)(§12)，这个条件可以写为

$$n=2m=I_{-\infty}^{+\infty} \frac{g(u)}{h(u)}-I_{-\infty}^{+\infty} \frac{ug(u)}{h(u)} \tag{86}$$

因为有理分式指标的绝对值不可能超过其分母的次数(所给予的情形为 m)，所以等式(86) 能够成立的充分必要条件是同时有下式成立

$$I_{-\infty}^{+\infty} \frac{g(u)}{h(u)}=m, I_{-\infty}^{+\infty} \frac{ug(u)}{h(u)}=-m \tag{87}$$

当 $n=2m+1$ 时等式(74″)(因为 $\rho=n$) 给予

$$n=I_{-\infty}^{+\infty} \frac{h(u)}{ug(u)}-I_{-\infty}^{+\infty} \frac{h(u)}{g(u)}$$

此处把位于指标符号下面的分式换为其颠倒分式(参考 §12 的 5°) 且注意 $h(u)$ 与 $g(u)$ 同为 m 次多项式，我们得出

$$n=2m+1=I_{-\infty}^{+\infty} \frac{g(u)}{h(u)}-I_{-\infty}^{+\infty} \frac{ug(u)}{h(u)}+\varepsilon_{\infty} \text{①} \tag{88}$$

再根据分式指标的绝对值不可能超过其分母的次数这一事实推知等式(87) 能够成立的充分必要条件是同时有

$$I_{-\infty}^{+\infty} \frac{g(u)}{h(u)}=m, I_{-\infty}^{+\infty} \frac{ug(u)}{h(u)}=-m, \varepsilon_{\infty}=1 \tag{89}$$

如果 $n=2m$，那么式(87) 的第一个等式说明多项式 $h(u)$ 有 m 个不同的实

---

① 同上节所述的一样，$\varepsilon_{\infty}=\operatorname{sign}\left[\frac{g(u)}{h(u)}\right]_{u=+\infty}$

根 $u_1 < u_2 < \cdots < u_m$ 且真分式$\frac{g(u)}{h(u)}$可表示为以下形式

$$\frac{g(u)}{h(u)} = \sum_{i=1}^{m} \frac{R_i}{(u-u_i)} \tag{90}$$

其中

$$R_i = \frac{g(u_i)}{h'(u_i)} > 0 \quad (i=1,2,\cdots,m) \tag{90'}$$

从分式$\frac{g(u)}{h(u)}$知,在多项式 $h(u)$ 的两个根 u_i, u_{i+1} 之间有多项式 $g(u)$ 的实根 u_i'存在 $(i=1,2,\cdots,m-1)$,而且多项式 $h(u)$ 与 $g(u)$ 的首项系数有相同的符号,亦即

$$h(u) = a_0 \cdot (u-u_1) \cdot \cdots \cdot (u-u_m), g(u) = a_1 \cdot (u-u_1') \cdot \cdots \cdot (u-u_{m-1}')$$

$$u_1 < u_1' < u_2 < u_2' < \cdots < u_{m-1} < u_{m-1}' < u_m; a_0 a_1 > 0$$

从式(87)的第二个等式引进一个补充条件

$$u_m < 0$$

根据这个条件,$h(u)$ 与 $g(u)$ 的全部根都应当是负的. 如果 $n=2m+1$,那么从式(89)的第一个等式知,$h(u)$ 有 m 个不同的实根 $u_1, u_2, \cdots, u_m$ 与

$$\frac{g(u)}{h(u)} = s_{-1} + \sum_{i=1}^{m} \frac{R_i}{u-u_i} \quad (s_{-1} \neq 0) \tag{91}$$

其中

$$R_i = \frac{g(u_i)}{h'(u_i)} > 0 \quad (i=1,2,\cdots,m) \tag{91'}$$

从式(89)的第三个等式推得

$$s_{-1} > 0 \tag{92}$$

亦即首项系数 a_0 与 a_1 有相同的符号. 此外,从式(91)(91′)与式(92)知,$g(u)$ 有 m 个实根 $u_1' < u_2' < \cdots < u_m'$位于区间$(-\infty, u_1), (u_1, u_2), \cdots, (u_{m-1}, u_m)$ 中. 换句话说

$$h(u) = a_1 \cdot (u-u_1) \cdot \cdots \cdot (u-u_m), g(u) = a_0 \cdot (u-u_1') \cdot \cdots \cdot (u-u_m')$$

$$u_1' < u_1 < u_2' < u_2 < \cdots < u_m' < u_m; a_0 a_1 > 0$$

从式(89)的第二个等式,与在 $n=2m$ 时一样,引进一个补充不等式

$$u_m < 0$$

定义 3 我们说,两个 m 次(或者前者为 m 次而后者为 $m-1$ 次)多项式 $h(u)$ 与 $g(u)$ 构成一个正偶,[①] 如果这两个多项式的根 $u_1, u_2, \cdots, u_m$ 与 $u_1', u_2', \cdots, u_m'$(对应的 $u_1', u_2', \cdots, u_{m-1}'$)都是不同的负实数,而且排列为以下形式

① 参考《Осцилляционные матрицы и малые колебания механических систем》(1950),333 页. 此处所引进来的多项式的正偶定义与书《Осцилляционные матрицы и малые колебания механических систем》(1950)中所给的定义有些不同.

$$u_1' < u_1 < u_2' < u_2 < \cdots < u_m' < u_m < 0$$

$$(\text{对应的 } u_1 < u_1' < u_2 < \cdots < u_{m-1}' < u_m < 0)$$

这两个多项式的首项系数有相同的符号.①

引进正数 $v_i = -u_i, v_i' = -u_i'$ 且把构成正偶的多项式 $h(u)$ 与 $g(u)$ 乘以 ± 1 使得这两个多项式的首项系数都是正的,我们可以将这两个多项式表示为形式

$$h(u) = a_1 \prod_{i=1}^{m} (u + v_i), g(u) = a_0 \prod_{i=1}^{m} (u + v_i') \tag{93}$$

其中

$$a_1 > 0, a_0 > 0; 0 < v_m < u_m' < v_{m-1} < v_{m-1}' < \cdots < v_1 < v_1'$$

如果两个多项式 $h(u)$ 与 $g(u)$ 的次数都为 m,那么可以表示为形式

$$h(u) = a_0 \prod_{i=1}^{m} (u + v_i), g(u) = a_1 \prod_{i=1}^{m-1} (u + v_i') \tag{93'}$$

其中

$$a_0 > 0, a_1 > 0; 0 < v_m < v_{m-1}' < v_{m-1} < \cdots < v_1' < v_1$$

如果 $h(u)$ 有次数 m 而 $g(u)$ 有次数 $m-1$.

上述推理证明了以下两个定理:

定理 13　多项式 $f(z) = h(z^2) + zg(z^2)$ 是一个胡尔维茨多项式的充分必要条件是多项式 $h(u)$ 与 $g(u)$ 构成一个正偶.②

定理 14　两个多项式 $h(u)$ 与 $g(u)$(前者次数为 m,后者次数为 m 或 $m-1$) 构成正偶的充分必要条件是等式

$$I_{-\infty}^{+\infty} \frac{g(u)}{h(u)} = m, I_{-\infty}^{+\infty} \frac{ug(u)}{h(u)} = -m \tag{94}$$

同时成立,而且在 $h(u)$ 与 $g(u)$ 有相同的次数时,有补充条件

$$\varepsilon_\infty = \operatorname{sign}\left[\frac{g(u)}{h(u)}\right]_{u=+\infty} = 1 \tag{95}$$

2. 从上面的定理,应用柯西指标的性质,我们容易得出关于将分式 $\frac{g(u)}{h(u)}$ 表示为特殊类型连分式的斯蒂尔吉斯定理,其中多项式 $h(u)$ 与 $g(u)$ 构成正偶.

斯蒂尔吉斯定理的证明奠基于以下引理:

引理　如果多项式 $h(u), g(u)$($h(u)$ 的次数等于 m) 构成正偶,而且

---

① 如果我们抛弃根是负的这一条件,我们得出多项式的实偶.在路斯－胡尔维茨问题中关于这个概念的研究可参考《Теория устойчивости движения》(1952).

② 这个定理是所谓埃尔米特－比列尔定理的特殊情形(参考《Проблема Рауса-Гурвица для полиномов и целых функций》(1949),21 页).

$$\frac{g(u)}{h(u)}=c+\cfrac{1}{du+\cfrac{h_1(u)}{g_1(u)}} \tag{96}$$

其中 c,d 为常数,而 $h_1(u),g_1(u)$ 为次数不大于 $m-1$ 的多项式,那么:

1° $c\geqslant 0,d>0$.

2° 多项式 $h_1(u),g_1(u)$ 的次数为 $m-1$.

3° 多项式 $h_1(u),g_1(u)$ 构成正偶.

已给予的 $h(u)$ 与 $g(u)$ 唯一地确定多项式 $h_1(u),g_1(u)$(不计公共的常数因子)与常数 c 及 d.

反之,从式(96)与1°,2°,3°可推得多项式 $h(u)$ 与 $g(u)$ 构成正偶,而且 $h(u)$ 的次数为 m,而 $g(u)$ 的次数为 m 或 $m-1$ 须视 $c>0$ 或 $c=0$ 而定.

证明 设 $h(u),g(u)$ 构成正偶.那么从式(94)与式(96)得出

$$m=I_{-\infty}^{+\infty}\frac{g(u)}{h(u)}=I_{-\infty}^{+\infty}\cfrac{1}{du+\cfrac{h_1(u)}{g_1(u)}} \tag{97}$$

从这一等式推知 $g_1(u)$ 的次数等于 $m-1$ 而 $d\neq 0$.

再者,从式(97)求得

$$m=-I_{-\infty}^{+\infty}\left[du+\frac{h_1(u)}{g_1(u)}\right]+\operatorname{sign}d=-I_{-\infty}^{+\infty}\frac{h_1(u)}{g_1(u)}+\operatorname{sign}d$$

故知 $d>0$,而且

$$I_{-\infty}^{+\infty}\frac{h_1(u)}{g_1(u)}=-(m-1) \tag{98}$$

现在,式(94)的第二个等式给予

$$-m=I_{-\infty}^{+\infty}\frac{ug(u)}{h(u)}=I_{-\infty}^{+\infty}\left[cu+\cfrac{1}{d+\cfrac{h_1(u)}{ug_1(u)}}\right]=$$

$$I_{-\infty}^{+\infty}\cfrac{1}{d+\cfrac{h_1(u)}{ug_1(u)}}=-I_{-\infty}^{+\infty}\left[d+\frac{h_1(u)}{ug_1(u)}\right]=-I_{-\infty}^{+\infty}\frac{h_1(u)}{ug_1(u)} \tag{99}$$

故知 $h_1(u)$ 的次数为 $m-1$.①

从条件(96),条件(95)给出 $c>0$.如果 $g(u)$ 的次数小于 $h(u)$ 的次数,那么从条件(96)推得 $c=0$.

从式(98)与式(99)得出

$$I_{-\infty}^{+\infty}\frac{g_1(u)}{h_1(u)}=m-1,I_{-\infty}^{+\infty}\frac{ug_1(u)}{h_1(u)}=-m+\varepsilon_{\infty}^{(1)} \tag{100}$$

---

① 从等式(99)推出,分母的次数为 m,并且在分母 $ug_1(u)$ 的任何两个根之间包含分子 $h_1(u)$ 的一个根.

其中

$$\varepsilon_{\infty}^{(1)}=\operatorname{sign}\left[\frac{g_1(u)}{h_1(u)}\right]_{u=+\infty}$$

因为式(100) 的第二个指标的绝对值不大于 $m-1$,所以

$$\varepsilon_{\infty}^{(1)}=1 \tag{101}$$

于是由式(100) 与式(101),根据定理 12 推得多项式 $h_1(u)$ 与 $g_1(u)$ 构成一个正偶.

从式(96) 得出

$$c=\lim_{u\to\infty}\frac{g(u)}{h(u)},\lim_{u\to\infty}\left[\frac{g(u)}{h(u)}-c\right]=\frac{1}{d}$$

在 c 与 d 已经确定后,从式(96) 定出分式$\frac{h_1(u)}{g_1(u)}$.

按照逆次序来应用关系式(97) ~ (101),得出引理的第二部分,这样一来,引理得证.

设给定多项式正偶 $h(u)$,$g(u)$ 与多项式 $h(u)$ 的次数 m. 那么,以 $h(u)$ 除 $g(u)$ 且以 c_0 记其商,$g_1(u)$ 记其余式,我们得出

$$\frac{g(u)}{h(u)}=c_0+\frac{g_1(u)}{h(u)}=c_0+\frac{1}{\frac{h(u)}{g_1(u)}}$$

$\frac{h(u)}{g_1(u)}$ 可以表示为 $d_0u+\frac{h_1(u)}{g_1(u)}$ 的形式,其中 $h_1(u)$ 的次数,正如 $g_1(u)$ 的次数,是小于 m 的. 故有

$$\frac{g(u)}{h(u)}=c_0+\frac{1}{d_0u+\frac{h_1(u)}{g_1(u)}} \tag{102}$$

这样一来,对于正偶 $h(u)$ 与 $g(u)$ 永远有表示式(96). 根据我们的引理,有

$$c_0\geqslant 0,d_0>0$$

而多项式 $h_1(u)$ 与 $g_1(u)$ 的次数为 $m-1$ 且构成一个正偶.

将同样的推理应用于多项式正偶 $h_1(u)$,$g_1(u)$,得出等式

$$\frac{g_1(u)}{h_1(u)}=c_1+\frac{1}{d_1u+\frac{h_2(u)}{g_2(u)}} \tag{102'}$$

其中

$$c_1>0,d_1>0$$

而多项式 $h_2(u)$ 与 $g_2(u)$ 的次数为 $m-2$ 且构成一个正偶. 这个程序继续如此进行,最后我们得到正偶 h_m 与 g_m,其中 h_m 与 g_m 为同号的常数. 我们假设

$$\frac{g_m}{h_m} = c_m \tag{$102^{(m)}$}$$

那么由式(102) ~ ($102^{(m)}$) 推得

$$\frac{g(u)}{h(u)} = c_0 + \cfrac{1}{d_0 u + \cfrac{1}{c_1 + \cfrac{1}{d_1 u + \cfrac{1}{c_2 + \ddots + \cfrac{1}{d_{m-1} u + \cfrac{1}{c_m}}}}}}$$

应用引理的第二部分,我们类似地证明:对于任何 $c_0 \geqslant 0, c_1 > 0, \cdots, c_m > 0, d_0 > 0, d_1 > 0, \cdots, d_{m-1} > 0$ 写出连分式,永远能唯一地(不计公共的常数因子)定出多项式正偶 $h(u)$ 与 $g(u)$,而且 $h(u)$ 有次数 m,而 $g(u)$ 在 $c_0 > 0$ 时有次数 m,在 $c_0 = 0$ 时有次数 $m-1$.

这样一来,我们证明了:

定理 15(斯蒂尔吉斯) 如果 $h(u), g(u)$ 是多项式正偶,而且 $h(u)$ 的次数为 m,那么

$$\frac{g(u)}{h(u)} = c_0 + \cfrac{1}{d_0 u + \cfrac{1}{c_1 + \cfrac{1}{d_1 u + \cfrac{1}{c_2 + \ddots + \cfrac{1}{d_{m-1} u + \cfrac{1}{c_m}}}}}} \tag{103}$$

其中

$$c_0 \geqslant 0, c_1 > 0, \cdots, c_m > 0, d_0 > 0, \cdots, d_{m-1} > 0$$

如果 $g(u)$ 的次数为 $m-1$,那么 $c_0 = 0$;如果 $g(u)$ 的次数为 m,那么 $c_0 > 0$. 常数 c_i, d_i 由 $h(u), g(u)$ 所唯一确定.

反之,对于任何 $c_0 \geqslant 0$ 与任何正数 $c_1, \cdots, c_m, d_0, \cdots, d_{m-1}$,连分式(103) 定出一个多项式正偶 $h(u), g(u)$,其中 $h(u)$ 的次数为 m.

从定理 13 与斯蒂尔吉斯定理得出:

定理 16 n 次实多项式 $f(z) = h(z^2) + zg(z^2)$ 是一个胡尔维茨多项式的充分必要条件是对于非负的 c_0 与正的 $c_1, \cdots, c_m, d_0, \cdots, d_{m-1}$,公式(103) 能够成立. 此处当 n 是一个奇数时 $c_0 > 0$;而当 n 是一个偶数时 $c_0 = 0$.

§15　稳定性区域，马尔科夫参数

每一个 n 次实多项式都可以视为 n 维空间中的一个点，其坐标等于以首项系数除其余全部系数所得出的商. 在这个“系数空间”中所有胡尔维茨多项式构成某一个 n 维区域，它由胡尔维茨不等式 $\Delta_1>0,\Delta_2>0,\cdots,\Delta_n>0$ 或列纳尔－希帕尔不等式 $a_n>0,a_{n-2}>0,\cdots;\Delta_1>0,\Delta_3>0,\cdots$ 所决定[①]. 这个区域称为稳定性区域. 如果所给予方程的系数为 p 个参数的函数，那么稳定性区域是在这些参数的空间中构成的.

稳定性区域的研究有很实际的用途，[②]例如对于调节系统的设计，这种研究是很重要的.

在 §16 中我们要证明的是阿·阿·马尔科夫与普·尔·切比雪夫所建立的关于分解连分式为变数负乘幂的幂级数的两个著名定理，它们与稳定性区域的研究有着密切的关系. 在叙述与证明这些定理时，我们给予多项式的不是它的系数，而是特殊的参数，我们称为马尔科夫参数.

设给予实多项式

$$f(z)=a_0z^n+a_1z^{n-1}+\cdots+a_n\quad(a_0\neq 0)$$

把它表示为以下形式

$$f(z)=h(z^2)+zg(z^2)$$

我们假设，多项式 $h(u)$ 与 $ug(u)$ 是互质的($\Delta_n\neq 0$). 把既约有理分式 $\frac{g(u)}{h(u)}$ 展开为 u 的降幂级数[③]

$$\frac{g(u)}{h(u)}=s_{-1}+\frac{s_0}{u}-\frac{s_1}{u^2}+\frac{s_2}{u^3}-\frac{s_3}{u^4}+\cdots\tag{104}$$

如果 n 是偶数，那么为了得出这个公式，必须补充假设 $a_1\neq 0$(在相反的情形下 $s_{-1}=\infty$).

数列 $s_0,s_1,s_2,\cdots$ 定出一个无限冈恰列夫矩阵 $\boldsymbol{S}=(s_{i+k})_0^{+\infty}$. 以等式

$$R(v)=-\frac{g(-v)}{h(-v)}\tag{105}$$

来定出有理函数 $R(v)$. 那么

$$R(v)=-s_{-1}+\frac{s_0}{v}+\frac{s_1}{v^2}+\frac{s_2}{v^3}+\cdots\tag{106}$$

---

① 当 $a_0=1$ 时.

② 稳定性区域以及对应于各种 k 值(k 为位于右半平面的根的个数)的区域的研究，由·伊·耐马尔克有一系列的研究工作(参考专著《Устойчивость линеаризованных систем》(1949)).

③ 为了方便起见，以后我们以 $-s_1,-s_3$ 等来记 u 的偶数次负乘幂的系数.

故有关系式(参考 §11)

$$R(v) \sim \boldsymbol{S} \tag{107}$$

故知[①]矩阵 $\boldsymbol{S}$ 有秩 $m=\left[\frac{n}{2}\right]$,因为 m 是多项式 $h(u)$ 的次数,所以是函数 $R(v)$ 的极点的个数.

当 $n=2m$ 时(此时 $s_{-1}=0$),已知矩阵 $\boldsymbol{S}$ 唯一地定出既约分式 $\frac{g(u)}{h(u)}$,因而,如不计常数因子时,唯一地定出 $f(z)$. 当 $n=2m+1$ 时,为了给出 $f(z)$,除矩阵 $\boldsymbol{S}$ 以外,还必须知道系数 s_{-1}.

另外,为了给出秩为 m 的无限冈恰列夫矩阵 $\boldsymbol{S}$,只要给予前 $2m$ 个数 s_0, $s_1,\cdots,s_{2m-1}$ 就已足够. 数 $s_0,s_1,\cdots,s_{2m-1}$ 可以任意选取,只是要适合一个限制

$$D_m=|\ s_{i+k}\ |_0^m \neq 0 \tag{108}$$

展开式(104) 的所有后面的系数 $s_{2m},s_{2m+1},\cdots$ 都可以由前 $2m$ 个系数 $s_0,s_1,\cdots$, s_{2m-1} 唯一(而且是有理的)表出. 事实上,对于秩为 m 的无限冈恰列夫矩阵 $\boldsymbol{S}$,其元素间有递推关系式(参考 §10 的定理 7)

$$s_q=\sum_{g=1}^{m} a_g s_{q-g} \quad (q=m,m+1,\cdots) \tag{109}$$

如果数 $s_0,s_1,\cdots,s_{2m-1}$ 适合不等式(108),那么在式(109) 的前 m 个关系式中所给予的这些数就唯一地定出系数 $a_1,a_2,\cdots,a_m$;此后从关系式(109) 的其余诸式定出 $s_{2m},s_{2m+1},\cdots$

这样一来,次数为 $n=2m$ 的实多项式 $f(z)$ 当 $\Delta_n \neq 0$ 时可以用适合不等式(108) 的 $2m$ 个数 $s_0,s_1,\cdots,s_{2m-1}$ 来唯一[②]给出. 当 $n=2m+1$ 时除上述条件外还要加上一个 s_{-1}.

n 个值 $s_0,s_1,\cdots,s_{2m-1}$(当 $n=2m$ 时) 或 $s_{-1},s_0,\cdots,s_{2m-1}$(当 $n=2m+1$ 时) 称为多项式 $f(z)$ 的马尔科夫参数. 在 n 维空间中,这些参数可以视为表示这个多项式 $f(z)$ 的点的坐标.

我们要阐明,应当给予马尔科夫参数怎样的条件,才能使对应多项式 $f(z)$ 为胡尔维茨多项式. 由此我们给出马尔科夫参数空间中的稳定性区域.

胡尔维茨多项式为条件(94) 与在 $n=2m+1$ 时的补充条件(95) 所确定. 引进函数 $R(v)$(参考式(105)),我们可以写等式(94) 为

$$I_{-\infty}^{+\infty} R(v)=m,\ I_{-\infty}^{+\infty} vR(v)=m \tag{110}$$

对于 $n=2m+1$ 的补充条件给予

$$s_{-1}>0$$

① 参考定理 8(§10 末尾).

② 不计常数因子.

与矩阵 $\boldsymbol{S}=(s_{i+k})_0^{+\infty}$ 对应,我们引进无限冈恰列夫矩阵 $\boldsymbol{S}^{(1)}=(s_{i+k+1})_0^{+\infty}$. 那么,因由式(106) 得出

$$vR(v)=-s_{-1}v+s_0+\frac{s_1}{v}+\frac{s_2}{v^2}+\cdots$$

故有关系式

$$vR(v)\sim\boldsymbol{S}^{(1)} \tag{111}$$

矩阵 $\boldsymbol{S}^{(1)}$ 正如矩阵 $\boldsymbol{S}$,有有限秩 m,因为函数 $vR(v)$ 正如 $R(v)$,有 m 个极点. 故二次型

$$\boldsymbol{S}_m(\boldsymbol{x},\boldsymbol{x})=\sum_{i,k=0}^{m-1}s_{i+k}x_ix_k,\boldsymbol{S}_m^{(1)}(\boldsymbol{x},\boldsymbol{x})=\sum_{i,k=0}^{m-1}s_{i+k+1}x_ix_k$$

有秩 m. 但由定理 9(§11) 与式(107)(111) 知,这些型的符号差等于指标(110),因而等于 m. 这样一来,条件(110) 说明了二次型 $\boldsymbol{S}_m(\boldsymbol{x},\boldsymbol{x})$ 与 $\boldsymbol{S}_m^{(1)}(\boldsymbol{x},\boldsymbol{x})$ 的正定性. 我们得出了:

定理 17 次数为 $n=2m$ 或 $n=2m+1$ 的实多项式 $f(z)=h(z^2)+zg(z^2)$ 为胡尔维茨多项式的充分必要的条件①是:

1° 二次型

$$\boldsymbol{S}_m(\boldsymbol{x},\boldsymbol{x})=\sum_{i,k=0}^{m-1}s_{i+k}x_ix_k,\boldsymbol{S}_m^{(1)}(\boldsymbol{x},\boldsymbol{x})=\sum_{i,k=0}^{m-1}s_{i+k}x_ix_k \tag{112}$$

是正定的.

2° 在 $n=2m+1$ 时

$$s_{-1}>0 \tag{113}$$

此处 $s_{-1},s_0,s_1,\cdots,s_{2m-1}$ 是展开式

$$\frac{g(u)}{h(u)}=s_{-1}+\frac{s_0}{u}-\frac{s_1}{u^2}+\frac{s_2}{u^3}-\frac{s_3}{u^4}+\cdots$$

的系数.

引进行列式的记法

$$D_p=|\ s_{i+k}\ |_0^{p-1},D_p^{(1)}=|\ s_{i+k+1}\ |_0^{p-1}\quad(p=1,2,\cdots,m) \tag{114}$$

那么条件 1° 与以下行列式不等式组等价

---

① 我们没有特别声明不等式 $\Delta_n\neq0$,因为从定理的条件自然地得出这个不等式. 事实上,如果 $f(z)$ 是一个胡尔维茨多项式,那么已知 $\Delta_n\neq0$. 如果给予条件 1°,2°,那么从二次型 $\boldsymbol{S}_m^{(1)}(\boldsymbol{x},\boldsymbol{x})$ 的正定性推得等式

$$-I_{-\infty}^{+\infty}\frac{ug(u)}{h(n)}=I_{-\infty}^{+\infty}vR(v)=m$$

因此得出分式 $\frac{ug(u)}{h(u)}$ 的既约性,这就表示有不等式 $\Delta_n\neq0$.

同样地从定理的条件自然得出:$D_m=|\ s_{i+k}\ |_0^{m-1}\neq0$,亦即数 $s_0,s_1,\cdots,s_{2m-1}$ 与(当 $n=2m+1$ 时) 数 s_{-1} 是多项式 $f(z)$ 的马尔科夫参数.

$$D_1=s_0>0,D_2=\begin{vmatrix} s_0 & s_1 \\ s_1 & s_2 \end{vmatrix}>0,\cdots,D_m=\begin{vmatrix} s_0 & s_1 & \cdots & s_{m-1} \\ s_1 & s_2 & \cdots & s_m \\ \vdots & \vdots & & \vdots \\ s_{m-1} & s_m & \cdots & s_{2m-2} \end{vmatrix}$$

$$D_1^{(1)}=s_1>0,D_2^{(1)}=\begin{vmatrix} s_1 & s_2 \\ s_2 & s_3 \end{vmatrix}>0,\cdots,D_m^{(1)}=\begin{vmatrix} s_1 & s_2 & \cdots & s_m \\ s_2 & s_3 & \cdots & s_{m+1} \\ \vdots & \vdots & & \vdots \\ s_m & s_{m+1} & \cdots & s_{2m-1} \end{vmatrix} \tag{115}$$

在 $n=2m$ 时不等式(115) 定出马尔科夫参数空间中稳定性区域. 在 $n=2m+1$ 时除这些不等式外还要加上一个条件

$$s_{-1}>0 \tag{116}$$

在下节中我们要阐明从不等式(115) 推出矩阵 $\boldsymbol{S}$ 的一些什么性质,同时分出与胡尔维茨多项式相对应的无限冈恰列夫矩阵 $\boldsymbol{S}$ 的特殊类.

§16　与力矩问题的联系

1. 我们来叙述正半轴 $0<v<+\infty$ 上的力矩问题:①

给予实数序列 $s_0,s_1,\cdots$,需要定出正数

$$\mu_1>0,\mu_2>0,\cdots,\mu_m>0;0<v_1<v_2<\cdots<v_m \tag{117}$$

使得以下等式能够成立

$$s_p=\sum_{j=1}^{m}\mu_j v_j^p \quad (p=0,1,2,\cdots) \tag{118}$$

不难看出,等式组(118) 等价于以下 u 的负乘幂级数的展开式

$$\sum_{j=1}^{m}\frac{\mu_j}{u+v_j}=\frac{s_0}{u}-\frac{s_1}{u^2}+\frac{s_2}{u^3}-\cdots \tag{119}$$

在这一情形无限冈恰列夫矩阵 $\boldsymbol{S}=(s_{i+k})_0^{+\infty}$ 有有限秩 m,且由不等式(117) 知,在既约真有理分式

$$\frac{g(u)}{h(u)}=\sum_{j=1}^{m}\frac{\mu_j}{u+v_j} \tag{120}$$

中($h(u)$ 与 $g(u)$ 的首项系数都是选取为正的) 多项式 $h(u)$ 与 $g(u)$ 构成一个正偶(参考式(91) 与式(91′)).

① 所说的力矩问题与一般的力矩乘幂问题不同,对于后者要将和 $\sum_{j=1}^{m}\mu_j v_j^p$ 换为斯蒂尔吉斯积分 $\int_0^{+\infty}v^p\mathrm{d}\mu(v)$(参考《О некоторых вопросах теории моментов》(1938)).

所以(参考定理 14) 我们所述的力矩问题有解的充分必要条件是借助于等式(119) 与式(120),数列 $s_0, s_1, s_2, \cdots$ 确定一个 $2m$ 次胡尔维茨多项式 $f(z) = h(z^2) + zg(z^2)$.

力矩问题的解是唯一的,因为从展开式(119) 唯一地定出正数 v_j 与 $\mu_j (j = 1, 2, \cdots, m)$.

与"无限的"力矩问题(118) 相对的,我们讨论从式(118) 的前 $2m$ 个等式所给予的"有限的"力矩问题

$$s_p = \sum_{j=1}^{m} \mu_j v_j^p \quad (p = 0, 1, \cdots, 2m-1) \tag{121}$$

从这些关系式还可推出以下冈恰列夫二次型表示式

$$\begin{cases} \sum_{i,k=0}^{m-1} s_{i+k} x_i x_k = \sum_{j=1}^{m} \mu_j (x_0 + x_1 v_j + \cdots + x_{m-1} v_j^{m-1})^2 \\ \sum_{i,k=0}^{m-1} s_{i+k+1} x_i x_k = \sum_{j=1}^{m} \mu_j v_j (x_0 + x_1 v_j + \cdots + x_{m-1} v_j^{m-1})^2 \end{cases} \tag{122}$$

因为变数 $x_0, x_1, \cdots, x_{m-1}$ 的线性型

$$x_0 + x_1 v_j + \cdots + x_{m-1} v_j^{m-1} \quad (j = 1, 2, \cdots, m)$$

是线性无关的(这些型的系数构成一个不为零的范德蒙行列式),而且 $v_j > 0$, $\mu_j > 0 (j = 1, 2, \cdots, m)$,所以二次型(122) 是正定的. 那么根据定理 17,数 s_0, $s_1, \cdots, s_{2m-1}$ 是某一个胡尔维茨多项式 $f(z)$ 的马尔科夫参数. 这些数是展开式(119) 的前 $2m$ 个系数. 连同其余的系数 $s_{2m}, s_{2m+1}, \cdots$,它们定出"无限的"力矩问题(118) 的解,这个解与有限的问题(121) 的解是相同的.

这样一来,我们证明了:

定理 18 1° 为了使得"有限的"力矩问题

$$s_p = \sum_{j=1}^{m} \mu_j v_j^p \tag{123}$$

$(p = 0, 1, \cdots, 2m-1; \mu_1 > 0, \cdots, \mu_m > 0; 0 < v_1 < v_2 < \cdots < v_m)$,其中 s_p 是已知的,而 v_j 与 μ_j 是未知的实数$(p = 0, 1, \cdots, 2m-1; j = 1, 2, \cdots, m)$,那么"有限的"力矩问题有解存在的充分必要条件是二次型

$$\sum_{i,k=0}^{m-1} s_{i+k} x_i x_k, \sum_{i,k=0}^{m-1} s_{i+k+1} x_i x_k \tag{124}$$

为正定型,亦即数 $s_0, s_1, \cdots, s_{2m-1}$ 是某一个 $2m$ 次胡尔维茨多项式的马尔科夫参数.

2° 为了使得"无限的"力矩问题

$$s_p = \sum_{j=1}^{m} \mu_j v_j^p \tag{125}$$

$(p = 0, 1, 2, \cdots; \mu_1 > 0, \cdots, \mu_m > 0; 0 < v_1 < v_2 < \cdots < v_m; j = 1, 2, \cdots, m; S_p$ 已知,v_j 与 μ_j 为未知实数) 有解存在的充分必要条件是 ① 二次型(124) 是正定

的；② 无限冈恰列夫矩阵 $\boldsymbol{S}=(s_{i+k})_0^{+\infty}$ 有秩 m，亦即级数

$$\frac{s_0}{u}-\frac{s_1}{u^2}+\frac{s_2}{u^3}-\cdots=\frac{g(u)}{h(u)} \tag{126}$$

定出 $2m$ 次胡尔维茨多项式 $f(z)=h(z^2)+zg(z^2)$.

3° 无论是“有限的”力矩问题(123)，或者是“无限的”力矩问题(125)，力矩问题的解永远是唯一的.

2. 我们应用所证明的定理来研究对应于某一胡尔维茨多项式的秩为 m 的无限冈恰列夫矩阵 $\boldsymbol{S}=(s_{i+k})_0^{+\infty}$ 的子式，亦即其二次型(125)是正定的矩阵 $\boldsymbol{S}=(s_{i+k})_0^{+\infty}$ 的子式. 在这一情形产生矩阵 $\boldsymbol{S}$ 的元素 $s_0,s_1,s_2,\cdots$ 可以表示为式(123)的形式，所以对于矩阵 $\boldsymbol{S}$ 的任何 $h(\leqslant m)$ 阶子式都有

$$\begin{vmatrix} s_{i_1+k_1} & \cdots & s_{i_1+k_h} \\ \vdots & & \vdots \\ s_{i_h+k_1} & \cdots & s_{i_h+k_h} \end{vmatrix}=\begin{vmatrix} \mu_1 v_1^{i_1} & \mu_2 v_2^{i_1} & \cdots & \mu_m v_m^{i_1} \\ \vdots & \vdots & & \vdots \\ \mu_1 v_1^{i_h} & \mu_2 v_2^{i_h} & \cdots & \mu_m v_m^{i_h} \end{vmatrix}\cdot\begin{vmatrix} v_1^{k_1} & \cdots & v_1^{k_h} \\ v_2^{k_1} & \cdots & v_2^{k_h} \\ \vdots & & \vdots \\ v_m^{k_1} & \cdots & v_m^{k_h} \end{vmatrix}$$

因而

$$\boldsymbol{S}\begin{pmatrix} i_1 & i_2 & \cdots & i_h \\ k_1 & k_2 & \cdots & k_h \end{pmatrix}=\sum_{1\leqslant\alpha_1<\alpha_2<\cdots<\alpha_h\leqslant m}\mu_{\alpha_1}\cdot\mu_{\alpha_2}\cdot\cdots\cdot\mu_{\alpha_h}\begin{vmatrix} v_{\alpha_1}^{i_1} & v_{\alpha_2}^{i_1} & \cdots & v_{\alpha_h}^{i_1} \\ v_{\alpha_1}^{i_2} & v_{\alpha_2}^{i_2} & \cdots & v_{\alpha_h}^{i_2} \\ \vdots & \vdots & & \vdots \\ v_{\alpha_1}^{i_h} & v_{\alpha_2}^{i_h} & \cdots & v_{\alpha_h}^{i_h} \end{vmatrix}\cdot\begin{vmatrix} v_{\alpha_1}^{k_1} & v_{\alpha_1}^{k_2} & \cdots & v_{\alpha_1}^{k_h} \\ v_{\alpha_2}^{k_1} & v_{\alpha_2}^{k_2} & \cdots & v_{\alpha_2}^{k_h} \\ \vdots & \vdots & & \vdots \\ v_{\alpha_h}^{k_1} & v_{\alpha_h}^{k_2} & \cdots & v_{\alpha_h}^{k_h} \end{vmatrix} \tag{127}$$

由不等式

$$0<v_1<v_2<\cdots<v_m;i_1<i_2<\cdots<i_h;k_1<k_2<\cdots<k_h$$

得出广义范德蒙行列式为正的性质

$$\begin{vmatrix} v_{\alpha_1}^{i_1} & v_{\alpha_2}^{i_1} & \cdots & v_{\alpha_h}^{i_1} \\ v_{\alpha_1}^{i_2} & v_{\alpha_2}^{i_2} & \cdots & v_{\alpha_h}^{i_2} \\ \vdots & \vdots & & \vdots \\ v_{\alpha_1}^{i_h} & v_{\alpha_2}^{i_h} & \cdots & v_{\alpha_h}^{i_h} \end{vmatrix}>0,\begin{vmatrix} v_{\alpha_1}^{k_1} & v_{\alpha_1}^{k_2} & \cdots & v_{\alpha_1}^{k_h} \\ v_{\alpha_2}^{k_1} & v_{\alpha_2}^{k_2} & \cdots & v_{\alpha_2}^{k_h} \\ \vdots & \vdots & & \vdots \\ v_{\alpha_h}^{k_1} & v_{\alpha_h}^{k_2} & \cdots & v_{\alpha_h}^{k_h} \end{vmatrix}>0$$

故因为数 $\mu_j>0(j=1,2,\cdots,m)$，所以由式(127)推得

$$\boldsymbol{S}\begin{pmatrix} i_1 & i_2 & \cdots & i_h \\ k_1 & k_2 & \cdots & k_h \end{pmatrix}>0\quad\left(0\leqslant\begin{matrix} i_1<i_2<\cdots<i_h \\ k_1<k_2<\cdots<k_h \end{matrix};h=1,2,\cdots,m\right) \tag{128}$$

反之，如果在秩为 m 的无限冈恰列夫矩阵 $\boldsymbol{S}=(s_{i+k})_0^{+\infty}$ 中任意的 $h(\leqslant m)$ 阶

子式都是正的，那么二次型(124) 是正定的.

我们引进：

定义 4 无限矩阵 $\boldsymbol{A}=(a_{ik})_0^{+\infty}$ 称为秩为 m 的完全正矩阵的充分必要条件是矩阵 $\boldsymbol{A}$ 的所有阶 $h\leqslant m$ 的子式都是正的，而所有阶 $h>m$ 的子式都等于零.

现在我们来叙述所建立的矩阵 $\boldsymbol{S}$ 的性质①.

定理 19 无限冈恰列夫矩阵 $\boldsymbol{S}=(s_{i+k})_0^{+\infty}$ 是一个秩为 m 的完全正矩阵的充分必要条件是：1° 矩阵 $\boldsymbol{S}$ 的秩为 m；2° 二次型

$$\sum_{i,k=0}^{m-1} s_{i+k}x_ix_k,\ \sum_{i,k=0}^{m-1} s_{i+k+1}x_ix_k$$

是正定的.

从这个定理与定理 17 得出：

定理 20 n 次实多项式 $f(z)$ 是一个胡尔维茨多项式的充分必要条件是对应于这个多项式的无限冈恰列夫矩阵 $\boldsymbol{S}=(s_{i+k})_0^{+\infty}$ 是秩为 $m=\left[\frac{n}{2}\right]$ 的完全正矩阵，而在 n 为一奇数的情形要补充一个 $s_{-1}>0$ 的条件.

此处矩阵 $\boldsymbol{S}$ 的元素 $s_0,s_1,s_2,\cdots$ 与数 s_{-1} 为展开式

$$\frac{g(u)}{h(u)}=s_{-1}+\frac{s_0}{u}-\frac{s_1}{u^2}+\frac{s_2}{u^3}-\cdots \tag{129}$$

所定出，其中

$$f(z)=h(z^2)+zg(z^2)$$

§17 胡尔维茨行列式与马尔科夫行列式之间的联系

我们首先讨论偶数($n=2m$) 的情形，则

$$\frac{g(u)}{h(u)}=\frac{a_1u^{m-1}+a_3u^{m-2}+\cdots}{a_0u^m+a_2u^{m-1}+\cdots}=\frac{s_0}{u}-\frac{s_1}{u^2}+\frac{s_2}{u^3}-\cdots \tag{130}$$

根据第 16 章 §11 公式(69′) 有

$$\nabla_{2p}=\begin{vmatrix} a_0 & a_2 & a_4 & a_6 & \cdots \\ 0 & a_1 & a_3 & a_5 & \cdots \\ 0 & a_0 & a_2 & a_4 & \cdots \\ 0 & 0 & a_1 & a_3 & \cdots \\ \vdots & \vdots & \vdots & \vdots & \end{vmatrix}=a_0^{2p}D_p\quad(p=1,\cdots,m)$$

另外，$\nabla_{2p}=a_0\Delta_{2p-1}$，其中 Δ_{2p-1} 是 $2p-1$ 阶胡尔维茨行列式. 因此

$$\Delta_{2p-1}=a_0^{2p-1}D_p\quad(p=1,\cdots,m) \tag{131}$$

等式(130) 两边乘以 u，再应用第 16 章 §11 公式(69′)，得

① 参考 *Sur les matrices oscillatoires et completement non-negatives*(1937).

$$(-1)^p\Delta_{2p}=\nabla'_{2p}=\begin{vmatrix} a_0 & a_2 & a_4 & \cdots \\ a_1 & a_3 & a_5 & \cdots \\ 0 & a_0 & a_2 & \cdots \\ \vdots & \vdots & \vdots & \end{vmatrix}=$$

$$a_0^{2p}\begin{vmatrix} -s_1 & s_2 & -s_3 & \cdots & (-1)^p s_p \\ s_2 & -s_3 & s_4 & \cdots & \cdots \\ \vdots & \vdots & \vdots & & \end{vmatrix}=(-1)^p a_0^{2p} D_p^{(1)}$$

从而有

$$\Delta_{2p}=a_0^{2p}D_p \quad (p=1,2,\cdots,m) \tag{131'}$$

在奇数($n=2m+1$)时有

$$\frac{g(u)}{h(u)}=\frac{a_0u^m+a_2u^{m-1}+\cdots}{a_1u^m+a_3u^{m-1}+\cdots}=s_{-1}+\frac{s_0}{u}-\frac{s_2}{u^2}+\cdots \tag{132}$$

$$\Delta_{2p}=\begin{vmatrix} a_1 & a_3 & \cdots \\ a_0 & a_2 & \cdots \\ 0 & a_1 & \cdots \\ 0 & a_0 & \cdots \\ \vdots & \vdots & \end{vmatrix}=a_1^{2p}D_p \quad (p=1,\cdots,m)$$

另外,由式(132)求出

$$\left(\frac{g(u)}{h(u)}-s_{-1}\right)u=\frac{a'_2u^m+a'_4u^{m-1}+\cdots}{a_1u^m+a_3u^{m-1}+\cdots}=s_0-\frac{s_1}{u}+\frac{s_2}{u^2}-\cdots \tag{132'}$$

其中

$$a'_{2p}=a_{2p}-s_{-1}-a_{2p+1},a_0=0 \quad (p=1,\cdots,m)$$

但是此时对于 $p=1,\cdots,m$,有

$$\nabla'_{2p}=\begin{vmatrix} a_1 & a_3 & a_5 & \cdots \\ a'_2 & a'_4 & a'_6 & \cdots \\ 0 & a_1 & a_3 & \cdots \\ 0 & a'_2 & a'_4 & \cdots \end{vmatrix}=a_1^{2p}\begin{vmatrix} -s_1 & s_2 & \cdots & (-1)^p s_p \\ s_2 & -s_3 & \cdots & \cdots \\ \vdots & \vdots & & \end{vmatrix}=(-1)^p a_1^{2p} D_p^{(1)} \tag{133}$$

则

$$\nabla'_{2p}=(-1)^p\begin{vmatrix} a'_2 & a'_4 & \cdots \\ a_1 & a_3 & \cdots \\ 0 & a'_2 & \cdots \\ 0 & a_1 & \cdots \\ \vdots & \vdots & \end{vmatrix}=\frac{(-1)^p}{a_1}\begin{vmatrix} a_1 & a_3 & a_5 & \cdots \\ a'_0 & a'_2 & a'_4 & \cdots \\ 0 & a_1 & a_3 & \cdots \\ 0 & a'_0 & a'_2 & \cdots \\ \vdots & \vdots & \vdots & \end{vmatrix} \tag{133'}$$

在所得的第 $2p+1$ 阶行列式中,先把前一行乘以 s_{-1} 加到每一偶数行上. 于

是这个行列式化为Δ_{2p+1}. 因此从式(133) 与式(133′) 得出

$$\Delta_{2p+1}=a_1^{2p+1}D_p^{(1)}$$

这样,以下胡尔维茨行列式与马尔科夫行列式之间的关系成立:

1° 当 $n=2m$ 时

$$\Delta_{2p-1}=a_0^{2p-1}D_p,\Delta_{2p}=a_0^{2p}D_p^{(1)}\quad(p=1,\cdots,m)$$

2° 当 $n=2m+1$ 时(把 a_1 换为 a_0s_{-1})

$$\Delta_{2p}=(a_0s_{-1})^{2p}D_p\quad(p=1,\cdots,m),\Delta_{2p+1}=(a_0s_{-1})^{2p+1}D_p^{(1)}\quad(p=0,1,\cdots,m)$$

这些公式表示,马尔科夫不等式(115) 怎样化成胡尔维茨不等式,反之亦然. 此外,这些不等式结合列纳尔 — 希帕尔判定就给出了以下定理.

定理 21 首项系数为 $a_0>0$ 的实多项式是胡尔维茨多项式的充分必要条件是:

1° 这个多项式的所有系数都是正的.

2° 二次型(112) 之一是正定的.

§18 马尔科夫定理与切比雪夫定理

在 1894 年彼得堡科学院院刊中所刊载的著名的专著《关于由级数转化为连分式所得出的函数》[①] 里面,已故院士阿·阿·马尔科夫证明了两个定理,其中第二个定理曾由普·尔·切比雪夫[②]用不同的方法于 1892 年所建立.

在这一节中,我们来证明这些定理对于马尔科夫参数的稳定性区域的研究有直接关系,而且根据上节的定理 19 给予这些定理以比较简单的证明(与连分式无关的).

转移到第一个定理的叙述,我们引用上面所提到的阿·阿·马尔科夫专著中的说法:

“根据上面所说的,以已经不难证明的两个著名的定理来结束我们的这篇文章.”

一个定理是关于行列式[③]

$$\Delta_1,\Delta_2,\cdots,\Delta_m;\Delta^{(1)},\Delta^{(2)},\cdots,\Delta^{(m)}$$

的,而另一个是关于方程[④]

$$\psi_m(x)=0$$

的根.

---

① 还可参考《Общая задача об устойчивости движения》(1950).

② 这一定理是在普·尔·切比雪夫的论文《关于将变数的降幂级数展开为连分式》中刊载的. 参考《Полное собрание сочинений》(1948).

③ 我们的记法为 $D_1,D_2,\cdots,D_m;D_1^{(1)},D_2^{(1)},\cdots,D_m^{(1)}$(参考 §15 末尾).

④ 我们的记法为 $h(-x)=0$.

关于行列式的定理,如果对于数

$$s_0, s_1, s_2, \cdots, s_{2m-2}, s_{2m-1}$$

我们有两组值:

1° $s_0 = a_0, s_1 = a_1, s_2 = a_2, \cdots, s_{2m-2} = a_{2m-2}, s_{2m-1} = a_{2m-1}$.

2° $s_0 = b_0, s_1 = b_1, s_2 = b_2, \cdots, s_{2m-2} = b_{2m-2}, s_{2m-1} = b_{2m-1}$.

使得所有行列式

$$\Delta_1 = s_0, \Delta_2 = \begin{vmatrix} s_0 & s_1 \\ s_1 & s_2 \end{vmatrix}, \cdots, \Delta_m = \begin{vmatrix} s_0 & s_1 & \cdots & s_{m-1} \\ s_1 & s_2 & \cdots & s_m \\ \vdots & \vdots & & \vdots \\ s_{m-1} & s_m & \cdots & s_{2m-2} \end{vmatrix}$$

$$\Delta^{(1)} = s_1, \Delta^{(2)} = \begin{vmatrix} s_1 & s_2 \\ s_2 & s_3 \end{vmatrix}, \cdots, \Delta^{(m)} = \begin{vmatrix} s_1 & s_2 & \cdots & s_m \\ s_2 & s_3 & \cdots & s_{m+1} \\ \vdots & \vdots & & \vdots \\ s_m & s_{m+1} & \cdots & s_{2m-1} \end{vmatrix}$$

都为正数且适合不等式

$$a_0 \geqslant b_0, b_1 \geqslant a_1, a_2 \geqslant b_2, b_3 \geqslant a_3, \cdots, a_{2m-2} \geqslant b_{2m-2}, b_{2m-1} \geqslant a_{2m-1}$$

那么我们的行列式

$$\Delta_1, \Delta_2, \cdots, \Delta_m; \Delta^{(1)}, \Delta^{(2)}, \cdots, \Delta^{(m)}$$

对于所有适合不等式

$$a_0 \geqslant s_0 \geqslant b_0, b_1 \geqslant s_1 \geqslant a_1, a_2 \geqslant s_2 \geqslant b_2, \cdots$$
$$a_{2m-2} \geqslant s_{2m-2} \geqslant b_{2m-2}, b_{2m-1} \geqslant s_{2m-1} \geqslant a_{2m-1}$$

的诸值

$$s_0, s_1, s_2, \cdots, s_{2m-1}$$

仍为正数.

同样的条件应当使得

$$\begin{vmatrix} a_0 & a_1 & \cdots & a_{k-1} \\ a_1 & a_2 & \cdots & a_k \\ \vdots & \vdots & & \vdots \\ a_{k-1} & a_k & \cdots & a_{2k-2} \end{vmatrix} \geqslant \begin{vmatrix} s_0 & s_1 & \cdots & s_{k-1} \\ s_1 & s_2 & \cdots & s_k \\ \vdots & \vdots & & \vdots \\ s_{k-1} & s_k & \cdots & s_{2k-2} \end{vmatrix} \geqslant \begin{vmatrix} b_0 & b_1 & \cdots & b_{k-1} \\ b_1 & b_2 & \cdots & b_k \\ \vdots & \vdots & & \vdots \\ b_{k-1} & b_k & \cdots & b_{2k-2} \end{vmatrix}$$

与

$$\begin{vmatrix} b_1 & b_2 & \cdots & b_k \\ b_2 & b_3 & \cdots & b_{k+1} \\ \vdots & \vdots & & \vdots \\ b_k & b_{k+1} & \cdots & b_{2k-1} \end{vmatrix} \geqslant \begin{vmatrix} s_1 & s_2 & \cdots & s_k \\ s_2 & s_3 & \cdots & s_{k+1} \\ \vdots & \vdots & & \vdots \\ s_k & s_{k+1} & \cdots & s_{2k-1} \end{vmatrix} \geqslant \begin{vmatrix} a_1 & a_2 & \cdots & a_k \\ a_2 & a_3 & \cdots & a_{k+1} \\ \vdots & \vdots & & \vdots \\ a_k & a_{k+1} & \cdots & a_{2k-1} \end{vmatrix}$$

$$(k = 1, 2, \cdots, m)$$

成立.

为了给予与这个定理有关的稳定问题的另一说法,我们引进一些概念与记法.

马尔科夫参数 $s_0, s_1, \cdots, s_{2m-1}$(当 $n=2m$ 时)或 $s_{-1}, s_0, s_1, \cdots, s_{2m-1}$(当 $n=2m+1$ 时)将视为 n 维空间中的某一点 P 的坐标. 在这一空间中以 G 记稳定性区域. 区域 G 的特性由不等式(115)与(116)所确定(§15 末尾).

我们说,点 $P=\{s_i\}$ 在点 $P^*=\{s_i^*\}$"之前",且写为 $P \prec P^*$,如果

$$\begin{cases} s_0 \leqslant s_0^*, s_1^* \leqslant s_1, s_2 \leqslant s_2^*, s_3^* \leqslant s_3, \cdots, s_{2m-1}^* \leqslant s_{2m-1} \\ s_{-1} \leqslant s_{-1}^* \quad (\text{当 } n=2m+1 \text{ 时}) \end{cases} \tag{134}$$

而且在这些关系式中至少有一个小于号存在.

如果只有关系式(134)而没有最后的这句话,那么我们写为

$$P \preceq P^*$$

我们说点 Q 位于点 P 与 R"之间",如果 $P \prec Q \prec R$.

每一个点 P 对应于一个 m 阶无限冈恰列夫矩阵 $\boldsymbol{S}=(s_{i+k})_0^{+\infty}$. 我们记这个矩阵为 $\boldsymbol{S}_P$.

现在我们给予马尔科夫定理的以下说法:

定理 22(马尔科夫) 如果两点 P 与 R 位于稳定性区域 G 中,那么位于点 P 与 R 之间的任一点 Q 亦必位于区域 G 中,即从 $P, R \in G, P \preceq Q \preceq R$ 得出 $Q \in G$.

证明 从 $P \preceq Q \preceq R$ 知道,可以联结两点 P 与 R 成为含有点 Q 的曲线线段

$$s_i=(-1)^i \varphi_i(t)(\alpha \leqslant t \leqslant \gamma; i=0,1,\cdots,2m-1 \text{ 且(当 } n=2m+1 \text{ 时)} i=-1) \tag{135}$$

使得:1° 函数 $\varphi_i(t)$ 在 t 从 $t=\alpha$ 变到 $t=\gamma$ 时是连续的、单调递增的、可微分的;2° 使得变数 t 的值 $\alpha, \beta, \gamma (\alpha<\beta<\gamma)$ 对应于曲线上的点 P, Q, R.

应用式(135)的值组成 m 阶无限冈恰列夫矩阵 $\boldsymbol{S}=\boldsymbol{S}(t)=(s_{i+k})_0^{+\infty}$. 讨论这个矩阵的一个部分,即长方矩阵

$$\begin{pmatrix} s_0 & s_1 & \cdots & s_{m-1} & s_m \\ s_1 & s_2 & \cdots & s_m & s_{m+1} \\ \vdots & \vdots & & \vdots & \vdots \\ s_{m-1} & s_m & \cdots & s_{2m-2} & s_{2m-1} \end{pmatrix} \tag{136}$$

根据定理的条件,当 $t=\alpha$ 与 $t=\gamma$ 时秩为 m 的矩阵 $\boldsymbol{S}(t)$ 是完全正的,故矩阵(136)的所有 $p=1,2,\cdots,m$ 阶子式都是正的.

我们来证明,这个性质对于任意中间值 $t(\alpha<t<\gamma)$ 仍然有效.

对于 $p=1$,这是很明显的. 假定它对于 $p-1$ 阶子式成立,我们来证明这个

论断对于 p 阶子式亦是对的. 讨论任何一个 p 阶子式,它是由矩阵(136) 的部分连续的行与列所构成的

$$D_p^{(q)} = \begin{vmatrix} s_q & s_{q+1} & \cdots & s_{q+p-1} \\ s_{q+1} & s_{q+2} & \cdots & s_{q+p} \\ \vdots & \vdots & & \vdots \\ s_{q+p-1} & s_{q+p} & \cdots & s_{q+2p-2} \end{vmatrix} \quad (q=0,1,\cdots,2(m-p)+1)$$

计算这个子式的导数

$$\frac{\mathrm{d}}{\mathrm{d}t}D_p^{(q)} = \sum_{i,k=0}^{p-1} \frac{\partial D_p^{(q)}}{\partial s_{q+i+k}} \cdot \frac{\mathrm{d}s_{q+i+k}}{\mathrm{d}t} \tag{137}$$

其中 $\frac{\partial D_p^{(q)}}{\partial s_{q+i+k}}(i,k=0,1,2,\cdots,p-1)$ 是行列式 $D_p^{(q)}$ 中元素的代数余子式. 因为根据假设,这个行列式的所有子式都是正的,所以

$$(-1)^{i+k}\frac{\partial D_p^{(q)}}{\partial s_{q+i+k}} > 0 \quad (i,k=0,1,2,\cdots,p-1) \tag{137'}$$

另外,从式(135) 求得

$$(-1)^{q+i+k}\frac{\mathrm{d}s_{q+i+k}}{\mathrm{d}t} = \frac{\mathrm{d}\varphi_{q+i+k}}{\mathrm{d}t} \geqslant 0 \quad (i,k=0,1,2,\cdots,p-1) \tag{137''}$$

从式(137)(137′) 与(137″) 得出

$$(-1)^q \frac{\mathrm{d}}{\mathrm{d}t}D_p^{(q)} \geqslant 0 \quad \begin{pmatrix} q=0,1,\cdots,2(m-p)+1 \\ p=1,2,\cdots,m;\alpha \leqslant t \leqslant \gamma \end{pmatrix} \tag{137'''}$$

这样一来,对于变数 t 从值 $t=\alpha$ 增加到值 $t=\gamma$ 时,每一个子式 $D_p^{(g)}$ 对于偶数 q 是单调递增的(更准确地说是不递减的),而对于奇数 q 是单调递减的(更准确地说是不递增的),且因在 $t=\alpha$ 与 $t=\gamma$ 时这个子式是正的,所以对于任何中间值 $t(\alpha < t < \gamma)$ 它亦是正的.

因此,从矩阵(136) 的部分行列所构成的 $p-1$ 阶正子式与 p 阶正子式得出,矩阵(136) 的任何 p 阶子式都是正的[①].

从所证明的结果知道,对于任何 $t(\alpha \leqslant t \leqslant \gamma)$,值 $s_0,s_1,\cdots,s_{2m-1}$ 与(当 $n=2m+1$ 时)s_{-1} 分别适合不等式(115) 与式(116),亦即对于任何 t,这些值是某一个胡尔维茨多项式的马尔科夫参数. 因而,点 Q 位于稳定性区域 G 中.

马尔科夫定理得证.

注 因为已经证明,曲线(135) 上每一点都属于区域 G,所以对于任何 $t(\alpha \leqslant t \leqslant \gamma)$,式(135) 诸值定出一个秩为 m 的完全正矩阵 $\boldsymbol{S}(t)=(s_{i+k}(t))_0^{+\infty}$. 因而式(137″) 对于任何 $t(\alpha \leqslant t \leqslant \gamma)$ 都能成立,亦即在 t 增加时,如果 q 是一个

---

① 这可从费凯特行列式恒等式来得出(参考《Осцилляционные матрицы и малые колебания механических систем》(1950)).

偶数，则 $D_p^{(q)}$ 是增加的；如果 q 是一个奇数，则 $D_p^{(q)}$ 是减少的（$q=0,1,\cdots,2(m-p)+1;p=1,\cdots,m$）. 换句话说，从 $P\leq Q\leq R$ 得出

$$(-1)^q D_p^{(q)}(P)\leqslant(-1)^q D_p^{(q)}(Q)\leqslant(-1)^q D_p^{(q)}(R)$$

这些不等式当 $q=0,1$ 时给出马尔科夫不等式（式(134) 前面的两个不等式）.

现在来讨论本节开始所提出的切比雪夫 — 马尔科夫定理. 仍然引用阿 · 阿 · 马尔科夫专著中的一段文字：[1]

"关于根的定理. 如果数

$$a_0,a_1,a_2,\cdots,a_{2m-2},a_{2m-1}$$

$$s_0,s_1,s_2,\cdots,s_{2m-2},s_{2m-1}$$

$$b_0,b_1,b_2,\cdots,b_{2m-2},b_{2m-1}$$

适合上述定理的所有条件，[2]那么 m 次方程

$$\begin{vmatrix} a_0 & a_1 & \cdots & a_{m-1} & 1 \\ a_1 & a_2 & \cdots & a_m & x \\ a_2 & a_3 & \cdots & a_{m+1} & x^2 \\ \vdots & \vdots & & \vdots & \vdots \\ a_m & a_{m+1} & \cdots & a_{2m-1} & x^m \end{vmatrix}=0$$

$$\begin{vmatrix} s_0 & s_1 & \cdots & s_{m-1} & 1 \\ s_1 & s_2 & \cdots & s_m & x \\ s_2 & s_3 & \cdots & s_{m+1} & x^2 \\ \vdots & \vdots & & \vdots & \vdots \\ s_m & s_{m+1} & \cdots & s_{2m-1} & x^m \end{vmatrix}=0$$

$$\begin{vmatrix} b_0 & b_1 & \cdots & b_{m-1} & 1 \\ b_1 & b_2 & \cdots & b_m & x \\ b_2 & b_3 & \cdots & b_{m+1} & x^2 \\ \vdots & \vdots & & \vdots & \vdots \\ b_m & b_{m+1} & \cdots & b_{2m-1} & x^m \end{vmatrix}=0$$

对于未知量 x 没有多重的、虚的、负的根. 而且第二个方程的根大于第一个方程的对应根而小于第三个方程的对应根."

我们来阐明，这个定理与马尔科夫参数空间中稳定性区域有怎样的联系. 令 $f(z)=h(z^2)+zg(z^2)$ 与

$$h(-v)=c_0v^m+c_1v^{m-1}+\cdots+c_m\quad(c_0\neq 0)$$

---

① 参考《Избранные труды по теории непрерывных дробей и теории функций наименее уклоняющихся от нуля》(1948)，103 页第 5 行上下文.

② 即上述马尔科夫定理 —— 关于行列式的定理（本节开始）.

我们从展开式(105),有

$$R(v)=-\frac{g(-v)}{h(-v)}=-s_{-1}+\frac{s_0}{v}+\frac{s_1}{v^2}+\cdots$$

得出恒等式

$$-g(-v)=\left(-s_{-1}+\frac{s_0}{v}+\frac{s_1}{v^2}+\cdots\right)(c_0v^m+c_1v^{m-1}+\cdots+c_m)$$

使幂 $v^{-1},v^{-2},\cdots,v^{-m}$ 的系数等于零,我们求得

$$\begin{cases}s_0c_m+s_1c_{m-1}+\cdots+s_mc_0=0\\ s_1c_m+s_2c_{m-1}+\cdots+s_{m+1}c_0=0\\ \quad\vdots\\ s_{m-1}c_m+s_mc_{m-1}+\cdots+s_{2m-1}c_0=0\end{cases}\tag{138}$$

再对这些关系式加上方程

$$h(-v)=0\tag{139}$$

写为

$$c_m+vc_{m-1}+\cdots+v^mc_0=0\tag{139′}$$

从式(138)与式(139′)消去系数 $c_0,c_1,\cdots,c_m$,我们将方程(139)表示为以下形式

$$\begin{vmatrix}s_0&s_1&\cdots&s_{m-1}&1\\ s_1&s_2&\cdots&s_m&v\\ s_2&s_3&\cdots&s_{m+1}&v^2\\ \vdots&\vdots&&\vdots&\vdots\\ s_m&s_{m+1}&\cdots&s_{2m-1}&v^m\end{vmatrix}=0\tag{139″}$$

这样一来,在切比雪夫－马尔科夫定理中的一个代数方程与方程(139)相同,而对于值 $s_0,s_1,\cdots,s_{2m-1}$ 所要适合的不等式与在马尔科夫参数空间中确定稳定性区域的不等式(115)相同.

切比雪夫－马尔科夫定理说明:当马尔科夫参数 $s_0,s_1,\cdots,s_{2m-1}$ 在稳定性区域中变动时,多项式 $h(z)$ 的对应根 $u_1=-v_1,u_2=-v_2,\cdots,u_m=-v_m$ 是如何变动的.

定理的第一部分说明我们已知的事实:当不等式(115)成立时,多项式 $h(u)$ 的全部根 $u_1,u_2,\cdots,u_m$ 都是负的单重实根①.我们以

$$u_1(P),u_2(P),\cdots,u_m(P)$$

来记这些根,其中 P 为区域 G 中的对应点.

那么切比雪夫－马尔科夫定理的第二(基本)部分可以表述为:

---

① 参考 §14 的定理 13.

定理 23(切比雪夫—马尔科夫)　如果 P 与 Q 是区域 G 中的两个点而且点 P 在点 Q“之前”，有

$$P \prec Q \tag{140}$$

那么

$$u_1(P) < u_1(Q), u_2(P) < u_2(Q), \cdots, u_m(P) < u_m(Q)^{①} \tag{141}$$

证明　多项式 $h(u)$ 的系数可以由参数 $s_0, s_1, \cdots, s_{2m-1}$ 有理表出. ②故由

$$h(u_i) \quad (i=1,2,\cdots,m)$$

得出③

$$\frac{\partial h(u_i)}{\partial s_l} + h'(u_i)\frac{\mathrm{d}u_i}{\mathrm{d}s_l} = 0 \quad (i=1,2,\cdots,m; l=0,1,\cdots,2m-1) \tag{142}$$

另外，对参数 s_l 逐项微分展开式

$$\frac{g(u)}{h(u)} = s_{-1} + \frac{s_0}{u} - \frac{s_1}{u^2} + \frac{s_2}{u^3} - \cdots$$

我们有

$$\frac{h(u)\dfrac{\partial g(u)}{\partial s_l} - g(u)\dfrac{\partial h(u)}{\partial s_l}}{h^2(u)} = \frac{(-1)^l}{u^{l+1}} + \frac{1}{u^{2m+1}} \tag{143}$$

这一等式的两边乘以多项式$\dfrac{h^2(u)}{u-u_i}$且以 C_{il} 记这个多项式中乘幂 u^l 的系数，我们得出

$$\frac{h(u)}{u-u_i} \cdot \frac{\partial g(u)}{\partial s_l} - \frac{g(u)\dfrac{\partial h(u)}{\partial s_l}}{u-u_i} = \frac{(-1)^l C_{il}}{u} + \cdots \tag{144}$$

在等式(144)中使左右两边的$\dfrac{1}{u}$的系数(剩余)相等，我们求得

$$(-1)^l g(u_i)\frac{\partial h(u_i)}{\partial s_l} = C_{il} \tag{145}$$

与式(142)相结合得出

$$\frac{\mathrm{d}u_i}{\mathrm{d}s_l} = \frac{(-1)^l C_{il}}{g(u_i)h'(u_i)}$$

引进值

$$R_i = \frac{g(u_i)}{h'(u_i)} \quad (i=1,2,\cdots,m) \tag{146}$$

---

① 换句话说，在 $s_0, s_2, \cdots, s_{2m-2}$ 增大而 $s_1, s_3, \cdots, s_{2m-1}$ 减小时，根 $u_1, u_2, \cdots, u_m$ 是增大的.

② 可从方程(138)得出，为了具体起见可以设 $c_0 = 1$.

③ 此处$\dfrac{\partial h(u_i)}{\partial s_l} = \left[\dfrac{\partial h(u)}{\partial s_l}\right]_{u=u_i}$.

我们得出切比雪夫－马尔科夫公式

$$\frac{\mathrm{d}u_i}{\mathrm{d}s_l}=\frac{(-1)^l C_{il}}{R_i[h'(u_i)]^2}\quad(i=1,2,\cdots,m;l=0,1,\cdots,2m-1)\tag{147}$$

但在稳定性区域中,值 $R_i(i=1,2,\cdots,m)$ 是正的(参考 § 14 的式(90′)). 对于系数 C_{il} 亦有同样的说法. 事实上

$$\frac{h^2(u)}{u-u_i}=c_0^2(u+v_1)^2\cdot\cdots\cdot(u+v_{i-1})^2\cdot(u+v_i)\cdot(u+v_{i+1})^2\cdot\cdots\cdot(u+v_m)^2\tag{148}$$

其中

$$v_i=-u_i>0\quad(i=1,2,\cdots,m)$$

从式(148) 看到,在 $\frac{h^2(u)}{u-u_i}$ 的展开式中所有 u 的乘幂的系数 C_{il} 都是正的. 这样一来,从切比雪夫－马尔科夫公式我们得出

$$(-1)^l\frac{\mathrm{d}u_i}{\mathrm{d}s_l}>0\tag{149}$$

在马尔科夫定理的证明中我们已经证明了区域 G 中任何两点 $P\prec Q$ 可联结成为曲线弧 $s_l=(-1)^l\varphi_l(t)(l=0,1,\cdots,2m-1)$,其中 $\varphi_l(t)$ 为 t 的可微分的单调递增函数(t 在由 α 到 β 的范围内变动($\alpha<\beta$),而且 $t=\alpha$ 对应于点 P,而 $t=\beta$ 对应于点 Q). 那么沿这条曲线,由式(149) 有

$$\frac{\mathrm{d}u_i}{\mathrm{d}t}=\sum_{l=0}^{2m-1}\frac{\partial u_i}{\partial s_l}\cdot\frac{\mathrm{d}s_l}{\mathrm{d}t}\geqslant 0,\frac{\mathrm{d}u_i}{\mathrm{d}t}\neq 0\quad(\alpha\leqslant t\leqslant\beta)\text{①}\tag{150}$$

故在积分后,我们得出

$$u_{i(t=\alpha)}=u_i(P)<u_{i(t=\beta)}=u_i(Q)\quad(i=1,2,\cdots,m)$$

切比雪夫－马尔科夫定理得证.

§ 19 广义的路斯－胡尔维茨问题

在这一节中,我们给出对于复系数多项式 $f(z)$ 在右半平面中根的个数的规则.

设

$$f(\mathrm{i}z)=b_0z^n+b_1z^{n-1}+\cdots+b_n+\mathrm{i}(a_0z^n+a_1z^{n-1}+\cdots+a_n)\tag{151}$$

其中 $a_0,a_1,\cdots,a_n;b_0,b_1,\cdots,b_n$ 都是实数. 如果 n 是多项式 $f(z)$ 的次数,那么 $b_0+\mathrm{i}a_0\neq 0$,不涉及普遍性可以认为 $a_0\neq 0$(否则我们可以将多项式 $f(z)$ 换为 $\mathrm{i}f(z)$).

---

① 因为 $(-1)^l\frac{\mathrm{d}s_l}{\mathrm{d}t}=\frac{\mathrm{d}\varphi_l}{\mathrm{d}t}\geqslant 0(\alpha\leqslant t\leqslant\beta)$,而且至少对于一个 l 有值 t 存在,使得 $(-1)^l\frac{\mathrm{d}s_l}{\mathrm{d}t}>0$.

我们假设实多项式

$$a_0 z^n + a_1 z^{n-1} + \cdots + a_n \text{ 与 } b_0 z^n + b_1 z^{n-1} + \cdots + b_n \tag{152}$$

互质，亦即这两个多项式的结式不等于零①

$$\nabla_{2n} = \begin{vmatrix} a_0 & a_1 & \cdots & a_n & 0 & \cdots & 0 \\ b_0 & b_1 & \cdots & b_n & 0 & \cdots & 0 \\ 0 & a_0 & \cdots & a_{n-1} & a_n & \cdots & 0 \\ 0 & b_0 & \cdots & b_{n-1} & b_n & \cdots & 0 \\ \vdots & \vdots & & \vdots & \vdots & & \vdots \end{vmatrix} \neq 0 \tag{153}$$

由此推出，多项式(152) 没有公共的实根，因而多项式 $f(z)$ 没有根在虚轴上.

以 k 记 $f(z)$ 的有正实数部分的根的个数. 考虑右半平面中由虚轴与半径为 $R(R \to +\infty)$ 的半圆周所围成的区域，逐字重复本章 §3 中对于实多项式 $f(z)$ 所叙述的推理，我们得出 $\arg f(z)$ 沿虚轴所得的增量公式

$$\Delta_{-\infty}^{+\infty} \arg f(z) = (n - 2k)\pi \tag{154}$$

故由式(151) 与条件 $a_0 \neq 0$ 我们得出

$$I_{-\infty}^{+\infty} \frac{b_0 z^n + b_1 z^{n-1} + \cdots + b_n}{a_0 z^n + a_1 z^{n-1} + \cdots + a_n} = n - 2k \tag{155}$$

故应用 §11 中的定理 10，我们得出

$$k = \mathbf{V}(1, \nabla_2, \nabla_4, \cdots, \nabla_{2n}) \tag{156}$$

其中

$$\nabla_{2p} = \begin{vmatrix} a_0 & a_1 & \cdots & a_{2p-1} \\ b_0 & b_1 & \cdots & b_{2p-1} \\ 0 & a_0 & \cdots & a_{2p-2} \\ 0 & b_0 & \cdots & b_{2p-2} \\ \vdots & \vdots & & \vdots \end{vmatrix} \quad (p = 1, 2, \cdots, n; \text{在 } k > n \text{ 时}, a_k = b_k = 0) \tag{157}$$

我们得到了：

定理 24 如果给予一个复多项式 $f(z)$，可写为

$$f(\mathrm{i}z) = b_0 z^n + b_1 z^{n-1} + \cdots + b_n + \mathrm{i}(a_0 z^n + a_1 z^{n-1} + \cdots + a_n) \quad (a_n \neq 0)$$

而且多项式 $a_0 z^n + \cdots + a_n$ 与 $b_0 z^n + \cdots + b_n$ 互质($\nabla_{2n} \neq 0$)，那么多项式 $f(z)$ 位于右半平面的根的个数由公式(156) 与式(157) 所定出.

再者②，如果在式(157) 中有行列式等于零，那么对于每一组连续的零行列式

① ∇_{2n} 是一个 $2n$ 阶行列式.

② 参考本章 §11.

$$\nabla_{2h+2}=\cdots=\nabla_{2h+2p}=0\quad(\nabla_{2h}\neq 0,\nabla_{2h+2p+2}\neq 0)\tag{158}$$

当计算 $\boldsymbol{V}(1,\nabla_2,\nabla_4,\cdots,\nabla_{2n})$ 时,要取

$$\operatorname{sign}\nabla_{2h+2j}=(-1)^{\frac{j(j-1)}{2}}\operatorname{sign}\nabla_{2h}\quad(j=1,2,\cdots,p)\tag{159}$$

或者,同样地,有

$$\boldsymbol{V}(\nabla_{2h},\nabla_{2h+2},\cdots,\nabla_{2h+2p},\nabla_{2h+2p+2})=\begin{cases}\dfrac{p+1}{2}, & \text{如果 } p \text{ 是一个奇数}\\ \dfrac{p+1-\varepsilon}{2}, & \text{如果 } p \text{ 是一个偶数},\varepsilon=(-1)^{\frac{p}{2}}\operatorname{sign}\dfrac{\nabla_{2h+2p+2}}{\nabla_{2h}}\end{cases}\tag{160}$$

请读者自己验证,在特殊情形,当 $f(z)$ 是一个实多项式时,由定理 23 可以得出路斯 — 胡尔维茨定理(参考 §6)①.

在结束本章时,我们注意在这一章中所讨论的是将二次型(特别是冈恰列夫型)应用于多项式在复平面上根的分布问题和路斯 — 胡尔维茨问题,并且在二次型与埃尔米特型中还有更有趣味的应用 —— 应用于其他的根的分布问题. 对这些问题有兴趣的读者,我们推荐曾经引用过的蒙·格·克莱茵与蒙·阿·纳马尔克的著作《Метод симметрических и эрмиторых форм в теории отделения корней алгебраических уравнений》(1930).

① 对于广义的路斯 — 胡尔维茨问题的方便的算法可以在专著《Устойчивость линеаризованных систем》(1955) 与论文《Некоторые вопросы расположения корней полиномов》(1949) 中找到. 还可参考《Проблема Рауса-Гурвица для полиномов и целых функций》(1948).

特征数与奇异数的不等式

第 17 章

本章讨论一些不等式，这些不等式满足 n 维 U－空间中线性算子的特征数与奇异数.

本章的主要注意力放在诺伊曼－霍尔诺不等式与魏尔不等式(§2与§3)上，它们可以用算子的奇异数来估计算子的特征数.

在§4中建立了埃尔米特算子特征数之和与乘积的最大、最小性质，它们是由维朗德托姆与阿米尔莫佐姆发现的.

再利用§4的结果在§5中证明一些不等式，它们包含算子 $A+B$ 与 AB 的特征数与奇异数的估计.

在§6中讨论了И.M.盖尔芳德提出的埃尔米特算子之和与乘积的特征数问题[①].

§1 强数列

在本节中，我们讲到与有限数列有关的一系列辅助问题. 讨论两个递减的数列

$$\alpha_1 \geqslant \alpha_2 \geqslant \cdots \geqslant \alpha_n \tag{1}$$

$$\alpha'_1 \geqslant \alpha'_2 \geqslant \cdots \geqslant \alpha'_n \tag{2}$$

其中每个数列包含 n 个元素. 通常说，数列(2)被数列(1)强化，如果

$$\alpha'_1+\alpha'_2+\cdots+\alpha'_m \leqslant \alpha_1+\alpha_2+\cdots+\alpha_m \quad (1 \leqslant m \leqslant n-1) \tag{3}$$

① 作者感谢A.C.马尔库斯阅读了本章手稿，并提出了许多有益的意见.

$$\alpha'_1+\alpha'_2+\cdots+\alpha'_n=a_1+a_2+\cdots+a_n \tag{3'}$$

当条件(3)与(3′)满足时,记作

$$\alpha' < \alpha \tag{4}$$

如果矩阵 $\boldsymbol{T}$ 与 $\boldsymbol{T}'$ 是随机的,那么以后我们称二次型 $\boldsymbol{T}=(t_{ij})_1^n$ 为双随机的,换言之,如果 $t_{ij}\geqslant 0$,那么

$$\sum_{j=1}^{n} t_{ij}=1 \quad (1\leqslant i\leqslant n) \tag{5}$$

$$\sum_{i=1}^{n} t_{ij}=1 \quad (1\leqslant j\leqslant n) \tag{5'}$$

以下引理成立.

引理 1 数列 $\boldsymbol{\alpha}'$ 被数列 $\boldsymbol{\alpha}$ 强化的充分必要条件是存在一个双随机矩阵 $\boldsymbol{T}$,使

$$\boldsymbol{\alpha}'=\boldsymbol{T}\boldsymbol{\alpha} \tag{6}$$

证明 条件(6)的充分性容易证明[①]. 事实上

$$\sum_{k=1}^{m}\alpha'_k=\sum_{k=1}^{m}\sum_{j=1}^{n}t_{kj}\alpha_j=\sum_{j=1}^{n}\left(\sum_{k=1}^{m}t_{kj}\right)\alpha_j=\sum_{j=1}^{n}\omega_j\alpha_j \tag{7}$$

设

$$\omega_j=\sum_{k=1}^{m}t_{kj} \quad (1\leqslant j\leqslant n) \tag{8}$$

容易看出 $0\leqslant\omega_j\leqslant 1$ 与

$$\sum_{j=1}^{n}\omega_j=\sum_{k=1}^{m}\left(\sum_{j=1}^{n}t_{kj}\right)=m \tag{9}$$

根据等式(7),有

$$\sum_{j=1}^{m}\alpha_j-\sum_{k=1}^{m}\alpha'_k=\sum_{j=1}^{m}\alpha_j-\sum_{j=1}^{m}\omega_j\alpha_j=$$
$$\alpha_1(1-\omega_1)+\cdots+\alpha_m(1-\omega_m)-\omega_{m+1}\alpha_{m+1}-\cdots-\omega_n\alpha_n \tag{10}$$

减少右边各项,得

$$\sum_{j=1}^{m}\alpha_j-\sum_{j=1}^{m}\alpha'_j\geqslant\alpha_m(1-\omega_1)+\cdots+$$
$$\alpha_m(1-\omega_m)-\omega_{m+1}\alpha_m-\cdots-\omega_n\alpha_m=\alpha_m(m-m)=0 \tag{10'}$$

因此不等式(3)成立. 因为当 $m=n$ 时由式(8)有 $\omega_j=1(j=1,2,\cdots,n)$,所以由式(7)知不等式(3′)也成立.

这样,条件(6)的充分性得证. 这个条件的必要性的证明要求一些技巧. 我

① 在公式(6)中 $\boldsymbol{\alpha}$ 与 $\boldsymbol{\alpha}'$ 是指含元素(1)与(2)的列矩阵.

们用归纳法进行证明[①]. 在$n=1$的情形,数列只含1个元素$\alpha_1'=\boldsymbol{\alpha}$,矩阵$\boldsymbol{T}$显然存在. 假设命题对含$n-1$个元素的数列的情形正确,讨论两个数列$\boldsymbol{\alpha}'$与$\boldsymbol{\alpha}$,它们以关系式$\boldsymbol{\alpha}'<\boldsymbol{\alpha}$相联系,且由$n$个元素组成.

从条件$\alpha_1'\leqslant\alpha_1$与不等式(1′)推出$\alpha_n\leqslant\alpha_1'\leqslant\alpha_1$. 因此求出这样的$k(1\leqslant k\leqslant n-1)$,使

$$\alpha_{k+1}\leqslant\alpha_1'\leqslant\alpha_k \tag{11}$$

所以对某个$\tau(0\leqslant\tau\leqslant1)$有

$$\alpha_1'=\tau\alpha_k+(1-\tau)\alpha_{k+1} \tag{12}$$

除$\boldsymbol{\alpha}'$与$\boldsymbol{\alpha}$外,讨论两个数列

$$\alpha_2',\alpha_3',\cdots,\alpha_k',\alpha_{k+1}',\alpha_{k+2}',\cdots,\alpha_n' \tag{13}$$

与

$$\alpha_1,\alpha_2,\cdots,\alpha_{k-1},\alpha_k+\alpha_{k+1}-\alpha_1',\alpha_{k+2},\cdots,\alpha_n \tag{13'}$$

其中每个数列包含$n-1$个元素,分别记$\tilde{\boldsymbol{\alpha}}'$与$\tilde{\boldsymbol{\alpha}}$为这些数列.

考虑式(11),容易推出,数列$\tilde{\boldsymbol{\alpha}}$的元素以递减的次序排列,也不难检验关系式$\tilde{\boldsymbol{\alpha}}'<\tilde{\boldsymbol{\alpha}}$. 因此由归纳假设知,存在这样的双随机矩阵$\tilde{\boldsymbol{T}}=(t_{ij})_1^{n-1}$,使$\tilde{\boldsymbol{\alpha}}'=\tilde{\boldsymbol{T}}\tilde{\boldsymbol{\alpha}}$,或者用展开的写法

$$\begin{aligned}\alpha_{s+1}'=t_{s1}\alpha_1+\cdots+t_{s,k-1}\alpha_{k-1}+t_{sk}(\alpha_k+\alpha_{k+1}-\alpha_1')+\\ t_{s,k+1}\alpha_{k+2}+\cdots+t_{s,n-1}\alpha_n\quad(1\leqslant s\leqslant n-1)\end{aligned}$$

将等式(12)中的α_1'代入上式,当$1\leqslant s\leqslant n-1$时得

$$\begin{aligned}\alpha_{s+1}'=t_{s1}\alpha_1+\cdots+t_{sk}(1-\tau)\alpha_k+t_{sk}\tau\alpha_{k+1}+\\ t_{s,k+1}\alpha_{k+2}+\cdots+t_{s,n-1}\alpha_n\end{aligned}$$

这里增加等式$\alpha_1'=\tau\alpha_k+(1-\tau)\alpha_{k+1}$后,容易确定,数列$\boldsymbol{\alpha}'$与$\boldsymbol{\alpha}$用以下双随机矩阵相联系

$$\boldsymbol{T}=\begin{pmatrix}0 & 0 & 0 & \cdots & \tau & 1-\tau & \cdots & 0\\ t_{11} & t_{12} & t_{13} & \cdots & t_{1k}(1-\tau) & t_{1k}\tau & \cdots & t_{1,n-1}\\ \vdots & \vdots & \vdots & & \vdots & \vdots & & \vdots\\ t_{n-1,1} & t_{n-1,2} & t_{n-1,3} & \cdots & t_{n-1,k}(1-\tau) & t_{n-1,k}\tau & \cdots & t_{n-1,n-1}\end{pmatrix}$$

引理完全得证.

我们还需要以下引理.

引理 2 令$\varphi(t)$是连续凸[②]的单调递增函数,并令

$$\alpha_1'\geqslant\alpha_2'\geqslant\cdots\geqslant\alpha_p' \tag{14}$$

---

① 现在的较简单的证明属于 A. C. 马尔库斯.

② 函数$f(t)$在一个区间上称为凸的,如果对于这个区间的任何点上$\varphi((x+y)/2)\leqslant[\varphi(x)+\varphi(y)]/2$.

$$\alpha_1 \geqslant \alpha_2 \geqslant \cdots \geqslant \alpha_p \tag{15}$$

与

$$\alpha'_1 + \alpha'_2 + \cdots + \alpha'_m \leqslant \alpha_1 + \alpha_2 + \cdots + \alpha_m \quad (1 \leqslant m \leqslant p) \tag{16}$$

那么

$$\varphi(\alpha'_1) + \varphi(\alpha'_2) + \cdots + \varphi(\alpha'_p) \leqslant \varphi(\alpha_1) + \varphi(\alpha_2) + \cdots + \varphi(\alpha_p) \tag{17}$$

证明 首先设在 $m=p$ 时关系式(16) 中等式成立,则数列 $\boldsymbol{\alpha}'$ 被数列 $\boldsymbol{\alpha}$ 强化,由引理 1,有

$$\alpha'_s = \sum_{j=1}^{p} t_{sj}\alpha_j \quad (1 \leqslant s \leqslant p) \tag{18}$$

其中 t_{sj} 是双随机矩阵的元素. 由于函数 $\varphi(t)$ 的凸性,从等式(18) 推出①

$$\varphi(\alpha'_s) \leqslant \sum_{j=1}^{p} t_{sj}\varphi(\alpha_j) \tag{19}$$

对不等式(19) 求和,得

$$\sum_{s=1}^{p}\varphi(\alpha'_s) \leqslant \sum_{j=1}^{p}\left(\sum_{s=1}^{p} t_{sj}\right)\varphi(\alpha_j) = \sum_{j=1}^{p}\varphi(\alpha_j) \tag{20}$$

因此在上述情形下不等式(17) 成立.

现在讨论一般情形. 令关系式(16) 中,当 $m=p$ 时“$<$”成立. 设

$$\sum_{j=1}^{p}\alpha_j - \sum_{j=1}^{p}\alpha'_j = c > 0$$

除数列(14) 与数列(15) 外,考虑两个数列

$$\alpha'_1 \geqslant \alpha'_2 \geqslant \cdots \geqslant \alpha'_p \geqslant \alpha'_{p+1} \tag{21}$$

与

$$\alpha_1 \geqslant \alpha_2 \geqslant \cdots \geqslant \alpha_p \geqslant \alpha_{p+1} \tag{22}$$

其中 α'_{p+1} 与 α_{p+1} 是满足不等式(21) 与(22) 及以下关系式的任意两个数

$$\alpha_{p+1} = \alpha'_{p+1} - c_0 \tag{23}$$

容易看出,当 α'_{p+1} 与 α_{p+1} 这样选取时,数列(21) 被数列(22) 强化,且由所证明的结果有

$$\begin{aligned}&\varphi(\alpha'_1) + \varphi(\alpha'_2) + \cdots + \varphi(\alpha'_p) + \varphi(\alpha'_{p+1}) \leqslant \\ &\varphi(\alpha_1) + \varphi(\alpha_2) + \cdots + \varphi(\alpha_p) + \varphi(\alpha_{p+1})\end{aligned} \tag{24}$$

因为 $\varphi(t)$ 是单调递增函数,$\alpha'_{p+1} > \alpha_{p+1}$,所以 $\varphi(\alpha'_{p+1}) \geqslant \varphi(\alpha_{p+1})$,并从式(24) 推出不等式(17).

引理得证.

注 从我们的推理中得出,在数列(14) 被数列(15) 强化的情形中(即当

① 不等式(19) 对连续凸函数的证明可按归纳法进行.

$m=p$ 时式(16) 成为等式),不等式(17) 对任何连续凸函数 $\varphi(t)$ 都成立(递增是多余的要求).

§2 诺伊曼－霍尔诺不等式

令 A 是作用在 n 维 U－空间 R 上的线性算子. 非负埃尔米特算子[①] $\sqrt{A^* A}$ 的特征数(参考第 9 章, §12) 通常称为算子 A 的奇异数.

在本节中,我们建立把两个算子的奇异数与余因子的奇异数联系起来的不等式.

令 $\boldsymbol{y}_1, \boldsymbol{y}_2, \cdots, \boldsymbol{y}_m$ 与 $\boldsymbol{z}_1, \boldsymbol{z}_2, \cdots, \boldsymbol{z}_m$ 是 R 中两个向量组,引入 m 阶行列式与已知向量组有关的简化记号

$$[(\boldsymbol{y}_i, \boldsymbol{z}_j)] = \begin{vmatrix} (\boldsymbol{y}_1, \boldsymbol{z}_1) & (\boldsymbol{y}_2, \boldsymbol{z}_1) & \cdots & (\boldsymbol{y}_m, \boldsymbol{z}_1) \\ (\boldsymbol{y}_1, \boldsymbol{z}_2) & (\boldsymbol{y}_2, \boldsymbol{z}_2) & \cdots & (\boldsymbol{y}_m, \boldsymbol{z}_2) \\ \vdots & \vdots & & \vdots \\ (\boldsymbol{y}_1, \boldsymbol{z}_m) & (\boldsymbol{y}_2, \boldsymbol{z}_m) & \cdots & (\boldsymbol{y}_m, \boldsymbol{z}_m) \end{vmatrix} \tag{25}$$

讨论作用在 R 上的非负埃尔米特算子 H. 算子 H 的特征数以递减的次序编号

$$h_1 \geqslant h_2 \geqslant \cdots \geqslant h_n \geqslant 0 \tag{26}$$

属于 A. 霍尔诺的以下引理成立.

引理 3 令

$$\boldsymbol{x}_1, \boldsymbol{x}_2, \cdots, \boldsymbol{x}_m \quad (m \leqslant n) \tag{27}$$

是 R 中任一向量组,则[②]

$$[(H\boldsymbol{x}_i, \boldsymbol{x}_j)] \leqslant h_1 \cdot h_2 \cdot \cdots \cdot h_m [(\boldsymbol{x}_i, \boldsymbol{x}_j)] \tag{28}$$

证明 为了证明,讨论算子 H 的特征向量的标准正交基

$$\boldsymbol{e}_1, \boldsymbol{e}_2, \cdots, \boldsymbol{e}_n \tag{29}$$

并把每个向量 $\boldsymbol{x}_i (i=1,2,\cdots,m)$ 按基底(29) 分解,计算标量积,得出

$$(H\boldsymbol{x}_i, \boldsymbol{x}_j) = \sum_{s=1}^{n} h_s (\boldsymbol{x}_i, \boldsymbol{e}_s) \overline{(\boldsymbol{x}_j, \boldsymbol{e}_s)} = \sum_{s=1}^{n} h_s (\boldsymbol{x}_i, \boldsymbol{e}_s)(\boldsymbol{e}_s, \boldsymbol{x}_j)$$

$$(i, j = 1, 2, \cdots, m) \tag{30}$$

等式(30) 可以把行列式 $[(H\boldsymbol{x}_i, \boldsymbol{x}_j)]$ 的矩阵看作两个维数为 $m \times n$ 与 $n \times m$ 的长方形矩阵相乘的结果.

把行列式按比内－柯西公式(参考第 1 章, §2) 分解,用通常的行列式记号,得

---

① 我们也可以用记号 $(A^* A)^{1/2}$ 表示.

② 式(28) 左边的行列式是非负的,实际上,令 $H^{1/2}\boldsymbol{x}_i = \boldsymbol{y}_i$,得出

$$[(H\boldsymbol{x}_i, \boldsymbol{x}_j)] = [(H^{1/2}\boldsymbol{x}_i, H^{1/2}\boldsymbol{x}_j)] = [(\boldsymbol{y}_i, \boldsymbol{y}_j)] \geqslant 0$$

$$[(H\boldsymbol{x}_i,\boldsymbol{x}_j)]=\sum_{1\leqslant s_1<s_2<\cdots<s_m\leqslant n}[(\boldsymbol{x}_i,h_s\boldsymbol{e}_s)][(\boldsymbol{e}_s,\boldsymbol{x}_j)] \tag{31}$$

此处

$$[(\boldsymbol{x}_i,h_s\boldsymbol{e}_s)]=\begin{vmatrix}(\boldsymbol{x}_1,h_{s_1}\boldsymbol{e}_{s_1}) & \cdots & (\boldsymbol{x}_m,h_{s_1}\boldsymbol{e}_{s_1})\\(\boldsymbol{x}_1,h_{s_2}\boldsymbol{e}_{s_2}) & \cdots & (\boldsymbol{x}_m,h_{s_2}\boldsymbol{e}_{s_2})\\ \vdots & & \vdots\\(\boldsymbol{x}_1,h_{s_m}\boldsymbol{e}_{s_m}) & \cdots & (\boldsymbol{x}_m,h_{s_m}\boldsymbol{e}_{s_m})\end{vmatrix} \tag{31$'$}$$

而求和是对自然数 $1\leqslant s_1<s_2<\cdots<s_m\leqslant n$ 的各个组进行的.

根据柯西－布尼亚柯夫斯基不等式估计式(31) 的右边后,得出

$$[(H\boldsymbol{x}_i,\boldsymbol{x}_j)]^2\leqslant\Big(\sum_{1\leqslant s_1<\cdots<s_m\leqslant n}|[(\boldsymbol{x}_i,h_s\boldsymbol{e}_s)]|^2\Big)\Big(\sum_{1\leqslant s_1<\cdots<s_m\leqslant n}|[\boldsymbol{e}_s,\boldsymbol{x}_j]|^2\Big) \tag{32}$$

不等式(32) 右边第二个和等于格拉姆行列式$[(\boldsymbol{x}_i,\boldsymbol{x}_j)]$. 在公式(31) 中令 $H=E$,其中 E 是单位算子,容易证明这个结论. 相应的不等式在第 9 章,§5 中单独地被证明了(公式(26)).

在式(32) 右边第一个和中,从式(31$'$) 的每个行列式中取出乘积 $h_{s_1}\cdot h_{s_2}\cdot\cdots\cdot h_{s_m}$,并且用较大的 $h_1\cdot h_2\cdot\cdots\cdot h_m$ 代替它,最后得

$$[(H\boldsymbol{x}_j,\boldsymbol{x}_j)]^2\leqslant h_1^2\cdot h_2^2\cdot\cdots\cdot h_m^2[(\boldsymbol{x}_i,\boldsymbol{x}_j)]^2$$

在这个不等式的两边求平方根后,我们证明了不等式(28) 正确.

引理 4　令 K 是 R 上任一算子,且

$$x_1\geqslant x_2\geqslant\cdots\geqslant x_n \tag{33}$$

是它的奇异数,则对于任一向量组 $\boldsymbol{x}_1,\boldsymbol{x}_2,\cdots,\boldsymbol{x}_m(m\leqslant n)$,以下不等式成立

$$[(K\boldsymbol{x}_i,K\boldsymbol{x}_j)]\leqslant x_1^2\cdot x_2^2\cdot\cdots\cdot x_m^2[(\boldsymbol{x}_i,\boldsymbol{x}_j)] \tag{34}$$

不等式(34) 由引理 3 当 $H=K^*K$ 时很快推出.

下面再建立一个辅助引理.

引理 5　令 A 与 B 是 R 中的线性算子,$C=AB$,又令 α_s,β_s 与 $\gamma_s(s=1,2,\cdots,n)$ 分别是 A,B 与 C 的奇异数,以递减的次序编号. 则对于任何的 $m\leqslant n$,以下不等式成立①

$$\gamma_1\cdot\gamma_2\cdot\cdots\cdot\gamma_m\leqslant\alpha_1\cdot\alpha_2\cdot\cdots\cdot\alpha_m\cdot\beta_1\cdot\beta_2\cdot\cdots\cdot\beta_m \tag{35}$$

证明　为了证明,讨论算子 C^*C 的特征向量的标准正交基 $\boldsymbol{e}_1,\boldsymbol{e}_2,\cdots,\boldsymbol{e}_n$. 依次应用式(34),得

---

① 在公式(35) 中当 $m=n$ 时得到等式. 事实上有 $C^*C=B^*A^*AB$,从而得 $|C^*C|=|A^*A|\cdot|B^*B|$. 因为算子矩阵的行列式等于它的特征数的乘积,所以 $\gamma_1^2\cdot\gamma_2^2\cdot\cdots\cdot\gamma_n^2=\alpha_1^2\cdot\alpha_2^2\cdot\cdots\cdot\alpha_n^2\cdot\beta_1^2\cdot\beta_2^2\cdot\cdots\cdot\beta_n^2$.

$$[(Ce_i, Ce_j)] = [(ABe_i, ABe_j)] \leqslant \alpha_1^2 \cdot \alpha_2^2 \cdot \cdots \cdot \alpha_m^2 [(Be_i, Be_j)] \leqslant \alpha_1^2 \cdot \alpha_2^2 \cdot \cdots \cdot \alpha_m^2 \cdot \beta_1^2 \cdot \beta_2^2 \cdot \cdots \cdot \beta_m^2 [(e_i, e_j)] \quad (36)$$

另外,因为 $e_i (1 \leqslant i \leqslant m)$ 是 $C^* C$ 的特征向量,所以有

$$[(Ce_i, Ce_j)] = [(C^* Ce, e_j)] = \gamma_1^2 \cdot \gamma_2^2 \cdot \cdots \cdot \gamma_n^2 [(e_i, e_j)] \quad (37)$$

因此式(35) 成立.

我们现在能证明以下定理,它是本节的主要目的.

定理1(诺伊曼-霍尔诺)　令 A,B 与 C 是 n 维 U-空间 R 中的线性算子. 令 $C=AB$,并令 α_s, β_s 与 $\gamma_s (s=1,2,\cdots,n)$ 是算子 A,B 与 C 的奇异数,以递减的次序编号. 令 $f(x)$ 是在 $x \geqslant 0$ 时的连续函数,使 $\varphi(t)=f(\mathrm{e}^t)$ 是参数 t 的单调递增凸函数,那么对于所有的 $m \leqslant n$,以下不等式成立①

$$\sum_{s=1}^{m} f(\gamma_s) \leqslant \sum_{s=1}^{m} f(\alpha_s \beta_s) \quad (38)$$

证明　首先设算子 A 与 B 是满秩的,则所有的数 α_s, β_s 与 γ_s 是正的. 求不等式(35) 的对数,得

$$\sum_{s=1}^{m} \ln \gamma_s \leqslant \sum_{s=1}^{m} \ln(\alpha_s \beta_s) \quad (1 \leqslant m \leqslant n) \quad (39)$$

根据引理 2,有

$$\sum_{s=1}^{m} \varphi(\ln \gamma_s) \leqslant \sum_{s=1}^{m} \varphi(\ln \alpha_s \beta_s) \quad (1 \leqslant m \leqslant n) \quad (40)$$

因为 $\varphi(t) = f(\mathrm{e}^t)$,所以由此推出式(38). 在非满秩算子的情形,不等式(38) 按照连续性确定.

注　1° 在 $f(x) = x^\sigma (\sigma \geqslant 0)$ 的情形,得出

$$\sum_{s=1}^{m} \gamma_s^\sigma \leqslant \sum_{s=1}^{m} \alpha_s^\sigma \beta_s^\sigma \quad (1 \leqslant m \leqslant n) \quad (41)$$

在应用中常常遇到这种形式的不等式(38).

2° 当 $m=n$ 时,不等式(39) 变成等式(参考本节式(38) 的足注). 因此当 $m=n$ 时,不等式(40) 对任何连续凸函数 $\varphi(t)$ 都正确(参考引理 2 的注).

特别地,当 $m=n$ 时,不等式(41) 对 $\sigma < 0$ 也正确.

3° 令

$$\alpha_1 \geqslant \alpha_2 \geqslant \cdots \geqslant \alpha_n$$

---

① 不等式(38)是 A. 霍尔诺在著作 *On the Singular Values of Product of Completely Continuous Operators* (1950) 中建立的. 诺伊曼的著作 *Some Matrix-Inequalities and Metrization of Matrix-space* (1937) 只证明了 $\sum_{s=1}^{n} \gamma_s^2 \leqslant \sum_{s=1}^{n} \alpha_s^2 \beta_s^2$,但是著作里发展起来的方法可以证明一般形式的不等式(38).

是算子 A 的奇异数，又令

$$\alpha_{l,1} \geqslant \alpha_{l,2} \geqslant \cdots \geqslant \alpha_{l,n}$$

是算子 A^l 的奇异数(l 是自然数)，则对任何 $\sigma \geqslant 0$ 与任何 $1 \leqslant m \leqslant n$，有

$$\sum_{s=1}^{m} \alpha_{l,s}^{\sigma} \leqslant \sum_{s=1}^{m} \alpha_{s}^{\sigma l} \tag{42}$$

我们用对 l 的归纳法证明不等式(42). 当 $l=1$ 时关系式(42) 是显然成立的，令它对 $l-1$ 成立，因为 $A^l = A^{l-1}$，所以由式(41) 知

$$\sum_{s=1}^{m} \alpha_{l,s}^{\sigma} \leqslant \sum_{s=1}^{m} \alpha_{l-1}^{\sigma} \alpha_{s}^{\sigma} \quad (1 \leqslant m \leqslant n) \tag{43}$$

把含 $p=l/(l-1)$ 与 $q=l(p^{-1}+q^{-1}=1)$ 的赫尔德不等式用到式(43) 的右边，得

$$\sum_{s=1}^{m} \alpha_{l,s}^{\sigma} \leqslant \left(\sum_{s=1}^{m} \alpha_{l-1,s}^{p\sigma}\right)^{\frac{1}{p}} \left(\sum_{s=1}^{m} \alpha_{s}^{q\sigma}\right)^{\frac{1}{q}} \tag{44}$$

根据归纳假设，式(44) 右边第一个和有

$$\left(\sum_{s=1}^{m} \alpha_{l-1,s}^{p\sigma}\right)^{\frac{1}{p}} \leqslant \left(\sum_{s=1}^{m} \alpha_{s}^{p\sigma(l-1)}\right)^{\frac{1}{p}} = \left(\sum_{s=1}^{m} \alpha_{s}^{l\sigma}\right)^{1-\frac{1}{l}}$$

考虑到在式(44) 右边第二个和中 $q=l$，容易得出

$$\sum_{s=1}^{m} \alpha_{l,s}^{\sigma} \leqslant \sum_{s=1}^{m} \alpha_{s}^{l\sigma}$$

这就是所要证明的.

特别地，当 $\sigma=2$ 与 $m=n$ 时，从公式(42) 推出

$$\mathrm{Sp}(A^{*l}A^{l}) \leqslant \mathrm{Sp}(A^{*}A)^{l} \tag{45}$$

§3 魏尔不等式

在本节中，我们推导出属于魏尔的不等式，它可以用线性算子 A 的奇异数来估计 A 的特征数[①]. 我们需要以下重要的引理.

引理 6 令 $\lambda_s(s=1,2,\cdots,n)$ 是线性算子 A 的特征数，这样编号

$$|\lambda_1| \geqslant |\lambda_2| \geqslant \cdots \geqslant |\lambda_n| \tag{46}$$

并令

$$\alpha_1 \geqslant \alpha_2 \geqslant \cdots \geqslant \alpha_n \tag{47}$$

是这个算子的奇异数. 则对于任一 $m \leqslant n$，以下不等式成立

$$|\lambda_1| \cdot |\lambda_2| \cdot \cdots \cdot |\lambda_m| \leqslant \alpha_1 \cdot \alpha_2 \cdot \cdots \cdot \alpha_n \tag{48}$$

证明 为了证明，我们讨论标准正交基

$$\boldsymbol{e}_1, \boldsymbol{e}_2, \cdots, \boldsymbol{e}_n \tag{49}$$

---

① 参考 §2 中的定义.

其中算子 A 的矩阵有三角形式. 舒尔定理(参考第 9 章, §8) 决定了这种基底存在.

我们利用引理 4 与两种方法来估计行列式

$$[(A\boldsymbol{e}_k, A\boldsymbol{e}_l)]_1^m \tag{50}$$

令 a_{ij} 是在基底(49) 下算子 A 的矩阵的元素. 我们有 $A\boldsymbol{e}_j \sum_{i=1}^{n} a_{ij}\boldsymbol{e}_i$. 因为当 $i > j$ 时 $a_{ij} = 0$, 所以

$$A\boldsymbol{e}_j = \sum_{i=1}^{j} a_{ij}\boldsymbol{e}_j \tag{51}$$

与

$$(A\boldsymbol{e}_k, A\boldsymbol{e}_l) = \left(\sum_{i=1}^{k} a_{ik}\boldsymbol{e}_i, \sum_{i=1}^{l} a_{il}\boldsymbol{e}_i\right) = \sum_{i=1}^{q} a_{ik}\overline{a}_{il} \quad (q = \min(k, l)) \tag{52}$$

公式(52) 可以把行列式(50) 写成以下两个行列式乘积的形式

$$[(A\boldsymbol{e}_k, A\boldsymbol{e}_l)]_1^m = \begin{vmatrix} \overline{a}_{11} & 0 & 0 & \cdots & 0 \\ \overline{a}_{12} & \overline{a}_{22} & 0 & \cdots & 0 \\ \overline{a}_{13} & \overline{a}_{23} & \overline{a}_{33} & \cdots & 0 \\ \vdots & \vdots & \vdots & & \vdots \\ \overline{a}_{1m} & \overline{a}_{2m} & \overline{a}_{3m} & \cdots & \overline{a}_{mm} \end{vmatrix} \begin{vmatrix} a_{11} & a_{12} & a_{13} & \cdots & a_{1m} \\ 0 & a_{22} & a_{23} & \cdots & a_{2m} \\ 0 & 0 & a_{33} & \cdots & a_{3m} \\ \vdots & \vdots & \vdots & & \vdots \\ 0 & 0 & 0 & \cdots & a_{mm} \end{vmatrix} \tag{53}$$

因为 $a_{ii} = \lambda$, 式(53) 右边两个行列式等于对角线元素的乘积, 所以

$$[(A\boldsymbol{e}_k, A\boldsymbol{e}_l)]_1^m = |\lambda_1|^2 \cdot |\lambda_2|^2 \cdot \cdots \cdot |\lambda_m|^2 \tag{54}$$

另外, 由引理 4 知

$$[(A\boldsymbol{e}_k, A\boldsymbol{e}_l)]_1^m \leqslant \alpha_1^2 \cdot \alpha_2^2 \cdot \cdots \cdot \alpha_m^2 \tag{55}$$

因为$[(\boldsymbol{e}_k, \boldsymbol{e}_i)]_1^m = 1$.

不等式(48) 现在由关系式(54) 与(55) 推出.

引理 6 得证[①].

利用不等式(48), 我们现在来证明以下定理.

定理 2 令 A 是线性算子, λ_s 与 $\alpha_s (s = 1, 2, \cdots, n)$ 是它的特征数与奇异数,

---

① 如果利用第 3 章中定理 4, 乘积 $\lambda_1 \cdot \lambda_2 \cdot \cdots \cdot \lambda_m$ 是矩阵 $\boldsymbol{A}$ 的相伴矩阵 $\mathfrak{A}_m$ 的特征数, 那么引理 6 可以用不同的方法证明. 令 $\boldsymbol{x}$ 是 $\mathfrak{A}_m$ 对应的特征向量, 把等式 $\mathfrak{A}_m\boldsymbol{x} = \lambda_1 \cdot \lambda_2 \cdot \cdots \cdot \lambda_m\boldsymbol{x}$ 乘以共轭等式, 得

$$|\lambda_1 \cdot \lambda_2 \cdot \cdots \cdot \lambda_m|^2 = \frac{\boldsymbol{x}^* \mathfrak{A}_m^* \mathfrak{A}_m \boldsymbol{x}}{\boldsymbol{x}^* \boldsymbol{x}}$$

矩阵 $\mathfrak{A}_m^* \mathfrak{A}_m$ 是 $\boldsymbol{A}^* \boldsymbol{A}$ 的相伴矩阵, 因此 $\mathfrak{A}_m^* \mathfrak{A}_m$ 的最大特征数等于 $\alpha_1^2 \cdot \alpha_2^2 \cdot \cdots \cdot \alpha_m^2$. 因为最后的等式右边的分式不大于 $\alpha_1^2 \cdot \alpha_2^2 \cdot \cdots \cdot \alpha_m^2$, 所以得出不等式(48).

与引理6一样编号. 令 $f(x)$ 是 $x \geqslant 0$ 时的连续函数,使 $\varphi(t)=f(\mathrm{e}^t)$ 是变数 t 的单调递增凸函数,则对于任一 $m \leqslant n$,以下不等式成立

$$\sum_{s=1}^{m} f(|\lambda_s|) \leqslant \sum_{s=1}^{m} f(\alpha_s) \tag{56}$$

证明 如果算子 A 是满秩的,那么当 $m \leqslant n$ 时,式(48)得

$$\sum_{s=1}^{m} \ln|\lambda_s| \leqslant \sum_{s=1}^{m} \ln \alpha_s \tag{57}$$

由此根据引理2推出不等式(56). 如果算子 A 是非满秩的,那么不等式(56)可以根据连续性推出. 定理得证.

注 1° 当 $m=n$ 时,不等式(48)变成等式,因为在这种情形下,公式(55)中等式成立. 因此当 $m=n$ 时,在式(57)中也得出等式成立.

把注1°应用于引理2,我们可以确定,如果只有函数 $\varphi(t)=f(\mathrm{e}^t)$ 是凸的,那么对任一函数 $f(x)$,有 $\sum\limits_{s=1}^{n} f(|\lambda_s|) \leqslant \sum\limits_{s=1}^{n} f(\alpha_s)$,递增是多余的要求. 例如对任一实数 σ,有

$$\sum_{s=1}^{n} |\lambda_s|^{\sigma} \leqslant \sum_{s=1}^{n} \alpha_s^{\sigma} \tag{58}$$

2° 讨论函数

$$f(x)=\ln(1+xz) \quad (z \geqslant 0) \tag{59}$$

其中 z 是固定正数. 容易检验,函数(59)满足定理2的所有条件. 因此对任一 $m(1 \leqslant m \leqslant n)$,有

$$\sum_{s=1}^{n} \ln(1+|\lambda_s| z) \leqslant \sum_{s=1}^{m} \ln(1+\alpha_s z)$$

求反对数,得出不等式

$$\prod_{s=1}^{m}(1+|\lambda_s| z) \leqslant \prod_{s=1}^{m}(1+\alpha_s z) \tag{60}$$

它被用在积分算子理论中.

§4 埃尔米特算子特征数之和与乘积的最大、最小性质

在本节中,我们将得到有关埃尔米特算子特征数极值性质的一系列结果的推广(参考第10章,§7).

为以后方便起见,对第10章建立的特征数基本最大、最小性质的定理12给出一些另外的表述.

设 A 是作用在 n 维 $U-$空间 R 上的埃尔米特算子,令

$$\lambda_1 \geqslant \lambda_2 \geqslant \cdots \geqslant \lambda_n \tag{61}$$

是它的特征数. 记 R_q 为空间 R 的 q 维子空间. 以下公式成立

$$\lambda_k = \max_{R_q} \min_{x \in R_q, (x,x)=1} (A\boldsymbol{x}, \boldsymbol{x}) \tag{62}$$

在这个公式中,对所有属于某一固定子空间 R_q 的赋范向量 $\boldsymbol{x}$ 取最小值,然后对所有 q 维子空间取最大值. 等式(62) 是第 10 章中定理 12 的内容,并且是第 10 章中公式(79) 的变形写法. 事实上,任一 q 维子空间 R_q 可以看作满足以下 $n-q$ 个独立线性方程的某一方程组的向量集合

$$L_k(\boldsymbol{x}) = 0 \quad (k = 1, 2, \cdots, n-q) \tag{63}$$

(参考第 10 章, § 7 的记号). 如果引入埃尔米特型 $B(\boldsymbol{x}, \boldsymbol{x}) \equiv \sum_{s=1}^{n} |x_s|^2$ 并只选择赋范向量 $\boldsymbol{x}$,那么此时 $B(\boldsymbol{x}, \boldsymbol{x}) = 1$ 与

$$\mu\left(\frac{A}{B}, L_1, L_2, \cdots, L_{n-q}\right) = \min_{x \in R_q, (x,x)=1} (A\boldsymbol{x}, \boldsymbol{x}) \tag{64}$$

由第 10 章式(79) 得

$$\lambda_{(n-q+1)} = \max_{R_q} \min_{x \in R_q, (x,x)=1} (A\boldsymbol{x}, \boldsymbol{x}) \tag{65}$$

其中 $n-q+1$ 是算子 A 的特征数的号码,按照第 10 章以递增次序编号. 容易想到,在新的编号下 $\lambda_{n-q+1} = \lambda_q$. 这样,关系式(62) 事实上成立. 也容易看出,由式(62) 有

$$\lambda_1 = \max_{(x,x)=1} (A\boldsymbol{x}, \boldsymbol{x}) \tag{66}$$

$$\lambda_n = \min_{(x,x)=1} (A\boldsymbol{x}, \boldsymbol{x}) \tag{66'}$$

定理 3 以下公式对含特征数(61) 与任一 $m \leqslant n$ 的埃尔米特算子 A 成立

$$\lambda_1 + \lambda_2 + \cdots + \lambda_m = \max_{(x_i, x_j)=\delta_{ij}} (A\boldsymbol{x}_i, \boldsymbol{x}_i) \tag{67}$$

式(67) 右边对所有互相正交的赋范向量组

$$\boldsymbol{x}_1, \boldsymbol{x}_2, \cdots, \boldsymbol{x}_m \tag{68}$$

取最大值. 为了证明,讨论算子 A 的特征向量的标准正交基

$$\boldsymbol{e}_1, \boldsymbol{e}_2, \cdots, \boldsymbol{e}_n$$

令 $\boldsymbol{x}_i = \sum_{s=1}^{n} (\boldsymbol{x}_i, \boldsymbol{e}_s)\boldsymbol{e}_s$,容易求出

$$(A\boldsymbol{x}_i, \boldsymbol{x}_i) = \sum_{s=1}^{n} \lambda_s \mid (\boldsymbol{x}_s, \boldsymbol{e}_s) \mid^2 \tag{69}$$

把组(68) 扩大到 R 中的标准正交基,可看出

$$\sum_{s=1}^{n} \mid (\boldsymbol{x}_i, \boldsymbol{e}_s) \mid^2 = (\boldsymbol{x}_i, \boldsymbol{x}_i) = 1 \tag{70}$$

$$\sum_{i=1}^{n} \mid (\boldsymbol{x}_i, \boldsymbol{e}_s) \mid^2 = (\boldsymbol{e}_s, \boldsymbol{e}_s) = 1 \tag{71}$$

因此矩阵$(\mid (\boldsymbol{x}_i, \boldsymbol{e}_s) \mid^2)_1^n$ 是双随机的. 从等式(69) 推出,序列

$$(A\boldsymbol{x}_i, \boldsymbol{x}_i) \quad (i = 1, 2, \cdots, n) \tag{72}$$

与双随机矩阵序列(61) 有关. 根据引理 1(参考式(10′)) 可推出

$$\sum_{i=1}^{m}(A\boldsymbol{x}_i,\boldsymbol{x}_i)\leqslant\sum_{i=1}^{m}\lambda_i \tag{73}$$

因为在 $\boldsymbol{x}_i=\boldsymbol{e}_i(1\leqslant i\leqslant m)$ 时公式(73) 变成等式,所以定理得证.

如果除算子 A 外,引入算子 $-A$,它的特征数显然等于 $-\lambda_s(s=1,2,\cdots,n)$,那么由所证明的定理容易推出

$$\lambda_n+\lambda_{n-1}+\cdots+\lambda_{n-m+1}=\min_{(\boldsymbol{x}_i,\boldsymbol{x}_j)=\delta_{ij}}\sum_{i=1}^{m}(A\boldsymbol{x}_i,\boldsymbol{x}_i) \tag{74}$$

这个公式推广了等式(66′).

注 1° 根据引理 2 从不等式(73) 推出,对任何连续递增凸函数 $\varphi(t)$ 与任一 m,以下不等式成立

$$\sum_{i=1}^{m}\varphi(a_{ii})\leqslant\sum_{i=1}^{m}\varphi(\lambda_i)$$

其中 $a_{ii}=(A\boldsymbol{x}_i,\boldsymbol{x}_i)$.

2° 公式(62) 的进一步推广与以下形式的埃尔米特算子 A 的特征数和的最大、最小性质的确定有关

$$\lambda_{i_1}+\lambda_{i_2}+\cdots+\lambda_{i_l} \tag{75}$$

其中 $1\leqslant i_1<i_2<\cdots<i_l\leqslant n$ 是某个自然数组. 相应的定理属于 Γ. 维朗特.

利用维朗特推理的主要过程,我们来证明阿米尔 · 莫埃佐姆建立的更一般的命题. 我们在估计特征数与奇异数的乘积时也利用这个命题.

预先引入一些记号. 令

$$1\leqslant i_1<i_2<\cdots<i_m\leqslant n \tag{76}$$

是由 m 个自然数组成的固定组. 讨论空间 R 中依次嵌入子空间的某一链

$$R_{i_1}\subset R_{i_2}\subset\cdots\subset R_{i_m} \tag{77}$$

其中下标表示子空间的维数. 令

$$x_{i_1},x_{i_2},\cdots,x_{i_m} \tag{78}$$

是 m 个互相正交与赋范的向量组

$$(\boldsymbol{x}_{i_k},\boldsymbol{x}_{i_{k'}})=\delta_{kk'} \tag{79}$$

使

$$\boldsymbol{x}_{i_k}\in R_{i_k}\quad(k=1,2,\cdots,m) \tag{80}$$

我们约定称向量组(78) 为从属链(77) 的组.

现在将叙述并证明:

引理 7 令 A 是含特征数

$$\lambda_1\geqslant\lambda_2\geqslant\cdots\geqslant\lambda_n$$

的埃尔米特算子,并令

$$\varphi(t_1,t_2,\cdots,t_m) \tag{81}$$

是含 m 个实变量且对每个自变量单调递增的函数($m \leqslant n$)①. 令式(77) 是按(76) 建立起的某一子空间链,并令

$$\boldsymbol{x}_{i_1}, \boldsymbol{x}_{i_2}, \cdots, \boldsymbol{x}_{i_m} \tag{82}$$

是从属这个链的向量组. 记 P_m 为投影到子空间

$$[X_{i_1}, X_{i_2}, \cdots, X_{i_m}] \tag{83}$$

上的算子,这个子空间被延伸到向量(82),并令 $\tilde{\lambda}_1 \geqslant \tilde{\lambda}_2 \geqslant \cdots \geqslant \tilde{\lambda}_m$ 是在子空间(83) 中所讨论的埃尔米特算子

$$P_m A P_m \tag{83'}$$

的特征数②. 于是

$$\varphi(\lambda_{i_1}, \lambda_{i_2}, \cdots, \lambda_{i_m}) = \max_{R_{i_1} \subset R_{i_2} \subset \cdots \subset R_{i_m}} \min_{x_{i_k} \in R_{i_k}} \varphi(\tilde{\lambda}_1, \tilde{\lambda}_2, \cdots, \tilde{\lambda}_m) \tag{84}$$

证明　我们说明,首先选取某个子空间链,对所有从属它的向量组求最小值,然后对所有可能的链求最大值.

公式(84) 的证明显然可以化为以下两个命题的证明:

1° 对任一链(77) 常可以选取(78) 这样的从属组,使

$$\varphi(\tilde{\lambda}_1, \tilde{\lambda}_2, \cdots, \tilde{\lambda}_m) \leqslant \varphi(\lambda_{i_1}, \lambda_{i_2}, \cdots, \lambda_{i_m}) \tag{85}$$

2° 存在这样的链(77),使对于任一从属它的向量组满足不等式

$$\varphi(\lambda_{i_1}, \lambda_{i_2}, \cdots, \lambda_{i_m}) \leqslant \varphi(\tilde{\lambda}_1, \tilde{\lambda}_2, \cdots, \tilde{\lambda}_m) \tag{86}$$

首先证明命题 2°. 令

$$\boldsymbol{e}_1, \boldsymbol{e}_2, \cdots, \boldsymbol{e}_n \tag{87}$$

是对应于特征数(61) 的算子 A 的特征向量的基底.

取以下子空间链

$$R_{i_k} = [\boldsymbol{e}_1, \boldsymbol{e}_2, \cdots, \boldsymbol{e}_{i_k}] \quad (k = 1, 2, \cdots, m) \tag{88}$$

我们来证明,在这种情形下,不等式(86) 常满足. 令式(78) 是从属链(88) 的向量组,并令 S_l 是属于包络(83) 的某一 l 维子空间. 正如我们看到的(参考式(62)),任一选择 S_l

$$\tilde{\lambda}_l \geqslant \min_{x \in S_l, (\boldsymbol{x}, \boldsymbol{x}) = 1} (P_m A P_m \boldsymbol{x}, \boldsymbol{x}) \tag{89}$$

注意,当 $\boldsymbol{x} \in S_l$ 时有 $(P_m A P_m \boldsymbol{x}, \boldsymbol{x}) = (A P_m \boldsymbol{x}, P_m \boldsymbol{x}) = (A\boldsymbol{x}, \boldsymbol{x})$,令

$$S_l = [x_{i_1}, x_{i_2}, \cdots, x_{i_l}]$$

容易看出,这时 $S_l \subset R_l$,因此得

---

① 设数 $\varphi(t_1, t_2, \cdots, t_m)$ 的定义域包含立方体

$$\alpha \leqslant t_s \leqslant \beta \quad (s = 1, 2, \cdots, m)$$

其中 α 与 β 是算子 A 的影谱边界.

② 射影算子的定义已在第 9 章, § 9 中给出.

$$\min_{x \in S_l, (x,x)=1} (A\boldsymbol{x}, \boldsymbol{x}) \geqslant \min_{x \in R_l, (x,x)=1} (A\boldsymbol{x}, \boldsymbol{x}) \tag{90}$$

但是式(90) 右边的最小值在特征向量 $\boldsymbol{e}_{i_l}$ 得到，且等于 λ_{i_l}. 比较式(90) 与式(89)，推出

$$\tilde{\lambda}_l \geqslant \lambda_{i_l}$$

由函数(81) 递增推出式(86). 因此命题 2° 得证.

命题 1° 的证明较困难，用归纳法证明它. 假设对作用在 $n-1$ 维空间上的算子，这个命题成立. 注意，在 $n=1$ 的情形(空间是一维的)，$\lambda_{i_1} = \tilde{\lambda}_s (s=1,2,\cdots,s)$，因此不等式(85) 成立.

在 $m<n$ 时，我们研究两种子情形：

1° 设 $i_m < n$，则存在一个包含链(77) 所有子空间的 $n-1$ 维子空间 $\tilde{R}_{n-1}$. 令 P_{n-1} 为投影到子空间 $\tilde{R}_{n-1}$ 上的射影算子. 在 $\tilde{R}_{n-1}$ 中引入埃尔米特算子

$$A_{n-1} = P_{n-1} A P_{n-1} \tag{91}$$

显然，对于所有的 $\boldsymbol{x} \in R_{n-1}$，等式 $(A_{n-1}\boldsymbol{x}, \boldsymbol{x}) = (A\boldsymbol{x}, \boldsymbol{x})$ 成立. 如果 $\lambda'_s (s=1,2,\cdots,n-1)$ 是算子 A_{n-1} 的特征数，那么由定理 14(参考第 10 章，§ 7)① 和

$$\lambda_s \geqslant \lambda'_s \quad (s=1,2,\cdots,n-1) \tag{92}$$

按照归纳法假设，对于 $\tilde{R}_{n-1}$ 中的任一链(77)，求出从属它的向量组(78)，使

$$\varphi(\tilde{\lambda}_1, \tilde{\lambda}_2, \cdots, \tilde{\lambda}_m) \leqslant \varphi(\lambda'_{i_1}, \lambda'_{i_2}, \cdots, \lambda'_{i_m})$$

从而由式(92) 立即推出，在所讨论的情形下，实际上不等式(85) 成立.

2° 现在讨论 $i_m = n (m<n)$ 的情形. 令

$$i_m = n, i_{m+1} = n-1, \cdots, i_{m-p} = n-p \quad (p \geqslant 0) \tag{93}$$

是组(76) 最后的元素，又令数 $n-p-1$ 已经不属于组(76).

记 $i_{m'}$ 是组(76) 其余号码中的最大者. 显然

$$i_{m'} \leqslant n-p-2 \tag{94}$$

在所讨论的情形下，子空间链(77) 可以写成以下形式

$$R_{i_1} \subset R_{i_2} \subset \cdots \subset R_{i_{m'}} \subset R_{n-p} \subset R_{n-p+1} \subset \cdots \subset R_n \tag{95}$$

令

$$\boldsymbol{e}_{n-p}, \boldsymbol{e}_{n-p+1}, \cdots, \boldsymbol{e}_n \tag{96}$$

是算子 A 的特征向量，与式(87) 一样编号. 记 $\tilde{R}_{n-1}$ 是 $n-1$ 维子空间，包含向量(96)(它们共有 $p+1$ 个) 与子空间 $R_{i_{m'}}$.

这样的子空间实际上存在，因为

① 我们提示，在第 10 章，§ 7 中特征数是按照递增次序编号的. 不等式(92) 也容易由公式(62) 推出.

$$p+1+i_{m'}\leqslant p+1+n-p-2=n-1$$

除链(95) 外,讨论链

$$R_{i_1}\subset R_{i_2}\subset\cdots\subset R_{i_{m'}}\subset\widetilde{R}_{n-p-1}\subset\widetilde{R}_{n-p}\subset\cdots\subset\widetilde{R}_{n-1} \tag{97}$$

如果式(95) 中每个子空间换为它与子空间 $\widetilde{R}_{n-1}$ 的交集,那么式(97) 可从链(95) 得出. 显然,链(95) 中前 m' 个子空间这时不改变,因为它们包含在 $\widetilde{R}_{n-1}$ 中;链的最后子空间的维数减少 1[①]. 按公式(91) 在子空间 $\widetilde{R}_{n-1}$ 中再引入算子 A_{n-1}. 根据归纳假设,可以对链(97) 选取从属向量组

$$x_{i_1},x_{i_2},\cdots,x_{i_{m'}},x_{n-p-1},\cdots,x_{n-1} \tag{98}$$

使

$$\varphi(\tilde{\lambda}_1,\tilde{\lambda}_2,\cdots,\tilde{\lambda}_m)\leqslant\varphi(\lambda'_{i_1},\lambda'_{i_2},\cdots,\lambda'_{i_m},\lambda'_{n-p-1},\cdots,\lambda'_{n-1}) \tag{99}$$

在左边用符号"～"表示算子 A_{n-1} 的特征数. 由式(92) 有

$$\lambda_{i_1}\geqslant\lambda'_{i_1},\lambda_{i_2}\geqslant\lambda'_{i_2},\cdots,\lambda_{i_m}\geqslant\lambda'_{i_m} \tag{100}$$

自然,根据式(92) 不能断言

$$\lambda_{n-p}\geqslant\lambda'_{n-p-1},\lambda_{n-p-1}\geqslant\lambda'_{n-p},\cdots,\lambda_n\geqslant\lambda'_{n-1} \tag{100'}$$

但是,因为向量(96) 在子空间 $\widetilde{R}_{n-1}$ 中,所以它们是算子 A_{n-1} 的特征向量. 对应于它们的特征数 $\lambda_{n-p}\geqslant\lambda_{n-p-1}\geqslant\cdots\geqslant\lambda_n$ 在任一情形下不小于数 $\lambda'_{n-p-1}\geqslant\lambda'_{n-p}\geqslant\cdots\geqslant\lambda'_{n-1}$,它们是算子 A_{n-1} 的最小特征数. 这样式(100′) 成立,由式(100) 与(100′) 推出

$$\varphi(\lambda'_{i_1},\lambda'_{i_2},\cdots,\lambda'_{i_m},\lambda'_{n-p-1},\lambda'_{n-p})\leqslant\varphi(\lambda_{i_1},\lambda_{i_2},\cdots,\lambda_{i_m},\lambda_{n-p},\cdots,\lambda_n) \tag{101}$$

这个不等式与式(99) 一起得出命题 1° 的证明,因为向量组(98) 不仅从属链(97),而且从属初始链(95).

从所证的引理推导出以下定理.

定理 4 令 A 是含特征数 $\lambda_1\geqslant\lambda_2\geqslant\cdots\geqslant\lambda_n$ 的埃尔米特算子. 令

$$1\leqslant i_1<i_2<\cdots<i_m\leqslant n \tag{102}$$

是 n 个自然数构成的固定组. 那么

$$\lambda_{i_1}+\lambda_{i_2}+\cdots+\lambda_{i_m}=\max_{R_{i_1}\subset R_{i_2}\subset\cdots\subset R_{i_m}}\min_{\boldsymbol{x}_{i_k}\in R_{i_k}}\sum_{k=1}^{m}(A\boldsymbol{x}_{i_k},\boldsymbol{x}_{i_k}) \tag{103}$$

其中最小值是对从属链[②] $R_{i_1}\subset R_{i_2}\subset\cdots\subset R_{i_m}$ 的所有向量组 $\boldsymbol{x}_{i_k}(k=1,2,\cdots,m)$ 取得的.

证明 我们注意算子 P_mAP_m 的矩阵(参考引理 7) 在标准正交基(82) 下具有形式

---

① 如果交集的维数不减少,那么显然交集常可以这样缩小,使链(97) 中的子空间有上述的维数.

② 参考 §4 中的定义.

$$((Ax_{i_k}, x_{i_k}))_{k,k'-1}^{m}$$

因为

$$(P_m A P_m x_{i_k}, x_{i_{k'}}) = (A x_{i_k}, x_{i_{k'}})$$

所以在式(103)右边的和是算子 $P_m A P_m$ 的迹，即等于 $\tilde{\lambda}_1 + \tilde{\lambda}_2 + \cdots + \tilde{\lambda}_m$. 在这些说明后，从引理 7 当

$$\varphi(t_1, t_2, \cdots, t_m) \equiv t_1 + t_2 + \cdots + t_m$$

时推出公式(103).

定理 4 得证.

我们指出，公式(62)恰和式(67)(74)一样，都是定理 4 的特殊情形.

最后我们证明以下定理，它也是从引理 7 推导出来的.

定理 5 令 A 是非负定埃尔米特算子

$$\lambda_1 \geqslant \lambda_2 \geqslant \cdots \geqslant \lambda_n \geqslant 0$$

是它的特征数，$1 \leqslant i_1 < i_2 < \cdots < i_m \leqslant n$ 是 m 个自然数构成的固定组. 那么

$$\lambda_{i_1} \cdot \lambda_{i_2} \cdot \cdots \cdot \lambda_{i_m} = \max_{R_{i_1} \subset R_{i_2} \subset \cdots \subset R_{i_m}} \min_{x_{i_k} \in R_{i_k}} \operatorname{Det}((Ax_{i_k}, x_{i_k}))_{k,k'=1}^{m} \tag{104}$$

其中最小值是对从属链 $R_{i_1} \subset R_{i_2} \subset \cdots \subset R_{i_m}$ 的所有向量组取得的.

为了证明定理，只要在公式(84)中设

$$\varphi(t_1, t_2, \cdots, t_m) = t_1 \cdot t_2 \cdot \cdots \cdot t_m \quad (t_s \geqslant 0; s = 1, 2, \cdots, n)$$

并注意到式(104)右边的行列式等于 $\tilde{\lambda}_1 \cdot \tilde{\lambda}_2 \cdot \cdots \cdot \tilde{\lambda}_m$ 即可.

在下一节中，我们利用定理 4 与定理 5 来推导特征数与奇异数之和与乘积的不等式.

§5 算子之和与乘积的特征数和奇异数的不等式

令 A 与 B 是两个 n 维 U－空间 R 中的埃尔米特算子，它们的特征数是已知的. 上节的定理能够估计算子 $A+B$ 的特征数(75)形式的和. 在算子乘积的情形，我们也得出性质相近的估计. 我们从以下定理开始.

定理 6 令 A, B 与 C 是使 $C=A+B$ 的埃尔米特算子，令 λ_s, μ_s 与 $\nu_s (s=1, 2, \cdots, n)$ 分别是算子 A, B 与 C 的特征数，按递减次序编号. 那么对于 m 个自然数构成的任一组

$$1 \leqslant i_1 < i_2 < \cdots < i_m \leqslant n \tag{105}$$

以下不等式成立

$$\nu_{i_1} + \nu_{i_2} + \cdots + \nu_{i_m} \leqslant \lambda_{i_1} + \lambda_{i_2} + \cdots + \lambda_{i_m} + \mu_1 + \mu_2 + \cdots + \mu_m \tag{106}$$

当 $m=n$ 时公式(106)变成等式.

证明 由已知组(105)选取这样的子空间链

$$R_{i_1} \subset R_{i_2} \subset \cdots \subset R_{i_m} \tag{107}$$

使得对于从属链(107) 的任一向量组

$$\boldsymbol{x}_{i_1}, \boldsymbol{x}_{i_2}, \cdots, \boldsymbol{x}_{i_m} \tag{108}$$

以下不等式成立

$$\nu_{i_1} + \nu_{i_2} + \cdots + \nu_{i_m} \leqslant \sum_{k=1}^{m} (C\boldsymbol{x}_{i_k}, \boldsymbol{x}_{i_k}) \tag{109}$$

这样的链(107) 可由定理 4 求出(对照引理 7).

注意到

$$\sum_{k=1}^{m} (C\boldsymbol{x}_{i_k}, \boldsymbol{x}_{i_k}) = \sum_{k=1}^{m} (A\boldsymbol{x}_{i_k}, \boldsymbol{x}_{i_k}) + \sum_{k=1}^{m} (B\boldsymbol{x}_{i_k}, \boldsymbol{x}_{i_k}) \tag{110}$$

选取从属[①]链(107) 的向量组,使

$$\sum_{k=1}^{m} (A\boldsymbol{x}_{i_k}, \boldsymbol{x}_{i_k}) \leqslant \lambda_{i_1} + \lambda_{i_2} + \cdots + \lambda_{i_m} \tag{111}$$

这样的向量也可以根据定理 4 求出(对比引理 7 证明中的命题 1°). 因为由定理 3,对任何标准正交系 $x_{i_1} + x_{i_2} + \cdots + x_{i_k}$,有

$$\sum_{i=1}^{m} (B\boldsymbol{x}_{i_k}, \boldsymbol{x}_{i_k}) \leqslant \mu_1 + \mu_2 + \cdots + \mu_m \tag{112}$$

所以不等式(106) 由式(109) ~ (112) 推出. 当 $m = n$ 时,式(106) 变成等式,因为 $\mathrm{Sp}\, C = \mathrm{Sp}\, A + \mathrm{Sp}\, B$.

定理 6 得证.

推论　对任一连续凸函数 $\varphi(t)$,以下不等式成立

$$\sum_{s=1}^{n} \varphi(\nu_s - \lambda_s) \leqslant \sum_{s=1}^{n} \varphi(\lambda_s) \tag{113}$$

这个结果可根据引理 2 的注由不等式(106) 推出.

式(106) 形式的不等式对任何线性算子的奇异数也成立. 为了证明相应的推论,我们利用以下说明:令 $\boldsymbol{A}$ 是某一算子 A 在标准正交基下的矩阵,$\alpha_1 \geqslant \alpha_2 \geqslant \cdots \geqslant \alpha_n$ 是 A 的奇异数. 讨论 $2n$ 阶方阵

$$\hat{\boldsymbol{A}} = \begin{pmatrix} \boldsymbol{0} & \boldsymbol{A} \\ \boldsymbol{A}^* & \boldsymbol{0} \end{pmatrix}$$

现在证明 $\hat{\boldsymbol{A}}$ 的特征数等于 $\pm \alpha_s (s = 1, 2, \cdots, n)$. 事实上,展开特征行列式 $\Delta(\lambda) = | \hat{\boldsymbol{A}} - \lambda \boldsymbol{E}_{2m} |$,易求出

$$\Delta(\lambda) = | \lambda^2 \boldsymbol{E}_n - \boldsymbol{A}^* \boldsymbol{A} |$$

从而马上推出上述推论.

把每个算子 A 与作用在 $2n$ 维 U — 空间上的算子 $\hat{A}$ 比较后,我们根据定理 6

---

① 参考 §4 中的定义.

建立以下定理.

定理 7 令 A,B 与 C 是 n 维 U－空间中的线性算子,令 $C=A+B$,α_s,β_s 与 $\gamma_s(s=1,2,\cdots,n)$ 是算子 A,B 与 C 的奇异数,按递减的次序编号.那么对于任一自然数组(105),以下不等式成立

$$\gamma_{i_1}+\gamma_{i_2}+\cdots+\gamma_{i_m}\leqslant\alpha_{i_1}+\alpha_{i_2}+\cdots+\alpha_{i_m}+\beta_1+\beta_2+\cdots+\beta_m \quad (114)$$

注 因为算子 $\hat{A}$,$\hat{B}$ 与 $\hat{C}$ 的各特征数关于坐标原点排列成对称的点偶,所以根据定理 6,不等式(114) 容易推广成以下形式

$$\pm(\gamma_{i_1}-\alpha_{i_1})\pm(\gamma_{i_2}-\alpha_{i_2})\pm\cdots\pm(\gamma_{i_m}-\alpha_{i_m})\leqslant\beta_1+\beta_2+\cdots+\beta_m$$

因为每个括号前符号的选择是任意的,所以

$$|\gamma_{i_1}-\alpha_{i_1}|+|\gamma_{i_2}-\alpha_{i_2}|+\cdots+|\gamma_{i_m}-\alpha_{i_m}|\leqslant\beta_1+\beta_2+\cdots+\beta_m \quad (114')$$

利用引理 2,由不等式(114) 推出,对任何连续递增凸函数 $\varphi(t)(t\geqslant 0)$ 与任何 $m\leqslant n$,有

$$\sum_{s=1}^{m}\varphi(|\gamma_s-\alpha_s|)\leqslant\sum_{s=1}^{m}\varphi(\beta_2)$$

现在转向估计两个算子乘积的奇异数与特征数.以下定理推广了不等式(35)(参考引理 5),是这方面的基本定理.

定理 8 令 A,B 与 C 是 n 维 U－空间中的线性算子,$C=AB$,α_s,β_s 与 γ_s $(s=1,2,\cdots,n)$ 分别是算子 A,B 与 C 的奇异数,按递减的次序编号.那么对于任何自然数组

$$1\leqslant i_1<i_2<\cdots<i_m\leqslant n \quad (115)$$

以下不等式成立

$$\gamma_{i_1}\cdot\gamma_{i_2}\cdot\cdots\cdot\gamma_{i_m}\leqslant\alpha_{i_1}\cdot\alpha_{i_2}\cdot\cdots\cdot\alpha_{i_m}\cdot\beta_1\cdot\beta_2\cdot\cdots\cdot\beta_m \quad (116)$$

$$\gamma_{i_1}\cdot\gamma_{i_2}\cdot\cdots\cdot\gamma_{i_m}\leqslant\alpha_1\cdot\alpha_2\cdot\cdots\cdot\alpha_m\cdot\beta_{i_1}\cdot\beta_{i_2}\cdot\cdots\cdot\beta_{i_m} \quad (116')$$

证明 这个定理的证明完全类似于定理 6 的证明.

首先证明不等式(116′).由 §2 中引理 4 得

$$[(C\boldsymbol{x}_{i_k},C\boldsymbol{x}_{i_k})]=[(AB\boldsymbol{x}_{i_k},AB\boldsymbol{x}_{i_k})]\leqslant\alpha_1^2\cdot\alpha_2^2\cdot\cdots\cdot\alpha_m^2[(B\boldsymbol{x}_{i_k},\boldsymbol{x}_{i_k})] \quad (117)$$

对任何向量组 $\boldsymbol{x}_{i_k}(k=1,2,\cdots,m)$ 成立.根据已知的自然数组(115),由定理5求出这样的子空间链,使对于任何从属它的向量组,以下不等式成立

$$\gamma_{i1}^2\cdot\gamma_{i2}^2\cdot\cdots\cdot\gamma_{im}^2\leqslant[(C^*C\boldsymbol{x}_{i_k},\boldsymbol{x}_{i_k})] \quad (118)$$

然后由同一定理 5 求出这样的从属所选链的向量组,使

$$[(B^*B\boldsymbol{x}_{i_k},\boldsymbol{x}_{i_k})]\leqslant\beta_{i_1}^2\cdot\beta_{i_2}^2\cdot\cdots\cdot\beta_{i_m}^2 \quad (119)$$

显然,不等式(116′) 已经从不等式(117) ~ (119) 推出.

为了证明不等式(116),应该重复应用算子 $C^*=B^*A^*$ 的推理,并同时利

用以下事实：共轭算子的奇异数相等(参考第9章，§12中的式(82))．

定理8完全得证了．

我们顺便指出，算子 AB 与 BA 的奇异数在一般情形下是不相等的．

我们还要指出由定理8推导出的以下事实．

定理9 令 A 与 B 是含特征数 λ_s 与 $\mu_s(s=1,2,\cdots,n)$ 的两个正定埃尔米特算子，该特征数按递减次序编号．令

$$\nu_1 \geqslant \nu_2 \geqslant \cdots \geqslant \nu_n \tag{120}$$

是算子 AB 的特征数．那么对任何组(115)，以下不等式成立

$$\nu_{i_1} \cdot \nu_{i_2} \cdot \cdots \cdot \nu_{i_m} \leqslant \lambda_{i_1} \cdot \lambda_{i_2} \cdot \cdots \cdot \lambda_{i_m} \cdot \mu_1 \cdot \mu_2 \cdot \cdots \cdot \mu_m \tag{121}$$

证明 因为算子 B 是满秩的，所以

$$AB = B^{-\frac{1}{2}}(B^{\frac{1}{2}}AB^{\frac{1}{2}})B^{\frac{1}{2}} = B^{-\frac{1}{2}}\{(A^{\frac{1}{2}}B^{\frac{1}{2}})^*(A^{\frac{1}{2}}B^{\frac{1}{2}})\}B^{\frac{1}{2}} \tag{122}$$

因此特征数(120)是算子 $A^{\frac{1}{2}} \cdot B^{\frac{1}{2}}$ 的奇异数的平方．

把不等式(116)应用到乘积 $A^{\frac{1}{2}} \cdot B^{\frac{1}{2}}$ 中，得出式(121)．

§6 关于埃尔米特算子之和与乘积的影谱问题的其他提法

在本节中，我们把埃尔米特算子 A 与 B 之和的特征数组 $\nu_1 \geqslant \nu_2 \geqslant \cdots \geqslant \nu_n$ 比作 n 维坐标空间中的点，并讨论在含已知影谱的各种算子 A 与 B 相加时得出的点集．我们也在算子乘积的情形下讨论类似的问题．

上述几何形式的特征值问题的提法属于 И. M. 盖尔芳德．

我们这里只援引最初用其他方法得出的定理6与定理9的类似定理．

1° 我们需要被已知数列 α 强化的所有数列 α' 的几何描述．利用弗罗贝尼乌斯、肯尼格与毕尔克戈夫的一些结果，可以建立相应的引理．从以下说明开始．

令 $\boldsymbol{T}=(t_{ij})_1^n$ 是方阵．从矩阵 $\boldsymbol{T}$ 中每行与每列各取出一个元素组成 n 个元素的组，即形如

$$t_{1j_1}, t_{1j_2}, \cdots, t_{1j_n} \tag{123}$$

的组，此组称为这个矩阵的正规元素组，其中 $j_1, j_2, \cdots, j_n$ 是下标的某一置换．

以下引理成立，它对许多数学分支有独立的意义．

引理8(弗罗贝尼乌斯－肯尼格) 令 $\boldsymbol{T}=(t_{ij})_1^n$ 是含非负元素的 n 阶方阵，且矩阵 $\boldsymbol{T}$ 的每个正规元素组包含零元素，则存在这样的由零组成的矩阵 $\boldsymbol{T}$ 的 $p \times q$ 维主子式，使 $p+q=n+1$．

证明 我们用归纳法来证明，设对于所有 $k<n$ 阶的矩阵，引理成立．$n=1$ 的情形是显然的．

转向 n 阶矩阵 $\boldsymbol{T}$，显然我们可以认为，它的所有元素不全等于0．为确定起见，令 $t_{nn} \neq 0$(用行与列的置换这总可以达到，因为这时引理的条件未被破坏)．

对于矩阵 $\boldsymbol{T}_1=(t_{ij})^{n-1}$，引理的条件显然满足，按归纳法假设，求出矩阵 $\boldsymbol{T}_1$

的由零组成的 $p_1 \times q_2$ 维主子式 M_1

$$p_1 + q_1 = n \tag{124}$$

不失一般性,可以认为主子式位于矩阵 $\boldsymbol{T}$ 的前 p_1 行与前 q_1 列的相交处.

把矩阵 $\boldsymbol{T}$ 用以下方式分块

$$\boldsymbol{T} = \begin{pmatrix} \overbrace{\boldsymbol{M}_1}^{n_1} & \overbrace{\boldsymbol{T}_2}^{n_2} \\ \boldsymbol{T}_3 & \end{pmatrix} \begin{matrix} \}\, p_1 \\ \}\, q_1 \end{matrix}$$

讨论维数分别为 $p_1 \times p_1$ 与 $q_1 \times q_1$ 的方阵 $\boldsymbol{T}_2$ 与 $\boldsymbol{T}_3$.

矩阵 $\boldsymbol{T}_2$ 或 $\boldsymbol{T}_3$ 中至少有一个具有以下性质:它的元素的每个正规组包含零元素(否则可能构成所有矩阵 $\boldsymbol{T}$ 的正规正元素组).令矩阵 $\boldsymbol{T}_2$ 具有上述性质.按照归纳假设,$\boldsymbol{T}_2$ 具有由一个零组成的 $p_2 \times q_2$ 维主子式 M_2

$$p_2 + q_2 = p_1 + 1 \tag{125}$$

显然可以认为,主子式 M_2 位于矩阵 $\boldsymbol{T}$ 含号码 $1,2,\cdots,p_2$ 的行上与含号码 $q_1 + 1, q_1 + 2, \cdots, q_1 + q_2$ 的列上.容易看出,这时位于含号码 $1,2,\cdots,p_2$ 的行上与含号码 $1,2,\cdots,q_1,q_1+1,\cdots,q_1+q_2$ 的列上的矩阵 $\boldsymbol{T}$ 的主子式只由一个 0 组成,并且由式(124) 与式(125) 有

$$p_2 + (q_1 + q_2) = p_1 + q_1 + 1 = n + 1$$

引理 8 得证.

推论 令方阵 $\boldsymbol{T}$ 的元素是非负的,且每行与每列中元素之和等于 $\omega > 0$,则矩阵 $\boldsymbol{T}$ 具有正规正元素组.

实际上,假设相反,按照引理 8 可以指出一个由 0 组成的维数为 $p \times q(p + q = n + 1)$ 的矩阵 $\boldsymbol{T}$ 的主子式.容易看出,矩阵 $\boldsymbol{T}$ 在已知主子式所在相交处的 p 行与 q 列上的元素之和等于 $p\omega + q\omega = (n+1)\omega$.但是最后这一点是不可能的,因为矩阵 $\boldsymbol{T}$ 的所有元素之和等于 $n\omega$.

以后约定把 n 阶矩阵 $\boldsymbol{P}$ 称为置换矩阵,如果它具有正规元素组,其中每个元素等于1,而矩阵的所有其余元素等于0.显然,矩阵 $\boldsymbol{P}$ 乘以列矩阵 $\boldsymbol{x}$ 得出矩阵元素的某一置换.

反之,因为元素 $\boldsymbol{x}$ 的每个置换产生某个矩阵,所以总共存在矩阵的 $n!$ 个不同置换.

现在来证明以下属于伯克霍夫的引理.

引理 9 任何双随机矩阵的集合与置换矩阵的凸包络相等.换言之,任一双随机矩阵 $\boldsymbol{T}$ 可以表示成形式

$$\boldsymbol{T} = \sum_{s=1}^{n!} \tau_s \boldsymbol{P}_s \tag{126}$$

其中

$$\tau_s \geqslant 0, \sum_{s=1}^{n!} \tau_s = 1 \tag{127}$$

而 $\boldsymbol{P}_s$ 是置换矩阵.

反之,在条件(127) 下,式(126) 的右边是双随机矩阵.

证明 引理的最后部分几乎是显然的. 实际上,矩阵 $\tau_s \boldsymbol{P}_s$ 的第 i 列各元素之和等于 τ_s. 因此式(126) 右边第 i 列各元素之和等于 $\sum_{s=1}^{n!} \tau_s = 1$. 在行的情形是类似的.

引理第一部分的证明主要利用引理 8.

令 $\boldsymbol{T}$ 是双随机矩阵,则由引理 8 的推论,存在这个矩阵的正元素组

$$t_{1j_1}, t_{1j_2}, \cdots, t_{nj_n} \tag{128}$$

令

$$\min_s t_{sj_s} = \tau_1 \quad (\tau_1 > 0) \tag{129}$$

令 $\boldsymbol{P}_1$ 是置换矩阵,它在正规组(128) 的元素位置上有数 1. 讨论矩阵

$$\boldsymbol{B}_1 = \boldsymbol{T} - \tau_1 \boldsymbol{P}_1 \tag{130}$$

由式(129) 知,矩阵 $\boldsymbol{B}_1$ 的元素是非负的,而在 $\boldsymbol{B}_1$ 的每行中与每列中的元素之和等于

$$1 - \tau_1 = \omega_1 \geqslant 0$$

注意,在任何情形下,$\boldsymbol{B}_1$ 的零元素的个数比矩阵 $\boldsymbol{T}$ 的多 1. 如果 $\omega_1 = 0$,那么 $\boldsymbol{B}_1 = \boldsymbol{0}$,引理得证. 如果 $\omega_1 > 0$,那么 $\boldsymbol{B}_1$ 具有正规正元素组. 重复讨论,得出非负矩阵 $\boldsymbol{B}_2 = \boldsymbol{T} - \tau_1 \boldsymbol{P}_1 - \tau_2 \boldsymbol{P}_2$,它的零元素个数比 $\boldsymbol{T}$ 的多 2. $\boldsymbol{B}_2$ 的列与行中元素和等于 $1 - r_1 - r_2 = \omega_2 \geqslant 0$. 显然,这个过程在第 $k(k < n^2 - n + 1)$ 步得出数 $\omega_k = 1 - r_1 - r_2 - \cdots - \tau_k = 0$,因此得出矩阵

$$\boldsymbol{B}_k = \boldsymbol{T} - \tau_1 \boldsymbol{P}_1 - \tau_2 \boldsymbol{P}_2 - \cdots - \tau_k \boldsymbol{P}_k = \boldsymbol{0}$$

实际上,当 $k = n^2 - n + 1$ 时矩阵 $\boldsymbol{B}_k$ 已经没有正规正元素组了(它有 $n^2 - n + 1$ 个零元素),因此 ω_k 不能是正数. 引理 9 得证.

2° 我们约定每个数列$(x_1, x_2, \cdots, x_n)$ 与 n 维坐标空间 D_n 中的点对应.

令

$$\alpha_1 \geqslant \alpha_2 \geqslant \cdots \geqslant \alpha_n \tag{131}$$

是某个数列. 讨论由数列(131) 用其元素

$$\alpha_{i_1}, \alpha_{i_2}, \cdots, \alpha_{i_n} \tag{131'}$$

的所有可能置换得出的 $n!$ 个数列. 把每个数列(131′) 比作 D_n 中的点,记 $K(\boldsymbol{\alpha})$ 为扩展到这些点上的线性凸包络.

容易看出,集合 $K(\boldsymbol{\alpha})$ 由以下所有的点组成

$$\boldsymbol{x} = \sum_{s=1}^{n!} \tau_s \boldsymbol{P}_s \boldsymbol{\alpha} \tag{132}$$

其中 $\tau_s \geqslant 0, \sum_{s=1}^{n!} \tau_s = 1$, $\boldsymbol{P}_s$ 是置换矩阵，$\boldsymbol{\alpha}$ 是含坐标(131)的列矩阵.

顺便指出，每个点属于含 $n!$ 个点的集合 $\boldsymbol{K}(\boldsymbol{\alpha})$，这些点是用坐标置换得出的. 为了证明，只要把等式(132)乘以置换矩阵并利用以下结论即可：置换矩阵的乘积是置换矩阵.

我们现在不难证明以下引理.

引理 10 数列

$$\alpha'_1 \geqslant \alpha'_2 \geqslant \cdots \geqslant \alpha'_n \tag{133}$$

被数列 $\alpha_1 \geqslant \alpha_2 \geqslant \cdots \geqslant \alpha_n$ 所强化的必要条件是使含坐标(133)的点 $\boldsymbol{\alpha}'$ 属于线性凸包络 $K(\boldsymbol{\alpha})$[①].

证明 首先令 $\boldsymbol{\alpha}' \in K(\boldsymbol{\alpha})$，则

$$\boldsymbol{\alpha}' = \sum_{s=1}^{n!} \tau_s \boldsymbol{P}_s \boldsymbol{\alpha} \tag{134}$$

其中 $\tau_s \geqslant 0, \sum_{s=1}^{n!} \tau_s = 1$，而 $\boldsymbol{P}_s$ 是置换矩阵. 因此由引理 1 有

$$\boldsymbol{\alpha}' = \boldsymbol{T}\boldsymbol{\alpha} \tag{135}$$

其中 $\boldsymbol{T}$ 是双随机矩阵，可见由引理 1 知数列(133)被数列(131)所强化.

相反，现在设已知 $\boldsymbol{\alpha}' < \boldsymbol{\alpha}$，则由引理 1 求出双随机矩阵 $\boldsymbol{T}$，满足式(135). 这个等式由引理 9 可以化为式(134)的形式，从而推出 $\boldsymbol{\alpha}' \in K(\boldsymbol{\alpha})$.

3° 现在转向以下定理，它是本节的目的.

定理 10 令 A 与 B 是 n 维 U－空间中分别含以下特征数的埃尔米特算子

$$\lambda_1 \geqslant \lambda_2 \geqslant \cdots \geqslant \lambda_n \tag{136}$$

与

$$\mu_1 \geqslant \mu_2 \geqslant \cdots \geqslant \mu_n \tag{137}$$

令 $C = A + B$，且

$$\nu_1 \geqslant \nu_2 \geqslant \cdots \geqslant \nu_n \tag{138}$$

是 C 的特征数. 记 K_1 为点

$$(\lambda_1 + \mu_{j_1}, \lambda_2 + \mu_{j_2}, \cdots, \lambda_n + \mu_{j_n}) \tag{139}$$

的线性凸包络，记 K_2 为点

$$(\mu_1 + \lambda_{j_1}, \mu_2 + \lambda_{j_2}, \cdots, \mu_n + \lambda_{j_n}) \tag{140}$$

的线性凸包络，取数 $1,2,\cdots,n$ 的所有可能置换 $(j_1, j_2, \cdots, j_n)$. 那么 $\boldsymbol{\nu} = (\nu_1, \nu_2, \cdots, \nu_n)$ 属于包络 K_1 与 K_2 的交集.

---

① 这个引理是拉多建立的，被用来证明关于用平面分离凸集的定理. 在著作《Собственные и сингулярные числа суммы и произведения линейных операторов》(1965)中给出了根据凸集边界点定理的其他证明，该著作包含文献的详细评述.

证明 讨论点

$$(\nu_1-\lambda_1,\nu_2-\lambda_2,\cdots,\nu_n-\lambda_n) \tag{141}$$

按照定理 6(参考不等式(106)),用调整点(141) 的坐标得出的数列被数列 $\mu_1,\mu_2,\cdots,\mu_n$ 所强化. 根据引理 10,我们确定点(141) 属于点($\mu_{j_1},\mu_{j_2},\cdots,\mu_{j_n}$) 的线性凸包络. 从而提出 $\boldsymbol{\nu}=(\nu_1,\nu_2,\cdots,\nu_n)\in K_1$,交换 A 与 B 的作用,容易得出 $\boldsymbol{\nu}\in K_2$. 因此定理 10 得证.

我们从定理 6 推导出定理 10. 容易看出,相反,由于引理 10,定理 10 推出定理 6①.

关于定理 10 做出一些说明.

记 M 为对应于算子 $C=A+B$ 的影谱的点集(138),其中 A 与 B 是含已知影谱(136) 与(150) 的所有可能的埃尔米特算子. 定理 10 的论断是 $M\subset K_1\cap K_2$.

特别在著作 *Eigenvalues of Sums of Hermitian Matrices*(1962) 中对 $n\leqslant 4$ 的情形找到集合 M 的完全描述.

我们不加证明地引进关于这个问题的以下简单表述的结果《О собственных значениях суммы и произведения симметрических матриц》(1950).

令对于所有的 $i=1,2,\cdots,n-1$,有

$$\mu_1-\mu_n<\lambda_{i+1}-\lambda_i \tag{142}$$

或

$$\lambda_1-\lambda_n<\mu_{i+1}-\mu_i \tag{142'}$$

那么

$$M=K_1\cap K_2$$

我们在这里指出,在条件(142) 或(142′) 下,算子 $C=A+B$ 的特征数中没有相等数. 实际上,例如设条件(142) 满足. 由定理 10

$$\nu_{i+1}-\nu_i=\lambda_{i+1}-\lambda_i+\sum_{s=1}^{n!}\tau_s(\mu_{(s)}-\mu_{(s')})$$

其中

$$\tau_s\geqslant 0,\sum_{s=1}^{n!}\tau_s=1$$

因此

$$\nu_{i+1}-\nu_i\geqslant\lambda_{i+1}-\lambda_i-\sum_{s=1}^{n!}\tau_s(\mu_1-\mu_n)=\lambda_{i+1}-\lambda_i-(\mu_1-\mu_n)>0$$

① 在《О собственных значениях суммы и произведения симметрических матриц》(1950) 中定理 10 是用其他方法证明的.

所以 $\nu_{i+1} \neq \nu_i$.

用几何术语表述一个与定理 9 等价的定理.

定理 11 令 A 与 B 是含特征数 λ_s 与 $\mu_s (s=1,2,\cdots,n)$ 的正定埃尔米特算子,该特征数以递减的次序编号,令

$$\nu_1 \geqslant \nu_2 \geqslant \cdots \geqslant \nu_n$$

是算子 $C=AB$ 的特征数,令 K_1 是点

$$(\ln \lambda_1 + \ln \mu_{j_1}, \ln \lambda_2 + \ln \mu_{j_2}, \cdots, \ln \lambda_n + \ln \mu_{j_n})$$

的线性凸包络, K_2 是点

$$(\ln \mu_1 + \ln \lambda_{j_1}, \ln \mu_2 + \ln \lambda_{j_2}, \cdots, \ln \mu_n + \ln \lambda_{j_n})$$

的线性凸包络.那么,坐标为 $(\ln \nu_1, \ln \nu_2, \cdots, \ln \nu_n)$ 的点属于包络 K_1 与 K_2 的交集.

证明 首先,对不等式(121)取对数,得

$$(\ln \nu_{i_1} - \ln \lambda_{i_1}) + (\ln \nu_{i_2} - \ln \lambda_{i_2}) + \cdots + (\ln \nu_{i_m} - \ln \lambda_{i_m}) \leqslant \ln \mu_1 + \ln \mu_2 + \cdots + \ln \mu_m$$

并且在这种情形下,当 $m=n$ 时变成等式,因为 $|C|=|A||B|$.

其次与定理 10 一样地进行证明.

我们还要指出以下关于 U - 矩阵乘积的影谱定理,它属于 A. A. 努捷利曼与 П. A. 施瓦尔兹.

令 $0 \leqslant \varphi_1 \leqslant \varphi_2 \leqslant \cdots \leqslant \varphi_n \leqslant 2\pi$ 是 U - 矩阵 $\boldsymbol{U}$ 的特征数的辐角, $0 \leqslant \psi_1 \leqslant \psi_2 \leqslant \cdots \leqslant \psi_n < 2\pi$ 是 U - 矩阵 $\boldsymbol{V}$ 特征数的辐角.此外,令 $\varphi_n + \psi_n - \varphi_1 - \psi_1 < 2\pi$.记 N_1 为被扩展到 $n!$ 个向量 $(\varphi_1 + \psi_{i_1}, \varphi_2 + \psi_{i_2}, \cdots, \varphi_n + \psi_{i_n})$ 的凸包络, N_2 为向量 $(\psi_1 + \varphi_{i_1}, \psi_2 + \varphi_{i_2}, \cdots, \psi_n + \varphi_{i_n})$ 的凸包络.最后令 $0 \leqslant \omega_1 \leqslant \omega_2 \leqslant \cdots \leqslant \omega_n < 2\pi$ 为矩阵 $\boldsymbol{UV}$ 的特征数的辐角.那么坐标为 $(\omega_1, \omega_2, \cdots, \omega_n)$ 的点属于凸包络 N_1 与 N_2 的交集.

注　解

第 1 章. 由于计算技术的迅猛发展，在科学文献中，高斯消去法的各个方面受到很大的观注，参考《Вычислительные методы линейной алгебры》(1953)，《Алгебраическая проблема собственных значений: Пер. с англ》(1970)，《Линейная алгебра и её применение: Пер. с англ》(1980).

第 3 章，§ 8. 可以把任一矩阵 $\mathbf{A}=(a_{st})_{s,t=1}^{n}$ 看作单构矩阵 $\mathbf{A}_{\varepsilon}$ 在 $\varepsilon\to 0$ 时的极限. 实际上，为简单起见，设 K 是复数域，矩阵 $\mathbf{A}_{\varepsilon}=(a_{st}+\varepsilon s\delta_{st})$ 在 $\varepsilon\to+\infty$ 时有简单的特征数，它们等于 $\varepsilon s+O(1), 1\leqslant s\leqslant n$. 因此 $\mathbf{A}_{\varepsilon}$ 的特征多项式的判别式作为 ε 的解析函数时，不恒等于 0. 所以 $\mathbf{A}_{\varepsilon}$ 在所有的 $0<|\varepsilon|<\varepsilon_0$ 时有简单的特征数(可能除有限个 ε 的值以外).

第 4 章，§ 4. 关于 В. К. 法捷耶夫方法，参考《Вычислительные методы линейной алгебры》(1953).

第 5 章，§ 7. 在定理 3 中重要的是假设组(68) 是自治的. 简单的例子：$\dot{x}_1=-x_1+\mathrm{e}^{2t}x_2, \dot{x}_2=-x_2$ 表明，如果 $p_{ik}(t)$ 不是常数，那么定理 3 是不正确的.

大量著作致力于研究非自治系统的稳定性问题. 读者可以在优秀的专著《Устойчивость решений дифференциальных уравнений банаховом пространстве》(1970) 中找到引文，其中还讨论了其他问题.

第7章，§8. 在著作《Вычислительные методы линейной алгебры》(1953)中讨论了A.H. 克雷洛夫方法，也可参考《Алгебраическая проблема собственных значений Пер. с англ》(1970).

第6,7章. 关于把变换矩阵化为若尔当型定理的证明，几乎被包含在所有线性代数的教科书与专著中. K 是复数域的情形在应用问题中最为重要. 同时分析的假设与定理的证明被简化，参考《Обыкновенные дифференциалчные уравнения(1965), Теория матриц: Пер. с англ》(1982).

正如从第6章与第7章内容推出的那样，除原理的独立意义外，关于化矩阵为若尔当型的定理增加了解矩阵代数方程的广泛可能性：可以引进并研究矩阵自变量的函数，研究微分方程组的解的性质，等等. 由上述内容，我们指出一个众所周知的情形 —— 若尔当型对微扰动是不稳定的. 例如，如果在某基底下，矩阵 $\begin{pmatrix} i\alpha & 1 \\ 0 & i\alpha \end{pmatrix}$ 对应于变换 A，矩阵 $\begin{pmatrix} 0 & 0 \\ 1 & 0 \end{pmatrix}$ 在同一基底下对应于变换 B，那么变换 $A_\varepsilon = A + \varepsilon B$ 描述出矩阵 $\begin{pmatrix} i\alpha & 1 \\ \varepsilon & i\alpha \end{pmatrix}$，其中 ε 是一个小参数. 最后这个矩阵有不相等的特征数 $\lambda_\pm = i\alpha \pm \sqrt{\varepsilon}$，因此可化为对角形式. 类似的不稳定性自然不仅仅只有抽象的代数特性，它在现实过程中将产生物理量的强烈下降. $\sqrt{\varepsilon} \geqslant \varepsilon$ 将使问题极大复杂化. 例如，如果系统 $\dot{y} = Ay$ 有“松弛的”不稳定解 $y^{(1)} = \varepsilon^{\frac{1}{2}} \mathrm{col}(te^{i\alpha t}, e^{i\alpha t})$①，那么微扰动 ε 将出现强烈增大的指数 $y = \mathrm{col}(e^{i\alpha t + \sqrt{\varepsilon} t}, \varepsilon^{\frac{1}{2}} e^{i\alpha t + \sqrt{\varepsilon} t})$.

В. И. 阿诺德从奇点理论的角度对依赖于一些参数的矩阵族若尔当型结构做出详细分析，研究了最有害的情况，这些情况发生在矩阵族参数改变时，并且不可避免(破坏)矩阵族的改变.

读者可在《Дополнительные главы теории обыкновенных дифференциальных уравнений》(1978)一书中找到理论的基本原理. 在那里有一系列援引自应用性质论文的引文. 特别在《Версальные деформации линейных гамильтоновых систем》(1975)中在 $2n \times 2n$ 维偶对矩阵的情形讨论了上述问题，这些矩阵是与哈密尔顿系统局部稳定性的损失直接有关的.

还要指出有趣的著作《Особенности границ пространств дифференциальных уравнений》(1986)，它利用了《Дополнительные главы теории обыкновенных дифференциальных уравнений》(1978)一书的结果. 还要注意到物理学家与数学家的论文，这些论文是对《Дополнительные главы

---

① 符号 $\mathrm{col}(ab)$ 表示含元素 a, b 的列矩阵.

теории обыкновенных дифференциальных уравнений》(1978) 中所述理论的发展而写的.最后在论文中,对含矩阵 $\boldsymbol{I}$ 符号差 (p,q) 的 I-埃尔米特矩阵与 $I-U$ 矩阵列出了若尔当型表格.

我们指出,在有利用机会时,今后所谓的 $\boldsymbol{I}$ 指的是 $n\times n$ 维埃尔米特矩阵,即具有 $\boldsymbol{I}=\boldsymbol{I}^*$ 与 $\boldsymbol{I}^2=\boldsymbol{E}_n$ 性质的矩阵.如果 $\boldsymbol{IH}-\boldsymbol{H}^*\boldsymbol{I}=\boldsymbol{0}$,那么称矩阵 $\boldsymbol{H}$ 为 I-埃尔米特矩阵;如果 $\boldsymbol{U}^*\boldsymbol{IU}=\boldsymbol{I}$,那么称矩阵 $\boldsymbol{U}$ 为 $I-U$ 矩阵.

由于若尔当型不稳性问题,我们指出专著 *Endich-dimensionale Analytische Storunggtheorie*(1972) 中所证明的并非没有趣味的事实:令矩阵 $\boldsymbol{A}(\varepsilon)$ 的元素在点 $\varepsilon=0$ 的邻域中是解析的,则存在一个去心邻域 $0<|\varepsilon|<\varepsilon$,使若尔当型 $\boldsymbol{A}(\varepsilon)$ 是稳定的.在有两个参数 ε_1 与 ε_2 时,命题不成立,正如 В. И. 阿诺德定理所提出的那样.

第 7 章. 读者可以在专著《Алгебраическая проблема собственных значений:Пер. с англ》(1970) 中读到若尔当型在计算程序制约度中的运用.

关于矩阵在计算数学中的运用,可参考《Численные методы алгебры》(1966).在《Разреженные матрицы:Пер. с антл》(1985) 一书中讨论了重要的特殊问题.

第 7 章,§3.《Введение в теорию матриц:Пер. с антл》(1996) 与《Теория матриц:Пер. с англ》(1982) 分析了方程(31),该方程利用了矩阵的克罗内克(直)积.

第 7 章,§5.由于摩擦的振动理论中的 2 阶矩阵方程 $\boldsymbol{A}_0\boldsymbol{X}^2+\boldsymbol{A}_1\boldsymbol{X}+\boldsymbol{A}_2=\boldsymbol{0}$,产生了大量的算子影谱理论著作.连续介质力学中的类似问题成为这个理论的促进因素.庞特里雅金定理的推广定理对算子多项式分解为线性因子与证明傅里叶方法的正确性起了极其重要的作用.

论文《J-растягивающие матрицы-функции и их роль в аналитической теории электрических цепей》(1973) 研究了在 $\mathrm{Re}\,\lambda\geqslant 0$ 时 $\boldsymbol{I}$ 扩展到 $\omega^*(\lambda)\boldsymbol{I}w(\lambda)-\boldsymbol{I}\geqslant 0$ 的解析矩阵函数 $\omega(\lambda)$ 与在 $\mathrm{Re}\,\lambda=0$ 时,$I-U$ 矩阵可分解为矩阵初等因子的问题.因此解决了电路解析理论中的重要问题.

第 10 章,§5.在计算数学中,为把二次型化为主轴,广泛利用了旋转方法.关于这一点可参考《Вычислительные методы линейной алгебры》(1953).

第 10 章,§10.专著《Ганкелевы и теплицевы матрицы и формы》(1974) 研究了汉克尔型与托普利茨型.这本书的 §18 讨论了托普利茨矩阵 $\boldsymbol{T}=(c_{p-q})_{p,q=0}^n$ 反演的重要问题.在已知非齐次组 $\boldsymbol{Tf}=\boldsymbol{g}$ 的解的条件下,援引出逆矩阵的简单公式.这里只指出在著作《Об одном методе обращения конечных теплицевых матриц》(1973) 中,在没有补充限制下进行反演.

第 13 章.在著作《Линейные операторы,оставляющие инвариантным конус в пространстве Банаха》(1948) 中,弗罗贝尼乌斯定理被推广到无限维抽象空间的情形,后来在一系列重要问题中得到大量的新的应用. 读者在专著《Введение в теорию матриц: Пер. с англ》(1976) 及名著《Конечномерный линейный анализ》(1969) 中可以读到与非负矩阵有关的一系列很有趣味的事实.

第 14 章. 许多著作研究了特征数局部化与矩阵型合理选择的问题(参考 *Unzerlegbare, nicht negative Matrizen*(1950),《Конечномерный линейный анализ》(1969)). 这里指出对 I—埃尔米特矩阵与 $I-U$ 矩阵的特征数得出的有趣的不等式.

第 15 章. 在周期解的情形下,第一近似的稳定性是一个复杂的问题,其中组(25) 是相容的. 问题是,这时组(24) 中矩阵 $\boldsymbol{A}$ 的特征数 ν_s 不能在左半平面内. 甚至关于线性相容组(25) 对同周期线性周期扰动的粗略稳定性问题,也产生困难. 读者可参考详尽的专著《Линейные дифференциальные уравнения с периодическими коэффициентами》(1972),这里我们只指出,上述问题的主要困难在著作《Основные положения теории λ-зон устойчивости канонической системы линейных дифференциальных уравнений с периодическими коэффициентамн》(1955) 中对 $I-U$ 矩阵影谱的精细分析得到克服.

第 16 章. 读者在书《Методы теории функции комплексного переменного》(1987) 中可以找到定理 5 用归纳法的证明.

在著作《Об одном свойстве гурвицевых матриц и его использовании для регуляризации системы линейных алгебраических уравнений》(1987) 中指出一个有用的事实:令 $n\times n$ 维实矩阵 $\boldsymbol{A}$ 存在一个不为 0 的嵌入主子式序列

$$\boldsymbol{A}\begin{pmatrix}i_1\\i_1\end{pmatrix},\boldsymbol{A}\begin{pmatrix}i_1 & i_2\\i_1 & i_2\end{pmatrix},\cdots,\boldsymbol{A}\begin{pmatrix}i_1 & i_2 & \cdots & i_n\\i_1 & i_2 & \cdots & i_n\end{pmatrix}$$

则存在一个实对角矩阵 $\boldsymbol{D}$,使 $\boldsymbol{DA}$ 是胡尔维茨矩阵.

第 16 章. 读者可在《Устойчивость консервативных и диссипативных систем》(1983) 中找到有限个自由度系统稳定性著作的概述,也可参考《Абсолютная устойчивость нелинейных регулируемых систем》(1965).

在综述《Оптимизация и инвариантность линейных стационарных систем управления》(1984) 中叙述了控制系统最佳化问题与矩阵方法在解决这个领域问题中的作用的大量著作,也可参考著作《Введение в динамику сложных управляемых систем》(1985),其中讨论了这个题目的应用问题.

最后对 17 章中所引入的特征数与奇异数的不等式做一些说明. 读者可在著作《Неравенства: Пер. с англ》(1965) 中以及在包含材料内容极其丰富与范围十分广泛的专著《Теория мажорации и её приложения: Пер. с антл》(1983) 中,找到一系列与矩阵影谱和奇异数有关的新不等式. 在《Теория мажорации и её приложения: Пер с антл》(1983) 中有详细的参考文献.

另外指出著作《Многогранник спектра суммы двух эрмитовых матриц》(1982) 中可以找到霍尔诺在 *Eigenvalues of Sums of Hermitian Matrices*(1962) 中提出的关于多面体 M 结构的假设的肯定解，这个多面体充满两个埃尔米特矩阵 $\boldsymbol{A}$ 与 $\boldsymbol{B}$ 之和的影谱，其中 $\boldsymbol{A}$ 与 $\boldsymbol{B}$ 分别含有固定影谱 $\lambda_1 \geqslant \lambda_2 \geqslant \cdots \geqslant \lambda_n$ 与 $\mu_1 \geqslant \mu_2 \geqslant \cdots \geqslant \mu_n$.

在论文 *Eigenvalues of Sums of Hermitian Matrices*(1962) 中，集合 M 只对阶 $n \leqslant 4$ 的矩阵进行描述.

第 7 章的注解(В. П. 勒洛宾科) 在矩阵论的许多问题中，特别在矩阵函数论中(第 5 章，§ 1)，最好利用矩阵的若尔当范式(第 7 章，§ 7).

最重要的是，只利用最简单的矩阵论概念(特征数，不变子空间) 和初等方法就可以把矩阵化为若尔当范式. 由此也可以得出初等因子理论的其余结果(第 6 章，第 7 章).

以下叙述的这些方法之一，是预先分离矩阵的不同特征数，然后用若尔当分块"分解" 固定的特征数.

1. 矩阵的三角形式. 令 A 是 n 维向量空间 R 中域 K 上的线性算子. 设算子 A 的特征数在域 K 中.

引理 1 令 $\lambda_1, \lambda_2, \cdots, \lambda_n$ 是算子 A 的特征数(可能有重复)，则存在空间 R 的一个基底，使算子 A 的矩阵有以下形式

$$\boldsymbol{A} = \begin{pmatrix} \lambda_1 & & & * \\ & \lambda_2 & & \\ & & \ddots & \\ \boldsymbol{0} & & & \lambda_n \end{pmatrix} \tag{1}$$

证明 当 $n=1$ 时引理是显然的. 在一般情形，令 $\boldsymbol{e}_1$ 是对应于特征数 λ_1 的特征向量. 补充 $\boldsymbol{e}_1$ 到空间 R 的基底 $\boldsymbol{e}_1, \boldsymbol{e}_2, \cdots, \boldsymbol{e}_n$ 中，在这个基底中得出矩阵

$$\boldsymbol{A} = \begin{pmatrix} \lambda_1 & * \\ \boldsymbol{0} & \boldsymbol{A}' \end{pmatrix} \tag{2}$$

其中 $\boldsymbol{A}'$ 是 $n-1$ 阶矩阵. 根据归纳法的假设，可以这样选取 $\boldsymbol{e}_2, \cdots, \boldsymbol{e}_n$，使矩阵 $\boldsymbol{A}'$ 有式(1) 的形式(含有特征数 $\lambda'_i = \lambda_{i+1}, i = 1, 2, \cdots, n-1$). 但是此时矩阵 $\boldsymbol{A}$ 也有式(1) 的形式. 引理得证.

推论 对于算子 A 的每个特征数 λ，算子 A 的矩阵可以选取为以下形式

$$\boldsymbol{A} = \begin{pmatrix} \boldsymbol{A}_+ & \boldsymbol{C} \\ \boldsymbol{0} & \boldsymbol{A}_0 \end{pmatrix} \tag{3}$$

其中 $\boldsymbol{A}_+$ 没有特征数 λ，但是 $\boldsymbol{A}_0$ 有唯一的特征数等于 λ.

2. 特征数的分离. 令 $\lambda_1,\cdots,\lambda_p(p\leqslant n)$ 是算子 A 的所有两两不同的特征数.

引理 2 存在一个基底,使算子 A 的矩阵有对角形式

$$^{\circ}\boldsymbol{A}=(\boldsymbol{A}_1,\boldsymbol{A}_2,\cdots,\boldsymbol{A}_p) \tag{4}$$

其中 $\boldsymbol{A}_i$ 有唯一的特征数 $\lambda_i(i=1,2,\cdots,p)$.

证明 只要检验(用对 p 的归纳法)矩阵(3)被相似变换 $^{\circ}\boldsymbol{A}=\boldsymbol{U}\boldsymbol{A}\boldsymbol{U}^{-1}$ 化成拟对角矩阵 $^{\circ}\boldsymbol{A}=(\boldsymbol{A}_+,\boldsymbol{A}_0)$.

把 $\boldsymbol{A}$ 换为 $\boldsymbol{A}-\lambda\boldsymbol{E}$,为了简化写法,可以令 $\lambda=0$. 设

$$\boldsymbol{U}=\begin{pmatrix}\boldsymbol{E}_+ & \boldsymbol{X}\\ \boldsymbol{0} & \boldsymbol{E}_0\end{pmatrix},\boldsymbol{X}=\sum_{k=0}^{+\infty}\boldsymbol{A}_+^{-k-1}\boldsymbol{C}\boldsymbol{A}_0^k \tag{5}$$

其中 $\boldsymbol{E}_+,\boldsymbol{E}_0$ 是分别与 $\boldsymbol{A}_+,\boldsymbol{A}_0$ 同阶的单位矩阵. 在我们的情形($\lambda=0$)中,矩阵 $\boldsymbol{A}_+$ 是可逆的,矩阵 $\boldsymbol{A}_0$ 是幂零矩阵(即对某一 k, $\boldsymbol{A}_0^k=\boldsymbol{0}$). 因此级数(5)存在且有限,我们有

$$\boldsymbol{A}_+\boldsymbol{X}=\sum_{k=0}^{+\infty}\boldsymbol{A}_+^{-k}\boldsymbol{C}\boldsymbol{A}_0^k,\boldsymbol{X}\boldsymbol{A}_0=\sum_{k=1}^{+\infty}\boldsymbol{A}_+^{-k}\boldsymbol{C}\boldsymbol{A}_0^k$$

从而

$$\boldsymbol{A}_+\boldsymbol{X}-\boldsymbol{X}\boldsymbol{A}_0=\boldsymbol{C} \tag{6}$$

式(6)也等价于 $\boldsymbol{U}\boldsymbol{A}={}^{\circ}\boldsymbol{A}\boldsymbol{U}$. 引理得证.

注 级数(5)含 k 项的部分和有形式 $\boldsymbol{X}_k=\boldsymbol{A}_+^{-k}\boldsymbol{C}_k$,其中矩阵 $\boldsymbol{C}_k$ 由以下展开式确定

$$\boldsymbol{A}^k=\begin{pmatrix}\boldsymbol{A}_+^k & \boldsymbol{C}_k\\ \boldsymbol{0} & \boldsymbol{A}_0^k\end{pmatrix},\text{即 }\boldsymbol{C}_k=\sum_{i=0}^{k-1}\boldsymbol{A}_+^{k-i-1}\boldsymbol{C}\boldsymbol{A}_0^i \tag{7}$$

3. 若尔当范式. 令 $\boldsymbol{J}_n$ 是 n 阶"下若尔当分块",即含有循环基底 $\boldsymbol{e}_i=\boldsymbol{A}^i\boldsymbol{e}_0(i=0,1,2,\cdots,n-1;\boldsymbol{A}^n\boldsymbol{e}_0=\boldsymbol{0})$ 的算子 A 的矩阵.

矩阵

$$^{\circ}\boldsymbol{A}=(\boldsymbol{J}_{n_1}+\lambda\boldsymbol{E}_{n_1},\cdots,\boldsymbol{J}_{n_p}+\lambda_p\boldsymbol{E}_{n_p}) \tag{8}$$

按定义有下若尔当型(参考第 7 章,§7). 此处 $\boldsymbol{E}_0$ 是 n 阶单位矩阵.

定理 空间 R 中的每个线性算子在某一基底下有形如式(8)的矩阵.

换言之,每个矩阵 $\boldsymbol{A}$ 与形如式(8)的矩阵相似.

证明 根据引理 2,只要讨论以下情形:矩阵 $\boldsymbol{A}$ 有唯一的特征数 λ,例如 $\lambda=0$.

令 n_1 是使 $\boldsymbol{A}^k=\boldsymbol{0}$ 的正整数 k 中的最小者,令 R_+ 是含基底 $\boldsymbol{e}_i=\boldsymbol{A}^i\boldsymbol{e}_0(i=0,1,\cdots,n_1-1)$ 的循环子空间,其中 $\boldsymbol{e}_0$ 是这样选取的,使 $\boldsymbol{A}^{n_1-1}\boldsymbol{e}_0\neq\boldsymbol{0}$. 设 $R=R_++R_0$(R_0 是任一补空间),我们得出形如式(3)的矩阵,其中 $\boldsymbol{A}_+=\boldsymbol{J}_{n_1}$.

根据归纳法的理由,可以认为 $\boldsymbol{A}_0=(\boldsymbol{J}_{n_2},\cdots,\boldsymbol{J}_{n_p})$. 在这种情形下 R_0 被扩展到向量 $\boldsymbol{e}_{ij}=\boldsymbol{A}^i\boldsymbol{e}_{0j}(i=0,1,2,\cdots,n_j-1;j=2,\cdots,p)$,因此 $\boldsymbol{A}^{n_j}\boldsymbol{e}_{0j}\in R_+$.

令 $\boldsymbol{x}\in R_0$，$\boldsymbol{A}^k\boldsymbol{x}\in R_+$ $(k\leqslant n_1)$. 设 $\boldsymbol{A}^k\boldsymbol{x}=\boldsymbol{A}^k\boldsymbol{y}+\boldsymbol{z}$，其中 $\boldsymbol{y}\in R_+$，$\boldsymbol{z}\in R_k$，当 $i=0,1,\cdots,k-1$ 时 R_k 被扩展到向量 $\boldsymbol{e}_i$. 把 $\boldsymbol{A}^{n_1-k}$ 应用到等式 $\boldsymbol{z}=\boldsymbol{A}^k(\boldsymbol{x}-\boldsymbol{y})$ 中，求出 $\boldsymbol{A}^{n_1-k}\boldsymbol{z}=\boldsymbol{0}$，从而 $\boldsymbol{z}=\boldsymbol{0}$，因为 $\boldsymbol{A}^{n_1-k}$ 在子空间 R_k 中没有非平凡的 $\boldsymbol{0}$，结果 $\boldsymbol{A}^k(\boldsymbol{x}-\boldsymbol{y})=\boldsymbol{0}$.

在条件 $\boldsymbol{A}^{n_j}(\boldsymbol{e}_{0j}-\boldsymbol{y}_j)=\boldsymbol{0}$ $(j=2,\cdots,p)$ 时，把 R_0 换为元素 $\boldsymbol{e}'_{ij}=\boldsymbol{A}^i(\boldsymbol{e}_{0j}-\boldsymbol{y}_j)$ 的线性包络，求出 R'_0 关于 $\boldsymbol{A}$ 是不变的. 但是在这种情况下 $\boldsymbol{C}=\boldsymbol{0}$，即 $\boldsymbol{A}={}^{\circ}\boldsymbol{A}$. 定理得证.

注　矩阵 $\boldsymbol{J}_n$ 与上若尔当分块 $\boldsymbol{H}_n=\boldsymbol{J}'_n$ 相似. 因此在定理的条件中，可以讨论上若尔当范式(第 7 章，式(73)).

4. 矩阵方程 $\boldsymbol{A}_+\boldsymbol{X}-\boldsymbol{X}\boldsymbol{A}_0=\boldsymbol{C}$(参考第 8 章). 令 $\boldsymbol{A}_0=(\boldsymbol{A}_1,\cdots,\boldsymbol{A}_p)$，由引理 2 求出 $\boldsymbol{X}=(\boldsymbol{X}_1,\cdots,\boldsymbol{X}_p)$，其中 $\boldsymbol{X}_i$ 是方程(6) 把 $\boldsymbol{A}_0$ 换为 $\boldsymbol{A}_i$ $(i=1,2,\cdots,p)$ 时的解. 因此只要讨论矩阵 $\boldsymbol{A}_0$ 是幂零矩阵的情形：$\boldsymbol{A}_0^m=\boldsymbol{0}$.

令 $\boldsymbol{X}_k$ 是 $\boldsymbol{X}$ 缩小到子空间 $N_k=\{\boldsymbol{X}\in R_0\mid \boldsymbol{A}_0^k\boldsymbol{X}=\boldsymbol{0}\}$ 时的情形，从而 $N_m=R_0$. 如果 $\boldsymbol{X}\in N_k$，那么 $\boldsymbol{A}_0\boldsymbol{X}\in N_{k-1}$. 方程(6) 采取递推形式 $\boldsymbol{A}_+\boldsymbol{X}_k-\boldsymbol{X}_{k-1}\boldsymbol{A}_0=\boldsymbol{C}$，由此($\boldsymbol{X}_0=\boldsymbol{0}$)

$$\boldsymbol{X}_k=\boldsymbol{A}_+^{-1}(\boldsymbol{C}+\boldsymbol{X}_{k-1}\boldsymbol{A}_0)\quad(k=1,2,\cdots,m)\tag{9}$$

其中 $\boldsymbol{A}_+^{-1}$ 应该在以下条件下看作多值函数的任一值：至少存在一个这样的值，即

$$(\boldsymbol{C}+\boldsymbol{X}_{k-1}\boldsymbol{A}_0)N_k\subset\boldsymbol{A}_+R_+\quad(k=1,2,\cdots,m)\tag{10}$$

另外，方程(6) 的任一解 $\boldsymbol{X}$ 也满足方程

$$\boldsymbol{A}_+^k\boldsymbol{X}-\boldsymbol{X}\boldsymbol{A}_0^k=\boldsymbol{C}_k\quad(k=1,2,\cdots)\tag{11}$$

其中 $\boldsymbol{C}_k$ 由式(7) 确定. 特别在子空间 N_k 上 $\boldsymbol{A}_+^k\boldsymbol{X}_k=\boldsymbol{C}_k$.

1° 正则情形(矩阵 $\boldsymbol{A}_+$ 可逆). 我们有 $\boldsymbol{X}_k=\boldsymbol{A}_+^{-k}\boldsymbol{C}_k$，解 $\boldsymbol{X}$ 存在，唯一且与级数(5) 相等.

2° 一般情形. 可解性条件(10) 可以换为条件

$$\boldsymbol{C}_kN_k\subset\boldsymbol{A}_+^kR_+\quad(k=1,2,\cdots,m)\tag{12}$$

实际上，如果 $\boldsymbol{X}_k$ 存在，那么在 N_k 上 $\boldsymbol{A}_+^k\boldsymbol{X}_k=\boldsymbol{C}_k$，从而推出式(12). 反之，式(12) 表示对某一 $\boldsymbol{Y}\in R_+$ 有 $\boldsymbol{C}_k\boldsymbol{X}=\boldsymbol{A}_+^k\boldsymbol{Y}$ $(\boldsymbol{X}\in N_k)$，这个等价于条件 $\boldsymbol{A}^k(\boldsymbol{X}-\boldsymbol{Y})=\boldsymbol{0}$，由此条件提出(参考定理的证明)$\boldsymbol{X}$ 存在.

例　$\boldsymbol{A}_+=\boldsymbol{H}_p$，$\boldsymbol{A}_0=\boldsymbol{H}_q$，$p\geqslant q$. 可解性条件(12) 化为方程组

$$\sum_{i-j=p-k}c_{ij}=0\quad(k=1,2,\cdots,q)$$

注　在一般情形下 $\boldsymbol{X}_k=\boldsymbol{A}_+^{-k}\boldsymbol{C}_k$，其中 $\boldsymbol{A}_1^{-k}$ 的值不是任意的(它由式(9) 确定).

因此，在众所周知的解释下，公式(9) 包含方程(6) 的所有解.

索　　引[①]

① 索引的排列顺序依照俄文原版图书.

② 2—1 表示第 2 章 § 1,下同.

编辑手记

有人曾说数学家像诗人,切斯瓦夫·米沃什在《诗的见证》中曾写到:

> 诗人们与"人类大家庭"之间的纽带,在浪漫主义时代依然完整,即是说:文艺复兴时期的名声模式,那种受到别人感激和承认的模式仍然发挥作用.后来,当诗歌转入地下,当波希米亚带着不屑远离市侩,它便在大写的"艺术"作品这个理念中找到严肃的支持,相信其绝对有意义.

国人多喜宏大高阔之辞,笔者偏爱细微私家碎语.先介绍一下本书与笔者的一些琐事.冯小刚曾说,他在看了刘震云的小说《温故一九四二》后17年才拍了影片《一九四二》,而笔者对本书的知晓则是34年前1990年的夏天,当时笔者准备去华东师范大学读助教进修班,目的是为了获得一个学位(尽管后来没能获得).那时,笔者的兴趣在数论方面,但是查遍当年的招生目录,各大学并没有数论方向的助教进修班,于是便报考了华东师范大学的应用数学专业,其必修课程中就有"矩阵论".临行之前,笔者特意拜访了哈尔滨师范大学的贾广聚副教授,询问关于"矩阵论"这门课程读点什么书好？贾教授推荐给笔者的就是这部甘特马赫尔的《矩阵论》.但到了华东师范大学后，“矩阵论”这门课用的并不是这个教程，而是李乔著的《矩阵论八讲》(为什么不是七讲、九讲，而偏偏是八讲？笔者猜测可能与华罗庚先生早年(1938～1939)在国立西南联合大学理学院算学系教师报告会上讲过“域论八讲”的讲稿有关.李乔先生曾在中国科学技术大学任教，有传统)，由当时的系主任陈志杰教授主讲.华东师范大学当时是中国代数学的“重镇”，由曹锡华先生领军，汇集了肖刚、沈光宇、陈志杰、时剑益、王建磐等诸多干将.一时间在代数群、李代数、代数几何等方向成果之丰硕令全国数学界瞩目.据说江泽民同志曾到代数教研室参观过.李乔也是上海数学家，曾任教于上海交通大学，可能是上海人喜欢用上海人写的课本，所以就选用了这本教材.但说实话这本教材不太适合初学者，因为写得太简洁，书很薄，对于初学者还要补充的东西太多，而这一点，苏联的教材就很细致，只要你有耐心逐行读下去就一定会懂，而且它是自洽的、完备的，该用到的东西在书中都有所交代而不是简单加上一个注，让你再参见某本书.

“矩阵论”在改革开放后的大学数学系中多以选修课的形式出现.开设较早的是在1982年，李乔先生为中国科学技术大学数学系四年级开设的，它脱胎于1982年春，美国的R. A. Brualdi教授在Wisconsin大学数学系开设的同名课程.因为李乔先生曾听过R. A. Brualdi教授的课，所以从内容到风格都深受其影响.其实李乔先生的教本较本书就内容来说有两大优势：一方面它强调了从近代发展情况来看的“基本性”，所以它短，只有140页；另一方面又注意到文献上的“分散性”，所以它新，它“居然”包含了范德瓦尔登猜想的证明.这两大优势是本书所无法比拟的.

再回到笔者对本书的回忆中.在2006年青岛举办的全国大学图书订货会上，笔者看到高等教育出版社在大量再版早期的俄罗斯数学经典著作，包括菲赫金格尔茨的《数学分析教程》，于是笔者觉得利用黑龙江省与俄罗斯相邻的地缘优势及俄语人才聚集的人才优势，大力开展俄罗斯数学图书翻译是一项比较具有优势的决策，而这一想法也得到了时任出版社领导的认同.于是2007年秋，借参加莫斯科国际书展之际，笔者到了莫斯科，开始大力搜罗俄文版数学名著，数量之多仅超载罚款便是一笔不小的费用(俄罗斯以罚款闻名)，光是国立莫斯科技术学院全套的数学教程精装本就达几十卷.但回到国内却发现问题来了，国内的翻译力量根本无法满足要求，俄语好的不懂数学，数学好的不懂俄语，数学、俄语都好的大都“廉颇老矣”，一年译不出一本，所以无奈之下又回到20世纪五六十年代已经出版过的经典上，开始在高等教育出版社的疏漏中寻找.我们最开始锁定的是那汤松的《实变函数论》,但在筹备中发现高等教育出版社又一次领先了,遂放弃.后经与我校数学系郭梦舒博士讨论后确定本书,于是马上开始购买版权和联系译者.在中华版权代理中心杨冰皓经理(她也是我们黑龙江大学俄语系毕业的)的大力协助下,终于找到了甘特马赫尔之子(版权的拥有者),他也是一位科学家,不过不是纯数学家,而且本书也出了新版.当我们买到版权后,马上拜访了柯召院士之女柯孚久教授,她欣然同意出版这部作品.接下来还要找一位译者来译新版中增加的部分,最后确定了"身残志坚"的郑元禄先生,经过努力,终于大功告成.

矩阵的理论起源可追溯到18世纪,见于著作则是在19世纪.高斯、艾森斯坦先后于1801年和1844～1852年把一个线性变换的全部系数作为一个整体,并用一个字母来表示.艾森斯坦还强调乘法次序的重要性.这些工作孕育了矩阵的思想.

矩阵这个词是西尔维斯特于1850年首先使用的,矩阵的概念直接从行列式的概念而来,它作为表达一个线性方程组的简单记法而出现.脱离线性变换和行列式,对矩阵本身做专门研究,开始于英国数学家凯莱.1855年以后,凯莱发表了一系列研究矩阵理论的文章,他引进了关于矩阵的一些定义.在1858年所发表的文章中,凯莱证明了一个重要结果:任何方阵都满足它的特征方程.这个结果现称为哈密尔顿一凯莱定理.由于凯莱的奠基性工作,一般认为他是矩阵论的创始人.本书译者之一的柯召院士与其合作者李宗华合写的《哈密尔顿一凯莱定理的进一步推广》中所得到的结果就被写入了贝尔曼(1920—1984)的著名教科书《矩阵分析导引》中(可惜李宗华英年早逝,1949年死于肾病,年仅38岁).

法国数学家埃尔米特、德国数学家克莱布什等研究了一些特殊矩阵的特征根的性质.德国数学家弗罗贝尼乌斯对矩阵理论做了进一步的工作,他探求矩阵的最小多项式,并指出最小多项式是唯一的(后来亨泽尔证明了这个结论);引进矩阵秩的概念;整理了由西尔维斯特和魏尔斯特拉斯提出的不变因子和初等因子的理论;给出哈密尔顿一凯莱定理的一般性证明;定义了正交矩阵并研究其性质.若尔当利用相似矩阵和特征方程的概念证明了矩阵经过变换可相似于一个"标准型",即现在所谓的若尔当标准型.在若尔当工作的基础上,弗罗贝尼乌斯讨论了合同矩阵与合同变换.弗罗贝尼乌斯关于矩阵理论的工作于1877年发表在《克雷尔杂志》上.至此,矩阵论的经典内容已建立起来.

1892年,美国数学家梅勒茨引进矩阵的超越函数的概念,并把它写成矩阵的幂级数的形式.凯莱把超复数视为矩阵的思想在19世纪末20世纪初得到发展，与此相关形成矩阵不变量的理论. 20 世纪初，由于积分方程的发展开始了对无穷矩阵的研究，由于近代物理的需要还开展了元素属于抽象域的矩阵的工作，矩阵方程论、矩阵分解论和广义逆矩阵等矩阵的现代理论也逐步发展起来. 19 世纪 90 年代，关于无穷维矩阵的研究直接导致了泛函分析的产生. 现在，矩阵及其理论已广泛应用到现代科技的各个领域中，甚至在经济学和社会科学中都有应用，比如由 Leontief 所引进的 Leontief 矩阵和特征分析就被用于研究工业部门间的相互关系以及多种市场和国际贸易的稳定性（见 A. R. 高尔腊伊，G. A. 瓦特桑著，唐焕文等译的《矩阵特征问题的计算方法》，上海科学技术出版社，1980）. 其实在早期天体力学中，久期运动的微扰问题就涉及矩阵的特征值问题.

“矩阵论”一直是大学数学系诸多课程中的重头戏，学多深都会有用武之地，举一个例子：

试题 设 $\boldsymbol{Q}$ 为 $n\times n$ 的实正交矩阵，$\boldsymbol{u}\in\mathbf{R}^n$ 为单位列向量($\boldsymbol{u}'\boldsymbol{u}=1$). 设 $\boldsymbol{P}=\boldsymbol{I}-2\boldsymbol{u}\boldsymbol{u}'$，其中 $\boldsymbol{I}$ 是 $n\times n$ 的单位矩阵. 证明：如果 1 不是 $\boldsymbol{Q}$ 的特征值，那么 1 是 $\boldsymbol{PQ}$ 的特征值.

（第 80 届美国大学生数学竞赛试题）

证法 1 我们首先注意到，$\boldsymbol{P}$ 对应于 $\mathbf{R}^n$ 中垂直于 $\boldsymbol{u}$ 的超平面上的反射变换：$\boldsymbol{P}(\boldsymbol{u})=-\boldsymbol{u}$，而且对任何 $\boldsymbol{v}$，$\langle\boldsymbol{u},\boldsymbol{v}\rangle=0$，有 $\boldsymbol{P}(\boldsymbol{v})=\boldsymbol{v}$. 特别地，$\boldsymbol{P}$ 是正交矩阵，行列式为-1.

我们接下来证明：如果 $\boldsymbol{Q}$ 是 $n\times n$ 的正交矩阵，特征值不含 1，那么 $\det\boldsymbol{Q}=(-1)^n$. 要看到这一点，回忆特征多项式 $p(t)=\det(t\boldsymbol{I}-\boldsymbol{Q})$ 的根都在单位圆上，而且所有的非实数根按共轭关系成对出现（$p(t)$ 具有实系数，正交性说明 $p(t)=\pm t^n p(t^{-1})$）. 共轭的一对根乘积为 1，因此 $\det\boldsymbol{Q}=(-1)^k$，其中 k 是-1作为 $p(t)$ 的根的重数. 由于 1 不是 $p(t)$ 的根，除-1之外的根成对出现，因此 k 和 n 有同样的奇偶性，于是 $\det\boldsymbol{Q}=(-1)^n$.

最后，如果正交矩阵 $\boldsymbol{Q}$ 和 $\boldsymbol{PQ}$ 都不含 1 为特征值，那么 $\det\boldsymbol{Q}=\det\boldsymbol{PQ}=(-1)^n$ 和 $\det\boldsymbol{P}=-1$ 矛盾，因此题目的结论成立.

注 1 可以证明：任何 $n\times n$ 的正交矩阵 $\boldsymbol{Q}$ 可以写成最多 n 个超平面反射(Householder 矩阵)的乘积. 若等号成立，则 $\det\boldsymbol{Q}=(-1)^n$；若等号不成立，则 $\boldsymbol{Q}$ 的特征值包含 1. 因此，等号对 $\boldsymbol{Q}$ 或 $\boldsymbol{PQ}$ 不成立，于是对应矩阵含 1 为特征值.

Sucharit Sarkar 指出下面的拓扑理解：特征值不含 1 的正交矩阵诱导了$(n-1)$维球面到自身的无不动点的映射，它的映射度（在最高次同调类上诱导的线性映射的系数）必然是$(-1)^n$.

证法 2　这个证法使用了(逆)凯莱变换:如果 $\boldsymbol{Q}$ 是正交矩阵,特征值不含1,那么

$$\boldsymbol{A}=(\boldsymbol{I}-\boldsymbol{Q})(\boldsymbol{I}+\boldsymbol{Q})^{-1}$$

是一个反对称矩阵(即满足 $\boldsymbol{A}'=-\boldsymbol{A}$ 的矩阵).

假设 $\boldsymbol{Q}$ 不含 1 为特征值.设 V 是 $\boldsymbol{u}$ 在 $\mathbf{R}^n$ 中的正交补空间.一方面,对于 $\boldsymbol{v}\in V$,有

$$(\boldsymbol{I}-\boldsymbol{Q})^{-1}(\boldsymbol{I}-\boldsymbol{QP})\boldsymbol{v}=(\boldsymbol{I}-\boldsymbol{Q})^{-1}(\boldsymbol{I}-\boldsymbol{Q})\boldsymbol{v}=\boldsymbol{v}$$

另一方面

$$(\boldsymbol{I}-\boldsymbol{Q})^{-1}(\boldsymbol{I}-\boldsymbol{QP})\boldsymbol{u}=(\boldsymbol{I}-\boldsymbol{Q})^{-1}(\boldsymbol{I}+\boldsymbol{Q})\boldsymbol{u}=\boldsymbol{Au}$$

然后

$$\langle\boldsymbol{u},\boldsymbol{Au}\rangle=\langle\boldsymbol{A}'\boldsymbol{u},\boldsymbol{u}\rangle=\langle-\boldsymbol{Au},\boldsymbol{u}\rangle$$

于是 $\boldsymbol{Au}\in V$.记

$$\boldsymbol{w}=(\boldsymbol{I}-\boldsymbol{A})\boldsymbol{u}$$

则有

$$(\boldsymbol{I}-\boldsymbol{QP})\boldsymbol{w}=(\boldsymbol{I}-\boldsymbol{QP})\boldsymbol{u}-(\boldsymbol{I}-\boldsymbol{QP})\boldsymbol{Au}=(\boldsymbol{I}-\boldsymbol{QP})\boldsymbol{u}-(\boldsymbol{I}-\boldsymbol{Q})\boldsymbol{Au}=$$
$$(\boldsymbol{I}-\boldsymbol{QP})\boldsymbol{u}-(\boldsymbol{I}-\boldsymbol{Q})(\boldsymbol{I}-\boldsymbol{Q})^{-1}(\boldsymbol{I}-\boldsymbol{QP})\boldsymbol{u}=\boldsymbol{0}$$

所以 $\boldsymbol{QP}$ 以 1 为一个特征值,因为 $\boldsymbol{QP}$ 和 $\boldsymbol{PQ}$ 的特征多项式相同,所以 $\boldsymbol{PQ}$ 也含 1 为一个特征值.

注 2　凯莱变换是下面的构造:若 $\boldsymbol{A}$ 是反对称矩阵,则 $\boldsymbol{I}+\boldsymbol{A}$ 可逆并且 $\boldsymbol{Q}=(\boldsymbol{I}-\boldsymbol{A})(\boldsymbol{I}+\boldsymbol{A})^{-1}$ 是正交矩阵.

注 3　(Steven Klee 提供)计算 $\det(\boldsymbol{PQ}-\boldsymbol{I})$ 的另一个相关方法是用矩阵行列式引理:若 $\boldsymbol{A}$ 是可逆的 $n\times n$ 矩阵,$\boldsymbol{v},\boldsymbol{w}$ 是 $1\times n$ 列向量,则有

$$\det(\boldsymbol{A}+\boldsymbol{vw}')=\det\boldsymbol{A}(\boldsymbol{I}+\boldsymbol{w}'\boldsymbol{A}^{-1}\boldsymbol{v})$$

这可以化归为 $\boldsymbol{A}=\boldsymbol{I}$ 的情形,此时命题又变成:两个方阵的乘积交换顺序后特征多项式不变(此时的方阵是 $\boldsymbol{v},\boldsymbol{w}$ 填上零得到的).

数学工作室从 2005 年成立至今已走过了 19 年的奋斗历程,出版数学类图书近三千种,一路高歌猛进.

在新的一年里数学工作室要将步伐慢下来,想清楚发展方向,多出精品,树立品牌.用一位出版人的话说:既要有“管身常欠读书债,禄来不供沽酒资”的夫子情怀,也要有“无财作力,少有斗智,既饶争时,此其大经”的商贾思维.从做大做强思维转变到做精做强.钱穆先生说:“能存在记忆中方能存在生命之中.”能让人记得住才是真正重要的,内容提供商永远是出版人的王道.长时间存留在人们记忆中的唯有经历时间淘汰的精品名著,其收益也同样会是巨大的.

出版活动实质上就是人类符号的一个传递过程.德国哲学家恩斯特·卡西尔说:“人是符号的动物.”为了说明“符号”,卡西尔区分了信号和符号,他认为,信号是物理的存在世界之一部分,符号则是人类的意义世界之一部分,人之外的动物可以感知信号,动物具有实践的想象力和智慧,而只有人才发展了一种新的形式:符号化的想象力和智慧,符号化的思维和符号化的行为是人类生活中最富于代表性的特征,并且人类文化的全部发展都依赖于这些条件.他进一步认为,人自觉地创造并运用符号,由此创造了文化……

让我们将这种传递过程进行下去!

在本书付印之际,笔者已到了退休之年,说几句退休之后的感受,在加拿大作家艾丽丝·门罗的《公开的秘密》一书(北京十月文艺出版社)的封底上有这样一段文字:

> ……而突然之间,我们吃惊地发现,过去的一切喧嚣和成就,对人生模糊而又生机勃勃的期待,都如潮水一般退去了.

这就是好作家,能写出我们虽然感受到但难以抒发的情感!

刘培杰

2024年5月21日

于哈尔滨